THE HISTORY OF PALEONTOLOGY

Advisory Editor

Stephen Jay Gould

Consulting Editor

Thomas J.M. Schopf

VERGLEICHENDE BIOLOGISCHE FORMENKUNDE DER FOSSILEN NIEDEREN TIERE

Edgar [Viktor August] Dacqué

ARNO PRESS

A New York Times Company
New York • 1980

Editorial Supervision: Erin Foley

Reprint Edition 1980 by Arno Press Inc.

Copyright 1921, by Gebrüder Borntraeger in Berlin.

Reprinted by permission of Gebrüder Borntraeger Verlags-
buchhandlung.

Reprinted from a copy in the University of Michigan Library.

THE HISTORY OF PALEONTOLOGY

ISBN for complete set: 0-405-12700-6
See last pages of this volume for titles.

Manufactured in the United States of America

Library of Congress Cataloging in Publication Data

Dacqué, Edgar, 1878-1945.
    Vergleichende biologische Formenkunde der fossilen
niederen Tiere.

    (The History of paleontology)
    Reprint of the 1921 ed. published by Borntraeger,
Berlin.
    1. Invertebrates, Fossil. 2. Morphology (Animals)
I. Title. II. Series: History of paleontology.
QE770.D3 1980   562   79-8329
ISBN 0-405-12710-3

Vergleichende biologische Formenkunde der fossilen niederen Tiere

von

Dr. Edgar Dacqué

Konservator an der Staatssammlung für Paläontologie
und historische Geologie
a. o. Professor an der Universität München

Mit 345 Figuren im Text

Berlin
Verlag von Gebrüder Borntraeger
W 35 Schöneberger Ufer 12 a
1921

„ . . . Nun scheint es freilich , als wäre doch nicht Betätigung des deutschen Geistes, sondern Neuaufbau von Landwirtschaft und Industrie die Aufgabe der nächsten Zukunft: Wirtschaft und Handel , nicht aber Philosophie und Denken.

Wir dürfen auf die Frage, was wichtiger sei, keine Zeit verschwenden. Jeder muß das Werk treiben, das gerade vor ihm liegt, und er muß es treiben, als hinge der Gesamterfolg ganz allein von diesem vor ihm liegenden Teile des Ganzen ab.

Nur wenn wir geistige Weltmacht bleiben , können wir hoffen , jemals wieder völkische Geltung zurückzugewinnen."

Max Semper , Wissenschaftliche und sittliche Ziele
des künftigen Deutschtums

Buchdruckerei des Waisenhauses in Halle a. d. S.

Vorwort

Das Material zu dieser durch den Krieg um vier Jahre verzögerten Arbeit wurde seit etwa 1906 planmäßig gesammelt und zwischen 1912/14 zu einer kolloquiumartigen Vorlesung gemeinsam mit Prof. STROMER VON REICHENBACH verwertet. Dieser behandelte die Wirbeltiere, der Verfasser die Wirbellosen, und zwar in der Weise, daß wir unsere Hörer in der Paläontologischen Sammlung an die Objekte führten und ihnen durch entsprechend gestellte Fragen und im Zwiegespräch den Blick für die biologische Bedeutung der Gestalten und der Einzelorgane zu öffnen suchten.

Die Mannigfaltigkeit der fossilen Arten aus allen Formationen und von fast allen Ländern der Welt, die in der reichen Münchener Sammlung wohlgeordnet liegen, dazu die nicht minder vielseitige paläontologische Literatur, die mir in der reichhaltigen, durch ZITTELS Nachlaß vergrößerten Bibliothek jahrelang durch die Hände ging, gaben mir – abgesehen von sonstigen Studien – immer wieder die Anregung zu den in den nachfolgenden Kapiteln niedergelegten Beobachtungen und Ideen. Ihre Entwicklung reicht bis in diese Tage. Altes und Neues ist verwertet, Eigenes und Fremdes vereinigt zu einheitlichem Gedankengang.

Das Buch will eine lebendige Auffassung fossiler Formen vermitteln. Es will auch gewisse umfassende Grundbegriffe klären helfen, die man in der paläontologischen Literatur selten auf Grund des fossilen Materials selbst, dagegen viel zu oft nach den aus der Zoologie und der üblichen Deszendenzliteratur überkommenen Anschauungen behandelt findet. Letzten Endes hat die Beschreibung fossiler Formen nur Wert, wenn sie nicht bloß zum äußerlichen Kennen von Formen, sondern zum biologischen Verstehen führt. In einer Zeit, wo man sich in allen Wissenschaften, nicht minder wie in den Lebens- und Weltanschauungsfragen, wieder auf die Klärung der Grundbegriffe besinnt und sich von der äußerlichen Materialanhäufung frei zu machen sucht, wird eine derartige Behandlung des Stoffes nicht unwillkommen sein. Zwar täuscht sich der Verfasser nicht darüber, daß die von ihm vertretenen Anschauungen noch wenig gemünzt sind und gewiß keine ungeteilte Zustimmung finden werden. In tiefer liegenden Fragen, deren Antwort niemals augenscheinlich sein kann, weil sie ein Eingehen auf das innere Wesen der Dinge erfordert, ist die Übereinstimmung Vieler ebensowenig zu erzielen, wie es schwer ist, selbst falsche Perspektiven zu meiden. Jeder nehme sich heraus, was ihm zusagt.

Das Buch ist ein Lehrbuch und ist keines — je nach der Auffassung, die man vom Wesen eines Lehrbuches hat. Ich vertrete die Meinung und betätige sie, daß ein nicht bloß der geistlosen Examensvorbereitung dienendes Lehrbuch die persönliche Stellungnahme des Forschers und sein Bekenntnis zu Theorien und Ideen, die er im Gang der Forschung für nützlich und wertvoll hält, nicht vermissen lassen soll. Ich verlange ferner von einem Lehrbuch, daß es vor allem zum selbständigen Nachdenken und Weiterforschen anregt, also den Leser geradewegs zu den Zentralproblemen einer Wissenschaft hinführt, auch ohne ihm fertige Antworten zu geben, wenn sie nicht gegeben werden können. Die Erkenntnis des prinzipiellen Abstandes, den wir von aller Wahrheit haben, weckt erst den eines Forschers würdigen Respekt vor den Grundfragen einer Wissenschaft. Deshalb findet man in dem Buch auch keine sogenannten Lösungen der großen Naturprobleme — Anpassung, Zweckmäßigkeit, Korrelation, Entwicklung, Aussterben, Urformen —, sondern nur eine Herausbildung darauf bezüglicher Fragestellungen.

Der Geist, dem diese Arbeit dient, ist durch die sowohl dem Buche selbst, wie auch den einzelnen Kapiteln vorangesetzten Motti mit voller Absicht so gekennzeichnet, daß jeder, der es in die Hand nimmt, sich mühelos wird überzeugen können, ob es sich für ihn lohnt, es zu lesen oder nicht. Diesem Zweck dienen auch teilweise die gesperrt gedruckten Stellen im Text, ein Verdeutlichungsmittel, von dem jedoch nur zurückhaltend Gebrauch gemacht wurde.

Was die Auswahl des Stoffes betrifft, so mußte natürlich eine Beschränkung eintreten; doch wurde möglichst auf die Vorführung von Typischem geachtet — ein Begriff, der immer nur den augenblicklichen Kenntnissen des Forschers oder der ganzen Wissenschaft entspricht. „Vollständigkeit" wurde nicht angestrebt, weil das ein Schlagwort ist, hinter dem sich eine Verkennung des Wesens der Naturforschung verbirgt.

Daß man bei einer solchen Arbeit um Nachsicht für die vielen Irrtümer, Fehler und Mängel bitten muß, ist selbstverständlich. Zu diesen rechnet der Verfasser selbst z. B. die nicht erschöpfende Ausnützung der Literatur; ferner die oft mehr als skizzenhafte Art, in der die biologischen Verhältnisse und Eigentümlichkeiten vieler Formen behandelt wurden; auch vielleicht die oft zu bestimmte Ausdrucksweise bei unsicherer biologischer Erklärung der Einzelformen; doch geschah gerade dies letztere meistens in der ganz bestimmten Absicht, auch eine scharf formulierte heuristische These zu geben, an der sowohl die Kritik, wie die positive Forschung ansetzen könnte. Man fördert eine Sache oft auch dadurch, daß man den Mut zu Fehlern hat und ein klares Aussprechen seiner vielleicht irrigen Meinung nicht scheut.

Bei dem schon vor dem Krieg abgeschlossenen Vertrag zwischen Verleger und Autor war man von dem Gesichtspunkt ausgegangen, so zu illustrieren, daß nicht nur neuartiges Material gebracht, sondern das Werk so ausgestattet würde, daß der Leser und Studierende nicht erst anderer Illustrationswerke bedürfe oder eine große Sammlung zur Verfügung haben müsse, um das Gesagte zu verstehen. Das konnte nicht verwirklicht werden. Gleichwohl wäre unter den jetzigen Verhältnissen die stattliche Figurenzahl noch mehr, als es ohnehin schon geschah, beschränkt worden, wenn nicht schon vor dem Krieg für einzelne Abschnitte soviel Bildermaterial hergestellt gewesen wäre, daß bei nachträglicher noch stärkerer Beschränkung eine allzu große Ungleichheit in der Behandlung sonst gleichwertiger Textteile eingetreten wäre. Daß damit das Buch ungemein verteuert wurde, findet seinen ideellen Ausgleich darin, daß ein lehrreiches Anschauungsmaterial dem Dunkel der Museumsschubladen und noch mehr den für Manchen schwer erreichbaren fachwissenschaftlichen Arbeiten entrissen und so einer weiteren Verwertung besonders auch für den Unterricht zugänglich gemacht worden ist. Lebendige Anschauung ist hier alles. Demgemäß sind auch die mehr theoretischen Kapitel entsprechend weniger mit Abbildungen bedacht, als die, welche Formbeschreibungen an sich zum Zweck haben.

Die Absicht, möglichst nur Originalfiguren zeichnerisch wiederzugeben, mußte nach dem Krieg zugunsten der wohlfeileren photographischen Reproduktion aus der Literatur öfters aufgegeben werden; dem Wesen der Sache ist damit jedoch nirgends geschadet worden. Die Zeichnungen sind größtenteils von A. Birkmaiers Meisterhand angefertigt worden; für die Photographien lieh mir Herr L. Zeitler vom paläontologisch-geologischen Institut mit großem Geschick seine Dienste. Die Herkunft der Figuren wurde, wenn auch in Abkürzung, so doch überall genau angegeben. Auch dort, wo aus zweiter Hand übernommen wurde, ist möglichst die Originalherkunft ermittelt und bezeichnet worden. Das schien mir nicht nur ein Akt der Gerechtigkeit gegen die Autoren, sondern zugleich auch ein wertvoller Quellennachweis zu sein. Auf die Benennung der Figuren wurde kein besonderer Wert gelegt; es sind meistens die an der Entnahmestelle gebrauchten Gattungs- und Artbezeichnungen übernommen worden.

Zuerst war beabsichtigt, die Figuren in einer der ehemaligen wirklichen oder vermutlichen Lebensweise des Tieres entsprechenden Stellung wiederzugeben. Dies hätte jedoch meistens nur mit Hilfe perspektivischer, auch die Umgebung andeutender Zeichnungen richtig geschehen können;

das hat sich aber aus verschiedenen, teils wissenschaftlichen, teils materiellen Gründen nicht durchführen lassen. Die abgebildeten Formen wurden nicht, wie es in den meisten morphologisch-systematischen Lehrbüchern üblich ist, in ihren einzelnen Teilen mit Buchstabenverweisen erläutert, um nicht den unmittelbaren Eindruck abzuschwächen, den der Beschauer von dem Bild als eines organischen Ganzen empfängt. Nur eine Ausnahme mußte gemacht werden, weil in diesem Falle das photographisch reproduzierte Bild selbst schon die zur Teilerklärung dienenden und nicht zu beseitigenden Buchstaben enthielt.

Was endlich der Verlag geleistet hat, braucht jetzt, wo das Buch fertig vorliegt, nicht mehr gesagt zu werden. Wenn ich meinem Verleger, Herrn Dr. Thost, dem Inhaber der Firma Borntraeger, öffentlich und in scheinbar konventioneller Form noch einmal meinen Dank zum Ausdruck bringe, so wird jeder, der die Herstellung eines solchen Werkes unter den jetzigen Zeitumständen zu würdigen weiß, auch unmittelbar verstehen, was mit dieser Dankabstattung in Wahrheit gemeint ist. Das warme persönliche Interesse, das Herr Dr. Thost dem Entstehen, dem Fortgang, der Vollendung und der Herausgabe des Buches schenkte, die Art, wie er den inneren Zusammenhang mit des Autors Arbeit suchte, die stete Bereitwilligkeit, ja das freiwillige Anerbieten immer neuer Opfer — das erinnert an die besten Vorbilder deutschen Verlegertums und ist mir in dieser Zeit sinnlosen Wucherns und Ausbeutens ein verheißungsvolles Zeichen des noch lebendigen guten deutschen Wesens.

Die Fachgenossen, von denen ich in Einzelheiten Rat und Hilfe hatte, werden es nicht verübeln, wenn hier von der Nennung ihrer Namen abgesehen wird. Gleichwohl möchte ich nicht versäumen, Herrn Prof. Dr. Schlosser noch zu danken für das, was ich im Lauf vieler Jahre bei gemeinsamer Berufsarbeit aus seinem reichen Wissen schöpfen konnte; ich verdanke ihm auch die Mitteilung von mancherlei wichtigem Material aus der Münchener Sammlung, deren Ordnung und Durcharbeitung seit fast vierzig Jahren größtenteils sein nach außen noch wenig gewürdigtes Werk gewesen ist. Ebenso danke ich auch den Herren Prof. Dr. Broili, Stromer v. Reichenbach, Dr. Balss und Dr. Nachtsheim, die mich immer wieder nicht nur mit ihrem Wissen, sondern auch mit Literatur aus ihren Bibliotheken unterstützten; endlich, und nicht zum wenigsten, Herrn und Frau Dr. Richter in Frankfurt a. M. für den mehrmaligen anregenden Gedankenaustausch und für die Überlassung einer noch unveröffentlichten Originalzeichnung.

München, Anfang 1921

Der Verfasser

Inhaltsübersicht

Einleitung

Die Naturwissenschaft im engeren Sinn stellt sich die Aufgabe, die Aufeinanderfolge und das Nebeneinander der Dinge und Erscheinungen in Zeit und Raum darzustellen, also den äußeren Ablauf des Geschehens den Mechanismus der Natur. Alles unmittelbare Beobachten, sei es ein makroskopisches oder mikroskopisches, betreffe es die äußere Form oder die feinste Struktur, ergibt an sich ein räumlich-körperliches und zeitliches Neben- oder Nacheinander von Dingen und Erscheinungen.

Während die Naturforschung so ihre Tatsachen feststellt, erhebt sich zugleich das Bedürfnis, das Neben- und Nacheinander ursächlich zu verknüpfen. Dieses in der Struktur des menschlichen Denkens begründete Bedürfnis verdichtet sich allgemein zu der Frage: Warum? Warum läuft diese oder jene Erscheinung so ab? Warum ist dieses oder jenes Ding an dem Platze, wo wir es sehen? Warum hat es diese oder jene Form?

Auf solche Fragen gibt es nun in der Forschungspraxis zweierlei Art Antwort: entweder zählt man die Reihenfolge der einer Enderscheinung zeitlich und räumlich voraufgehenden Vorerscheinungen auf, schildert die Kette der Form- und Zustandsänderungen, welche zu dem letzten, erfragten Zustand hinführen; oder man bemüht sich, Kräfte, dynamische Potenzen, Energiespannungen ausfindig zu machen, als deren Wirkung die erfragte Endgestaltung erscheint. Beide Beantwortungsarten vereinigt man, indem man die Ursachenkette selbst, d. h. die Folge ihrer Glieder als Ausdruck von Kräften sowie von Lagebeziehungen darstellt.

Eine kurze Überlegung zeigt, daß mit der ersteren Art Antwort weiter nichts erzielt ist, als eine deskriptive Aneinanderreihung analytisch gewonnener Beobachtungen. Wenn ich eine geologisch spät auftretende einzehige Huftierform dadurch verständlich mache, daß ich sage, sie habe sich aus einer ursprünglich Vierzehigen „entwickelt", und wenn ich zu diesem Zweck reale fossile Huftierindividuen aneinanderreihe, die, zahlreich genug, kinematographisch nacheinander am Auge vorbeigeführt, uns den Schwund der Zehen und die äußerliche Umwandlung der Fußform dartäten, so wäre das zwar ein Bild des äußeren historischen Verlaufes einer Formwandlung, aber noch lange keine Antwort auf das Warum, keine den denkenden Geist befriedigende „Erklärung" für die Umwandlung. Wenn wir gleichzeitig anschaulich dartun könnten, wie in den feinsten Einzelheiten der Knochen, des Muskelgewebes, der Sehnen, der ernährenden Blutbahnen dieser Umwandlungsprozeß verlief — es bliebe auch das nur auf dem Niveau einer reinen Beschreibung, es wäre immer noch ein äußerliches Aufzeigen eines historischen Nebeneinanders und Nacheinanders der Vorgänge, ohne innerlich erklärende Kraft.

Wenn wir weiter dartun könnten, wie die vierzehigen Urahnen im Walde lebten, auf dem weichen Waldboden mit plattliegendem Fuße gingen, wie folgende Generationen allmählich den Wald verließen, auf das freie Feld und schließlich auf die Steppe hinauswanderten, wobei sich der plantigrade Fuß im Zusammenhang mit diesem Aufenthaltswechsel immer mehr hob, die Zehen bis auf die eine mittlere zurückgingen, ferner wie dieser reduzierte und gehobene Fuß dem Leben auf dem Steppenboden entsprach, wie auf solche Weise die Gattung aus dem langsamen Waldtier nun ein eilendes Steppentier geworden war — dann würden wir so etwas wie eine Erklärung unserer Frage nach dem Warum haben und zunächst glauben können, unsere Forscherarbeit vollendet zu haben.

Doch alsbald erhebt sich die weitere und tiefer dringende Frage, ob in diesem ersichtlichen Zusammenhang ein Verhältnis von Ursache und Wirkung steckt, d. h. ob die Umwandlung der Fußform bedingt, ja bewirkt ist von dem allmählich erweiterten Versuch der Gattung, den alten Lebensraum zu verlassen und sich einer neuen Lebensweise zuzuwenden; oder ob die Umwandlung eine Eigengesetzlichkeit hat, die abläuft und zugleich dem Tier zwangsweise oder instinktmäßig eine Verschiebung seines Wohnortes aufnötigt. Einerlei, zu welcher Antwort man sich in dieser Alternative der Fragestellung auch entschließt, in jedem Falle genügt es jetzt nicht mehr, ein Nach- und Nebeneinander von Erscheinungen und Gestaltungen beschreibend aufzuzeigen, sondern einzudringen in die „inneren" Zustände der organischen Natur, in die aktuellen und potentiellen Kräfte der Gestaltung, der Wechselwirkung zwischen Außenwelt und Organismus, und zu rühren an die große Frage des Zusammenhanges der Empfindungs- und der Körperwelt, also sich in das Gebiet der unbewußten Zusammenhänge zu begeben — mit einem Worte: ein metaphysisches Problem anzuschneiden, das schon jenseits der Methoden einer deskriptiven, messenden und zählenden Naturforschung liegt. In dieser Sphäre erst fände sich, wenn sie dem reflektierenden Intellekt erreichbar wäre, jene Erklärung der Tatsachen, welche das Warum im eigentlichen Sinne befriedigte; denn hier erst würde die den Erscheinungen zugrunde liegende innere Kausalität ergriffen und begriffen.

Die landläufige naturwissenschaftliche Fragestellung nach dem Warum der Erscheinungen kann sich daher nur beziehen auf die Ordnung und Klarlegung der Aufeinanderfolge oder des Nebeneinanderherlaufens körperlicher Veränderungen in Zeit und Raum, wobei Zeit und Raum als absolute Größen genommen werden. Von dieser Aufeinanderfolge wird ein sogenannter ursächlicher Zusammenhang behauptet, wenn auf die gleichen Bedingungen hin immer wieder scheinbar die gleichen Endergebnisse auftreten.

Damit ist aber zugleich ausgesprochen, daß mit der landläufigen naturwissenschaftlichen Darstellung das Wesen der Erscheinungen und Veränderungen, insbesondere der lebendigen Formen, nicht erschöpft und begriffen wird. Denn in ihnen liegt — wie in uns selbst, die wir doch zu dieser organischen Natur als lebendige Form gehören und daher bei ihrer Beurteilung nicht außer Betracht bleiben dürfen — ein raum- und zeitloses Moment, dem der im Neben- und Nacheinander allein lebende und anschauende Intellekt nicht gerecht wird. Hier kommt ein nach innen gekehrtes Begreifen, eine Intuition schließlich zu ihrem Recht, welcher das zugänglich wird, was der diskursive, alles in Teile zerlegende und nur Teile aneinanderreihende Intellekt nicht erfaßt — nämlich die innere Kontinuität des Geschehens. Wo also die Naturforschung ausschließlich diskursiv analytisch die Ursachen des Geschehens — in unserem Falle also der organischen Formbildung — darstellen will oder muß, gibt sie entweder, wie wir es vorhin am Beispiel der Huftierumwandlung zeigten, ein bloßes Neben- und Nacheinander von äußeren Formzuständen; oder aber sie tritt, wenn sie die schaffenden Kräfte erkennen will, über die bezeichnete Grenze der Naturforschung hinaus und kann dann nur noch symbolisch sprechen.

Gerade das letztere ist bezeichnend für die jeweilige Erreichung der Grenze zwischen Naturforschung und Metaphysik. Ob die Physik und Chemie in Atomen denken und diese in Elektronen auflösen, oder ob die Vererbungslehre von Genen und Erbeinheiten spricht — immer sind damit energetische Potenzen gemeint, die wir als Körperchen symbolisieren, weil unser Intellekt Potentielles nicht anschaulich, sondern nur unter der Form von abgegrenzter und aneinanderstoßender Materie denken kann. Mit diesen vorgestellten Korpuskeln rechnen wir, wir zählen und wiegen sie, wobei wir zur Behauptung ihrer unterschiedlichen Qualität und Raumgröße kommen, worin sich dann das Gedachte selbst als Widerspruch erweist und sich eben damit immer wieder deutlich als Symbol zu erkennen gibt, wenn wir beiläufig vergessen haben sollten, was es war, als wir Natur meinten und nur unseren Geist spiegelten. Der den letzten Sinn einer Wissenschaft prüfende Naturforscher wird darüber kaum im Zweifel sein. Er betrachtet, wie Oswald Spengler so ausgezeichnet sagt, seine Atome und Elektronen, Ströme und Kraftfelder, den Äther und die Masse, weit ab vom Köhlerglauben des Laien und Monisten, als Bilder, deren Formensprache er den abstrakten Beziehungen seiner Differentialgleichungen unterlegt, ohne in ihnen eine andere Wirklichkeit als die konventioneller Zeichen zu suchen. Und er weiß, daß auf diesem, der Wissenschaft allein möglichen Wege nur eine symbolische Deutung des Mechanismus der verstandesmäßig aufgefaßten Außenwelt — nicht mehr — erreicht werden kann, sicherlich keine „Erkenntnis" im hoffnungsvoll populären Sinne aller Darwinisten und materialistischen Historiker.

Hiermit ist auch das Wesen der biologischen und stammesgeschichtlichen Begriffe gekennzeichnet, mit denen wir die organische Natur und ihre Geschichte zu erfassen suchen. Entwicklung, Anpassung, Zweckmäßigkeit, Stammbaum sind vor allem solche Symbole, welche es uns ermöglichen sollen, das in seinem zeit- und raumlosen Wesen dem verstandesmäßigen Denken unzugängliche, schöpferisch-organische Werden und Sein in die Sphäre kausaler Anschauungsform hereinzunehmen, als deren Gegenstand die konkreten Objekte, die Formen, erscheinen.

I. Kapitel

Wesen, Methoden und Material der biologischen Untersuchung

1. Inhalt und Zusammenhang der biologischen Forschung

Unsere Aufgabe sehen wir hier darin, einerseits fossile niedere Organismen, wie sie geformt sind, wie sie als Einzelindividuen oder Stammesgemeinschaften sind und werden, kommen und gehen, darzustellen, andererseits auch ihre Formbildung im unmittelbaren Zusammenhang mit ihrer Lebensweise und ihrer Umwelt zu verstehen.

An sich ist das Wissen um die Bedeutung eines Organs und einer Körperform für die Lebenslage des Tieres noch keine erschöpfende Erklärung, so wenig wie die Darstellung der historischen Entwicklung in einer Stammreihe eine erschöpfende Geschichte der Gattung ist. Jede Untersuchung, die wir über eine Form machen, biologisch oder physiologisch oder ontogenetisch oder phylogenetisch oder vergleichend anatomisch, jede allgemeine oder Spezialfrage, die wir uns nur erdenken können, ist nur wie ein Radius, den wir durch einen geschlossenen Kreis legen, um dessen Inhalt zu ermitteln. Wir können zwar die Radien vermehren, zu der Summe der schon gezogenen immer neue hinzufügen, aber nie erschließen die gehäuften Radien den ganzen Kreis. Will man diesen in seinem Wesen verstehen, so muß man ihn als Ganzes in unmittelbarer Anschauung erfahren. Nicht anders ist es letzten Endes auch mit den Dingen der Natur und den Organismen, die nicht nur durch eine Analyse verstanden werden, auch nicht durch die vielen, sondern zuletzt nur durch ein auch das innere Wesen des Organischen mit umgreifende synthetische Intuition, die auch das unsere eigene Innenseite ausmachende bewußt und unbewußt Psychische schließlich mit einbegreifen muß.

Dadurch, daß die Organismen stets in einer wirklichen, nicht in einer Idealwelt leben, müssen sie Einrichtungen besitzen, welche ihnen das Leben ermöglichen. „Leben“ im naturwissenschaftlichen Sinn aber heißt: körperliche Funktionen erfüllen und den Körper zu deren bestmöglicher Erfüllung gestalten, verwenden und tunlichst lange brauchbar erhalten. Das Erfüllen der Funktionen und das Gebrauchen des Körpers und seiner

Organe liegt ausschließlich beim Einzelindividuum, teils im Bewußten, teils im Unbewußten; das Gestalten äußert sich zwar auch am Individuum als dem allein Gegenständlichen, geht aber als stammesgeschichtlicher Prozeß noch über das Individuum hinaus, gehört gewissermaßen der Gattung an. Anlaß zur Neueinstellung oder Umwandlung vorhandener Formen sind, nach dem Sprachgebrauch der jetzigen Wissenschaft, die äußeren Bedingungen; Anlaß und Ursache zur Entstehung und damit zum Verstehen neuer Grundformen sind uns noch völlig unbekannt.

Die Lebensfunktionen sind: Ernährung, Fortpflanzung, Fortbewegung, Liegen, Festsitzen, Schweben, aktiver und passiver Kampf mit den Lebensbedingungen und der Umwelt, Schutz und Verteidigung. Diese Funktionen sind ausgeübt durch das einzelne Individuum, soweit nicht die Zusammenscharung von Individuen zu Herden oder ihr Zusammentreten zu Kolonien teilweise oder durchaus neue Formen der Lebensfunktionen schafft. In solchen Fällen verhält sich dann die Herde oder der Stock oft wie ein Einzelindividuum. Lassen wir aber die Reihe der Individuen, nämlich die in der Zeit aufeinanderfolgenden Generationen aller Art, vor unserem Auge vorüberziehen, dann bemerken wir einen Wechsel und Wandel in den einzelnen durch Individuen repräsentierten Formen, sowie eine fortwährende Änderung darin, wie ein und dasselbe biologische Erfordernis einerseits durch mannigfache Typen, andererseits innerhalb gegebener Typen durch Abwandlung der Organe und Körperformen befriedigt wird. Ganz dasselbe sehen wir aber auch, wenn wir gleichzeitige Organismen miteinander zu Reihen anordnen. Aus beidem fließt der Begriff der Entwicklung.

Nehmen wir einmal an, wir hätten den äußeren realen Hergang der Entwicklung einer Anpassung, ja einer Gattung von Art zu Art in morphologisch geschlossener Stammreihe verfolgt und würden dabei auch weiter genau verstehen, was dieser Umwandlungsvorgang in bezug auf ganz bestimmte äußere Verhältnisse und Erfordernisse bedeutet, so würde man dennoch nicht begriffen haben, welcher Art der innere lebendige Zusammenhang ist, vermöge dessen ein Organismus so gestaltet oder umgestaltet wird, daß seine Form schließlich auf äußere Umstände mechanisch oder physiologisch so eingestellt ist, daß diese Einstellung wie eine Antwort auf das von außen an das Individuum herangetretene Erfordernis erscheint. Dies zu durchschauen, hieße, zugleich sagen können, was das Leben ist. Die Lösung zu gewinnen, ist Streben und Inhalt der Biologie im tieferen, allgemeinen Sinne. Wie entsteht eine biologisch bestimmte, zweckentsprechende Form oder Einrichtung? Das ist der Zentralpunkt des ganzen biologischen Denkens mit Einschluß der Abstammungslehre.

Biologie in ihrer Gesamtheit ist somit die Lehre von der Lebensweise und dem Zusammenhang zwischen Form, Funktion und Umgebung der Organismen; sie ist ferner die Lehre von der Art und Weise, wie dieser Zusammenhang physiologisch und morphologisch in einem lebensfähigen Organismus verwirklicht wird. Kurz: die Biologie ergründet und schildert die Lebensäußerungen der Organismen, sowie ihre Beziehungen zueinander und zur Umwelt und sucht die Form so zu verstehen, als ob sie eine Folge der umgebenden Verhältnisse wäre.

Denn alle Organismen sind mit ihrer gesamten Körperform und ihren einzelnen Organen, sowie mit ihren animalischen und vegetativen Funktionen auf die durch die Umwelt im weitesten Sinne bedingten Erfordernisse in mehr oder minder vollkommener Weise eingestellt; oder sie befinden sich in einem stammesgeschichtlichen Entwicklungszustand, der sie zu diesem Ziele hinführt (Evolution), oder sie davon wegführt (Degeneration). Sobald sich die äußeren Erfordernisse ändern, scheinen sich die Organismen individuell oder im Verlauf mehrerer Generationen den neuen Bedingungen anzupassen oder sie sterben aus. Umgekehrt entstanden von jeher auch neue Formen und Typen, ohne daß wir wüßten, woher sie kommen und ohne daß wir ihre Entstehung zu äußeren Bedingungen in Beziehung setzen könnten. Sie übten vom Augenblick ihres Erscheinens ab bestimmte Funktionen aus, betätigten eine bestimmte neuartige Lebensweise, füllten einen bisher von anderen eingenommenen oder sozusagen auch unbeachtet gebliebenen Platz in der Natur aus; und sie spezialisierten sich dann ihrerseits wieder im Hinblick auf bestimmte äußere Erfordernisse in der oben angedeuteten Weise, morphologisch und physiologisch, und paßten sich an.

Auf welchem Wege auch die einzelnen einmal gegebenen Organe und ganzen Körperformen sich umwandeln: stets geschieht dies, soweit wir es zu überblicken vermögen, in irgendeinem Zusammenhang mit den aus den äußeren Verhältnissen sich ergebenden Notwendigkeiten und Einflüssen. Diese erscheinen uns als der Anlaß hierzu, und alle Organe und physiologischen Vorgänge sind uns ohne Kenntnis ihrer Beziehung auf äußere Bedingungen unverständlich. Als solche äußeren Bedingungen sind etwa zu nennen:

<table>
<tr><td>1. Liegen am Boden</td><td rowspan="3">} in und außer-
halb
des Wassers;</td><td>10. Wärme und Kälte;</td></tr>
<tr><td>2. Leben im Boden</td><td>11. Salz- und Süßwasser;</td></tr>
<tr><td>3. Fortbewegung am Boden</td><td>12. Zug und Druck;</td></tr>
<tr><td>4. Fliegen;</td><td>13. Raumverhältnisse;</td></tr>
<tr><td>5. Schwimmen;</td><td>14. Nährverhältnisse;</td></tr>
<tr><td>6. Brandungsbewohnen;</td><td>15. Schutzbedürfnisse;</td></tr>
<tr><td>7. Stillwasserbewohnen;</td><td>16. Fortpflanzung;</td></tr>
<tr><td>8. Tiefwasserbewohnen;</td><td>17. Lebensgemeinschaften.</td></tr>
<tr><td>9. Licht und Dunkel;</td><td></td></tr>
</table>

Alle diese soeben durch kurze Schlagworte gekennzeichneten und zum Teil ineinandergreifenden äußeren Umstände beeinflussen irgendwie die einmal vorhandenen Organismen in bestimmter formbildender Richtung. Das Bodenbewohnen erfordert bei allen Organismen bestimmte Körperformen und Organe, das Schwimmen und das Fliegen ebenso. Die morphologischen Unterschiede bei den einzelnen Tiergruppen, Klassen und Ordnungen kommen nur dadurch zustande, daß die einmal gegebene Grundorganisation jene Anpassungsbildungen auf eigene, ihr gemäße und genotypisch-erblich bestimmte Weise hervorbringt, und daß so die Organismenwelt auf die mannigfaltigste Weise den an sie herantretenden Bedingungen der Umwelt gerecht wird. Auch ist das Eintreten der einen oder anderen Wandlung fast stets wieder von einer gewissen Zahl Folgeerscheinungen im Organismus selbst begleitet, die ihrerseits wieder weitere Formbildungen und Funktionen wie von innen heraus erfordern und so die unendliche Mannigfaltigkeit der lebenden Natur erzeugen, für die wir im folgenden genug Beispiele finden werden.

Mit dem Vorstehenden soll nicht gesagt sein, daß alle Formbildungen an und in einem Organismus, alle physiologischen Einzelfunktionen nun unmittelbar einem von außen herangekommenen Bedürfnisse entsprechen. Da sie aber alle letzten Endes der Erhaltung des Organismus und der Art dienen, so sind sie auch im Zusammenhang des Ganzen nur durch die Beziehung des Organismus und der Art zur Außenwelt endgültig zu verstehen. Denn keine Formbildung und keine Funktion ist um ihrer selbst willen da oder um etwas anderes zu erfüllen, als bloß den Organismus mittelbar oder unmittelbar für die Außenwelt tüchtig zu machen oder wenigstens zu erhalten.

Nach allen diesen Gesichtspunkten und noch vielen anderen, die wir teils nicht sehen, teils wohl nicht einmal theoretisch kennen, wird also die Formbildung jeder Art, jedes Organismus in seiner individuellen Variabilität bestimmt. Erst das Durchschauen aller dieser und noch anderer formbestimmender Zusammenhänge in ihrer gegenseitigen Abgleichung, als deren Resultat der konkrete Organismus erscheint, würde uns eine Form wirklich verstehen lassen. Es handelt sich also für Biologie und Stammesgeschichte jetzt darum, die Arten möglichst vielseitig zu betrachten und sie dann als Ganzes, als lebendigen, d. h. in einer Umwelt funktionierenden Körper zu erfassen. Wir könnten und müßten daher im folgenden eigentlich die fossilen niederen Tiertypen möglichst zahlreich alle nach den vorstehenden Gesichtspunkten prüfen. Das würde aber viel zu weit führen. Wir beschränken uns darauf, besonders hervorstechende Anpassungserscheinungen an herausgegriffenen, Einzelnes besonders typisch zeigenden Arten zu besprechen, dagegen andere für die Formentwicklung jeweils untergeordnetere Momente nebenbei mitzubehandeln, wo sie einmal deutlicher hervortreten.

Die naturwissenschaftliche Erklärung der organischen Formen, d. i. das Verständnis für Sinn und Bedeutung ihrer Gestalt, ihrer Organe und

Funktionen im Zusammenhang mit dem ganzen Naturgeschehen, kann nach verschiedenen Gesichtspunkten und mit verschiedenen Mitteln angestrebt werden: physiologisch, stammesgeschichtlich und biologisch.[1] Die Physiologie erforscht den inneren Zusammenhang und Ablauf der Lebensäußerungen und Gestaltungsvorgänge im Organismus. Der Ablauf der Umwandlung von der unentwickelteren zur entwickelteren Form durch die Reihe der aufeinander folgenden Generationen und Arten ist Gegenstand der Phylogenie oder Stammesgeschichte. Die biologische Bedeutung der gestalteten Form inbezug auf die Umwelt und Lebensgemeinschaft zu verstehen, ist Aufgabe der Ethologie.[2] Soweit sich diese auf die fossilen Tiere bezieht, hat ABEL hierfür den Ausdruck Paläobiologie eingeführt.[3] Ihn werden wir im folgenden gebrauchen und darunter verstehen eine Morphologie, welche die fossilen Formen vergleichend anatomisch betrachtet und in ihren Beziehungen zur Umwelt deuten will.

Die Paläontologie beschränkte sich lange Zeit darauf, im wesentlichen nur eine beschreibende Formenkunde zu sein. Das Material als solches war neu und überraschend genug, seine systematisch-zoologische Einreihung schwierig genug, um Forschergenerationen Arbeit in Hülle und Fülle zu bringen. Sobald die Deszendenzlehre in den Gedankenkreis der Paläontologie getreten war, ging zugleich das Bestreben jener Forschungsarbeit dahin, durch ein natürliches System die wahre Verwandtschaft der Formen zum Ausdruck gelangen zu lassen. Typisch vertreten ist diese bis auf den heutigen Tag einen immer gewaltiger anschwellenden Stoff verarbeitende Forschungsrichtung durch das ZITTELsche „Handbuch der Paläontologie", das seine sinngemäße, wenn auch leider nur konzentriertere Fortsetzung in den sich immer wieder folgenden Neuauflagen der „Grundzüge der Paläontologie" findet. Es fußte auf zahllosen paläontologischen Spezialarbeiten und ermöglichte seinerseits gerade durch die Klärung und Ordnung des Stoffes teilweise wieder das Erscheinen der Literatur, welche seit etwa fünfzig Jahren einem Teil der Paläontologie ihr charakteristisches Gepräge verliehen hat.

Gleichzeitig war die Paläontologie auch Leitfossilienkunde, als die sie von Anfang an neben der zoologisch-systematischen Richtung bestanden hatte. Sie verlangte als solche vor allem eine möglichst ins einzelne gehende morphologische Charakterisierung, eine Artzerspaltung der fossilen Formen, weil man von geologischer Seite her mit mehr oder

---

1) Wir verstehen hier und weiterhin unter Biologie also nicht die gesamte Lebenskunde, sondern nur den Teil, der sich auf die Wechselwirkung der Organismen mit der inneren und äußeren Umwelt bezieht.

2) DOLLO, L., La Paléontologie éthologique. Bull. Soc. Belge de Géol., de Paléont. et d'Hydrol. Mém. Vol. 23, 1909, Bruxelles 1910, S. 386.

3) ABEL, O., Grundzüge der Paläobiologie der Wirbeltiere. Stuttgart 1912, S. 15.

minder Recht glaubte, bei schärfster, wenn auch rein äußerlicher morphologischer Trennung der Formen zu einer möglichst feinen, genauen stratigraphischen Zeitbestimmung zu kommen. Damit allerdings entfernte man sich am weitesten von dem Wege, auf dem man den Fossilien als ehemaligen Lebewesen hätte gerecht werden können; ihn zu gehen lag und liegt auch bis heute nicht in der Absicht jener geologisch orientierten Forschungsrichtung.

Soweit biologische Gesichtspunkte allenfalls bei dieser Materialverarbeitung in Frage kamen, bestanden sie darin, daß durch ein meistens recht totes statistisches Verfahren Wanderstraßen und Verbindungswege der beschriebenen Formen nachgewiesen werden sollten.; oder daß aus der Verschiedenheit gleichalteriger, nahe bei einander liegender Wohngebiete trennende Barren und Landbrücken gefolgert wurden, so daß wenigstens die Tiergeographie einigermaßen zu ihrem Recht zu kommen schien. Aber schon die ebenso wichtigen paläoklimatischen Schlußfolgerungen blieben bei dieser Arbeitsweise fast immer unberücksichtigt und wurden womöglich noch mit Achselzucken angesehen, ebenso wie die paläobiologischen Untersuchungen selbst.

Diese Entwicklungshemmung für eine wirklich zoologisch-biologische Paläontologie lag darin begründet, daß auf den Lehrstühlen der Universitäten vor allem Geologen saßen und daß, wie gesagt, das praktische Bedürfnis der Geologie die Fossilienkunde ganz in ihren Dienst zwang. Doch galt dies hauptsächlich oder vielleicht ausschließlich für die wirbellosen Tiere. Die Wirbeltierpaläontologie blieb von vorneherein unabhängiger. Ihr geistiger Vater ist Cuvier, der mit seiner vergleichend anatomischen Methode gerade die Wirbeltierforschung sofort über jene Sphäre hinaushob, wo sie zu sehr Dienerin der Geologie geblieben wäre. So konnte unmittelbar an ihn die entwicklungsgeschichtliche Forschungsrichtung der Paläontologie anknüpfen, als durch Darwin die Abstammungsprobleme in den Vordergrund des Interesses getreten waren.

Die entwicklungs- und stammesgeschichtliche Arbeitsrichtung ging nun, besonders gefördert durch die Wirbeltierpaläontologie, stets neben jener nur stratigraphisch orientierten Paläontologie der Wirbellosen her. Sie begnügte sich keineswegs mit der Darbietung des Materials in Form von systematisch und stratigraphisch geordneten Gattungs- und Artbeschreibungen, sondern strebte bewußt danach, diese als Mittel zur Aufhellung der Stammesgeschichte, zum Nachweis des äußeren genetischen Zusammenhanges der vorweltlichen und heutigen Lebewesen anzuwenden. Hierbei erst kam im besseren Sinn auch die Tiergeographie zu ihrem Recht, und hier war auch der Punkt, wo sich die Stratigraphie, also die systematisch-historische Fossilienfolge, mit der stammesgeschichtlichen Paläontologie zu einer vertieften Einheit zusammenfinden konnte. Denn die zeitliche Folge im Auftreten der Fossilreste ist die unentbehrlichste exakte Grundlage für jede von luftiger Spekulation wirklich freie, kritische Stammesgeschichte. Wenn diese nicht allen Boden unter den Füßen verlieren will, dann wird sie nie die Verbindung mit der Stratigraphie aufgeben dürfen. Die zoologisch systematischen und zugleich stammesgeschichtlichen, wie stratigraphischen und tiergeographischen Arbeiten von NEUMAYR seien hier als älterer Typus stammesgeschichtlich vertiefter paläontologischer Arbeit in der deutschsprachigen Literatur genannt.

Daneben ging immer der breite Strom einer rein stratigraphisch orientierten Paläontologie her. Wo diese zu tieferen Gesichtspunkten vordrang, geschah es jedesmal durch bewußte Betrachtung der Zeitenfolge von Gattungen und Faunen, also durch Hereinnehmen des geologisch-historischen Momentes und der Tiergeographie, womit sie als stammesgeschichtliche Materialsammlung wieder in die oben gekennzeichnete Richtung einmündete. Es ist eine Verkennung der Lebensmöglichkeiten der Paläontologie, wenn trotzdem mit Eifer für ihre scharfe Trennung von der historischen Geologie eingetreten wird, und es ist demgegenüber freudig zu begrüßen, daß z. B. bei der Trennung des Münchener Lehrstuhles Paläontologie und historische Geologie in voller Absicht miteinander verknüpft blieben.

Wenig beachtet, ja oft nicht einmal ernst genommen, waren die vereinzelten Versuche geblieben, inmitten der geschilderten anderen erfolgreichen Forschungswellen die fossile Lebewelt und ihre Einzelformen nun auch rein biologisch und ökologisch zu erfassen, d. h. ihre Gestalten inbezug auf die ehemalige Umgebung und auf die äußeren Erfordernisse des Daseins zu verstehen. Anfangs romanhaft und grotesk, wie etwa die Vorstellungen, welche man sich in Wort und Bild von dem wütenden Hausen der Saurier in den Jurameeren, der Drachen auf den Landgebieten machte, gewann die biologische Paläontologie vornehmlich durch KOWALEVSKY und COPE jene Richtung, welche man mit DOLLO im Vergleich zu der rein anatomischen und stammesgeschichtlichen als die Paläontologie der Anpassungserscheinungen bezeichnen könnte.

Gerade die Unabhängigkeit der Wirbeltierpaläontologie hat ziemlich frühzeitig sie aus der rein vergleichend anatomischen, systematischen und Stammbäume entwerfenden Richtung auch auf die Biologie hingedrängt, wie wir es in Nordamerika bei COPE, OSBORN und ihrer Schule, in Deutschland etwa bei JAEKEL sehen. Wie groß und wie natürlich das Bedürfnis nach biologischer Auffassung der fossilen Wirbeltierformen doch immer war, zeigt sich darin, daß ganz im Gegensatz zur Paläontologie der Wirbellosen, wo sich angesichts der mächtig angeschwollenen Literatur doch nur wenig Versuche einer Ausdeutung der beschriebenen Formen finden, sogar bei rein systematisch oder stammesgeschichtlich orientierten Forschern, gelegentlich kleinere Beiträge zu einer richtigen Biologie der fossilen Wirbeltiere zu finden sind.

Aber doch ist erst in neuester Zeit nach Anregungen von Dollo[1] die paläobiologische Forschungsrichtung als solche von Abel[2] für die Wirbeltiere planmäßig ausgebaut worden. Ihre wissenschaftliche Bedeutung liegt in folgenden drei Zielen: Rekonstruktion der vorweltlichen Lebewesen, Ermittlung ihrer Lebensweise und Ergründung ihrer Stammesgeschichte. Da sich die Anpassungen nach Gesetzen vollziehen, so kann unter Vergleich mit den lebenden Tieren das fossile Tier aus seiner richtig rekonstruierten Form unmittelbaren Aufschluß über seine Lebensweise geben. Wird aber eine Anpassungsbildung als solche erkannt, so erlaubt ihre Zurückführung auf ein typisches Ausgangsstadium zugleich auch einen Schluß auf die stammesgeschichtliche Grundform. Zwei Grundüberzeugungen sind, wie Abel sagt, daher für diese Forschungsart maßgebend: die Deszendenzlehre als „unerschütterliche Tatsache", die, wie er meint, heute keiner weiteren Beweise, Begründungen und Stützen mehr bedürfe; andererseits die kausalen Wechselbeziehungen zwischen Lebensweise und Anpassung als eine Erfahrungstatsache, die gleichfalls nicht mehr bewiesen zu werden brauche.

Weniger Beachtung wurde bisher der Biologie der Wirbellosen geschenkt. Am meisten fanden sie noch die Ammoniten, Trilobiten und gewisse Echinodermen durch Arbeiten von Neumayr, Diener, Pompeckj, Jaekel, Solger u. a.; planmäßig auf Grund genauesten Studiums der Anatomie werden neuerdings die Trilobiten durch R. und E. Richter biologisch erforscht, während man über andere Gruppen nur hie und da in systematisch-anatomischen Monographien Abschnitte oder Bemerkungen über ihre Lebensweise antrifft (Eurypteriden, Graptolithen, Trilobiten).

Schon in älterer Zeit haben wir einen deutschen Forscher und speziell Paläontologen, welcher bewußt eine Vereinigung der systematischen Fossilienkunde mit der Biologie und Stammesgeschichte anstrebte. Es war Bronn, der in seinen „Untersuchungen über die Entwicklungsgesetze der organischen Welt" die Gesetze der Formbildung und der steten Neugestaltung der Organismen zu erfassen suchte und mit einer Darstellung der vorweltlichen Lebensverhältnisse deren Einfluß auf die Formerscheinung der organischen Schöpfung behandelte. Zugleich ebnete er den Boden für die Aufnahme der Deszendenzlehre in die Paläontologie.[3]

Paläobiologie kann aber nicht nur aus der vergleichenden Anatomie der Formen selbst abgeleitet werden, sondern es muß die enge Verbindung mit der Stratigraphie, ja z. T. mit der Geologie noch hinzukommen,

---

1) Dollo, L., La Paléontologie éthologique. Bull. Soc. Belge de Géologie, Paléontol. et Hydrol. Tome 23, Bruxelles 1909, S. 377—421.

2) Abel, O., Grundzüge der Paläobiologie der Wirbeltiere. Stuttgart 1912. Dort auch Genaueres über die hier kurz dargestellte geschichtliche Entwicklung (S. 3—16).

3) Zittel, K. A., Geschichte der Geologie und Paläontologie bis Ende des 19. Jahrhunderts. München und Leipzig 1899, S. 790.

um diese Forschungsrichtung nicht in eine Sackgasse geraten zu lassen, insbesondere bei den Wirbellosen. Diese Ergänzung ist gewissermaßen schon seit fünfundzwanzig Jahren, wenn auch noch unausgewertet, vorbereitet durch die methodische Arbeit WALTHERS in seiner „Einleitung in die Geologie als historische Wissenschaft".[1] Die jetztweltlichen Lebensgemeinschaften und Lebensbezirke, der Einfluß der umgebenden räumlichen und stofflichen Verhältnisse, die Verteilung der Gattungen und Arten wurden zur Grundlage für die Erkennung der entsprechenden vorweltlichen Lebenszustände und -räume gemacht und so eine Forschungsmethode planmäßig entwickelt, welche in dem neuesten Werk WALTHERS, wo er die Gesteinsbildungen als Reste der ehemaligen Umwelt des Lebens ausdeutet und die allgemeinen Lebensverhältnisse der Hauptzeitalter schildert, eine späte folgerechte Fortsetzung erfährt.[2]

In der Vereinigung der WALTHERSCHEN und der ABEL-DOLLOSCHEN Forschungrichtung sehen wir eine neue Möglichkeit paläontologischer Arbeit, nachdem sich die alten Methoden der stammesgeschichtlichen Forschung für sich allein als unzureichend erwiesen haben. Die Paläontologie hat sich somit jetzt in zwei fundamentale Forschungsbahnen geteilt: die eine, welche das Schwergewicht auf die vergleichende Anatomie, auf Systematik und Stammesfolge der Formen legt und das Material in diesem Sinne auswertet; die andere, welche die Formen im Zusammenhang mit ihrer Lebensweise zu verstehen und in den Anpassungsvorgängen an diese Lebensweise zugleich die Stammesgeschichte und ihre treibenden Kräfte zu enträtseln sucht. Beide Richtungen sind einander unentbehrlich, bedürfen zugleich aber auch der historisch-geologischen, also der stratigraphischen Grundlage, wenn sie nicht ihres sicheren Bodens verlustig gehen sollen. Für die Paläobiologie wird dies im Folgenden noch genauer begründet werden. Stratigraphisches Wissen und solide beschreibende Formenkenntnis ist für beide Teilgebiete der paläontologischen Forschung daher ein Grunderfordernis.

Was die Paläontologie als Lehrgegenstand anbetrifft, sollten ernsthaft Studierende vor allem in eine strenge Beobachtung und Kenntnis der Formen auf anatomischer und systematischer Grundlage und in die Sedimentkunde einzuführen sein, ehe sie zu dem Problem des stammesgeschichtlichen Werdens oder der biologischen Anpassungen übergehen.

Die oben bezeichneten drei naturwissenschaftlichen Methoden der Erforschung organischer Formen: die physiologische, die stammesgeschicht-

---

1) WALTHER, J., Einleitung in die Geologie als historische Wissenschaft. 3 Teile, Jena 1893—94. — Über die Lebensweise fossiler Meerestiere. Ztschr. deutsch. geol. Ges., Bd. 49, Berlin 1897, S. 209—273.

2) WALTHER, J., Allgemeine Paläontologie. Geologische Fragen in biologischer Bedeutung. 3 Teile. Berlin 1919—20.

liche und die ethologische, sind bisher fast unabhängig von einander gebraucht worden, was man an dem unwesentlichen Einfluß erkennt, den die Abstammungslehre auf die physiologische Forschung ausübte. Die Abstammungslehre, welche weit über die naturwissenschaftlichen Grenzen hinaus das Denken und die Fragestellung fast aller anderen Wissenschaften — nicht zum mindesten Theologie, Soziologie, Anthropologie, Psychologie — beeinflußte, ja zum Teil völlig umgewendet hat, konnte gerade der eindringendsten Wissenschaft vom Leben, der Physiologie, kaum ein nennenswerter Führer sein. Läßt man die Problemstellungen und den Stoff der Physiologie an sich vorüberziehen, so findet man — außer bei der Frage, ob die Formbildung in der Ontogenie eine erblich bestimmte Rekapitulation der stammesgeschichtlichen Dauerformen ist oder nicht — kaum eine Berührung mit der Deszendenzlehre.

Woran liegt es, daß gerade in einer Nachbarwissenschaft das alle anderen organischen Spezialwissenschaften durchzitternde Drängen der stammesgeschichtlichen Theoriebildung so außerordentlich wenig zu spüren ist? Zunächst wohl daran, daß die Deszendenzlehre, solange sie nur die morphologische Methode kennt und sich damit begnügt, formale und ideale Stammreihen aufzustellen, gerade das vernachlässigt, was ureigenstes Interesse der Physiologie ist: die inneren Gesetze der Formbildung und der Funktionen. Der Brennpunkt der Physiologie, in dem alle Strahlen ihrer Einzelforschung sich sammeln, ist die schon bezeichnete Frage: Wie entsteht — nicht in äußeren Stammreihen, sondern aus inneren organischen Vorgängen und Kräften — eine Form, ein Organ, eine Funktion? Das äußerlich formale Element, das in der Abstammungslehre bislang vorherrschte, kann das Interesse der so umschriebenen Physiologie doch nur sekundär in Anspruch nehmen, weil selbst die besten geschlossensten morphologischen Stammbäume, wenn sie aufgezeigt würden, ihr keine Antwort geben würden auf ihre Frage nach der inneren Gestaltungsweise der so dargestellten Formen, Funktionen oder Anpassungen. Wenn es aber gelänge, in der Abstammungslehre neben der formal morphologischen eine physiologische Betrachtung zu beleben, die ihr bisher im allgemeinen noch fremd war, und ihr so eine neue Seite zu erschließen, so würde auch die Physiologie beginnen, unmittelbares Interesse an der Abstammungslehre zu nehmen, d. h. sie würde Fragen stammesgeschichtlicher Art gestellt bekommen, von denen sie bisher kaum etwas wußte.

Dieser Weg in der Stammesgeschichte ist nun bereits beschritten durch die biologisch-ethologische, die paläobiologische Forschung. Sie ist die Einleitung zu einer zukünftigen physiologischen, nicht mehr nur morphologischen Abstammungslehre geworden. Denn indem sie bei jeder einzelnen Form die Gestaltung als eine vollendete oder werdende Anpassung an die Umwelt und Lebensbedürfnisse, an die äußeren Einflüsse im weitesten Sinn darzustellen sucht, s t e l l t s i e u n m i t t e l b a r an die Physiologie die spezielle Frage, wie die Wirkung bestimmter Einflüsse am Organismus zustande kommt nnd sich äußert.

Neuerdings ist eine vierte Spezialwissenschaft aufgelebt, welche ihrerseits neues Licht in die Morphologie, in die Gesetzmäßigkeiten der Lebensentwicklung, sowohl der ontogenetischen, wie indirekt auch der phylogenetischen, bringt: die exakte Vererbungslehre. Die für die Abstammungslehre und für die Paläobiologie wesentlichsten Ergebnisse, die sie bisher hatte, scheinen mir kurz folgende zu sein:

1. Gleiche Form (Phänotypus) im ganzen wie im einzelnen bedeutet nicht unmittelbar innere Verwandtschaft (Genotypus). Man kann nicht aus anscheinend gleichem Phänotypus auf eine gleiche Erbbeschaffenheit schließen und umgekehrt.

2. Es können phänotypische Eigenschaften latent werden, dann wieder ausspringen, auch sich kombinieren, so daß das Vorhandensein und Fehlen wie überhaupt die Ausgestaltung phänotypischer Merkmale kein unmittelbarer Maßstab für die genotypische Verwandtschaft zweier Formen ist.

3. Mutationen, das sind genotypisch neue Formen, entstehen sprungweise, sei es durch Hinzutreten oder Ausfall eines oder mehrerer genotypisch bestimmter Erbfaktoren.

4. Phänotypische Eigenschaften sind durch Zuchtwahl und Naturselektion verschiebbar, ebenso wie andauernd gleiche Lebenslage eine phänotypische Eigenschaft aufprägen, steigern oder wieder verschwinden lassen kann. Diese phänotypischen Änderungen werden nicht vererbt, mithin können sichere Schlüsse auf eine genotypische Änderung der Konstitution nicht gezogen werden. Phänotypische Anpassungen sind also nicht erblich.

5. Es gibt eine wahre und eine falsche Erblichkeit. Die wahre Erblichkeit ist genotypisch bestimmt und kann persistieren, auch wenn bei Lebenslageänderungen der Phänotypus variiert. Die falsche Erblichkeit besteht in phänotypischen Änderungen, die dauernd anhalten können, solange die gleiche, sie hervorrufende Lebenslage anhält, wobei der Genotypus, wie sich oft später zeigt, nicht geändert wurde.

Viel mehr, als bisher ausgesprochen wurde, decken sich diese im kleinen ermittelten Gesetzmäßigkeiten ihrem Wesen nach auch mit den im großen aus der paläontologisch-geologischen Artenfolge ermittelten Tatsachen. Freilich wird man sich nicht einfallen lassen, die Ergebnisse der experimentellen Vererbungslehre, die an engsten Generationsfolgen gewonnen sind, unbesehen auf die Paläontologie zu übertragen. Wenn aber so evident die paläontologischen Tatsachen im großen und über weite Zeiträume hin zeigen, was die Vererbungslehre im kleinsten und im engsten Zeitkreis prinzipiell erkennt, dann wird man wohl sagen dürfen: hier liegen Gesetzmäßigkeiten organischen Geschehens und Formbildens vor, die im großen wohl nichts anderes sind als im kleinen und daher vom einen auf das andere wiederum zu schließen gestatten in den Fällen, wo im einen Gebiet diese und jene Frage zweifelhaft bleibt.

Es soll das noch gezeigt werden. Die Vererbungsforschung ist Physiologie und Biologie in einem, während die Paläobiologie Stammesgeschichte und Biologie in einem ist. Die Paläobiologie aber hat sowohl eine morphologisch-formale, wie eine physiologische, wie eine vererbungswissenschaftliche Fragestellung und auch Ergebnisse. So stehen wir mit den beiden neuen Spezialwissenschaften — der aus Zoologie und Botanik erwachsenen Vererbungsforschung einerseits, der aus der Paläontologie erwachsenen Paläobiologie andererseits — vor einer neuen zukunftsreichen Synthese, aus welcher nicht nur den alten Einzelwissenschaften neue Erkenntnisse zufließen, sondern welche auch die Physiologie enger mit jenen stammesgeschichtlichen Wissensgebieten verknüpft, denen sie bisher ferne stand und mit denen sie sich mehr als bisher nun wechselseitig befruchten kann. Das Ergebnis dürfte schließlich eine aus der morphologisch-formalen Enge herausgeführte, lebendig vertiefte Abstammungslehre sein, statt des bisherigen erstarrten Formalismus der Stammbäume und einer sogenannten natürlichen Systematik.

2. Methoden der paläobiologischen Formenkunde

Welche Methoden hat die Paläobiologie zur Verfügung, um über die Lebensweise der fossilen Tiere das zu erfahren, was zum Verständnis ihrer Körperform und ihrer Einzelorgane nötig ist? Umgekehrt: wie kann sie die biologische Bedeutung der Körperformen und Einzelorgane ermitteln, um daraus auf die Lebensweise der Formen zu schließen?

Ebenso wie im Material, besteht auch in den Methoden natürlich ein großer Unterschied zwischen der biologischen Forschung an Lebenden und an Fossilen. Zoologe und Botaniker können die Bedeutung der lebenden Gestalten an deren Lebensgewohnheiten und Funktionen meistens unmittelbar studieren und so die Anpassung an die Umwelt auch unmittelbar erkennen. Sie können ferner die feinere Ontogenie verfolgen und so die angepaßten fertigen Formen und Organe einerseits in ihrer typischen Bestimmtheit, andererseits aus ihrem Werden besser verstehen. Sie können schließlich durch Zuchtversuche und künstliche Beeinflussung die Fortpflanzung und die Formbildung in gewollte Bahnen leiten und die Wirkung in nachfolgenden Generationen abwarten.

Der Paläontologe kann seine einschlägigen Beobachtungen fast nur mittelbar machen; er ist dabei mehr auf Schlußfolgerungen als auf direkte entwicklungsmechanische Beobachtungen angewiesen. Er muß die Fossillager studieren und aus deren sedimentpetrographischer und faunistischer

Beschaffenheit einen Schluß auf die Gestaltung der ehemaligen Umwelt der zu untersuchenden Einzelformen ziehen. Er muß ermitteln, ob die angetroffenen Fossilien auch in derselben Umgebung lebten, in die sie tot hineingelangten und in der sie jetzt überliefert sind. Er muß Analogieschlüsse aus dem Aufenthaltsort der Lebenden auf jenen gleichartiger Fossiler machen, also aus dem unmittelbar Beobachtbaren auf das nur mittelbar zu Beobachtende schließen. Viele Sedimente hinwiederum sind nur aus dem Charakter gewisser darin eingeschlossener Fossilien zu verstehen, und die Lebensweise dieser Fossilien muß womöglich erst durch eine richtige Konstruktion und einen Vergleich mit entsprechenden Lebenden erschlossen werden. Beide Erkenntnismittel arbeiten sich also vielfach erst aneinander empor: die Lebensgewohnheiten finden ihren Ausdruck an der Körpergestalt und dem Bau oder der Kombination der Organe; die Körpergestalt und die Anpassungsart der fossilen Formen hinwiederum macht die Entstehungsbedingungen der Sedimentlager klarer.

Nur durch das vergleichende Studium der Fossilen mit den Lebenden kann überhaupt der Paläontologe die fossilen Körperformen und ihre Organe als Ausdruck der Lebensweise erkennen. Ebenso ist es mit der Ontogenie, welche uns das individuelle Werden der angepaßten Form zeigt; der Paläontologe hat nur wenig Gelegenheit, die ontogenetische Entwicklung zu beobachten, besonders soweit sie sich noch ohne Ausscheidung von Hartteilen vollzieht. So geht es ihm ja auch vielfach bei der Abgrenzung der natürlichen Arten; auch hier weiß er selbst bei seinen besten Faunengemeinschaften nicht, ob er unbedingt gleichzeitige Organismen, ob er Geschwister oder nur Generationen vor sich hat, wodurch auch seine Variationsstatistiken äußerst erschwert sind.

Unter Berücksichtigung dieser Einschränkungen haben wir folgende Methoden der Paläobiologie:

1. Beobachtung der nächstverwandten oder körperlich gleichartigen, lebenden Tiere und entsprechende Übertragung der hierbei gewonnenen Erkenntnisse auf die fossilen;
2. Unmittelbare Ausdeutung der fossilen Formen, indem von den Organen auf die Lebensweise geschlossen wird, d. h. aus dem Bau der einzelnen Form und der Organe auf die mechanisch und physiologisch wahrscheinliche Verwendung und Funktion geschlossen wird;
3. Ableitung der biologischen Verhältnisse fossiler Formen aus dem Charakter ihrer Sedimentlager und ihrer Lage in denselben.

Mit diesen Mitteln suchen wir also die Lebensweise und den biologischen Sinn fossiler Formen zu enträtseln, wofür einige Beispiele gegeben seien. Zunächst ein ganz primitives:

Die Brachiopoden (Fig. 50, Kap. III) haben in der Wirbelspitze ihrer Ventralschale jene runde Durchbohrung, aus welcher der zähe fleischige Stiel heraustritt, mit dem sie auf einer festen Unterlage angeheftet sind.

Nur wenige Arten dieser einst so formenreichen Gruppe leben heute noch und gestatten uns, diese ihre Lebensweise zu beobachten und auf die gleichorganisierten fossilen Formen zu übertragen. Denn das Wirbelloch allein ist nicht so eindeutig charakteristisch, daß wir daraus die Lebensweise ableiten könnten, wenn wir die fossilen Gattungen allein nur vor uns hätten. Vielleicht würden wir dann die Brachiopoden für Mollusken halten, die wie Muscheln auf dem Boden lagen, oder wir würden besonders bei den langgestreckten Formen (Fig. 172, Kap. IV) das Schnabelloch am ehesten für einen Sipho halten und sie vielleicht für Schlammbewohner ansehen, oder bestenfalls erwägen, ob sie nicht nach Art der Pinniden und Pectiniden u. a. mit einem byssusartigen, aus dem Loch austretenden Organ sich verankert hätten. Der Grad der Sicherheit unserer Schlüsse auf die Biologie des fossilen Materials ist daher von dem Vorhandensein und der Ähnlichkeit des lebenden durchaus bedingt.

Ein anderes Beispiel. Von den Trilobiten des Paläozoikums haben wir keinen lebenden Vertreter mehr. Wir sind zum Verständnis ihrer Organisation auf weiter hergeholte Analogien mit ähnlich gebauten lebenden Formen angewiesen. Das sind neben den Krebsen im allgemeinen die Meer- und Wasserasseln, die mit ihrem, gleich den Trilobiten segmentierten, einrollungsfähigen Körper und ihren Extremitäten am ähnlichsten erscheinen. Wenn Gefahr droht, rollen sie sich ein. Sie leben[1] entweder gesellig im Lichte der Uferzone oder in tieferem Wasser, frei schwimmend oder unter Steinen und verkrochen. In diesem Zustande finden wir auch die Trilobiten teilweise fossil. (Fig. 292, Kap. VI.) Wir vergleichen dann im einzelnen den Bau ihres Körpers, ihrer Extremitäten, ihrer Augen noch mit denen lebender Krebse, von denen wir wissen, wie sie leben. Nur auf Grund solcher Vergleiche haben wir dann bestimmtere Anhaltspunkte für die Lebensweise der Trilobiten und können nun sagen: sie werden mit Hilfe ihrer asselartigen und krebsartigen Füße geschwommen sein, frei im Wasser oder unmittelbar über dem Boden, bald dagelegen, bald sich verkrochen, bald sich wieder fortbewegt haben. Wir kennen erblindete Asseln, die im Zusammenhang mit ihrem Leben im Dunkeln ihre Augen rückgebildet haben, wie auch andere marine Krebse es zeigen. Dieselbe Eigentümlichkeit bei vielen Trilobiten läßt uns soweit schließen, daß auch sie ihr Leben im Dunkeln zubrachten. Wir fragen dann weiter, ob sich dieses Dunkelleben im Tiefenwasser, wo hinein kein Sonnenlicht mehr dringt, abspielte oder ob die Tiere im Schlamm eingewühlt und vergraben lebten. Wir müssen die meisten von ihnen als Schlammbewohner ansehen, teils weil sie noch andere Eigenschaften besitzen,

---

1) Brehm's Tierleben, 4. Aufl., herausgeg. von O. zur Strassen. Bd. I. Leipzig und Wien 1918, S. 664.

welche auf ein Wühlen im Schlamme schließen lassen, teils weil es im Gegensatz hierzu auch Formen mit stark vergrößerten Augen gibt (Fig. 237, Kap. V), welche das Charakteristikum für nicht im Schlamm wühlende, aber im Düster lebende Krebstypen sind. Besitzer solcher Augen unter den Triboliten können auch deshalb nicht im Schlamm eingewühlt gelebt haben, weil hier die Augen überhaupt keinen Wert hatten und nur gefährdet waren. Sie schwammen in der dysphotischen Region frei herum oder krabbelten am Boden; die völlig blinden Trilobiten sind im Gegensatz zu ihnen daher vermutlich im allgemeinen die im Boden wühlenden Formen. Verbreiterung oder Verlängerung des Kopfschildes, seitliche Körperverbreiterung, Aussenden von Stacheln, Verkürzung oder Verlängerung des Schwanzschildes, Vorhandensein eines Schwanzstachels u. dgl. sind weitere Eigentümlichkeiten vieler Trilobitengattungen, deren Biologie wiederum aus Vergleichen mit entsprechenden Einrichtungen an lebenden Krebsen aller Art durch Übertragung ermittelt werden muß, wie dies in den Kapiteln IV u. V näher ausgeführt ist.

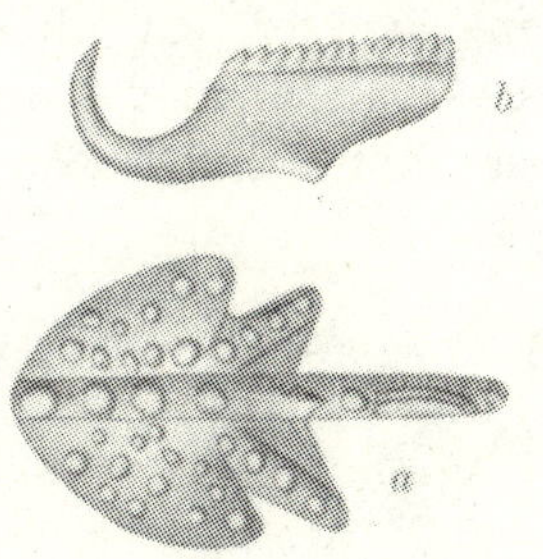

Fig. 1. Fossile Annelidenkieferchen, sog. Conodonten, als einziger Überrest der ganzen Sippe. (Aus Hinde, Quart. Journ. geol. Soc. London 35, 1879.)
a Polygnathus.
Oberdevon New York $^{20}/_1$.
b Arabellites.
Untersilur Toronto $^{12}/_1$.

Manche Gruppen sind uns nur durch leise Spuren, ja oft nur durch isoliert erhaltungsfähige Organe und Organteile überliefert. Aus solchen allein müssen wir dann nicht nur auf das ehemalige Vorhandensein, sondern auch unter Vermittlung der Lebenden auf die Biologie Schlüsse ziehen. So kennen wir von der Gruppe der Flagellaten unter den Protozoen nur die mikroskopischen Coccolithen, kleine schild- oder becherförmige Scheibchen aus tertiären Schichten und aus der Schreibkreide; die nackten Holothurien oder Seewalzen haben in ihrer Körperwand mikroskopische Rädchen, Sternchen, Ankerchen, die man gelegentlich fossil findet und aus denen man allein auf die Anwesenheit jener Gruppe schließen kann, wenn sie nicht zufällig einmal im Abdruck (Fig. 8, S. 32) erhalten ist; von den Anneliden finden wir schon im Altpaläozoikum mikroskopisch kleine Kieferchen (Fig. 1), die uns alles sagen müssen, was uns von dieser Gruppe wissenswert erscheint. Durch das, freilich nicht schematisierend zu übertreibende Gesetz der Korrelation ist es möglich, von Teilen, ja von ganz unscheinbaren Teilen oft überraschend gut auf das Ganze oder andere Einzelteile zu schließen, und dieses Gesetz muß nach den an Lebenden gewonnenen Resultaten in solchen Fällen auf die spärlichen Fossilreste eben angewendet werden.

Ein anderes Beispiel, das uns zeigen soll, wie auch aus einem ganz geringfügigen Einzelmerkmal die Lebensweise des Trägers ermittelt werden kann, wenn nur analoge Lebende bekannt sind. Der lebende reguläre Seeigel Arbacia hat eine besondere Art des losen Sitzens auf dem Boden. Die kräftigen, auf der Unterseite hervortretenden Saugfüßchen haben Haftscheiben, mit denen er sich auch im stärksten Wellenschlag angeklammert hält. Das Tier ist infolge dieser Anheftungsfähigkeit an das Leben in der Brandung besonders gut angepaßt.[1] Auf der Oberseite (Analseite) sind die Füßchen rückgebildet und zu Atempapillen umgewandelt, auch fehlen die Stacheln auf der Analseite wegen der bei ihr zum Bedürfnis gewordenen raschen Abfuhr des Kotes. Bleibt dieser nämlich auf dem Rücken der Schale liegen, dann wirkt er in kürzester Zeit giftig auf den Organismus ein, und diese Gefahr wird beseitigt, wenn die Rückenstacheln um den After herum, in denen sich der Kot allenfalls fängt, fehlen; das bewegte Wasser der Brandungszone sorgt dann für rasches Abspülen. Da eine fossile tertiäre Form dasselbe Körpermerkmal der reduzierten Warzen zeigt (Fig. 2), so dürfen wir folgern, daß auch bei ihr derselbe biologische Zusammenhang bestand und daß auch sie ein im bewegten Wasser sich aufhaltender Seeigel war, der sich wohl auch ebenso anzuklammern verstand.

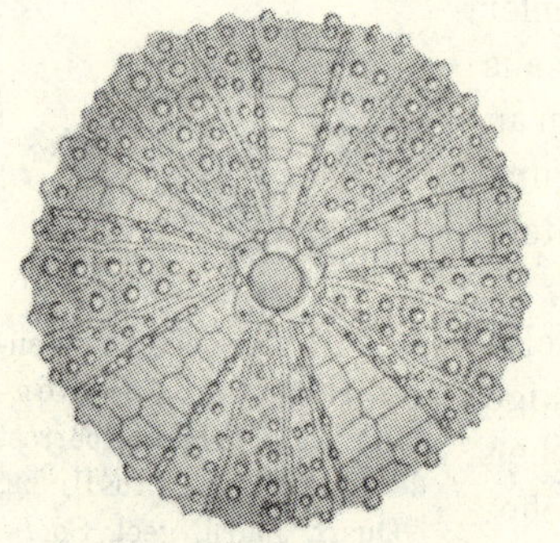

Fig. 2. Coelopleurus.
Eozän Plassac b. Bordeaux ¹/₁. Die interambulakralen Stachelwarzen fehlen zur besseren Wegschaffung des Auswurfes aus dem After. (Aus Cotteau, Actes Soc. Linn. Bordeaux 1869.)

Muß man in dieser Weise von lebenden, wenn auch nahe verwandten Formen auf fossile Schlüsse ziehen, so ist das immerhin keine unbedingt zuverlässige, wenn auch zurzeit wohl die sicherste Methode. Die mechanische und physiologische Wirkung eines Organes wird zwar in allen Fällen dieselbe sein, wenn dieses Organ in gleicher Ausbildungsweise auch bei sehr heterogenen Gattungen wiederkehrt, und wird daher auf dieselbe Verwendung hinweisen zu allen Zeiten. Aber nach der allgemeinen körperlichen Gleichheit zweier Arten einfach vorauszusetzen, daß sie etwa in bezug auf Wärmebedürfnis, Wasserdruck, Ernährungsweise, Bewegungsart dieselben Lebensgewohnheiten gehabt, dieselbe Tiefzone bewohnt hätten, geht nicht ohne weiteres an, weil sogar sehr viele nächstverwandte Arten eine auffallend verschiedenartige Lebensweise führen können und oft eine recht verschiedene Umgebung bevorzugen, ohne daß dies immer an charakteristischen unterscheidenden Körpermerkmalen zu erkennen wäre. Der Brachiopode Crania anomala lebt nach Walther im Clydebusen in 27 m Tiefe, im Mittelmeer

---

1) Brehms Tierleben. Bd. 1, 4. Aufl. 1918, S. 365/66.

in fast 1300 m; Discina atlantica in der Baffinsbai, in einem kalten Wasser in 1300—2600 m, Discina Cuningii bei Guatemala im warmen lichten Wasser nur in etwa 15 m Tiefe.

Nachweislich haben auch manche Formen ihren Lebensort und damit ihre Lebensweise, aber nicht so sehr ihre Körperform, geändert, als sie etwa aus lichteren Regionen in das Dunkel, aus dem bewegten Flachwasser in das tiefe Stillwasser oder aus dem Meer in das Süßwasser sich zurückgezogen haben. Beispiele dieser Art sind gewisse mesozoische Formen: unter den Krinoideen Pentacrinus, unter den Krebsen Eryon (Fig. 111, Kap. IV), die aus dem lichten Flachwasser in das dunkle Tiefenwasser gingen. Auch einem Wechsel in ihrem Wärmebedürfnis, in ihrer Anpassung an das Klima haben sich einige Typen unterzogen, indem z. B. die Rhynchonellen des Mesozoikums die warmen Jurameere mit ihren Korallenriffen belebten, heute aber das kalte Tiefenwasser der Nordregion bevorzugen. Limulus lebt heute im Meere, kommt aber fossil zuweilen auch in Süßwasserablagerungen vor.

Das trifft auch für die Funktionen zu, die oft ohne Änderung der Körperform sich ändern, wobei Organe, die vorher zu etwas anderem bestimmt waren, neue Tätigkeiten über-

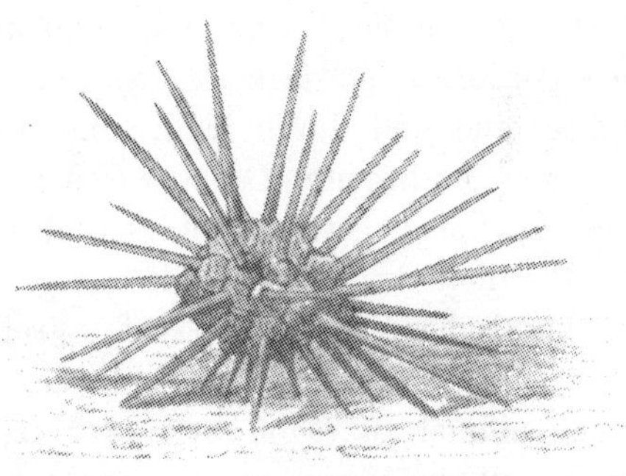

Fig. 3. Lebender Seeigel, auf seinen Schutzstacheln laufend.
(Aus Keller, Leben d. Meeres, 1895.) Verkl.

nehmen. Wenn reguläre Seeigel heute auf ihren Stacheln herumstelzen (Fig. 3), so kann man mit Sicherheit sagen, daß diese für solche Verwendung ursprünglich nicht geschaffen wurden, sondern ein Schutzorgan waren, als welches sie heute noch primär in Funktion sind. Oder wenn Limulus, ein typischer Bodenbewohner, heute stunden- und tagelang auf seinem Rücken, die Beine nach oben gewendet, schwimmt, dann ist das sicher eine neue Errungenschaft, für die der Körper nicht gebaut, sozusagen nicht berechnet ist und von der uns darum die Körperform als solche gar nichts erzählt. Infolgedessen wissen wir auch nicht, ob die sonst identischen fossilen Formen diese Gewohnheit hatten. Der lebende Nautilus (Fig. 29, Kap. II) mit seiner luftgekammerten Schale lebt in sekundärer Anpassung mit Vorliebe auf dem Boden und steigt nur wenig auf. Da aber die Schale im Gegensatz zum Schneckengehäuse ganz typisch auf ein Leben des Auf- und Niedersteigens, des Schwimmens und des Schwebens im Wasser eingerichtet ist, so wäre ein verallgemeinernder Rückschluß von der Lebensweise des lebenden Nautilus auf die fossilen Nautiliden oder gar auf die

Ammonshörner ganz verfehlt. Hier gehört also Umsicht des Urteils her, nicht einfaches Vergleichen und Übertragen.

Abgesehen von jenen Ausnahmen, wo sehr nahe verwandte Arten eine entgegengesetzte Lebensweise betätigen, ohne daß dies an ihrer Körperform entsprechend zum Ausdruck gelangte, wird man jedoch ganz allgemein sagen können, daß, je jünger eine Art geologisch ist und je näher verwandt sie bekannten Lebenden ist, um so größer auch die Wahrscheinlichkeit, daß ein Schluß von diesen auf jene uns ein richtiges Bild von der Lebensweise fossiler Arten gibt. Je weiter wir aber in der Reihe der Formationen abwärts steigen, um so unsicherer wird durchschnittlich jener Schluß[1]), weil die Formen immer verschiedenartiger werden.

Einen gewissen Anhalt für die Beurteilung der Lebensweise fossiler Organismen, die nicht mehr in gleicher Form lebend existieren, bietet nun das Verfahren, bestimmte allgemeine Charaktere der Organe und Gesamtkörperformen festzulegen, welche vergleichend den Lebenden entnommen sind und durch ihr Erscheinen bei allen möglichen Fossilen auf eine ganz bestimmte Lebensweise sofort mit Bestimmtheit schließen lassen; also beispielsweise Dickschaligkeit auf das Bewohnen der Brandungszone, Plattheit des Körpers auf ruhiges Daliegen am Boden, Torpedoform auf nektonisches Schwimmen usf. Freilich darf dagegen die selbständige Prüfung der Einzelform von Fall zu Fall nicht zurückstehen, denn, um es noch einmal zu sagen: von der Gestalt eines fossilen Organes oder Körpers auf die Funktion zu Lebzeiten zu schließen, ist immer gewagt, weil allzuviele Formen eine andere als die ihrer Organgestalt primär zukommende Lebensweise ausüben. Man kann, da eine Funktion oft mit einem oder sozusagen gegen ein Organ durchgeführt wird, für die es gar nicht geschaffen war, natürlich nicht immer mit unbedingter Sicherheit aus den Organbildungen und der Gesamtkörpergestalt auf die Lebensweise eines Einzeltieres schließen. Wohl aber ist jede Organform, jede Gestalt ursprünglich auf eine bestimmte Funktion gewissermaßen berechnet und eingestellt gewesen, auch wenn eine ihr entsprechende Verwendung augenblicklich oder überhaupt nicht mehr stattfindet. Daher zerlegt sich die formanalytische ethologische Denkarbeit in drei erkenntnistheoretische Teile:

a) Ermittelung der biologischen Verwendungsfähigkeit eines Organes und einer Körpergestalt an und für sich;

b) Untersuchung, ob das Organ und die Gestalt bei dem fossilen Tier auch dementsprechend funktionierte oder nicht;

c) Feststellung des allenfalls und häufig sich ergebenden Widerspruches zwischen Organ- und Formbildung im einzelnen Falle und historisch-

---

1) Deecke, W., Faziesstudien über europäische Sedimente. Ber. Naturf. Ges., Freiburg i. B. 1913, Bd. 20, S. 35.

stammesgeschichtliche oder physiologische oder statische Erklärung dieser Nichtübereinstimmung von Form und Funktion.

Diese drei Operationen werden wir im nachfolgenden dauernd miteinander verknüpft sehen.

Dasselbe Organ kann mitunter auch zwei Funktionen erfüllen, auf die es beidemale gleichgut eingestellt ist. Oft ergibt sich dann die eine Funktion nur zufällig durch das einfache Dasein des in anderem Zusammenhang sozusagen ungewollt entstandenen Organes. So dienen die Stacheln des beifolgend abgebildeten Murex (Fig. 4) dem unmittelbaren Schutz des Tieres, der Abwehr von Feinden; zugleich aber bedingt der jeweils in die Mündungsebene fallende Stachelkranz eine Verbreiterung der Mündungsfläche und sichert damit das ruhige feste Daliegen des Gehäuses, wenn sich das Tier hinein zurückgezogen hat. In anderen Fällen hinwiederum dienen lang ausgezogene Stacheln und Strahlen der Ausdehnung der Körperoberfläche, wodurch eine dem Schweben im Wasser günstige spezifische Erleichterung des Körpergewichtes herbeigeführt wird. Es kann also niemals eine Organbildung an und für sich von vorherein als unbedingt eindeutig in bezug auf die wirkliche Verwendung angesehen werden. Wir werden solchen Beispielen öfters begegnen.

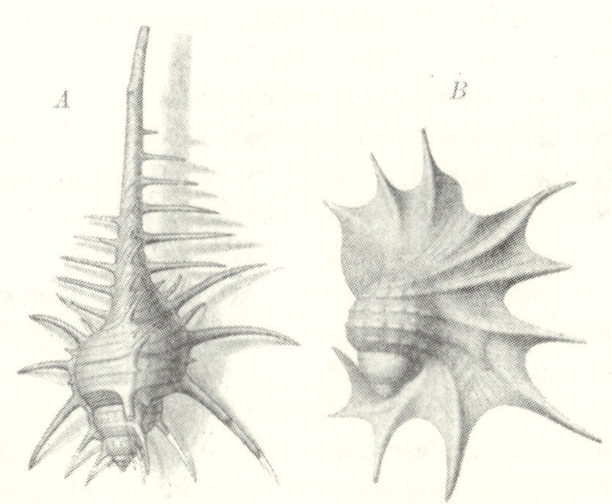

Fig. 4. *A* Murex spinosus. Rezent. Schutzstacheln, zugleich dem festen Liegen des Gehäuses dienend, (Orig. in München) $^3/_4$.
B Harpagodes polypodus. Stacheln zur Schutzplatte für den Weichkörper erweitert. Ob. Jura. Lothringen. (Aus Buvignier, Statist. géol. Meuse 1852) $^1/_2$.

Ein Organ kann auch seine Bedeutung wechseln, allmählich einem anderen Zwecke dienen, als dem, für den es angelegt wurde. So haben die älteren, mesozoischen Alarien und Strombiden zuerst an der Mündung einfache finger- und schaufelförmige Fortsätze, welche als Tragflächen für die überhängende Schale dienen; auch Wülste, die sich ausbilden, haben denselben Zweck. Allmählich aber vergrößern sich die Mündungsfortsätze derart, die zwischen den Fortsätzen ausgespannten Kalkflügel werden so breit und ausgedehnt (Fig. 4), daß sie ihre Bedeutung als Tragfläche für das nun im Verhältnis allzu kleine Gewinde überschreiten und statt dessen nun als Schutzschild für den herangetretenen Weichkörper und, bei dessen Hereinziehen in das Gehäuse, als Liegefläche und damit als Schutz gegen das Herumrollen dienen. Es ist schwer zu entscheiden, ob hier sozusagen mit Willen die Natur ein Organ allmählich zu einer neuen Funktion umprägte oder ob nur eine unglückliche Hypertrophie eine neue Verwendung aufnötigte, also dazu führte, gewissermaßen aus der Not eine Tugend zu machen.

Weiter kann ein und dasselbe Teilorgan bei verschiedenen Arten der gleichen Gruppe sogar ganz entgegengesetzten biologischen Zwecken dienen. So sind die mit einem scharfen Kiel und zugeschärfter Externseite begabten diskoiden Ammoniten vermutlich die besten Schnellschwimmer unter diesen Tieren gewesen (Fig. 258, Kap. V). Um die Schale zum Durchschneiden des Wassers geeignet zu machen, wird gelegentlich sogar noch ein Kiel eigens aufgesetzt. Formen mit grober Flankenberippung und breiter oder gefurchter Externseite erleiden dagegen beim aktiven Schwimmen besondere Hemmungen. Wenn wir daher Formen wie Arietites einen von zwei Furchen begleiteten Externkiel tragen sehen (Fig. 88, Kap. III), dann ist diese Kielbildung gerade von umgekehrter Wirkung wie etwa die des Oxynoticeras.

Oft trifft man eine Gattung mit ihren verschiedenen Arten gerade im Stadium des Überganges von einer Lebensweise zur anderen und in einer erst halbwegs vollendeten Umbildung der Organe oder der Gesamtkörperform. Da wird ein Vergleich mit anderen, ehemals gleichzeitig lebenden oder vorhergehenden und nachfolgenden verwandten Gattungen oder die Beobachtung ebensolcher Organe überhaupt bei ganz anderen Formen, wo sie aber vielleicht deutlicher ihren Sinn verraten, den nötigen Aufschluß geben. Ein Beispiel hierfür sind die Bellerophonten (Fig. 122, Kap. IV) des Paläozoikums, deren bilaterale Symmetrie ein ursprüngliches nektonisches Schwimmen verrät, deren Dickschaligkeit und deren Vorkommen an devonischen und karbonischen Korallenriffen aber zeigt, daß jenes ursprüngliche Merkmal ganz seine Bedeutung verloren hatte, daß aber aus irgendeinem Grunde die einmal festgelegte Organisation beim Übergang zum Bodenbewohnen nicht mehr das geeignetere unsymmetrische Schneckengewinde hervorbringen konnte, sei es, daß zuvor nur der Eingeweidesack ohne Schale spiral eingerollt war, oder daß schon eine zarte Spiralschale vorhanden war, die danach bloß verdickt wurde.

Ist so durch vergleichend anatomisches Betrachten die Lebensweise und die Bedeutung der Körperform und der Einzelorgane eines fossilen, nicht mehr in der Jetztwelt vertretenen Typus nicht nur im allgemeinen, sondern für einzelne Gattungen und Arten bestimmter festgelegt, so tritt das unter 3. genannte Verfahren hinzu: aus den Sedimenten und ihrem sonstigen Fossilinhalt die umgebenden Verhältnisse abzuleiten. Es wird untersucht, ob es Strand- oder Flachseeablagerungen, Brandungs- oder Stillwassersedimente sind, in denen die Fossilformen, deren Biologie wir erforschen, vorkommen. Wir leiten aus dem petrographisch-stratigraphischen Charakter der Ablagerungen, sowie aus den sonstigen, in den betreffenden Schichten vorkommenden, biologisch bekannteren Fossilarten die Tiefenverhältnisse, daraus die Licht- und Druckverhältnisse, die Strömungs- und Bewegungsart des Wassers, die Bodengestaltung und die Ernährungsverhältnisse ab. Die Art und Weise, wie uns die Fossilien in ihren Schichtlagern entgegentreten, der Charakter dieser Schichten, woraus wir auf den Charakter des Lebensraumes, auf die engeren und weiteren Lebensumstände der Einzeltiere oder ganzer Gemeinschaften schließen müssen, sind unentbehrliche Hilfsmittel zum Erkennen der Bedeutung einer Körperform, eines Organs und dessen Umwandlungen. Das läßt sich weder durch das Studium des Tieres selbst, noch durch Artenvergleichen im Museum ersetzen, und es wäre die schlimmste Verkennung der biologischen Aufgaben, wenn man die Paläontologie sowohl als Forschung wie als Lehre von der stratigraphischen Geologie und der petrographischen Sedimentkunde trennen und auf solche Weise „selbständig" machen wollte.

Um fossile Tierformen richtig deuten zu können, müssen sie auch richtig rekonstruiert werden, was besonders für die zusammengesetzten Skelette und Panzer gilt. Jeder bestimmten Lebensweise entsprechen bestimmte Allgemeinformen der äußeren Gestalt und der Organe. Wenn wir Bruchstücke eines Wassertieres mit Flossen finden, so werden bei der Rekonstruktion des fehlenden Teiles von vornherein alle Organbildungen ausgeschlossen sein, welche der aus dem Bruchstück an sich wahrscheinlich gemachten Lebensweise widersprechen würden. Die Erkennung der Lebensweise fragmentärer fossiler Tiere, die wir aus dem Bau des Körpers und der Einzelorgane, ebenso zum Teil aus ihrem stratigraphischen Vorkommen ableiten, wird also zugleich ein Mittel sein, bei Körperrekonstruktionen, besonders der Wirbeltiere, die fehlenden Teile oder unklare Verhältnisse der Organe zueinander klarzustellen. Darum fordert ABEL mit Recht eine richtige Auffassung der Lebensweise, um solche Rekonstruktionen sinngemäß durchführen zu können. Die Rekonstruktion eines fossilen Tieres, sagt er[1]), wird erst dann als gelungen zu betrachten sein, wenn es möglich war, seine Lebensweise zu ermitteln. So sind uns z. B. trotz der außerordentlich häufigen Rostren von Belemniten die Phragmokone oder gar ganze Schalen mit dem erhaltenen Proostrakum nur äußerst selten überliefert. Gewöhnlich findet man nur noch die Anfangskammern des Phragmokons, soweit sie eben in dem weniger verletzlichen Rostrum stecken. Von drei oder vier Arten haben uns seltene glückliche Funde auch die hackenbesetzten Arme und den Mantel im Abdruck bekanntgemacht. Trotzdem genügen nach ABEL[2]) diese wenigen

---

1) ABEL, O., Über die allgemeinen Prinzipien der paläontologischen Rekonstruktion. Verh. k. k. zool.-botan. Ges. Wien, Jahrg 1910, S. 143.

2) ABEL, O., Paläobiologie der Cephalopoden aus der Gruppe der Dibranchiaten. Jena 1916, S. 169.

Reste, um ein Bild von der allgemeinen Körperform des Belemnitentieres zu gewinnen und den Anpassungstypus, den es vertritt, zu ermitteln. Die Beziehungen zwischen den erhaltenen Weichteilen und dem Innenskelett bei den am vollständigsten erhaltenen Exemplaren jurassischer Belemniten ermöglichten ihm die Rekonstruktion der Mantelumrisse auch für jene Formen, die uns nur Teile ihres Innenskelettes hinterlassen haben. Aus den Umrißfunden einerseits, den Rostren andererseits versuchte er alsdann die allgemeine Körperform der Belemniten abzuleiten. Die ethologische Analyse der Körperform der lebenden Dibranchiaten hat ihm ferner die Korrelation zwischen Körperform, Flossenlage und Flossenform dargetan, und so glaubt er sich imstande, aus der Kenntnis der allgemeinen Belemnitenform auch die Lage der Flossen und ihre Form mit einem hohen Grade von Wahrscheinlichkeit anzugeben (Fig. 238, Kap. V) usw.

So arbeiten sich die Erkenntnismittel aneinander empor, indem der Forscher bald von der Lebensweise zur Erklärung der Organe, bald, den umgekehrten Weg nehmend, von der Organbildung und Körperform zur Erkenntnis der Lebensweise gelangt.

Um zu zeigen, welche methodischen Gedankenverbindungen man etwa anzustellen hat, um aus dem Sedimentcharakter und dem Fossilvorkommen, ferner aus der Fossilform selbst und aus der Korrelation der Organe untereinander innerhalb desselben Körpers und aus den entsprechenden biologischen Zusammenhängen in der Jetztwelt ein Verständnis für die biologische Formenkunde fossiler Tiere zu erhalten, sei folgender von RICHTER erörterter Fall[1] angeführt. Er bezieht sich auf die Erklärung der Zwerghaftigkeit und Blindheit gewisser devonischer Trilobiten. Die in den pelagischen oberdevonischen Kalken der Eifel auftretenden Proëtiden, die offenbar aus sehr verschiedenen Zweigen ihres Stammes hervorgegangen sind, werden dort fast ausnahmslos kleinäugig oder sind zu einem sehr erheblichen Teile völlig erblindet (Fig. 5). Sie sind ferner auffallend klein und haben starke Seitenfurchen. Auch die übrigen dort vorkommenden Trilobiten aus anderen Familien zeigen dieselbe Zwerghaftigkeit wie die Proëtiden. Solche Zwergformen kommen weder in den rechtsrheinischen, noch in den böhmischen pelagischen Mitteldevonkalken vor, sondern dort haben auch die Proëtiden ganz normale, zum Teil sogar ansehnliche Größe. Es kann sich somit in der Eifel nur um eine auf den lokalen äußeren Lebensverhältnissen beruhende, nicht im inneren Wesen der Gattung selbst begründete Anpassung handeln,

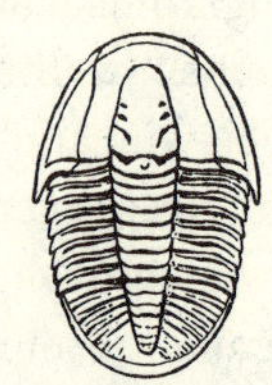

Fig. 5.
Blinde Zwergform eines Proëtiden (Drevermannia). Oberdevon. Elberfeld. (Originalzeichnung von E. RICHTER 1920). ca. 2$^1/_2$ fach vergr.

---

1) RICHTER, R., Beiträge zur Kenntnis devonischer Trilobiten. II. Oberdevonische Proëtiden. Abh. Senckenberg. Naturf. Ges., Bd. XXXI, Frankfurt a. M. 1913. S. 359—364.

und diese ist daher speziell zu erklären. Nun bietet die Annahme einer kurz vor dem Aussterben der Gruppe einsetzenden Entartung und dadurch herbeigeführten Abnahme der Körpergröße keine genügende Erklärung, weil zu anderen Zeiten und an anderen Orten aussterbende Trilobitenfaunen und -gattungen nicht mit Zwergformen verschwinden, sondern ganz im Gegenteil meistens mit ausgesprochen großen, ja mit Riesenformen. Man kommt also zu der Frage, inwiefern jener Lebensbezirk selbst, den heute die Intumescens-, Clymenienkalkmergel und Cypridinenschiefer repräsentieren, die Bedingungen erstens zu einer allgemeinen Rückbildung der Augen und zweitens zu einer Verringerung der Körpergröße enthielt?

Alle blinden devonischen Trilobiten stammen aus Ablagerungen, die man als Absätze in offenem, tieferem Meere ansehen muß. Nie ist aus Seichtwasserbildungen des Devons ein blinder Trilobit bekannt geworden. Es liegt daher nahe, die Blindheit zunächst als Folge des Lebens in einer lichtlosen Region anzusehen, wenn auch diese lichtlose Tiefe noch lange keine Tiefsee im geographisch-geologischen Sinn zu sein braucht. Denn biologisch beginnt die „Tiefsee" schon unterhalb 350 m, nämlich dort, wo es keine assimilierenden Organismen mehr gibt, wo also schon echte Tiefseetiere auftreten; in warmen Meeren von 400 m ab. Es müssen also in Tiefen von 400 bis etwa 900 m auf dem Meeresboden Absätze angenommen werden, welche ihrem sedimentären Charakter nach den Küstenablagerungen angehören, ihrem biologischen Inhalt nach dagegen Tiefseecharakter tragen. Die in Frage stehenden Devonablagerungen dürften daher einer derartigen biologischen Tiefsee angehört haben, und es ist in diesem Falle nicht nötig, auf die Annahme zurückzugreifen, daß die blinden Formen im Schlamme gewühlt haben; denn die Blindheit eines Tieres erlaubt lediglich einen Schluß auf die Dunkelheit seines dauernden Aufenthaltsortes überhaupt, sagt aber an und für sich nichts über die Art dieser Dunkelheit aus.

In der Tiefsee ist weiterhin die Ernährung der Faunen außerordentlich kümmerlich, denn alle Tiere sind angewiesen auf die von oben herabsinkenden organischen Stoffe; sie zeigen daher nach Abel auch in ihrem Habitus Spuren mangelhafter Ernährung. Sieht man von zwei anderen möglichen Erklärungen der Zwerghaftigkeit ab, die beide hier nicht in Frage kommen — nämlich Raumbeschränkung oder durch das bevorstehende Aussterben bedingte Degeneration —, so würde die Deutung als Hungerformen einer lichtlosen Region nicht nur die Kleinheit dieser unserer Trilobitenformen, sondern vielleicht auch ihre Blindheit und noch ein drittes Merkmal: die starke Ausbildung der Seitenfurchen erklären können. Die Seitenfurchen werden nämlich mit Jaekel als Ansatzstellen für die Muskeln der Kieferfüße angesehen; ihre Verstärkung würde auf eine Verstärkung der Kiefer und damit auf eine erhöhte Kautätigkeit schließen lassen. Zwar können die Trilobiten auf Grund der bei Trinucleus studierten Darmausfüllungen als Schlammfresser angesehen werden. Da aber der Schlamm der lichtlosen Tiefsee nährstoffarm ist, so waren die in Frage stehenden Formen infolge der kargen Nahrungszufuhr auf stärkere Ausnützung und Zergliederung der zu Boden sinkenden und dort angesammelten organischen Reste und Leichen ihrer Genossen, deren Panzer stets zerfallen sind, angewiesen; auch die heutigen Meerasseln sind Aasfresser. Daher also die stärkeren Kieferfüße, daher die stärkeren Kaumuskeln, daher die verstärkten Ansatzstellen, nämlich die Seitenfurchen, daher die Blindheit und daher die Zwergform. So ergibt sich eines aus dem anderen. Und obwohl keines an und für sich exakt beweisbar ist, gewinnt doch das Ganze durch die innere Geschlossenheit und Folgerichtigkeit der Argumentation eine überzeugende Wahrscheinlichkeit, was dann auch die biologische Auffassung der Einzelheit selbst wieder klärt.

Naturgemäße Schwierigkeiten erwachsen dem Paläontologen dann, wenn bestimmte, für einen Rückschluß auf die Lebensweise notwendige Körpermerkmale nur an den Weichteilen, aber nicht an den Hartteilen zum

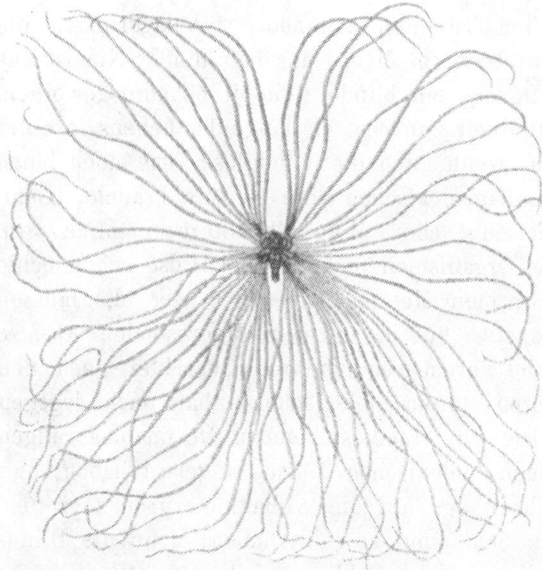

Fig. 6. Bostrichopus, ein planktonischer Brack- oder Meerwasserkrebs aus dem Karbon von Nassau. (Aus Neumayr, l. c., nach Sandberger, Verst. Rhein. Schichtsyst. Nassau 1850—55). $^1/_1$.

Ausdruck kamen. Dann wird man vielleicht sich mit einem Ignoramus bescheiden müssen. Indessen stehen oft Eigenschaften so miteinander in Korrelation, daß sich aus scheinbar unwesentlichen Modifikationen überlieferter Hartteile doch brauchbare Schlüsse auf die Weichteile und damit auf die Lebensweise ziehen lassen. Ich erinnere an die obengenannten altpaläozoischen Annelidenkieferchen.

Es müssen besonders günstige Erhaltungsbedingungen zusammentreffen, um solche Reste zu überliefern. Auch die Zufälligkeit des Findens spielt ja entscheidend mit herein. So bei dem merkwürdigen Bostrichopus, einem planktonischen Krustazeen aus dem Kulmschiefer von Nassau (Fig. 6), dem einzigen Individuum einer jedenfalls einmal zahlreichen und verbreiteten Gruppe, von dem Neumayr sagt: „Von allen Angehörigen dieser Ordnung, die einst in Menge existieren mußten, ist nur dieser einzige erhalten geblieben, und auch von dieser Form ist nur ein einziges, vor vielen Jahren gefundenes Stück bekannt. Wir hätten keine Ahnung von der Existenz eines solchen Typus, wenn nicht zufällig ein verständnisvoller Sammler die eine Schieferplatte unter tausenden aufgegriffen und gespalten hätte. Es gibt nur wenige Beispiele, die uns so eindringlich über die Unvollständigkeit unserer Kenntnis der alten Faunen belehren wie dies. Wie viele gleich merkwürdige Typen mögen noch unentdeckt im Schoße der Berge ruhen, wie viele derartige Stücke mögen durch Verwitterung zerstört, zum Bau, zur Straßenbeschotterung verwendet, in den Kalkofen gewandert sein." [1])

Sehr treffend zeigt der Fund einzigartig erhaltener Trilobiten (Fig. 7) mit Extremitäten in den untersilurischen Utica-Schiefern [2]) von Nordamerika, wie sehr die Zufälligkeit der Erhaltung unser Wissen um die Anatomie und damit die Biologie der Fossilien oft bestimmt. Die Überlieferung der feinsten Anhänge an der Unterseite des Trilobitenkörpers war nur dadurch möglich, daß sich sofort mit dem Verwesungsvorgang Schwefelkies ausschied und die organischen Strukturen Punkt um Punkt ersetzte. Die Exemplare liegen nur in ganz geringer vertikaler Verbreitung, sind vollständig erhalten und durch alle ontogenetischen Stadien von der Larve bis zum ausgewachsenen Tier vertreten.

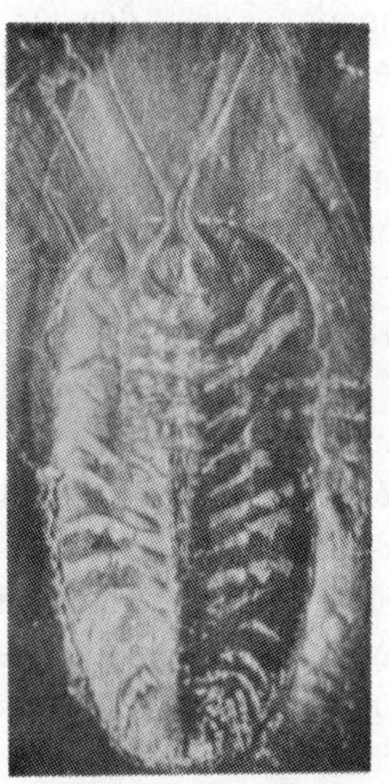

Fig. 7. Triarthrus Becki, Trilobit mit erhaltener Unterseite. Untersilur. New York. (Aus Beecher, l: c.) $^{1}/_{1}$.

Die sie bergende Schicht ist etwas anders zusammengesetzt als die darüber- und darunterliegenden Lagen, die zudem eine viel spärlichere und aus fragmentären Individuen ohne Anhänge bestehende Fauna geliefert haben.

Man braucht zur Erklärung des guten Erhaltungszustandes nicht an eine sich mit äußerer Heftigkeit dokumentierende Katastrophe zu denken, welche zur sofortigen Einbettung der Körper führte; es ist vielmehr eher möglich, daß sich etwa die Richtung einer ozeanischen Strömung, mit einer Temperaturänderung im Gefolge, geändert hatte, daß also ein plötz-

<hr>

1) Neumayr, M., Erdgeschichte. Bd. II. 2. Aufl. v. V. Uhlig. Leipzig und Wien 1895, S. 126.

2) Beecher, Ch. E., On the mode of occurence and the structure and development of Triarthrus Becki. Americ. Geologist. Vol. XIII. Urbana 1894. S. 38.

licher Anlaß zum Absterben der ganzen Trilobitengemeinschaft vorlag. Gewöhnlich kommen Larven in den Trilobitenfaunen so gut wie gar nicht vor, und auch die Panzer sind vielfach zerstückelt oder wenigstens nicht mit den Füßen der Unterseite erhalten. Daraus hat man schon lange geschlossen, daß man es bei vielen Trilobitenexemplaren nur mit den abgehäuteten Panzern zu tun hat.

Aus dem Vorkommen der Fossilien und dem Charakter des Sedimentes auf die umgebenden Lebensbedingungen zu schließen, ist ein ebenso unentbehrliches Mittel der Forschung, wie die beiden anderen: aus der Form der Organe oder aus dem Charakter des Sedimentes die Lebensweise abzuleiten. Es kann sich daraus unter Umständen auch ein Anhaltspunkt dafür ergeben, weshalb in einem Sediment gewisse, sonst in gleichalterigen Absätzen stets vorhandene charakteristische Fossilien fehlen, soweit dieses Fehlen nämlich schon in den ursprünglichen Lebensbedingungen an Ort und Stelle, nicht in späteren diagenetischen Prozessen liegt.

Ein Schulbeispiel dieser Art bietet das Vorkommen der oberkarbonen Fusulinen auf Spitzbergen. Es ist längst aufgefallen, daß das Vorkommen von Fusulinen das Auftreten anderer Fossilien so gut wie ausschließt[1]). Daß diese fehlenden Tiere den Fusulinen etwa zur Nahrung gedient hätten, kommt für die Erklärung des Fehlens gerade kalkschaliger Überreste nicht in Betracht. Somit dürften sich die Fusulinen von herabfallendem schalenlosen Plankton genährt haben, oder von niedersten Pflanzenarten, die mit ihnen zusammenlebten. Das Vorkommen in Spitzbergen besteht aus einem typischen, blätterigen, asphaltigen Kalksapropelit, wie er heute nur in Flachseebildungen bei stagnierendem Wasser entsteht. Chlorophyllhaltige Ölalgen müssen daher — neben den Proteïnkörpern der Fusulinen — das Bitumen geliefert haben, wie sich aus dem prozentual immerhin geringen Anteil der Foraminiferengehäuse am Aufbau des Gesteins ergibt. Die zu Lebzeiten der Fusulinen vor sich gehende Faulschlammbildung war diesen kein unangenehmes Milieu, wie neben ihrer großen Individuenzahl auch der Umstand zeigt, daß stets wohlausgebildete Exemplare, keine Kümmerformen vorkommen; auch sind es keine besonders angepaßten fremdartigen, sondern die aus anderen freieren Vorkommen bekannten Arten. Auch eine Einschwemmung der Fusulinenschalen kommt angesichts der guten Erhaltung und der gleichmäßig hohen Individuenzahl nicht als wahrscheinlich in Betracht; außerdem wäre dann das Fehlen anderer Einschwemmlinge nicht zu verstehen. Dagegen zeigen die Gehäuse Einwirkungen korrodierender Kohlensäure in statu nascendi, und das Bitumen ist nach dem Charakter des Gesteines

---

1) v. STAFF, H. u. WEDEKIND, R., Der oberkarbone Foraminiferensapropelit Spitzbergens. Bull. Geol. Instit. Upsala. Vol. X. 1910. S. 81 ff.

nicht nachträglich hineingelangt. So ergibt sich für diese Fusulinen ein Leben in einer stagnierenden Lagune mit ziemlich flachem Wasser, wie es für das Vorkommen der Fusulinen auch in anderwärtigen Vorkommen durch ihre Wechsellagerung mit Korallenlagen und Oolithgesteinen schon festgestellt war. Die Nahrung bestand also offenbar aus mikroskopischen Algen oder kleinen Schwebeformen, die demnach in jenem Becken lebten und auf deren Vorhandensein man aus dem Zusammenhang aller Erscheinungen schließen kann. Das Vorkommen der Fusulinen weist überdies auf ein sehr warmes Klima hin, wie aus ihrer sonstigen Vergesellschaftung mit Korallen und ihrem Vorkommen zu einer Zeit, wo bis in den Polarkreis hinein Korallen lebten, hervorgeht. Die Wechsellagerung mit Oolithen weist auf einen Überschuß von gelöstem Calciumkarbonat im Meerwasser, und gerade die intensive Verdunstung in tropischen und subtropischen Küstengebieten ist einer solchen Kalkanreicherung günstig[1]). Daß sonst Fusulinenschichten nicht oder kaum bituminös sind, rührt davon her, daß die Entstehungsbedingung für Sapropele eben nur in sehr stillen Lagunen gegeben sind, wie ja auch in der Jetztzeit die Verbreitung der bitumenliefernden Organismen, vor allem der Mikroorganismen weit geringer ist, als die Sapropele selbst. Gerade in Küstengebieten werden ja Brandung, Strömung und Gezeiten stets solchen Bildungen recht ungünstig sein.

Eine derartige Analyse des Vorkommens erschließt somit nicht nur die ehemalige Zusammensetzung des Meerwassers und des am Grunde sich bildenden Faulschlammes, sondern auch die Wasserwärme und die fossil nicht erhaltenen sonstigen Bewohner jenes Lebensraumes, kurz die biologischen Verhältnisse.

3. Über Vorkommen und Erhaltungszustand des fossilen Materials.

Das fossile Material[2]) ist, abgesehen vom Erhaltungszustand des einzelnen Stückes, nicht so überliefert, daß es ohne weiteres immer für biologische und stammesgeschichtliche Untersuchungen brauchbar wäre. Vor allem sind große Teile aller Faunen und engeren Lebensgemeinschaften nicht erhalten, und dann haben auch von den erhaltenen und

---

1) v. STAFF, H., Zur Entwicklung der Fusulinen. Centralbl. f. Mineral., Geol. u. Paläont. Stuttgart 1908. S. 696 Anm.

2) Über Erhaltungszustände gibt ABEL in seinen „Grundzügen der Paläobiologie der Wirbeltiere" (Stuttgart 1912), S. 17—99 eine ausführliche und vielseitige Zusammenfassung; auch in der „Allgemeinen Paläontologie" desselben Verfassers (Sammlung Göschen, Berlin u. Leipzig 1917). Ferner STROMER v. REICHENBACH, E., Lehrbuch der Paläozoologie, Bd. I, Leipzig u. Berlin 1909, S. 4—10. Dann die entsprechenden Abschnitte in J. WALTHERS „Allgemeiner Paläontologie", Bd. I, Berlin 1919; schließlich das soeben erschienene Werk von K. ANDRÉE, „Geologie des Meeresbodens", Bd. II, Berlin 1920.

dem Gestein entnommenen Fossilien nicht alle an dem Orte und auf der Bodenfläche gelebt, wo diese Schicht sich ablagerte. Die gefundenen Tierformen können ganz unabhängig vom Boden und den darauf sich niederschlagenden Sedimenten gelebt haben, wenn sie nämlich plank- tonisch oder nektonisch existierten und erst nach dem Tode zu Boden sanken. Die wunderbaren, von WALCOTT aus dem kambrischen Potsdam- sandstein beschriebenen[1]) Abdrücke feinster pelagischer Schwimmtiere mit allen für diese charakteristischen Merkmalen (Fig. 8) sind hierfür das bemerkenswerteste, für den Fortschritt unserer Kenntnis des vorweltlichen

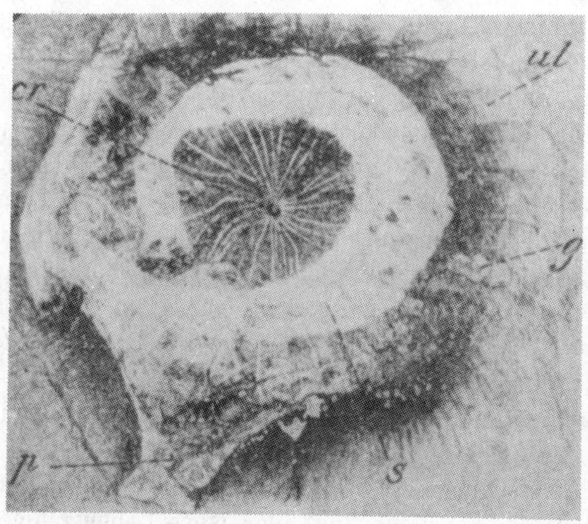

Fig. 8. Eldonia. Eine pelagische Holothurie aus den mittelkambrischen Kieselschiefern von Britisch Kolumbia. (Aus WALCOTT l. c. 1911.) $^1/_1$.
s Darm; cr Radialkanal; ul, p gelappter Mantelrand; g Geschlechtsorgan.

Meereslebens zugleich erfreulichste Beispiel. Diese Tiere haben natürlich nicht auf dem Boden des Potsdamsandsteinbeckens gelebt, in dem sie zur Fossilisation begraben wurden, sondern man erkennt sie leicht als Formen, die erst nach dem Tode aus dem pelagischen Oberflächenwasser auf den Grund gesunken oder eingeschwemmt worden sind. Von den zarten pelagischen Medusen in den oberjurassischen lithographischen Schiefern Frankens wissen wir, daß sie von Sturmfluten in das zwischen Korallen- riffen gelegene, zeitweise sogar trockene Ablagerungsbecken jenes fein- körnigen Sedimentes hineingetragen worden sind und daß diese plank-

---

1) WALCOTT, Ch. D., Cambrian Geology and Paleontology. II. Nr. 3. Middle Cambrian Holothurians and Medusae. Smithson. Misc. Coll. Vol. 57. Nr. 3. Washington 1911. S. 41—58 (mit 11 Taf.).

tonischen Bewohner des freien Meeres dort sogar zusammen mit Landinsekten, die vermutlich der Wind hineinwehte, begraben wurden.[1]

Es wäre also ein falsches Verfahren, würde man nun alle Fossilien, die in irgendeiner Schicht liegen, als Bewohner dieser Ablagerungsstelle unbesehen hinnehmen. Ein Sediment schlägt sich immer nur am Boden nieder, und nur an Ort und Stelle in das Sediment gelangte Bodenbewohner können in ihrer Lebensweise unmittelbar nach diesem Sediment auch beurteilt werden, insbesondere im Sande oder Schlamme lebende oder unmittelbar darauf liegende Formen.

Ist das Wasser nicht allzu tief gewesen und herrschten Strömungen oder Brandung, dann werden selbst die an Ort und Stelle gewesenen Individuen mehr oder minder zusammengeschwemmt sein. Man muß im einzelnen Falle beurteilen, ob trotz dieser Zusammenschwemmung die vorliegenden Arten autochthon sind, wobei der Grad der Abrollung nichts beweist; denn sowohl die Verfrachtung über eine größere Strecke, wie das anhaltende Hin- und Herbewegen an ein und demselben Punkte kann natürlich die Fossilien abrollen oder ein Schalengetrümmer daraus machen.

Reste von Tieren oder lufterfüllte Schalen können nach dem Absterben ihrer Träger pseudoplanktonisch herumgetrieben, von einer Strömung erfaßt, weit weg von dem ehemaligen Aufenthaltsort geführt werden und so in ganz fremde Sedimentationsräume gelangen. Seeigelschalen werden nach dem Tode des Tieres mit Verwesungsgasen gefüllt und schwimmen dann an der Oberfläche dahin; leere Gehäuse, die natürlich sehr leicht sind, werden in Massen zusammengetrieben, ja vom Wind sogar an die Dünen hinaufgetragen[2]); im englischen Dogger treten in Moor und Sandpflanzenschichten Seeigelreste auf. Die Foraminiferensande an vielen Stellen der italienischen Küste[3]) sind großenteils zusammengesetzt aus den nach dem Absterben der Tiere ans Land geschwemmten Gehäusen. Denn die geringste Gasentwicklung in ihrem Gehäuse veranlaßt ihr Schweben im Wasser, und dann können sie weggetrieben werden. Ausführlich hat diesen Vorgang DEECKE bei Schnecken geschildert[4]), bei denen sich auch häufig nach dem Tode in der Schale Verwesungsgase entwickeln, die eine Zeitlang darin eingeschlossen bleiben. „Die weit nach hinten gelegenen Leberschläuche zersetzen sich sehr früh, sie stinken schon nach wenigen Stunden. Läßt man Littorina oder Murex, die gedeckelt sind,

---

1) WALTHER, J., Die Fauna der Solnhofener Plattenkalke. Jenaische Denkschrift, Bd. XI (Haeckel-Festschrift), Jena 1904, S. 206ff.

2) DEECKE, W., Paläontologische Betrachtungen. III. Über Echinoiden. Centralblatt f. Mineral. etc., Stuttgart 1913, S. 498.

3) DEECKE, W.. desgl. VI. Über Foraminiferen. Neues Jahrb. f. Mineral. etc., Stuttgart 1914, II, S. 33.

4) DEECKE, W., Paläontologische Betrachtungen. IX. Über Gastropoden. ibid. Beilageband 40, Stuttgart 1916, S. 784/85.

absterben und im Wasser liegen, so steigen die Schalen, solange das Tier darin ist, an die Oberfläche, und zwar durch die Gasentwicklung im Innern. Dadurch kommen sogar die in tieferem Wasser lebenden Formen nach oben und in den Bereich der Wellen, die sie schließlich in viel flacherem Wasser, ja am Ufer anhäufen. Bei napfförmigen Schnecken geht dies weniger, sie werden im allgemeinen dort sedimentiert, wo sie lebten . . ., während Natica, Murex, Turbo, Buccinum, Triton und viele andere post mortem einen erheblich wachsenden Spielraum der Verbreitung erlangen . . . Aus unzerbrochenen Cypräen und Coniden entweichen die Gase sehr schwer und anfangs wohl gar nicht, solange das tote Tier ruhig auf dem Boden liegt und der zähe Mantel die Mündung verstopft. Durch allerlei Säuren wird ferner innen die Schale angegriffen, Kohlensäure und andere Gase werden erzeugt, die Wasser und Verwesungsflüssigkeiten langsam verdrängen und das Haus erleichtern . . . Schließlich sei bemerkt, daß auf tote Schnecken aufgewachsene Tange ein weites Vertreiben bewirken. Das gilt ja auch von Steinen und anderen schweren Objekten, die man, an Algenbüscheln unten befestigt, flottierend bei Helgoland beobachtet. Bis faustgroße Kalkstücke habe ich so schwimmend gefunden und ebenso bei Neapel Murex- und Naticagehäuse. Die organische Tangmasse vergeht, die Schnecke aber wird eingebettet und bleibt erhalten an Stellen, wo sie gar nicht gelebt hat. Gerade schwere Gehäuse dienen Fucaceen und Laminarien zur Verankerung".

Auch durch Tiere können Schalen verschleppt werden. Große Turboschalen werden durch Krabben auf den Antillen bis 300 m hoch in die Berge getragen, und auf der Insel Polas schleppen landbewohnende Krabben die Gehäuse von Landschnecken, in denen sie wohnen, gleichfalls hoch in die Berge hinein.[1]) Wenn dies auf dem Lande und vom Meer in das Land hinein in diesem Maße stattfindet, werden vermutlich auch im Meer solche Verschleppungen häufiger sein als man weiß.

Ein lufterfülltes Gehäuse, wie das des Nautilus und des Ammoniten, muß nach dem Tode seines Besitzers notwendigerweise emporsteigen, wenn es unverletzt geblieben und wenn der Weichkörper herausgefallen oder durch Zerfall oder Zerfetzung wenigstens in seinem Gewicht stark vermindert ist. Man kann das leicht feststellen, wenn man eine Nautilusschale in ein genügend hohes Gefäß mit Wasser gibt. Die Schale schwimmt, mit dem Mündungsteil nach unten, und nur ein ganz kleiner kalottenförmiger Teil bleibt oberhalb des Wasserspiegels. Gibt man nun in die Wohnkammer soviel Plastilin hinein, als etwa dem Körpergewicht des Weichtieres entspricht, so sinkt die Schale unter. Nur wenn man das Plastilin stark vermindert, steigt die Schale wieder auf. Nun muß man

---

1) WALTHER, J., Einleitung in die Geologie als historische Wissenschaft. Teil II: Die Lebensweise der Meerestiere, Jena 1893, S. 526/27.

bedenken, daß alsbald nach dem Tode des Tieres durch die beginnende Verwesung im Innern des Weichkörpers Gase erzeugt und in diesem, solange er noch nicht zerfällt, wie in einer Ballonhülle aufgespeichert werden. Dadurch wird das Gewicht des Gesamtkörpers wieder um etwas vermindert und das genügt, um das Gehäuse samt dem toten Körper im Wasser emporsteigen zu lassen, ebenso wie es emporsteigt, wenn das Tier herausgefallen ist. Es ist dabei gar nicht gesagt, daß die Schale stets bis zur Wasseroberfläche heraufsteigen müßte. Es genügt ein Emporsteigen über den Meeresboden bis zu einem gewissen Niveau, wo der Wasserdruck dem Auftrieb äquivalent ist, damit das Gehäuse mit dem Tier — ebenso wie das vom Tier ledige leere Gehäuse an der Wasseroberfläche — von der Strömung ergriffen und mehr oder minder weit fortgeführt wird.

WALTHER teilt mit[1]), daß die Weichteile außerordentlich selten gefunden werden, während die Schalen selbst in Massen ans Land getrieben würden. Es geht daraus hervor, daß das Tier alsbald nach dem Tode aus der Wohnkammer herausfällt und daß dann die Schale unbelastet herumtreiben kann. Und dies um so mehr, als die meisten in den Düten der Scheidewände steckenbleibenden Reste des Sipho die Kammern gegen allenfalls eindringendes Wasser abschließen. Außerdem schwimmt, wie gesagt, die Schale mit nach abwärts gerichtetem Mundteil, wodurch die erste Scheidewand gewöhnlich horizontal liegt, der Wasserdruck auf das Siphonalloch somit von

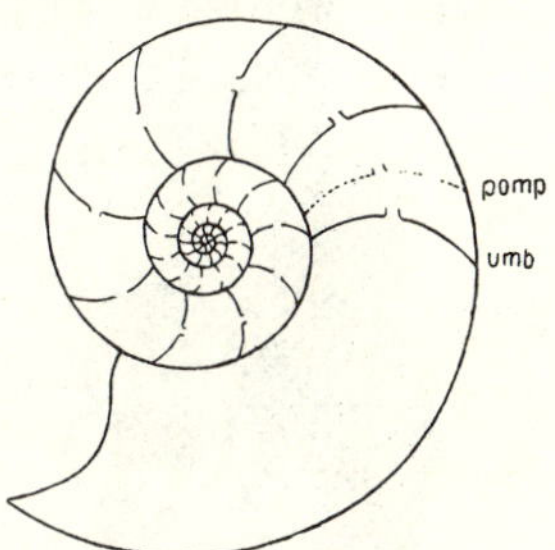

Fig. 9. Stellung der leeren Nautilusschale im Wasser, beobachtet an Nautilus pompilius und umbilicatus (Originalschema). Bei umbilicatus war die Wohnkammer entsprechend dem gestrichelten Septum länger.

unten nach oben wirkt, also die Luft aus ihm nicht entweichen kann (Fig. 9). Ganz ähnlich geht es mit der Spirulaschale (Fig. 257, Kap. V), die ebenfalls nach ihrer Befreiung aus dem Tierkörper pseudoplanktonisch verfrachtet und gelegentlich in Mengen angespült wird.

Aus diesem Umstand hat seinerzeit schon D'ORBIGNY geschlossen[2]), daß lufterfüllte Kephalopodengehäuse notwendigerweise an die Küsten getrieben und so stets in Strandbildungen abgelagert werden müßten, obwohl das Tier als solches angeblich im Hochseegebiet gelebt habe. Diesen Gedanken griff man später zeitweise wieder auf[3]) und versuchte damit die seinerzeit für allgemein gültig gehaltene Tatsache zu erklären,

---

1) WALTHER, J., Einleitung in die Geologie als historische Wissenschaft. II. Die Lebensweise der Meerestiere, Jena 1893, S. 513.

2) D'ORBIGNY, A., Cours élémentaire de paléontologie et de géologie stratigraphique. Vol. I, Paris 1849, S. 85.

3) WALTHER, J., a. a. O. S. 509, und: Über die Lebensweise fossiler Meerestiere. Ztschr. deutsch. geol. Ges., Bd. 49, Berlin 1897, S. 258.

3*

daß die Ammoniten ganz unabhängig von der Fazies weltweit verbreitet und daher „echte Leitfossilien" seien. Es hat sich eine lange Diskussion zu dieser Frage entwickelt, als deren Abschluß ich im wesentlichen und mit einzelnen Ausnahmen die Annahme von DIENER ansehen möchte, daß nicht die Verfrachtung nach dem Tode des Tieres, sondern die unterschiedliche, meist schwimmende Lebensweise die häufige Faziesunbeständigkeit des Ammoniten bewirkte[1]), wenn auch passive Verfrachtung in einzelnen Fällen nicht ausgeschlossen ist.

Ferner fragt es sich, ob die an der Nautilus- und Spirulaschale gemachten Beobachtungen unmittelbar auf die Ammonitengehäuse übertragen werden dürfen. Die Ammonitenschale war zwar durchweg dünner und daher leichter als eine gleichgroße Nautilusschale; aber das wurde wieder in umgekehrter Richtung ausgeglichen dadurch, daß bei vielen Ammoniten die Wohnkammer lang war und daher ein verhältnismäßig viel kleinerer Teil des Gehäuses lufterfüllt blieb und tragfähig war. Aber auch bei den Formen mit kürzerer, dem Nautilus analoger Wohnkammer war das Gehäuse bei den meisten Ammoniten etwas beschwert wegen der außerordentlich engen Aufeinanderfolge des äußeren Teiles der Luft-

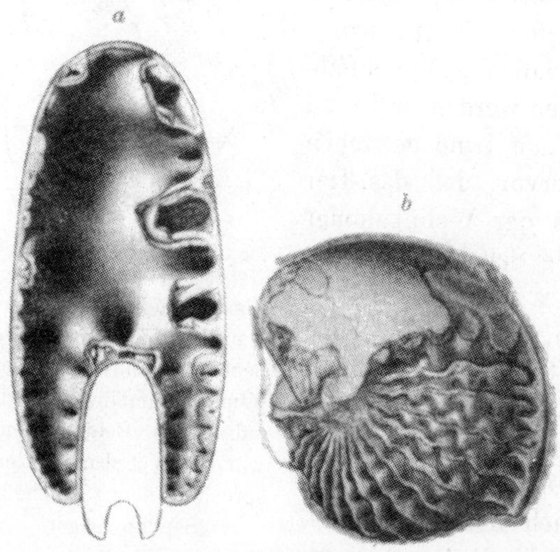

Fig. 10. Verhältnismäßig eng stehende, durch die Fossilisation etwas verdickte Scheidewände bei Ammoniten: *a* Phylloceras, Oberlias, Württemberg $^2/_3$; *b* Arcestes, Mittl. Trias, Marmolata $^1/_1$ (Orig. i. München).

kammerscheidewände. Ein Beispiel hierfür mag das beifolgend abgebildete Innere des triassischen Arcestes aus dem Marmolatakalk bieten (Fig. 10 b), wo die in den Kammern enthaltene Luft gegenüber dem Gesamtgewicht der Schale verhältnismäßig geringer war, als es scheinen möchte, und wohl auf eine ganz bestimmte Wassertiefe mit seinem Auftrieb eingestellt war, der dann vielleicht überhaupt nicht mehr erfolgte, wenn in die oft $1^1/_2$ Umgänge lange Wohnkammer Wasser eingedrungen war.

Es wäre zu untersuchen, ob alle Ammoniten mit sehr langer Wohnkammer oder mit sehr enge stehenden Scheidewänden in ihrem fossilen Auftreten strenger an die Fazies gebunden erscheinen, weniger streng

---

1) DIENER, C., Lebensweise und Verbreitung der Ammoniten. Neues Jahrb. f. Mineral. etc., Stuttgart 1912, II, S. 85 ff.

oder gar nicht hingegen die nautilus- und spirulaartig gebauten, also vor allem die Goniatiten mit kurzer Wohnkammer. Ich habe dieser Frage bisher nicht nachgehen können und muß mich darauf beschränken, einige mir aus anderem Zusammenhang bekannte Daten anzuführen. Die Beantwortung ist nicht so einfach, wie es auf den ersten Blick vielleicht erscheint. Wenn wir z. B. Amaltheus margaritatus vornehmlich in pyritführendem Ton der jurassischen Binnenfazies finden, dann auch in den Allgäufleckenmergeln der Ostalpen und in der kalkigen, aus Krinoidenstielen und Brachiopoden bestehenden Hierlatzfazies, dann ist das keine Wirkung etwaiger pseudoplanktonischer Verfrachtung über diese Gebiete hin, sondern die gefundenen Individuen waren dort überall ortsständig, es waren ihre Lebensgebiete. Aber die weitere Frage ist, ob die Art in diesen Regionen nur eingewandert oder genetisch autochthon war, und so führt die Untersuchung des Vorkommes alsbald auch noch zu tiergeographischen und schließlich zu stammesgeschichtlichen Erwägungen.

Die Macrocephalen haben von allen Stephanoceraten wohl die längste Wohnkammer, die sich vermutlich über $^3/_4$ Umgangslänge erstreckt, bei Macrocephalites erst im Alter kürzer wird; auch haben die Stephanoceraten eng stehende Scheidewände. Da ist im Hinblick auf die eben berührte Frage wichtig, daß im fränkischen Dogger neben vielen anderen, sich ebenso verhaltenden Ammoniten auch Macrocephalites macrocephalus streng an die Fazies gebunden erscheint.[1]) Im Kalk sind die Individuen durchschnittlich am größten, in der Pyritfazies am kleinsten, in der Phosphoritfazies halten sie das Mittelmaß ein (Fig. 11). Da nun diese Faziesgebiete ineinander übergehen, bzw. in freier Verbindung standen und nirgends durch eine Barre getrennt waren, so ist daraus mit aller Sicherheit zu schließen, daß, im allgemeinen wenigstens, nicht einmal auf so kurze Entfernung die Macrocephalen und andere sich gleichsinnig verhaltende Formen, wie Cosmoceraten, Reineckien, Hecticoceraten, pseudoplanktonisch verfrachtet wurden. Diese haben aber alle keine sonderlich lange Wohnkammer, doch ist sie durchschnittlich länger als beim lebenden Nautilus, ebenso wie die Scheidewände sehr viel näher bei einander stehen.

Ein weiteres Beispiel großer Faziesbeständigkeit sind u. a. die Rhacophylliten des alpinen Lias, die in verschiedenen Vorkommen deutlich nach Größenunterschieden gesondert sind.[2])

Die alpinen Hierlatzkalke enthalten nach DIENER hauptsächlich kleine, die benachbarten Liasablagerungen in der Fazies der bunten Cephalopodenkalke und Fleckenmergel hingegen große Gehäuse. Das spricht gegen

---

1) REUTER, L., Die Ausbildung des oberen braunen Jura im nördlichen Teile der fränkischen Alb Geognost. Jahreshefte 1907, Bd. 20, München 1908, S. 71—73.

2) Nach freundlicher Mitteilung des Herrn Dr. SCHRÖDER, der zurzeit die ostalpinen Liasammoniten bearbeitet.

eine Verfrachtung der abgestorbenen Schalen, wenn auch Diener in Erwägung zieht, ob nicht die Ammoniten nur in der Jugend im Schutze der Krinoidenwälder der Hierlatzfazies umherschwärmten, in erwachsenem Zustande aber das krinoidenfreie Meer der roten Kalke und Fleckenmergel aufsuchten.[1]) Selbst wenn dies der Fall gewesen wäre, würde doch der tatsächliche Befund gegen eine weitgehende und regelmäßige Verfrachtung leerer Gehäuse sprechen, weil sonst im Hierlatzkalke die großen Gehäuse auch gefunden werden müßten. Auch wäre nicht ein-

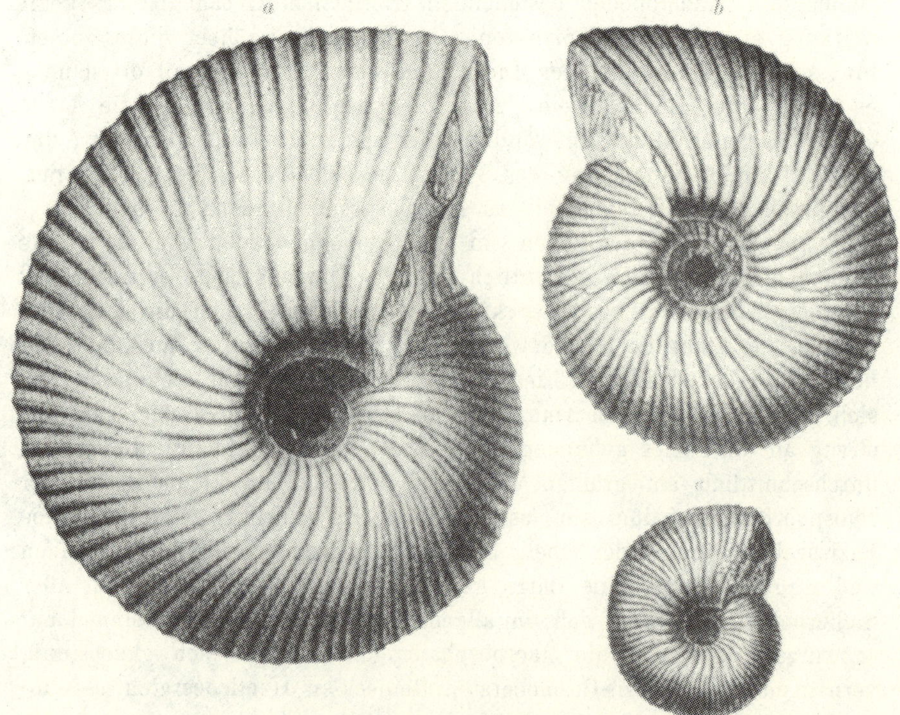

Fig. 11. **Macrocephalites** aus dem Oberen Dogger von Franken ¹/₁
(Nach Reuter a. a. O. 1908.)
a große Form der Kalkfazies; *b* mittlere Form der Phosphoritfazies;
c kleine Form der Pyritfazies.

zusehen, weshalb zeitlich weit getrennte Ammonitenformen der gleichen Gesteinsfazies identischen Habitus zeigten, wie dies im Kapitel III, Abschnitt 5 an einem Beispiel von Goniatiten und Arcestiden aus roten Devonkalken, bzw roten Triaskalken beschrieben ist, wenn nicht die im Gestein zum Ausdruck gelangenden gleichen biologischen Verhältnisse ihnen diese Gestalt aufgeprägt, diese Formen mithin am Orte ihres fossilen Vorkommens gelebt hätten.

---

1) Diener, C., Lebensweise und Verbreitung der Ammoniten. Neues Jahrb. f. Mineral., Geol. u. Paläont., Stuttgart 1912, II, S. 77.

Ausgezeichnet an die Fazies gebunden sind gerade die Arcesten der alpinen Trias. Wir finden sie im Hallstädterkalk, im Wettersteinkalk, im Marmolatakalk, aber wir suchen sie so gut wie vergebens in äquivalenten tonigen und mergeligen Schichten. Auch bei den Arcesten trifft, wie gesagt, zu, daß sie eine besonders lange Wohnkammer und zudem eng stehende Scheidewände haben (Fig. 10b). Am eklatantesten tritt der Zusammenhang zwischen Größe der Wohnkammer, Gedrängtheit der Kammerscheidewände und Faziesbeständigkeit bei Phylloceras hervor. Die Wohnkammerlänge ist gerade bei den oberjurassischen, die am faziesbeständigsten sind, besonders lang, nämlich $3/4$ des letzten Umganges, also bedeutender als beim rezenten Nautilus, dem das Gehäuse sonst am meisten gleicht, weil es skulpturlos und engnabelig ist. Die Kammerscheidewände stehen nach außen so dicht hintereinander (Fig. 10a), daß der Zwischenraum, noch viel mehr als etwa bei Arcestes, in den der Außenwand genäherten Teilen ein Lumen gleich der Dicke einer Scheidewand besitzt. Wurde bei rascher Sedimentation die Wohnkammer eines Ammoniten bald mit Schlamm ausgefüllt oder die vielleicht teilweise aus der Wohnkammer heraushängende Weichtierleiche rasch mit Schmutz bedeckt, dann war bei so dichtstehenden Scheidewänden von keinem Flottieren, ja nicht einmal mehr von einem einfachen Aufsteigen die Rede.

Folgender Fall spricht dagegen vielleicht wieder für passive Verfrachtung eines Gehäuses: Ein Solnhofener Ammonit trägt sowohl auf beiden Flanken, wie über dem Kiel austernartige, angeklebte Muschelschalen.[1] Diese müssen schon vor dem Niedersinken des Gehäuses teilweise wenigstens auf ihm gesessen haben. Denn das erhaltene Ammonitenteil ist eine Wohnkammer, für die sich keine Lage ausdenken ließe, in der alle Seiten hätten gleichmäßig besiedelt werden können. Auch nach und nach kann das Gehäuse, falls es am Boden lag, etwa nicht durch Hin- und Herdrehen besiedelt worden sein, denn sonst hätte es auf jeder Seite so lange liegen müssen, bis die aufsitzenden Muscheltiere einigermaßen erwachsen gewesen wären. Es muß also eine Zeit lang frei oder höchstens in Tang verwickelt im Wasser geschwebt haben. Zur Entscheidung der Frage, ob die Schale erst nach dem Tode des Weichtieres frei herumtrieb, ist es also wichtig, daß sich die aufgeklebten Muscheln sowohl an der Ober- wie an der Unterseite des Gehäuses finden. Außerdem mußten die Schälchen schon auf dem Ammoniten gesessen haben, als er zu Boden sank, weil nach den Darlegungen von Rothpletz[2] über die Sedimentation im Solnhofener Revier nur die sofort eingebetteten

---

1) v. Staff, H. und Reck, H, Die Lebensweise der Zweischaler des Solnhofener lithographischen Schiefers. Sitzungsber. Ges Naturf. Freunde, Berlin 1911, S. 157.

2) Rothpletz, A., Über die Einbettung der Ammoniten in die Solnhofener Schichten. Abh. Bayr. Akad. Wiss. (Math.-Phys. Kl.), München 1909, Bd. 24, S. 313.

Ammonitengehäuse und -gehäuseteile erhalten blieben. Geriet somit wirklich dieses mit zahlreichen Muschelschalen besetzte Gehäuse eines vielleicht im freieren Meere erwachsenen Perisphinkten passiv flottierend in das Solnhofener Becken, wo es strandete und mit seiner Schalenbewachsung sofort in seitlicher Lage eingebettet wurde, so ergäbe sich daraus, daß leere Ammonitenschalen nicht nur von einem Faziesgebiet in das andere pseudoplanktonisch verfrachtet, sondern sogar noch flottieren konnten, wenn sie mit einer gewissen Last belegt waren. Es können somit alles in allem Individuen ein und derselben Art teils biologisch dem Schichtraume zugehört haben, in dem sie fossil gefunden werden, teils pseudoplanktonisch dahin verfrachtet sein. Die Natur ist unendlich mannigfaltig, nicht nur in der Hervorbringung organischer Gestalten oder der endlosen Abwandlung der Bauelemente und Organe, sondern auch in dem Wechsel und dem Zustandekommen der physikalischen Erscheinungen. Ein und derselbe äußere Hergang kann seiner Entstehung, seinen Bedingungen und Ursachen nach in jedem Falle seines Auftretens genetisch etwas ganz Verschiedenartiges sein, und man wird daher stets erwarten, daß e i n e Erklärung nicht allen gleich aussehenden Fällen gerecht wird.

Wie schwierig die Entscheidung im ganzen oder für die einzelnen Fälle ist, geht aus den Gegensätzen in der Beurteilung eben dieses zuletzt beschriebenen Falles hervor. Während bei dem Solnhofener Perisphinkten v. STAFF und RECK ein eingebettetes l e e r e s Gehäuse annahmen, macht DIENER[1]) gleichfalls unter Berufung auf ROTHPLETZ geltend, daß die Solnhofener Ammoniten alle mit dem Weichkörper eingebettet wurden. Es wäre also mindestens das betreffende Gehäuse noch mit dem toten Weichkörper hereingeschwemmt worden und wäre zuvor schon solange mit ihm herumflottiert, daß die Muschelchen Zeit gehabt hätten, sich darauf zu setzen und bis zu einer ziemlichen Größe zu gedeihen. Alles in allem faßt DIENER[2]) sein Urteil dahin zusammen, daß überhaupt bei den mesozoischen Ammoniten der Weichkörper viel schwieriger herausfallen konnte als bei dem rezenten Nautilus, infolge der festen Verbindung des Haftmuskels mit der Schale entlang den feinen Zerschlitzungen der Suturlinie, daß wir also in den ammonitenreichen mesozoischen Ablagerungen, wie auf eine Projektionsebene niedergeschlagen, nektonische und benthonische Formen zusammenfänden und daß in der Mehrzahl der Fälle die Lebensbezirke der Tiere mit der Stelle zusammenfielen, wo wir die fossilen Schalen anträfen.

An prominenter Stelle ist ein Stück beschrieben, das vielleicht für die Frage nach dem Umhertreiben leerer Ammonitenschalen Bedeutung

---

1) DIENER, C., a. a. O. S. 84/85 (Zitat auf S. 38).
2) DIENER, C., Die marinen Reiche der Triasperiode. Denkschr. Akad. Wiss. Wien (Math., naturw. Kl.), Bd. 92, 1915, S. 5.

bekommen könnte, wenn es einmal daraufhin näher untersucht würde: ein von Sowerby in der „Mineral Conchology" abgebildeter, dann von Darwin in seine Cirripedier-Monographie übernommener Ammonit aus dem englischen unteren Malm.[1]   In wunderbarer Erhaltung tritt uns da eine Gruppe kleiner Lepadiden auf einem anscheinend unversehrten peltocerasartigen Ammonshorn entgegen (Fig. 12), von dem man gerade den Eindruck hat, als ob es mit diesen seinen Epöken in der ihm in

der beifolgenden Abbildung gegebenen Stellung herumgeschwommen wäre, und zwar als leeres Gehäuse nach dem Tode des Tieres. Dieser Eindruck verstärkt sich bei Beachtung der Art und Weise, wie die Tiere auf dem Gehäuse verteilt sind: die linke Seite (vom Beschauer aus) ist die Wohnkammerseite, welche in der von uns angenommenen Stellung, weil durch Wassereintritt beschwert, nach abwärts drängte; die rechte ist die Luftkammerseite, die wegen der Gasfüllung nach aufwärts drängte. Folgerichtig sitzen links weniger Tiere als rechts, wodurch das Gleichgewicht für die ganze Kolonie günstig hergestellt ist.   Daß das Ammonitengehäuse mit der Kolonie schwebte — wenn auch nicht gerade an der Wasseroberfläche —

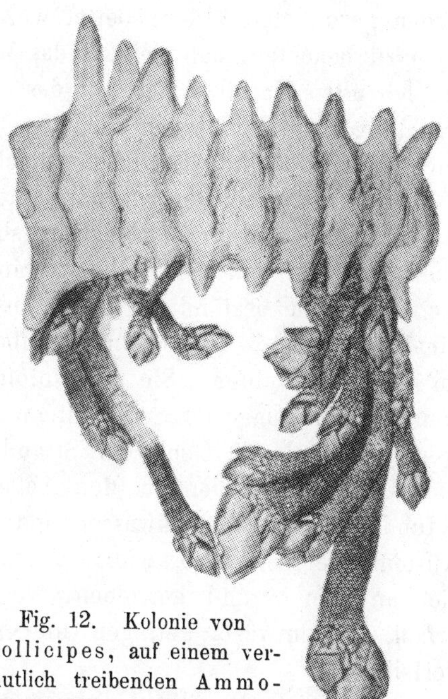

Fig. 12.   Kolonie von Pollicipes, auf einem vermutlich treibenden Ammonitengehäuse. Oberer Jura. England. (Aus Darwin, l. c.) $^1/_1$.

dafür spricht die vorzügliche Erhaltung; denn ein am Boden liegendes Gehäuse wäre bei einer solchen Besiedelung kaum unversehrt erhalten geblieben. Es mußte vielmehr, als es endlich zu Boden sank, mit der Kolonie sehr rasch eingebettet worden sein, weil anderenfalls auch die Lepadiden kaum so fehlerlos erhalten geblieben, sondern wie gewöhnlich rasch zerfallen wären. Höchstens könnte man noch annehmen, daß die Lepadiden zu Lebzeiten des Weichtieres schon auf dessen Schale saßen und mit dessen Tode sofort absanken, was mir recht unwahrscheinlich vorkommt, weil sie dann nicht einseitig auf dem Gehäuse säßen.

Auch wenn man der Verfrachtungstheorie zustimmt, ist es keineswegs nötig, daß man sogleich die weiteste Annahme einer sehr großen

---

1) Darwin, Ch., A monograph of the fossil Lepadidae. Palaeontogr. Soc. London 1851, S. 50, Taf. II.

räumlichen Verfrachtung als einer Allgemeinerscheinung macht. Es gibt, abgesehen von dem eben beschriebenen, noch unsicheren Fall, wie auch Nautilus und Spirula beweisen, gelegentliche passive Verfrachtung gekammerter Cephalopodengehäuse, wahrscheinlich sogar häufig Aufstieg, wenn das Weichtier rasch herausfiel und das Gehäuse unverletzt war. Daraus aber verallgemeinernd zu schließen, daß alle Ammoniten so umhertrieben, geht nicht an; die meisten scheinen doch sofort an den Boden gesunken und eingebettet worden zu sein. Und dann ist endlich noch zu beachten, daß vielfach das Verbreitungsgebiet der leeren Schalen des lebenden Nautilus sich mit dessen Lebensbezirk deckt, weil die Verfrachtung der Gehäuse durch dieselben Meeresströmungen erfolgt, die auch die Besiedelung der Küstenstriche durch die lebenden Tiere regeln.

Am auffallendsten ist der Unterschied zwischen dem Wohnbezirk der lebenden und dem Ablagerungsbezirk der toten Individuen bei den planktonischen und pelagischen Foraminiferen und Radiolarien entwickelt, die in einem beständigen Regen nach dem Boden bis in die Tiefsee hinabsinken und dort dann dieselben Areale bedecken, über denen sie im Leben schwebten. Sie sind infolgedessen zur Beurteilung von Tiefenzonen der abgelagerten Sedimente nicht zu verwenden, denn ihre Schalen werden in allen Tiefen vom Strande abwärts angetroffen: Globigerina und Orbulina werden in den Ablagerungen des Seichtwassers ebenso gefunden wie im Brackwasser und kommen sogar in Ablagerungen der Küstenländer selbst vor wie in abyssischen Sedimenten; zuweilen werden sie, an den Strand getrieben, wegen ihrer Leichtigkeit vom Winde erfaßt, landeinwärts getragen und rein terrestrischen Sedimenten einverleibt.[1]

Sind viele Fossilien schon zur Zeit ihrer Einbettung nicht genau an dem Platze, wo sie gelebt haben, im Sediment begraben worden, so kommt es auch vor, daß schon längst fossil gewordene Exemplare einzeln oder in Massen in jüngere Ablagerungen hineingeraten; sie kommen dann auf „sekundäre Lagerstätte“. An der belgischen Küste werden Carditen und Cypricardien bei Knocke aus submarin anstehendem Alttertiär ausgespült; sie werden mit den jetzigen Muscheln vermischt und mit diesen zugleich wieder fossil[2]. Solche Fälle kennen wir auch aus früheren Zeitaltern. Im Dogger Lothringens wird ein bestimmter Kalkmergelhorizont durch eine massenweise auftretende kleine knopfförmige Einzelkoralle, Anabacia, charakterisiert. Nach Ablagerung der Anabacienstufe fand eine kurze Trockenlegung statt, währenddessen die obersten Lagen der eben erst entstandenen Schichtfolge abwitterten. Als die Meeresbedeckung wieder einsetzte, wurde das Verwitterungsmaterial mit-

---

1) Walther, J., a. a. O., S. 214.
2) Abel, O., Grundzüge der Paläobiologie der Wirbeltiere. Stuttgart 1912, S. 48.

samt den zahlreichen und gut erhaltenen Fossilien in die neu sich bildende schlammige Ablagerung mit hineingearbeitet, so daß jetzt im unteren Teile dieser jüngeren Schichten die Einzelkoralle als falsches Leitfossil figuriert. Es gehört hier schon eine genaue Beobachtungsgabe dazu, solches klarzustellen. Gewöhnlich sind die Fälle weit einfacher, indem nicht die Fossilien allein aus dem noch kaum erhärtet gewesenen Untergrund ausgewaschen und umgebettet wurden, sondern indem sich aus dem fossilführenden Gestein Gerölle bildeten und diese die Fossilien enthalten, so daß die neue Schicht den offensichtlichen Charakter eines Konglomerates hat. Es sei hier an das Vorkommen von Cenoman- und Silurgesteinen mit den entsprechenden Versteinerungen in den norddeutschen Glazialablagerungen erinnert oder an das Auftreten von Geröllen silurischer Graptolithenschiefer im Vogesensandstein[1]).

Mit dem Ruhen auf sekundärer Lagerstätte fällt auch eine Erscheinung zusammen, die WALTHER erwähnt, daß man nämlich an manchen Gestaden in größerer Zahl nur rechte oder linke Muschelschalen beobachtet, was nach STUDER folgenden Grund hat: nach dem Tode des Tieres und dem Zerfall des Weichkörpers klaffen die Schalen. Die Strömung hat je nach ihrer Richtung mehr Gewalt auf die eine als auf die andere Klappe, denn sie sind spiegelbildlich gebaut und daher ist diese Wirkung entgegengesetzt, weil bei der verschieden orientierten Drehungsrichtung der Schalenwirbel der Strömung ein Hebel geboten wird, mittels dessen sie jede Klappe in entgegengesetzter Richtung forttreibt[2]).

Auch ohne daß Fossilien auf sekundärer Lagerstätte liegen, kann es vorkommen, daß sie nicht in der Zeit gelebt haben, welche der Schichtbildung entspricht, in der sie aufbewahrt sind. Ortsständige Krinoideen versenken ihre Wurzeln in eine zuvor gebildete Schlammschicht und wachsen dann frei im Wasser empor. Nach längerer Zeit tritt wieder eine lebhaftere Sedimentationsphase ein, und nun werden die zuvor in größerer Menge zerfallenen Körperteilchen mit neuem Sediment überdeckt, während die zur Zeit des Eintrittes der neuen Sedimentbildung noch lebenden Individuen in dieser, also in einer höheren Stufe fossil werden. Ein und dieselbe Lebensgemeinschaft erscheint somit durch drei, wenn nicht petrographisch unterscheidbare, so doch durch Schichtfugen getrennte Sedimentstufen hindurch: die Wurzeln im Liegenden, die zerfallenen Glieder im Mittleren und die ganzen Exemplare im Hangenden. Trotzdem gehören sie nur der mittleren Zeitphase an.

Schließlich kommt man auch noch zu der Frage, was und wieviel uns überhaupt von dem Leben der Vorzeit überliefert ist. Dies fällt

---

1) NOEL, E., Note sur la faune des galets du grès vosgien. Bull. Soc. Science, Nancy, Vol. VI, 1905, S. 4⁶.
2) WALTHER, J., Einleitung in die Geologie usw. Teil II, S. 391.

besonders bei der Beurteilung der Deszendenz schwer ins Gewicht. Wir wissen, daß uns außer seltenen Ausnahmen nur Hartteile überliefert sind, daß diese Reste nur eine ganz verschwindende Menge dessen bilden, was überhaupt in den Erdschichten enthalten ist, daß aber auch all dieses nur spärliche Reste sind von dem, was wirklich einmal lebte. Darüber braucht man nicht weiter zu reden, ebensowenig wie über das Zufällige der meisten Funde. Aber Wepfer[1]) vertritt neuerdings die Anschauung, daß die Lückenhaftigkeit der paläontologischen Überlieferung nicht nur bei den ganz großen Unterbrechungen der Sedimentation, nicht nur auf Schritt und Tritt zwischen zwei Fossilzonen vorhanden ist, sondern daß auch innerhalb einer geschlossenen Schicht „paläontologische, wenn auch nicht sichtbare Fugen klaffen". Fossilarme Schichten seien nicht immer in einem Meere entstanden, das nur eine arme oder überhaupt keine Hartteilfauna beherbergte, sondern die Langsamkeit der Sedimentbildung habe zur fortgesetzten Auflösung der niedergesunkenen Schalen Zeit genug gelassen. Wenn plötzlich eine raschere Sedimentationsphase einsetzte, dann trete jetzt mit ihr auch plötzlich eine Fauna in Erscheinung, die wie aus dem Ungefähr komme oder eingewandert erscheine. Die zureichende Erklärung für die ungemein zahlreichen Lücken innerhalb der paläontologischen Entwicklungsreihe des Lebens liege also in der nur ab und zu rascheren, oft verhältnismäßig plötzlich einsetzenden Sedimentierung, durch die uns nur vereinzelte Abschnitte der Lebensgeschichte ausnahmsweise und zufällig überliefert seien.

Abgesehen davon, daß es ganz zweifellos auch Lücken in der Folgenreihe des Lebens gibt, welche teils in solchen sekundären Gründen, teils aber in der inneren Natur der sich entwickelnden Lebensformen selbst liegen, wie ich im Kapitel VII noch dartun werde, widerspricht jener Annahme Wepfers, daß uns auch wesentliche stratigraphische und Fossilzonen fehlen, wohl die von ihm selbst angeführte Tatsache, daß wir die gleichen faunistischen Stufen und Zonen oft auf der ganzen Welt finden und beim Vorhandensein von deutlichen Fossilien in den Schichten auch diese immer in die stratigraphische Folge einreihen können. Hätte Wepfer mit seiner Idee durchgehends recht, dann wäre es ganz undenkbar, daß wir etwas anderes als immer nur Schichten mit neuen unbekannten Fossilarten über die Erde hin fänden. Die lokale Bedeutung seines Gesichtspunktes soll aber damit nicht bestritten sein.

Hier ein Beispiel[2]), wie durch die Faziesänderung bei Ablagerung die zuvor anwesende Fauna völlig verschwindet, sich aber sofort wieder einstellt, mit Rückkehr der alten Fazies: Die karbonischen Waverly-

---

1) Wepfer, E., Ein wichtiger Grund für die Lückenhaftigkeit paläontologischer Überlieferung. Centralbl. f. Mineral. usw. Stuttgart 1916. S. 105 ff.

2) Beecher, Ch. E., A spiral bivalve Shell from the Waverly Group of pennsylvania, 49. Ann. Rep. New York State Mus, Albany 1886, S. 3.

Schichten in Pennsylvanien sind in der Nähe einer Küstenlinie abgelagert worden; sie enthalten alle Merkmale einer strandnahen Ablagerung, eine ausgedehnte Konglomeratschicht ist ihnen zwischengelagert, während die übrige Formation sandig und schlammig ist. In dieser Hauptfazies findet sich oben und unten die gleiche Fauna, die aber im Konglomerat fehlt. Sie wurde also mit Ablagerung des Konglomerates vertrieben oder blieb nicht erhalten und tritt dann mit Rückkehr entsprechender Bedingungen wieder in die Erscheinung.

Ein letztes, bei paläontologischen Forschungen nicht außer acht zu lassendes Moment ist der Erhaltungszustand und die diagenetische Umwandlung sowohl der Strukturen, wie der chemischen Zusammensetzung der Hartteile. Klassisch geworden ist das von Zittel seinerzeit erkannte Beispiel von Umwandlung der Skelettelemente bei Spongien.

„Durch den Fossilisationsprozeß werden die Hornfasern vollständig zerstört, die Kalknadeln häufig ganz oder teilweise aufgelöst oder durch zugeführten kohlensauren Kalk in scheinbar dichte Faserzüge umgewandelt (Pharetrones). Auch die Skelettelemente der Kieselschwämme haben sich nur selten unverändert erhalten; in der Regel ist die ursprünglich amorphe Kieselerde in kristallinische umgewandelt oder auch gänzlich aufgelöst und weggeführt. An Stelle der Kieselelemente bilden sich anfänglich Hohlräume, die nachträglich wieder durch Eisenoxydhydrat, infiltrierte Kieselerde oder am häufigsten durch Kalkspat ausgefüllt werden. Auf diese Weise wird das Skelett fossiler Kieselspongien in Kalkspat umgewandelt, und ebenso kann an Stelle von ursprünglichen Kalknadeln Kieselerde treten. Die Unterscheidung fossiler Kiesel- und Kalkschwämme darf darum lediglich auf morphologische Merkmale, nicht aber auf die chemische Zusammensetzung der erhaltenen Skeletteile gestützt werden."[1]

Etwas Ähnliches ist die Umwandlung der Kalktäfelchen bei Echinodermen in Kalkspatrhomboëder. Daß bei solchen Umwandlungen häufig die ursprüngliche Struktur verloren geht, ist bei Dünnschliffuntersuchungen und daraus abzuleitenden Folgerungen nicht zu übersehen. Ebensowenig die mechanischen Verzerrungen und Verdrückungen, welche z. B. bei Ammoniten und Seeigeln oft so gleichmäßig sind, daß man sie nur schwer als solche erkennt.[2]

Hornsubstanz, und zwar reine, unverkalkte, findet sich nur bei Hornschwämmen, die natürlich als solche fossil nicht erhaltungsfähig sind. Da sie aber die Eigentümlichkeit haben, zuweilen in ihr Hornskelett Fremdkörper, wie Sandkörner, Diatomeen aufzunehmen, kann man sie, wenn nur der Körperumriß sonst fossil gegeben ist, vielleicht gelegent-

---

1) Zittel, K. A., Grundzüge der Paläontologie. 1. Aufl., München 1895, S. 42.

2) Hierüber gibt die „Allgemeine Paläontologie" von J. Walther reichlich Aufschluß (Bd. I, S. 131 ff.).

lich erkennen. Von dieser Erwägung ausgehend, will ROTHPLETZ in den zweifelhaften, Phymatoderma genannten fucoidenartigen Resten des Mesozoikums vermutliche Hornschwämme erkannt haben, aber die Deutung ist nicht sichergestellt (vergl. Kap. IV, Abschn. 5). Die gelatinöse bis knorpelige Substanz der Quallen ferner kann fossil nicht, der Körper dagegen im Abdruck erhalten bleiben. Zu den ältest bekannten Fossilien gehören solche Quallenabdrücke; in besonderer Schönheit aber hat sie uns, wie oben (S. 32) erwähnt, der oberjurassische Lithographenschiefer überliefert. Derartige feinschlammige Kalk- und Tonschiefer sind die Stellen, an denen am ehesten Abdrücke von Weichteilen und Körperumrissen zu erwarten sind. Den Solnhofener Lithographenkalken entsprechen im Alter etwa die Nusplinger Plattenkalke in Württemberg und gleiche Schichten im Departement Aisne in Frankreich; dagegen sind viel jünger, nämlich oberkretazisch, die ebenso aussehenden Plattenkalke von Sahel Alma am Li-

Fig. 13.   Nackter Oktopode (Calais) mit allen Weichteilen überliefert.   Okerkretazische Plattenkalke des Libanon.   (Aus WOODWARD, Quart. Journ. geol. Soc., London 1896.) Verkl.

banon, die neben ausgezeichneten Fischen und Krebsen auch den einzigen Abdruck eines dekapoden Nacktkephalopoden geliefert haben, der mit allen äußeren Einzelheiten erhalten ist (Fig. 13). Tonschiefer mit solchen Fossilresten sind die schwarzen oberliassischen Posidonomyenschiefer von Württemberg und England, aus denen man neben den Sauriern mit Hautbekleidung auch Weichkörperumrisse von Belemnoideen zutage förderte.

Wenn sich auf dem Wege der Pseudomorphose organische Substanz noch in unverwestem Zustande durch Mineralmasse ersetzt, kann sogar die mikroskopische Struktur überliefert werden. So erkannte man in den fränkischen Lithographenkalken sogar Muskelsubstanz[1]), auch die Haut und Muskel von Tintenfischen ist gelegentlich nachzuweisen[2]) (Fig. 14); bekannt ist ja die Erhaltung der feinsten Zellstrukturen in Kieselhölzern. So, wie die organische Masse gelegentlich ersetzt werden kann durch anorganische, so auch diese letztere wieder durch andere anorganische Salze, also umgewandelte Kalkschalen von neuem durch Schwefelkies, Kieselnadeln durch Kalk, Kalknadeln durch Kieselsäure. Gegen diese diagenetischen Umsetzungen verhalten sich Kalkschalen ganz verschieden. Jedem Sammler fällt es auf, daß in ein und derselben Fauna unter den Konchylien meistens die monomyaren Muscheln (Austern, Pectiniden usw.) als Schalenexemplare, dimyare Muscheln (Veneriden, Telliniden usw.) nur als Steinkerne erhalten sind. Es geht das ursprünglich auf zwei Modifikationen des kohlensauren Kalkes, Calcit und Aragonit[3]) zurück. Ersterer ist mehr nach der anorganischen Kristallstruktur gebaut, daher widerstandsfähiger gegen diagenetische Auflösung als der gewissermaßen mehr organisch struierte Aragonit. Aus Calcit bestehen vornehmlich die Foraminiferen, Echinodermen, monomyaren Lamellibranchier und Serpeln; aus Aragonit

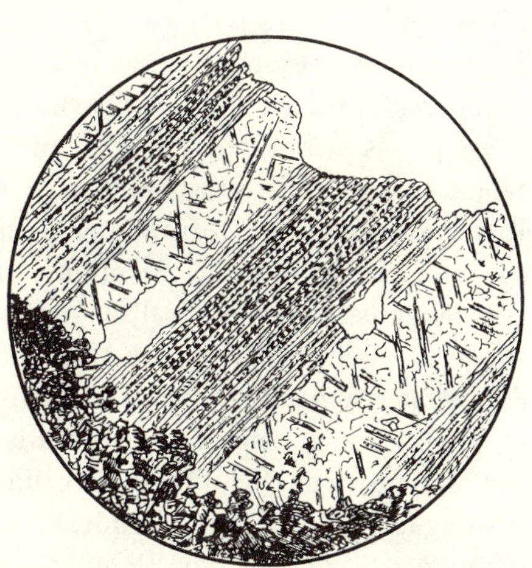

Fig. 14. Fossil erhaltene Struktur der Muskelsubstanz eines Tintenfisches. Oberer Lias. Württemberg. (Aus Fraas, l. c.) 120fach.

wahrscheinlich die Korallen, Kalkhydrozoen, die meisten Schnecken, die heteromyaren Muscheln und die Kephalopoden; aus Kieselsubstanz die Radiolarien und Glasschwämme.

Wir sind sehr selten imstande, fossile Faunengemeinschaften zu rekonstruieren, weil die fossilen Überbleibsel so, wie wir sie in den Schichten antreffen, eben nur Überbleibsel der ehemals an der betreffenden Stelle vorhandenen Tierwelt sind, teils weil sie oft zusammengeschwemmt sind, teils weil zu den bodenbewohnenden Sippen die planktonischen und nektonischen Bewohner höherer Wasserregionen heruntersanken.

---

1) Reis, O. M., Untersuchungen über die Petrifizierung der Muskulatur. Archiv f. mikroskop. Anatomie, Bd. 41, Bonn 1893, S. 492.

2) Fraas, E., Loliginithes (Geoteuthis) Zitteli E. Fraas. Jahresh. Ver. Vaterländ. Naturk. Württbg. Stuttgart 1889, Jahrg. 25, S. 226 ff.

3) Bütschli, O, Untersuchungen über organische Kalkgebilde, nebst Bemerkungen über organ. Kieselgebilde. Abh. K. Ges. Wiss. Göttingen (Math.-phys. Kl.) N. F, Bd. VI, Nr. 3. Berlin 1908. S. 7 ff.

Eine Menge von Angaben über das Miteinandervorkommen von wirbellosen Bodenbewohnern findet man in den paläobiologischen Aufsätzen Deeckes[1], auf die für diesen Zweck hier verwiesen sei. Nun gibt es aber gerade eine Gruppe von Biozönosen, welche uns die Faunenzusammensetzung und den biologischen Charakter des Lebensbezirkes noch mit ziemlicher Deutlichkeit unmittelbar wiedererkennen lassen, und das sind die Riffe. Nicht als ob sie uns stets in ihrer Ursprünglichkeit noch erhalten wären ohne diagenetische Veränderungen; im Gegenteil: gerade die Korallenriffe sind häufig ganz strukturlos geworden. Aber trotzdem ist es möglich, die sie aufbauenden Typen und die sie mitbesiedelnde freie Lebewelt — abgesehen von etwaigen schalenlosen Tieren — wiedererstehen zu lassen, weil bei aller diagenetischen Verwischung meistens die Randpartien, wo sich klastisches, aus der Zerstörung des Riffes hervorgegangenes Material absetzte, noch eine Mustersammlung der Riffbewohner und der Riffbauer selbst darbieten. Die Rekonstruktion der Riffbildungen und ihrer Tierwelt (Kap. IV, 3) wird so zum besten Beispiel nicht nur für die Erschließung der biologischen Formengemeinschaften selbst und der hierbei beteiligten Organismen, sondern auch für die Rekonstruktion der Umwelt fossiler Formen aus den stratigraphischen und sedimentpetrographischen Daten.

Oft gehen bei den mineralischen Ersetzungen der Skelette nicht nur die feineren Strukturen zugrunde, so daß nur der Abguß der Form sozusagen übrig bleibt, sondern auch die Form selbst kann ganz verschwinden. So bei der Dolomitisierung der Korallenriffe. „Die Arten und Gattungen“, sagt Walther, „die auf dem lebenden Riff überwiegen, sind in den fossilen Riffen nicht gerade so vorherrschend. Beim Absterben des Riffes ändert sich das Zahlenverhältnis der einzelnen Formen zueinander, weil die verschiedenen Gattungen in ganz verschiedener Weise den diagenetischen Einflüssen gegenüber widerstandsfähig sind. Daran liegt es auch, daß an den fossilen Riffen älterer Formationen so viele Geschlechter überwiegen, die zur Riffbildung und zum Sandfangen recht wenig geeignet sind. Die Lückenhaftigkeit geologischer Überlieferung steigert sich in solchen Fällen zu einer scheinbaren Fälschung der paläontologischen Urkunde.[2] So festgefügt das Kalkskelett eines Korallenstockes auch erscheint, so sehr die Riffe als feste, formgebende Felsklötze und Massen in der jetztweltlichen Natur uns entgegentreten, so hinfällig ist ihre organische Struktur. Sobald das Korallentier abgestorben ist, verliert sich diese ziemlich bald, indem die Stöcke in einen vielfach dolomitischen, strukturlosen Kalk übergehen.“ Nur in Sand oder Schlamm eingebettet, erhalten sie sich fossil leichter. Ein charakteristisches

---

1) Deecke, W., Paläontologische Betrachtungen I—IX. Im Neuen Jahrb. f. Min. usw. 1913, 1914, 1915; in den Beilagebänden 35 u. 40 hierzu; im Centralbl. v. 1913. Stuttgart.
2) Walther, J., Einleitung in die Geologie usw. III, S. 913.

Beispiel hierfür sind die mitteltriassischen Korallenvorkommen in den Südtiroler Dolomiten. Die Dolomitriffe selbst sind völlig strukturlos geworden, aber in den begleitenden und im Fazieswechsel damit stehenden Cassianer Mergeln sind Korallenstöcke vielfach sogar mit ihrer feinsten mikroskopischen Struktur[1]) erhalten geblieben. Ganz dasselbe ist mit den Korallen der oberrhätischen Riffkalke und Mergel der bayrischen Alpen der Fall. Darum sind auch, wie WALTHER hervorhebt, Einzelkorallen fossil meistens so gut erhalten, weil der zarte Schlamm, in dem sie lebten, sie umhüllt und das Skelett vor Zerstörung bewahrt. „Der Geologe, welcher die wohlverpackten und sorgsam behandelten Korallen in einem zoologischen Museum betrachtet, kann leicht zu der Annahme verleitet werden, daß in einem fossilen Korallenlager dieselben zarten Formen aufbewahrt sein müßten. Ja selbst der Naturforscher, der auf einem lebenden Korallenriff gesammelt hat . . ., wird geneigt sein, dieselben wohlerhaltenen Exemplare auch in einem abgestorbenen Riffe zu suchen. Ich möchte aus eigener Erfahrung hervorheben, daß ein großes Maß von Entsagung dazu gehört, auf einem lebenden Riff seinen Blick . . . abzuwenden und die unscheinbaren ‚Sand‘stellen zu untersuchen, welche absterbende und abgestorbene Stöcke enthalten, und die uns zeigen, wie eine Koralle fossil wird. Nur der geübte Blick vermag in den formlosen, mit Kalkalgen und Bryozoen überzogenen Steinen die Form der einstigen Prachtstücke wiederzuerkennen. Die Möglichkeit, daß Korallenstöcke mit allen ihren Kelchen gut bestimmbar erhalten bleiben, ist auf einem Korallenriff sehr gering, und niemals darf man die Abwesenheit zahlreicher Korallenkelche für einen Beweis gegen die Riffnatur einer Kalkablagerung betrachten. Von allen Tierresten dürften wenige für die geologische Erhaltung so ungünstig sein wie gerade die Riffkorallen, welche der Tummelplatz einer reichen räuberischen Tierwelt und der Schauplatz der zerstörenden Brandung zugleich sind“.[2])

Was WALTHER fernerhin über die Erhaltung fossil werdender Tiere sagt[3]), gibt ein lebendiges Bild von der Unterschiedlichkeit der fossilen Fauna zu der lebenden, aus der sie hervorging. Ganz abgesehen von den Nackttieren, die selbstverständlich ausscheiden, sind auch die knochenbesitzenden Wirbeltiere auffallend selten. „Wenn wir die große Zahl der marinen Fischzüge erwägen, muß die Seltenheit von Fischknochen in Tiefseesedimenten in Erstaunen setzen. Die Zusammensetzung einer fossilen

---

1) Man vergleiche hierzu die nach Material und Durchführung gleich ausgezeichnete Monographie von W. VOLZ, Die Korallen der Schichten von St. Cassian in Südtirol. Paläontographien Bd. 43, Stuttgart 1896.

2) WALTHER, J., Die Lebensweise der Meerestiere. II. Teil. Die Einleitung in die Geologie als historische Wissenschaft. Jena 1893. S. 277/78 und Bd. III, S. 913.

3) WALTHER, J., ibid. Bd. II, S. 201/02. Neuerdings auch in der „Allgemeinen Paläontologie“, Berlin 1919, Bd. I, S. 120ff.

Fauna entspricht also schon aus diesem Grunde keineswegs dem Bestande, welchen die lebende Fauna gehabt hat. Allein auch das Zahlenverhältnis der Individuen einer fossilen Fauna stimmt ebensowenig überein mit der Häufigkeit oder Seltenheit der betreffenden damals lebenden Tiere. Reiche Faunen verschwinden spurlos, und ein nur in wenigen Exemplaren gleichzeitig lebendes Tier häuft seine Schalen im Laufe vieler Generationen am Meeresboden auf, so daß man daraus auf einen großen Individuenreichtum mit Unrecht schließen würde." WALTHER entwickelt an einem ausgezeichneten Beispiel aus der Irischen See, wie sehr eine lebende Fauna von der entsprechend fossil erhaltungsfähigen, aus ihr bestehenden Fauna verschieden ist. Die etwa 36 m unter dem Meeresspiegel liegende, teils kiesige, flache, teils von einem Höhenzuge durchwachsene Bank ist voller Muscheln und Schnecken, unter denen auch eine Käferschnecke (Chiton) lebt. Im Verlauf von fünf Jahren siedelte sich eine Deckelschnecke (Fissurella) und noch eine andere Form (Lottia) an; einige Muscheln wechseln nach Jahren. Die Muscheln und Schnecken sind verschieden häufig, und auf den einzelnen Teilen der Bank besteht die Molluskenfauna aus verschiedenen Elementen. Viele Nacktschnecken sind darunter, die nach dem Absterben natürlich verschwinden; ebenso verschwinden die Reste von Chiton. Echinodermen sind häufig, aber auch nach Gattungen und Typen auf den verschiedenen Teilen der Bank verteilt. Würden wir diese Bank im fossilen Zustande sehen können, so ergäbe sich folgendes Bild: Die beschalte Molluskenfauna würden wir in richtiger Zusammensetzung finden; aber die Nacktschnecken würden fehlen; auch das relative Verhältnis von Muscheln und Schnecken wäre am Rande und im Zentrum der Bank verschieden. Chiton würde fehlen. Die Artenzahl der fossilen Bank wäre bei den beschalten Formen wahrscheinlich größer, weil wir den Wechsel vieler Jahre auf einmal überschauten. Von Echinodermen würden wesentlich nur Seeigelstacheln zu finden sein. Obwohl eine sehr große Zahl Krebse auf der Bank leben, würden nur geringe Reste von ihnen fossil vorhanden sein. Nur beschalte Würmer wären vorhanden, die vielen unbeschalten wären verloren.

Manche Tiere, besonders schalenlose, sind vielleicht bloß aus Kriechspuren, die sie hinterließen, bemerkbar. Viele derartige Gebilde haben in neuerer Zeit ihre Deutung erfahren[1]), teils indem sie als wirkliche

---

1) NATHORST (Om spår af några evertebrerade djur mm. och deras paleontologiska betydelse. Kongl. Svensk. Vetenskaps-Akademiens Handling. Bd. 18, Nr. 7, Stockholm 1881) hat eine größere monographische Darstellung solcher Spuren, die er in Gips abformte, gegeben und unter Beiziehung rezenter Formen ihnen teilweise eine Deutung zu geben versucht, die neuerdings auch TOULA (Kriechspuren von Pisidium amnicum Müll. usw. Verh. k. k. geol. Reichsanstalt, Wien 1908, S. 239 ff.) durch Beobachtungen am schlammigen Donauufer bei Wien noch teilweise zu vervollständigen wußte. Weitere Kriechspuren von Trilobiten und Würmern aus dem Kambrium bei WALCOTT, Ch. D., Cambrian Geology and Paleontology. II, No. 9: New York Potsdam-Hoyt Fauna. Smithson. Miscell. Coll. Vol. 57, No. 9, Washington 1912, Taf. 38 ff.

Kriechspuren erkannt und auf bestimmte Typen bezogen werden konnten, teils indem sie als Röhren von Schlammbewohnern nachgewiesen wurden, die man früher vorzugsweise unter der Bezeichnung Algen und Scheinalgen zusammenfaßte (siehe Kap. IV, 5). Biologisch besonders interessant ist ein im Münchener Museum befindlicher Solnhofener Limulus, der im Augenblick des Verendens noch im Schlamm ein Stück weit fortkrabbelte. Diese Spur ist in den Lithographenkalken nicht eben selten, und „es ist ein Erfahrungssatz, daß man die zarten Fußeindrücke mit der dazwischenliegenden Schwanzspur nur zu verfolgen braucht, um den Krebs selbst zu finden".[1]

Ebenso wertvoll, weil den beweglichen Bodenbewohner anzeigend, ist auch die Schlammspur einer unter gleichen Umständen wie der obige Limulus sich fortbewegenden Muschel, welche uns recht lebendig zeigt, wie diese Bodenbewohner mit Hilfe ihres Fußes selbst unter solch erschwerenden Umständen sich noch vorwärtsbringen konnten (Fig. 15). Bei diesen echten Kriechspuren ist zu unterscheiden zwischen denen unbekannter Herkunft und denen, zu welchen man das Tier kennt. Letztere geben uns natürlich einen Anhaltspunkt für die Lebensweise der bewirkenden Individuen und Arten.

Nicht nur die Einzelform in möglichst gutem Erhaltungszustand zu bekommen, sie richtig zu rekonstruieren und biologisch zu verstehen, ist Ziel der Forschung, sondern es sollen auch die Formengemeinschaften, die Populationen, die Lokalfaunen wiederhergestellt, als Gesamtheit biologisch begriffen und umgekehrt daraus auch die Einzelformen selbst wieder ver-

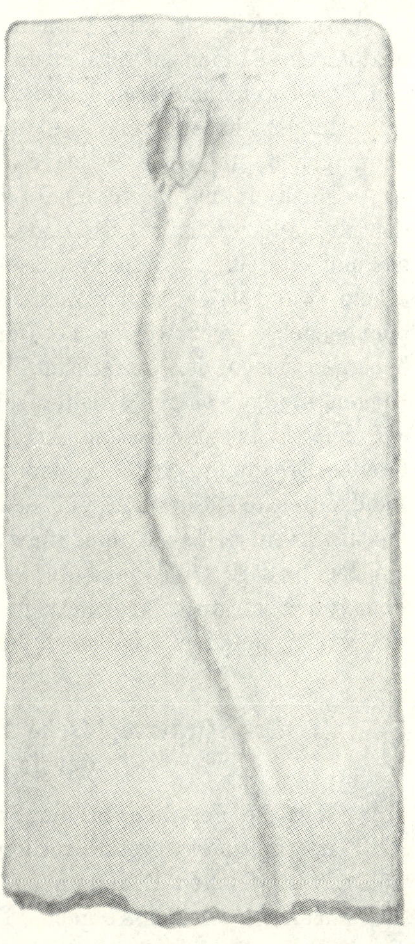

Fig. 15. Spur eines überschütteten und im Schlamm verendeten Tieres. Lithographenkalk des oberen Jura in Franken. Muschel, die sich noch eine Strecke weit fortbewegte. (Die Spur ist im Original dreimal länger). Orig. in München. $^1/_1$.

---

1) Walther, J., Die Fauna der Solnhofener Plattenkalke. Jenaische Denkschr. Bd. XI. (Haeckel-Festschr.) Jena 1904, S. 152. Ferner: Allgemeine Paläontologie, S. 114 ff. Dort auch einige Literaturangaben.

standen werden. Am leichtesten geht das noch bei bestimmten, charakteristisch abgeschlossenen Bodenfaunen, wie den Riffen, wo die meisten Tiere kalkschalig sind und wo die Grundlage — die Korallen- oder Hydrozoenstöcke selbst — ihnen die Bodenform, Wohnraum und Schutz bieten.

Am wenigsten wird es natürlich möglich sein, planktonische und nektonische Faunen zu rekonstruieren, teils weil die sie zusammensetzenden Typen weichhäutig sind und nur äußerst selten erhaltungsfähige Hautverhärtungen haben, teils weil sie auch, um in den fossilen Zustand überzugehen, unter die Bodenbewohner gemischt werden mußten.

Die Kenntnis der fossilen Landtiere endlich tritt stark hinter jener der Meerestiere zurück. Besonders für das Paläo- und Mesozoikum gilt das und hat seinen Grund einmal darin, daß Landablagerungen viel seltener erhalten und leichter der Zerstörung ausgesetzt sind. Denn an ihnen konnte sich immer wieder die Denudation gleich nach ihrer Entstehung betätigen; nach der einfachsten Wahrscheinlichkeit werden Landablagerungen um so weniger erhalten sein, je älter sie sind. Dann darin, daß auf dem Lande nicht jene Art von Sedimentation stattfindet, die der fossilen Erhaltung eben besonders günstig ist. Drittens fallen die tertiären Landkomplexe wesentlich mit den heutigen zusammen; wir kennen am meisten tertiäre Land- und Süßwasserablagerungen und daher auch am meisten tertiäre Land- und Süßwassertiere. Während die ältesten Meerkonchylien, die wir als solche kennen, schon altkambrisch sind, treffen wir die ersten sicheren Landkonchylien erst im Karbon (Kap. I, 5, Fig. 24).

4. Das stratigraphische Erscheinen und Verschwinden der fossilen Arten.

Wie die Fossilien in die Schichten ehemals hineingelangten, wie die Versteinerungsprozesse verliefen, was erhaltungsfähig ist und was nicht, von welchen Bedingungen dies abhängt — das zu erörtern liegt hier außerhalb unserer Aufgabe. Dagegen interessiert uns die biologische Frage, was die Ursachen des Erscheinens, des längeren oder kürzeren Ausdauerns und des Verschwindens der Arten in den Erdschichten sind. Es ist nicht genug, wenn die natürliche Abstammungslehre sagt, die Arten hätten sich im Laufe der Zeiten auseinander entwickelt, umgewandelt, die Typen seien in immer neuer Gestalt aufgetreten und dann nach längerem oder kürzerem Entwicklungsgang ausgestorben, einzelne seien auch durch Jahrmillionen hindurch gleichförmig geblieben; wir wollen auch wissen, wieso und warum. Das Verschwinden und Erscheinen der Arten kann sowohl äußere wie innere, organische Ursachen haben, und diese letzteren wollen wir von den ersteren zu trennen uns bemühen.

Neue Arten an einer bestimmten Stelle und in einer bestimmten Schicht können nach einer Definition von BARRANDE aus vier Gründen auftreten:[1)]

    1. durch **Propagation**, d. h. die Art war schon in einem früheren Horizont vorhanden und geht unverändert in den neuen über;

    2. durch **Filiation**, d. h. die Art ist aus einer an Ort und Stelle schon vorher vorhandenen Art genetisch hervorgegangen;

    3. durch **Migration**, d. h. die Art ist von anderswoher eingewandert;

    4. durch **Novation**, d. i. ein Verlegenheitsausdruck, wenn keiner der drei vorstehenden Gründe erkennbar ist.

Die Propagation bedarf keiner weiteren Erörterung. Wohl aber ist zu betonen, daß propagierende Arten solche sein müssen, welche ein Schwanken bestimmter Lebensverhältnisse innerhalb weiter Grenzen ertragen konnten, also entweder morphologisch oder physiologisch nicht einseitig spezialisiert sein durften. Die Veränderungen der Umwelt mußten im neuen Horizont derart sein, daß sie entweder die Art nicht berührten und keine Umgestaltung bei ihr hervorriefen, oder so, daß eine Umgestaltung der Form nicht nötig war, weil die bisherige alles leistete, was erforderlich war. Die Art persistierte. Die Filiation ist jene Weise der Neubildung von Arten, welche das Haupträtsel der Abstammungslehre ausmacht. Migration, also Einwanderung einer vorher an anderem Orte bestehenden Art, kann aktiv oder passiv sein. Aktiv insofern, als durch Umherschwärmen der Larven und Herumschwimmen der größeren Arttiere im Laufe vieler Generationen ein immer weiterer Umkreis besiedelt wurde; passiv insofern, als Larven oder fertige Tiere durch Strömungen, Treibholz oder andere bewegliche Tiere verschleppt wurden. Breiteten sich dagegen Formen mit einer transgredierenden Schicht über vorher noch nicht besiedelte Gebiete aus, so konnte dies sowohl durch aktives Mitwandern, wie durch passives Mitführen im Meerwasser erreicht werden. Eine Novation wäre dann etwa jener Fall, wo infolge ungünstiger Erhaltungsbedingungen bei der Bildung eines Sedimentes Schalen von Tieren, die unausgesetzt da lebten, erst von einem gewissen späteren Zeitpunkte ab fossil erhalten blieben (vgl. WEPFERS Theorie, S. 44).

Für die Einwanderung gibt es zahlreiche Beispiele. In der unteren Arenigstufe[2)] des englischen Untersilur finden sich die Trilobitengattungen Calymmene, Trinucleus, Dionide, Aeglina und im oberen Arenig dazu noch Placoparia und Acidaspis. Alle diese Gattungen erscheinen im skandinavischen Untersilur erst im Chasmopskalk, einem ungefähren

---

1) NEUMAYR, M., Über unvermittelt auftretende Cephalopodentypen im Jura Mitteleuropas. Jahrb. k. k. geol. Reichsanst., Wien 1878, Bd. 28, Seite 37—80.

2) Die Reihenfolge der Untersilurstufen ist von oben nach unten: Caradoc, Llandeilo, Arenig, Tremadoc.

Äquivalent des englischen Llandeilo, oder sogar erst in noch höheren Schichten. Die Gattung Dalmania mit der häufigen und bezeichnenden Art Dalmania socialis tritt in Böhmen bereits im Untersilur auf, während sie im Norden erst im Obersilur zu finden ist.[1]) In der kalifornischen Trias finden sich vergesellschaftet in ein und demselben Horizont die Ammonitengattungen Protrachyceras und Tropites, Formen, die im Himalaya und den Alpen in getrennten Stufen auftreten, und zwar Tropites in einer jüngeren als Protrachyceras. Man muß daher annehmen, daß sich Tropites in Nordamerika als seinem frühesten Erscheinungsort entwickelte und dann nach Südasien und Europa auswanderte, wo er um soviel später eintraf, daß er hier erst in einer etwas jüngeren Stufe erscheinen konnte.[2]) In Südamerika tritt die Ammonitengattung Macrocephalites angeblich etwas früher auf als in Europa, sie müßte danach von dort hierher eingewandert sein. Im höheren Jura des nordwestlichen Amerika treten die sonst auf südlichere Regionen beschränkten Ammonitengenera Phylloceras und Lytoceras sporadisch auf, und da sie in anderen Regionen, besonders im Mediterrangebiet, außerordentlich üppig gediehen und auch schon im tieferen Jura sehr entwickelt sind, so dürften sie wohl in Nordwestamerika eingewanderte Fremdlinge sein. Solche Schlußfolgerungen sind keineswegs einwandfrei, wie wir weiter unten noch sehen werden.

Die Ursachen der Einwanderungen sind leicht zu verstehen. War irgendwo, wie wir annehmen wollen, eine Form entstanden und vermehrte sie sich, dann breitete sie sich so lange und so weit aus, als sie günstige Lebensbedingungen fand. Erzeugte sie Larven, so wurden diese von Meeresströmungen überallhin verbreitet und wuchsen heran, wenn sie an entfernteren Stellen noch die entsprechenden Lebensbedingungen fanden. Ist dies doch auch die Art und Weise, wie festgewachsene Tiere, also etwa Korallen, wandern können. Die Ausbreitung bzw. Wanderung der Formen findet ihre natürliche Grenze dort, wo derart veränderte Nahrungs-, Wärme-, Strömungs-, Tiefen-, Wasserdruck-, chemische und Lichtverhältnisse oder Vergesellschaftungen und Feinde auftreten, daß sie den Lebensbedürfnissen der betreffenden Formen nicht mehr zusagen; oder dort, wo überhaupt das Element, in dem sie leben, also etwa das Meer selbst, gegen das Land seine Grenzen findet. Das Entsprechende ist mit den Landtieren der Fall. Vögel können Würmer und Schnecken verschleppen, Insekteneier kann der Wind verwehen wie die Samen der Pflanzen; Flüsse können auf den vom Ufer losgerissenen Pflanzenbündeln oder auf Treibholz allerlei Tiere weithin durch die Länder verfrachten,

---

1) FRECH, F., Lethaea geognostica. I. Teil: Lethaea palaeozoica, Bd. II, Stuttgart 1897—1902, S. 91 und 93.

2) v. ARTHABER, G., ibid. II. Teil: Das Mesozoikum, Bd. I, Trias, Stuttgart 1903 bis 1908, S. 498.

und die Überfüllung eines Gebietes drängt die Formen dazu, immer weiter um sich zu greifen und immer neue Gebiete zu besiedeln. Flüsse, Wälder, Gebirge, Wüsten, Inlandeismassen werden neben den Temperatur-, Niederschlags- und Windverhältnissen zu Grenzen der Verbreitungsbezirke.

Nun änderten sich alle diese eine Tierverbreitung momentan bestimmenden Zustände bald rascher, bald langsamer, aber doch unaufhaltsam, und damit wurden immer wieder neue Anreize zu Wanderungen nach neuen und zum Verschwinden aus alten Standplätzen gegeben. Mit der Verlegung der Grenzen von Land und Meer, mit dem Zerreißen alter Landverbindungen und der Eröffnung neuer Meeresstraßen einerseits, der Vereinigung früher isolierter Landkomplexe und der Absperrung von Meeresverbindungen andererseits, mit der Vertiefung vordem flacher und der Verflachung ehemals tieferer Meeresteile änderten sich die Wohnstätten der auf bestimmte Zustände eingestellten Tiere. Die Länder erlebten Niveauverschiebungen, Gebirge bildeten sich oder waren inzwischen abgetragen worden, klimatische Veränderungen traten ein; die von den Flüssen in die Meere transportierten Stoffquantitäten und -qualitäten änderten sich, neue Flüsse kamen, alte blieben aus, Meeresströmungen verlegten ihre Bahnen usw. — kurz, die Anlässe zu Wanderungen, die zeitlich und räumlich ungeheure Dimensionen annehmen können, sind auch erdgeschichtlich gegeben, und als das Resultat dieses Wanderns der äußeren Umstände liegt uns der petrographisch-sedimentäre, wie auch der faunistische Fazieswechsel in den aufeinanderfolgenden Schichten der Formationen teilweise vor.

Sehr gut veranschaulicht ein von QUIRING gegebenes Schema[1]) (Fig. 16) ein solches Wandern der Faunen bzw. einzelner Trilobitenformen und ihr zeitlich verschiedenes Auftreten in den einzelnen Altersstufen, sowie ihr Aufsteigen aus autochthonen Arten, so daß uns dieses Schema sowohl eine Propagation, wie eine Migration vor Augen führt. So sieht man beispielsweise Dalmanella striatula in der Ohlesbergstufe als neue Form auftreten, und wenn man in demselben Gebiet nach ihrem Vorfahren in einer älteren Stufe forscht, findet er sich nicht; wohl aber findet er sich in einer älteren Stufe des südlichen Fazesgebietes, und sein unvermitteltes Auftreten im Norden erklärt sich aufs einfachste durch Einwanderung.

Wie die Veränderung der Lebensbedingungen in einem Meeresbecken Formen gewissermaßen aus entfernteren Regionen heranzieht, die zwar nicht vorher, aber nunmehr unter den neugeschaffenen Verhältnissen hier leben können, das hat RICHTER für die pelagischen Trilobitengattungen

---

1) QUIRING, H., Zusammenstellung der Strophomeniden des Mitteldevons der Eifel nebst Beiträgen zur Kenntnis der Wanderbewegung der Brachiopoden im Eifeldevon. Neues Jahrb. f. Mineral. usw., Stuttgart 1914, I, S. 139.

des Devons nachgewiesen.[1]) Im Unterdevon der Eifel finden sich nur strandnahe und Küstenablagerungen, und erst im unteren Mitteldevon vollziehen sich ruckweise Vertiefungen. In einer solchen lagerten sich die Geeser Mergel ab als Sedimente eines ruhigeren, tieferen Beckens. In diesen kommen nun plötzlich die in Böhmen schon aus früheren Stufen bekannten beiden pelagischen Gattungen Tropidocoryphe und Thysanopeltis zum Vorschein, wohl als Ergebnis einer von dieser Meeresvertiefung begünstigten, westwärts gerichteten Auswanderung aus dem böhmischen Meeresgebiet.

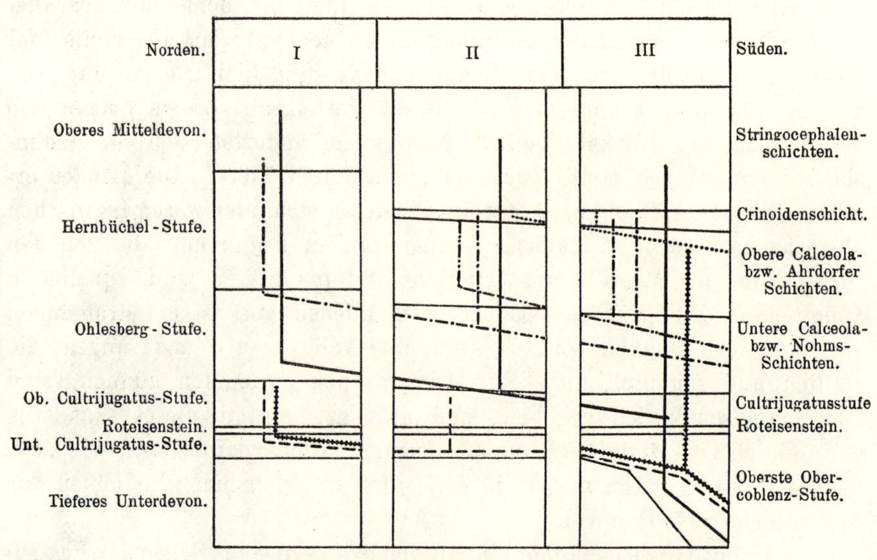

Fig. 16. Schema des Auftretens von Arten in benachbarten Gebieten durch Propagation und Migration. (Nach QUIRING l. c.)

——————— Dalmanella striatula
— — —   ,,   subcordiformis ⎱ Aus der unterdevo-
·············   ,,   circularis (opercularis) ⎰ nischen Basis unmit-
                                                  telb. aufsteig. Arten
—·—·—   ,,   eifeliensis
··—··—   ,,   tetragona ⎱ Im Mitteldevon eingewan-
·········   ,,   canalicula ⎰ derte Arten.

I Nördliches Faziesgebiet (Sötenicher Mulde).
II Mittleres Faziesgebiet (Ahrdorfer u. Hillesheimer Mulde).
III Südliches Faziesgebiet (Gerolsteiner u. Prümer Mulde).

In allen derartigen Fällen läßt sich ein lokales erstes Auftreten einer Form durch Wanderung einfach erklären und in umgekehrtem Sinne auch ihr Verschwinden. Man darf nun aber auch andererseits nicht jedes Auftreten der gleichen Form an verschiedenen Plätzen auf

---

1) RICHTER, R., Das Übergreifen der pelagischen Trilobitengattung Tropidocoryphe und Thysanopeltis in das normale rheinische Mitteldevon der Eifel (und Belgiens). Centralblatt f. Mineral. usw., Stuttgart 1914, S. 85—96.

ein ehemaliges Herumwandern von einem an den anderen zurückführen. Vielfach begegnet man der Meinung, eine Art, eine Form könne nur an einem Punkte der Erde jeweils entstanden sein, man gibt sich dabei aber nicht immer Rechenschaft, was das heißt. Man denkt sich etwa ein beschränktes Meeresbecken, worin aus vielen Individuen einer vorher vorhandenen Art nun ebenfalls viele Individuen der neuen Art hervorgingen. Wo aber ist die räumliche Grenze gewesen? Nehmen wir ein praktisches Beispiel, statt uns im Allgemeinen zu bewegen: Im Lias sehen wir den Typus Psiloceras übergehen in den Typus Arietites; wenig oder gar nicht berippte Psiloceren machen in den Alpen, in Schwaben, in Frankreich und England den Arieten Platz; vermutlich sind sie alle Repräsentanten einer Stammreihe. Die Frage ist nun: sind nur in den Alpen oder nur in Frankreich — ein weiter Raum — oder nur in England oder nur in Schwaben diese Formen auseinander hervorgegangen, und sind von ihrem Entstehungszentrum die Arieten in die anderen Räume ausgestrahlt? Wahrscheinlich nicht, denn in den Alpen sind es teilweise doch etwas andere Rassen als in Schwaben, Frankreich und England, so daß wir mindestens eine alpine und eine außeralpine Rasse mit eigener Entwicklung annehmen dürfen. Damit ist aber schon die prinzipielle Seite der Frage zugunsten einer mehrfachen Entstehung desselben Typus — nicht derselben Lokalart charakterisiert, und danach ist auch nicht mehr einzusehen, warum nicht an noch mehr Stellen derselbe Typus und damit auch in Parallelentwicklung dieselben Formen entstanden. Ob tausend oder zehntausend Individuen sich gleichsinnig umbilden, ist wesentlich dasselbe, nur nehmen zehntausend eine größere Fläche ein; warum soll es nicht mit hunderttausenden ebenso sein. Man müßte sich höchstens darauf versteifen, daß jede neue Art nur aus einem Paar hervorging.

Es läßt sich auch noch genauer dartun, daß derselbe Typus an weit entfernten Plätzen unabhängig entstand. Verfolgt man im alpinen oder Stramberger Jura die Umbildung der Perisphinktenfauna in die unterkretazische der Hopliten und Holcostephanen, so bemerkt man, daß sie ebenso verläuft wie z. B. die Umbildung des Perisphinktentypus in jene Neuformen im Himalayagebiet; nur sind es hier wie dort verschiedene bodenständige Lokalrassen, genau wie die Unterkreideformen in Norddeutschland als Lokalrassen ebenso verschieden von jenen anderen beiden sind. Auch die Juraperisphinktenfaunen sind in allen drei Gebieten schon habituell verschieden gewesen. Daß trotzdem morphologisch gleiche Formen dazwischen an allen drei Plätzen auftreten, ist bei Parallelentwicklung innerlich so nahe verwandter Formen begreiflich und beweist nur, daß phänotypisch gleiche Arten in getrennten Regionen und bei verschiedenen Lokalrassen entstehen können. Mit den beistehend abgebildeten Proben (Fig. 17, 18) ist die Mannigfaltigkeit der lokalen Rassenbildungen und -um-

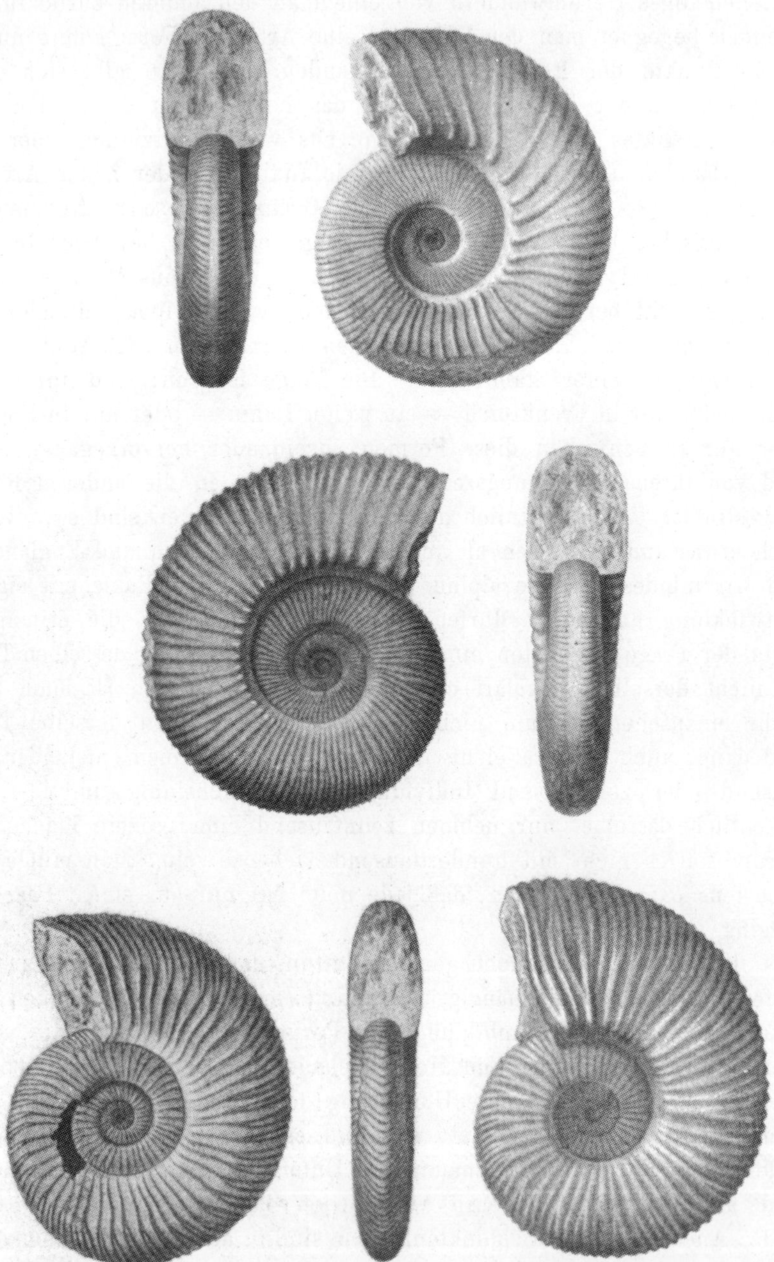

Fig. 17. Ideale Darstellung der phänotypischen Entwicklung des
Hoplitentypus aus Perisphinkten im mitteleuropäisch-alpinen
Oberjura von Stramberg. Die Figuren bedeuten keine Stammreihe,
sondern sollen nur zeigen, daß die an Ort und Stelle vorhandenen
Rassen eine autochthone Entstehung des Hoplitentypus nahelegen.
(Aus Zittel, l. c), z. T. verkl.

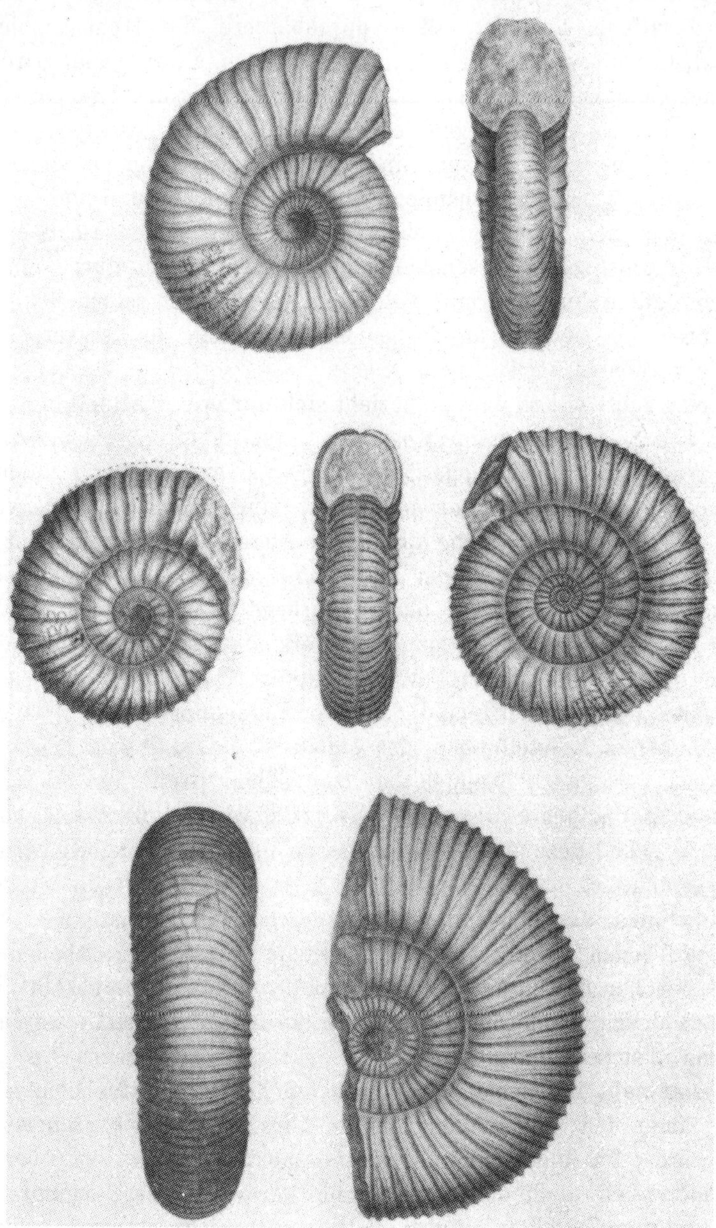

Fig. 18. Ideale Darstellung der phänotypischen Entwicklung des Hoplitentypus aus Perisphinkten im himalayischen Oberjura. Die Figuren bedeuten keine Stammreihe, sondern sollen nur zeigen, daß die an Ort und Stelle vorhandenen Rassen eine autochthone Entstehung des Hoplitentypus nahelegen. (Aus Uhlig, l. c.), z. T. verkl.

bildungen an den genannten Stellen keineswegs erschöpft, es sind nur herausgegriffene Formen. Man durchblättere die Monographien von Zittel[1]), Uhlig[2]), Koenen, Pictet, Gemmellaro u. a., und man wird genug Eindrücke einerseits von dem Lokalrassencharakter der Faunen, andererseits von den zahllosen Wegen der Umbildung in jeder Region bekommen. Die hier abgebildeten Serien sind keine angenommenen Stammreihen, sondern bloß wirklich vorhandene Spielarten, Typen und ontogenetische Stadien aus dem gleichen Lebensraum, welche den permanent beibehaltenen faunistischen Rassencharakter der Arten zeigen, durch den sie sich in allen Stadien der Umformung gleichen, wenn sie im selben Gebiet leben, und durch den sie sich unterscheiden, wenn man die der verschiedenen Gebiete vergleicht.

Was hier gesagt wurde, bezieht sich nur auf einzelne Formenkreise. Es ist aber ein noch keineswegs genug beachtetes Problem, daß auch ganze Formgemeinschaften, ja ganze Faunen sich unabhängig von anderen, gleichalten und gleichartigen umbildeten und dabei nach wie vor eine mehr oder weniger deutliche räumliche Abgrenzung voneinander beibehielten. Gerade der Jura, der mir genauer bekannt ist, zeigt das. Es ist eine Frage, mit der sich der verstorbene V. Uhlig noch befaßte, als er die zusammenfassende, sein Lebenswerk abschließende Arbeit über die Weltfauna des Jura schrieb. Wir bemerken sowohl im Jura, wie in der Trias eine auffallende Beständigkeit der Faunenprovinzen[3]), die mit den überkommenen Vorstellungen der steten Wanderung und Verdrängung der Arten, ja ganzer Faunen bei dem steten Land- und Meeres- und Klimawechsel in klare Beziehung gesetzt werden muß. Wir beobachten, wie oben schon gezeigt, regionale Rassen, und diese bleiben ortsständig. Selbstverständlich gehen von ihnen nach allen Seiten die Arten aus, besiedeln neuentstandene, ihnen entsprechende Lebensräume, wandeln sich wohl auch adaptiv um, bilden neue Lokalrassen, aber die alten Zentren bleiben mit ihrem Faunencharakter bestehen. Umgekehrt drängen natürlich durch Wanderung, wofür wir oben Beispiele zitierten, aus den früheren Zentren einzelne Elemente mit der Zeit gegenseitig beieinander ein, teils indem sie ihren mitgebrachten Charakter behalten, teils indem ihnen der Lokalrassencharakter ihres neuen Wohnraumes aufgeprägt wird. Im allgemeinen scheint dann das letztere zu überwiegen, sonst hätten wir nicht diese auffallende Permanenz der Faunenprovinzen durch mehrere Zeitalter hindurch. Wie man sieht, ist die Auseinanderlegung der ganzen Frage zwar im Prinzip schon möglich, aber im einzelnen

---

1) Zittel, K. A., Die Cephalopoden der Stramberger Schichten. Stuttgart 1868.

2) Uhlig, V., The fauna of the Spiti shales. Himalayan Fossils Vol. IV. Mem. Geol. Surv. India, Ser. XV, Calcutta 1903.

3) Diener, C., Über die Konstanz einiger Hauptgrenzen der marinen mesozoischen Reiche. Mitteil. Geol. Ges. Wien. Bd. V. 1912. S. 13.

Falle ist durch das Hin- und Herwandern der Formen, durch die immer wieder eintretende Unterbrechung der Sediment- und Faunenfolgen, durch die Schwierigkeit, Stammreihen aufzustellen, das klare Bild sehr verwischt. Man sollte jedoch nicht mit zu einfachen Entwicklungsvorstellungen, wie sie die ältere Deszendenztheorie hat, diesen Fragen gegenübertreten, sondern bedenken, daß die ineinander hineinspielenden Momente so verschiedenartig sind, daß auch die Erklärung nicht einfach, sondern sehr verwickelt sein muß.

Die dem Neuauftreten einer Art oder eines Typus komplementäre Erscheinung ist: dauerndes Verschwinden. Es gibt auch ein intermittierendes Verschwinden, das im Kapitel VII, 3 behandelt wird und das hier nicht gemeint ist. Das dauernde Verschwinden entweder aus einem begrenzten Gebiet oder von der ganzen Erdoberfläche kann allgemein folgende Ursachen haben:

1. Die Art oder der Typus starb richtig aus, erlosch, ohne Nachkommen zu haben;

2. Die Art oder der Typus wanderte aus in Gebiete, die heute meerbedeckt sind;

3. Die Art oder der Typus wandelte sich mehr oder minder stark um.

Das richtige Aussterben, d. h. das Erlöschen eines Artzweiges in begrenztem Lebensraum oder auf der ganzen Erde beruht auf inneren oder äußeren Gründen oder auf beiden zusammen. Die inneren Gründe liegen in der Organisation oder Konstitution der Art selbst, welche infolge einseitiger Spezialisation oder infolge Unvermögens, neueintretenden Lebensbedingungen mit entsprechenden Formbildungen und Funktionen zu begegnen, sich nicht mehr anzupassen wissen. Geschieht dies auf enger begrenztem Raume, so kann die Art, der Typus anderswo noch lange fortleben, und so kommt es, daß so viele Leitfossilien in einzelnen Gegenden auch noch in höhere Stufen hinaufgehen können und damit in der anderen Gegend ihren Charakter als Leitfossilien verlieren. Das Verschwinden von Formen durch stammesgeschichtliche Umwandlung, sei es infolge äußerer Anpassung, sei es infolge orthogenetischer Evolution, ist ein Vorgang, über dessen innere Zusammenhänge man kaum etwas weiß; davon noch später (Kap. VII). Aber das Verschwinden von Formen infolge rein äußerer Gründe ist sehr durchsichtig, sowohl das regionale, wie das universelle.

Das regionale Verschwinden aus äußeren Gründen hängt zunächst einmal mit lokalen Katastrophen, also etwa vulkanischen, zusammen, von denen, soweit die Beobachtungen und Nachrichten bis jetzt reichen, in erster Linie Landtiere und zwar Wirbeltiere und Insekten betroffen werden, in zweiter Linie erst Marintiere und auch unter diesen in erster

Linie Wirbeltiere, also vorzugsweise Fische[1]). Aber auch vom Massensterben Wirbelloser haben wir manchen Fall. So wird die Vernichtung der für die pliozäne pontische Stufe so charakteristischen Muschel Dreissensia im Schwarzen Meer von Andrussow auf das Eindringen von Salzwasser nach Herstellung einer Verbindung mit dem Mittelmeer zurückgeführt. Agassiz berichtet von Überschüttungen der Muschel Mya arenaria an der Küste von Florida, welche auf diese Weise gelegentlich in Massen zugrunde geht, ebenso wie an dem Boden festsitzende Kolonien von kalkschaligen Annelidenwürmern. In Norwegen ist die Vernichtung von Austernbänken durch lokale Schwefelwasserstoffanreicherung des Wassers beobachtet worden.[2]) Die von solchen Ereignissen betroffenen Formen verschwinden damit aber natürlich nicht von der ganzen Erde, sondern nur an der betreffenden Stelle, und kehren später auch häufig durch Neueinwanderung wieder zurück. Ein gänzliches Verschwinden einer Tierform von der Erdoberfläche durch Ereignisse eben erwähnter Art könnte nur dann eintreten, wenn diese Tierform einzig und allein gerade noch an jener katastrophal betroffenen Stelle leben würde. Dies hinwiederum ist nur dann der Fall, wenn sie sich entweder eben erst aus wenigen Vertretern einer Stammform örtlich neu entwickelte und noch nicht Zeit genug gehabt hätte, sich an Individuenzahl sehr zu vermehren und in weitere Gebiete auszuwandern; oder wenn sich die Form aus anderen äußeren und inneren Gründen, also infolge langsamen Aussterbens oder Verdrängtwerdens aus allen übrigen Gebieten der Erde, bereits vorher schon auf ein beschränktes Areal zurückgezogen hätte. In diesem Falle könnte z. B. auch eine starke Vermehrung von Feinden zur Vernichtung führen u. a.

Eine weitere Art des Verschwindens in einem bestimmten Gebiet geschieht durch Auswanderung. Diese Auswanderung ist aber großenteils ein lokales Aussterben von Individuen und Generationen. Wenn irgendwo die Lebensbedingungen sich für eine bestimmte Art oder Gattung oder für eine ganze Biocönose verschlechtern, dann wird allmählich die Art oder Fauna im Nachbargebiet übrig bleiben, wo entsprechend günstigere Lebensbedingungen herrschen. Verschieben sich diese langsam, dann werden nur wenige Individuen zugrunde gehen, besonders wenn sie frei beweglich sind; geht die Verschiebung relativ rasch vor sich oder sind die Individuen sessil, dann wird wohl auch hier ein Massensterben ein-

---

1) Neuere Zusammenstellungen hierüber verdanken wir: Abel, O., Grundzüge der Paläobiologie der Wirbeltiere. Stuttgart 1912, Seite 17 ff; S. 39; und Wiman, C., Über die paläontologische Bedeutung des Massensterbens unter den Tieren. Paläontol. Zeitschrift, Bd. I, Berlin 1913, S. 145—154.

2) Eine ausführliche Zusammenstellung über die äußeren Gründe des „Aussterbens" siehe bei E. Stromer v. Reichenbach, Lehrbuch der Paläozoologie. II. Wirbeltiere. Leipzig und Berlin 1912, S. 304 ff.

treten. Jedenfalls ist beidemale der Endeffekt der, daß die von da ab
an der betreffenden Stelle entstehenden Ablagerungen eine oder mehrere
Tierformen nicht mehr enthalten, die zuvor dort vorhanden waren. Im
Profil gesehen, scheint daher die Form oder die Art ausgestorben, während
sich in Wirklichkeit nur ihr Wohngebiet reduziert hat; daher eine solche
Art im einen Gebiet ein gutes Zonenfossil ist, im anderen nicht. Ein
derartiges Beispiel bietet uns etwa die Ammonitenform Cardioceras, die
in unserem süddeutschen Jura schon mit dem Ende des Untermalm verschwindet, während sie im russischen Jura noch im mittleren Malm
vorkommt.

Noch eine Möglichkeit des Verschwindens, des Aussterbens eines
Typus kommt für den Paläontologen in Betracht. Wenn etwa ursprünglich schalentragende Tiere, wie Schnecken oder Ammoniten, durch Rückbildung ihres Gehäuses verlustig gingen und nackt wurden, dann sind
sie von da ab fossil nicht mehr erhaltungsfähig gewesen, sie verschwanden
aus den Schichten, starben scheinbar aus, obwohl sie tatsächlich weiter-
lebten. Ein solches Beispiel bieten uns die heutigen Nacktschnecken mit
ihrer rudimentären Schalenandeutung. Nur ihre schalentragenden Vorfahren, nicht sie selbst, sind fossil erhaltungsfähig, und so müßten sie
einem Paläontologen der Nachquartärzeit „ausgestorben" erscheinen.
Diesen Gedanken hat STEINMANN benützt, um das verhältnismäßig plötzliche Verschwinden der Ammoniten am Ende der Kreidezeit zu erklären,
die sich durch Verlust ihres Gehäuses in Nacktkephalopoden verwandelt
haben sollen.

Es gibt endlich zweifellos auch ein Aussterben aus inneren Gründen
der Formbildung, wobei das Aussterben entweder ein wirkliches Erlöschen
des Stammes oder Stämmchens bedeutet, oder nur ein scheinbares Erlöschen, nämlich eine Umwandlung, was also mit einer raschen mutativen
Neubildung, mit einem Neuerscheinen einer Form Hand in Hand geht.
DEPÉRET hat in seinem bekannten kleinen Werk[1] solche Momente zusammengestellt. Das eine ist die Entwicklung einer ungeheueren Körpergröße,
die teils auf äußeren Ursachen beruht, teils das Ergebnis eines allgemeinen, in seinem Wesen jedoch noch unverständlichen Entwicklungs-
gesetzes ist, wonach die Stämme und Stammreihen gewöhnlich mit kleinen
Formen beginnen und kurz vor oder am oder unmittelbar jenseits des
Höhepunktes ihrer Entfaltung besonders große Formen hervorbringen, um
dann auszusterben. Besonderes Wachstum und einseitige Ausbildung
einzelner Organe, die Unmöglichkeit der Umkehr solcher oder anderer
einseitiger Anpassungen und schließlich die fortschreitende Abnahme der
Variabilität oder besser der Mutationen und der Artenproduktion — kurz

---

1) DEPÉRET, Ch., Die Umbildung der Tierwelt. Deutsch von R. N. WEGNER.
Stuttgart 1909, S. 220ff.

alles das und was man mit Degeneration bezeichnet, kann zu einem richtigen Aussterben führen. Indessen darf man, wie Depéret sagt, nicht übersehen, daß man in einen circulus vitiosus gerät; denn man kann ebensogut denken, daß die Stämme, am Ende ihrer geologischen Dauer angelangt, sehr wenig variieren oder degenerieren, weil sie im Aussterben sind, wie umgekehrt.

Die äußeren Bedingungen berühren nach Lamarck einen Organismus nur indirekt durch den Gebrauch oder Nichtgebrauch seiner Organe, dies hinwiederum ist hervorgerufen durch das den Bedingungen entsprechende Bedürfnis. Der gleichmäßige Fluß des Fortschrittes aus inneren Ursachen wird von den Wirkungen des Gebrauches unterbrochen. Die Konsequenz dieser Lamarckschen Anschauung, die Oehlkers in ihre äußerste Spitze verfolgt, ist die Vorstellung, „daß die Ursache des aus inneren Gründen verlaufenden Fortschrittes nicht gehindert und teilweise aufgehoben wird durch die äußeren Bedingungen, sondern beeinflußt wird und seine bestimmte Richtung bekommt".[1)]   Ist diese Richtung sozusagen von der Art erfaßt, dann geht die Formbildung von innen heraus eben den Weg, welcher in der Richtung auf die Erreichung eines idealen Anpassungstypus liegt.   Der Genotypus schafft nun einen diesen äußeren Verhältnissen möglichst entsprechenden Phänotypus, der sich entweder mit Änderung der Verhältnisse weiter verändert, ja gegebenenfalls von Grund aus umgestaltet wird, also unter Umständen in ganz neuem morphologischem Gewand erscheint und seiner äußeren phänotypischen Gestalt nach gar nicht kontinuierlich stammesgeschichtlich verfolgt werden kann, weil er von Zeit zu Zeit sozusagen ein formales Novum darstellt. Es kann so der Schein erweckt werden, als sei ein Typus, eine Gattung, ja eine Ordnung ausgestorben, während sie nur phänotypisch in neuem Gewand dasteht.

Man scheut sich davor, von inneren Gründen des Aussterbens zu reden, und verknüpft damit wohl auch die Furcht vor dem Eindringen eines „Mystizismus" in die naturwissenschaftliche Erklärung, etwa so, wie man sich vor dem falsch verstandenen Vitalismus scheut. Indessen ist zu bedenken, daß doch Anzeigen vorliegen, wonach auch die organische Bildungsfähigkeit zusammenhängender Artreihen sich zweifellos erschöpft, nachdem eine Anpassungslinie durchlaufen, sozusagen eine Aufgabe gelöst ist, deren Erfüllung eben das ausmacht, was uns als Entwicklung und Umbildung einer solchen Gruppe erscheint.   Nachdem z. B. die Trilobiten alle erdenklichen Formbildungen durchgemacht hatten, sterben sie aus; nachdem die Nautiliden die im Kapitel II geschilderte Anpassungsbahn durchlaufen hatten, kommt nichts Neues mehr nach, und heute sterben

____

1) Oehlkers, F., Beitrag zur Geschichte und Kritik des Lamarckismus in der Botanik. München 1917. (Diss.) S. 6 ff.

sie aus; bei den Ammoniten ging es noch schneller, bei den Säugetieren ebenfalls. Hier hat man doch den Eindruck, als ob nicht Mangel an Anpassung, nicht ungünstige äußere Lebensverhältnisse, sondern innere, die organische Spannkraft erschöpfende Vorgänge zu dem Erlöschen führten. Man mag diese Tatsache deuten wie man will, sie besteht jedenfalls und man kann sie nicht mit Scheinerklärungen abtun.

Eine dritte Ursachengruppe ist dann noch negativ zu bestimmen: es ist die Beschränkung unserer Materialfunde, wobei das Fehlen von Formen nur auf Wissenslücken in der Kenntnis des fossilen Materials beruht. Dieser Mangel kann entweder entspringen aus der mangelhaften Durchforschung gewisser Gebiete oder daraus, daß das Verbreitungsgebiet einer Gattung ehemals überhaupt gering war und womöglich noch in Regionen fiel, die uns heute unzugänglich oder noch unerforscht sind.

Sehr häufig wird uns, wie schon erwähnt, eine Gattung oder Gruppe ausgestorben erscheinen, die noch äonenlang an irgend einem undurchforschten Platze oder in niemals zu Festland gewordenem ozeanischem Gebiet weiterlebte und da niemals fossil gefunden wurde. Hier mündet das Aussterbeproblem in die Frage nach den Relikten ein.

Wenn eine Art, eine Gattung oder Gruppe verschwindet, um nicht zu sagen ausstirbt, so geschieht das wohl in den seltensten Fällen auf einen Schlag, d. h. innerhalb ein und derselben stratigraphischen Zone über die ganze Erde weg, sondern es erhalten sich mehr oder minder zahlreiche Vertreter noch einige Zeit an einer oder mehreren getrennten Stellen. Wenn[1]) z. B. der Molukkenkrebs Limulus nur noch an der atlantischen Küste Nord- und Mittelamerikas und an der ostasiatischen Küste vorkommt, so zeigen uns die fossilen Reste aus dem Mesozoikum und Tertiär, daß er früher auch in Syrien, in Deutschland und in Amerika verbreitet war und daher in den heutigen Verbreitungsgebieten bloß noch ein Relikt ist. Im Alttertiär sind die Nummuliten weltweit verbreitet, heute nur noch im indischen Ozean bis zu den Fidji-Inseln und der Chinasee. Die einst weitverbreiteten Trigonien und Nautiliden, die wir in den mesozoischen Ablagerungen der ganzen Welt antreffen, sind heute auf wenige Arten im Pazifischen Ozean beschränkt. Man kann verfolgen, wie von Zeitalter zu Zeitalter ihr Verbreitungsgebiet eingeengt wird. Die Trigonien sind im Tertiär schon bis auf Australien zusammengeschmolzen, Nautilus aber ist um diese Zeit wenigstens noch in Europa und den beiden Amerika anzutreffen. Es gibt noch eine Menge derartiger Beispiele, aus denen ganz deutlich hervorgeht, daß zwar das indopazifische Meeresgebiet ein bevorzugter Platz für das Ausklingen ehemals universell verbreiteter Formen ist, daß aber auch noch andere Gebiete

---

1) STROMER VON REICHENBACH, Über Relikten im indopazifischen Gebiete. Centralblatt f. Mineral. usw., Stuttgart 1910, S. 798—802.

solche Relikten enthalten. Schon in der frühen Vorzeit, im Paläozoikum, macht sich dieser Rückzug dahin bemerkbar; z. B. die im atlantischen Karbon reich entwickelten Blastoideen sind zuletzt im Permokarbon Australiens vorhanden. „Man muß", sagt Stromer von Reichenbach, „bei der Feststellung des Vorkommens in Rückgang befindlicher Gruppen, deren Angehörige räumlich beschränkt und dazu oft noch selten werden, natürlich sehr vorsichtig sein, dem Zufall des Findens Rechnung tragen und speziell hier bedenken, daß wir über die fossilen Faunen des tropischen Atlantischen Ozeans, abgesehen von der oberen Kreide, noch außerordentlich wenig unterrichtet sind. Immerhin scheint mir die Zahl der schon jetzt bekannten Formengruppen, deren letzte Vertreter nur im indopazifischen Gebiet vorkommen, für eine Gesetzmäßigkeit zu sprechen". Zur Erklärung derselben führt er mehrere Gesichtspunkte an. Zunächst, daß das dortige Meer das größte marine tropische Gebiet umfaßt, so daß sich die vorzugsweise an das warme mesozoische Klima angepaßten Formen dort besonders leicht erhalten konnten; die diluviale, schon im Spättertiär einsetzende Abkühlung, die sich natürlich auch im Meere geltend machen mußte, konnte dort am wenigsten wirksam werden. Dem widerspricht aber, daß auch im kalten Tiefseewasser solche Relikten vorkommen, wie z. B. die Trigonien und gewisse Pharetronen, von denen die Trigonien nachweislich schon im warmen Alttertiär auf das indopazifische Gebiet beschränkt waren; die vorhin erwähnten paläozoischen Blastoideen aber zogen sich gerade damals in das indopazifische Gebiet zurück, als die permische Vereisung dort einsetzte. Es liegt daher die Annahme näher, daß jene indopazifische Region die stattlichsten persistierenden Reste des einst weltumspannenden Tethysmeeres umfaßt, daß diese Teile niemals so häufigen und mannigfaltigen Veränderungen unterworfen waren, wie die übrigen Regionen jenes Dauermeeres. Wenn auch im indoaustralischen Archipel selbst solche Veränderungen häufiger waren, so liegt dieser doch so nahe bei dem permanenten Meeresareal, daß sich seine Marinfauna immer wieder aus den angrenzenden umfangreichen westlichen und östlichen Meeresgebieten etwas ergänzen konnte.

Man wird ferner beachten, daß solche Zusammenziehung von Formen nicht nur in horizontaler, sondern auch in vertikaler Richtung erfolgte, daß also Formen, die früher etwa in der Küsten- und Brandungsregion lebten, in das Stillwasser, ja in die Tiefsee zurückgegangen sind. Es ist das nicht nur ein typisches Reliktenbilden, sondern zugleich ein Besetzen neuer Siedelungsgebiete, ja zugleich auch ein Akklimatisieren an andere Temperaturen und Gewöhnung an neue Lebensbedingungen. Das Gemeinsame mit der oben beschriebenen Reliktenbildung liegt aber darin, daß Formen, die solches durchmachen, auch nur noch beschränkte Verbreitungsgebiete einnehmen und zu ehemals gleichfalls weltweit verbreiteten Gattungen gehören. Am bekanntesten hierfür sind Pentacrinus, Rhynchonella, Astarte und Eryon.

Hierher gehört auch die immer noch nicht geklärte Frage der Relikten in Landseen. Im Baikalsee[1]) kommen ausgesprochen marine Tiere, Abarten mariner Formen vor: Spongien, Würmer, Bryozoen, Mollusken, Krebse und Fische, dabei ein Seehund; die nächsten Verwandten der Schwämme leben im Beringsmeer. Es ist eine merkwürdige Lebensgemeinschaft von Tieren mariner Herkunft mit eigenartigen echten Süßwasserformen. Ganz ähnlich der Tanganjika, aus dem dickschalige bodenbewohnende Schnecken beschrieben sind, Naticiden, Purpuriniden, Xenophoriden, sowie gewisse nur ihm eigene Formen, die mit jurassisch-kretazischen Arten die größte Ähnlichkeit haben (Fig. 19). Auch in den großen kanadischen Seen finden sich Krebse und Fische von solchem

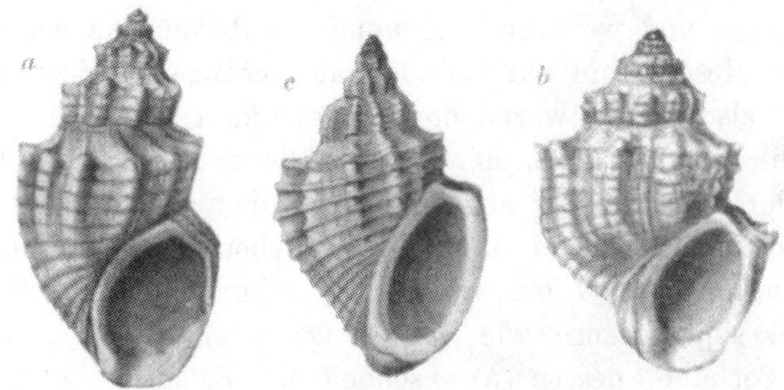

Fig. 19. Vergleich kretazischer Schnecken mit der lebenden Tanganjika-Form c Pyrgulifera Damoni (nach SMITH, Proc. zool. Soc. London) $^1/_1$; a Pyrg. humerosa. Ob Kreide, Wyoming (nach WHITE, U. S. Nat. Mus. Washington 1882) $^1/_1$; b Pyrg. Pichleri. Ob. Kreide, Ungarn (nach TAUSCH, Sitzber. Wien. Akad. Wiss., Bd. 90). Vergr.

marinem Reliktencharakter. Die genannten Seen sind Süßwassergebiete, in denen wir die vermutlich angepaßten Nachkommen ehemals rein mariner Arten haben.

Ein anderer Fall sind die marinen Relikten in Salzseen des Landes. Ein solcher ist das Kaspische Meer. Hier finden sich typische Meerestiere, welche noch eines ziemlichen Salzgehaltes zu ihrem Leben bedürfen. Wir finden Foraminiferen der marinen Gattungen Rotalia und Textularia, Schwämme, wieder einen Seehund, wie im Baikalsee, und das Cardium edule, jene ursprünglich marine Muschel, die auch in der Ostsee lebt, ebenso gewisse Krebse. Auch die Ostsee ist im Begriff, aus einem rein marinen, mit dem Ozean in Verbindung stehenden Meeresbecken ein brackischer Reliktensee zu werden; sie bedeutet also gewissermaßen ein Übergangsstadium zum Typus des Kaspisees.

---

1) Für dieses und die folgenden Beispiele, soweit nichts anderes zitiert: HESSE-DOFLEIN, Bd. II, S. 831 ff.

Die frühere und auch heute z. T. noch oft ausgesprochene Ansicht über diese Reliktenseen und -faunen war nun kurzweg die, daß diese Becken zu irgendeiner Zeit mit dem Meere in Zusammenhang standen, dann abgeschnürt, die Faunen isoliert wurden, und daß diese sich dann an Ort und Stelle unter größeren oder geringeren physiologischen und habituellen Anpassungen und unter Hinzutreten neuer Süßwasserformen zu der heutigentags vorhandenen Fauna umbildeten. Aber so einfach liegt die Sache nicht[1]). PENCK hat darauf aufmerksam gemacht, daß zwischen Reliktensee und Reliktenfauna wohl unterschieden werden muß. Schon CREDNER hatte die Deutung des Baikalsees als eines Meeresreliktes seinerzeit bekämpft, denn es ist geologisch erwiesen, daß das Becken selbst niemals mit dem Meere in Zusammenhang stand; denn in der ganzen näheren und weiteren Umgebung des Baikal sind aus dem Känozoikum und Mesozoikum nur Süßwasserablagerungen nachzuweisen. Die Fauna muß also auf Umwegen dort eingewandert sein. Meerestiere gelangen nämlich häufig ganz anders in's Süßwasser als dadurch, daß ihr Aufenthaltsort vom Meere abgeschnürt wird und sie dann sozusagen bloß als Gefangene sich an das Süßwasserleben anpassen mußten; vielmehr wandern sie aktiv ein, wofür die schon erwähnten Ganoidfische ein Beispiel sind, ebenso wie der in fast allen größeren Reliktenseen heimische Seehund, dessen Anwesenheit im Baikal geradezu für eine Einwanderung der dortigen Fauna, nicht für ein passives dereinstiges Abgeschnürtwerden spricht. Auch für den Tanganjikasee läßt sich der ursprüngliche Zusammenhang mit dem Meere nicht aufrecht erhalten. Denn das Meer drang niemals seit dem Beginn des Mesozoikums soweit in den afrikanischen Kontinent hinein, daß es das Tanganjikabecken erreicht hätte.

Dagegen ist folgende Erklärung möglich. Ehemals marine Formen können nämlich zuerst irgendwo ins Süßwasser eingedrungen sein; dann erst wurden sie in dem neuen Lebensraum vom Meer abgeschnitten; der Süßwasserraum selbst wurde dann geologisch verändert, verlegt, mit anderen neu verbunden, und der Fauna wurden dabei teils neue Süßwasserräume eröffnet, teils wurde sie wiederum abgeschnitten oder zusammengedrängt, wobei sie mannigfache Ortsveränderungen ausgeführt haben dürfte, bis sie endlich in dem Becken anlangte und persistierte, wo sie heute zu finden ist. Speziell die Baikalfauna läßt sich nach HOERNES auf diese Weise erklären. Sie ist ein Überrest der einst in Südosteuropa und Südasien weit verbreiteten sarmatisch-pontischen Pliozänfauna, die ihrerseits die marine Obermiozänfauna jener Gegenden zum Vorläufer hatte. Diese pliozäne Süß- und Brackwasserfauna hat in vielen ihrer Formen eine große Ähnlichkeit mit der Baikalfauna; Formen dieser

─────────────

1) HOERNES, R., Die Fauna des Baikalsees und ihre Reliktennatur. Biolog. Zentralblatt, Bd. 17, 1897, S. 657—664.

Art sind u. a. Valvata Rothleitneri[1]), Hydrobia (Godlewskia) sp., Hydrobia ventrosa, Frauenfeldi, sopronensis[2]). Da also marine Ablagerungen in der näheren und weiteren Umgebung des Baikalsees fehlen, so bleibt nur der eine Schluß übrig, daß die marinen Formen durch das pontisch-sarmatische Pliozän vermittelt worden sind, wobei sie zum Teil selbständig wanderten, zum Teil auf die beschriebene Weise räumlich umhergetrieben und schließlich an der einen Stelle als Relikt isoliert wurden.

Wieder anders liegt der Fall mit dem Kaspischen See. Dieser war ursprünglich ein Teil jenes obermiozänen marinen Gebietes, welches auch das Wiener Becken umfaßte. Dann aber wurde er einbezogen in die pontische Binnensee. Wenn er also heute wieder salzig ist, dann ist das eine „Neuerwerbung", nicht aber eine Fortsetzung des alten Zustandes aus der marinen Zeit. Infolgedessen können ursprüngliche Süßwasserformen heute sekundär unter Formanpassung an die spätere Salzanreicherung den Charakter mariner Tiere bis zu einem gewissen Grade angenommen haben, wie das ja experimentell erwiesen ist. Man sieht also, wie verwickelt im einzelnen das Reliktenproblem ist, zumal auch die Faunen sich aus allen möglichen Elementen zusammensetzen können, nämlich aus marinen Relikten, aus Süßwasserrelikten, aus autochthonen Mutationen und schließlich aus Zuwanderung, womöglich auch noch homöogenetisch entwickelt sein können.

Was den Tanganjika noch einmal anbelangt, so hat HUDLESTON zwar dargelegt[3]), daß Anklänge an jurassische Formen nur entfernt bestehen und daß, wie oben schon erwähnt, das Jurameer auch nicht entsprechend weit in den Kontinent eindrang. Das Kreidemeer auch nicht, aber dennoch sind die Anklänge an Kreidemollusken recht beträchtlich (Fig. 19). Es hat sich eine größere Diskussion darüber entsponnen[4]) und die Frage ist noch nicht geklärt. Dennoch scheinen HUDLESTONS Hinweise auf die möglichen Beziehungen des Tanganjikabeckens und damit seiner Fauna zum Kongobecken und dem Tschadseegebiet den Schlüssel für die Lösung zu bieten. Der westlich gerichtete Ausfluß des Sees, der Lukuga, war wahrscheinlich, so wie er jetzt noch wechselt, gewisse Zeiten hindurch ganz unterbrochen. Der See mußte in einer solchen Periode salzig werden. War nach dem Tschadseegebiet zuvor eine mesozoische Meeresverbindung vorhanden, dann konnte in dem abgeschnittenen

---

1) BITTNER, A., Die Tertiärablagerungen von Trifail und Sagor. Jahrb. k. k. geol. Reichs-Anst., Wien 1884, Bd. 34, S. 513, 514.

2) HOERNES, R., Sarmatische Konchylien aus dem Oldenburger Komitat. Jahrb. k. k. geol. Reichs-Anst., Wien 1897, Bd. 47, S. 68—72.

3) HUDLESTON, W. H., On the origin of the marine halolimnic fauna of Lake Tanganyika. Transact. Victoria-Instit. London 1904, S. 372 ff.

4) Vgl. das Referat von STROMER VON REICHENBACH in Petermanns Mitteilungen. Gotha 1905, Jahrg. 51, Lit.-Ber., S. 65.

Tanganjikagebiet die vielleicht zuerst brackische Fauna nun durch die Salzzunahme ihren noch einigermaßen marinen Charakter beibehalten oder vielleicht, wie wir hinzufügen wollen, ihn wieder mehr hervorkehren. Es ist gar nicht nötig, daß ursprünglich die Verbindung von solchen westlichen brackischen Becken unmittelbar zum Tanganjika bestand; es kann sich auch lange nach der Abschnürung der westlichen Seegebiete vom Meere erst mit der Bildung des ostafrikanischen Grabensystems der Tanganjika selbst gebildet, sich dann erst die Fauna herangezogen und sich so in die Jetztzeit herein dieses Relikt bewahrt haben.

Wie alles naturwissenschaftliche Problemstellen stets in der Weise seine Auflösung erfährt, daß die gestellte Frage sich als eine Abstraktion erweist, die aus zu wenig Tatsachen, also aus noch nicht genügend erweitertem und vertieftem Anschauungskreise gewonnen war, mithin durch das fortschreitende und vertiefte Wissen durch neue Abstraktionen und somit neue, erweiterte, vertiefte, differenzierte Problemstellungen naturgemäß abgelöst werden muß, so ist es auch mit der Frage nach dem Verschwinden der Gattungen und Arten gegangen. Zuerst suchte man nach einer einfachen Antwort, weil man den Begriff für einfach und eindeutig hielt. Die Einen sprachen von geologischen Katastrophen, welche über die ganze Erde hin die Tier- und Pflanzenwelt vernichtet haben sollten; die Anderen glaubten an innere Ursachen und sprachen von Senilität der Arten, analog dem Alterungsprozeß der Individuen; Andere gerieten in Schrecken über diesen mystischen Begriff des Alterns von Arten, den man nicht mit dem Mikroskop sehen, nicht mit dem Zollstab messen, nicht mit der Wage wiegen konnte. Zuletzt hörten wir, daß es ein wirkliches Aussterben von Arten gar nicht gebe, sondern daß nur der Mensch Arten ausgerottet habe, daß aber im übrigen alle Arten in breitem Strome durch die Jahrhunderttausende in steter Umwandlung dahingeflossen seien. Allmählich war damit das Problem an die Stelle gerückt, wo man deutlicher erkennen konnte, daß es überhaupt keine einheitliche Antwort duldet, daß aus den verschiedensten Ursachen Arten und Gattungen aussterben, daß diese Ursachen zum Teil sich sogar kombinieren und daß es eben „äußere" und „innere" sind, die ebenso zu dem Erlöschen der Arten und Gattungen durch die Erdzeitalter hindurch führten, wie zum Erscheinen.

Vor allen Dingen heben sich zwei Ursachengruppen klar heraus, welche — äußerlich besehen — zum selben Ende führen. Es ist wie mit dem Anpassungsprozeß: weder die Umwelt allein knetet den Organismus zurecht, noch kann der Organismus aus sich heraus, losgelöst von der natürlichen Umwelt eine Neubildung vollziehen; beides steht in Wechselwirkung, und diese eben bedingt die Umwandlung der Arten und die Gewinnung neuer Anpassungsformen. So auch das Aussterben, **das Ver-**

schwinden der Organismen. Wenn nicht ganz exzessive und universelle Umwandlungen der Erdoberfläche vor sich gingen, also daß etwa das Sonnenlicht verschwand, die Erdkruste sich in Glut auflöste oder jedes Fleckchen sich mit Eis bedeckte, konnten niemals die äußeren Verhältnisse allein ein Erlöschen von Gattungen und Arten bewirkt haben, wenn diese nicht zuvor schon durch andere Prozesse dezimiert oder degeneriert waren. Andererseits wird ein Degenerieren und ein Erlöschen der Lebenskraft bei einer Art auch immer in Beziehung zu bestimmten Lebensverhältnissen, Ernährung, Isolierung, Klimaeinflüssen, Feinden, also auch Krankheitserregern u. dgl. stehen. So meint z. B. Osborn, daß etwa durch verheerende Krankheiten eine Dezimierung eintreten könne; seien solche Formen dann auf ein enges Gebiet beschränkt und wenig zahlreich geworden, dann könne weiterhin die nun einsetzende Inzucht die Gruppe völlig zum Aussterben bringen. In diesem Falle können ihr auch geologische Ereignisse den letzten Rest geben.

Alles, was ein Erlöschen äußerlich herbeiführen kann, ist die eine Ursachengruppe. Eine andere Ursachengruppe könnte man die stammesgeschichtliche nennen: sie bezieht sich auf jenes Verschwinden, das nicht ein Tod, ein Erlöschen, sondern umgekehrt das Zeichen höchster Lebensfrische und Lebenskraft ist: die stammesgeschichtliche Umwandlung einer Art zu neuen, von der Stammart oft recht verschiedenen Formen. Hier wird das Aussterben zu einem Neuaufblühen.

5. Die ältesten Fossilien

Primitive, am Anfang der Stammreihen stehende Lebewesen müssen durchaus nicht unserem Auge einfach und undifferenziert erscheinen. Gewiß, formal wird innerhalb gegebener Typen im allgemeinen ein Entwicklungsfortschritt stattfinden in der Art, daß schließlich die für einen bestimmten Lebensraum und eine bestimmte Lebensweise brauchbarste Form in einseitiger Anpassung erzielt wird; jedoch ist damit keineswegs gesagt, daß sich dieser mehr oder minder einseitige Entwicklungsfortschritt in einer äußerlich formalen Komplizierung oder Vielgestaltigkeit der Einzelheiten äußern wird. Allein schon eine ganz primitive Metamerie bestimmter Organe oder Körperteile kann, wie bei der im Kap. II Fig. 35 abgebildeten Pinacoceras-Suter zu einer scheinbaren Differenzierung führen, die wir formal als „entwickelt" bezeichnen, während sie genotypisch noch recht primitiv, einfach ist und nur Gleiches endlos wiederholt und zerspaltet. So kann das Primitive, das Unentwickelte vielmehr gerade darin bestehen, daß die äußere Abgeglichenheit der Formbildung eben noch nicht erreicht ist. Phänotypische Formsteigerung und Kompliziertheit ist zunächst kein der Höhe der erreichten genotypischen Entwicklung adäquater Ausdruck. Es ist daher ein Mißverständnis, von den ältesten fossilen Formen zu erwarten, daß sie unserem Auge formal einfach erscheinen müßten.

Die allgemeine Annahme geht ferner dahin, daß in den langen präkambrischen und archäischen Zeiten ein reiches niederes Tierleben existierte und sich bis zur Höhe der kambrischen Fauna entwickelt hatte. Denn mit Beginn des Kambriums — so argumentiert man, befangen in systematisierendem Formalismus — stehen mit Ausnahme der Wirbeltiere alle Stämme, Klassen und viele Ordnungen getrennt und voll entwickelt vor uns (Fig. 20). Außerdem macht die kambrische Fauna den

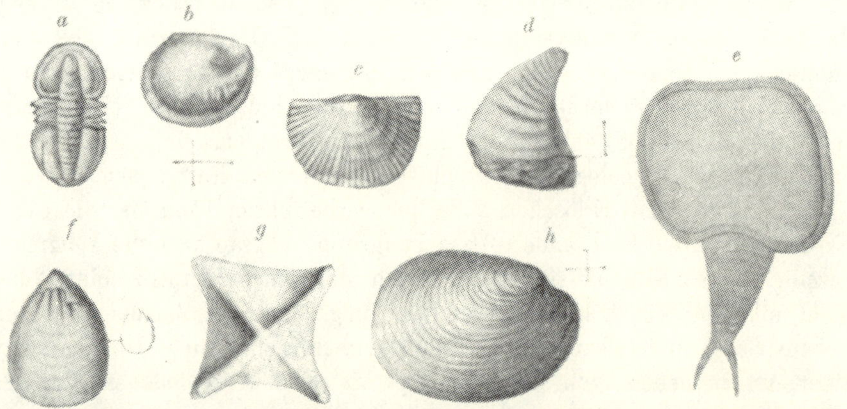

Fig. 20. Die ältesten unterkambrischen deutbaren marinen Vertreter bestimmter systematischer Gruppen. (Aus „Abstammungslehre", Jena 1911, nach Walcott, Nathorst u. Bornemann.) Wo keine Vergleichszeichen, alles natürliche Größe.
a Trilobitenkrebs, Microdiscus; *b* Ostrakodenkrebs, Aristozoë; *c* Orthisina, artikulater Brachiopode; *d* Stenotheca, Schnecke; *e* Phyllopodenkrebs, Protocaris; *f* Lingulella, inartikulater Brachiopode; *g* Meduse, Ausguß der Magenhöhle; *h* Fordilla, Muschel.

Eindruck eines verarmten Tierlebens, so daß beide Momente uns zu der Annahme eines vorausgegangenen reicheren zwingen, das die ganze Entwicklungsbahn von den nieder organisierten bis zu den hochspezialisierten Tiertypen des Kambriums in zahllosen Formen durchlaufen haben muß.

Wenn sich besonders gegen die erstere Argumentation das eingangs Gesagte und noch manches andere einwenden läßt, was wir noch nachholen werden, so kann man doch sowohl aus allgemeinen Erwägungen, wie auch angesichts algonkischer Fossilspuren sich der Überzeugung gewiß nicht verschließen, daß wir mit der vom Kambrium bis zur Jetztzeit bekannten Tierwelt der Wirbellosen nur einen Teil der gesamten, bis ins Archaikum hineinreichenden Lebensentwicklung auch fossil erhaltbarer Tierformen vor uns haben.

Die durchgehende Metamorphose der archäischen und größtenteils auch der algonkischen Gesteine hat bisher die Auffindung fossiler Überreste für das Archaikum kaum, für das Algonkium nur in meist zweideutigen und relativ seltenen Spuren gestattet.

Trüstedt hat in Finnland in kalevisch-ladogischen Quarziten des Archaikums kleine Graphitkonkretionen entdeckt, die nach Größe und Form lebhaft an Fossilien erinnern. Auf der einen Seite sind sie gewölbt, auf der anderen mehr flach, und die gerundete Seite zeigt oft Rippung. Die Größe schwankt zwischen 0,5—1,0 cm. Sie sind zuweilen von einer Quarzschale umschlossen, die aus radial angeordneten Lamellen besteht und auf den Seiten dünner wird, wodurch sie den Eindruck einer Muschelpseudomorphose macht; der Graphit soll eine sekundäre Ausfüllung darstellen. Etwas Ähnliches sind die von Sederholm[1]) als Corycium bezeichneten kohligen Gebilde aus den bottnischen Schiefern des Archaikums von Tammerfors von 2—15 cm Durchmesser (Fig. 21), die, ziemlich gerundet, jeweils an den Grenzen zweier wechselnder Gesteinslagen liegen; es ist nichts wahrzunehmen, was auf sekundäre Zufuhr der kohligen Substanz hindeuten würde. Weitere Andeutung ältester Organismen hat das Archäikum noch nicht geliefert. Aber das Vorkommen von Kalkeinlagerungen läßt, da der sedimentäre kohlensaure Kalk nach allem, was wir aus späteren Formationen

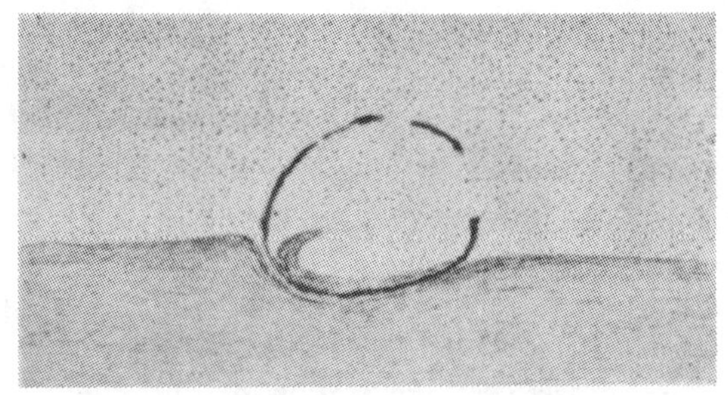

Fig. 21. Corycium enigmaticum, ein undeutbares Fossil aus dem Archaikum von Finnland. (Aus Sederholm, l. c. 1912) $^1/_1$.

wissen, unmittelbar oder mittelbar organogener Entstehung ist, auch auf die Anwesenheit von Kalkbildnern in den archäischen Meeren schließen.

Anders das Algonkium, wo die Reste etwas bestimmter werden. In ziemlich verschiedener Form liegen uns Andeutungen organischen Lebens hier vor. Man kann darunter zweierlei verstehen. Einmal die unzweifelhaft als solche erkennbaren Fossilspuren und dann die Vorkommen von kohlensaurem Kalk und Steinkohle, welche nur als organogene Gesteine verständlich sind.

Ramsay hat am Onegasee in der onegischen Abteilung des jatulischen Systems in verschieferten Peliten anthrazitische Lagen gefunden[2]), die

---

1) Sederholm, J. J., Sur les vestiges de la vie dans les formations progonozoiques. Compte rendu XI. Congr. géol. internat. 1910, Stockholm 1912, Fasc. I, S. 515—523. Ähnliches auch bei Wiman, C., Paläontologische Notizen, 1 u. 2. Bull. Geol. Inst. Upsala. Bd. V, 1894, S. 1.

2) Ramsay, W., Über die präkambrischen Systeme im östlichen Teile von Fennoskandia. Centralbl. f. Mineral. usw., Jahrg. 8, Stuttgart 1907, S. 33—41.

auch auf finnischem Boden sich ausdehnen[1]), und INOSTRANZEFF hat schon im Jahre 1880 bei Schunga im Olonetzgebiet eine 2 m mächtige Kohle, Schungit genannt, angegeben[2]), welche ca. 50 % mineralische Masse enthält. Ob solche präkambrischen kohligen Massen nun von Pflanzen oder von Tieren stammen, ist noch nicht ausgemacht.

Daß das Vorkommen von Graphit nicht durchaus auf anorganischem Wege zu erklären ist[3]), beweist eine von BARROIS an der gleichen Stelle mitgeteilte Beobachtung aus dem Briovérien der Bretagne[4]). Dort finden sich in Wechsellagerung mit detritogenen Gesteinen ebenfalls kohlehaltige Phtanite und Ampelite, die so regelmäßig zwischengeschaltet sind, daß an ihrer sedimentären Natur nicht zu zweifeln ist. Daß hier die Kohle organogen ist, beweisen die von BARROIS seinerzeit entdeckten, vielgenannten, von CAYEUX[5]) beschriebenen, sofort zu besprechenden Radiolarien (Fig. 22). Genau dieselbe Vergesellschaftung von kohligen Gebilden mit Radiolarien bieten die silurischen Phtanite von Anjou, deren Kieselgehalt von letzteren, deren Kohlegehalt von den Graptolitenrasen herrührt und so ein vollkommenes Analogon zu den präkambrischen Phtaniten des Briovérien bietet. Die von CAYEUX beschriebenen Radiolarien können wir unbedenklich als präkambrisch ansehen. Es sind nach den von CAYEUX gegebenen Abbildungen Formen, welche sich so gut in das System der rezenten einordnen lassen, so daß man mit ihnen zwar theoretisch schon weit entfernt ist von den hypothetischen Urahnen,

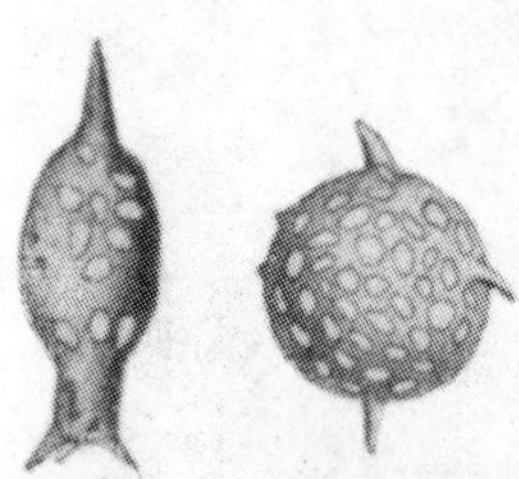

Fig. 22. Algonkische Radiolarien aus dem Briovérien der Brétagne, ca. $^1/_{1500}$. (Aus CAYEUX, l. c. 1894.)

<hr>

1) FROSTERUS, B., Bergbyggnaden i Sydöstra Finland. Bull. Comité géol. Finlandé No. 13, Helsingfors 1902, S. 165.

2) INOSTRANZEFF, A., Ein neues äußerstes Glied in der Reihe der amorphen Kohlenstoffe. N Jahrb. f. Min. usw., Stuttgart 1880, I., S. 97—124.

3) Die organische Natur des Graphites ist von NATHORST bestritten worden. (NATHORST, A. G., Betrachtungen über das angebliche Vorkommen von Resten von Organismen im Grundgebirge. N. Jahrb. f. Mineral usw., Stuttgart 1892, I., S. 169.)

4) BARROIS, Ch., Sur les roches graphitiques de Bretagne. ibid. S. 525—532.

5) CAYEUX, M. L., Les preuves de l'existence d'organismes dans le terrain précambrien. Bull. Soc. géol. France 3. Sér., Tome XXII, Paris 1894, S. 197—228, Taf. XI. Von dem gleichen Autor beschriebene Spongiennadeln aus dem Präkambrium der Bretagne (De l'existence de nombreux débris de Spongiaires dans le Précambrien de Bretagne; Ann. Soc. géol. Nord, Tome XXIII, Lille 1895, S. 52—65, Taf. I u. II) sind zweifelhafter Natur. Ebenso hat RAUFF (N. Jahrb. f. Miner. usw, 1893, II., S. 57—67) die von MATTHEW im Bull. Nat. Hist. Soc. New Brunswick IX., St. John 1890, S. 42—45 aus dem kanadischen Laurentium beschriebenen Spongiennadeln als fraglich hingestellt. Von dem berüchtigten Eozoon ganz zu schweigen. Ferner noch: CAYEUX, L., Existence de restes organiques dans les roches ferrugineuses, associés aux minérais de fer huroniens des États-Unis. Compt. rend. Acad. Sci., Paris 1911, Bd. 153, S. 910.

die aber nach dem oben Gesagten trotzdem primitive Urformen sein könnten. Allerdings ist die organische Natur dieser mikroskopischen Bildungen von RAUFF bestritten worden[1]) Dem steht gegenüber, was dann späterhin auf dem Pariser Kongreß darüber wieder französischerseits vorgebracht wurde; auch was mir der verstorbene Professor ROTHPLETZ berichtete, der damals die Originalpräparate untersuchte und sich auf CAYEUX' Standpunkt stellte; ROTHPLETZ war ein kritischer Mikroskopiker. Auch das Alter wurde von FRECH bestritten, aber er behielt nicht recht, so daß wir keinen Grund haben, jene präkambrischen Fossilspuren als solche noch anzuzweifeln.

Die vollständigste algonkische Fauna aber ist aus der oberalgonkischen Chuargroup des Cañonprofiles beschrieben, und zwar undefinier-

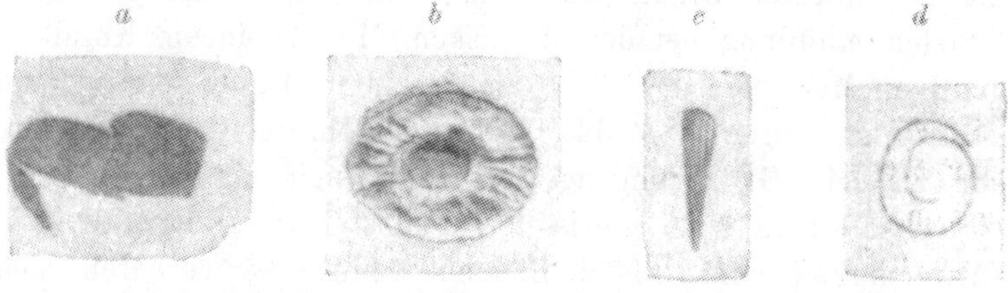

Fig. 23. Algonkische Fossilspuren aus Nordamerika (nach WALCOTT, l. c. 1899). *a* Beltina, Krebsrest $^1/_1$; *b* Aspidella, undeutbar, etwas vergrößert; *c* Hyolithes? Schnecke? etwas vergrößert; *d* Helminthoidichnites, Wurm? $^1/_1$.

bare, wenn auch sicher organische Reste, kleine Scheiben (Chuaria), wie sie auch im Algonkium Neu-Fundlands ähnlich gefunden und unter dem Namen Aspidella beschrieben sind. In der Beltserie von Montana aber kommen neben Wurmspuren (Helminthoidichnites) und vielleicht ausgefüllten Wurmbohrgängen (Planolites), wie sie auch ähnlich im Torridonsandstein Schottlands gefunden sein sollen, noch schwarze chitinöse Häute vor, in deren Umriß WALCOTT[2]) merostome Krebse (Beltina) zu erkennen glaubte (Fig. 23). Zweifelhafte, vielleicht auf Quallen evtl. aber auch auf Algen zurückzuführende Reste aus der algonkischen Animikie group vom Lake superior vervollständigen die Aufzählung der bisher bekannt gewordenen organischen Reste des Präkambriums. Auch riffbildende Stöcke von Hydrozoen oder Algen sind beschrieben.

Die immerhin auffällige Tatsache, daß trotz der heute schon weit gediehenen Durchforschung präkambrischer Formationen noch so außer-

---

1) RAUFF, H., Über angebliche Organismenreste aus präkambrischen Schichten der Bretagne. N. Jahrb. f. Mineral. usw., Stuttgart 1896, II., S. 117.

.2) WALCOTT, Ch. D., Precambrian fossiliferous formations. Bull. geol. Soc. America, Vol. 10, Chicago 1899, S. 226 ff. — Fossil Medusae. Monogr. U. S. geol. Survey, Vol. XXX. Washington. 1898, S. 100, Taf. 46, Fig. 1.

ordentlich wenige Spuren von Fossilien nachgewiesen werden konnten, daß aber in dem untersten Kambrium solche verhältnismäßig zahlreich und in gut erkennbaren und klar definierbaren Typen auftreten, erfordert eine besondere Erklärung.

Die Metamorphosierung der Schichten allein kann nicht schuld sein. Denn sie betrifft im Algonkium keineswegs alle Komplexe, wie etwa im Archaikum, und außerdem sind auch viele kambrische Serien metamorphisiert und haben trotzdem Fossilien geliefert. Ein anderer Grund soll in dem Fehlen harter Schutzorgane, wie Panzer und Schalen, in der Abwesenheit jeglichen Skelettbaues bei präkambrischen Tieren liegen. So tritt CLARKE aus einem anderen Grunde, den er mit seinem Degenerationsbegriff in Zusammenhang bringt, für die gänzliche Schalenlosigkeit der ältesten Organismen ein[1]). Er sieht nämlich im Erwerb einer Schalenumhüllung bei den Mollusken, Molluskoideen, Korallen usw. ein adaptives Merkmal, das dazu dient, einen Schutz gegen feindliche Einflüsse zu gewähren. Sobald dieses Schutzmittel erworben wird, so ungefähr ist sein Gedankengang, verurteilt sich die betreffende Tiergruppe von selbst zu einer gewissen Tatenlosigkeit. Vor allem wird sie mit Notwendigkeit zum trägen Bodenbewohner, es verlieren sich die Lokomotionsorgane und werden, wenn wieder der Erwerb solcher sekundär nötig wird, auf eine ganz unzureichende Weise ersetzt — man könnte dabei an die Fortbewegungsart der bodenbewohnenden Kammuscheln durch Auf- und Zuklappen ihrer Schalen denken. So sieht CLARKE in allen schalentragenden Tieren degenerative Adaptionstypen, die aus undegenerierten schalenlosen Urformen hervorgegangen sein müssen, und die Schalenlosigkeit soll daher der Grund für das Fehlen älterer Fossilien sein.

SEDERHOLM macht dagegen geltend[2]), daß angesichts der bei den kambrischen Organismen vorhandenen Schutzorgane nicht anzunehmen sei, daß die präkambrischen Tiere deren nicht bedurft hätten, denn es herrschten doch auch vor dem Kambrium schon die gleichen Einflüsse und Gefahren für die einzelnen Tiere; sie waren ebenso den Angriffen ihrer Feinde, ebenso an der Küste dem Wogenprall, ebenso den zersetzenden mechanischen und chemischen Einflüssen ausgesetzt. Auch die Kalklagen des Präkambriums, die auf organogenen Ursprung zurückzuführen seien, zeigten, von der Metamorphosierung abgesehen, dieselben Züge wie die jüngeren organogenen Kalke. Mit derartigen Erwägungen kommt er zu der Frage, ob denn wirklich das allgemein angenommene, aber wie ihm scheine, nur schlecht begründete Dogma, daß das tierische und pflanzliche Leben sich zuerst in den Meeren entwickelt habe, richtig

---

1) CLARKE, J. M., The beginnings of dependent life. 61. Ann. Rep. New York State Mus., Vol. I, (1907), Albany 1908.
2) SEDERHOLM, J. J., a. a. O. S. 521—523.   (Zitat auf S. 73.)

sei? Das Auftreten des organischen Lebens sei eng verknüpft mit der Bildung kolloidaler Substanzen, aber diese bildeten sich doch durchaus auf dem Lande. Die kleinen, mit Wasser angefüllten oder feuchten Vertiefungen auf der Oberfläche des Landes schienen im allgemeinen für das Zusammentreten der Stoffe, welche zur Entstehung der ersten Organismen führen konnten, einen günstigeren Platz abzugeben als die Meere mit ihrer niedrigen Temperatur und ihren gleichmäßigen Bedingungen. Nehme man an, daß sich das organische Leben zuerst auf den Kontinenten oder in den lokalen Senken entwickelte, und daß es vielleicht erst zur kambrischen Zeit oder ein wenig früher von den Meeren Besitz ergriffen habe, so könne man sich sehr leicht vorstellen, daß weder die Marinablagerungen, noch die Regionen, welche zuerst der primitiven Flora und Fauna Schutz gewährten, Organismenreste überlieferten.

Die Argumentation ist nicht ganz stichhaltig, nachdem wir wissen, daß kolloidale Stoffzustände auch im Meere vorkommen und dort u. a. zu einer Art Oolithbildung Anlaß geben können. Aber immerhin ist eine Entstehung der ersten Tierwelt im Süßwasser ebensogut denkbar, wie eine Entstehung im Meere, nnd in diesem Zusammenhang gewinnt die Ansicht WALCOTTS, daß die von ihm beschriebenen, oben bezeichneten algonkischen Formen Süßwassertiere seien, an Bedeutung. Jedenfalls sind die ersten sicheren Süßwassertiere aus einer verhältnismäßig späten Zeit, nämlich erst aus dem Karbon bekannt (Fig. 24).

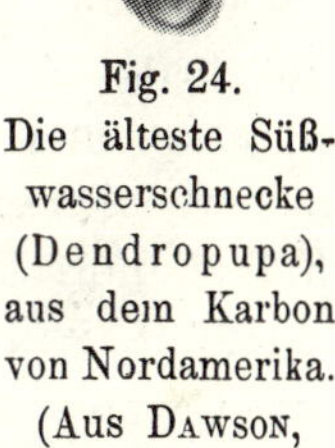

Fig. 24.
Die älteste Süßwasserschnecke (Dendropupa), aus dem Karbon von Nordamerika. (Aus DAWSON, Amer. Journ. Sci. XX, 1880), vergr.

SEDERHOLM berührt ferner die Möglichkeit, daß das präkambrische Meerwasser vielleicht so reich an Kohlensäure gewesen sei, daß es nach dem Absterben der Tiere die Kalkpanzer und Kalkskelette wesentlich rascher als jetzt auflöste, weshalb sie fossil nicht erhalten geblieben seien. Durch die im Lauf der Zeiten erfolgte Ablagerung von kohlensaurem Kalk und die Entstehung von Kohlenlagern sei, obwohl die Vulkane immer wieder Kohlensäure zuführten, der Luft und in unmittelbarer Folge auch dem Meerwasser dennoch allmählich in großen Mengen CO_2 entzogen worden. So konnten sich späterhin Kalkschalen nach dem Tode der Tiere erhalten, vorher aber nicht. Auch DALY hat, einem ähnlichen Gedankengang folgend, gemeint, daß die Armut der kambrischen Fauna an kalkabscheidenden Organismen auf einen geringeren Gehalt der damaligen Meere an kohlensaurem Kalk zurückzuführen sei. Aber abgesehen davon, daß zur Entwicklung der kalkschaligen Organismen nur ganz geringe Quantitäten im Meerwasser gelöst zu sein brauchen[1]) und

---

1) Der Durchschnittsgehalt des Meerwassers an Calciumkarbonat beträgt nur 0,02 % aller darin befindlichen Salze. (Nach KRÜMMEL, O., Handbuch der Ozeanographie. 2. Aufl., Bd. I, Stuttgart 1907, S. 319.)

auch andere Kalksalze denselben Dienst tun, da sie von den Organismen in kohlensauren Kalk übergeführt werden, müssen nach Steinmann ohnehin tonige Sedimente, die in kambrischen und algonkischen Bildungen reichlich vorhanden sind, bei ihrer Entstehung aus tonerdehaltigen Silikaten Alkalien, Kalkerde und Eisenoxyde in entsprechender Menge freigemacht haben, die dann auch mit ins Meer geführt wurden, so daß auch damals die Meere Kalk genug zur Entwicklung kalkschaliger Tiere besaßen.

Die zuletzt genannte Erklärung für das Fehlen kalkschaliger Organismen im Kambrium und Algonkium würde jedoch, auch wenn sie gälte, immer noch nicht verständlich machen, warum im Algonkium auch Reste von hornschaligen Tieren, wie Trilobiten und inartikulaten Brachiopoden, fehlen ganz im Gegensatz zum Kambrium, wo sie zahlreicher auftreten.

Heutzutage ist das üppigste Leben kalkschaliger Organismen in den warmen Meeren der Tropen zu finden. Das Algonkium war nun, nach den vielen klastischen Sedimenten zu urteilen, eine Zeit mit viel Niederschlägen; glaziale Vorkommen sind ebenfalls nachgewiesen. Es war also im ganzen eine verhältnismäßig kühle Zeit. Wenn aber niedere Breiten Vereisungen tragen, dann müssen auch andere Regionen Eisbildungen gehabt haben und auch die Meere im allgemeinen abgekühlt gewesen sein. Diese Zustände waren aber der Entwicklung mindestens kalkschaliger Organismen, vielleicht überhaupt der Entfaltung eines marinen Tierlebens ungünstig, und so ist es wohl kein Zufall, wenn wir nur Spuren von Organismen, darunter kieselskelettbildende Radiolarien antreffen, für welch' letztere niedere Wassertemperaturen nicht gleich nachteilig sind, wie für Kalkbildner. Nur in einzelnen günstigen Regionen konnten sich letztere ansiedeln und einigermaßen gedeihen; das Auftreten von Riffbildnern, wie Cryptozoen, und von Kalksedimenten würde in die Wärmeperioden zwischen den Vereisungen fallen. Das könnte uns dann erklären, weshalb die kambrische, d. h. die unterkambrische Fauna im wesentlichen aus hornschaligen Organismen besteht. Denn auch an der Grenze von Algonkium und Kambrium herrschte noch eine in China, Indien, Australien und im nördlichsten Skandinavien nachgewiesene Eiszeit, und erst nach deren Erlöschen treten die Kalkbildner, z. B. die Archaeocyathidenriffe, auf, so daß man hierbei vielleicht einen ursächlichen Zusammenhang annehmen darf.[1]

Was nun die Armut der kambrischen Fauna an Formen betrifft, so weist Steinmann darauf hin[2]), daß überhaupt die paläontologische Überlieferung, auch abgesehen von diesen ältesten fossilführenden Formationen,

---

1) Dacqué, E., Grundlagen und Methoden der Paläogeographie. Jena 1915, S. 403.
2) Steinmann, G., Die kambrische Fauna im Rahmen der organischen Gesamtentwicklung. Geolog. Rundschau Bd. I, Leipzig 1910, S. 72.

sehr ungleich, ja in manchen Stufen noch unvollständiger als im Kambrium ist. Aus dem Rhät z. B. kenne man viele Klassen der Wirbellosen auch in Marinschichten fast gar nicht: Foraminiferen, Radiolarien, Spongien, Hydrozoen, gewisse Echinodermen, Bryozoen, Kephalopoden und Krustazeen. Zweischaler und Brachiopoden nur sind reichlicher vertreten; weniger mannigfaltig Korallen und Schnecken. Es ist ganz ähnlich wie im Kambrium. Noch unvollkommener hat uns die Untertrias, die Buntsandsteinformation, die Tierwelt überliefert: neben wenigen Zweischalern und Schnecken fast nur Ammoniten; Foraminiferen, Radiolarien, Spongien, Korallen, Bryozoen, Echinodermen und Krebse fehlen. „In allen drei Fällen besitzen wir nur einen ganz schmalen Ausschnitt aus der Meerestierwelt der Wirbellosen, der sich im Kambrium wesentlich nur aus Krebsen und Brachiopoden, in der Untertrias wesentlich nur aus Cephalopoden und Zweischalern und im Rhät wesentlich nur aus Zweischalern, Brachiopoden und Korallen zusammensetzt. Diese Nebeneinanderstellung verdeutlicht am besten das Moment des Zufalls, das bei der Überlieferung der Vorwelt mitspielt." Die Erklärung hierfür ist nach STEINMANN in der Tatsache zu suchen, daß sowohl in der Rhät- wie in der unteren Triaszeit die reich bevölkerten Meere außerhalb der heutigen Kontinentalgebiete lagen, und das etwa mag auch der Grund sein, weshalb die kambrische Fauna so steril zu sein scheint.

Ganz scheint mir aber damit das Problem doch noch nicht gelöst zu sein. Denn was uns an der kambrischen Fauna gegenüber der gleich spärlichen rhätischen und untertriassischen auffällt, ist die Armut an Kalkbildnern, genau wie im Algonkium. Wo wir aber in Rhät und Untertrias fossilführende Schichten antreffen, da liefern sie uns immer die normalen, auch in benachbarten Altersstufen vorhandenen kalkschaligen Typen. Im Unterkambrium dagegen finden wir mit ganz verschwindenden Ausnahmen meistenteils hornschalige Organismenreste, und dies auch in kalkig entwickelten Fazies. Auch die Kephalopoden, die zu allen Zeiten kalkige Schalen produzierten, sind im frühesten Kambrium noch durch die kleinen hornschaligen Volborthellen vertreten, so daß tatsächlich der Eindruck entsteht, daß die kambrische Fauna hauptsächlich nur Hornschalenvertreter hatte und daß dies eben der Hauptgrund ist, weshalb die Fauna fossil so spärlich erscheint. Es läßt sich dann in diesem Zusammenhang annehmen, daß im Präkambrium die Tiere größtenteils nackt und skelettlos waren, daß die Ausbildungsfähigkeit für Hornschalen gegen das Unterkambrium hin erworben wurde und daß dann allmählich die Kalkbildnereigenschaft wuchs, die im Untersilur so überraschend in Erscheinung tritt.

Wie dem auch sei, das Problem der Fossilspärlichkeit im Kambrium und das des fast völligen Fehlens von Fossilspuren im Präkambrium kann noch nicht als gelöst gelten. Aber es ist interessant und entspricht unseren deszendenztheoretischen Anschauungen eines Aufstiegs vom Niederen zum

Höheren, daß uns im Präkambrium eine Skelettbildung bisher nur erst bei Radiolarien und Hydrozoen, vielleicht auch spongienartigen Tieren, im Kambrium bei spongien- und korallenartigen Formen und Brachiopoden unter schwacher Andeutung feinkalkschaliger Gastropoden begegnet, während dann im höheren Unter- und Mittelkambrium allmählich ein Übergreifen der Kalkschalenbildung auf weitere Gruppen (Kephalopoden) stattfindet. Das spricht ganz entschieden für ein allmähliches Erwerben gewisser Schalenbildungsweisen bei der gesamten wirbellosen Tierwelt, wobei vermutlich biologische Verhältnisse, wie Temperaturzunahme vom Präkambrium bis zum Silur, Anreiz und Bedingung zu der immer mehr um sich greifenden Erwerbung von Kalkschalenbildung waren. Eine entschiedenere Stellungnahme ist aber zurzeit noch kaum möglich.

Von einer Erörterung der vielen Theorien über die Entwicklung der ältesten Lebewesen, die gar keine empirischen Anhaltspunkte haben, sehen wir hier ab und gehen nur auf folgende ein. Nach WALCOTT hat sich das Tierleben wahrscheinlich zuerst im offenen Ozean entwickelt.[1] Er beruft sich auf Untersuchungen von BROOKS. Nach einem im Zoolog. Jahresbericht der Neapler Station für 1893 erschienenen Referat der mir nicht zugänglich gewesenen Arbeit[2] von BROOKS sind seine hierauf bezüglichen Anschauungen in Kürze folgende: Das Leben in den Ozeanen ging von kleinen pflanzlichen Organismen aus, die sich zu allen Zeiten gebildet haben können. Da sie von allen Seiten her stets gleichen Bedingungen unterworfen waren, so lag keine Veranlassung vor, daß sie mehrzellig wurden. Die ältesten Metazoen waren ebenfalls pelagisch und ganz klein und einfach; sie haben schon lange existiert, ehe der Grund des Meeres sich bevölkerte. Von der Meeresoberfläche aus wurde nun zunächst der Grund an ganz seichten Stellen besiedelt. Die sich dort festsetzenden pelagischen Tiere erhielten ihre Nahrung leichter als die schwimmenden, konnten also ihre überschüssige Lebensenergie zum Wachstum und zur Vermehrung verwenden, wobei die schon bei den pelagischen Tieren aufgetretene asexuelle Fortpflanzung in die Koloniebildung führte. Die den Meeresgrund allmählich besiedelnde Fauna war auf Nahrung von oben angewiesen und entwickelte sich dabei rasch zu den verschiedenen Typen der Metazoen, erlangte auch Schalen und andere Hartteile und wanderte teilweise von neuem an die Oberfläche. Eine ähnliche Fauna ist noch in den unteren kambrischen Schichten erhalten geblieben. Einige der ältest bekannten Fossilien, wie die Pteropoden, sind die abgeänderten Nachkommen von Vorfahren, die schon Hartteile besaßen; zwar kenne man die ältesten, erhaltungsfähigen Fossilien noch

---

1) WALCOTT, Ch. D., Abrupt appearance of the cambrian fauna on the North American Continent. Smithson. Miscell. Coll., Vol. 57, No. 1, Washington 1910.

2) BROOKS, W. K., The origin of the oldest fossils and the discovery of the bottom of the ocean. Journ. of Geology, Chicago 1894, Vol. 2, S. 455—479.

nicht, doch sei es immerhin bemerkenswert, daß die älteste bekannte Fauna, also die unterkambrische, welche in Nordamerika ebenso unvermittelt wie überall erscheint, eine unverkennbare Annäherung an die theoretische primitive Bodenfauna zeige. Diese kambrische Fauna lebte nach WALCOTT an der Ost- und Westküste eines Kontinentes, der im allgemeinen sich in der Konfiguration dem heutigen amerikanischen Kontinent näherte; sie war mannigfaltig und lebte, da Pflanzen nicht gefunden wurden, von pelagischen Nahrungstieren. Alle bekannt gewordenen Formen gehören räuberischen, fleischfressenden Tieren an, also Medusen, Korallen, Krustazeen, Trilobiten oder solchen, die an jene Lebensweise angepaßt waren, wie Spongien, Brachiopoden und Muscheln, die sich von der Kleintierwelt nähren oder von ihren zu Boden sinkenden Resten. Es war also eine typische Bodenfauna, ähnlich der heutigen.

Während[1]) des Algonkiums paßten sich die wohl ursprünglich rein ozeanischen Organismen an das Küsten- und Flachwasserleben an. Die algonkische Zeit war lange genug, um die Umwandlung bis auf jenes Entwicklungsstadium zu bringen, das wir in der unterkambrischen Fauna finden. Diese erscheint plötzlich, weil am Ende der algonkischen Zeit das Meer Besitz ergriff vom amerikanisch-algonkischen Kontinent und jene Litoralfauna mit sich brachte. Sie tritt um so mehr in Gegensatz zu der algonkischen Fauna aus der Beltserie, als diese eine Süß- oder Brackwasserfauna war, die in einem Becken lebte, das selten in Verbindung mit dem Meere trat. Dies erklärt wiederum die Tatsache, daß so hochspezialisierte Krustazeen unvermittelt in der Beltserie erscheinen. Die vom unterkambrischen Meere mitgebrachte Fauna hatte sich entwickelt während einer dem Unterkambrium unmittelbar vorausgehenden Epoche, und diese wurde nun in die unterkambrischen Sedimente eingebettet.

WALCOTT gibt selbst zu, daß diese Vorstellungskette im wesentlichen nur auf der einen Tatsache fuße, daß bisher in den algonkischen Schichten eine marine Fauna nicht nachgewiesen sei. Man sieht, wie die Erörterung über die Entwicklung der ältesten Lebensformen und Lebensgemeinschaften noch ebenso in der Luft hängt wie damals, als etwa HAECKEL seine Urorganismen konstruierte. Wenn wir bedenken, daß selbst für jene Zeitalter, wo uns die wohlerhaltenen Fossilien in Menge zur Verfügung stehen, es bis jetzt nur innerhalb sehr eng beschränkter Kreise möglich ist, mit vielem Aufwand von Scharfsinn und Formenfindigkeit gewisse begrenzte Evolutionen von Gattungen nachzuweisen, und wie man oft kaum unterscheiden kann, was primitiv im Sinne von Stammformen sein könnte, so wird man sich selbst durch die geschlossensten Hypothesengebäude nicht verführen lassen, solchen Darlegungen mehr als einen gewissen didaktischen Wert zuzubilligen; es sind bestenfalls heuristische Hypothesen.

---

1) WALCOTT, Ch. D. a. a. O.

II. Kapitel

Die biologische Anpassung

1. Der Zusammenhang zwischen geologischer Umwandlung und Organismenleben

Man hört gewöhnlich in geologischen Fachkreisen, wie von etwas
Selbstverständlichem, von dem unmittelbaren Zusammenhang der geologischen Umwandlungen der Erdkruste und dem Organismenwerden sprechen.
Daß im Laufe der erdgeschichtlichen Zeitalter große Umsetzungen von
Land und Meer stattfanden, daß Gebirge auftauchten und wieder abgetragen wurden, daß Perioden heftigen Vulkanismus mit solchen der
Ruhe wechselten, daß Eisbedeckungen und kühlere Zeiten mit allgemeinen
Wärmeperioden wechselten und daß dieser Wechsel sowohl die ganze
Erde wie einzelne Gegenden betraf, das alles ist ebenso unzweifelhaft
wie die Tatsache, daß im Laufe dieser urweltlichen Zeiten, mitten in
diesen Veränderungen ein stets sich erneuerndes, immer wieder neue
Formen gebärendes Organismenleben über die Erde dahinging und wieder
verschwand. Die Reste dieses Organismenlebens liegen fossil in den aus
dem geologischen Wechsel unmittelbar hervorgegangenen Gesteinsschichten
vor uns. Hierdurch entstand der Eindruck eines unmittelbaren Zusammenhanges zwischen geologischem Wechsel und Faunenveränderung. Dennoch liegt in der Frage, ob und inwieweit die geologischen Umwälzungen
auf die Formbildung der Tier- und Pflanzenwelt einwirkten, ein recht
schwieriges Problem, dessen Beantwortung nicht so einfach ist, wie es
uns traditionsgemäß die geologische Literatur glauben läßt.

Zunächst: was ist alles unter geologischen oder erdgeschichtlichen Veränderungen zu verstehen? Jeder Wechsel in den Tiefenverhältnissen eines beschränkteren oder weiteren Meeresbeckens; jede
Änderung in der Orographie eines Bezirkes, wodurch dem angrenzenden
Meeresbecken andere Mengen Süßwassers zuströmen; jede kleine oder
umfangreichere Transgression; jede allgemeine oder auf ein Land be

schränkte Gebirgsbildung; jeder Wechsel in der Verteilung der Meeresströmungen, des Klimas, der Land- und Meeresgrenzen, im großen wie im kleinen. Aber nicht nur die auffälligen, weitausgreifenden Veränderungen, sondern auch die kleinen und kleinsten, aus denen sie sich zusammensetzen oder in die sie sich auflösen, gehören dazu. Verlegung von Land- und Meeresgrenzen heißt Verlegung der Erosionsbasis von Flußsystemen, bedeutet im einfachsten Falle Änderungen eines Flußlaufes nach Schnelligkeit und Wasserquantität, bedeutet rascheres oder langsameres Auffüllen eines Sees, Temperaturänderung seines Wassers u. s. f.

Was heißt ferner Änderung des Tier- und Pflanzenlebens? Es gibt dreierlei Änderungen: die eine ist Wanderung ganzer Faunen, etwa wenn eine Meerestransgression eine Fauna mitnimmt und über ein bis dahin trocken gelegenes Gebiet ausbreitet; die andere ist das Aus- und Einwandern vorher irgendwo existierender Formen und die hierdurch eintretende neuartige Zusammensetzung von Faunenbezirken oder Floren; die dritte schließlich ist die stammesgeschichtliche Umbildung und Neuentstehung von Arten und Gattungen innerhalb bestehender Faunen oder die Gesamtumwandlung ganzer Faunen und Floren, sei es in einzelnen Gebieten oder über die ganze Erde hin. Gerade das letztere aber fällt gewöhnlich nicht so ohne weiteres mit den großen geologischen Veränderungen zusammen, auch nicht mit kleinen. Und zwar insofern nicht, als die Umprägung auch vor sich geht bei kontinuierlichen, sich wesentlich gleichbleibenden geologischen Verhältnissen, und als andererseits solche Umprägungen die Gesamtfauna der ganzen Welt ergreifen können, obwohl an jedem Orte andere kleingeologische Verhältnisse herrschen, diese also nicht den Anlaß der Gesamtumprägung bilden können.

Eine tiergeographische und eine stammesgeschichtliche Seite der Frage ist es somit, die wir unterscheiden müssen, und auf der stammesgeschichtlichen Seite ist es wieder einerseits die Frage der Gesamtumprägung der Faunen auf der ganzen Erde, die Einzelumprägung der lokalen Arten und Rassen andererseits.

Geologische Veränderungen in größeren Bezirken, also Trans- und Regressionen auf Kontinentalgebieten, Neueintreten gleicher Lebensverhältnisse in vorher unterschiedlichen, dann vereinten Gebieten, Eintritt neuer klimatischer Zustände auf der ganzen Erde, die auch jeden kleineren Lebensraum berühren, ferner Verlegung oder Neuverteilung von Meeresströmungen, Gesamtverlegung der Höhenlage eines Landes usw. bedingen zweifellos ein aktives Wandern oder ein passives Verschieben einzelner Arten oder ganzer Faunengemeinschaften. Dieser aktive oder passive Ortswechsel kann entweder in einer Ausbreitung auf neu erschlossene Lebensräume bestehen unter Beibehaltung der ursprünglichen, oder in einem Auswandern oder Verschwinden im bisherigen und im Besiedeln eines neuen Lebensraumes, gegebenenfalls unter phänotypischer

Umprägung der wandernden Formen und Gruppen. Beispiele hierfür gibt es in der lebenden und fossilen Organismenwelt genug.

Hierüber wird ziemlich Einstimmigkeit unter allen Geologen und Paläontologen bestehen. Etwas anderes ist es aber, ob nun eben diese geologischen Veränderungen außerdem unmittelbar den Anlaß zum Auftreten neuer Gattungen, d. h. neuer Grundtypen bilden. Auch hier bejaht die landläufige Ansicht diese Frage ohne weiteres, ohne jedoch die beiden Seiten der Frage auseinanderzuhalten. So sagt z. B. STROMER V. REICHENBACH im Schlußabschnitt seines paläontologischen Lehrbuches: „Die Geologie beweist, daß immer wieder lokale oder ausgedehnte Hebungen und Senkungen der Erdkruste und zeitweise gewaltige Gebirgsbildungen und Vulkanausbrüche, sowie eine allmähliche, aber andauernde Abtragung der festländischen Erhebungen stattfanden. Verschiebungen der Grenzen von Land und Meer, Änderungen im Verlaufe der Meeres- und Luftströmungen, lokaler Klimawechsel, Aussüßen von Meeresbecken, Eintrocknen von Seen, andererseits Überflutungen und Entstehung von Seebecken begaben sich im Gefolge von tektonischen Änderungen. Es wurden also immer wieder neue freie Wohnstätten geschaffen, sowie vorhandene umgeändert und zerstört. Wir wissen auch, daß der Florencharakter sich im Laufe der Zeiten sehr stark änderte und auch die Tiergemeinschaften sehr verschieden waren. Die große Mehrzahl der Tiere war also unzweifelhaft gezwungen, sich immer wieder mannigfach veränderten Bedingungen anzupassen, und ihre Variabilität wurde dabei stets neu beeinflußt.“ Was heißt hier Neuanpassung und Variabilität? STEINMANN hingegen bemerkt in seiner „Abstammungslehre“: „Wenn Meerestransgressionen in verhältnismäßig kurzer Zeit große Beträge erreichen, verschieben sich die Wohngebiete für die Bewohner des Festlandes wie für die der Meere. Die Tier- und Pflanzenwelt des Festlandes wird dadurch eingeengt. Gruppen, Gattungen, Arten und Standortsvarietäten, die vorher getrennte oder nur wenig übergreifende Wohngebiete besaßen, werden auf einen engeren, gemeinsamen Raum zusammengedrängt oder gemischt. Die so entstandene Fauna und Flora stellt im wesentlichen eine Addition der früher vorhandenen Formen dar; zugleich ist eine Ursache für neue Anpassungen gegeben. Durch ungünstiges Zusammentreffen von Umständen mögen auch einzelne Formen ganz eliminiert werden, oder Festlandsbewohner, die an den Aufenthalt im Wasser schon gewöhnt waren, mögen sich zu Meeresbewohnern umwandeln, wie das bei Säugetieren, z. T. auch bei Reptilien jedenfalls wiederholt geschehen ist (Seehunde, Robben, Seekühe, Schildkröten).“ Hier wird also klar ausgesprochen, daß die Umprägung der Faunen sowohl durch Wanderung, wie durch Elimination, wie durch Umprägung einzelner Formen vor sich geht.

Wir lesen dagegen in SUPANS „Physischer Erdkunde“, es werde immer deutlicher, daß die Umgestaltungen der Lebewelt mit wichtigen geographischen Veränderungen der Vorzeit **nicht** zusammenfallen; solche Veränderungen seien die Transgressionen und die Gebirgsfaltungen. Man bemerkt, wie wenig die Frage geklärt und wie wenig die Fragestellung selbst noch differenziert ist.

Es gibt mehrere merkwürdige Parallelismen in dem Auftauchen der lebenden Formen in der Erdgeschichte, die man auf den Wandel der Umwelt zurückzuführen geneigt ist. Am auffallendsten ist das Erscheinen der Fusulinen im Karbon und der Nummuliten im Alttertiär, worüber v. STAFF in einer seiner stets gedankenreichen Arbeiten[1] Folgendes ausführt: Zweimal im Laufe der Erdgeschichte gelangt fast unvermittelt ein Stamm der Foraminiferen in sehr eigenartiger Weise zu einer stratigraphischen Bedeutung, die ihm im Reich der Protisten eine Sonderstellung einräumt. Von offenbar relativ kleinen und nicht ganz regelmäßigen Typen leiten sich sehr große Formen, teilweise wahre Riesen ihres Geschlechts ab, deren überaus komplizierter Schalenbau eine erstaunliche Symmetrie aufweist; ihre medialen Sagittalschnitte gleichen sich in überraschender Weise. Häufiger Dimorphismus und manche andere Besonderheit des Schalenbaues sind beiden gemeinsam. Beider Auftreten bietet zudem auch in der sprunghaften Art des Erscheinens, des Welteroberns und des Erlöschens nach verhältnismäßig kurzer Blütezeit so viel Analoges, daß sich die Frage aufdrängt, ob es nicht allgemeine erdgeschichtliche Faktoren seien, deren Wiederkehr zu zwei verschiedenen Zeiten das gleiche Phänomen herbeiführte. Wirklich scheint vieles für eine derartige Annahme zu sprechen. Der Schluß des Paläozoikums und der Beginn des Tertiärs haben gewisse gemeinsame, sie auszeichnende Eigentümlichkeiten: 1. eine erdumspannende Gebirgsfaltung, die in der Mitte des Karbon bezw. an der Wende von Kreide und Tertiär einsetzt; es folgt beide Male eine ziemlich warme Klimazeit, in der mächtige Braunkohlenlager entstehen. 2. Die Atmosphäre ist kohlensäurereicher, denn die Kohlensäure ist nachher zu einem großen Teil in den Kohlenlagern gebunden. 3. Die mit der Gebirgsfaltung einsetzende lebhafte Verwitterung verwandelt gewaltige Mengen von Silikaten in Karbonate; dazu kommt noch die beträchtliche Menge des in vorhergehenden Perioden als Sediment niedergeschlagenen Kalkkarbonates, das jetzt gehoben und ebenfalls der Verwitterung preisgegeben ist. 4. Die darauf einsetzende Abnahme der Temperatur läßt allmählich ausgeprägtere Klimazonen entstehen. Die Fusuliniden beginnen langsam auszusterben und nach der permischen Eiszeit sind sie verschwunden. Die Nummuliten sterben mit dem Oligozän, das kühler war als das Eozän, ebenfalls so gut wie völlig aus. So liegt es nahe, etwa folgenden Zusammenhang der allgemeinen Vorgänge mit

---

1) v. STAFF, H., Zur Entwicklung der Fusuliniden. Centralbl. f. Mineral., Geol. u. Pal., Stuttgart 1908, S. 695 ff.

dem Schicksal der genannten Foraminiferengruppen zu vermuten: Die gebirgsbildenden Kräfte veränderten die Grenzen von Kontinenten und Meeren namentlich im Gebiete der Kontinentalsockel, die sowohl den echten Fusulinen, wie den Nummuliten zur Wohnstätte dienten, wiederholt und erheblich. Dieser Wechsel der Lebensbedingungen beförderte die Artbildung. Das warme Klima im Verein mit dem Kohlensäuregehalt der Luft gab die Möglichkeit zur Bildung mächtiger organogener Kalksedimente. Alle derartigen Ablagerungen, die aus Zeiten mit deutlichen Klimazonen stammen, sind tropisch oder subtropisch. Pachyodonten, Korallen sind an hohe Temperatur gebunden, auch Globigerina, Orbitoides usw., ebenso wie die rezenten Orbitoliten. Daß Strandverschiebungen in warmem Klima die Entwicklung von kalkschaligen Foraminiferen mit großer, regelmäßiger, mehr oder weniger involuter Schale begünstigten, scheint u. a. durch das Verhalten von Orbitolina (O. lenticularis und O. concava) bewiesen. Der Höhepunkt der Orbitolinen fällt in die Zeit der großen Transgressionen am Schluß der unteren Kreide; ihr endgültiges Erlöschen im Cenoman erscheint als Folge des Abschlusses der dem Meere Calciumkarbonat zuführenden Strandverschiebungen und vor allem der beginnenden Abkühlung, welche die Oberkreide charakterisiert. Eine derartige einschneidende Änderung der allgemeinen klimatischen Bedingungen mag hochspezialisierten Formen der Protozoen wohl besonders verhängnisvoll werden, namentlich wenn diese bereits in ihrer eigenen Organisation eine Tendenz zeigen, die einer Fortentwicklung entgegensteht. Als eine solche, die Widerstandskraft und Anpassungsfähigkeit lähmende Tendenz wäre vielleicht die Involutität (Streben nach nautiloider Einrollung) anzusehen, die bei größeren Individuen naturgemäß Atmung und Stoffwechsel der inneren Sarkodemasse hindern mußte, zumal da eine weitere Größenzunahme immer niederigere Umgänge aus Festigkeitsgründen verlangte.

Wenn auch, wie v. STAFF selbst sagt, diese Ausführungen kaum mehr als eine unvollständige Kombination sind, und wenn sich auch mancherlei dagegen einwenden läßt — z. B. daß das Miozänklima wieder sehr warm war und daß trotzdem dort die Nummuliten fehlen; ferner daß die kalkabscheidenden Organismen keineswegs an die Zufuhr von kohlensaurem Kalk als solchem gebunden sind (vgl. Kap. VI, Abschn. 1) —, so ist doch mit den Ausführungen v. STAFFS nicht nur ein merkwürdiger Parallelismus in der Entwicklung von Tiertypen angezeigt, sondern auch der Versuch gemacht, diesen Parallelismus im Zusammenhang mit erdgeschichtlichen Veränderungen zu verstehen.[1]

---

1) Wenn FRECH, um an der unten zitierten Stelle dies zu entkräften, den Standpunkt vertritt, daß das Klima der oberkarbonischen Steinkohlen unmöglich ein tropisches gewesen sein kann, da die weite Ausdehnung autochthoner Flöze in einem heißen Klima undenkbar erscheine, so ist erstens auf das gleichzeitige Auftreten von anderen

Man kann ein Zusammenfallen großer faunistischer Änderungen unmittelbar mit dem Klimawechsel eher als mit sonstigen geologischen Ereignissen erkennen. Nach dem vermutlich niederschlagsreichen, teilweise glazialen Klima des Präkambriums[1]) und dem wohl aus dem Algonkium mit herübergenommenen unterkambrischen Glazial setzt die kambrische Fauna ein, die zuerst wesentlich aus hornschaligen Formen und teilweise aus kieseligen Radiolarien besteht, während die auf zunehmende Wärme deutenden Kalkschaler und Riffbildner erst etwas später mit Rückgang des Eises kommen (vgl. S. 78). Die üppige Entwicklung der Kalkschaler und Korallen im Silur, die bis hoch in den Norden gehen und nur ganz im Norden klein, aber immer noch vorhanden sind, lassen das warme Silurklima erkennen. Die Wärme des Karbon kennzeichnet die üppige Entfaltung der vorher nur in Spuren bemerkbaren Steinkohlenflora. Die Eiszeit am Anfang der Dyas bringt umgekehrt deren Erlöschen, bringt aber dafür die neue Glossopterisflora mit. Zugleich erscheinen die Reptilien, und mit der erneuten allseitigen Wärme im Mesozoikum steigen sie zu ungeahntem Formenreichtum auf. Am Ende des Mesozoikums verschwinden mit erneutem Einsetzen starker Klimazonenbildung viele Gruppen der Wirbeltiere und Wirbellosen. Neue Formen im Meere und auf dem Lande — hier vor allem die Säuger — entfalten sich in der zurückkehrenden Tertiärwärme. Die vielen Wärmeschwankungen im Tertiär sind stets von Faunen- und Florenwechsel begleitet, und mit der pliozän-diluvialen Klimaverschlechterung verschwinden wieder viele Gattungen. Es entwickelt sich der quartäre Mensch, der mit Rückgang der Eiszeit sich körperlich und kulturell entfaltet. Unverkennbar ist also eine Beziehung zwischen der genotypischen Umprägung der Organismen und dem Klimawechsel im großen vorhanden.

Man hat auch erwogen, ob die Änderungen der Tierwelt auf dem Lande nicht rascher und einschneidender gewesen sind als die im Meere. Der Gesamtcharakter der Meerestierwelt bleibt sich nicht nur von Periode zu Periode, sondern seit den ältesten fossilführenden Zeiten bis zur Jetztzeit viel gleichartiger als der Charakter der Landfaunen. FRAAS erklärt dies wie gewöhnlich so[2]), daß die Veränderung der Tierwelt in der Haupt-

---

Kalkbildnern, wie Korallen hinzuweisen, dann aber auch auf die Untersuchungen POTONIÉS (Die Entstehung der Steinkohle und der Kaustobiolithe. Berlin 1910, S. 152 ff.), wonach nicht nur in Niederländisch-Indien, also unter dem Äquator, richtige Waldmoore bestehen, sondern auch die Organe und der ganze Bau der Karbonpflanzen auf ein tropisch warmes Klima hinweisen und die Steinkohlenflora dabei durchaus den Charakter einer Moorvegetation hat.

1) Näheres in DACQUÉ, E., Grundlagen und Methoden der Paläogeographie. Jena 1915, S. 397—431.

2) FRAAS, E., Reptilien und Säugetiere in ihren Anpassungserscheinungen an das marine Leben. Jahresb. Ver. Vaterländ. Naturkunde, Württemberg. Stuttgart 1905, S. 348/49.

sache stets mit Veränderungen der umgebenden Welt in Verbindung stünde, daß diese Änderungen aber auf dem Lande wechselvoller und durchgreifender seien als im Meere. Wenn dessen Salzgehalt, Temperatur, Strömungen von Periode zu Periode auch kleinen Schwankungen ausgesetzt waren, so gingen die Änderungen doch immer so langsam vor sich, daß sie nur wenig auf die Tierwelt einwirkten; diese habe immer Zeit und Gelegenheit gehabt, auszuwandern, um sich an geeigneter Stelle wieder niederzulassen. Natürlich brächten auch jene geringen Änderungen gewisse Formveränderungen mit sich, und Beispiele lokaler Anpassung, entwicklungsgeschichtlich wichtiger Formänderungen, Aussterben von Gruppen gebe es genug; aber wenn wir alles zusammenfaßten, müßten wir doch erstaunt sein über die Gleichartigkeit des Gesamtcharakters der marinen Tierwelt vom Paläozoikum bis zur Jetztzeit. Ganz anders auf dem Lande. Vor allem machten sich hier Klimaschwankungen in der Lebewelt viel energischer geltend, indem sie in kurzer Zeit eine Änderung der Flora einleiteten und damit vollständig veränderte Existenzbedingungen für die Tierwelt mit sich brächten; ebenso die Hebungen und Senkungen innerhalb des Festlandes durch Verlegung von Flußgebieten, Eindringen von Küstenbildungen, Dünen usw., durch Abschnürung von Inseln, Verbindung zuvor getrennter Gebiete — kurz eine Menge einschneidender Veränderungen, die im Laufe der geologischen Perioden unendlich häufiger eintraten als entsprechend tiefgreifende Veränderungen in den Meeren. Daher der raschere Wechsel und der raschere Entwicklungsgang der Landtiere im Vergleich zu den Meerestieren.

Diesen Ausführungen von Fraas steht aber entgegen, daß sich die Süßwasserformen keineswegs mehr abgeändert haben als die Meerformen. Nur die höheren Wirbeltiere des Landes haben in kürzerer Zeit gewechselt und neue Formen hervorgebracht. Während etwa im Tertiär die Wirbeltiere eine ungeheure Mannigfaltigkeit der Typen entwickelten, sind die Süßwasserkonchylien ungemein gleichartig geblieben und unter ihnen die Muscheln mehr als die Schnecken; beispielsweise tritt der Uniotyp seit der Kreide hervor, womit man den Wechsel der Säugetiere vergleiche. Man sieht auch daraus wieder, daß es nicht die geologischen Veränderungen schlechthin sind, welche die Änderungen in der organischen Welt bestimmen, sondern daß vor allem der Grad jeder Änderung in der Lebewelt bestimmt ist von inneren evolutionistischen Momenten der einzelnen organischen Typen selbst, welche zum mindesten verschieden auf die äußeren Verhältnisse reagieren.

Nach Frech soll die Entstehung kalkschaliger Formen und ihre Entfaltung mit dem Kalkgehalt der Meere zusammenhängen. Er sagt: Je nach den tektonischen Ereignissen muß der durchschnittliche Kalkgehalt bald größer, bald geringer gewesen sein; er ist abhängig von dem, was die Flüsse zubringen. Eine Gebirgsfaltung von fast universeller Verbreitung, wie die karbonische oder tertiäre, habe ausgedehntere Teile der Erdrinde der Zersetzung und Auflösung zugängig gemacht, und daher fänden sich mächtige Absätze dieser freigewordenen Kalke in den karbonischen Meeren und denen der folgenden Epochen. Die Massenentwicklung der Fusulinen im Oberkarbon folgte der mittelkarbonischen Gebirgsfaltung, und das explosive Auftreten der Nummuliten im Eozän falle zusammen mit der damals beginnenden tertiären Gebirgsfaltung.

Ferner sagt Frech über die Entwicklung kalkschaliger Brachiopoden und ihre Entfaltung im Altpaläozoikum: „Gerade die geologisch ältesten, d. h. die kambrischen Brachiopoden besitzen eine Hornschale — mit Ausnahme der im Kambrium sehr selten auftretenden Orthiden. Der natürliche Zusammenhang zwischen biologischen und chemischen Beobachtungen wird durch die Tatsache hergestellt, daß gerade die kambrischen Meere und Meeresabsätze sich durch Kalkarmut auszeichneten; infolgedessen konnten die in diesem Ozean lebenden Tiere den geringen Kalkgehalt, der ihnen zur Verfügung stand, nicht zum Bau einer kalkigen Schale verwenden; vielmehr finden wir in dem ganz vorwiegend aus tonigen oder sandigen Schichten bestehenden Kambrium hornschalige Formen wie Lingulepis, Lingulella, Discina, Obolus, Siphonotreta u. a. In demselben Maße, wie der Kalkgehalt des Meeres stieg, vergrößerte sich für die Brachiopoden die Möglichkeit, auch den kohlensauren Kalk beim Bau ihrer Schale zu verwenden. Wir beobachten daher als Übergangsformen Tiere mit einer gemischt hornig-kalkigen Schale. ... Bei wachsendem Kalkgehalt bauen schließlich die Tiere ihre Schale lediglich aus Kalk auf. Das Silur mit seinen kalkreicheren Meeren bezeichnet nicht nur das Emporkommen der im Kambrium dürftig vertretenen kalkschaligen Orthiden, sondern vor allem auch die Neuentstehung einer ganzen Reihe anderer kalkschaliger Brachiopoden. ... Als besonders bemerkenswert ist die Tatsache hervorzuheben, daß von den erloschenen hornschaligen Oboliden im Silur nur ein kalkschaliger, durch Trimerella vertretener Seitenzweig übrig bleibt[1].“

Die Ausführungen Frechs können nicht überzeugen. Denn wo ist im Kambrium die universelle Gebirgsbildung, die dem Meere so viel Kalk zuführt, daß mit dem Silur eine üppige Kalkbildnerfauna überall emporsprießt? Und warum sind in den kambrischen Kalkablagerungen Chinas keine Kalkbrachiopoden zu finden, wenn sonst die Kalkarmut des Meeres den Grund für die Hornschaligkeit bildete? So viel Kalk die Tiere zum Bauen ihrer Schalen brauchten, war immer im Meere, und es ist nicht die Quantität dieses Stoffes, sondern ein anderer Faktor, von dem jene Entwicklung abhängt. Der Gehalt an kohlensaurem Kalk

---

[1] Frech, F., Geologische Triebkräfte und die Entwicklung des Lebens. Archiv für Rassen- und Gesellschaftsbiologie, 6. Jahrg., Leipzig und Berlin 1906, S. 1—3.

ist im Meere überhaupt gering und macht heute auch in den Tropen,
wo so üppig die Kalkbildner gedeihen, nur 0,02 % der Salze des Meerwassers aus. Die Bildung von Kalkschalen und -riffen hängt nicht vom
Kalkgehalt, wohl aber nachgewiesenermaßen sehr vom Wärmegrad des
Meerwassers ab, und gerade in den Tropen ist die Kalkausscheidung der
Organismen sehr viel bedeutender als in kälteren Gegenden [1]); nicht
nur die Schalen und Skelette der Einzelindividuen sind üppiger, sondern
auch die Menge der Kalkbildner ist unvergleichlich viel größer als in
den kälteren Meeren. Wir wissen ferner, daß gerade die üppigsten Kalkbildner, die Korallen, die Nummuliten, die Rudisten, deutlich zonare
Anordnung in ihrem Auftreten sowohl wie in ihrem Habitus zeigen.
Ich verweise auf Stromer v. Reichenbachs schöne Nummulitenkarte [2]),
zu der er bemerkt: „Im Mittelmeergebiet und in Eurapa war ihr Höhepunkt entschieden während des Mitteleozäns, wo bis über 1 dm große
Formen im Seichtwasser lebten. Ihre damalige geographische Verbreitung
zeigt deutlich eine Abhängigkeit vom warmen Wasser, indem sie für das
einstige Mittelmeer (Tethysozean) charakteristisch sind und nur mit der
warmen Strömung im Osten Afrikas und Australiens weit nach Süden
vordrangen, während sie infolge des kalten Auftriebs und der kalten Strömungen im Westen der Südkontinente sich nicht so entfalten konnten.“
Genau dasselbe ist mit den dickschaligen Rudistenriffen der Kreidezeit
der Fall, die begleitet sind von anderen üppigen Kalkbildnern, wie
Korallen (Actaeonellen und Nerineen). Diese Formengemeinschaften bilden
typische Erscheinungen im mediterran-äquatorialen Gürtel und gehen
nicht über eine gewisse Grenze hinüber, die im allgemeinen mit der
alpinen Tethys zusammenfällt. Daß auch diese Verteilung von der Wärme
abhängt, bemerkt man an dem vereinzelten Auftreten krüppelhafter Formen
im Norden und Süden. Während sie in der genannten Zone üppig gediehen, bleiben sie in isolierten Vorkommen Skandinaviens, Englands,
Sachsens und des ehemaligen Deutsch-Ostafrika klein und schmächtig,
die Korallen und Actaeonellen als bezeichnende Warmwasserbewohner
fehlen ganz oder sind, was die Korallen betrifft, ebenfalls verkrüppelt.
Es ist also nicht die kretazische Gebirgsbildung, welche die Entfaltung
der Rudistenriffe und die individuell üppige Kalkausscheidung der Arten
bedingte. Gewiß, wir haben eine der Riffentwicklung voraufgehende mittel-
kretazische alpine Faltung; aber warum kommen dann die üppigen Kalk-
nummuliten erst im Eozän und warum verschwinden sie im Miozän, wo
die jungen Faltengebirge zu ihrer nachmaligen Höhe und Ausdehnung

---

1) Murray, J., and Irvine, R., On Coral reefs and other Carbonate of limeformation
in modern Seas. Proceed. Roy. Soc. Edinburgh, Vol. 17, 1889/90, S. 79—109.

2) Stromer v. Reichenbach, E., Lehrbuch der Paläozoologie, Bd. I, Leipzig und
Berlin 1909, S. 42.

heranwuchsen? Und warum folgt „die Massenentwicklung der Riffkorallen der Trias erst mit der Verspätung einer vollen geologischen Periode auf die kalkabsondernde Tätigkeit der Fusulinen"? Der Grund ist — nach FRECH — in diesem Falle nicht auf dem anorganischen, sondern auf dem „biologischen" Gebiete zu suchen. Die Dyas entspricht einem Rückgang, die Trias einer Umbildung und Entwicklung der älteren Korallenstämme; und erst nach Abschluß dieser Entwicklung beginnt eine erneute energische, kalkabsondernde Tätigkeit der Riffkorallen.

Hier nun schimmert zum erstenmal die zur Entscheidung unserer Frage so wichtige Erkenntnis durch, daß die innere, genotypische Verfassung der Gattungen und Gruppen bestimmend ist für ihr Auftreten, nicht der Wechsel in der geologischen Umwelt. Dieser Gesichtspunkt ist vorerst in seiner allgemeinen Fassung festzuhalten.

Wenn man nämlich gerade die Korallen, deren geologisches Auftreten in Kap. IV genauer geschildert ist, durch die Erdzeitalter hindurch verfolgt, so sieht man zweierlei: es erscheinen neue Typen, breiten sich aus, wuchern zeitweise üppig, zu anderen Zeiten treten sie teilweise wieder zurück, schließlich verschwinden sie ganz, um neuen Platz zu machen. Während infolge ungünstiger Umstände gewisse Typen zeitweise zurücktreten, übernehmen oft ganz andersartige Klassen, z. B. Bryozoen, die geologische Riffbildung, bis dann zu gegebener Zeit wieder die alten Korallenformen oder ganz neue aufkommen, und nun erst wieder Korallenriffe in ausgedehnter Verbreitung sich entwickeln.

Zugleich ist auch ein gewisser Rhythmus im Kommen und Gehen der Formen bemerkbar, der in den geologischen Ereignissen seine Parallelen hat. Die Tabulaten und die echten Korallen setzen im wesentlichen mit dem Silur ein, als die kambrische Abkühlung und Zonenbildung einer gleichmäßigeren Wärme gewichen war. Die Umstellung des Klimas nach dem Karbon fällt zusammen mit dem Verschwinden der alten Korallen. Die Wiederkehr gleichmäßigerer Wärme in der Trias führt die Hexakorallen mit herauf. Die jungneogene und diluviale Abkühlung und Eiszeit gibt dem Emporkommen der Madreporarier und Poriten entscheidend Raum und führt jetzt zur Zurückdrängung der alten Hexakorallen. Ich habe in meiner „Paläogeographie" eine Klimakurve entworfen[1]), aus der ein Rhythmus hervorleuchtet, über dessen Natur an der zitierten Stelle das Nähere gesagt ist. Die Klimakurve koinzidiert nachschlagend mit der approximativen Gebirgsbildungskurve aus den ebenfalls an der genannten Stelle dargelegten Ursachen. Hier kann zu diesen beiden Kurven eine faunistische, auf die Riffbildner bezügliche Ergänzung (Fig. 25) hinzukommen.

Es gibt Zeiten, wie die Kreide, wo die vorhandenen Korallentypen nicht völlig verschwinden, aber sehr zurücktreten, und wo statt der

---

1) DACQUÉ, E., a. a. O., S. 431 ff.

Korallenriffe Muschelriffe auftreten, in der Kreide also Austern und Rudisten in einer vorher und nachher nicht wieder erschienenen Verbreitung und lokalen Entwicklungsstärke. Die Neigung der Brachiopoden,

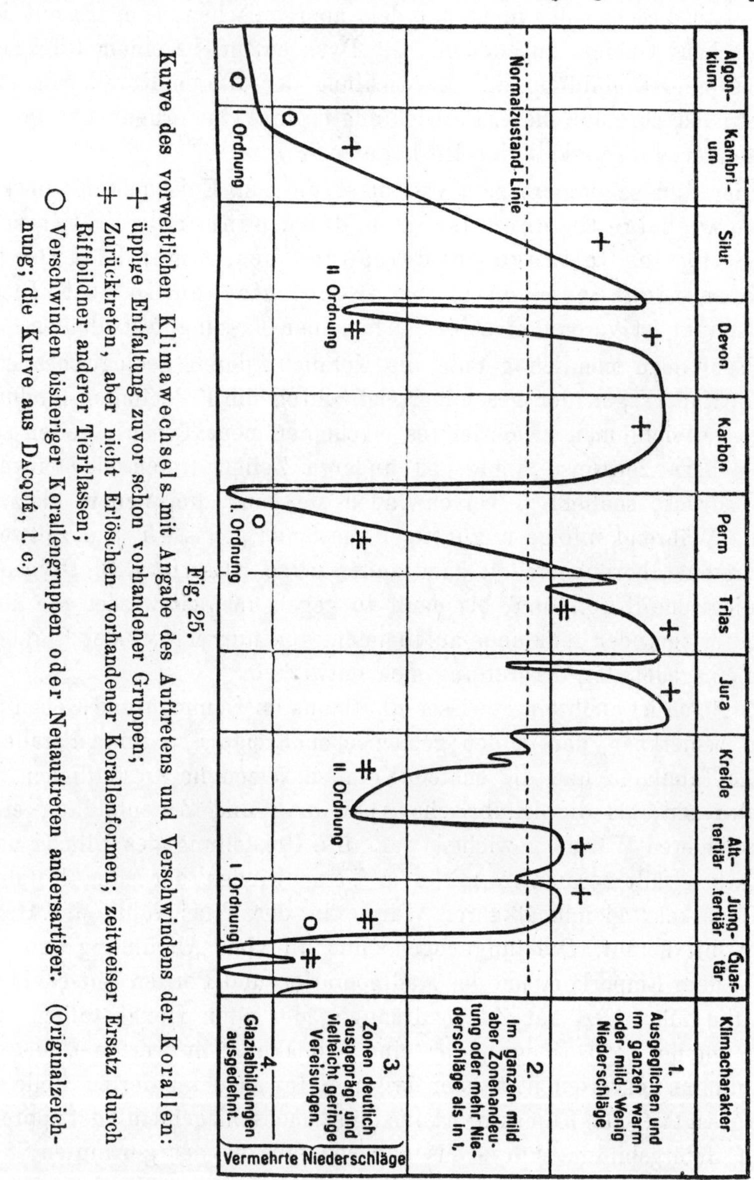

Fig. 25.

im Perm rudistenartige Typen (wie Richthofenien, Scachinellen u. a.) ausbilden, ist hierzu ein wenn auch schwächeres Analogon. Im Zechstein treten an Stelle der fehlenden Korallen die Bryozoenriffe; zur selben Zeit entwickeln sich die Richthofeniden bei den Brachiopoden, und das gleiche ist wieder in der Kreide der Fall, wo die Bryozoenriffe besonders üppig werden und an Stelle der Korallen mit ihnen die Austern und Rudisten kommen.

So wie die Korallentypen im Lauf der Zeiten in der geschilderten Weise wechseln, so wechseln auch die Mitbewohner der Riffe. Im Paläozoikum sind es unter den Echinodermen die Krinoiden, vom Jura ab die Seeigel; im Paläozoikum unter den Krebsen die Trilobiten, vom Mesozoikum ab die dekapoden Scherenkrebse; im Paläozoikum unter den Brachiopoden der Reichtum an Spiralarmformen, vom Mesozoikum ab die eintönigen Terebrateln und Rhynchonellen. Die Megalodonten im Devon und Obertrias werden durch die Diceraten und Trichites im Jura, in der Jetztzeit durch Tridacna ersetzt. Auf die Turbiniden und Capuliden der Silurriffe folgen die Murchisonien und Makrochilinen der Devonzeit, auf diese die Chemnitzien der Trias und die Nerineiden des Jura und der Kreide usw. So zeigt sich auch hier, daß nicht die geologische Umwandlung die Typen schafft, sondern daß diese aus anderen, eigengesetzlichen Ursachen kommen und die ihnen entsprechenden Lebensplätze einnehmen.

Aus dem Bisherigen ergibt sich folgendes: Sind bestimmte Typen vorhanden und ändern sich die klimatischen und geologischen Verhältnisse, so wandeln sich die Grundtypen innerhalb gewisser Grenzen um, sie passen sich an, wenn sie nicht wegen zu weitgehender andersartiger Spezialisierung daran gehindert sind und aussterben. In diesem Falle ist jede Änderung der umgebenden Verhältnisse eben unzuträglich. Es kommen dann andere Formen, neue Grundtypen, und füllen die freigewordenen Lebensräume aus. Neue Grundtypen aber entwickeln sich nicht infolge der geologischen und klimatischen Umwandlungen der Außenwelt, sondern entstehen nach anderen, noch unbekannten organischen Entwicklungsgesetzen. Erst wenn sie da sind, besiedeln sie die Lebensräume unter bestimmten Anpassungen. Werden die äußeren Verhältnisse ihrem Gedeihen unzuträglich, lokal, regional oder universell, dann sterben sie keineswegs immer aus, sondern können zeitweise zurücktreten, auf enge Gebiete beschränkt werden, geringzählig an Arten werden u. dgl., um dann bei Wiederkehr besserer Bedingungen wieder aufzublühen. Nur in diesem Sinne haben die äußeren Verhältnisse, also Klima und geologischer Wechsel, unmittelbar Einfluß auf die äußere „Entwicklung" der Typen, aber nicht auf die grundlegende Entstehung, die ich mit Driesch ganz und gar als entelechisch ansehe. Von Zeit zu Zeit macht sich eine innere Umschmelzung der Grundtypen bemerkbar, wobei eine Unterbrechung des äußeren Zusammenhanges eintritt, wie beim Verschwinden der Tetrakorallen im Perm und beim Hervortreten der Hexakorallen in der Trias. Hier sind es nicht die äußeren Umstände, welche diesen Wechsel hervorrufen, sondern es ist das innere evolutionistische Verschwinden eines ausgelebten Typus und das Erscheinen eines neuen, das sich aber verzögert. Es treten infolge der Verzögerung andere Klassen als Riffbildner auf, um dann jeweils wieder verdrängt zu werden, wenn die Korallen wieder auf dem Plane erscheinen.

Wir brauchen ferner nur auf das stete Miteinanderkommen persistenter und rasch veränderlicher oder verschwindender Typen hinzuweisen, um aus alledem zu erkennen, daß die Umwandlung der Tierwelt keine einfache Funktion der geologischen Veränderungen ist. Sie ist auch keine Funktion der Zeit, denn es gibt erdgeschichtliche Perioden, in denen bei manchen Gruppen oder bei den ganzen Faunen die Neubildung rasch vor sich geht (Säugetiere des Tertiär), während andererseits lange Zeiträume hindurch manche Faunen sich völlig gleich bleiben (Karbonfauna des Meeres). Auch hier verhalten sich übrigens Meerestiere gegenüber Landtieren ganz verschieden, jedoch gilt dies auch für einen Vergleich der Meerestiere unter sich selbst, bei denen eine verschieden rasche Umwandlung zu bemerken ist (z. B. Jura- und Karbonfauna). GIRTY macht ferner darauf aufmerksam[1]), daß ganz im Gegensatz zu den recht schwankenden äußeren Verhältnissen gerade etwa die Oberkarbonfauna Nordamerikas sowohl in der Art ihrer geographischen Verteilung, wie in ihrem Entwicklungsstande auffallend eintönig ist.

Aber nicht nur Grad und Tempo, sondern auch der innere, qualitative Charakter der im geologischen Zeitverlauf vor sich gehenden Veränderungen der Lebewelt ist verschieden. Denn wollte man annehmen, daß jeder geologische Einzelumstand bei seiner Veränderung naturnotwendig auch neue Artbildung hervorrufe, dann müßten bei den ununterbrochen von Jahr zu Jahr sozusagen sich abspielenden Veränderungen immerzu nicht nur neue Arten entstehen, sondern auch überall verschiedene Arten, weil überall der Wechsel verschieden schnell und verschiedenartig vor sich geht. Was aber sehen wir in Wirklichkeit? Wir sehen nach den äußeren Verhältnissen sich richtende Lokalarten, Lokalrassen, Lebenslagevarietäten, also Abänderungen vorhandener Grundarten. Die genotypisch bestimmten Grundarten selbst aber treten periodisch in der Erdgeschichte auf, verteilen sich wieder als Lokalrassen und Lokalvarietäten da und dorthin, und nur die phänotypischen Abänderungen genotypisch neuer Grundarten allein sind es, deren äußere Erscheinungsweise von den veränderten äußeren Lebensbedingungen abhängt; nicht aber die Entstehung des Typus als solchen.

Man vergleiche, um sich diesen wichtigen Unterschied klarzumachen, das, was in Kap. II, Abschn. 2 über die Anpassung vorhandener und über das Entstehen neuer Typen im Zusammenhang mit den Lebens-

---

1) GIRTY, G. H., Upper carboniferous or Pennsylvanian. Outlines of geolic history etc. Edit. by WILLIS, B., and SALISBURY. R. D., Chicago 1910, S. 127.

bedingungen dargelegt wird, dann versteht man besser, was hier gemeint ist. Die Lebewelt antwortet einerseits mit speziellen Anpassungen auf die äußeren Veränderungen, andererseits aber tritt sie autonom und orthogenetisch mit neuen Typen, mit neuen Grundarten hervor, die dann ihrerseits wieder solche Anpassungen durchmachen, wie sie die natürliche Umgebung von ihnen fordert. Das Kalkabscheiden und die körperliche Üppigkeit der Korallen, Rudisten und Nummuliten ist, wie wir oben sahen, klimatisch und damit geologisch bedingt. Aber daß diese Kalkabscheidung von Periode zu Periode durch Typen vollzogen wird, die so verschieden sind ihrem ganzen Wesen, ihrem inneren Bauplan nach, das liegt ganz innerhalb der Sphäre des Organischen selbst und hat mit dem äußeren geologischen Wechsel unmittelbar gar nichts zu tun.

Wäre es nicht so, wäre alles nur von den äußeren Umständen bestimmt, dann müßten wieder die alten Arten und Anpassungstypen erscheinen oder neu sich wieder ausbilden, sobald der geologische Wechsel in einem Gebiete vorbei, und wieder Stabilität der äußeren Verhältnisse eingetreten ist. Denn die Auslese müßte ganz genau wieder in der alten Richtung wirken und wieder genau die Arten und Anpassungstypen übrig lassen, welche vorher die entsprechenden Plätze ausfüllten. Ein Neuartiges wäre gar nicht erforderlich, Früheres würde genügen. War z. B. vorher ein Schlammboden da, in dem Trilobiten mit bestimmter Körper- und Augenform lebten, so müßte im nächsten Zeitalter, wenn diese Fazies gewandert ist, dort wieder derselbe Typus entstehen und, wenn er nicht persistierte, wieder aus anderen Trilobitenarten durch die natürliche Auslese gezüchtet werden; denn wirkte diese vorher und häufte sie zufällige erbliche Variationen in einer vor den äußeren Umständen unentrinnbar notwendigen Richtung — denn anders ist die Selektion ohnmächtig —, dann müßte sie unbedingt auch nachher mit unentrinnbarer Notwendigkeit wieder dieselben zufälligen Varietäten auslesen und häufen, und so von neuem dieselben Arten bilden wie vorher. Sind sie inzwischen ausgestorben, so könnten sie wieder gebildet werden. Daß dies nicht geschieht, sondern Neues kommt, zeigt, daß nicht die äußeren Umstände bestimmen, sondern die genotypische evolutionistische Verfassung der Organismen.

Daß in immer neuer Mannigfaltigkeit neue Grundarten, neue Typen hervorquellen, beweist gerade, daß hier organische Triebkräfte mit Eigengesetzlichkeit formbildend wirken. Wir sehen es ja deutlich: wenn ein Trilobit oder ein Fisch oder eine Schnecke oder ein Seeigel zu verschiedenen Zeiten oder gleichzeitig flach daliegende Bodenbewohner werden, dann bekommen sie alle eine breite tellerförmige Gestalt (Kap. IV, 1); wenn die Einzelkoralle, der Brachiopode, der Schalenkrebs festwächst, bilden sie alle die gleiche hornförmig gestreckte Schale aus (Kap. IV, 2). Im Silur ist es unter den Einzelkorallen etwa Omphyma, im Devon und Karbon

Zaphrentis, im Mesozoikum Montlivaultia, welche in Anpassung an den gleichen, geologisch fortwährend verschobenen und umgebildeten Lebensraum nacheinander „die" hornförmig gestreckte Einzelkoralle repräsentieren; eine gleiche Anpassungsform wird ihnen allen durch das äußere Erfordernis aufgezwungen; aber es ist in allen diesen und allen anderen Fällen ausnahmslos immer wieder ein anderer neuer genealogischer Typ, ein anderer „Genotypus", der erscheint und der sich stets von neuem unter Beibehaltung seiner andersartigen Grundorganisation denselben äußeren Bedingungen mit derselben Formbildung „anpaßt", doch stets seiner Herkunft und Konstitution nach etwas Eigenartiges ist und nie dasselbe wie die anderen, früheren.

Bei der ganzen Frage, ob geologische Veränderungen, Klimawechsel und schließlich Umweltänderungen im kleinen und kleinsten Änderungen in der Organismenwelt zuwege bringen, können wir jetzt also dreierlei unterscheiden:

1. Änderungen in der räumlichen Verteilung und Vermischung vorhandener Arten;

2. Änderungen in der äußeren Gestalt, also Anpassungen vorhandener Formen;

3. Entstehung neuer Grundformen und Typen, die vorher nicht vorhanden waren.

Es zeigt sich, daß nur die beiden ersteren Fälle auf geologischen Wechsel in weitestem Sinne zurückführbar sind, daß dagegen das Entstehen und Erscheinen neuer Grundformen und Typen ein aus inneren organischen Ursachen entspringender Prozeß ist. Er kann letzten Endes wohl veranlaßt sein von äußeren Bedingungen, insofern als diese auf vorhandene Arten einwirken und diese vielleicht nach langer Zeit plötzlich in Form von geologischen Sprungmutationen mit der Bildung neuer Typen und Grundarten antworten. Das wäre eine Erklärung für das rasche und oft mit äußeren geologischen Änderungen nicht in ersichtlichem Zusammenhang stehende Erscheinen des Neuartigen; aber nicht die einzige Erklärung. Wir sehen immer wieder ganz neue Grundorganisationen, die wir stammesgeschichtlich nicht auf die früheren beziehen können, an die Stelle zuvor vorhandener Typen treten. Zuerst sind die Trilobiten da und die Merostomen, später kommen die höheren Krebse; zuerst sind die Brachiopoden da, dann kommen mehr und mehr die Muscheln; zuerst die Amphibien, dann die Reptilien, dann die Säugetiere; die Riffe werden zuerst von Tetrakorallen und Tabulaten, dann von Hexakorallen gebildet usw. Es wäre kein Grund einzusehen, warum immer wieder heterogene Typen die Plätze der alten einnehmen, wenn nur die äußeren Verhältnisse die Umwandlung veranlaßten; denn dann könnten ja die alten neue Sprosse treiben, neue Anpassungsformen bilden. Aber das geschieht nicht. Niemand wird etwa die Muscheln aus den

Brachiopoden, die höheren Dekapoden aus den Trilobiten, die Säugetiere aus den Reptilien ableiten. Diese aber ersetzen einander im Haushalt der Natur. Das Alte treibt nicht neue Sprosse, sondern von Grund auf Neues folgt dem Alten. Es ist nichts weniger als eine zusammenhängende Kette, sondern Grundtypen auf Grundtypen tauchen auf und verschwinden wieder. Eine Umwandlung vorhandener Typen in neue ist nicht möglich, weil mit Eintritt bestimmter einseitiger Spezialisationen, denen fast alle Typen mit der Zeit verfallen, eine Neuanpassung erfahrungsgemäß nicht mehr möglich ist. Es erschöpfen sich die vorhandenen Typen bald früher, bald später in ihrer Anpassungsfähigkeit, während neue an ihre Stelle treten. Es bleibt nur die Wahl, entweder die neuen Typen durch einen ungeheueren, die ganze Organisation umschmelzenden, mit einem Male heraustretenden Formensprung entstehen zu lassen aus vorhandenen alten, oder sie aus irgendeiner uns ganz unbekannten, meinethalben anorganischen Materienverbindung abzuleiten. Da das letztere niemand derzeit wird annehmen wollen, bleibt nur das erstere: das große sprungweise Neuentstehen.

Damit ist aber nicht gesagt, daß die neu entstandenen Typen nun jeweils auch aus denen hervorgingen, die sie verdrängen, also die Muscheln etwa aus den Brachiopoden u. dgl., sondern: zu bestimmter Zeit kommen neue Typen auf, die sich meistens schon zuvor aus andersartigen Grundformen entwickelt hatten und gewissermaßen unbemerkt geblieben waren. Unter den geeigneten Bedingungen, besonders wenn die Variations- und Anpassungsunfähigkeit die bis dahin dominierenden Platzinhaber allmählich zum Verschwinden bringt, kommen die neuen rasch auf, entfalten sich und treten an die Stelle der alten. So ist es mit den Trilobiten und Dekapoden, so mit den Brachiopoden und Muscheln, so mit den Reptilien und Säugetieren und mit den einzelnen Ordnungen innerhalb dieser Klassen selbst.

Gleichheit der Lebensbedingungen, unter welche die neuen Nachfolger gelangen, indem sie in allen Zonen die Plätze einnehmen, welche die anderen verlassen mußten, bedingt dann die auffallenden Konvergenzbildungen, denen wir in den heterogensten Gruppen begegnen und welche deren einzelne Repräsentanten oft so ähnlich miteinander machen. So wiederholt die Muschel zur Kreidezeit im Rudisten die alte Richthofenia des Brachiopoden; die ältesten Echinodermen alle möglichen späteren Echinodermentypen; der Nautilide Aturia im Tertiär den Goniatiten Brancoceras im Karbon; das tertiäre Säugetier in dem Walfisch den jurassischen Ichthyosaurus des Reptils — gleiche körperliche Erscheinungen in heterogenen Grundtypen, oft bis ins einzelne gehende phänotypische Gleichheit erzeugend, bei innerer genotypisch grundverschiedener Konstitution und Herkunft.

Wir fassen nun unsere Ausführungen zusammen. Es kann gar kein Zweifel sein, daß sowohl Faunen wie Einzelformen infolge erdgeschichtlichen Wechsels, klimatischer Änderungen, Strömungswechsels, Änderungen des Meeresbodens, Öffnen und Schließen von Verbindungswegen u. dgl. teils unmittelbar, teils durch Verschwinden ihrer Nahrungsgelegenheiten, teils durch Einwanderung neuer Feinde oder Konkurrenten im Kampf ums Dasein zu Wanderungen, Verschiebungen, zum Aussterben oder zur Neubildung geeigneter biologischer Formabwandlungen innerhalb des Gegebenen gezwungen werden. Bestehende Typen reagieren zweifellos mit Umbildung ihrer Körperform oder einzelner Organe auf neue Erfordernisse, die von außen an sie herantreten. Sind diese Erfordernisse nicht nur durch die mitlebenden Organismen selbst, sondern durch geologische Ereignisse veranlaßt, so kann man insoweit diese Ereignisse direkt oder indirekt als „Ursache" der Umwandlung (in dem auf Seite 1—3 gegebenen einschränkenden Sinn) bezeichnen. Aber ohne diese Einwirkungen entstehen die neuen Typen und Gattungen. Es sind dies jene Formen, welche nicht als spezifische Anpassungserscheinungen, sondern als Heterogenes sich zu erkennen geben, Typen, die weder besser noch schlechter an die äußeren Verhältnisse angepaßt sind als die früheren, sondern etwas Neuartiges an sich sind, einen neuen Grundton in der Melodie des Lebens bedeuten. Sie nehmen vielfach denselben Platz in der Natur ein und haben dieselben Lebensbedingungen, wie ebenso gut angepaßte Typen vorhergehender Zeiten.

Wir sehen, daß von Formation zu Formation, ja von Stufe zu Stufe auf der ganzen Welt, trotz der verschiedenartigsten regionalen und lokalen geologischen Verhältnisse, gleichsinnige Umprägungen der Faunen wiederholt eintraten. Einzig und allein der Umstand, daß wir die Formationsgrenzen in der Natur als Unterbrechungen der Sedimentation und diese von einem Wechsel der Faunen oder Floren begleitet sehen, hat Anlaß zu der viel zu allgemein ausgedrückten Behauptung gegeben, die erdgeschichtlichen äußeren Ereignisse hätten die Lebewelt umgewandelt. Wenn wir aber Gelegenheit haben, das, was als Hiatus in der sedimentären und organischen Entwicklung irgendwo, und sei es noch so weit verbreitet, erscheint, an irgendeiner noch so begrenzten Stelle in kontinuierlicher Entwicklung zu beobachten, dann sehen wir, daß gerade umgekehrt die gleichen Bedingungen bestehen blieben, trotzdem aber eine Umbildung der Organismen sich in solchen Schichtfolgen zu erkennen gibt. Diese an ruhigen Orten umgebildeten Formen sind es dann, welche in die gestörten Gebiete nachher bei nächster Gelegenheit einwandern und so den Anschein erwecken, als ob „die geologischen Ereignisse die Tierwelt umgeprägt hätten". Man denke nur an die Formationsgrenze von Perm und Karbon, an die von Perm und Trias bei uns und dann an die entsprechenden kontinuierlichen Ausbildungen dieser Zeitgrenzen im Osten; oder an den Übergang von marinem Jura in Unterkreide in den Ost- und Südalpen. Obwohl hier kein Fazieswechsel eintritt, wandelt sich doch die Fauna um. Und nun im Gegensatz hierzu jene oben genannte, endlos gleichartige Karbonfauna — wie kann man da noch behaupten, daß geologische Umwandlungen die Entwicklung der Typen durch die Zeitalter hindurch verursachten?

Es ist ja bei unserer derzeitigen Anschauungsweise noch ein ganz unerhörter und unverständlicher Gedanke, daß ebensowohl die Einstellung der Organismen auf die Umwelt wie umgekehrt die Einstellung der Umwelt auf die werdenden Organismen erfolgen könnte. Durch ein einseitiges traditionelles Denken, wonach wir das Organisch-Lebendige als ein aus dem Anorganisch-Toten Abgeleitetes ansehen, sind wir allzusehr daran gewöhnt worden, immer nur in der einen Richtung die Frage zu stellen: wie eine Anpassung vorhandener Organismenformen an die Außenwelt zustande kommt? Aber die von uns Allen geglaubte innere Einheit der Natur fordert geradezu eine gegenseitige Bedingtheit beider Erscheinungsgebiete, sodaß sich auch die umgebende anorganische Natur ebenso auf das Organismenleben eingestellt hätte, wie dieses auf jene. Wenn dagegen zunächst noch behauptet wird, das letztere sei vorstellbar, das erstere nicht, so ist daran zu erinnern, daß wir auch die Anpassung der Organismen an die Umwelt uns noch mit keiner Theorie haben begreiflich zu machen gewußt und daß die Ausdrucksweise „Anpassung an die Umwelt" bis jetzt lediglich einen recht bedingten und übertragenen Sinn hat und bestenfalls ein Symbol ist für die Tatsache der Übereinstimmung beider Natursphären, was uns bei diesem ihrem vollkommeneren oder unvollkommeneren jeweiligen Zusammenklingen aber durch und durch Geheimnis ist. Wo wir, den möglichen Sinn aller Wissenschaft erkennend, diese stete Relativität unserer Begriffe und Ausdrucksweise uns vergegenwärtigen, werden wir uns fernhalten von der naiven Einseitigkeit, welche sich über das zeitliche Nacheinander nicht erhebt und es nicht versteht, daß „Ursache und Wirkung" eine Denkform ist, in die wir zwar die Erscheinungen zerlegen, die aber nicht jenen inneren und innerlichen Zusammenhang der Natur berührt und begreift, vermöge dessen die Vorstellung einer als Ursache und Wirkung konzipierten Erscheinungswelt doch zugleich nur Veräußerlichung, nicht Erklärung ihrer inneren zeitlosen Einheit ist.

2. Anpassung und Korrelation

Wir knüpfen an die im I. Kapitel (S. 6) gegebene Definition der biologischen Formenkunde an: Was heißt Anpassung?

Das Wort kann zweifachen Sinn haben. Erstens bezeichnet es die vollendete Tatsache, daß ein Organismus als Ganzes und mit seinen einzelnen Organen auf die Erfordernisse des Lebens eingestellt ist. Es besteht keine Meinungsverschiedenheit darüber, daß jeder Organismus, um überhaupt existieren zu können, im ganzen und in allen seinen

Einzelheiten zweckentsprechend gebaut, also an tausenderlei Erfordernisse angepaßt sein muß; so mit dem Auge an die Lichtperzeption, mit den Extremitäten an das Laufen oder Rudern, mit dem Verdauungsapparat an die Art seiner Nahrung usw. und mit allen inneren und äußeren Funktionen physiologischer und mechanischer Art an die Umwelt, welche bis in sein Innerstes hinein wirkt und Anforderungen stellt, denen genügt werden muß, falls es nicht umgekehrt dem Organismus gelingt, durch einen Eingriff in diese Umwelt und durch das Schaffen neuer Bedingungen sich diesen Anforderungen zu entziehen. Dies eben kann in stärkstem Maße der Mensch mit seiner technischen Kultur. Könnte er es nicht, so hätte er in unseren Gegenden ein Haarkleid, vielleicht einen dichten Winterpelz; und dieser Anforderung der Natur entgeht er dadurch, daß er selbst auf seine Lebensbedingungen einwirkt, sie umgestaltet, statt daß sein Organismus sich in diesem Punkte nach der Umwelt gestaltet. Wenn gewisse Seeigel, um den offensichtlich von ihnen entbehrten mimetischen Farben- und Gestaltenschutz zu ersetzen, mit ihren Stacheln alle möglichen Fremdkörper ihrer Umgebung, deren sie habhaft werden können, auf sich hinaufhäufen, so tun sie — rein naturwissenschaftlich gesehen — nichts anderes, als was der Mensch tut, wenn er Kleider als Schutz gegen die Kälte anlegt: er ändert die Bedingungen seiner Existenz durch ein technisches Mittel, statt daß diesen entsprechend sein Körper umgewandelt wird.

Ein Beispiel für zweckmäßiges Eingestelltsein mit der Körperform auf die Bedingungen der Umwelt bietet sich uns durch einen Vergleich etwa brandungsbewohnender Tiere mit gleichartigen Typen des Stillwassers. Die Fauna der Korallenriffe im oberen Jura, an denen Brandung oder mindestens sehr bewegtes Wasser herrschte, wo die Schalen leicht hin- und her gerollt wurden oder der Zertrümmerung ausgesetzt waren, ist dort dick, derbschalig, schwer und meistens groß und widersteht auf diese Weise den bezeichneten Gefahren. Dieselben Typen sind im Flachwasser „normal", also nicht so ins Extrem entwickelt.

Es können aber verschiedene Ursachen die gleiche Wirkung haben. So wird Dickschaligkeit und Größe bei Mollusken sowohl durch das Leben in der Brandungszone, wie auch durch das Leben im warmen Wasser erzeugt, und wenn beides zusammentrifft, wie an den tropischen Korallenriffen, dann kommen Individuen zum Vorschein, welche Riesengröße besitzen können (vgl. Kap. III, 1): so die Herzmuscheln an den heutigen Riffen (Tridacna, bis $2^1/_2$ m Höhe) und gewisse Diceraten an den Jurariffen (bis $^1/_2$ m Höhe, Fig. 26).

Es ist indessen bemerkenswert, daß sich solche unterschiedlichen Faunen biologisch aus zweierlei Elementen zusammengesetzt zeigen: einmal aus Formen, die in beiden Lebensräumen der gleichen Gattung angehören und nur in ihrem Habitus — hie derbschalig, größer, hie dünnschalig, kleiner — verschieden sind; dann aber auch aus Gattungen, die nur im einen oder nur im anderen Lebenselement erscheinen. Solche exklusiven Gattungen sind an den Riffen des Oberjura etwa Diceras, Pachyrisma oder Trichites, und von derartigen Formen dürfen wir annehmen, daß sie von ursprünglich „normalen" abstammen, daß ihre einseitige Umwandlung erblich fixiert wurde und daß die Grundform in dieser Anpassung auch genotypisch völlig aufging. Die anderen Formen aber, welche sich in beiden Zonen nur mit etwas abgeändertem Habitus aufhalten, sind entweder solch einseitiger erblicher Spezialisierung überhaupt nicht fähig, oder sie sind erst auf dem Wege dazu.

Hiermit berühren wir zugleich den anderen Sinn, welchen der Begriff Anpassung noch hat, nämlich den des Angepaßtwerdens als eines entwicklungsgeschichtlichen Vorganges, dem man in verschiedenen Stadien und in verschiedener Weise begegnet. Auch hierfür einige Beispiele, die wir jedoch nicht alle der Paläontologie entnehmen können. Die Sache ist von größter prinzipieller Wichtigkeit, wie wir gleich sehen werden.

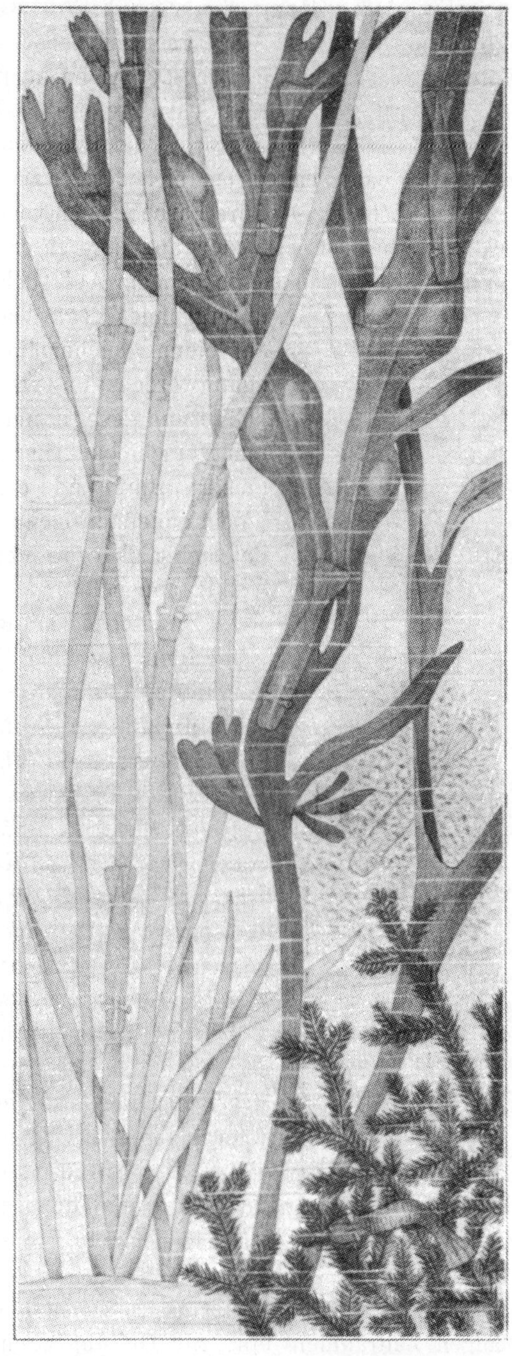

Fig. 27. Virbius, kleiner Dekapodenkrebs mit augenblicklichem Farbwechsel, je nach seiner Unterlage. (Umgezeichnet nach einer Farbtafel in HESSE-DOFLEIN II, 1914.) $^1/_1$.

Ein kleiner Dekapodenkrebs, Virbius varians (Fig. 27), sitzt auf allen möglichen Arten von Algenrasen in der Strandregion der europäischen Küsten.[1]) Je nach der Farbe der Algen, auf denen die Individuen sitzen, sind sie rot, grün, braun usw. gefärbt. Werden die Algen in einem Glasgefäß durcheinandergeschüttelt und die Krebschen von ihrem Sitz vertrieben, dann halten sie sich fest, wo sie gerade hinkommen, also sitzen sie nicht mehr ihrer Farbe gemäß verteilt. Aber nach kurzer Zeit sind alle Individuen wieder auf die ihrer Farbe entsprechenden Algen gekrochen. Werden sie jedoch am Aufsuchen eines ihnen gemäßen Farb-

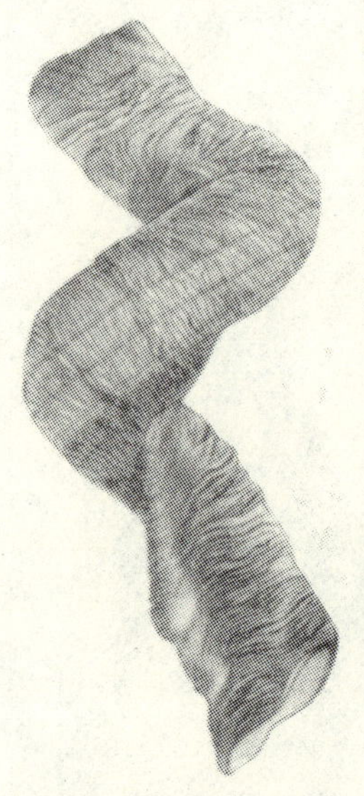

Fig. 28. Magilus, ein rezenter Gastropode auf den Korallenriffen des Indischen Ozeans, der entsprechend dem Wachstum der Korallen seine Mündung zu einer Röhre ausbaut, worin er emporrückt. $^1/_2$. (Orig. i. München.)

untergrundes etwa dadurch gehindert, daß man sie auf einen gleichmäßig grünen Untergrund bringt, dann werden die vorher braunen, roten, gesprenkelten und gestreiften Tierchen durch zellulare Pigmentverschiebung nach einer gewissen Zeit gleichmäßig grün, und entsprechend andersfarbig bei jedem andersfarbigen Untergrund. Der Organismus hat sich also von sich aus aktiv nutzmäßig eingestellt, „angepaßt".

Zwischen Korallenstöcken des Indischen Ozeans lebt die nebenstehend abgebildete Schnecke Magilus, zuerst ein normales Gewinde bildend, dann aber die Mündung zu einer langen, etwas gewundenen Röhre ausziehend (Fig. 28). Das Tier bezieht durch diese Röhre Atemwasser und Nahrung und wächst mit ihr empor, um nicht zwischen den selbst emporwachsenden Korallen erstickt zu werden. Konnten wir im vorhergehenden Beispiel den Anpassungsvorgang an die von der Außenwelt diktierten Erfordernisse unmittelbar beobachten, seinen biologischen Sinn verstehen und den physiologischen Vorgang in den Chromatophoren nachweisen, so ist bei Magilus der ganze Unterschied nur der, daß hier nicht Farbstoffe, sondern eine feste Körperform gebildet wird und daß dies nicht in wenigen Stunden, sondern im Verlauf eines Individuallebens erreicht wird. Sonst aber ist der Vorgang derselbe, und die Nachkommen sowohl der Krebschen, wie die des Magilus, nehmen immer wieder die Grundfarbe und Grundform an.

Der Paläontologe ist nun in der Lage, von weitausgreifenden, in langen Zeiträumen erst zur Geltung kommenden Anpassungsvorgängen die einzelnen Stadien zu überblicken. Wir haben ein ausgezeichnetes

----

1) Hesse-Doflein, Bd. II, S. 409,

Beispiel an der Entwicklung der Schale des Nautilidenstammes vom Altpaläozoikum bis ins Känozoikum, dessen Umwandlungen wir zugleich in ihrem Hauptcharakterzug auch biologisch deuten können.

Beistehende Fig. 29 stellt das vom letzten Umgang völlig umhüllte, spiralig eingerollte und im Innern in Zellen geteilte Gehäuse des lebenden Nautilus dar. Zu Lebzeiten des Tieres enthalten die Zellen Gas; in der vordersten, der Wohnkammer, sitzt das Weichtier selbst, fest verwachsen mit der Schale auf einer Linie, deren Verlauf sich größtenteils dem der letzten Kammerscheidewand anschließt. Indem das Tier von Zeit zu

Fig. 29. Rezenter Nautilus aus dem Indischen Ozean. Stark verkleinert (Original in München). Mit völlig verhüllten inneren Umgängen. Das durchschnittene Exemplar ist ausgewachsen, was durch das enge Beisammenstehen der letzten und vorletzten Scheidewand kenntlich wird.

Zeit vorne an der Gehäusemündung weiterbaut und vorrückt, entsteht hinter ihm ein Hohlraum, der alsbald durch Ausscheidung einer neuen Zellenwand abgeschlossen wird. Der gaserfüllte Schalenteil wirkt als Mittel zum Schweben im Wasser, wobei das Tier durch eigene Schwimmbewegungen, Ausstoßen des Wassers aus einem Trichterorgan und Ausdehnung oder Zusammenziehung seiner Weichkörperoberfläche im Wasser willkürlich auf- und niedersteigen, horizontal oder schräge sich fortbewegen oder passiv treiben kann (vgl. Kap. V, 3).

Im unteren Paläozoikum schon begegnen uns in großer Häufigkeit die langen gekammerten Orthocerenschalen (Fig. 30 *A*), die sich von dem eben beschriebenen Gehäuse des lebenden Nautilus vor allem dadurch unterscheiden, daß sie nicht spiralig eingerollt, sondern geradegestreckt sind. Denkt man sich ein jetztweltliches Nautilusgehäuse entrollt und die infolge Übereinanderliegens der Umgänge nicht ausgebildete dorsale Wand ergänzt, sowie die durch die Schaleneinrollung wellig gewordenen Kammerscheidewände auf ihre ursprüngliche Uhrglasform zurückgebracht, so hat man das Orthocerengehäuse. Es endet außerordentlich fein und spitz mit einer stecknadelkopfgroßen kugeligen Anfangskammer. Orthoceras ist also das früheste Entwicklungsstadium des Nautilustypus. Wir wissen sogar, daß ihm noch primitivere Zustände vorausgingen.

Im Unterkambrium finden sich nämlich kleine Schälchen, Volborthella. Sie haben konische Gestalt und bestehen aus einer größeren Anzahl konkav-konvexer, durch Septen gebildeter Kammern. Eine Embryonal- bzw. Anfangskammer, wie bei Orthoceras, kennt man als solche bei Volborthella nicht; sie war offenbar zu weichhäutig, um erhalten zu bleiben. Einzelne isolierte Kammersteinkerne, die man häufig findet, haben eine vollkommen kreisrunde Peripherie und zeigen eine zentrale sehr feine Öffnung für den dünnen, niemals aufgeblähten und niemals perlschnurartigen Sipho. Die bisweilen vorhandene Krümmung des Gehäuses in der Längsrichtung rührt davon her, daß die Schale nicht hartkalkig war, sondern vermutlich aus Konchyolin bestand und sich daher nach dem Tode des Tieres durch Eintrocknen oder durch organische Verwesungsprozesse krümmte, ehe sie verschwand.

Es dürfte kaum zweifelhaft sein, daß durch Verkalkung die Volborthellenschale zu einer normalen Orthocerasschale wurde. Nur durch die Verkalkung nämlich konnten jene ältesten Nautiliden überhaupt größer werden;

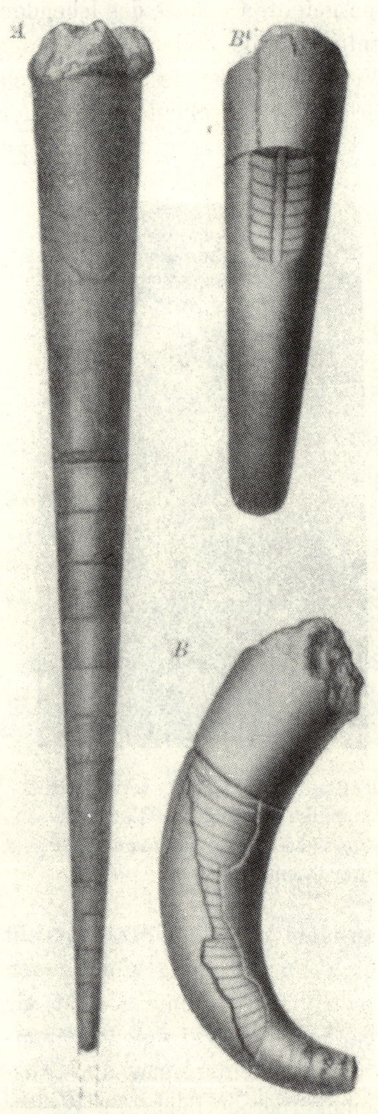

Fig. 30. Primitive, gestreckte Nautiliden des Altpaläozoikums: *A* Orthoceras-Steinkern. Die lange, fein zulaufende Spitze ist weggebrochen. *B*, *B*¹ Cyrtoceras, etwas eingebogen. Böhmisches Obersilur. (Aus BARRANDE, Syst. silur. Vol. II 1866.) ¹/₂ nat. Größe.

denn eine chitinöse Schale hätte eine Streckung nur bei gleichzeitiger außerordentlicher Verdickung, also ungeheuerem Materialverbrauch, verbunden mit allzu starker Belastung, erlaubt. Durch das Übergehen der hornigen in die kalkige Schale war erst für die Gruppe die Möglichkeit zur Entfaltung jener Körpergröße gewonnen, die sie in den Orthoceren von da ab annahm. Offenbar war die physiologische Tendenz zum Größenwachstum das Moment, was sich nach Verlassen des Volborthellenstadiums am vordringlichsten geltend machte. Denn die Orthocerenschalen des Paläozoikums übertreffen darin alle übrigen halb oder ganz involuten Nautiliden, die ihnen alsbald folgen. Es ist gerade, als ob die bekannte, bei Wirbeltieren zuweilen beobachtete Erscheinung hier wieder aufträte, daß eine einmal eingeschlagene nützliche Entwicklungsrichtung über eine gewisse Grenze vermöge mangelnder Hemmung allzuweit hinausdrängte. Gleichzeitig mit diesen alten geradegestreckten Nautilidengehäusen, die sich übrigens in vereinzelten Vertretern bis in die Triaszeit noch halten, treten dann eingebogene Formen, Cyrtoceras (Fig. 30 *B*) auf, deren Einbiegung sich steigert (Fig. 31 *A*), bis mehr und mehr die richtige Einrollung beginnt und schließlich die ganz eingerollten überwiegen, bei denen aber die einzelnen Umgänge noch ohne gegenseitige Umhüllung daliegen (Fig. 31 *C*). Im jüngeren Paläozoikum besonders kommen dann allmählich Formen, deren Umgänge sich mehr und mehr umhüllen (Fig. 32 *A*). Diese überwiegen in der Trias, wo dann schon die in Jura und Kreide vollendeten, wie der lebende Nautilus ganz ihre Umgänge umhüllenden Formen hervortreten. Dies bedeutet zugleich das Ende des Nautilusstammes, der im Tertiär nur spärlich und heute nur noch in drei oder vier Arten im südpazifisch-indischen Gebiet als Relikt lebt.

Es ist vor jeder weiteren Erörterung über diesen Entwicklungsgang ausdrücklich darauf hinzuweisen, daß in keinem Falle morphologisch geschlossene Stammreihen bei dieser Schalenentwicklung von Nautilus vorliegen, so reich auch das Material fließt. Weder treten die einzelnen Stadien genau der Reihe nach zeitlich hintereinander auf, noch sind die nacheinander auftretenden Typen in allen Teilen gleichmäßige und gleichsinnige Folgeformen ohne Spezialisationskreuzungen.[1] Mit einer gewissen Absichtlichkeit wurden in den vorstehend gegebenen Abbildungen zum Teil Arten herausgesucht, welche sich in der Zeitenfolge nicht genau aneinanderreihen; z. B. das Aipoceras aus dem Kohlenkalk, wofür auch ein in gleichem Einrollungsstadium stehendes Planctoceras aus dem Silur hätte gegeben werden können; oder der Nautilus aus dem Muschelkalk, der hinsichtlich des Einrollungsgrades das Syringoceras aus den jüngeren Hallstädter Kalken schon übertrifft. Diese überhaupt bei allen Entwicklungsreihen und sogenannten Stammbäumen regelmäßig sich zeigende,

---

1) Über Stammreihen und Spezialisationskreuzungen vgl. Kap. VII.

dem gewohnten Deszendenzschema durchaus widerstreitende Erscheinung ist von prinzipieller Wichtigkeit, wie im Kap. VII bei der Abstammungslehre noch gezeigt werden soll.

Fig. 31.

Verschiedene Einrollungsstadien (nicht Stammreihe!) bei älteren Nautiliden bis zur einfachen gegenseitigen Berührung der Umgänge. *A* Aipoceras, Karbon-Irland. (Aus Foord, Carbon. Ceph. of Ireland 1897/03); *B* Planctoceras, Untersilur-Diluvialgeschiebe. Ostpreußen. (Orig. in München); *C* Syringoceras, Obere Trias, Ostalpen. (Aus v. Mojsisovics, Ceph. Hallstädt. Kalke 1873/1902). Alles verkl.

Es ergibt sich daraus und bei gleichzeitiger Berücksichtigung der
großen Formenmannigfaltigkeit der Nautiliden, besonders in älterer Zeit

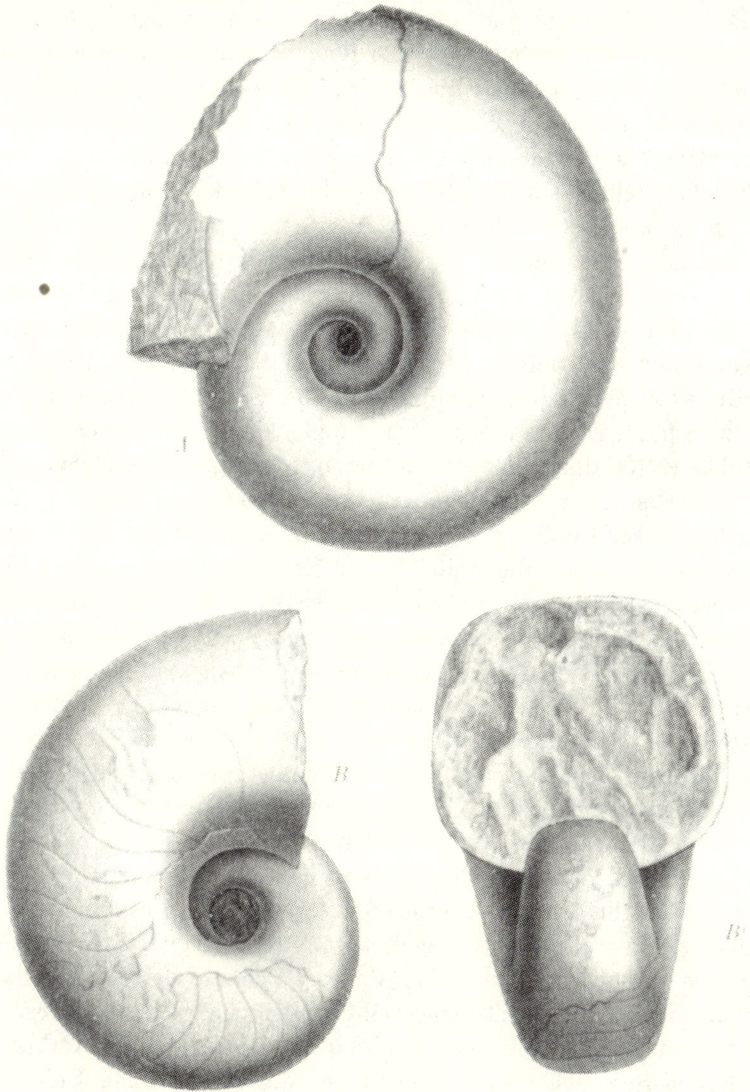

Fig. 32.
Fortgeschrittene Einrollungsstadien (nicht Stammreihe!) bei Nauti-
liden mit gegenseitigem Umgreifen der Umgänge. *A* Syringo-
ceras. Obere alpine Trias. (Aus v. Mojsisovics, Ceph. Hallstädt.
Kalke 1873/1902). *B* Germanonautilus, Muschelkalk. Ostalpen.
(Aus v. Mojsisovics, Ceph. medit. Triasprovinz 1882). Alles verkl.

bis in die Trias, daß die Entwicklung vom Orthoceras zum weitnabeligen
Nautilusstadium verschieden rasch auf vielen Linien verlaufen ist. Schon

im Obersilur treffen wir neben den Orthoceren und Cyrtoceren auf sehr involute Formen, die hierin schon fast Triasformen vorwegnehmen, während wir im Karbon neben involuten und halbinvoluten auch noch den gestreckten Orthoceras- und Cyrtocerastyp finden, in der Trias dagegen neben involuten, wie Syringoceras und Pleuronautilus u. a., ebenfalls noch den richtigen Orthocerastyp. In der Trias wird die Involution vollständig, und vom Jura ab treten überhaupt nur noch Gehäuse auf, bei denen sich die Umgänge mindestens bis über die Hälfte umhüllen.

Solcher Reihen gibt es also viele, die teils den ganzen Weg durchliefen, teils wohl nur bis zu gewissen Stadien vorankamen und dann verschwanden, teils endlich ganz aberrante Formen schufen, die auf einem eigenen, jedoch alsbald blind endigenden Seitenweg das von der Natur gestellte, allen Nautiliden gemeinsame Anpassungsproblem zu lösen suchten, wofür wir nachher noch andersgeartete Beispiele sehen werden.

Dieses Anpassungsproblem bestand einfach darin, die sehr zerbrechliche, zugespitzte Orthocerenschale in die globulöse, geschlossene, weniger zerbrechliche Nautilusschale überzuführen. Der Zweig, welcher es am vollkommensten löste, ist eben die Stammreihe des lebenden glatten Nautilus gewesen, und gerade in diesem Zusammenhang ist es begreiflich, warum er allein die Zeitalter der Erdgeschichte bis zum heutigen Tage überdauert hat. Es ist ein Anpassungsvorgang von einer minder günstigen zu einer besser organisierten Form, den uns der lange Weg vom ursprünglich kleinen hornschaligen zum kalkigen geradegestreckten Orthoceras des Paläozoikums und von da zum involuten Nautilus des Mesozoikums und Känozoikums zeigt. Es ist ein Entwicklungsfortschritt, inbezug auf ein bestimmtes äußeres Erfordernis, dessen biologischen Sinn wir verstehen können. Das Schalenorgan ist seiner ursprünglichen Bedeutung und Anlage nach durch und durch ein hydrostatischer Apparat. Die eigentliche Lebensweise des Typus ist nur durch ein im unverletzten Zustand gaserfülltes Gehäuse ermöglicht, auch wenn es vom heutigen Nautilus weniger als solches benötigt wird (vgl. Kap. V, 3). Im geradegestreckten Orthocerasstadium aber war das Gehäuse dermaßen spitz und zerbrechlich, daß der Besitz eines eingerollten, abgerundeten, gegen das Anstoßen und Zerbrechen und den daraus erfolgenden Gasverlust weit mehr gesicherten Gehäuses mit einem im übrigen gleichen Kubikinhalt, ganz offensichtlich einen Vorzug bedeutete, dessen Gewinnung sozusagen das Thema der stammesgeschichtlichen Umwandlung der Nautiliden mit allen ihren Variationen war.

Aber das nicht allein. Hätte es sich nur darum gehandelt, die Spitze zu sichern, so wäre mit Planctoceras (Fig. 31*B*) und längstens mit Eintritt in das Syringocerasstadium (Fig. 31*C*) genug geschehen gewesen. Durch die vollkommene Verhüllung aber, wie sie der lebende Nautilus zeigt, ist zugleich die Schalenoberfläche im Verhältnis zum Kubikinhalt reduziert worden, das Gehäuse also mit derselben Gasmenge ein tragfähigerer Schwimmapparat geworden als in jedem früheren Stadium.

Nicht nur die Zerbrechlichkeit schlechthin wurde durch die Einrollung der Nautilidenschale vermindert, sondern auch die Gefahr des Gasverlustes in dem Luftkammerteil des Gehäuses. Es ist, wie Theel in einem sehr lehrreichen Aufsatz ausführt, die Abdichtung eines lufterfüllten Raumes immer schwierig und hält nicht lange vor.[1] Die Möglichkeit, daß Luft eindringt, wächst natürlich mit der Oberfläche des abgeschlossenen Raumes, und je geringer diese im Verhältnis zum Volumen des gaserfüllten Körpers ist, um so geringer ist die ständige Gefahr des Gasverlustes. Diesem wird aber durch die tatsächlich eingetretene Involution des Nautilidengehäuses am besten begegnet.

Drängt es sich so von selber auf, die Umbildung des hydrostatischen Gehäuseapparates mit der Bedeutung, die er für die Lebensweise und das Dasein des Stammes hat, in ursächlichen Zusammenhang zu bringen, so kann man, um alle die vielfältigen Formen zu verstehen, die auf der Entwicklungsbahn n i c h t vorwärts kamen, zunächst einmal die Frage stellen, auf welchen Wegen überhaupt eine Verbesserung des Orthocerasgehäuses in der Richtung auf größere Stabilität möglich gewesen wäre.

Der einfachste Weg, den aber die Natur nicht wählte, wäre die Verdickung der Schalenwände gewesen. Ihn einzuschlagen verbot sich schon dadurch, daß das Gehäuse viel zu schwer geworden wäre. Man muß sich nur vorstellen, wie dick die Wandungen gerade in den ersten Kammern eines Orthoceras hätten werden müssen, damit später, wenn das Gehäuse in das Altersstadium eintrat, dieses an seiner Spitze stark genug gewesen wäre, um entsprechend der Größe des g a n z e n Gehäuses stabil zu sein. Das Tier hätte gerade in den Anfangsstadien seines Wachstums eine verhältnismäßig außerordentlich schwere Schale ausscheiden und mit sich herumschleppen müssen, so daß der neu errungene Vorteil der Festigkeit mit Belastung, geradezu mit Unbrauchbarwerden der Schale für die spezifische Lebensweise, besonders in der Jugend, hätte bezahlt werden müssen. Die Unzerbrechlichkeit aber durch entsprechendes Größenwachstum der chitinösen Volborthellenschale zu erreichen ging offenbar nicht an, da während der ganzen Erdgeschichte kein Nautilide und überhaupt kein Kephalopode aus einfachen statischen Gründen erfahrungsgemäß imstande war, eine große stabile Schale anders als kalkig auszuscheiden. Es bestand somit offenbar nach der ganzen physiologischen Konstitution der Kephalopodenorganisation die Nötigung, ein Gehäuse, das eine gewisse Größe erreichen und stabil sein sollte,

---

1) Theel, J., Über die Bedeutung der Größe für Organismen. Naturwiss. Wochenschrift, N. F., Bd. 16, Jena 1917, S. 486.

aus Kalk aufzubauen, teils damit es in sich Halt hatte, teils um nicht durch den äußeren Wasserdruck auf die Luftkammern zusammengepreßt zu werden.

Einen anderen Weg schlug der als Ascoceras bezeichnete, silurische Seitenzweig ein (Fig. 33). Im wesentlichen orthocer bis cyrtocer gekrümmt, fügte er Kammer an Kammer wie die Normalformen an, entwickelte aber dann die Eigenschaft, den gekammerten Teil abzustoßen, als das Gehäuse zu lang und damit zu zerbrechlich geworden war. Unterdessen war seitlich schon ein Ersatz vorbereitet, der nun erst seinen praktischen Wert erhielt: es waren an der Ventralseite der Wohnkammer laterale Luftkammern angelegt worden, von denen jede einzelne mit dem Siphonalapparat in Verbindung stand (Fig. 33*B*) und die nun die hydrostatische Funktion der abgeworfenen Luftkammern übernahmen, für die sie als offenbar unzureichender Ersatz geschaffen waren, wohl weil die einmal festgelegte Organisation des Tieres ein Mehr an seitlichen Luftkammern nicht erlaubte. Man kann daraus schließen, daß diese reduzierte Form zum Bodenbewohnen überging, während die langgestreckte pelagisch lebte, wie ein Orthoceras. (Näheres in Kap. V, 3). Dieser Ausweg genügte also offenbar nicht; die Gruppe starb bald wieder aus.

Einen weiteren „Versuch" stellt Lituites dar (Fig. 263, Kap. V). Es ist ein Orthoceras mit eingerollter Spitze, und durch diese Einrollung ist die Spitze unzerbrechlicher geworden. Die Nutzanpassung wird in der Jugend schon vollzogen; er ist da spiral involut und damit schon ebenso gesichert, wie er im Alter bei langgestreckter Schale durch diese Einrollung gegen Bruch des unteren, älteren Schalenteiles geschützt bleibt. Ob sich die Form stammesgeschichtlich fortgesetzt hat und in einem ganz eingerollten Nautiliden endet, oder ob sie ausstarb, ist kaum zu entscheiden.

Wenn wir durch mehrere geologische Horizonte oder Stufen hindurch verfolgen, wie hier innerhalb eines Typus die weniger angepaßten Arten durch immer vollendetere abgelöst werden, um schließlich in einer möglichst vollkommenen bzw. in vielen stark spezialisierten Arten zu enden, so haben wir in diesem Resultat eines stammesgeschichtlichen Prozesses, ungeheuer in die Länge gezogen, vermutlich dasselbe vor uns, was im Falle des individuell seine Farbe ändernden Virbius in einem Augenblick, und im Falle des Magilus im Lebenszeitraum eines Individuums sich vollzieht. Was sich aber beim Virbius und beim Magilus in so kurzer Zeit abspielt, kann andererseits nur in Erscheinung treten durch einen physiologischen Mechanismus, dessen Erwerbung auch wieder das Ergebnis eines wohl ebenfalls sehr lange dauernden stammesgeschichtlichen Entwicklungsprozesses gewesen ist. Im Falle des Nautilus wurde eine Form erworben, die ein für allemal beibehalten bleibt und als solche erblich fixiert ist; beim Virbius aber eine physiologische Fähigkeit, die nach

Bedürfnis in Erscheinung tritt oder ihrer äußerlichen Erscheinung nach auch unterbleiben kann, und die bei Magilus von Fall zu Fall etwas verschiedenartig dann eintritt, wenn die umgebenden Verhältnisse es erfordern.

Es ist gar kein Zweifel, daß beim Virbius die Wirkung der Bodenfarbe auf das Auge den Reiz ausübt, der, durch das Gehirn umgesetzt und weitergegeben, die Pigmentzellen der Haut zum Aussondern der bestimmten, dem Augenblick entsprechenden Farben veranlaßt; denn wenn man derartige Tiere blendet, tritt die Reaktion nicht mehr ein. Auch beim Magilus ist es vermutlich ein von außen kommender Reiz, nämlich die beginnende Einengung durch die Korallen, bei der das Individuum seine ererbte Fähigkeit der Röhrenbildung in einem äußerlich bestimmten Zeitpunkt zu aktiver Formbildung gelangen läßt. Wie aber ist es beim Nautilusstamm? Trat da auch einmal im Paläozoikum der Reiz zur Umbildung an die älteste Gattung Orthoceras von außen heran? Wie wirkte er und als was? Oder überlebten unter Naturselektion nur die zufällig in der Richtung stärkerer Einrollung variierenden Individuen und starben die anderen als nicht lebensfähig aus, so daß sich immer nur die günstigeren, d. h. die der Involution nächstkommenden Formen mit ihrer besseren Eigenschaft fortpflanzen konnten, wodurch sich schließlich, wie von selbst, der spätere involutere und schließlich ganz involute Nautilus aus steter

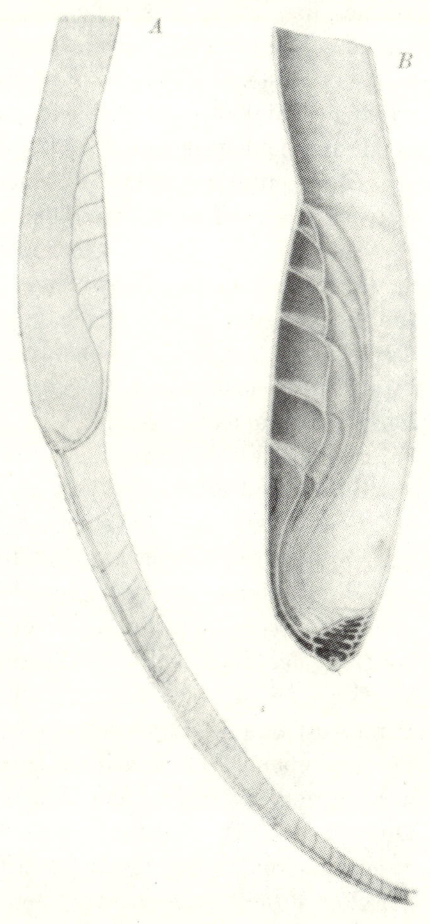

Fig. 33.

A Schematischer Längsschnitt durch ein Ascoceras-Gehäuse. Obersilur. Gotland. Die feine Spitze ist weggelassen.
B Rekonstruktion eines Ascocerasgehäuses aus dem Obersilur, nach Abstoßung der normalen Luftkammern. Jede der seitlichen Gaszellen kommuniziert durch eine tubenartige Verbindung mit dem Siphonalraum. ca. $^1/_1$. (Nach Lindström, Svensk. Vetensk. Ak. Handl., Bd 23, 1890.)

Häufung der günstigeren Eigenschaft mittels natürlicher Zuchtwahl ergab?

Mit anderen Worten: wir stehen hier wieder vor der Frage: wie kommt ein biologisch zweckentsprechendes Organ zustande?

jener Frage, die wir oben (S. 6) schon als den Mittelpunkt der Biologie und der Abstammungslehre bezeichneten. Nicht wie der Hergang äußerlich abläuft, welche Arten und Gattungen aufeinanderfolgen, sondern: welches der innere Zusammenhang ist, vermöge dessen ein Organismus oder eine Reihe von Organismen so umgestaltet werden, daß die Form entweder dauernd (Nautilus), oder als vorübergehender Ausdruck einer ererbten Fähigkeit (Virbius), oder zu irgend einem geeigneten Zeitpunkte des Individuallebens (Magilus) als Schutzmaßnahme des Einzelorganismus oder der Gattung gegenüber einem äußeren Erfordernis eintritt. Die Antwort hierauf allein erst könnte es sein, was im tieferen Sinn unser Forschen lohnen würde, eine Antwort, der die Lehren von Geoffroy St. Hilaire, Lamarck, Darwin und ihren Nachfolgern im Kern zustreben. Die Lösung der Frage würde uns lehren, was Anpassung in der oben bezeichneten zweifachen Weise ist.

Würde man zur Erklärung sagen: die Umgebung bewirkte einen Reiz, der irgendwie, bewußt oder unbewußt, als Bedürfnis nach grünem Farbschiller (Virbius) oder nach einer unzerbrechlicheren Schale, also etwa als Einrollungsbedürfnis gefühlt wird (Nautilus), so bliebe aufzuzeigen, wer das Bedürfnis fühlte, wie ferner dieses gefühlte Bedürfnis die Bildung der Form zuwege bringt, die Mittel zu ihrer Erfüllung ergreift, sei es, daß die Individuen psychophysisch reagieren oder sonstwie die neue zweckentsprechendere Form hervorbringen — das alte Rätsel der lebenden Materie, das uns hier in seinem ganzen Umfange begegnet und das identisch ist mit der Frage: wie kommt eine biologisch zweckmäßige Form zustande — physiologisch-biologisch nämlich, nicht äußerlich in Formenreihen. Sollen wir es mechanistisch erklären? Daß Einflüsse der Umwelt, Bedürfnis und Reiz mit Schaffung einer nicht bloß quantitativ vermehrten, sondern auch mit einer im feinsten wie im ganzen zweckentsprechenden, ganz spezifisch dem biologischen Bedürfnis angepaßten Formbildung beantwortet werden, bleibt unverständlich, solange wir eben nicht einen gesetzmäßig geregelten und einen, wenn auch unbewußt, so doch zweckentsprechend arbeitenden Mechanismus dabei voraussetzen, dessen Entstehung aber wieder das alte Rätsel birgt. Denn sonst könnte der Reiz oder das Bedürfnis bestenfalls mit Wucherung oder Schwund beantwortet werden, aber auch das schon würde einen physiologisch zielsicher arbeitenden, keinen schlechtweg mechanischen Apparat, also einen „Organismus", keinen „Mechanismus" voraussetzen.

Wenn man endlich mit Lamarck der Übung und dem Gebrauch des Organs die Erwerbung der nützlichen Eigenschaft zuschreiben wollte, so wäre das bei Magilus allenfalls noch insofern verständlich, als die ältesten wohl der wachsenden Koralle nachbauten, obwohl auch das schon eine Neuanpassung gewesen wäre; diese wäre dann erblich geworden. Aber für Virbius und für die Nautiliden ist keine Übung und kein Gebrauch der Eigenschaft denkbar, ehe sie nicht vollendet da war; und eben ihr Kommen ist zu erklären. Der funktionierende physiologische „Mechanismus" bei Virbius bzw. die günstigere Form bei Nautilus muß irgendwie schon dagewesen sein, ehe sie gebraucht werden und sich bewähren konnte.

Darwin nun läßt uns diese zweckentsprechende Umwandlung scheinbar einfach naturwissenschaftlich begreifen, indem er die Funktion gar nicht zur Ursache oder zum Anlaß der Anpassung macht, wie Lamarck, sondern die Formbildung in der Richtung der zweckentsprechenden Eigenschaft als etwas in bezug auf diesen Zweck ganz Zufälliges erscheinen läßt. Die zufällig im günstigeren Sinne variierenden Individuen überlebten, vererbten ihre Eigenschaften auf so und soviele Nachkommen, die vor ihren weniger günstig ausgestatteten Artgenossen des gleichen Vorzuges teilhaftig wurden, bis immer mehr die günstige Eigenschaft überwog und durch die natürliche Auslese im selben Sinne fernerhin gesteigert wurde. Damit wäre anscheinend mechanisch, d. h. ohne irgendwelche Beteiligung und Inanspruchnahme einer Gestaltungskraft oder einer Gattungsseele, einer Entelechie, die zweckmäßige Formbildung und Formumbildung naturwissenschaftlich erklärt.

Wenden wir aber diese mechanistische Selektionstheorie auf die Nautilusentwicklung an, um zu prüfen, ob sie uns den kausalen Zusammenhang der Formbildung enthüllt, so sagen wir, darwinistisch denkend: jeweils die zufällig in der Richtung stärkerer Einkrümmung variierenden Individuen überlebten als günstiger geformte die übrigen. Ebenso ging es fortgesetzt später, als die ursprünglich individuell zufällig etwas eingekrümmte Cyrtocerasform zur erblichen Art geworden war; dann waren die noch stärker eingekrümmten Individuen im absoluten Vorteil, denn nun hatte ihre Eigenschaft stärkeren Selektionswert und sie überlebten die Cyrtoceren; so im gleichen Sinne weiter bis zum involuten Nautilus.

Man sieht gleich, daß dies eine sowohl mit dem stratigraphischen Auftreten, wie mit den biologischen Verhältnissen unvereinbare Konstruktion ist. Wenn wir nämlich die Art und Weise der zeitlichen Aufeinanderfolge der Nautiloideen in den Erdschichten, die Mannigfaltigkeit der Gehäuse in ein und derselben Zeitstufe mustern, dann bemerken wir, daß — abgesehen von den teilweise beschriebenen aberranten Formen — auch die vom geradegestreckten zum involuten Gehäuse unmittelbar fortschreitenden Zweige sehr vielfältig waren und daß sie keineswegs alle zu gleicher Zeit in dasselbe Entwicklungsstadium eingetreten sind. Denn wir bemerken durch das ganze Erdaltertum hindurch immer wieder neben den ganz oder teilweise eingerollten auch die geradegestreckten Formen, und dies besonders noch in Zeitaltern wie Karbon, Perm und Trias, wo schon längst das ganz eingerollte und das umhüllte

Gehäuse Besitz der Gruppe in vielen Zweigen geworden war. Hätte aber die natürliche Auslese im darwinistischen Sinne so scharf gewirkt, daß nur die jeweils eingekrümmteren Individuen überlebten, m. a. W., daß zuerst der Besitz des geradegestreckten Gehäuses, dann der des eingekrümmten, dann der des halbinvoluten usw. beim Auftreten der jeweils günstigeren Gehäuseform unbedingt nachteilig, ja tödlich sein mußte, dann ist auch nicht zu verstehen, wie sich überhaupt diese schädlichen Gebilde selbst jemals durch Selektion hätten entwickeln können, statt sofort ausgemerzt zu werden, als die Urformen schon zufällig in dieser Richtung variierten. Und erst recht nicht hätten sich die Orthoceren bis ins Mesozoikum halten können. Die Selektionstheorie versagt hier deshalb, weil sie sich nicht an eine fiktive Bewertung des Schalengebildes halten darf, sondern den wirklichen stammesgeschichtlichen, den paläontologischen Tatsachen gegenübersteht. Eine Selektion aber, die nicht sofort unfehlbar und unerbittlich wirkt, kann — abgesehen von den Bedenken der Erblichkeitslehre — keine artbildende Kraft im Sinne des Darwinismus haben, zumal wenn die von ihr auszumerzende Eigenschaft den Eigentümer innerhalb von Jahrhunderttausenden doch keineswegs lebensunfähig machte.

Das Ergebnis unserer Überlegung ist also, daß weder individuelles Bedürfnis, noch Übung, noch Gebrauch, noch natürliche Auslese hier diese Umwandlung herbeigeführt haben können; auch ist kein Zusammenhang auszudenken, wie umgebende Verhältnisse eine Form hätten umwandeln und zu immer größerer regelmäßiger Einrollung hätten bringen sollen. Hier bleibt also nur noch übrig, es mit der Orthogenese als Erklärung zu versuchen.

Unter Orthogenese verstehen wir mit Eimer die Erscheinung, daß Organismenformen gemäß ihrer Konstitution eine bestimmt gerichtete Variation bilden, die dann stammesgeschichtlich sich als bestimmt gerichtete Umwandlung von Art zu Art erweist, wie wir es bei den Nautiliden sehen. Die Orthogenese der Nautiliden verlief zwar unendlich langsam, aber sie ging folgerichtig auf den involuten Nautilus zu; außerdem ging die Umwandlung auf sehr vielen Linien verschieden rasch und im einzelnen durchaus ungleichzeitig vor sich. Diese Orthogenese war also kein uhrwerksmäßig ablaufender starrer, sondern ein sehr labiler, auch noch in anderer Richtung anpassungsfähiger und formschaffender Ablauf. Denn zugleich mit jener geschilderten Hauptentwicklung gingen im Nautilusstamme noch andere biologisch bedeutungsvolle Veränderungen und Anpassungen vor sich, wie Aufblähung, Breitrückigkeit, diskusartige Zuschärfung, Rippenbildung, Umänderungen im Verlauf der Kammerscheidewände u. dgl. mehr. Es war also die vom Orthoceras zum Nautilus gehende Entwicklung sozusagen die eines Systems, das nicht nur selbst von Fall zu Fall durchaus sinngemäß funktionierte, sondern dessen innerer Gang unter vielem anderen auch einem Endstadium zuführte, das ein immer besser funktionsfähiges Gehäuse schuf.

Will man aber durchaus auch diese orthogenetische Entwicklung als einen mechanistischen Ablauf begreifen, so ist dieser Mechanismus, der in dem Orthoceras-Nautilus zum Ausdruck gelangt, selbst ein durchaus zweckentsprechendes biologisches Anpassungsprodukt schon von Anfang an gewesen, und es fragt sich dann nur noch: Wie kommt ein orthogenetisch arbeitender „Mechanismus" zustande, der imstande ist, augenblicklich (Virbius) oder im Laufe eines Individuallebens (Magilus) oder in Jahrmillionen (Nautilus) das den Umständen Angemessene zu produzieren? Womit wir immer noch vor der Zentralfrage des Zustandekommens einer angepaßten Form stehen, ohne daß uns die Antwort näher gerückt wäre als mit den anderen Formeln. Man muß sich nur einmal zu dieser ganz prinzipiellen Erkenntnis durchringen, um zu wissen, was man von einer naturwissenschaftlichen Erklärung organischer Formen überhaupt erwarten darf und was nicht. Man braucht dann auch nicht mehr zu befürchten, mißverstanden zu werden, wenn man von den Ursachen der Umwandlung und Anpassung spricht; denn dieser Ausdruck kann immer nur in eingeschränktem Sinne gemeint sein, nämlich als kurze symbolische Bezeichnung für die bestehende Beziehung zwischen Umwelt und Organform, eine Beziehung, bei der wir bis jetzt noch nicht wissen, was darin Ursache, was Wirkung ist.

Ganz ebenso geht es auch mit der anderen Art von zweckentsprechender Organbildung, die man Korrelation nennt und wovon im I. Kapitel (S. 19) als eines Mittels zur Rekonstruktion fossiler Tiere aus Fragmenten schon beiläufig die Rede war. Wir verstehen darunter die Tatsache, daß die sinnentsprechende Umbildung eines Organs andere Umbildungen gleichzeitig oder in der Folge nach sich zieht. Wenn die Beine eines Brontosaurus so stark sind, daß sie den schweren Körper tragen konnten, so war weder der Körper vor Starkwerden der Beine so schwer, noch die Beine so stark vor Schwerwerden des Körpers. Beider Entwicklung ging phylogenetisch Hand in Hand, einerlei ob es etwa eine unvermittelte Entstehung innerhalb einer Generation oder ob es eine sehr allmähliche war, durch die sie zustande kam. Denn es ist kaum denkbar, daß etwa zuerst die Beine in ihrer Stärke einer noch nicht vorhandenen, sondern erst zukünftigen Körperschwere entsprachen, geschweige denn, daß der Körper zuerst zu schwer für die Beine war. Noch nie hat sich so etwas in der organischen Natur gezeigt, stets tritt die sinngemäß ineinandergreifende Korrelation der Teile zutage, solange nicht Hypertrophie oder pathologische Verbildung, also ein krankhafter Zustand, das Getriebe des Organismus stört. Krankheit besteht ja eben darin, daß die Korrelation gestört ist. Höchstens ontogenetisch werden

Organe und Organteile im voraus angelegt zu einer Zeit, wo sie noch nicht zu funktionieren brauchen. Wo wir hinsehen, finden wir, im großen und im einzelnen, Beispiele für den korrelativen Zusammenhang bei den Organismen.

Als gewisse gleichklappige Muscheln durch Festwachsen mit einem Wirbel und lateraler Streckung der festgewachsenen Schalenhälfte zu Rudistenmuscheln sich umwandelten (Kap. IV, 2), wurde die andere, nicht festgewachsene Klappe zum Deckel dieser gestreckten Schale, die Zähne bildeten sich zu Zapfen um, der Schloßapparat der festgewachsenen Unterschale wandelte sich zu Alveolen um, in die jene Zähne hineingriffen; die Unterschale bekam blasige Böden, womit das Weichtier rascher in die Höhe wachsen konnte, als wenn die Schale massiv gebaut worden wäre usf. Diese Wandlungen stellen sich alle als durchaus zweckentsprechende Neubildungen und Neuerwerbungen dar, die im Zusammenhang mit jener ersten Umwandlung stehen, durch welche die ehemals gleichklappige Muschel festwuchs und sich streckte.

So besteht z. B. Korrelation zwischen der Rippenzahl, der Art ihrer Teilung, ihrer Stärke und dem Grad ihrer Knotenbildung, dem Umgangsquerschnitt und dem der Involution bei Cardioceren. Die Berippung ist von der Gehäuseform abhängig und zwar so, daß innerhalb jeder Mutationsgruppe die Formen mit breitem niederem Querschnitt eine spärlichere, aber kräftigere Berippung und Knotung tragen als die hochmündigen Formen, die keine oder nur schwache Knoten besitzen, sehr zahlreiche feine Rippen tragen oder ganz glatt werden.[1] Dieser korrelative Wechsel steht in unmittelbarer Beziehung dazu, daß bei den Ammoniten die zugeschärften glatten Formen mit hohem Windungsquerschnitt zum Schwimmen geeignet sind, während die mit breitem Schalenrücken weniger gute Schwimmer gewesen sein dürften, bei denen die rauhe knoten- und rippentragende Oberfläche ein weiteres Hindernis für flotte Fortbewegung im Wasser gewesen sein mußte (vgl. Kap. V, 3).

Die Ammonitengattungen Hammatoceras und Stephanoceras unterscheiden sich vor allem durch den Querschnitt der Windungsröhre. Erstere sind hochmündig, nicht weit genabelt, der Schalenrücken ist zugeschärft. Umgekehrt ist Stephanoceras meistens tief genabelt, weil die Umgänge breiter als hoch oder mindestens röhrenförmig sind. Dagegen haben beide Gattungen ähnliche Skulpturelemente. Es lassen sich darum hier besonders gut die korrelativen Beziehungen zwischen Windungsquerschnitt und Rippenknotengerüst verfolgen, wie Cloos dargetan hat.[2] Die Bestandteile der Skulptur vermehren sich mit der Vergrößerung der sie tragenden

---

1) Salfeld, H., Artbildung bei Ammoniten. Zeitschr. deutsch. geol. Ges. Bd. 65, Berlin 1913, Monatsber. S. 439/40.

2) Cloos, H., Doggerammoniten aus den Molukken (Hab.-Schrift), Stuttgart 1916, S. 32 ff.

Fläche, und zwar gleichmäßig, so daß innerhalb enger Grenzen die Maschenweite des Skulpturgitters gewahrt bleibt. Am Nabelrand ist nur für eine beschränkte Anzahl Knoten Platz; um so weniger, je enger der Nabel ist. Ist die Windung niedrig und evolut, so übertrifft die Externseite die Nabelseite an Länge nur wenig. Die Flankenfläche verbreitert sich also nach außen nicht viel. Dadurch können zwei Rippen auf der Flanke einen Knoten des Nabelrandes ausreichend vertreten. Schritthaltend aber mit der Ausbreitung der Flankenfläche nach oben und der zunehmenden Divergenz der Rippen, werden dann weitere Rippen erst nur ab und zu, dann regelmäßiger nötig, um die wachsende Fläche gleich dicht zu bedecken, so daß streckenweise drei bis vier Rippen auf einen Flankenknoten kommen. Vielfach treten solche „Füllrippen" mit den Knoten gar nicht in direkte Verbindung, sondern schalten sich erst in einem oberen Abschnitt der Flanke ein. Dichtheit und allgemeiner Habitus — sozusagen der Konstruktionsstil — der Berippung bleiben durch diese Metamorphose hindurch erhalten.

Naturgemäß ist auch die Knotenzahl (auf einem Umgang) abhängig von der Aufrollung und damit mittelbar von der Röhrenform. Je enger die Schale sich einrollt, desto weniger Knoten kann sie am Nabelrande unterbringen. Selbstverständlich ist auch die wechselseitige Abhängigkeit von Röhrenform, Involution und Nabelweite. Sie ist um so deutlicher in je weiteren Grenzen beide Werte schwanken, etwa in der Hammatocerasgruppe. Je schlanker eine Windung, desto weiter greift jeder Umgang auf den vorigen über, während nur niedrige Röhren, wie bei Arietites, Lytoceras, Perisphinctes, auf ein ausgiebiges Umwachsen der Spiralkerne verzichten können, ohne die Festigkeit des Gehäuses zu gefährden. Es hängt dies damit zusammen, daß durch völliges gegenseitiges Umgreifen der Umgänge meistens eine Diskusform des Gehäuses erzielt wird, welche besser zum Durchschneiden des Wassers dient als eine mit breitem, treppenförmigem Nabel versehene Schale, deren Umgänge sich eben nur berühren oder nur am Rücken umfassen. Solche Formen sind auch meistens verziert, während jene ganz oder fast glatt sind, was wieder unmittelbar auf die Reibung im Wasser zu beziehen ist (vgl. Kap. V, 3).

Ein anderes Beispiel: Bei den hochmündigen Formen der Ammonitengattungen Oxynoticeras und Paroxynoticeras vermehren sich die Auxiliarloben in dem Maße, als die Umhüllung der Umgänge, also die Flankenhöhe, die Hochmündigkeit und Engnabeligkeit zunimmt.[1] Auch der Ausschlag der Suturwellen ist bedeutender bei der zusammengedrängten als bei der ausgezogenen Linie.

---

1) v. PIA, J., Untersuchungen über die Gattung Oxynoticeras und einige damit zusammenhängende allgemeine Fragen. Abhandl. k. k. geolog. Reichsanst., Wien 1914, Bd. 23, S. 142.

Das Wunderbare an allen korrelativen Umwandlungen ist nicht so sehr die Tatsache, daß die Änderung der einen Eigenschaft die vieler anderen nach sich zieht, sondern daß auch diese sekundären Änderungen wieder statisch-dynamisch zweckentsprechend erscheinen. Jeder Organismus ist durch und durch sozusagen eine einzige Korrelation. Alles steht mittelbar oder unmittelbar in einem inneren Zusammenhang. Unter Korrelation verstehen wir daher kurz gesagt überhaupt jenen Zustand, welcher zugleich durch den Begriff Organismus selbst gegeben ist. Das Wesentliche an einem Organismus ist, daß er „organisiert", d. h. so beschaffen ist, daß seine Teile sowohl in ihrer Form, wie in ihrer Funktion zueinander in geregelter lebendiger Wechselbeziehung stehen, derart, daß sie als ein einheitliches Ganzes zugunsten des Ganzen sich bilden, existieren und funktionieren, also angepaßt sind oder die Fähigkeit haben, sich der wechselnden Lebenslage vorübergehend und dauernd anzupassen. Überschreitet das Maaß des Wechsels der Lebenslage diese Fähigkeit des Organismus oder kann er ihm nicht rasch genug folgen, dann wird die Korrelation gestört und Krankheit, Verkümmerung oder Tod ist die Folge. Im gegenteiligen Falle erscheint Entwicklung, Umprägung, Anpassung in engeren oder weiteren Grenzen.

Unter der Umwelt, den umgebenden Verhältnissen, welche Bildung und Funktion am Organismus beeinflussen, versteht man im allgemeinen die Nahrung, die Temperatur, den Lebensraum und -ort, das Licht (s. S. 7) u. dgl. Zur Umwelt gehören aber auch andere, fremdartige Organismen und auch die Genossen ein und derselben Art. Sie alle können feindlich oder fördernd wirken, können für einen bestimmten Organismus oder eine bestimmte Art aktiv oder passiv die Bedingungen der Umwelt ausmachen. Das ist einfach und verständlich und oft gezeigt. Ein Organismus kann aber in sich selbst oder an sich selbst gleichfalls Zustände entwickeln, welche sozusagen auf ihn selbst als Umwelt, nach der er sich nun zu richten hat, einwirken.[1] Es sind das alle jene Fälle von Korrelation, bei denen nicht gleichzeitig von innen heraus wie in der Ontogenie die Organe nach Größe, Form und Struktur auf einmal und miteinander angelegt werden, sondern bei denen durch Umbildung eines Körperteiles sekundär ein anderer danach abändern muß, ohne daß dies genotypisch erblich würde. Wenn beispielsweise eine Auster infolge Einengung mit der Schale wuchern muß, um sich Licht und Luft zu verschaffen, wenn sie dabei ihre Wirbelregion streckt, dann wird auch das Ligament in die Länge gezogen, der Muskel verschoben, die Skulptur verändert usf., ohne daß dies erblich bestehen bliebe und ohne daß diese äußere Beeinflussung die innere Konstitution, den Genotypus veränderte

---

1) Es ist das „reziproke Medium" von Driesch. „Für jeden Teil des Organismus ist die Gesamtheit der übrigen Teile reziprokes Medium." Driesch, H. Der Begriff der organischen Form. Abhandl. z. theoret. Biologie v. J. Schaxel, Heft 3, Berlin 1919, S. 25.

oder eine dauernde korrelative Verschiebung dieser und anderer Eigenschaften herbeiführen würde; denn immer wieder kommen normale Individuen als Nachkommen heraus (vgl. auch Kap. IV, 2). Wenn weiter etwa ein Brachiopode in sehr bewegtem Wasser zu leben hat, auf das er zuerst nicht eingestellt war, etwa infolge Verstärkung der Strömung, so verdickt sich der Stiel; infolgedessen muß sich die Deltidialöffnung und im Zusammenhang damit der Wirbel verdicken. Hier ist also die Verdickung des Fußes äußerer Anlaß zur Umwandlung des Schnabelloches und dies hinwiederum unmittelbarer äußerer Anlaß zur Kräftigung der Schnabelregion geworden. Man bemerke wohl diesen Unterschied der äußerlich und individuell aufgezwungenen, nichterblichen Korrelation und jener Art korrelativen Zusammenhanges, der von Anfang an durch die erbliche Struktur dem Individuum artlich mitgegeben ist und der bei seiner ontogenetischen Entwicklung autonom, ohne erneuten Einfluß von außen, abläuft, so den fertigen Organismus hervorbringend.

Ebenso wie es eine erbliche und nichterbliche Anpassung an den Raum, an die Lebenslage gibt (vgl. Kap. VII, 1), ebenso gibt es also auch eine erbliche und nichterbliche Korrelation. Doch kann jede der beiden anfangs nichterblichen Bildungsweisen vielleicht erblich werden. Der Organismus ist stets das Produkt seiner inneren Struktur und der in ihm enthaltenen Potenzen einerseits, andererseits der äußeren Umstände, die auf ihn einwirken und denen vom Einzeltier oder von der Art als Ganzem mit entsprechenden Formbildungen Genüge geleistet wird.

Eine andere Seite derselben Sache ist schließlich das, was Roux den Kampf der Teile im Organismus genannt hat. Eine bestimmte Form desselben besteht darin, daß sich die Organe und Gewebe bei Umwandlung eines einzigen so miteinander einrichten, daß schließlich wieder bei der ganzen Spezies das gleiche, sie erhaltende Resultat sich ergibt. Das ist nichts anderes als eine Versinnbildlichung der einfachen Korrelation.

Sobald man sich klar macht, daß Korrelation überhaupt das wesentliche Kennzeichen eines Organismus ist, ja sobald anerkannt ist, daß sie überhaupt irgendwo in der phylogenetischen Entwicklung in dem Sinne vorkam, daß die meinetwegen „zufällige" Umwandlung eines Organes und einer Funktion eine zweckentsprechende Veränderung irgend eines anderen Organes oder irgend einer anderen Funktion nach sich zog, dann ist eine mechanistische Erklärung des korrelativen Vorganges ebenso ausgeschlossen, wie die mechanistische Erklärung einer einzelnen zweckentsprechenden Formbildung überhaupt.

Treffend hat Wolff die Unmöglichkeit aufgezeigt, Korrelationserscheinungen durch zufällige Variation zu erklären. Er sagt ungefähr:[1) Es kann natürlich eine Änderung irgend eine andere beliebige im Ge-

---

1) Wolff, G., Beiträge zur Kritik der Darwinschen Lehre. Biolog. Centralblatt Bd. X, Berlin 1890, S. 464.

folge haben, aber damit ist nicht erklärt, daß eine bestimmte zweckmäßige Abänderung nun auch eine andere, für den jeweilig vorliegenden ganz speziellen Fall wieder zweckmäßige Abänderung bedingt? Korrelative Abänderungen beziehen sich ja in den meisten Fällen auf ganz bestimmte Verhältnisse der Außenwelt, und das Rätselhafte liegt zunächst nicht darin, daß es überhaupt Korrelationserscheinungen gibt, sondern darin, daß eine Eigentümlichkeit, die eben gerade für besondere äußere Zwecke vorteilhaft ist, eine andere ebensolche im Gefolge hat. Hier kann die Selektionstheorie nichts ausrichten, denn der Selektionsprozeß hat keinen Einfluß auf die Variierungsvorgänge, zu welchen die Korrelationen gehören; diese gehen vielmehr der Selektion voraus.

Es ist dabei noch auf einen prinzipiellen Gesichtspunkt hinzuweisen. Wenn wir die allgemeine biologische Bedeutung einer Körperform feststellen, aus ihrer aktiven oder passiven Funktion ihren Bau verstehen und damit ihren Naturzweck ermittelt haben, dann verstehen wir auch ihre Struktur, ihren Aufbau im einzelnen eben dadurch, daß wir diese unter dem Gesichtspunkt jener Zweckerfüllung betrachten. Wir gewinnen dann einen Einblick in die Art der Materialverwertung, in die statischen Verhältnisse des Organs, in die Einrichtungen zu seiner Ernährung und Indiensthaltung, schließlich auch in den Sinn der internen physiologischen Funktionen, der Stoffausscheidungen usw. Wir finden auch im kleinsten Schutzeinrichtungen und Sicherungen mechanischer und physiologischer Art, und je tiefer wir eindringen, um so mehr erweitert sich unser Verständnis des Zusammenhanges von Bau und Funktion, ohne daß wir diesen Zusammenhang jedoch erschöpfen und ganz durchschauen würden. Letzteres kommt daher, daß der Begriff eines Organes überhaupt nur ein Hilfsbegriff für die zerlegende Analyse ist; in Wirklichkeit besteht ein Organismus ja niemals aus aneinandergefügten Einzelorganen, sondern er ist von Anfang an ontogenetisch und phylogenetisch ein innerlich Einheitliches, bildlich ausgedrückt: ein Gedanke der Natur, so daß auch das einzelne Organ stets korrelativ von Beziehungen zum ganzen Organismus und zu allen Organen durchwoben, aber nichts einzelnes ist. Haben wir daher etwa einen Körperteil, wie die Schale oder die Septen der Ammoniten, in ihrem statischen Aufbau erfaßt, ihren Zweck, ihre biologische Beziehung auf die Außenwelt klar erkannt, so ist doch das Verständnis für sie nicht vollständig. Denn nun wäre erst der korrelative Zusammenhang mit dem Ganzen zu ergründen, es wäre zu untersuchen, welche Veränderungen, Formbildungen und Funktionen die Schale infolge des Gebrauchs rückwirkend im Weichkörper bedingt und wie diese Veränderungen des Weichkörpers erneut wieder rückwirkend den Bau der Schale beeinflußen usw. Wir stehen so vor einer endlosen Kette gegenseitiger Bedingtheiten und Wechselwirkungen ersten, zweiten, dritten usw. Grades, je tiefer die Untersuchung eindringt.

Das Geheimnis der Korrelation liegt genau dort, wo etwa das Geheimnis der Mutation und wo schließlich das Geheimnis jeder Formbildung liegt: in der Frage, wie ein entsprechend eingestelltes Organ überhaupt zustande kommt. Es ist nachgewiesen, daß Variationen oder Mutationen auftreten, wenn man Organismen unter bestimmte äußere Bedingungen bringt; jedoch ist damit weder der innere Verlauf der Umwandlung erkannt, noch viel weniger das aufgezeigt, was bewirkt, daß eben ein äußerer Einfluß oder Reiz mit einer zweckdienlichen Organisationsänderung beantwortet wird. Erst wenn dieses Wie und Warum aufgehellt wäre, könnte man von einer Erklärung der Korrelation, der Anpassung und der Artbildung sprechen.

Wir wollen uns nicht mit mechanistischen Fiktionen, Formeln und Schlagworten abspeisen lassen, sondern die Dinge beim rechten Namen nennen, das Problem nicht leugnen, sondern es in seiner Schärfe herausheben: das Lebendige als Leben, das Zweckmäßige als zweckmäßig nehmen und es klar aussprechen, daß ohne sinnvolle, wenn auch nicht menschenhaft-bewußt arbeitende Kräfte auch nicht die einfachste Formbildung in der organischen Natur erklärlich wird Diese inneren Kräfte, nicht nur den äußeren Ablauf des Werdens, zu erkennen, ist das eigentliche Ziel aller Biologie und Stammesgeschichte.

3. Zusammenhang von Funktion und Organbildung

Es ist eine Binsenwahrheit, daß die Funktion eines Organs sein Wachstum steigert und daß umgekehrt das Einstellen der Funktion auch das Organ mehr oder minder zum Schwund bringt. Diese gewöhnliche Art funktioneller Anpassung ist unmittelbar als solche verständlich. Die Schwierigkeiten für unser Denk- und Vorstellungsvermögen beginnen erst dort, wo eine Organbildung zustande kommt ohne vorausgegangene Funktion, also lediglich als Neubildung in bezug auf irgend ein vorliegendes Bedürfnis, also in bezug auf die umgebenden Bedingungen des Organismus bzw. der Art.

Dabei drängt sich eine Frage in den Vordergrund, von der man denken sollte, daß sie durch unmittelbare Beobachtung ohne Schwierigkeit beantwortet werden könnte, die Frage, ob zuerst das Organ entsteht und dann der Gebrauch desselben beginnt, oder ob vorhandene Organe durch die Versuche, sie in neuer Weise zu gebrauchen, nachträglich umgewandelt werden, m. a. W. ob die Form Ursache der Funktion oder die Funktion Ursache der Form ist?

Die Frage hat schon Aristoteles aufgeworfen und dahin beantwortet, daß die Formen als Ganzes in die Erscheinung traten und dann so lebten, wie es ihre Organisation mit sich brachte. Nach LAMARCK dagegen steigert Übung und Gebrauch die Funktionsfähigkeit eines Organs, das sich infolge dieser Einwirkung in entsprechender Richtung umbildet und in dieser Umbildung durch Vererbung gefestigt wird. Das sind die zwei extremen Auffassungen: im einen Falle wird zuerst das Organ und der ganze Organismus, dann kommt die Funktion; im anderen Falle ist zuerst die neue Funktion da oder die Anstrengung, in neuer Richtung zu funktionieren, und daraus entspringt dann eine Organumbildung. Wir wollen sehen, was die Natur darauf antwortet.

Wenn aus einem ursprünglich landbewohnenden Tier ein Marintier wird, dessen Körper äußerlich Fischform annimmt, wie es bei den Ichthyosauriern des Mesozoikums und den Cetaceen des Känozoikums anscheinend zutrifft, dann dürfen wir nach der uns in einzelnen Stadien bekannten formalen Entwicklungsgeschichte annehmen, daß gleichzeitig Organ und Funktion sich miteinander steigerten und umwandelten. Wir können uns denken, daß zuerst die Anstrengung der Landextremität, Ruderbewegungen zu machen, da war und daß sich erst allmählich die Schwimmhäute bildeten. Wir können uns aber gerade so gut denken, daß die Extremitäten von sich aus in der Richtung häutiger Bildungen erblich mutierten, daß die so begabten Tiere etwas leichter schwammen und nun — zwar nicht allein überlebten, wie DARWIN sagen würde — aber doch durch die gesteigerte Übung und den Reiz im lamarckistischen Sinne das Schwimmorgan mutativ vervollkommneten. Es wäre somit die Frage nach dem, was zuerst war — Organ oder Funktion —, im ersteren Falle dahin zu beantworten, daß die neue Funktion zuerst da war, indem ein für andere Zwecke gebautes Organ neuartig verwendet, nicht neu geschaffen, sondern nur modifiziert wurde; im zweiten Fall veranlaßte eine Neubildung am Organ eine neue Verwendung; die Neubildung veranlaßte oder erleichterte die Funktion, und dann steigerte die Funktion die Form und gab zu ihrer Vervollkommnung weiterhin den Anlaß, wobei außerdem korrelativ weitere Umwandlungen, wie Verkürzung des Halses, Anlegung von Fettpolstern, Abknickung der Schwanzwirbelsäule usw. sich einstellten, um so aus dem ursprünglichen Landreptil den Meersaurier werden zu lassen.

In diesem Beispiel ist es also keineswegs durchsichtig, was das Erste, das Grundlegende und Ursächliche, und was Folge ist. Die paläontologischen Funde geben uns keinen Aufschluß darüber, ob zuerst die modifizierte morphologische Bildung auftrat und ob diese dann erst durch die Funktion mehr und mehr in ihrer Umwandlung gesteigert wurde oder umgekehrt. Plausibel erscheint es unserer derzeitigen entwicklungsgeschichtlichen Denkweise zwar, anzunehmen, daß das Landtier als Landtier versuchsweise in's Wasser ging und wie so viele andere Landtiere mehr oder minder gut das Schwimmen lernte, ohne zuerst richtige

Schwimmhäute zu haben, die sich vielmehr erst allmählich — etwa infolge des Reizes — durch Sprungvariationen (Mutationen) generationsweise bildeten; aber bewiesen ist das nicht. Dagegen haben wir bei einem schon oben (S. 21) erwähnten Tier, dem Limulus, ein Beispiel dafür, daß eine Funktion ausgeübt wird, für die der Körper und die betreffenden Organe zweifellos nicht gebaut sind: das Schwimmen auf dem Rücken mittels der nach oben gestreckten zappelnden Beine. Würden hier nun mutativ Bildungen bzw. Umbildungen der Körperform und der Extremitäten eintreten, welche dieses Schwimmen weiterhin begünstigten, dann wäre das zwar ein deutlicher Beweis für das erstliche Vorhandensein der Funktion und das Nachfolgen des Organes; aber von einer solchen Umbildung ist bisher nichts beobachtet worden, und es ist auch ganz fraglich, ob sie einmal eintreten wird oder ob sich der Limulus dauernd so behelfen muß oder ob er schließlich wieder zur normalen Lebensweise zurückkehren wird.

In seiner gedankenreichen Arbeit vertritt v. Pia die Meinung[1]), daß wir bei einem Anpassungsvorgang die Funktion als die Ursache der Umformung begreifen müssen und daß darum die Funktion auch zeitlich der Anpassung vorausgehen muß. „Das heißt", fährt er fort, „ein Organ kann nur an solche Funktionen angepaßt werden, die es, wenn auch in unvollkommener Weise, schon auszuüben imstande ist. Selbstverständlich wird aber ein primitives Organ zu einem solchen Funktionswechsel viel eher befähigt sein als ein sehr hoch spezialisiertes". Hiermit ist ein Fingerzeig gegeben: nicht an hochspezialisierten Organen und Organismen, sondern an ganz primitiven müßte die Antwort gewonnen werden.

Nehmen wir das denkbar primitivste Funktions- und Formenstadium her, also ein hypothetisches amöbenartiges Urwesen, das äußerlich nur ein Protoplasmaklümpchen ist, und versehen wir es nur mit den zum Leben unbedingt notwendigen primitivsten morphologischen, physiologischen und psychologischen Eigenschaften. Dann muß es besitzen: 1. einen inneren kohäsiven Zusammenhalt seiner organischen Körpersubstanz und damit seiner Form, sei diese auch noch so labil; 2. muß es nach Bedürfnis vorübergehend die Schleimmasse teilweise auseinandertreten lassen können, um Nahrungskörper aufzunehmen; mindestens muß es osmotisch Nahrungsflüssigkeit in seinen Körper eintreten lassen und nach Bedürfnis diese Aufnahme sistieren können; 3. muß es Nahrung assimilieren und in seinem Organismus einen der Erhaltung seines Lebens dienenden, wenn auch noch so primitiven Stoffwechsel haben; 4. muß es für äußere Einwirkungen und Reize individuell, wenn auch noch so dumpf, eine Empfindung haben und sich dieser Empfindung entsprechend verhalten können.

---

1) v. Pia, J., Oxynoticeras, a. a. O. S. 139 (Zitat auf S. 117).

Gerade aus dieser letzteren, unbedingt zum Leben notwendigen Fähigkeit entspringt nun alles das, was den Organismus zu einem entsprechenden Funktionieren in der Außenwelt bringt, sei das die Nahrungsaufnahme oder die Fortbewegung. Ist es zuerst auch ein unbeweglicher Protoplasmakomplex — sobald sich die ersten Pseudopodien bilden sollen, gibt es nur zwei Möglichkeiten: entweder bilden sich zufällig kleinere oder größere Auswüchse und diese ermöglichen es dem Tier, sie empfindungsgemäß im Sinne der Fortbewegung zu verwenden; durch Übung und Gebrauch würde dann die Bildung verstärkt, die willkürliche Benützung und Herausstreckung erleichtert werden, bis die Pseudopodien der Amöbe entstünden, mit denen zusammen sich aber auch korrelativ sonstige Veränderungen im Organismus, wie im Empfindungs- und Willensleben der Art vollziehen müßten. Oder es würde von einem solchen Primitivtier das Bedürfnis nach Fortbewegung infolge von außen herantretender Reize empfunden und Anstrengungen im Sinne der Plasmaverschiebung gemacht werden; dann wäre selbst der primitivste Anfang einer Pseudopodienbildung unmittelbar als zweckentsprechende Bildung auf Grund des Bedürfnisses anzusehen.

Also auch hier im denkbar einfachsten Organisationszustand läßt sich die Frage nicht lösen, was zuerst ist: die Funktion oder das Organ? Sicher aber ist, daß im einen wie im anderen Fall die Voraussetzung dafür, daß beides überhaupt in Wechselwirkung steht, das Vorhandensein eines „Organismus" ist, und sei er auch noch so primitiv. Der allerprimitivste Organismus aber muß in sich korrelativ zusammenhängen, er muß psychische Eigenschaften haben und individualisiert sein, sonst wäre es kein Organismus — kurz er muß ein Gebilde sein, das von Anfang an lebensfähig und daher auch biologisch zweckentsprechend gebaut ist — und so stehen wir auch hier wieder vor der Grundfrage: wie entsteht ein solches immerhin zweckmäßiges Naturgebilde, und zwar vor aller Funktion — eine Frage, die, wie wir sehen, sich auch für den primitivsten Zustand einer allgemeinen Lösung noch nicht zugängig zeigt.

Für's erste läßt sich also zusammenfassend sagen, daß zwar vorhandene Organismenformen und Organe stammesgeschichtlich abändern können, daß es aber zweifelhaft bleibt, ob dies im Anschluß an vorausgehenden abgeänderten Gebrauch oder umgekehrt stattfindet; oder ob beides zusammen verläuft, sich gegenseitig bedingend und steigernd.

Während es in der Stammesgeschichte, deren realen Verlauf nur der die wirklichen ehemaligen lebendigen Formen kennende Paläontologe beurteilen kann, nicht der theoretisierende Zoologe oder Naturphilosoph — während es in der Stammesgeschichte noch nirgends gelungen ist, empirisch festzustellen, was früher war: das Organ und dessen Umbildung oder die Funktion, ist es dagegen möglich, dies in der Ontogenie

unmittelbar zu erkennen. Hier ergibt sich nämlich überall die wichtige
Tatsache, daß sich zuerst das Organ bildet und daß dann erst die Funktion nachfolgt. Im Grunde ist alles embryonale Werden eine voraus-
nehmende Formbildung. Man kann hier von vererbten Eigenschaften
reden, welche, ganz im Gegensatz zur stammesgeschichtlichen Organbildung
und -erwerbung, determiniert und festgelegt sind, nicht erst entwickelt
werden müssen. Wie aber ist es zu deuten, wenn sich in der Ontogenie
Eigenschaften und Organbildungen individuell verschieden anlegen und
zwar so, wie es erst für ein späteres, im erwachsenen Stadium des Individuums, also zukünftig eintretendes, zur Zeit der Formbildung noch
gar nicht wirkliches Bedürfnis nötig
wird, ein Bedürfnis, das ohnehin individuell verschieden ist? Ein Beispiel soll
veranschaulichen, wie dies gemeint ist.

Die im Obersilur häufige Einzelkoralle Omphyma (Fig. 34A) ist nicht nur
mit ihrem untersten Teil festgewachsen,
sondern auch noch durch eine größere
oder geringere Zahl kalkiger Wurzeln
am Boden fest verankert. Der Sinn
dieser Einrichtung ist leicht ersichtlich:
die Kalkwurzeln stützen den Kelch und
verleihen ihm eine breite Befestigungs-
basis. Solange der Kelch noch klein und
dünn ist, bedarf er der Stützen in dieser
Stärke nicht; die schmale zentrale Anwachsstelle ist bis dahin stark genug,
etwaigen, die Standfestigkeit des jungen
Stockes auf die Probe stellenden mechanischen Einwirkungen, z. B. stärkerer
Wasserbewegung, Widerstand zu leisten.
Wird jedoch der Kelch größer und damit
nicht nur schwerer, sondern auch länger,

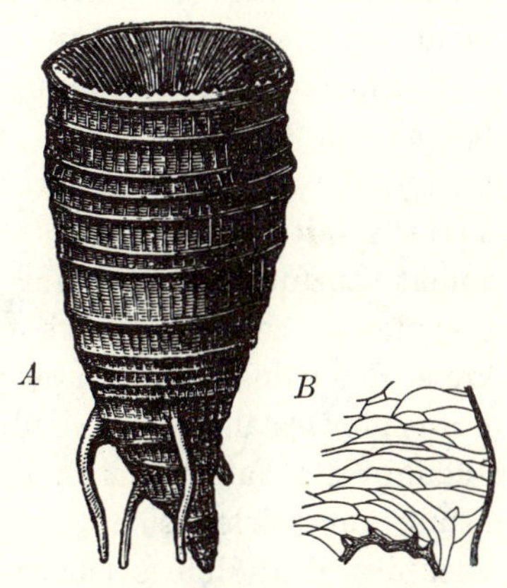

Fig. 34. *A* Omphyma aus dem englischen Obersilur mit Stützwurzeln.
(Nach EDWARDS u. HAIME, Brit. foss.
Corals 1850, aus ZITTEL-BROILI, Grundz.
d. Pal. I., 1915), verkl.
B Dünnschliff durch die Kelchwand
von Omphyma. Obersilur, Gotland.
Die Stützwurzeln sind nicht der Kelch-
außenwand angesetzt, sondern aus
dem Innern heraus entwickelt.
(Orig. in München). Vergr.

so wird, wenn ihn ein seitlicher Druck trifft, die Hebelwirkung auf die
Anwachsstelle ungemein gesteigert, und nun bewährt sich die früh ge-
troffene Schutzanpassung der „Wurzeln", welche dem Kelch eine breite
Basis verleihen und seine Standfestigkeit vollkommen machen.

Man sollte denken, daß diese auf den Druck des ausgewachsenen
Kelches eingestellten Stützen in ihrer bestimmten individuellen Ausgestaltung aber erst angelegt werden konnten, als die Druckverhältnisse
sich dem Organismus fühlbar machten, also, nachdem das Tier eine über
den Stützen liegende Höhe erreicht hatte. Das ist aber nicht der Fall,
vielmehr wurden die Stützen schon gebaut zu einer Zeit, als das Tier

jenen Rand anlegte, an dem die Stützen anlenken. Es wurde also eine Einrichtung getroffen in einer ganz bestimmten Form, die vollständig und sinngemäß auf ein Bedürfnis berechnet ist, das erst später praktisch eintritt. Daß die Stützwurzeln nicht etwa erst später angelegt werden, ist durch einen Längsschnitt zu beweisen. Wäre nämlich eine solche Stützwurzel erst nachträglich durch Übergreifen eines absondernden Organes angefügt worden, als die Druckverhältnisse es erforderten, so müßte im Längsschnitt die Anwachsstelle am Kelch eine Verlötung zeigen. So aber ergibt sich das umstehende Bild (Fig. 34*B*), welches uns zeigt, wie die Wurzeln kontinuierlich aus dem Kelchinnern hervorwuchsen zu einer Zeit, als das Tier überhaupt noch nicht höher geworden war. (Vgl. Kap. IV, 4).

Ein derartiges Beispiel von Vorausnahme einer Zweckanpassung, bei der es sich nicht um eine in jeder Einzelheit stereotyp gattungsmäßige, in der Einzelgestaltung durch Vererbung gefestigte und mechanisierte, sondern um eine in jedem individuellen Fall neuartige und etwas anders anzulegende Bildung handelt, ein derartiges Beispiel ist wohl geeignet zu zeigen, daß keineswegs erst das wirklich eingetretene konkrete Bedürfnis, sondern auch die in der Zukunft einmal erforderlich werdende Gestaltungsnotwendigkeit maßgebend für die Form- und Organbildung sein kann. Genau das aber ist das Charakteristikum jeder Ontogenie, nur spielen sich derartige Vorgänge meistens innerhalb der Eihülle oder des Mutterleibes oder im Larvenzustand ab. Dabei findet man gewohnheitsmäßig weiter nichts Merkwürdiges. Erst wenn sich die Vorausnahme einer Formbildung, wie bei den Omphymawurzeln, am fertigen Tiere zeigt, fällt sie besonders auf, und hier bedarf sie auch einer besonderen Erklärung, was wohl über das rein naturwissenschaftliche Erwägen hinausgreift und seine Erfüllung erst in dem hier nicht zu behandelnden Gedanken der metaphysischen Einheit der Natur als eines zeit- und raumlosen Ganzen findet.

Um dies verständlich zu machen, sei auf ein einfaches Beispiel hingewiesen, welches dieses merkwürdige reziproke Verhältnis von Ursache und Wirkung im Werden der Form und im Eintreten der Funktion zeigt, wo die Wirkung ebenso als Ursache wie die Ursache als Wirkung gedeutet werden kann. Die einmuskelige ungleichklappige, weil mit einer Schale festgewachsene Auster ist im frühesten Zustand zweimuskelig und gleichklappig wie eine heterodonte Muschel. Man wird annehmen, daß hier die überkommene stammesgeschichtliche Erblichkeit mitspricht, denn sonst könnte die Brut nach Durchlaufen des schalenlosen Larvenstadiums sich ja sofort festkleben und die einmuskelige Schale bilden. Das macht es wahrscheinlich, daß das Tier mit der neuen Lebensweise, also mit dem Festheften warten muß, bis die genotypisch fixierte Formbildung abgelaufen ist; dann erst kann zur sitzenden Lebensweise übergegangen werden. Solange das nicht der Fall ist, funktioniert und lebt das Tier eben der zweimuskeligen freien Schale gemäß. Hier bestimmt demnach die Form die Funktion. Aber indem die Auster im freien zweimuskeligen Zustande so lebt, wie es der Schale entspricht, erscheint umgekehrt diese Schale auch zugleich als Anpassung an diese Lebensweise, also — je nachdem man es betrachtet — auch als Folge dieser Lebensweise, obwohl sie auch ihre Ursache ist oder sein kann. Solange der Protokonch frei lebt, ist die Zweimuskeligkeit die günstigere Form, und so steht hier die erblich bedingte Ontogenie in voller Harmonie mit den Erfordernissen der Umwelt. Vertritt man aber die Meinung, daß auch die ontogenetischen Formzustände freilebender Tiere zustandekommen durch Anpassung an die Erfordernisse der Umwelt, auf die natürlich ein junges Tier ebensogut eingestellt sein muß, wie ein erwachsenes, dann ist die Zweimuskeligkeit der jungen Austern nicht Abbild und Erbschaft aus der Stammesgeschichte, sondern eine rein biologische Anpassung, so gut wie es das erwachsene Formstadium mit seiner Einmuskeligkeit und Festheftung ist. Steht man aber auf dem Standpunkt, daß die Ontogenie autonom verläuft, ohne biologische Anpassung, dann ist die zweimuskelige junge Auster eine Formbildung, welche a priori auf eine ganz bestimmte Lebensweise eingestellt ist, die dem Protokonch zukommt — und dann läge hier, wie schon gesagt, ein klarer Fall primärer Formbildung in bezug auf eine bestimmte Lebensweise vor. Jedenfalls ist also durch die äußere Betrachtung gar nicht feststellbar, was hier Ursache und was Wirkung ist, wohl aber erkennt man, daß beide Seiten der Sache — nämlich Umwelt und Anpassung — in einer apriorischen Harmonie miteinander stehen können.

Gelegentlich wird auch der Erwerb einer für einen bestimmten Zweck entstandenen Nutzanpassung unmittelbar zum Anlaß, daß nicht nur dieser eine, sozusagen beabsichtigte Zweck erfüllt wird, sondern daß die neue Einrichtung sich zufällig auch als brauchbar, ja günstig für das Dasein in anderen Lebensräumen und -verhältnissen erweist und daß infolgedessen mit ihr der Weg für eine ganz neue Entwicklung der betreffenden Tierform erschlossen ist. So war der Krebspanzer ursprünglich zweifellos eine einfache Schutzanpassung gegen Feinde, also etwa gegen Kephalopoden. Die Krebse waren ursprünglich Meeresbewohner und auf das Leben in diesem Element eingestellt. Nachdem jedoch der Panzer erworben war, war damit zugleich die Grundlage gegeben[1]), daß sich die Arthropoden an das Leben in der trockenen Luft anpaßten, also Landbewohner wurden. Denn der Panzer bildete nicht nur einen Schutz gegen feindliche Angriffe, sondern war zugleich auch von selbst eine

---

1) Hesse, R. u. Doflein, F., Tierbau und Tierleben. Bd. I, Leipzig und Berlin 1910, S. 129.

Hülle, welche den weichen, zuvor auf das Wasserleben eingestellten Körper vor Verdunstung seines Flüssigkeitsgehaltes in der Luft schützen konnte. So waren damit den Krebsen neue Lebensgebiete erschlossen, in denen sie lange Erdperioden hindurch fast ohne Konkurrenten und Feinde aus anderen Tierkreisen blieben. In bezug auf die Anpassung an das Landleben ging daher die Bildung des Panzers der Funktion als Trockenschutz entschieden voraus.

Bis hierher ist das Ergebnis unserer Untersuchung, oder sagen wir bescheidener: der Tatsachenbefund der, daß wir in keinem Falle wissen, ob die Organbildung das Primäre ist oder die Funktion, d. i. die Bemühung in der Richtung auf geeignete Verwendung des Organs. Wenn es anders wäre, würde nicht ein Forscher dem anderen in dieser Frage stets diametral widersprechen. Es ist also immer noch die Hauptfrage der Biologie, die hier unbeantwortet vor uns liegt: Wie entsteht eine biologisch zweckmäßige Form? Wie kommt der Organismus, die Art, die Gattung dazu, eine solche Form als nützliche Reaktion auf die Erfordernisse des Daseins auszubilden?

Bleiben wir noch einen Augenblick beim einfachsten Fall, dem, daß ein Organ durch Übung vervollkommnet wird. Das ist uns immerhin bis zu einem gewissen Grade begreiflich und durch Tatsachen auch erhärtet. Von Übung und Anstrengung kann aber nur die Rede sein bei Organen und Körperformen, welche der Willkür, dem Wollen des Individuums unterworfen sind. Wie ist es aber mit den Organen, Geweben und physiologischen Funktionen, auf die der Wille des Individuums keinen Einfluß hat? Auch sie werden umgebildet, entweder primär oder korrelativ. Wie geht das zu? Hier arbeitet die Natur selbstverständlich ohne irgendwelche bewußten Anstrengungen des Individuums, also genau wie in der Einzelontogenie orthogenetisch, da Selektion, wie das Nautilusbeispiel lehrte, nicht in Betracht kommt.

Hier haben wir dieselbe Unterscheidung, welche PLATE zwischen aktiver und passiver Anpassung macht. Aktiv nennt er solche Anpassungen, deren Nutzen auf den Lebenserscheinungen, also auf der Aktivität des betr. Organes oder Gewebes, wie bei Muskeln, Drüsen, Nerven, Sinnesorganen, beruht, so daß man annehmen kann, daß bei ihnen die Form eine Folge der Funktion ist oder sich wenigstens in engster Abhängigkeit von ihr ausgebildet hat, wobei selbstverständlich eine Vererbung der Gebrauchswirkungen angenommen werden muß. Passive Anpassungen hingegen sind ihm solche, welche nur durch ihre Gegenwart nützen oder bei Anwesenheit von Muskeln doch so eigenartig gebraucht werden, daß sie weder durch Gebrauch und Übung hervorgerufen, noch durch sie verbessert sein können. Man kann also bei ihnen nicht die Funktion als das Primäre, die Form des Organs oder seine sonstigen Qualitäten als das Sekundäre ansehen. Unter ihnen zählt

Plate auf u. a. die biologische Anpassung durch Farbe, Zeichnung und Formbildungen zu mimetischen Zwecken. Diesen gegenüber haben also die „Muskeln" des Individuums — wir würden sagen die Anstrengung — keinen gestaltenden Einfluß.

Wenn durch starke Inanspruchnahme ein Muskelgebilde in einer Muschel sich verstärkt, etwa weil die Muschel durch das Einwandern in bewegteres oder wärmeres Wasser dickschaliger wird, so wird hier die Form gleichzeitig mit der Funktion. Schwieriger ist die Sache schon zu durchschauen, wenn Muschelschalen etwa wegen erhöhter äußerer Gefährdung durch Feinde allmählich aus ihren sonst kaum als Rauhigkeiten der Oberfläche bemerkbaren Anwachsstreifen nun Stacheln entwickeln. Hier kann der Stachel erst als Schutz funktionieren, wenn er da ist. Trotzdem ist er nicht zufällig entstanden, sondern eine ganz bestimmte, von der Natur gewollte Nutzanpassung an die Gefahr. Diese Gefahr empfindet das Tier, das Einzelindividuum erst, wenn es ihr erliegt, wenn also sein Organismus gar nicht mehr mit Stachelbildung reagieren kann. Diese Gefahr muß daher der Gesamtheit der Individuen, ehe sie geboren werden, also etwa der „Gruppenseele", zum Bewußtsein gekommen oder gefühlt worden sein, worauf sie entsprechend vorsorgte — was in dieser Ausdrucksweise zwar nur ein Bild sein kann, was aber — da überhaupt hiervon nur in Symbolen gesprochen werden kann oder überhaupt nicht — deutlich auf die metaphysische Seite der Frage hinweist, wo man, nicht mehr im naiven Realismus befangen, die „Art" nicht als systematische Abstraktion aus den Individuen ansieht, sondern als eine überindividuelle, sehr reale Potenz höherer Ordnung. Darüber wird im folgenden Kapitel noch eingehend zu sprechen sein.

Die Frage, ob zuerst die Form, dann die Funktion sei oder umgekehrt, erhält, wie wir sehen, keineswegs eine einheitliche und eindeutige Antwort, sondern es zeigt sich, daß abwechselnd beides der Fall ist. Bald erscheint eine Form und funktioniert, bald aber beginnt eine schon vorhandene und anderen Zwecken bisher dienende Form in neuartiger Weise zu funktionieren und bildet sich danach erst um. Wenn Mutationen als neue Formen und äußerlich diskontinuierlich in Erscheinung treten, so ist das ein unmittelbarer Beweis dafür, daß die neue Form wird und dann erst funktioniert. Vollends wenn geologische Mutationen mit großem morphologischem Sprung von ihrer Mutterart abspalten, ist auch hier zuerst die Form, dann die Funktion. Wenn aber etwa an vorhandenen Molluskenschalen sich in individueller Variation oder in allmählicher Umbildung auf einer zuerst glatten oder wenig rauhen Schale Rippen oder Stacheln bilden, die einem erhöhten Schutzbedürfnis nach außen dienen, so gestaltet sich hier die Form ganz im Zusammenhang mit der Funktion, keines ist die Ursache des anderen, sondern beides stellt sich miteinander ein. Entsteht aber ein neuer Typus, dann ist unbedingt die Form vor der Funktion, zumal überhaupt jede Neuentstehung auf dem Weg individueller Ontogenese verlaufen muß, von der wir ja sahen, daß in ihr immer die Form vor der Funktion wird.

Es werden uns bisher die Anpassungen und Umbildungen so weit verständlich, daß wir die aktiven durch den Begriff des Gebräuches, die passiven allenfalls noch durch die Korrelation der Organe theoretisch erklären können, ohne daß dies jedoch eine den Sinn der Dinge erschöpfende Erklärung wäre. Denn auch „Korrelation" ist nur ein anderes Wort, eine Umschreibung für das Zentralrätsel.

Diese Begriffe genügen auch nicht mehr, wenn wir nach der Entstehung neuartiger Organe fragen. Ganz neuartige Organbildungen erfordern aber und treten jeweils nur auf in ebenso neuartigen Kombinationen und Ausgestaltungen der Grundanlage der Organismen, also als neue Grundtypen; nicht innerhalb eines gegebenen Typus durch allmähliche Umformung und Akkomodation, auch nicht durch Korrelationen innerhalb vorhandener Formen, sondern im Erscheinen neuartiger Tiertypen überhaupt treten neuartige Organbildungen auf. Der Trilobit ist ein neuer Typ gegenüber dem Seeigel, dieser gegenüber der Muschel und der Koralle. Jeder derartige Typus bedeutet in sich einen neuen Grundplan, eine neue Grundanlage und Grundkombination von Organen, nicht eine Abwandlung bisher vorhandener; und jeder Typus versteht sich biologisch auch nur aus sich selbst, nicht als Modifikation eines anderen. Hier also mußte, wie in der Ontogenie, die Form vor aller Funktion sozusagen von der schaffenden Natur konzipiert sein. Wir werden im folgenden Abschnitt das eingehender begründen und auch bei der Abstammungslehre auf diese prinzipiell wichtige Tatsache wieder zurückkommen. Fragt man aber, was das Typenhafte ist, so kann man das nur umschreiben. Denn das Wesenhafte ist nicht auf diskursivem, sondern nur auf intuitivem Wege erfaßbar. Wir stellen uns die Arten eines Typus in Reihen oder sternförmig oder sonstwie räumlich oder zeitlich angeordnet vor; wir ermitteln Formenreihen vom angeblich Unentwickelteren zum Entwickelteren und vielleicht auch durch eine Zeitfolge sich hinziehende Stammreihen. Der Typus ist nun nicht die einfache gedankliche Abstraktion aus der Vielheit jener konkreten Arterscheinungen, sondern ihr innerer Zusammenhang und somit selbst eine Realität höheren Grades, welche in jedem einzelnen, also auch schon im frühesten Artvertreter, in vollem Umfang wirklich und wirksam ist und ebenso bestünde, wenn auch alle nachkommenden Arten gar nicht zur Auswicklung gekommen wären. Das ist der Sinn des aristotelischen Begriffes der Entelechie. Der Typus ist — man kann nur übertragen sprechen — das lebendig wirksame Urbild aller Gestaltung, nicht bloß die abstrakte Idee aller zu ihm gehörigen wirklichen oder möglichen Arten. Er ist das Ursprüngliche im unzeitlichen Sinn und das Wesenhafte in allen zugehörigen Bildungen.

Wie in der Erkenntniskritik dort erst die Vertiefung eintritt, wo man vom naiven Realismus der äußeren raumzeitlichen Anschauung zu der verinnerlichten, Wesenhaftes erstrebenden Fragestellung übergeht, so ist es auch mit der Erforschung der Organismen, wenn wir uns von dem Äußeren, dem im weitesten Sinn Phänotypischen, zu dem innerlich Typenhaften wenden. Goethes Metamorphosenlehre, die nichts weniger als eine Deszendenzlehre ist, wird noch ihre Zukunft haben.

Es ist unmöglich, sich eine naturwissenschaftlich befriedigende, d. h. der mechanistischen Formel genügende Vorstellung vom Ablauf der organischen Gestaltung zu machen. Was heißt es z. B., wenn Ryder[1]) in einer Abhandlung über die Korrelation zwischen Volumen und Oberfläche der Organismen zu dem Resultate gelangt, daß die physiologische Funktion einer Zelle zugleich die Funktion ihres morphologischen Charakters sei und daß sich die Zellen infolgedessen durch Übung, Ausleben, Steigerung ihrer Funktion zu erweitern trachten? Es ist eine Formel, in die erst der anschauliche Inhalt zu gießen wäre. Eben dieses sein „tend to elongate" ist das alte Rätsel. Man kann in die Zelle oder in den Organismus noch soviel Struktur und Stoffverbindungen und Gene und Molekülgruppen und Gitter hineinlegen oder sie herauslesen: stets werden das Umschreibungen, Formeln sein für das, was wir möchten sehen und wissen und anschaulich erleben, aber doch nur umschreiben und symbolisieren können. Letzten Endes liegt die Erklärung im Ergreifen der inneren zeitlosen Einheit, wo der Begriff Ursache und Folge im zeitlichen Sinn nicht mehr dem wirklichen Zusammenhang des Geschehens entspricht. Das linienhafte, zerlegende Denken und Vorstellen erschöpft nicht diesen inneren Zusammenhang des Organischen, nicht das Wesen des Lebendigen. Hier läßt sich ein Tieferdringen der Erkenntnis erst nach langer harter Forscherarbeit von der intuitiven Erfassung des organischen Wesens erwarten.

4. Zweckmäßigkeit, idealer Anpassungstypus und Organisationshöhe

Wir haben bisher mit einem Begriff operiert, welcher noch einer genaueren Erläuterung bedarf, d. i. die Zweckmäßigkeit der Organismen. Vielleicht ist um keinen Ausdruck in der organischen Naturwissenschaft — auch unter Beteiligung der Philosophen — so viel und so heftig gestritten worden, wie um diesen; enthält er doch geradezu das Problem der lebendigen Bildung an sich.

---

1) Ryder, J. A., The correlations of the volumes and surfaces of organisms. Contrib. Zoolog. Laborat. Univers. of Pennsylvania, Vol. I, 1893.

Wenn wir organische Formen und ihre Abwandlungen nicht nur beschreiben, sondern verstehen wollen, müssen wir uns klar werden über die Bedeutung, welche jeder Teil, jedes Organ für die Existenz und Lebensweise seines Besitzers hat; wir müssen ferner genau den Mechanismus und die Funktion jedes Gebildes, jeder Form kennen. Erst wenn wir das hätten und verstünden, wie das Ganze sinnvoll zusammenklingt, wäre es möglich, den Organismus eben als solchen zu begreifen und zu beschreiben. Alle andere Art von Beschreibung ist kein Begreifen im eigentlichen Sinn, sondern nur ein Registrieren und bestenfalls geläuterte Statistik. „Bedeutung" eines Organs ist aber nur ein anderer Ausdruck für „Zweck"; und „Zweckmäßigkeit", also geordnete und angemessene Funktion, ist das Wesentliche, das eigentliche Kennzeichen eines Organismus. Im Organischen treffen die Eigenschaften nicht zufällig — nicht blind zusammengewürfelt oder konglomeratartig — zusammen, sondern abgestimmt, organisiert, „organisch". Wenn im Organischen etwas unzweckmäßig ist, was gar oft vorkommt, so stört uns das, wir finden es nicht in Ordnung, wir finden den Organismus krank oder fehlerhaft angelegt. Gerade das ist aber ein Beweis, daß „organisiert" und „zweckmäßig" oder „funktionsfähig für die Umwelt" identische Begriffe sind. Auch wenn die Zweckmäßigkeit nur auf psychische Ziele sich erstreckt, ist sie Zweckmäßigkeit, wenn sie z. B. ästhetische oder psychisch erregende Wirkungen hat, wie etwa das Gewand des männlichen Paradiesvogels.

Darwin hat uns gelehrt, daß dieses Prachtkleid zur sexuellen Reizung des Weibchens dient und darin seine biologische Bedeutung, seinen Zweck hat. Diese Eigenschaft wirkt nicht aktiv, sondern passiv auf die sensible Konstitution des Weibchens ein und löst lediglich durch dessen Auge und Gehirn hindurch die betreffenden Reflexe aus. Die Zweckmäßigkeit der Einrichtung hat mithin hier einen doppelten Charakter: nicht nur ist sie eine Anpassung des Männchens, also ihres Trägers, sondern mit ihr korrespondiert auch eine funktionelle Anpassung des Weibchens. Die Anpassung ist also auf zwei verschiedene Organismen jeweils verteilt, und nur diese beiden Hälften zusammen bedeuten die ganze Anpassung; jede Hälfte ohne die andere wäre zwecklos und daher überhaupt keine Anpassung, sondern ein überflüssiges Naturspiel. Dadurch wird der Begriff der Zweckanpassung in seinem Wesen besonders klar und hebt sich deutlich von den zufälligen Bildungen ab — zufällig in bezug auf die biologische Bedeutung für den Organismus.

Dürfen wir nun in der Natur überhaupt von Zwecken reden? Ist das nicht ein Hineintragen subjektiv menschlicher Vorstellungen? Viele Forscher vertreten diesen Standpunkt. Wenn wir allerdings meinen, die Natur schaffe mit zwecksetzendem Verstand, nehme sich ein Ziel vor wie ein denkender und wollender Mensch und verwirkliche das, wie ein Baumeister bauend, dann ist das allerdings ein für die Naturforschung unannehmbarer, methodisch verfehlter Anthropomorphismus. Wir dürfen mit der menschlichen Zwecksetzung nicht das Geschehen in der Natur verwechseln, wo es für den Forscher zunächst nur physikalische, chemische und physiologische Veränderungen gibt und wo zweckmäßige Anpassungen ihm nichts anderes sein dürfen als ein Ausdruck für die mechanische und physiologische Harmonie zwischen der Funktion des Körpers und den Bedingungen der Umwelt. Dann aber kommt als zweites hinzu, was wir schon einigemal als Kardinalfrage der organischen Naturwissenschaft bezeichnet haben: die Frage, wie diese Harmonie zustande kommt — nicht in ihrem mechanischen und physiologischen Ablauf, sondern in jenem inneren Zusammenhang, vermöge dessen ohne bewußte zwecksetzende und Zwecke erfüllende Vernunft dennoch ausgesprochen zweckmäßig erscheinende Gebilde, eben Organismen, zustande kommen. Nun ist aber auch der menschliche Verstand selbst ein solches Zweckmäßigkeitsprodukt der schaffenden Natur. Als solcher ist er, wenn auch eine einseitig spezialisierte und daher das Ganze nicht erfassende Bildung, so doch ein Hinweis darauf, daß auch seine Eigentümlichkeiten im Wesen der organischen Natur mit enthalten sein müssen. Auch er muß als ausgesprochene Zweckbildung, als biologische Anpassung aufgefaßt und ebenso erklärt werden wie die sonstigen physischen und psychischen Zweckbildungen der übrigen organischen Welt; jedoch auch umgekehrt. Denn auch in diesen muß ein dem menschlichen Zweckverstand irgendwie Verwandtes stecken, wenn anders der Mensch auch ein Naturwesen wie alle anderen ist. Und daran zweifelt die Naturforschung vorerst nicht.

Ich stimme also vollständig mit PLATE[1]) überein, wenn er an der im vorigen Abschnitt bezeichneten Stelle gegenüber den Forschern, welche den Begriff der biologischen Zweckmäßigkeit gar nicht als eine naturwissenschaftliche Frage angesehen wissen wollen, sagt: „Wer in dieser Weise die Zweckmäßigkeit der Organismen als Forschungsproblem nicht anerkennt, engt die Biologie willkürlich ein, denn diese hat alle Beziehungen der Organismen zu untersuchen und zu erklären, und dabei muß eine ihrer Hauptaufgaben sein, die gewaltigen Unterschiede zu analysieren und kausal zu erklären, welche zwischen unbelebten und belebten Körpern bestehen. Alles Leben ist an Protoplasma gebunden, und diese wunderbare Substanz hat zwei Eigenschaften, durch welche sie sich stets von toter Materie unterscheidet: sie empfindet und ist reizbar, besitzt also eine psychische Komponente, welche freilich in ihrem eigentlichen Wesen uns völlig unklar ist, und welche wir nur erschließen aus der Ähnlichkeit mit unserer eigenen Beseelung, und sie hat die Fähigkeit der Selbsterhaltung durch zweckmäßige Strukturen und Reak-

---

1) PLATE, L., Selektionsprinzip und Probleme der Artbildung. Leipzig u. Berlin 1913, S. 33—35.

tionen. Psyche und Selbsterhaltungsfähigkeit umschließen das Geheimnis des Lebens und bilden die Hauptschranke zwischen der organischen und anorganischen Welt. Die Selbsterhaltungsfähigkeit beruht auf den zweckmäßigen Einrichtungen und Reaktionen, welche als Anpassungen oder Ökologismen zusammengefaßt werden. Es ist also klar, daß der Biologe nie den ökologistischen Gesichtspunkt aus dem Auge verlieren darf, da er sich stets Rechenschaft davon ablegen muß, ob ein Organ, eine Struktur oder ein organischer Prozeß für das Leben des Organismus von Bedeutung ist oder nicht. Sobald der Naturforscher den Zweck eines Organs erkannt hat, fühlt er sich befriedigt, denn eine solche Erkenntnis hat einen erklärenden Charakter. Wenn wir ein Gebilde als ein Auge erkannt haben, verstehen wir z. B. die Anordnung seiner Teile. Leben heißt, die Fähigkeit besitzen, auf die Einflüsse der Umgebung zweckmäßig zu reagieren, und wenngleich diese Gabe stets nur relativ ist, so stellt sie doch das Monopol der Lebewesen dar".

Objektiv und empirisch können wir also von den Dingen in der organischen Natur ganz allgemein sagen, daß sie eine bestimmte Bedeutung und somit einen Zweck haben. Die Meinungen gehen erst dort auseinander, wo über das Zustandekommen der zweckmäßigen Gebilde eine Vorstellung gewonnen, etwas ausgesagt werden soll.

Eben das Zweckmäßige in der organischen Natur zu erklären, ist das Ziel sowohl des Darwinismus, wie des Lamarckismus, jener zwei Deszendenztheorien, welche selbst und in ihren verschiedenen Abwandlungen bisher die Pole der Forschung gebildet haben. Und unter diesem Gesichtspunkt steht überhaupt jede verständliche Beschreibung eines organischen Naturgebildes.

Wenn wir die belebte Natur beschreiben und in eine gewisse systematische Ordnung bringen wollen, können und müssen wir zweierlei Gedankenoperationen machen: wir sehen die Formen an einerseits auf ihre typenhafte Verschiedenheit und andererseits auf ihr formales Ineinanderüberfließen. Die typenhafte Verschiedenheit leuchtet uns aus der Vielheit der realen Gestaltungen unmittelbar hervor und wir bilden für sie Begriffe wie „der Baum", „der Ammonit", „der Krebs". Jeder Typus realisiert eine Idee, welche uns an und für sich biologisch nicht verständlich ist, sondern es erst dadurch wird, daß wir ihre einzelnen konkreten Abwandlungen biologisch begreifen und miteinander vergleichen. Dieser Vergleich liefert uns die Kriterien, wonach wir die eine Form innerhalb eines Typus für biologisch besser angepaßt, spezialisierter oder höher organisiert ansprechen können als die andere. Nur innerhalb von gegebenen Typen zwischen den einzelnen Abwandlungen sind daher biologisch begründbare Werturteile über den Grad der Anpassung und über die Organisationshöhe möglich, dagegen nicht über die Typen

selbst. Denn eine Amöbe oder ein Foraminifer ist biologisch nicht
weniger angepaßt an die ihm nach seiner Grundorganisation notwendigerweise zukommende Lebensweise als ein Krebs oder ein Landsäugetier.
Durch das Erscheinen des Echinodermen oder des Krebses wurde eine
bestimmte Lebensweise sozusagen erst inauguriert. Woher ein Typus
kam und wie er sich zum erstenmal entwickelte, ist eine andere Frage
und in keinem Fall auch nur annähernd nachgewiesen. Wenn er zum
erstenmal erscheint, ist er fertig da, und zwar erscheint er als eine in
irgendeiner Richtung schon spezialisierte Form, meistens mit mehreren
Arten. Nun beginnt gewöhnlich eine „Entwicklung" in einer oder
mehreren Richtungen, und diese Entwicklung wird nur erkennbar und
verständlich als biologische Anpassung der Organe und der Gesamtkörperform an bestimmte, von der Außenwelt erforderte Notwendigkeiten.

Hierbei erst befinden wir uns den organischen Formen gegenüber
in jenem Erkenntnisstadium, wo wir Werturteile über die Höhe und den
Grad der Entwicklung und über die Zweckmäßigkeit einer Form aussprechen können. Aber die Typen an und für sich können wir so nicht
beurteilen, den Krebs so nicht mit dem Säugetier, den Fisch nicht mit
der Amöbe wertvergleichen. Jeder Typus ist in seiner Art — übertragen ausgedrückt — eine Idee, ein Plan für sich und weder besser,
noch schlechter als ein anderer Typus; sondern jeder ist biologisch in
sich und an sich gleich zweckentsprechend.

Für das Gesagte einige Beispiele. Das Foraminifer lebt als Sarkode-
tier schwebend oder am Boden und auf Gegenständen sitzend im Meerwasser. Es nimmt mittels seiner Sarkode unmittelbar Nahrungskörper
auf, verdaut sie und stößt sie ebenso unmittelbar wieder aus. Es ist
einzellig und stets von geringer Größe, die selbst dort, wo es zum Nummuliten wird, eine gewisse beschränkte Größe nicht überschreitet. So wie
dieser Protozoentypus grundsätzlich gebaut ist und lebt, ist er in seiner
Weise vollkommen. Denn dieser Grundplan seines Baues und seiner
Organisation ist nicht von außen her biologisch bestimmt und etwa durch
äußere Einflüsse erbaut, sondern er ist autonom da, und erst die Abwandlungen in konkreten Arten und Individuen sind den äußeren
Bedingungen gemäß biologisch modifiziert als gegenständliche Abwandlungen des idealen Grundtypus, der „Urform" — dieses Wort nicht im
stammesgeschichtlichen, sondern im idealistischen Sinne gemeint.

Das Foraminifer ist für das, was es seiner Grundorganisation nach
ist und wie es danach zu leben gezwungen ist, also für seine Lebensweise ebenso vollendet organisiert, wie der Fisch für die seine. Greift
man aber eine einzelne Eigenschaft heraus, etwa die Schnelligkeit der
Fortbewegung, und bewertet man danach die Organisationshöhe des Fora-
minifers und des Fisches, dann begeht man den Fehler, etwas dem einen
Typus Fremdes, etwas nicht in seiner Organisation, nicht in seiner „Ab-

sicht" Gelegenes heranzuziehen. Denn das Foraminifer ist nicht auf die Ortsbewegung im Sinne des Fisches gebaut, so wenig wie der Fisch für das Kriechen am Boden, wenn es auch als extreme Abwandlung einmal kriechende Fische geben sollte.

Ebenso hat es keinen Sinn, die Muschel mit dem Trilobit zu vergleichen in der Weise, daß man die Muschel biologisch vollkommener oder unvollkommener erklärt als den Trilobit. Denn jedem dieser Typen liegt ein eigenartiger biologischer Bauplan zugrunde, und was der Trilobit lebt und tut, soll die Muschel nicht leben und tun. Aber innerhalb des Trilobitentypus ist jene Art im Hinblick auf Schutzanpassung gegen Feinde die vollkommenere, besser organisierte, welche sich vollkommener einrollen kann, also der sich wie ein Igel zusammenrollende Phacops in diesem Punkte höher entwickelt als etwa Deiphon, der sich nicht zusammenrollt; dagegen ist der mit Schwebestacheln versehene Acidaspis ein vollkommeneres Schwebetier als der stachellose Phacops. Die Muschel aber hat den vollkommensten Schutz, wenn sie eine völlig schließende, nicht zu dünne Schale und ein exakt schließendes Schloß besitzt, und in diesem Sinne ist die Venusmuschel vollendeter, höher entwickelt als etwa eine dünnschalige, schloßlose klaffende Desmodonte; dafür ist diese besser an das Leben im Schlammboden angepaßt als jene, jede also in ihrer Art höher organisiert als die andere. Es wäre aber sinnlos, die Venusmuschel entwickelter als den Trilobitenkrebs Phacops oder diesen entwickelter als jene zu nennen. Denn Muschel und Trilobit wollen sozusagen etwas Grundverschiedenes in der Natur sein, und was der eine nicht kann und leistet, kann der andere, und umgekehrt.

Sobald wir uns dagegen innerhalb der Grenzen eines Typus begeben und hier die Frage stellen: welche Foraminiferenart schwebt am besten? welche bewegt sich als Foraminifere am raschesten fort? welche widersteht als Foraminifere der Brandung am besten? u. dgl., dann bekommen wir sinngemäße Vergleiche und Urteile über die Zweckmäßigkeit und Vollkommenheit der einen Art gegenüber der anderen und können durch Aneinanderreihung aller möglichen, eine bestimmte biologische Anpassung in verschiedenen Vollkommenheitsgraden repräsentierender Arten nun auch eine Formenreihe, eine „Entwicklungsreihe" vor Augen führen, was wir von Typus zu Typus niemals können.

Wenn aber ein Typus so gebaut und eingerichtet ist, daß er nicht nur auf eine mehr oder minder eng begrenzte Lebensweise eingestellt ist, sondern sich mit seiner Organisation in allen möglichen Umständen zurecht findet, also in einer Summe von Merkmalen so beschaffen ist, daß er gegenüber verschiedenen anderen Typen als vielseitig begünstigt erscheint, dann kann er auch im ganzen als ein „höherer" Typus angesehen werden, wie dies für die Säugetiere ganz besonders zutrifft. Wir nennen sie daher mit Recht die höchststehenden Organismen, auch wenn im einzelnen etwa eine Koralle für die Sessilität oder ein Fisch für das Schwimmen viel günstiger ausgestattet ist.

Es wäre ein biologischer Nachteil, wenn ein Organismus so indifferent entwickelt wäre, daß er auf keine spezielle Lebensweise eingestellt, überhaupt nicht spezialisiert wäre; doch das kann es in der Natur nicht geben und gab es nie. Die lebensunwahren Grundformen oder Urtypen oder Embryonaltypen der älteren Deszendenzliteratur haben nie existiert und hätten auch nicht existieren können. Eine gewisse Spezialisation ist also jeder Tierform, jedem Typus eigen. Hält sich diese in so engen Grenzen, daß gleichzeitig auch andere, viele andere Spezialisationen noch vollständig zu ihrem Recht kommen, dann ist eine Form wohlentwickelt und zugleich auch hochentwickelt. Bei ihr besteht eine harmonische Beziehung zwischen den zu einer freien und vielseitigen Lebensweise notwendigen Organen und Funktionen, eine abgeglichene, nicht einseitige Korrelation zwischen Körperform, Organen und physiologischen Eigenschaften einerseits, äußeren Lebensbedingungen andererseits. Gerade dieses geht aber dem einseitig spezialisierten Typus ab, z. B. den Korallen; bei den Parasiten wird meistens um einer einzigen Funktion willen alles andere geopfert. Solche Formen sind so einseitig entwickelt, daß bei ihnen auch nur von einer ganz einseitigen Lebensweise die Rede sein kann, so daß sie in der empfindlichsten Weise abhängig sind von den wenigen Bedingungen, auf die hin sie gerade spezialisiert sind. Ändern sich diese, so sind sie dem Untergang verfallen, sowohl individuell, wie als Art oder Stamm. Darum nennen wir die Parasiten rückgebildet, auch degeneriert, in dieser Hinsicht sind auch die festgewachsenen Tiere recht einseitig entwickelt, und es ist daher bezeichnend, daß die wirklich vielseitigsten und harmonischsten Typen, die Wirbeltiere, besonders die höheren Wirbeltiere, niemals parasitäre festgewachsene Formen hervorgebracht haben, wohl aber alle niederen Gruppen.

Jeder Typus hat also gewisse Spezialisationen an sich, aber die höchststehenden Tiere sind die, welche so organisiert sind, daß sie mit ein und derselben Organisation vielen Bedingungen des Lebens und der Umwelt gerecht werden, somit weniger extreme, starre Formbildungen zeigen als vielmehr Formbildungen, die eine mehrseitige Einstellung und Verwendung erlauben, ohne deswegen morphologisch und physiologisch charakterlos zu sein. Kommt dann noch, wie beim Menschen, die Eigenschaft besonderer Intelligenz dazu, mit der er sogar seine Umgebung, so wie es ihm nützlich ist, verändern kann, so ist dies ein so großer Gewinn, daß ihm die fehlende körperliche Anpassung an vieles ersetzt wird und daß er auch mit seinen teilweise wenig angepaßten Organen andere Bewerber im selben Lebensraume überflügelt, trotzdem diese vielleicht in mancher Hinsicht besser angepaßt waren, z. B. die Pelztiere an die Kälte. Gerade bei dem, was der Mensch körperlich und

geistig ist, läßt sich besonders klar dartun, wie zum Begriff des Hoch-
entwickeltseins nicht die Festlegung auf bestimmte Lebensverhältnisse,
sondern eine gewisse Neutralität der Form und der Eigenschaften gehört.
Mit Selbstverständlichkeit nennen wir daher den Menschen das höchst-
entwickelte Geschöpf, trotzdem ein Fisch unendlich viel besser an das
Schwimmen und ein Insekt besser an das Fliegen angepaßt ist.

Zu einer günstigen Allgemeinorganisation gehört auch eine der Vielheit der Lebensbedingungen möglichst allgemein entsprechende Körpergröße. Ganz kleine Formen, wie die Einzeller, werden wehrlos gegen
mechanische Bewegungseinflüsse und können nur an Orten existieren,
wo trotz der sie treffenden Forttransportierung ihr Medium sich überall
gleichbleibt; meistens leben sie millionenweise, wodurch die Natur die
hohe individuelle Sterblichkeitsziffer zur Rettung der Art ausgleicht.
Sehr große Formen, Riesen, können ebenfalls als zu einseitig spezialisiert
gelten. Sie sind schwer beweglich, wenn es Landtiere sind, während sie
im tragenden Wasser als Walfische und Riesenhaie weit beweglicher sind
und sich viel leichter ernähren. Aber auf dem Lande zeigt sich erst,
wie ungünstig die übermäßige Körpergröße wirkt, wenn sich im geringen
Umfange die Lebensbedingungen ändern, etwa ein neuer Feind auftritt,
dessen Erscheinen eine gewisse Beweglichkeit und Gewandtheit oder ein
rascheres Verkriechen von ihnen verlangen würde.

Andererseits ist es gar kein Zweifel, daß selbst einseitige Spezialisation gelegentlich gerade besonders günstig für die Erhaltung des Typus
sein kann; das sind aber doch, wie die erdgeschichtliche Reihe der Lebewesen lehrt, Ausnahmen, welche sich als ganz spezielle Fälle erklären
lassen. So ist der Lungenfisch infolge seiner doppelten Atemfähigkeit
— durch Kiemen im Wasser und durch die zur Lunge umgearbeitete
Schwimmblase im Trockenen — ein seit dem Devon lebender Typ, wohl
deshalb, weil gerade mit dieser einen einzigen Spezialisation, die er sich
erwarb und zu der die Fähigkeit des Dauerschlafes kommt, eine Schwelle
überschritten wurde, jenseits deren sich für die alte eingewurzelte Organisation nun keine Lebenshemmungen mehr ergaben. Ähnlich mag es auch
mit der primitiven, seit dem Kambrium bestehenden Form des Brachiopoden
Lingula sein, dessen an sich einfache unverzierte flache Schalengestalt
es ihm ermöglichte, mechanischen Widerständen oder Kräften auszuweichen, vor Feinden sich zu verkriechen, wozu fördernd kam, daß er
sich in den Boden gräbt, und schließlich, daß er offenbar sehr indifferent
gegen chemische Änderungen des Wassers ist; denn er konnte auch im
Süßwasser oder wenigstens in sehr süßem Wasser leben, wie sein Vorkommen im Schilfsandstein Württembergs beweist. So kann es geschehen,
daß Tiere mit an und für sich sehr hoher und einseitiger Spezialisation,
wie es die Brachiopoden zweifellos sind, wiederum durch geringe Änderungen ihrer Organe oder physiologischen Eigenschaften eine neue Eigen-

schaft hinzugewinnen, welche allein ausreicht, die Einseitigkeit der bisherigen Organisation gewissermaßen wettzumachen und so den Typus über
ein letztes Hindernis hinüberzuführen, jenseits dessen er persistent werden
kann, als ob er vollkommen angepaßt wäre an alle Bedingungen, ohne
deswegen besonders für jede spezialisiert zu sein; man denke nur auch an
die seit ältesten Zeiten persistenten Foraminiferen- und Radiolarientypen.

Wie eine derartige Organisation keineswegs als besonders hochentwickelt zu gelten braucht, sondern mehr oder weniger in einer zufällig
günstigen Kombination von Eigenschaften und Lebensbedingungen beruht,
und wie der Begriff „angepaßt" sich nicht mit dem Begriff „hochentwickelt" zu decken braucht, so darf umgekehrt auch das Einfache nicht
mit dem stammesgeschichtlich Ursprünglichen verwechselt
werden; hierauf wurde schon im I. Kapitel (S. 71) hingewiesen. Das, was
unserem Auge einfach erscheint, kann das Resultat einer tiefgründigen
Entwicklungsgeschichte sein, die eben gerade darin ihre höchste Vollendung fand, daß die zahllosen Funktionen und Anpassungen eines Typus
korrelativ einen solchen Ausgleich fanden, daß nicht ein übermäßig
komplizierter und daher allen möglichen Störungen nur allzu leicht aus-
gesetzter Organismus zustande kam, sondern ein in sich so einfach wie
möglich gebauter. Das erscheint dann, wie gesagt, unserem betrachtenden
Auge primitiv und ist seinem inneren Wesen nach nichts weniger als
das. Man könnte als Beispiel den inneren Gegensatz der Eizelle eines
höheren Tieres und die einzelligen Urformen anführen, welche bei aller
äußeren Gleichheit doch in sich voneinander so verschieden sind, daß
man jene nicht als „einfache" Bildung bezeichnen darf, auch wenn sie
unserem Auge so erscheint; worüber O. Hertwig sagt: „Nach der Deszendenztheorie sind die durch Urzeugung entstandenen einzelligen Organismen, von denen die Lebewelt ihren Ursprung genommen hat, von ein-
fachstem Bau. Die Keimzellen der Säugetiere und Vögel dagegen sind
nichts weniger als einfache Naturprodukte. Sie besitzen als Anlage eine
komplizierte Organisation und eine auf ihr beruhende prospektive Potenz,
von der es abhängt, daß aus jeder Art von Keimzelle nur ein Lebewesen
ganz bestimmter Art entstehen kann. Sie sind schon selbst die nach
allen Richtungen spezifisch bestimmten Organismen, die sich aus ihnen
entwickeln, nur im einzelligen Zustand. Eine Amöbe, eine Flagellate oder
andere derartige niedere einzellige Wesen haben kraft ihrer Organisation
keine andere prospektive Potenz, als nur wieder Einzellige der gleichen
Art hervorzubringen." [1])

Es kann auch durch einfache, aber gehäufte Metamerie unserem
Auge zuweilen eine Kompliziertheit ja Differenzierung vorgetäuscht werden,
die keineswegs der Ausdruck einer besonders hohen Entwicklungsstufe zu

---

1) Hertwig, O., Das Werden der Organismen. Jena 1916, S. 216.

sein braucht, während umgekehrt eine Bildung gleicher Natur, die einen
höheren Entwicklungsgrad darstellt, in ihren einzelnen Teilen einfacher,
sozusagen anspruchsloser auftreten kann. An diese Tatsache wird man
erinnert, wenn man der oft wiederholten Behauptung begegnet, daß der
Ammonit Pinacoceras Metternichi in der oberen alpinen Trias die kom-
plizierteste oder differenzierteste Sutur von allen Ammoniten habe (Fig. 35).
Sie erscheint nur so. In Wirklichkeit ist sie vollständig gleichmäßig, ein
Sattel gleicht dem anderen, ein Lobus dem anderen, nur drei mittlere
Loben sind aus Raumgründen zusammengepreßt, aber in ihrer Anlage
genau gleich den übrigen rechts und links. Auch alle die Spezialästchen

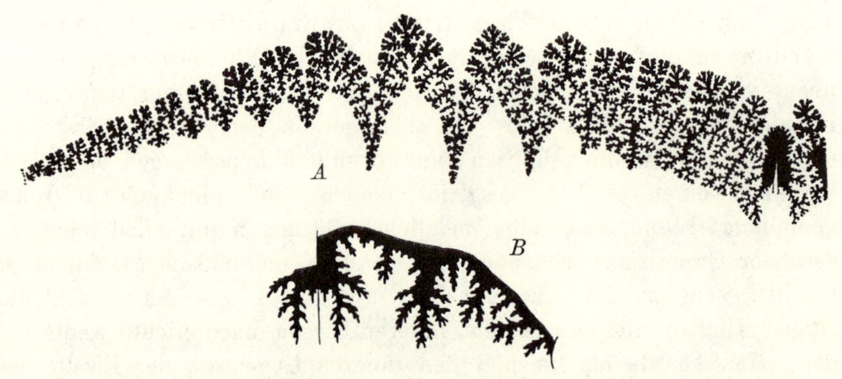

Fig. 35. *A* Suturlinie von Pinacoceras der oberen Trias. Ostalpen.
Stark zerschlitzt, aber gleichartig und undifferenziert. (Nach HAUER,
Cephal. d. Salzkammergutes 1846). $^1/_3$. *B* Suturlinie eines jurassischen
Perisphinkten, Malm, Ostafrika. Wenig zerschlitzt, aber stark
differenziert. (Aus DACQUÉ, Pal. Öster.-Ung. u. Orients, 1910.) $^1/_2$.

zerteilen sich nach demselben Schema, sie sind nur äußerst metamer.
Ganz anders die Perisphinktensutur (Fig. 35*B*), die gegenüber der obigen
einfacher erscheint. Ich habe in beistehender Figur noch mit Absicht
ein verhältnismäßig einfaches Exemplar herausgewählt, um den Gegensatz recht klar werden zu lassen. Schon allein der Gegensatz in der
Größe und im Abstand der Hauptelemente von einander zeigt die größere
Differenzierung der Perisphinktensutur an; weiter die Ungleichheit in
den beiden Hälften der ersten zwei Seitensättel; das Gegeneinander-
gekehrtsein der kleinen Nabelsättel und die hiermit in Korrelation stehende
Unterdrückung von deren Seitenästchen. Man kann also hier beim Perisphinkten zweifellos von einer fortgeschritteneren, differenzierteren Bildung reden als bei Pinacoceras, obwohl sie dem Auge wesentlich einfacher erscheint. Das erinnert an ein Wort JAEKELS, daß der tiefere
Sinn des organischen Fortschrittes nicht darin liege, daß alles
verschieden und mannigfaltig wird, sondern darin, daß jede

biologische Aufgabe am besten, nämlich auch mit den geringsten Mitteln gelöst wird.[1]) Wenn gegebene Organisationen neuen Aufgaben gerecht werden mußten, gelangten sie durch die Entwicklung erst zu einer Einfachheit in jenem Sinne; in bezug auf die neue, also spätere Anpassung konnten daher die Ausgangsstadien auch noch nicht so zweckmäßig oder einfach organisiert erscheinen.

Durch Vergleich der Vollkommenheitsgrade einer bestimmten Anpassung innerhalb eines Typus werden wir also eine höhere oder niederere Entwicklungsstufe feststellen können, wofür Beispiele genannt wurden. Durch Vergleich aller lebenden und fossilen Tierformen ist es uns aber möglich, den an und für sich geeignetsten Anpassungstypus für eine bestimmte Lebensweise überhaupt zu finden oder zu konstruieren.

Dieser ideale Anpassungstypus, wie ihn ABEL[2]) nennt, wird gewonnen aus dem Studium der verschiedenen Anpassungsarten und Anpassungsstufen an ein und dieselbe Lebensweise bei ganz verschiedenen Gruppen. „Zur Aufstellung eines einheitlichen Anpassungstypus", sagt SCHLESINGER[3]), „können wir nur in jenen Fällen gelangen, in denen verschiedene Formen aus nicht näher verwandten Stämmen dieselbe Lebensweise angenommen und im Zusammenhang mit dieser dieselben Anpassungen erreicht haben". Wenn wir beispielsweise den Ichthyosaurier und den Wal dieselbe torpedoartige Fischgestalt annehmen sehen, welche der vollendetste Schnellschwimmer unter den Wirbeltieren, der Fisch, in seinen diesbezüglich vollendetsten Gattungen besitzt (vgl. Kap. V), dann erkennen wir, daß diese Torpedogestalt (Fig. 36) jener Anpassungstypus ist, der am idealsten den Erfordernissen der betreffenden Lebensweise gerecht wird. Doch nicht ohne weiteres. Denn erst, wenn uns klar geworden ist, worin das mechanische Prinzip einer solchen Anpassung liegt, ermöglicht uns das wieder, den an und für sich besten Typus zu bezeichnen; oder — wenn er gar nicht wirklich zur vollen Entwicklung gekommen ist — ihn im Sinne einer von der Natur wenigstens schon bezeichneten Entwicklungsrichtung zu hypostasieren. Es ist also begrifflich nicht ganz richtig, wenn ABEL den idealen Anpassungstypus definiert als eine „Abstraktion aus der Summe aller Anpassungsformen an eine bestimmte Lebensweise", weil unter Umständen keine der wirklichen Arten und Anpassungsformen hierzu genügt, eine Abstraktion aus der Gesamtheit derselben also erst recht unterhalb der idealen Anpassungsgrenze bleiben müßte. Der ideale Anpassungstypus ist vielmehr ein Bild, eine Idee, die wir gewinnen aus

---

1) JAEKEL, O., Phylogenie und System der Pelmatozoen. Paläontol. Zeitschr., Bd. III, Berlin 1918, S. 13.

2) ABEL, O., Grundzüge der Paläobiologie der Wirbeltiere. Stuttgart 1907, S. 640.

3) SCHLESINGER, G., Der sagittiforme Anpassungstypus nektonischer Fische. Verh. zool.-botan. Ges., Wien 1904, S. 141.

den wirklich vorhandenen Formen und der Korrektur, die wir ihnen angedeihen lassen auf Grund unseres Verständnisses für die mechanische Bedeutung der mehr oder minder vollkommenen wirklichen Anpassungsgrade. Ist aber, wie bei der Torpedoform des typischsten Bewegungsschwimmtieres, des Fisches, ein solcher idealer Anpassungstypus wirklich praktisch erreicht, dann kann er unmittelbar auch als Abbild des idealen Anpassungstypus übernommen werden. Ist letzterer aber nicht in der Natur realisiert, dann bilden wir

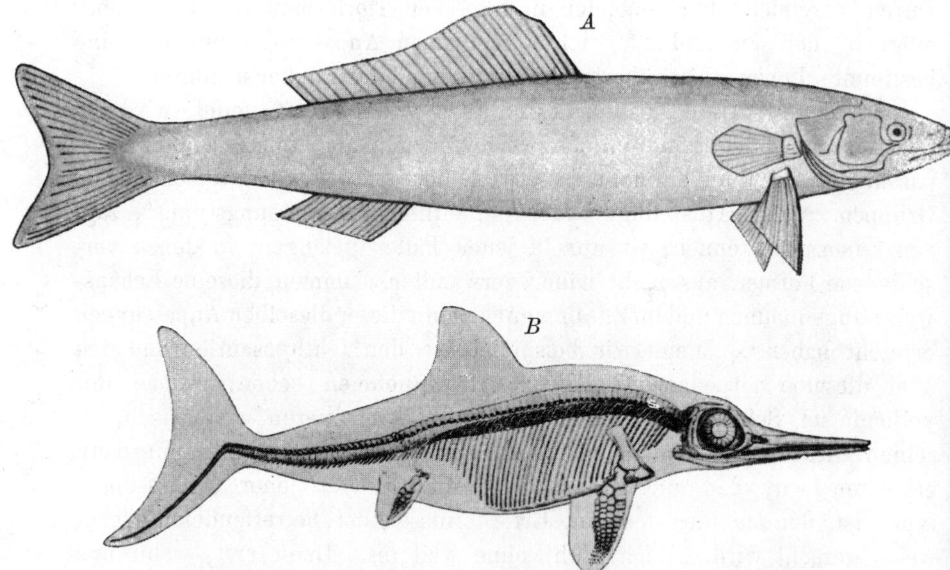

Fig. 36. Torpedoartige Fischgestalt: Idealtypus des nektonischen Schwimmtieres bei verschiedenen Gruppen. Anpassungstypen an das nektonische Schwimmen bei Wirbeltieren: *A* Ideale torpedoförmige Fischgestalt. Schematisiert (Orig.). *B* Ichthyosaurus, Lias, Württemberg. (Aus Stromer, Lehrb. d. Paläoz. II.) Stark verkl.

ihn uns, über die Naturvorlagen weit hinausgehend, auf Grund unserer anderswoher geholten biologischen und mechanischen Begriffe, halten dann, um mit Schopenhauer zu reden, der Natur dieses Bild vor, ihr sozusagen zurufend: das ist es, was du angestrebt, aber bisher nicht verwirklicht hast.

Nur auf Grund dessen und des ganz klaren mechanisch-biologischen Zweckmäßigkeitsbegriffes sind wir dann auch in der Lage, von fehlgeschlagenen Anpassungsrichtungen zu sprechen. Nach Abel ist nicht jede Reaktion auf die veränderten Lebensbedingungen so günstig und zweckmäßig erfolgt, daß in der einmal eingeschlagenen Richtung auch eine weitere Steigerungsmöglichkeit lag; ja das ist sogar außerordentlich häufig nicht der Fall. Würde jede Anpassung, sagt ABEL[1]), die dem Individuum und der Art zunächst einen Vorteil sichert, absolut weiterbildungsfähig sein, so kämen wir zu dem Schlusse, daß in der Auswahl der sich an eine bestimmte Lebensweise anpassenden Organe eine Art teleologischer Vorbestimmung des Organismus liegen müßte, durch die nur jene Organe adaptiert und zwar in einer Weise adaptiert würden, daß ein Fortschreiten der Anpassung und somit ein Fortbestehen des Stammes unter gleichen Lebensverhältnissen stets gewährleistet wäre. Es kann also, wenn wir nicht einen teleologischen Standpunkt vertreten wollen, gar nicht ausschließlich günstige Anpassungen geben, sondern es muß zu allen Zeiten solche Anpassungen gegeben haben, die als fehlgeschlagen zu bezeichnen sind. Der Organismus reagiert auf die von der Außenwelt auf ihn ausgeübten Reize, aber von diesen Reaktionen, die wir als Anpassungen bezeichnen müssen, weil sie zunächst von Vorteil für die Art sind, schlagen manche fehl, während andere in einer für die weitere Spezialisation und somit für das Weiterbestehen des Stammes günstigen und vorteilhaften Richtung verlaufen. „Verfehlte Anpassungen" sind aber nicht zu verwechseln mit innerer Fehlerhaftigkeit des betreffenden Organismus. Vielmehr kennzeichnen sich derartige Gattungen oder Gruppen bloß dadurch als nicht entsprechend angepaßt, daß andere besser angepaßte neben ihnen existieren und sie im Kampf um's Dasein verdrängen[2]). Es tritt so eine Selektion zwischen den verschieden gut angepaßten Gruppen ein, wobei die geringere, wenn sie denselben Lebensraum bewohnt, von der besseren verdrängt wird. Die Selektion kann auch hier nur das Vorhandene auslesen, nicht es gebildet haben.

Es darf uns an der Auffassung der Organismen als zweckmäßiger biologischer Bildungen nicht irre machen, wenn wir in ihrer Organisation auf offenkundige Unzweckmäßigkeiten und Ungereimtheiten stoßen. Denn es wird niemand behaupten wollen, daß die den Organismus schaffenden und umbildenden Kräfte unfehlbar und allweise oder anthropomorph zu beurteilen seien. Wenn HELMHOLTZ einmal sagte, daß das Auge ein so unvollkommener optischer Apparat sei, daß er ihn seinem Institutsmechaniker als unbrauchbar zurückgeben müßte, wenn er ihm dieses Objekt für seine optischen Untersuchungen herbrächte, so beweist das natürlich nur, daß das tierische Auge ungeeignet für HELMHOLTZ' Institutszwecke war, aber nicht, daß es nicht biologisch zweckmäßig wäre und nicht auch bei den verschiedenen Typen, etwa vom Kambrium ab bei den Trilobiten, den Kephalopoden, dann den Wirbeltieren seinen biologischen Zweck erfüllt hat; und wenn wir mit unserem eigenen Auge aufnehmen,

---

1) ABEL, O., Paläobiologie, S. 643 ff.

2) ABEL, O., Verfehlte Anpassungen bei fossilen Wirbeltieren. Spengel-Festschrift, Bd. I, S. 597; Zoolog. Jahrb. 1912.

was die Umwelt uns bietet oder was Raffael oder Michelangelo vermittels ihres Auges in der Welt gesehen und durch ihre Werke unserem Auge wieder vermittelt haben, wird über die Zweckmäßigkeit und sinnvolle Großartigkeit dieses unvollkommenen Apparates nicht mehr viel zu sagen sein.

Wenn endlich rudimentäre Glieder bzw. Organe unzweckmäßig sind, so waren sie erstens doch einmal zweckmäßig; und dann drückt ja gerade das Rudimentärwerden ganz deutlich das Bemühen der Natur aus, das überflüssig Gewordene abzustoßen — also gerade wieder einen biologisch zweckmäßigen Prozeß der Organisationskräfte.

Überflüssige und rudimentäre Organe beweisen somit nichts gegen die zweckvolle Organisation, sondern zeigen lediglich, daß auch andere Kräfte und Gesetze in der Natur gelten als die sinnvoll gestaltenden, oder daß diese auf Hindernisse stoßen. Sicher ist auch, daß in der Natur ein Kampf um's Dasein existiert und daß in diesem Kampf um's Dasein nur besteht, übrig bleibt, was zweckentsprechende Form mitbringt und zweckentsprechend reagieren kann; das ist selbstverständlich. Es ist demnach ein unverkennbar sinngemäßes Reagieren auf äußere Reize und Einflüsse in der ganzen organischen Anpassung vorhanden, und die vielleicht ebenso zahllosen Fehlschläge beweisen allenfalls nur, daß die formbestimmenden Potenzen in den Organismen nicht allmächtig, sondern an bestimmte Voraussetzungen gebunden, daher in ihrer Einzelerscheinung unvollkommen, wenn auch entwicklungsfähig sind. Wäre selbst die erdrückende Mehrzahl der Formbildungen und Anpassungen höchst unvollkommen, so änderte das doch nichts an der offenkundigen Tatsache, daß ein Organismus, um überhaupt in der wirklichen Natur leben zu können, zweckmäßig organisiert, physiologisch und morphologisch zweckentsprechend eingestellt und auch stets bis zu einem gewissen Grade umwandlungs- und anpassungsfähig sein muß und zwar in einer den Umständen entsprechenden, nicht in irgend einer beliebigen und rein zufälligen Weise, trotz aller Fehlschläge der Entwicklung — womit wir wieder vor der alten unausweichbaren Frage stehen: Wie kommt auch nur die geringste zweckentsprechende Formbildung und Abänderung zustande, die in einer bestimmten Beziehung zu veränderten Lebensverhältnissen und Bedürfnissen steht — ganz abgesehen von jener noch viel schwierigeren Frage nach der langsamen, bestimmt gerichteten phylogenetischen Umwandlung einer Gruppe oder der Entstehung eines neuartigen Typus, der vielleicht Jahrhunderttausende hindurch in einer vorhandenen Gruppe unsichtbar vorbereitet wird, bis er einmal, scheinbar unvermittelt, aus seiner Latenz heraustritt und in fertigen, neu realisierten Arten erscheint.

Wenn wir dann die Reihe der über die Erde dahingegangenen wirklich bekannten Lebewesen vor uns sehen, so ist darunter keines,

das nicht in irgend einer Hinsicht spezialisiert und in tausenderlei
Einzelheiten „angepaßt" gewesen wäre. Jede Gesamtform, jedes Organ,
alles am und im Organismus bis in die kleinste morphologische
und physiologische Bildung und Einzelheit, erfüllt — biologisch gesprochen — einen Zweck, dient im Zusammenhang des Körpers selbst
oder in seiner Wechselwirkung nach außen der Lebensbetätigung, der
Erhaltung und Fortpflanzung. Wir wissen, daß das Suchen nach Zwecken,
denen ein Organ dient, immer nur so verstanden werden kann, daß die
treibenden und schaffenden Kräfte der Natur nicht mit Folgerichtigkeit
nach Art des kalkulierenden menschlichen Verstandes Notwendigkeiten
erblicken, die Mittel zu deren Befriedigung wählen und nach Art des
Baumeisters zwecksetzend und zweckverfolgend die Formen bilden, sondern
daß hier ein innerer, dem menschlichen Standpunkt gegenüber unbewußter Zusammenhang des Naturgeschehens statthat, in dem die
äußeren Verhältnisse zusammen mit dem Organismus letzten Endes als
unteilbares Ganzes bestehen, daß hier ein gegenseitiges, nicht einseitiges Bedingen stattfindet, welches von unserem stets linienhaft vor-
dringenden Denken nur als zeitliche Folge, als reihenhaftes kausales
Nacheinander wahrgenommen wird, während es in Wahrheit — in wirklich vertieftem monistischem Sinn — eine Einheit ist, die nur unserem
diskursiven Denken als eine Dualität erscheint. Solange wir aber gezwungen sind, mit Gedankenketten und Gedankenreihen das zu verfolgen,
was nur als Ganzes intuitiv erfaßt, aber vielleicht nicht ausgesprochen
werden kann, solange stehen wir immer wieder vor jener ungelösten,
weil im Grunde immer unzureichend formulierten Frage, die wir als
den Mittelpunkt aller biologischen und physiologischen Forschung bezeichnet haben: wie kommt in Wechselwirkung mit der Umwelt eine
brauchbare organische Form zustande?

Was also auf der bisher von uns verfolgten Bahn zu gewinnen ist,
liegt sozusagen noch ganz auf der Außenseite des Problems und kann
nur dartun, was uns die lebendigen Formen und Körper sagen, wenn
wir sie in naiv realistischer, naturwissenschaftlicher Weise als Objekte
betrachten, welche scheinbar einer anorganischen Natur als einem davon
Verschiedenen gegenüberstehen. Sie werden, wie es der naturwissenschaftlichen Gepflogenheit entspricht, als ein mehr oder minder in sich
abgeschlossenes System von Kräften und Wirkungen angesehen, das mit
dem ihre Umgebung bildenden physikalisch-kosmischen Kraftsystem und
mit anderen ebenso abgeschlossenen Organismen in Wechselwirkung und
Stoffaustausch steht. Aber eben diese äußere Wechselwirkung kann
überhaupt nur stattfinden, weil ihr zugleich ein innerer Zusammenhang
entspricht. Es sind zwei Pole derselben Wesenheit, Äußerungen derselben Realität, nicht zwei nebeneinander herlaufende oder bloß in der
Vergangenheit irgendwann einmal aus einander losgelöste Ketten. Mit

einem Worte: es ist die organische Welt- und Naturauffassung, welche uns über die äußerlich nach Zwecken forschende und in Stammbäumen denkende Methode einmal hinausführen muß und welche nicht nur an eine Wirkung der anorganischen Natur auf die Gestaltung der organischen, sondern umgekehrt auch an eine Wirkung des organischen Werdens auf die anorganische Natur wird denken müssen. Natürlich kann diese Wechselwirkung nicht mehr als eine äußere angesehen werden. Ich bekenne mich deshalb vollständig zu dem am Schlusse eines gedankenreichen Werkes[1]) ausgesprochenen Satz: „Die Eigenschaften der Materie und die Vorgänge der kosmischen Entwicklung sind mit dem Aufbau der lebenden Wesen und mit deren Verrichtungen eng verbunden; sie sind darum für die Biologie viel wichtiger als früher vermutet werden konnte. Denn der gesamte Entwicklungsprozeß, sowohl der kosmische als der organische, ist einheitlich, und der Biologe darf mit Recht annehmen, daß das Weltall in seinem innersten Wesen biozentrisch ist".

In diesem wohl auf FECHNER zurückgehenden und von ihm auf eigenartige Weise begründeten Gedanken liegt eine ganze Zukunft für die bisher noch nicht durch eine tiefere Synthese verknüpften Wissenschaften: Erdgeschichte, Biologie und Stammesgeschichte. Jene Synthese, wenn sie gelingt, wird erst zu wirklichen Erkenntnissen des Wesens der Erde, ihres Oberflächenwechsels und der Entwicklung der Lebensformen auf ihr führen. Alles Bisherige kann darum bestenfalls nur Ausschachtungsarbeit für jenen Tiefbau gewesen sein.

---

1) HENDERSON, L. J., Die Umwelt des Lebens. Nach dem engl. Original übers. von R. Bernstein. Wiesbaden 1914, S. 170.

III. Kapitel

Allgemeine Formerscheinungen und Formunterschiede der Lebewesen

1. Grundform und Körpergröße der Typen

Die kugelige, nicht die amorphe Gestalt scheint die organische
Grundform zu sein. Die Kugelgestalt hat den Vorteil der möglichst
kleinen Oberfläche bei möglichst großem Körperinhalt. Sie bildete also
das einfachste Mittel, bei primitiven Organismen eine möglichst geringe
Berührung der Körpermasse mit dem umgebenden Medium eintreten zu
lassen, wodurch dem in seinen physiologischen Funktionen vielleicht
noch recht unentwickelten Apparat eine möglichst große Abgeschlossenheit und Beständigkeit in sich gewährleistet wurde. Tatsächlich sehen
wir auch alle heutigen primitiven Formen, seien es Pflanzen oder Tiere,
die Kugelgestalt bevorzugen, und die wenigen, scheinbar amorphen
Protozoen, wie Amöben und ähnliche, sind im Ruhezustand Schleimkügelchen. Wenn man etwa gewisse Schwämme gestaltlos nennen wollte,
weil sie eine unausgesprochene Form haben, indem sie diese oft wechseln,
so ist demgegenüber daran zu erinnern, daß wir die Schwämme in gewissem Sinne als Kolonien auffassen dürfen und daß andererseits die
meisten Schwämme, ebenso wie viele Korallenstöcke, ersichtlich auch als
Ganzes auf die Kugelform zusteuern.

Am deutlichsten ist die nach allen Seiten radialstrahlige, also kugelförmige Anordnung des Körperbaues bei den Radiolarien zu beobachten,
sowohl in der strahlen-, wie in der gitterförmigen Anordnung ihres
Skelettes (Fig. 37). Oft findet man Radiolarienschälchen, bei denen um
das erste Gittergerüst in einem gewissen Zwischenraum ein zweites

ausgeschieden und dieses mit dem ersten, nunmehr inneren versteift ist (Fig. 37/₂). Deeckes Ausführungen über Foraminiferen und Radiolarien-gehäuse[1]) vermitteln hierfür, sowie für gewisse Foraminiferengehäuse das Verständnis. Danach ist die Grundgestalt des Foraminiferengehäuses die Kugel, die perforierte kugelige Kammer mit dünner glasiger Kalk-wand. Sie entspringt dem planktonisch schwimmenden Sarkodeklümpchen, das nach allen Seiten seine Pseudopodien ausstreckt, mittels deren es sich schwebend erhält. Wenn die rein planktonischen Formen nun eine Schale ausscheiden, so müssen sie diese nach den Erfordernissen des Gleichgewichtes und der Nahrungsaufnahme bauen, und so entsteht als einfachstes Gebilde die besagte Kugelform. Diese ist auch bei den Radio-

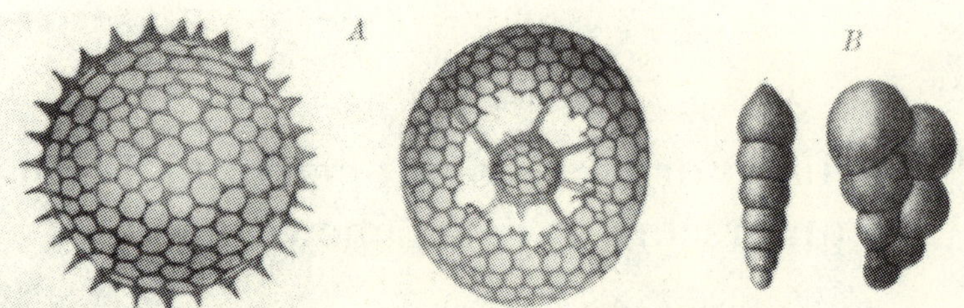

Fig. 37. Kugelige Grundform bei Protozoen. *A* Radiolarien aus Devon und Karbon. mit doppeltem Gittergerüst. (Aus Rüst, Palaeontographica 38, 1892.) ca. 200fach vergr. *B* Foraminiferen aus dem Malm von Württemberg. (Aus Schwager, Jahresh. Ver. vaterl. Naturk. Württemberg, 1865) ca. 100fach vergr.

larien die Grundgestalt: vergrößert sich der Weichkörper und wird er zu groß, um von der Primärkammer ganz aufgenommen zu werden, dann wird eine neue konzentrische Gittersphaera angebaut (Fig. 37*A*). Anders bei den Foraminiferen. Hier wird, den evoluten Ammoniten ähnlich, eine neue Kammer angeklebt, wobei meistens ein mehr oder minder abgeschnürter Teil der Sarkode die zweite und die folgenden Kammern bildet. „Dies Haften an der vorhergehenden Kammer", sagt Deecke, „ist etwas dieser Rhizopodenordnung Charakteristisches, und daraus er-klären sich alle wechselreichen Gestaltungen der Gehäuse". Die Grund-form ist aber immer kugelig und alle Kammerbildung nur eine davon ausgehende Modifikation (Fig. 37*B*).

Etwas von Grund aus anderes ist der zylindrisch‑radialstrahlige Bau, wie ihn vor allem die Einzelkorallen zeigen, und der überhaupt im allgemeinen als besonderes Kennzeichen festsitzender Tiere gilt.

Die Ontogenie des Septalapparates bietet bei Tetra- und Hexa-korallen folgende Unterschiede. Bei den Hexakorallen legen sich genau

---

1) Deecke, W., Paläontologische Betrachtungen. VI. Über Foraminiferen. Neues Jahrb. f. Mineral., Geol. u. Paläont., Stuttgart 1914, II, S. 21ff.

radial sechs (seltener 12) primäre Septen an und danach schalten sich in
deren Zwischenräumen sechs weitere, dann 12 u. s. f. ein. Die Alters-

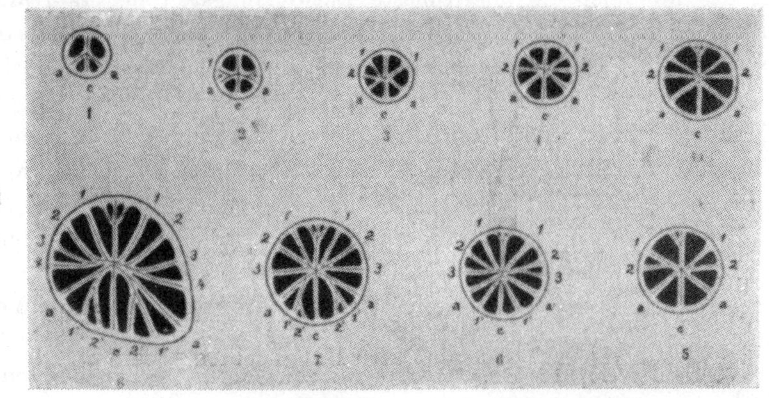

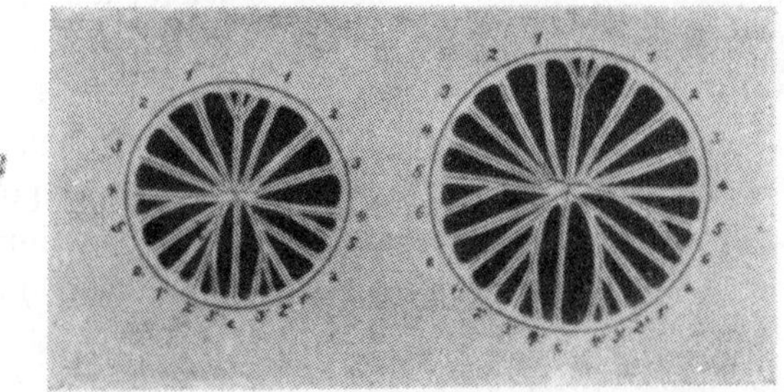

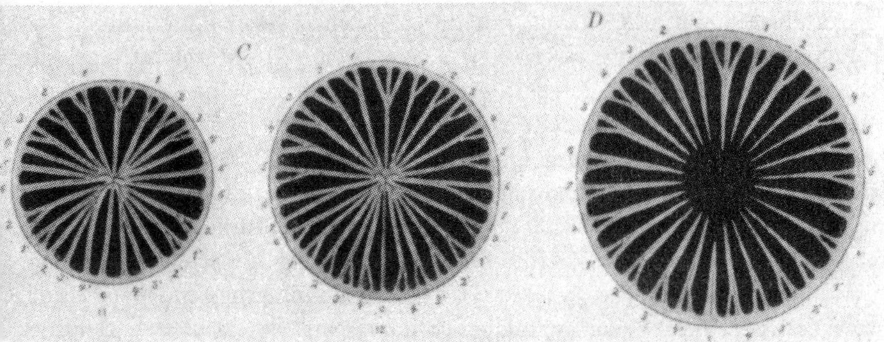

Fig. 38. Ontogenetische Entwicklungsstadien der Septen von Streptelasma aus dem
Untersilur von Nordamerika. Entwicklung von der Bilateralsymmetrie zur Scheinradialität.
Die Ziffern geben die Reihenfolge der Septeneinschaltung an. *A* und *B* in nat. Größe,
C und *D* etwas verkleinert. (Aus Carruthers, l. c.)

folge dieser Zyklen ist in dem Querschnitt eines erwachsenen Tieres an
der Länge der einzelnen Septen erkennbar. Ganz anders verläuft die
Ontogenie bei den paläozoischen Tetrakorallen. Hier wird der Kelch

nicht radiär, sondern bilateral symmetrisch geteilt. Wahrscheinlich bei allen, sicher bei vielen ist die älteste Septenanlage auch hexamer; doch kommt das nie über die allerfrüheste Entwicklungszeit der Individuen hinaus zur Geltung, sondern wird durch das fiederstellige Wachstum der Septen verwischt. Die später sich meistens wieder einstellende Radialität ist aber keineswegs ihrem Wesen nach dieselbe wie die der jüngeren Hexakorallen. Denn zuerst entsteht ein von der Dorsal- zur Ventralseite der hornförmig gekrümmten Einzelkorallen quer durch den Kelch verlaufendes Septum (Fig. 38 *A* 1), das diesen in zwei Hälften teilt. Nun folgt an der konvexen, später die Septalgrube (*c* in Fig. 38*B*) tragenden Dorsalseite ein fiederstelliger Ansatz zweier neuer Septen. Erst nachdem diese eine gewisse Größe erreicht haben, entstehen in gleicher Weise auf der gegenüberliegenden Ventralseite ein paar Seitensepten. Der weitere Verlauf ist nach den einzelnen Untersuchern[1] strittig und jedenfalls sehr kompliziert. Sicher ist, daß sehr häufig das Primärseptum in der Mitte zerfällt und von da ab die beiden einander diametral entgegenstehenden Haupt- und Gegensepten bildet, wovon das erstere in die dorsal gelegene Septalgrube zu liegen kommt und etwas länger bleibt als das letztere. Wesentlich ist nun, daß alle fürderhin neu entstehenden Septen in Fiederstellung zu dem vorhergebildeten Hauptseptum auftreten, und erst ganz zuletzt wird bei manchen Formen die hierdurch markierte bilaterale Symmetrie sekundär und scheinbar in eine radiale umgewandelt (Fig. 38 *C, D*).

Wie später noch ausgeführt wird, steht die häufig zu beobachtende Einbiegung der rugosen Einzelkorallen (Fig. 192, Kap. IV, 5) in unmittelbarem Zusammenhang mit der Notwendigkeit, die Mündung der Strömungsrichtung entgegengesetzt einzustellen. Hierdurch erfolgt eine Einbiegung des ganzen Polypariums, und die Folge ist, daß die Mündung stets auf der konkaven Seite liegt. Die konvexe Kelchseite hat den größeren Flächenraum. Infolgedessen ist es eine günstigere Art des inneren Septenaufbaues, wenn nicht nach allen Seiten gleichartig, sondern in der einen Hälfte zwar parallel der Kelchlängsachse, in der anderen Hälfte aber fiederstellig gebaut wird. In welcher Hälfte die eine, in welcher die andere Bauweise erfolgt, ist ja im Prinzip einerlei und hängt wohl von der primären konstitutionellen Veranlagung der Art ab. Denn es gibt Formen, bei denen das Hauptseptum auf der konkaven, andere, bei denen es auf der konvexen Seite des Kelches liegt. Bei dem Hauptseptum liegt auch immer die Fossula, und diese selbst entsteht deshalb,

---

1) CARRUTHERS, R. G., The primary septal plan of the Rugosa. Ann. and Magaz. Nat. Hist., Vol. 18, London 1906, S. 356—363, Taf. IX. — BROWN, Th. C., Developmental stages in Streptelasma rectum Hall. Americ. Journ. of Sci., Vol. 23, New Haven 1907. S. 277—281. — Vgl. für weitere Literatur das Referat von H. GERTH im Neuen Jahrb. f. Mineral. usw., Stuttgart 1909, II., S. 140, sowie Näheres im Kap. IV, Abschn. 4, 5.

weil infolge des Konvergierens der sekundären und tertiären Septen
nach dem Hauptseptum hin (Fig. 39) die Mesenterialfalte des Weichtieres immerzu von neuem abgeschnitten würde, wenn die Kalksepten
an das Hauptseptum herantreten würden, statt in einem gewissen Abstande
davor Halt zu machen; oder, um die ontogenetisch richtige Ausdrucksweise zu gebrauchen: die das Hauptseptum bildende Mesenterialfalte
kann sich nicht selbst durch eine septale Kalklamelle durchschneiden.[1]
Yakowlew glaubt[2], daß durch die seitliche Anwachsung der Rugosen —
diese wachsen nicht wie die Hexa-
korallen mit der Spitze fest (Fig. 177,
Kap. IV, 2) — die Septen nicht radial,
sondern fiederstellig würden. Infolge dieser fiederstelligen Anordnung
könnten nur in zwei Quadranten die
Septen unbehindert in der zur Mündungsebene senkrechten Richtung
wachsen, nämlich in den auf der
konkaven Seite gelegenen, während
sie es auf der konvexen Seite nicht
könnten, weil, wie Yakowlew meint,
dies durch die primär vorhandenen
Seitensepten verhindert werde; m. a.
W.: durch einfaches Anstoßen werde
die Hälfte der Septen verhindert, senkrecht zur Mündung zu wachsen.

Jaekel macht zu der Darstellung
von Yakowlew wichtige Ergänzungen.
Die Art der seitlichen Anwachsung
im frühesten Stadium bildet ihm
keine Erklärung der fiederstelligen
Anordnung der Septen; diese habe
einen viel tieferen, physiologischen
Grund. Die an der Außenseite

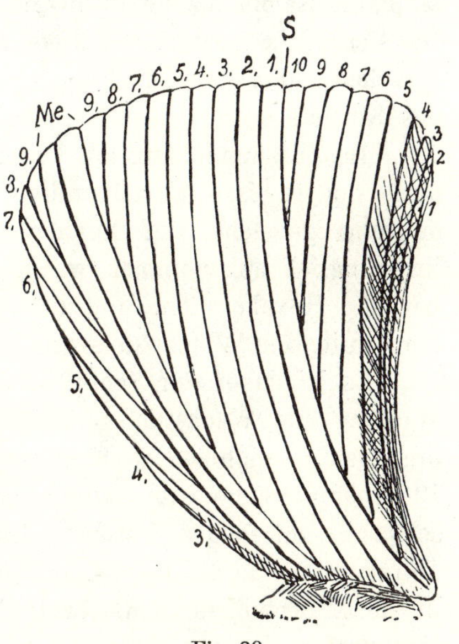

Fig. 39.
Bilateraler Bau der paläozoischen Einzel-
tetrakoralle: Schematische schräge
Seitenansicht mit den fiederstelligen Fal-
tenleistchen, *Me* Mittelleiste, *S* Seiten-
leiste; die Zahlen geben die Reihenfolge
der Entstehung an. (Aus Jaekel,
Paläont. Zeitschr. II, 1918.)

des Kelches zu sehenden Leistchen, an welchen die Fiederstelligkeit
bisher demonstriert wurde, entsprechen gar nicht den inneren Septen,
sondern den Mesenterialfalten, also den Tentakeln. Am Hauptseptum
sind außen zwei Hauptleisten vorhanden und an den Seiten des Kelches

---

1) Yakowlew, N., Die Fauna der oberen Abteilung der paläozoischen Ablagerungen
im Donetz-Bassin. II. Die Korallen. Mém. Comité géol. St. Pétersbourg 1903, Livr. 12,
S. 1. — Dasselbe in: Ann. and Magaz. Natur. Hist. Ser. 7, Bd. XIII, London 1904, S. 114.
(A Contribution to the Characteristic of Corals of the group Rugosa.)
    2) Yakowlew, N., Über die Morphologie und Morphogenie der Rugosa. Verh.
k. Russisch. Mineralog. Ges., St. Petersburg 1903, II. Ser., Bd. 41, S. 395—415.

ist je eine Hauptleiste vorhanden. Die Septen schalten sich nun in der Reihenfolge der in Fig. 39 gegebenen Zahlen ein, und zwar trete im Innern jedes neue Septum dort auf, wo eine Querrunzelung und zwar eine Einschnürung am Kelch außen zu sehen sei. Es bedeute also die Septenbildung nicht eine gleichgültige, d. h. rein äußerlich mechanisch begründete Periodizität des Wachstumes, sondern sie sei offenbar der Ausdruck für eine tiefere physiologische Beziehung, welche darin liege, daß sich der Weichkörper jedesmal vor seiner Vergrößerung basal noch einmal zusammenziehe, weil neue Tentakeln gebildet werden müßten. Da sich diese rechts und links in jedem der vier Kelchquadranten entsprächen, so drücke sich darin weiterhin die ursprüngliche Bilateralität des Körpers aus.

Im Zusammenhang mit Untersuchungen über die Wachstumsverhältnisse der rugosen Einzelkorallen hat YAKOWLEW dann die wichtige Entdeckung gemacht, daß Lophophyllum nicht, wie für die Tetrakorallen ursprünglich angenommen wurde, vier Primärsepten hat, sondern sechs, wie die Hexakorallen, und daß die Reduzierung auf vier Grundsepten eine mit den Wachstumsverhältnissen notwendig werdende Reduktion ist. Es ist daher der Schluß erlaubt, daß bei den Urformen der Tetrakorallen jene Wachstumsverhältnisse noch nicht herrschten, daß sie mithin freie, weichhäutige Formen analog den lebenden Aktinien waren. Die spätere Septenentwicklung, welche CARRUTHERS schildert, nimmt den schon beschriebenen Verlauf. Eine Abstammung der Hexakorallen von Tetrakorallen ist aus diesen Gründen ausgeschlossen, wenn man überhaupt in der Morphologie schlechthin Beweise für die stammesgeschichtliche Herkunft sucht.

Neuerdings faßt GERTH[1]) diese Verhältnisse dahin zusammen, daß die erste Septenanlage bei den Tetrakorallen, ebenso wie bei den jüngeren Hexakorallen sechszählig ist. Bei den Tetrakorallen entstehen die ersten sechs Septen paarweise und nacheinander, bei den Hexakorallen auf einmal in radialsymmetrischer Anordnung. Aber paarweise nacheinander entstehen bei den lebenden Korallen auch die ersten sechs Mesenterienpaare, deren Entwicklung der Skelettbildung vorangeht; alle weitere Mesenterien- und Septenbildung aber erfolgt in der Regel zyklisch; nur bei einseitigem Kelchwachstum treten hierin Unregelmäßigkeiten ein. Überhaupt ist das Septenwachstum der alten Tetrakorallen noch etwas zu Unregelmäßigkeiten geneigt, was sich besonders vor ihrem Erlöschen im Perm noch bemerkbar zu machen scheint, wohl in Anpassung an bestimmte Bedürfnisse.

---

1) GERTH, H., Über die Entwicklung des Septalapparates bei den paläozoischen Rugosen und bei lebenden Korallen. Zeitschr. f. Indukt. Abstammung- u. Vererbungslehre. Berlin 1919, Bd. 21, S. 214.

Bei Calceola und den Formverwandten ist nach YAKOWLEW[1]) die bilaterale Symmetrie stets nachweisbar, während sie bei Palaeocyclus und Microcyclus so sehr verloren geht, daß man diese für radiär gebaut ansah. Dennoch fallen auch sie aus dem bilateralen Grundschema der Tetrakorallen nicht heraus. Nach der beistehenden Fig. 40 liegt die ursprüngliche Anfangsstelle des Wachstums, die als Knoten auf der Unterseite erscheint, immer mehr oder weniger exzentrisch; der zur Peripherie von da gezogene längste Radius entspricht im Kelchinneren dem Hauptseptum, und diese Linie entspricht dann der konvexen Seite des Kelches bei den konischen, gekrümmten Formen.

Wenn man die Röhrenform der Tabulatenzellen betrachtet, so machen ja auch diese ganz den Eindruck vollkommen radiärer Tiere. Ist aber schon nach Analogie des bei Tetrakorallen über die verhüllte Bipolarität Ausgeführten eine solche auch bei den Tabulaten wahrscheinlich, so erlaubt eine Form, Halysites nämlich, trotz des Fehlens aller Andeutungen über den Bau des Weichkörpers, doch einen Blick in diese verhüllte Bipolarität zu tun. Die Halysiteszellen haben die Eigentümlichkeit, sich niemals allseitig oder hexagonal nebeneinander aufzupflanzen, sondern sie bleiben streng und ausnahmslos nur hintereinander gereiht stehen, wodurch sie dann im Querschnitt die bekannten Kettchen bilden. Das zeigt aber ganz deutlich, daß die einzelnen Körperachsen der Individuen verschiedenwertig waren und daß nur an den Enden der längeren Achse eine Knospung möglich war. Die hierin sich aussprechende Bipolarität ist noch weit entfernt etwa von der nach allen Seiten knospenden sekundären Radialität eines Cyathophyllum, das hierin trotz aller innerlichen ursprünglichen Bilateralität äußerlich wirklich radial geworden ist. Es scheint demnach bei den Tabulaten, auch dort, wo er verhüllt ist, der bilaterale Grundplan zu herrschen.

Fig. 40.
Palaeocyclus, scheinbar vollkommen radiäre Einzelkoralle des Obersilur. Knopfförmige Ursprungsstelle exzentrisch. (Aus YAKOWLEW, l. c. 1910). $^1/_1$.

Diese Symmetrie in der Grundorganisation der Tabulaten verrät sich auch durch das von BEECHER[2]) bei dem devonischen Pleurodictyum lenticulare studierte Vermehrungsgesetz der Zellen. Ontogenetisch ist das Grundstadium eine einfache kleine zusammengepreßte konische Einzelzelle, woraus zuerst alternierend zweiseitig neue Kelche hervorsprossen,

---

1) YAKOWLEW, N., Die Entstehung der charakteristischen Eigentümlichkeiten der Korallen Rugosa. Mém. Comité géol. St. Petersburg, N. Ser. Liefg. 66, 1910, S. 14.

2) BEECHER, Ch. E., The development of a palaeozoic poriferous Coral. Transact. Connecticut Acad. Arts and Science., Vol. 8, 1891, S. 207.

was erst nachträglich auf den ganzen Kelch nach dem beigegebenen Schema (Fig. 41) übergreift, bis zuletzt ein unpaarer achter Kelch an der Rückseite hinzutritt; dann erst beginnt das gemeinsame Höhenwachstum. Dieselbe Art kann auch ein sogenanntes Aulopora-Stadium bilden, indem nur nach einer Seite die Knospung vor sich geht. Jedenfalls läßt hier die Ontogenie den primär bilateralen Charakter der Gruppe durchschimmern.

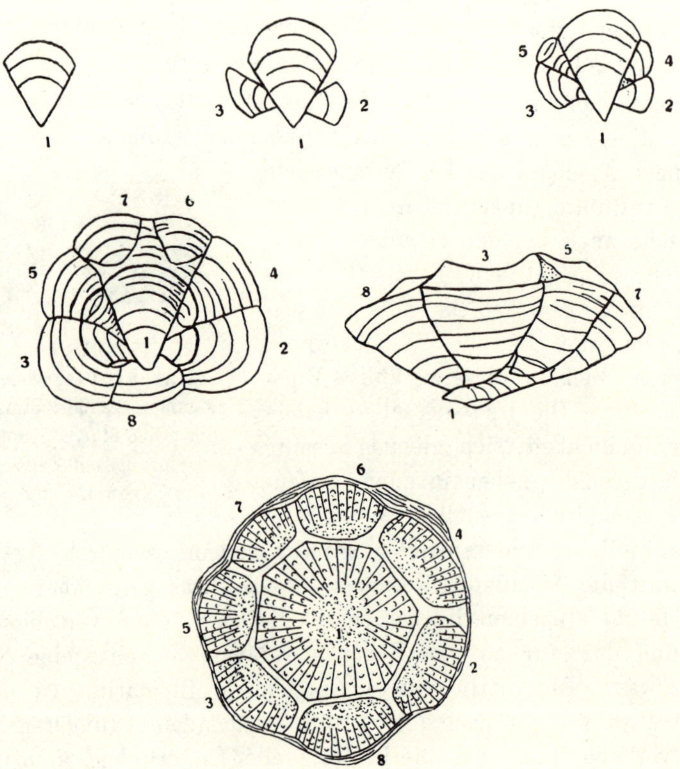

Fig. 41. Ontogenie von Pleurodictyum lenticulare aus nordamerikanischem Unterdevon. (Aus Beecher, l. c.) Verschieden vergrößerte Wachstumsstadien mit bilateraler Kelchvermehrung. Die Zahlen geben die Reihenfolge der Vermehrung an.

Auch bei der Tabulate Michelinia im Karbon ist das Wachstum bipolar[1]). Hier werden nicht gleichzeitig peripher Knospen gebildet, sondern bilateral wechselnd ähnlich der auf obigem Schema (Fig. 41) durch Zahlen angegebenen Reihenfolge. Dann erst wird zum Zweck der Raumausfüllung zur dreistrahligen Radialität übergegangen, indem sich die neu hinzukommenden Knospen in die durch das Wachs-

---

1) Beecher, Ch. E, Symmetrical Cell development in the Favositidae. Transact. Connect. Acad. Arts and Science., Vol. 8, 1891, S. 215.

tum bedingten Zwischenräume der größer werdenden früheren Zellen einschieben und diese ihre äußere Form rein mechanisch durch die Raumverhältnisse aufgezwungen bekommen. Diese gegenseitige Beeinflussung setzt sich später in der Weise fort, daß die neu hinzukommenden Knospen immer polygonaler, zuerst fünf-, dann sechsseitig werden. So ist zuletzt die Zellform des erwachsenen Michelinia-Stockes erreicht, und nun ist die Form der Zellbildung so, als ob die Knospen durchaus radialsymmetrisch entstanden wären. Diese sekundär erworbene Radialität ist der Ausdruck jenes mechanischen Gesetzes, nach dem auch die Bienenwaben sich anordnen, das Gesetz der sechs Tangentialkreise, welche einen inneren Kreis von gleichem Durchmesser berühren. Verläuft die Knospung aber von vornherein radial, dann entstehen sofort gleich große sechsseitige Kelche (vgl. Kap. IV).

Bei den Echinodermen haben wir den Eindruck vollkommener fünfstrahliger Radialität, wenn wir von den irregulären Seeigeln und speziell angepaßten Cystoideen absehen. Nur ist es nicht die flächenhafte, mit einseitig vertikal in die Höhe wachsendem Körper verbundene Radialität, wie schließlich bei den Hexakorallen, sondern es wird die allseitige und damit die Kugelform angestrebt. Bei den regulären Seeigeln bilden sich dann oft undifferenzierte Stacheln nach allen Seiten aus (Fig. 3, S. 21 und Fig. 490, Kap. VI, 2), wodurch die kugelige, allseitig radiale Anordnung einen fast vollkommenen Ausdruck findet. Erst bei den geologisch späteren, irregulären Seeigeln wird durch Verlegung des Mundes und Afters, durch die Analfurche und die Verschiebung von je zwei Ambulakren auf die rechte und linke Seite eine bilaterale Symmetrie vorgetäuscht, insbesondere bei den in den Sand sich eingrabenden Formen (Fig. 197). Die mit ihrer flachen Unterseite platt am Boden liegenden aber, wie die Clypeastriden und Scutelliden (Fig. 135, Kap. IV, 1), ebenso wie Conoclypeus, kehren wieder zu einer Art Radialgestalt zurück, die aber nicht homolog dem zylindrischradiären Bau der Einzelkorallen, sondern lediglich eine zusammengepreßte oder wenigstens an einer Seite abgeflachte Kugelform ist. So ist es auch mit den festwurzelnden Krinoiden. Ihr Bau ist insofern eine einseitig differenzierte Kugelgestalt, als aus speziellen Anpassungsgründen die Arme nach der oberen Hälfte gekehrt sind und so in gewissem Sinne um den Mund herum stehen, was aber wesentlich und entwicklungsgeschichtlich etwas ganz anderes ist als die an einem polaren Zylinderende stehenden Tentakelkränze bei Hydrozoen und Korallen.

Auch die ältesten Seeigel sind vollkommen kugelig (Fig. 42A); es sei auch an Palechinus und Melonites (Fig. 137, Kap. IV, 1) erinnert. Wo die Kugelform äußerlich nicht erscheint, ist sie sekundär wieder verwischt; die Tendenz zu ihr ist bei den Echinodermen, wie gesagt, immer da. In der ganz alten Gruppe der Cystoideen geben uns Echinosphaerites und Glyptosphaerites (Fig. 42B) im Untersilur den kugeligen Entwicklungszustand am vollkommensten wieder, ohne daß die Anordnung der Organe eine geringe Bilateralität verleugnete. Die auch in der Plattenordnung deutlich bilateral erscheinenden Gattungen Placocystites und Mitrocystites (Fig. 43) sind durch Kompression, Entwicklung von Ambulakralhörnchen, sowie Verschiebung und Gruppierung der Täfelchen äußerlich bilateral symmetrisch geworden. Hier hat sich also auf einem neuen Wege wieder Bilateralität hergestellt, die jedoch mit der vermutlich ältesten und ursprünglichen larvalen Bilateralität, aus der sich dereinst wohl die Kugelform entwickelte, nichts mehr zu tun hat. Es legen sich hier also gewissermaßen mehrere Formbildungen schichtweise übereinander. Es ist dies ein Beispiel für das im Kapitel VII zu behandelnde Gesetz der Nicht-

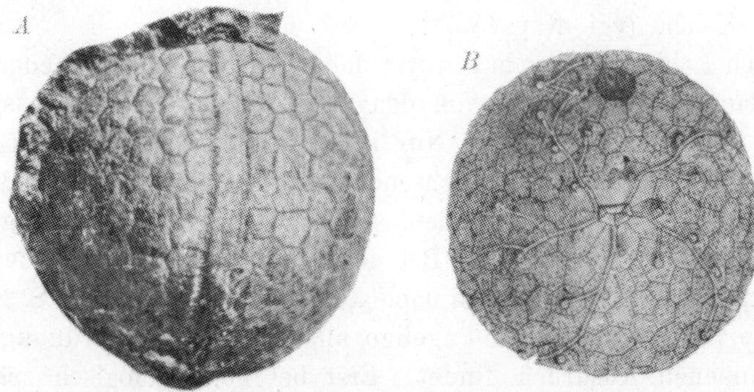

Fig. 42. Kugeliger, radiärer Grundtypus alter Echinodermen: *A* Maccoya, Palechinide. Karbon, Irland. (Aus Jackson, Phylogeny of Echinids., 1912.) ³/₄.
B Glyptosphaerites, Cystoidee. Untersilur b. St. Petersburg.
(Aus Jaekel, Stammesgesch. d. Pelmatoz., 1899.) ³/₄.

umkehrbarkeit der Entwicklung, welches besagt, daß eine ehedem bestehende und dann überwundene Eigenschaft nicht mehr mit denselben Mitteln und auf dieselbe Weise wieder neu ausgebildet werden kann, sondern auf einem anderen Wege erreicht werden muß.

Die Erkennung der Grundform jedes Typus ist natürlich von unschätzbarem Wert für die Beurteilung der Typenzugehörigkeit auch ganz aberranter Vertreter eines Formenkreises, und das Merkwürdige ist, daß jene Grundformen auch durchweg festgehalten werden, selbst wenn einzelne Typenvertreter unter weitestgehender äußerer Anpassung ganz und gar die Gestalt anderer, nach einem anderen Grundplan gebauter Gruppen angenommen haben. In der „Generellen Morphologie der Organismen" machte Haeckel den Versuch, die organischen Grundformen auf mathematische Körper zurückzuführen.[1]   „Die ideale stereometrische Grund-

____

1) Haeckel, E., Generelle Morphologie der Organismen. Bd. I. Allgemeine Anatomie der Organismen. Berlin 1866, S. 377 ff.

form, welche wir in jedem realen organischen Formindividuum verkörpert finden, ist eine absolut bestimmte, eine vollkommen konstante
und daher gesetzmäßige. In dieser Konstanz der idealen stereometrischen
Grundform, d. h. in ihrem notwendigen kausalen Zusammenhange mit
den formbildenden Ursachen der realen organischen Form, kurz in ihrer
Gesetzmäßigkeit, liegt der hohe Wert, den dieselbe für eine wissenschaftliche Erkenntnis und Darstellung der realen organischen Formen besitzt.
Es wird nämlich dadurch möglich, alle wesentlichen Formverhältnisse

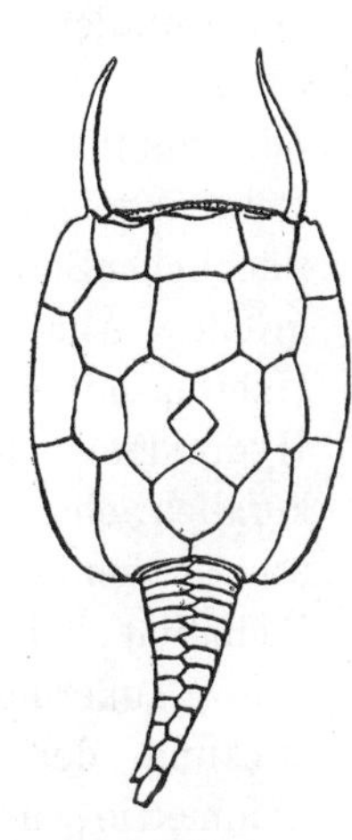

Fig. 43.
Sekundär bilateral umge-
wandelter Radialtypus bei
Echinodermen: Placocys-
tites, Cystoidee. Obersilur
England.
(Aus Jaekel, Zeitschr.
deutsch.geol.Ges.52,1900.) $^1/_1$.

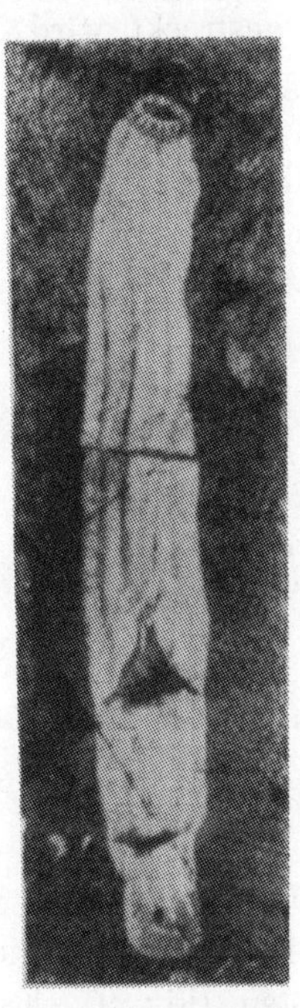

Fig. 44. Mackenzia costalis, ein unter
Beibehaltung der Fünfstrahligkeit wurmförmig
gewordenes Echinoderm (Holothurie). Mittelkambrium. Britisch Kolumbien. (Aus Walcott,
Smithson. Misc. Coll. 57, 1911, Nr. 3.) $^1/_1$.

jedes organischen Körpers durch den einfachsten Ausdruck mit mathematischer Sicherheit zu bezeichnen. Die einfache Angabe der stereometrischen Grundform jedes morphologischen Individuums genügt vollkommen, um alle charakteristischen Formeigenschaften desselben mit
einem einzigen Wort zu bezeichnen, an welches dann die Beschreibung
der äußeren Einzelheiten sich ohne Mühe anschließen läßt. In dieser
Beziehung ist die Promorphologie der wahre mathematische Grundstein
der mechanischen Morphologie der Organismen im allgemeinen und der
deskriptiven Morphographie im besonderen".

In der Tat ist diese promorphologische Bestimmtheit in jedem Typus derart fest, daß sie die weitestgehenden äußeren Umwandlungen, wie gesagt, überdauert und immer wieder erlaubt, das typenhaft Zusammengehörige unter den verschiedensten Masken zu erkennen. Ein sehr schönes Beispiel hierfür bieten gerade die Echinodermen, deren radiär-kugelige Grundgestalt, wie schon gezeigt wurde, in einigen Gattungen scheinbar verlassen und in die bilaterale umgewandelt wurde. Am weitesten gehen die Holothurien oder Seegurken, deren Körper die Kugelgestalt ganz aufgibt, sich in die Länge zieht und gelegentlich bis zu 1 m lang gestreckt wird, so daß er ganz das Aussehen eines Wurmes erhält (Fig. 44), trotzdem aber immer noch seinen radiär-fünfstrahligen Grundbau verrät.

Vollkommen radiär sind im Gegensatz zu den Korallen, die bloß so erscheinen, die Schwämme (Fig. 45) und die Hydrozoen. Manche Serpuliden mit ihren drehrunden Röhren zeigen bei oberflächlicher Betrachtung die größte Ähnlichkeit im Habitus mit den radiären Hydroiden oder Einzelkorallen, ebenso die Bryozoen; aber stets ist die Radialität bei ihnen nur eine äußerliche Überdeckung der bilateralen Symmetrie, und bei den

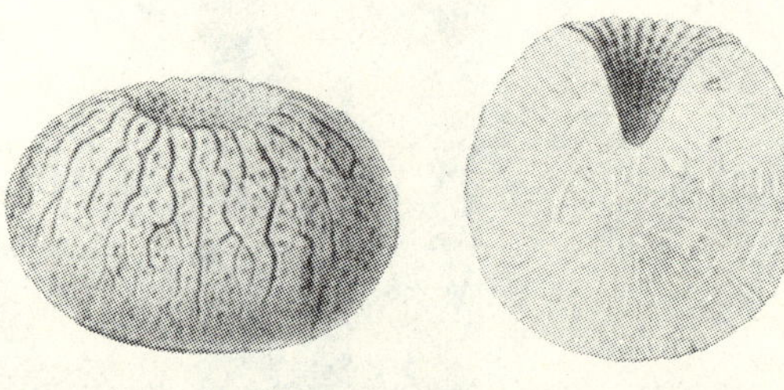

Fig. 45. **Astylospongia**, radiale und kugelige Grundform der Spongie. Untersilur. (Aus Römer, Diluvialgeschiebe v. Sadewitz, 1861.) $^1/_1$.

inneren Organen ist diese immer nachweisbar. Scheinradialität haben bei den bilateralen Brachiopoden und Muscheln die Richthofeniden und die Rudisten (Fig. 91, Kap. III, 5); doch erlaubt auch bei ihnen ein Blick in das Innere, sie als Bilateraltiere ihrer Gruppen zu erkennen. Bei den festgewachsenen Brachiopoden gibt die in Fig. 162 (Kap. IV, 2) abgebildete Reihe die bilaterale Natur trotz der zuletzt drehrunden Form auch äußerlich bis zu einem gewissen Grade wieder. Bilateralsymmetrisch sind alle höheren Gruppen der Wirbellosen von den Mollusken und Würmern mit ihrem Anhang (Brachiopoden, Bryozoen) an aufwärts zu den Krustazeen und Insekten. Indessen drückt sich dies in den fossil erhaltungsfähigen Hartteilen bei diesen heterogenen Gruppen ganz verschieden und zum Teil auch verschieden deutlich aus. Bei den Muscheln z. B. scheiden sich rechte und linke Klappe, die dann erst sekundär abgeändert und ungleichmäßig werden (Austern, Rudisten, Desmodonte). Bei den Brachiopoden geht die Symmetrieebene zwar analog den Muscheln durch den Weichkörper, aber nicht durch die Naht der beiden geschlossenen Klappen, sondern durchschneidet das Wirbelloch und jede Klappe in deren Halbierungslinie. Die Schnecken sind bilateral symmetrisch, aber die stammesgeschichtliche Grundform ihres Gehäuses ist radiär mützen- bis tellerförmig, was auch bei jüngeren Gattungen sekundär auftritt; die gewöhnliche spirale Schneckenschale ist einseitig. Nur die Bellerophontiden des Paläozoikums (Fig. 122) und die lebenden Heteropoden (Fig. 240, Kap. V, 1) sind bilateralsymmetrisch auch in ihrem Gehäusebau, was andere scheibenförmige Gehäuse, wie die Euomphaliden (Fig. 123, Kap. IV, 1) und die Pulmonate Planorbis sekundär niemals ganz erreichen. Bei den Gehäusekephalopoden läuft die Symmetrieebene parallel zu der mehr oder minder flachen bis gewölbten Breitseite des Gehäuses und teilt die Wohnkammer in zwei gleiche Längshälften (Fig. 29, S. 103). Bei den Krebsen wird die gewöhnliche bilaterale Grundform äußerlich wenigstens bei den festsitzenden Seepocken (Balaniden) in eine radiäre der Schale umgewandelt, aber nur bis zu einem gewissen Grade (Fig. 216*B*, Kap. IV, 7).

Über die allgemeine Körperform kann hier nur dieses Wenige gesagt werden; Spezielles wird gelegentlich in den einzelnen Abschnitten anderer Kapitel eingestreut.

Über die allgemeine Körpergröße der Organismen sei hier auch kurz einiges Allgemeine erwähnt, soweit es zum Verständnis der Fossilen wichtig ist.

Nur bilateralsymmetrisch gebaute Formen werden sehr groß. Die Riesen der Tierwelt sind unter den Reptilien und Säugetieren zu finden. Sehr große Körperform zu erreichen, dafür sind die Wirbeltiere vor allem geschaffen, denn ihr Skelett, fest und biegsam zugleich, verbindet mit der Tragfähigkeit Zähigkeit und Geschmeidigkeit. Diese Eigenschaften gehen den schalentragenden Tieren meist völlig ab und werden z. B. in dem Panzer der Krustazeen einigermaßen erreicht, unter denen sich dann auch vorzugsweise die größten Formen der Wirbellosen befinden. Die kugeligen Formen dagegen sind im Tierreich die kleinsten. Das alles gilt natürlich nur durchschnittlich, weil immer einzelne Ausnahmen vorkommen, die speziellen Gesetzen unterliegen.

Daß die kugeligen Formen, also vornehmlich die Protozoen, am kleinsten sind, hängt unmittelbar damit zusammen, daß sie nur eine Zelle repräsentieren, die sich bei Algen und Nummuliten (Fig. 62) zwar gelegentlich ins Ungeheure steigern kann, aber doch nichts an der Tatsache ändert, daß eine gewisse Körpergröße erst durch Zellteilung und die hiermit eintretende Zelldifferenzierung ermöglicht wird. Die zweite Bedingung für eine gesteigerte Größe bei Wirbeltieren ist der Erwerb eines festen Skelettes. So sagt WEBER: „Der Besitz eines Skelettes gestattet auch den Schwämmen, neben winzigen Kalkschwämmen sich in dem umfangreichen becherförmigen Poterium mehr als meterhoch zu erheben.

Das Größenwachstum mittels eines steifen Skelettes hat aber, wie vorhin gezeigt wurde, bald seine Grenze und führt zur Notwendigkeit der Beschaffung eines wirbeltierartigen Skelettes." [1])

Diese allgemeine Gesetzmäßigkeit in der relativen Größe der einzelnen Typen von unten nach oben wird nicht durchbrochen durch die Tatsache, daß innerhalb ein und derselben engeren Gruppe sehr verschieden große Arten bestehen können. „Die langlebigen Palinurus, Carcinus und der Hummer sind Beispiele von Riesenwuchs unter Dekapoden, die daneben Vertreter haben von nur 12 mm Länge. Ähnliche, wenn auch weniger extreme Unterschiede zeigen die Muschelkrebse. Im allgemeinen liegt deren Schalenlänge zwischen einem halben und mehreren Millimetern. In der Tiefsee leben aber 1 cm lange Arten, die ihrerseits wieder weit überflügelt werden durch die bis 22 mm großen Leperditia-Arten aus dem Kambrium." Die auf das paläozoische Zeitalter beschränkten Trilobiten hatten über 40 cm lange Arten, neben anderen von noch nicht 2 mm Länge. Es sei weiter erinnert an den Ammoniten Pachydiscus aus der oberen Kreide mit seinem 2 m großen Schalendurchmesser, der die meisten Fische und unzählige Wirbeltiere an Größe übertrifft, was dennoch, wie gesagt, der allgemeinen Gesetzmäßigkeit, daß die Wirbeltiere die größten und die niederen Tiere zunehmend die kleineren Typen aufweisen, keinen Eintrag tut.

Was sind die Gründe für die so ganz verschiedene Körpergröße der organischen Typen? Warum sind bestimmte Formen klein oder groß? Das ist eine sehr verwickelte Frage, die keineswegs durch eine einheitliche Antwort geklärt werden kann. Wie stets die Ursachen und Bedingungen der Naturerscheinungen unendlich vielgestaltig sind, so wird auch die Körpergröße der Typen nicht durch eine einfache Ursache bestimmt, sondern sie geht auf die verschiedensten Zusammenhänge zurück. Wir wollen versuchen, einige dieser Zusammenhänge klarzustellen, wobei wir auch auf die Wirbeltiere übergreifen müssen.

Man wird innere und äußere Gründe unterscheiden müssen. Die inneren liegen in der Grundorganisation, im Typus beschlossen. Bei der Erklärung der durchschnittlichen Körpergröße der Arten und Typen des Tierreiches spielt ja zunächst der Unterschied, ob Einzeller oder Mehrzeller, ferner, wie uns vorhin klar geworden ist, die Zusammensetzung des Skelettes eine bestimmende Rolle. Es hängt dann auch von der Reaktionsfähigkeit der betreffenden Formen ab, ob ein äußerer Umstand so oder so wirkt, oder ob sie, im Besitz einer größeren oder kleineren Gestalt, diese unter entgegenstehenden Verhältnissen wahren können, während andere, im gleichen Lebensraum lebende Gattungen davon stark

---

1) Nussbaum, M., Karsten, G. und Weber, M., Lehrbuch der Biologie für Hochschulen. 2 Aufl., Leipzig u. Berlin 1914. S. 406.

beeinflußt werden und dann extremere Körpergröße oder -kleinheit bekommen.

Eine über ein gewisses Maß hinausgehende Körpergröße kann aus mechanischen Gründen unzweckmäßig und schädlich sein. Das lehren uns die Korallen, bei denen die Stockbildung geradezu eine Ersetzung der Einzelkoralle ist. Man findet keine Einzelkoralle, welche eine gewisse beschränkte Körpergröße übersteigen würde. Und was sind selbst die größten Einzelkorallenkelche gegenüber Korallenstöcken von 1 und 2 m Durchmesser? Die Einzelkoralle kann, freistehend, niemals so groß werden, weil sie bei einem entsprechenden Wachstum in die Breite so sehr überladen würde, daß sie nicht mehr feststehen könnte, sondern abbrechen müßte. Würden viele Einzelkorallen dicht nebeneinander treten und wie Austern ein Riff bilden, so wäre das gewiß kein Ersatz für jene Korallenstockform, bei der die Individuen durch Knospung entstehen und verbunden bleiben, also Fühlung untereinander haben; deren würden die nur äußerlich zusammengetretenen Einzelkorallen entbehren, und die Sicherheit der gemeinsamen Besiedelung im Raume und der richtigen Ausdehnung darin würde ihnen ebenso fehlen, wie der Vorzug, daß die ungünstigere Ernährung einzelner durch die bessere Ernährung der anderen ausgeglichen würde. Das erst bringt eine gewisse Unabhängigkeit von den umgebenden Verhältnissen bei der Verteilung der Einzelindividuen mit sich. Der Korallenstock ist also in jeder Weise die höhere, besser angepaßte Lebensform, durch die zugleich die für eine Einzelkoralle aus äußeren Gründen notwendige Beschränkung der Körpergröße überwunden ist. Aber nun ist es nicht mehr das Einzeltier, das größer geworden ist, sondern eine neue Individualitätsstufe: das aus vielen verschmolzenen bzw. durch Knospung auseinander hervorgegangenen Polypen bestehende „Stockindividuum".

Die auch dem Paläontologen bekannteste schon oben (S. 100) erwähnte Tatsache ist, daß in den tropischen Meeren die Konchylien die kräftigsten Kalkskelette ausbilden und zu Riesenwuchs gelangen. Da sie mit dieser starken Kalkausscheidung also an die Wärme gebunden sind, so können umgekehrt Kalkschaler in kalten Meeren nicht zu Riesenwuchs gedeihen. Wohl aber chitinöse oder nackte Formen. So sind z. B. die nichtverkalkten Hydroidpolypen der Gattung Tubularia nach Doflein (a. a. O. S. 876) in Norwegen sehr viel größer als in den Tropen, der Ringelwurm Onuphis tubicola in der Antarktis dicker und zahlreicher segmentiert als im Nordatlantik. Riesenmedusen, Riesenringelwürmer und Riesenascidien finden sich in den arktischen Meeren, aber auch die Foraminifere Miliolina tricarinata wurde bei Spitzbergen in 5 mm langen Exemplaren erbeutet, während sie im Mittelmeer selten über 1 mm Länge erreicht. Dies ist aber ein Kalkbildner, macht also eine Ausnahme, deren Erklärung umso wichtiger wäre, als man ja gerade auf das Auftreten der Nummuliten im Alttertiär paläothermale Schlüsse gegründet hat, die sicher auch berechtigt sind[1]). Ebenso berechtigt ist es, in den Krüppelformen der nordischen Rudisten[2]) (Fig. 46) sowie in den arktischen Zwergformen der silurischen Korallen Kälteformen zu sehen, ebenso wie der Riesenwuchs der Rudisten im Süden (in der Gosaukreide bis 1,20 m) auf die Wärme zurückzuführen ist.

Erzeugen also die Tropen durchschnittlich die größten Tiere, wie auch unter den marinen Mollusken die Warmwasserbewohner dort vor allem mächtige Kalkschalen ausscheiden, so sind trotzdem auch in den kalten Gegenden, wie eben erwähnt, sehr viele große Formen vorhanden, so daß hier noch keine Klarheit besteht, was im einen wie im anderen Falle die bestimmende Ursache ist. Bei den Warmblütern wahrscheinlich die, daß die größeren Tiere im Verhältnis zu ihrem Körperinhalt eine kleinere Oberfläche haben als die kleineren. Bei der großen Bedeutung der Körperoberfläche für die Regulierung der Körperwärme müßten die größeren Tiere somit in kälteren Gegenden besser aushalten können als kleinere, die dafür besser in die warme Zone paßten. Tatsächlich bewohnen in der Regel die größeren Formen dieser Gruppe die kälteren Regionen, sei es weiter nach Norden oder höher in's Gebirge hinauf[3]). Also einfach ist die Deutung nicht, es kommen sicher viele physiologische Wirkungen zusammen, die je nachdem das eine oder andere Resultat ergeben. Die eine Gruppe wird in bezug auf die Wärmeregulierung günstiger dastehen als die andere; das Haarkleid und die Dichte desselben spricht mit, wie das bekannte Beispiel des doch als Wärmeform sonst anzusprechenden Elefanten und Rhinoceros in der Diluvialzeit lehrt. Warmblüter reagieren daher auf Kälte anders als etwa Reptilien, während die schalentragenden Wirbellosen gewiß ihre größten Formen in den warmen Meeren haben, weil von der Wärme deren Kalkausscheidung in erster Linie abhängt.

Fig. 46.
Zwergwuchs der Kälteformen nordischer Rudisten. (Aus Lundgren, l. c.) Nat. Größe.

Daß die Körpergröße aber keineswegs ausschließlich durch Wärme oder Kälte bestimmt ist, und zwar auch nicht innerhalb ein und derselben Gruppe von Tierformen, zeigen die Insekten, von denen Handlirsch sagt: „Daß wir in den Tropen und Subtropen nicht durchwegs große und auffallende Insektenformen finden, sondern auch ungeheuer viele

---

1) Vgl. die Karte in Stromer v. Reichenbach: Lehrbuch der Paläozoologie, Bd. I, Leipzig 1909, S. 42/43.

2) Lundgren, B., Om Rudister i Kritformationen i Sverige. Lunds Univers. Arsskrift, Tome VI, 1869. Lund 1870, S. 1—12.

3) Nussbaum, Karsten, Weber, a. a. O. S. 488 u. 407/08.

kleine und unscheinbare, ist eine allbekannte Tatsache. Es scheint eben sehr viele Insektengruppen zu geben, die überhaupt nicht imstande sind, über eine gewisse Größe hinauszuwachsen. Pselaphiden, Tineiden, Trichopterygier, Chalcididen, Culiciden, Aphiden, Psociden usw. sind in der Nähe des Eises ebenso unscheinbar wie in den äquatorialen Urwäldern, und es gehört wohl bei diesen Gruppen die Kleinheit zum Charakter, genau so, wie andere Merkmale[1]". Auch hier ist es also deutlich ausgesprochen, daß die Körpergröße aus verschiedenen Ursachen resultieren kann, einmal aus dem Einfluß der Umwelt, dann aus der inneren Konstitution, dem Typus selbst.

Bei Landschnecken ist nach Buchner die Wärme und Feuchtigkeit für das Größenwachstum sehr maßgebend. Die klimatischen Verhältnisse ihrer Wohngebiete im allgemeinen, auch vorübergehende meteorologische Erscheinungen im besonderen, ferner Pflanzenwuchs und Bodenformation — beides wohl indirekt wegen Nahrung und Feuchtigkeit, die sie bieten — spielen eine entscheidende Rolle. An derartig begünstigten Lokalitäten werden die Landmollusken auch individuell am größten. Die Talbewohner sind im allgemeinen größer als die Bergbewohner, wohl wegen der Wärme- und Feuchtigkeitsverteilung. Stammesgeschichtlich-biologisch erklärt sich diese Tatsache mit Buchner wohl am besten daraus, daß die Weichtiere eigentlich Wasserbewohner sind und daß sich nur sehr wenige von ihnen die Fähigkeit, am Lande zu leben, errungen haben; auch diese Landmollusken sind dann noch zum allergrößten Teil besonders von der Feuchtigkeit abhängig[2]), und darum entscheidet hier die Wärme allein nicht über die Körpergröße wie meistens bei den Marinmollusken. Man sieht daran die Verwicklung der Ursachenfäden.

An der körperlichen Kleinheit von ursprünglichen Marintieren kann nachgewiesenermaßen auch der schwindende Salzgehalt des Wassers schuld sein. Seit 1895 drang aus der Kieler Bucht Meerwasser mit Miesmuscheln in den Kaiser Wilhelmkanal ein. 1896 hatten sich die Miesmuscheln angesetzt, nahmen aber von Ost nach West an Größe ab, entsprechend der Abnahme des Salzgehaltes. Die Geschlechtsreife trat ebenso bei immer kleineren Exemplaren ein. So wird man auch die geringere Größe der aus dem Eismeer stammenden Ostseeformen dem schwindenden Salzgehalt dieses Reliktenmeeres zuschreiben dürfen[3]). Damit wäre dann bewiesen, daß die arktischen Individuen solcher Arten nicht besonders groß, sondern daß ihre Ostseebrüder nur besonders klein sind; es ist also dieses, nicht jenes zu erklären.

---

1) Handlirsch, A., Einige interessante Kapitel der Paläo-Entomologie. Verh. k. k. zool.-botan. Ges. Wien. Jahrg. 1910, S. 178.

2) Buchner, O., Die Größenextreme bei unseren einheimischen Land- und Süßwassermollusken. Nachrichtbl. Deutsch. Malakozool. Ges. Jahrg. 49, Frankfurt a. M. 1917, S. 167 ff.

3) Weber, a. a. O. S. 502/03.

Ein anderer Fall läßt sich als unmittelbare Entwicklungshemmung durch chemisch-physiologischen Einfluß des Wassers auf den Organismus sehr wohl verstehen. Es ist die Kleinheit der Formen in den eisenkiesführenden tonigen Ablagerungen. Frech sagt darüber in einem sehr fesselnden Aufsatz[1]) über den Zusammenhang geologischer Vorgänge mit der Umwandlung der Faunen: „Eine besondere Form des blauen Schlicks, den „Schwefeleisenschlick" (Krümmel) enthält das Schwarze Meer, dessen Gewässer unterhalb der Tiefenstufe von 230 m nicht genügend ventiliert und daher reich an Schwefelwasserstoff, aber arm an Sauerstoff sind. Das schwarz gefärbte Schwefeleisen nimmt fast die Hälfte des ganzen Bodenabsatzes ein, während Kalk zurücktritt ... In den Absätzen der Vorzeit sind etwa von der mittleren Kreide an bis zum Devon die schwefeleisenführenden Tone und Schiefertone sehr verbreitet und besonders durch den Reichtum der wohlerhaltenen Ammoneen ausgezeichnet, deren Kammern häufig von Eisenkies oder dem aus Sulfid entstandenen Brauneisenstein ausgekleidet sind. Die Zahl und der Formenreichtum der Ammoneen hat durch das Schwefeleisen nicht gelitten. Hingegen bleiben die verkiesten Ammoneen stets an Größe beträchtlich hinter den zu derselben Art — oder nahe verwandten Formen — gehörenden Individuen zurück, die in kalkigen Absätzen vorkommen". Solche Ablagerungen sind die Goniatitenschiefer des Devon und Oberkarbon, die Choristocerasschiefer des Rhät, dann sehr viele Lias- und Doggerablagerungen, die Aptmergel Südfrankreichs. Hier ist kein Zweifel, daß das mit Schwefelwasserstoff durchsetzte Wasser selbst unmittelbar nachteilig, also das Größenwachstum hemmend, auf die Bewohner einwirkte. Nur in engbegrenzten Becken und Meeresarmen, die nur schlecht mit dem offenen Meere in Verbindung stehen, wird diese Erscheinung eintreten können.[2])

Ein anderer Fall von Zwergwuchs, in dem die veranlassenden Umstände klarer ersichtlich sind, liegt in der Meerenge von Messina vor, wo kleine niedere Kalkalgen den Meeresboden bedecken. Die dazwischen lebende Konchylienfauna zeichnet sich durch Kleinheit der Individuen aus, was offenbar die Bedeutung hat, daß diese Tiere anders keinen Raum in den Zwischenräumen des Schwammrasens fänden. Ein analoges Beispiel bietet vermutlich die mitteltriassische Fauna in den Mergeln von St. Cassian in Südtirol. Diese Cassianer Mikrofauna besteht mit verschwindenden Ausnahmen aus ganz kleinen Formen. Muscheln, Schnecken, Kephalopoden, Seeigel, Brachiopoden haben, von einzelnen Exemplaren

---

1) Frech, F., Geologische Triebkräfte und die Entwicklung des Lebens. Archiv f. Rassen- und Gesellschaftsbiologie usw. 6. Jahrg., Leipzig u. Berlin 1909, S. 6.

2) Man vergleiche auch das auf S. 37 erwähnte Vorkommen der kleinen Makrokephalen im Schwefelkies; ferner die kurze Zusammenstellung bei Dacqué, E., Grundlagen und Methoden der Paläogeographie. Jena 1915, S. 211 u. 236.

abgesehen, geringe Körpergröße, und es hat allen Anschein, als ob der Aufenthalt in den engen Schlupfwinkeln in unmittelbarem Zusammenhang damit steht. Dieser Eindruck wird verstärkt, wenn man an herausgebrochenen Handstücken dieses Vorkommens die kleinen Molluskenschälchen zwischen den Spongien stecken sieht (Fig. 47).

So hätten wir also für ein und dieselbe Formbildung — den Zwergwuchs — mindestens dreierlei Arten der Ursache anzunehmen und erkennen auch daraus wieder nicht nur die stets neuartige Mannigfaltigkeit des Naturgeschehens, sondern auch die Gefahr, die im Generalisieren von Erklärungen und Theoremen liegt.

Es sei gestattet, in diesem Zusammenhang auf das Gebiet der Wirbeltiere noch überzugreifen. Die fast durchweg geringe Körpergröße der Vögel hängt mit der einfachen Tatsache zusammen, daß der Körper in die Luft gehoben werden muß und daß die zu seiner Erhebung nötige Kraft in ganz anderem Maße wächst als das Körpergewicht selbst. Nach E. und A. HARLÉ bedarf ein viermal so großes Tier einer Kraft, die pro Einheit seines Gewichtes doppelt

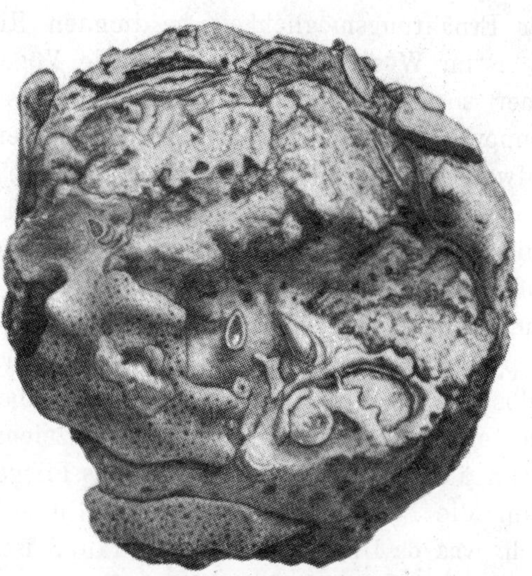

Fig. 47. Handstück aus den Cassianer-Schichten (Ob. Trias) von Südtirol mit Spongienkolonie und dazwischenliegender, unzerbrochener, feinschaliger Gastropodenzwergform. (Orig. in München.) $^1/_1$.

so stark ist als beim viermal kleineren; oder: dasselbe Gewichtsteil des Tieres, das vorher mit einem Druck von 1 kg gehoben wurde, bedarf bei einem viermal vergrößerten Tier nun einer doppelt so großen hebenden Kraft. Also nicht der Körperzuwachs allein bedarf einer entsprechenden Vermehrung der hebenden Kraft, sondern der Zuwachs bringt es mit sich, daß auch die früher schon vorhandene Masse nun im Verband mit der hinzugekommenen Masse, die sich eben in der Zunahme der Körpergröße darstellt, eine stärkere Hebekraft beansprucht.[1] Daher sind große Vögel im allgemeinen eine unzweckmäßige Erscheinung, soweit ein gut ausgebildetes Flugvermögen und rasches Fliegen in Betracht kommt. Hieraus erklärt sich der innere Zusammenhang in dem Festhalten geringer Körpergröße bei den Vögeln.

---

1) HARLÉ, E. u. A., Le vol des grands réptiles et insectes disparus semble indiquer une pression atmosphérique élevée. Bull. Soc. géol. France. Tome II, 4. Sér., Paris 1911, S. 118—121.

Was den Riesenwuchs der insularen Laufvögel anlangt, so erklärt man ihn dadurch, daß auf Inseln keine Raubtiere leben und lebten, welche trägen Vögeln gefährlich werden konnten. Viele Erdvögel sind an sich schon schlechte Flieger[1]) und machen nur selten von ihren Flügeln Gebrauch. Werden sie nicht durch äußere Gefahr dazu gezwungen, so verkümmern durch den Nichtgebrauch die Flügel und bedürfen infolgedessen auch des Federkleides nicht mehr, das sich abändert, borstig oder wollig wird. Durch Aufgeben des Fliegens fällt auch die Beschränkung der Körpergröße weg, und einem nur von den Grenzen des Raumes und der Ernährungsmöglichkeit bestimmten Riesenwuchse steht nun nichts mehr im Wege. Denn solange die Vögel fliegen, ist die Erreichung einer so bedeutenden Körpergröße physikalisch unmöglich, weil zur Emporhebung eines großen Körpers unverhältnismäßig viel mehr Kraftaufwand gehört, als zu der eines kleineren, wie oben dargelegt. Wenn es gerade die größten Vögel sind, sagt Theel an der weiter unten zitierten Stelle, welche das Fliegen aufgaben, so erklärt sich das daraus, daß bei ihnen der größte Kraftaufwand nötig ist und daher auch das Aufgeben des Fliegens am naheliegendsten war. Die Riesengestalten Aepyornis in der Kreide, die heutigen Strauß, Kasuar, Emu u. a. haben selbst wohl nie fliegen können; wohl aber werden ihre Vorfahren, die kleiner waren, unter den vorhin bezeichneten günstigen Verhältnissen, wenn äußere Gefahren fortfielen, das Fliegen aufgegeben haben, wodurch dann die Nachkommen zu solchen Riesen heranwachsen konnten. Freilich, was da Ursache und was Wirkung ist, läßt sich schwer entscheiden. Denn es könnte ja auch die orthogenetische Zunahme der Körpergröße fliegender Typen ein Aufgeben des Fliegens erzwungen haben. Zu vermuten ist aber, daß die primäre Ursache doch der Wegfall äußerer Gefahren war. Denn unter was für günstigen Verhältnissen die Riesenvögel in Neuseeland lebten, läßt sich nach Theel am Zustand der Insel erraten, ehe der Mensch dort eingriff. Dort leben auch kleinere Vögel (Stringops, Kiwi), die schon lange nicht mehr flugfähig sind, deren Apparat auf's äußerste reduziert ist. Bei ihnen wäre das Fliegen aber physikalisch noch sehr gut möglich gewesen; doch konnten sie auf das Fliegen verzichten, weil keine Raubtiere da waren.

Die Körpergröße ist dann auch ganz zweifellos von einfachen physikalischen Bedingungen bestimmt, wie z. B. durch das Trägheitsmoment. Eine an einem Riff etwa festgewachsene größere Muschel wird dem Wogenanprall leichter widerstehen als eine gleichartige, jedoch kleinere Form, und zwar nicht nur deshalb, weil die große Form eine dickere Anwachsmasse hat, sondern auch deshalb, weil die heranprallende

---

1) Arldt, Th., Wirkung des Insellebens auf einige Tiergruppen. Monatsh. f. d. naturw. Unterricht. Leipzig 1908, Bd. I, S. 369.

Woge einen schweren Körper relativ schwerer in Bewegung setzen kann als einen leichten. Selbst wenn man bedenkt, daß ein leichter und daher kleiner Körper weniger Angriffsfläche bietet, so ist dies doch nicht ausschlaggebend gegenüber dem Widerstand, den ein großer und daher schwererer Körper der Überwindung seiner Ruhe entgegensetzt. Es ist das genau umgekehrt dasselbe Verhältnis, welches bewirkt, daß ein kleiner Stein in seinem Flug relativ leichter aufgehalten werden kann als ein großer aus demselben Material und von derselben Form; denn der Kraftaufwand zur Überwindung der Trägheit wächst nicht im einfachen Verhältnis zur Quantität der Körper, sondern in der dritten Potenz. Daher kommt auch von zwei Maschinen von gleicher Form aber verschiedener Größe unter sonst gleichen Bedingungen beim Absperren des Dampfes die kleinere relativ, nicht nur absolut rascher zum Stillstand als die größere.

Vielfach ist auch die Druck- und Zugfestigkeit entscheidend für die beschränkte Körpergröße von Tieren. So gibt Hesse[1]) an, daß die Hautpanzerung der Gliederfüßler zugleich ihrem Größenwachstum bestimmte Grenzen setzt. „Röhren von weitem Durchmesser, wie sie der oberflächliche Panzer eines großen Gliederfüßlers erfordert, müssen, um die genügende Festigkeit zu erreichen, so dick werden, daß die zum Tragen ihres Gewichtes notwendige Muskelmasse unverhältnismäßig groß sein müßte. Da, wo das Wasser den Panzer tragen hilft, bei den Krebsen, können die Ausmaße noch recht bedeutend sein ... Bei den Landbewohnern jedoch fällt die ganze Masse des Panzers den Muskeln zur Last. So ist denn in unserer heimischen Tierwelt das größte Insekt, der Hirschkäfer, immer noch kleiner als der kleinste Vogel, der Zaunkönig, und selbst ein Riese der Insektenwelt, der Herkuleskäfer, ist ein durchaus kleines Tier."

Die Vorteile, welche gerade den kleinen Lebewesen daraus erwachsen, daß alle ihre Skelettstücke allein wegen ihrer Kleinheit große Biegungsfestigkeit haben, sind nach den schon erwähnten ausgezeichneten Auseinandersetzungen von Theel sehr mannigfaltig. Es ist keineswegs so, daß eine einfache gleichmäßige Vergrößerung der Form gleiche relative Biegungs-, Zug-, Druck-, Schub- oder Torsionsfestigkeit des dem kleinen sonst geometrisch ähnlichen Gebildes mit sich brächte. Vielmehr ist die Zähigkeit eines Materials relativ weit größer, wenn es in kleiner Menge als wenn es massig auftritt. So kann sich beispielsweise ein Käfer, ohne zu springen, von einem Baum auf harten Steinboden fallen lassen; ein Gürteltier von der Größe des fossilen Mylodon würde mit einem entsprechend vergrößerten und verdickten gleichen Panzer zerbersten. Denn

---

1) Hesse, R. u. Doflein, F., Tierbau und Tierleben. Bd. I. Leipzig u. Berlin 1910, S. 129.

„ein Streichholz ist fester als ein Balken von gleicher Gestalt und aus demselben Holze". Will man das Ergebnis der physikalischen Betrachtung allgemein ausdrücken, sagt THEEL, so kann man dies entweder unter dem Gesichtspunkt von Materialaufwand oder von Leistung tun. Man gelangt dann zu folgenden Sätzen: Je kleiner der Organismus, desto größer ist unter gleichen Bedingungen seine Festigkeit, desto leichter für ihn sind auch alle auf der Festigkeit beruhenden Leistungen. Durch diese Tatsache ist auch der Größe des Tierkörpers überhaupt eine Grenze gezogen. Sie ist dann erreicht, wenn die zur Festigung nötige Masse gegenüber dem zu anderen Lebenszwecken dienenden Materialaufwand einen unwirtschaftlichen Betrag erreicht.[1]

Bei der Entwicklung von Riesenformen spricht oft entscheidend die Frage des Nahrungserwerbes mit. Der übermäßig große Körper verlangt, wie WEBER sagt, ganz bestimmte Lebensbedingungen für seine Existenz. Zunächst Nahrungsüberfluß; denn wenn ein kleines Tier auch relativ mehr frißt, da das Körpervolumen im Kubus, die ernährende, d. h. die die Nahrung ausnützende Fläche aber nur im Quadrat zunimmt — ein Gesetz, das nur ganz allgemein gilt — „so handelt es sich bei Riesenformen um solche Nahrungsmengen, daß deren Beschaffung auf Schwierigkeiten stoßen und Anlaß werden kann zu Schädigungen der Art. Ferner kann das Gewicht ein Hemmnis werden bei der Ortsveränderung, bei der Beweglichkeit Feinden oder der Beute gegenüber. Endlich fordert die für die Bewegung benötigte Muskulatur größere Ansatzflächen am Skelett, gleichgültig ob dies ein inneres ist wie bei Wirbeltieren, oder ein äußeres wie z. B. bei Arthropoden. Damit ist der Anstoß zu dessen Vergrößerung gegeben, die fortschreitend ihrerseits wieder umfangreichere Muskulatur erheischt und deren Masse zunehmen läßt. Ein circulus vitiosus führt damit, wenn nicht rechtzeitige Hemmung eintritt, zur Bildung extremer Charaktere, die verhängnisvoll werden. Selektion merzt also schädlich gewordene Körpergröße aus und erhält die kleineren und mittelgroßen Formen, die nach Ernährung, Schutzbedürfnis, Wanderfähigkeit, früher Fortpflanzungsfähigkeit usw. dauerfähiger sind."[2]

Es ist bei dem Begriff Riesenformen daher zu unterscheiden zwischen schädlichen und unschädlichen, vielleicht sogar nützlichen Riesenformen. Entstehen sie durch Hypertrophie, so ist das zugleich eine Art Degeneration, die natürlich selektiv alsbald ausgemerzt wird. Sind aber die äußeren Bedingungen entsprechend günstig, steht genug Raum und Nahrung zur Verfügung und ist die Vermehrung der Individuen in Hinsicht darauf nicht übermäßig, so können Riesenformen sehr wohl lange

---

1) THEEL, J., Über die Bedeutung der Größe für die Organismen. Naturwiss. Wochenschrift, N. F. Bd. 16. Jena 1917. S. 505.
2) WEBER, M., a. a O. S. 403/4.

geologische Zeit hindurch die gegebene Individualgestalt einer Art sein. Das möchte ich z. B. gerade von den Nummuliten des Alttertiärs annehmen, die keineswegs den Eindruck selektiv schädlicher Bildungen machen, sondern in dem weiten Meer sich lange halten, üppig gedeihen und zweifellos Nahrung genug finden konnten. Ihr Aussterben oder vielmehr ihr allmähliches Erlöschen scheint daher durchaus innere Gründe gehabt zu haben (siehe Kap. I, 4). Dagegen ist das kurze Aufleben des schon erwähnten riesigen Pachydiscus Wittekindi in der oberen norddeutschen Kreide in einem ganz beschränkten Raume und in nur wenigen Exemplaren wohl ein Fall von schädlichem oder wenigstens den äußeren Verhältnissen gegenüber sehr übertriebenem Größenwachstum gewesen.

Bekannt und viel erörtert ist die Tatsache, daß Tiere auf Inseln oder Wassertiere in engen Becken oft kleiner bleiben als die Artgenossen in weiteren Räumen. Aber auch das Umgekehrte tritt ein: insulare Tiere werden besonders groß. Es kommt also anscheinend im selben Zusammenhang eine entgegengesetzte Wirkung bei verschiedenen Gruppen zustande. WEBER (a. a. O. S. 508) führt mehrere Fälle und ihre mutmaßliche Erklärung an: „Die wohl zuerst durch WALLACE für Schlangen hervorgehobene, aber später bestätigte Tatsache, daß zahlreiche Arten..., die gleichzeitig Inseln und diesen benachbartes Festland bewohnen, im ersten Fall eine größere Wirbelzahl haben, läßt sich vielleicht dadurch erklären, daß Inseln ein milderes Klima besitzen als das in gleicher Breite liegende Festland und daß sie damit dem Größenwuchs förderlich sind. Unwillkürlich denkt man dabei an den Riesenwuchs insularer Schildkröten. Ferner an die zahlreichen, zum Teil erst in historischer Zeit ausgestorbenen flugunfähigen Riesenvögel südhemisphärischer Inseln." Er erklärt die Erscheinung mit R. BURCKHARDT als Wirkung günstiger lokaler Verhältnisse, worunter namentlich die Art der Ernährung diese Größenzunahme bedingt habe; daneben mag auch das Fehlen von Raubtieren auf den meisten dieser Inseln mitgespielt haben. „Wie verschieden aber gleichartige Bedingungen des Wohnraumes", fährt WEBER fort, „auf verschiedenartige Tierstämme einwirken, lehren die Säugetiere, deren Körperdimensionen häufig durch insulare Lebensweise abnehmen (Hirsche, Pferde, Elefanten); demgegenüber hat dann aber wieder Madagaskar, die Heimat übrigens auch von Riesenvögeln, in dem ausgestorbenen Megaladapis den größten aller Lemuren erzeugt." Also auch hier: dieselben Umstände führen zu verschiedenen Ergebnissen.

Alle lebenden Wesen sind stets oder zeitweise auf einen mehr oder minder beschränkten Raum angewiesen, und zwar die Individuen so gut wie die Arten. Zunächst sind alle Individuen an die Lebensgemeinschaft mit mindestens einzelnen ihrer Artgenossen gebunden, wenigstens zeitweise, vor allem zum Zweck der Erhaltung der Art. Auch der freieste Vogel muß einmal sein Nest bauen und Junge erzeugen, und selbst wenn das Männchen am Nestbau und der Brutaufzucht gar nicht beteiligt ist und nur das Gattungsgeschäft besorgt, so muß es eben doch eine dem Weibchen angemessene Körpergröße haben; das Weibchen aber ist in seiner Körpergröße auf den Nestbau und das Zusammenleben mit den Jungen eingestellt. Ferner kann wegen der zur Verfügung stehenden oder zu bauenden Schlupfwinkel, wegen des Nahrungserwerbes, wegen der etwa auf engen Inseln zur Verfügung stehenden Nahrungsmenge gleichfalls die Körpergröße der einzelnen Artvertreter niemals über ein bestimmtes Maß hinausgehen, ohne die Existenz der Art selbst zu gefährden. Ganz zu schweigen von dem intensiven Gemeinschaftsleben der Herden, Schwärme und Stöcke, bei denen die eben genannten Umstände noch weit mehr in's Gewicht fallen. Ein weiterer Grund für die bestimmte Beschränkung der Körpergröße mag auch in der physiologischen Unmöglichkeit liegen, einem Körper über eine gewisse Größe hinaus noch die ungestörte Funktionsfähigkeit der Nerven und Säftebahnen zu gewährleisten. Der dritte Grund beruht für die festsitzenden Tiere einfach darin, daß diese meistens in verwachsenen Maßen auftreten, sich darum schon rein mechanisch der steten Enge des Raumes, den sie sich gegenseitig verschmälern, anpassen müssen und nicht allzu groß werden dürfen, um sich gegenseitig nicht die Zufuhr der zum Leben nötigen Stoffe abzuschneiden.

Erfahrungsgemäß zeigt sich also ganz allgemein, daß dem Größenwachstum auch der begünstigsten Tierformen doch schließlich gewisse Grenzen innerer und äußerer Natur gesetzt sind. Es gilt aber auch, noch nach den speziellen Ursachen zu forschen, welche bedingen, daß die Individuen ein und derselben Art verschieden groß werden können.

Zu dem letzteren Punkt gehört vor allem der häufige Geschlechtsdimorphismus, der sich ja in extremen Fällen so steigern kann, daß das Männchen geradezu zum kleinen Parasit beim Weibchen wird. Eine weitere Möglichkeit liegt in dem unmittelbaren physiologischen Einfluß der Nahrung auf das Größenwachstum. „Besonders deutlich", sagt Doflein, „zeigt sich die Wirkung des Hungerns auf die Entwicklungs- und Wachstumsstadien der Tiere. Sie bleiben im Zuwachs unter solchen Umständen zurück, entwickeln sich zu Zwergformen, bei denen auch oft nicht alle Organe ihre normale Entfaltung erfahren. Ich erinnere nur an die zwerghaften Hilfsweibchen der Hummeln, welche bei geringer Nahrung sich entwickelt haben. Die Größendifferenzen der Individuen von Insekten, z. B. Käfern, Dipteren, Schmetterlingen im Imagozustand sind auf verschieden starke Ernährung im Larvenzustand zurückzuführen; denn bekanntlich wachsen die holometabolen Insekten nach der Metamorphose nicht mehr. Auch bei Krebsen sehen wir, z. B. bei Dekapoden, nicht selten zwerghafte Vertreter einer Art in die Fortpflanzung eintreten." Dauernd ungenügende Ernährung kann nach Weber (a. a. O. S. 488) allerdings zur Zwergbildung führen; aber sonst sind für Zwergbildung und Riesenwuchs doch andere Faktoren wichtiger.

Der eigentümlichste und wohl am schwersten zu erklärende Fall einer nichterblichen Anpassung der Körpergröße ist die Erscheinung, daß z. B. Fische, in einem kleinen See aufgezogen und fortgepflanzt, fast stets von kleinerem Habitus sind als ihre Artgenossen in größeren Lebensräumen, auch wenn die Nahrung entsprechend ist. Die Eigenschaft wird, soweit die Beobachtungen reichen, keineswegs erblich und gibt sich dadurch jedesmal als neueintretende Gelegenheitsanpassung zu erkennen. Nach Schmeil ist die Größe der Diaptomus-Arten jeweils der Größe ihrer Wohngewässer proportional; bei den Eierballen ist es umgekehrt.[1] C. Semper, der die Frage zum erstenmal experimentell untersucht hat[2], teilt mit, daß im oberen Mehlrigsee in den Tauern Saiblinge vorkämen, die kaum länger als eine Hand werden; setzt man einige davon in den unteren Mehlrigsee, wo für gewöhnlich keine leben, dann werden sie rasch dreimal so groß. In kleinen Zimmeraquarien könnte man Frösche und Salamander nie zu der Größe aufziehen, wie sie dieselben Formen in der Natur erreichten. Eine Vergleichstabelle über die Größe identischer Schmetterlingsarten auf den Philippinen und den Palau-Inseln ergibt, daß alle Individuen derselben Art auf den kleinen westlichen Karolinen kleiner bleiben als auf den größeren Philippinen. Limnaeus stagnalis, in Aquarien von verschiedener Größe aufgezogen, zeigten die gleiche Erscheinung, auch wenn mit aller Vorsicht identische Verhältnisse hergestellt worden waren.

Erklärungen sind verschiedentlich versucht worden. Semper dachte, daß in beschränkterem Raum auch geringere Mengen bestimmter, das Wachstum befördernder Stoffe vorhanden seien; Doflein erwägt, ob die in engerem Wohnraum sich aufhäufenden Exkretstoffe nachteilig oder wenigstens wachstumshemmend wirken könnten. Mangel an Nahrungsstoffen kommt in den angeführten Fällen nicht in Betracht. „Man kann sich wohl vorstellen", sagt Doflein, „daß in großen Flüssen und Seen die Ernährung oder die größere Möglichkeit, lange Zeit den Nachstellungen von Feinden zu entgehen, das Vorkommen von Riesen unter den Welsen und Salmoniden bedingt. Daß die großen Ströme der Tropen Riesenformen beherbergen, mag wohl eher auf die außergewöhnlich günstigen allgemeinen Verhältnisse der Tropen zurückzuführen sein. Daß die Wale, die größten gegenwärtig lebenden Tiere, den freien Ozean bewohnen, hängt sicher damit zusammen, daß nur dieser den Riesentieren die Möglichkeit bietet, auf ihren weiten Wanderungen genug Nahrung zu erbeuten."

---

1) Hesse-Doflein, Tierbau und Tierleben. Bd. II, S. 819/20.

2) Semper, C., Über die Wachstumsbedingungen des Limnaeus stagnalis. Verh. Würzb. Phys.-Med. Ges., N. F.-Bd. IV, Würzburg 1878, S. 1—31.

Danach wäre es in erweitertem Sinn der Kampf um's Dasein, der zu solchen Formunterschieden führt. Es ist ja recht gut denkbar, daß in kleinen Becken alle großwüchsigen Formen bzw. Individuen infolge Nahrungsmangels weniger gut fortkommen und schließlich zugunsten der kleineren ausgetilgt werden. Die Erklärung mag überall dort gelten, wo sich diese natürliche Auslese längere Zeit betätigen kann und das Raumgebiet doch immerhin so groß ist, daß die großen Organismen nicht sofort, sondern erst in sehr langen Zeiträumen aussterben und von den hierfür günstiger organisierten kleinen verdrängt werden. Denn überall, wo wir darwinistisch erklären, muß die Voraussetzung der allmählichen erblichen Häufung zufällig günstiger engbegrenzter Variationen erfüllt sein, also lange Zeiträume müssen zur Verfügung stehen. Wo diese Voraussetzungen nicht zutreffen, sondern die Formanpassung an das vorhandene Bedürfnis unmittelbar eintritt, da stehen wir vor dem vertieften Problem, daß eine zweckmäßige Form als unmittelbare Antwort auf äußere Verhältnisse erscheint. Dieser Fall liegt vor bei dem oben mitgeteilten Experiment mit Limnaeus stagnalis und mit den Saiblingen des Mehlrigsees; hier erfolgte eine sofortige direkte Anpassung. Daß etwa verminderte Nahrung in diesen beiden Fällen die Kleinheit der Individuen verschuldet habe, trifft, wie schon gesagt, nicht zu; auch verminderte Wärme nicht. Hier ist also der Zusammenhang zwischen äußerer Notwendigkeit und von innen heraus erfolgender Formgestaltung wieder ganz undurchsichtig geworden — wir stehen vor dem alten Zentralrätsel der biologischen Forschung.

Aber selbst wenn wir die einfacher scheinende selektionistische Erklärung in den angezogenen Beispielen einmal gelten lassen wollten, so wäre damit doch nicht der ganze Umkreis der hierher gehörigen Erscheinungen genügend aufgehellt. Denn es kommt auch vor, daß entgegen der allgemeinen Regel auch in einem kleinen Lebensraum dieselbe Art einmal groß wird und umgekehrt. Es kommen da also mehr Ursachen in Betracht, die sich übereinanderschichten und in ihrer Wirkung gegenseitig gelegentlich beeinträchtigen oder überflügeln. Auch kommt daher, wie überhaupt bei allen Naturerscheinungen, die ausnahmslose Kompliziertheit und die Schwierigkeit einer Erklärung, so daß man schon aus diesem Grund gegen die „einfachen" Erklärungen als die sogenannt besten von vornherein jedesmal ein gewisses Mißtrauen haben darf.

Jedenfalls sehen wir nach den einzelnen gegebenen Beispielen ebenso einen Unterschied in der Wirkung, die derselbe Raum auf die Körpergröße ausübt, wie wir diese Verschiedenheit der Wirkung auch beim Einfluß der Wärme auf die Tierkörper oben erfahren haben: die Warmblüter verhalten sich anders als die Reptilien und die mit letzteren eng zusammenhängenden Vögel. Tatsache ist also, daß die gleichen äußeren Bedingungen je nach der inneren Konstitution der Arten verschiedene Wirkungen hervorbringen.

Das ist aber gar nichts anderes, als was wir bei der Entstehung der Arten und der Körperformen überhaupt immer wieder feststellen: jede Form ist aus sich geworden und sie ist zugleich geworden als Anpassung an die äußeren Bedingungen. Wie deren Erfordernisse aber erfüllt werden, ist jedesmal verschieden; und ob sie erfüllt werden, hängt von den im Organismus liegenden Potenzen und ihrer Entfaltungsmöglichkeit ab, so daß dieselbe äußere Ursache auch zu zwei entgegengesetzten Resultaten bei den Bildungen und Funktionen führen kann.

So sind wir auch bei diesem Spezialproblem wieder auf die Kernfrage zurückgeworfen, inwiefern äußere Bedingungen eine Umwandlung hervorzubringen vermögen, deren Ausgestaltung von ihnen zwar veranlaßt, aber in der Art und Weise ihrer Verwirklichung ein durchaus autonomes Verhalten des Organismus bzw. der Art verrät. Die Struktur der Art, d. i. der Genotypus im Sinne der Erblichkeitsforschung (vgl. den folgenden Abschnitt des Kapitels) ist eben das Rätsel, und auf diese in allen Individuen liegende „Art" werden wir auch hingewiesen, wenn wir die Größe oder Kleinheit der Formen in weiten bzw. engen Räumen erklären wollen. Wenn nämlich in einer engen Wanne die Fische klein bleiben, auf Inseln die Säugetiere im allgemeinen ebenso, die Reptilien aber groß werden, so hängt das offensichtlich mit der Tatsache zusammen, daß die Natur das größere Interesse am Bestand der Art hat, nicht an dem der Individuen: das Individuum sucht sie nur zu erhalten, soweit es für die Art als solche nützlich ist. Würden in engen Räumen die Individuen so groß wie in weiten, so wäre bei der geringen Zahl möglicher Individuen infolge Raummangels, Nahrungsmangels oder wegen zu großer Gefahr der Inzucht die Existenz der Art gefährdet. Nur langsam sich vermehrende Arten, wie etwa die Schildkröten, können daher auf Inseln groß werden ohne Schaden für den Bestand der Spezies, während die rasch sich vermehrenden Säuger und vor allem die Fische ganz besonders klein bleiben müssen. Auch die Riesenvögel haben wohl wenig Eier gelegt, und der große Lemuride gehört meines Wissens ebenfalls zu den Tieren mit sehr geringer Nachkommenschaft.

Die verschiedene Körpergröße der Typen an und für sich ist etwas anderes als der Unterschied, den innerhalb der Typen die Größe der Arten und innerhalb der Arten die der Individuen zeigen. Denn vermutlich wird das nicht jedesmal dieselbe Ursachenkette sein, welche einerseits etwa die durchschnittliche Kleinheit der Foraminiferen gegenüber den Seeigeln oder die relative Kleinheit der Seeigel gegenüber den Säugetieren bedingt, andererseits etwa die Kleinheit der Mäuse gegenüber den Elefanten. Wenn ein Typus, d. h. ein Stammtypus wie der Echinoderm, in's Leben

Fig. 48. Natürliche Größenausbildung der alttertiären Natica crassatina. *A* Normalform des Bewegtwassers (Grobsandfazies); *B* Normalform des Stillwassers (Schlammfazies). Oligozän. Vicentin. Gesetz der Größenzunahme durch spezifische Anpassung durchbrochen. (Orig. in München.) $^1/_1$.

getreten ist, so geschah dies mit einer Organisation, welche den äußerst möglichen Grad des Größenwachstums von vornherein in sich trug, welche von vornherein eingestellt war auf eine beschränktere Körpergröße, als sie etwa das Säugetier hat. Hier spielten äußere Umstände, wie Wärme und Kälte, Nahrungsmangel und -überfluß usw. keine bestimmende Rolle; wohl aber ist dies innerhalb der typisch gegebenen Grenzen bei den einzelnen Arten oder den geographischen Abarten der Fall.

Von einem Typus können wir nur im Vergleich mit allen anderen Typen sagen: er ist klein oder groß. Die Protozoe als Typus ist klein; der Seeigel ist klein gegenüber dem Typus Säugetier. Aber an sich betrachtet ist der Seeigel weder groß noch klein, ebenso wie an sich betrachtet die Protozoe weder groß noch klein ist. Erst ein Vergleich innerhalb der Typen läßt dann von einer großen oder kleinen Protozoenart, einer großen oder kleinen Seeigelgattung usw. reden. Bemerkenswert ist auch, daß die Arten in bezug auf die Körpergröße ihrer Individuen sich verschieden verhalten. Bei den einen sind die Differenzen der Individuen sehr groß, bei den anderen gering. Diese Erscheinung gehört aber in den folgenden Abschnitt über die fluktuierenden Variationen, womit die Frage nach der Körpergröße weiterhin auf's innigste zusammenhängt.

Es gibt ein paläontologisch festgestelltes „Gesetz der Größenzunahme", d. i. ein Ausdruck für die Tatsache, daß im Laufe der Entfaltung eines Spezialstammes durchschnittlich die kleinsten Formen am Anfang, die größten gegen Ende der Entwicklung erscheinen, wenn die Stammlinie vor oder auf dem Höhepunkt angelangt ist oder wenn sie sich anschickt auszusterben, zu verschwinden. Da dies eine durchgängige Beobachtung ist, so kann sie nicht wohl von äußeren Umständen schlechthin abhängen, sondern muß in der Gruppenentwicklung als solcher beschlossen, konstitutiv und orthogenetisch bedingt sein. Ausnahmen erklären sich dann durch das Dazwischentreten äußerer Ursachen, welche die Gesetzmäßigkeit phänotypisch verwischen. Wäre die Größenzunahme nur äußerlich bedingt, so müßten alle Stammlinien zu allen Zeiten wechselnde Formengröße zeigen, es könnte überhaupt nicht jene Gesetzmäßigkeit bemerkbar werden. Ausnahmen treten dann ein, wenn die Repräsentanten der Stammlinie unter besonders abnorme Verhältnisse geraten, welche ihnen anpassungsweise eine größere Körperform früher aufnötigen als sie der Stammesorthogenese entspräche, wenn diese unter stets gleichbleibenden Verhältnissen verlaufen würde und sich selbst überlassen bliebe. Es wurde schon oben auf den starken Einfluß hingewiesen, den für Konchylien das Leben in der Brandung und zugleich in warmem Wasser hat, und es wurden dort auch Beispiele genannt. Ein weiteres derartiges Beispiel, welches das Gesetz der Größenzunahme bei der betreffenden Gruppe gänzlich verwischt, ist die Gattung Natica, deren neogene Vertreter z. B. durchschnittlich kleiner sind als die oligozäne Natica crassatina, ebenso wie die oberkretazischen Formen meistens kleiner sind als die bis mindestens 1,4 dm hoch werdende unterkretazische Natica Leviathan aus Portugal und die 3 dm hoch werdenden oberjurassischen Arten der Riffkalke. Diese großen Formen sind infolge des Aufenthaltes in bewegtem und warmem Wasser stets größer als die sonstwo lebenden Arten jener Gattung, und auch die Vertreter ein und derselben Art sind ebenfalls im bewegten Wasser größer und üppiger als die im ruhigen, vermutlich auch kühleren, weil tieferen und daher weniger sonnendurchleuchteten Wasser. Auf Seite 174 (Fig. 48) sind zwei Exemplare der oligozänen Natica crassatina wiedergegeben, in natürlicher Größe; die eine, kleinere bildet den Durchschnitt der erwachsenen Exemplare aus der Schlammfazies, also dem ruhigeren Wasser des Vicentiner Alttertiärs, die andere, große den Durchschnitt der erwachsenen Exemplare aus der grobsandig-kalkigen Fazies des bewegten lichteren Wassers im gleichen Gebiet. Aus diesem Beispiel geht klar hervor, daß jenes Gesetz der Größenzunahme dann am wenigsten in die Erscheinung treten wird, wenn es sich um Formen handelt, die auf bestimmte äußere wechselnde Verhältnisse sehr leicht mit besonderen Größenunterschieden antworten, wie das zweifellos bei den Naticiden zu allen Zeiten der Fall war.

2. Die Variabilität

Nach den Vererbungsforschungen müssen wir den Organismus als einen Phänotypus und einen Genotypus begreifen. Phänotypus ist der Aufbau eines Organismus, so wie er sich äußerlich, d. h. ohne Berücksichtigung der Erbgrundlage darstellt. Genotypus ist die innere Konstitution und das Bildungsvermögen des Organismus, die Kombination seiner Erbeinheiten, seine Reaktionsnorm. Unter Reaktionsnorm ist zu verstehen jenes Vermögen des Organismus, unter bestimmten Einflüssen und Lebenslagen bestimmte Eigenschaften auszubilden. Eine und dieselbe Muschel wird in der Brandung dickschalig, in ruhigem Wasser dünnschalig. Ihr Phänotypus ist im einen Falle die Dickschaligkeit, im anderen die Dünnschaligkeit; ihr Genotypus aber ist das in der Konstitution begründete Vermögen, beide Eigenschaften je nach der Lebenslage zu entwickeln.

Unter Festhalten dieser Definitionen, die der Ausdruck für Realitäten ist, welche uns die exakte Erblichkeitsforschung kennen lehrt, können wir auch sagen: der Genotypus ist die unerkannte potentielle Innenseite von dem, was wir bisher als „Art" zu bezeichnen pflegten, der Phänotypus aber sind die an und in den Individuen in Erscheinung tretenden konkreten morphologischen Eigenschaften, die wir zählen, messen und wiegen können. Diese Unterscheidung ist ein vorgestellter Dualismus des Organischen, der vermutlich nicht in der Natur selbst, sondern nur in unserem trennenden diskursiven Denken liegt, weil uns das Vorstellungsvermögen für die Einheitlichkeit des organischen Geschehens mangelt. Sache der naturphilosophischen Intuition wäre es, diese Zweiheit im Denken und Sehen als innere Einheit des Organischen wieder herzustellen. Darin liegt das biologische Problem der Zukunft, bis zu dessen Klärung wir aus methodischen Gründen dualistisch verfahren müssen. Danach ist jedes Individuum eine Variation der allgemeinen Form einer genotypisch festgelegten Art. Der Genotypus gibt sich aber ausnahmslos in Individuen, also in phänotypischen Gebilden kund, von denen somit jedes zwar die Art repräsentiert, sie aber nicht allein und nicht vollständig verwirklicht. Die Art variiert daher in den Individuen. Äußerlich gesehen bezeichnen wir mit dem Ausdruck „Variabilität" die Tatsache, daß die als Geschwister oder Tochtergenerationen stammesgeschichtlich auf's engste zusammenhängenden Individuen einer Art unter sich mehr oder weniger verschieden sind.

Unter den Variabilitätserscheinungen können wir nach unseren bisherigen Erfahrungen dreierlei unterscheiden: 1. die im Darwinschen Sinne „zufälligen", das sind jene individuellen Varianten, deren Erscheinen nicht als Nutzanpassung des Organismus verstanden werden kann, weil sie vermutlich nur das Produkt zufällig einwirkender und vom Organismus sozusagen tendenzlos erwiderter äußerer oder innerer Reize sind; 2. Variabilität, welche in engeren oder weiteren Grenzen als bestimmte Anpassung an chemische, mechanische oder physiologische Reize und Erfordernisse erscheint; 3. Variabilität, deren Ursachen in einem gewissen Rhythmus und einer Selbstregulation der organischen Formbildung zu liegen scheinen und die oft eine geradegerichtete Entwicklung verrät.

Die zufällige Variabilität, die als die allgemein bekannte, sogenannte fluktuierende erscheint, begegnet uns überall, wird aber in der Paläontologie noch viel zu wenig beachtet. In der älteren Literatur nahm man mehr auf sie Rücksicht und brachte die individuelle Mannigfaltigkeit der organischen Natur bei der Beschreibung der systematischen Arten mit in Anschlag; infolgedessen sind auch die systematischen Arten der alten Autoren, worauf mich Herr Schlosser aufmerksam machte, fast durchweg „gute", natürliche Arten gewesen, während die hauptsächlich durch die Geologie inaugurierten paläontologischen Artbeschreibungen des letzten halben Jahrhunderts zu unnatürlichen, gekünstelten Artabgrenzungen geführt haben.

Der Paläontologe begegnet aber vielleicht insofern gewissen Schwierigkeiten, als er nicht immer erkennt, welche Individuen seines Materials ein und derselben Population oder ein und demselben engeren Zeugungskreise angehören. Immerhin liegen die Fälle doch auch hier so auf der Hand, daß trotz der Labilität der Formen die spezifische Zusammengehörigkeit der Varianten viel häufiger zu erkennen ist, als dies bei der stratigraphisch-paläontologischen Beschreibung der Arten meistens bisher zum Ausdruck gekommen ist.

Ich denke hierbei besonders an Formen wie die festsitzenden Austern oder Korallen, deren Gestalt durch die räumliche Einengung oft oder vielmehr stets so variabel und äußerlich umgebildet, ja verzerrt ist, daß die verschiedensten „Scheinarten" zustande kommen und leider auch häufig als wirkliche Arten aufgefaßt und beschrieben worden sind. Die beigegebene Abbildung zeigt solche äußerlich beeinflußte Formenbildung ein und derselben lebenden Austernart, deren Individuen Geschwister aus einem kleinen Riff sind (Fig. 49). Genau dasselbe ist an jedem fossilen Austernvorkommen zu sehen. Die Sessilität zwingt diese Tiere, das ganze Leben über an ein und derselben Stelle festzusitzen und dabei in Lebensbedingungen auszuharren, die zwar durchschnittlich gleichbleiben, für die einzelnen Individuen jedoch oft sehr verschieden sind. Je nach den anders gearteten Standortsverhältnissen entstehen entsprechende, grob-mechanisch hervorgerufene, individuelle Anpassungserscheinungen, die sich bei der anhaltend verschiedenartigen äußeren Beeinflussung (Raumeinengung, Zuströmung des Wassers, Ernährung, Licht) direkt und indirekt auch an dem allein fossil

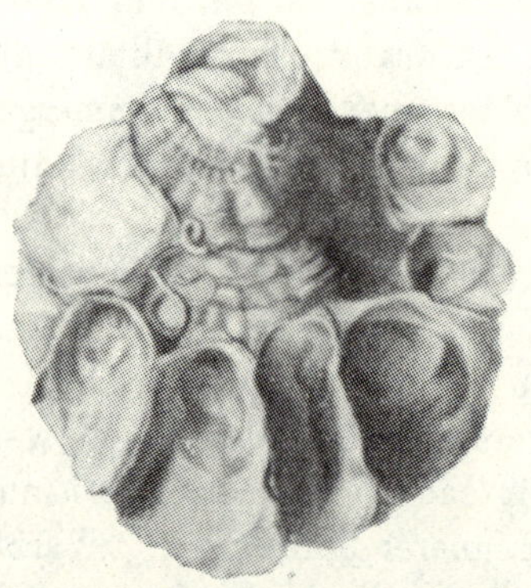

Fig. 49. Rezente Austernbank auf einer größeren Auster angesiedelt. Adria. Zeigt die Verbildung der Schälchen infolge räumlicher Einengung. .(Orig. in München.) $^3/_4$.

werdenden Skelett deutlich ausprägen. Große, dadurch hervorgerufene morphologische Mannigfaltigkeit der Gestaltungen bedeutet daher nicht, daß solche Formen verschiedenen Arten zuzuweisen wären. Nach DÖDERLEIN sind die festsitzenden Tiere am variabelsten[1]), und zwar die starr oder mit der ganzen Unterseite festgewachsenen, wie Korallen und Austern, mehr als etwa die nur mit einem weichen Stiel oder Byssus festgehefteten, wie die Brachiopoden und gewisse monomyare Muscheln. Dieses DÖDERLEINSche Gesetz ist dahin abzuändern, daß die sessilen Formen gegenüber den beweglicheren dann die variabelsten sind, wenn für beide die Ernährungs- und Temperaturbedingungen dieselben sind; denn sonst können andere bestimmende Momente ihrerseits weitestgehende Variabilität der beweglicheren bedingen, wie die Erfahrung lehrt.

Sind jene äußeren Verzerrungen auch leicht als solche zu erkennen und die Arten danach zu bewerten, so gibt es doch auch noch eine

---

1) DÖDERLEIN, Die Korallengattung Fungia. Abh. Senckenb. naturforsch. Ges. Frankfurt a. M. Bd. 27, Heft 1.

Vielgestaltigkeit, deren Ursachen nicht so unmittelbar erkennbar sind. Beispielsweise die Variabilität der Brachiopoden, von der das nebenstehend abgebildete Formennetz (Fig. 50) einen keineswegs erschöpfenden Begriff gibt. Was ist die innere oder äußere Ursache zu deren Variabilität? Zum Teil sicherlich das Gebanntsein an eine einzige Stelle; jedes Individuum hat zeitlebens einen bestimmten Raum inne.

Die Grenze zwischen den durch rein äußerliche, grob-mechanische Beeinflussung, räumliche Einengung und durch Nahrungswechsel, wechselnden Salzgehalt, größeren Wasserdruck, veränderte Temperatur hervorgerufenen nichterblichen Varietäten einerseits und den erblichen, oder wenigstens generationenlang anhaltenden lokalen Abarten andererseits verwischt sich, von außen besehen, oft vollständig. Wir wissen z. B. nicht, ob unter den abgebildeten Terebratuliden erbliche oder unerbliche Varietäten vertreten sind oder nicht. Es wird daher für jede nicht mit lebendem Material arbeitende, also für jede nichtexperimentelle Betrachtungsweise schwer sein, darzutun, ob vorübergehende oder dauernde Varietäten vorliegen. Die ersteren werden nicht erblich, wie z. B. der geologische Überblick über die Austern zeigt, wo nie die äußerlich aufgezwungene Formverbildung, sondern nur die Fähigkeit zu ihr vererbt wurde. Ob die zweite Art Varietätenbildung, die Standortsvarietät, in artbildendem Sinne vererbbar ist, weiß man noch nicht.

Dies durch Zuchtversuche zu erforschen, ist Sache der experimentellen Vererbungslehre.

Obwohl der Paläontologe keine Experimentaluntersuchungen machen kann, so ist es ihm, wie wir schon gesehen haben, doch keineswegs unmöglich, aus seinem scheinbar so toten Material selbst oft das nötige Urteil über die Natur der ihm entgegentretenden Variabilität und Formverschiedenheit zu gewinnen, indem er den Lebensverhältnissen der zu beschreibenden und als Arten abzugrenzenden Individuen nachspürt. Wenn Formen, wie die oben abgebildeten Terebrateln, alle an ein und demselben Fleck gefunden werden, wo sie auch gelebt haben, dann beweist dies ihre Artzusammengehörigkeit, läßt sie also als reine unerbliche Varietäten, nicht als Standortsrassen erscheinen.

In einem solchen Falle hat man also eine gute natürliche Art vor sich, es liegt keine Veranlassung zur systematischen Trennung vor, keine Veranlassung, die Individuen auf verschiedene Artnamen zu verteilen; wenngleich es jedem unbenommen bleibt, zur deutlichen Auseinanderhaltung den einzelnen Formen eigene Varietätennamen beizulegen. Dies ist sogar zweckmäßig, um eine präzise Verständigung zu ermöglichen.

Die Variabilität der Foraminiferen ist bekannt. Wenn wir absehen von dem später zu beschreibenden Dimorphismus (Kap. III, Abschn. 4), welcher mit Generationswechsel zusammenhängt und der nicht unter den Begriff der individuellen Variabilität fällt, so haben wir auch unter den fossilen genug unmittelbar ersichtliche fluktuierende Varietäten. Die individuelle Variabilität geht bei den Foraminiferen so weit, daß dabei oft die Charakteristika genotypisch verschiedener, natürlicher Gattungen innerhalb ein und derselben Art, ja innerhalb ein und derselben Stand-ortsrasse erscheinen. Das Extrem in dieser Beziehung bildet wohl die Peneroplis aus dem Roten Meer, die mit ihrem individuellen Formen-reichtum sozusagen ganze Gattungen umfaßt.[1])

Die Ursache der Ausbildung solcher auch sonst häufig auftretender variabler Foraminiferen ist nach SCHUBERT[2]) darin zu suchen, daß eine auffallende Plasmazunahme es dem Tiere unmöglich macht, die Kammern weiterhin regelmäßig schraubig, alternierend, spiral oder mehrknäuelig anzuordnen und so die Entstehung uniserialer, zyklischer u. dgl. Formen veranlaßt. Dies ist bei dem primitiven Bau der Foraminiferen der An-laß, daß so viele phänotypische Gattungen polyphyletisch erscheinen, daß also viele Gattungsnamen nur biologische Wachstumsstadien verschiedener Entwicklungslinien sind.

Was uns aber hier besonders deutlich bei den Foraminiferen ent-gegentritt, ist bei den meisten mehrzelligen Organismen oft sehr ver-hüllt und beweist, daß schlechthin jeder sichtbare Organismus in seiner phänotypischen Ausbildungsweise, in seinen Merkmalen nach den äußeren Umständen sich richtet und daß daher Form und Gestalt weder einen inneren genotypischen Verwandtschaftsgrad mit Sicherheit ausdrücken, noch daß umgekehrt verschiedene Genotypen phänotypisch verschiedene Produkte liefern müssen.

Nächst den Foraminiferen scheint bei Brachiopoden die stärkste äußere Variabilität aufzutreten; wie weit sie geht, zeigte schon vorhin das Formennetz der jurassischen Terebratula, es zeigt sie u. a. auch der bekannte Spirifer Verneuili des Devon mit einer individuellen Variabilität, die viel bedeutender ist als die unserer oben abgebildeten jurassischen Terebratula, bei der sich die Variabilität äußerlich mehr auf die Randfaltung und den mehr oder minder ovalen Umriß beschränkte, während sie bei Spirifer Verneuili auch die Area noch mitumfaßt.

Nach YAKOWLEW[3]) geht sie bei vielen paläozoischen Spiriferiden der Gattung Spirifer, Cyrtia und Cyrtina und Reticularia soweit, daß zum Teil bloße Wachstumsmodifikationen in verschiedene Gattungen ver-teilt worden sind. So stellt die Reihe Reticularia triquetra — Cyrtina

---

1) DREYER, F., Peneroplis. Eine Studie zur biologischen Morphologie und zur Speziesfrage. Leipzig 1898.

2) SCHUBERT, R., Die fossilen Foraminiferen des Bismarck-Archipels und einiger angrenzender Inseln. Abh. k. k. geol. Reichsanst. Wien 1911, Bd. 20, Heft 4.

3) YAKOWLEW, N., Die Anheftung der Brachiopoden als Grundlage der Gattungen und Arten. Mém. Comité géol. St. Pétersbourg, 1908. N. Sér., Livr. 48, S. 25 ff.

parva aus dem polnischen Mitteldevon wohl nur eine reine Wachstumsmodifikation derselben Spezies dar. Ein gleiches Verhältnis herrscht auch zwischen der rhätischen Spiriferina uncinata und Spiriferina austriaca ZUGMAYR sieht diese Formen als Unterarten an[1]), es liegt aber auch hierzu kein Grund vor, da der ganze Unterschied darin besteht, daß Sp. uncinata. Artenindividuen mit stärker verlängerter und Sp. austriaca solche mit schwächer verlängerter Ventralschale darstellen.

Die oberpaläozoischen Cyrtinen mit hoher Area gehen, ähnlich wie die triassischen, aus Spiriferinen mit niederer Area hervor. So entsteht im Permokarbon Siziliens Cyrtina Josephinae aus Spiriferina Margaritae Gemm. (Fig. 51). In der unterkarbonischen Fauna von Alapajevsk im Ural kann man die Wechselbeziehung nachweisen, welche zwischen Cyrtina carbonaria und der Spiriferina, aus welcher sie hervorgegangen, besteht. Es kommen also durch Wachstumskonvergenzen cyrtinenartige Spiriferinen und spiriferinenartige Cyrtinen zustande, gewiß eine Warnung für das Aufstellen morphologischer Art- und Gattungsdiagnosen ohne Berücksichtigung der Biologie. Diese letztere wird aber umso leichter zu berücksichtigen sein, je mehr die Formverbildungen mechanischer Natur sind, während die Ernährungs- oder Wärmevarietäten weit seltener unmittelbar und wohl bloß nach analogen Fällen am lebenden Material zu beurteilen sein dürften. Das zeigt aber, wie sehr jede nur vergleichend

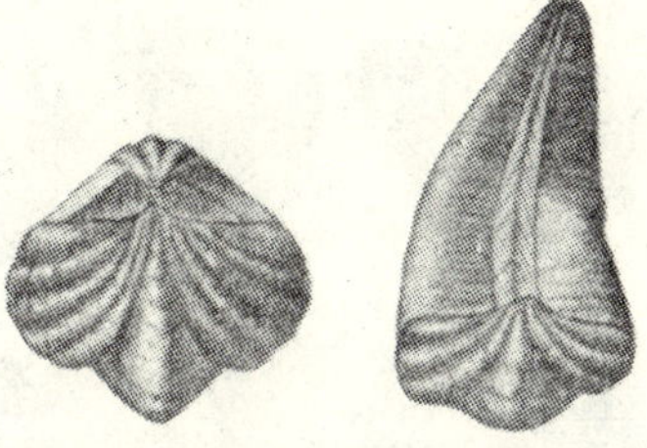

Fig. 51. Variabilität eines Brachiopoden, zwei Gattungstypen, Spiriferina und Cyrtina, vortäuschend. Permokarbon, Sizilien. (Aus GEMMELLARO, Sosio-Brachiop. 1898/99.) $^1/_1$.

morphologisch begründete Systematik eine äußerliche Anordnung, nicht der Ausdruck natürlichen Zusammenhanges ist. Es hat daher auch keinen Zweck, sich mit angeblich wissenschaftlichen Gesichtspunkten für diese oder jene Einteilung von Gruppen oder Stämmen nach der Morphologie in's Zeug zu legen: es kann sich immer nur um Praktischkeitsgründe handeln, ob man so oder so einteilt.

Von den losen bodenbewohnenden Tieren scheinen im allgemeinen die Schnecken am variabelsten zu sein. Es sei an die slavonischen Paludinen oder an die Planorbis von Steinheim erinnert, über deren Charakter als Variations-, nicht als Stammreihen im Schlußkapitel VII, 1 Näheres gesagt ist. Aber auch Marinschnecken variieren stark, wie die beigegebene Tafel der italienischen Cassidaria echinophora zeigt (Fig. 52). Jedem Konchyliensammler ist die Variabilität von Limnaeus

---

1) ZUGMAYR, H., Untersuchungen über rhätische Brachiopoden. Beiträge z. Paläont. u. Geol. Österr.-Ungarns u. d. Orients, Bd. I. Wien 1880. Taf. III.

bekannt, dessen Schalenform mit der Wasserbewegung wechselt, die eine große Variabilität der Gehäuse bedingt[1]).

Teils folgt die Skulptur der Schalen bei der Variabilität sekundär und korrelativ den sonstigen Schalenveränderungen, wie die oben abgebildete Cyrtina zeigt, wo sich die Rippen mit dem Gehäuse strecken; teils ändert auch die Skulptur allein bzw. primär ab wie in dem Beispiel der nebenstehenden Cassidaria. „Gerade in der Skulptur", sagt DEECKE, „prägt sich eine gewisse größere Variabilität aus, man kann das bei Pleurotomaria, Cerithium, Melania, Pleurotoma beobachten; es entspricht das der Fleckung bei Cypräen und Coniden. Man denke an Cerithium plicatum und margaritaceum des Mainzer Beckens, an entsprechende Formen des Pariser Grobkalkes und des Wiener Miozäns. Die rezenten Melanien, die vom Cancellaria-Habitus bis zu Cerithium und Turritella schwanken, werden von allen Autoren als eine Crux für systematische Trennung erklärt. Dort und bei Cerithien hat die Mannigfaltigkeit sehr bald dem Artenmachen ein Ende bereitet".[2])

Fig. 52. Fluktuierende Variabilität einer Cassidaria aus dem oberitalienischen Pliozän. (Aus VINASSA DE REGNY, Mem. X (Ser. V), Acad. Sci. Bologna, 1902.) Die Figuren bilden nur einen Teil der Varietäten desselben Standortes. $^2/_3$.

Wenn auch nicht gerade von einem Spieltrieb, so dürfen wir doch von einem Variationstrieb in der Bildung organischer Formen reden, welcher oft in einer biologisch ganz überflüssigen, nur sozusagen eigener Entwicklungslogik folgenden Hervorbringung ungeheuerer Mannigfaltigkeit einzelner Eigenschaften, Organe oder Gesamtgestalten besteht. Hierfür ist die Suturlinie der Ammoniten wohl das auffallendste Beispiel. Es ist im Kapitel V, 2 auseinandergesetzt, daß die wellige und verzweigte

---

1) BREHMS Tierleben, Bd. I, 4. Aufl., Leipzig u. Wien 1918, S. 470.
2) DEECKE, W., Paläontologische Betrachtungen. IX. Über Gastropoden. Neues Jahrb. f. Mineral., Geol. u. Paläont., Stuttgart 1916, Beil.-Bd. 40, S. 773.

Anlenkung der Kammerscheidewände an die Innenseite der Außenschale verständlich ist einerseits als Mittel der besseren Festheftung des Weichtiermantels in dem Gehäuse, andererseits als elastische Unterstützung der dünnen Schale gegen Druck von außen. Daß die Goniatitensutur hierzu vielleicht nicht ganz genügte, mag zugegeben sein; daß auch noch die Ceratitensutur jene innige Festheftung durch Fältelung nicht erreichte, ebenfalls. Aber warum eine Pinacocerassutur einer Psilocerassutur und diese wieder einer Perisphinctensutur weichen mußte, warum noch die blätterige Phylloceraslinie und die unendliche Mannigfaltigkeit aller übrigen Gattungen hinzukam, dafür ist bis jetzt kein anderer Grund einzusehen als jene stets und überall sich geltend machende Kraft der organischen Natur, sich in immer wieder neue Formen zu gießen und das bleibende Typische, das durch Vererbung Gegebene in immer wieder neuartigen Bildungen auszudrücken.

Es war schon vorhin die Rede von Lokalrassen, die als konstante Lebenslagevarietäten gelten können, solange nämlich die Art sich in derselben Lebenslage befindet. Jederzeit können die Vertreter einer Lokalrasse aber wieder in die Grundart zurückschlagen, wenn sie mit den anderen unter dieselben Lebensbedingungen gebracht werden. Solche Rassen haben,

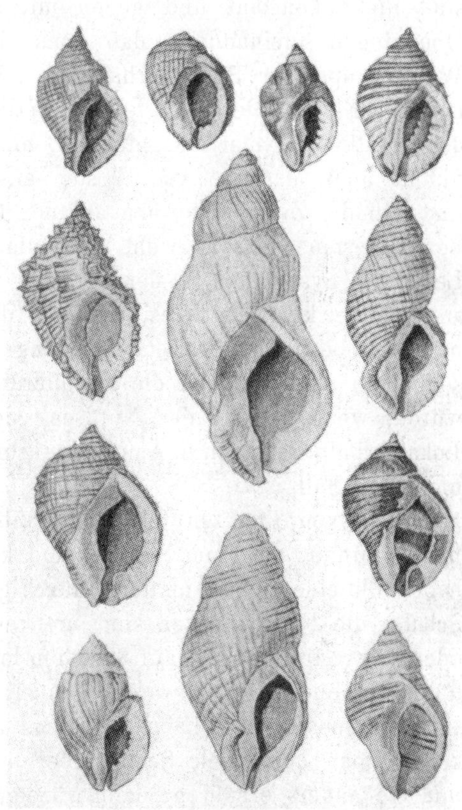

Fig. 53. Standortsvarietäten der rezenten Purpura lapilla im Nordseegebiet. (Aus Bronns Klass. u. Ordn. Mollusca 1.) Verkl.

solange sie bestehen, ihre eigene phänotypische Variabilitätskurve. Nach Walther[1]) unterscheiden sich dieselben Gastropoden bei Spitzbergen von den Individuen bei Grönland und Nordisland durch die geringere Dicke ihrer Schale, den Mangel an Längsrippen, das Vorwiegen von Spiralrippen und größere Körperform; auch bei den dortigen Muscheln ist dies der Fall. Es mag dies mit der bei Island und Grönland noch wärmeren

---

1) Walther, J., Einleitung in die Geologie als historische Wissenschaft. Teil 2: Die Lebensweise der Meerestiere, Jena 1893, S. 357.

Strömung zusammenhängen, welche indirekt wieder eine andere Nahrungszusammensetzung bedingt und so den Habitus derselben Art beeinflußt und Lokalrassen hervorruft.

Das Extrem in dieser Beziehung sind die Standortsvarietäten der rezenten Purpuriniden, von denen die lebende Purpura lapilla (Fig. 53) geradezu Gattungsverschiedenheiten zeigt. In den Gewässern um England ist diese Art sehr häufig und außerordentlich variabel, aber die Varietäten sind nicht konstant und gehen mit so unmerklichen und zahlreichen Übergängen ineinander, daß man keine Arten unterscheiden kann. Wassertemperatur, Bodenverhältnisse, Nahrung bedingen diese Verschiedenheiten. Einige dieser Varietäten werden aber als getrennte Rassen an der Westküste Amerikas gefunden, nicht an der Ostküste. PERRIN-SMITH nimmt an[1]), daß sie von Westen aus der Atlantischen Region kamen und daß die Zwischenformen auf der Reise zugrunde gingen oder nicht herwanderten. Das ist wohl nicht die richtige Erklärung angesichts der Lebenslagenvarietäten in der Nordsee; vielmehr ist anzunehmen, daß die an der amerikanischen Westküste von der Art angetroffenen Bedingungen nur eine bestimmte Varietätenbildung bei ihr begünstigten, auf die sie sich dann einstellte und die sie allerdings wieder ins Vielfache variieren würde, wenn, wie in der Nordsee, sich die entsprechenden dauernden Lokalverhältnisse auch in Amerika einstellen würden, was aber anscheinend nicht der Fall ist.

Die von Pflanzen lebenden Laubschnecken des Landes haben alle mäßig dünne, glänzende Schalen und kugelige Gestalt; die Erdschnecken haben alle eine dickere mattere, durch grobe Anwachslinien rauhe, größere Schale; die Felsschnecken sind nie kugelig, sondern plattscheibenförmig oder langgestreckt. Die auf Schlamm lebenden Süßwasserschnecken haben dünne braune oder schwarze Schalen; die Schnecken reißender Bäche sind dickschalig und haben meistens abgeriebene Wirbel. Andererseits könnte man aber viele Schlammbewohner auf Sand oder Felsen setzen und sie anders ernähren; dann würden sie andere Farbe annehmen oder im bewegteren Wasser dickschalig werden. Es kommt nur darauf an, wie weit eine Anpassung in bestimmter Richtung fortgeschritten, d. h. erblich fixiert ist.

Geographische Abarten, die, wenn auch nicht den Wert von Arten, so doch von Rassen haben, kann auch der Paläontologe leicht erkennen. Die geographische Rasse oder Abart unterscheidet sich, wie aus dem erwähnten Beispiel der Purpura lapilla u. a. hervorgeht, von der konstanten primären Art dadurch, daß durch andauernde Unterschiede in den Lebensverhältnissen erblich erscheinende Formänderungen erzeugt werden, die

---

1) PERRIN-SMITH, J., Principles of paleontologic correlation. Journ. of Geology, Vol. VIII, Chicago 1900, S. 693.

jedoch zurückschlagen können, wenn solche Formen wieder unter die alten Verhältnisse gebracht und darin erhalten werden.

Es wurde schon die Krüppelhaftigkeit nordischer Rudisten gegenüber den südlichen erwähnt (S. 90); das ist ein Beispiel geographischer Abarten. Auch die geringere Kalkentwicklung der nördlichen Kreideaustern gegenüber den südlicheren veranlaßt solche geographische Abarten. Variieren dann derartige Formen, wie das natürlich stets der Fall ist, dann kommen häufig identische Gehäuse zum Vorschein, die aber nun umgekehrt nicht dazu verleiten dürfen, die Abarten zusammenzuwerfen, wie ich das selbst einmal irrtümlicherweise tat, als ich in einem senonen Kreidematerial aus der libyschen Wüste unter den Austern alle Übergänge zu der gleichalten nordischen Ostrea armata fand und auf Grund dessen beide Arten — die nordafrikanische O. acanthonota und O. armata — zu einer Spezies nomenklatorisch vereinigte. Beide konstant scheinende Formen sind allerdings bloß Lokalrassen derselben Hauptart, wie das Variieren ihrer Schalen in den verschiedenen Gegenden zeigt. Im Norden, wo es zur Oberkreidezeit kühler war, sind die Schalen weniger üppig und dünner als im Süden. Zu diesen dauernd die Lokalrasse als solche erhaltenden äußeren Einflüssen kommt dann noch die oben beschriebene mechanische Wachstumsverbildung, die auch bei beiden Rassen noch äußere Formähnlichkeit, Unterdrückung der Rippenbildung (O. semiplana) und dergleichen Ähnlichkeiten hervorruft.[1]

Fig. 54. Standortsrassen einer oberkretazischen Actaeonella mit ihren Individualvarietäten. Obere Reihe: Actaeonella Salomonis, Turon, Ägypten. Untere Reihe: Actaeonella voluta, Turon, Gosau. Bei dem Stück rechts unten ist die Mündung etwas abgebrochen. (Aus Dacqué, Beil.-Bd. 22 z. N. Jahrb. f. Min. usw., 1906.) 2/3.

Ein weiteres lehrreiches Beispiel sind die beistehend abgebildeten kretazischen Actaeonellen (Fig. 54). Es sind zwei im Habitus verschiedene

---

1) Dacqué, E., Zur systematischen Speziesbestimmung. Beil.-Bd. 22 z. Neu. Jahrb. f. Min. usw., Stuttgart 1906, S. 657.

Formenkreise. Die eine größere Art kommt in der Oberkreide von Syrien und Ägypten vor, die andere in der Gosaukreide der Alpen. Beide Arten sind gut zu unterscheiden, teils weil sie in der Größe der Einzelindividuen der Höhe des Gewindes und der bei der kleineren Art im allgemeinen etwas schärferen Absetzung der einzelnen Gewindeumgänge gegeneinander deutlich differieren. Die rechtsstehenden extremen Formen, die nicht gerade selten dabei sind, gleichen sich jedoch derartig, daß man sie — abgesehen von ihrer etwas verschiedenen Durchschnittsgröße — als Vertreter ein und derselben Art, ja vielleicht als Geschwister ansprechen könnte, wenn sie an der gleichen Stelle vorkämen. Die Trennung der beiden Arten wird indessen erleichtert durch ihr räumlich weit entferntes Vorkommen.

Besonders zahlreich lassen sich solche Beispiele bei äußerlich wenig abwechselungsreichen Formenkreisen wie Terebrateln und Rhynchonellen beibringen, die unter ihren zahllosen Arten vom Silur bis zur Jetztzeit immer wieder nicht nur Individuen, sondern Individuengruppen, also „Arten" aufweisen, die einander außerordentlich gleichen, aber dennoch nicht in unmittelbarem genetischem Zusammenhang miteinander stehen. Wie man sieht, ist also der morphologische Charakter nicht immer entscheidend für die Zusammenfassung von Individuen zu Arten oder für die Abgrenzung von Arten gegeneinander. Es ist gelegentlich die räumliche Trennung, auch die zeitliche, welche uns zu Artunterscheidungen veranlassen kann, auch wenn eine gewisse Anzahl Individuen sich gleichen.

Die äußeren Ursachen für die Variabilität können im allgemeinen nur durch das Experiment an lebenden Formen, Pflanzen oder Tieren, allseitig und gründlich festgestellt werden. Indessen macht uns auch die Natur oft solche Experimente vor. Die Resultate, welche sie dabei erzielt, können dann gelegentlich durch das Experiment wieder nachgeahmt werden. Bekannt sind ja die verschiedenen Schmetterlingsrassen bestimmter Arten die in wärmeren und kälteren Gebieten leben und die man wechselweise aus Vertretern der einen oder anderen züchten kann, wenn man sie unter entsprechende Temperaturbedingungen bringt. Dasselbe gilt von der Einwirkung bzw. dem Entzug von Feuchtigkeit und von der Ernährungsänderung. In allen diesen Punkten hat man durch das Experiment schon reiche Erfahrung gesammelt und so eine große Anzahl Arteigenschaften bei allen möglichen Gruppen von Tieren und Pflanzen als labile Merkmale kennen gelernt. Das geht so weit, daß sogar sekundäre Geschlechtscharaktere von Männchen und Weibchen durch bestimmte chemischphysiologische Einwirkungen bei der Ernährung einander genähert werden können. So erscheinen uns Standortsvarietäten und geographische Abarten schließlich auch nur als labile Varietäten einer Stammart. Der Unterschied der wirklichen genotypisch gefestigten, d. h. nicht mehr durch äußere Einwirkung in eine benachbarte überführbaren Art und jenen aber läge in der erblichen Beibehaltung von Eigenschaften, die 1. entweder unabhängig von der Lebenslage spontan sich zeigen oder die 2. durch äußere Einwirkung entstanden sind und beibehalten werden, auch wenn die äußeren Umstände, aus deren Bewirkung sie hervorgingen, weggefallen sind oder sich geändert haben.

Eine große Individuengemeinschaft kann man bei ihrer Mannigfaltigkeit in beliebiger Reihenfolge anordnen. Man kann Reihen nach beliebig ausgewählten Merkmalen, wie Größe, Randfaltung, Aufblähung usw. aus ihnen bilden, wobei die ganze Gruppe — nach dem einen ausgewählten Merkmal allerdings nur — in sich durch Übergänge kontinuierlich geschlossen erscheint. Ordnet man nach der Größe an, so werden sich die Individuen anders gruppieren als bei Anordnung nach der Faltung oder Aufblähung; immer jedoch wird sich die Art als ein in sich durch mehr oder minder zahlreiche Übergänge geschlossenes Ganzes erweisen, unabhängig von dem wechselnden Platz, den das einzelne Individuum in jeder Reihe einnimmt. Man kann in Reihen anordnen, wie wir es oben (Fig. 50) getan haben; man kann auch strahlen- oder netzförmig anordnen — das ist alles dem subjektiven Ermessen überlassen und hat keine Bedeutung für die Beurteilung des morphologischen Charakters der Art oder für ihr in dieser Variabilität sich ausdrückendes Wesen.

Fragt man in solchen Fällen jedoch danach, wie es mit der zahlenmäßigen Vertretung der einzelnen Typen bestellt ist, so ergibt sich — einerlei nach welchem Merkmal man anordnet — eine merkwürdige Gesetzmäßigkeit, die darin besteht, daß die dem häufigsten Typ sich morphologisch unmittelbar anschließenden Formen auch die nächst häufigen sind, und daß die morphologisch am weitesten entfernten auch die wenigst zahlreichen sind.

Von einer natürlichen Gemeinschaft, einer sogenannten Population (128 Stück) einer tithonischen Rhynchonella aus der Verwandtschaft der lacunosa von Stramberg, gemessen auf ihrem Querschnitt von Seitennaht zu Seitennaht, wurde folgende Zahlengruppe erhalten:

Maß in cm:	1	1,5	2	2,5	3	3,5	4	4,5	5
Individuenzahl:	3	5	17	34	35	24	9	3	1

Eine Cidaris monilifera-Population aus dem weißen Jura ε von Sontheim in Württemberg ergab im Durchmesser folgende Zahlenreihe:

Maß in cm:	2	2,5	3	3,5	4	4,5	5	5,5
Individuenzahl:	4	6	15	27	31	23	9	3

In Kurven dargestellt, ergeben sich umstehende Bilder (Fig. 55). Die nach rechts variierenden Individuen nennt man die Plusabweicher, die nach links die Minusabweicher. Daraus ergibt sich, daß in der betreffenden Population der Arttypus von Rhynchonella in bezug auf die Querlänge etwa bei 2,5—3,0 cm liegt, für Cidaris monilifera bei 4 cm. Alle meß- und zählbaren oder in Verhältniszahlen ausdrückbaren Merkmale der

Individuen einer Population kann man auf diese Weise durch die Kontrolle gehen lassen.

Ob man die Blätter eines Baumes nach ihrer Größe, ob man die Bohnenkerne eines Strauches oder einer Aussat nach ihrer Größe, ob man den Coloradokäfer nach seiner Zeichnung oder ob man Tausende von amerikanischen Soldaten gemessen hat: stets ist es derselbe Kurvencharakter, dieselbe Symmetrie gewesen, in der sich die Variabilität darstellte. Daraus geht hervor, daß bei allen Arten ein bestimmter morphologischer Schwerpunkt da ist, worin das, was die Art sozusagen körper-

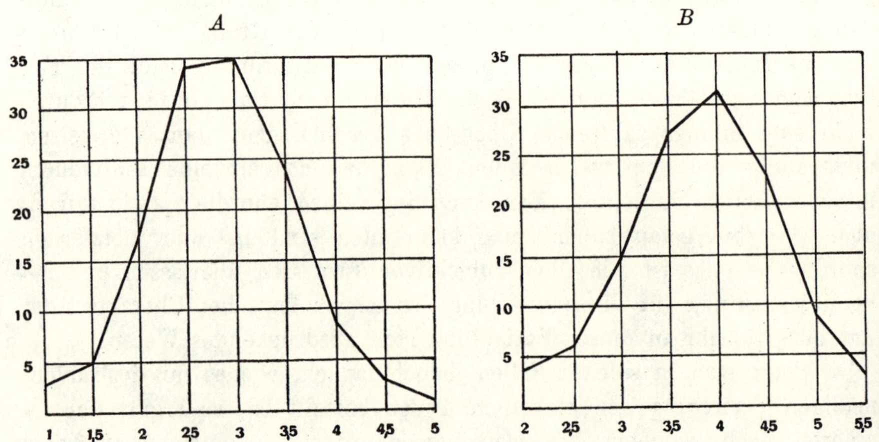

Fig. 55. Variationskurven des Längen- und Breitenverhältnisses von *A* Rhynchonella lacunosa aus dem oberen Jura von Mähren; *B* von Cidaris monilifera aus dem oberen Jura von Württemberg (Orig.).

lich sein will, am reinsten — jedoch keineswegs absolut rein — zum Ausdruck kommt. Denn auch die unter dieselbe Maßzahl fallenden Individuen sind keineswegs alle identisch; sie sind ja nur nach einer Eigenschaft zusammengestellt. Diese Eigenschaft kombiniert sich aber mit vielen anderen Eigenschaften, und wählen wir eine von diesen als Anordnungskriterium, so ergibt sich zwar derselbe Kurvencharakter, aber die Individuen darin sind dann anders verteilt. Ein Individuum, das für die eine Eigenschaft also ein Plusabweicher ist, kann für die andere ein Minusabweicher sein und für eine dritte Eigenschaft in der Mitte stehen usw. Ferner können Individuen verschiedener Arten einander mehr gleichen als etwa die Plus- oder Minusabweicher den typischen Formen der eigenen Art.

Es ist also aus solchen Kurven für einzelne Eigenschaften leicht zu erkennen, was der formale Typus ist und was die Extreme sind. Der Typus ist der Gipfelpunkt, der durch die meisten Individuen repräsentiert ist. Um ihn herum gruppieren sich in abnehmender Zahl die dem Typus ferner und ferner stehenden Individuen, und das Verhältnis ist dabei, wie gesagt, so, daß je aberranter die Form, um so geringer die Individuenzahl ist; also nicht etwa so, daß einmal eine extreme Form dem Typus besonders nahestünde an Individuenzahl.

Eine solche Kurve ist aufgebaut nach der Entwicklung der Formel $(a + b)^n$. Ist n etwa $= 4$, so ergibt sich:

$$(a + b)^4 = a^4 + 4a^3b + 6a^2b^2 + 4ab^3 + b^4;$$

und für $a = 1$, $b = 1$ gesetzt:

$$(1 + 1)^4 = 1 + 4 + 6 + 4 + 1;$$

bei noch höherer Potenzzahl, etwa 10:

$$(1 + 1)^{10} = 1 + 10 + 45 + 120 + 210 + 252 + 210 + 120 + 45 + 10 + 1.$$

Also je höher die Potenzzahl, um so ausgedehnter die Reihe, und, auf unsere Kurven, die dieselbe Symmetrie verraten, angewendet: je größer die Individuenzahl, die der Statistik zugrunde liegt, um so ausgedehnter und um so vollkommener das Bild, das sie gibt. Da dieses uns unmittelbar die Häufigkeit einer Eigenschaft zeigt, so nennt man sie Frequenzkurve.

Das zunächst natürlich Erscheinende wäre wohl, daß die Individuen einer Population, einer Herkunft fast gleich wären. Wir wissen aber, sie variieren, nicht nur in einzelnen Eigenschaften, sondern auch in deren Gesamtanordnung und -beziehung. Es sind also Ursachen vorhanden, welche alle Individuen in irgend einer oder mehreren Richtungen vom Arttypus ablenken. Einen Anhaltspunkt gibt uns das beifolgende Schema eines Apparates (Fig. 56), an dem sich die Wirkung des Zufalls demonstrieren läßt. Ein Brett ist mit Nägeln besteckt, die in Reihen alternierend hintereinander stehen. Unten ist eine Anzahl Fächer, deren mittleres dicker gezeichnet ist, dessen Lumen in einer Geraden mit der Öffnung eines Trichters liegt,

Fig. 56. Schema von Galtons Apparat zur Demonstrierung der Zufallswirkung. (Nach Johannsen, Elem. d. Erblichkeitslehre 1909.)

durch den man kleine Kugeln einlaufen lassen kann. Ist deren Zahl genügend groß, so ergibt sich zuletzt etwa die Anordnung, welche durch die Punktierung veranschaulicht ist. Bei idealen Verhältnissen müßten alle in den Trichter einlaufenden Kugeln in dem mittelsten Fache landen. So aber ist weder das Brett ideal eben, noch sind die Nägel alle gleich und gleich weit entfernt. In Wirklichkeit müssen nun die Kugeln nach dem Einfließen durch die Trichteröffnung an den Nägeln vorbeikommen und, da diese praktisch einigermaßen gleichmäßig verteilt sind, werden jene durchschnittlich ebenso oft nach links wie nach rechts abgelenkt werden. Nur ganz wenige werden vollständig nach rechts oder links hinübergetrieben, eine gewisse Zahl wird zwischen die Mitte und die

Extreme geraten. Es entsteht so eine Verteilungskurve, welche der GALTONschen Zufallskurve entspricht.

Nun können wir sagen: Bei der Entstehung und dem nachfolgenden Ausströmen der Organismenkeime und ihrem Heranwachsen in der Natur sind sie unzähligen Zufälligkeiten ausgesetzt, die ihr Wachstum, ihre Form, ihre Eigenschaften beeinflussen. Nahrung, Licht, Temperatur, Raum ist für jedes wie draußen, so auch schon bei der Erzeugung der Keime im Elternorganismus verschieden; im großen und ganzen zwar sehr gleichartig, bei relativ wenigen sehr verschieden. Bis sie erwachsen sind, hat sich ihre Entwicklung an allen diesen fördernden, hemmenden, modifizierenden Zufälligkeiten und Umständen — den Nägeln des Brettes — gestoßen, das Resultat ist die Variabilität ihrer Eigenschaften. Nach diesen geordnet, ergeben sie die GALTONsche Zufallskurve.

Jedes Merkmal hat, wie GOLDSCHMIDT sagt, eine bestimmte Größe oder Wert, den Mittelwert, der nur selten erreicht wird. Denn die umgebende Natur, in welche der Organismus hineingerät und die er sozusagen durchläuft wie die Kugeln das benagelte Brett, wirkt ebenso ablenkend auf die Merkmalentwicklung ein, wie die Nägel auf den Lauf der Kugeln. „Dem Organismus stellen sich in Gestalt der Gesamtheit der äußeren Lebensbedingungen Hindernisse in den Weg, die ihn teils nach dieser, teils nach jener Seite ziehen und um so seltener in ihrer Wirkung in Erscheinung treten, je größer sie sind. Mit anderen Worten: wir leiten den Schluß ab, daß die charakteristischen Erscheinungen der fluktuierenden Variabilität nichts anderes sind als der Effekt der äußeren Bedingungen."[1]

Es erscheint mir aber wegen der prinzipiellen Erfassung des Artbegriffs besonders wichtig, diese Ausdrucksweise noch mehr zu präzisieren. Denn daß die Kugeln auf dem Brett sich nach der Zufallskurve verteilen, wird keineswegs schlechthin verursacht durch die äußeren Umstände, durch die Nägel etwa, an die die Kugeln anstoßen. Wäre die Glättung des Brettes auch noch so exakt, wären die Nägel absolut identisch, ihre Entfernung voneinander mathematisch genau, so würden die Kugeln dennoch nicht in ein und dasselbe Fach fließen. Die prinzipielle Ungleichheit aller Individuen von vornherein — also hier der Kugeln selbst — ist allein schon bestimmend für das Zustandekommen der Zufallskurve, auch wenn der äußere Apparat exakt jede Idealforderung erfüllte. Mit anderen Worten: die an den Individuen zutage tretenden Merkmale sind niemals nur der Effekt äußerer Bedingungen, sondern ebenso sehr auch der Effekt mitgebrachter Konstitution, Resultat jenes Vermögens, kraft dessen jedes Individuum in besonderer Weise auf das „Anstoßen an die Nägel" reagiert.

---

1) GOLDSCHMIDT, R., Einführung in die Vererbungswissenschaft. 2. Aufl., Leipzig u. Berlin 1913, S. 37/38.

Alle Individuen einer Art sind somit Varianten um einen Idealtypus herum, den keines ganz verwirklicht und dem sich die einen mehr, die anderen weniger nähern. Aus dieser klaren Erkenntnis heraus hatten Paläontologen wie d'Orbigny durchaus recht, wenn sie als Typus der von ihnen aufgestellten Arten nicht ein bestimmtes, konkretes Individuum, sondern ein aus der Masse der Individuen abstrahiertes Typenbild aufstellten. Aber auch dieses Bild muß als Individuum gezeichnet werden; denn anders läßt sich das Typenhafte nicht vermitteln. Das Bild bleibt aber natürlich bloß ein Symbol.

Die bei einer Art festgestellten Variationen ändern sich sofort, wenn die umgebenden und Einfluß gewinnenden äußeren Bedingungen sich ändern. Das sind die sogenannten Lebenslagevariationen, welche sich als nichterblich erwiesen haben. Es gibt aber auch erbliche und in ihrem Mittelwert dauernd festgehaltene Variationen, welche dann als Rassenmerkmale innerhalb einer Art erscheinen, und damit erscheinen auch ihre Träger als Vertreter einer eigenen Rasse innerhalb einer Art. Wenn solche Rassen geographisch gesondert und in eigenen, mehr oder minder begrenzten Lebensräumen vorkommen, dann können sie ganz einfach Lebenslagevariationen sein, die sich infolge dauernd gleicher Einflüsse immer wieder zeigen und die sich daher von den anderen abgesonderten Lebenslagevariationen der gleichen Art nur in dieser äußerlich bedingten, nicht in einer innerlich konstant erblichen Weise unterscheiden. Man muß somit zwischen zweierlei Erblichkeit unterscheiden: einer wirklichen und einer scheinbaren. Die wirkliche Erblichkeit besteht dann, wenn gewisse Eigenschaften auf die Kindergenerationen fortgepflanzt werden, auch wenn sich die Lebenslage ändert und trotzdem die Träger nicht wieder in den Mittelwert der ursprünglichen Artkurve zurückschlagen; eine scheinbare Erblichkeit aber besteht, wenn dieselben Eigenschaften fortgepflanzt werden bloß infolge der gleichen stets beibehaltenen Lebenslage, die z. B. nicht geändert werden kann, ohne den Tod der Art herbeizuführen. Dann erscheint ein Merkmal konstant, die Variation als Dauerart. Dann ist schwer zu entscheiden, was von der Konstanz der Merkmale auf die Rechnung der genotypischen Konstitution, was auf Rechnung der anhaltenden gleichen Lebenslage zu setzen ist.

Nun kann man durch äußere Beeinflussung den Mittelwert der Variationskurve einer Art seitwärts in der Richtung der Plus- oder Minusabweicher verschieben. Es wäre also zu erwarten, daß man durch die Auswahl eines Elternpaares von Plusabweichern und deren Weiterzüchtung von Generation zu Generation den Typus der Art, die Kurve allmählich verschieben könnte, indem man die betreffenden Eigenschaften durch Weiterzucht steigert. Das Merkwürdige ist nun, daß alle daraufhin angestellten Zuchtversuche ergeben haben, daß die Nachkommen auch extremer Plus- oder Minusabweicher stets wieder in das alte Mittel der Stammart zurückschlagen. In jeder noch so extremen Variation der Art ist also die typische Erbmasse der Art enthalten, und die Art selbst läßt sich durch Selektion nicht ändern.

Mit Aufstellen von Variationskurven ist im allgemeinen der Paläontologe in einer wenig günstigen Lage. Sein Material ist unvollständiger, d. h. weniger zahlreich an Individuen. Wenn wir von Statistiken der Zoologen lesen, die sich auf Tausende von Individuen gründen, ja wenn es nur hunderte sind, dann kann der untersuchende Paläontologe hiermit nur selten konkurrieren; er muß fast stets zufrieden sein, wenn er nur in einzelnen Fällen hundert Exemplare einer Art zusammenbringt. Weiter kommt für ihn die Schwierigkeit hinzu, richtige Populationen zu gewinnen. Die meisten Fossilien sammelt er in herabgestürzten Gesteinstrümmern auf, nicht unmittelbar im Anstehenden, und so wird er nicht immer die Garantie für eine engste biologische Zusammengehörigkeit seiner Individuen übernehmen können. Nur wo er sie alle in einer einzigen Schicht dicht beisammen findet oder aus einem einzigen Block herausschlägt, weiß er, daß sie einer Population analog den zoologischen und botanischen Kulturen angehörten, vorausgesetzt, daß es sich nicht um allzusehr zusammengeschwemmtes Material handelt. Gelegentlich wird ihm auch der mehr oder minder verdrückte Zustand so vieler Individuen eines Vorkommens Schwierigkeiten bereiten. Manche Formen sind wegen des Erhaltungszustandes überhaupt ganz ungeeignet für Statistiken der Größenvariation. So die gerade sehr häufigen Ammoniten, die so gut wie nie mit ihrer Wohnkammer erhalten sind und daher schwer zu genaueren Messungen ihrer Länge bzw. Windungszahl und ihres absoluten Durchmessers verwendet werden können; bei ihnen muß man sich, wenn solche zur spezifischen Charakteristik notwendig sind, auf Feststellung von Verhältniszahlen beschränken, also etwa die Umgangshöhe oder -breite bei einem bestimmten Durchmesser angeben.

Es hat für paläontologische Untersuchungen keinen Zweck, auf die Feinheiten der variationsstatistischen Methode einzugehen; es sei nur noch erwähnt, was es bedeutet, wenn man von einer Population eine zweigipfelige Kurve bekommt, d. h. wenn sich etwa bei der Untersuchung der Größe ergibt, daß um zwei Mittelwerte herum nach beiden Seiten abfallend Rechts- und Linksabweicher vorhanden sind. Dann hat man es, vorausgesetzt, daß nicht Geschlechtsunterschiede dieses Resultat bedingen, entweder mit der Vermischung zweier an und für sich selbständiger Rassen zu tun, oder es ist unter den Varianten eine neue Mutation enthalten, deren Artcharaktere aber noch innerhalb der Größe der fluktuierenden Variationsunterschiede liegen.

Man darf sich nämlich Mutationen und genotypisch neue Arten nicht so vorstellen, als ob sie sich immer von den früheren Arten phänotypisch-morphologisch so sehr unterscheiden müßten, daß sie über alle Varietäten der bisherigen Arten hinausgingen; vielmehr ist es häufig so, daß Plus- und Minusabweicher der alten Arten stärkere morpho logische Formausschläge bilden können als die genotypisch neue Art. Nur die erbliche Fixierung unterscheidet beide voneinander, also das Genotypische, nicht das Phänotypische, und beides ist an lebendem Material nur durch Züchtungsversuche, am fossilen nur durch Verfolgung der Reihen durch die Horizonte einwandfrei zu unterscheiden. Umgekehrt kann man durch solche zweigipfeligen Kurven vielleicht auch einen Wink für das Aufsuchen von entstehenden Arten oder Geschlechtsunterschieden bei fossilen Gruppen erhalten, und es würde sich für die Besitzer eines großen, entsprechend aufgesammelten Fossilmateriales wohl lohnen, diesem Gesichtspunkt einmal variationsstatistisch nachzugehen.

Wie erfolgreich in diesem Sinne die variationsstatistische Methode arbeiten kann, wenn sie in strengem Zusammenhang mit dem stratigraphisch-zeitlichen Auftreten der Abarten und Mutationen gehandhabt wird, lehrt das prächtige, von RICHTER gegebene Beispiel der Calceola sandalina im Mitteldevon[1]). In der Prümer Mulde tritt dieses bekannte Leitfossil mit einer deutlichen Formverschiedenheit in der unteren und oberen Abteilung des Mitteldevon auf. Die geologisch ältere Form ist

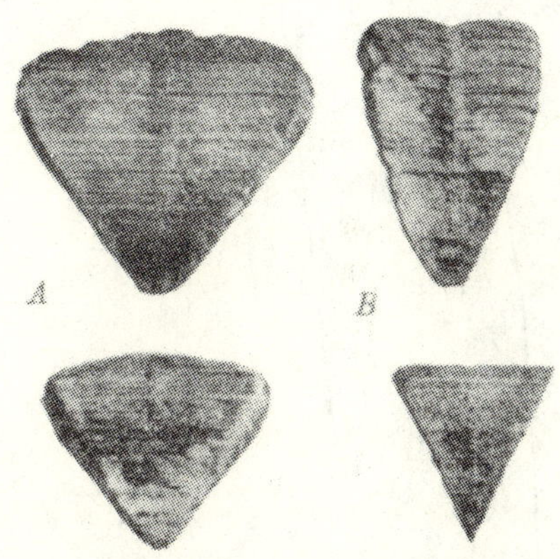

Fig. 57. Mutationen der Calceola sandalina. (Aus RICHTER, l. c.) *A* mut. lata aus der älteren Calceolastufe; *B* mut. alta aus der jüngeren Stringocephalenstufe. $^3/_4$.

breiter, weiter ausladend als die jüngere; die breitere bezeichnet die Calceolastufe, die schmale die Stringocephalenstufe (Fig. 57). Das Zusammenwerfen der aus beiden Horizonten aufgelesenen Fossilien hatte bisher die Unterscheidung jener beiden konstanten Abarten unmöglich gemacht. Mehrere tausend gut aufgesammelte Exemplare erlaubten nun den Unterschied festzustellen. Mischt man ein solches Material aus allen Stufen zusammen und ordnet es variationsstatistisch nach der Winkelgröße des Kelchwachstums, also der Breite nach an, so erhält man eine zweigipfelige Zufallskurve (Fig. 58*A*), nicht eine konstant steigende und fallende Kurve. Die Zwischenformen zwischen den zwei Haupttypen treten dabei ganz zurück: die Kelche von 50—60° sind ganz erheblich

---

1) RICHTER, R., Zur stratigraphischen Beurteilung von Calceola usw. Neues Jahrb. f. Mineral. usw., Stuttgart 1916, Bd. II, S. 31 ff.

seltener als die von 40—50° einerseits und die von 60—70° andererseits, wobei namentlich Stücke mit dem Winkel von 55° ganz zurücktreten und den tiefen Einschnitt zwischen den beiden Kurvengipfeln
veranlassen. Ordnet man dann aber zuverlässig aufgesammeltes und nach
den Zeitstufen streng getrenntes Material wiederum nach der Größe des Wachs-
tumswinkels, so bekommt man eine noch Wichtigeres verratende Kurve

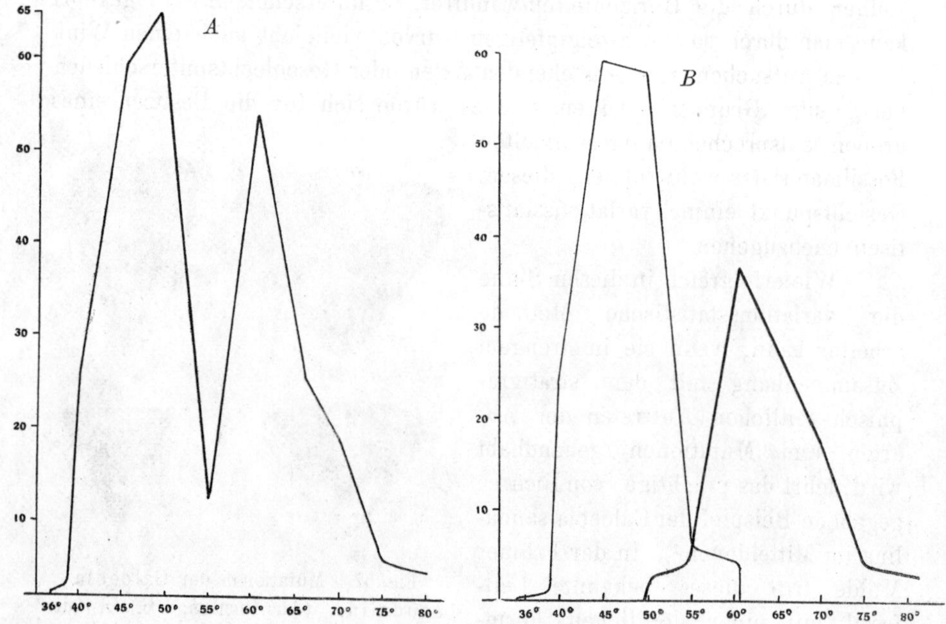

Fig. 58. Zwei Kurventypen der Calceola sandalina. (Aus Richter, l. c.) A aus gemischtem Material,
B aus dem nach Horizonten getrennten Material.

(Fig. 58B). In dieser ist die linke Kurvenhälfte gebildet aus allen Kelchen,
die unzweifelhaft aus der älteren, nämlich der Calceolastufe stammen; die
rechte Hälfte aus den jüngeren der Stringocephalenstufe. Daraus ergibt
sich, daß an der Gipfelbildung der aus dem gemischten Material gewonnenen
Kurve jeweils das Material einer anderen Zeitstufe beteiligt ist und daß
sich mit diesem Zeitunterschied auch die Form des Winkels beide Male
ausschließt. Beide Calceolaformen stehen demnach nicht im Verhältnis
von Spielarten zu einander, sondern in dem von Mutationen[1]).

---

1) Weiteres Material zu dieser für die paläontologische Artbeschreibung so wichtigen
Variationsstatistik bietet die im gleichen Verlage 1916 erschienene Abhandlung von
R. Wedekind: „Über die Grundlagen und Methoden der Biostratigraphie". Wedekind hat
zum erstenmal dieses Verfahren auf ein sehr vollständiges und planmäßig aufgesammeltes
Material angewendet.

3. Gattung und Art

Das natürliche System sollte eigentlich ein annähernder Ausdruck der wahren Stammesverwandtschaft sein. Es ist begründet auf die Gestaltengleichheit und Unterschiedlichkeit der uns in der Natur entgegentretenden Formen. Wenn wir im natürlichen System Formen mit gleichen Eigenschaften zu Gattungen, mit gleichem Grundplan ihres Baues zu Ordnungen oder Klassen oder Stämmen vereinigen, so ist das insofern ein willkürliches Verfahren, als wir dabei immer nur einzelne Eigenschaften herausgreifen, die uns als besonders charakteristisch in die Augen fallen. Zur Vereinigung von Gruppen nehmen wir die allen Arten gemeinsamen Merkmale, zur Trennung der Arten voneinander benützen wir die sie unterscheidenden Merkmale. Jedesmal aber sihd dies biologische Eigenschaften, d. h. solche, die eine bestimmte Anpassung an einzelne Erfordernisse der Umwelt darstellen und die in der gleichen Weise bei ganz heterogenen Grundarten entwickelt sein können, ohne daß solchen Arten eine nähere stammesgeschichtliche Verwandtschaft zukommt. Weil überhaupt morphologische Eigenschaften eines Organismus stets biologische Merkmale sind, erworben und eingestellt auf Verhältnisse, denen zugleich unzählig viele Individuen bzw. Arten unterliegen, so werden wir nur in ganz seltenen Fällen durch die Zusammenstellung der Arten nach ihren körperlichen Merkmalen ein genetisch-natürliches System bekommen. Dasselbe läßt sich auch gegen die Abstammungslehre geltend machen. Unser System mit seiner Einteilung in Klassen, Ordnungen, Familien und Gattungen ist also insofern fast durch und durch eine Zusammenstellung von Arten mit gleichen biologischen Anpassungsmerkmalen und zunächst nicht von Arten gleicher stammesgeschichtlicher Herkunft. Es ist die äußere Erscheinung, der Phänotypus, den wir allein erblicken, nicht die stammesgeschichtliche innere Einheit, der Genotypus.

Ein Merkmal oder der Besitz ein und desselben Organes kann im einen Fall ein unbedingter Hinweis auf stammesgeschichtliche Verwandtschaft und engste Zusammengehörigkeit, also der Ausdruck für genotypische Gleichheit sein, in einer anderen Gruppe aber hierfür völlig nichtssagend werden. Man legt z. B. traditionsgemäß großen Wert etwa auf die Gestaltung der Suturlinie bei Ammoniten, um aus ihr die natürliche Verwandtschaft abzulesen. Dies ist dort berechtigt, wo sich gezeigt hat, daß sich die Suturlinie im Laufe der geologischen Zeitalter aus dem Goniatitenzustand bis in den der hochentwickelten mesozoischen Zerschlitzung formal, wenn auch keineswegs kontinuierlich und geradlinig, verfolgen läßt und daß aus einander hervorgehende Arten oder Gattungen sich in diesem Merkmal vielfach verketten. Aber schon die Tatsache, daß sich die Suturlinie vor allem in der Zahl ihrer Einzelelemente und im Zusammenhang damit auch in der sekundären Ausgestaltung dieser Elemente ändert bei einer hochmündigen, scheibenförmigen und bei einer flachmündigen, kugeligen Form, ferner bei einer engnabeligen Art mit äußerlich breiten Umgängen und einer weitnabeligen mit niederen Umgängen, daß sie ferner von statischen Bedingungen mit abhängig ist, beweist, daß sich die Suturlinie nicht blindlings nach ihrer Identität und Nichtidentität zum verwandtschaftlichen Nachweis hernehmen läßt, sondern daß dies mit Überlegung und mit Betrachtziehung der sie modifizierenden biologischen und korrelativen Änderungsmöglichkeiten geschehen muß. Vollends wenn nun Suturen identisch sind, wie die der Kreideceratiten und der echten Triasceratiten, oder wenn so gleichartige Gehäuse auftreten, wie unter den Hopliten der Unterkreide und den Oppeliiden des Dogger und Untermalm, oder gewissen Trias- und Kreideammoniten, die z. T. auch dieselbe Suturlinie besitzen, dann ist das ein Beweis, daß uns hier die Identität eines Organes, einer Eigenschaft bei der Feststellung der wahren verwandtschaftlichen Zusammenhänge ebenso irreführen kann, wie sie uns sonst sicher leitet.

Daher kommt es auch, daß überhaupt Organe und Merkmale, die für einzelne Gattungen oder Gruppen systematisch wichtig, weil konstant erscheinen, in anderen Fällen gänzlich unbrauchbar sind, weil sie sich eben hier infolge biologischer Erfordernisse von Art zu Art ja vielleicht von Individuum zu Individuum ändern, dort aber infolge Wegfallens äußeren biologischen Zwanges konstant bleiben und in der ererbten Richtung sich ohne Störung darstellen können. Wieviel ist herumgestritten worden, ob die Wohnkammerlänge und die Sutur der Ammoniten für Gattungsbestimmung, für Artbestimmung, für Erkennung des natürlichen Zusammenhanges größerer Gruppen brauchbar sei. Es hat sich erfahrungsgemäß gezeigt, daß ein Merkmal sowohl brauchbar, wie unbrauchbar ist, je nach der Zeit und den Umständen, unter denen es auftritt. Wendet man daher unentwegt dasselbe Merkmal zur Verwandtschaftsfeststellung einer Gruppe und der Gattungen an, so wird man in vielen Fällen eine genotypisch richtige, in vielen anderen Fällen nur eine rein biologisch-phänotypische Gruppierung bekommen. Da wir nun nicht immer hinter die biologische Bedeutung von Abänderungen blicken können, so kommt es, daß so viele unserer systematischen Gruppen nur biologische, aber keine stammesgeschichtlichen Gruppen sind.

Es wird bei der Systematisierung und stammesgeschichtlich richtigen Anordnung gar nicht zu umgehen sein, immer mehr in die biologische Bedingtheit jedes zur Systematisierung verwendeten Organs, jeder hierzu verwendeten Körpergestalt einzudringen, um so von Fall zu Fall immer mehr unterscheiden zu können zwischen der erblich überkommenen und konstitutionell bedingten Formbildung und der sekundären biologischen Anpassung. Man kann also niemals für eine ganze Gruppe, ja nicht einmal für alle Arten ein und derselben natürlichen monophyletischen Gattung e i n Merkmal zur systematischen Unterscheidung und richtigen Vereinigung angeben, sondern man wird von Fall zu Fall ein anderes nehmen und auf seinen Wert erst prüfen müssen. Die richtige natürliche Systematik würden wir allerdings erst dann zu erlangen hoffen dürfen, wenn es uns gelänge, den Organismus als Ganzes nicht nur seiner äußeren Erscheinung nach, sondern auch mit seinen inneren ererbten Potenzen völlig zu erfassen, also wenn es uns m. a. W. gelänge, nicht nur den Phänotypus, sondern den Genotypus zu sehen und bis in die unscheinbarsten Kleinigkeiten hinein festzustellen, was biologische, durch sekundäre Anpassung bedingte Formenkonvergenz und was grundlegende, innerlich idente Homologie und daher ein Zeichen wahrer Verwandtschaft ist[1]).

Wir nehmen etwa an, daß die Gemeinsamkeit der Wirbeltierorganisation bei Fischen, Reptilien und Säugetieren eine solche in einer Urform zusammenlaufende Verwandtschaft sein könnte. Welcher Paläontologe hat aber heute den Mut, zu behaupten, alle drei Typen seien aus derselben Urform entsprungen? Er wird vielmehr sagen, es seien die Fische aus der einen, die Reptilien aus der anderen, die Säuger aus wieder anderen entsprungen. Wenn er nicht Phantasiestammbäumen nachjagt, wird der Paläontologe kaum wagen, eine Art oder Gattung zu nennen, aus der ein Säugetier geworden ist oder gar die Säugetiere alle letzten Endes geworden sind. Mindestens wird er sagen, sie seien aus einem oder mehreren „Grundformen" entstanden, wie etwa die Vögel. Der Fischspezialist wird nicht alle Fische vom selben Cordatier ableiten wollen; und je weiter wir Paläontologen uns ehrlich und klar ohne Hypothesenfechterei miteinander aussprechen, umso mehr lösen wir unsere Gattungen und Gruppen und Typen auf und umso weniger vereinigen wir sie in realen Urformen. Hätten wir alle ehemaligen Cordatiere vor uns, nicht eines erschiene uns als Stammvater der wirklichen Fische; hätten wir alle Cordatiere, Fische und Reptilien vor uns, nicht eines erschiene uns als der wirkliche Vater der Säugetiere. Freilich: der Vogel, das Reptil, das Säugetier gehen formal aufeinander zurück, nicht aber die wirklichen, Stufe um Stufe, Art um Art. Nur das letztere wäre ein Stammbaum, der uns entscheiden ließe, ob eine gleiche Form Blutsverwandtschaft oder nur Konvergenz ausdrückt. Ist aber der gemeinsame Grundbau der Fische, der Amphibien, der Reptilien und der Säugetiere — also ihre Wirbelsäule, ihr Schädel, die vier Extremitäten u. dgl. — eine Konvergenz, eine Parallelbildung oder ein gemeinsames Erbe? Und in welchem Falle

---

1) Vgl. hierzu die grundsätzlichen, mir leider zu spät erst bekannt gewordenen, die Begriffe läuternden Ausführungen von A. NAEF, Idealistische Morphologie und Phylogenetik. Jena 1919.

das eine oder das andere? Gerade solcherlei Fragen zu klären, diese Spezialfrage in ihre Einzelheiten zu verfolgen, die Abstammung auf diese Weise weiter zu klären, ist Aufgabe der Paläobiologie. Denn alle wirklichen Lebewesen, auch wenn sie in archäischer Zeit als Urformen einmal gelebt haben, waren unbedingt und ausnahmslos biologisch angepaßt und spezifiziert und konnten nicht als neutrale Formen, als Typen oder als systematische Abstrakta gelebt haben. Die Abstammungslehre muß daher durch und durch Biologie und Physiologie werden, und nur die Paläobiologie schafft uns dabei in Zukunft auch eine natürlichere Systematik. Hieran hat sie einen Prüfstein ihres Erfolges.

Durchblättern wir ein systematisches Lehrbuch, etwa ZITTELS „Grundzüge der Paläontologie“, so sehen wir die Tierwelt eingeteilt in Stämme, Klassen, Ordnungen, Unterordnungen, Familien und Gattungen. Nehmen wir die systematische Monographie eines Typus her, etwa eine Ammonitenmonographie, so finden wir die Gattungen wieder eingeteilt in zahllose Untergattungen, Arten und Varietäten, welche uns den gestaltlich in sich verfließenden Formenreichtum der lebenden Natur anschaulich werden lassen.

Wie kommen wir dazu, die lebende Natur so zu klassifizieren, sie in solche Kategorien einzuteilen? Sehen wir die Ordnungen selbst in der Natur sich herumtummeln? Gibt uns die konkrete, sichtbare Natur ein Recht zu solcher Einteilung, indem sie uns etwa mittelbar die Existenz von Klassen und Ordnungen über und hinter den sichtbaren Formen andeutet? Oder endlich: tragen wir diese Begriffe mit einem willkürlich schaltenden Ordnungssinn in die Natur hinein?

Tatsache ist, daß uns in der lebenden Natur nur Individuen begegnen. Trotzdem wäre es naiv, wollte man die Realität dessen leugnen, was wir in Anlehnung an formale, dialektische Begriffe nach LINNÉS Voigang „Arten“ und „Gattungen“ nennen. Wir sehen wirklich, daß gleiche oder sehr ähnliche Individuen miteinander auftreten, sich instinktmäßig paaren, oft auch sich zusammenscharen, eine gleiche Lebensweise führen, mit gleicher Formbildung auf dieselben äußeren Einflüsse reagieren, durch Fortpflanzung aus einander hervorgehen und sich mehr oder minder deutlich von anderen, ebenso sich verhaltenden Individuenmassen abheben. Gleichartige Individuen stehen eben in einem ersichtlichen inneren Zusammenhang, den wir gemeinhin die „Art“ nennen. Wir sehen weiter, daß unter diesen als Arten unterschiedenen Individuenmengen einige Gruppen unter sich wieder ähnlicher sind, daß sie sich von anderen, unter sich ebenfalls wieder ähnlichen Arten schärfer unterscheiden — z. B. die Arten der Krebse von den Arten der Insekten — und bemerken zugleich, daß die Vertreter dieser beiden Gruppen bei aller möglichen Verschiedenheit wiederum unter sich ähnlicher sind als etwa gegenüber den Vertretern einer Säugetiergruppe oder der Seeigel. Wir erkennen in ihnen also bei aller Verschiedenheit im einzelnen die Verwirklichung eines gemeinsamen Bauplanes, eines Typus. Indem wir je nach der Menge und der Mannigfaltigkeit des Materials mit dieser Einteilungsoperation fortfahren, kommen wir dazu, Stämme, Klassen, Ordnungen, Gattungen zu unterscheiden.

Bei morphologisch stets unterschiedlichen Gruppen ist es daher leicht, sie durch zusammenfassende Hervorhebung einiger uns als wesentlich in die Augen fallender, unterscheidender Eigenschaften voneinander abzugrenzen trotz aller Variabilität, welche die einzelnen Individuen um den idealen Gruppentypus herum auch zeigen mögen. Nicht so bei morphologisch einander sehr nahestehenden Gruppen. Hier wird die Tatsache, daß kein Individuum dem anderen gleicht, sondern daß viele von ihnen oft in ganz extremer Weise variieren, zu einer Erschwerung phänotypischer Artabgrenzung beitragen, weil sich die vom Gruppentypus stärker abweichenden Formen oft so einander in ihrer Gestalt nähern, ja ineinanderfließen, daß sie mit den Abweichern benachbarter Arten ihrerseits fast oder ganz identisch werden, also wieder eine zusammengehörige Gruppe zu bilden scheinen (vgl. S. 192/93). Wo und wie soll da die natürliche Grenze gezogen werden? Hier kommt es eben darauf an, so viele Individuen überschauen zu können, daß ein Zweifel, welches die Norm sei, möglichst behoben wird. Ich brauche die Sache nicht weiter auszuführen: sie ist so bekannt und dem Naturforscher so selbstverständlich geworden, daß sie täglich praktisch angewendet wird, dennoch aber erkenntniskritisch noch wenig durchdrungen ist. Gerade das aber setzen wir uns hier zur Aufgabe.

Es ist bei dem durch die Begriffe Art und Gattung bezeichneten Problem zweierlei klar auseinanderzuhalten:

1. bedeuten Art oder Gattung die innere Einheit, die formbildende Potenz, welche in der Vielheit der Varietäten und der Individuen in die Erscheinung tritt; es ist der Genotypus[1] der Vererbungslehre.
2. stellt sich die „Art" oder „Gattung", was hier dasselbe ist, äußerlich, d. h. in der konkreten, physiologischen und morphologischen Gestaltung der Organismen und in ihrer äußerlichen formalen Folge dar; es ist der Phänotypus der Vererbungslehre.

Das Linnésche Zeitalter hatte aus der Dialektik den Art- und Gattungsbegriff auf die lebende Natur übertragen, legte aber trotzdem dieser Abstraktion eine Realität bei, indem es die systematischen Arten als Schöpfungsprodukte bezeichnete und sie damit den Einzelindividuen

---

1) Der Ausdruck Genotypus mit seinem eben definierten Inhalt ist nicht der Genotyp oder Prototyp der englischen und amerikanischen Systematiker (vgl. auch Schuchert, Ch., What is a type in natural history? Science. N. S., Vol. V, 1897, S. 636); ferner: Schuchert, Ch. und Buckman, S. S., The nomenclature of types in natural history. Ibid. Vol. XXI, 1905, S. 899.

doch wieder als etwas Dominantes, Formbestimmendes überordnete. Mit
dieser Begriffsunklarheit wollte das folgende Zeitalter aufräumen. Denn
mit dem Eindringen der Deszendenzidee in die organischen Naturwissenschaften verneinte man die Realität der Art und Gattung als solcher
und suchte, wie man glaubte, nicht mehr nach einem dialektischen,
sondern nach einem echt naturwissenschaftlichen Art- und Gattungsbegriff. Die Variationen und die formalen Übergänge zwischen den durch
einfaches morphologisches Vergleichen gewonnenen Artbildern erschienen
nun als ebensoviele stammesgeschichtliche Übergänge und reale Umwandlungen von Form zu Form. Der LINNÉsche Art- und Gattungsbegriff einerseits und der stammesgeschichtliche andererseits waren damit
sozusagen zwei verschiedene Welten geworden.

Die Quintessenz der neuen stammesgeschichtlichen, aber durchaus
spekulativen Gedankengänge war schließlich nur der immer wiederholte
Satz, daß Arten konstant gewordene Varietäten und Varietäten in Bildung
begriffene Arten seien. Man schlage ein Lehrbuch der Zoologie aus jener
Zeit auf oder die darwinistische Literatur — man wird immer wieder
diesen Satz variiert finden. Da man aber auch hierbei immerzu darin
befangen blieb, bloß die morphologischen Merkmale, d. h. den Phänotypus
der Arten — dazu in recht beschränktem Umfange — unmittelbar als
Ausdruck der stammesgeschichtlichen Zusammengehörigkeit oder Entfernung zu nehmen, so wußte man schließlich ebensowenig, wie zuvor
was Gattungen und Arten wirklich seien. Deshalb drückte jener stammesgeschichtlich scheinbar so tiefgründige Satz, genau besehen, doch nicht
anderes aus als die Überzeugung, daß die phänotypische Umwandlung
der Formen im Laufe der Zeit in kleinen Schritten vor sich gehe und
langsam erblich werde. Ein Einblick in das Wesen von Gattung und
Art, zu deren Anerkennung als Realitäten uns die Natur drängt, war
damit ebensowenig gewonnen, wie durch die bekannte religionsphilo-
sophische Definition LINNÉs. Das Problem war aber zugleich in's Nega-
tive verkehrt; denn daß man noch behauptete, es gäbe Arten und
Gattungen, ja solche beschrieb und benannte, sollte zugestandenermaßen
nichts anderes sein als der Ausdruck für die Lücken unserer Kenntnis
der lebenden und ausgestorbenen Formen, also ein Notbehelf. Es ist
aber jedesmal ein falscher Weg und ein Kennzeichen für das Fehlen an
das Wesen der Fragen eindringender Gedanken, wenn positive Probleme
die sich als solche dem Geist aufdrängen, durch den Hinweis auf die
„Lücken unseres Wissens" beseitigt statt gelöst oder wenigstens heraus-
geschält werden.

Von der Gattung sprach man nicht anders als von der Art. Unterdessen war aber das Fossilmaterial reicher geworden und hatte gelehrt
daß sich die Umwandlung der Gattungen oder Arten, geologisch verfolgt
weder durch allseitige planlose Variation, noch auf einer einzigen Linie

noch divergierend stammbaumartig vollzog, sondern daß innerhalb der morphologisch begründeten Gattungen stets mehrere feinere Spezialstämmchen unabhängig voneinander herliefen und sich nicht unbedingt gleichzeitig oder gleich schnell umwandelten. Ein Beispiel hierfür gab schon Neumayr bei seinen Ammonitenstudien[1]): für den Typus, bzw. die „Gattung" Phylloceras mit stark eingerolltem Gehäuse, dessen letzter Umgang die inneren Umgänge vollständig umfaßt. Die Oberfläche ist glatt oder sehr schwach mit feinen Streifen, Falten oder Querfurchen verziert. Die seit der Obertrias bekannte Gattung, die in allen ihren zahlreichen Arten sehr einheitlich erscheint, wird weiterhin besonders durch das blattförmige Ende der Vorsprünge der Lobenlinien charakterisiert. Phylloceras im eigentlichen Sinne tritt erst im Rhät. auf und setzt sich bis in die obere Kreide fort. Es gibt nun unter den Formen der Jura- und Kreidezeit fünf phyletische Hauptreihen: 1. Reihe des Phylloceras heterophyllum. — Schale glatt oder mit feinen Querstreifen besetzt. Unterer Lias bis Turon. 2. Reihe des Phylloceras Partschi. — Letzter Umgang zeigt grobe Querfalten mit Streifen. Lias bis Barrèmien. 3. Reihe des Phylloceras tatricum. — Schale in großen Abständen mit Querfurchen ohne Streifen. Unterer Jura bis Barrèmien. 4. Reihe des Phylloceras capitanei. — Schalen mit 4 bis 9 schräg nach vorn laufenden Einschnürungen. Mittlerer Lias bis Ende des Jura. 5. Reihe des Phylloceras ultramontanum. — Einschnürungen, die zuerst nach vorne gerichtet sind, sich darauf aber im stumpfen Winkel nach hinten umbiegen, dazu auf der Außenseite grobe Streifen. Unterer Jura bis Valanginien. Diese fünf Reihen folgen einander mit einem je nach der Zeitepoche und von Gruppe zu Gruppe wechselnden Formenreichtum. Sie besitzen eine ziemlich verschiedene Lebensdauer. Die vierte Reihe geht nicht über den Jura hinaus; die fünfte erreicht das Valanginien; die zweite und dritte verläuft bis zum Ende des Neokom; nur die erste Reihe durchläuft den Jura und die untere Kreide, um schließlich in der oberen Kreide gleichfalls auszusterben.

Was hier Neumayr seinerzeit als Erster erkannte für eine einzige Gattung, das wurde bald überall als die Regel erkannt, nämlich daß nach phänotypischen Merkmalen aufgestellte und danach von einheitlicher Abstammung zu sein scheinende Gattungen immer vielstämmig sind, mindestens aber aus nebeneinander herlaufenden Linien bestehen, wenn sie nicht zufällig einmal so formenarm sind, daß sie nur die wenigen Vertreter einer Linie enthalten.[2]) Man kann Formen und Gattungen

---

1) Neumayr, M., Jurastudien. Die Phylloceraten des Dogger und Malm. Jahrb. k. k. geol. Reichsanst. Wien 1891, Bd. 21, S. 297ff.

2) Depérkt, Ch., Die Umbildung der Tierwelt. Deutsch. v. R. N. Wegner. Stuttgart 1909, S. 145—48.

studieren, welche und so viele man will, immer wieder zeigen sich die
Gattungen aufgelöst in einzelne nebeneinander herlaufende Spezialstämmchen. Diese Tatsache — um eine solche handelt es sich — muß festgehalten
werden; sie wird in ihrer ganzen Bedeutung noch im Schlußkapitel hervortreten. Die einzelnen Stämmchen, aus denen eine phänotypische
Gattung besteht — vergleichbar dem aus einzelnen Strängen geflochtenen
Kabel — sind die natürlichen, stammesgeschichtlich abändernden Arten
mit ihren größeren oder kleineren Mutationen. Ob diese parallelen Artstämmchen an einer oder an mehreren Stellen der Entwicklungslinie
entsprungen sind, ob alle zugleich auf einmal oder nacheinander und
aus einem oder mehreren schon vorhandenen primären Artstämmchen,
oder ob sie z. T. Konvergenzbildungen verschiedenster Herkunft sind, oder
ob sie schließlich aus einer Mischung solcher Elemente bestehen, wissen
wir meistens nicht.

Für den Gattungsbegriff ergibt sich daraus, daß die Vielheit dieser
Einzelstämmchen eine gleichartige Formbestimmtheit in sich trägt, welche
sie dauernd alle phänotypisch zusammenhält. Und diese genotypische
Erbmasse und ihre Potenzen das ist jenes Wirkliche, das den lebendigen,
nicht den systematischen Gattungs- und Artbegriff ausfüllt. Bei aller
phänotypischen Umwandlung der äußeren Form in den Spezialstämmchen
der Gattung bleibt die Bestimmtheit der Linien gewahrt. Das ist auch
der eigentliche Sinn des von Steinmann als Leitmotiv vor seine „Geologischen Grundlagen der Abstammungslehre" gesetzten Wortes von Lamarck:
„Les races des corps vivants subsistent toutes malgré leurs variations".
„Les races" sind hier die genotypischen Arten, die Einzelstränge des
Kabelseiles.[1])

Selbst wenn jene Spezialstämmchen ein und derselben natürlichen
Gattung unter gleichen Verhältnissen an ein und demselben Orte zusammenleben, behält bei aller Formgleichheit, welche ihnen durch dieselbe Lebenslage aufgezwungen wird, dennoch jedes eine gewisse eigentümliche, wohl seiner primären Konstitution entsprechende Formbildungs-
weise bei. So zeigt sich, daß neben aller äußeren Beeinflussung und

---

1) Wie ich nachträglich sehe, berührt sich meine Auffassung mit den Darlegungen
von A. Naef (a. a. O. S. 41): „Der eigentliche Träger der organischen Geschichte, der die
Generationen überdauert, die Kontinuität des Lebens garantiert, ist in der Keimbahnentwicklung verkörpert, aus der die höheren Individuen, wie die Schosse aus einem
unterirdischen Wurzelstock periodisch austreiben, um, nachdem sie ihre Funktion erfüllt
haben, wieder abzusterben. Dieses Bild gibt wie kein anderes das Verhältnis zwischen
der endlosen Keimbahnentwicklung und der ephemeren der vielzelligen Individuen wieder.
Es macht uns vor allem klar, daß das Wesen der Stammesentwicklung, welche wir für
die Geschichte der höheren Individuen angenommen haben, nicht, wie es gewöhlich
aufgefaßt wird, in der Aneinanderreihung unzähliger Generationen von Tier- oder Pflanzen-
individuen bestehen kann, sondern nur in der ununterbrochenen Fortdauer der Keimbahnentwicklung."

bei aller phänotypischen Wandlung und Variabilität dennoch
das Konstitutionelle, das Typenhafte, das die Grundeigenschaft
Bestimmende dominant bleibt — und eben das ist jenes Un-
definierbare, was im tieferen Sinn den Gehalt des Begriffes
Gattung oder Art — hier dem Wesen nach ein und dasselbe —
ausmacht. Nur muß man sich, um das zu würdigen, von den
am Wesen der Sache vorbeigleitenden systematischen Begriffen, die man damit noch zu verknüpfen gewöhnt ist, loslösen.

Für die systematischen Ordnungen und Familien hat STEINMANN aus
der Tatsache der Vielstämmigkeit, auf die Ammoniten exemplifizierend,
Folgendes ausgeführt[1]). Er sagt: „An dem Stamme der Ammonoideen,
d. h. der Ammoniten mit Einschluß ihrer einfacher gebauten Vorfahren
aus paläozoischer Zeit, der Goniatiten usw., hatte v. BUCH ursprünglich
drei größere Abteilungen unterschieden, die Goniatiten, Ceratiten und
Ammoniten. Sie erscheinen geologisch im allgemeinen in der obigen
Reihenfolge und zeigen eine Verschiedenheit in bezug auf ein sehr auffälliges Merkmal, die Lobenlinie. Diese ist bei den Goniatiten einfach
wellenförmig, bei den Ceratiten im Grunde gezackt, bei den Ammoniten
in ihrem ganzen Verlaufe mehr oder weniger zerschlitzt. Diese drei
systematischen Abteilungen mit ihren verschiedenen Gruppen sind nun
aber als genetisch zusammengesetzte Kategorien erkannt worden, nicht
e i n m a l haben sich aus den Goniatiten die Ceratiten, und aus diesen die
Ammoniten abgezweigt, sondern zahlreiche Goniatiten (einschließlich der
Clymenien) sind zu Ceratiten und Ammoniten geworden, so daß nach
heutigen Begriffen diese Namen nur als Entwicklungsstufen des ganzen
Stammes gelten, die von einer großen Zahl von Formenreihen durchlaufen werden. Da es aber eine schwierige Aufgabe ist, die einzelnen
genetischen Reihen an dem teilweise nur lückenhaft überlieferten Materiale
durch diese wechselnden Stadien zu verfolgen, so faßt man immer wieder
Bruchstücke von mehreren derselben, die auf ungefähr gleicher Entwicklungsstufe stehen, unter einem Gattungsnamen zusammen und vereinigt mehrere solcher Gattungen von annähernd ähnlicher Entwicklungsstufe zu Familien. In dem Maße, als neues Material hinzukommt und
die Unterscheidung der Formen schärfer wird, sieht man sich genötigt,
die zusammengesetzten Gattungen zu zerspalten, mithin immer weitere
systematische Kategorien zu schaffen, die zwar vielfach auch genetische
sind, deren wahrer Zusammenhang aber zum großen Teile durch die
Systematik verdunkelt wird. Schon im Devon, wo uns die ältesten
Ammoniten als Goniatiten entgegentreten, sind sie in mehrere Stämme

---

1) STEINMANN, G., Die geologischen Grundlagen der Abstammungslehre. Leipzig
1908. S. 92—97.

getrennt, die sich nicht aufeinander oder auf einen Urgoniatiten zurückführen lassen, sondern die schon gesondert aus der älteren Unterordnung der Nautiloideen hervorgegangen sein müssen. Was also bei den Ammoniten im System als Einheit gegolten hat, erweist sich phylogenetisch nicht nur als zusammengesetzt, sondern auch als mehrfach entstanden, nicht nur die Gattung oder die Familie, sondern auch die ganze Unterordnung. Ich habe dieses Verhältnis zwischen dem System und der Phylogenie der Ammoniten in nebenstehendem Schema (Fig. 59) darzustellen versucht. Man ersieht daraus, daß die Linien der genetischen Einheiten, die Formenreihen, nur z. T. mit den systematischen Einheiten, den Gattungen zusammenfallen, fast nie aber mit den Familien, und daß die systematische Unterordnung weit davon entfernt ist, etwas genetisch Einheitliches vorzustellen."

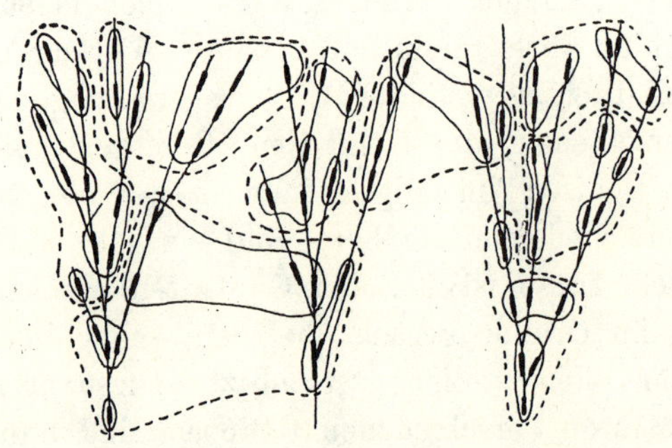

Fig. 59.

Schematische Darstellung des Charakters systematischer Kategorien, unter Voraussetzung ihrer stammbaumartigen Entstehung. Die von unten nach oben laufenden Bahnen sind durch einzelne fossile Arten (verdickt) repräsentiert. Diese nicht immer in derselben Entwicklungsbahn liegenden Arten werden zu systematischen Gattungen (durchgezogene Kreise) zusammengefaßt; diese wieder zu Familien (gestrichelt) usw. (Abgeändert aus STEINMANN, l. c.)

„Jeder Paläontologe weiß, daß, wo auch immer eine systematische Gruppe an der Hand von reicherem Material eine Neubearbeitung erfährt, das vorher anscheinend einfache oder wenig gegliederte Gebilde in erhöhter systematischer Komplikation erscheint. Was vorher wie eine genetisch einheitliche, wenn auch vielleicht recht variable Gruppe aussah, stellt sich dann dar als eine künstliche Verkuppelung wohlgeschiedener Einheiten, die genetisch unabhängig nebeneinander bestehen und nicht miteinander in Beziehung gebracht werden können. Und wo sich eine solche Gruppe mehr oder weniger vollständig durch einen gewissen Zeitraum hindurch verfolgen läßt, erweisen sich ihre einzelnen Bestandteile auch als andauernd voneinander gesondert, als parallel nebeneinander herlaufende Formenreihen; nur selten gelingt es, das Zusammenlaufen der Reihen zu einem oder einigen wenigen gemeinsamen Ausgangspunkten zu beobachten. Das ist mehrfach durch zahlreiche und meist außerordentlich gewissenhafte paläontologische Studien erwiesen worden, ganz unzweideutig zuerst durch die musterhaften Studien von WAAGEN und NEUMAYR an Ammoniten, durch OSBORN an Nashörnern usw. Diese grundlegenden Forschungen haben aber in Kreisen der Deszendenztheoretiker nicht die Aufmerksamkeit gefunden, die ihnen für die Abstammungslehre zukommt ... Zwischen den erwiesenen Vorgängen und den auf darwinistischer Grundlage erdachten besteht aber ein einschneidender und unüberbrückbarer Gegensatz."

Zur Veranschaulichung gibt Steinmann nebenstehend (Fig. 60) mitgeteiltes Schema einer Ammonitenentwicklung, an dem der Unterschied zwischen der stammbaumartigen, d. h. der sich stets von neuem wieder verzweigenden einerseits und der empirischen natürlichen Parallelbündelung andererseits klar wird. So erweisen sich die üblichen, phänotypisch begründeten systematischen Begriffe als schräge oder quere Schnitte durch die stammesgeschichtliche natürliche Folge. Was hier aber von Ordnungen oder Familien gilt, gilt ebenso von den Gattungen. Die klare Heraushebung dieser Tatsache halte ich für die wertvollste Erkenntnis in dem teils mit Recht, teils sehr mit Unrecht so hart kritisierten Werke Steinmanns.

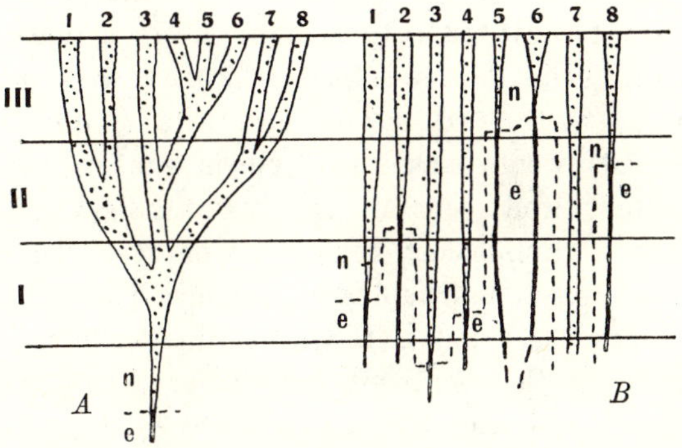

Fig. 60.
Schematische Darstellung der Stammesgeschichte einer aus 8 Arten bestehenden Gattung. I bis III aufeinanderfolgende geologische Zeiträume. *A* nach der gewöhnlichen stammbaummäßigen Auffassung; *B* nach dem paläontologischen Befund. *e* die Stammform, *n* die durch Hinzutreten neuer Merkmale entstandenen selbständigen Arten. Die quer durchziehende punktierte Linie trennt beide Gattungen nach der alten morphologischen Methode voneinander ab, vereinigt also Nichtzusammengehöriges und trennt Zusammengehöriges. (Abgeändert aus Steinmann, l. c.)

Während der überkommene systematische Art- und Gattungsbegriff abgeleitet war aus den im selben geologischen Horizont, also in der Jetztzeit sich ausbreitenden und nebeneinander lebenden Formen, wird nun mit folgerichtiger Aufnahme der paläontologischen Erkenntnis ein neues Bild dieser Begriffe geschaffen. Art und Gattung sind wirklich Realitäten, keine Abstraktionen; ebenso auch eine erbliche Rasse innerhalb einer etwas weiter gefaßten Großart — diese Begriffe bleiben vorerst noch willkürlich. Eine wirkliche, genotypisch gebundene Art ist somit jene feine Stammlinie, die sich mit einzelnen oder mehreren ihresgleichen parallel durch geologische Stufen mit größeren oder geringeren Abänderungen hindurchbewegt, dabei aber mit den Nachbarlinien morphologisch so nahe vereinigt bleibt, daß sie sich stets als ein mit diesen irgendwo stammesgeschichtlich zusammenlaufendes Element eines natürlichen Formenkreises

— einer Gattung — erweist. Die parallelen Zweige beweisen durch die Konstanz ihrer Eigenschaften und die Konstanz ihres Zusammenhaltens, daß sie etwas Gemeinsames haben, das ihr Divergieren hintanhält. Dieses Gemeinsame ist — innerlich besehen — „die Gattung", das Genotypische, das ihr orthogenetisches Weiterbestehen und den Grad ihrer Veränderung von Horizont zu Horizont in Wechselwirkung mit der Umwelt bestimmt. Eine phänotypische Umwandlung der Arten und Gattungen vollzieht sich, wie uns die Paläontologie lehrt; aber die Arten sind bei allem äußeren Wechsel ihrer Formerscheinung nicht damit erschöpft, daß man sie als umgewandelte Varietäten und diese als in Bildung begriffene Arten bezeichnet; sondern über dem Form- und Funktionswechsel steht eine sehr wirksame, keineswegs nur abstrakte innere Einheit, welche den Zusammenhang der äußeren Vielheit wahrt. So ist, wenn man nicht einem ganz naiven Realismus folgt, Art und Gattung weit mehr als eine Abstraktion, nämlich eine an die Erbmasse, an die „Keimbahn" gebundene energetische Einheit.

Jenem unfruchtbaren, an der Oberfläche haftenden Realismus entspringt es, wenn z. B. Grabau in sonst ganz berechtigter Verzweiflung über die Schwierigkeit natürlicher Artabgrenzung und Artbeschreibung sagt[1]): es kombinierten sich so viele Eigenschaften in den Formen, daß der die Entstehung dieser Zwischenglieder mit ansehende Paläontologe schließlich zu der Frage gedrängt werde: „Sind diese Produkte wirklich Arten?" Der philosophisch veranlagte Paläontologe erkenne, daß es in der Natur nur Individuen gebe und daß die Arten nur Schöpfungen des Naturforschers seien; er frage daher nicht so sehr nach der Entstehung der Arten als nach jener der Individuen; und während er Gebrauch von deren künstlichen Einteilung mache, die man Arten nennt, erkenne er deren Nichtexistenz und wende sich den Individuen zu. Vielleicht ziehe er es dabei noch vor, von Mutationen zu sprechen, meine aber trotzdem Individuen.

Wir haben öfters oben gesagt, daß das Kernproblem aller stammesgeschichtlichen und biologischen Forschung die Frage nach der Entstehung einer den Lebensbedingungen entsprechenden organischen Form sei. Und da jede organische Form eine biologische Bedeutung hat, so lautet die Frage kurz: wie entsteht eine organische Form? Die Lösung dieser Frage würde uns zugleich Aufschluß über die Entstehung und das Wesen einer Art geben. Und da sie durch das Studium der wirklich greifbaren lebenden Individuen lösbar sein muß, so mag insofern Grabau recht haben, wenn er sich dafür einsetzt, daß man sich statt dem Studium

---

1) Grabau, A. W., Paleontology and Ontogeny. Popul. Science Monthly. New-York 1910, S. 298.

der „Art" dem des Individuums zuwendet. Es ist aber nicht philosophische Paläontologie, sondern das Gegenteil, wenn man darüber vergißt, daß trotz unseres derzeitigen Unvermögens, morphologisch die „Art" zu fassen, diese als Realität existiert, wie die geologische Gattung; nur eben nicht als Realität im Sinne des naiven Realismus ohne entsprechende Erkenntniskritik.

Peneroplis, jene vielgestaltige lebende Foraminifere aus dem Roten Meer wurde schon oben (S. 180) als Form bezeichnet, bei der alle möglichen sonst auf verschiedene phänotypische Gattungen verteilten Merkmale gelegentlich bei ein und derselben Art erscheinen. Solche scheinbaren Mischformen beweisen, daß die Fähigkeit zur Ausbildung von geradezu gattungsunterscheidenden Merkmalen, auch wenn sie gewöhnlich nicht hervortritt, dennoch im Genotypus, im inneren Art- oder Gattungscharakter liegt. Dabei aber zeigt sich zugleich auch die innere Selbständigkeit der genotypischen Norm gegenüber der Außenwelt; denn es wird meistens alles das zurückgehalten, was nicht den äußeren Umständen entspricht, und gelegentlich das entlassen, was sonst verborgen geblieben war. Diese freie genotypische Formbildungsmöglichkeit scheint nun bei den Foraminiferen noch am allerfreiesten zu sein, da wir ein solches phänotypisches Übergreifen der systematisch-morphologischen Gattungsmerkmale ineinander bei keiner anderen Gruppe der Tiere in solchem Maß wieder in Erscheinung treten sehen.

Daß gerade die einzelligen Foraminiferen innerhalb ein und derselben Art alle möglichen Gestalten, die ebenso auch auf Gattungen verteilt vorkommen, annehmen können, erlaubt den Schluß, daß in den Einzelligen die genotypischen Eigentümlichkeiten erst im Begriffe sind, sich zu trennen, sich auf verschiedene Gattungen phänotypisch zu verteilen, daß aber die Differenzierung des Genotypus selbst noch nicht so weit vorgeschritten ist, daß nicht jederzeit bei jeder Art unter entsprechender Lebenslage eine Wiederholung und Erneuerung aller möglichen, sich sonst auf die verschiedensten phänotypischen Gattungen verteilenden Eigentümlichkeiten möglich wäre. Erst wenn die Mehrzelligkeit der Metazoen erreicht ist, scheint auch für den Genotypus eine strengere Bindung in der äußeren Formgebung von Gattung zu Gattung eingetreten zu sein, und dann kann nicht mehr jede Lebenslage bei allen Gattungen die gleiche phänotypische Gestalt erzeugen; die Reaktionsnorm ist dann eben erblich eingeengt, differenziert. Dies mag auch der Grund sein, weshalb die Foraminiferen seit den ältesten Zeiten keine phänotypische Entwicklung wie die Metazoen zeigen, sondern immer wieder dieselben Formen hervorbringen, ob sie kambrisch oder tertiär sind. Bei den Metazoen dagegen treten immer neue Formen auf, es zeigt sich eine Umwandlung, eine Entwicklung, auch wenn diese gelegentlich absteigend ist. Persistente Typen, wie etwa Lingula unter den Brachiopoden, kann man nicht als Gegenbeweis gegen die Richtigkeit dieses Zusammenhanges anführen, weil bei Lingula und Ähnlichen ja dauernd ein und dieselbe Form beibehalten wird, während bei den Foraminiferen vom selben Genotypus alle möglichen Formen phänotypisch erzeugt werden.

Auch die natürliche Art erweist sich wieder zusammengesetzt aus weiteren Einheiten. Die Vererbungsforschung zeigt, daß die Variationen aus dreierlei Elementen bestehen können: 1. aus den Lebenslagevariationen, die oben ausführlich besprochen sind; 2. aus Mutationen erblicher Natur, die phänotypisch ganz innerhalb der gewöhnlichen nichterblichen fluktuierenden Variabilität liegen können und unmittelbar gar nicht aus lebenden Populationen herauszulesen sind; 3. auch aus Bastardierung schon vorhandener elementarer Eigenschaften, und zwar in folgender Weise.

Genotypisch identische Organismen bezeichnet man als zum gleichen Biotypus gehörend[1]). Solche Biotypen kann man durch Züchtung aus natürlichen Populationen isolieren: selbstbefruchtende Pflanzen liefern bei entsprechender Auswahl schließlich Individuen, deren Nachkommenschaft in ihren Eigenschaften konstant bleibt, nicht mehr Rückschläge zeigt und nicht mehr nach allen möglichen Richtungen variiert. Bei zweigeschlechtlichen Pflanzen und Tieren sind sie schwer zu isolieren; hier nennt man sie „Blutlinien". Aus einem Gemisch solcher Blutlinien besteht nun die Masse der Eigenschaften einer Art, so daß die gewöhnlichen, frei sich entwickelnden Individuen in der Natur in gewissem Sinne Bastardeigenschaft haben, weil dort die Fortpflanzung nicht ausschließlich durch Selbstbefruchtung reiner Linien vor sich geht.

„Diese Erkenntnis bedeutet gewissermaßen eine weitere Entwicklung der Einsicht, die sich schon seit Mitte des vorigen Jahrhunderts allmählich geltend gemacht hat, daß nämlich viele der Linnéschen Spezies, darunter selbst solche, die früher als sehr ‚gut' präzisiert wurden, oft aus einer ganzen Menge mehr oder weniger voneinander abweichender ‚Sippen' zusammengesetzt sind. Man hat solche Sippen auch als Elementararten oder ‚Kleinspezies' bezeichnet; sie sind sozusagen die Einheiten der systematischen naturhistorischen Einteilung." Diese Elementareigenschaften vermischen sich unausgesetzt, und so bilden sich teilweise auch die Varietäten innerhalb jeder natürlichen Art. Gelegentlich treten durch Züchtung oder in der Natur solche Elementareigenschaften rein heraus, was bei der Fortzüchtung festgestellt werden kann, wenn keine Bastarde mehr in der Nachkommenschaft erscheinen.

---

1) Johannsen, W., Experimentelle Grundlagen der Deszendenzlehre, Variabilität, Vererbung, Kreuzung, Mutation. In dem Sammelwerk „Kultur der Gegenwart", 4. Abt., Bd. I: Allgemeine Biologie, S. 597—661. Leipzig u. Berlin 1915.

Züchtet diese also rein weiter und sind damit solche Eigenschaften isoliert, so sind sie eben daran als Elementareigenschaften erkennbar. Jedenfalls erhellt daraus, daß auch die engstgefaßten phänotypischen Arten wieder zusammengesetzt sind aus elementaren Fäden, deren Verflechtung erst die Elemente liefert, aus denen dann die Großarten und Gattungen, wie gezeigt, zusammengesetzt sind.

Der Paläontologe, welcher Züchtungen nicht vornehmen kann, wird sich in dieser Beziehung mit der Betrachtung seiner Formen von außen her und mit gewissen Wahrscheinlichkeiten begnügen müssen.

Ein schönes Beispiel hierfür liefern die in den Phosphatknollen des mittleren Lias Frankens vorkommenden Varietäten des Amaltheus costatus. Aufgeblähte bis flache Formen, wie sie die obere Reihe der beistehenden Fig. 61 zeigt, kommen dort nebeneinander vor. Die drei Typen sind herausgegriffen aus der Anzahl weiterer Variationen, die zum Teil auch in noch flacheren, engnabeligeren, zu Amaltheus margariatus überleitenden Individuen verwirklicht sind. Bricht man solche Formen Umgang für Umgang auf, so findet man, daß bis in's Innerste der Spirale die Formen durchweg gebläht oder flacher sind, analog ihrem Endstadium. Drei solcher Reihen sind aus verschiedenen Exemplaren in Fig. 61 zusammengestellt. Es ist kein Zweifel, daß hier im ganzen eine geschlossene, genotypisch determinierte Art vorliegt, denn die verschiedenen Grundarten kommen rein und bastardiert, also mit allen Übergängen, wie sie eine normale Frequenzkurve zeigen würde, immerzu vor. Man erkennt an diesen Verschiedenheiten der Individuenreihen, wie die natürliche Art hier aus Elementareigenschaften zusammengesetzt sein muß, die sich zwar vermischen können, aber wahrscheinlich auch häufig rein in die Erscheinung treten. Etwa die Eigenschaft „aufgebläht" der vordersten Reihe und die Eigenschaft „flach" der dritten Reihe könnten wir als zwei Elementareigenschaften, als zwei Biotypen herausgreifen und die Form der mittleren Reihe als Bastardbildung dieser beiden Merkmale ansehen. Freilich ist das mangels eines Züchtungsexperimentes willkürlich, denn auch die Linien I und III könnten schon Bastarde dieser ihrer Merkmale sein. Aber andererseits lehrt die Tatsache des ersichtlich konstanten Beibehaltens eines solchen Merkmales durch das ganze Individualleben hindurch, und das auf Individuen verteilte, getrennte stete Nebeneinandervorkommen aller Abwandlungen, daß die Art im Horizont, ebenso wie die geologische Gattung, aus einer Verflechtung elementarer Eigenschaften bestehen muß, die sich trotz aller Vermischung genotypisch rein erhalten und dann gelegentlich phänotypisch wieder herausspringen können.

Der Übergang von Art zu Art vollzieht sich, äußerlich gesehen, also phänotypisch, nur dann kontinuierlich, wenn es sich um Lebenslageänderungen und Lokalrassenbildung handelt. Das zeigt uns nicht nur im kleinen die Vererbungslehre, sondern auch die Paläontologie. Solche

Formbildungen lassen sich stets als geschlossene Formenreihen verfolgen
ganz im Sinne der älteren Deszendenztheorie, und gelten dann als prächtige Beweise für die stammesgeschichtliche Entwicklung von „Gattungen“
Aber sie kommen trotz aller „Entwicklung“ nie dauernd über die Ausgangsform hinaus und enden schließlich wieder dort, wo sie begonnen
haben, wie z. B. die Neumayrsche Paludinenreihe, weil sie eben doch
nur eine phänotypische, aber noch nicht genotypisch fixierte Umwandlung ihrer Konstitution bedeuten.   Alle anderen Umbildungen, an
denen eine neue Erbkonstitution, ein neuer Genotypus spricht, entstehen
phänotypisch als Sprung.   Es sind im kleinen die Mutationen und erdgeschichtlich die von Stufe zu Stufe, von Zeithorizont zu Zeithorizon
erscheinenden geologischen Mutationen, deren Begriff Waagen und
Neumayr in die Wissenschaft eingeführt haben.   Hierbei vermissen wir aber
wie gesagt, stets phänotypisch geschlossene Stammreihen (vgl. Kap. VII)

Was ist die Mutation bei Lebenden ihrem Wesen nach?[1])   de Vries
stellte sich vor, daß sie ein morphologisch weiter Sprung mit sehr vielen
neuen, zum erstenmal erscheinenden Merkmalen sei.   Auch Darwin wußt
von diesen Sprungvariationen und unterschied sie bereits von den kontinuierlichen Variationen, die wir jetzt fluktierende nennen.   Auch Beispiel
aus der Züchterpraxis kannte man damals schon genug, sowohl unte
den Tieren, wie besonders zahlreich unter den Pflanzen.   Dort nenn
man sie nach Korschinsky Heterogenesis.   Die Mutation kann ebensogu
biologisch gesehen, einen Fortschritt, wie einen Rückschritt bedeute
und die Ursache ihrer Entstehung muß in irgend einer Veränderung de
Geschlechtsprodukte liegen.   Hier ist der Schluß unausweichlich geworde
daß solche Mutationen, das sind in diesem Falle alle neuen pflanzliche
erblichen Kulturvarietäten, auf dem Wege plötzlicher Abweichung von de
bisherigen Norm entstanden sind.   Aber nicht nur einmal, sondern wah
scheinlich mehrere Male kann zu verschiedenen Zeiten dieselbe Mutatio
entstehen.   So glaubt Darwin, daß die schon dem Aristoteles bekann
erbliche Einhufigkeit gewisser Schweinerassen mehrmals unabhängig en
standen sei (Goldschmidt a. a. O. S. 411).   Es gibt in der Natur eine A

---

1) Den Begriff Mutation für die konstanten erblichen neuen Varietäten unt
lebenden Arten gebrauchte zuerst Duchesne für eine neue Erdbeerenart (nach: Bordage, I
Les nouveaux problèmes de l'Hérédité. La théorie de la Mutation. Biologica. Jour
Scient. de Médecin, Paris 1912, 2. Ann., S. 168).   Später wendete ihn Waagen an f
die von Horizont zu Horizont verfolgbaren neuen Arten derselben Gattung bzw. desselb
Variationskreises.   Gegen Ende des Jahrhunderts nahm ihn de Vries auf, dem d
Variabilität der in Holland wild wachsenden Nachtkerze Oenothera aufgefallen wa
Eine sachgemäße Aussaat ergab in der nächsten Generation einen kleinen Prozentsa
neuer typischer Formen, die sich vom Elterntypus und den Geschwistern in allen mö
lichen Merkmalen unterschieden.   Systematisch lagen also neue Arten vor, und d
Wesentliche daran schien, daß sie sich als erblich konstant erwiesen.   Er gebrauch
dafür den Ausdruck Mutation.

zahl von Beispielen dafür, daß eine Mutante, die regelmäßig gebildet wird, immer wieder in den folgenden Generationen entsteht und zwar nicht nur als Nachkomme derselben Mutante früherer Generation, sondern als jedesmalige Neubildung aus den alten Artvertretern; und daß diese Mutanten sich nicht nur erhalten, sondern sogar die Stammart allmählich verdrängen. Die melanistischen Formen der Nonne und des Birkenspanners sind Beispiele dafür.

Sind solche Mutationen erblich, so knüpft sich an sie die Entstehung neuer Arten. Sie unterscheiden sich also von Varietäten 1. durch die Erblichkeit, 2. durch die Sprunghaftigkeit ihrer Erscheinung und 3. durch den Umstand, daß sie selbst der Mittelpunkt einer Varationskurve sind. Eine Mutation braucht also nicht notwendig einen großen morphologischen Sprung zu bedeuten. Wenn aus irgend welchen Ursachen, die hier gleichgültig sind, eine neue erbliche Elementarart entsteht, so kann diese mit ihrem Formcharakter noch ganz innerhalb der alten Variationskurve liegen. Die Quantität der morphologischen Veränderung ist kein integrierender Bestandteil des Begriffs Mutation, wohl aber die konstante Erblichkeit ihrer Eigenschaften. Wenn somit innerhalb der Variabilitätsgrenzen Mutationen als neue Arten entstehen, so wird man unter dém lebenden Material sie als solche nur erkennen, wenn man sie weiterzüchtet oder wenigstens ihre Nachkommenschaft sicher beobachtet; unter dem paläontologischen Material nur, wenn man sie Horizont für Horizont verfolgt und getrennt läßt.

Ist aber nicht der weite Formenausschlag, sondern nur die Erblichkeit entscheidend dafür, ob eine Variante eine Mutation ist oder nicht, so führt das zu der Folgerung, daß eine kleine Mutation keineswegs immer eine neue Art zu sein braucht, sondern entweder der Abspalter einer vorher in der Art schon enthaltenen, aber durch Dominanz anderer Eigenschaften oder durch andere Kombinationen verhüllt gewesene Elementarart; oder daß sie nur eine neue Kombination schon vorher im Bastardgemisch der Art enthaltener Erbeinheiten ist.

Es ist daher streng zwischen den nichterblichen Variationen oder Modifikationen und den erblichen Variationen oder Mutationen zu unterscheiden. Es hat sich gezeigt, daß durch die selektive Auswahl jener nichts Neues geschaffen werden kann, und es hat sich ferner gezeigt, daß die Variabilität wächst mit den wechselnden Lebenslagen. Es zeigte sich nun, daß die Zahl der Mutanten beträchtlich steigt in jenen Jahren, in denen recht extreme Lebenslagevariationen durch Änderung der äußeren Bedingungen hervorgerufen werden. Das führt sofort zu der Vermutung, es müsse vielleicht möglich sein, durch Einwirkung äußerer Faktoren künstlich Mutationen hervorzurufen. Das ist auch gelungen. Es zeigte sich dabei, daß in der Ontogenie eine für äußere Beeinflussung besonders empfängliche Periode besteht, in der auf diese Beeinflussung mit erblicher Veränderung der varietätenbildenden Konstitution reagiert wird. So kann man sagen, daß sowohl für die nichterbliche Varietätenbildung, wie für die Bildung der Mutanten äußere Einwirkungen den Anlaß geben, wenn auch die innere Konstitution, wie immer, die Wirkung erst zum geeigneten Ausdruck bringt. Der einzig wesentliche Charakter der Mutation ist aber, wie gesagt, nicht die Größe des morphologischen Sprunges, sondern nur die Erblichkeit. Und diese Mutationen liegen morphologisch-typisch in der Richtung der gewöhnlichen fluktuierenden Variation.

Wo wir dem paläontologischen Material unvoreingenommen gegenübertreten, zeigt sich, daß die wirklichen, nicht nur die scheinbaren Träger der Entwicklung immer morphologisch diskontinuierlich aus den früheren hervorgehen. Nur bei den nichterblichen fluktuierenden Varietäten haben wir zusammenhängende formale „Entwicklungsreihen", die man früher als Beweis für die Abstammung und das stammesgeschichtliche Werden nahm. Man hätte nicht erst die exakte Vererbungswissenschaft gebraucht, um — mit etwas weniger Entwicklungsromantik — dies zu erkennen. Wo wir wirkliche Entwicklungsreihen haben, stellen sie sich nicht wie etwa die Neumayrsche Paludinenreihe dar, sondern als Aneinanderreihung von Sprungvariationen, von Mutationen im alten Waagenschen Sinne. Es fragt sich nur, ob diese geologischen Mutationen oder Großmutationen, wie wir sie zum Unterschied zu den von der Vererbungswissenschaft behandelten Formen nennen wollen, mit diesen letzteren wesensgleich sind oder nicht. Das ist von außen her natürlich gar nicht zu entscheiden und wäre es erst, wenn sich dem Beobachter des lebenden Materials einmal eine solche Großmutation auftäte. Wir können zunächst nichts tun, als diese geologischen Mutationen als gegeben hinnehmen und in ihnen die Träger der stammesgeschichtlichen Entwicklung sehen, die phänotypisch nicht in kontinuierlichem Fluß, sondern immer wieder sprungweise verläuft. Hierüber wird das Schlußkapitel noch ausführlicher handeln.

Ziehen wir das Resultat aus den vererbungswissenschaftlichen Zuchtversuchen und Analysen, so tritt uns im Kleinen und Feinsten prinzipiell das gleiche Bild für die phänotypische Art entgegen, wie wir es geologisch für die Gattung erhalten haben. Auch hier eine Vielheit der an und für sich selbständigen Elementararten, und diese wieder zusammengesetzt aus reinen und Blutlinien. Trotzdem verbindet sie eine gemeinsame genotypische Zusammengehörigkeit höherer Ordnung, ob sie sich auch gelegentlich oder immer kreuzen oder formal selbständig auftreten. Der oben gebrauchte Vergleich mit dem Seil läßt sich weiterführen: auch die einzelnen Stränge bestehen wieder aus Faserbündeln und diese endlich aus den Fäden der reinen und Blutlinien. Ob wir damit beim „primären Element der Art" angelangt sind?

Jener Komplex von Erbeinheiten und potentiellen Eigenschaften, der das Wesen der „Art" ausmacht, sucht nun an den Individuen alle jene Entwicklungsmöglichkeiten zu verwirklichen, die er genotypisch enthält. Das gelingt jedoch niemals in einzelnen oder in wenigen Individüen; es sind möglichst viele dazu nötig. Denn es handelt sich oft um Realisierung von Eigenschaften, welche sich materiell oder räumlich ausschließen. Unter den Individuen der auf S. 178/79 abgebildeten Terebratulaart z. B. befinden sich solche mit stark gefaltetem und ungefaltetem Schalenrand. Es ist praktisch unmöglich, daß gleichzeitig an ein und demselben Individuum diese beiden verschiedenen, wenn auch in der Masse der Individuen durch fluktuierende Variabilität formal verbundenen Eigenschaften sich wirklich darstellen. Die den Schalenrand bildende erbliche Potenz der Art ist also nicht das Gefaltet oder Ungefaltet, sondern die Fähigkeit, je nach der Lebenslage und den speziellen äußeren Erfordernissen jene Randform zu bilden, welche ihnen gerade entspricht. Auch Geschlechtsdimorphismen, Körpergröße oder Kleinheit, kurz jede nur erdenkbare Eigenschaft läßt sich in Modifikationen denken, die bis zur gegenseitigen Ausschließlichkeit nur an verschiedenen Individuen einer Art verwirklicht sein können, wobei auch stets mittels vieler anderer Individuen fluktuierend oder als Zwitterbildungen oder Bastardierungen in den Variabilitätskurven phänotypische, formale Übergänge da sind.

Jede Art hat ihren bestimmten Charakter nur unter bestimmten Bedingungen. Denn wenn sich Eigenschaften abändern, wenn die Bedingungen wechseln, wenn also z. B. weiße Blüten bei bestimmter Temperatur oder Ernährung rot werden, Brustfedern der Taube bei bestimmtem Feuchtigkeitsgrade weiß bleiben, Salamander im Wasser Kiemen behalten, statt die Lunge zu entwickeln, Frösche bei der Ernährung mit Fleisch einen kürzeren Darm bekommen als bei der Ernährung mit Vegetabilien, so ist, wie GOLDSCHMIDT (a. a. O. S. 47) sagt, die Eigenschaft nicht „weiß" oder „mit Kiemen" oder „kurzer Darm" oder „rotblühend", sondern das Wesentliche an diesen Eigentümlichkeiten ist „die Fähigkeit, auf bestimmte äußere Bedingungen mit bestimmter Darmlänge, Farbe, Kiemenstruktur zu reagieren, also eine bestimmte Reaktionsnorm". Diese Reaktionsnorm — es handelt sich für uns nicht um die Aufzählung aller möglichen äußeren Fälle, sondern um das Erfassen des inneren Zusammenhanges — äußert sich als Konstitution und Formbildungsfähigkeit, und sie ist es, die als das Genotypische den wesenhaften Inhalt der Art ausmacht.

Indem jede Eigenschaft, ebenso, wie der Organismus als Ganzes ausschließlich auf die Lebenslage eingestellt ist und auch die in ihm selbst sich abspielenden Vorgänge wie die Ausscheidungen der Gewebe, der Drüsen, der Zellen mittelbar der Wechselwirkung des Organismus mit der Außenwelt dienen, so ist weder das einzelne Individuum — auch nicht, wenn wir es ultramikroskopisch bis in die feinste Struktur hinein durchschauen könnten — noch die Gesamtheit der verwirklichten Individuen selbst irgendwie das Genotypische oder „die Art“. Diese ist vielmehr eine der Erbmasse immanente Potenz, als deren Wechselwirkung und Reaktion auf die umgebende Welt phänotypische Gestalten und Merkmale erscheinen, Stoffe gesammelt und umgestaltet werden. Es ist die dominante Kraft, welcher in der anorganischen Materie die Affinität der Stoffe entspricht. Sie arbeitet mit derselben Naturgesetzlichkeit organisch formgestaltend, wie die chemische Affinität gesetzmäßige Verbindungen baut. Wenn man will, kann man das — auch ohne die übliche Gedankenlosigkeit, womit dieses Wort Verwendung findet — Vitalismus nennen.

Zugleich finden wir hier einen inneren Grund, weshalb alle Tiere und Pflanzen eine an und für sich unbegrenzte Fortpflanzungsmöglichkeit haben, auch jene, welche nicht Millionen von Keimen produzieren, sondern nur wenige Junge zur Welt bringen; auch letztere könnten, wenn keine äußeren Hindernisse gewaltsam ihre Vermehrung beschränkten, in kurzer Zeit die Erde bevölkern. In dieser unbegrenzten Vermehrungsmöglichkeit liegt nun die Möglichkeit, daß die genotypischen Eigenschaftspotenzen sich phänotypisch immerzu möglichst mannigfaltig in der äußeren Welt gestalten. Niemals aber erreicht der Genotypus durch die phänotypischen Gestalten den mannigfaltigen Ausdruck, dessen er selbst fähig ist, und so besteht die natürliche Tendenz zu immer neuen Individuen, in's Endlose fortgesetzt.

Wir verfolgen hier den Zweck, aus den Tatsachen der paläontologischen und zoologischen Forschung jene Schlußfolgerungen zu ziehen, welche uns wenigstens eine prinzipielle Einsicht in das Verhältnis von Individuum, Art und Gattung erlauben. Die systematische Art ist gewiß eine Abstraktion; aber mit dieser Abstraktion deckt sich nicht die genotypische Art. Diese ist eine Realität höheren Grades, während die systematische Art ein aus phänotypischen Naturgegenständen abgezogener Begriff, eine Abstraktion ist. Beide Begriffe haben daher nur das Wort, nicht den Inhalt gemeinsam.

ABEL sagt[1]), man könne sich sehr eingehend mit phylogenetischen Untersuchungen befassen, ohne auf eine bestimmte Definition der Spezies eingeschworen zu sein, weil heute, wo das Dogma von der Konstanz der Arten endgültig gefallen sei, mit dem Verlauf der Stammesgeschichte die engere oder weitere Fassung des Artbegriffs nichts mehr zu tun habe. Das gilt aber doch nur für den phänotypisch abgeleiteten systematischen Artbegriff, dagegen nicht für das Genotypisch-Wesentliche der Art, dessen

---

1) ABEL, O., Die Stämme der Wirbeltiere, Leipzig u. Berlin 1919, S. 9, Anm. 2.

Konstanz oder Nichtkonstanz in keiner Weise erwiesen ist. Im Hinblick darauf ist auch die Abstammungslehre nichts weniger als eine gesicherte Wissenschaft, so daß doch O. HERTWIG recht hat, wenn er die Frage nach der „Art" das A und O der Abstammungslehre nennt. Hier ist der Punkt, wo sich Physiologie, Vererbungsforschung und Paläobiologie treffen, um in gemeinsamer Forschung erst eine über das Äußerlich-Phänotypische hinausgehende vertiefte Abstammungslehre zu begründen, von der wir bisher nur Ansätze sehen; und hier ist auch wieder der Punkt, wo sich Physiologie, Morphologie, Vererbungsforschung und Paläobiologie zu gemeinsamer Arbeit treffen können. Denn nur die phänotypische Art ist eine Abstraktion; die genotypische Art dagegen ist das Wesen des Lebendigen selbst und insofern nicht nur das A und O der Abstammungslehre, sondern der organischen Wissenschaft überhaupt.

4. Ontogenie, Dimorphismus, Polymorphismus

Wir haben in den vorausgehenden Abschnitten gesehen, daß die körperliche, die phänotypische Gestaltung der Individuen keineswegs starr gebunden ist, sondern daß innerhalb einer natürlichen Art weitestgehende Variabilität herrschen kann, welche oft so große Ausschläge zeigt, daß sich Varietäten vom Arttypus mehr unterscheiden können, als genetisch selbständige Arten von einander. Die äußere körperliche Gestaltung ist kein zureichendes Kriterium für den konstitutionellen Charakter der Art, für den Genotypus und für den genealogischen Zusammenhang.

Diese Flüssigkeit der Form bei aller genotypischen Bestimmtheit tritt in ein noch helleres Licht, wenn wir nicht bloß das fertige Individuum in's Auge fassen, wie wir es neben vielen anderen der gleichen Art sehen, sondern wenn wir uns erinnern, daß es auch aus einer Eizelle entspringt und sich erst durch große Formveränderungen hindurch zum ausgewachsenen Tier entwickelt. Bei Formen mit Metamorphose, wie gewissen Wasserkrebsen, Hydroidpolypen oder Insekten, sind diese Veränderungen so gewaltig, daß innerhalb ein und desselben Individuallebens Formunterschiede zutage kommen, welche sich, hätte man keine Kenntnis der Metamorphose, darstellen wie die Formunterschiede verschiedener systematischer Ordnungen. Auch sonst kommen unter der Bezeichnung Dimorphismus und Polymorphismus Formunterschiede teils innerhalb derselben Individualentwicklung, teils auf zwei oder mehr Individuen einer Art verteilt vor, unter denen der Geschlechtsunterschied am bekanntesten ist.

Aus dieser Tatsache geht mit aller Deutlichkeit hervor, daß der Genotypus, d. h. das innere Bestimmende der Art, potentiell über Anlagen und Bildungsmöglichkeiten verfügt, welche sich im Konkreten in den widersprechendsten Formbildungen darstellen können, ohne daß der einheitliche innere Charakter der „Art" selbst darin verleugnet würde. Andererseits ist ja die Sicherheit der Formgebung so groß, daß bei aller Freiheit der Gestaltung, welche dem Genotypus eigen ist, doch immer wieder der Grundcharakter, das innere Wesen der Art gewahrt bleibt und daß es immer wieder möglich und tatsächlich so ist, daß die Nachkommen der abweichendsten Varietäten ebenso in die Norm zurückkehren, wie die Nachkommen polymorpher Individuen immer wieder dieselbe alte ursprüngliche Formbildungsfähigkeit mitbringen. Die Nachkommen weiblicher Individuen sind ebensogut Männchen wie Weibchen; die Nachkommen von Quallen ebensogut wieder Polypen, die Nachkommen von mikrosphärischen Foraminiferen sowohl mikrosphärische wie makrosphärische, die Nachkommen von Schmetterlingen sind Raupen. In dieser Bestimmtheit und Gebundenheit bei gleichzeitiger weitestgehender Möglichkeit der Hervorbringung von Formen und der Gestaltung liegt ein greifbarer Beweis für die selbständige Existenz und Realität eines formbestimmenden Kräftesystems, das wir die Art im inneren Sinne nennen können, und das, wie schon auseinandergesetzt, keine leere Abstraktion, sondern eine höchst wirksame lebendige Realität höheren Grades ist, deren Erforschung das wesentliche Problem der Abstammungslehre und Biologie bildet.

Kein Individuum ist andauernd sich selbst gleich. In jedem Augenblick verändert es sein Körpergewicht, seine stoffliche Zusammensetzung, seine Form. In größeren Zeitabschnitten ist dieser Wechsel evident. Wir können ihn einteilen in vier Stadien: Embryonalzustand, Jugend, Reifezeit und Alter. Grenzen zwischen den einzelnen Abschnitten lassen sich nicht ziehen. Unter Embryonalzustand verstehen wir jene die Normalform vorbereitende Zeit, in welcher die Körpermerkmale teils noch unentwickelt, teils in anderer Form und Zahl vorhanden sind, als beim jungen und beim ausgewachsenen geschlechtsreifen Tier. Dazwischen liegt die Jugendzeit als eine Art Übergangsstadium zwischen Geschlechtsreife und Embryonalzeit, wobei die Körperform im ganzen kleiner als beim geschlechtsreifen ausgewachsenen Tier ist, aber sonst im allgemeinen voll entwickelt. Das Alter ist die Unfähigkeit zu weiterer Fortpflanzung, womit ein Zerfall, ein Senilwerden der zum Weiterleben befähigenden Eigenschaften und Funktionen Hand in Hand geht.

Diese einzelnen Stadien der Ontogenie können auf ihre gegenseitigen Kosten verkürzt oder verlängert, ja oft so hinausgezogen werden, daß z. B. das ausgewachsene Tier mit gewissen Merkmalen auf einer embryonalen oder wenigstens ontogenetisch sehr frühen Stufe stehen bleibt. Beispiele an Rezenten sind zahlreich. „Alter", sagt[1] KAMMERER, „ist mit Ent-

---

1) KAMMERER, P., Artikel „Variabilität" im „Handwörterbuch der Naturwissenschaften", Bd. X, Jena 1915, S. 203.

wicklungsstufe nicht zu verwechseln; eine Krötenlarve im gleichen Stadium der Entwicklung, am einfachsten kenntlich an der Ausbildung der Hinterbeine, kann wenige Monate oder ... mehrere Jahre alt sein. Eine „Jugendform“ (d. h. ein primitiver, embryonaler oder larvaler Zustand) kann so lange beibehalten werden, daß die Geschlechtsorgane sich vorher zur Reife entwickelt haben (Neotenie, Infantilismus), und umgekehrt können sich die Keimdrüsen so vorzeitig entwickeln, daß sie den Organismus noch im Zustande der Unreife antreffen (Progenese)“.

Embryologische Studien zu machen, ist der Paläontologie so gut wie ganz versagt. Solange Embryonen noch keine Hartteile ausgeschieden haben, sind sie fossil nicht erhaltungsfähig; haben sie aber deren, so sind sie meistens schon über das eigentliche Embryonalstadium hinaus. Wenn der Paläontologe von Embryonalstadium spricht, meint er daher früheste Jugendstadien, die seiner Beobachtung zugänglich sind. Es wird in jedem einzelnen Falle zu prüfen sein, ob die am fossilen Material verfolgbare Ontogenie noch die eigentlichen Embryonalzustände mit umfaßt oder nicht.

Da die Fortpflanzung in engster Beziehung zur Ontogenie und zum Generationswechsel steht, so seien hier alle zusammen besprochen.

In der Ontogenie tritt eine Vielheit zusammenhängender Formerscheinungen zutage, deren Wechsel, deren Auftauchen und Wiederverschwinden ganz ebenso den Charakter der phänotypischen Spezies ausmacht, wie die morphologische Bestimmtheit des fertigen ausgewachsenen Tieres selbst. Wenn zwei genotypisch verschiedene Arten vorliegen, ihre Jugendstadien und Eizellen jedoch völlig gleich sind, so liegt in dieser formalen Identität dennoch dieselbe innere Differenz beschlossen, wie im fertigen Tier, wo sie dem Auge erst sichtbar geworden ist. Umgekehrt enthält die Eizelle genau denselben spezifischen, denselben genotypisch bestimmten Charakter wie das fertige Individuum, das schließlich aus ihr hervorgeht. „Welcher Kontrast“, sagt O. Hertwig, „besteht hier zwischen Anfang und Ende des Entwicklungsprozesses, zwischen befruchtetem Ei und dem fertiggebildeten Organismus! Und trotzdem sind Ei- und Samenzelle ebensogut in vollstem Maße die Repräsentanten der betreffenden Art, wie der aus ihnen entstandene fertige Organismus. Denn ebenso, wie von der Gültigkeit des Fallgesetzes, sind wir auf Grund unzähliger Erfahrungen von der absoluten Gesetzmäßigkeit der Tatsache überzeugt, daß aus einem befruchteten Ei einer besonderen Pflanzen- und Tierart nur ein Organismus von genau der gleichen Art sich entwickeln kann“.[1] Moderner ausgedrückt, könnte es hier vielleicht heißen, daß die genotypische Bestimmtheit schon die Eizelle beherrscht und daß der erwachsene Organismus diese genotypische Bestimmtheit ebensogut

---

1) Hertwig, O., Das Werden der Organismen. Jena 1916, S. 278/79.

zum Ausdruck bringt wie die Anfangszelle. Die genotypische Reaktionsnorm bleibt ihrem Wesen nach dieselbe, einerlei in welche Lebenslage
der Organismus während der Ontogenie gerät; aber die phänotypische
Erscheinung, d. i. die Verwirklichung konkreter Eigenschaften und Merkmale im Individuum wird je nach der Lebenslage verschieden, so daß
die äußere Ausbildung noch nicht in der Eizelle festgelegt sein kann.
Wir werden im folgenden Abschnitt unter dem Begriff „Konvergenz"
Beispiele abgehandelt sehen, welche uns zeigen, daß die gleiche äußere
Jugendgestalt von Individuen sogar in verhältnismäßig späten Stadien noch

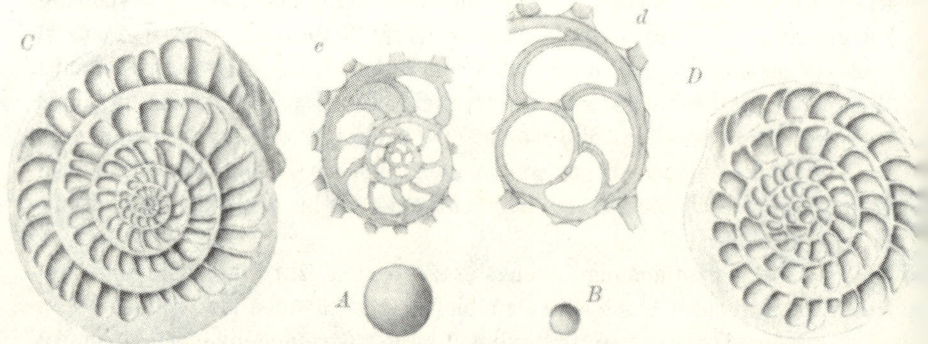

Fig. 62. Formwechsel bei Nummuliten derselben Spezies. *A* mikrosphärischer Numm.
Biarritzensis. *B* megalosphärischer Numm. Guettardi, beide aus dem Eozän von Ägypte
(Orig. in München.) $^1/_1$. *C* Numm. Orbignyi und *D* Numm. wemmelensis aus de
Obereozän von England: mikro- und megalosphärische Form $^2/_3$. *c* und *d* die entsprechend
Vergrößerungen der Anfangskammern. 200fach vergrößert. (Aus LISTER, l. c.)

in phänotypisch-spezifisch verschiedene Endformen übergehen kann und
umgekehrt. Man kann solchen Formen an und für sich nicht ansehen,
ob sie genotypisch gleich oder verschieden sind.

Außer den ontogenetischen Unterschieden, die, ebenso wie die
Variabilität der Individuen, auch als eine Vielgestaltigkeit der Art
erscheinen, und die oft weitergehen als die Unterschiede zwischen den
ausgewachsenen Vertretern zweier genotypisch verschiedener Arten oder
verwandter Gattungen, gibt es auch noch innerhalb der Arten Poly-
morphismen, die uns zeigen, wie wenig zuverlässig die phänotypische
Form als solche für die Beurteilung der inneren stammesgeschichtlichen
Verwandtschaft ist. Wenn wir an den Generationswechsel der Hydrozoen
denken und an die Verschiedenheit von Polyp und fertiger Qualle, so
ist auch das ein Formwechsel, der aber auf zwei Generationen derselben
Art verteilt ist und der weiter geht als die Verschiedenheit zweier
Ordnungen in einem Stamme des Tierreichs, zumal auch noch ein Wechsel
der Lebensweise damit verknüpft ist.

Wir wollen Beispiele der Ontogenie, des Generationswechsels, des Poly-
und Dimorphismus an fossilen Formen ansehen, um daran unseren durch die

morphologische Systematik so gebundenen Artbegriff zu lösen, um zu einem Erfassen der Art als eines nicht nur in geologischen Stammreihen, sondern auch eines im Individuum werdenden Ganzen anzuregen. Wenn wir die Erkenntnis der lebendigen Formen vertiefen wollen, ist es nötig, allen Formalismus abzustreifen und dieses Gesamtwerden und sich Wandeln desselben Individuums,

derselben Art zu voller lebendiger Anschauung gelangen zu lassen. Schon lange sind wir gewöhnt, die Umwandlung der Arten durch die Zeiten der Vorwelt in einem Zuge uns vorzustellen; aber noch viel zu wenig wird die phänotypische Art auch in ihrem augenblicklichen Dasein als ein stets sich Wandelndes, Vielgestaltiges begriffen und vorgestellt. Nie ist das Leben erstarrte Form, immer ist es Neuschöpfung. Eben das aber wird uns erst von dem abstrakten, unwirklichen phänotypischen Artbegriff der Systematik befreien, damit an dessen Stelle in unserem wissenschaftlichen Denken die genotypische Art als das Wesentliche und Wirkende, als das wirklich Lebendige trete, um uns — es sei noch einmal gesagt — von dem naiven Realismus zu befreien, der im starr aufgefaßten Phänotypus das eigentlich Wirkliche sieht.

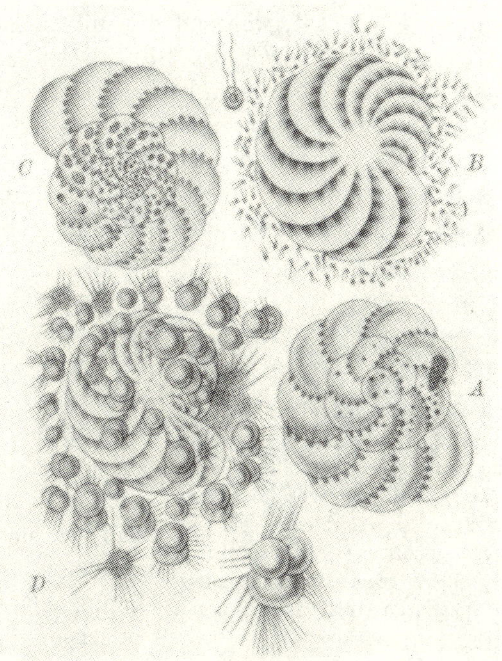

Fig. 63.

Dimorphismus und Generationswechsel bei Polystomella. Rezent. (Aus Lang, l. c.) Unterste kleinste Form: junges megalosphärisches Individuum. *A* entkalktes erwachsenes megalosphärisches Individuum; die kleinen schwarzen Punkte: werdende Sporen; der schwarze Fleck: Hauptkern. *B* Ausschwärmen der Sporen; daneben Spore vergrößert. *C* Aus einer Spore entstandenes mikrosphärisches Individuum, vielkernig, entkalkt. *D* mikrosphärisches Individuum, mittels der heraustretenden Pseudopodien neue megalosphärische Schalen bildend.

Ein schon lange bekannter, aber spät erst gedeuteter Unterschied unter Foraminiferen der gleichen Art ist die mikrosphärische und megalophärische Gestaltung der innersten Windung. Beistehend (Fig. 62 *A, B*) ist ein Nummulit abgebildet[1]) in seiner mikro- und megalosphärischen Variante.

---

1) Lister, J. J., On the dimorphism of the english species of Nummulites usw. Proceed. Roy. Soc., London 1905, Vol. 76 B, S. 298—319.

Bei den megalosphärischen Formen ist im Innersten eine einzige relativ große Anfangskammer vorhanden, bei den mikrosphärischen an ihrer Stelle eine ganze Anzahl kleinster Kämmerchen (Fig. 62 *C*, *D*). Bei den lebenden Foraminiferen besteht der Hauptunterschied darin[1]), daß die megalosphärische Form während der längsten Zeit ihres Lebens einen großen Chromatinklumpen, den Prinzipalkern, und daneben noch zahlreiche kleinere Kerne hat, während die mikrosphärische Form nur kleine Kerne in großer Zahl durch das Protoplasma zerstreut enthält. Die megalospärischen sind bei weitem häufiger als die mikrosphärischen, die letzteren im ausgewachsenen Zustande größer als die ersteren. Damit aus mikrosphärischen Formen megalosphärische entstehen (Fig. 63), muß es zur Pseudosporenbildung kommen. Das Protoplasma tritt aus der Schale heraus, bildet Pseudopodien, die in zahlreiche lebendige Teilchen zerfallen, umherschwärmen, dann sich runden, ein Schälchen ausscheiden und zur megalosphärischen Generation heranwachsen. Aus der megalosphärischen Generation geht die mikrosphärische dadurch hervor, daß der Prinzipalkern zerfällt und daß dessen Teile zusammen mit den schon vorher vorhandenen kleinen Kernen das Protoplasma erfüllen, das sich nun sondert und jeden einzelnen Kern unter Abrundung umgibt. Dann teilt sich jede mit je einem Kern versehene Protoplasmaportion; diese Teilstücke II. Ordnung werden, mit zwei Geiseln ausgerüstet, zu Schwärmsporen und diese werden schließlich unter Abwerfung der Geiseln und Ausscheidung von Schälchen zu mikrosphärischen Formen. Da die Anzahl der Kerne beschränkt ist, so ist es verständlich, warum die mikrosphärischen Formen jeweils weniger zahlreich sind als die megalosphärischen; außerdem können auch die megalosphärischen Individuen Embryonen bilden.

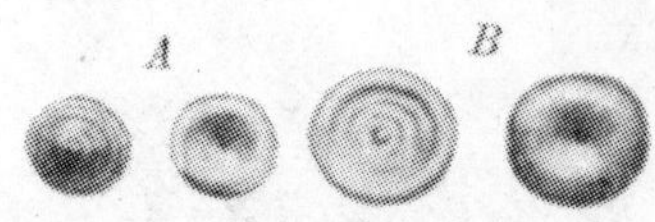

Fig. 64. Makro- und mikrosphärische Generation von Orbitolina aus der Unterkreide des Dept. Jsère. (Aus Gras, Catal. corps foss. Jsère, 1892). $^1/_1$. *A* kleine konische megalosphärische Orb. conoidea. *B* größere scheibenförmige mikrosphärische Orb. discoidea.

Generationswechsel ist auch bei den Orbitolinen nachgewiesen. Die makrosphärische Generation ist konisch[2]), die mikrosphärische scheibenförmig. Die bekannte Orbitolina conoidea aus den Aptien ist die ungeschlechtliche (A) Generation von O. discoidea aus dem gleichen Horizont (Fig. 64). Nur bei der cenomanen Orbitolina concava ist die A- und B-Generation gleich flach und dünn, beide unterscheiden sich nur durch die Größe. Zum Teil sind diese Generationen als verschiedene

---

1) Lang, A., Lehrbuch der vergleichenden Anatomie der wirbellosen Tiere. Protozoa. Jena 1901, S. 207/8.

2) Douvillé, H., Les Orbitolines et leur enchaînements. Compt. rend. séances Acad. Sciences. Paris 1912, Vol. 155, S. 367—72.

Arten beschrieben worden, aber nach H. Douvillé tritt in jedem Unterkreidehorizont nur eine Art in der doppelten Generation auf nach folgender Verteilung:

1. Ob. Cenoman mit O. concava (A- und B-Generation);
2. Vraconien mit O. conica (A-Generation) und O. plana (B-Generation);
3. Albien mit O. subconcava (A- und B-Generation);
4. Aptien mit O. lenticularis;
5. Aptien mit O. conoidea (A-Generation) und O. discoidea (B-Generation);
6. Barrêmien mit O. bulgarica;
7. Barrêmien: Orbitolina conulus (A- und B-Generation).

Entwicklungsdimorphismus ist bei den Fusuliniden des Karbons festgestellt[1]); die makrosphärische, meistens an Zahl überwiegende Generation hat weiter gewundene erste Umgänge. Dagegen herrscht wahrscheinlich bei einigen jüngeren Fusuliniden und den Schwagerinen die Mikrosphärie vor. Jedoch besteht in letzterem noch keine völlige Übereinstimmung. Auch Schalenverschmelzungen sind beobachtet, doch nur selten und in frühesten Jugendstadien. Es konjugieren nur makrosphärische Individuen, wobei Fusulinenschalen sich entwickeln, die sich als ein Individuum darstellen (univalente Schalen). Dabei treten drei Modifikationen auf:

Fig. 65. Karbonische Fusulinen, aus Verschmelzung zweier oder mehrerer Individuen hervorgegangen. (Nach v. Staff, l.c.) Stark vergr. A die abnorm große Anfangskammer deutet auf Zusammentreten mehrerer Jugendformen. B Zusammentreten von zwei beschalten Jugendformen.

1. Noch unbeschalte Individuen verschmelzen so, daß nur eine besonders große Anfangskammer auf diesen Vorgang hinweist (Fig. 65A). 2. Die schon beschalten Anfangszellen vereinigen sich zu einer besonders großen, doppelten Anfangskammer (Fig. 65B). Rhumbler wies nach, daß bei Orbitolites die makrosphärischen sich mit den mikrosphärischen Individuen zu Doppelschalen vereinigen können und daß bei Orbitolites eine Beschränkung der Verschmelzungsmöglichkeit weder nach Alter, noch nach der makro- und mikrosphärischen Form, noch sonstwie festzustellen sei. Wenn zwei Anfangszellen mit schon starker Schale zum Mittelpunkt der postjugalen Kammerung werden, kann auch die eine als Fremdkörper umschlossen werden, und von der anderen allein geht dann die Kammerung aus.

Das ontogenetische Wachstum der Foraminiferen erfolgt meistens durch Anbauen einer neuen Kammer nach der anderen, wofür etwa die

____

1) v. Staff, H., Über Schalenverschmelzung und Dimorphismus bei Fusulinen. Sitzber. Ges. naturf. Freunde, Berlin 1908, S. 217—237.

Nummuliten charakteristische Beispiele sind. Wird Kammer um Kammer geradlinig angesetzt (Fig. 37, S. 148), so entsteht der Nodosariatypus. Von diesen einfachen Wachstumsformen aus gibt es zahlreiche Abarten. So vor allem eine Kombination von anfänglich spiraligem, dann geradegestrecktem Wachstum, wodurch sich viele Formen der Gattung Peneroplis auszeichnen (S. 179, 207). Alle diese Formen können entweder, wie oben schon bemerkt, auf natürliche, genotypisch verschiedene Gattungen verteilt oder als spezielle Wachstumseigenheiten bei Individuen ein und derselben genotypischen Art auftreten, woran die phänotypische Gattungsbegrenzung nicht nur bei Foraminiferen so oft scheitert.

Die Fortpflanzung der Schwämme erfolgt durch Knospung oder durch ausschwärmende Flimmerlarven, die auf geschlechtlichem Wege erzeugt wurden. Die Knospen lösen sich ab und bilden neue Tiere oder sie bleiben am Mutterkörper haften; dann entsteht eine Kolonie. Das ontogenetische Heranwachsen der Spongien aus Larven kommt als Formverschiedenheit für den Paläontologen natürlich nur von da an in Betracht, wo aus diesen Larven festsitzende Stöckchen mit Skelett geworden sind, die z. B. bei den Calcispongien innerhalb kürzester Frist ihre Nadeln ausscheiden. Das Wachstum geht dann einfach unter Vergrößerung des Körpers nach allen Seiten vor sich, so daß wesentliche ontogenetische Formunterschiede bei den Arten nicht bestehen.[1]

Dagegen ist dies bei den Korallen der Fall, wo neben der Fortpflanzung durch Larven die ungeschlechtliche Vermehrung durch Knospung herrscht. Dadurch bekommen Individuen und Stöcke derselben Art

---

[1] Bornemann (Die Versteinerungen des cambrischen Schichtsystemes der Insel Sardinien usw. I. Nova Acta Leop.- Carol. deutsch. Akad. Naturf., Bd. 51, Halle 1886, S. 38/39) nahm seinerzeit einen Generationswechsel für die altkambrischen, teils den Spongien, teils den Korallen entfernt angegliederten Archäocyathiden an. Es handelte sich dabei um das merkwürdige Auftreten der beiden Formen Protospharetra und Coscinocyathus. In großen Kelchen von Coscinocyathus fänden sich in Menge freie embryonale Kelchanfänge in verschiedenen Wachstumsstadien mit allen Merkmalen des vollkommenen Organismus, daneben kleine Zellengruppen und Zellenklümpchen, außen mit einer dichten Außenwand, innen aber das Gewebe der Protospharetra zeigend. Daneben traten ebensolche Körper frei auf, sanden Wurzelfasern ans, wuchsen und zeigten in ihren Hohlräumen die beginnende Entwicklung der netzförmigen Scheidewände des Muttertieres. Protospharetra scheine also keine selbständige Gattung zu sein, sondern eine Entwicklungsstufe darzustellen, aus der sich die vollkommenen Archäocyathidenkelche herausbildeten. Von mehreren Archäocyathidenarten finden sich sowohl freie Kelche mit spitzer Basis, als auch solche, welche auf einem Stamme von Protospharetragewebe aufgewachsen sind; die freien haben von oben bis unten vollkommen radiale Struktur, die letzteren dagegen unten zelliges Gewebe und erst oben Radialstruktur. Es haben also jedenfalls zweierlei Generationen nebeneinander bestanden, wahrscheinlich also eine vegetative und eine geschlechtlich erzeugte. Diese Auffassung hat sich aber später bei den Untersuchungen des schönen kambrischen Archäocyathidenmateriales durch Taylor (The Archaeocyathidae from the Cambrian of South Australia usw. Mem. Roy. Soc. South Australia, Adelaide 1910, Vol. II/2, S. 55 ff.) nicht bestätigt.

häufig ein ganz verschiedenes Aussehen. Entweder findet bei der Knospung eine seitliche Abschnürung statt, wobei der Mutterkelch zunächst noch als solcher erhalten und größer bleibt (Fig. 66*B*); dann erfolgt das Weiterwachsen der Jungen, die dasselbe befolgen; oder es findet eine Teilung des Mutterkelches entweder in zwei ziemlich gleiche Hälften statt, die dann beide weiterwachsen; oder der Mutterkelch schnürt eine bis mehrere Knospen ab und wartet mit seinem Weiterwachsen, bis die Tochterzelle gleiche Größe erlangt hat. Das scheint vornehmlich bei den Thamnasträen der Fall zu sein. Oder der Mutterkelch entwickelt

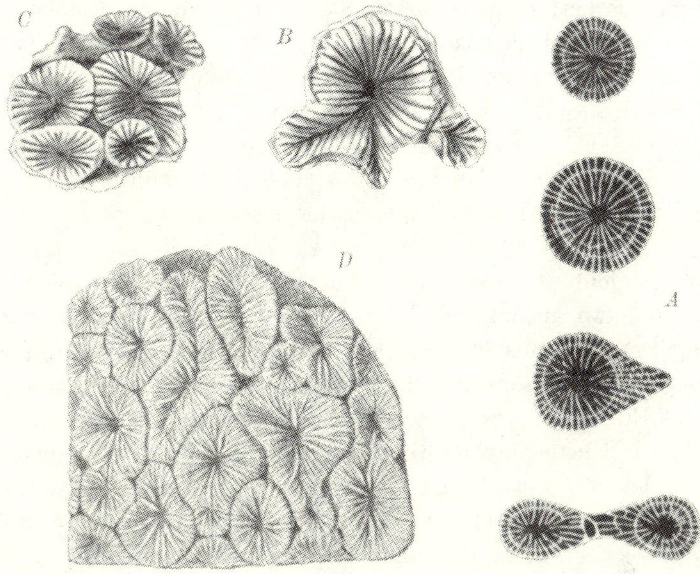

Fig. 66. Verschiedene Knospungs- und Vergrößerungsarten bei Korallen. *A* Knospung bei Synaptophyllum. Mitteldevon. Nordamerika. Übertreten von Septen. (Aus Simpson, l. c.) $^2/_1$. *B* u. *C* Seitliche Knospung von Thecosmilia aus der oberen alpinen Trias. Südtirol. (Aus Volz, l. c.) $^1/_1$. *B* Mutterkelch noch erhalten, groß; *C* Mutterkelch unterdrückt, teilweise schon überwuchert von den herangewachsenen Knospen. *D* Stockbildung teils durch Streckung der Einzelkelche, teils durch Knospung entstanden: Latimaeandra aus dem Alttertiär von Oberitalien. (Aus Reuss, Denkschr. Wiener Akad. Wiss. Bd. 28, 1868). $^1/_1$.

in sich viele Knospen und wird so unmittelbar zum vielzelligen Stock (Fig. 66 *C*, *D*). Nach Untersuchungen an triassischen Thecosmilien[1]) erfolgt die gewöhnliche Teilung dadurch, daß sich zwei Hauptsepten im Kelchinnern mit ihren Enden zusammenschließen, während gleichzeitig der Kelch sich in die Länge zieht, so daß nun zwei selbständige Kelche

---

1) Volz, W., Die Korallen der Schichten von St. Cassian in Südtirol. Paläontographica, Bd. 43, Stuttgart 1896.

entstehen.   Ganz anders die Abschnürung: sie erfolgt durch rasche Erweiterung der Kelche, wobei die Mauer einspringende Winkel bildet, wodurch dann die Umrisse sehr unregelmäßig werden.   Die immer weiter in den Stock einschneidenden Winkel trennen schließlich einen Teil des Kelches als neuen Kelch ab.   Wieder anders verfahren einige Rugosen, bei denen sich die Septen über die Mauer hinaus verlängern und dann erst außerhalb den neuen Kelch bilden [1]) (Fig. 66 A).   Bei den Styliniden und Astraëiden entspringen die Knospen aus dem zwischen den Kelchen als Füllmasse liegenden Coenenchym.   Die Knospung und damit Vermehrung durch einspringende Winkel und Abschnürung kann auch epistatisch gehemmt werden; dann kommen Stöcke mit faltigen Kelchen zustande, wodurch Einzelkelche das Aussehen von Stöcken, zum Teil mit riesigen Dimensionen bekommen können, ohne daß eine Zellvermehrung der Zahl nach eintritt.   Solche Fälle sind im Kap. IV, 5 in anderem Zusammenhang beschrieben.   Es gibt hierbei auch alle möglichen Übergänge, indem solche Zellen teilweise längere Zeit sich ohne endgültige Trennung falten, schließlich sich aber doch voneinander trennen (Fig. 66 D).

Wie bei den Hydroidpolypen, so kann auch bei den Korallen die Knospung nicht nur zur Vermehrung der Individuenzellen eines Stockes führen, sondern auch zur Loslösung neuer selbständiger Individuen. Die Fungien gehen [2]) aus verzweigten Stöcken eines sogenannten Anthocormus hervor, an dessen äußeren Enden sie abgeschnürt werden, um dann als Einzelfungia weiterzuleben. Fungia selbst soll ihrerseits an der Basis ihrer Scheibe kleine Knospen erzeugen, die sich freimachen; eine Diaseris bildet Lappen unter Vermehrung der Mundöffnungen, worauf die neugebildeten Individuen durch einen geringen äußeren Anstoß auseinanderbrechen. Eine Balanophyllia treibt Knospen an der Theka, meist in der Nähe der Basis, und diese fallen nach einiger Zeit ab unter Zurücklassung einer Narbe [3]).

Die teils den Hydrozoen ähnlichen, vielleicht auch wie die Bryozoen als Abkömmlinge der Würmer an diese anzuschließenden, jedenfalls in ihrer systematischen Stellung noch fraglichen Graptolithen (s. Kap. V, 2), dürften ebenfalls Larven erzeugt haben, die bei manchen Formen sehr frühe schon als Hartteil irgendwie ein horniges Stäbchen besaßen; solche werden zahlreich in Gonangien ausgewachsener Graptolithenstöcke angetroffen [4]). Es · ist das Primitivelement ein diesen Stäbchen ähnliches hohles Stäbchen bzw. Röhrchen, aus dem der ganze Stock letzten Endes hervor-

---

1) Simpson, G. B., Preliminary descriptions of new Genera of paleozoic rugose corals. Bull. New York State Mus. No. 39, Vol. 8. Albany 1900, S. 212.

2) Brehms Tierleben, 4. Aufl. 1918, Bd. I, S. 163.

3) Walther, J., Einleitung in die Geologie usw., S. 272.

4) Ruedemann, R., Graptolites of New York. Part I und II. Mem. 7 u. 11. New York State Museum. Albany 1904, 1908.

geht. Man kann zweierlei Typen unterscheiden. Bei dem einen entwickelt sich aus dem ursprünglichen Stabröhrchen (Nema) nach unten eine Haftscheibe, auf der es festsitzt, und gleichzeitig nach oben eine dütenförmige Zelle (Sicula, Fig. 67), aus der durch Knospung weitere Zellen hervorgehen. Die Schwimmgraptolithen (Fig. 249) standen aber vielleicht in einem Generationswechsel, denn sie entwickelten sich, wie die beschriebene Ontogenie zeigt, aus einer einzigen Sicula, die hervorgeht aus einer freien, den Gonangien entstammenden Larve. Wenn man die Graptolithen früher mit Hydrozoen verglich, und durch ihren äußerlich sertularienartigen Habitus dieser Vergleich auch verwandtschaftlich begründet erschien, so auch weiterhin durch diesen ihren Generationswechsel, der etwas durchaus hydrozoenartiges ist: die Schwebekolonie ist vergleichsweise die sehr üppig entwickelte frei schwimmende „Qualle", das Anfangsgebilde vergleichsweise der sehr reduzierte Polypenstock; der Gegensatz besteht aber darin, daß sich der „Polypenstock" selbst unmittelbar zur „Qualle" umwandelt und daß diese aus einer Gemeinschaft von Stöckchen besteht.

Neuerdings hat SCHEPOTIEFF[1]) nun dargetan, daß wenigstens gewisse Graptolithen die allergrößte innere Verwandtschaft mit den den Enteropneusten (Würmern) nahestehenden Kolonien verraten. Es wären daher ein Teil der Graptolithen ursprünglich würmerartige Wesen, die sich in Anpassung an eine festsitzende Lebensweise nicht zu tubikolen Formen, sondern zu äußerlich hydrozoenartigen Gebilden entwickelten und diese konvergente Lebensweise und Körpergestaltung sogar soweit getrieben hätten, daß sie schließlich diese Nachahmung mit Schwimmformen, d. h. mit einem Generationswechsel noch auf die Spitze trieben.

Bei einer anderen Gruppe scheint es sekundär keine Festheftung zu geben, sondern das Nema und die aus ihm hervorgegangene Sicula bleiben frei (siehe Kap. V, 1). Die Sicula erzeugt durch Knospung einreihige oder mehrreihige Zellenanlagen, jedoch sind diese Zellen mit ihrer Mündung meistens entgegengesetzt jener der Sicula gestellt[2]). Durch weitere Knospung entsteht

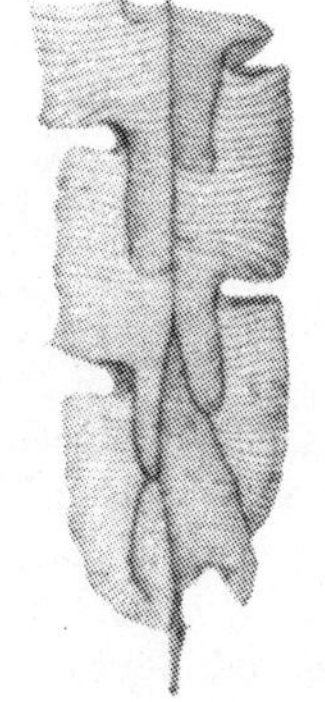

Fig. 67.
Anfangszellen von
Climacograptus,
eines schwimmenden
Graptolithen aus dem
Untersilur. Die mit
dem Keimstäbchen
verbundene Anfangszelle (Sicula) steht
umgekehrt wie die
Tochterzellen. (Aus
WIMAN, l. c.)
32 fach vergr.

---

1) SCHEPOTIEFF, A., Über die Stellung der Graptolithen im zoologischen System. N. Jahrb. f. Mineral. usw., Stuttgart 1905, II, S. 79. Über die Deutung von Rastrites siehe E. STECHOW, Ein beachtenswertes Hydrozoen-Genus. Centralbl. f. Min. usw. Stuttgart 1920. S. 401. Wahrscheinlich sind die Graptolithen ein Sammelbegriff für heterogene, biologisch-konvergente würmer- und hydrozoenartige Formen.

2) WIMAN, C., Über die Graptolithen. Bull. Geol. Inst. Upsala, No. 4, Vol. II, Part 2. Upsala 1895.

dann eine Unzahl von Zellen, die meistens schräg zur Längsachse des ganzen Zellverbandes gestellt sind. Der Stock kann sich verzweigen und eine schwimmende Kolonie (Fig. 249, Kap. V) bilden oder auch einfach linear bleiben und von einer durch das Nema mit dem Stock verbundenen Schwimmblase getragen werden.

Gerade bei den stockbildenden Tieren, besonders wenn sie noch einen Generationswechsel erleben oder wenn sie die Lebensweise wechseln wie die Hydroiden und wohl einige Graptolithen, tritt am stärksten der Charakter des Genotypus als eines inneren potentiellen Momentes und des Phänotypus als einer wechselnden, den verschiedensten Habitus annehmenden und den verschiedensten Anpassungen unterliegenden Form zutage. Denn in der Qualle liegt, genotypisch ebenso fest bestimmt, auch der Hydroidpolyp, nicht mikroskopisch als solcher präformiert, wie die Alten meinten, wohl aber, an Stoffelemente und Stoffsysteme gebunden und in ihnen verkörpert. Es können also wesentliche Eigenschaften, ja selbständig lebensfähige Gestalten zeitweise unterdrückt sein, latent werden, die Art also in vielerlei Form existieren, ohne immer gleichzeitig alle jene phänotypischen Ausdrucksmittel in der Umwelt zu zeigen, über die sie an und für sich verfügt. Wir werden weitere derartige Beispiele sehen, welche uns die Ontogenie, der Geschlechtsdimorphismus und sonstige Formerweiterungen der Art an die Hand geben.

Fig. 68. Ontogenie einer Muschel und einer Schnecke: A Condylocardia, rezent, mit aufgesetztem Prodissokonch. (Aus Bernard, Journal de Conchyl. 1896.) $^{36}/_1$. B Invers aufgesetztes Embryonalgewinde einer Pyramidellide (Turbonilla). Oligozän, Kassel. (Aus Speyer, Paläontographica, Bd. 19, 1871.)

Verhältnismäßig am wenigsten derartigen Formwechsel haben die Mollusken. Die Muschel z. B. entsteht aus einem chitinösen Häutchen, das beiderseits verkalkt und sich dadurch zweiteilt, daß die Mittellinie unverkalkt bleibt und so die spätere Bandregion bildet. Dieser primitive Kalkprodissokonch bildet die Hülle der allmählich heranreifenden Larve, und nun geht ziemlich unvermittelt die Ausscheidung der definitiven Schale vor sich, so daß später der Prodissokonch dem Wirbel dieser Schale wie ein Hütchen aufsitzt, das alsbald abgestoßen oder abgerieben wird (Fig. 68 A). Infolgedessen findet man es an fossilen Schalen niemals erhalten. Dagegen kann man bei manchen Arten das dem Prodissokonchstadium ziemlich bald folgende sehr jugendliche Stadium öfters erkennen und den Formwechsel verfolgen. So besonders ausgesprochen bei der nebenstehend (Fig. 69 A) abgebildeten Gryphaea, deren gerundete hohle Gestalt in der frühesten Jugend die einer flachen Austermuschel ist wie die groben Anwachslamellen noch deutlich verraten, durch welche die einzelnen Etappen des Größenwachstums und der Gestaltswandlung Schritt für Schritt verfolgbar bleiben. Übrigens gehen nach den Untersuchungen von R. T. Jackson die ungleichklappigen monomyaren Austern aus gleichklappigen heteromyaren Protokonchen hervor, vereinigen genotypisch in sich also die Merkmale zweier Ordnungen und verwirklichen sie zeitweise phänotypisch[1]).

Bei den Gastropoden sind die ersten zarten unskulptierten Windungen ebenfalls dem definitiven Gewinde aufgesetzt, werden aber, im Gegensatz zu den Muscheln, hin und wieder auch fossil angetroffen. Auch hier besteht keine ununterbrochene Verbindung zwischen embryonaler und definitiver Schale, sondern die Achse der ersteren steht zu der Achse der letzteren in einem Winkel (Fig. 68 B.) Offenbar hängt dies damit zusammen, daß im Augenblick des Verlassens der Embryonalschale, wenn die erste Anlegung des definitiven Gehäuses beginnt, die Kalkausscheidung auf

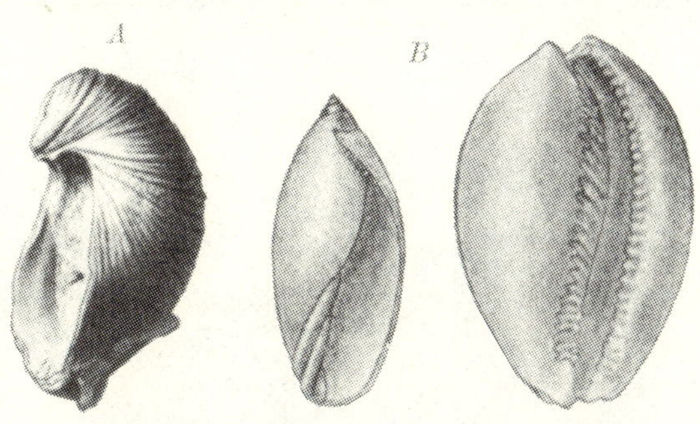

Fig. 69. Ontogenie mit wechselnder Form bei Muscheln und Schnecken. A Gryphaea aus dem Lias von Lothringen, deren kräftige Anwachsschichtung ihre ontogenetische Entstehung aus einer flachen Austernform zeigt. B Rezente Cypraea vor und nach Ausbildung des letzten Umganges. (Orig. in München.) $^1/_1$.

einen kurzen Augenblick unterbrochen wird, so daß das Embryonalgehäuse nicht in starrer Verbindung mit dem definitiven verbleibt und sich daher im Winkel gegen dessen Achse stellen kann oder erst nachträglich wieder aufgeklebt wird.

Manche Schnecken machen infolge der Mündungsverlegungen recht weitgehende Umänderungen durch. So die von ihrem letzten Umgang völlig umhüllte Schale der Porzellanschnecke Cypraea, die in ihrer Jugend Windung um Windung schlingt, wie bei Bulla oder Gisortia. Dann vergrößern sich die beiden Mantellappen, schlagen sich auf die Schale um und geben dieser nicht nur einen neuen Überzug bisher nicht ausgeschiedener Schalensubstanz, sondern bauen auch den nun erfolgenden letzten Umgang wie einen Sack um das bisherige Gehäuse herum. Bei den Strombiden ist es ja ähnlich; aber da bei diesen durch den verbreiterten letzten Umgang die vorherigen nicht umhüllt werden, so ist

---

1) Jackson, R. T., The development of the Oyster with remarks on allied genera Proceed. Boston Soc. Nat. Hist. Vol. 23, 1888. S. 531.

es leicht, junge Exemplare mit ausgewachsenen spezifisch zu iden-
tifizieren, was bei Cypraea größerer Schwierigkeit begegnet (Fig. 69*B*).

Nicht nur die Ontogenie der Gastropodenschale, sondern auch fossile
Brut von Schnecken kennt man. Fuchs beschrieb seinerzeit[1]) unter dem
Namen Pleurodictyon aus Flyschsandstein bei Wien polygonale, bienen-
wabenartige Eindrücke, die nach ihm vom Lias bis in's Miozän gleich-
artig vorkommen. Das beistehend abgebildete Stück (Fig. 70*B*) wurde im
Frühjahr 1914 von Herrn Dr. Osswald im oberitalienischen alttertiären
Macigno bei Mendrisio gefunden und von ihm nach Analogie mit Fuchs'
Stück als Gastropodenlaichabdruck angesprochen.[2]) Die etwas wulstig-

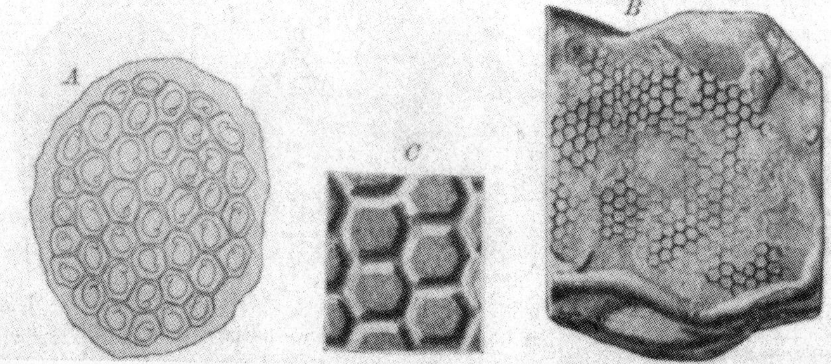

Fig. 70. *A* Waben von Gastropodenbrut (Littorina). Rezent. (Aus Simroth in
Bronns Klassen u. Ordn. 1869/07.) *B* Vermutliche Waben von Gastropodenlaich
aus dem oberitalienischen Flysch. (Orig. in München.) ¹/₁. *C* dsgl. vergr.

gerundeten polygonalen Zellwände gleichen in ihrer Anordnung und
Größe dem Laich mancher Gastropoden, von denen nebenstehend der
von Littorina littorea zum Vergleich abgebildet ist (Fig. 70*A*).

Der einzige bisher bekannt gewordene Fall von Brut bei Ammoniten
bildet eine Oppelia aus den lithographischen Oberjurakalken von Franken[3]).
Man sieht bei dem in Fig. 71 abgebildeten Exemplar mit der Lupe in der Mitte
der Wohnkammer eine Anhäufung kleiner Ammonitendeckel (Aptychen) und
außerdem noch vier kleine Spiralen, die leider in der Reproduktion nicht
alle sichtbar wurden. Wenn es nicht Mageninhalt ist, kann man annehmen, daß die kleine Ammonitenbrut analog der von Argonauta noch

---

1) Fuchs, Th., Studien über Fucoiden und Hieroglyphen. Denkschr. math.-naturw.
Kl. k. Akad. Wiss. Wien 1895, Bd. 62, S. 369, Taf. VI, Fig. 1.

2) Etwas Ähnliches beschreibt Eichwald in der Lethaea rossica und Karakasch
unter der Bezeichnung Cephalites maximus (Karakasch, N. I., Les restes problématiques
du Cephalites maximus Eichw. Trav. Soc. Impér. Naturalist. St. Pétersbourg 1910, Vol. 35,
S. 154/55. (Sect. Géol. et Minéral.)

3) Michael, R., Über Ammonitenbrut mit Aptychen in der Wohnkammer von
Oppelia steraspis. Opp. Ztschr. deutsch. geol. Ges. Berlin 1894, Bd. 46, S. 697—702, Taf. 54.

einige Zeit mit herumgeschleppt wurde, ehe sie das Gehäuse des Muttertieres verließ. Andere in der Literatur genannte Fälle sind zweifelhaft.

Die Ontogenie der Ammonitenschale beginnt mit einer querovalen Anfangskammer, deren Scheidewand bei den geologisch älteren Formen asellat, bei den jüngeren latisellat und angustisellat ist. Im allgemeinen rückt der Sipho vom Innenrand des Gehäuses nach dem Außenrand; über die Bedeutung dieses Vorganges siehe Kap. VI, 2. Da an der Außenseite der Anfangskammer des Ammoniten keine Narbe zu sehen ist, wie bei Nautilus, so nimmt man an, daß diese Zelle die erste ist, welche das Tier ausschied. Anders bei den Nautiliden: hier bemerkt man am Anfang der ersten Kammer eine Narbe, von der es allerdings zweifelhaft ist, ob sie aus einer bloßen Verwachsung der beiden Hälften hervorging oder die Anhängestelle einer ersten häutigen Anfangskammer ist. Wahrscheinlicher ist das letztere, denn sonst müßte die Narbe mehr als Band über die Rückseite der kalkigen Anfangskammer laufen.

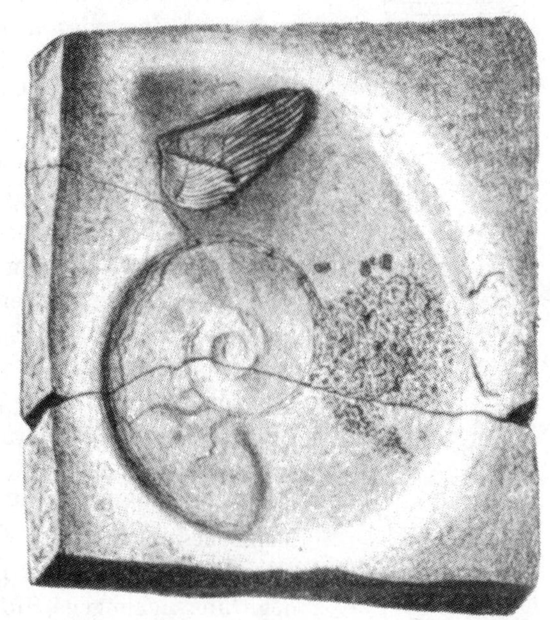

Fig. 71. Ontogenie von Ammoniten: Brutansammlung in der Wohnkammer einer Oppelia aus dem Malm von Solnhofen. Vorne am Eingang der Verschlußdeckel (Aptychus). In der Wohnkammer einzelne Spiralschälchen; das Übrige sind meistens Aptychendeckel von jungen Exemplaren. (Aus Michael, l. c.) $3/4$.

Man sieht allgemein — und wohl mit Recht — die paläozoischen Orthoceren als stammesgeschichtliche Ahnen des späteren involuten Nautilus an. Bei Orthoceras aber ist gerade eine verkalkte blasige Anfangskammer gefunden worden, welche als Homologon der hypothetischen weichhäutigen Anfangskammer des Nautilus anzusehen ist, so daß wahrscheinlich die kalkige erste Kammer des rezenten Nautilus der zweiten Kammer des paläozoischen Orthoceras entspricht[1]).

---

1) Hoernes, R., Zur Ontogenie und Phylogenie der Cephalopoden. I. Die Anfangskammer der Nautiloidea und die angebliche Anheftung derselben bei Orthoceras. Jahrb. k. k. geol. Reichs-Anst. Wien 1903, Bd. 53, S. 1—33. — Über die Anfangskammer der Gattung Orthoceras Breyn. Biolog. Centralbl., Bd. 23, 1903, S. 363—370.

Hingegen zeigen die Endoceraten wieder eine Narbe bzw. Öffnung an ihrem spitzen Ende, in das der Endosipho hineinreicht. (Über die Homologien zu den Orthoceren siehe Kap. V, 2). Diese Narbe läßt wieder auf eine weichhäutige Embryonalschalenbildung wie bei Nautilus schließen, wenn nicht überhaupt ganz andere Verhältnisse statthatten; denn die Endoceraten sind ganz andere Grundtypen als die Orthoceren.

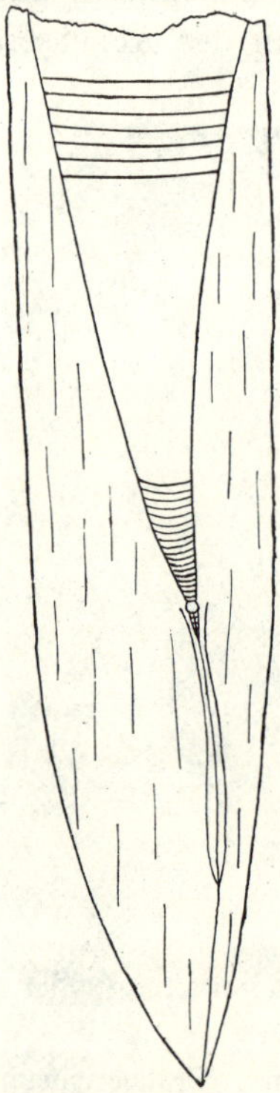

Der ausgewachsene Zustand der Nautiliden und Ammoniten wird an mehreren Merkmalen kenntlich. Bei Nautilus folgt die letzte Scheidewand ziemlich rasch auf die vorletzte (Fig. 29, Kap. II). Bei den Ammoniten tritt eine Skulpturänderung auf, indem etwa die bis dahin normal aufeinanderfolgenden und sich gabelnden Rippen nunmehr auf der letzten Wohnkammer weiter auseinandertreten, breiter und wulstiger werden, nicht mehr spalten, um sich schließlich oft auch ganz zu verlieren. Ein gleich zweifelloses Merkmal für das Endstadium des individuellen Wachstums ist die bei manchen Ammoniten vorkommende Ohrenbildung (Fig. 77A), die sich steigern kann zu einer Maskierung der Wohnkammer, die auch bei Nautiloideen des Paläozoikums gelegentlich vorkommt und im Kap. VI, 3 in anderem Zusammenhange besprochen ist.

Die Ontogenie der Belemnitenschale zeigt nach den Untersuchungen [1] STOLLEYS solche morphologische und biologische Verschiedenheiten, daß vermutlich auch das Belemnitentier im frühen Stadium anders gebaut war als später. Danach schließt sich an die blasige Anfangskammer des Phragmokons ein feines fadenförmiges Gebilde an (Fig. 72). Dieser „Embryonalfaden" läßt Andeutungen von Kammerung oder mindestens von Einschnürungen erkennen, ist wechselnd lang und läuft nach unten spitz aus. Um dieses gekammerte Organ legt sich zugleich ein frühester Vorläufer des Rostrums, ein „Embryonalrostrum". Erst danach entsteht darüber der endgültige Phragmokon, dessen Anfangsblase noch vom Embryonalrostrum umfaßt wird, bis dann das Ganze in den Lamellen des endgültigen Rostrums eingebettet wird, die Schicht auf Schicht papierdünn immer mehr auf den sich vermutlich

Fig. 72. Struktur eines kretazischen Belemniten mit Embryonalrostrum, das den Embryonalfaden und die Anfangsblase des späteren Phragmokons umschließt. (Aus STOLLEY, l. c.) Nat. Gr.

---

1) STOLLEY, E., Studien an den Belemniten der unteren Kreide Norddeutschlands. 4. Jahresber. Niedersächs. Geol. Ver. Hannover 1911, S. 174—190.

gleichzeitig in entsprechendem Maße bildenden Phragmokon übergreifen. Faßt man mit ABEL die Anwachslagen eines solchen Rostrums nach Zonen zusammen, so ergibt sich eine in anderem Zusammenhang gebrachte anschauliche Wachstumsfigur (Fig. 92, S. 254)[1].

Kleine kugelige Gebilde von nicht einmal 1 mm Durchmesser mit gerunzelter Oberfläche und ohne erkennbare Struktur, die zu hunderten in trilobitenführenden Ablagerungen Böhmens vorkommen, hat BARRANDE als Eier jener Tiere angesprochen. Die Ontogenie des Trilobiten selbst geht von der kaum 1 mm großen Protaspislarve aus (Fig. 73), von der ein Drittel auf die primär schon angelegte Schwanzregion, zwei Drittel auf das Kopfschild entfallen. Vom Schwanz aus werden nach vorne immer neue Segmente eingeschaltet, und unter fortwährenden Häutungen und relativer Verkleinerung des Kopfschildes geht daraus die erwachsene Trilobitenform hervor[2].

Der Unterschied zwischen Larvenstadium und erwachsenem Tier ist bei allen Tiergruppen zwar vorhanden, aber bei den Insekten insofern am ausgeprägtesten, als die Larven bei ihnen oft schon die Größe des erwachsenen Tieres besitzen und nachher erst durch

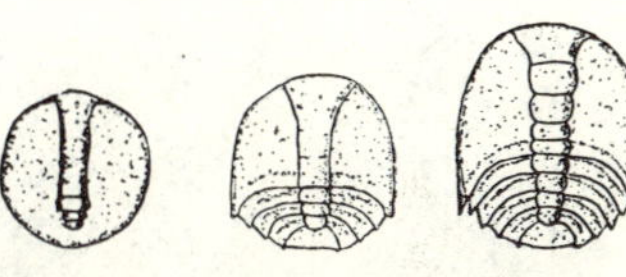

Fig. 73. Ontogenie des Trilobiten Sao aus dem böhmischen Kambrium. (Aus BEECHER, l. c., nach BARRANDE, Trilob. Vol. I, 1852.) 30 fach vergr. (Erwachsenes Stadium vgl. Fig. 75, S. 233.)

mehr oder weniger weitgehende Metamorphose eine Formänderung unter Beibehaltung der Körpergröße durchmachen. Auch eine Bivalvenlarve oder Korallenlarve ist von dem ausgewachsenen Tier grundverschieden; aber die Umwandlung der Insektenlarve in das neue Tier, insbesondere wenn Verpuppung und das Aussetzen vieler Funktionen damit verbunden ist, läßt die gewöhnliche ontogenetische Entwicklung anderer Tierformen weit hinter sich.

Nirgends kann man deutlicher die Relativität der phänotypischen Erscheinung gegenüber der genotypischen Bestimmtheit der Art erkennen als bei diesen grundlegenden Umwandlungen des sich metamorphosierenden Insektes, das nicht nur ein getrenntes Anfangs- und Endstadium hat, sondern während der Verpuppung, obwohl es diese selbst schafft, geradezu wieder embryonale Umwandlungen erlebt und nachher in einer Form erscheint, welche man kaum durch die Jahrhunderttausende der geologischen Zeiträume hindurch für phylogenetisch erreichbar halten könnte, weil sich dabei geradezu Unterschiede wie von Ordnung zu Ordnung rasch aufeinanderfolgend in einem Individualleben verwirklichen. Zusammen-

---

1) ABEL, O., Paläobiologie der Cephalopoden aus der Gruppe der Dibranchiaten. Jena 1916, S. 123 ff.

2) BEECHER, Ch. E., The larval stages of Trilobites. Americ. Geologist., Vol. 16. New Haven 1895, S. 166—196.

gehalten mit dem, was im vorhergehenden Abschnitt über die Struktur der Art und Gattung ausgeführt wurde, bildet diese Tatsache eine neue Verstärkung des Eindruckes, daß die wirkliche, die bestimmende formbildende Potenz und damit die wahre genotypische Verwandtschaft der Organismen nur sehr bedingt oder überhaupt nicht aus der Morphologie abgeleitet werden kann.

Insekteneier vermutet REIS[1]) in kleinen, oft sehr zahlreichen, 0,3 bis 0,4 mm langen schmalen spindelförmigen Körperchen, welche mit einer chitinartigen Hülle umgeben und innerlich mit weißlichem Phosphorit erfüllt sind. Fossile Insektenlarven sind verschiedentlich beschrieben, so besonders von Schaben aus dem Karbon[3]), von denen man auch Eier gefunden hat; Krebslarven, die man auf Stomatopoden, speziell auf Sculda bezieht, aus den Lithographenschiefern von Solnhofen (Fig. 74). [2])

Fig. 74. Larve vermutlich eines Stomatopoden. Oberer Jura. Solnhofen. (Aus OPPENHEIM, l. c.) $^1/_1$.

Eine weitere Formverschiedenheit ist innerhalb vieler natürlicher Arten durch den Geschlechtsdimorphismus bedingt. Männchen und Weibchen können oft in auffälliger Weise voneinander abweichen. Schwierig für eine richtige Artbestimmung bei Fossilen wird dieser Umstand nur dann, wenn die Unterschiede in denselben Variationserscheinungen liegen, wie die aus anderen Ursachen entspringende Variabilität. Wenn beispielsweise bei normalen Trilobitenarten zwei Hauptformen, eine schmale und eine breitere, beobachtet werden, wie dies bei der neben abgebildeten Sao hirsuta (Fig. 75) in so auffälliger Weise zutrifft, so liegt es nahe, diese Erscheinung als Sexualdimorphismus anzusprechen, statt sie auf Vertreter zweier phänotypisch verschiedener Arten zu beziehen. Dieser Auffassung widerspricht es nicht, wenn auch formale Zwischenformen bei Sao vorhanden sind; denn das kann auf fluktuierender Variabilität beruhen, bei der die Plus- und Minusabweicher in bezug auf die Breite des Panzers den reinen Geschlechtsdimorphismus überdecken.

---

1) REIS, O. M., Die Binnenfauna der Fischschiefer in Transbaikalien. Recherches géol. et min. le long du chemin de fer de Sibérie. St. Petersburg 1909, Lfg. 29, S. 33.

2) OPPENHEIM, P., Neue Crustazeenlarven aus dem lithographischen Schiefer Bayerns. Ztschr. deutsch. geol. Ges.. Bd. 41, Berlin 1889, S. 709.

3) WOODWARD, H., On the discovery of the larval stage of a cockroach etc. from the Coal-Measures of Kilmaurs, Ayrshire. Geol. Magaz. Dec. III, Vol. IV, London 1887, S. 433.

Bei genügend zahlreichem Material müßte die Variationsstatistik zwischen breiten und schmalen Formen, wenn sie sexualdimorph sind, eine zweigipfelige Kurve ergeben; die Eigenschaft „Breite" würde nicht in fluktuierender Variabilität bei einer Kurve durch alle Übergänge verbunden sein; es würde also scheinbar das Bild zweier verschiedener Arten entstehen. Auch bei anderen Krebsen und bei den Insekten treten die Geschlechtsunterschiede in der äußeren Körperform und in einzelnen äußeren Merkmalen meistens deutlich hervor. Bei den Krabben z. B. ist das Abdomen des Männchens schmäler als das des Weibchens (Fig. 76), und bei den paläozoischen Eurypteriden unterscheiden sich Männchen und Weibchen durch verschieden gestaltete Fortsätze auf der Unterseite des Körpers[1]). Es ist schwer zu entscheiden, ob bei den Trilobiten die schmäleren oder die breiteren Formen die Männchen bzw. die Weibchen sind. Nach den entsprechenden Merkmalen bei Krabben

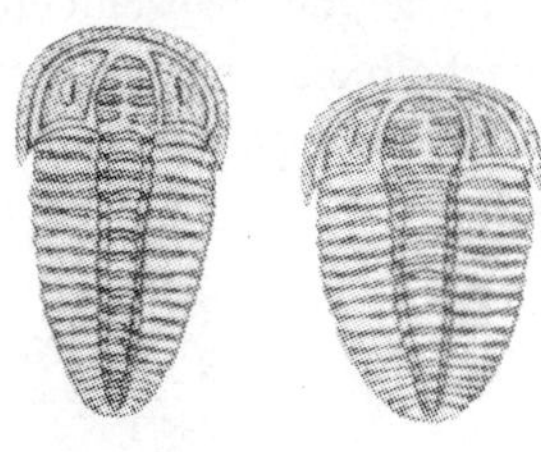

Fig. 75.
Vermutlicher Geschlechtsdimorphismus bei Sao im böhmischen Kambrium. Die schmälere Form gilt als Männchen. (Aus Barrande, Syst. Silur. d. Bohème I, 1852.) $^1/_1$.

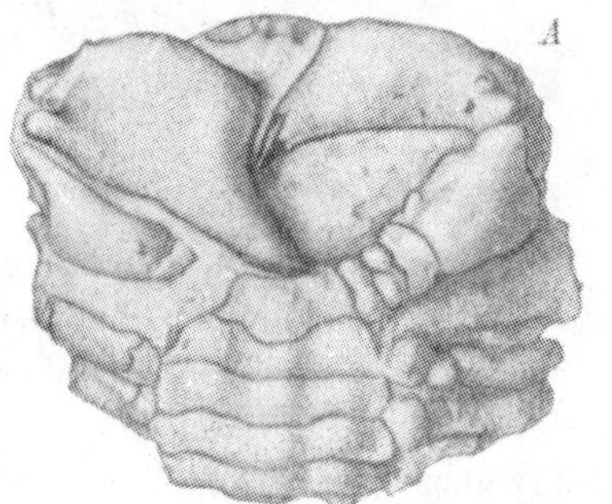
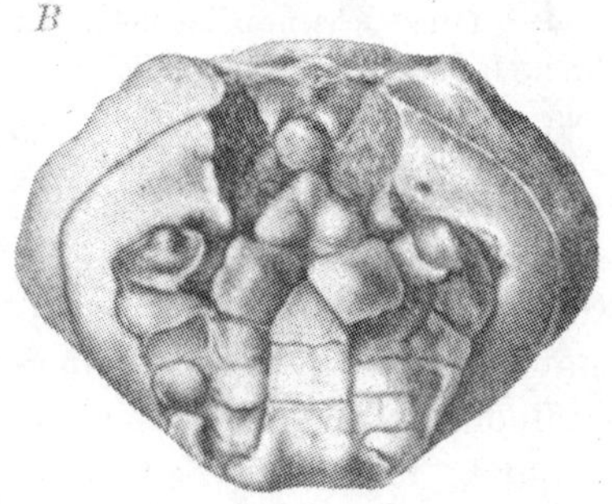

Fig. 76. Geschlechtsunterschied bei Krabben (Xanthopsis) aus dem Eozän der Ostalpen. (Aus Schafhäutl, Lethaea 1863.) $^1/_3$. A Weibchen mit breitem, B Männchen mit schmalem, auf das Sternum hinaufgeschlagenem Abdomen. (Orig. in München.)

wären die Männchen die schmäleren: aber bei den den Trilobiten so nahestehenden Asseln ist gelegentlich das Männchen das breitere[2]).

Sowohl in der Körperform im allgemeinen, wie durch besondere äußere Geschlechtsorgane unterscheiden sich Männchen und Weibchen

---

1) Holm, G., Über die Organisation des Eurypterus Fischeri. Eichw. Mém. Acad. Imp. Scienc. St. Pétersbourg 1898, VIIIe Sér., Vol. VIII, No. 2, S. 41.

2) Dahmer, G., Ein Häutungsplatz von Homalonotus gigas A. Roem. im linksrheinischen Unterdevon. Jahrb. Nassau. Verein f. Naturk. Wiesbaden 1914, Bd. 67, S. 16—21. (Nach Referat v. R. Richter im Neuen Jahrb. f. Mineral., Geol. u. Paläont., Stuttgart 1916, Bd. I, S. 390.)

bei den Gigantostraken. Die Männchen sind schmäler als die Weibchen, wie bei Limulus, haben auch zugleich einen primitiveren kurzen Medianzipfel als Geschlechtsorgan, während das weibliche Organ differenzierter erscheint. Holm hat auch sekundäre Geschlechtscharaktere beim Männchen in Form von Umklammerungsorganen am vorletzten Fußpaar erkannt[1]). Die Form der Geschlechtsorgane ist bei der Eurypterusgruppe anders entwickelt als bei der Pterygotusgruppe. Bei den Schalenkrebsen (Cypris) gibt es am Gehäuselängs- und -querschnitt Geschlechtsunterschiede.

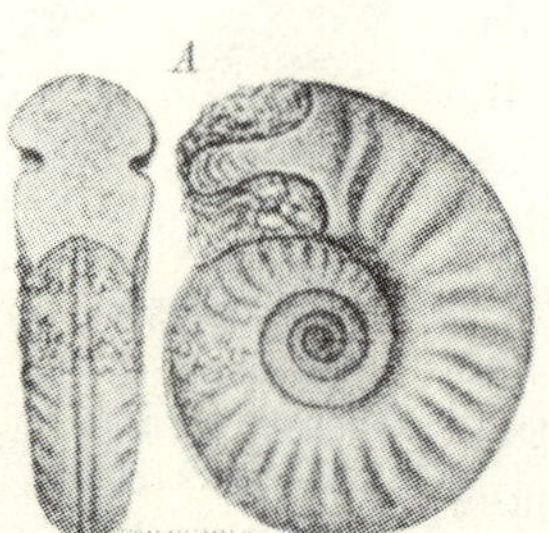

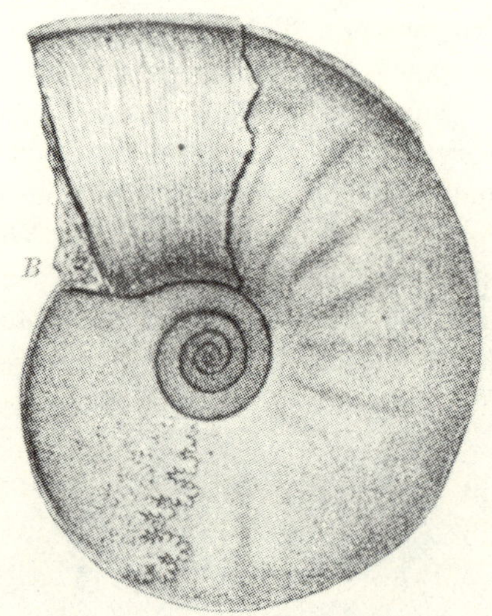

Fig. 77. Fraglicher Sexualdimorphismus bei Ammoniten: *A* Ammonites deltafalcatus aus dem braunen Jura ♂ von Württemberg. Kleines, aber ausgewachsenes Exemplar mit Seitenohren. *B* Großes, aber vermutlich noch nicht ausgewachsenes Exemplar. (Aus Quenstedt, l. c.). ¹/₁.

Geschlechtsunterschiede bei den Echinodermen kommen bei Seeigeln mit ausgesprochener Brutpflege vor. So ist bei der rezenten Cidaris membranipora das Weibchen platter, bei Hemiaster cavernosus gewölbter. Cidaris nutrix bildet ein Zelt von Stacheln über dem Munde, in dem sich die befruchteten Eier entwickeln; Goniocidaris canaliculata bildet ein ähnliches Zelt am Analpol[2]).

Bei den Ammoniten hat man schon lange gewisse Eigentümlichkeiten als Sexualdimorphismus zu deuten versucht; insbesondere die verschiedenartige Gestaltung des Mundrandes oder des letzten Umganges bei übrigens gleichartigen Formen. Schon Quenstedt hatte bei Beschreibung des Ammonites deltafalcatus aus dem braunen Jura die Frage gestreift[3]), ob der Unterschied zwischen den ohrentragenden kleinen und

---

1) Clarke, J. M., The Eurypterida of New York. Mem. 14 New York State Museum. Albany 1912, S. 60 ff.

2) Walther, J., Die Lebensweise der Meerestiere. Teil II der „Einleitung in die Geologie als historische Wissenschaft". Jena 1893, S. 314.

3) Quenstedt, F. A., Die Ammoniten des schwäbischen Jura. Bd. II. Der braune Jura, Stuttgart 1886/87, S. 560.

den keine Ohren tragenden größeren nicht auf Geschlechtsunterschieden
beruhe (Fig. 77).

UHLIG erwähnt bei den Astieria-Arten des oberen Jura von Spiti[1]),
daß der Mundrand eine tiefe Einschnürung zeige und sich bei den
flachen Formen in ein Ohr fortsetze, bei den aufgeblähteren dagegen
ohne Ohransatz ende. Die Annahme von Geschlechtsunterschieden in
solchen Fällen liegt dann nahe, wenn die einen ebenso häufig sind wie
die anderen dieser dimorphen Formen. Aufgeblähtere, sonst gleiche
Formen als Weibchen anzusehen, entspräche dem am lebenden Nautilus
Beobachteten. Daß Ammoniten mit anormaler letzter Wohnkammer als
Weibchen zu den im übrigen ganz gleichartigen Parallelarten gehörten,
wies POMPECKJ u. a. durch das Argument zurück[2]), daß die „anormalen“
Individuen gegenüber den vermeintlichen Männchen
entweder sehr selten seien oder überhaupt fehlten.
MUNIER CHALMAS, der die ganze Frage zum erstenmal
zusammenhängend behandelte, gründete seine Meinung
auf die rezente Argonauta, bei der die Männchen
schalenlos und kleiner als die Weibchen sind, die
ihre Schale nur zum Zweck der Brutpflege besitzen.
Analog nimmt er an, daß die kleineren Formen —
das sind die mit anormaler Wohnkammer — unter
den Ammoniten die Männchen, die übrigen „normalen“, also größeren Formen die Weibchen seien[3]).

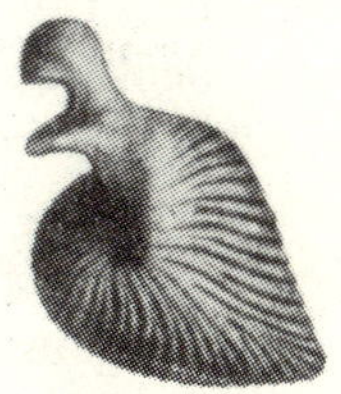

Fig. 78.
Oecoptychius, ein
kleiner Makrokephalit
mit taschenförmiger
Wohnkammer und
Kapuze. Dogger,
Frankreich. (Aus
D'ORBIGNY, Pal. franç.
Terr. jur. I, 1842/48.)
Möglicherweise Weib-
chen zu Macro-
cephalites macro-
cephalus
(Fig. 11, S. 38).

Nebenstehend ist ein Beispiel abgebildet für
eine kleine anormale Form. Es ist der mit Macrocephalites macrocephalus (Fig. 11, S. 38) im Callovien
oft zusammen vorkommende Oecoptychius (Fig. 78),
der sich nur durch die anormale Wohnkammer von
jenem unterscheiden läßt. Man könnte die Tasche
der Wohnkammer als Brutraum deuten und entgegen
MUNIER CHALMAS als Besitz des Weibchens. Aber bei
der notorisch geringen Individuenzahl, in denen
sie auftreten, wäre es schwer, zu den vielen Männchen der Makrokephalen die nötigen Weibchen zu finden. Es gibt auch viele „anormale“
Formen, die keine solchen normalen Parallelformen haben. Bei Scaphites
in der Unterkreide ist ein solcher Unterschied zu einer Normalform
nicht vorhanden, ganz zu schweigen von den anderen zahllosen, nur

---

1) UHLIG, V., The fauna of the Spiti shales. Mem. geol. Surv. India. Palaeont.
Indica, Ser. XV, Himalay. Foss., Vol. IV, Calcutta 1903, S. 86.

2) POMPECKJ, J. F., Über Ammonoideen mit „anormaler Wohnkammer“. Jahresheft.
Ver. f. vaterl. Naturkunde Württembergs. Stuttgart 1894, S. 281 ff.

3) MUNIER CHALMAS, Sur la possibilité d'admettre un dimorphisme sexuel chez les
Ammonitidés. Compt. rend. Séanc. soc. géol. France 1892, S. 170 ff.

normalförmigen Familien der jurassischen Arietiden, Amaltheiden u. a., bei denen weder Ohren noch verengte Mündungen vorkommen. Gerade hier müßte man, auf Argonauta hinweisend, überhaupt nur dem Weibchen eine Schale zuschreiben, die Männchen aber für nackt, also für fossil überhaupt nicht erhaltbar erklären.

Dieselben Gründe lassen sich in's Feld führen gegen die neuerdings wieder von Rollier vertretenen Geschlechtsunterscheidungen, besonders bei den Oppeliiden und Harpoceratiden; er spricht beispielsweise Oppelia (Oxycerites) Hersilia als Weibchen und den ihn in denselben Schichten begleitenden kleinen Oecotraustes Kobyi aus dem Oxford als Männchen dazu an und zählt noch mehrere solcher Vorkommen auf. Oft haben solche kleine Formen schon Mündungsohren, sind also ausgewachsen gewesen. Leider sind seine Argumente nicht genauer dargelegt, aber zwei Beobachtungen, die er anführt, jedoch selbst nicht auswertet, scheinen mir geeignet, einen schwachen Schimmer in das Dunkel dieser noch keineswegs geklärten Frage zu werfen. Erstens weist er[1] auf die Tatsache des großen Geschlechtsdimorphismus bei Argonauta und des zwar geringeren, aber immerhin deutlichen Geschlechtsunterschiedes beim lebenden Nautilus hin; zweitens betont er, daß gerade bei den genannten fossilen Familien der Formendimorphismus besonders häufig ist, wodurch man seinerzeit ja zur Theorie des auch im Schalenbau extrem sich kundgebenden Sexualdimorphismus geführt wurde, daß aber im Gegensatz hierzu bei Arietiden, Amaltheiden, Schloenbachiiden solche Dimorphismen nicht zu beobachten sind. Im Zusammenhang mit der Tatsache aber, daß Geschlechtsdimorphismus an der Schale rezenter Schalenkephalopoden tatsächlich in mehr oder minder weitgehendem Maße beobachtet ist, ferner in der Tatsache, daß die Forscher durch den bei Oppeliiden und Harpoceratiden herrschenden Dimorphismus immer wieder zu derselben Fragestellung gedrängt werden, besteht zunächst einmal die allgemeine Möglichkeit, daß bei den Ammoniten Sexualdimorphismus herrschte. Daß er aber sonst an diesem fossilen Material nur selten erkennbar wird, rührt vielleicht daher, daß er nicht bei allen Gattungen und Familien in gleicher Weise entwickelt war. Von Argonauta ausgehend, könnten wir annehmen, daß die Männchen bei vielen Gattungen nackt waren (Arieten, Amaltheiden, Schloenbachiiden); bei anderen Gruppen aber hätte, wie beim rezenten Nautilus, der Unterschied nur in der Aufblähung gelegen (Astieria); bei wieder anderen wäre vielleicht bloß die Umgangshöhe und damit der Grad der Nabelweite verschieden; bei wieder anderen mögen die beiden letzteren Eigentümlichkeiten in einer noch weniger sichtbaren Weise existiert haben. Die großen Unter-

---

1) Rollier, L., Sur quelques Ammonoides jurassiques et leur dimorphisme sexuel. Archiv. Scienc. phys. et natur., Jahrg. 118. Genf 1913, S. 264—88.

schiede zwischen Oecotraustes und den entsprechenden Oppelien wären
dann nur die extremsten Fälle; die aufgezählten Fälle von Aufblähungs-
unterschieden entsprächen dem Sexualunterschiede des Nautilus, und die
Gattungen, wo sich überhaupt kein Dimorphismus zeigt, wären vermutlich das, was Argonauta hierin ist. Auf diesem Punkte die Frage vorerst zu belassen und von hier aus weitere Forschungen anzustellen,
scheint mir richtiger und den Tatsachen entsprechender, als einerseits
völlige Ablehnung des Problems, andererseits Generalisierung der Annahme extremer Geschlechtsunterschiede auf Grund dimorpher Formbildungen bei den Oppeliiden, Harpoceraten und Stephanoceraten.

Geschlechtsdimorphismus in der Schale von Mollusken und Brachiopoden kommt nicht, oder nur in ganz untergeordneter Weise vor. Buccinum
undatum zeigt an felsigen Küsten Sexual-
verschiedenheit (Fig. 79), indem die Männchen bedeutend kleiner und schlanker sind
als die Weibchen, weil diese in Felsritzen
und Löchern sitzen, in denen sie von den
Männchen aufgesucht werden[1]). Die Männchen, durchweg in copula gefangen, waren
um die Hälfte kleiner als die Weibchen.
Überhaupt sollen bei den Gastropoden in
der Regel die Weibchenschalen weiter sein

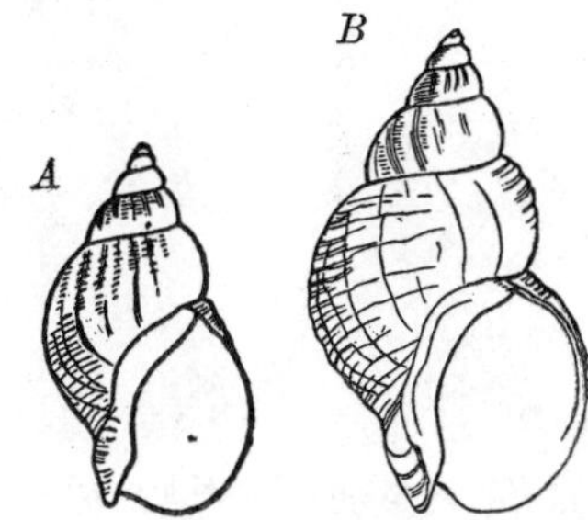

Fig. 79. Geschlechtsunterschiede
beim rezenten Buccinum.
A Männchen, B Weibchen.
(Aus Morse, l. c.) $^1/_1$.

als die der Männchen, was mit den voluminösen Geschlechtsprodukten zusammenhängt[2]). Auch bei der Gattung Nerita auf
den Philippinen bleiben die Männchen an
Körpergröße hinter den Weibchen zurück. Eine ganz eigentümliche
Familie sowohl in phylogenetischer, morphologischer und biologischer,
sowie in sexualer Hinsicht sind die Capuliden, denen wir noch öfters
in anderem Zusammenhang begegnen werden. Bei mehreren Gattungen
gibt es zwei Arten Männchen. Die kleineren von diesen wachsen sich
schließlich noch zu Weibchen aus (Proterandrie)[3]).

Die verschiedene Körpergröße zwischen Männchen und Weibchen
in allen möglichen Klassen des Tierreiches wäre selektionistisch recht
einfach zu erklären, wenn nicht eben die Arten ausgestorben wären, bis
sie diese so großen Unterschiede auf selektionistischem Wege erreicht
hätten; man denke nur bei Insekten etwa an Bonellia, wo das Männchen
geradezu als kleiner Parasit auf den Geschlechtsteilen des Weibchens

---

1) Morse, E. S., On a diminutive form of Buccinum undatum. Proceed. Boston.
Soc. Nat. Hist., Vol. 18, 1876, S. 1—4.

2) Simroth, H., Gastropoda prosobranchia. In Bronn's Klassen und Ordnungen
des Tierreichs, Bd. III, Mollusca. Leipzig 1896—1907, S. 215/16.

3) Simroth, H. in Brehm's Tierleben, Bd. I, 4. Aufl., Leipzig u. Wien 1918, S. 440.

lebt. Wenn solche Differenzen biologisch aus irgend einem Grunde nötig wurden, so waren sie eben alsbald zu erfüllen und können nicht erst nach Jahrhunderttausenden erledigt worden sein. Viel eher wäre der bekannte Geschlechtsgrößenunterschied bei den Gehäusen von Buccinum undatum noch selektionistisch zu erklären. An bewegten Küsten leben die stets größeren und wohl auch etwas bauchigeren Weibchen in den Fels- und Steinritzen und Zwischenräumen verborgen. Die kleinsten Männchen haben hier die meiste Aussicht, zu dem Weibchen zu gelangen und sich stetiger fortzupflanzen. So könnte die Art — vorausgesetzt, daß auf diese Weise Eigenschaften vererbbar sind — langsam mit der Zeit zur Ausbildung ihres Größenunterschiedes gekommen sein, ohne daß sie ausgestorben wäre, wenn auch noch so viel große Männchen ursprünglich bestanden und sehr lange Zeiträume hindurch in überwiegender Mehrheit neben kleineren weiter existierten. Denn auch die großen finden ihre Weibchen, von denen nicht jedes in so engen Ritzen sitzt, daß nur kleine Männchen hinzugelangen können.

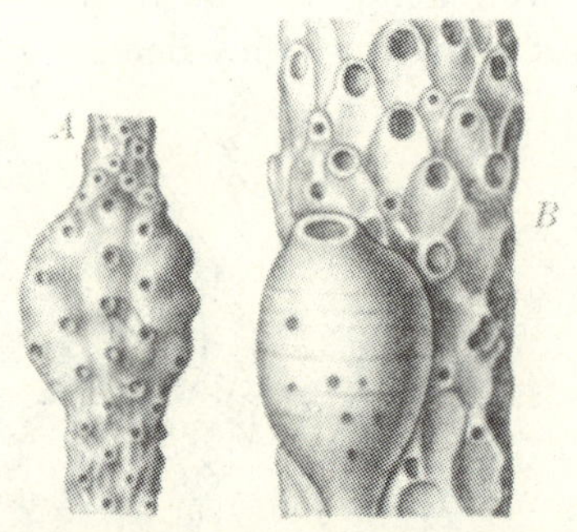

Fig. 80. Brutkapseln bei kretazischen Bryozoen. *A* Sparsicavea, einfache Anschwellung unter Erhaltung der umgebildeten Zellen. $^{10}/_1$. *B* Nodelea mit einem aus der völligen Umwandlung von Zellen hervorgegangenen Beutel. (Aus Gregory, Brit. Mus. Catal. Cret. Bryoz., 1899.) $^{12}/_1$.

Geschlechtsdimorphismus findet sich auch in den Zellen von Bryozoenstöcken. Besonders differenzierte Fortpflanzungszellen, wie sie die lebenden cheilostomen Bryozoen besitzen, hat man auch an fossilen nachgewiesen. Es treten modifizierte, zu Brutkapseln umgewandelte sogen. Ovizellen auf, die entweder in Form von einfachen Anschwellungen (Gonocysten, Fig. 80 *A*) oder Beuteln (Marsupium, Fig. 80 *B*) erscheinen. Das sind die Behälter für die Larven, die aus Selbstbefruchtung hervorgehen und durch Umbildung teils einer einzigen Zelle, teils ganzer Zellkomplexe entstehen.

Es sei noch auf die Erscheinung hingewiesen, daß manche Organismen unter besonderen äußeren Bedingungen ihre Körpergröße stark reduzieren und dabei sogar andere Gestalten entwickeln können. In der einfachsten Weise geschieht dies beim Eintrocknen von Protozoen, doch ist das keine aktive Formgestaltung, die der Organismus von innen heraus vornimmt, sondern nur eine Abnahme des Körpergewichts und eine Beschränkung des Stoffwechsels, wie sie Tiere im Winterschlaf zeigen. Dahin gehört die Reduktion der Schwämme, die sich zusammenziehen, wobei sich die Zellmasse immer mehr konzentriert und sich schließlich in einzelne Stränge zerteilt; es können dann Körperchen übrig bleiben, die in der äußeren Gestalt nicht mehr dem ursprünglichen Schwamm gleichen, sich aber unter neu eintretenden günstigeren Bedingungen zu dem normalen Schwamm wieder auswachsen. Es ist dies indeß nur bei Süßwasserschwämmen beobachtet worden[1]).

Das Gegenstück zu dieser Reduktion bildet der marine Bohrschwamm Vioa, dessen Tätigkeit im Kap. IV, 6 näher beschrieben ist. Er lebt als kleines zartes Schleimklümpchen in den von ihm gebohrten Gängen der

Fig 81. Wachstumsdimorphismus derselben Spongienart:
A Poterion (Neptunsbecher), Schwamm von fast 1 m Größe, ausgewachsene Form der kleinen, in Muschelschalen bohrenden und schmarotzenden Vioa.
(Aus Hesse-Doflein, l. c.) Ca. $^1/_{15}$ nat. Gr.
B Vioa, unter der äußeren Schalenschicht einer Auster bohrend; oben: äußere Schalenschicht mit den Eintrittslöchern für die Wasserzufuhr.
(Aus Vossmaer, Spongien, in Bronns Klass. u. Ordn., 1877.) $^1/_1$.

Steine und Muschelarten[2]). Er kann aber auch emporwachsen und sich zu einem riesigen Gebilde entwickeln mit normaler becherartiger Gestalt (Fig. 81). Hier erscheint eben die kleine bohrende Vioa als Reduktion, jedoch ist diese Reduktion nicht ein Einschrumpfen zum Schutze gegen ungünstiger gewordene Lebensbedingungen, sondern eine spontane formbildende Anpassung an eine andere, ebenso günstige Lebensweise und Tätigkeit. Solche weitgehenden Metamorphosen des Individuums zeigen am deutlichsten den ganzen wesentlichen Unterschied zwischen phänotypischer Formerscheinung und genotypischer Formpotenz.

---

1) Brehm's Tierleben. Bd. I. Niedere Tiere. 4. Aufl., Leipzig u. Wien 1918. Schwämme von L. Nick, S. 80 u. 93.

2) Hesse, E. u. Doflein, F., Tierbau und Tierleben, Bd. II, Leipzig u. Berlin 1914, S. 242.

Ein anderer Dimorphismus ist die Leiostrophie der Schneckenschalen. Dieses Linksgewundensein ist entweder eine individuelle unerbliche Erscheinung, deren Ursache noch unbekannt ist; oder es ist eine erbliche, vielleicht auch nur scheinbar erbliche, nämlich eine etwas andauernde Lebenslagevariation, möglicherweise sogar Rassenbildung. Bei der gewöhnlichen Weinbergschnecke, Helix pomatia, werden immer nur einzelne Individuen in nicht erblicher Weise von der Leiostrophie betroffen. Dagegen ist die im englischen pliozänen Crag vorkommende Fuside Trophon (Fig. 82) teilweise erblich, nicht bloß individuell linksgewunden. Man darf aber trotzdem annehmen, daß diese Erblichkeit der Eigenschaft nicht eine in der Erbmasse liegende genotypische Abänderung der Art gegenüber den sonst identischen rechtsgewundenen Spezies war, sondern daß nur eine Lebenslagevariation vorliegt, die auf eine gewisse Zeit scheinbar erblich weitergegeben wurde, dann aber wieder zurückschlug. Den Beweis für diese Annahme sehe ich darin, daß die Form sich nicht als Mutation, nicht stammesgeschichtlich als Art fortsetzte, sondern daß die primäre Eigenschaft „rechtsgewunden" wieder dominant wurde und daß die Form heute nur als das rechtsgewundene Trophon fortbesteht.

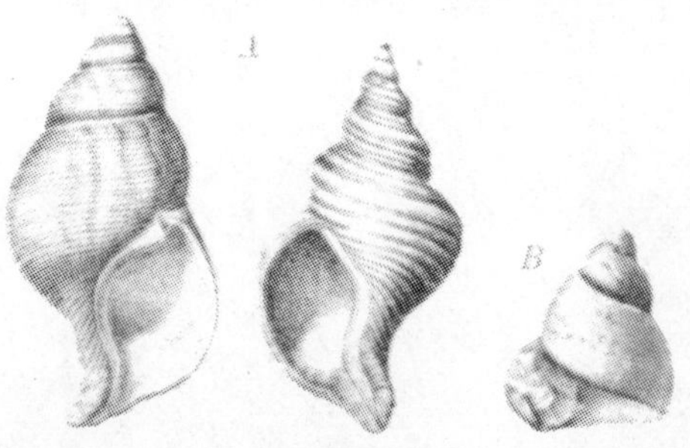

Fig. 82. Linksgewundene Schnecken. *A* rechts- und linksgewundene Form von **Trophon** aus dem Pliozän von England. Die Linkswindung ist eine temporär hinzugekommene Eigenschaft, welche durch die dominante Eigenschaft des Rechtswindens alsbald wieder überwunden wird. (Aus Wood, Crag Moll. Pal. Soc. London, 1848.) ³/₄ nat. Gr. *B* Die älteste linksgewundene trochide Schnecke **Matherella**.   Oberkambrium, New York. (Aus Walcott, l. c.) 2fach vergr.

Leiostrophie ist eine schon bei den ältesten Gastropoden auftretende Eigenschaft. Es ist aber nicht immer deutlich zu erkennen, ob sie dort individuell oder als Lebenslagevariation und Rassenbildung zu bewerten ist; sie bleibt zwar innerhalb der Art erblich, aber eine Entwicklung erfahren solche Formen nie. Die ältesten leiostrophen Arten, für die z. T. eigene Gattungen aufgestellt wurden[1]), sind Matherella (Fig. 82 *B*) aus dem oberkambrischen Potsdamsandstein und Cyclonema pervertens aus dem Obersilur von Böhmen[2]) und das fast gleiche Oriostoma contrarium

---

1) Walcott, Ch., Cambrian Geology and Paleontology Nr. 9. New York Potsdam-Hoyt Fauna. Smithson. Misc. Coll., Vol. 57, Nr. 9, Washington 1912, S. 264, Pl. 41, Fig. 18—20.

2) Barrande, J., Système silurien du centre de la Bohême, Vol IV, Gastéropodes par J. Perner. Prag 1903, Taf. 69.

aus Gotland[1]). Es sind turbinide und trochide Schnecken vor allem, welche zur Linkswindung neigen. Trochus Moorei aus dem obersten Untersilur[2]), Hesperiella contraria aus dem Karbon[3]) sind weitere Beispiele. Besonders scheinen in älterer Zeit die Pleurotomariiden zur Linkswindung zu neigen. Im Devon sind derartige Formen Pleurotomaria decussata, welche eine rechts- und eine linksgewundene Varietät hat, dann Pl. dentato-limata und Pl. nodulosa[4]), während im Mesozoikum wieder vornehmlich Trochiden bzw. Turbiniden und die nächstverwandten Amberleyiden[5]) linksgewundene Typen liefern. Die siphonostomen

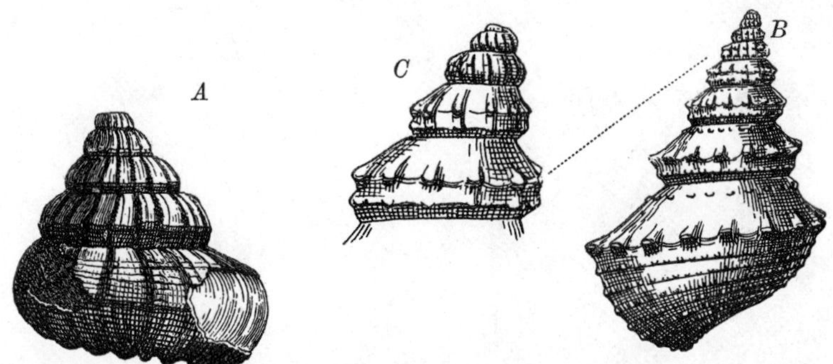

Fig. 83. Darstellung des linksgewundenen Schneckengehäuses als epistatische Hemmungsbildung: *A* Linksgewundener Cirrus nodosus. Dogger, England. Ausgewachsene Form; *B* Rechtsgewundene Amberleya ornata. Dogger, Frankreich Ausgewachsene Form; *C* Starke Vergrößerung der frühesten Umgänge von *B*, zum Vergleich mit *A*. (*A* Auch Original zu ZITTELS Handbuch. Alle in München.)

Schnecken scheinen wenig zur Leiostrophie zu neigen; wenigstens sind mir außer dem oben beschriebenen Trophon und einer in die Nähe von Pyrula gehörigen rezenten Form keine Fälle bekannt. Die Eigenschaft muß in ältester Zeit und noch im Mesozoikum häufiger gewesen sein als heutzutage, da sie fossil verhältnismäßig oft angetroffen wird. Wenn die Trochiden, Turbiniden und Pleurotomariiden besonders dazu neigten, wäre das Zurücktreten dieser Eigenschaft in den jüngeren Konchylienfaunen hinreichend verständlich, weil jene Typen mehr und mehr verschwinden.

---

1) LINDSTRÖM, G., The Silusian Gastropoda and Heteropoda of Gotland. Svensk-Vetensk-Akad. Handling, Bd. 19, Nr. 6, Stockholm 1884, Taf. 20.

2) Quart. Journ. geol. Soc. London 1851, Vol. 7, Taf. IX.

3) HOLZAPFEL, E., Die Cephalopoden-führenden Kalke des unteren Karbon von Erdbach-Breitscheid bei Herborn. Paläontol. Abhandl. v. Dames u. Kayser, Bd. V, (N. F. Bd. I), Jena 1889, Taf. VI.

4) SANDBERGER, F., Die Versteinerungen des rheinischen Schichtensystemes in Nassau. Wiesbaden 1850—55. Taf. XXIV.

5) KOKEN, E., Die Gastropoden der Trias von Hallstadt. Abh. k. k. geol. Reichsanstalt, Bd. 17, Heft 4, Wien 1897, Taf. I u. XX. Ferner für jurassische Amberleyiden u. a. HUDLESTON, W. H., A monograph of the inferior Oolite Gasteropoda. Palaeontograph. Soc. London 1887—96. Taf. XXIV u. XXV.

Die Linkswindung scheint — wenigstens in manchen Fällen — eine in's erwachsene Stadium mit herübergenommene Embryonaleigenschaft, also eine Epistase zu sein. Schon oben sahen wir, daß die älteste Schalenanlage als linksgewundenes glattes Gehäuse dem späteren endgültigen Gehäuse aufsitzt (Fig. 68 *B*, S. 226). Untersucht man die frühesten Windungen — nicht die embryonalen — von Pleurotomaria decussata aus dem Devon, so bemerkt man, daß die linksgewundenen ausgewachsenen Exemplare zeitlebens die Skulptur beibehalten, welche die frühen

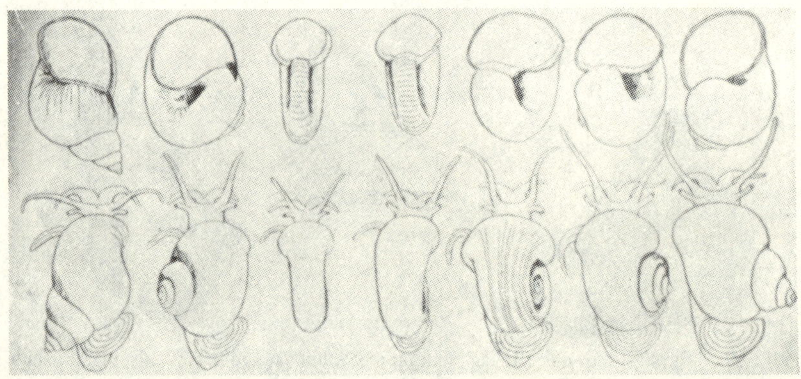

Fig. 84. Formenreihe (nicht Stammreihe!) der Ampullarien, zur Darstellung einer Schalenleiostrophie, wobei das Weichtier rechtsgewunden bleibt. Zusammengestellt nach rezenten Formen. (Aus Lang, l. c.) Verschieden stark verkl.

Windungen der rechtsläufigen Exemplare besitzen, nämlich eine feine, aus Gitterung hervorgehende Knotung, welche auf den rechtsgewundenen Gehäusen einer deutlichen Längsrippung weicht. Ganz dasselbe, nur noch deutlicher, konnte ich bei dem stets linksgewundenen Cirrus aus dem Lias und dem braunen Jura beobachten (Fig. 83). Er hat im erwachsenen Zustand dieselbe postembryonale Skulptur, wie sie Amberleya-(Eucyclus)-Arten aus denselben Stufen in den allerobersten feinen und sehr selten erhaltenen Windungen der Gehäusespitze vorübergehend tragen. Damit fällt ein bezeichnendes Licht auf den Charakter auch der individuellen Leiostrophie als einer persistierenden embryonalen Eigenschaft. Die Bauelemente der Cirrusschale bestehen somit aus embryonaler Windungsart und unmittelbar postembryonaler Skulptur. Worin die biologische Bedeutung der ganzen Erscheinung liegt, ob sie eine bestimmte Anpassung an ein von der Umwelt diktiertes Bedürfnis ist oder ob sie als Hemmungsbildung ohne ausgesprochenen Anpassungswert, d. h. nur als mehr zufällige Lebenslagevariation entsteht, konnte bis jetzt weder an lebendem noch fossilem Material nachgewiesen werden. Auch die Organisation des Weichtieres ist in solchen Fällen der Leiostrophie vollständig vertauscht.

Es gibt aber auch linksgewundene Schalen, deren Weichkörper rechtsgewunden bleibt. Sie entstehen nach Lang[1]) dadurch, daß sich das Gewinde einer normal rechtsgewundenen Schale immer mehr abflacht, bis sie planispiral wird; der Prozeß geht weiter, und das Gewinde schraubt sich nun auf der entgegengesetzten Seite, wo vorher der Nabel lag, wieder hervor, während jetzt der Nabel an der Seite des früheren Gewindes liegt (Fig. 84). Man kann diesen Entwicklungsgang nicht unmittelbar an ein und derselben Art beobachten, auch nicht ontogenetisch beim Individuum, sondern man kann ihn nur durch Formenreihen darstellen,

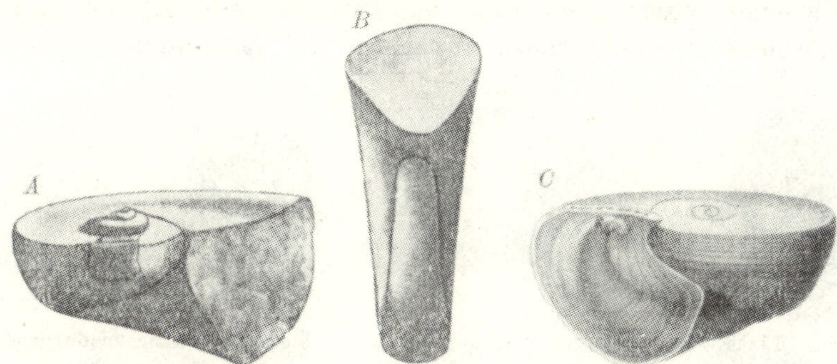

Fig. 85. Drei Stadien von **Maclurea** aus dem nordischen Silur, den Übergang von der konischen und rechtsgewundenen in die linksgewundene Schale zeigend, wobei der Weichkörper rechtsgewunden blieb, wie der linksgewundene Deckel bei *C* zeigt. (*A* und *B* aus Goldfuss, Petr. German. 1843; *C* aus Lethaea palaeoz. 1876.) Verkl.

wie die umstehenden Figuren es zeigen. Daß diese genetische Erklärung innerlich richtig ist, beweist der Deckel. Gastropoden nämlich, deren Weichtier rechtsgewunden ist, während die Schale linksgewunden erscheint, besitzen einen Deckel, als ob sie normal rechtsgewunden wären; dieses unpaare Organ wird noch ganz von der Organisation des Weichkörpers beherrscht im Gegensatz zu den Windungen des Gehäuses selbst. Wo ein spiralig gebauter Deckel bei normalen Gastropoden vorkommt, ist er nämlich stets der Schale entgegengesetzt gewunden; der Spiralanfang ist stets dem Nabel des Gehäuses zugekehrt. Bei den in ihrer inneren Organisation rechtsgewundenen, in ihrer Schale jedoch linksgewundenen Gastropoden ist nun der Deckel genau so, wie er einem rechtsgewundenen Tier mit rechtsgewundener Schale zukommt. Linksgewundene Opercula bei linksgewundenen Schalen zeigen also an, daß das Weichtier rechtsgewunden war.

Einen solchen Fall haben wir bei der eigentümlichen variabeln Euomphalidengattung Maclurea aus dem Silur, welche entweder ein auf der Oberseite gänzlich abgeflachtes oder involutes Gewinde besitzt (Fig. 85)

---

1) Lang, A., Lehrbuch der vergleichenden Anatomie der wirbellosen Tiere. 2. Aufl. Mollusca von Hescheler. Jena 1900, S. 247.

oder dieses aufgelöst zeigt. Die abgeflachten Gehäuse sind links- oder rechtsgewunden. Der Fund des Deckels in situ zeigt diesen linksgewunden bei linksgewundener Schale. Ein linksgewundener Deckel entspricht aber, wie oben bemerkt, einem rechtsgewundenen Weichtier. Mithin haben wir hier denselben Fall wie bei den oben abgebildeten rezenten Ampullariiden: das flache Gewinde bei Maclurea also ist durchgedrückt nach der entgegengesetzten Seite und ist nicht nur, wie man vermuten könnte, bloß die niedriger gewundene Form des höheren turmförmigen Typus. Das Weichtier der Maclurea in Fig. 85 C war mithin höchstwahrscheinlich rechtsgewunden. Im Paläogen von Ägypten kommen linksgewundene Ampullariiden zusammen mit planispiralen, planorbis-

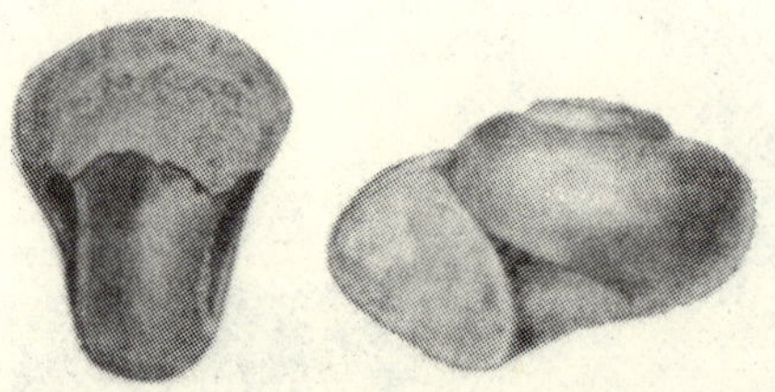

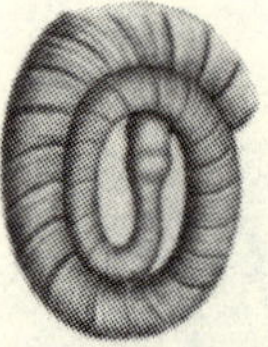

Fig. 86. Linksgewundene und planispirale Ampullariide aus dem ägyptischen Paläogen, vom Charakter der rezenten Ampullariidenreihe (Fig. 85). (Aus BLANCKENHORN, l. c.) Verkl.

Fig. 87. Anfangswindungen ein und desselben Goniatiten aus dem böhmischen Devon. (Aus BARRANDE, Études génér. Cephal. 1877.) Sehr stark vergr.

artigen Steinkernen vor (Fig. 86)[1]. Auch hier liegen offensichtlich Glieder derselben Entwicklungsreihe vor, wie sie Abbildung 84 zeigt.

Durch die Untersuchung der Ontogenie wird sich also auch der Paläontologe Aufschluß über das Wesen der Vielgestaltigkeit mancher Formen verschaffen können. Die allermeisten Arten haben eine einheitliche Ontogenie. Trotzdem kann auch hierin die individuelle Variabilität so weit gehen, daß anscheinend ganz heterogene Typen in einer im erwachsenen Zustande einheitlich erscheinenden Artgemeinschaft enthalten sind. Ein Beispiel hierfür bieten die Anfangswindungen des Goniatites fecundus aus dem Devon Böhmens (Fig. 87), dessen Embryonalblase mit den daran anschließenden frühesten Umgängen verschiedene Aufrollungsarten zeigt, ohne daß hierin der Ausdruck für eine spezifische Verschiedenheit läge. Geschlechtsunterschiede anzunehmen, ist untunlich, weil diese eher am erwachsenen Tiere zutage treten müßten; man kann aber annehmen, daß noch eine gewisse Labilität der Einrollungsfähigkeit bei diesen primitiven Gattungen herrschte. Später trat hierin wohl durch die erbliche Fixierung eine größere formgebende ontogenetische Sicher-

---

1) BLANCKENHORN, M., Nachträge zur Kenntnis des Paläogens in Ägypten. Zentralblatt f. Min, Geol. u. Pal., Stuttgart 1901, S. 265.

heit ein. Andere derartige, zum Teil merkwürdigere als die hier mitgeteilten Beispiele beweisen, ebenso wie die zum Schmetterling individuell sich umgestaltende Raupe, daß die Natur einerseits ungeheuere Möglichkeiten hat, das körperliche phänotypische Gewand der Art zu wechseln, ohne daß diese ihre innere Einheit und Einheitlichkeit verliert, und daß andererseits, wie uns der Abschnitt über die Mutationen (Kap. III, 3) zeigte, Arttrennungen schon in verhältnismäßig kleinen Formveränderungen und -verschiebungen zum Ausdruck kommen können. Es ist das immer wieder ein Zeichen dafür, daß die äußere Form, der Phänotypus, kein unbedingtes Merkmal für die innere Blutsverwandtschaft der Arten, für den Genotypus ist; umso weniger, als nachgewiesenermaßen auch Formen ganz verschiedener stammesgeschichtlicher Herkunft bis zu einem oft kaum mehr entzifferbaren Grade gleiche Gestalt annehmen können, wie der folgende Abschnitt noch zeigen wird.

Unregelmäßiger, rein individueller Polymorphismus, der natürlich auf Entwicklungshemmung oder ungünstiger Beeinflussung beruht, also pathogen ist, kommt ja in allen Tiergruppen vor und ist z. B. besonders auffallend bei Seeigeln, die zuweilen vier- statt fünfstrahlig sind oder, ebenso wie Seesterne, auch sechsstrahlig werden können, gelegentlich auch bilateral symmetrisch, wenn sie auch ihrer Natur nach radiär sind. Bei Seesternen weiß man, daß die Überzähligkeit eine irregeleitete Regeneration ist, wobei an Stelle des verlorenen einen Armes zwei Arme erscheinen. So wird es vermutlich auch bei den genannten Ausnahmen in der Seeigelbildung sein, daß diese nämlich in ihrer Jugendentwicklung Verletzungen oder auch Beeinflussungen ohne Verletzungen ausgesetzt gewesen sind. Diese Erscheinungen indessen als Polymorphismus zu bezeichnen, geht nicht an. Sie gehören in das Gebiet der Regenerationen, wovon im Kapitel VI, 6 die Rede sein wird.

5. Konvergenz, Homöogenesis

Konnten wir uns in den vorigen Abschnitten von der Weite und Ungebundenheit der genotypischen Fähigkeit zu äußerer Formgestaltung überzeugen, so begegnet uns in dem reichen Felde der Konvergenzerscheinungen umgekehrt der Beweis, daß die heterogensten Genotypen in ihrer Formgestaltung auch so frei sind, daß sie dieselben Gestalten wie entfernteste Lebensgenossen hervorbringen können. Dennoch liegt gerade darin auch eine gewisse Beschränkung der organischen Formbildungsmöglichkeit überhaupt, indem gar nicht verwandte Typen zu denselben Gestaltungsmitteln greifen müssen.

Man versteht unter Konvergenz, Homöogenesis und Homöomorphie ganz allgemein jene Formbildungen, welche sich in gleicher Weise, häufig auch mit gleichen Mitteln an stammesgeschichtlich mehr oder minder weit entfernten Arten zeigen können. Diese Konvergenzbildungen betreffen entweder die gesamte Körpergestalt oder nur einzelne Teile und Organe. Sie zeigen, besonders wenn sie zu weitgehender Übereinstimmung an nicht verwandten Typen führen, wie wenig einerseits die phänotypische Gestalt der Ausdruck wahrer genotypischer Einheit und Verwandtschaft zu sein braucht, andererseits wie sehr gleiche Bedürfnisse, gleiche Lebensbedingungen auch bei ganz verschiedenen Grundtypen dieselbe äußere Erscheinung hervorrufen können.

Die Beispiele für Konvergenzbildung sind zahllos, besonders unter den Mollusken und Brachiopoden. Für die Ammoniten hat Frech einige

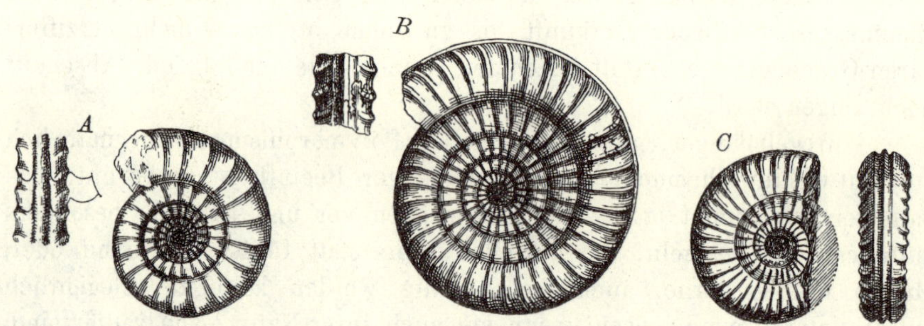

Fig. 88. Konvergenzformen von *A* Goniatites aus dem Devon. $^1/_1$. *B* Arietites aus dem Lias. Verkl. *C* Tropiceltites aus der Trias. Vergr.
(*A* aus Frech, Devon. Ammoneen 1902. *B* aus Quenstedt, Ammon. d. Schwäb. Jura 1883/85.
C aus v. Mojsisovics, Ceph. Hallstädter Kalke 1893.)

in die Augen fallende Beispiele angegeben[1]), so die äußere Formgleichheit zwischen Phylloceras heterophyllum aus dem Jura und Goniatites fidelis aus dem Unterdevon und anderen Arten dieser Gattungen; ferner zwischen triassischen Gymniten und Arcesten und devonischen Clymenien. Arietitenartige Formen unter den Goniatiten sind äußerlich zum Verwechseln ähnlich den echten liassischen Arieten und den Tropiceltiten aus der oberen Trias (Fig. 88); Psiloceras planorbe aus dem Lias mit Gymniten aus der Trias oder mit Ophiceras aus dem Perm. Man kann die Beispiele zahllos vermehren: Oxynoticeras scalatum aus der Unterkreide und Oppelia fusca aus dem Dogger; Pompeckjites Layeri aus der oberen alpinen Trias und Oppelia aspidoides aus dem braunen Jura; Polyptychites Keyserlingi aus der Unterkreide und Macrocephalites tumidus aus dem Dogger. Man durchblättere nur einmal, wie Diener sagt[2]), die großen Mojsisovicsschen Monographien der alpinen triassischen Ammonitenfaunen

---

1) Frech, F., Geologische Triebkräfte und die Entwicklung des Lebens. Archiv f. Rassen- u. Gesellschaftsbiologie, usw. Leipzig 1909, 6. Jahrg., S. 22ff.

2) Diener, C., Über einige Konvergenzerscheinungen bei triadischen Ammoneen. Sitzber. K. Akad. Wiss. Math.-Natw. Kl. Wien 1906, Bd. 114, S. 15ff.

und man wird auf Schritt und Tritt sozusagen vorweggenommenen Juraformen begegnen, ohne daß wohl zwischen diesen Formen eine unmittelbare stammesgeschichtliche Verwandtschaft bestünde.

Die Ammoniten sind noch wenig untersucht auf die weitere Frage, ob aus verschiedenen frühen Jugendwindungen bei ausgewachsenen Exemplaren gleich skulptierte Wohnkammern hervorgehen können. Dieser Mangel unserer Kenntnis kommt davon, daß ausgewachsene Exemplare so selten sind und nur mittelalte Stadien gewöhnlich vorliegen. Es ist aber anzunehmen, daß solche Konvergenzen doch häufiger sind, als man gemeinhin meint, sonst wäre es kaum möglich, daß sich sofort so zahlreiche Fälle ergeben, wenn man nur einmal sein Augenmerk der Frage zuwendet. So bringt DIENER aus seinem himalayischen Triasmaterial viele Beispiele solcher und anderer Konvergenzen, u. a. folgendes: Ceratites Vyasa hat langsam anwachsende Windungen und eine aus einfachen, knotenfreien Rippen bestehende Skulptur des letzten Umganges. Die inneren Windungen sind ebenfalls knotenfrei, haben aber zahlreiche gerade oder schwach sichelförmige Rippen von ungleicher Stärke, die gelegentlich in der Nabelregion sich spalten; sie sind breit, oben gerundet, niemals zugeschärft. Bei Ceratites Devasena ist der Querschnitt der inneren Umgänge stärker komprimiert, die Externseite schmäler und dachartig. Sie haben drei Knotenreihen, doch verschmelzen manchmal Nabel- und Flankenknoten zu einem einzigen größeren, besonders auf den innersten Umgängen. Die Rippen sind im Gegensatz zur vorigen Art breit und plump. Häufig spalten sich die Rippen in den Lateralknoten. Die dritte Art ist Ceratites truncus.[1]) Dessen innere Umgänge haben auf dem Nabelrande eine Knotenreihe, von der Radialrippen ausstrahlen, welche sich in der Regel in sehr starken Lateralknoten gabeln. Außerdem kommen Schaltrippen vor, die nur am Externrande geknotet sind, mithin ist die Zahl der Marginalknoten auf den innersten Windungen stets mindestens doppelt so groß als jene der Lateralknoten. Dies geht bis 40 mm Durchmesser. Dann nimmt allmählich die Dichotomie der Rippen ab, die Nabelknoten verschwinden ganz, die Lateralknoten werden schwächer, die Marginalknoten erheben sich zu spitzen Dornen, bis endlich einfache, kräftige, ziemlich weit voneinander abstehende Radialrippen mit schwachen Lateralknoten und sehr starken Randdornen, auf den der Wohnkammer vorangehenden Teil des letzten Umganges beschränkt, bei allen drei Arten auftreten. Auf der Wohnkammer altersreifer Exemplare endlich schwächen sich die Knoten weiter ab, so daß sich die Skulpturen von Ceratites Devasena, truncus und Vyasa einander außerordentlich nähern.

---

1) Leider konnte wegen der Zeitverhältnisse von diesen so interessanten Formen kein Material und kein Bild beschafft werden.

Eine dieses Beispiel noch übertreffende Formenkonvergenz in der Jugend besteht zwischen den Arten Perisphinctes plicatilis d'Orb (non Sowerby) und P. Martelli, beide aus dem unteren Malm und weltweit verbreitet. Sie bekommen im Alter weit auseinandertretende wulstige Rippen (Fig. 89); bei Martelli sind sie etwas einfacher, während bei plicatilis tiefe Einsenkungen dazwischen liegen. Während aber P. Martelli in diesem Formzustande bleibt, bildet P. plicatilis bei einigem Weiterwachsen wieder neuerdings enger beisammenstehende schärfere Rippen

Fig. 89. Vorübergehende Konvergenz bei Jura-Ammoniten, die sich einige Zeit gleichen, um dann wieder verschiedene Skulpturen anzunehmen.
A Perisphinctes plicatilis. Unterer Malm, Krakau. (Aus v. KLEBELSBERG, Beitr. Pal. u. Geol. Österreich-Ung. u. Orient. 25, 1912.) Ca. $^1/_5$ nat. Gr.
B Perisphinctes Martelli. Unterer Malm, Rumänien. (Aus SIMIONESCU, Fauna Ceph. jur. Hârșova. Acad. Romàn. 21, 1907.) Ca. $^1/_{10}$ nat. Gr.

aus, als ob er in den Jugendzustand zurückschlüge (Fig. 89A). Es kommt also nach der anfänglichen Divergenzbildung und der dann eintretenden Konvergenz im Alter noch einmal zu einer Steigerung der Divergenz, wodurch die genotypische Verschiedenheit beider Arten erst besonders hervortritt.

Aber auch der umgekehrte Fall ist nachgewiesen, daß nämlich gleiche Altersformen von ganz verschiedenen Jugendstadien aus zustande kommen. So ist das als Leitfossil für die Unterkreide bekannte Crioceras Duvali die Endform für mindestens 4 verschiedene „Arten". Crioceras Duvali[1] kann aus drei Jugendformen entstehen: aus Schalen mit 1. einzelnen stärkeren, extern etwas aufgetriebenen Rippen, zwischen denen

____

[1] NOLAN, H., Note sur les Crioceras du Groupe du Crioceras Duvali. Bull. Soc. géol. Franç. Paris 1894. 3. Sér., Tome XXII, S. 183.

je 5—8 feinere stehen; 2. mit beknoteten Hauptrippen (Picteti); 3. mit lauter feinen Rippen (baleare). Diese Formen können teilweise wieder in Divergenz übergehen, wenn nämlich die feinen Zwischenrippen sich zweiteilen auf der Flankenmitte und sich zugleich am Nabel und gegen die Mitte zu abschwächen. Dann entsteht die „Art" Crioceras anguli-costatum. Diese geht ihrerseits sowohl aus dem Picteti-Typus, wie aus dem baleare-Typus hervor, tritt aber erst in einem geologisch höheren Niveau (Barrèmien) auf, ist also eine typische Mutation des Duvalitypus. Die Arten sind an ein und derselben Stelle gefunden, und es fragt sich daher, ob Crioceras Duvali eine natürliche, genetisch einheitliche Art ist, welche nur verschiedene, durch äußere Lebens-bedingungen stark variierende Jugendzustände haben kann, die sich im Alter verwischen; oder ob jene Jugendformen trotz äußerer phänotypischer Gleichartigkeit schon primär zu genotypisch verschiedenen Arten gehören und nur im Alterszustand in ihrer Form konvergieren, weil sie dann erst gleichen Lebensbedingungen unterliegen. Ich glaube das Letztere, weil es bei den Ammoniten Regel ist, daß sich die verschiedensten Arten in der frühen Jugend gleichen.

Eine Eigentümlichkeit, die ich als „Umschlagen der Merkmale" be-zeichnen möchte, besteht darin, daß etwa Skulpturmerkmale ihren Platz verschieben und dann zum Schluß als Bauelemente in einem ganz anderen, ihrer ursprünglichen Bestimmung nicht entsprechenden Zusammenhang erscheinen. So hat Riedel[1]) nachgewiesen, daß bei Ceratites toulonensis aus der südfranzösischen germanischen Trias auf dem erwachsenen Exemplar am Übergang von der Flanke zur Externseite eine Knotenreihe sitzt, und diese Eigentümlichkeit kommt auch in einem anderen, nicht unmittelbar verwandten Formenkreise vor. In letzterem sind aber diese Externknoten von Anfang an als solche angelegt, während sie bei C. toulonensis auf früheren Schalenteilen in der Flankenmitte sitzen und erst gegen das Alter hin zur Externseite hinaufrücken. Ein und die-selbe Eigenschaft ist also — endgültig entwickelt — in beiden Fällen heterogen.

Es betrifft nicht mehr die Skulptur, die vielleicht oft etwas für den statischen Bau der Schale Gleichgültiges und darum leichter Ver-schiebbares sein mag, wenn v. Loesch beobachtete[2]), daß der Verlauf der inneren Kammerwände, also der Suturlinie bei einem jurassischen Nautilus sich dahin ändert, daß der anfängliche Flankensattel nach und nach im Wachstum zurückbleibt zugunsten der neben ihm entstehenden, aus glattem Linienverlauf hervorbrechenden beiden Sattelwellungen, so

---

1) Riedel, A., Beiträge zur Paläontologie und Stratigraphie der Ceratiten des deutschen oberen Muschelkalkes. Jahrb. preuß. geol. Landesanst. 1916, Bd. 37, Berlin 1916, S. 68.

2) Nach mündlicher Mitteilung.

daß er am fertigen Exemplar geradezu als eine rückspringende Linie, nämlich als ein Lobus erscheint. Man könnte in solchen Fällen von Scheinbildungen reden, die Ausdrücke Pseudolobus u. dgl. gebrauchen und hat das in analogen Fällen auch meistens getan. Es wird zweckmäßig und der lebendigen Anschauung dienlich sein, wenn man sich mehr und mehr daran gewöhnt, nicht das als erstarrte Form erscheinende Augenblicksstadium zum Ausgangspunkt der Betrachtungen und Beschreibungen zu machen, sondern den zusammenhängenden Fluß der Erscheinungen als kontinuierliches Ganzes aufzufassen und dessen Wesen auch tunlichst darzustellen.

Oft ist es nur gerade noch ein Merkmal, womöglich noch ein recht verborgenes, an dem man eben noch erkennt, daß zwei morphologisch identische Formen dennoch genotypisch verschieden sind. Ich verweise auf den auf Seite 254 erwähnten verschiedenen inneren Aufbau der einzelnen Belemnitentypen; ferner auf den triassischen Tropiceltites arietiformis, der so ähnlich den liassischen Arieten der Spiratissimusreihe ist (Fig. 88, S. 246). Zwischen ihnen und dem devonischen Goniatiten Pseudarietites silesiacus macht die Verschiedenartigkeit des Baues der inneren Kammerscheidewände die generische Unterscheidung nicht mehr schwer; hier ist es wenigstens noch ein Merkmal, das uns die Konvergenznatur der beiden sonst morphologisch identischen Formengruppen leicht enthüllt, nämlich die Sutur, während es zwischen dem triassischen und jurassischen Ammoniten ein solches Unterscheidungsmerkmal nicht gibt und uns bloß die zeitliche Reihenfolge, also bloß das Auftreten nach den stratigraphischen Horizonten, noch das richtige Verhältnis durchschauen läßt, abgesehen von den formalen Übergangsreihen ihrer Sippen.

Dieses Beispiel gibt uns nun das Mittel für das stammesgeschichtliche Verständnis des folgenden Falles. In den roten devonischen Kalken Deutschlands kommen Goniatiten vor, die äußerlich vollkommen gewissen Arcesten des faziell gleichartigen roten Triaskalkes von Haliluci in Bosnien gleichen. Rundung der Umgänge, Engnabeligkeit, sogar die Einschnürungen auf den breiten Flanken sind ganz und gar gleichförmig bei beiden ausgebildet. Nun kommen in beiden geologischen Stufen auch Orthoceren vor. Im Muschelkalk Orthoceras triadicum und in den Devonkalken die bekannten älteren Orthoceren. Bei den genannten Ammoniten bzw. Goniatiten hätten wir nun kein Mittel, sie voneinander generisch zu unterscheiden, wenn nicht eben gerade noch die Sutur uns die Konvergenz als solche erkennen ließe. Denken wir uns die Sutur weg, so bliebe uns bei völliger Formengleichheit allenfalls nur das Merkmal der weiten zeitlichen Trennung, das uns mit einiger Sicherheit vermuten ließe, daß hier Heterogenes zu verschiedenen Zeiten äußerlich gleiche Gestalt annahm. Mit dem Orthocerastypus in beiden Faunen nun sind

wir gerade in dieser Lage. Die Kammerscheidewände sind bei Orthoceren
dauernd so einfach, daß sie uns nicht mehr das Merkmal der Unterscheidung, wie bei den Ammoneen, liefern; hier bleibt uns also in der
Tat nur das zeitlich verschiedene Auftreten übrig, um die generische
Nichtidentität beider identischer Formen analog den Ammoniten zu vermuten. Dies und die Tatsache, daß die übrigen Glieder der Faunen-
gemeinschaft richtige Konvergenzen sind, macht es wahrscheinlich, daß
auch beide identische Orthoceren ebenso reine Konvergenzformen sind,
wie die betrachteten Goniatiten und Ammoniten. Nur lassen diese eben
noch ein Merkmal durchschimmern, an dem man die genotypische Grund-
verschiedenheit feststellen kann, so daß das durch gleiche Lebensbedingungen ihnen übergeworfene gleiche Kleid uns nicht zu täuschen
vermag; aber bei den einfacher ge-
bauten Orthoceren fehlt dieses eben
noch sichtbare einzige Merkmal, und so
halten wir sie für generisch identisch.

Am begreiflichsten sind die Konvergenzbildungen bei naheverwandten
Arten und Gattungen, einerlei ob
sie aus demselben oder aus verschiedenen Zeitaltern und von den
gleichen oder von verschiedenen Orten
stammen. Besonders die Schnecken
zeichnen sich darin aus, wofür es
auffallende rezente Beispiele[1]) gibt;
die Konvergenz erstreckt sich nicht

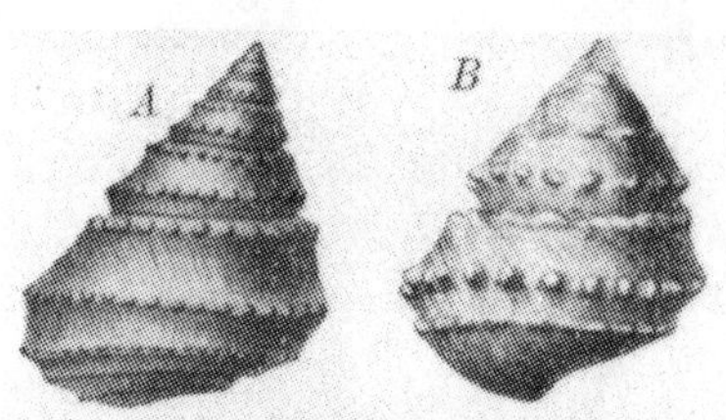

Fig. 90.

Beispiel einer Konvergenz zwischen einer
fossilen Marinschnecke und einer lebenden
Süßwasserschnecke. *A* **Amberleya**
biserta, Dogger, England. (Aus HUDLESTON,
Mon. brit. jurass. Gastrop., 1887/94.) $^1/_1$.
B **Paludina magnifica**. Rezent, Ala-
bama. (Orig. in München.) $^3/_4$.

nur auf die Gehäuseform und Skulptur, sondern auch oft auf die Farben.
Unter den fossilen seien angeführt: Leiostoma bulbiforme, das bekannte
Leitfossil aus dem Pariser Grobkalk, und Scaphella Boudoni, erstere
eine Fuside, letztere eine Volutide; oder aus noch entfernterer Verwandtschaft: Euthria decipiens und Cryptoconus clavicularis (Fuside
und Pleurotomide).[2]) Es sei erinnert an die bis auf das Schlitzband
bestehende Formgleichheit von turmförmigen Murchisonien des Paläozoikums und Pyramidelliden des Mesozoikums; zwischen Süßwasser-
melaniiden und Cerithiiden. Noch weiter entfernt in der Verwandtschaft
sind die napfförmige Patella, ein mariner Prosobranchier, und Siphonaria,
ein mariner Pulmonate[3]). Diese letzteren treten in verschiedenen Zeiten

---

1) v. LINDEN, M., Unabhängige Entwicklungsgleichheit (Homöogenesis) bei Schneckengehäusen. Ztschr. f. wiss. Zoologie, Bd. 63, Leipzig 1898, S. 371.

2) Abgebildet in: COSSMANN, M. et PISSARRO, G., Iconographie complète des coquilles
fossiles de l'Eocène des environs de Paris, Vol. II, Paris 1910—13, Taf. 39 u. 43.

3) Eine sehr gute Abbildung in STROMER VON REICHENBACH, E., Lehrbuch der
Paläozoologie, Bd. I, Leipzig u. Berlin 1909, S. 11.

auf, wenigstens die einander ähnlichsten Formen, während die genannten tertiären gleichzeitig und gleichörtlich sind. Immerhin handelt es sich bei allen diesen Beispielen doch nur um Konvergenzen innerhalb derselben Stammgruppe mit gleicher Grundorganisation, bei denen es eher verständlich ist, wenn etwa gleiche Lebenslage auch gleiche Form hervorruft. Häufig ist auch die Formen- und Skulpturkonvergenz zwischen jüngeren Süßwasserschnecken und alten mesozoischen und paläozoischen Marinschnecken (Fig. 90), so daß, weil hier so grundverschiedene Lebensverhältnisse vorliegen, die Idee eines unmittelbaren stammesgeschichtlichen Zusammenhanges etwas für sich hätte, wenn nicht die große Zeitlücke dazwischen läge (vgl. Kap. VII, 1). Aber auch Arten der verschiedenen Stämme begegnen sich darin. Die konische Hornform der Einzelkoralle, des Rudisten, der Richthofenien, sogar eines Balanidenkrebses ist die gemeinsame Gestalt festsitzender Schalentiere (Fig. 91), bei denen die Notwendigkeit der Erhebung über den Boden auf solche Weise befriedigt wird.

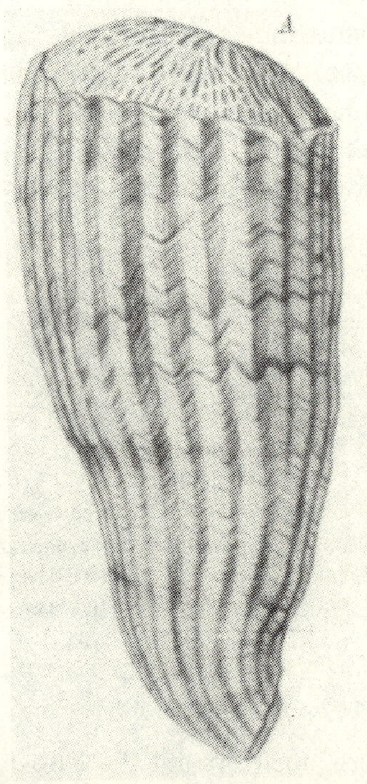

Fig. 91. Wachstumskonvergenz infolge Festsitzens: *A* Rudistenmuschel, Oberkreide, Ostalpen. (Orig. in München.) ¹/₁. *B* Balanidenkrebs, Tertiär, Kroation. (Aus Gorjanović-Kramberger, Soc. hist. Nat. Croat. IV, 1889.) Etwas vergr.

Solche Konvergenzbildungen, wie die eben beschriebenen bei Schnecken, sind auch bei den Brachiopoden von jeher zahlreich festgestellt worden, und diese Formen werden sich wohl am besten dadurch erklären lassen, daß bei gleichen äußeren statischen Erfordernissen — Wellblechbildung der Schale, Verlängerung der Area zum Zweck des Höherwachsens u. dgl. — die verwandte innere Struktur dieselben Rippen, Knoten und Randfalten bilden mußte.

Der erste Schritt zur Lösung eines Problems, sagt Abel, ist immer die klare und scharfe Fragestellung. So auch bei dem Begriff Konvergenz, von Darwin viel besser „analoge Ähnlichkeit" genannt, worunter man ziemlich allgemein die den heterogenen Gattungen und Gruppen durch die gleiche Lebensweise oder die gleichen äußeren Einflüsse aufgezwungene äußere Formengleichheit versteht. Doch ist zwischen parallelen und zwischen konvergenten Anpassungsformen zu unterscheiden. Parallele Umformung entsteht als Formgleichheit bei verschiedenen, nicht immer verwandten Arten sowohl bei gleicher, als auch bei verschiedener Lebensweise. Bei verschiedener Lebensweise zweier Arten kann der die Umformung bewirkende Reiz ein ganz verschiedener sein, trotzdem aber mechanisch gleichartig wirken; so kann z. B. beim Schwimmen und beim Fliegen der Widerstand des Wassers und der Widerstand der Luft ganz ähnliche Umbildungen an den Fortbewegungsorganen hervorrufen, so daß äußerlich das Umformungsresultat dasselbe ist. Wenn aber ganz verschiedene Organe bei verschiedenen Arten durch denselben Reiz — bei verschiedener Lebensweise oder bei gleicher Lebensweise — in dieselbe Endform umgeprägt werden, dann liegt eine Konvergenz im strengsten Sinne vor[1]). Es ist also — und das ist das wertvolle Ergebnis dieser Betrachtung — bei der Entstehung paralleler und konvergenter Anpassungen nicht von entscheidender Bedeutung, daß die parallel oder konvergent gewordenen Arten dieselbe Lebensweise führten, sondern entscheidend ist nur, daß irgendein Reiz oder äußerer Einfluß da ist, der die Organismen zu gleichen Bildungen veranlaßt, welche in bestimmter Weise diesen Einflüssen gegenüber sich aufbauen. Das Umformen selbst liegt auch hier wieder als aktive Reaktion beim Organismus selbst, so daß die verschiedensten Anlässe das gleiche, wie auch gleiche Anlässe Verschiedenes zuwege bringen können. Im letzteren Falle würde eine divergente Entwicklung vor sich gehen, die sowohl gleiche, wie nichtverwandte Arten betreffen kann. Wir sehen wieder die Autonomie der Lebens- und Gestaltungskräfte.

Wenn auch derartige Formengleichheiten noch so weit gehen, ja das ganze äußerlich Sichtbare der davon betroffenen Organismen ergreifen, so kommt doch niemals eine so weit gehende Identität zustande, daß nicht immer wieder die genotypische Verschiedenheit auch in der Ontogenie des Hartteiles schließlich makro- oder mikroskopisch irgendwo erkennbar würde, vom Weichkörper ganz zu schweigen. Sogar für unmittelbar verwandte Gattungen gilt dieser Satz, welcher ganz der steten originalen Mannigfaltigkeit der organischen Naturbildungen entspricht, bei denen jede, aber auch jede Abänderung individuell und spezifisch auf etwas anderem Wege, mit etwas anderen Mitteln erreicht wird, und sei es auch nur bei einer Einzelheit, die jedoch immer korrelativ mit dem Ganzen zusammenhängt. In Wirklichkeit durchschauen wir ja eine Form, eine Gestaltbildung nie ganz, denn es fehlt uns so gut wie immer der Überblick über ihren stammesgeschichtlichen Zusammenhang und ihre Wurzeln.

---

1) ABEL, O., Konvergenz und Deszendenz. Verh. k. k. zool.-bot. Ges. Wien. Jahrg. 1909, S. 221 ff.

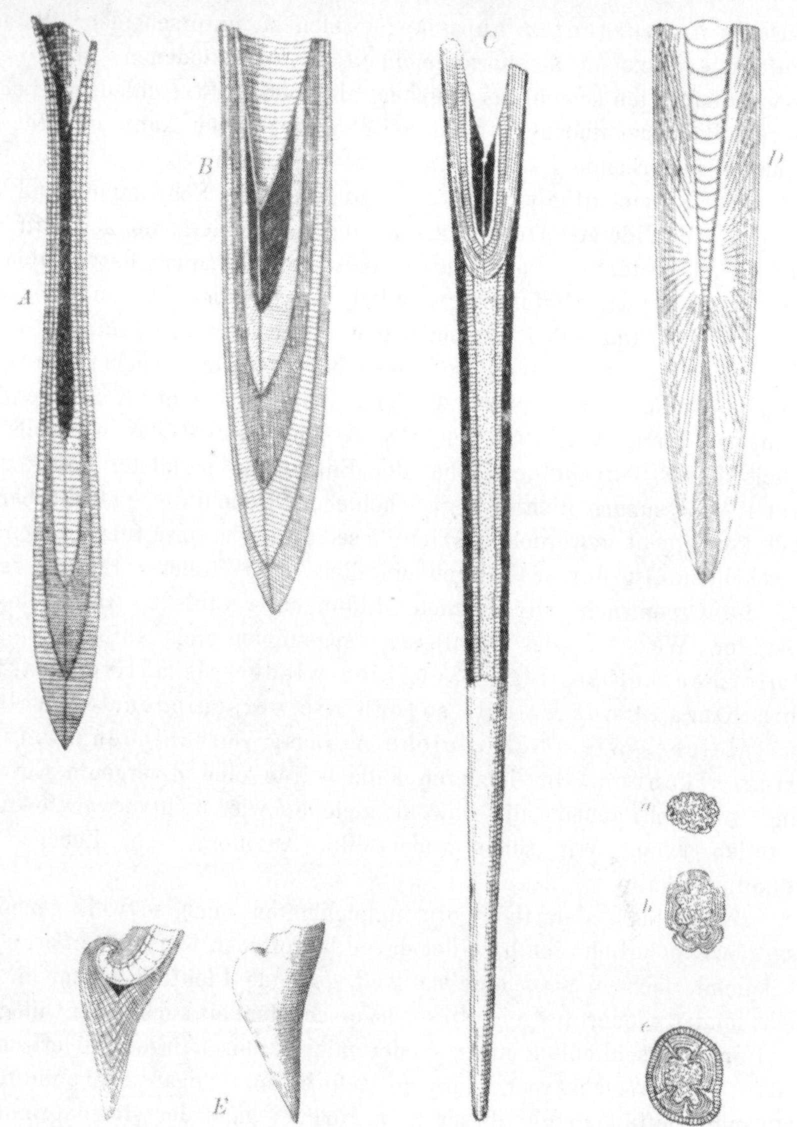

Fig. 92. Schemata der Ontogenie von Belemnoideen-Rostren. Durch die verschiedenen Schraffuren sind Wachstumsstadien kenntlich gemacht. *A* Clavirostriden-Rostrum (B. clavatus), weißer Jura. *B* Conirostriden-Rostrum von B. paxillosus, Lias. *C* Rostrum von Cuspiteuthis, Lias. Oben längs durchschnitten, in der unteren Hälfte. ganz (sehr verkl.). Daneben Querschnitte in normaler Größe: *a* ältestes Rostrum mit Hohlraum des Phragmokons und den in Serien zusammengefaßten Anwachsschichten; *b* die später darübergelegte neue Rostralbildung, im Inneren (punktiert) mit schwammiger Kalkmasse; die Außenschicht bei jungen Individuen runzelig, bei ausgewachsenen glatt; *c* die Überkleidung der gerunzelten und faltigen Innenschicht mit der glatten Außenschicht des erwachsenen Tieres. *D* Fiederstellig gebautes Rostrum von Aulacoceras, alpine Trias. *E* Spirulirostra, Tertiär. Mit seitwärtigem Ansatz des ältesten Rostralteiles. (Alles aus Abel, l. c., abgeändert nach Phillips, Quensdedt u. d'Orbigny.) $^1/_1$.

So, wie sie vorliegt, ist sie nur etwas Relatives, nämlich das Produkt eines Entwicklungsganges, und nur als Glied oder Ableger in diesem besteht sie. Sie wird also von uns nur verstanden, wenn sie sowohl biologisch in ihrer Anpassung an die Umwelt und Lebenslage, wie als Glied einer stammesgeschichtlichen Reihe, sowie endlich in ihrer Ontogenese durchschaut und überblickt wird. Erst alles dies zusammen würde uns enthüllen, inwieweit sie eine Konvergenzbildung oder eine auf gleicher Grundorganisation wie bei anderen beruhende Bildung ist. Vor allem ist aber die genaueste morphologisch-ontogenetische Analyse jeder Form nötig, die wohl nur selten so Übereinstimmendes bei heterogenen Formen ergibt, wie oben bei dem erwähnten devonischen und dem triassischen Orthoceras.

Zu welchen Ergebnissen das Studium der Ontogenie allein schon für die Erkennung der Konvergenznatur im fertigen Zustande gleichartig erscheinender Bildungen, also Gattungen führt, zeigte die Untersuchmung der Belemnitenrostra[1]), deren Ontogenie schon oben (S. 230) an einem Typus geschildert wurde, aber bei anderen ganz verschieden davon verläuft. Zunächst der Clavirostridentypus (Fig. 92 A), vertreten durch Belemnites clavatus vom oberen borealen Jura bis zum oberen Mittelneokom. Ein etwas anderer Typ (Fig. 92 B) ist der des Conirostriden, in Lias und Dogger. Hier umhüllt das Embryonalrostrum als spitzer tütenförmiger Hohlkegel sofort den unteren Teil des Phragmokons. Dann streckt sich zwar das Rostrum in die Länge, doch bewahren die ersten ca. 30 Anwachsschichten immer noch die Form übereinandergesteckter Tüten. Ganz ähnlich ist ein dritter, durch Belemnites paxillosus vertretener Typus aus dem Lias. Auch hier umfaßt das Anfangsrostrum einen großen Teil des Phragmokons, ist aber viel massiver als bei dem Conirostridentyp (Fig. 92 B). Vergleicht man die beiden letzteren, unmittelbar auf einander zurückführbaren Typen mit dem ersten, dem Clavirostridentyp, im erwachsenen Zustande, so zeigt sich ihr anfänglicher Formunterschied ausgeglichen.

Aulacoceras, der älteste Belemnit, aus der Trias, hat dasselbe Embryonalrostrum, wie die Clavirostriden. Die Struktur des fertigen Rostrums aber ist nach den Untersuchungen v. Bülows nicht die der parallelen Anlagerung neuer Tüten, sondern eine fiederstreifige (Fig. 92 D), so daß das Rostrum von der Unterhälfte des Phragmokons her gebildet worden ist.

Als Cuspiteuthis acuarius bezeichnet Abel außerordentlich verlängerte, spießförmige Liasrostren, die ontogenetisch sich aus drei ganz verschiedenartigen Wachstumsstadien zusammenfügen. Zuerst ein typisches,

---

1) Abel, O., Paläobiologie der Cephalopoden aus der Gruppe der Dibranchiaten. Jena 1916, S. 123 ff.

den Unterteil des Phragmokons umfassendes kurzes, unten olivenförmig abgerundetes Conirostridenrostrum (vgl. Fig. 102 auf S. 271); Länge 4—6 cm. Dann erfolgt eine plötzliche Wachstumsänderung. Über die älteren Schichten des Rostrums legt sich ein neues rostrales, außerordentlich gestrecktes Gebilde, dessen Inneres von sepiaähnlichem, schwammigem, wahrscheinlich chitinösem Gewebe erfüllt war. Ist das Längenwachstum beendet, so tritt eine Glättung der Außenwand ein, bewirkt durch sekundäre Auflagerung von Kalk, welche auch auf den ehemaligen Anfangsteil übergreift, so daß schließlich ein einheitliches griffelartiges Rostrum erscheint, das von außen besehen keine Spur der innerlich so heterogenen Bauart verrät (Fig. 92 *C* u. *a—c*).

Biologisch dasselbe, genetisch jedoch etwas ganz anderes zeigt Mucroteuthis giganteus, der nur im braunen Jura auftritt. Im Gegensatz zum Vorigen greifen die Kalkschichten des frühesten Rostrums rascher auf den breiteren Teil des Phragmokons über, die Wachstumsschichten sind auch tütenförmig, während sie bei Cuspiteuthis fingerlingartig gerundet sind. Der scharf abgesetzte Spieß wird ebenso wie bei Cuspiteuthis durch inneres Gewebe und Einfaltung der Außenwand gefestigt. Während dort jedoch zuletzt beide Bauelemente mit einer kalkigen Rinde überzogen werden, unterbleibt dies bei Mucroteuthis, der daher auch äußerlich dauernd die Faltung beibehält.

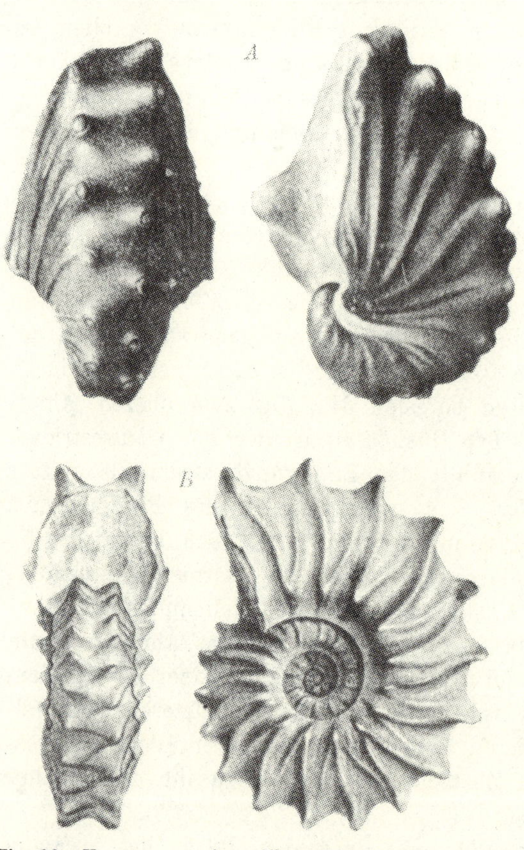

Fig. 93. Konvergenz eines dibranchiaten Nacktkephalopoden und eines Ammoniten: *A* **Argonauta**, aus dem oberitalienischen Pliozän. Das Gehäuse gehört nur dem Weibchen an. Der Steinkern zeigt, daß das Gehäuse nur einen Umgang groß ist. Am ähnlichsten gewissen Acanthocerasformen der Unterkreide. (Aus Bellardi, Moll. tert. d. Piemonte e Liguria I, 1872.) ¹/₁. *B* **Ammonites Raulinianus**. Unterkreide, Frankreich. (Aus d'Orbigny, Paléont. franç. Terr. cret. II, 1840/42.)

Während sich das Belemnitenrostrum auf die beschriebene Weise radial in der Längsachse des Phragmokons anlegt, setzt sich das „Rostrum" bei Spirulirostra auf die dem Sipho gegenüberliegende dorsale Schalenwand als einfacher kleiner Kalkkegel auf (Fig. 92 *E*), mit breiter Basis etwa an der fünften oder sechsten Luftkammer beginnend. Die neuen Kalkschichten legen sich indessen so über dem Embryonalrostrum an, daß ihre Spitze immer mehr nach abwärts strebt, mit der Tendenz, sekundär das Belemnitenrostrum nachzuahmen, wobei zugleich der eingebogene Phragmokon immer weiter nach oben umgriffen wird. Das Gebilde bei Spirulirostra ist also in keiner Weise ein Homologon des Belemnitenrostrums. Hier scheinen stammesgeschichtlich ganz heterogene Typen nach der gleichen äußeren Form aus biologischen Gründen zu streben.

Schwieriger ist es zu entscheiden, ob etwa bei der weitgehenden Gehäusegleichheit so vieler Schnecken oder Ammoniten die Konstitution es allein ist, welche gleiche Formen hervorruft oder ob ein und dieselbe Lebenslage so entfernten Typen das gleiche Gehäuse aufzwingt. Weitgehende Konvergenzen bei vermutlicher Verschiedenheit des Weichtieres bietet, wie schon erwähnt, die auffallende Identität einiger Süßwasserschnecken mit ganz alten mesozoischen und sogar paläozoischen Meerformen, z. B. mit silurischen Trochonematiden. Dies als Bildungen durch gleiche Lebenslage zu deuten, scheint mir nicht anzugehen, weil sie unter ganz verschiedenen Bedingungen lebten. Hier scheint sich ein stammesgeschichtlicher Zusammenhang zu offenbaren, der uns eine neue Art von Konvergenzbilduug erschließt. Diese bestünde darin, daß nicht gleiches biologisches Erfordernis, sondern gleiche innere Konstitution unter verschiedenen Bedingungen gleiches Formenwachstum hervorruft.

Ein anderes Beispiel wird erklären, wie die Betonung dieses Unterschiedes gemeint ist. Die äußere Ähnlichkeit der Argonauta und der Ammoniten ist geradezu als stammesgeschichtliche Zusammengehörigkeit beider Typen gedeutet worden. Man weiß aber, daß die Ontogenie der Argonautaschale von jener des Ammoniten prinzipiell verschieden ist. Zudem ist die biologische Bedeutung beider Gehäuseformen grundverschieden: beim Ammoniten ursprünglich Schutzgehäuse, erweitert zum hydrostatischen Apparat oder umgekehrt; bei Argonauta nur Mittel zur Pflege und zum Schutz der Brut. Die Argonautaschale hat nur einen Umgang (Fig. 93). Die gleiche oder wenigstens ähnliche Form beider kommt daher, daß es in der Konstitution des Kephalopoden liegt, daß er gewissermaßen, sobald er ein äußeres Gehäuse ausscheiden muß — einerlei welchem Zwecke es dient — vermöge seiner inneren Konstitution gar nicht anders kann, als ein ammonitenartiges Gehäuse auszuscheiden, wie auch Nautilus zeigt. Für Argonauta könnte die Natur auch irgendein beliebiges anderes Gehäuse gefunden haben; sie schuf das Ammonitengehäuse nach, weil die einmal gegebene Konstitution dies am unmittelbarsten und wohl nur in dieser Form ermöglichte. Hier wäre also nicht der äußere Einfluß, sondern die innere Konstitution die Ursache äußerlich identischer Bildungen bei den Kephalopoden. Ganz ebenso scheint es sich bei der bizarren Erweiterung des Panzers bei dem unten abgebildeten paläozoischen Schwebetrilobiten einerseits und der gleichen Bildung bei dem nebenstehenden Schwebekrebs andererseits zu handeln (Fig. 94). Die Konstitution des Krebses ist wohl ein für allemal so, daß, wenn andere Einflüsse sich nicht dominant geltend machen, jede Panzervergrößerung zum Zweck des Schwebens auf diese gleichartige Weise gestaltet werden muß.

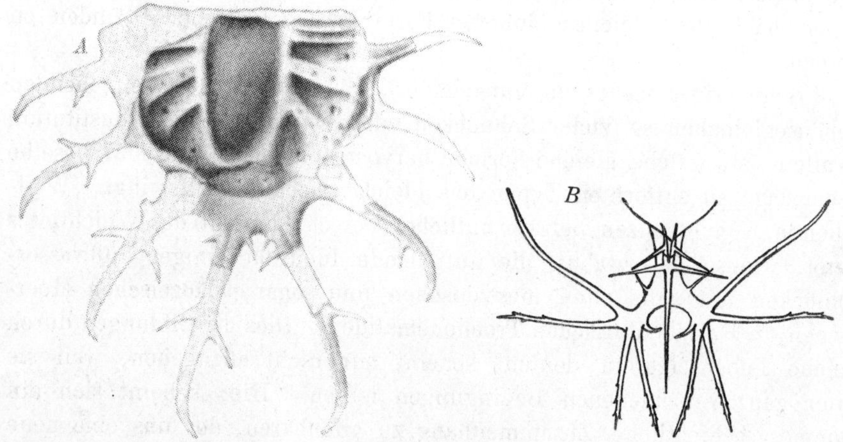

Fig. 94. Konvergente Schwebstachelbildung an den Hinterenden nicht verwandter Krebse: *A* Trilobit (Lichas) aus dem Devon mit Schwebestacheln. (Aus Hall u. Clarke, Paleont. of New York VII, 1888.) ¹/₂. *B* Larve eines lebenden planktonischen Dekapodenkrebses. (Aus Hesse-Doflein, Tierbau u. Tierleben I, 1910.) Vergr.

Die Erklärung für solche weitgehenden Konvergenzen liegt somit — abgesehen von der biologischen Nötigung, immer wieder gleiche Anpassungsmerkmale an ganz bestimmte äußere Erfordernisse auszubilden — darin, daß bei einmal gegebener allgemeiner physiologischer und anatomischer Struktur immer nur eine mehr oder minder beschränkte Formenbildungsmöglichkeit überhaupt besteht.

Es müssen aber nicht immer nur nahverwandte Formen sein, bei denen gemäß der inneren Konstitution zwangsläufig gewisse Bildungen in einer ganz bestimmten gleichartigen Formgebung zum Ausdruck gelangen. Die auffallende Konvergenz zwischen paläozoischen Goniatiten und Bellerophontiden oder zwischen diesen und manchen Triasammoniten ist nichts anderes als die bei bestimmten Gestaltungen — involute, engnabelige, kugelige, bilateralsymmetrische, berippte oder geknotete Kalkschale — ganz beschränkte mechanische Möglichkeit der Formbildung. Was soll viel anderes herauskommen, wenn die in beiden Gruppen auch noch so verschiedenartigen Weichtiere ein Gehäuse ausbilden müssen gerade mit den eben bezeichneten Eigenschaften?

Die Tatsache, daß jede organische Formbildung sich den physikalischen und chemischen Gesetzen des Stoffes, aus dem sie besteht, bis zu einem hohen Grade fügen muß, daß sie abhängig ist von den statischen Bedingungen und der Kohäsionskraft des Materials; ferner die Tatsache, daß fast stets dasselbe Material — kohlensaurer Kalk, Chitin vor allem — verwendet wird, und endlich die vielfach ganz gleichen Lebensbedingungen, unter denen die heterogensten Typen stehen, bedingen ebenfalls eine gewisse Beschränkung in der Formbildungsmöglichkeit, welche sich äußerlich kundgibt in einer oft überraschenden Gleichheit einzelner Körperformen, Organe oder Strukturen.

Infolge der Verwendung desselben Materiales, nämlich kohlensauren Kalkes, der an sich sehr zerbrechlich ist, wenn er in langgestreckte Stengelform gebracht wird, mußten zwei so heterogene Typen wie der Belemnit und die Oktokoralle Graphularia im Tertiär genau dieselbe Faserstruktur in zweien, ihrer biologischen Bedeutung nach durchaus verschiedenen Organen ausbilden (Fig. 95). Beim Belemniten ist das Rostrum ein der Versteifung und Zuspitzung des Körpers für die Schwimmbewegung dienendes Organ, bei Graphularia ist der Stengel die feste Körperachse, um die herum sich Polypenzellen gruppieren. Ganz offensichtlich ist die Tendenz zur Festigung beider Gebilde der statisch-mechanische Anlaß zur Ausbildung derselben Faserstruktur gewesen, nachdem dasselbe Material zur Anwendung gekommen war.

Ein zweites Beispiel. Die longitudinale gelenkende Beweglichkeit des Körpers führte dazu, daß die ursprünglich aus einem Strang bestehende weiche Chorda

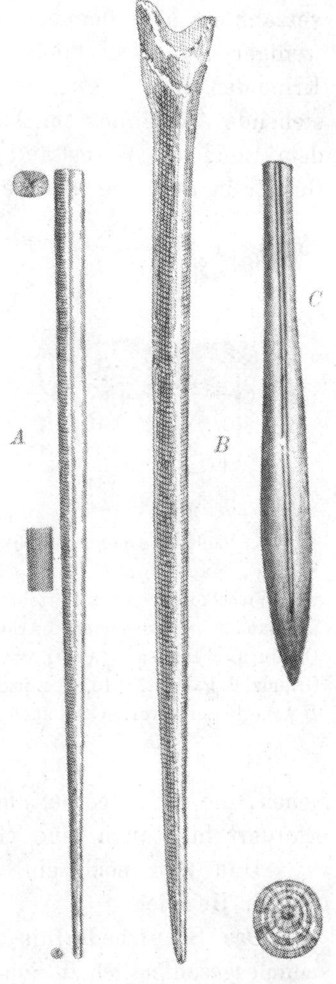

Fig. 95. *A* Kalkachse der Pennatulide Graphularia. Eozän, Ägypten. Belemnitenförmiges Kalkgerüst, mit Strukturquerschnitt. (Aus PRATZ, Paäontographica 30, 1883.) ¹/₁. *B* u. *C* Zum Vergleich Belemnitenformen mit Strukturquerschnitt. (Aus QUENSTEDT, Cephalopoden, 1849; *C* nach ZITTEL-BROILI, Grundzüge 1915.) ¹/₁.

dorsalis des Wirbeltieres bei ihrer Verknorpelung und Verknöcherung, wodurch sie zur tragenden Körperachse wurde, nun nicht zu einem einzigen, in die Länge gezogenen starren Stück wurde, sondern daß sie zerfiel in einzelne Wirbelkörper, die zwar durch Bänder und in späteren Stadien durch lose ineinandergreifende Fortsätze und Gelenkflächen sich verzahnten, aber dennoch beweglich und gegeneinander bald mehr, bald weniger abbiegbar blieben. Ganz dasselbe Erfordernis rief auch bei Krinoiden und Seesternen die aus einzelnen „Wirbelkörperchen" bestehende Anorduung im Aufbau der Arme hervor, der seine vollendete, dem Bilde der Wirbelsäule des höheren Tieres am nächsten kommende Gestalt in den Armgliederchen der aus einem Bodenbewohner zu einem Schwimmtier gewordenen Saccocoma fand. Hier mußte eine besondere Beweglichkeit und schlangenartige Biegsamkeit der Arme zum Zweck des Flottierens im Wasser gewonnen werden (Fig. 96). Es sind also statisch-mechanische Erfordernisse, die hier wie dort die so weitgehende Formengleichheit bei gänzlich verschiedenen Grundtypen und an gänzlich verschiedenen Organen veranlaßten.

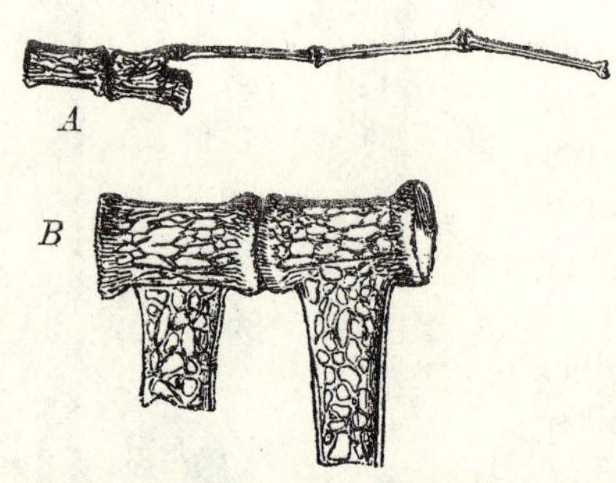

Fig. 96. Skeletteile einer freischwebenden Seelilie, Saccocoma, mit gelenkigen, wie Wirbelkörper eines Vertebraten sich aneinander bewegenden Armgliedern. Ob. Jura. Franken. (Aus Zittel-Broili, Grundz. d. Paläont. 1915.) A Einzelarm $^1/_1$; B Armglieder vergr. (Vgl. auch Fig. 244, Kap. V, 1.)

Die gleich notwendige Abwehr chemisch ungünstigen Einflusses auf die kalkige Molluskenschale ist es, wenn die Brack- und Süßwasserkonchylien alle miteinander eine grüne hornige Epidermis über ihre Gehäuse ziehen, die dem Meerbewohner abgeht. Die Beschränkung auf den Stoff erfordert hier auch eine chemische Gleichheit der Überzugssubstanz.

Und nun noch ein vierter Anlaß für Konvergenzbildung in folgendem Beispiel.

Das Schutzbedürfnis für den Weichkörper niederer Tiere führte stammesgeschichtlich zu Schalenbildungen in den verschiedensten Gruppen. Im einen Falle wurde die Schale zu einer einseitigen Bildung, zu einer Haube, wie bei den Schnecken und Gehäusekephalopoden; von dieser Haubenform aus ist die spätere Schale im entwickelten Stadium zu verstehen. Bei den Muscheln dagegen wurde sie bilateral angelegt und wenn auch im frühesten Embryonalzustande einheitlich erscheinend, so doch alsbald schon in zwei Stücke geteilt. Primär als zwei Stücke legt sich hinwiederum die ganz ähnliche Schale der Muschelkrebschen an und zwar auch als umhüllendes Schutzorgan für den Weichkörper. Sollte ein solches gebildet werden, das auf- und zuklappbar sein sollte, das sich rasch öffnen und schließen ließ, dessen Ränder genau aufeinander paßten und das an seinem Rücken ein die beiden Klappen zusammenhaltendes Band hatte, so blieb kaum etwas anderes übrig, als eben eine doppelklappige „Muschelschale" zu bauen. Daraus erklärt sich auch die Formenkonvergenz zwischen jenen Mollusken und den Muschelkrebsen, auch zwischen ihnen und gewissen gleichklappigen Brachiopoden, die so weit geht, daß man älteste Schalen auf die eine oder andere Gruppe zu beziehen oft in Verlegenheit ist (Fig. 97).

Angesichts solcher Identitäten ist es nicht weiter verwunderlich, wenn wir innerhalb ein und derselben Stammgruppe, also bei Muscheln, Schnecken, Kephalopoden, Krebsen, auch bei niederen Formen, wie Korallen, so weitgehende homöogenetische Bildungen antreffen, daß eine systematische Trennung ohne Kenntnis des Weichkörpers nicht oder nur mit Kenntnis der frühesten Ontogenie des Hartkörpers allenfalls noch möglich ist. Wenn sonst gleiche Lebenslage in entfernt stehenden Gruppen und Stämmen im allgemeinen äußerlich gleichförmige Bildungen hervorruft — also Schwimm- und Schwebestacheln bei Radiolarien und Trilobiten oder hornförmige konische Kelche und Schalen bei Korallen, Brachiopoden, Muscheln u. a. — so sind das Bildungen, denen man bei ihrem immerhin noch recht verschiedenen inneren Aufbau sofort die Heterogenëität ansieht; die äußerlich gleiche Form ist ausschließlich durch

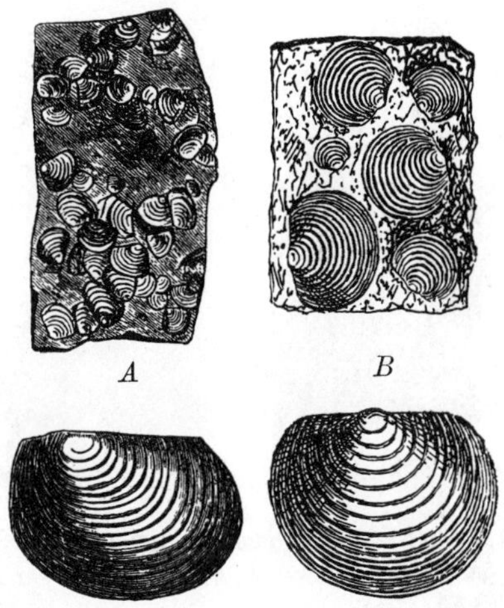

Fig. 97. Konvergenz zwischen zweiklappigen Muschelkrebschen und Bivalven. *A* Estheria aus dem deutschen Keuper. (Aus Zittel-Broili, Grundzüge d. Paläontol. I. 1915.) Stark vergr. *B* Posidonomya aus dem oberen Lias von Schwaben. (Aus Quenstedt, Jura 1858.)

die Lebenslage bestimmt (vgl. die Ausführungen hierüber im Abschn. 2). Zwang des Höherwachsens gegen das Ersaufen im wachsenden Sediment oder Notwendigkeit sich zu strecken, um von den umstehenden Artgenossen nicht erdrückt zu werden oder um freie Nahrungszufuhr zu gewinnen — das sind die äußeren Anlässe zu eben jener konischen Formbildung, zur Streckung, und dem fügt sich jeder Typus am unmittelbarsten und einfachsten und auf die allein mögliche Weise praktisch eben durch Erzeugung der in Fig. 91 abgebildeten Formen.

Den bisher aufgezählten Konvergenzen, über deren Ursachen wir uns Rechenschaft zu geben versuchten, steht eine Reihe anderer Konvergenzen gegenüber, die ich als „zufällige" bezeichnen möchte, insofern ihre

Entstehung nicht auf dem Zwang gleicher äußerer Erfordernisse oder gleicher Konstitution beruht. Wenn ein Gastropodendeckel, wie der von Maclurea abgebildete, so große Ähnlichkeit mit einer Requienienschale (Fig. 98) hat, dann ist diese Ähnlichkeit insofern zufällig, als beide weder unmittelbar verwandten Typen angehören, bei denen die innere Konstitution naturgemäß dasselbe schaffen würde, noch lebten beide Formen gleich, sondern im Gegenteil denkbar verschieden; noch werden beide Deckel irgendwie vom selben Organ ausgeschieden, noch haben sie genau dieselbe Funktion. Dieses letztere allerdings könnte man am ehesten noch geltend machen, weil sowohl der Gastropodendeckel das Gehäuse verschließt, wie auch die kleinere Requienienschale als Deckelverschluß der anderen größeren aufgefaßt werden kann. Indessen ist dann immer noch nicht erklärt, warum der vom unspiraligen Fuß abgeschiedene Schneckendeckel spiralig wie das Gehäuse selbst und wie der Requieniendeckel ist; denn es gibt auch völlig konzentrische Gastropodendeckel; dieser könnte also gerade so gut einfach plattenförmig sein und nur durch einfache konzentrische Anlagerung wachsen. Daß vor allem bei Schnecken dies selten geschieht, ist wohl auf jene merkwürdige, im organischen Geschehen öfters zu beobachtende Gesetzlichkeit zurückzuführen, die Herbert Spencer einmal als Rhythmus

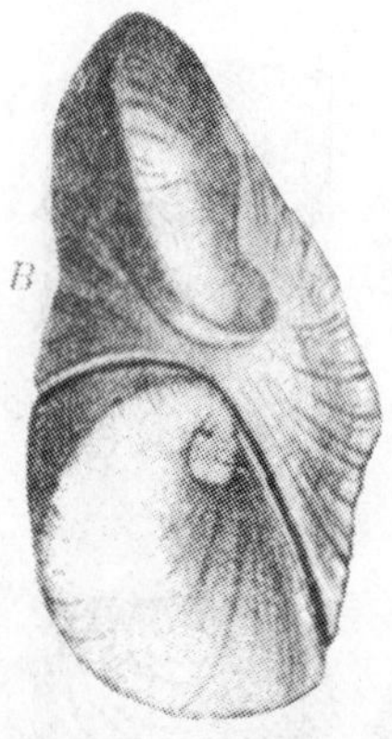

Fig. 98.   Nichthomologe gleiche Gebilde. *A* Gastropodendeckel von **Maclurea** aus dem Silur und *B* rechte Klappe von **Requienia** aus der Kreide. Ersteres ein sekundäres Gebilde des Fußes, letzteres eine symmetrische Schalenhälfte. (*A* Aus Lethaea, palaeoz. I, 1880/97; *B* aus Pictet u. Campiche, Terr. crét. de Ste. Croix 4, 1868/71.)

bezeichnet hat und die sich darin äußert, daß Neubildungen an einer bestimmten Körperstelle, so den ganzen Organismus wieder rückwirkend beeinflussen, daß die Neigung zur Ausbildung desselben Merkmales auch in anderen Teilen mitschwingt, so daß dieses Merkmal auch an anderen Körperstellen zum Ausdruck kommt, wo es dann nur als „Verzierung“, als Ausdruck eines „Gestaltungstriebes“ oder dgl., jedenfalls aber ohne ersichtlichen unmittelbaren Zusammenhang mit der betreffenden ersten Anpassung erscheint, also von diesem Standpunkt aus „zufällig“ ist. Eben das möge auch für die Spiralform des Gastropodendeckels gelten, die sonst ganz unverständlich bliebe, wenn man sie auf denselben Anpassungsgrund wie die an sich leicht verständliche Spiralform des Gehäuses zurückführen wollte. Wo bei Gastropoden nun der Deckel nicht spiral ist, wäre jenes rhythmische Mitklingen, das ja durchaus nur ein gelegentliches ist, vom Organismus bereits überwunden.

Es gibt schließlich noch einen Fall von Homöogenesis, die sich
so durch und durch auf den ganzen Körper der davon berührten Formen
erstreckt, daß man gar nicht mehr entscheiden kann, was dabei die
ursprüngliche Grundeigenschaft und was die sekundäre Konvergenzbildung
ist. Unter den Foraminiferen lassen sich unterscheiden nach dem das
Gehäuse aufbauenden Material und seiner Struktur drei Grundtypen
nämlich: kalkig-dichte, porzellanartige; kalkig-poröse, perforierte und
agglutinierend-sandige Schalen. Man kann aber nach der Art der
Kammerung, nach der Art des Schalenwachstumes andererseits auch einkammerige und vielkammerige unterscheiden: bei den einkammerigen
wird das kugelige Gehäuse durch fortgesetzte Einlagerung von Material
weiter und weiter, oder eine einfache Röhre als solche wird durch
Anbau verlängert, sei es gerade, gekrümmt oder spiralförmig; bei
den Vielkammerigen geschieht dies durch Anfügen neuer Zellen auch
in gerader, gekrümmter, spiraler oder wechselnder Richtung. In
allen drei Materialgruppen nun kommt die einkammerige Planospirale
vor, oder, wenn man will, umgekehrt: bei den Planospiralen kommen
alle drei Materialstrukturen vor. Was ist da die Grundeigenschaft?
Was ist Konvergenz? Wenn wir Konvergenz auffassen als Ausbildung
ähnlicher oder gleicher Eigenschaften infolge ähnlicher oder gleicher
Lebenslage, ähnlicher oder gleicher genotypischer Konstitution, dann kann
sowohl die gleiche Materialverwendung, wie auch die diesem gleichen
Material gegebene Struktur und Gestalt als Konvergenzbildung erklärt
werden. Hier könnte nur die Stammesgeschichte entscheiden, wenn
deren einwandfreie Verfolgung in diesem, wie in anderen Fällen nur möglich wäre. Alles, was wir am konkreten Organismus bis in seine
feinsten Strukturen hinein sehen und erschließen können, ist
Anpassungsbildung. Alle Eigenschaften, alle Formen, alle
Ausscheidungen, alle Bewegungen an ihm und in ihm sind ausschließlich vorhanden als Mittel zum Funktionieren des
Organismus in Wechselwirkung auf die Außenwelt, mittelbar
und unmittelbar. Es läßt sich daher auf phänotypischem
Wege nicht endgültig nachweisen, was bei gleichen Formen
und Strukturen Konvergenz und was genotypisch ursprüngliche Gleichheit ist.

Eine besondere Frage, welche diesen Abschnitt über homöogenetische Bildungen an das über die Struktur der geologischen Gattungen
Gesagte (S. 202) anknüpft, ist noch die, inwieweit die vielen eigenen
stammesgeschichtlichen Artbildungen und Artlinien innerhalb von Sammelgattungen auf Konvergenz beruhen und inwieweit sie ursprünglich als
Mutationen auseinander hervorgingen? Sind etwa die vorhin aufge

zählten Belemnitentypen Blutsverwandte, sind sie aus einem genotypisch einheitlichen Stamm, aus einer einzigen natürlichen Gattung durch Divergenz hervorgegangen und haben sie sich dann nebeneinander her entwickelt und jedes auf seine Weise angepaßt? Oder sind es ganz heterogene Stammtypen, welche konvergent auf den Belemnitentypus zusteuern, jedes ihn auf seine Weise darstellend? Sind die auf S. 201 erwähnten Parallellinien der Gattung Phylloceras aus ein und demselben Grundstämmchen der Kephalopoden hervorgegangen — genauer ausgedrückt: gehen sie oder die Belemniten auf eine einzige ältere Primitivart ihrer Kephalopodengruppe zurück oder auf mehrere? Und wenn auf mehrere, laufen dann diese mehreren irgendwo genetisch zusammen oder sind sie überhapt nicht blutsverwandt gewesen? Man müßte dies genau wissen, wenn man entscheiden wollte, ob z. B. die Belemniten wirklich Konvergenzbildungen sind oder nur Parallelbildungen nach Divergenz aus einer Art. Diese bei jeder Gattung ausnahmslos wiederkehrende Frage führt uns abermals mitten in das entscheidende Problem der Abstammungslehre, nämlich zu dem wirklichen Artbegriff, wie wir ihn im vorigen Abschnitt (S. 215) herausgestellt haben.

IV. Kapitel

Anpassungserscheinungen
bei liegenden, sitzenden und über dem Boden
sich bewegenden niederen Tieren

Die meisten uns fossil überlieferten niederen Tiere sind benthonisch,
d. h. Bodenbewohner, und zwar deshalb, weil die nektonisch schwimmenden
und die planktonisch schwebenden im allgemeinen keine fossilfähigen
Hartteile hatten. Jene waren entweder festgewachsen oder frei, aber nicht
sehr beweglich. Wir können folgende Arten benthonischer Tiertypen
unterscheiden, obwohl es Übergänge und Kombinationen gibt und sich
nicht alle Formen in dieses Schema fügen:

I. Vagiles Bodentier
- liegendes,
- kriechendes,
- mehr schwimmendes.

II. Sessiles Bodentier
- lose festgeheftetes,
- starr festgewachsenes,
- im Boden steckendes.

Die erste Bedingung — entwicklungsgeschichtlich gesprochen —
beim Übergang ursprünglich frei beweglicher oder schwimmender Tiere
zum Leben am Boden oder gar zu einem ruhigen trägen Daliegen ist
die Ausbildung eines besonderen Körperschutzes in Form eines einfachen oder doppelklappigen Gehäuses (Mollusken) oder eines nach außen
die Einzelheiten des Weichkörpers mehr wiedergebenden Panzers (Krebse).
Indem die Tiere zur absoluten Sessilität übergehen, bleibt das Gehäuse
nicht mehr frei, sondern wächst fest. Es gibt verschiedene Arten dieser

Festheftung, die teils durch die Schale, teils durch den Weichkörper selbst vermittelt wird.

Entsprechend dem Leben am Boden und der dabei notwendig werdenden Anpassung an bestimmte Raumverhältnisse, die entweder durch die umgebenden Gegenstände oder durch das Zusammenwohnen mit anderen gleich- oder ungleichartigen Organismen bestimmt werden, sind die Bodenbewohner in ihrer Gestalt ganz besonders zu allerlei auffälligen Anpassungen gezwungen, die bei den freilebenden Formen nicht in demselben Maße auftreten. Dabei ist aber zu unterscheiden zwischen dauernder, genereller Anpassung und zwischen individuell wechselnder — ein Unterschied, der insbesondere für die starr festsitzenden gilt, die überhaupt den einmal eingenommenen Platz nicht verlassen können und daher sich oft individuell die merkwürdigsten Einengungen gefallen lassen müssen, dabei die wunderlichsten bizarresten Formen produzierend, die jedoch meistens nicht erblich sind und sich immer nur von Fall zu Fall nach den gerade herrschenden Umständen in der mannigfaltigsten Weise erneuern.

Auch von den nur lose angehefteten oder ganz freien, aber wenig beweglichen Bodenbewohnern gilt in geringerem Maß dasselbe. Es sei an das auf Seite 178 schon erörterte Döderleinsche Gesetz erinnert: je weniger beweglich ein Tier oder je sessiler es ist, um so variabler seine äußere Gestalt. Ein Beispiel, wie die lose festgebundenen Bodentiere selbst innerhalb ein und derselben Art ihre äußere Gestalt abändern können, ist im Kap. III, S. 179 für Terebratula gegeben worden. Die jedem Systematiker schmerzlich bekannte Formenmannigfaltigkeit der Brachiopoden im Zusammenhang mit der Lebensweise kennzeichnet Yakowlew folgendermaßen[1]):

Bei benachbarten, angehefteten Individuen können beträchtliche Formunterschiede auftreten, abhängig von Einzelheiten der Anheftungsverhältnisse eines jeden dieser Individuen. Das eine konnte sich in einer Vertiefung des Meeresbodens aufgehalten haben und wurde durch Absätze verschüttet; ein anderes saß vielleicht auf einem Steine, der sich über dem Meeresboden erhob und war dem Verschütten weniger ausgesetzt usw. Die dabei entstehenden Schalenunterschiede können zweifellos nicht einmal als Varietätenunterschiede gelten; die Träger dieser Unterschiede besitzen kein ununterbrochenes geographisches Verbreitungsgebiet, wie es bei Arten und Varietäten der Fall ist, und eine Entfernung von mehreren Zoll reicht schon hin, um hier die Ursachen verschwinden zu lassen, die den schroffen Formenwechsel verursachen. Hochklappige Formen findet man sporadisch im Verbreitungsgebiet der

---

1) Yakowlew, N., Die Anheftung der Brachiopoden als Grundlage der Gattungen und Arten. Mém. Comité géol. St. Petersbourg 1908, N. Sér., Nr. 48, S. 25/26.

niedrigklappigen, aus denen sie hervorgegangen sind, und selbst typische Eigenheiten der hochklappigen Formen können nicht an die Nachkommen vererbt werden. Ich verweise weiter auf die im Kap. III, 2 gegebenen Beispiele. (Vgl. Fig. 49, S. 178; Fig. 50, S. 178/79; Fig. 315 B, Kap. VI, 4.)

Ganz anders ist es bei den nur schwimmenden Formen, einerlei ob sie pelagisch im freien Wasser leben oder unmittelbar über dem Boden sich bewegen. Hier ist auch für Wirbellose ein allgemeiner Typus feststellbar (vgl. Abschnitt 1, Kap. V), weil das Medium stets dasselbe bleibt;

Fig. 99. Die Scholle als Typus des stark modifizierten, platt daliegenden, beweglichen Bodentieres. Die eine Seite ist durch Verbreiterung äußerlich zur „Unterseite“ geworden, das Auge ist entsprechend herübergerückt. (Nach einer Abbildung von HECK-MATSCHIE, Das Tierreich II, 1897 umgezeichnet.) Verkl.

während bei den zwar auch frei beweglichen, aber mit ihrer Fortbewegung ganz oder so gut wie ganz an den Boden gebundenen Tieren, wie gesagt, stets der ungleichmäßige Untergrund maßgebend bleibt, die zu überwindenden Widerstände, der physikalische Charakter des Substrates, der häufig und oft auch auf engstem Raume wechselt. Es ist infolgedessen methodisch besser, für die Schilderung der Formbildung des Bodentieres nicht das sehr bewegliche, sondern das zwar an sich freie und gelegentlich auch sich ortsverändernde, aber vornehmlich und fast ausschließlich platt daliegende und zuweilen noch etwas von Sediment überstreute Tier in den Vordergrund der Betrachtung zu rücken, dagegen das kriechende und zugleich abwechselnd über den Boden sich erhebende Tier mehr im Anschluß an jene extreme Ausbildungsform zu behandeln.

1. Das frei liegende und das bewegliche Bodentier

Das formale, nicht das stammesgeschichtliche Urbild für das liegende, nicht angewachsene und nur wenig seinen Standort verändernde benthonische Tier sind zwei platte, depressiforme Fischtypen: der Schollentypus und der Rochentypus. Bei jenem (Fig. 99) verbreitert sich der ganze Körper und zwar wird er einseitig, indem die eine Flanke zur liegenden Unterseite, die andere zur Oberseite wird. Das Auge der Unterseite rückt hinüber zu dem der Oberseite. Die Schwimmblase geht verloren, um den ganzen Körper herum zieht sich ein schmaler Flossensaum. Der Rochentypus hat einen ähnlich platten, jedoch nicht einseitig verschobenen Körper. Aber hier sind unter gleichzeitiger Verwachsung nur Brust- und Bauchflossen stark verbreitert. So entsteht ein einfach abgeplatteter Körper ohne Drehung. Der Mund ist auf die Unterseite gerückt, weil die Nahrung dem Schlamm entnommen wird. Beide Typen leisten im Endeffekt biologisch dasselbe: sie sind höchst geeignet, flach auf dem Boden zu liegen und sind somit der vollkommene morphologische Gegensatz zu dem beweglichen, gerundeten und schlanken Torpedotyp des nektonischen Schwimmers (Fig. 36, S. 142.) Tiere mit derartigem flachem Körperbau sind meistens solche, die auf weichem sandigem Boden liegen, wenig schwimmen und sich wohl auch ein wenig mit dem Sand bedecken, ohne sich jedoch richtig einzugraben.

Jene Formbildung kommt in gewissem Sinne also bei den Wirbellosen wieder, wo teils mit, teils ohne Drehung des Körpers oder Verlagerung einzelner Organe und Teile eine Verbreiterung entweder den ganzen Körper oder nur die Schale ergreift, zu demselben Endzweck: eine Basis für das unbewegliche freie Daliegen zu schaffen. Wir dürfen natürlich nicht erwarten, den Fischen gleiche Formen wiederzufinden, und wir werden hier andere Mittel zur Erreichung desselben Zieles angewandt sehen, wenngleich sie immer auf das hinauslaufen: unmittelbar durch Verbreiterung oder mittelbar durch Drehung und Verbreiterung dasselbe Endziel zu erreichen.

Die fischähnlichsten unter den wirbellosen Tieren sind wohl die Nacktkephalopoden, unter denen wir entsprechende Formen aufzusuchen haben. Als solche fallen uns unter den Dekapoden die Sepiiden, unter den Oktopoden gewisse Cirroteuthiden in's Auge. Ebenso wie die flachen Fischtypen, sind auch die platten Dibranchiaten keine dauernd ruhig liegenden Formen und können zum Teil mittels ihres Trichters sogar verhältnismäßig gut schwimmen. Wenn Sepia officinalis die Flucht ergreift[1] geschieht dies durch ruckweises Schwimmen mittels des Trichters; dieses

---

[1] ABEL, O., Paläobiologie der Cephalopoden aus der Gruppe der Dibranchiaten. Jena 1916, S. 11/12.

kann sowohl nach rückwärts wie nach vorwärts erfolgen, auch seitwärts
durch Umstellen des Trichters. Beim raschen Schwimmen aber sind die
Tentakeln in die Taschen zurückgezogen. Dagegen kriecht die Sepia
selten; gewöhnlich liegt sie platt auf dem Boden und wühlt dabei mit
ihren Seitensäumen den Sand auf, um sich mit diesem zu bedecken.
Der platte Körper schützt sie, wie die Schollen, vor Nachstellungen,
zuweilen preßt sie sich auch flach an Felsen an. Erhebt sie sich ruhig
im Wasser, so schwebt sie mittels undulatorischer Bewegungen ihrer
Seitensäume; will sie aufwärts steigen, so wird der Lateralsaum stärker

nach abwärts als nach aufwärts geschlagen; das Abwärtssteigen wird
durch die entgegengesetzte Bewegung erzielt (Fig. 100).

Die Sepiiden haben einen breiten Schulp, welcher der Verbreiterung des Körpers als inneres Schalenorgan entspricht. Dieser Schulp
scheint die Bedeutung zu haben,
den Körper in seiner platten Form
zu versteifen, ähnlich wie das Skelett — Wirbelsäule und Gräten —
den Rochenkörper versteifen. Denn
mit dem Rochentypus, wenn man
diese Bezeichnung zum Vergleich
übertragen will, haben wir es bei den
Sepien in gewissem Sinne zu tun.
Wir können also annehmen, daß von
den Fossilen jene Formen platt am

Fig. 100. Gemeiner Tintenfisch, Sepia
officinalis, am Boden liegend und
schwimmend. (Nach einer farbigen Abbildung in Brehms Tierleben I, 1918,
umgezeichnet.) Ca. ¹/₃.

Boden lagen oder wenigstens ein der Sepia ähnliches Leben führten,
welche uns breite dicke Schulpe hinterlassen haben. Solche treten
uns als Chrondrophoriden vom Lias ab entgegen; oft hat sich bei ihnen
auch noch der Inhalt des Tintenbeutels erhalten. Das zeigt, daß
diese Formen auch schwammen; denn nur im Zusammenhang damit
hat die Funktion des Tintenbeutels Sinn. Es ist daher bei ihnen fraglich, ob auch jene sepiaartig am Boden lebten, welche dünne Schulpe
besaßen.

Einen noch höheren Grad der Anpassung an das Bodenleben als Sepia
repräsentieren die Gattungen Rossia und Sepiola, die zwar auch schwimmen
können, sich aber gewöhnlich in den sandigen oder schlammigen Boden
eingraben und hierzu ihre breiten Lateralflossen benützen. Am extremsten
an das Liegen auf dem Boden angepaßt ist Opisthoteuthis depressa, ein
Vertreter der Familie der Cirroteuthiden, die unmittelbar über dem Boden
der Tiefsee leben und sich auf ihn niederlassen. Opisthoteuthis (Fig. 101)

hat[1]) einen ganz abgeflachten Mantelsack, wobei der Trichter scheinbar an das hintere Körperende gerückt ist. Denkt man sich, sagt BREHM, um ein drastisches Bild zu gebrauchen, einen gewöhnlichen Octopoden, nachdem man ihn mit dem völlig ausgebreiteten Armschirm fest an den Grund gepreßt hat, von oben nach unten zusammengedrückt, „so daß der Eingeweidesack gleichsam in den Kopffuß hineingequetscht erscheint, so erhält man ungefähr eine Opisthoteuthis-ähnliche Form." Von fossilen, dem Opisthoteuthis verwandten oder ihm äußerlich gleichenden Formen wissen wir nichts; erhaltbare Hartteile haben sie nicht hinterlassen, wenn sie, wie zu erwarten, in der Vorzeit existiert haben. Dagegen hat DOLLO auf Grund ethologischer Studien an dieser Sippe nachweisen können, daß sie von nektonischen, d. h. schwimmenden Formen herkommen dürften. [2])

Fig. 101. Opisthoteuthis, ein von oben nach unten platt zusammengedrückter, dem Liegen am Boden völlig angepaßter Tintenfisch. (Aus BREHMS Tierleben I, 4. Aufl., 1918.) Verkl.

Bei den bodenbewohnenden Sepien wurde gezeigt, wie diese platten Formen sich mit Hilfe von Bewegungen ihres Randsaumes mehr oder minder in den Sand einstrudeln können. Es gibt unter ihnen auch Arten, wie Sepia Orbignyana und aculeata, deren Rostrum als kräftiger Stachel entwickelt ist und als Grabstachel, als Einbohrapparat in den Boden funktioniert. [3]) Daß bei den Sepien der Gang der biologischen Anpassung in der Richtung auf immer entwickeltere Fähigkeit zum Eingraben in den Boden verläuft, wird durch die Tatsache belegt, daß das Rostrum im Jugendzustand noch vom Mantel umhüllt ist, was ein Merkmal schwimmender Tiere ist. Sepia officinalis scheint bei diesem Anpassungvorgang noch gerade die Mitte zu halten, wie aus der oben gegebenen Beschreibung ihrer Lebensweise und dem bei ihr zwar noch kleinen, aber auch schon als Grab-

---

1) SIMROTH, H., und GRIMPE, G., Weichtiere in: BREHMS Tierleben, 4. Aufl., Bd. I Leipzig 1918, S. 602.

2) DOLLO, L., Les Céphalopodes adaptés à la vie néctique et à la vie benthique tertiaire. Zoolog. Jahrb., Suppl. XV., 1. Bd. Jena 1912, S. 131 ff.

3) ABEL, O., a. a. O. S. 186.

stachel etwas mitverwendeten Rostrum hervorgeht. Das starke Rostrum, welches die tertiäre Belosepia besaß (Fig. 102), kann nach ABEL ohne Bedenken als Grabstachel gedeutet werden.

Von den Belemniten mit einem kurzen düten- oder zuckerhutförmigen Rostrum weist ABEL nach[1]), daß sie Bodenbewohner waren und ihr Rostrum als Grabstachel benützten. Sepia wenigstens verwendet ihr Rostrum so, und dies gestattet zu folgern, daß auch die eozäne Belosepia und die neogene Spirulirostra (Fig. 92, S. 254) dies taten. Denn als Schwebeapparat und zum Durchschneiden des Wassers dienten diese kurzen, bei Belosepia überdies gebogenen Stacheln gewiß nicht. Wie kann man aber den Beweis führen, daß auch die kurzen Belemnitenrostren so verwendet wurden?

Wir werden im folgenden Kapitel sehen, daß ABEL durch den Vergleich mit lebenden Typen, welche entsprechende Rostralbildungen besitzen, zu der Annahme geführt werde, daß die langgestreckten geraden und keulenförmigen Belemnitenrostren vom Typus des Belemnites acuarius und hastatus nektonisch schwimmenden Formen angehörten (Fig. 92 u. 238). Bei den Belemniten sind nun die Rostren nach zwei gänzlich verschiedenen Typen gebaut, die schon im vorigen Kapitel (S. 254) dargestellt wurden. Bei ganz verschiedenen Belemnitenstämmen mit grundverschieden gebautem Embryonalrostrum wird im erwachsenen Zustande dieselbe

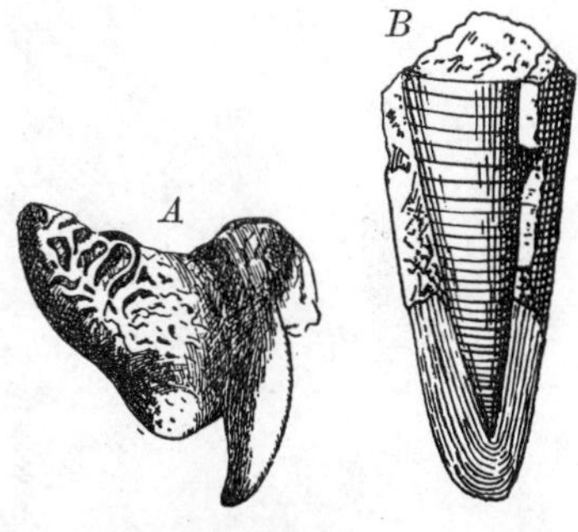

Fig. 102. *A* Grabstachel des Nacktkephalopoden **Belosepia**.   Eozän Pariser Becken. (Aus ZITTEL-BROILI, Grundz. d Paläont. I, 1915, nach DESHAYES, Anim. s. vert. d. Paris, 1866.) Verkl. *B* Rostrum von **Diploconus** aus dem Tithon von Stramberg. Wahrscheinlich einem den Boden aufschürfenden Belemniten zugehörig (Aus ABEL, l. c., nach ZITTEL, Ceph. v. Stramberg 1868.) $^1/_1$.

äußere Form des Rostrums erreicht, wie der Vergleich zwischen B. acuarius und paxillosus zeigt (Fig. 92, S. 254). Bei jedem tritt ein abrupter Wechsel der Rostralform nach Verlassen der Jugendform ein: bei Bel. acuarius ist das Rostrum zuerst kurz fingerförmig gewesen, bei Bel. paxillosus dütenförmig: dann werden sie beide langgestreckt, wie es die Abbildung (Fig. 92) zeigt. Sowohl jene Finger- bis Zuckerhutform, wie auch die spitze Kegelform kehren auch bei verschiedenen Sepien wieder wo das Rostrum als Grabstachel benützt wird. Daher wird man annehmen können, daß auch die genannten kurzen Belemnitenrostra den Tieren in der Jugend als Grabstachel dienten und daß diese daher zuerst Boden-

---

1) ABEL, O., Paläobiologie der Cephalopoden aus der Gruppe der Dibranchiaten. Jena 1916, S. 180 ff.

bewohner waren. Ein Wechsel in der Rostralgestalt bedeutet aber, wenn er in heterogenen Linien gleichsinnig vor sich geht, auch einen Wechsel in der biologischen Verwendung bei beiden. Nun wird im Kap. V dargelegt, daß die gestreckten Belemnitenformen nektonische Schwimmer waren, mithin in ihrer Jugend die entgegengesetzte Lebensweise gehabt haben müssen. Einen weiteren derartigen Typus finden wir in Diploconus des oberen Jura (Fig. 102), dessen Rostrum zeitlebens dieselbe Form inne-

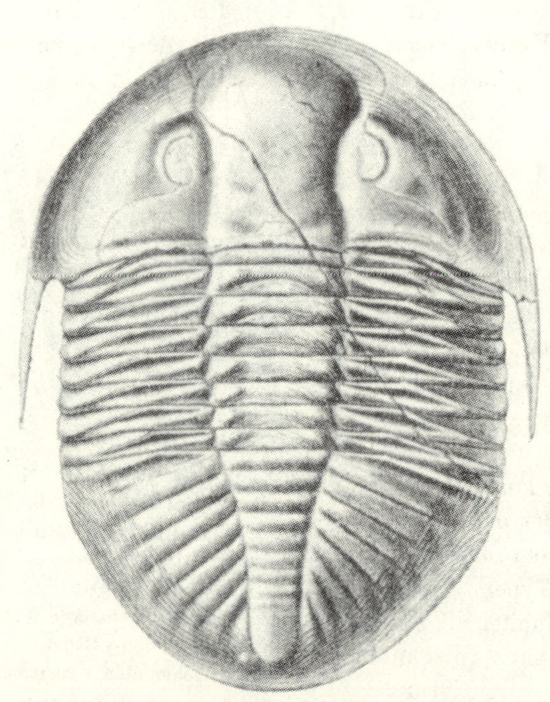

hält wie das des Bel. acuarius zu Anfang. Das Rostrum bei Diploconus ist blätterig, nicht radial-faserig wie bei den echten Belemniten, und die Blätter umfassen in gleicher Stärke den Phrag-mokon, dessen Spitze fast bis zum Ende des Rostrums vordringt. Wir dürfen daher in diesem Zusammenhang Diploco-nus als dauernden Boden-bewohner ansprechen. Von allen diesen Typen dürfen wir weiter an-nehmen, daß sie sich analog den Sepiiden zur Ergreifung ihrer Beute und auf der Flucht auch vorübergehend schwim-mend fortbewegten.

Fig. 103.

Ogygia corndensis, Untersilur, England. Typus eines platten großen Bodenbewohners, vermutlich träge Form. (Aus SALTER, Brit. Trilob., 1864—83.) $^2/_3$.

Halten wir unter den den Fischen äußer-lich ähnlicheren Wirbel-losen, den Krebsen, danach Umschau, worin ihr allgemeiner Körperbau dem vorbeschriebenen platten Rochen- oder Schollentypus entspricht, so begegnet uns vor allem unter den Trilobiten manches Analogon, wie etwa Ogygia im englischen Untersilur (Fig. 103). Ein solcher Typus ist un-verkennbar zum platten Daliegen auf dem Boden ebenso geeignet wie jene Fische, wobei es natürlich nicht ausgeschlossen sein soll, daß er sich mit Hilfe seiner Füße krabbelnd, vielleicht auch eine kurze Strecke weit unmittelbar über dem Boden schwimmend oder durch einen Stoß ganz kurz schwebend fortbewegte. Seine normale Dauerstellung aber war zweifellos das ruhige Liegen. In den verschiedensten Gruppen der Tri-

lobiten erkennen wir dieselbe Anpassungsform wieder, so, um nur kurz
einige willkürlich herausgegriffene Beispiele zu nennen, vor allem die
Riesenformen Asaphus ingens und nobilis (Fig. 274, Kap. VI, 2) aus dem
Untersilur Böhmens, dann auch die ganze Bronteus-Gruppe mit dem durch
große Kopf- und Schwanzschilder außerordentlich verbreiterten Körper,
wie auch der Olenide Arethusina Konincki, ferner gewisse Illaenus-
formen, wie oblongatus im Untersilur. Letztere sind zwar nicht gleich
flach, wie die in dieser Hinsicht extremsten erstgenannten Ogygien und
Asaphus, und waren darum gewiß auch weniger seßhaft, dürfen aber dennoch
nach ihrer Körperform als vorwiegend liegend angesehen werden.

Der Trilobitentypus ist ursprünglich für das Leben am Boden organisiert, und wenn die Trilobiten auch schwammen, so ist das doch
nur eine sekundäre Fähigkeit, die, abgesehen von wenigen sehr spezialisierten Typen, auch wohl nur unvollkommen und gewissermaßen nur
nebenbei ausgeübt wurde. Für die Energie der Schwimmbewegung ist
nach RICHTER zu beachten, daß kein Trilobit in seinem Weichkörper überhaupt eine kräftige Muskulatur für die Bewegung aufbringen konnte.
Nur die Spindel und was darunter liegt, steht eigentlich dafür zur Verfügung; ihre Höhe scheint in der Tat ein Index für die ganze jeweils
vorhandene lokomotorische Muskulatur zu sein. „Ferner kommt in Betracht, daß der Gesamtbau des Körpers niemals der eines eigentlichen
Schwimmers, nämlich der Zylinder von Fisch und Hummer ist, sondern
immer nach Abflachung und Breite, statt nach Gedrungenheit strebt. Auch
fehlt das die echten Schwimmer kennzeichnende Bestreben, den Vorder-
und Hinterpol zuzuspitzen, alle anderen Vorsprünge (selbst die Augen)
abzuschleifen und die Oberfläche zu glätten. Wo wirklich einmal die
Glättung von Kopf- und Schwanzschild auffallend wird, besteht gerade
wenig Veranlassung, dies aus der Rücksicht auf das Schwimmen zu erklären. Die Schwäche der Muskulatur im Verhältnis zum Panzergewicht
zwang wohl die meisten Trilobiten, bald nach dem Aufschwimmen wieder auf den Meeresgrund zurückzukehren, um hier außer Nahrung und
Schutz vor allem Ruhe zu suchen. So wird es auch verständlich, daß
die allgemeine Trilobitengestalt mehr als durch den Aufenthalt im Wasser
durch das Liegen auf dem Grunde bestimmt oder demzuliebe konserviert
worden ist; daher die Flachheit des Körpers mit seiner ebenen Unterseite und die nach innen gerückten Augen, die den Typus kennzeichnen.
Zur eigentlichen Ortsbewegung aber, zum Platzwechsel und Wandern,
vielleicht auch bei der Fortpflanzung, werden dennoch alle Trilobiten das
Schwimmen bevorzugt haben, weil sie eben alle, gleichviel welchen Körperbaues im einzelnen, mit den Schwimmbeinen rascher vom Fleck kamen
als mit den Kriechbeinen."[1]

---

[1] RICHTER, R., Vom Bau und Leben der Trilobiten. „Senckenbergiana". Bd. 1,
Nr. 6. Frankfurt a. M. 1919, S. 224/25.

Daß im allgemeinen die Trilobiten sowohl schwimmende wie krabbelnde Tiere waren, zeigt eine so vorzüglich erhaltene Form wie der untersilurische Triarthrus Becki, von dem man die vollständigen Extremitäten kennt (Fig. 7, S. 29). Die Rumpfbeine bestehen aus einem Endopodit und einem Exopodit; der Exopodit mit verlängerten Gliedern ein deutlicher Schwimmfuß. Unter dem Pygidium werden die Beine lappig. Die verschiedenen Arten der Extremitäten zeigen also deutlich die abwechselnde Schwimm- und Kriechbewegung, die, nach der Form der Organe zu urteilen, energisch ausgeführt wurden.[1]

Schon die schmale schlanke Körpergestalt des Triarthrus spricht dafür, daß er ein besser schwimmender Trilobit gewesen ist als die breiteren Formen. Raymond hat dann später betont[2]), daß gerade die unter dem Pygidium liegenden Beine infolge ihrer Abplattung Schwimmfüße gewesen sind, während die Rumpfbeine beiden Funktionen dienten. Die Länge seiner über den Panzerrand hinausragenden Gliedmaßen kennzeichne Triarthrus als schlechten Kriecher, aber als um so besseren Schwimmer, der durch solche Beweglichkeit seine Dünnschaligkeit und das mangelnde Einrollungsvermögen wettgemacht hätte. Die Dünnschaligkeit sei eben zugleich ein weiteres Beweismittel für die gute Schwimmfähigkeit und als solche gerade eine Anpassung an diese Lebensweise. Die Gattung Isotelus dagegen hatte eine dickere Schale und war einrollungsfähig, was umgekehrt eine mit dem trägeren Bodenleben zusammenhängende Anpassung sei. Er hatte im ganzen verkürzte Beine, die inneren Abschnitte der Rumpfbeine aber waren dafür verlängert und stark. Unter seinem großen Schwanzschild hatte Isotelus Platz für soviel Schwimmfüße, daß eine durchgreifende Arbeitsteilung eintreten konnte und die Rumpfbeine reine Gehfüße wurden. Die innersten Beinabschnitte (Gnathobasen) hätten sich besonders verstärkt und seien sehr lang geworden. Hierdurch wurden sie geeignet, als Stelzfüße zu dienen, zumal sie ungegliedert waren und die halbe Beinlänge ausmachten. Daher seien die Gnathobasen am Rumpf immer stärker als am Schwanzschild. Nun fanden sich zugleich auch in derselben Schicht paarige Reihen von auffallend kurzen kräftigen Eindrücken, Kriechspuren, die von Raymond eben diesem Isotelus zugeschrieben werden, und so einen weiteren Wahrscheinlichkeitsbeweis bei der biologischen Deutung der Form bilden können.[3]

---

1) Beecher, Ch. E., On the thoracic legs of Triarthrus. Americ. Journ. Science, Vol. 46. New Haven 1893, S. 467. The Appendages of the Pygidium of Triarthrus. ibid., Vol. 47. 1894, S. 298. Further observations on the ventral structure of Triarthrus. American Geologist, Vol. 15, Urbana 1895, S. 91.

2) Richter, R., Vom Bau und Leben der Trilobiten. „Senckenbergiana". Bd. 1, Nr. 6. Frankfurt a. M. 1919, S. 224/25.

3) Raymond, P. E., On two new Trilobites from the Chazy near Ottawa. The Ottawa Naturalist, Vol. 24, Ottawa 1910, S. 129—134. (Nach Referat im N. Jahrb. f. Min. usw., Bd. I, Stuttgart 1916, S. 391/92.)

Gerade die nach oben stehenden, entweder in der Mitte zusammen-
gerückten oder wenigstens noch auf der Rückseite, nicht am Rande
des Kopfschildes liegenden Augen (Fig. 103), welche derartigen Formen
eigen sind, deuten, wenn die übrigen Merkmale es bestätigen, auf das
vorzugsweise Liegen hin, weil sie durch ihre Stellung anzeigen, daß das
Tier nach oben, nicht nach vorne schauen mußte. Umgekehrt: wenn
wir uns nach schlankeren Formen umsehen, deren allgemeine Körperform nicht so sehr auf das platte Daliegen wie bei Ogygia corndensis eingestellt ist, und sehen dort die Augen mehr und mehr nach vorne geschoben, dann haben wir es wohl, wenn auch mit bodenbewohnenden,
so doch mit beweglicheren Tieren zu tun, weil bei dem sich hauptsächlich vorwärts bewegenden Tier diese Augenstellung
naturgemäß die brauchbarere ist, vorausgesetzt, daß
die sonstigen Merkmale damit übereinstimmen.

Treffen wir aber Gestalten, deren Augen auf
mehr oder minder hohen Höckern sitzen, deren
Körperform jedoch sonst jener des Bodentieres,
wie wir es kennen lernten, entspricht, so dürfen wir
annehmen, daß wir es auch mit einem vorzugsweise liegenden, zugleich aber vom Schlamm oder
Sand überdeckten Tiere zu tun haben, welches mit
den durch ihre Erhöhung gerade noch über die
Deckschicht ragenden Augen seine Umgebung
beobachten konnte, selbst aber vor dem Beutetier
oder den eigenen Feinden unbemerkt blieb. Oft
steigern sich die Augenhöcker zu wahren Stielen

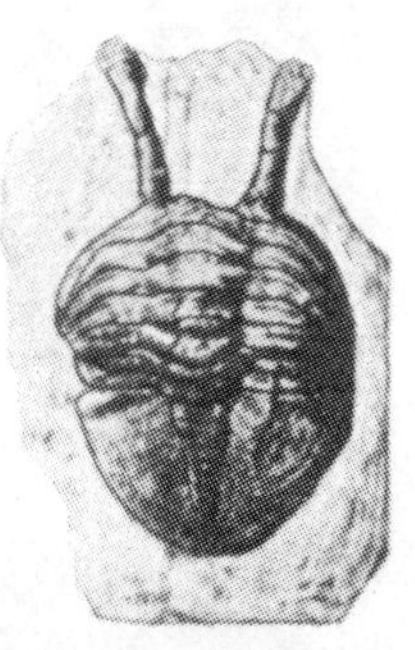

Fig. 104. Asaphus, aus
dem baltischen Unter-
silur.   Mit Stielaugen.
(Aus Schmidt, l. c.
Bd. V, 1898.) $^1/_1$.

(Fig. 104), und dann war das Tier entweder recht tief eingedeckt oder
es legte sich instinktmäßig hinter Deckung oder es lag z. B. zwischen
Tang u. dgl. An dem Phacopsauge u. a. hinwiederum bemerkt man, daß
die ganze Sehfläche vertikal steht, daß das Tier also nicht nach oben,
sondern nach der Seite zu schauen hatte.

Die ganz blinden Formen dagegen, wie etwa Conocoryphe oder
Ellipsocephalus im Kambrium, haben nicht ihre Umgebung beobachtet,
sondern wahrscheinlich nur im Schlamm ihre Nahrung gesucht, vielleicht
indem sie den Schlamm selbst durch ihren Darm hindurchgehen ließen,
ohne sich erst die einzelnen Nahrungsteile auszusuchen. Bei ihnen wären
Augen überflüssig, ja störend gewesen. Man hat die blinden Trilobiten
als Bewohner der lichtlosen Tiefsee angesehen und den Mangel an Augen
aus diesem Grunde zu erklären versucht. Nach ihrem Vorkommen und
ihrer Vergesellschaftung mit anderen bodenbewohnenden Tieren, die im
allgemeinen nicht im lichtlosen Wasser lebten, wird man im allgemeinen
von dieser Deutung absehen müssen, wenngleich Einzelfälle nicht in Ab-
rede gestellt werden sollen, wie die Ausführungen auf S. 26ff zeigen.

Im Zweifel kann man sein, wie man etwa den an sich breiten, also zum Liegen wohlgeeigneten Illaenus tauricornis (Fig. 288, Kap. VI, 2) aus dem Untersilur zu deuten hat, bei dem die Augen stark nach vorne gerückt sind, wobei nämlich das Kopfschild vorne abgebogen ist. Ein guter Schwimmer war dieses Tier nach seiner ganzen Körpergestalt nicht und behende im Krabbeln kann es danach auch nicht gewesen sein. Die hinten hinausstehenden gebogenen Stacheln des Kopfschildes sind daher wohl kaum als Analoga der im Kap. V, 2 (Fig. 248) beschriebenen Schwebestacheln nektonischer Trilobiten zu deuten, sondern sie machen den Eindruck, als ob sie entweder als Sperrstangen gegen ein weiteres Versinken im Schlamm wirkten oder als Gegengewicht, wie Richter meint, gegen den nach vorne beschwerten Kopf. Das erstere ist deshalb unwahrscheinlich, weil gegen das Versinken im Schlamm die Körperbreite selbst genug schützte, das letztere deshalb wahrscheinlicher, weil, im Gegensatz zu so vielen anderen Trilobiten mit vorderem Randsaum, hier der Kopf seine Hauptschwere ganz vorne,

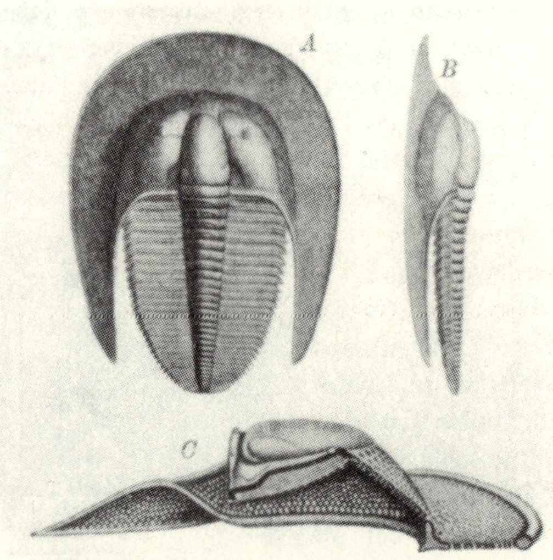

Fig. 105. *A*, *B* Harpes mit stark verbreitertem und nach hinten ausgezogenem Kopfschild. Obersilur, Böhmen. Die neuen Figuren von Richter zeigen den Rumpf noch höher über der Hörnern liegend. (Aus Barrande, Syst. Silur d. Bohème I, 1852.) $^3/_4$. *C* Rekonstruktion des Kopfschildes von Harpes mit porösem Saum. (Aus Richter, l. c.) $^1/_1$.

nicht mehr rückwärts haben mußte. Wir kommen auf die Frage sofort zurück.

Der geschilderten einfachen Anpassung an das Bodenliegen steht ein anderer, ebenso zweckentsprechender Modus gegenüber, mit welchem in der typischsten Weise Harpes zu einer Verbreiterung seines Körpers gelangt ist. Während jene erstgenannten Formen Kopfschild, Spindel und Pleuren gleichmäßig dehnten, wodurch der ganze Körper breiter wurde, verbreitert Harpes (Fig. 105) den Rand des Kopfschildes allein und zieht es außerdem nach hinten in eine gleitschuhartige, spitz zulaufende Verlängerung aus, die bis in die Höhe des ganz kurzen Schwanzschildes reicht.

Mit welcher Vorsicht man zu Werke zu gehen hat, um aus der Form eines Organs auf die ihm zukommende Funktion zu schließen, zeigt eben dieser Harpes. Während Reck und v. Staff die Kopfschildverbreiterung als ein Mittel gegen das Versinken im Schlamm, jedoch nicht während des stillen Daliegens, sondern beim Gleiten auf dem Boden nach Art eines Schneeschuhläufers auffaßten[1]), kommt RICHTER zu dem entgegengesetzten Bild[2]). Daß sich Harpes im Schlamme versteckte und mit den hochgestellten Augen hervorsah, leuchte zwar ein; aber seine Ortsbewegung könne man sich trotz des scheinbar unförmigen Kopfes doch nur schwimmend vorstellen. Die vermeintlichen Gleitschuhe sollen beim Schwimmen einen wichtigen Dienst leisten, indem sie den Schwerpunkt des Kopfschildes nach hinten verlegen und dessen Übergewicht entgegenwirkten.

Ich kann diese Ansicht nur insoweit teilen, daß die Hörner keine Gleitschuhe waren und daß das Tier nicht einfach gekrochen ist, wie v. STAFF und RECK meinten. Aber daß es mehr eine Schwimmform war, wie RICHTER meint, will mir nicht einleuchten. Denn wenn der Trilobitenkörper zum Schwimmen modifiziert wird, kommen ganz andere Anpassungen zustande, über die im Kap. V nachzulesen ist. Wenn man die neuerdings von RICHTER gegebene Darstellung des Harpeskopfes (Fig. 105 C) ansieht, wird es allerdings klar, daß der Körper eine dem Kriechen auf dem Boden günstige Lage gar nicht einnehmen konnte. Der Kopf ist im Verhältnis zu dem vermeintlichen Gleitschild so klein und dieses soweit nach vorne ausladend und es hebt den Körper immerhin so hoch über den Boden, daß auch von einem einfachen Gleiten nicht gut die Rede sein kann. In der nebenstehenden Profilansicht von Harpes (Fig. 105 B) bemerkt man vor allem, daß der Kopf und damit die Augenlinsen auf dem höchsten Punkt des ganzen Apparates, gewissermaßen wie auf einer Anhöhe, ruhen, von der nach allen Seiten freie Ausschau stattfinden kann. In dieser Stellung macht das Tier den Eindruck, als ob es wie auf der Lauer daliegt, um sich im nächsten Augenblick mit einem kurzen Stoß etwas über den Boden zu erheben und losschwimmend, mit den Beinen strudelnd, auf ein eben erblicktes Ziel zuzueilen, um sich aber dann sofort wieder auf den Boden fallen zu lassen und wieder in die Ruhestellung überzugehen. Das Versinken im Boden nach diesem Niedergehen verhindert nun der flache Saum. Er ermöglicht zugleich, daß das Tier von einer gewissen Höhe her sofort wieder die Umgebung beobachtet. In dem Augenblick nämlich, wo das Tier beim Beendigen der Schwimmbewegung wieder herabsank und noch mit einem geringen Schwung nach vorwärts den Boden wieder berührte, glitt es wohl noch ein wenig nach

---

1) v. STAFF, H. und RECK, H., Über die Lebensweise der Trilobiten. Eine entwicklungsmechanische Studie. Sitzber. Ges. Naturf. Freunde Berlin. Jahrg. 1911, S. 135.

2) RICHTER, R., Neue Beobachtungen über den Bau der Trilobitengattung Harpes. Zool. Anzeiger Bd. 45. Leipzig 1914. S. 146—152. Soeben erschien noch eine Harpes-Monographie von R. RICHTER: Beiträge z. Kenntnis devonischer Trilobiten III. Über die Organisation von Harpes. Abh. Senckenbg. Naturf. Ges. Bd. 37. Frankfurt a. Main 1920. S. 178.

vorwärts. Dabei bohrten sich die Endspitzen der Säume, weil sie den geringsten Flächenwiderstand fanden, noch etwas in den Schlamm ein, der segmentierte Hinterkörper aber blieb frei im Wasser über dem Boden in der durch Fig. 105 *B* bezeichneten schwebenden Stellung, und nun saß das Tier gewissermaßen schwebend wieder mit horizontaler Körperachse lauernd da, um sich aus dieser Stellung im nächsten Augenblick, wie geschildert, von neuem zu erheben oder nach oben oder vorwärts loszuschwimmen. Bei dieser temporären Schwimmbewegung mag dann auch die von Richter neuerdings wieder betonte hebende „Drachenwirkung" des Saumes ein kurzes rasches Steigen begünstigt haben.

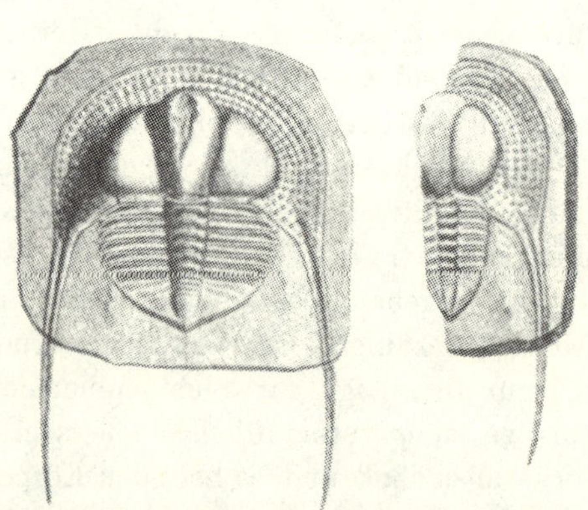

Fig. 106. Trinucleus ornatus. Untersilur, Böhmen. Mit Liegesaum und Stacheln zum Gewichtsausgleich. (Aus Barrande, l. c., 1852.) ¹/₁.

So scheint mir also das Richtige in einer Kombination der beiden bisher geäußerten Anschauungen zu liegen, und dieser meiner Auffassung entspricht nicht nur die Gestalt, d. h. sowohl der breite Umriß, wie auch die Lage des gegliederten Panzers in der Mitte, sowie die Form der „Gleitschuhe", sondern auch die Tatsache, daß die Schwimmanpassung bei den übrigen Trilobiten eine ganz andere ist als die von Harpes (vgl. Kap. V, 1); ebenso die Anpassung an das Verstecken im Schlamm bei anderen. Die hohe Porosität und Leichtigkeit des Saumes deutet ferner auf seine Anpassung an die Schwimmbewegung hin.

Man könnte Harpes als Vorbild für den in einigen Arten sehr ähnlichen Trinucleus des Untersilur nehmen, der wohl einem anderen Abstammungskreis angehört (Fig. 106). Formal am ähnlichsten ist noch Trinucleus Bucklandi, der gegenüber Harpes jedoch einen kürzeren, gedrungeneren, ganz innerhalb des Hufeisens liegenden Körper zeigt, dessen streifenförmiges Umschild auch schmäler ist; die Stacheln sind verhältnismäßig kürzer als bei dem nebenstehenden Tr. ornatus. Das Tier mag bei weniger gutem Schwimmvermögen sonst eine dem Harpes sehr ähnliche Lebensweise geführt haben.

Nun waren aber die Trinucleiden augenlos, und das hat von jeher Veranlassung gegeben, sie als Schlammwühler anzusehen. „Soll dies bedeuten", sagt Richter auch im Hinblick auf andere Formen, „daß sie sich unterhalb des Meeresgrundes wühlend kreuz und quer, auf und ab durch das Sediment fortbewegt hätten, so können wir uns dem nicht anschließen. Daß Harpes kein solches Maulwurfsleben führte, ergibt sich

aus dem eben über ihn Gesagten und aus seinem durch die winklig-
ansteigende Kopfwölbung dafür besonders ungünstigen Längsschnitt. Insofern besser daran ist der sonst ähnlich gebaute Trinucleus, der seit alters
als der Typus eines Schlammwühlers gilt. Daß er u. E. schwimmen
konnte — anders können wir seine Beine nach Beechers Figuren nicht
deuten, — ist für uns kein Grund dagegen; denn selbst der ausgesprochene Wühlkrebs Corophium schwimmt, herausgeholt, nicht schlecht.
Wohl aber sprechen die langen Trinucleus-Hörner, gar gespaltene, sowie
die zarten und nach Beechers Darstellung auf der Unterseite offen ausgebreiteten Kiemen gegen eine Bewegung quer durch das Sediment."[1]

Wenn daher auch von Einwühlen keine Rede sein wird, so gibt es
doch andere Trinucleus-Arten, welche nicht mehr wie der eben beschriebene (Bucklandi) harpesartig lebten, sondern deren
Körperform ein passives Aufstoßen auf den Schlamm wahrscheinlich macht, und zwar in folgender Weise: Sobald sich
das Tier auf den Boden herabließ, mußte durch die im
Augenblick der Ankunft noch vorhandene Bewegung das
breite Kopfschild zwar wie bei Harpes durch Aufstoß ein
Halten auf der Oberfläche veranlassen, aber die langen
Stachelspitzen furchten sich umgekehrt besonders tief in
den Boden ein und dadurch stand das Tier wieder zum
Aufsprung bereit, war aber offenbar doch mehr im Schlamm
versunken als Harpes und lag mit der Unterseite des
segmentierten Körpers daher auf dem Boden, nicht über
ihm wie Harpes. Das sich in Bewegung Setzen geschah
daher bei Trinucleus ornatus im ersten Moment vermutlich durch Ab-
drücken vom Boden, bei Harpes durch Losschwimmen allein. Daß bei
diesem teilweisen Versinken im Schlamm Augen nicht von Vorteil waren
— vielleicht hatte Trinucleus sehr feine lange Fühlerfäden? — zeigt
seine Blindheit. Aber an Stelle der Augen trat, bisher nur an einer
amerikanischen Art beobachtet[2]), aber auch an böhmischen Stücken vielleicht vorhanden, auf dem höchsten Punkt des Kopfschildes ein Stirnauge
(Fig. 107), was zu beweisen scheint, daß infolge des Einsinkens im
Schlamm für die früheren Augen ein Ersatz geschaffen werden mußte
und daß andererseits nicht der ganze Kopf dauernd im Schlamm steckte.

Die auf der Bauchseite von Trinucleus nachgewiesenen Endo- und
Exopoditen[3]) mit dichtem Borstenbesatz waren nicht nur zum Schwimmen,

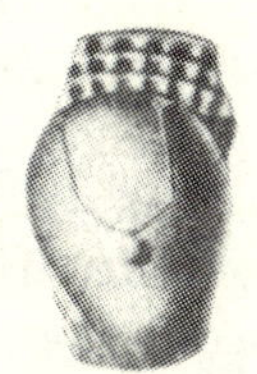

Fig. 107.
Stirnauge von
Trinucleus
(Cryptolithus)
(Aus Ruede-
mann, l. c.)
5 fach vergr.

---

1) Richter, R., Von Bau und Leben der Trilobiten II. Der Aufenthalt auf dem
Boden. Der Schutz. Die Ernährung. „Senckenbergiana". Frankfurt a. M. 1920. Bd. II., S. 28.

2) Ruedemann, R, The presence of a median eye in Trilobites. Bull. New. York
State Mus. Nr. 189. Albany 1916, S. 127.

3) Beecher, Ch. E., Structure and appendages of Trinucleus. Americ. Journ.
Science. Serie 3, Vol. 49. New Haven 1895. S. 307.

sondern zum Puddeln im Schlamm geeignet. Auch danach stellt Trinucleus ein meistens oberflächlich auf einem weichen Boden lebendes Tier dar. Dazu kommt noch der häufig erhaltene Nahrungskanal, welcher mit verhärtetem Schlamm ausgefüllt ist, so daß auch dieses dafür spricht, daß es im Schlamm selbst seine Nahrung suchte und diese in seinen Darm aufnahm, was aber ein Erhaschen auch noch anderer Nahrung natürlich nicht ausschließt. Im Zusammenhang damit wird auch die spitz verlängerte Schnauze verständlich, welche einige Trinucleiden besitzen und die gerade beim langsamen Durchfurchen des Schlammes ihre Dienste tat, wie weiter unten dargelegt wird. Die nach rückwärts aus den Wangen hervorgehenden beiderseitigen feinen Hornstrahlen deutet RICHTER als Gewichtsausgleiche, worüber im Kap. VI, 2 Näheres folgt.

Die Trinucleusformen kamen somit vermutlich von einer harpesartigen Lebensweise her, die sie aufgaben, um sich in der Schlammoberfläche fortzuschieben. Im Zusammenhang damit verloren sie das Augenlicht, das bei dieser neuen Lebensweise unnütz war, und bildeten sekundär das höher gelegene Auge aus. Es gibt unter den Trinucleiden noch eine Gattung, Ampyx, welche eine verlängerte, im Schlamme furchende Schnauze besaß. Gerade diese Formen (Fig. 108 A) zeigen in noch ausgeprägterer Weise jene Lebensweise, zu der Trinucleus erst übergegangen ist.

Die Trilobiten sind ihrer ganzen Anlage nach, wie gesagt, krabbelnde Bodenbewohner, die mit ihren Extremitäten zwar leichte Schwimmbewegungen ausführen konnten, aber niemals gute nektonische Schwimmer wurden, wenn sie nicht besondere Umbildung erfuhren, welche im Kap. V dargelegt sind. Daß sie zunächst auf das Bodenleben angewiesen waren, dafür spricht schon die Lage ihres Mundes auf der Unterseite, genau wie bei den platten bodenliegenden Fischen vom Typus der Rochen. Alle den oben beschriebenen breiten Trilobiten nächstverwandte Formen, welche zur schlankeren Spindelform übergehen, sind daher vermutlich in demselben Maße besser beweglich gewesen, als sie schlanker wurden. Die Schlankheit mag sich dann vor allem bei einem besseren Durchschlüpfen zwischen entgegenstehenden Hindernissen bewährt haben, eigentliche Schwimmformen waren auch derartige Typen wohl nicht.

Das vorhin erwähnte Aufnehmen der Nahrung vom Boden ist bei einigen charakteristischen Trilobitenformen noch besonders in einer bestimmten Richtung ausgeprägt, die ihr Vorbild wiederum unter gewissen Fischen hat, die entweder benthonisch leben, wie Harriotta Raleighiana, oder sekundär mehr nektonischer Lebensweise huldigen, aber zum Zweck des Nahrungserwerbes den Schlammboden durchwühlen wie die Sägefische, deren ältester Vertreter in der oberen Kreide ist. Diese haben oft Schnauzenverlängerungen, von denen man nach Form und Funktion verschiedene unterscheiden kann. Nach ABEL (a. a. O. S. 180) bezeichnet

man alle jene Bildungen, welche entweder am Vorder- oder Hinterende
des Körpers, aber in bezug auf die Bewegungsrichtung stets nach vorne
liegen, als Rostren. Sie sind morphologisch höchst verschiedenwertig
und werden auch physiologisch verschieden gebraucht. Bei Belosepia
(S. 271) wurde schon eine bestimmte Funktion gekennzeichnet. Bei

Fig. 108. Trilobitentypen mit verlängerten Schnauzen zum Aufarbeiten des Schlammes.
A Ampyx Maccallumi. Untersilur, Schottland. (Aus Reed, Trilob. of Girvan, 1903/06.) $^3/_4$.
B Megalaspsis Beckeri. Obersilur, Jowa. (Aus Slocom, Trilob. from Maquoketa beds.
Field Mus. Nat. Hist. Chicago IV, 1913.) $^1/_1$. *C* Lichas platyrhinus. Untersilur,
Baltikum. (Aus Schmidt, Ostbalt. Trilob. VI, 1907.) $^1/_1$.

den Fischen dienen sie zum Durchpflügen des Bodens, natürlich nicht
zum Ergreifen der Nahrung selbst, wie etwa die langen Schnäbel der
Ibisse und Störche; es sind vielmehr Pflugschnauzen. Anders beim
Schwertfisch, der sein Rostrum als Angriffswaffe benützt, anders der
Sägehai, von dem es ziemlich sicher ist, daß er mit seinem langen
zahnbesetzten Rostrum nicht kämpft, wie mehrfach angenommen wurde,
sondern den lockeren Boden nach Beute aufpflügt.[1]

---

[1] Stromer, E., Der Bau, die Funktion und die Entstehung der Sägen der Säge-
haie. Fortschr. d. naturwiss. Forschung. Berlin u. Wien 1920, S. 113.

Ein Analogon hierzu bieten nun manche Arten der silurischen Gattung Megalaspis (Fig. 108 *A*) mit verlängertem Kopfschild, deren Rostrum sozusagen die neutrale Form gegenüber zwei anderen extremen derartigen Formbildungen ist. Die eine, Lichas platyrhinus (Fig. 108 *C*), schaufelte mit einer spatelförmigen bis löffelartigen Schnauze den Schlamm auf; dann konnte der dahinter liegende Mund die mit dem Schlamm aufgewühlte Nahrung unmittelbar aufnehmen. Es ist nach der ganzen Körperform der soeben erwähnten Trilobitenformen wahrscheinlich, daß sie mit dem Körper etwas über dem Schlamm schwebten und mit dem Schnauzenapparat, schräg nach abwärts gerichtet, den Schlamm aufwühlten. Die andere, der beifolgend wiedergegebene Ampyx, mit fein verlängertem nadelförmigem Rostrum (Fig. 108 *A*), unmittelbar verwandt mit dem vorhin als Schlammbewohner angesprochenen blinden Trinucleus, schwamm vermutlich nicht gegen den Schlamm stoßend, sondern schob sich in der Oberfläche des Schlammes selbst, langsam krabbelnd, vor. Dafür spricht nämlich die außerordentliche Feinheit seines Rostrums, das zerbrochen oder um-

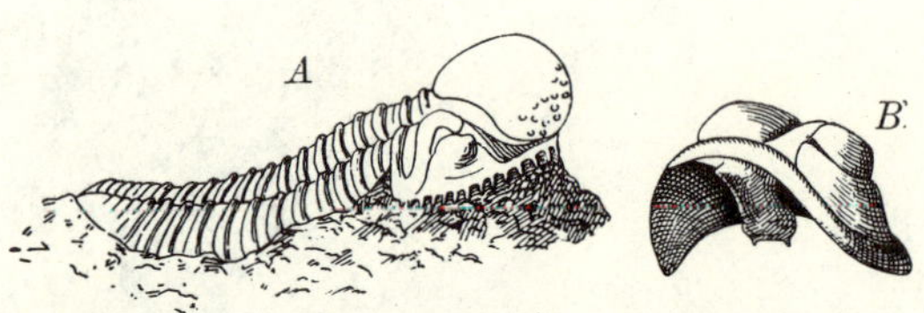

Fig. 108bis. Scharrgeräte bei Trilobiten: *A* Phacops mit Rechen am Vorderrand des Kopfes. Unterdevon, Bolivien. (Nach ULRICH, N. Jahrb. f. Min. Beil.-Bd. 8, 1892.) ²/₃. *B* Proëtus mit Pflugschar am Hypostom. Mitteldevon, Eifel. (Alles aus RICHTER, l. c.) 3¹/₂ fach vergr.

gebogen worden wäre, wenn er es stoßend oder kräftig gegen den Schlamm anschwimmend verwendet hätte; das konnten Lichas und Megalaspis mit ihrem derberen, festeren Apparat tun, Ampyx aber nicht. Diese feine Ampyxnadel stach also wohl langsam eine Rinne durch den Schlamm, und wenn sie dabei an einen Widerstand kam, konnte sie sich in ihrer Elastizität wohl auch biegen, ohne zu brechen. Zweitens spricht für die Annahme, daß sich Ampyx langsam am Boden vorschob, wieder seine breite tellerförmige Gestalt, welche auf diese Art Bewegung mehr eingestellt ist als die schlanke Megalaspisform, von der das abgebildete Exemplar sogar noch nicht einmal die gestreckteste repräsentiert; Megalaspis acuticauda aus dem baltischen Untersilur[1]) ist größer, dabei gestreckter und sowohl am Kopf- wie am Schwanzschild zugespitzt, war also ein noch besserer Schwimmer. Hierdurch tritt der Gegensatz zu Ampyx klar hervor, und das Rostrum steht mit seiner Form in Korrelation zu der Körperform bzw. zu der mit dieser Körperform gegebenen Bewegungsart.

In einfacherer Weise bestehen solche Pflügeapparate auch bei vielen anderen Formen, und zwar als Rechen oder Schaufeln am Vorderrand

---

1) SCHMIDT, Fr., Revision der ostbaltischen silurischen Trilobiten. Abt. V. Asaphiden. Mém. Acad. Imp. Sci., St. Pétersbourg, VIII. Sér., Bd. 19, 1906, Pl. V.

des Kopfschildes oder als Pflugschar auf der Unterseite, indem entweder
der Vorderrand umgeschlagen oder das Hypostom entsprechend umgebildet
wird (Fig. 108bis).[1]) Auch das sind daher Bodenbewohner und nicht Schwimmformen, wenn auch Phacops nicht durchaus am Boden lebte (Kap. V, 1).

Eine ähnliche Verbreiterung des Körpers wie bei den Ogygien
unter den Trilobiten zeigt auch der schon in der Trias mit kleinen
Formen erscheinende, im Solnhofener Jura so häufige Molukkenkrebs
Limulus. Die nordamerikanische Form lebt im Schlammsand des Seicht-
wassers vergraben. Sie wühlt sich mit ihrem Schwanzstachel, sich nach
rückwärts schiebend, ein. Sie dreht sich aber auch um — nach WALTHER[2])
sind es die jungen Individuen — und schwimmt unter Wasser auf dem
Rücken, wobei sie sich mit ihren Beinen vorwärts zappelt (vgl. S. 123).
Der Stachel des Limulus dient zum Eingraben des Tieres in den weichen
Schlamm, und zwar erfolgt nach ABEL dieses Eingraben mit überraschender
Schnelligkeit, wobei der Schwanzstachel sehr rasch seitlich hin und her
geschleudert wird. Das ist aber auf Trilobiten nicht anwendbar.

Über die Lebensweise des Limulus gibt DOLLO[3]) ohne Quellenangabe
aus einer offenbar amerikanischen Beschreibung folgendes an: Beim Eingraben ist der Vorderrand des vorderen Körperschildes nach abwärts gepreßt und schiebt sich nach vorwärts; die zwei Panzerhälften sind gegeneinander im Winkel gestellt, das spitze Ende des Stachels bildet den
Gegenstützpunkt beim Eindringen in den Schlamm, wobei die Füße
ununterbrochen kratzen und den Schlamm zu beiden Seiten unter dem
Körper herausbefördern. Abwechselnd heben sich die zwei Panzerhälften
gegen die Artikulationslinie und strecken sich wieder aus, wobei der
Schwanz die Hebekraft ausübt; so wird das Eingraben zugleich mit dem
Fortschieben unter dem Schlamm erzielt.

Es ist anzunehmen, daß ähnlich wie Limulus auch seine stammesgeschichtlichen Vorläufer, die paläozoischen Belinuriden lebten. Sie hatten
einen segmentierten Körper und einen langen Schwanzstachel, sahen etwa
wie die Limuluslarve aus, hatten aber große, auf den Wangen des Kopfschildes liegende Fazettenaugen. Das beweist, daß sie nicht im Schlamme
wühlten, sondern auf dem Boden lebten, insbesondere der Prolimulus ohne
Schwanzstachel, während Belinurus einen langen Schwanzstachel besaß
also die am meisten dem Limulus angenäherte Lebensweise gehabt haben
dürfte. Eine sehr ähnliche Gruppe sind die Hemiaspiden mit einem
großen Kopfschild, mehreren Abdomensegmenten und großem Schwanzstachel. Sie alle haben seitliche Augen, zum Teil auch noch Ozellen,

---

1) RICHTER, R., Vom Bau und Leben der Trilobiten II, a. a. O. S. 39—43.

2) WALTHER, J., Einleitung in die Geologie als historische Wissenschaft. II. Die
Lebensweise der Meerestiere, Jena 1893, S. 524.

3) DOLLO, L., La Paléontologie éthologique. Bull. Soc. belge de Géol., Paléont.
et Hydrol. Mémoirs., T. XXIII, Bruxelles 1909, S. 407.

entsprechen also vermutlich in ihrer Lebensweise den Eurypteriden unter den Gigantostraken, während die Gattung Pseudoniscus und Bunodes im Obersilur (Fig. 341, Kap. VII, 1) ganz blind waren, somit aphotisch, also wohl im Schlamm eingewühlt lebten.

Limulus ist ein Beispiel dafür, daß es nicht nur am Vorderende des Krustazeenkörpers Rostren und Spieße gibt, wie bei den vorhin beschriebenen Trilobiten, sondern auch am Hinterende: die sogenannten Schwanzstachel. Dollo deutet deren Funktion bei Trilobiten als die eines Hebels, womit sie sich fortgestachelt hätten, wobei sich der Körper katzenbuckelartig abbiegen würde wie bei Limulus.

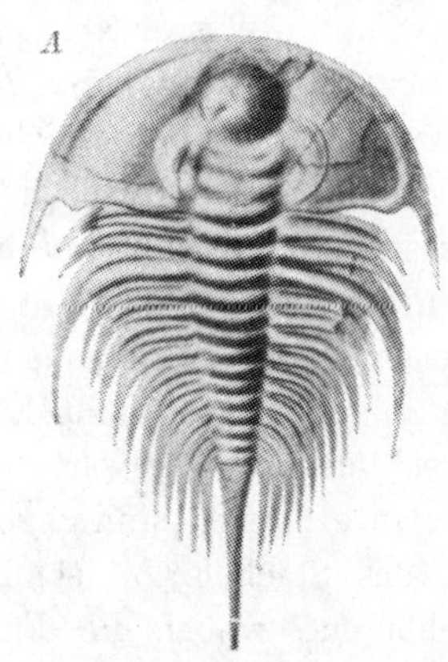

Es gibt da zwei Typen von Schwanzstacheln bei den Trilobiten. Der eine Typus ist Dalmanites im Silur, wo der Saum des Schwanzschildes in einen solchen Stachel ausgezogen ist. Der andere Typus sind gewisse

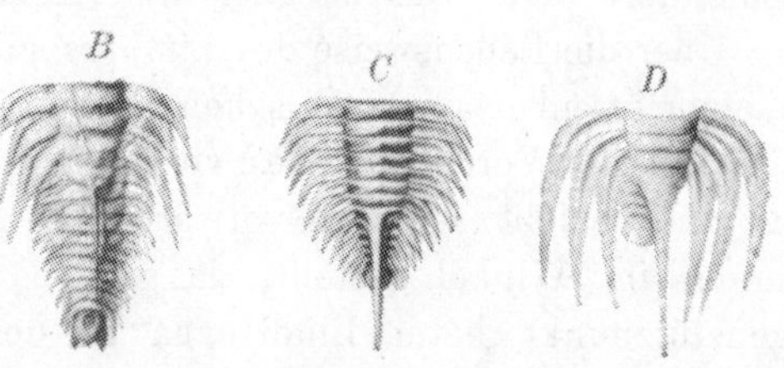

Fig. 109. Entwicklung des Schwanzstachels bei Oleniden: *A* Olenellus Thompsoni, Unterkambrium, Georgia U. S. Scheinbarer Schwanzstachel ähnlich wie bei Dalmanites. *B* Mesonacis Vermontana, Unterkambrium, Georgia. Ausgangstyp für den Vorigen. *C* Mesonacis Mickwitzi, Unterkambrium, Rußland. Schwanzsegmentzahl verringert. *D* Schwanzstachel von Paedeumias transitans mit reduzierten letzten Segmenten und dem übrig gebliebenen obersten Stachel. Unterkambrium, Georgia. (Keine Stammreihe!) (Alles aus Walcott, l. c.) Verkl.

Paradoxiden, wo der Schwanzstachel primär ein Rückenstachel ist und erst durch ontogenetische und vermutlich phylogenetische Reduktion von Segmenten an das Hinterende des Körpers rückt. Den dritten Typus bildet der Paradoxide Albertella, wo der Saum des Schwanzschildes rechts und links in je einen Stachel ausgezogen ist, und dieser Saum ging aus der Verschmelzung mehrerer Pleuren hervor. Bei Olenellus ist scheinbar das ganze Schwanzschild zu einem Stachel umgewandelt (Fig. 109*A*). Aber nur scheinbar, denn in Wirklichkeit ist das Schwanzschild und mehrere ihm zunächst liegende Segmente weggefallen. Die ganze Umständlichkeit dieser Entwicklung zeigen andere kambrische Olenidengattungen[1]), Ellipto-

---

1) Walcott, Ch. D., Cambrian Geology and Paleontology, Nr. 2, Cambrian Trilobites. Smithson, Misc. Coll., Vol 53, Washington 1908; ferner Nr. 6, Olenellus and other genera of the Mesonacidae, 1910, Vol. 56.

cephala, Paedeumias, Mesonacis. Am ursprünglichsten ist die Bildung bei Elliptocephala asaphoides, wo die fünf letzten Segmente je einen Stachel bilden, wobei das unbestachelte Schwanzschild noch als Blättchen erhalten bleibt. Die Form bildet jedoch nicht den Ausgangspunkt für das durch Olenellus repräsentierte Endstadium; vielmehr muß dieses in einem Typus wie Mesonacis vermontana (Fig. 109 *B*) erblickt werden, wo ein sehr weit zurückliegendes Glied allein einen langen, bis an das kleine Schwanzschild hinausreichenden Stachel produziert, der mehr und mehr über den Körperrand hinaustritt, je mehr die Rückbildung der Schwanzsegmente gedeiht (Fig. 109 *C*). Fortschreitend führt dieser Entwicklungsprozeß zu Paedeumias, wo nur noch ein spärlicher Rest der überflüssig gewordenen Segmente unter dem nunmehr fast ganz zum Schwanzstachel gewordenen Telson herauslugt (Fig. 109 *D*), um dann mit anderen Paedeumias-Arten und in Olenellus seine Vollendung zu finden. Das Beschriebene ist keine Stammreihe, sondern eine formale Anpassungsreihe.

Die Telsonbildung bei Limulus, ebenso wie die bei den Echinocariden wird von BEECHER wohl irrtümlich als bewirkt durch Nichtgebrauch des Abdomens gedeutet.[1]) Infolgedessen käme es zu Atrophie und die Folge wäre sozusagen ein Einschrumpfen der Abdominalsegmente. Es ist aber umgekehrt. Denn in diesem Falle gerade wissen wir sicher, daß die Reduktion des Abdomens und seine Umgestaltung in ein Rostrum ganz bestimmten biologischen Zwecken dient und als eine organische Neubildung anzusehen ist.

In der schönen Gruppe der Gigantostraken [2]) ist primär ein Schwanzstachel vorhanden, der aber oft ebenso wie die einfachen Extremitäten modifiziert wird; auf dem Kopfschild sind zwei Augen vorhanden, die je nach der Lebensweise, wie es bei den Trilobiten geschildert wurde, wandern. Ein Teil der Gigantostraken ist rein bodenbewohnend und krabbelt nur, wobei vielleicht der Schwanzstachel durch Eindrücken in den Boden und dagegen ausgeführte Stemmbewegungen des Körpers mitwirkte. Andere, zwar auch Bodenbewohner, schwammen ebensogut wie sie krabbelten, wobei aber der Boden nach wie vor ihr Ausgangs- und Ruheplatz blieb. Der Aufenthaltsort der Gigantostraken war nicht durchweg das Meer; die Gruppe der Pterygoten, die als die besseren Schwimmer anzusehen sind, kommen z. B. in den nicht rein marinen Ablagerungen des Oldred-Sandsteines vor.

Die älteste und wie eine Grundform erscheinende Gestalt ist Strabops aus dem Oberkambrium (Fig. 110 *A*). Sie lag wohl auf dem Boden und

---

1) BEECHER, Ch. E., Origin and significance of spines. Americ. Journ. Science. 4. Ser., Vol. VI. New Haven 1898. S. 339—344.

2) CLARKE, J. M. and RUEDEMANN, R., The Eurypterida of New York. Mem. 14 New York State Mus. Albany 1912. — GRABAU, A. W., Paleozoic Delta deposits of North America. Bull. Geol. Soc. America, Vol. 24, New York 1913, S. 500ff.

bewegte sich wenig, denn die Extremitäten sind schwach entwickelt; der starke kurze Stachel mag hier besonders der Fortbewegung gedient

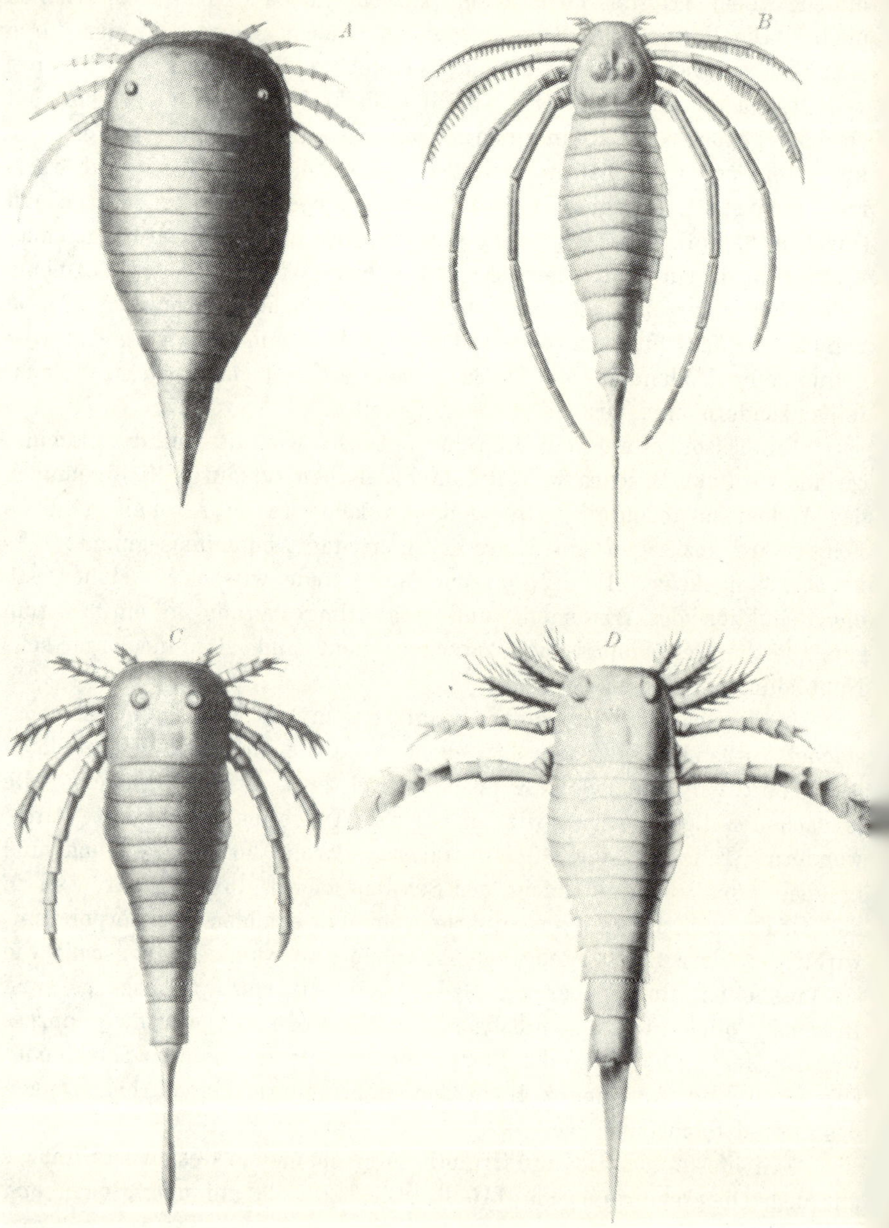

Fig. 110. Drei Typen bodenbewohnender Gigantostraken (Aus Clarke, l. c.) ¹/₂ nat. Größe.
A Strabops, die Grundform der Gigantostraken. Oberkambrium von Nordamerika.
B Stylonurus, träger, kaum sich bewegender Typus. Devon, Nordamerika.
C Drepanopterus, leichter beweglich, nur krabbelnder Typ. Silur, Nordamerika.
D Dolichopterus, Übergang zur Schwimmform. Oberstes Silur, Nordamerika.

haben. Zwei seitliche Augen zeigen, daß Strabops nicht im Boden lebte. Bei den nun folgenden jüngeren Eurypteriden erscheint der Schwanzstachel in verschiedener Form und mit verschiedenen Augenstellungen, sowie verschiedenen Modifikationen der Extremitäten verknüpft. Nur zweifelhafte Formen unter ihnen sind blind (Adelphophthalmus, Karbon). Der extremste träge Bodenbewohner unter ihnen muß Stylonurus (Fig. 110 B) aus brackisch-limnischen Ablagerungen (Catskillgroup) sein. Die Extremitäten sind außerordentlich lang, so daß er hierdurch mehr eine große Liegebasis hatte, sie aber kaum zum behenden Krabbeln brauchen konnte. Die in die Mitte gerückten Augen sollen nur nach oben, nicht nach vorwärts sehen. Entschieden beweglicher war danach der ältere, silurische Drepanopterus (Fig. 110 C), dessen Extremitäten kürzer, zum Krabbeln geeigneter, und dessen Augen mehr nach vorne gerückt waren. Noch mehr in dieser Richtung entwickelt war Dolichopterus aus dem obersten Silur (Fig. 110 D), bei dem die Augen schon ziemlich weit nach vorne gewandert und die hinteren Extremitäten zu Rudern umgewandelt sind.

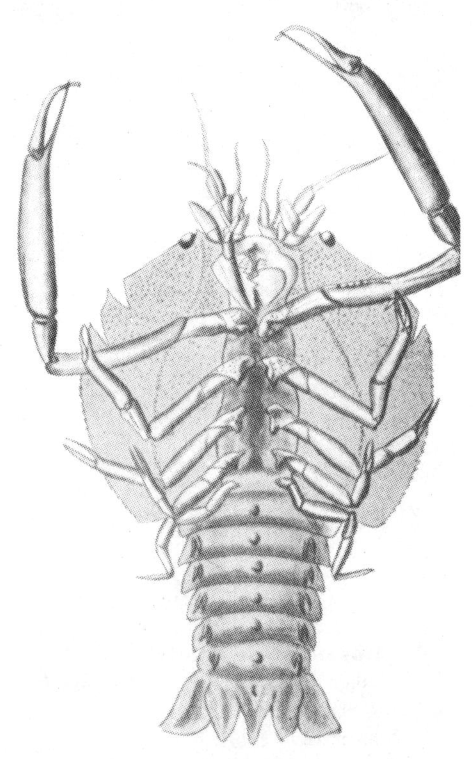

Fig. 111, Eryon, Dekapodenkrebs aus dem lithographischen Jurakalk Frankens. Träger Bodenbewohner. (Aus v. KNEBEL, l. c.) ²/₃.

Ihre Hauptbewegung war daher nicht mehr das Krabbeln, sondern das kurze rasche Rudern über dem Boden, womit sie zu den im Kap. V, 1 besprochenen vollendeteren Schwimmformen ihrer Gruppe überleiten.[1] Daß sie mit den Schaufeln im Schlamm puddelten, glaube ich nicht.

Unter den dekapoden Krebsen sind die jetzt die Tiefsee, zur Jurazeit noch die durchlichtete Flachsee bewohnenden Eryoniden mit ihrer breiten Körperfläche echte liegende Bodenbewohner gewesen (Fig. 111). Freilich wissen wir nicht, ob nicht auch in der jurassischen Tiefsee schon Eryoniden

---

1) Abbildungen biologisch verwandter Formen noch bei: WALCOTT, Ch. D., Cambrian Geology and Paleontology II. Nr. 2; Middle Cambrian Merostomata. Smithson, Miscell. Coll. Vol. 57, Nr. 2. Washington 1911.

lebten. Die jurassischen haben noch Augen, während diese bei den jetzt lebenden Tiefenbewohnern rückgebildet sind. Die breite Gestalt des Cephalothorax bei gleichzeitiger Verkümmerung des Schwanzteiles zeigt an, daß sie träge Bodenbewohner waren.[1]) Vielleicht lagen sie etwas unter Schlamm, dann aber nur sehr wenig, wie die Entwicklung der Augen zeigt. Die schmäleren Formen krabbeln behender auf dem Boden

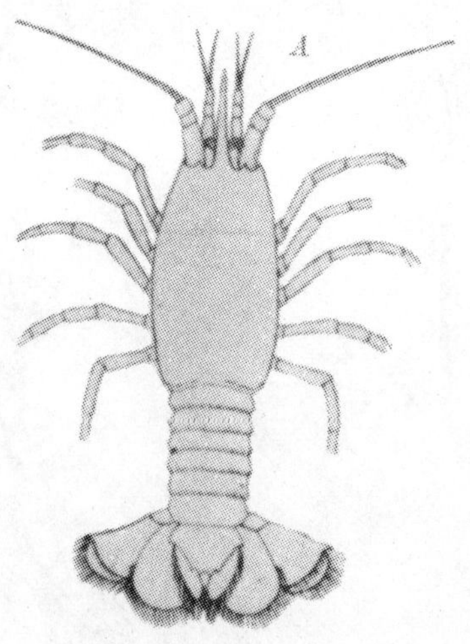
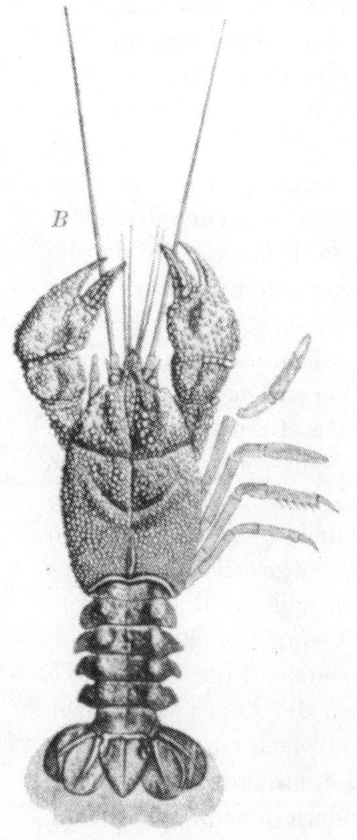

Fig. 112. Geschwänzte, am Boden kriechende Dekapoden: *A* Anthrapalaemon aus oberkarbonen limnischen Ablagerungen. Vergrößerte Rekonstruktion. (Aus Stromer v. Reichenbach, Lehrb. d. Paläoz. I, 1909.) *B* Eryma aus dem marinen Lithographenkalk des fränkischen Jura. (Aus Oppel, Paläont. Mitteil., 1862.) $^1/_1$.

umher. Es ist für die stammesgeschichtliche Herkunft bezeichnend, daß im Lias uns nur solche schmäleren Arten als die ältesten Vertreter der Gattung begegnen, diese mithin ursprünglich nur bewegliche Formen enthalten haben dürfte.

Die langschwänzigen Dekapodenkrebse werden zuweilen eingeteilt in Natantia und Reptantia, schwimmende und kriechende. Das ist keine genetisch-systematische, sondern eine biologische Einteilung, welche den Nachteil hat, daß einige Arten doch aus diesem Rahmen herausfallen. So die eben genannten extremeren breitschildigen Eryoniden, von denen

---

1) v. Knebel, W., Die Eryoniden des oberen weißen Jura von Süddeutschland. Archiv f. Biontologie, herausgeg. v. d. Ges. Naturf. Freunde. Bd. II, S. 230/31. Berlin 1907.

die meisten träge Reptantier, mehrere aber auch gute Natantier sind.
Nach BREHM-FRANZ (a. a. O. S. 674) sind im allgemeinen die Dekapoden
um so behender und zum Laufen und Klettern geschickter, je kürzer und
leichter der Schwanzabschnitt geworden ist. Flußkrebs, Hummer und
Langusten rudern mit diesem, aber er ist ungeeignet, um über den Boden
dahingeschleppt zu werden. Am behendesten bewegen sich daher jene
Krebse, welche einen verkürzten Hinterleib haben. Am eiligsten laufen die
fast schwanzlosen Krabben, die im allgemeinen nicht deckungslos bleiben
wollen und sich daher in den Sand eindrängen oder sich wenigstens
mit Fremdkörpern, auch symbiotisch, bedecken. (Vgl.
Abschn. 7 dieses Kap. IV.) Unter den fossilen Dekapoden dürfen wir daher Formen wie den karbonischen
Anthrapalaemon (Fig. 112 *A*) für einen kriechenden
Krebs des Süßwassers ansehen, ebenso wie den
triassischen Pemphix oder den jurassischen Eryma
(Fig. 112 *B*), dessen schwerfällige, durch das breite
Ausladen der großen Scheren charakterisierte Gestalt
das Kriechen deutlich verrät. Die ausgiebig entwickelten Fühler sprechen im Gegensatz zu Eryon für
Beweglichkeit dieser Formen, die jedoch in Anbe-
tracht des Schwanzes nicht sehr groß war.

Schon im Paläozoikum gibt es eine Gruppe nicht
allzu großer Krebschen, die Leptostraken oder Phyllocariden, deren Vorderkörper mit einer zweiseitig
symmetrischen, zuweilen verkalkten, sonst chitinösen
Panzerschale bedeckt ist, die bei den entsprechenden
rezenten Formen mittels eines Quermuskels beiderseits seitlich heruntergebogen werden kann zum Schutze
des Vorderkörpers; der Hinterkörper ragt in Form
eines aus 6 bis 8 Segmenten bestehenden Schwanzes
aus der Schalenhülle heraus und endet in drei Schwanzstacheln (Fig. 113). Die beiden Panzerhälften haben
vorne einen Einschnitt, der von einem speziell die
vorderen Sinnesorgane schützenden Blättchen ausgefüllt

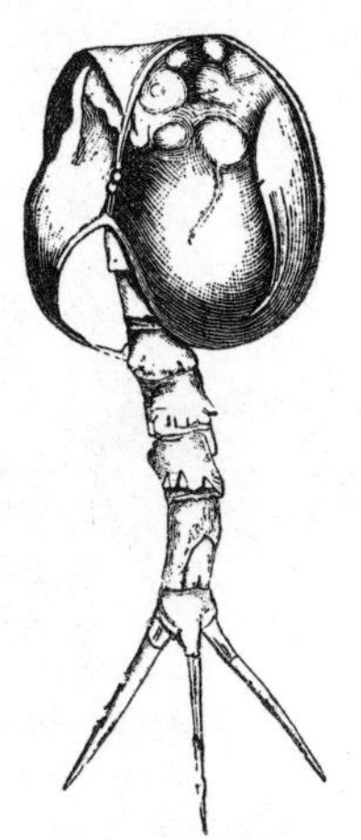

Fig. 113. Echino-
caris, eine Phyllo-
caride aus dem Ober-
devon von Nord-
amerika. Wahrschein-
lich reiner Boden-
bewohner mit drei-
fachem Wühlstachel.
(Nach BEECHER. Anat.
Journ., London Bd. 58,
1902.) Aus ZITTEL-
BROILI I, 1915. $^1/_1$.

wird. Solche Panzerplatten die oft an manche mesozoische Aptychendeckel
der Ammoniten erinnern, sind vielfach gefunden worden, aber auch vollständige Tiere kennt man und sieht an ihnen die in einer medianen Längs-
linie durchlaufende Teilung des Panzers in zwei seitliche Stücke. Die Tiere
besitzen gestielte Augen. Die rezenten beweglichen Formen sind Schlammbewohner. Nach der Organisation der fossilen, mit ihren wesentlich
schwereren Schutzpanzern dürfen wir annehmen, daß auch sie Bodenbewohner waren. Der Besitz wohlentwickelter Augen weist jedoch darauf hin,
daß sie mit dem Vorderteile des Körpers nicht im Schlamm selbst lagen,

sondern mindestens mit den gestielten Augen herausschauten, die vermutlich eben zu diesem Zwecke gestielt waren. Wenn sie also ruhig dalagen, so
breiteten sie wahrscheinlich den doppelklappigen Panzer aus, der einerseits ein tieferes Versinken im Schlamm verhinderte, andererseits auch
einen gewissen Schutz ihnen gewährte. Da sich der Panzer aber nicht
auf den Hinterkörper erstreckte, dieser außerdem die Grabstacheln trug,
so ist weiter zu folgern, daß der Hinterkörper völlig in den Schlamm
eingebohrt war, zu welchem Ende der nach drei, seltener nach vier Seiten

Fig. 114. Lebender P e c t e n mit der gleichklappigen platten Schale am Boden liegend und
durch deren Auf- und Zuklappen schwimmend. (Aus Brehms Tierleben I, 1918.) $^1/_2$.

abstehende Schwanzstachel vorzüglich geeignet war, wenn sie sich beim
Einwühlen nach rückwärts etwas um die Längsachse des ganzen Körpers
hin- und herdrehten. Schwammen aber die Tiere, so klappten sie die
Panzerhälften seitlich herunter, wie es die jetztlebenden tun, und durch-
schnitten dann mit ihrem seitlich zusammengepreßten Körper leichter das
Wasser. Der Panzer ist aus einer Hautduplikatur gebildet, also kein
Homologon des dekapoden Krebspanzers.

Die Heuschreckenkrebse (Stomatopoden), die erst vom Mesozoikum
ab sicher bekannt sind, sind ebenfalls Bodenbewohner und nur schlecht
schwimmende Tiere. Sie haben zwar einen nach einem guten Schwimmtier aussehenden langgestreckten Körper, aber alles, was wir als Charakteristikum für ein schwimmendes Arthropodentier sonst ansehen müßten,
fehlt daran; der ganze Körper ist gelenkig, der vordere Teil nicht starr,
ja der Kephalothorax läßt drei oder vier Rumpfsegmente, die zu
ihm gehören, unbedeckt. Die Vorderfüße sind als Greiffüße entwickelt,

denn die Tiere führen ein räuberisches Leben; nur die Hinterleibsfüße dienen zum Schwimmen, während die Thoraxfüße, abgesehen von dem vorderen Scherenpaar, nur Gehfüße sind. Ihr Schwimmen ist nicht sehr kräftig und es geschieht nur gelegentlich.[1]

Die Muschelkrebse (Ostrakoden) sind sowohl Meeres- wie Süßwasserbewohner, am Grund oder am Ufer lebend, wo sie im Schlamm wühlen oder auf Pflanzen umherklettern und nur streckenweit sich schwimmend fortbewegen; die häufigsten marinen Formen sind Schlammbewohner. Während die heutigen Formen nur einige Millimeter groß werden, gibt es fossile altpaläozoische von 2 cm Länge mit schweren Schalen, wodurch sich überhaupt im allgemeinen die paläozoischen großen Formen auszeichnen.

Die Muscheln sind allesamt Bodenbewohner und nur ganz wenige, wie die gleichlappigen Pectiniden, können durch Auf- und Zuklappen ihrer Doppelschale etwas schwimmen, wenn dieser Ausdruck hier überhaupt anwendbar ist (Fig. 114). Viele andere rundliche Muscheln liegen, soweit sie sich nicht in den Boden verkriechen (vgl. Abschnitt 6), trotz ihrer gerundeten Form ruhig auf dem Boden, werden aber leicht von jeder Wasserbewegung oder von anstoßenden Tieren hin- und hergerollt. Manche von ihnen, wie Cardium, drücken sich mit ihrem Fuß, den sie zwischen den Klappen herausstrecken, etwas vom Orte weg. Diese Ortsbewegung mittels des Fußes zeigt sehr schön ein Solnhofener Stück (Fig. 15, S. 51), das von Schlamm lebend überschüttet wurde, dessen generische Bestimmung zwar nicht möglich ist, das aber zu den rundlichen, auf dem Boden, nicht im Boden lebenden Typen gehörte.

Lang hat in Erwägung gezogen, ob die Pectiniden nicht von einst festsitzenden Formen herzuleiten wären. Unter den Monomyariern stehe nämlich die auffallend geringe Entwicklung oder der ganz rudimentäre Zustand des Fußes im Zusammenhang mit der trägen Lebensweise am Boden; außerdem gebe es unter ihnen ja sehr viele festgewachsene Formen. Umso mehr überrasche die Tatsache, daß gerade Pecten und Lima durch rasches Auf- und Zuklappen ihrer Schalen schwimmen könnten; es müsse dies also eine neu erworbene Fähigkeit sein. Die Tatsache, daß bei vielen Pectiniden die dem Boden aufliegende Klappe gewölbt, die andere deckelförmig sei, was sonst nur bei festgewachsenen Formen vorkomme, lege die Vermutung nahe, daß die Pectiniden von festsitzenden Formen herstammen und nun sogar freischwimmend geworden sind.

Soweit wir aber auch in der Erdgeschichte zurückgehen — die älteste Pectinidenform ist aus dem Obersilur von Nordamerika beschrieben — ist von einem Festsitzen nichts zu bemerken, sondern im Gegenteil

---

1) Hesse, R. und Doflein, F., Tierbau und Tierleben. Bd. I, S. 204/05. Leipzig. und Berlin 1910.

ist das Festsitzen (Hinnites, Velopecten) eine erst mesozoische Erwerbung, wie das Schwimmen eine Neuerwerbung sein soll. Wohl aber haben die dankenswerten Untersuchungen[1]) von Jaworski gelehrt, daß die ungleichklappigen Volen wahrscheinlich nicht Abkömmlinge der gleichklappigen schwimmenden Pecten sind, sondern daß umgekehrt der Pectentyp auf den verschiedensten Linien aus volaartigen Typen hervorgeht. Pecten ambongoënsis aus dem Lias von Madagaskar z. B. ist in der Jugend noch Vola, wird aber im Alter bikonvex und ist dann ein echter Pecten.

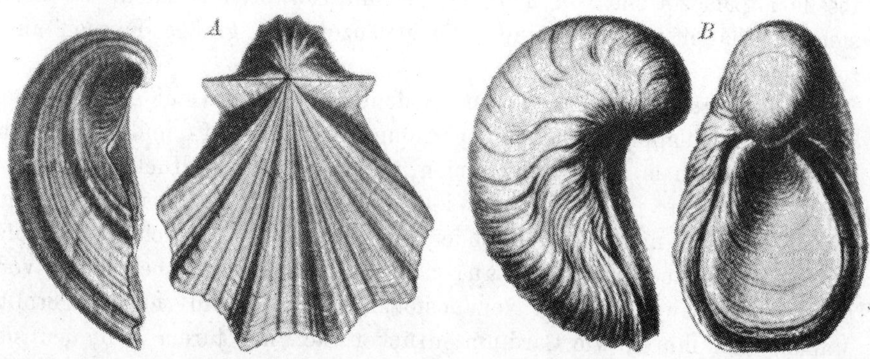

Fig. 115. Typen ungleichklappiger monomyarer Muscheln mit verschiedener biologischer Bedeutung. *A* Vola. Obere Kreide, Frankreich. Beide Klappen frei. (Aus d'Orbigny, Paléont. franç. Terr. crét. 2, 1843.) ³/₄. *B* Gryphaea. Unterer Lias, Dept. Meuse. Linke eingerollte Klappe zuerst festgewachsen, dann frei, rechte Klappe eingesenkt. (Aus Buvignier, Statist. geol. Meuse, 1852.) ³/₄.

Lang hat also insoweit ganz richtig vorausgeahnt, als die ganz dem Liegen angepaßte plankonvexe Volaform der Grundtypus ist, aus dem die beweglicheren bikonvexen Schwimmformen hervorgingen. Ein „Stammbaum" der verschiedenen biologischen Eigenschaften der Pectiniden würde demnach wie das folgende Schema, nicht aber umgekehrt, aussehen:

bikonvexe Pectenform   bikonvexe Velopecten-
(schwimmend).   und Hinnitesform,
                                      (festgewachsen).

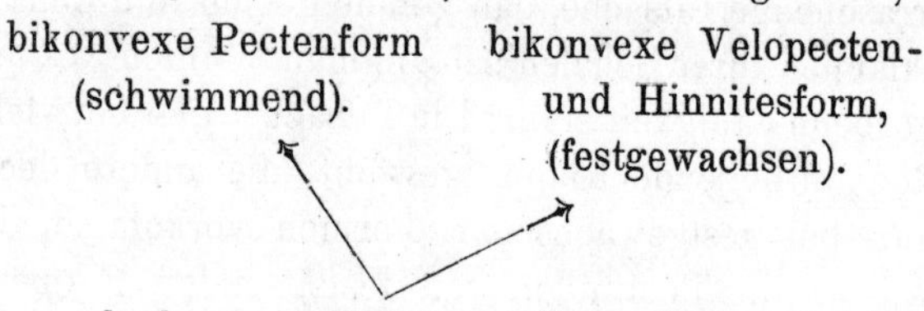

plankonvexe Volaform (liegend).

In ganz anderer Art als der gleichklappige Pectinide ist die ungleichklappige, eben genannte Vola (Fig. 115 *A*) an das Leben auf dem Boden angepaßt. Die rechte Klappe ist hochgewölbt, die linke flach.

---

1) Jaworski, E., Beiträge zur Kenntnis der Lias-Volen Südamerikas und der Stammesgeschichte der Gattung Vola. Paläontolog. Zeitschrift, I. Bd., S. 273—320. Berlin 1913.

Indem die eine sich wölbt, muß der Weichkörper sich einseitig ver-
lagern und die Folge ist eine Abnahme der Wölbung bei der linken
Klappe. Daß dem so ist, beweist die gleiche Erscheinung bei Austern,
insbesondere bei Gryphaen (Fig. 115*B*). Diese wölben ihre linke Klappe
hoch auf, sie löst sich bei Gryphaea im Lias später los; die rechte wird
auf ganz gleiche Art und Weise zum „Deckel" und ist sogar vielfach
nach innen eingesenkt, also ein deutlicher Beweis, daß die Ausdehnung des Weichtieres nach der Tiefe der einen Klappe ein Nach-
ziehen des Weichkörpers und damit der anderen Klappe bedingt. Es
ist also, wenn man will, eine sehr unvollkommen durchgeführte Anpassung, die mit ziemlich primitiven Mitteln, wie man sie in solcher
Einfachheit sonst nicht zu sehen gewöhnt ist, erreicht wird. Ähnliches tritt auch bei Spondylus auf. Diese Form zeigt durch das
Festwachsen der einen Klappe, welche dann stets die gewölbtere bleibt,
daß der Sinn der einseitigen volaartigen Wölbung der des Liegens auf
dieser Schale ist. Es geht also daraus eindeutig hervor, daß die vola-
artige Anpassungsform eine in den verschiedensten Gruppen und bald
auf der linken, bald auf der rechten Körperhälfte einsetzende Spezialisierung ist. Infolgedessen ist die systematische Begründung der „Gattung"
Vola auf das Merkmal der Ungleichklappigkeit und die Einbeziehung so
primär verschiedener Stammformen, wie es die Kreide- und Tertiärvolen
sind, ein Irrtum, der auf Verwechslung genetischer und biologischer Merkmale beruht. Das wiederholte intermittierende Auftreten des Typus Vola
im Lias, in der Oberkreide und im Tertiär ist daher kein Grund, es mit
STEINMANN als das Wiedererscheinen einer rein zufällig unterbrochenen
Stammlinie aufzufassen, sondern es ist, wie es seinerzeit PHILIPPI ganz
richtig deutete[1]), tatsächlich eine jedesmal unabhängige Neuausbildung
derselben biologischen Eigenschaft in ganz heterogenen oder nahe verwandten Gattungen, was ja auch sonst so unendlich oft und unter allen
möglichen wechselnden Gestalten zu beobachten ist.

Der biologische Sinn dieser Ungleichseitigkeit ist bei allen drei genannten Formen verschieden. Am ersichtlichsten ist er bei Spondylus.
Dort behält nämlich die Deckelklappe ihre ursprüngliche Wölbung und
erscheint nur nachträglich so flach, weil sich die Unterschale durch ihre
Wucherung infolge des Festwachsens so vergrößert; es bildet sich ein
Napf, zu dem die lose Klappe ganz von selbst als Deckel erscheint und
in dieser Funktion auch verständlich ist. Schwieriger ist die Deutung
bei Gryphaea. Zuerst, wenn sie noch angewachsen ist — und bei den
dauernd angewachsenen Arten oder Individuen überhaupt — herrscht
dasselbe Verhältnis im Klappenwachstum wie bei Spondylus. Nach Los-

---

1) PHILIPPI,, E., Beiträge zur Morphologie und Phylogenie der Lamellibranchier.
II. Zur Stammesgeschichte der Pectiniden. Zeitschr. deutsch. geol. Ges. Bd. 50, S. 111.
Berlin 1898.

lösung aber rollt sich der Rücken der linken üppigeren Schale ein und das Schwergewicht der Gesamtschale liegt dann in der gewölbten Unterklappe, halbwegs zwischen Wirbelrücken und Unterrand. Die Schale wirkt dann stets so, daß sie auf die Seite fällt. Läge sie nämlich auf dem Rücken, dann wäre dies normal. Läge sie aber umgeworfen mit dem Deckel nach unten, so fällt sie von selbst auf die Seite oder, wenn dies ja einmal nicht geschähe, dann wird der Druck der sich öffnenden Unterklappe sie leicht wieder in die seitliche Stellung bringen; denn es braucht nur einer geringen Verschiebung, um sie aus jenem labilen in dieses stabilere Gleichgewicht zu bringen. Von alledem kann man sich leicht durch den Versuch überzeugen. Liegt sie auf Wirbel und Unterschale, den Buckel nach oben streckend, und ist sie dabei nur um ein weniges seitwärts geneigt, dann fällt sie sofort auf die Seite zurück, ein Vorgang, der durch den Druck der in solchem Falle nach abwärts sich öffnenden Deckklappe befördert wird, auch wenn die Schale in weichem Sand oder Schlamm läge. Der Druck der sich öffnenden Klappe würde alsbald das Gehäuse so weit gelockert haben, daß es seinem natürlichen Schwergewicht wieder folgen und jene vorteilhaftere seitliche Lage wieder einnehmen könnte. Nun hat außerdem jede Gryphaea normalerweise — es gibt individuelle Ausnahmen — am Hinterrand einen Schalenwulst und zwar nur auf der gewölbten Klappe. Das macht, daß sie stets nach dieser Wulstseite umfällt, wenn man sie aus dieser ihrer natürlichen Schwergewichtslage gebracht hat. Die Wulstseite ist aber die Seite des Afters, und mithin läuft der ganze Schalenbau und seine Gewichtsverteilung darauf hinaus, den Mund vom Boden wegzuheben und ihm so eine freiere Nahrungszufuhr zu gewähren. Der bei Liasgryphaen noch einfache schmale Wulst verbreitert sich vom oberen Jura ab (Gr. dilatata) immer mehr und erreicht in manchen Varietäten der oberkretazischen Gr. vesicularis eine seitliche Ausdehnung, die geradezu an eine Art Siphonalbildung erinnern könnte wie sie bei den heterodonten und desmodonten Muscheln, freilich in vollendeterer Form, erscheint.

Diese Erklärung, welche für die Gryphaen vom nebenstehend abgebildeten Typus gilt, genügt nun für Vola nicht. Zwar ruhte auch deren Schwerpunkt in der gewölbten Klappe, aber wenn sie auf der flachen lag, fiel sie nicht so leicht wie die gerundetere Gryphaea um, weil bei dieser die Deckelklappe klein war und keine gute Liegebasis abgab, welch' letztere dagegen Vola in ihrer flachen, den gleichen Umfang mit der Großklappe einnehmenden Klappe besitzt. Legt man eine Volaschale mit der Flachseite auf den Tisch, dann sieht man bei dem Versuch, sie umzuwerfen, welch großer Druck von außen dazu gehört, besonders wenn wie bei den miozänen Formen die Liegebasis noch durch die Ohren so sehr vergrößert wird. Vola hat in ihrer flachen Klappe also die typische extrem entwickelte Liegebasis und unterscheidet sich biologisch vom ober

abgebildeten gleichklappigen Pecten des Jacobäus-Typus (Fig. 114) dadurch, daß sie reines Liegetier ist und nicht durch Auf- und Zuklappen
des Gehäuses schwimmen kann. Auch daraus geht mit einiger Wahrscheinlichkeit hervor, daß der Volatypus der ältere, der primäre ist,
denn die Schwimmbewegung, wozu Gleichklappigkeit nötig ist, ist eine
sekundäre Eigenschaft der Pectiniden.

Die känozoische Placuna und die eozäne Carolia (Fig. 116*A*), die beide
im ägyptischen Tertiär besondere Größe erreichen und eine ganz flache
tellerartige   Form
haben, hefteten sich
mit einem die Wir-
belgegend der rech-
ten Klappe durch-
brechenden Byssus
am Boden an (siehe
Kap. IV, 2) und be-
wahrten so dauernd
eine Ortsständigkeit,
während sie durch
ihre großen flachen
Schalen gegen das
Versinken in dem
feinsandigen Sedi-
ment   geschützt
waren. Die ganze
Organisation weist
auf das ruhige platte
Liegen am Boden
hin. Der Byssus,

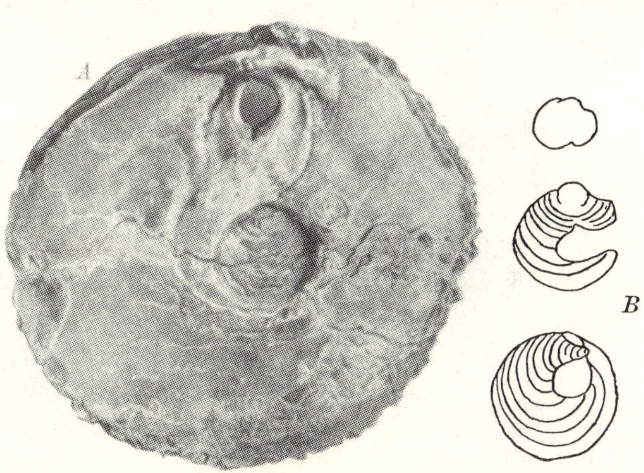

Fig. 116.   *A* Flach tellerförmiges, zum Liegen auf dem
Sand vorzüglich geeignetes Muschelgehäuse von Carolia, mit
einem unterhalb des Ligamentvorsprunges durch die Schale
tretenden Byssus angeheftet. Eozän, Ägypten. (Orig. in
München.) $^1/_2$. *B* Ontogenetische Entwicklung desselben Byssus-
loches bei Anomia. Rezent. Aus Lang-Hescheler,
Mollusken, 1900.) $^1/_1$.

welcher insbesondere bei Carolia, mehr als bei Placuna, unterhalb des
Wirbels auf dem Schalenrücken austritt und kurz gewesen zu sein scheint,
hielt wohl die Schale eng an dem Boden fest, denn die Schale war für
ihre Größe nicht eben dick, so daß sie auch Eigenbewegung nicht gut
ertrug. Es scheint das etwas Ähnliches wie bei dem Brachiopoden
Pygope diphya aus dem Tithon (Fig. 175, Kap. IV, 3) zu sein, der wahrscheinlich auch zur strafferen Verankerung am Boden den bysussartigen
Stiel durch die Schale schlingt.

Sehen wir uns nach weiteren tellerartigen Gestalten um, so fallen
manche Lucinen auf, die, wenn auch keinen Byssus, so doch eine zum
Daliegen wohlgeeignete, beiderseits flache Schale hatten und besonders groß im Pariser und oberitalienischen Eozän werden. Sie haben
ihren Vorläufertyp in der Prolucina aus dem Obersilur von Gotland,
was bei dieser alten Form insofern bemerkenswert ist, als breite flache

homomyare Muscheltypen erst in jüngeren Zeiten kommen — die flachen
Telliniden kommen mit den Lucinen vom Jura ab[1]) —, während im
Paläozoikum bis in die Trias hinein sonst die flachen Formen mit aus-
gebreiteter Schale von den Anisomyariern, den Aviculiden vor allem,
gestellt werden, die sich noch mit einem Byssus verankern; in jüngerer
Zeit treten die monomyaren Inoceramen und die breiten Pernaformen z. T.
noch an ihre Stelle. Dafür gibt es unter den altpaläozoischen, homomyaren Muscheln vor allem Schlammbewohner, also im Boden lebende
Formen, von denen im Abschn. 6 dieses Kapitels die Rede ist. Viel-

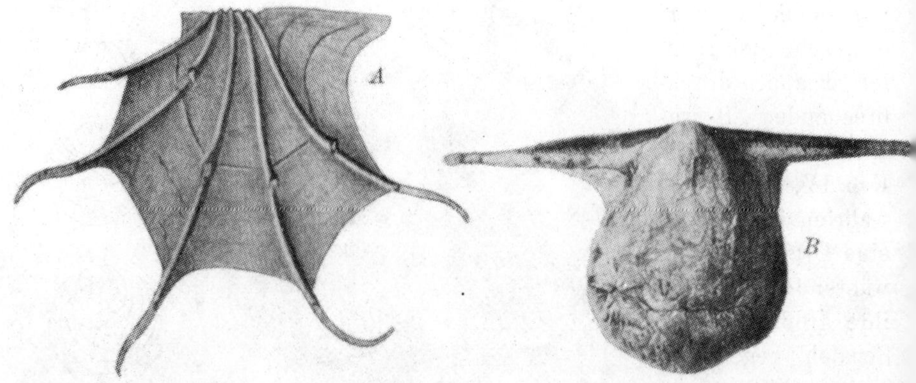

Fig. 117. Verschiedene Arten der Verbreiterung der Liegebasis bei Muscheln. *A* Avicula cygnipes aus dem englischen Lias, mit verlängerten, als Sperrstangen dienenden
Rippen (Zeichnung nach drei Originalstücken im Münchener Museum). $^3/_4$. *B* Actino-
desma mit verlängertem, ebenso wirkendem Schloßrand. Devon, Koblenz. (Aus Frech,
Devon. Aviculiden, 1891.) $^3/_4$.

leicht hängt die Zunahme der auf dem Boden liegenden in jüngeren
Formationen mit dem Verschwinden der Brachiopoden zusammen, die
bis dahin den gleichen Lebensraum ausfüllten.

Wenn wir unter den Muscheln Formen mit besonders verbreiterter,
tellerförmiger Schale finden, dann wird es sich hierbei nicht immer nur um
ein Mittel gegen das Versinken im Schlamm handeln, sondern oft auch
um eine Einrichtung für das ungestörte Liegen, etwa um Verhindern des Umgeworfenwerdens und des Herumrollens. Natürlich wird
auch zugleich das Versinken verhütet, wie ja sehr oft ein und dieselbe
Einrichtung sowohl zufällig wie adaptiv zwei Bedürfnissen auf einmal genügt. Es gibt noch eine zweite Art der Verbreiterung, ein zweites
Mittel gegen das Umschlagen und gegen das Versinken, nämlich die Ausbildung von Fortsätzen, Flügeln oder Stacheln über den Rand der Schale

---

1) Gute Abbildungen in Buvignier, A., Statistique geologique etc. du Departement
de la Meuse. Paris 1852, Pl. X.

hinaus. Nur ist es oft schwer zu erkennen, ob die Vorrichtung dem einen oder anderen Zwecke dient. So sehe ich das Hinauswachsen der wenigen Rippen über den Schalenrand bei Avicula cygnipes aus dem Lias als eine Basiserweiterung gegen das plötzliche Umschlagen an, denn die wenigen feinen Rippen können zur Sicherung gegen ein etwaiges langsames Versinken kaum noch beigetragen haben und Schutzstacheln waren sie nicht, weil sie ja horizontal, also in der Liegefläche dem Boden parallel abstehen und nicht nach oben schauen (Fig. 117 *A*). Eine ganz ähnliche Form, aber nicht stammesgeschichtlich, sondern nur biologisch der vorgenannten gleich, ist Oxytoma atavum aus dem himalayischen permischen Productuskalk.[1]

Fast dieselbe Wirkung wie durch die Rippenverlängerung der Avicula wird durch die Schloßrandverlägerung bei Actinodesmen aus dem Devon erzielt (Fig. 117 *B*). Die Schale wirkt auch sperrend gegen das Versinken, und ebenso möchte ich, wie schon oben erwähnt, den Flügel bei so vielen anderen verwandten Aviculiden des Paläozoikums deuten, also bei Pterineen vor allem, und die auf demselben Prinzip beruhende Flügelform der lebenden echten Perlmuschel Avicula (Meleagrina) margaritifera, zumal der Flügel nicht vom Weichkörper, sondern nur von einem Mantelauswuchs belegt ist, die Größe des Umrisses also für die Unterkunft des eigentlichen Weichtieres gar nicht nötig war, somit eine nur sekundäre Bedeutung haben kann.

Die mit wenigen Ausnahmen stets am Boden kriechenden Schnecken erzielen die platte Gehäuseform auf dreierlei Weise und zwar:

1. durch Verbreiterung und Abflachung der Gehäusebasis unter Beibehaltung der Spirale; Gehäuseachse nach wie vor vertikal stehend;

2. durch Erweiterung und Dehnung bei gleichzeitiger Abflachung besonders des letzten Umganges und Reduktion der Spirale; Gewindeachse dabei aber gegen die Mündungsebene geneigt;

3. durch Verbreiterung des Mündungsrandes oder der Mündungsebene unter Beibehaltung der Spirale. Spiralachse horizontal, d. h. parallel der Mündungslängsachse.

Wir betrachten der Reihe nach diese drei Typen, die hier, wie überall bei solchen Spezialanpassungen, oft nur in einzelnen Arten innerhalb sonst anders gebauter Gattungen sich zeigen.

Neben den gleichmäßig kegelförmigen, spitzkonischen und treppenbis turmförmigen Trochiden und Pleurotomariiden erscheinen Gehäuse, deren flache Basis auf Niederdrückung des Umgangslumens zugunsten seiner Querverbreiterung beruht. Unter den turbiniden Gruppen können wir solche Formen nicht suchen, weil der Gattungsbegriff „Turbo" im

---

Gegensatz zu „Trochus" eben darauf beruht, daß bei ihm die Basis als nicht abgeflacht gilt. Man blickt damit übrigens einmal ganz deutlich auf die prinzipielle Verirrung, welche darin liegt, daß wir die systematischen Kategorien auf die biologischen, phänotypischen Merkmale, statt auf die innere genotypische Konstitution gründen müssen.

Bei den weitnabeligen Pleurotomariiden und Trochiden wird die Basisabflachung mechanisch dadurch erreicht, daß sich die Umgänge möglichst untereinander heraus- und nach der Peripherie hervorschieben, sich dann möglichst wenig unterlagern, sich sozusagen nur noch berühren,

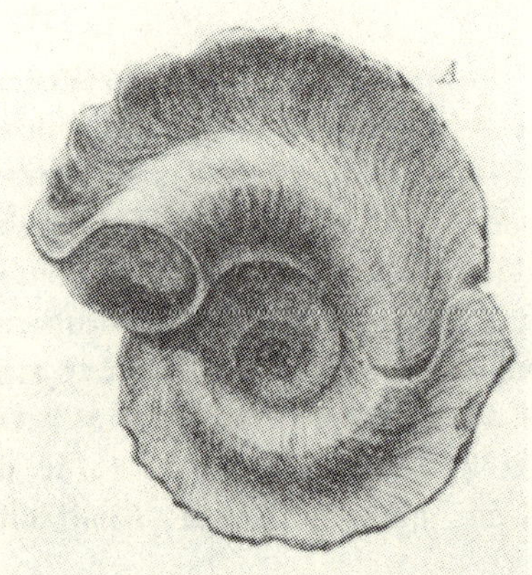
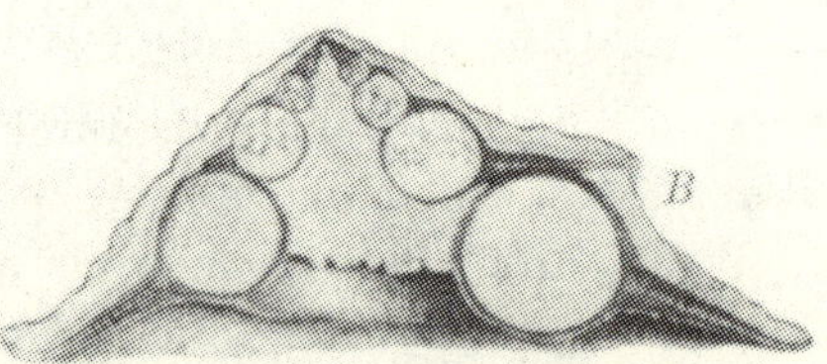

Fig. 118. Verbreiterung der Unterseite bei **Pleurotomaria alata** mit kragenartig in die Breite gezogenen Umgängen. Obersilur, Gotland. *A* Unterseite als Liegebasis. $^1/_1$. *B* Querschnitt. $^3/_4$. (Aus LINDSTRÖM, Silur. Gastrop. of Gotland, 1884.) $^3/_4$.

ohne sich jedoch voneinander spiralfederartig abzulösen. Dadurch wird ein Optimum in der Schalenverbreiterung erzielt, das für den speziellen Zweck, eine Liegebasis zu schaffen, sofort nach der ungünstigen Seite überschritten wäre, wenn die Umgänge sich noch weiter auseinanderschieben, eine Lösung der Umgänge voneinander erfolgen und das Gehäuse uhrfederartig durchbrochen würde. Dann wäre die Schale keine geschlossene, dem Einsinken möglichsten Widerstand entgegensetzende Scheibe mehr.

Während bei den ungenabelten Formen mit platter Basis diese sich auf den radial vom Nabel zur Peripherie ausstrahlenden Raum beschränkt, ist die Liegefläche der nebenstehenden genabelten Pleurotomaria alata (Fig. 118) aus dem Gotländer Obersilur auf den Raum außerhalb der Peripherie verlegt. Das Schlitzband rückt an den Basisrand hinunter, dieser ist nach außen verbreitert. Einen etwas anderen Weg innerhalb dieses biologischen Typus schlagen die Xenophoriden ein. Sie haben zwar auch eine verbreiterte, flache Basis, aber keinen Nabel: die Außenwand der einzelnen Umgänge wird sehr schräge gestellt und dadurch ein stumpfer Gehäusewinkel erzielt (Fig. 323, Kap. VI, 5) ganz im Gegensatz zu den weitnabeligen turbiniden und pleurotomariden Formen. Bei Xenophoriden kommt aber noch dazu, daß die Verflachung des Gehäuses nicht nur dem ruhigen

Liegen dienen soll, sondern daß spezielle, durch Agglutinieren von Fremdkörpern gesteigerte Anpassungsvorgänge das Gehäuse zum Schutz gegen
Sicht besonders niedrig werden lassen. Beides nun: Engnabeligkeit und
dazu noch Verbreiterung der Liegebasis jenseits der Peripherie vereinigt
in sich der rezente Phorus indicus. Der Bau des Basisblattes geschieht
so, daß die Oberseite des Umganges stark verbreitert wird und daß die Bildung des Flügelansatzes erst mit dem letzten Umgang erfolgt, während es
Pleurotomaria alata schon in früheren Umgängen und von den zwei Um-
gangshälften her, also nicht einseitig von obenher wie Phorus, ausbildet.

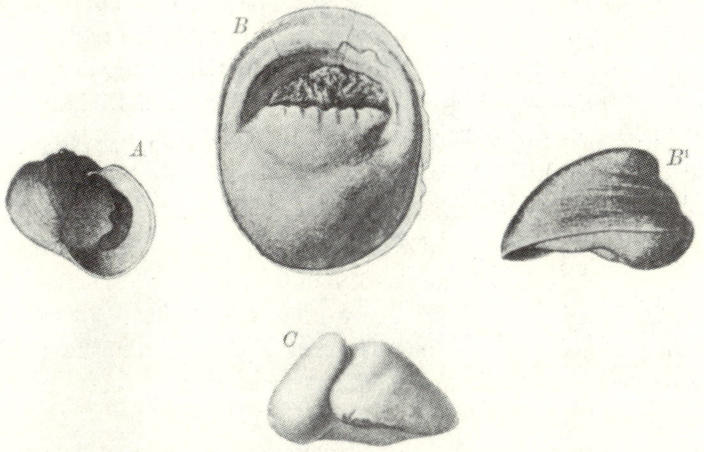

Fig. 119. Entstehung der Liegebasis bei Velates. *A* Nerita minuta. Weißer Jura,
Frankreich. Beginn der Verbreiterung an der Mündungsfläche. (Aus d'Orbigny, Pal.
franç. Terr. Jurass. 2, 1854.) $^1/_1$. *B, B¹* Velates mit äußerlich verschwundenem Gewinde.
Eozän, Bulgarien. (Aus Bontscheff, Jahrb. österr. geol. Reichsanst. 46, 1897.) $^3/_4$.
C Steinkern von Velates aus dem oberbayrischen Eozän, das kurze Gewinde und die
um fast 90° dazu abgedrehte Mündungsbasis zeigend. (Orig. in München.) Verkl.

Wir kommen zu dem unter 2. bezeichneten Anpassungstypus.
Charakteristisch für ihn als Ausgangspunkt ist etwa die jurassische Nerita
minuta (Fig. 119 *A*). Der Mündungsrand schlägt sich an der Innenseite
als schwielenartiger, aber breiter Lappen auf die Spirale um und verbreitert sich durch starkes Divergieren der zweiten Hälfte des letzten
Umganges. Hier dient aber noch die Verbreiterung dem besseren Tragen
der Schale auf dem Weichtierrücken. Den Höhepunkt dieser einseitigen
Entwicklung erreicht im Eozän Velates, der sein gegen die Mündungsebene deutlich geneigtes Gewinde fast ganz reduziert hat (auf $1^1/_2$ Umgänge im ganzen), dann aber seine Mündung plötzlich um fast 90° gegen
die ursprüngliche Gehäuseachse dreht, so daß Mündungsebene und Basis-
ebene vollständig zusammenfallen, was nunmehr ganz offensichtlich nicht
als Schalentragfläche, sondern als Liegebasis dient. Dadurch namentlich
entsteht sein breitflächiges, dachförmiges Gehäuse (Fig. 119 *B*). Es ist

bezeichnend, daß dort, wo diese velatesartigen Schnecken keine Gelegenheit zum breiten, ruhigen Daliegen finden, sie auch stets ganz klein bleiben; so an den oberkretazischen Rudistenriffen des Libanon in der Form des Pileolus Oliphanti[1]) oder an den jurassischen Korallenriffen des Valfin in der Gestalt des Pileolus valfinensis[2]) u. a., daß sie dagegen im oligozänen Roncatuff, wo sie am Boden lebten, ganz groß sind wie im Pariser Eozän.

Der dritte Typus der Schalenverbreiterung bei Gastropoden wird nicht unmittelbar zu dem Zweck des Nichtversinkens oder des platten festen Daliegens entwickelt, sondern gelangt dazu erst auf Grund eines Funktionswechsels. Es ist der Schalentypus der Alarien und Strombiden, ausgezeichnet durch finger- und flügelartige Verlängerung der Außenseite der Mündung (Fig. 4 B, S. 23). Diese und die folgenden Bildungen dienen zuerst dem Tragen der Schale auf dem Weichkörper, werden dann eine Art Panzerschutz, wenn das Tier herausgetreten ist, und dienen dann, wenn es sich in das Gehäuse zurückgezogen hat dem festen Daliegen der Schale. Also eine dreifache Funktion. Das Organ erscheint im Jura mit einfach fingerförmigen Mündungsfortsätzen, wie sie auch das bekannte Leitfossil Pterocera Oceani im Malm zeigt. Zwischen ihnen spannt sich allmählich schwimmhautartig die Schalenfläche aus und es entstehen fächerförmige Mündungsflügel, wie einen solchen in vollendetster und zugleich einfachster Weise Hippochrenes im Eozän oder das abgebildete Pterocera zeigt. Die Strombiden der Kreide haben zum Teil wulstige Lippen: Strombus crassilabrum aus der ostalpinen Kreide[3]) (siehe Kap. VI, 2) verdickt die Mündungslippe zu einem ungeheueren Polster, wodurch die Schale schwerer und schwerer, das Tier träger und träger wird und immer mehr an das Liegen, weniger an das rasche Umherkriegen angepaßt bleibt. Damit hat sich der erwähnte Funktionswechsel ganz vollzogen: die Fingerfortsätze und Flügel wurden, wie gesagt, zuerst ausgebildet als Tragflächen für die Schale und funktionierten zugleich als Basisverbreiterung, wenn nach Rückzug des Tieres in das Gehäuse dieses auf der Mündungsfläche lag und die Schale infolge der Finger und Flügel nun nicht mehr so leicht im weichen Boden einsank und auch nicht hin- und hergerollt werden konnte. Die besonders schweren und ausgebreiteten Strombidenschalen stellen den Höhepunkt dieser einseitigen, dem Transport der Schale mehr und mehr hinderlich gewordenen Anpassung dar.

---

1) Abgebildet bei G. Böhm, Über cretaceische Gastropoden vom Libanon und Karmel, Zeitschr. deutsch. geol. Ges., Bd. 52. Berlin 1900, Taf. V.

2) Abgebildet bei P. de Loriol, Études sur les Mollusques des Couches corralligènes de Valfin (Jura). Mém. Soc. Paléont. Suisse. Vol. XIII — XV. Genève 1886—88, Taf. XVIII.

3) Abgebildet bei Zittel - Broili, Grundz. d. Paläont. bei den Gastropoden.

Es ist bemerkenswert, daß die zuerst beschriebene Entwicklung
einer Liegefläche bei den Gastropoden, also die der Pleurotomariiden
und Trochiden, zugleich die älteste und die primitivste, die am einfachsten, d. h. ohne Achsendrehung der Schale gegen den Körper und ohne
Achsendrehung des Schalengewindes selbst gegen eine Liegefläche erreichbare ist. In der Trias dann macht sich bei Neritopsiden und Naticopsiden jene beginnende Drehung der Mündungsebene gegen die Spindelachse bemerkbar, die, wie geschildert, in dem tertiären Velates ihre
Vollendung erreicht. Erst vom Jura ab kommt dann gleichzeitig mit der
ersten Siphobildung der Alarien- und
Strombidentyp, bei dem sich die
Spindelachse quer zur Längsachse des
Weichtieres stellt.

Bei den kriechenden Schnecken
ist von wesentlichem Einfluß der
Winkel, den die Schalenachse mit
der Sohlenfläche des Fußes bildet; je
näher er an 90° herangeht, um so
ungünstiger ist er für die Lokomotion;
je mehr sich die Schalenachse der Fußsohle parallel stellt, umso günstiger. [1]
Bei den gewöhnlichen gut kriechenden behenden Formen, also beson

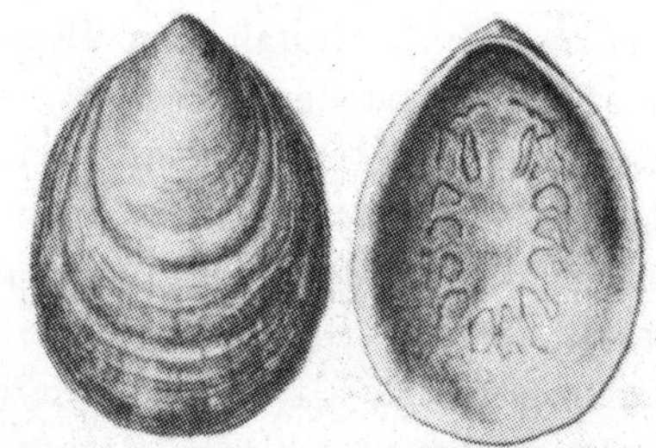

Fig. 120. Tryblidium, patellide Schnecke
aus dem Gotländer Obersilur. Muskel
zum Festpressen der Schale auf den
harten Untergrund. (Aus Lindström, Silur.
Gastrop. of Gotland, 1884.) $^8/_4$.

ders den fleischfressenden Raubschnecken (Coniden, Olividen, Doliiden
u. a.) steht darum die dem Körper parallele Gehäuselage in unmittelbarer
Beziehung zu der Lebensweise.

Unter den kriechenden Schnecken gibt es eine besondere biologische
Gruppe, welche sich mit einem starken Muskel (Fig. 120) fest am harten
Untergrund andrückt, dennoch aber gelegentlich auch herumwandert:
das sind jene Formen, welche eine patellenartige d. i. eine haubenbis deckelförmige Schale tragen und genetisch zu den verschiedensten
Gruppen gehören. Hierher zu zählen sind die Patelliden selbst, dann
von den Pleurotomariiden Haliotis, die Fissurelliden mit dem Schlitz,
die Capuliden (Fig. 295, Kap. VI), die sogen. Käferschnecken (Polyplacophora) mit ihren paläozoischen und känozoischen Vertretern, und dann
noch unter den Pulmonaten die kleine Abteilung der Thalassophilen,
die wie Patellen aussehen und zu denen man auch das vielgenannte
devonische Leitfossil Hercynella gestellt hat. Sie haben morphologisch
das Gemeinsame einer nicht oder kaum spiraligen, hauben- bis deckelförmigen symmetrischen Schale, und biologisch stimmen sie alle darin
überein, daß sie sich durch Aufpressen dieser Schale am harten Unter

---

1) Simroth, H., Mollusca in: Bronn's Klassen und Ordnungen des Tierreichs. II. Abt.
S. 41, Leipzig 1896—1907.

grunde zu schützen wissen. Zum Teil ist dieses Gehäuse schon primär so einfach, nämlich bei den paläozoischen (nicht bei den jüngeren) Capuliden und Patelliden, zum Teil ist es erst sekundär hervorgegangen aus der Reduzierung oder inneren Auflösung der Windungsspirale. Reduziert, d. h. entrollt ist das Gewinde bei Haliotis; innerlich aufgelöst bei den jüngeren Capuliden, z. B. Hipponyx. Derselbe biologische Typus gehört also nicht nur den verschiedensten Stammreihen, sondern auch ganz verschiedenen Anpassungskreisen an.

Die Entwicklung von Patella und der alten Capuliden kann man, wie schon gesagt, als etwas Ursprüngliches ansehen. Dagegen ist die mützenförmige Gestalt von Hipponyx, der wie ein alter Capulus aussieht, nicht auf dem Wege der rückläufigen Entwicklung durch Wiederentrollung des inzwischen vorhanden gewesenen Gewindes entstanden, sondern durch innerliche Auflösung der Umgangsböden und der Spindel, sowie Glättung der Nähte zustande gekommen, wie uns noch Calyptraea verrät, wo das Gewinde in der Schale gerade im Auflösungszustande zu sehen ist (Fig. 344, Kap. VII), wobei ein unterer Boden nur noch den letzten Umgang schließt.

Wieder eine andere Entwicklungsart führt zu der flach ohrförmigen Haliotis hinüber. Diese darf man stammesgeschichtlich wohl von Pleurotomariiden ableiten; auch sie hat ein geschlossenes, aber durchlöchertes Schlitzband. Durch immer weiteres ohrförmiges Ausziehen des letzten Umganges typischer Pleurotomarien kann man sich die Form entstanden denken, welche offensichtlich wie eine Patellidenschale geeignet ist, in der Brandungszone vom Weichtier fest an den Felsen gepreßt zu werden. Die älteste, noch nicht voll als Haliotis entwickelte derartige Form kommt in der oberen Kreide von Holland[1]) vor, wo sie noch ein deutliches treppenförmiges Gewinde und einen im Verhältnis dazu nur wenig verbreiterten letzten Umgang besitzt.[2]) Haliotis legt bezeichnenderweise embryonal noch einen Deckel an.

Es gibt, besonders in paläozoischen Formationen, eine größere Zahl als Patelliden beschriebener Formen, welche so außerordentlich flach sind, daß sie unmöglich dem sich darunter befindlichen Weichtier, und wenn es sich auch noch so sehr an den Felsen preßte, einen völligen Unterschlupf und Schutz gewähren konnten. Es ist daher anzunehmen, daß diese Formen auch gar nicht mehr diesen Zweck hatten, sondern einem Tiere angehörten, das eher entsprechend den rezenten Tectibranchiern auf dem dicken fleischigen Körper die Schale nur als flachen Hut trug (Fig. 121). Dafür spricht auch, daß manche von ihnen nicht den

---

1) Abgebildet in: BINKHORST, J. T., Monographie des Gastéropodes et de Céphalopodes de la craie supérieure de Limbourg. Bruxelles et Maestricht 1871. Taf. V a 2.
2) DELHAES, W., Beiträge zur Morphologie und Phylogenie von Haliotis Linné. Zeitschr. f. Indukt. Abstammungsl. Bd. II, Heft 5. Berlin 1909.

starken Muskeleindruck hatten, wie die heutige typische Patella. Philine
und Umbrella aus dem Tertiär, Umbrella-ähnliche auch schon aus dem
Jura sind derartige Formen, womit jedoch keineswegs behauptet sein soll,
daß die silurischen mit den aus Bulliden hervorgegangenen letztgenannten
jüngeren Formen irgendwie stammesgeschichtlich etwas zu tun hätten; es
wird ihre Schale nur vermutlich dieselbe biologische Bedeutung gehabt
und ähnlich auf dem Tier gesessen haben, wie bei der nebenstehend
abgebildeten rezenten Form, indem sie nicht den ganzen Weichkörper,
sondern nur Teile desselben schützte.

Die häufig zu beobachtende Anpassung des Schalenrandes patellider
oder capulider Formen an den Untergrund, an die speziellste Stelle, auf
der sie sitzend angetroffen
werden, hat zu der Vermu-
tung Anlaß gegeben, daß diese
Tiere stets genau an der-
selben Stelle sitzen bleiben.
Das ist aber nicht der Fall,
schon weil sie auf Nahrungserwerb angewiesen sind.
Sowohl die Patelliden, wie
die Fissurelliden wandern,
machen Streifzüge in ihre
Umgebung, kommen aber
nach Simroth dann wieder an
den alten Punkt am Felsen
zurück und nehmen genau
die alte Lage wieder ein,
in der sich ihr Schalenrand
vollkommen dem Untergrund

Fig. 121. Umbrella, lebende Bullide mit stark
reduziertem Gehäuse, das nur den Kopf schützt,
während der Mantelsack aus den blasigen Höckern
besteht, unter dem sich (unsichtbar) der Fuß befindet. (Aus Brehm's Tierleben I, 1918.) $^1/_1$.

anschmiegt. Da sie keine Schleimfäden hinterlassen, ist es vermutlich ein
ganz ausgeprägter, wenn auch unbewußter Ortssinn, der sie zurückführt und
den wir ja im entwickelteren Maße auch bei höheren Tieren, wie den Vögeln
und Hunden, so oft zu bewundern Gelegenheit haben. Von anderer
Seite wird die den Tieren häufig eigene Fähigkeit zum Spirallauf als
Erklärung für jene Wiederkehr an den alten Stammplatz herangezogen.[1]
Höchst wahrscheinlich aus Schwimmformen zur kriechenden Lebensweise übergegangen sind die Bellerophontiden. Man kann das aus ihrem
bilateral symmetrischen Gehäuse schließen, weil dies ein Kennzeichen
schwimmender Tiere ursprünglich ist. Man hat sie mit den schwimmenden Heteropoden (Fig. 240) verglichen und sie darum auch für Schwimm-

____

1). Näheres hierüber bei: Nussbaum, M., Karsten, G., Werer, M., Lehrbuch der
Biologie für Hochschulen. 2. Aufl. S. 403, Leipzig u. Berlin 1914.

formen ansehen wollen (Näheres hierüber in Kap. V, 1). „Aber freischwimmend, sagt Deecke, sind diese Tiere mit den dickschaligen
Gehäusen nicht gewesen, sie lebten vielmehr auf Riffen und Crinoiden-
rasen, teils auf mergeligem Untergrunde, der voll von Trilobiten,
Brachiopoden, Bryozoen und anderen Schnecken war (Untersilur Est-
lands) oder große Mengen von Ostrakoden oder Graptolithen enthielt.[1]) Diese
Tiere sind gekrochen. Ich schieße dies vor allem daraus, daß sich bei
ihnen an der Mündung Verbreiterungen (flache große Säume usw.) entwickelten, wie wir sie bei den verschiedensten Familien jüngerer Ent-

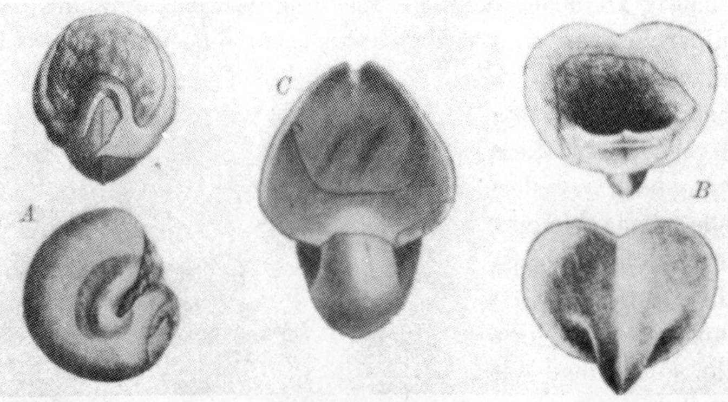

Fig. 122. Typen von Bellerophontiden mit verdickter, schwieliger oder mit kragen-
artiger Mündung. *A* Bellerophon Dumonti. Kohlenkalk, Belgien. Mündung mit
Tragschwiele und an der Flanke mit Tragwulst. Kriechendes Bodentier des Bewegtwassers. (Aus de Koninck, Descr. Anim. foss. Carb. Belg. 1842/44.) $^3/_4$. *B* Carinaropsis
phalera. Untersilur, Minnesota. Starke Kragenbildung zum Tragen der Schale. Sehr
bewegliches Bodentier, vielleicht noch schwimmend. (Aus Ulrich u. Scofield, Rep. Geol.
Surv. Minnesota III, 1897.) $^1/_1$. *C* Bucania francfortensis. Untersilur. Minnesota-
Tragfläche reduziert. Kriechendes Bodentier. (Ebendaher.) $^1/_1$.

stehung immer wieder antreffen, sobald das Gehäuse groß und schwer
wird, also einer breiteren Unterstützung bedarf. Typisch ist Salpingostoma
(Fig. 289 *A*) im Untersilur. Ferner erscheint die Mündung innerlich geglättet und an der Aufrollungsachse oft verdickt, was ebenfalls mit jüngeren kriechenden Formen übereinstimmt." Zweifellos sind die Bellerophontiden schwierig zu deuten, und man darf kein zu summarisches
Urteil über sie abgeben, sondern muß den einzelnen verschiedengestaltigen
Formen nach ihrer Art gerecht zu werden suchen. Am leichtesten geht
das jedesmal mit den extremsten, die eine ganz bestimmte einseitige
Anpassung zeigen; im übrigen wird man mit einigem Erfolg bei der
Beweisführung per exclusionem vorgehen.

Eine solche extremste Form ist der verhältnismäßig dickschalige
Bellerophon. Dumonti (Fig. 122 *A*) aus dem Karbon. Seine Mündung ist

---

1) Deecke, W., Paläontologische Betrachtungen. IX. Über Gastropoden. Neues
Jahrb. f. Mineral., Geol. u. Paläont., Beil. Bd. XL. Stuttgart 1916, S. 760.

verengert und verdickt, was beweist, daß das Tier nicht viel die Schale verließ, und wenn doch, dies langsam tat — beides Momente, die ganz und gar nicht für ein Schwimmtier, sondern für einen trägen Bodenbewohner passen. Es gibt Übergangsformen zu dem karbonischen Normal-Bellerophontiden ohne Mündungsschwielen, wie er als Leitfossil in allen Lehrbüchern zu sehen ist. Diese nicht gerade sehr dickschaligen, aber auch nicht entfernt an die Dünnschaligkeit der rezenten Atlantiden erinnernden Formen sind daher ebenfalls als Bodenbewohner anzusehen, und das gilt erst recht von kleineren kugeligen dickschaligeren Typen, zumal auch das Vorkommen lehrt, daß sie das bewegte Wasser der Riffe vom Devon ab mehr und mehr zu ihrer eigentlichen Lebenszone erkoren hatten.[1] Es fällt nun auf, daß die karbonischen und devonischen überhaupt nicht mehr oder nicht mehr in starker Entwicklung jene Mündungskragen tragen, welche die silurischen Formen meistens noch auszeichnen (Fig. 122 *B, C*). Diese Kragen sind ganz zweifellos Tragflächen für das Gehäuse, wodurch verhütet wurde, daß es nicht nach rechts oder links vom Buckel des Tieres herunterhing. Den Kragen als Liegefläche wie bei den auf S. 297 ff. abgehandelten Formen anzusprechen, wird kaum möglich sein, da er bei Tremanotus und Salpingostoma gar nicht als Liegefläche geeignet ist, teils weil er sich nach innen trichterförmig vertieft und teils weil der Spiralteil des Gehäuses nach hinten so sehr überhängt, daß der Schwerpunkt zu sehr an den Mündungsunterrand rückte und die Lage keine Stabilität hätte; man denke sich nur Fig. 289 *A′* entsprechend auf der Mündung liegend. Ebenso sehr tritt dies bei dem trotz seiner Breite als Liegebasis völlig ungeeigneten Kragen von Carinaropsis aus dem Untersilur (Fig. 122 *B*) hervor. Diese Tragflächen bei den bilateralsymmetrischen Bellerophontidenschalen werden aber erklärlich, wenn man von der berechtigten Voraussetzung ausgeht, daß die Bellerophontiden, worauf ihre Bilateralsymmetrie und ihre Ähnlichkeit mit den nektonischen Atlantiden hinweist, von Schwimmschnecken herkommen, bei denen früher ein kragenloses bilateralsymmetrisches Spiralgehäuse entwickelt war, das, auf dem Rücken getragen, durch die Wasserbewegung allein schon in der Medianlinie gehalten wurde, wie bei den Atlantiden; bewegten sich diese hypothetischen Schwimmformen aber nicht, sondern ruhten sie, im Wasser schwebend, vorübergehend, dann hing wahrscheinlich das Gehäuse gleichmäßig, nicht einseitig nach abwärts. In dieser Annahme wird man bestärkt vor allem durch die lebende Süßwasserform Planorbis mit der fast bilateralsymmetrischen Gehäuseform, womit sie ebenfalls unmittelbar unter dem Wasserspiegel schwimmt, wobei nach Beobachtungen im Münchener zoologischen Institut die Schale nach unten hängt. Planorbis erreicht die vollkommen bila-

---

1) Deecke, W., a. a. O. S. 760.

teralsymmetrische Schale nicht, ist auch kein vollkommener Schwimmer. Übrigens ist nach Simroth die Fähigkeit sonstiger kriechender Schnecken, mit der Fußsohle gewissermaßen von unten her am Wasserspiegel hinzugleiten, wahrscheinlich allgemein, denn auch schwerschalige Gattungen, wie Conus, haben sie; außerdem ist sie bei den doch stets bodenbewohnenden Pâludinen, Neritinen und Muriciden beobachtet, sogar auch bei einem Trochus aus tieferem Wasser. Diese Schwimmbewegung, wobei die schwere Schale herabhängt, wird ermöglicht durch den ausgeschiedenen Sohlenschleim, aus dem ja auch das in Kap. V, 2 erwähnte Floß von Janthina entstanden ist.

Das änderte sich in dem Augenblick, wo das bilateralsymmetrische Gehäuse auf einem zum Bodenleben übergehenden Bellerophon saß. Da mußte es immerfort nach der rechten und linken Seite überhängen — und diesem Übelstande begegnete die nun einsetzende Kragenbildung am Mündungsrande. Bezeichnend hierfür ist es, daß gerade die ältesten Formen dicse Kragenbildung vorzugsweise zeigen, daß sie auch die am Rücken zugeschärften und stark gekielten Formen umfassen, daß sie also die noch weniger unmittelbar an's Bodenleben angepaßten Typen waren und noch am meisten Anklänge an das ehemalige Schwimmtier zeigten. Später, teils schon bei einzelnen im Obersilur, dann aber ganz bei den devonischen und karbonischen Arten werden die Gehäuse dicker, der Rücken wird breiter, das Tier hat mehr Raum im Gehäuse, füllt es im Verhältnis zur Oberfläche mit größerer Masse aus, weil ein kugeliges Gebilde den größeren Inhalt mit der kleineren Oberfläche verbindet — alles Momente, die mehr und mehr ein Abrücken von dem Schwimmtier bedeuten, bei dem das alles umgekehrt sein müßte. Die Mündungskragen werden wieder überflüssig, weil das breitere Tier die relativ handlichere Schale nun leichter in der notwendigen Lage halten konnte, zugleich aber auch, weil die kugelige Schale eben wegen ihres geringen Umfanges, sowie wegen ihrer ecken- und vorsprungslosen Form für das Leben in den Löchern und Ritzen der Riffe und der Bewegtwasserzone am allergeeignetsten ist. Trotzdem bleiben Umschläge und Schwielen nach wie vor bestehen, bald stärker (Fig. 122 A), bald schwächer entwickelt, was immerhin beweist, daß die Gehäuse zum schneckenartigen Tragen ursprünglich nicht eingerichtet gewesen sind.

Vielleicht läßt sich noch einigen Einwänden kurz begegnen, die man machen könnte. So etwa, daß auch die Planorbisschale, trotzdem sie einem vorzugsweise kriechenden Tiere angehört, fast bilateralsymmetrisch sei und doch auf dem Rücken getragen wird. Hierzu ist zu erwähnen, daß sie einseitig aufgewunden ist, nämlich eine erhabene und eine Nabelseite hat und, ganz entgegengesetzt den Bellerophonten, von der turmförmigen, nicht von der bilateralen Gehäuseform herkommt. Daher ist das Weichtier auch ganz anders in sein Gehäuse

hineingewachsen, zu dessen Handhabung beim Kriechen schon anders
vorbefähigt als die vom Schwimmtier herkommenden, mit der primär
wirklich bilateralsymmetrischen Schale ausgestatteten Bellerophontiden.
Auch der Einwand, daß Nautilus, obwohl von Natur aus ein Schwimmtier,
mit bilateralsymmetrischem Gehäuse (Kap. V, 3) am Boden kriecht und doch
keinen Tragkragen besitzt, kann nicht gelten, weil die lufterfüllte Schale
sich von selbst mit Auftrieb nach oben einstellt und gar nicht zur
Seite herunterhängen k a n n. Drittens darf der Bellerophontidenkragen
auch nicht als Schwebefläche eines nektonischen Tieres gedeutet werden,
etwa nach Analogie der im Kap. V, 2 beschriebenen Körperverbreiterungen
zum Zweck der relativen Körpererleichterung (größere Oberfläche im
Verhältnis zum Gewicht). Denn die Vergrößerung der Körperoberfläche
bei den nektonischen Tieren geschieht nicht so sehr unter Hinzunahme
von Material und neuer Belastung, sondern tunlichst durch Verbreiterung
des Körpers mit der alten Materialmenge oder unter Reduzierung sonstiger
Körperteile, außer wenn die hinzutretenden neuen Körperteile der
Kraft- und Bewegungserzeugung dienen, also den Körper aktiv zu heben
und vorwärts zu bewegen vermögen. Bei den Bellerophontidenkragen aber
ist das ganz und gar nicht der Fall, sondern sie bedeuten ein absolutes
Plus an Material, also eine Belastung, keine Erleichterung — gerade das
ist ein weiterer Beweis für den Übergang zum Bodenleben dieser Formen.

Es ist schließlich auch nicht unmöglich, daß die Bellerophontiden
Lungenschnecken und Landbewohner waren. Darauf deutet der ihnen
eigentümliche Mündungsschlitz, der sich meistens in ein Schlitzband fortsetzt. Bei Pleurotomaria zieht sich der Schlitz von der Mitte der Außenlippe bis weit auf das Gehäuse; auch Haliotis besitzt ihn, er wird aber
hier in Intervallen von Schalensubstanz nachträglich geschlossen, so daß
nur Löcher übrig bleiben, während er bei Pleurotomaria ganz geschlossen
wird und dann als Schlitzband erscheint. Die mützenförmige, schon
triassisch-karbonische Emarginula und die verwandten Fissurellen haben
ihn, und auch hier wird er allmählich nachträglich durch Schalensubstanz verschlossen, so daß zuletzt nur am Wirbel oder auf dem Rücken
ein mehr oder minder längliches Loch übrig bleibt. Auch bei gewissen
Dentalien erscheint er und dann vor allem bei den paläozoischen Bellerophontiden (Fig. 122 A). Über die physiologische und stammesgeschichtliche
Bedeutung des Schlitzes insbesondere von Pleurotomaria sagt SIMROTH[1]):

---

[1]) BREHMS Tierleben. 4. Aufl., Bd. I, 1918, S. 462/27. Die von anderer Seite
vertretene Deutung des Schlitzbandes, daß es die alte Nahtlinie bedeute, längs deren
eine ursprünglich doppelklappige Schale verschmolzen sei, ist deshalb nicht annehmbar,
weil das Schlitzloch und nicht das Schlitzband das Primäre ist. Wären die Schalen
dort verschmolzen, so wäre die Beibehaltung des Schlitzes selbst zwecklos. Seine Bedeutung für die Atmung bleibt also nach wie vor bestehen, und das erlaubt den obigen
Schluß jedenfalls.

„Er führt in die Mantelhöhle. An seinem Ende liegt der After; der Schlitz dient also hauptsächlich zur Entfernung der Fäzes. Rechts und links neben dem Schlitz liegt eine gefiederte Kieme. Da nun eine solche Einrichtung keineswegs zu den ursprünglichen Merkmalen der Molluskenschale gehört und da die Decke der Atemhöhle hinter den Kiemen ein Lungengefäßnetz trägt, lebte der Ahn offenbar als Lungenschnecke auf dem Lande. Denn auch eine unbezweifelte echte Lunge kann sich, unbeschadet ihrer Funktion, mit Wasser füllen. Die kleine Schnecke ist dann in's Meer geraten und weiter gewachsen, ohne daß sich der After in gleichem Tempo mit verschob. So hat der Mantelrand bei seiner Zunahme sich über dem **After** eingebuchtet, um die Exkremente schneller zu entlassen. So ist der Schlitz entstanden." Die Anwendung auf die Phylogenie der Bellerophontiden liegt nahe. Da das Schlitzband aber nicht bei allen Gattungen der Familie in gleicher Weise entwickelt ist, so sind die schlitzbandfreien wohl ursprünglich marine nektonische Schwimmschnecken mit oder ohne Gehäuse gewesen; die schlitzbandtragenden aber vermutlich landbewohnende Formen gewesen, z. T. vom Lande selbst, z. T. schon an's Süßwasser angepaßte Typen, die in's paläozoische Meer und zwar zu verschiedenen Zeiten übergingen (vgl. Kap. V. 1.)

Fig. 123. Kokeniella aus der oberen alpinen Trias, mit weitgehender, aber unvollkommener bilateraler Symmetrie. (Aus KOKEN, Abh. Österreich. geol. Reichsanst. 17, 1897.) $^3/_4$.

Die Euomphaliden kennzeichnen sich schon durch ihre schweren dickschaligen Gehäuse als träge Bodenbewohner, und kaum werden sie diese flachen schweren Scheiben viel herumgetragen haben. Man darf sie daher nicht mit Planorbis vergleichen, deren Gehäuse so dünn und leicht ist. Soweit die Umgänge sich dicht berühren, was bei den meisten Gattungen der Fall ist, so konnten sie trotz ihrer Weitnabeligkeit auch flach auf dem Boden liegen ohne zu versinken. Daß sie ihr Gehäuse nicht leicht trugen, wie Planorbis, das beweist außer dessen Schwere auch die innere Bödenbildung, welche eine nicht eben tiefe Ausfüllung durch den Weichkörper verrät. Niemals ist die Bilateralsymmetrie ganz erreicht, selbst bei den in dieser Hinsicht vorgeschrittensten Formen nicht, wie die nebenabgebildete triassische Form (Fig. 123) zeigt.

Wir werden im folgenden Abschnitt dieses Kapitels die festgewachsenen Bodenbewohner betrachten. Wenn wir eine ideale Anpassungsreihe vom freischwimmenden oder sehr beweglichen Bodentier zum festsitzenden aufstellen wollen, so geht der Weg nicht über die platt daliegende Form, sondern unmittelbar vom freien Tier zum festsitzenden einerseits und zum plattliegenden andererseits. Denn es ist keineswegs so, daß die festgewachsenen Formen eine breite untere Anwachsfläche besäßen; im Gegenteil sind sie, wie die Einzelkorallen zeigen (Fig. 192, Abschn. 5) oft geradezu auf eine Spitze gestellt. Insofern ist der beistehende Siliquariatypus der Schnecken (Fig. 124) als ein idealer Über-

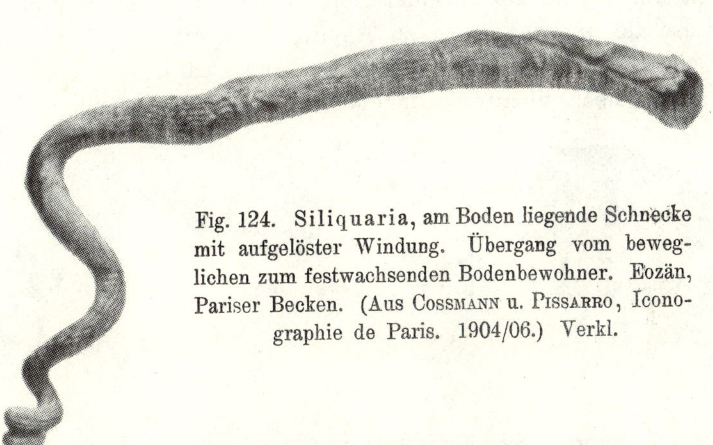

Fig. 124. Siliquaria, am Boden liegende Schnecke mit aufgelöster Windung. Übergang vom beweglichen zum festwachsenden Bodenbewohner. Eozän, Pariser Becken. (Aus COSSMANN u. PISSARRO, Iconographie de Paris. 1904/06.) Verkl.

gang vom frei beweglichen Tier zum festgewachsenen zu bezeichnen. Diese Schneckengattung bewegt sich nicht mehr, und infolgedessen wird die Spirale entrollt und wächst röhrenförmig in der für den Lebensunterhalt geeignetsten Richtung hinaus. Der nächste Schritt ist dann das Festwachsen mit der Gehäusespitze und ein

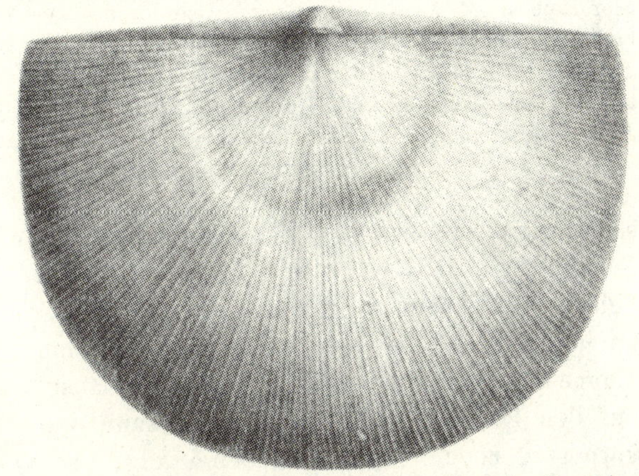

Fig. 125. Orthothetes, frei am Boden liegender Brachiopodentyp aus dem Karbon von Irland. (Aus DAVIDSON Brit. Foss. Brach. II, 1858/63.) Ca. $^2/_3$ nat. Gr.

daraufhin erfolgendes unregelmäßiges Schalenwachstum, wie es die bekannten, stets gruppenweise zusammenklebten Vermetus-Arten ja zeigen.

Unter den Brachiopoden sind ganz besonders die Formen der platten Strophomeniden im Paläozoikum zu den ausschließlich an das freie Liegen am Boden angepaßten Typen zu zählen. Sie sind platt und primär ungewölbt und bilden im Alter den Stiel, mit dem sie verankert waren, zurück, das Deltidium schließt sich (Fig. 125). Wahrscheinlich bedeutet die eigenartige Umbiegung der Ränder bei Leptaena für diese Lebensweise ein fortgeschritteneres Entwicklungsstadium. Zwar ist die kleinere Dorsalschale scheinbar konkav, die größere Ventralschale konvex, doch ist das kein primäres Wachstum, sozusagen nur ein schärfer betontes Schalengewölbe, sondern die Form wächst genau so flach, wie Orthothetes, biegt aber die Ränder plötzlich rechtwinkelig hinauf. Man braucht nur einmal ein Originalstück zunächst mit dem platten Teil der Ventralschale auf den Tisch zu legen, um sofort den Wert dieser Bildung einzusehen: der ganze, unten am weitesten sich öffnende Schalenrand ist so hoch über die Umgebung erhoben, daß beim Öffnen nicht

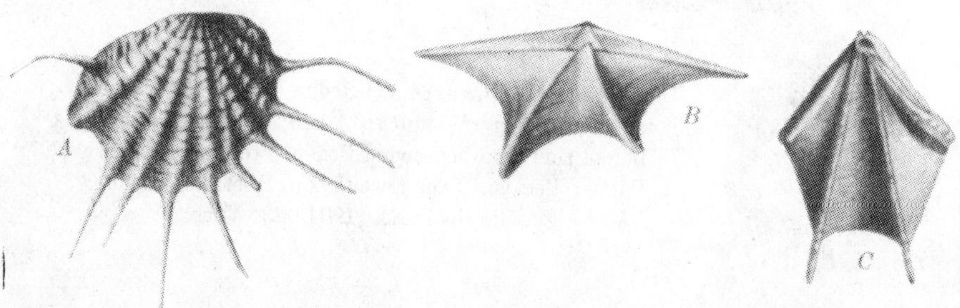

Fig. 126. Verlängerung der Liegefläche bei Brachipoden mittels ausgestreckter Stacheln oder Rippen. *A Atrypa hystrix.* Oberdevon, New York. Mit Stacheln zur Verbreiterung der Liegefläche. (Aus HALL, Paleont. of New York, VIII, Brachiop. 2, 1894.) $^1/_1$. *B Verneuila cheiropteryx.* Mitteldevon, Eifel. Zwischen den fortgesetzten Rippen ist noch Schale ausgespannt. (Aus HALL, ibid.) $^1/_1$. *C Eudesia trigonella.* Oberer Jura, Württemberg. Rippen allein über den Schalenrand hinaus verlängert. (Aus QUENSTEDT, Brachiopoden, 1871.) $^1/_1$.

so unmittelbar Sand oder Schlamm eindringt, wie bei der ganz platten Form; zugleich aber wurde beim Öffnen der allenfalls zuvor auf die Schale geschwemmte Schmutz wie von einer Kehrichtschaufel von der an und für sich bei dieser Gehäuselage schon schräge stehenden Dorsalklappe heruntergeschoben. Lag das Gehäuse aber umgekehrt, also nur auf den Rändern der Dorsalklappe, dann war beim Öffnen der Weichkörper so hoch über dem Boden infolge der Knickung der Schale, daß dies wieder ein Vorteil gegenüber der Flachform war.

Noch andere Anpassungen an das Liegen, ähnlich wie bei den Muscheln, kommen bei Brachiopoden vor. Entsprach biologisch die flache Strophomenidenform etwa den Verbreiterungen der Schale bei den Mono- und Anisomyariern dort, so gibt es auch eine rippen-stachelförmige Verlängerung des Schalenrandes wie bei Avicula cygnipes, um das Gehäuse gegen ein Umschlagen zu sichern. Eine solche Brachiopodenform ist die nebenstehend abgebildete Atrypa hystrix (Fig. 126 *A*). Die Stachelbildung hat nicht dem Schutze und der Abwehr von Feinden gedient, auch nicht wie die Stacheln vieler Productusarten der Umklammerung von Fremd-

körpern, also der Verankerung, sondern dem besagten Zweck; wenn es
Schutzstacheln wären, dürften sie nicht oder nicht nur in der horizontalen Liegefläche der Schale abstehen, sondern sie müßten von der Schalenfläche abstehen. Auch bei solchen Atrypaformen wird mit zunehmendem
Alter der Wirbel der Ventralschale eingekrümmt, das Stielloch geht verloren, der haltende Fleischstiel hat sich also zurückgebildet. Wurde das
Tier frei, so lag es auf dem Boden, und so war ein mechanisch dem
Einsinken oder Umrollen entgegenwirkendes Mittel wohl angebracht, und
dies geschah eben durch die weite Ausstreckung von Stacheln.

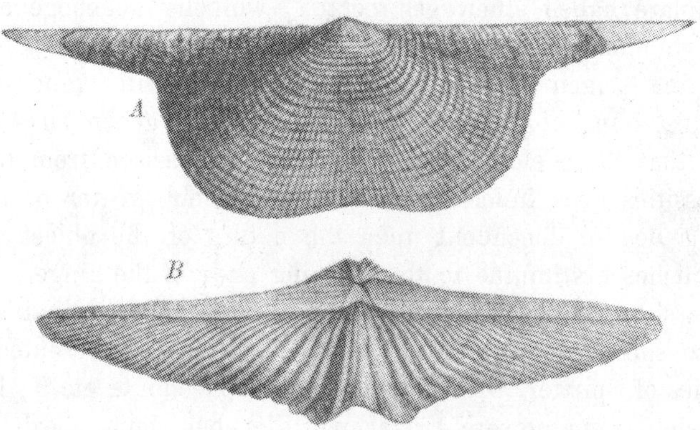

Fig. 127. Querverlängerung von Gehäusen bei Brachiopoden als Mittel gegen das Ver-
sinken: *A* Productus boliviensis. Karbon, Kleinasien. Nur Verlängerung des
Schloßrandes. (Aus ENDERLE, Beitr. Geol. u. Pal. Österr. Ung. u. Orient. XIII, 1901.) $^1/_1$.
B Spirifer convolutus. Karbon, England. Verlängerung des ganzen Gehäuses.
(Aus DAVIDSON, Brit. foss. Brachiop. II, 1858/63.)

Solche rippenartigen Schalenverlängerungen zeigen konvergent auch
andere Brachiopoden verschiedener Familien. Entweder werden die Rippen
dabei allein über den Rand hinaus verlängert wie bei Eudesia trigonella
(Fig. 126 *C*), oder es zieht sich zwischen ihnen die Schale schwimmhautartig
noch hinaus (Fig. 126 *B*). Ferner hat — ebenso wie die oben (S. 297) beschriebene stielförmige Ausstreckung des Schloßrandes bei der devonischen Actino-
desma — auch Productus gelegentlich eine solche Schloßrandverlängerung
(Fig. 127 *A*), und die Spiriferen können sich so strecken, daß sie geradezu
stangenförmig werden (Fig. 127 *B*). Bei dem auf Seite 180 erwähnten Spirifer
Verneuili aus dem Devon des Timan hat ein Exemplar nur eine einseitig
verlängerte Schale, die anderen haben eine in die Höhe strebende Area. Auf
deren letztere Bedeutung soll im Abschn. 4 dieses Kapitels noch eingegangen, hier aber nur die Querverlängerung der Schalen behandelt werden.

BEECHER[1]) gibt folgende Erklärung: die Bildung sei hervorgerufen
durch mechanischen Zwang; der Organismus sei hier gegen die natür-

---

1) BEECHER, Ch. E., The origin and significance of spines: a study in evolution.
Americ. Journ. Science., 4. Ser., vol. VI. New Haven 1898. S. 337.

liche Tendenz seiner Entwicklung zu einer „Stachelbildung" gezwungen
worden. Er weist auf eine analoge Ausbildung bei dem rezenten Brachiopoden Mühlfeldtia truncata hin, einer im Umriß halb elliptischen
Form mit kurzem gedrungenen Stiel, der das Tier so eng an das
tragende Objekt anpreßt, daß sogar der Wirbel von der steten Reibung
daran korrodiert ist. Die auf dünnen Korallenästchen sitzenden Exemplare,
bei denen somit die beiden Enden des Schloßrandes ohne weiteres über
das Objekt beiderseits hinausreichen, sind im allgemeinen gedrungen und
gerundet: dagegen die auf einer sich weiter ausdehnenden Fläche sitzenden Exemplare haben einen gestreckten, winkelig abgebogenen bis zugespitzten Schloßrand. Auch die rezenten Brachiopoden Cistella und
einige Dallina zeigen dieselbe Wirkung. Von Spirifer mucronatus sagt
nun BEECHER, ohne eine ganz spezielle Erklärung geben zu können: „It
is evident that these elongated hinge lines have arisen from the mecha-
nical necessities of a functional hinge, and their greater or less extent
is also to a degree dependent upon the nature of the object of support
which furnishes a stimulus to the growing ends of the hinge. A marked
example is shown in Spirifer mucronatus, with the cardinal angles ex-
tended into spiniform processes. Similar features are presented by many
other species of Spirifer, Orthis, Leptaena Stropheodonta etc." Ich glaube
also, daß sich gegen unsere Erklärung, die eben doch spezieller ist als
die BEECHERS, kaum etwas einwenden lassen wird. Nicht nur sollte das
Versinken im Sand oder Schlamm durch diese Stacheln verhindert werden, sondern der Brachiopod konnte sich damit über jeder engeren Vertiefung seiner allenfalls harten Unterlage halten. Lag er nämlich in einer
solchen Vertiefung ursprünglich schon, so konnte er bei weiterem Wachstum unter Umständen seine Klappen nicht mehr öffnen, es war ihm
Wachstum, Nahrungs- und Wasseraufnahme erschwert; dehnte er dagegen
seinen Schloßrand sofort rasch aus, so überbrückte er damit die Unebenheiten
seiner Unterlage und war im Auf- und Zuklappen seiner Schalen nicht
weiter durch sie behindert und auch nicht weiter in Gefahr, in einer
solchen Vertiefung zu versinken.

Es ist eine ganz allgemeine Erscheinung in der organischen Natur,
daß jeder Stamm möglichst vielseitig Formen ausprägt, welche alle möglichen Lebensräume und Daseinsgelegenheiten auszunützen wissen und
welchen unmittelbar genotypisch beim ersten Erscheinen oder mittelbar
auf längerem oder kürzerem Entwicklungsweg durch äußere Umwandlung
und Anpassung eine Organisation zuteil wird, mit welcher ein und demselben biologischen Erfordernis in immer neuer Weise genügt wird.
Der so mannigfaltige Echinodermenstamm ist wohl das ausge-
zeichnetste Beispiel dafür, auf wie vielerlei verschiedenen Wegen mittels
immer neuer Gestalten solche Aufgaben innerhalb desselben Stammes zu
allen Zeiten gelöst werden, wobei von der in's einzelne gehenden Mannig-

faltigkeit der Gattungen, Arten und Varietäten hier ganz abgesehen werden
muß. Diese Erscheinung drängt sich jedem Beobachter auf, denn auch
Jaekel sagte, wie ich nachträglich sehe, von den einzelnen Unterstämmen,
daß jeder durch eine den ganzen Organismus beherrschende Formbildung
ausgezeichnet sei, daß aber jede Klasse ihre besondere Methode habe,
womit sie den Echinodermentypus ihrer speziellen Lebensweise anpasse[1]).
Die Echinodermen sind durchweg Bodenbewohner, teils frei, teils festgewachsen; nur wenige sind fähig, Schwimmbewegungen zu machen und
auch dies nur in unbeholfener Weise. Hier handelt es sich nur um die
freien Bodenbewohner.

Wir beginnen mit der Klasse der Cystoideen. Einige ganz alte, vielleicht schon vorkambrische Echinodermen, unter ihnen die flachen The-

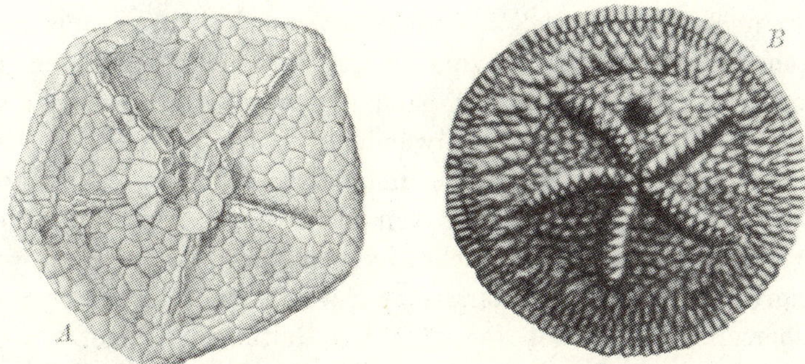

Fig. 128. Kambrische und untersilurische Thecoideen mit abgeflachter Basis. (Aus Jaekel,
Stammesgesch. d. Pelmatozoen I, 1899.) *A* Stromatocystites, flache, lose am Boden
liegende Unterseite. Unterkambrium, Böhmen. Ca. ³/₁. *B* Hemicystites mit flacher
Unterseite, etwas emporgetriebener Oberseite und ebensolchen Ambulakren. Untersilur,
Böhmen. ³/₁.

coidea (Fig. 128), kommen vermutlich von einem freien, unverkalkten
kugeligen, vielleicht schwimmenden oder schwebenden Typus her, während dagegen nach Jaekel wenigstens die platten unterkambrischen
Stromatocystiden durch ihr Leben auf dem Sande zum Aufgeben
einer ursprünglichen Stielbildung veranlaßt worden seien. Diese Stromatocystiden sind flach-kuchenförmige bis becherförmige Bodenbewohner
und liegen lose oder festgeheftet da. Die ältesten von ihnen sind lose
und entsprechen mit ihrer platten Unter- und nur schwach gewölbten Oberseite dem hier fortlaufend beschriebenen basal verbreiterten Liegetypus
aller anderen Stämme. Der biologische Grund, die platten Thecoideen
von freien kugeligen Formen statt von festsitzenden abzuleiten, liegt
für mich in der Erwägung, daß mit einem Übergang von einer gestielten
Lebensweise zu einer unmittelbar am Boden liegenden kein besonderer

---

1) Jaekel, O., Phylogenie und System des Pelmatozoen. Paläontolog. Zeitschr.,
Bd. III. Berlin 1918, S. 9.

neuer biologischer Vorteil errungen worden wäre, sondern eher das Gegenteil; dagegen ist der Wechsel zwischen schwebender und liegender Lebensweise auch nach vielen anderen analogen Fällen bei sonstigen Tiergruppen biologisch verständlicher als der Übergang vom gestielten zum platt liegenden Bodentier. Der morphologische Gesichtspunkt aber für unsere Annahme liegt in der Zunahme der Verkalkung der ursprünglich lederigen Körperwand, also in einer Festigung und Versteifung, aber zugleich auch einer Beschwerung des ehemals weichhäutigen Körpers, der daher mehr auf eine larvenartig schwebende Ursprungsform als auf einen ursprünglichen Bodenbewohner hinweist; ferner in der Tatsache, daß gerade die geologisch ältesten Thecoidea, wie der abgebildete Stromatocystites, ungestielt und frei, die jüngeren Agelacriniden (Fig. 148 im Abschn. 2 ds. Kap.) aber festgewachsen sind. Es ist nach JAEKEL also wahrscheinlicher, daß die unterkambrischen Stromatocystiden durch ihr Leben auf dem Sande zum Aufgeben einer Stielbildung veranlaßt wurden und daß ihre zunächst passive Beweglichkeit auf sandigem Ufer der Gezeitenzone durch die Notwendigkeit, sich nach Umdrehungen des Körpers wieder aufzurichten, zu ambulakraler Beweglichkeit führte und so Veranlassung zur Entstehung von freien Formen gab. Demgegenüber meine ich, daß diese Formen nicht Abkömmlinge gestielter sind, wofür auch noch spricht, daß die Ambulakralrinnen, welche bei allen diesen Formen auf der Oberseite liegen, bei den jüngeren Gattungen immer kräftiger, erhabener werden, sie werden immer mehr über die Umgebung herauszuheben versucht (Fig. 148 *B*, Kap. IV, 2). Diese Eigenschaft steht in unmittelbarem Zusammenhang mit der Notwendigkeit, die durch ihre Basisabflachung niedrig gewordene Gestalt nach oben zu verlängern; es war dies wegen der Beistrudelung der Nahrung und als Schutz gegen Verschmutzung wohl nötig.

Wenn wir an das DOLLOsche Gesetz der Nichtumkehrbarkeit der Entwicklung im später dargelegten Sinn (Kap. VII, 3) denken, das keine Ausnahme erleidet, so können wir sagen: Die Form war zuerst kugelig und, wie die ältesten zeigen, auch mit einer weichen lederigen Haut umgeben, die kleine verkalkte Täfelchen ausschied. Die Tiere gingen zur freien sessilen Lebensweise über. Die Unterseite flachte sich allmählich ab, dadurch wurde der Körper niedriger. Die Abflachung war in noch stärkerem Maße nötig, der Körper wurde noch flacher, wie es die jüngeren zeigen. Dann mußte die Oberseite wieder erhöht werden. Dies ging nicht auf demselben Weg durch Wiederwölbung der Unterseite. Es wurde daher diesem Mangel durch Herauftreiben der Oberseite und Höherlegen der Ambulakralrinnen selbst abgeholfen. Etwas dem letzteren ganz ähnliches begegnet uns übrigens bei der abgeflachten, frei am Boden liegenden kretazischen Einzelkorallen Aspidiscus, (vgl. S. 330.)

Andere älteste Echinodermen, wie die mit einem schwachen Stiele eben noch verankerten Carpoidea sind gerade im Stadium der Rück-

bildung gewesen, als sie offenbar vor überlegeneren Konkurrenten verschwanden. Sie erscheinen schon mit dem Kambrium und sind, da die
eigentlichen Krinoiden erst im Silur folgen, biologisch teilweise deren
Vertreter ursprünglich gewesen. Ihr Stiel bildet sich zurück, ohne jedoch
ganz zu verschwinden.
JAEKEL[1]) sagt von ihnen:
„Die abgeplattete Form
(Fig. 129) und kräftige
Randbildung ihrer Theca,
ihre nicht auf Druck,
sondern viel mehr auf
Zug konstruierte Stielbildung, einige Anzeichen
von Kontraktilität im
oberen Teile des Stieles
und in mittleren Teilen
des Thecalskeletts schließen für alle Carpoidea
deren Deutung als aufrecht stehende Formen
aus. Ihre Eigenarten sind
nur dadurch erklärlich,
daß die Formen mit dem
Stiel und der Theca dem
Boden flach auflagen“.
Sie wurden bei diesem
Umbildungsprozeß etwas
bilateral symmetrisch
(Fig. 43, S. 157). Die
Theca ist in der Regel
stark komprimiert, am
vorderen Ende liegen zuerst Mund und After
getrennt; später nehmen
sie teilweise ihre Nahrung durch den Enddarm auf und können
dann den Mund entbehren. Ihre Skelettbildung ist apentamer,

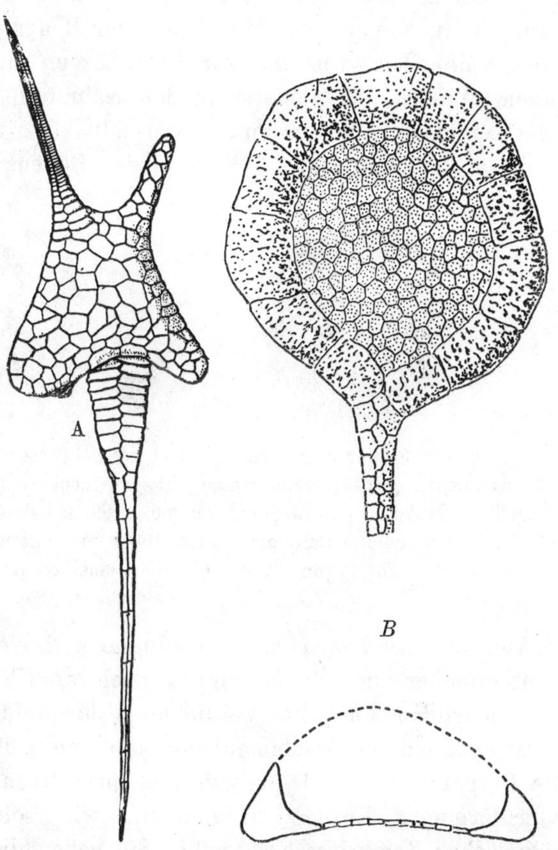

Fig. 129. Typen von Carpoideen, die wahrscheinlich
phylogenetisch und ontogenetisch zuerst aufrecht standen
und sich dann unter Abflachung des Körpers auf den
Boden legten. Der kontraktile, wohl nur leicht angeheftete Stiel diente zu selbständigen Hin- und Herbewegung, vielleicht auch zur leichten Drehung des Körpers.
A Dendrocystoides. Untersilur, Schottland. (Aus
JAEKEL, l. c., nach BATHER, Transact. R. Soc. Edinburgh.
49/II, 1913.) $^1/_1$. *B* Trochocystites. Kambrium,
Böhmen. Unterseite und Querschnitt. Kräftige Randplatten. (Aus JAEKEL, l. c., 1918.) $^1/_1$.

1) JAEKEL, O., Phylogenie und System der Pelmatozoen. Paläontologische Zeitschrift, Bd. III, Berlin 1918, S. 111—117.

meistens auf beiden flachen Seiten und innerhalb derselben wieder verschieden; der Stiel ist zweizeilig, oben hohl und kontraktil. Dieser Typus fällt
also ganz aus dem Rahmen der sonstigen gestielten Echinodermen heraus
und nähert sich äußerlich dem der Holothurien. Auch sie nehmen Wasser
und Schlamm auf und verdauen die in ihm enthaltenen Nährstoffe
Dazu gehört, wie Jaekel darlegt, weicher Boden, nicht schnell erhärtender
fester Kalkboden, wie ihn die Pelmatozoen lieben, die meist nur aus
reinem Wasser die niedersinkenden Nährstoffe direkt auslesen. Wenn
die Carpoideen Schlamm- und Sandschlucker waren, so mag der Anlaß
zu dieser Lebensweise ein Wechsel des Bodens bzw. die Anpassung der

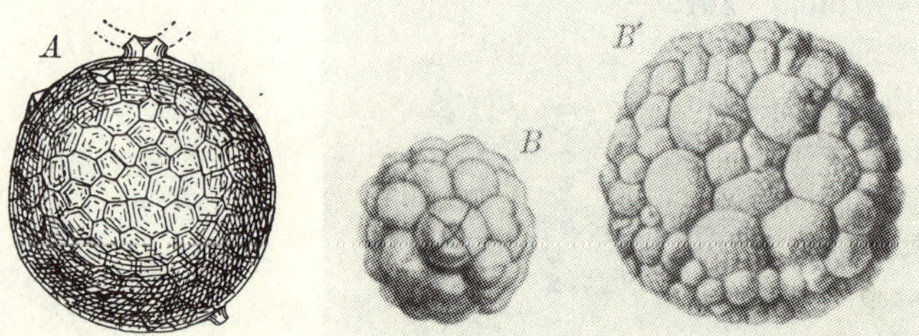

Fig. 130. Freie oder mit äußerst rückgebildetem Stiel versehene Cystoideen (Hydrophoriden).
A Echinosphaerites, rechts unten mit eben noch sichtbarem schwachem Stielansatz.
Untersilur, Baltikum. (Aus Jaekel, Stammesgesch. d. Pelmatozoen I, 1899.) *B B'* Proto-
crinites. Untersilur, Baltikum. Jugendform von unten, mit Ansatzstelle des Stieles,
und erwachsene Form von unten, ohne Stielansatzstelle. (Aus Volborth, Verh. Russ.
Min. Ges. Petersburg, 1846.)

Larven an das Leben auf schlammigem Boden gewesen sein. Damit
steht offenbar auch die Bildung der schweren Randplatten bei den älteren
Trochocystiden und die Verdickung der hinteren Eckstücke bei den
Ceratocystiden im Zusammenhang, und hiernach wäre anzunehmen, daß
die Carpoideen von hypothetischen primitiven Eocystiden mit langem
wurmförmigen Körper abstammten, wie solche Barrande aus dem
böhmischen Kambrium beschreibt. Sie gaben die von jenen auf weichem
Boden errungene Aufrichtung auf und legten sich, wie ihre wurmförmigen
Vorfahren, wieder auf den Boden. Hierbei plattete sich die Theca ab
und bildete dann konstant eine flache Unterseite aus. Die neue Lebensweise brachte eine Hemmung ihrer Ontogenie, vor allem der Ambulakral-
organe, und damit eine Erhaltung und Neubelebung ancestraler Eigenschaften,
wie der bilateralen Anlage, die hier z. T. in die Wurzel hinunterreicht.
       Eine dritte, teilweise frei am Boden liegende Ordnung ältester
Echinodermen der Cystoideenklasse sind die Hydrophoriden, die Gruppe
der Dichoporiten und Diploporiten Jaekels umfassend[1]), ein Unterschied,

---

1) Ich folge hier der Systematik in Zittel-Broili, „Grundzüge der Paläontologie",
3. oder 4. Aufl. 1910 bzw. 1915, wegen des einfacheren Nachschlagens und der damit
ermöglichten rascheren Übersicht. Denn die wenigsten Leser werden solche Formen
aus eigener Anschauung kennen.

der sich auf die Ausstattung mit Poren bezieht. Sie enthalten teils typisch krinoideenartig gestielte, teils schwach gestielte, teils ungestielte Formen (Fig. 130), teils sind sie mit der ungestielten Unterseite festgewachsen. Nur die freien Bodenbewohner sind hier zu besprechen; die anderen im folgenden Abschnitt des Kapitels. Es ist anzunehmen, daß sie teils aus freien Kugelformen hervorgegangen sind und ihre Stiele erst nachträglich erworben haben, teils von gestielten Formen kommen und die Stiele rückbildeten, teils die Stiele dauernd beibehielten. Das bekannte Leitfossil des Untersilur, Echinosphaerites, hat einige schwach gestielte und auch ungestielte Arten; bei dem nebenstehend abgebildeten Stück sieht man den Übergang (Fig. 130 A). Protocrinites derselben Stufe ist in der Jugend gestielt, im Alter frei, was wohl auf Abkunft von einer stärker gestielten Form deutet (Fig. 130 B). Die Skelettierung ist nach Jaekel so kräftig, daß der Körper schwerfällig und zu einer schwebenden Lebensweise ganz ungeeignet war. Die Körperanhänge waren so schwach und zugleich steif, daß sie nicht, wie bei den die sitzende Lebensweise mit der schwebenden vertauschenden Krinoiden Saccocoma (Kap. V, 1, Fig. 244) oder Antedon, zum Schwimmen taugten. Protocrinites lag also auf dem Meeresboden ähnlich gewissen Seeigeln, und dafür spricht außer der Abflachung seiner Unterseite auch die Verwachsung und Abreibung der Respirationsporen dort. „Diese Auflagerung auf dem Meeresboden“, sagt Jaekel, „hat zur Voraussetzung, daß der Boden fest genug war, um ein Einsinken der Theca zu verhindern. Diese Bedingungen trafen nun allem Anschein nach auch zu, da sich Protocrinites fragum in kalkigem Gestein findet und solches ... auch unter Wasser bei der Sedimentation so rasch erhärtet, daß sich sogar Kriechspuren und andere vorübergehende Eindrücke auf demselben erhalten konnten. Ebenso sicher wie sich nun in diesem Falle die freie, aber sessile Lebensweise einer Pelmatozoe nachweisen läßt, so sicher ist, daß dieselbe in der Jugend gestielt war und erst mit größerer Wachstums- und Gewichtszunahme auf die schwache Stielbildung verzichtete“ [1]). Bei dem untersilurischen Cystoblastus, dessen Stiel man nicht kennt, war jedoch wahrscheinlich ein solcher vorhanden.

Auch unter den Blastoideen gibt es einige sehr seltene ungestielte Formen, und zwar erst im Devon und Karbon, so daß sie schon einen langen Entwicklungsweg von alten gestielten Formen her hinter sich haben dürften. Sie bilden ein Ambulakrum zurück (Zygocrinus, Karbon) oder verbreitern es sehr (Eleutherocrinus Devon), eine Erscheinung, deren biologische Bedeutung unklar ist.

Diese ältesten und viele andere, gestielte Grundtypen des Echinodermenstammes sterben aus und an ihre Stelle schieben sich die See-

---

1) Jaekel, O., Stammesgeschichte der Pelmatozoen. I. Bd. Thecoidea und Cystoidea, Berlin 1899, S. 431.

lilien, Seeigel und Seesterne, teils unmittelbar und gleichzeitig, teils
später, machen ihrerseits wieder in anderen Gestalten Entwicklungen vom
schwimmenden zum festsitzenden, vom kriechenden zum liegenden Typus
wechselweise durch und füllen so bis auf gewisse stets bleibende Unterschiede von neuem die Lebensräume aus und betätigen Lebensgewohnheiten, welche vorher andere, ältere Typen angenommen hatten. Eine
phylogenetisch geschlossene Folge ist dabei aber nicht zu beobachten.

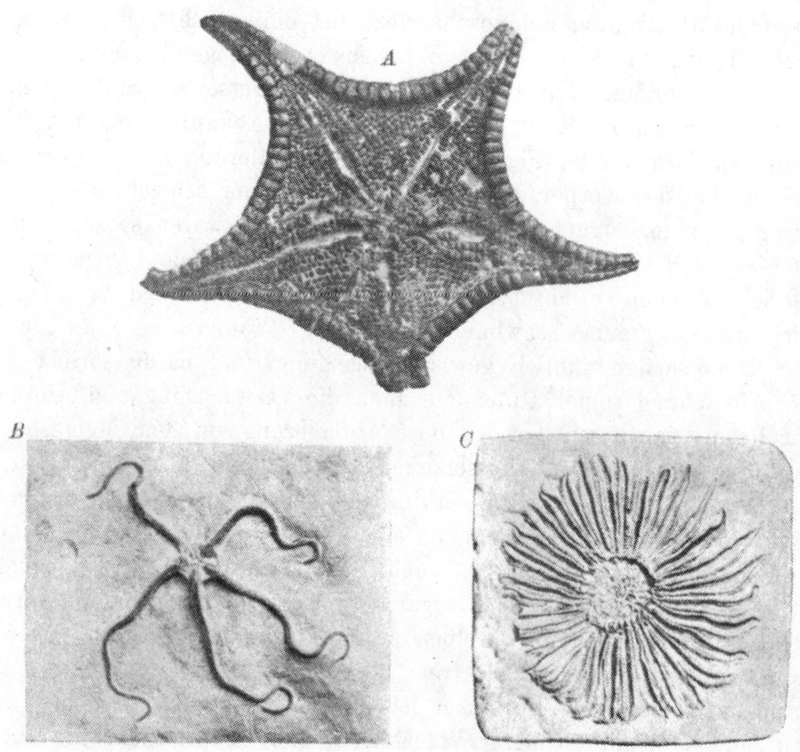

Fig. 131. Seesterntypen mit verschieden stark entwickelten Armen, den Grad ihrer
Beweglichkeit darstellend: *A* Metopaster. Obere Kreide, England. Vermutlich sehr
träge Form mit großer platter Liegefläche; von oben. (Aus SLADEN u. SPENCER, Brit.
foss. Echin. Cretac. 1891/08.) $^1/_3$. *B* Ophioderma, Schlangenstern mit geschlossenen
Armen und außerordentlich kleinem Zentralkörper, behende kriechend und kletternd.
Unterlias, England. (Orig. in München.) $^1/_2$. *C* Solaster, Seestern mit zahlreichen
Ambulakralarmen; kriechende und sitzende Form, Bauchseite. Dogger, England. (Aus
WRIGHT, Brit. foss. Echin. II, Aster. 1863/80.) $^1/_3$.

Bei den echten Seesternen (Asteroidea) mit unten abgeplatteten
Armen und offener ambulakraler Unterseite sind die mit freien langen
Armen durchschnittlich die beweglichsten; je mehr die Ambulakral-
arme in den Körper einbezogen sind, also je mehr der Körper sich der
plattigen Form nähert und die Sternform verschwindet, um so träger das

Tier. Ohnehin deutet ja auch bei den sternförmigen die Abplattung der Unterseite das Liegen mehr an als die Fortbewegung, und dem entspricht auch die Nahrung: gewöhnlich findet man im Schlund eines Seesternes kleine Muscheln, die er vom Boden aufnimmt. Formen wie Aspidosoma und Palaeaster im Palaeozoikum, Pentaceros im Jura mögen wohl nicht viel anders gelebt haben als etwa der rezente Astropecten von dem Nick-Grimpe schreiben[1]), daß er auf Sandgrund lebt, sich leicht in den Sand eingräbt, wozu hauptsächlich die Füßchen des phlegmatischen Tieres verwendet werden. Bewegt er sich fort, so benützt er trotz mangelnder Saugscheiben die Füßchen wie Stelzen und kann in der Minute $1/2$ m zurücklegen. Hierher gehören unter den Rezenten die Gattungen Pentagonaster, Rhegaster u. a., von denen der erstere bis in die Kreide zurückgeht, aus der auch die nebenabgebildete derartige Form (Fig. 131 A) stammt. Es gibt einige formale Zwischenstufen zwischen den beiden biologisch extremen Typen, wie das ebenfalls kretazische Calliderma, von denen sich

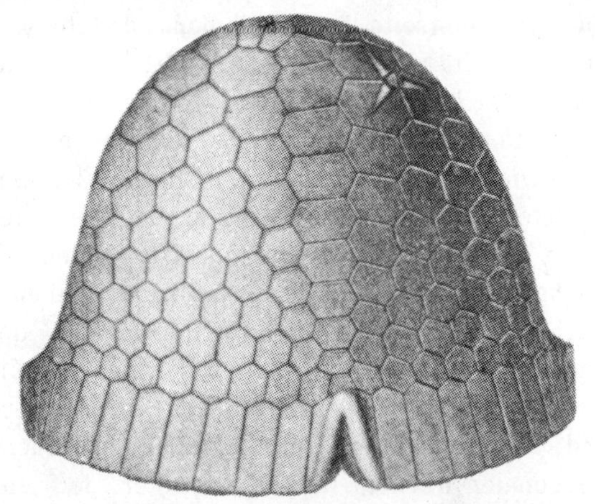

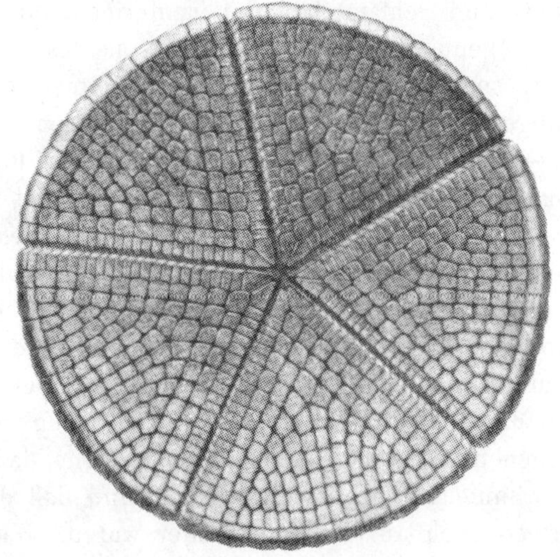

Fig. 132. Modell des Sphaerites, eines hochgewölbten Seesternes aus dem oberen Jura, mit platter Unterseite. Träger Bodenbewohner.
(Aus Schöndorf, l. c.) $2/3$.

jedoch nicht ohne weiteres nachweisen läßt, ob seine Lebensweise mehr dem einen oder dem anderen Extrem entsprach.

So wie die pentagonalen Formen haben jedenfalls auch die ihnen nächstverwandten Sphaeriten des weißen Jura gelebt, von denen man

1) Brehms Tierleben, Bd. I, 4. Aufl., S. 375, 382.

gewöhnlich nur die ganz aus dem ehemaligen Zusammenhang gelösten Einzeltäfelchen findet, aus welchen Schöndorfs dankenswerte Untersuchungen umstehendes Modell (Fig. 132) wiedererstehen ließen. Das Fehlen der Arme, die den Vorigen entsprechende flache, höchstens etwas konkave Unterseite läßt annehmen, „daß die gesamten Arten der Sphaeriten eine sehr träge Lebensweise führten. Ihr hochgewölbter Körper, dem freie Arme gänzlich fehlten, gestattete ihnen nur äußerst langsam und unbeholfen auf dem Boden dahinzukriechen" [1]).

Die Schlangensterne (Ophiuroidea) mit unten geschlossenen gerundeten Armen bewegen sich dagegen viel rascher mit Hilfe ihrer Arme, sie sind beweglicher als Astropecten, klettern auch, wobei sie ihre Stacheln mitbenützen, und wenn sie ruhen, graben sich einige leicht ein, wie Astropecten. Die am ruhigsten liegenden sind auch hier im allgemeinen wieder die platten Formen, nämlich diejenigen, bei welchen aus dem Körper heraustretende, differenzierte Arme nicht vorhanden sind, sondern deren Ambulakralrinnen innerhalb des scheibenförmigen polygonalen Körpers liegen. Solaster, der Sonnenstern, hat in zahlreiche Einzelarme zerlegte Ambulakra, mit denen er an Felsen oder auf weichem Sand- und Schlammboden herumkriecht oder sitzt (Fig. 131 *C*).

Wenn auch die Krinoiden als festsitzende Formen zu bezeichnen sind, so gibt es doch auch unter ihnen einige wenige, welche unter völliger Rückbildung des Stieles zur freien Lebensweise übergingen. Die einen wurden schwimmende, pelagische Formen, die anderen wurden freie Bodenbewohner. Unter letzteren ist Marsupites aus der Oberkreide (Fig. 134 *B*) als pelagisch schwebendes Tier angesprochen worden, worüber man noch nicht ganz klar geworden ist; die dünnen Kelchplatten könnten vielleicht dafür geltend gemacht werden. Es gilt aber von Marsupites jedenfalls dasselbe, was Jaekel (a. a. O. S. 431) von Uintacrinus, einer gleichfalls oberkretazischen rudimentären Form sagt: daß die Schwerfälligkeit der dicken Armglieder in schärfstem Gegensatz zu denen des jurassischen Saccocoma stehe, das eine unzweifelhaft pelagisch schwimmende Lebensweise führte, und daß deswegen jene beiden Kreideformen doch nur Bodenbewohner waren. Ich schließe mich in gewissen Grenzen Jaekels Meinung an, im Gegensatz zu Bather, der die Rekonstruktion eines Schwimmtieres gibt [2]); vor allen Dingen im Hinblick auf eine dritte ähnliche Form, Antedon, der auch aus einer gestielten Form hervorgeht, wie seine Ontogenie zeigt (Fig. 170, Kap. IV, 3). Er hat, frei geworden, eine viel zartere Körperform (Fig. 133) als Uintacrinus und Marsupites und außerordentlich feine schlanke Arme, schwimmt aber

---

1) Schöndorf, F., Die Organisation und systematische Stellung der Sphaeriten. Archiv f. Biontologie, herausgeg. v. d. Ges. Naturf. Freunde, Berlin 1906, Bd. I, S. 300/01.

2) Bather, F. A., On Uintacrinus, a morphological study. Proceed. zool. Soc. London 1895, Taf. 55, S. 974.

B

A

з. 133. Frei bewegliche Krinoidee, Antedon: *A* Rezente Form, über Gegenstände kriechend.
ıs Brehms Tierleben I, 1918.) $^1/_1$. *B* Fossile Form. Oberjura von Solnhofen. (Orig. in München.)

Dacqué, Vergleichende biologische Formenkunde

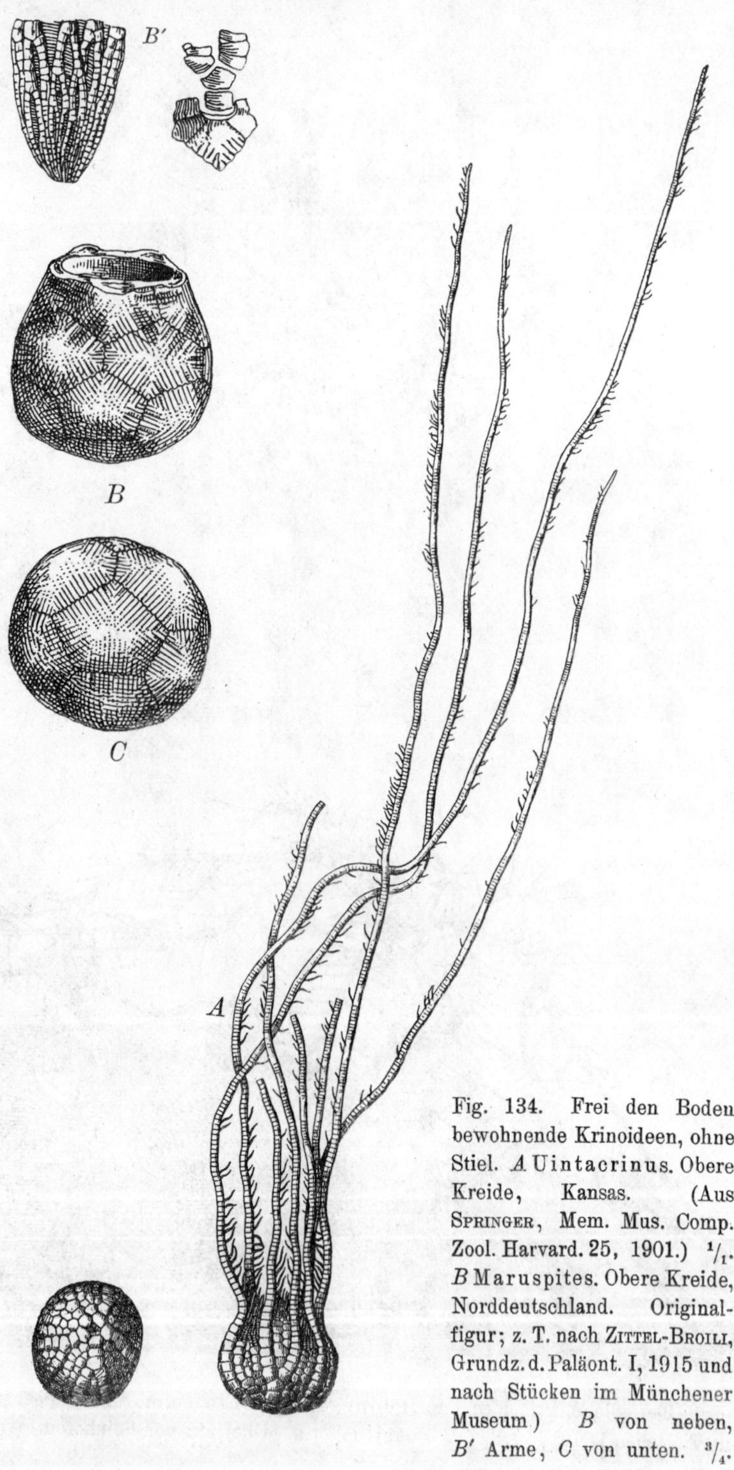

Fig. 134. Frei den Boden bewohnende Krinoideen, ohne Stiel. *A* Uintacrinus. Obere Kreide, Kansas. (Aus Springer, Mem. Mus. Comp. Zool. Harvard. 25, 1901.) $^1/_1$. *B* Maruspites. Obere Kreide, Norddeutschland. Originalfigur; z. T. nach Zittel-Broili, Grundz. d. Paläont. I, 1915 und nach Stücken im Münchener Museum) *B* von neben, *B'* Arme, *C* von unten. $^3/_4$.

trotzdem nicht mehr als er sitzt und ist keineswegs ein nektonisches Tier,
wie man so oft es hört. Nick und Grimpe sagen von ihm: „Die Cirren
sind auch Bewegungsorgane; die Tiere können damit auf Meerespflanzen
herumklettern, wobei allerdings die Arme mithelfen. Außerdem verfügen
diese Seelilien, die beweglichsten Tiere in dem phlegmatischen Stachel-
häuterkreis, noch über eine viel elegantere Methode, um vorwärts zu
kommen. Werden sie fortgesetzt gereizt, dann lösen sie sich einfach ab
und schwimmen, indem sie die Arme in graziösen Schlägen auf und
nieder führen. Dabei senken sich immer fünf Arme, von jedem Arm-
paar einer, während die fünf anderen sich heben. Das Tier treibt so
stoßweise vorwärts wie eine Meduse und vermag auch Wendungen auszuführen, indem es den Körper nach einer Seite hin neigt. Freilich ist
der durch Schwimmen erzielte Antrieb zu schwach, um das Tier längere
Zeit steigen zu lassen. Meist sinkt eine schwimmende Antedon bald;
auch vermag sie selbst gegen die schwächste Strömung nicht anzukommen". Uintacrinus und Marsupites waren also vermutlich beweglich,
aber ganz gewiß schwammen sie nicht. Wenn sie aber bloß unbeweglich auf dem Boden gelegen hätten, so müßten sie wohl an der Basis
auch mehr oder minder abgeplattet gewesen sein, was nicht der Fall ist;
sie lagen also wohl nicht ganz unbeweglich, aber waren doch sicher sehr
träge. Ferner wäre auch hier, wie bei dem oben erwähnten (Seite 313)
Stromatocystiden, nicht einzusehen, was für ein biologischer Vorteil durch
das Rückbilden des Stieles sollte errungen worden sein, wenn die Formen
dann doch bewegungslos auf dem Boden liegen geblieben wären. Da
Marsupites in der weißen Schreibkreide vorkommt, kann er keine Tief-
seeform gewesen sein, wie Jaekel neuerdings angibt[1]. Uintacrinus bedeckt scharenweise und als ausschließliches Fossil die Schichtflächen;
es ist daher wahrscheinlich, daß er in Massen am Boden sitzend die
Arme ausbreitete. Dafür spricht deren ungeheure Länge, die viel verständlicher für ein am Boden wenig bewegliches als für ein frei
schwimmendes Tier ist. Es ist denkbar, daß er mit solchen langen Armen
weit in seiner Umgebung nach Nahrung ausgriff, aber dabei vielleicht
einen langsamen Ortswechsel vornahm, indem er sich, ähnlich wie das
rezente Antedon, anklammerte und wohl die Theca nachzog.

Verhältnismäßig einfach erscheint die Gewinnung der Flachform
bei den Seeigeln, denn hier wird nur die an und für sich schon flachere
Unterseite noch ebener und ausgedehnter. Alle Arten mit derartigem
tellerförmigem Gehäuse sind zugleich auch groß, wodurch sie dem Um-
gestülptwerden um so besser entgehen und ruhig liegen können, ohne zu
versinken; denn bei kleinen nützte auch die ebene Basis nichts dagegen.

---

1) Jaekel, O., Phylogenie und Systematik der Pelmatozoen. Paläontol. Zeitschrift,
Berlin 1918, Bd. III, S. 75.

Pygaster, Clypeus aus dem mittleren Jura, Echinolampas amplus aus
dem ägyptischen Miozän, Pygurus tenuis aus dem oberen Jura, auch
der besonders hohe Conoclypeus conoideus aus dem Eozän sind in
geringerem Grade, dagegen Clypeaster und Scutella nebst Verwandten
in vollendeterer Weise Repräsentanten der echt benthonischen Abplattung.
Für die tertiären gilt: je jünger in der geologischen Folge, um so niedriger
im allgemeinen das Gehäuse. Die durchlöcherte Amphiope des Neogens
und die unter Steigerung der Durchlöcherung fransenartig zerschlitzte
rezente Rotula bedeuten ein Wiederverlassen dieses extremen Anpassungs-
stadiums und bilden zugleich einen neuen Beleg für das Gesetz der
Irreversibilität, wonach der alte Zustand nicht durch einfache Rück-

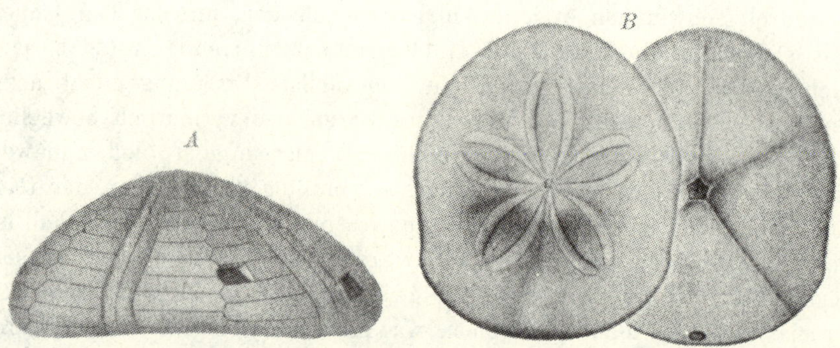

Fig. 135. Liegende Seeigel mit verschiedenen Graden der Abplattung: *A* Echinolampas, aus dem Alttertiär von Oberitalien. Gewölbte Form mit platter Basis. (Aus
Bittner, Alttert. Echin. d. Südalpen, 1880.) Verkl. *B* Clypeaster, aus dem Miozän
der libyschen Wüste. Sehr flache, glatte Form. (Aus Fuchs, Paläontographica 30, 1883.)
Stark verkl.

bildung — das wäre hier Rückkehr zur gewölbteren Basis —, sondern
auf einem neuen andersartigen Wege erreicht werden muß; hier also
durch die Zerlappung, wodurch die Beweglichkeit wieder erhöht und die
Schale leichter wird, weil die Oberfläche im Verhältnis zum Inhalt ungeheuer wächst. Wenn die Seeigel nicht, wie die vorgenannten, auf dem
Boden liegen, sondern im Tang herumkriechen, ist die platte Form durch
eine gerundet-eiförmige ersetzt, die am wenigsten hemmende Kanten hat,
wie die anscheinend fossil nicht nachgewiesene Gattung Amblypneustes.
   Freie, aber bewegliche Bodenbewohner sind vor allem die regulären
Echiniden. Wir können biologisch hauptsächlich zwei Typen unterscheiden: die langstacheligen an der Oberfläche herumlaufenden und die
kurzstacheligen, sich meistens verkriechenden Formen. Über die Lebensweise von Cidaris schreiben Nick und Grimpe[1]): „Die bekannteste Art
der Lanzenseeigel Cidaris cidaris, lebt im Mittelmeer und im nördlichen

---

1) Brehms Tierleben, 4. Aufl., Niedere Tiere, Leipzig u. Wien 1918, S. 362/63.

Atlantischen Ozean vom Äquator bis zum Polarkreise. Auf dem kugeligen, an den Polen etwas abgeplatteten Körper sitzen riesige Stacheln, die zweimal so groß wie der Körperdurchmesser sein können. Sie stehen nur auf den Interambulakralplatten. Eine erwachsene Cidaris stelzt auf ihren Stacheln herum, benutzt aber nur die um den Mund stehenden als ,Beine‘, während ihr die langen Seitenstacheln als Krücken zum Abstützen dienen. Auf ebenem Boden läuft ein Lanzenseeigel ebenso flink wie über alle möglichen Hindernisse (Fig. 3, S. 21). Die Ambulakralfüßchen werden dabei nicht benutzt, sind auch wenig dafür geeignet, denn ihre Näpfe sind schwach entwickelt und in verhältnismäßig geringer Zahl vorhanden ... Wird ein Lanzenigel auf den Rücken gelegt, so dreht er sich sofort und leicht wieder um: er besitzt, wie alle daraufhin untersuchten Echinodermen, den sogenannten ,Umwendungsreflex‘. Der Reizzustand hält solange an, bis der Mund — oder bei unserem Tier die Stelzen der Mundseite — den Boden wieder berührt. Die umgedrehte Cidaris erhebt sich zunächst etwas und bewegt dabei die langen Seitenstacheln, wie nach einem Widerstand tastend. Darauf beginnt der Körper sich nach und nach schräg zu stellen, bis er auf der Seite steht. Dann richten sich alle Stacheln, auf denen das Tier nicht ruht, nach der Mundseite zu; es bekommt das Übergewicht und fällt in die richtige Lage. Die kleineren Mundstacheln haben außer ihrer Stelzfunktion noch eine besondere Aufgabe: sie sind auch Greiforgane, die eine Beute kräftig festzuhalten vermögen “.

„Von den nur mit verhältnismäßig kleinen kurzen Stacheln überdeckten Formen heißt es ebendort (S. 365 ff.): Der schwarze Seeigel, Arbacia lixula, lebt nur in der Brandungszone, wo er sich mittels seiner kräftigen Saugfüßchen in die engsten Spalten und Vertiefungen einklemmt. Er ist leicht beweglich, wenn er vor dem Lichtschein flieht. Er ist ausschließlich dem Leben in der Brandung angepaßt, und die kräftigen Haftscheiben an den langen Füßchen der Mundseite ermöglichen ihm ein sicheres Anklammern auch im heftigsten Wellenschlag. Die Füßchen der Rückseite werden nicht zur Fortbewegung gebraucht und sind zu Atempapillen umgebildet; das Tier kann sich als einziger Seeigel nicht selbst umwenden, wenn es auf den Rücken gelegt wird. Es hat durchschnittlich 4 bis 5 cm Horizontaldurchmesser und ist dicht mit $2^1/_2$ cm langen Stacheln bedeckt. Der Steinseeigel Paracentrotus lividus von $6^1/_2$ cm durchschnittlicher Größe lebt an felsiger Küste in Höhlungen, die meist enger sind als das Tier, wenn es seine Stacheln spreizt; sie bohren die Löcher wahrscheinlich nicht selbst. Sie sind ebenfalls selbständig beweglich (vgl. Kap. IV, 5, Fig. 198). Der mit sehr kleinen Stacheln im Verhältnis zu seiner Körpergröße versehene gemeine Echinus esculentus ist ebenfalls mittels seiner Füßchen beweglich, und Parechinus miliaris, der Strandigel, ist verhältnismäßig behende. Psamme-

chinus microtuberculatus mit vielen kleinen Stacheln klettert verhältnismäßig behende, sogar an Korallen hinauf."

Die Ernährung der Seeigel[1]) geschieht, ebenso wie die der Seesterne dadurch, daß sie mit dem stets auf der Unterseite gelegenen
Munde die Nahrung entweder einsaugen oder mit Schlamm und dem
Wasser einlassen, oder indem sie dieselbe mittels eines Kiefergebisses
ergreifen. Letzteres besitzen nur die Regulären; von den Irregulären
besitzen nur die auf dem Boden liegenden einen ähnlichen, einfacheren
Apparat, während die im Boden lebenden Irregulären ein offenes oder
mit einem plattenartigen Vorsprung der Schale teilweise verschlossenes

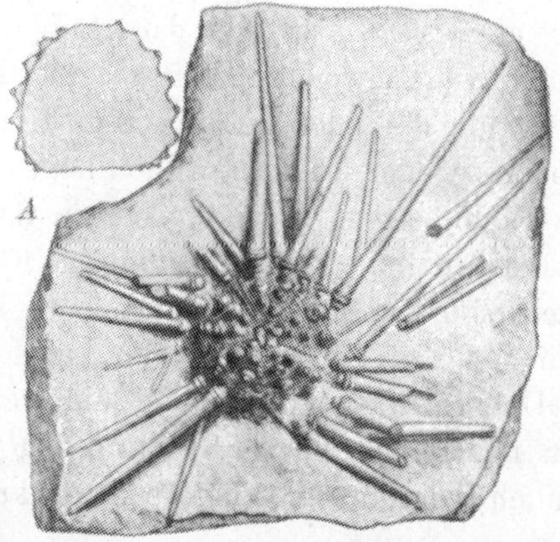
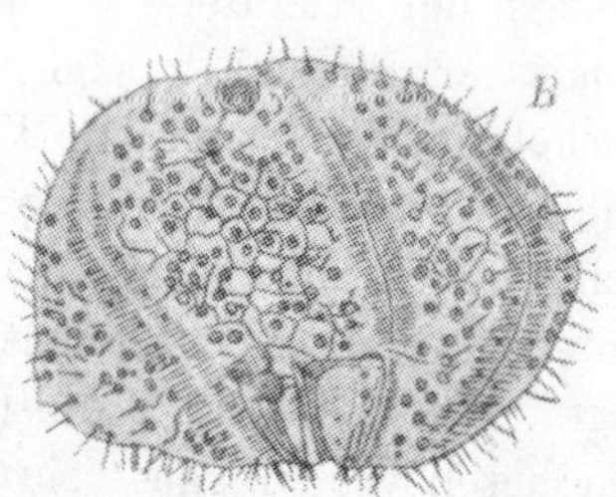

Fig. 136. Reguläre Seeigel mit Stelz-, Stütz- und Schutzstacheln. *A* Hemicidaris.
Dogger, England. Fossiles Analogon zu Fig. 3, S. 21. (Aus WRIGHT, Brit. foss. Echin. II,
1881.) ²/₃. *B* Echinocystides mit feinen, noch nicht zur Fortbewegung dienenden
Schutzstacheln; unten das Kiefergebiß. Obersilur, England. (Aus JACKSON, Mem. Boston.
Soc. Nat. Hist. 7, 1912.) ²/₃.

Mundloch haben. Die Bedeutung dieses Schaufelmundes für das Graben
im Boden wird im Abschnitt 5 dieses Kapitels besprochen. Das „Kiefergebiß" der Regulären, die bekannte „Laterne des Aristoteles" dient
mehr zum Ergreifen als zum Zerkleinern der Nahrung. Den Mund
umstehen fünf kräftige, den Nagezähnen des Hasen ähnliche, in Alveolen
steckende Zähnchen, die mit 15 anderen Skelettstücken den kunstvoll
gefügten Kieferbau bilden; kräftige Muskeln und Bänder verbinden das
Ganze und bewirken seine Funktion. Bei den liegenden Irregulären,
Clypeaster z. B., ist der Bau derber, er besteht aus fünf gedrungenen
Doppelteilen, in deren Mitte man sternförmig die fünf Zähne zusammenstoßen sieht[2]). Solche Laternen, wie bei den regulären Seeigeln

---

1) HESSE, R. u. DOFLEIN, F., Tierbau und Tierleben. I. Der Tierkörper als selbständiger Organismus. Leipzig u. Berlin 1910, S. 279.
2) LOVÈN, S., Echinologica. Bihang till k. Svensk. Vetensk.-Akad. Handl., Bd. 18
Afd. IV, Nr. 1, Stockholm 1892, S. 55 ff.

jüngerer Zeit, sind fossil häufig nachgewiesen, auch bei den regulären
Palechinoideen des Paläozoikums (Fig. 136 *B*); dagegen sind die Kiefer-
gebisse der Irregulären sehr selten.

Nach den körperlichen Eigentümlichkeiten der lebenden regulären
Seeigel müssen wir nun umgekehrt die Lebensweise der fossilen regulären
Euechinoidea zu beurteilen suchen. Es sind größtenteils dieselben Gattungen
noch, die von der Trias an mit Cidaris durchgehen, wenn man auch
viele Untergattungen gemacht hat, die nur eine beschränkte zeitliche
Ausdehnung haben. Als Formen, die auf ihren Stacheln analog dem
beschriebenen Cidaris (cidaris) herumstelzten und allerlei Wendungen ausführten, sind Formen wie Cidaris coronata aus dem weißen Jura und
ähnliche Typen wie Rhabdocidaris und Hemicidaris vom Jura ab anzusehen (Fig. 136 *A*). Auch gewisse Diadematiden mit langen Stacheln, z. B.
Acrocidaris nobilis oder Rhabdocidaris (Fig. 312, Kap. VI, 4) aus dem oberen
Jura dürften analog gelebt haben. Die Stacheln der Seeigel sind primär ein
Schutzorgan, funktionieren als solches aber nur sehr schlecht und haben
daher sekundär ihre Bedeutung als Organe der Ortsbewegung erlangt.
Bei den mit kleineren Stacheln versehenen dienen sie auch vor allem zur
Verfrachtung der auf den Seeigelkörper fallenden oder von ihm irgendwo
berührten Nahrung: die Stacheln packen dieselbe und schaffen sie zum
Munde. Bei den mit kleinen, verhältnismäßig kurzen Stacheln begabten
regulären Seeigeln wird die Ortsbewegung nur mit den Schwellfüßchen vollzogen, sie sind die weniger rasch beweglichen. Unter den fossilen Euechinoideen gehören u. a. hierher die feinstacheligen Diadematiden.

Freie bewegliche Bodenbewohner müssen vergleichsweise auch die
regulären, fast ausschließlich paläozoischen Palechinoideen gewesen sein.
Auch unter ihnen haben wir dem Cidaris und Rhabdocidaris einerseits,
den kurzstacheligen Diadematiden andererseits entsprechende Formen.
Da sie zudem ein den regulären Euechinoideen analoges Kiefergebiß auf
der den Mund tragenden Unterseite, sowie Poren zum Herausstrecken
von Ambulakralfüßchen besaßen, können wir für die wenigen, den langstacheligen Cidariden gleichenden Formen auch auf eine entsprechende
Lebensweise und Ortsbewegung am Boden schließen, z. B. für Archaeo-
cidaris, der mit seinen verschiedenen Arten biologische Konvergenzformen zu mesozoischen Cidariden bildet. Die vollkommen kugeligen
Melonitiden (Fig. 137 *A*), Bothriocidariden und Lepidocentriden umfassen
Formen mit Kiefergebiß und kleinen Stacheln. Sie dürften am ehesten wie
die kleinstacheligen rezenten Typen weniger beweglich gewesen sein; und
infolge ihrer oft vollendet kugeligen Form werden sie sich besonders leicht,
wie jene, hauptsächlich in Ritzen und Löcher verkrochen haben; denn ein
plattes oder pentagonales oder mit großen Stacheln versehenes Gehäuse
sperrte sich zu leicht in engem Raum bei der geringsten Drehung. Damit
würde also auch die feine Stachelbildung in Korrelation stehen.

Dagegen scheint mir das bei manchen Melonechinus-Arten so stark entwickelte wulstige Hervortreten der Interambulakralstreifen und ebenso der Kämme in den Ambulakralreihen (Fig. 137 *A*) auf eine Nutzanpassung gegen das Herumgerolltwerden am Boden zu deuten zu sein, denn durch diese Furchung wurde ein Hin- und Herbewegen hintangehalten, dem glatte Formen wie Palechinus und Maccoya unterliegen mußten, wenn sie sich nicht verkrochen. Das wäre die primitivere, umständlichere Form der Anpassung, denn die einfachste wäre die Abplattung.

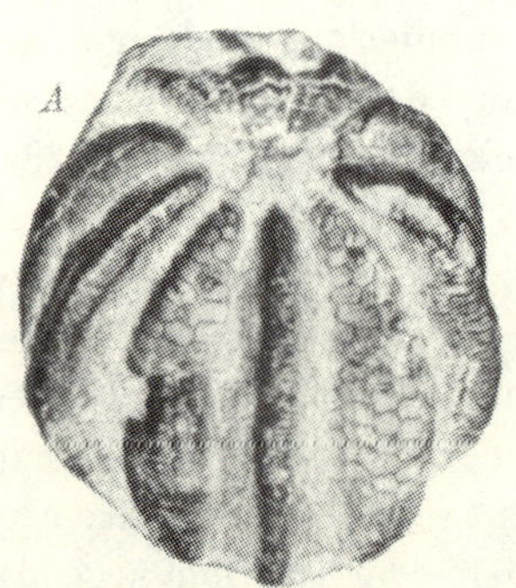

Eine solche ist aber unbrauchbar für ein zugleich bewegliches oder auch sich verkriechendes Tier. Auch diese Überlegung führt also zu der Annahme, daß die Melonitiden gewiß keine trägen Boden-

Fig. 137. Extreme Typen der Palechiniden mit verschiedener Körperform und vermutlich etwas verschiedener Lebensweise. (Aus Jackson, Mem. Boston. Soc. Nat. Hist. 7, 1912.) *A* Melonechinus, wulstige Form, wahrscheinlich auf dem weichen Boden liegend, mit Sperrwülsten. Unterkarbon, Missouri. *B* Hyattechinus, mit der platten Form angepaßt an das ruhige Liegen am Boden, wie Echinolampas (Fig. 135 *A*). Unterkarbon, Pennsylvanien. Beide verkl.

bewohner waren. Einen solchen treffen wir aber in der Gestalt des Hyattechinus Beecheri (Fig. 137 *B*), der äußerlich geradezu einen Echinolampas des Känozoikums vorwegnimmt und ganz den auf Seite 324 beschriebenen Anpassungstypus widerspiegelt, obwohl er eine reguläre Form mit Kiefergebiß ist.

Im Auftreten des Echinoidenstammes und seiner einzelnen Typen spiegeln sich, wie durch die schönen, auf der Beobachtung der Lebensweise lebender Seeigel fußenden Darlegungen Tornquists sich ergibt, die mit der Eroberung neuer Lebensbezirke zusammenhängenden Formänderungen wider. Dabei konnte sich der Stammtypus oft ungestört vor den abgeänderten jüngeren, in anderen Lebensräumen wohnenden Formen erhalten, weil sich die neuen und alten Typen keine Konkurrenz machten, also auch nicht in einem Kampf um's Dasein miteinander standen. Dieser Entwicklungsweg ist durch folgende Merksteine gekennzeichnet. Die an der Grenze von Karbon zu Perm erscheinenden Cidariden können auf felsigem Meeresgrunde leben; ihr Skelett ist konsolidiert; an Stelle der beweglich aneinander lenkenden Täfelchen der Archaeocidariden ist eine in sich unbewegliche Kapsel getreten, was einen besseren Gebrauch der Stacheln, eine stärkere Muskelbewegung erlaubte. „Es dürfte die sich

zwischen Karbon und Perm vollziehende Verfestigung der Interambulakral-
regionen durch die weitere Anpassung an räuberische Lebensweise und
an das Leben auf felsigem oder festem Untergrunde verursacht sein.
In der Tat finden sich die Archaeocidariden noch vielfach in tonigen
Sedimenten, während die permischen und triadischen Cidariden nur in
kalkigen Sedimenten mit reicher Molluskenfauna, und zwar vornehmlich in Riffazies vorkommen.   Dasselbe gilt auch von den jurassischen
Cidariden . . ." Während sich Cidaris ungern auf sandigem Boden bewegt, ist Rhabdocidaris an die Bewegung auf tonig-sandigem, Paracidaris
und Diplocidaris an das Leben an Felsen angepaßt. Dies steigert sich
bei den in der oberen Trias und im Lias erscheinenden Diadematiden
und bei Hemicidaris zu einem Leben an Felswänden; Hemicidaris stirbt
schon im Eozän aus. Mit dem Auftreten der Irregulären im mittleren
und oberen Jura beginnt die Eroberung eines
neuen Lebensbezirkes: des losen tonigen und
sandigen Meeresbodens. Die Clypeastriden mit
der flachen Unterseite leben, wie geschildert,
auf dem weichen Boden, sie sind gegen das
Versinken geschützt. Die rundlicheren Spatangiden graben sich ein; über diese Formen
im Abschnitt 6 dieses Kapitels Näheres.

Fig. 138. Montlivaultia,
frei im Boden steckende
Einzelkoralle mit konischer
Unterseite. Dogger, England.
(Aus Edwards u. Haime, Brit.
foss. Corals I, 1850.) $^3/_4$.

Wenn wir die Palechinoideen, wie sie uns die
Monographie Jacksons vorführt, durchmustern,
finden wir einen großen Teil dieser Typen schon
vorweggenommen, wie oben gezeigt wurde. Was
also nach den Darlegungen von Tornquist vom jüngeren Paläozoikum ab die
eigentlichen Seeigel (Euechinoidea) in breiter Entwicklungsbahn und vielen
Gattungen hervorbringen, haben die Palechinoidea zuvor schon in engerem
Kreise und weniger mannigfaltig zu erreichen versucht; aber bis zu den
grabenden Formen sind sie anscheinend überhaupt nicht gelangt[1]).
     Die Korallen, größtenteils festgewachsen, bilden doch unter denen,
die als Einzelindividuen existieren, einige Formen aus, die zwar ganz
verschiedenen Familien der Hexa- und Tetrakorallen angehören, dennoch
aber sich übereinstimmend dahin entwickeln, daß sie flach knopfförmig
werden und im Gegensatz zu der spitzen Anheftungswurzel der festsitzenden Einzelkelche eine breite flache Basis haben, mit der sie unan-
geheftet auf dem Untergrund liegen, und zwar keineswegs auf felsigem
Untergrund. Derartige Formen erscheinen überall da, wo die Riffbildner
verschwinden, wenn auch oft in deren unmittelbarer Nähe. Es sind dies
Gattungen wie Palaeocyclus aus dem Silur (Fig. 40, S. 153), Microcyclus

----

1) Tornquist, A., Die biologische Deutung der Umgestaltung der Echiniden im
Paläozoikum und Mesozoikum. Zeitschrift f. Indukt. Abstammungslehre. Berlin 1911,
Bd. VI, S. 29—60.

aus dem Devon, Anabacia aus dem Jura, Microseris, Stephanophyllia, Cyclolites aus der Kreide u. a. Montlivaultia im Jura ist zuweilen aufgewachsen, zuweilen frei; die umstehend abgebildete Form (Fig. 138) hat eine zugespitzte Basis, mit der sie noch im Sand steckte; sie bildet wieder den Idealübergang von dem flach daliegenden zu dem mit spitzem Ende festgewachsenen Typus, wovon oben schon die Rede war.

Einer besonderen Besprechung bedarf Aspidiscus, fast ganz auf die Oberkreide Algeriens beschränkt. Er ist, nach ganz kleinen Exemplaren zu schließen, ontogenetisch zuerst eine zykloide fungienartige Einzelkoralle, wie die vorgenannten; denn die Zahl der sich kreuzenden er-

Fig. 139. Stockform der Korallentypen: Aspidiscus, scharf begrenzter, äußerlich mäandrinenartiger Zellstock. Die Kämme, nicht die Furchen, sind hier die Mittellinie der Einzelpolypen. (Orig. in München.) $^1/_1$.

habenen Zellkämme ist um so geringer, je kleiner die Individuen sind. Exemplare unter 1,5 cm Durchmesser standen mir nicht zur Verfügung und sind auch in der Literatur nicht zu finden. Man stellt die Gattung systematisch in die Nähe von Maeandrina und Leptoria, wo sie gewiß nicht hingehört, weil ein prinzipieller Unterschied in der Zellanlage zu bemerken ist. Während nämlich bei Mäandrinen das Weichtier in den vertieften Rinnen saß (Fig. 188) und die Einzelindividuen zu dem Stockverbande verschmolzen, mit dicken erhöhten Mauerkämmen aneinandergrenzten, ist es bei Aspidiscus umgekehrt: das Weichtier saß a u f den Kämmen und die Einzelindividuen grenzten mit den Tiefenlinien aneinander. Das geht sehr klar daraus hervor, daß es bei größeren Individuen die Kämme, nicht die Täler sind, welche über die älteren hinüberlaufen und sich dadurch als die Zentren der Individuen zu erkennen geben. Um den ganzen Stock herum, der immer seine ovale Schildform beibehält, läuft ein einheitlicher, aus dichtstehenden Septen gebauter Rand, der mit der Matrix des Korallentieres erfüllt war und die einheitliche Grundlage des ganzen Stockes bildet. Ein solcher zuletzt sehr vielzelliger Aspidiscusstock unterscheidet sich nun sehr wesentlich von anderen vielzelligen Stöcken, wie etwa den Stylinen, Phyllocoenien, Isasträen, welche auch rundlich pilzförmig nach allen Seiten gleichmäßig wachsen, wenn sie dies unbehindert tun können und wenn ihnen gleichmäßig von allen

Seiten frisches Wasser, Licht und Nahrung zukommt. Diese Gattungen
aber bauen nach allen Seiten und zwischen den bisherigen Polypenzellen
lateral immer neue Zellen hinzu, während bei Aspidiscus nur aus der
Füllung der Stockscheibe, niemals aber aus der Randregion neue Zellen
hervorquellen; die Randregion wird immer gleichmäßig verbreitert, Schritt
haltend mit dem Wachstum der Zellen und ihrer Vermehrung. Auch
von den Mäandrinen- und Leptoria-artigen Stöcken unterscheidet sich diese
Zellvermehrung des Aspidiscus dadurch, daß keine Zelle in ihrer Längsrichtung weiterwächst, sondern nach Erlangung einer gewissen Größe
erlischt und von neuen Kämmen überkreuzt und überlagert wird. Es
ist leider an meinem sehr zahlreichen Originalmaterial nicht nachzuweisen,
wie die Knospung im einzelnen vor sich geht, auch von der Porosität
und dem inneren Anastomosieren durch Poren ist an Dünnschliffen
nichts zu bemerken, wie Herr Dr. SPEYER, der sich mit der Gruppe beschäftigt hat, mir zeigte. Alles in allem ist Aspidiscus vielleicht primär
eine cyclolitesartige Form, welche einen besonderen, von allen übrigen
Korallen wesentlich verschiedenen Entwicklungsweg eingeschlagen hat
und eine monographische Untersuchung wohl lohnen würde. In der
älteren Literatur und in der Beschreibung durch COQUAND[1]) ist die Form
nur sehr äußerlich aufgefaßt und falsch beschrieben worden; auch die
alte, in die ZITTELschen „Grundzüge" übergegangene Abbildung ist allzusehr stilisiert.

Die biologische Bedeutung der ganzen Aspidiscusform scheint mir
nun darin zu liegen, daß diese ursprünglich Fungia-ähnliche, flach deckelförmige Koralle durch das knospende Austreiben der kammartigen Zellen
sich über den Boden erhob, ohne dadurch zu einer hornförmigen oder
verzweigten Koralle zu werden. Der einfachste Weg zum Höherwachstum
wäre gewiß die Montlivaultia-artige Streckung gewesen oder das baumförmige Wachsen mittels Knospen. Daß dieser Weg nicht eingeschlagen
wurde zeigt, daß entweder die ganze innere Konstitution dies unmöglich
machte oder aber, daß Aspidiscus schon ursprünglich eine bodenliegende
Anpassungsform ist, die aus einer hornförmigen Einzelkoralle hervorging. Nach dem Gesetz der Nichtumkehrbarkeit der Entwicklung würde
dann ein abermaliges Höherwachsen nicht mehr auf dem alten Wege
der einfachen Streckung zu erzielen gewesen sein. Beweisende Übergangsformen, welche das eine oder andere wahrscheinlich machten, gibt
es meines Wissens nicht.

Den gleichen biologischen Anpassungstyp wie bei Aspidiscus er-
blicke ich in einigen ähnlichen Formen von geringer Körpergröße bei
den Tabulaten. Hier ist das devonische Pleurodictyum (Fig. 227) ebenso

---

1) COQUAND, M. H., Géologie et Paléontologie de la Province de Constantine.
II. Mém. Soc. d'Émul. Provence, Marseille 1862, Taf. XXVIII.

wie Aspidiscus ein nur aus wenigen Zellen zusammengesetztes Stöckchen, das immer denselben bestimmten runden oder ovalen Umriß beibehält und so wie ein Einzelindividuum, nicht als ein unbestimmt wuchernder Stock erscheint. Es liegt gleichfalls mit der ganz flachen Unterseite auf dem Boden.

Wie es bei den Schnecken, wie oben (S. 297) gezeigt wurde, mehrere Anpassungsarten gibt, in denen die breite Liegefläche verwirklicht wird, so auch hier bei den Korallen. Denn es ist nicht immer die Basis, wie bei den genannten scheibenförmigen Typen, sondern es können sich dafür auch die eine Seite des Kelches, wie bei Calceola, Fig. 57, S. 193,

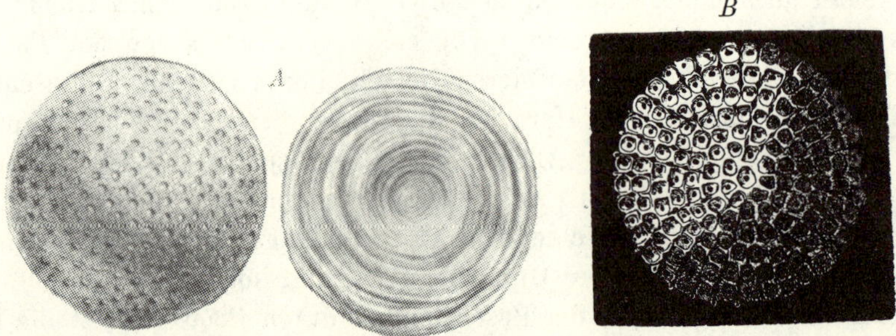

Fig. 140.   Typen freiliegender Anthozoen- und Bryozoenkolonien von geringer Größe, wie ein Einzelindividuum sich verhaltend. *A* Plasmopora petaliformis, Oktokorallenstock aus dem englischen Silur. (Aus Edwards u. Haime, Brit. foss. Corals. I, 1850.) *B* Lunulites Goldfußi, Bryozoenkolonie aus der Oberkreide von Norddeutschland. (Aus Zittel-Broili, Grundz. d. Paläont. I, 1915.) Vergr.

oder mehrere Seiten des Kelches, wie bei dem wohl nachträglich wieder anwachsenden silurischen Goniophyllum abflachen. Die devonische Pantoffelkoralle Calceola ist nicht wie ihre Verwandten neben der in der Jugend gebildeten Spitze dauernd festgeheftet, sondern liegt mit einer Seite auf dem Boden, und diese Seite ist abgeplattet. Dieser flache Zustand der Konvexseite des Kelches ist eine sekundäre Erscheinung, und die der anfänglichen Form des gebogenen Kegels eigene bilaterale Symmetrie wird bewahrt, abgesehen vom Verlust der äußeren Form dieses primären Zustandes[1]) (vgl. Kap. III, S. 154).

Soweit die Oktokorallen stockförmig sind, wachsen sie fest und bilden dann, wie die Tetra- und Hexakorallen, allein oder mit diesen Riffe, z. B. die Heliolitiden (Fig. 140 *A*). Auch hier gibt es Stöcke, die sich scharf individualisieren und dann dem Aspidiscus oder Pleurodictyum analog unangewachsene, freiliegende Stöckchen mit flacher Basis bilden

Unter den Bryozoen ist es der kleine kretazisch-tertiäre Lunulites der dieselbe Vereinigung von Zellen in eng begrenztem Umriß enthäl

---

1) Yakowlew, A., Die Entstehung der charakteristischen Eigentümlichkeiten der Korallen Rugosa. Mém. Comité géol. St. Pétersbourg, N. Sér., Liefg. 66, 1910, S. 14.

und ebenso wie Aspidiscus mit der zellenfreien Unterseite lose am Boden lag (Fig. 140*B*). Er hat übrigens auch spiraliges, nicht nur radiales Wachstum[1]), wie es nach der beigegebenen Figur scheinen könnte.

Es wären schließlich noch die Hydrozoen zu erwähnen, bei denen manchmal die Stöcke durch ihre ungemein ausgedehnte platte Unterseite vollkommen gegen eine Lageveränderung oder Einsinken geschützt sind, auch ohne daß sie mit dieser Basisfläche festgewachsen wären. Walther erwähnt[2]), daß man zwischen Saumriffen, welche einen ruhigen Kanal zwischen Küste und Riff erzeugen, ebenfalls im Sande viele Korallenstöcke beobachten kann, die nur locker eingesenkt und leicht herauszuheben sind. Indem man sich aber den brandenden Klippen der Riffkante nähert, werden die Korallenstöcke immer dichter und fester, ein Stock klammert sich auf dem anderen fest, auf abgestorbenen Blöcken entwickelt sich ein neues Leben.

Zum Schluß noch die Protozoen. Die meisten Foraminiferen sind Bodenbewohner und es gibt alle Übergänge vom lose am Boden kriechenden bis zum festgewachsenen Typus. Nach Walther (S. 209—11) lieben die Bodenbewohner seichtes Wasser, zeigen also im fossilen Vorkommen die Nähe von Land an dann, wenn die planktonischen Formen in diesem Sediment zurücktreten. Wenn sie am Meeresgrunde in einigermaßen tiefem Wasser leben, sind sie sehr an eng umschriebene Existenzbedingungen gewöhnt und infolgedessen variieren ihre Schalen nicht in Größe und Dicke nach der wechselnden Breitenzone, wie es bei den pelagischen der Fall ist, die einem großen Wechsel im Salzgehalt und der Temperatur unterworfen sind. Die bodenbewohnenden Formen ziehen einen schlammigen Grund dem kiesigen oder sandigen Boden vor, manche leben auf Wasserpflanzen, wieder andere machen sich ein Nest aus Sand in der Form eines konvexen Deckels, der aber nicht mit der Schale verbunden ist.

Wir haben unter den Foraminiferen dreimal in der Erdgeschichte abnorm große Formen. Das sind die Nummuliten des Alttertiärs, die Orbitolinen der Kreide und die Fusulinen des Jungpaläozoikums. Die Schale der Orbitolinen war etwas dünner und leichter als die der Nummuliten, die dickschalig und schwer war. Es gibt auch unter ihnen dünne, linsenartige Formen, wie Orbitoides papyracea aus dem Eozän, die man eher schwimmenden Arten zuschreiben könnte, soweit sie nicht in Generationswechsel mit größeren Formen stehen (S. 218 ff.). Wahrscheinlich

---

1) Abgebildet in Reuss, A. E., Paläontologische Studien über die älteren Tertiärschichten der Alpen. II. Anthozoen und Bryozoen von Crosara. Denkschrift math.-naturw. Kl. Akad. Wiss. Wien, Bd. 29, 1869, Taf. 28.

2) Walther, J., Einleitung in die Geologie als historische Wissenschaft II. Jena 1893. S. 270.

aber waren sie alle, sicher aber die größeren und ganz großen, schweren Formen unter ihnen träge Bodenbewohner.

Unter den Fusuliniden hatten die ältesten Vorläufer leichtere Schälchen, waren rundlich kugelig oder nautiloid und schwebten. Mit Beginn des Oberkarbon ging ein Teil zur kriechenden Lebensweise über und bekam gestrecktere Schalen; zugleich wird die Schale fester und solider, wie es alle Bodenbewohner im Vergleich zu den Schwebeformen zeigen. Es ist wohl nicht nur der größere Wasserdruck am Boden, der dies veranlaßt, wie v. Staff meint, sondern auch die Tatsache, daß die festere Schale den besseren Schutz gewährt, dessen die Schwebeform nur deshalb entbehrt, weil sie ihn der größeren Leichtigkeit opfern muß. Sobald die Fusulinen also zu der kriechenden Lebensweise ausgesprochen übergegangen sind, ist es nicht mehr die Leichtigkeit, sondern nur die Festigkeit der Schale, die jetzt angestrebt wird. Sie werden dickwandig (Fig. 65, S. 221), und zudem wird ein das dünne Dachblatt stützendes Pfeilersystem ausgebildet, die Septen werden zahlreicher und oft sehr intensiv gefältelt. Die Fältelung wird immer regelmäßiger, die Enge der Aufrollung nimmt zu, oft auch die Streckung. Und nun beginnt auch das charakteristische Größenwachstum. Es entstehen reichlich Abarten, ein Zeichen, daß die Typen rascher Umprägung unterliegen[1]).

Fig. 141. Typus des festsitzenden und emporwachsenden marinen Bodenbewohners: Starr festgewachsene Einzelkoralle (Montlivaultia) aus dem oberen Jura. Nattheim. (Aus Becker und Milaschewitsch, Palaeontographica 21, 1875/76.) $^1/_3$ nat. Gr.

2. Das verankerte und das festgewachsene Bodentier

Das starr festgewachsene Bodentier kommt nicht unter den Wirbeltieren, sondern nur unter den Wirbellosen vor. Sein Typus ist die turmförmig verlängerte Einzelkoralle, etwa vom Aussehen der nebenstehend abgebildeten Montlivaultia (Fig. 141). Der Hartkörper ist mit seiner frühesten Anheftungsstelle starr verlötet und hat, indem das Weichtier sich über den Boden zu erheben suchte, eine Streckung erfahren. Es ist der konträre Typus zu dem im vorigen Abschnitt besprochenen flach tellerförmigen Schalengebilde. Beide können ineinander übergehen durch Formen wie jene in Fig. 138 (S. 329) abgebildete Montlivaultia, die lose im Boden sitzt und daher schüsselförmig wird. Aber auch

---

1) v. Staff, H., Zur Entwicklung der Fusuliniden. Centralbl. f. Mineral., Geol. u. Paläont. Stuttgart 1908. S. 691.

unter den starr festgewachsenen Tieren gibt es die platte Form, wenn nämlich Kolonien und Stöcke, besonders von Hydrozoen als Inkrustationen auf Felsen oder Konchylienschalen auftreten (Fig. 189, Kap. IV, 5). Es kommt dann noch ein weiterer Typus hinzu: der mit einem Stiel, Fuß oder Band etwas beweglich angeheftete Wirbellose, hauptsächlich unter den Krinoiden (Fig. 169, 170, Abschn. 3) oder den Brachiopoden und Krebsen (Fig. 142) oder den Muscheln vertreten.

Eine Menge allgemeiner Gesichtspunkte für die sitzende Lebensweise gibt Lang[1]). Es ist anzunehmen, daß alle festsitzenden Tiere von freilebenden herstammen; das läßt sich aus biologischen, anatomischen und entwicklungsgeschichtlichen Tatsachen ableiten. Vielleicht ging nur bei den Cirripedien der festsitzenden Lebensweise eine ursprünglich ektoparasitische voraus. Die festsitzende Lebensweise, soweit sie sekundären Ursprungs ist, wird mit einer anderen, früheren nur dann so allgemein vertauscht worden sein, wenn sie in bezug auf die Existenz wesentliche Vorteile vor der alten Lebensweise voraus hatte, also entweder besseren Schutz, besseren Nahrungserwerb oder die Möglichkeit, in der Ökonomie der Natur eine bis dahin offene oder mangelhaft besetzte Stelle auszufüllen.

Das bewegte helle Wasser bringt den Tieren vielfache Gefahren, gegen deren elementare Gewalten sie sich auf die verschiedenste Weise schützen. Sie ziehen sich bei Sturm oder vor der Brandung in tieferes Wasser zurück, sie suchen Schlupfwinkel und Felsspalten auf oder sie graben sich in den Sand ein. Andere klammern sich an feste Gegenstände oder zwischen den angewachsenen Seetang an; wieder andere saugen oder kleben sich fest. Und gerade gegen das Fortgeschwemmtwerden, gegen das Ausgeworfenwerden an's Land, überhaupt gegen die schädigenden Einflüsse des bewegten Wassers sind die starr festgewachsenen Tiere am besten geschützt, insbesondere wenn sie dickschalig sind und ihre Verankerung an den festen Untergrund sehr solide ist. Sie können die einmal eingenommenen guten Standorte beibehalten und ziehen sogar aus dem Wellenschlag noch den Vorteil, indem ihnen dieser stets frisches Atemwasser und schwimmende, schwebende oder abgestorbene Organismen als Nahrung zuführt.

Aber auch die biologische Tiefsee ist reich an festsitzenden Tierformen. Hier fällt die unmittelbare Zufuhr der Nahrung, wie sie soeben für die Küstenzone geschildert wurde, weg. An der Meeresoberfläche treibt das Plankton, auch das Sargasso; auch in allen übrigen Schichten des Meeres schwebt und schwimmt eine besondere Fauna. Alle absterbenden Organismen, soweit sie nicht sofort verzehrt werden, sinken wie ein beständiger organischer Regen in die Tiefe und liefern die

---

1) Lang, A., Über den Einfluß der festsitzenden Lebensweise auf die Tiere usw. Jena 1888. S. 9 ff.

Nahrung für die dort lebenden Tiere. Es entsteht ein organogener Tiefseeschlamm, den viele Schlammwühler fressen. Die am Tiefseeboden sitzenden Tiere bedürfen wegen der Nahrungsaufnahme also der Ortsbewegung nicht, sie fangen die herabfallenden Organismenstoffe auf oder strudeln sie herbei.

Überall, sowohl im süßen wie im salzigen Wasser, wo kleinere und größere Tiere und Pflanzen in größerer Menge sich herumtummeln

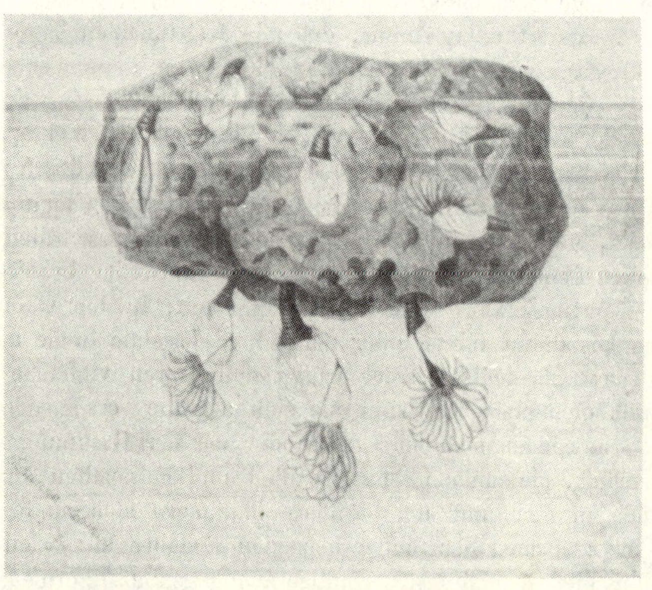

Fig. 142. Kolonie auf schwimmendem Bimsstein festgewachsener Lepaditenkrebse mit biegsamem Fuße. (Aus Brehms Tierleben I, 1918.) Verkl.

oder schweben, ist den Festsitzenden Gelegenheit zu ausreichendem, ja meistens reichlichem Nahrungserwerb gegeben. Wenn die freie See feste Stützpunkte bieten würde, so wären natürlich auch hier festsitzende Tiere zu finden; daß sie es nicht sind, liegt lediglich am Fehlen eines festen Untergrundes oder fester Gegenstände. Immerhin können wir beobachten, daß auch hier der Versuch gemacht wird, sich festsitzend anzusiedeln. So heften sich die Balaniden und Cirripedier auf Bimssteinen oder Holz (Fig. 142), erstere sehr häufig auf Walfischkörpern fest, die Miesmuscheln auf schwimmenden Balken, und im Mesozoikum die Krinoiden auf Treibholz. Auch manche Schnecken, Trilobiten und fossile Brachiopoden bildeten wahrscheinlich Schwebe- und Verankerungsorgane aus, mittels deren sie sich im treibenden Tang oder auf Krinoidenrasen festankerten (vgl. Kap. V, 2), also sich sozusagen im freien Wasser festsetzten, statt auf dem Boden. Man kann hier gewissermaßen das Besiedeln eines Lebensraumes, wenn auch nur ein vorübergehendes Besiedeln, in statu nascendi sehen.

Ein weiterer Vorteil der festsitzenden Lebensweise ist die Ersparung der selbständigen Ortsbewegung, also ein Herabschrauben der Ansprüche an die Körperorganisation; Hand in Hand damit geht eine Verminderung des Stoffwechsels. Charakteristisch für festsitzende Tiere ist daher vor allem die Rückbildung der Fortbewegungsorgane, indem diese teils völlig fehlen, teils in der Jugend noch vorhanden, teils auch umgewandelt sind (Cirripedier). Sodann fehlen bei vielen festsitzenden Tieren die Augen oder sie sind wenigstens minderer entwickelt als bei den entsprechenden freilebenden Tieren. Die Ernährungsweise ändert sich dahin, daß die die Nahrungsteile auffangende Fläche so stark vergrößert wird, als es überhaupt die Größe des Tieres, sowie Anlage und Bau der Ernährungsorgane selbst zuläßt. Es bildet sich meistens ein Sammel- und Fangapparat, an dem die Tentakeln besonders charakteristisch sind; besonders bei der tubikolen Lebensweise, d. h. bei Röhrenbewohnern, werden die vorderen Körperanhänge immer stark und als Tentakeln entwickelt.

Es ist also zweifellos, daß auch die Umwandlung ehemals freischwimmender oder lose daliegender Tiere zum festsitzenden Typ ganz besondere Vorteile bietet. Jede Umstellung der Organisation in Anpassung an eine bestimmte, abgeänderte Lebensweise geht vor sich als eine den neuen Lebensbedingungen entsprechende Formumwandlung. Und vom Standpunkt des äußeren Vorteiles ist ja auch jede derartige Organisation in ihrer Grundtendenz wenigstens zu verstehen, soweit Abwandlungen vorhandener Typen in Frage kommen. Der Grundtypus selbst, die „Urform" im Sinne Goethes, läßt sich so freilich nicht verstehen. Eine andere Frage ist dann noch, ob die natürliche Zuchtwahl im Sinne Darwins durch Häufung kleinster Variationen diese Umwandlung veranlaßt hat: diese Frage wird im VII. Kapitel behandelt. Hier genüge uns, zu wissen, daß eben die Vorteile der festsitzenden Lebensweise ihr Auftreten in den heterogensten Tiergruppen verstehen läßt.

Aber Lang sagt ganz richtig — und das gilt für die Erklärung aller organischen Formen —: „Wir dürfen uns nicht etwa der Illusion hingeben, daß wir mit dem allgemeinen Nachweis der Vorteile der festsitzenden Lebensweise auch jeden einzelnen Fall in seiner Eigenart erklärt haben. Wenn es unserer Phantasie auch nicht schwer fällt, den Übergang von einer freien zu einer sitzenden Lebensweise vorzustellen, so hat doch diese Vorstellung nur dann einen wissenschaftlichen Wert, wenn sie sich auf Tatsachen stützt. Und wenn wir an der Hand der vorliegenden Tatsachen und Beobachtungen und von kritischen Gesichtspunkten geleitet in den einzelnen Fällen die Erklärung zu finden suchen, so stoßen wir z. T. . auf die größten Schwierigkeiten. Wir können gegenwärtig noch in keinem einzigen Falle die bedingenden Ursachen angeben, welche bei einer bestimmten Formengruppe einer Tierklasse, und gerade nur bei dieser, das Auftreten der festsitzenden Lebensweise herbeigeführt haben; wir wissen z. B. nicht, warum bei den Krebsen die Cirripedien und nur diese sich an die sedentäre Lebensweise angepaßt haben."

Die Masse der kalkabscheidenden festsitzenden Tiere lebt in den obersten Wasserschichten. Die Tiefe, bis zu der die riffbildenden Organismen hinuntergehen, ist bestimmt vom Eindringen des Sonnenlichtes. Daher verschwinden in nördlicheren Breiten die Riffkorallen schon in 20 m Tiefe, am Äquator aber, wo das senkrecht auffallende Sonnenlicht tiefer eindringt, sind sie bis 80 m Tiefe beobachtet.[1]

Die mit dem Hartteil festgewachsenen Formen haben, wie schon erwähnt, ihren Typus in den Korallen und Hydrozoen sowohl für Einzeltiere wie für Stöcke. Auch unter den im allgemeinen noch losen, mehr oder minder beweglich bleibenden schalentragenden Formen, wie Muscheln und Brachiopoden, wachsen manche absolut fest. So unter jenen die Austern (Fig. 146 S. 343), Spondyliden (Fig. 314, Kap. VI, 4), Rudisten (Fig. 91, S. 252), unter diesen die Richthofeniden (Fig. 162, S. 368). Sie haben alle das Gemeinsame, daß sie sich strecken, teils individuell nach Bedürfnis und Umständen (Spondylus), teils in Erfüllung einer ausnahmslos entwickelten Gattungseigentümlichkeit (Rudisten). Dazwischen gibt es Mittelstadien, bei denen sich die Schale nicht an den Untergrund anzementiert, sondern durch organische Fäden oder Stiele sich eine gewisse Pendulationsmöglichkeit sichert und so dem Körper die Freiheit einer gewissen Kreisdrehung wahrt, ohne daß er den Platz, an den er geheftet ist, wirklich verlassen könnte. Derlei Formen sind die Brachiopoden, welche mit ihrem aus dem Wirbel der Ventralschale herausragenden fleischigen Stiele angewachsen sind, während Muscheln, wie Pinna, sich mit dem aus hornigen Fäden bestehenden Byssus anheften. Doch gibt es auch hier wieder gelegentlich eine umgekehrte Entwicklung, wie bei vielen paläozoischen Strophomeniden, bei denen das Deltidialloch während des Individuallebens zuwächst, der Stiel also rückgebildet und das Einzeltier wieder von seiner Fesselung an die Unterlage frei wird, um in wieder anderen Fällen von neuem, aber auf andere Weise anzuwachsen (Meekella, Fig. 157).

Auffallend ist, daß festsitzende Tiere auf dem Lande nicht vorkommen, sie sind hier ganz und gar durch die im Meere fast ganz fehlende Pflanzenwelt vertreten. Nach Lang hängt dies zum Teil damit zusammen, daß die Landtiere im allgemeinen viel höher entwickelten Gruppen angehören als die Wassertiere; auch bei den Wassertieren stellen die niederen Gruppen unvergleichlich viel mehr sitzende Typen als die höheren Gruppen. Sodann ist auf dem Lande die Kreuz- und Wechselbefruchtung sehr er-

---

1) Walther, J., Allgemeine Paläontologie. I. Berlin 1919. S. 183.

schwert, weil eine Ausbreitung tierischer Geschlechtsprodukte in der
Luft in keinem Falle so ermöglicht ist wie im Wasser. Auch die Larven,
welche neue Plätze aussuchen müssen, könnten dies auf dem Lande nur
unter besonderen Schwierigkeiten tun im Gegensatz zu ihrer einfachen
Verbreitung durch Schweben oder Wimperstrudeln im Wasser. Analog
müßten sie auf dem Lande mindestens wie Insekten oder Flugsamen flugfähig sein. Auch die Ernährungsverhältnisse sind auf dem Lande weniger
günstig für festsitzende Tiere. Die Menge der Nahrung ist nach dem
Vorhergesagten im Wasser unvergleichlich viel größer als auf dem Lande
oder in der Luft; z. B. sind die Insekten kaum irgendwo in solchen
Scharen dauernd in der Luft vorhanden, wie die schwebenden oder
schwimmenden Wassertiere. Ein
schwaches Abbild bieten für die festsitzenden Wassertiere auf dem Lande
die Spinnen, in deren Netzen sich
Insekten fangen; ferner die Ameisen-
löwen, die im Grunde ihres ausge-
bohrten Trichters sitzen und auf
Ameisen und Insekten lauern, die in
die Vertiefung hinunterfallen.

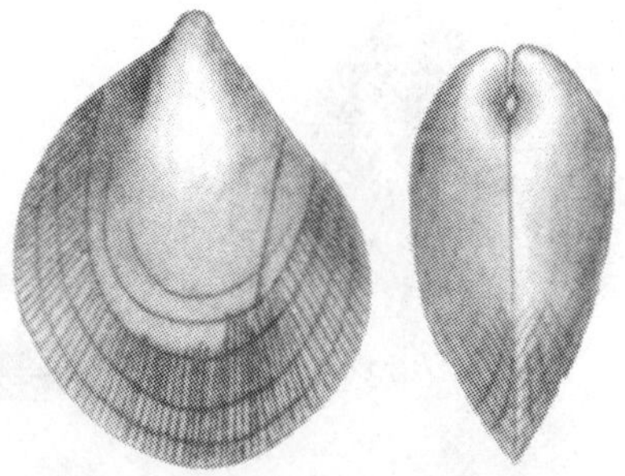

Fig. 143. Byssustragende Muschel:
Byssonychia, aus dem Untersilur von
Nordamerika. (Aus Ulrich, Rep. III.
Geol. Surv. Minnesota, 1894.) Vergr.

Sehr klar läßt sich gerade bei
den Muscheln, worauf Lang schon
hingewiesen hat, der formale, nicht
der stammesgeschichtliche Übergang
von der einfachen bodenbewohnenden Form in die festsitzende erkennen.
Viele von ihnen haben einen Byssus, mit dem sie sich dauernd oder
zeitweise an einen Gegenstand oder an eine feste Unterlage anheften.
Die Verankerung von Muscheln durch einen Byssus, wie ihn in voll-
kommenster Weise Pinna besitzt, ist eine uralte biologische Einrichtung,
welche den Anisomyariern und Monomyariern zukommt. Bei den ältesten,
den untersilurischen Ambonychiiden ist eine einfache Austrittsstelle auf
der Rückseite unmittelbar unter dem Wirbel dafür vorgesehen (Fig. 143).
Bei den nächst jüngeren devonischen Aviculiden tritt der Byssus unter
dem vorderen kleineren Muskel aus, und zwar durch eine eigens zu
diesem Zweck angelegte Rinne. Bei Anomia (Fig. 116 B, S. 295) verkürzt sich der Byssus, er verkalkt und klebt die Schale starr an die
Unterlage an. Die verwandte Carolia des Alttertiärs begnügt sich nicht
mit dem seitlichen Herausstrecken des Byssus am Wirbel, wie etwa Lima
oder Pecten u. a., sondern sucht die rechte Schale, flach am Boden
liegend, mit dem Byssus festzuhalten, wie es im vorigen Abschnitt dieses
Kapitels genauer beschrieben wurde. Überhaupt bietet die Familie der
Anomiiden noch mehr Formen, welche den Übergang von freien Schalen
zu lose mittels des Byssus festgehefteten und von diesen zu starr fest-

gewachsenen oder umgekehrt illustrieren. So ist der Wirbel von Placuna in der Jugend durchbohrt zum Austritt des Byssus; das Loch schließt sich später, nachdem der Byssus offenbar rückgebildet und die Schale wieder frei geworden ist. Ähnliches haben wir ja auch unter den Brachiopoden bei Strophomeniden, wovon schon (S. 309) die Rede war. Noch deutlicher zeigt den Umwandlungsprozeß der auch fossile Hinnites und Velopecten (Fig. 144.) Die rechte, etwas gewölbtere Schale wächst zuerst mit dem Byssus fest, dieser verkalkt und lötet die Klappe starr an. Auch bei anderen Muschelgruppen, wie den Austern, Spondyliden, Chamiden treten festgewachsene Schalen auf, hier ist aber die festsitzende Lebensweise schon dauernd erblich geworden. Auch die vergleichende Anatomie der Weichteile stimmt überein: Bei den kriechenden Muscheln ist der Fuß groß und kräftig; bei den mit Byssusfäden sich befestigenden ist er mehr oder weniger stark reduziert. Bei Anomia und den mit einer Schalenklappe festsitzenden Ostreiden ist er ganz rudimentär geworden. Daß er eben noch als Rudiment fortbesteht, ist hier die bedeutungsvolle Tatsache, sagt Lang.[1]

Fig. 144. Velopecten, jurassischer Monomyarier, in der Jugend frei, dann mit der anderen Klappe durch Verkalkung des Byssus festgewachsen und daher etwas unregelmäßig. Oberer Jura, Dept. Yonne. (Orig. in München.) $^2/_3$.

Wie Hinnites in der Jugend die freie und normale Pectinidenschale hat, die erst mit dem starren Festwachsen des Tieres unregelmäßig wuchert, ebenso Velopecten im Jura, so ist es auch bei einigen festsitzenden Schnecken. Die festsitzenden Gattungen Magilus und Rhizochilus sind in der Jugend ganz gewöhnliche Purpuriden. Die Art der Befestigung ist aber bei beiden Gattungen verschieden. Magilus verlängert mit dem Alter die letzte Windung zu einer langen Röhre in dem Maße, als die Korallen, zwischen denen er sitzt, in die Höhe wachsen. Der Weichkörper zieht sich aus dem gewundenen Teile des Gehäuses zurück und wohnt schließlich nur in dem röhrenförmigen Ansatz (Fig. 28, S. 102). Bei Rhizochilus umwachsen die Mündungsränder die Äste der Koralle, auf welcher das Tier lebt. Es bleibt aber in seiner ursprünglichen Schale, verschließt sogar zum Teil die Mündung und kommuniziert mit der Außenwelt nur noch durch die verlängerte Röhre.

Am weitestgehenden haben sich unter den Muscheln die Rudisten und formverwandte Sippen an das starre Festwachsen angepaßt. Man kann

---

1) Lang, a. a. O. S. 15.

zwar, wie überall, keine Stammreihen, sondern nur formale Anpassungsreihen, die von der gewöhnlichen freien gleichklappigen Muschel zu ihnen führen, nachweisen; aber eben diese Anpassungsreihen machen uns den typischen Rudisten verständlich, der, wie schon Seite 252 erwähnt, den in die Höhe gewachsenen Einzelkorallentypus wiederholt.

Die einfachste Form begegnet uns als Riffbewohner im jurassischen Diceras, bald mit dem Wirbel der rechten, bald der linken Klappe festgewachsen (Fig. 145 A). Die festgewachsene Klappe wuchert etwas, und

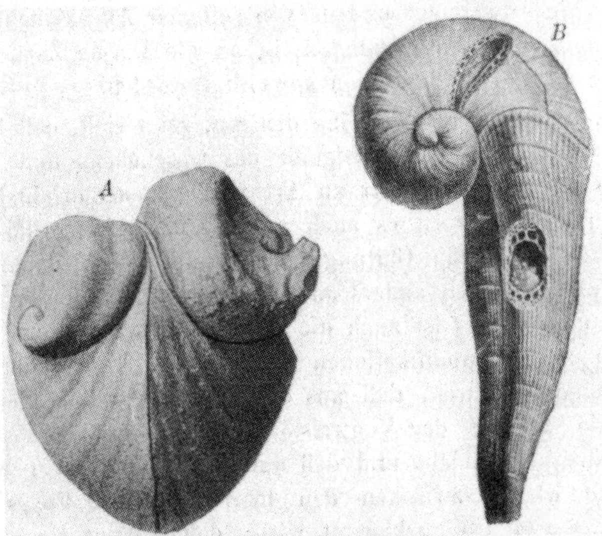

Fig. 145. Formaler, nicht stammesgeschichtlicher Entwicklungsgang des Rudisten: A Diceras, aus dem Tithon von Stramberg. Einfache, fast gleichklappige Form. Der festgewahsene Wirbel stärker gedreht. (Aus ZITTEL-BOEHM, Bivalv. v. Stramberg, 1883.) $^2/_3$. Als nächstes Stadium vgl. Fig. 26, S. 98. B Caprinula, aus dem Cenoman von Frankreich. Gestreckte Unterschale, spirale, lose Oberschale. (Aus D'ORBIGNY, Paléont. franç. Terr. crét. 4, 1851.) $^1/_1$. Als Schlußstadium vgl. Fig. 91, S. 252.

zwar geschieht dies noch unbeholfenerweise dadurch, daß sie nicht einfach nach typischer Korallen und Rudistenart hochwächst, sondern, um eine gewisse Höhe zu erreichen, die Umgänge der Wirbelspirale schneckenartig vermehrt. Das erscheint am stärksten bei den Requienien der Unterkreide, mit denen gleichzeitig die kleinen Monopleuren auftreten, die bereits ein einfaches Höhenwachstum mit völlig gestreckter Schale sich erworben haben. Noch in der Oberkreide aber sind mit den Capriniden spiralige Formen entwickelt, bei denen nun merkwürdigerweise diese starke Spiraldrehung auf die nicht angewachsene Deckelklappe übergreift. Es wirkt da eben noch der Anfangszustand der Entwicklung nach, wie bei Caprinula (Fig. 145 B), bei der die Unterschale bereits die Streckung erreicht hat, während die Oberschale noch ganz an den Diceraszustand erinnert, der dann bei den echten Rudisten der Oberkreide (Fig. 91, S. 252) völlig

überwunden ist, indem die angewachsene Unterschale den idealen Anpassungstypus erreicht, langgestreckt geworden, die Oberschale aber zum
reinen Deckel ohne Spiralgang reduziert ist, der nun mit langen Zapfen
in die entsprechenden Zahngruben der Unterschale eingreift. Die Rudisten
bilden Riffe wie die Austern, nicht durch Knospung wie die Korallen;
einige treten vereinzelt auf. Nach Mitteilungen von Klinghardt verhalten
sich die in Südfrankreich gesellig bzw. vereinzelt erscheinenden Rudisten-
arten in Friaul ebenso. Die Rudisten waren gebunden an ein kalkig
oder kalkigtoniges Sediment und — von seltenen Ausnahmen abgesehen
— an Küstennähe.[1)] Ihr Gebundensein an die warme Zone der Oberkreide ist in Kap. II (S. 90) schon gewürdigt worden.

Sobald wir mehr in's Einzelne dringen, zeigt sich, daß hinter aller
scheinbaren generellen Gleichartigkeit des Geschehens und des Formbildens stets sich eine von Art zu Art wieder neue originale Mannigfaltigkeit versteckt. So ist es auch mit der Festheftung der Muscheln.
Nicht nur daß diese von Gattung zu Gattung verschiedenartig ist —
ein Spondylus heftet sich anders an als ein Hinnites, dieser anders als
eine Auster usw. —, es ist auch die Anheftungsweise unter den Austern
selbst z. B. mehreren Modifikationen unterworfen. Die Anheftung einer
Auster geschieht dadurch, daß aus der zuerst ziemlich gleichmäßigen
freien Schale der an der Ventralseite herausgestreckte Fuß sich an
einen Fremdkörper anklebt und daß die eine, eben erst gebildete und
noch weiche Klappe zwischen den losen Teil des Fußes und den
Anheftungsgegenstand eingeklemmt wird; dabei formt sie sich diesem
Gegenstand entsprechend ab und klebt dann fest. Die Anklebestelle der
Klappe selbst liegt meistens etwa in der Mitte des Ventralrandes, und
nun entwickelt sich die Schale ungefähr gleichmäßig nach beiden Seiten,
d. h. nach vorne und hinten (im Sinne des Weichtierkörpers). Äußerlich
bleibt sie auf diese Weise gleichseitig, der Lagerung des Weichkörpers
nach aber ist das nur ein Schein, denn bei allen Mono- und Anisomyariern ist die vordere Weichkörperhälfte mehr oder minder unentwickelt.
Hieraus ergibt sich im weiteren Verlauf eine besondere Formbildung
unter den Austern. Indem nämlich die beiden Klappen durch den Schließ-
muskel stark und oft rasch zusammengezogen werden, wobei die festgeheftete
einen gewissen Widerstand leisten muß, wird dadurch rückwirkend ein
Zug zum Losreißen von der Anheftstelle ausgeübt, umso mehr, als der
Muskel nicht über der Anheftstelle selbst sitzt, sondern ein Stück weit
weg im Innern, so daß hierbei noch eine beträchtliche Hebelwirkung
eintritt. Als biologische Reaktion auf diesen Zustand zeigen nun die

---

1) Klinghardt, F., Vergleichend-anatomische und biologische Untersuchungen einer
neuen Rudistenfauna aus Friaul. Ztschr. deutsch. geol. Ges., Bd. 65. Berlin 1913,
Monatsbericht S. 448.

Austern die Tendenz, den Anheftepunkt nach und nach möglichst an die dem inneren Muskel gegenüberliegende Stelle hinzuverlegen, also nach der Hinterseite, wo der Monomyariermuskel eben liegt. Dadurch wird die eine Seite in ihrer Entwicklung gehemmt, wächst weniger rasch als die andere, wodurch die Muschel eine Exogyren-artige spiralige Drehung erhält, an der auch das Ligament teilnimmt.[1] Die Austern sind übrigens diphyletisch, wobei sich beide Gruppen von der Trias an ununterbrochen durch die Formationen hindurch verfolgen lassen.

Ganz andersartig war die Festheftungsweise der Rudisten, die ja mit dem Wirbel festwachsen und bei denen dieses Festwachsen wahrscheinlich

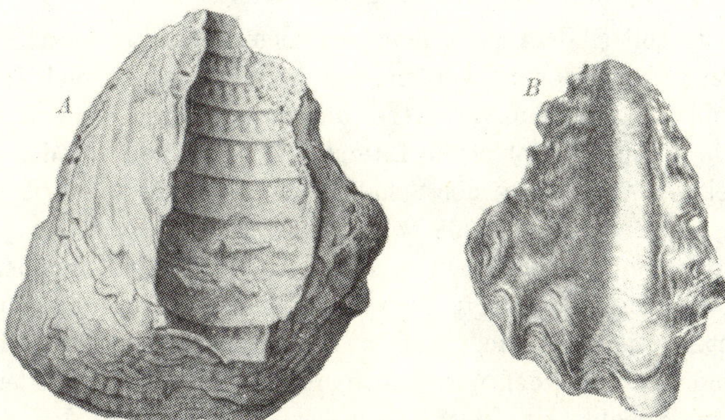

Fig. 146. Abdrücke von Fremdkörpern auf Austernschalen: *A* Gryphaea Costei. Untersenon, Ägypten. Saß auf einer fossilen turonen Nerinea. (Orig. in München.) $^2/_3$. *B* Ostrea semiplana. Untersenon, Norddeutschland. Auf einen Holzstengel (?) aufgewachsen, der sich auf der Oberschale widerspiegelt. (Aus Goldfuss, Petref. German. II, 1834/40.) $^2/_3$.

unmittelbar durch den Mantel im frühesten Zustande geschah. Die beiden Anheftungsweisen haben zu ganz verschiedenen Modifikationen geführt: bei den Austern und Verwandten, sowie bei den Byssusanheftern geht der eine vordere Muskel in Atrophie über: es entstehen die Anisomyarier oder Monomyarier; bei den starr festgewachsenen Austern und Spondyliden wird er ganz rückgebildet, es entstehen die Monomyarier. Bei den Rudisten aber bleiben beide Muskeln erhalten, werden sehr stark, aber die Schale wird außerordentlich fremdartig und unregelmäßig.[2] Nun ist es aber natürlich nicht so, daß die Art und Weise des Festheftens unmittelbar die betreffende Rückbildung der Muskeln bedingt, sondern diese Rückbildung liegt bei den Heteromyarien (Dysodonten) darin, daß die Funktion des vorderen Muskels stark eingeschränkt wird, wie bei

1) Douvillé, H., Observations sur les Ostréidés, origine et classification. Bull. Soc. géol. France. 4. Sér., Vol. X. Paris 1910, S. 635/36.

2) Douvillé, H., Études sur les Lamellibranches. Vulsellidés. Annales de Paléontol., Tome II. Paris 1907. S. 97.

den Aviculiden, oder überflüssig wird, wie bei den Austern, während
bei den Rudisten die Notwendigkeit, den Deckel nach oben zu stemmen,
gerade eine besondere Entwicklung stemmiger Muskeln notwendig machte.

Es ist häufig zu beobachten, daß sich auf solchen mit ihrer ganzen
Unterschale festgewachsenen Konchylien der Fremdkörper abdrückt, ja
durchdrückt. So hatte ich an einem Kreidematerial aus Ägypten eine
Auster, welche auf einer Nerineenschale festsaß und von dieser einen so
vollkommenen Abdruck lieferte, daß man daraus die Skulptur besser
herstellen konnte, als sie sonst erhalten war (Fig. 146 *A*). Die Nerinea
ist turonisch, während die Ostrea untersenonisch ist; jene war somit
schon fossil, als diese sie zur Unterlage wählte.

Wiederholt sind in der paläontologischen Literatur derartige Austern
als „Arten“ beschrieben worden; als warnendes Beispiel sei an die
Ostra „sulcata“ Blumenb. erinnert, die unter diesem Namen von 1803
bis 1889 in der stratigraphischen Literatur figuriert und von der G. Müller
sagt: „Bei der Ausbildung der Schalen spielen Zufall und Lebensverhältnisse des einzelnen Tieres eine wesentliche Rolle. Geriet das junge Tier
auf einen großen Fremdkörper, z. B. einen großen Inoceramus, auf ein
Stück Holz u. dgl., so pflegte es mit der ganzen Fläche der Unterschale
anzuwachsen, falls es nicht vom Fremdkörper fortwuchs. Die Radialrippen sind dann auf der Oberschale nur als feine Linien oder Runzeln
angedeutet. Sobald das Tier jedoch beim Wachstum den Rand des
Fremdkörpers zufällig überwuchs, so kam die bis dahin nur schwach
angedeutete spezifische Fähigkeit des Tieres, kräftige Radialrippen zu
bilden, zur Geltung ... Holzapfel weist nach, daß die von Blumenbach
und Goldfuss von Gehrden beschriebene Ostrea sulcata (Fig. 146 *B*) ...
mit gewölbtem Kiel auf der Oberschale dadurch entstanden ist, daß sich
das Tier besonders gern auf zylindrische Gegenstände festgesetzt hat,
so daß die Unterschale oft in ihrer ganzen Länge eine gerundete Rinne
zeigt, welcher auf der Oberschale dann ein Wulst entspricht. Die so
gekennzeichnete Form ist eine der häufigsten Schalenausbildungen von
Ostrea semiplana .. “.[1] Genau dieselbe Formbildung kommt auch bei
lebenden Austern vor, deren Schale auf einem Holzstengel festsitzt und
ihn der ganzen Länge nach mit dem Rücken umfaßt. Zuweilen ist die
Destruktion der Schalenform nicht so unmittelbar ersichtlich; es scheint
dann, als ob wohlausgebildete Vertreter mehrerer Arten vorlägen, die
erblich verschieden sind. Eine Untersuchung des Vorkommens muß
dann Aufschluß geben über die Zusammengehörigkeit der Formen zu
einer natürlichen Art.

---

1) Müller, G., Die Molluskenfauna des Untersenon von Braunschweig und Ilsede.
I. Lamellibr. u. Glossophoren. Abh. k. preuß. geol. Landesanst., N. F., Heft 25, Berlin
1898. S. 8/9.

Daß mit der Schale festgewachsene Tiere, z. B. Austern, von sich aus ihre Unterlage verlassen könnten, ist bisher nicht beobachtet worden. Allerdings beschreiben v. STAFF und RECK derartige angebliche Fälle[1], die sich jedoch auch anders deuten lassen. Die eine Platte zeigt einen zerdrückten Perisphinkten aus den Solnhofener Plattenkalken, auf dem zwei größere glatte Austern und links oben eine kleinere gerippte sitzen. Die Rippung bei dieser verläuft schräge über die Schale und rührt in der bekannten Weise entweder vom ehemaligen Aufsitzen auf einer anderen Perisphinktenschale oder davon her, daß das Tier mit jener Seite auf demselben Perisphinkten, jedoch an einer anderen Stelle ehedem saß. Da die Muschel jetzt auf einem glatten Untergrunde aufsitzt, kann sie nicht von diesem durch Abprägen ihre Diagonalskulptur bezogen, sondern muß sie bereits besessen haben, als sie sich so festheftete, wie sie derzeit zu sehen ist. Sie hat demnach einen Ortswechsel vornehmen müssen und zwar schon in sehr vorgerücktem Stadium ihres Wachstums, nicht als Embryonalschale. Danach ist sie aber nach der Festheftung mit der anderen Klappe weitergewachsen, weil nämlich die Rippen nicht bis zum Rande reichen; oder dieses frühere Endigen der Rippen kommt daher, daß sie schon in der ersten Festheftungslage über den Ammonitenrand hinausgewachsen war und darum keine Rippen mehr abprägte; das läßt sich nicht entscheiden. Die genannten Autoren vermuten aber das erstere. Gegen diese ihre Auffassung des Wirtswechsels ist aber geltend zu machen, daß es ein ganz unerhörter Fall wäre, für den eine physiologische Erklärung in keiner Weise zurzeit gegeben ist; daß dagegen die Erscheinung leicht erklärlich wird als passiver Ortswechsel, indem eben die Ammonitenschale zerbrach oder zerdrückt oder aufgelöst und deshalb das Tier frei wurde, zumal es vielleicht nicht besonders fest angeklebt war.

Einen anderen Fall wollen die beiden Autoren ebenfalls als „Abwandern" von Austern von einer Ammonitenschale weg deuten. Die in beifolgender Fig. 147 dargestellte Ansammlung von Austern lag auf einem wahrscheinlich doppelseitig von ihnen besetzten Ammoniten, der auf die bekannte, von ROTHPLETZ ausführlich beschriebene Weise[2] im Schlamm der Lithographenkalke fossil geworden und aufgelöst worden war. Dadurch kamen die Austernschalen beider Ammonitenseiten unmittelbar aufeinander zu liegen, nämlich jetzt innerhalb der kreisförmigen Einmuldung, die dem Ammonitenumfang entsprach. Sie lassen die allomorphe Berippung vom Festsitzen auf dem Perisphinkten her teilweise

---

1) v. STAFF, H. u. RECK, H., Die Lebensweise der Zweischaler des Solnhofener lithographischen Schiefers. Sitzungsber. d. Ges. Naturf. Freunde, Berlin 1911, Nr. 3, S. 166 ff.

2) ROTHPLETZ, A., Über die Einbettung der Ammoniten in die Solnhofener lithographischen Schichten. Abh. Bayr. Akad. Wiss. (Math.-phys. Kl.). München 1909. S 313.

gut sehen. Was außerhalb der Delle an Muscheln liegt, meinen die
beiden Autoren, sei bei der Einbettung überrascht worden und mit geschlossener Klappe fossil geworden. Sie könnten unabhängig hergewandert

Fig. 147. Austernartige Muscheln auf einem verdrückten Ammoniten der Solnhofener Plattenkalke; die äußeren isolierten Formen angeblich abgewandert. (Aus
v. Staff u. Reck, l. c.) $^1/_1$.

sein. Das sei aber unwahrscheinlich, erstens weil Muscheln und Austern überhaupt in diesen Schichten äußerst selten sind und zweitens weil sie in der Größe so vollkommen den übrigen entsprechen, so daß sie ganz den Eindruck von versprengten Gliedern dieser selben Biozönose machten. Es scheine somit nur die Erklärung übrig zu bleiben, daß die Tiere zentrifugal kurz vor ihrer Einbettung abwanderten. Ich glaube aber auch hier nicht, daß dies eine aktive Loslösung und Abwanderung war, sondern daß die Tiere einfach dadurch frei wurden, daß das Ammonitengehäuse zerbrach oder sich auflöste. Da die Austern kein

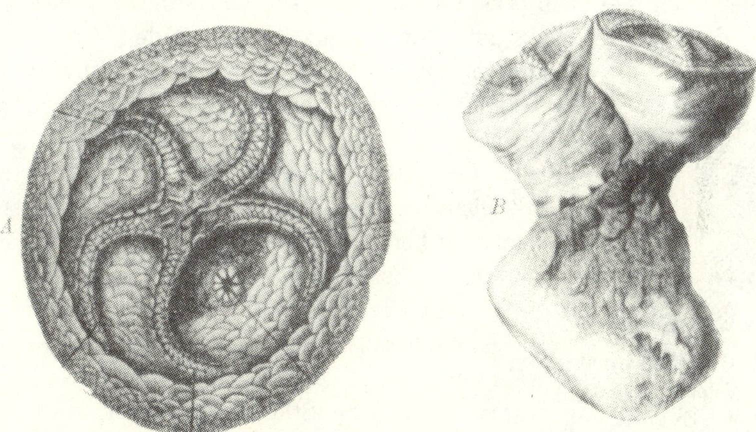

Fig. 148. Mit der flachen Unterseite festgewachsene Thecoideen: *A* Agelacrinites Karbon, England. Konvexe Oberseite eingedrückt. Etwas vergr. (Aus JAEKEL, Stammesgesch. d. Pelmatoz., 1899.) ca. $^5/_1$. *B* Cyathocystis, auf einem Gesteinstück sitzend. Untersilur, Esthland. Die Oberseite stark erhoben. $^2/_1$.

Bewegungsorgan haben, wie etwa die freien Pectiniden, so können sie sich auch nicht aktiv entfernt haben, sondern blieben unmittelbar beim Ammoniten liegen. Genau das wird auch mit der zuerst beschriebenen kleinen Auster der Fall gewesen sein, die sich gleich nach der Ablösung wieder festheftete, weil sie eben sonst gänzlich hilflos gewesen wäre.

Unter den ältesten Echinodermen wurden schon Seite 313 die platten Thecocystiden erwähnt, welche frei auf dem Boden lagen. Die Oberseite ist halbkugelig, die Unterseite zwar flach, aber dennoch mit einem deutlichen Überrest der ehemaligen Wölbung versehen (Fig. 128). Die geologisch etwas jüngeren Agelacriniden haben eine ganz ebene Unterseite und sind mit ihr stets aufgewachsen (Fig. 148 *A*), während die erstgenannten älteren Thecocystiden mit der etwas gewölbteren Unterseite noch frei dalagen, wie im vorigen Abschnitt auseinandergesetzt wurde.

Einen anderen Weg schlugen die am Ende ihrer Entwicklung schließlich becherförmig gestreckten und nach Art von Einzelkorallen starr

festgewachsenen Cyathocysten ein (Fig. 148 *B*), deren Körper unterhalb der
Ambulakren zu einem festen Kelch verschmolzen ist und nur auf der
Oberseite noch Täfelung zeigt. Diese offenbar demselben Abstammungs-
kreise wie die Vorigen angehörende Form flachte ihre Unterseite nicht
ab, sondern wuchs durch vermehrte Materialausscheidung wie die Richt-
hofeniden unter den Brachiopoden und die Rudisten unter den
Muscheln in die Höhe. Damit war am einfachsten die den übrigen
Carpoideen so schwierig werdende Frage der stiellosen Erhebung über
den Boden gelöst. Auf einem dritten Wege haben dann die echten
Krinoiden, um bei dem Ausdruck zu bleiben, in idealster Weise eine
Lösung der Schwierigkeit gefunden: einerseits am Boden festgeheftet,
andererseits in die Höhe gehoben und trotz der
Festheftung beweglich zu sein: sie bildeten den
beweglichen Gliederstiel aus (Fig. 170).

Festgeklebte Formen ohne Stiel, also unmittelbar mit der Unterseite der Kapsel festgewachsene, liefern beide Gruppen der Hydrophoridae,
von denen oben (S. 317) angenommen wurde, daß
sie aus freien Formen hervorgingen und, soweit
sie Stiele besaßen, diese nachträglich erwarben,
während einige, die nun hier zu besprechen
wären, sich ohne Stiele festhefteten, also ganz
unbeweglich wurden. Es sind dies einerseits die
Sphaeroniden (Fig. 149), andererseits als ganz
isolierter Fall ein Echinophaerites granulatus aus
dem Untersilur von England, eine walnußgroße
Form, die nach Jaekel (a. a. O. S. 337) ihren
Stiel völlig zurückbildet, dann aber nicht zur

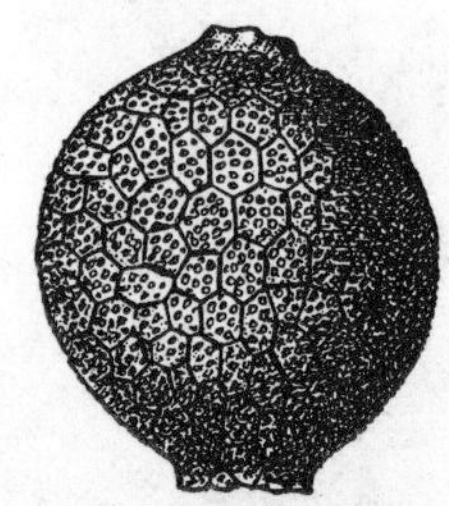

Fig. 149. Unmittelbar mit
der gerundeten Theca fest-
gewachsene Cystoidee:
Sphaeronites aus dem
Untersilur von Schweden.
Anwachsstelle der Unter-
seite abgebrochen, oben
Mund. (Aus Zittel-Broili,
Grundz. d. Pal., 1915.) ¹/₁.

freien Lebensweise übergeht wie der auf Seite 316 beschriebene
Protocrinites, sondern sich erst recht festheftet und unmittelbar auf
harten Fremdkörpern die Schale anlötet.

Eine weitere, sehr bedeutsame Umwandlung der festsitzenden Tiere
gegenüber den frei beweglichen ist die vornehmlich bei den Korallen
entwickelte Knospung als Mittel der Fortpflanzung.

Die Bedeutung der Knospung und der auf ihr beruhenden Koloniebildung liegt vor allem in der sichereren Ausnützung der einmal eingenommenen Wohngebiete. Hierüber sagt Lang (l. c. S. 137/38): „Wenn
gewisse Standorte so günstig sind, daß sich eine üppige Kolonie von
Einwanderern entwickeln kann, so können doch knospende, festsitzende
Tiere den einmal erworbenen günstigen Standort ebensogut durch Koloniebildung mittels Knospung ausnützen, als eine ganze Herde von isolierten
Einwanderern. Die Knospen der festsitzenden Tiere sind junge, festsitzende Tiere. Anstatt daß sie erst herumschweifend einen günstigen

Ort zur Niederlassung aufsuchen . ., bleiben sie einfach festsitzend, haben von Anfang an in der Kolonie Hausrecht. So kann sich, von einem sicheren Platze ausgehend, die Kolonie, der Tierstock nach allen Seiten ausbreiten und entfalten." Eine weitere Bedeutung liegt in der Möglichkeit besserer Nahrungsausnützung. „Bei der Ernährungsweise der festsitzenden Tiere, die auf zufällig in die Nähe gelangende oder herbeigestrudelte Nahrungspartikelchen angewiesen sind, ist nicht zu befürchten, daß die Einzelpersonen eines Stockes einander Konkurrenz machen. Im Gegenteil. Zusammen bieten sie eine viel größere auffangende Oberfläche, zusammen erzeugen sie einen viel stärkeren Wasserstrudel als einzeln. Wenn in Kolonien isoliert nebeneinander stehender Tiere ein Nahrungspartikelchen in die Tentakelkrone eines Individuums hineingerät, so haben die Nachbarn nichts davon. Bei den durch Knospung entstehenden Kolonien aber kommt die zufällig von einem Individuum erbeutete Nahrung auch allen andern, dem ganzen Stocke zugute."

Umgekehrt ist die Fortpflanzung durch freie Geschlechtsprodukte, die ja auch den knospenden Tieren noch zukommt, ebenso wieder eine biologische Notwendigkeit. Denn neue Gebiete müssen besiedelt, Wanderungen müssen ausgeführt werden, sobald sich die umgebenden Verhältnisse, also Tiefe des Wassers, Sedimentation, Temperatur, Strömung ändern, was ja immerzu der Fall ist. Ist auch ein Tierstock an und für sich noch so langlebig, so ist, wie LANG sagt, doch auch seiner Existenz schließlich eine Grenze gesetzt, und wir verstehen darum, weshalb die Fortpflanzung oft durch Ausbildung bestimmter Geschlechtsindividuen auf anderem Wege als dem der Knospung sichergestellt wird.

Man kann, wie oben gezeigt, die festgewachsene Einzelkoralle als Typus des starr angewachsenen Bodentieres bezeichnen (Fig. 141, S. 334), insofern sie alle Eigenschaften aufweist, welche man für einen allenfalls nach den bisherigen Angaben aufzustellenden idealen Anpassungstypus fordert: den äußerlich radiären Bau; die gestreckte Form, wodurch die Mundregion über den Boden erhoben wird; den diesen umstellenden Tentakelkranz; die Vermehrung durch Knospung oder Larven. Die Mannigfaltigkeit der speziellen Anpassungen, die gerade bei den Korallen den Körperbau der Individuen und Arten beherrscht, ist bei dieser festsitzenden Gruppe von Bodenbewohnern besonders groß. Sie sind sozusagen das Vorbild für konvergente Körperbildungen bei festsitzenden Muscheln (Rudisten S. 252), Brachiopoden (Richthofeniden S. 368) und Krebsen (Pyrgoma S. 252).

Die benthonisch sitzenden Formen sind vorzüglich kolonie- und riffbildend, wenn es auch planktonische Kolonien, z. B. gewisse Graptolithenstöcke (Fig. 249, Kap. V, 2), gibt. Unter Kolonie versteht man das gemeinsame Auftreten einer größeren Individuenzahl an einem Platze, und zwar wird eine solche Kolonie als Stock bezeichnet, wenn die Individuen mit dem

Weichkörper mehr oder minder verwachsen sind und daher eine lebendige Einheit bilden, wobei sie sich zuweilen differenzieren können, indem bestimmte Organe sich bei einzelnen Individuen auf Kosten anderer umbilden. Es entsteht ein „Stockindividuum", wie bei Hydrozoen und Bryozoen (Fig. 140, S. 332), während bei den Stockkorallen die Differenzierung der Individuen zwar unterbleibt, aber auch hier die Neigung zu einer engeren individuelleren Begrenzung des Stockes besteht. Daß der Stock nicht in's Endlose wächst, sondern mehr oder weniger Neigung zeigt, als Stockindividuum zu erscheinen, erklärt sich aus verschiedenen Momenten. Einmal sind verzweigte, freistehende Stöcke über eine gewisse Größe hinaus zu zerbrechlich, während andererseits der kugelige Umfang nichtverzweigter Stöcke vor allem dadurch gegeben ist, daß die Verteilung der Kelchöffnungen über eine Kugelfläche die denkbar beste Anordnung für die freieste Wasser- und Nahrungszufuhr bei einer so dichtgedrängten Individuengesellschaft ist. Da die Individuen noch mit ihrem Weichkörper zusammenhängen, so ist damit eine gewisse physiologische Polarität in ihrer räumlichen Verteilung gegeben, d. h. sie bilden keine bloße Masse und Zahl, wie etwa Krinoiden- und Brachiopodenrasen, sondern einen erweiterten und innerhalb größerer Grenzen beliebig erweiterungsfähigen Organismus. Die Grenzen der Erweiterungsfähigkeit liegen dort, wo entweder der Stock so groß wird, daß seine Vergrößerung aus räumlichen oder Ernährungsgründen u. dgl., also aus äußeren Ursachen untunlich wird; oder es kommt der innere Grund hinzu, daß ein allzu großer Stockorganismus nicht mehr seine innere physiologische Kontinuität wahren kann und dadurch vermutlich seine Wachstumsgrenze findet.

Anders das Riff, ob groß oder klein. Hier sind auch die Individuen verwachsen, z. B. beim Austern- und Rudistenriff, aber nur äußerlich mit den Schalen, nicht schon ontogenetisch mit dem Weichkörper. Es sind zusammengetretene Individuen und jedes Individuum ist, abgesehen von der gegenseitigen Raumbeengung, selbständig. Sie bilden keinen Stock, sondern vergleichsweise eine Herde. Mithin entstehen sie nicht durch Knospung, sondern aus freischwimmenden Geschlechtsprodukten und Larven, die sich weit weg oder bei den Muttertieren beliebig niederlassen können. Korallenstöcke nun, die sich zu einem Riff zusammenfinden, verhalten sich ebenso. Ein Korallen- und Bryozoenriff ist unmittelbar vergleichbar einem Muschelriff dann, wenn man die Einzelstöcke als Individuen nimmt, wie oben auseinandergesetzt. Sobald Riffe gebaut werden, entstehen die Einzelstöcke durch freie Larven; die Knospung kann nur zum Wachstum eines Stockes als solchen dienen — abgesehen von dem gelegentlich wiederkehrenden Fall, daß ein von einem Stock abgebrochenes Ästchen wieder für sich zu einem Stock auswachsen kann, was aber eine Art Regeneration ist und ebensowenig als normale

Vermehrung anzusehen ist als die Regeneration der Teile eines zerschnittenen Regenwurmes.

Eine Stockbildung bei den Korallen kann daher nur auf eine, scheinbar allerdings auf zweierlei Weise, zustande kommen: als echte Stockbildung, indem das Grundindividuum knospt und dann die Nachkommen, sich ebenso vermehrend, im Zusammenhang bleiben. Das ist der Typus des gewöhnlichen Korallen- oder Hydrozoenstockes (Fig. 140, S. 332).

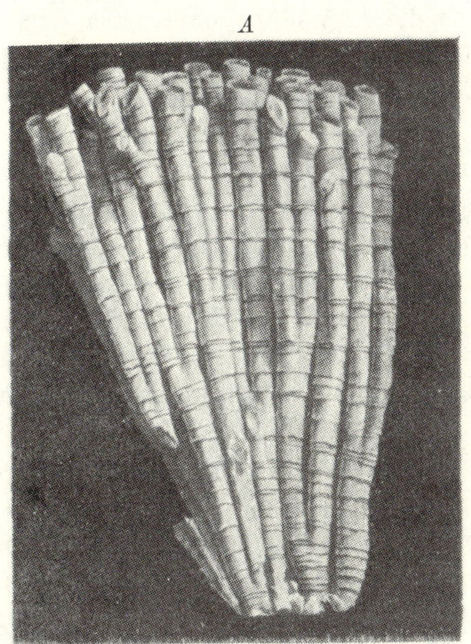

Fig. 150. Verschiedene Arten der Zellanordnung bei Korallen ohne Coenenchym: *A* Calamophyllia, mit parallel laufenden, sich seitlich nicht berührenden Zellen. Dogger, England. *B* Lithostrotion basaltiforme, mit parallelen, nur längs einer zarten Deckschicht sich berührenden Zellen. Karbon, England. (Beide aus Edwards u. Haime, Brit. Foss. Cor., 1850.) $^2/_3$.

Sodann als falsche Stockbildung, indem sich als Einzeltiere freie Larven ansiedeln und eine Kolonie isoliert nebeneinander stehender, wenn auch vielleicht äußerlich zusammengewachsener Individuen bilden (Fig. 49, S. 178). Das kann gelegentlich bei Korallen vorkommen, ist aber vor allem typisch für Muscheln. Es kann natürlich keine Rede davon sein, daß diese falsche Stockbildung etwa eine stammesgeschichtliche Übergangsform zu der echten Stockbildung wäre.

Während wir bei dem Riff nur immer ein und dieselbe Art Riffbau finden, zeigt uns die Stockbildung nun eine Anzahl Variationen in der Gestaltung der Individuen und in ihrer gegenseitigen Anordnung:

1. Knospende und zwar seitlich knospende oder sich teilende Stöcke, deren Zellindividuen nur anfänglich divergieren, dann aber parallel laufen. Hierbei sind die Einzelindividuen entweder ganz getrennt (Fig. 150 *A*) oder

nur durch Mauern getrennt und aneinanderliegend (Fig. 150 *B*). Hierbei treten die Weichkörper seitlich entweder gar nicht oder nur durch einzelne Öffnungen in Verbindung; das sind Formen, deren Individuen dauernd mit ihrem Weichkörper auch seitlich in Konnex bleiben, gegenseitig übergreifen, einerlei, ob sich die Kelche berühren oder nicht; und wenn sie sich nicht unmittelbar berühren, dann zwischen ihren Kelchen das sogen. Coenosark ausscheiden wie die Astraeiden und Madreporiden; schließlich 3. jene, bei denen sich die Individuen quer verlängern und so ineinander überfließen (Thamnastraeiden), daß man oft gar nicht die Grenze vom einen zum anderen Individuum ziehen kann. Andere Abarten werden im Kapitel IV, 5 besprochen.

Fig. 151. Cyathophyllum, loser Stockverband, vielleicht z. T. durch Festsetzen von Larven und unregelmäßige Knospung zustande gekommen. Obersilur, Nordamerika. (Aus Lambe, Contrib. Canad. Paleont. IV, 2, 1901.) $^2/_3$.

Bei den ältesten Korallen nur ist ein Mittelding zwischen Riffbildung durch Stöcke und durch Einzelindividuen entwickelt, wenn nämlich knospende Korallen auch Larven aussandten, diese sich aber nicht alle wegbegaben oder fortgetragen wurden, sondern sich teilweise an und auf dem Mutterstock niederließen und auf ihm heranwuchsen, ohne dessen Weiterentfaltung zu unterdrücken. Dann entstanden zusammengesetzte Kolonien. Diesen Fall scheinen die Hexakorallen nur ganz ausnahmsweise, einige alte Tetrakorallen aber regelmäßig zu zeigen, z. B. Cyathophyllum (Fig. 151) oder Polyorophe u. a. Es existierten anfänglich also wohl nur Einzelkorallen, worauf ja auch deren besonders große Zahl unter den ältesten Tetrakorallen hinweist, während richtig knospende Stöcke erst später erschienen und entwickelteren Gruppen angehörten. Die Stockbildung durch Knospung ist somit, wie oben schon ausgeführt wurde, eine erworbene Eigenschaft und nichts primär Typenhaftes.

Übrigens herrschen über die Möglichkeit der Knospung bei den Tetrakorallen noch Unklarheiten. Jedenfalls können die Formen, welche eine feste Wand ausschieden und bei denen kein Weichkörper, also kein Coenenchym und keine weiche Haut außerhalb des Einzelkelches existierte, auch nur an dem jeweiligen obersten Kelchrand knospen. Ist einmal eine Mauer gebildet, so ist eine seitliche Knospung an der unterhalb des Mundes gelegenen Kelchwand nicht mehr möglich gewesen. Die auf Seite 125 beschriebenen Omphymawurzeln konnten daher nicht infolge seitlicher Knospung erst später entstanden sein, sondern mußten schon angelegt worden sein, als der Kelch erst die Höhe der Wurzelansatzstellen hatte (Fig. 34). Die Hexakorallen mögen hierin von Anfang an entwickelter gewesen sein.

Es kommt auch vor, daß ein einzelnes Kelchindividuum durch Verfaltung, ohne daß man von Knospung reden könnte, einen Stock nur scheinbar hervorruft. Solche Formen sind Plocophyllia, Pachygyra (Fig. 188, Kap. IV, 5), Rhipidogyra, und im einfachsten Fall die nebenstehend abgebildete Trochosmilia (Fig. 152). Wie diese merkwürdige Stockbildung, die eigentlich keine ist, in den verschiedensten Familien der Hexakorallen sich zeigen kann — bei den Tetrakorallen kommt sie nicht vor —, so zeigen sich auch die unter 1 genannten Unterarten bei

Fig. 152. Beginnende Stockbildung einer ursprünglichen Einzelkoralle durch Querverlängerung und Ausbuchtung des Einzelkelches. Trochosmilia. Oberkreide, Ostalpen. (Aus Reuss, Denkschr. Akad. Wiss. Wien. VII, 1854.) $^1/_1$.

allen möglichen Gruppen, die gleichzeitig auch Einzelkorallen oder verzweigte Stöcke bilden können. Solche Konvergenzformen sind Calamophyllia des Mesozoikums und gewisse Lithostrotion-Arten des Paläozoikums, während dagegen z. B. Thecosmilia als Einzelkoralle als ästiger und als geschlossener Stock auftreten kann, ohne seine feinere innere Organisation sichtbar zu ändern. Diese Verschiedenheit wie jene Gleichheit hat natürlich rein biologische Anpassungsgründe, die im folgenden noch beleuchtet werden sollen. Hierin und in allem vorher Geschilderten gibt es eine große Mannigfaltigkeit, die beim Durchblättern von Korallenmonographien sofort in die Augen fällt.

Was über allgemeine Eigentümlichkeiten der Korallen hinsichtlich des Festsitzens und der Stockbildung gesagt wurde, gilt auch von Tabulaten, Hydrozoen, Bryozoen und Schwämmen. Wir werden in den folgenden Abschnitten auf deren besondere, mit dem Festsitzen in Zusammenhang stehende Formbildungen zurückkommen. Erwähnt sei, daß fertige Tabulaten niemals als Einzelpolypen, sondern immer nur als Stöcke vorkommen; Pleurodictyum (Fig. 227) allein versucht durch Beschränkung der Zellenzahl als Einzelkoralle zu erscheinen, ist es aber nicht. Auch unter den immer seltenen, wenn auch schon im Altpaläozoikum erscheinenden Okto-korallen sind nur äußerst vereinzelt Einzelpolypen beobachtet. Auch die kalkabscheidenden Hydrozoen bilden nur Stöcke; desgleichen die Bryozoen ausnahmslos. Aber auch bei diesen gibt es lose und fest-gewachsene Gattungen, welche durch Reduktion der Zellenzahlen und regelmäßige bestimmte Abgrenzung des kleinen Stöckchens wie flache Einzelindividuen der Tetra- und Hexakorallen erscheinen, aber nicht zu diesen, sondern zu dem auf Seite 330 beschriebenen mehrzelligen, jedoch ebenso individualisierten Aspidiscus- und Pleurodictyum-Stöckchen das Analogon sind (vgl. S. 332).

Fig. 153. Unterschiedliches Anwachsen bei Tetra- und Hexakorallen: *A* Seitliches Anwachsen bei Cyathophyllum (Tetra-koralle); *B* Zentrales Anwachsen bei Balanophyllia (Hexakoralle). (Aus Yakowlew, l. c.) $^1/_1$.

Die Festheftungsart der Einzel-korallen bei den Rugosen ist primär eine ganz andere als bei den ent-sprechenden Hexakorallen. Das Poly-parium der ersteren wächst nämlich, wie Yakowlew[1] nachwies (Fig. 153), nicht mit der Kelchspitze, sondern im jugendlichen Zustand mit der Seite an; bei den Hexakorallen dagegen ist die Ansatznarbe im allgemeinen nor-mal zur Polypenachse gelegen, jeden-falls durchschneidet sie die ganze Basisperipherie des Kelches, wie ein Vergleich der beiden Figuren 153 zeigt. Bei zahlreichen von Yakowlew untersuchten Exemplaren von Cyatho-phyllum ceratites aus dem Devon des Timan zeigte sich die Ansatznarbe meistens an der konvexen Kelchseite. Daraus ist zu schließen, daß die Anheftung der rugosen Tetrakorallen erst stattfand, als mit dem Septen-bau begonnen wurde, während bei den Hexakorallen das Anlöten das erste Geschäft beim Erbauen des Kalkgehäuses ist. Es zeigen sich hier zwei primär verschiedene Bauweisen, indem bei den Hexakorallen die basale Scheibe und damit die Anheftung durch Kalkausscheidungen des Fußes besorgt wird, während die Tetrakorallen die Anheftung mittels Kalkproduktion aus der Körperflanke erzielten, wie ja auch der auf Seite 125 gegebene und in anderem Zusammenhang besprochene Quer-schnitt durch die Mauer von Omphyma zeigt. Aus dieser Eigentümlich-keit wird dann die weitere Fähigkeit der Rugosen verständlich, außen

---

1) Yakowlew, N., Die Entstehung der charakteristischen Eigentümlichkeiten der Korallen Rugosa. Mém. Com. géol. St. Pétersbourg 1910, N. Sér., Nr. 66, S. 13. — Organi-zation of rugose corals and origin of characteristic peculiarities. Geol. Magaz., N. S., Dec. VI, Vol. IV, S. 108, London 1917.

noch die sogenannten Wurzeln zu bilden, wie sie die nebenstehende Abbildung (Fig. 154 *B*) zeigt, eine Fähigkeit, welche die Hexakorallen nicht besitzen und aus welcher es sich auch erklärt, daß sie die groteskesten Biegungen ausführen und, wenn sie zufällig losgerissen wurden, auch wieder anwachsen konnten, was die Hexakorallen nicht vermögen, die in dieser Richtung also weniger hoch entwickelt sind. Infolgedessen haben wir festsitzende hohe Einzelkorallen bei den Hexakorallen nur in tiefem oder stillem Wasser, mit Ausnahme der derben festen Montlivaultia (Fig. 141, S. 344), deren Basis widerstandsfähig genug ist; sie können sich in dem bewegten Wasser selbst nicht halten und stützen, während die mit starken Außenverlötungen versehenen Tetrakorallen in zahlreichen Ab-

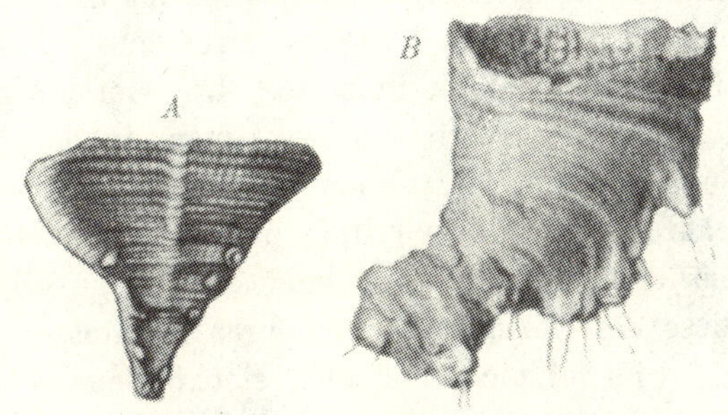

arten vorkommen und auch Riffbildner, also Brandungsbewohner und Brandungserzeuger gewesen sind. Wo wir bei den Hexakorallen an Riffen, also im Bewegtwasser hausende Einzelkelche haben, sind es dicke massige Stöcke, welche einen breiten festen, mit großer Basis anzementierten Fuß besitzen, wofür genannte Montlivaultia aus dem Weißjurariff das einzige Beispiel ist.

Fig. 154. *A* Rhizophyllum, mit Seitenwurzeln liegend angewachsene Einzelkoralle mit Flachseiten und Deckel. Obersilur, Gotland. (Aus Lindström, Svensk. Vetensk. Akad. Förh. 1865.) ¹/₁. *B* Polyorophe, durch seitliche Wurzelbildung stehend angewachsen. Obersilur, England. (Orig. in München.) ¹/₁.

Über die Art der Festheftung der Korallen schreibt Walther: „Die Stöcke der Riffkorallen sind meist fest auf ihrer Unterlage angewachsen. Porites solida, eine scheibenförmige Koralle mit toten Flächen und lebendem Rand, lebt allerdings ganz frei im Sande der Riffe von Kamarane; auch auf den Neuhebriden beobachteten die Naturforscher der Challengerexpedition, daß manche Poritesarten durch die Wellen hin- und hergerollt werden, obwohl sie rings von lebenden Polypen bedeckt waren.“

Gewisse rezente Korallenriffe bzw. -stöcke können auch, ohne sich einen festen Gegenstand oder Felsen zur Unterlage gewählt zu haben, in weichem Schlamme wachsen. Denn der Stock selbst sinkt allmählich in den Schlamm ein und im selben Maße wachsen die Polypen in die Höhe. So entsteht allmählich ein Fundament, das ihnen erlaubt, auch im weichen Schlammboden zu gedeihen.[1]

---

1) Walther, J., Die Lebensweise der Meerestiere. Einleitung in die Geologie als historische Wissenschaft, Bd. II, S. 270/71, Jena 1893.

Die auf einer abgeplatteten Kelchseite liegende Calceola des Devon ist übertroffen von Rhizophyllum im Silur, das ebenfalls von der vertikalstehenden Kelchform übergeht zur liegenden, aber nicht frei bleibt, wie Calceola, sondern mit Seitenwurzeln anwächst (Fig. 154). Es ist hier also eine Drehung der Lage des festgewachsenen Kelches um 90° erfolgt. Der Sinn der Umwandlung ist, aus der vertikalen festen in die horizontale feste Lage zu kommen, und dient offenbar dem Zweck, den Angriffspunkt der Wasserbewegung gegen den Kelch zu vermindern oder seine gedeckelte Öffnung in der geeigneten Richtung zur Strömung und damit zur Nahrungsaufnahme einzustellen, was andere normale Formen wie Einzelcyathophyllen oder Zaphrentiden (Fig. 192) durch rechtwinkeliges Abbiegen des Kelchoberteiles erreichen. Ganz wie Rhizophyllum, heftet sich auch Goniophyllum an. Die vierkantige Abflachung scheint dieser Gattung die Möglichkeit zu bieten, in der Jugend, vor Entwicklung der Seitenwurzeln, mit einer beliebigen der vier Flachseiten anzuwachsen, während für Rhizophyllum nur die eine flache Seite in Betracht kommt. Sie erreichen dadurch beide die Lage von Calceola, jedoch ohne wie diese der Festheftung entbehren zu müssen.

Es ist nicht bei allen stockbildenden Gruppen so, daß man immer deutlich die Zusammensetzung der Stöcke aus Einzelindividuen erkennen würde. Bei den Korallen und den Hydrozoen ist das zwar durchweg der Fall. Aber schon bei den Staatsquallen, den Siphonophoren, bemerkt man die Überführung der Einzelindividuen in einen Zustand, worin sie mehr und mehr zu einem bestimmten Organ des nun wie ein wirkliches, in strenger Form umschlossenes Einzelindividuum erscheinenden Stockes herabgedrückt werden. Das ist in erhöhtestem Maße auch die Eigentümlichkeit des Spongienkörpers. Er ist zu verstehen als ein Stock mit unterdrückter Entfaltung der Einzelindividuen zugunsten der Entstehung eines noch mehr als jene Staatsquallen als Einzelperson erscheinenden Stockes. Gewöhnlich merkt man einer Einzelspongie dieses Wesen ihres inneren Aufbaues nicht an, es wird deutlicher bei Formen, mit vielen Oscula, und am deutlichsten bei Arten wie Becksia in der Oberkreide, wo man deutlich die einzelnen Röhren verfolgen kann, wodurch der Körper als Stock, als Kolonie erscheint. Die Röhren kommunizieren. Es ergibt sich aus dieser Betrachtung die Frage, ob überhaupt der Spongienkörper stammesgeschichtlich ein Einzelindividuum war und durch Knospung zu einem Stock wurde, wo ähnlich wie bei den Siphonophoren die Einzelindividuen so unterdrückt wurden und im Ganzen aufgehen mußten, daß schließlich aus diesem Prozeß Formen wie etwa die jurassisch-kretazischen Pachyteichisma und Ventriculites, Coscinopora u. a. (Fig. 191, IV, 5) hervorgingen, bei denen nur eine zentrale Höhlung vorhanden ist, zu der alle Einzeloscula führen; oder ob umgekehrt, wie es bei Becksia scheinen könnte, zusammengetretene Einzelindividuen einen Stock bildeten,

etwa nach Analogie von Volvox globator. Das erstere ist natürlich der
Fall; denn aus dem äußerlichen Zusammentreten von Einzelindividuen
können, wie oben gezeigt wurde, zwar Bänke und Riffe, niemals aber
innerlich zusammenhängende und individualisierte Stöcke entstehen.[1]

Ein besonderer Typus der Skelettbildung bei absoluter Sessilität
ist die einfache Röhrenform. Da die Röhren oft hornig sind,
so sind sie fossil nicht in dem Maße häufig, wie unter den lebenden
Tieren. Sie dienen durchweg dem Schutzbedürfnis, indem sich die Tiere
bei drohender Gefahr in sie zurückziehen können. Die meisten Tiere
erzeugen ihre Röhren und Schalen selbst, während einige wenige, nicht
echt festsitzende Würmer, z. B. manche Sipunculiden, nach Lang (a. a. O.
S. 67 ff.) die leeren Röhren abgestorbener Tiere beschlagnahmen. Es ist
das schon ein spezieller Fall von Parasitismus, den wir im Abschnitt 7
dieses Kapitels behandeln. Allerdings sind die Röhren nicht nur Schutzorgane, sondern oft auch Stützorgane; dies besonders bei Bryozoen
und den Röhrenkorallen, und zwar nicht nur bei den rezenten, fossil
nicht erhaltungsfähigen Tubiporiden, sondern auch bei den röhrenförmigen
Tabulaten. Hier erfüllt das Röhrengehäuse wohl beide Aufgaben. „Beträchtliche Verschiedenheiten", sagt Lang, „herrschen in den Beziehungen
der Röhren und Schalen zu dem von ihnen eingeschlossenen Tier. Bald
bleibt ein beträchtlicher Zwischenraum zwischen der Röhre und dem
Tierkörper, bald ist der Körper im Grunde der Röhre festgeheftet, bald
kann er sich frei in ihr bewegen. Häufig liegen die Röhren und Schalen
dem Körper dicht an, und schließlich können sie mit ihm ganz oder
teilweise in fester Verbindung bleiben ...." Die Beschaffenheit der Röhren
ist eine außerordentlich verschiedenartige; bald bestehen sie aus einer
gallertartigen Substanz, bald sind sie zäh lederartig, bald durch Einlagerung von Kalksalzen steinhart. Bisweilen werden an Gallerthüllen
Sand, Schlammpartikelchen oder Schalen anderer Tiere angeklebt. Oder
es bauen die Tiere aus kleinen, miteinander verklebten Sandkörnchen

---

1) Bemerkenswert ist folgende Tatsache, die zeigt, daß in einem ganz anderen
Sinne allerdings Schwammkörper durch zusammengetretene Polypen entstehen können,
wie es die Morphologie ja an und für sich nahelegt. Es ist dies jene geradezu
an's Wunderhafte grenzende experimentelle Erfahrung bei einigen Schwammarten,
welche zeigt, daß ein ganz außerordentliches Zusammengehörigkeitsgefühl auch die
isolierten Körperelemente der Schwämme beherrscht. Nimmt man ein Stückchen,
zerreibt es mit den Fingern im Wasser und preßt es sogar durch Gaze, dann fallen
isolierte feine Teilchen, auch einzelne Körperzellen zu Boden. Ein Teil wird durch
Pilze vernichtet, aber manche Zellen, die ihre Lebensfähigkeit nicht eingebüßt haben,
wandern, treten zusammen und regenerieren miteinander unter günstigen Bedingungen
wieder einen kleinen vollständigen Schwamm. Mischte man so die Zellen zweier Arten,
so trennten sie sich säuberlich und traten dann erst auf die geschilderte Weise zusammen. Brehms Tierleben. Bd. I. Die niederen Tiere, 4. Aufl., S. 80, Leipzig und
Wien 1918.

eine röhrenförmige Schutzmauer um sich herum" (s. hierüber Abschnitt 5 des Kapitels VI). Beispiele für alle diese Modifikationen der Röhrenbildung gibt es auch unter den fossilen Würmern, mit Ausnahme der rein gallertigen und chitinös-lederigen Bildungen. Am häufigsten sind die verkalkten Serpula-Röhren, die seltener einzeln, meistens in Massen zusammen auftreten, aber nicht wie die tubiporen Orgelkorallen vertikal, sondern horizontal oder auf Schalen aufgeklebt erscheinen. Zuweilen treten sie in solchen Massen auf, daß sie gesteinsbildend Schichten erfüllen. Jenes äußerliche Zusammentreten zu Bänken oder, wenn man will, Riffen, das man schon lieber als konglomeratige Knäuelbildung bezeichnet, führt uns besonders jener Typus vor, der unter dem Namen Serpula „socialis" in allen Faunenbeschreibungen des Mesozoikums wiederkehrt. Wenn der unterkretazische Serpulit in Nordwestdeutschland als eine oft

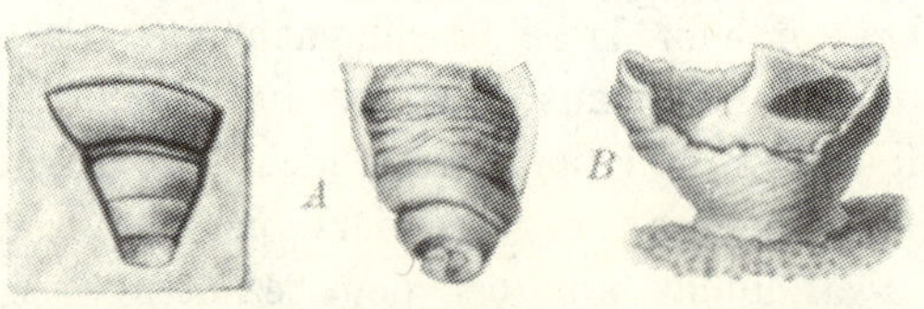

Fig. 155. *A* Autodetus, Steinkern der ältesten, mit der Spitze festgewachsenen turbiniden Form. (Aus Clarke, Oriskany Fauna of Becraft Mt. 1900.) *B* Dasselbe mit Schale aus dem Obersilur von Gotland. (Aus Lindström, Silur. Gastrop. u. Pterop. Gotland 1884.) Vergr.

bis zu 50 m mächtige Schicht stellenweise ganz erfüllt ist von den zusammengeballten Röhrchen der Serpula coacervata, so wird man hier trotz dieser Mächtigkeit und Ausdehnung nicht mehr den Eindruck eines wohlaufgebauten Riffes analog dem der Austern u. a. erhalten.

Ausgesprochene Röhrenform haben auch unter den Schnecken die känozoischen Vermetiden angenommen, die zum Teil festgewachsen sind. Die lose Siliquaria hat ein turritellenartiges spiraliges Anfangsgewinde (Fig. 124), dann aber streckt sie in unregelmäßig gekrümmter Richtung ihr Schalenrohr. Sie lebt unabhängig von den Artgenossen, während der festgewachsene Vermetus sich wie die Rudisten und Austern mit seinesgleichen zusammenballt und sich nur insoweit röhrenförmig zu strecken sucht, als er durch Überwachsung seitens der Nachbarn bedroht ist, sonst aber auch die Schneckenspirale mehr oder weniger beizubehalten sucht. Da die Vermetiden unbeweglich sind — auch die freien Siliquarien kriechen nicht, sondern liegen nur am Boden —, so ist eine Umwandlung des Fußes eingetreten. Nach Simroth kann sich die Wurmschnecke tief in ihr Rohr zurückziehen. Ehe der Kopf mit zwei kurzen, plumpen Fühlern oben wieder sichtbar wird, kommt der Fuß wie ein Stöpsel heraus, mit hornigem Deckel. Die Fußdrüse hat ihre Funktion gewechselt. Aus der Röhre quillt nämlich Schleim hervor, der sich wie ein Schleier über die Mündung ausbreitet und nach einiger Zeit hineingezogen und verzehrt wird. Es ist dies eine mit der Unbeweglichkeit des Tieres zusammenhängende spezifische Nahrungsaufnahme,

denn an dem Schleim bleiben Nahrungstiere haften. Auch unmittelbar
auf die Röhrenöffnung fallende Nahrungsteile werden geschluckt (Brehm-
Simroth S. 441).

Aus dem Mesozoikum sind nur unsichere Reste der Vermetiden-
schnecken vorhanden, die leicht mit Serpuliden verwechselt werden können
und nur nach der Schalenstruktur unterschieden sind, die jedoch selten
erhalten ist. Dagegen gibt es im Silur festgewachsene Trochiden, Autodetus (Fig. 155), die in der Jugend sich mit dem Anfangsteil ihres Gehäuses
ankleben und nun mit nach oben gerichteter Mündung spiralig weiterwachsen. Es gehört diese Fähigkeit bei Autodetus zu der als Agglutinieren bekannten Erscheinung (vgl. Kap. VI,
Abschnitt 5), die nichts anderes ist als ein
Ankleben von Fremdkörpern auf die Schale
im Augenblick ihrer Ausscheidung. Sind
diese Fremdkörper im Verhältnis zur Größe
der Schnecke klein, dann trägt sie das Tier
mit sich herum; sind sie groß und unbeweglich, dann ist das Tier hierdurch eben sessil
geworden. Das ist bei Autodetus der Fall,
der ein typischer Agglutinantier ist, wie die
auf seinen Nähten oft sitzenden Spuren
angeklebter kleiner Fremdkörperchen deutlich zeigen.

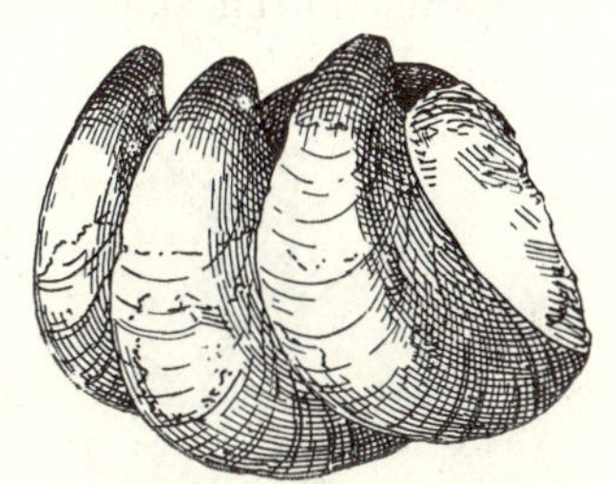

Fig. 156. Bruchstück einer Kette
von aufeinander hockenden Individuen der Schnecke Crepidula.
Miozän, Kalifornien.
(Orig. in München.) ²/₃.

Die schon in der Kreide auftretende pantoffelförmige Crepidula ist
in der Jugend sehr beweglich. Dann scheidet der Fuß Kalksubstanz
aus, die aber nicht als Deckel sich konstituiert, sondern als Zement
dient, mittels dessen der Fuß, nicht die Schale festwächst. Daher kommt
es, daß trotz der Sessilität des Weichtieres die fossilen Schalen lose sind
und daß man über deren richtige Lebensweise nichts wüßte, wenn man
das Tier nicht im Leben kennen würde. Bei Crepidula fornicata setzt
es sich fest, heftet sich an einen Stein an, das nächste setzt sich auf
der Schale des ersten an und so die folgenden nacheinander, so daß
Ketten von etwa einem Dutzend Individuen entstehen. Solche Formen
sind aus dem Miocän von Nordamerika bekannt (Fig. 156), man hat ihre
biologische Eigentümlichkeit aber in der Literatur bisher nicht beachtet
und die aufeinander geklebten Stücke wohl meistens auseinander präpariert;
auch das abgebildete ist nur ein Rest einer dem gleichen Schicksal an-
heimgefallenen Kette, die zu spät als solche erkannt wurde. Zu welcher
Weiterung in der Schalenbildung diese Eigentümlichkeit der Sohlen-
anheftung führt, zeigt die merkwürdige, im Abschnitt 3 des Kapitels VI
beschriebene Rothpletzia (Fig. 302).

Wie wir bei den Muscheln (S. 339) gewissermaßen biologische Über-
gangsstufen von dem Freisein zum Festgewachsensein feststellen, diesen

Vorgang also in statu nascendi, wie Lang sich ausdrückt, beobachten
können, so gibt es auch bei den Brachiopoden einen analogen Fall, den
die karbonische Gattung Meekella vertritt. Durch die Untersuchungen
von Yakowlew hat sich bei dieser Gattung zweierlei Anheftungsweise
gezeigt.[1] Die eine mittels organischer Substanz und eine mittels Kalk-
verlötung. Ein Stiel, wie bei den meisten übrigen Brachiopoden, ist
nicht vorhanden, das Tier ebenso oft auch frei. Heftet es sich fest, was
innerhalb der einzelnen Art ganz nach Bedarf geschehen oder unterbleiben
kann, so geschieht dies entweder dadurch, daß der Wirbel der Ventralschale starr anwächst und nachher eine Anwachsnarbe zeigt; oder es
konnte auch durch zahlreiche, besonders entwickelte Poren der Wirbel-

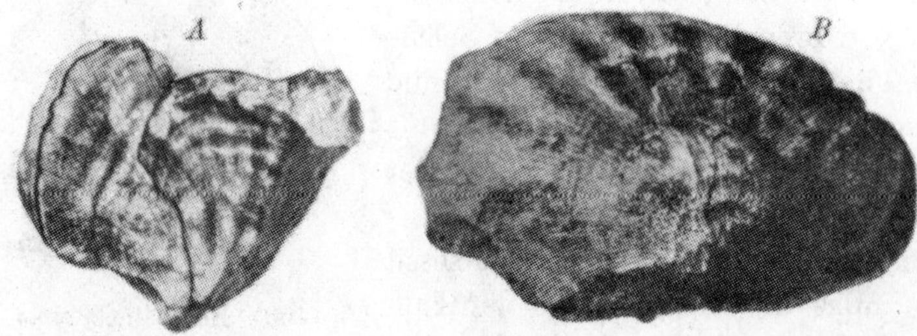

Fig. 157. Mit dem Wirbel festgewachsene Brachiopoden: Meekella eximia, Karbon,
Südrußland. *A* Gruppe aneinandergedrängter Individuen. $^1/_1$. *B* Die Wirbelseite mit den
die Lötsubstanz ausschwitzenden Poren. Vergr. (Aus Yakowlew, l. c.)

region hindurch eine organische Masse ausgeschieden werden, die
dasselbe Bedürfnis erfüllte. An der Wirbelspitze solcher Individuen
bemerkt man nichts von einer Narbe, wohl aber saßen sie gelegentlich
in einer den riffbildenden Rudistenmuscheln entsprechenden Weise in
einem Klumpen beisammen (Fig. 157). Wichtig ist, daß die kurzen, nicht
festgewachsenen Meekellen in tonigen, also ursprünglich schlammigen
Ablagerungen vorkommen, was auch für die nicht angewachsenen Spondyliden unter den Muscheln zutrifft; daß dagegen die festgewachsenen
Meekellen in Ablagerungen auftreten, voll von Muscheln und Muschel-
trümmern.

Strophomena und Chonetes, welche im Alter ihr Deltidium verschließen, den Stiel also verlieren und flach am Boden liegen (vgl. S. 309),
werden noch übertroffen durch den Entwicklungsprozeß, welchen manche
Vertreter der Gattung Derbya in derselben Richtung durchmachen.
Jedoch wachsen deren Ventralschalen offenbar, kurz ehe das Deltidium
verschlossen wird, durch Kalkabscheidung von seiten des Stieles fest,
indem sie den Schalenwirbel auf einen festen Gegenstand aufkleben.

1) Yakowlew, N., Sur la fixation des coquilles de quelques Strophomenacea. Bull.
Comité géol. St. Pétersbourg 1907, Bd. 26, S. 181—201.

Das Gehäuse wächst dann entweder konisch oder unregelmäßig breit
schüsselförmig in die Höhe.

Es gibt unter den Brachiopoden noch zwei Geschlechter, welche
mit ihrer Ventralschale stets oder gelegentlich festwachsen: die inartikulaten Craniaden und einzelne Arten des Genus Productus.

Die Craniaden haben höchstens in der allerfrühesten Jugend noch
einen Stiel, der sich aber rasch zurückbildet, während sich die Unterschale auf feste Gegenstände, am liebsten auf Molluskenschalen festklebt.
Bei manchen Craniaarten bleibt für die ganze Wachstumsdauer die
Ventralschale auf der Unterlage angeklebt in ihrer ganzen Ausdehnung,
auch wenn das Tier Gelegenheit hätte, frei zu wachsen.

Fig. 158. Festgeklebte inartikulate Brachiopoden: *A* Crania Egnabergensis. Oberkreide, England. Nur mit dem Wirbel festgewachsen. (Aus Davidson, Brit. foss.
Brachiop. I. 1855.) $^1/_1$. *B* Crania parisiensis. Oberkreide, Pariser Becken. Dickschalige, vollständig ausgewachsene Formen. (Ebendaher.) $^1/_1$.

Die jüngeren dickschaligen Cranien, z. B. die der weißen Kreide,
sind hierin offenbar unabhängiger, indem sie keineswegs jeder Biegung
der Unterlage so ganz willenlos folgen, sondern dort, wo etwa eine Vertiefung sie zum Abbiegen ihrer Schale zwingen würde, mehr Schalensubstanz als füllende Unterlage ausscheiden, so daß sich die Skulptur
der Unterlage nicht bis in's Schaleninnere durchdrückt. Andererseits
wachsen sie auch, sobald es möglich ist, frei über die Unterlage hinaus.
Andere Cranien wieder bevorzugen schmale, stabförmige Unterlagen, also
Fragmente von Bryozoenstöcken, wie Fig. 158*A* ausweist; dann sitzen
sie nur mit dem Wirbel fest und haben eine vom Untergrund vollkommen
unabhängig entwickelte Schalenform und Skulptur.

Es hat sich in der Entwicklung des biologischen Anpassungstypus
bei den Craniaden seit dem Silur eine Umwandlung in dem Sinne geltend
gemacht, daß die ältesten, völlig auf ihrer Unterlage verklebt, ihr in
allen Modifikationen folgen mußten, die jüngeren dagegen hierin selbständiger werden, Mittel finden, den Weichkörper davon unbeeinflußt zu
lassen und sich schließlich nur mit einer fast punktartig gewordenen

Wirbelstelle anzuheften; doch können sie nach wie vor noch mit der ganzen Unterschale festwachsen.

Unter den artikulaten Brachiopoden ist eine meistens auch aus sehr kleinen Arten bestehende Familie, die Thecideiden, mit der Ventralschale festgewachsen, wobei diese aber nicht, wie bei den Cranien, flach bleibt, sondern sich napfförmig auswächst (Fig. 159 A), während die Dorsalschale wieder in der bekannten Weise den Deckel dazu bildet. Man stellt auch die merkwürdigen Oldhaminen und Lyttonien aus dem indischen Perm hierher, deren Ventralklappe in der Jugend festgewachsen ist. Die Anhaftstelle wird jedoch im Alter durch eine lamellöse Wucherung des Schloßrandes verhüllt (Fig. 159 B). Noetling schließt daraus[1]), daß die Tiere im Alter nicht mehr festsaßen. Die Fremdkörper waren in den meisten Fällen sehr klein, meistens wohl Fragmente von Muschelschalen oder Krinoidengliederchen, so daß eher von einem Agglutinieren eines Einzelkörpers als vom Festsitzen auf einem solchen die Rede sein kann, wenn dies hier dem Wesen des Anhaftvorganges nach auch ein und dasselbe ist. Infolgedessen sind die Tiere wohl nie starr an den Boden

Fig. 159. Festgewachsene Brachiopoden: A Thecidium mit napfförmiger Ventral- und flacher Deckelklappe. Dogger, England. (Aus Davidson, Brit. foss. Brachiop. IV. Suppl. 1874/82.) $^{10}/_1$. B Ventralklappe von Oldhamina. Perm, Indien. Zwischen den Wülsten die Ansatzstelle, von der später durch die Wulstbildung der Ansatzkörper abgedrückt wurde. (Aus Noetling, l. c.) $^1/_1$.

gefesselt gewesen, sondern waren praktisch freie Bodenbewohner, ja sie haben wahrscheinlich zum Teil noch im Sediment gelegen, worauf im Abschnitt 6 dieses Kapitels zurückzukommen sein wird.

Vom Leben der rezenten Thecidien schreibt Lacaze-Duthiers, der sie beobachtet hat[2]): Die Schale des Thecidium befestigt sich auf unterseeischen Körpern. Mitunter sitzen auf einem zwei Faust großen Steine 20 bis 30 Stück. Die Körper, worauf sie angesiedelt sind, sind mit ihnen von allerlei Getier bewohnt: Schwämmen, Würmern, kleinen Krustern. Auch die Thecidienschale selbst ist selten weiß und glatt, sondern überzogen mit Pflanzen und Tieren und dient so selbst wieder zur Unterlage für Schmarotzer aller Art; aber auch durchbohrt werden die Klappen nach allen Richtungen von kleinen Bohrschwämmen. Das ist so ein recht anschauliches Bild der Lebensgemeinschaft der festsitzenden Bodenbewohner im kleinen, wie das Riff im großen.

––––––––––––

1) Noetling, F., Untersuchungen über die Familie Lyttoniidae Waag. em. Noetl. Palaeontographica, Bd. 51, Stuttgart 1905, S. 129.

2) Nach einer Übersetzung in Brehms Tierleben, I. Bd., 4. Aufl., Leipzig u. Berlin 1918, S. 329/30.

Auch die karbonische Gattung Productus verliert schon, wie die Craniaden, in frühester Jugend ihren Stiel oder entwickelt ihn überhaupt nicht mehr bis zur Funktion. Dann schlagen die verschiedenen Arten zweierlei Wege biologischer Anpassung an die sitzende und liegende Lebensweise ein: die einen bilden stachelartige längere oder kürzere Röhren aus, mit denen sie sich an Fremdkörpern oder festen Gegenständen verankern (Fig. 255, Kap. V, 2); die anderen liegen einfach am Boden, zum Teil mit jenen Modifikationen, die im vorigen Abschnitt geschildert sind. Die verankerten aber machen ein ziemlich unregelmäßiges Breiten- oder Längenwachstum durch (Fig. 160), wobei die angeheftete Ventralklappe geradezu wuchern kann und eine löffelartige Gestalt bekommt, in die sich nun die zuvor frei artikulierende Dorsalklappe einfügt, womit das ganze Gehäuse diese Gestalt annimmt, wie ein Querschnitt zeigt (Fig. 160 E). Die Neigung zu dieser sonderbaren Einbiegung haben auch die regelmäßigen Formen (Fig. 160 B), deren Stacheln ebenfalls auf Festklammerung deuten. Das alles sind aber nur vorübergehende individuelle Formbildungen, die mit der Beengung im Raume zusammenhängen (vgl. Abschnitt 5 ds. Kap.), wie die Verbiegungen und Verzerrungen der Austernschalen an einem Austernriff. Denn diese Produktiden lebten immer dicht aufeinander gepackt zusammen und bildeten analog den Austern eine Art Riff, wenn auch nicht so planvoll gebaut, sondern anscheinend nur zufällig gehäuft; die Vorkommen machen wenigstens diesen Eindruck. Offenbar ist durch diese Einbiegung statt des Größenwachstums nach der Seite ein Ausgleich geschaffen, das bei der Raumbeengung oft unmöglich wäre, und so erklärt sich vielleicht auch der regelmäßigere Productus sinuatus (Fig. 160 A), der durch die ventrale Aufwölbung eine untunliche Verbreiterung der Schale vermied. Voraussetzung zu dieser Erklärung ist natürlich das Vorhandensein irgendeines äußeren oder inneren Zwanges zur Schalenvergrößerung, die bei den verschiedenen abgebildeten Arten auch verschieden verwirklicht wird unter der jeweils geeignetsten Form. Daß die Tendenz zur Vergrößerung und Aufblähung der Schale bei Productus besteht, zeigen auch die permischen Formen, welche stark aufgebläht sind, aber in durchaus harmonisch geschlossener Bauweise, gerade als ob diese Eigenschaft erst spät nach solchen Fehlschlägen und ungeeigneten Versuchen in vollendeterer Weise erreicht worden wäre.

Damit aber nicht genug. Das Längenwachstum wird modifiziert, indem das Zentrum beider Klappen klein bleibt, seine ursprüngliche Gestalt beizubehalten sucht und statt der Verlängerung der ganzen Schalenform, wie bei den vorigen, nun eine Art Siphonalkanal vorgetrieben wird. Solche Formen sind frei, nicht verankert gewesen. Von der am Boden liegenden Ventralschale setzt sich ein schaufelförmiger Kanal vom Unterrand aus fort (Fig. 161 A), offenbar eine Art Siphonenbildung, nur mit dem

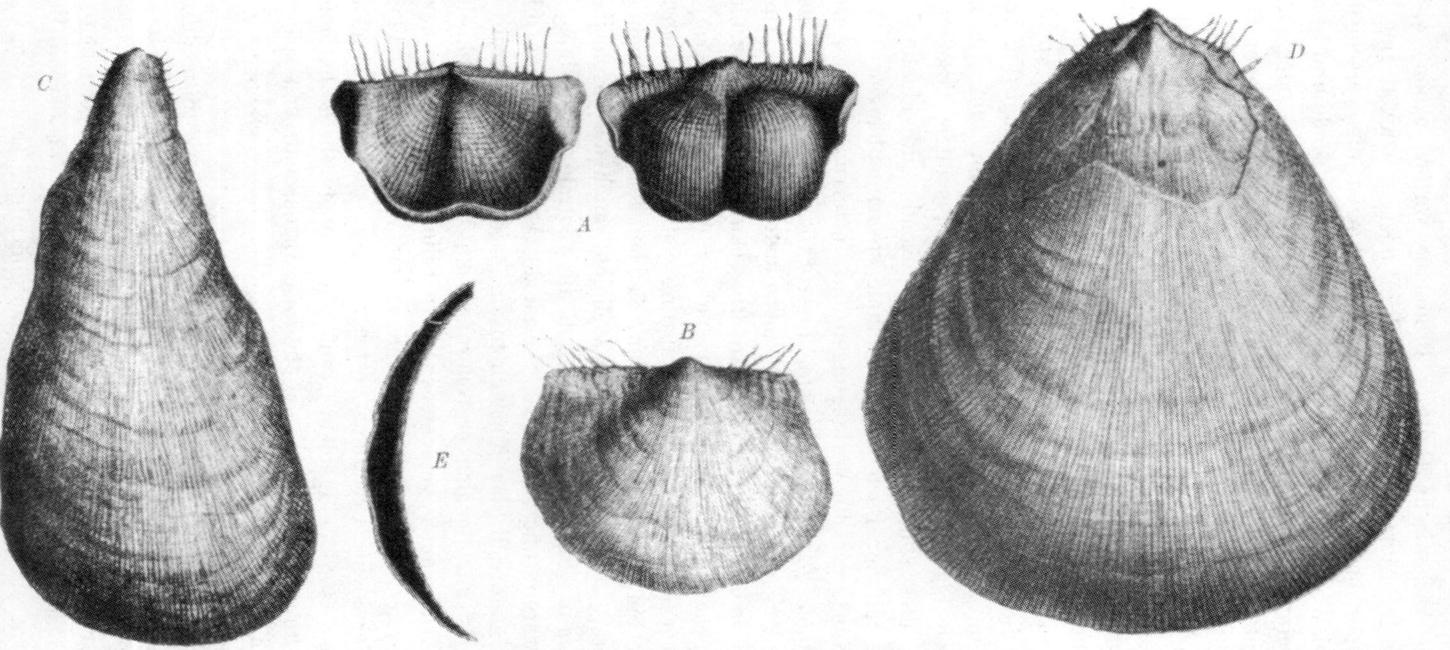

Fig. 160. Formbildung verschiedener, mit den oberen Randstacheln verankerter Productus-Arten aus dem englischen Kohlenkalk. $^1/_1$. *A* Pr. sinuatus mit regelmäßig entwickeltem Schloßrand und blasig aufgetriebener Ventralschale; *B—D* Pr. striatus; *B* Normalform, *C, D* gestreckte und verbreiterte Form; *E* Querschnitt zur Darstellung der löffelförmigen Einsenkung der Dorsalklappe in die Ventralschale. (Alles aus Davidson, Brit. foss. Brach. II. 1858—63.)

Unterschied, daß diese noch nicht geschlossen ist. Es macht nämlich gerade den Eindruck, als habe die schaufelförmige Emporwölbung der Ränder der ganzen Ventralschale dem Zweck gedient, ein Eindringen von Schlamm von außen hintanzuhalten, also ähnlich oder ebenso, wie wir es für den Volatypus der Pectiniden oben angenommen haben. Dem würde wiederum die Bildung eines geschlossenen Sipho entsprechen, den die folgenden Formen zeigen (Figur 161 *B—E*).

Ich habe sie auf der beistehenden Abbildung mit Absicht quer und hoch orientiert, weil dies vermutlich ihre natürlichen Stellungen waren. Sie hefteten sich auf einem Fremdkörper in der beschriebenen Weise fest (Fig. 161 *B*) und wuchsen nach oben oder seitwärts sich aus. Man könnte ja vermuten, daß sie im Schlamme steckten und die Röhre als Sipho analog den siphoniaten schlamm-bewohnenden Muscheln herausstreckten. FRECH[1] vergleicht diese Siphonal-bildung auch in der Tat mit jener der känozoischen Muschel Clavagella, bei der ja auch die eigentliche doppelklappige Schale im Verhältnis zu der immensen Siphonalröhre ganz rückgebildet erscheint und auch tatsächlich in ihrem Wachstum gehemmt ist. Aber dann hätte die Dorsalschale funktionslos sein müssen und der Sipho dürfte nicht geschlossen sein. Man kommt auch hier nicht um die oben schon herangezogene Deutung herum, daß hier eine blindsackartige Ausstülpung der Schale vorliegt, mittels deren ein allgemeines Größenwachstum des ganzen Körpers vermieden

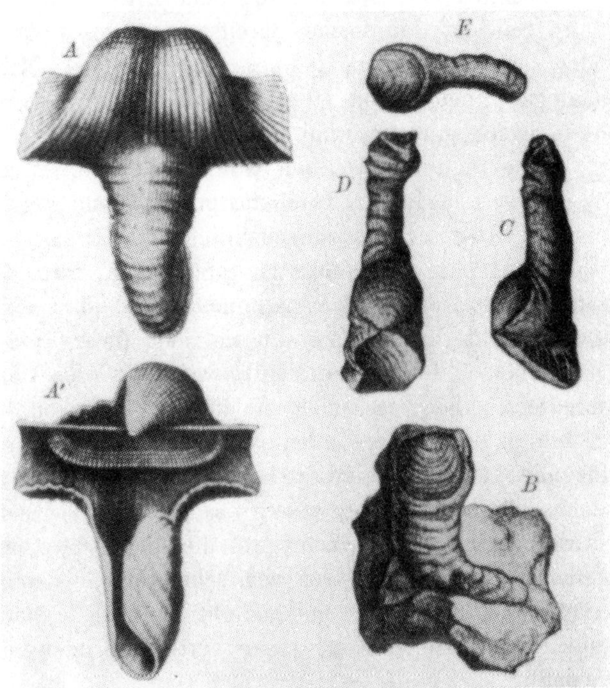

Fig. 161. Siphonenartige Bildungen bei Produktiden: *A*, *A'* Pr. genuinus. Kohlenkalk, Belgien. Frei lebend. Ventralschale schaufelförmig verlängert, Dorsalschale klein, einfach; *B — E* Blindsackartige, geschlossene Verlängerung bei Pr. proboscideus, Karbon, England. Die kleine Dorsal-schale beweglich. Ventralschale angeheftet.

---

1) FRECH, F., Geologische Triebkräfte und die Entwicklung des Lebens. Archiv f. Rassen- u. Gesellschaftsbiologie usw., 6. Jahrg., Leipzig 1909, S. 20.

wurde. Will man diese Deutung nicht annehmen — wir können nur mit Wahrscheinlichkeiten operieren, da wir unter den lebenden Formen nichts Analoges haben — so könnte man vielleicht noch an eine mit dem Wechsel der Lebensweise eingetretene Änderung in der Fortpflanzungsweise, also etwa hinzugekommene Brutpflege denken, was bei allen diesen Arten eine Vermehrung oder Differenzierung des Schalenraumes nötig gemacht und so zur Bereitstellung eines eigenen sack- oder kanal- oder schaufelförmigen Raumes geführt hätte. Mit einer den Muscheln analogen Siphobildung haben, wie die meisten Autoren annehmen möchten, diese Erscheinungen wohl nichts zu tun.

Die Deutung als Sipho stimmt auch nicht mit der seinerzeit von DE KONINCK schon für Productus proboscideus gegebenen Erklärung überein, die aber auch unwahrscheinlich ist. Er sagt[1]: „Es gelang mir niemals, die ganze Tube mir zu verschaffen, trotz der beträchtlichen Anzahl Exemplare, die ich gesammelt habe. Ich bin auch überzeugt, daß ihr äußerstes Ende offen war und daß diese Öffnung dem Durchtritt von Muskelfäden oder Sehnen diente, womit sich das Tier an submarine Körper anheftete. Das, was mich in diesem Gedanken bestärkt, ist, daß die Richtung der Röhre selten regelmäßig und nie gleichartig ausgebildet für alle Individuen ist, wie sie es sein müßte, wenn das Individuum sich selbst überlassen gewesen wäre und sich frei hätte entwickeln können. Wirklich sind einige Exemplare, die ich als normale betrachte, ungefähr geradegestreckt und waren wahrscheinlich auf einer horizontalen Fläche festgewachsen; andere sind gedreht, bald nach vorwärts, bald nach hinten und haben offenbar auf einer vertikalen oder stark geneigten Fläche gelebt.“

Auch DAVIDSON[2] teilt diese Auffassung DE KONINCKS nicht, sondern jene von D'ORBIGNY, der den Sipho als eine „Mißbildung“ ansieht, verursacht durch die gezwungene Stellung, in der das Tier lebte, wodurch der Mantel gezwungenermaßen seine Ränder verlängerte bis zur Wasseroberfläche (surface oft the sea-bed). Aber, fügt DAVIDSON hinzu, an den Fundstellen dieser Form trifft man eine sehr große Zahl normaler Arten desselben Genus, so daß man den Bau des aberranten Productus auch seinerseits als spezifisch ansehen müsse. Aber die von D'ORBIGNY gegebene Erklärung der Funktion sei korrekt. Die Verlängerung der Ventralschale komme ja auch anderwärts unter den Brachiopoden noch vor, und zwar sowohl bei anderen Arten des Genus Productus selbst, wie z. B. auch bei einem liassischen Thecidium. Offenbar meint DAVIDSON das oben (S. 362) abgebildete Thecidium serratum, das aber, wie ein sehr ähnliches, aus dem Dogger stammt, bei dem ebenfalls die Ventralschale fest-

---

1) DE KONINCK, L., Recherches sur les animaux fossiles I., Liège 1847, S. 63.
2) DAVIDSON, Th., British fossil Brachiopoda Vol. II. Palaeont. Soc., S. 164. London 1874—1882.

gewachsen und etwas in die Höhe gewuchert ist. Es sei übrigens bemerkt, daß mit den geschilderten Typen die Folgen, welche das sekundäre Festwachsen mittels „Stacheln" bei den Productiden mit sich bringt, noch zu einer weiteren Ausbildung einer besonderen Lebensweise führt, der parasitären bzw. symbiotischen, worüber der Abschn. 7 dieses Kapitels Aufschluß gibt.

Es ist auch unwahrscheinlich, daß die Tube einem Muskel zum Zweck des Festheftens zum Austritt diente, weil erstens dazu keine so lange Tube nötig gewesen wäre; zweitens liegt die Ansatzstelle der Tube dort, wo kein derartiger Muskel austreten konnte, nämlich am entgegengesetzten Ende des normalen Brachiopoden-Haftstieles; hier liegen ganz andere Organe, vor allem Kiemen und Mund; drittens wäre dann das Tier doppelt angeheftet gewesen, nämlich starr mit dem Schalenwirbel und unstarr mit diesen vermeintlichen Muskeln.

Das vollständige Ebenbild der Rudistenmuscheln, sowohl in der Einzelform wie im Riffbilden, sind unter den Brachiopoden die starr festgewachsenen permokarbonischen Richthofeniden. Sie haben dieselbe langgestreckte Gestalt der einen Schale, während die andere als Deckel aufsitzt. Bei den Rudisten ist das Wachstum lateral, d. h. die hohe Form ist durch Wucherung einer Seite des bilateral-symmetrischen Tieres zustande gekommen, während bei den Richthofeniden andere Verhältnisse des Schalenwachstumes platzgegriffen haben. Äußerlich besteht das Übereinstimmende mit den Rudisten einerseits und den unter der Familienbezeichnung Richthofenidae in ZITTEL-BROILIS „Grundzügen" zusammengestellten Gattungen (Richthofenia, Scacchinella, Tegulifera, Megarhynchus), anderseits darin, daß die Schale gestreckt erscheint und so zu der schon öfters erwähnten korallenartigen Form übereinstimmend geführt hat. Obwohl bei den genannten Brachiopodengattungen nicht nur diese äußere Form, sondern zum mindesten bei Richthofenia und Tegulifera auch Skulptur und Struktur sich gleichen, bestehen doch so viel Unterschiede, daß die heterogene Herkunft und Stammeszugehörigkeit dieser von WAAGEN sehr bezeichnend „Coralliopsiden" genannten biologischen Gruppe anzunehmen ist. „Untersucht man das Schaleninnere, so ergibt sich eine so starke Differenz der Formen, daß ihre Ableitung von ein und derselben Stammgruppe ausgeschlossen erscheint, während analoge Merkmale bei verschiedenen geologisch älteren Gattungen bzw. Familien vorhanden sind. Eine Vereinigung der in Rede stehenden Formen . . . würde daher zu einer ganz unnatürlichen Gruppierung führen; wir müssen diese in ihrem Äußeren so ähnlichen Schalen vielmehr an mehrere Familien anschließen, welche nicht bloß im Perm, sondern schon in älteren Formationen scharf voneinander getrennt werden können. So muß Tegulifera bei den Productiden behandelt werden . . Bei Richthofenia können Zweifel bestehen, ob wir sie an die Productiden oder an die Strophomeniden anzugliedern haben, da die Gattung .. eine eigentümliche Mischung von Merkmalen der beiden erwähnten Familien aufweist." [1]

Der Schalenaufbau ist recht verwickelt, das Gehäuse im Zusammenhang mit der besonderen Lebensweise mehr als bei den Rudisten modifiziert; es zeigt sich deutlich der weitgehende phänotypische Gestalt- und Kleid-

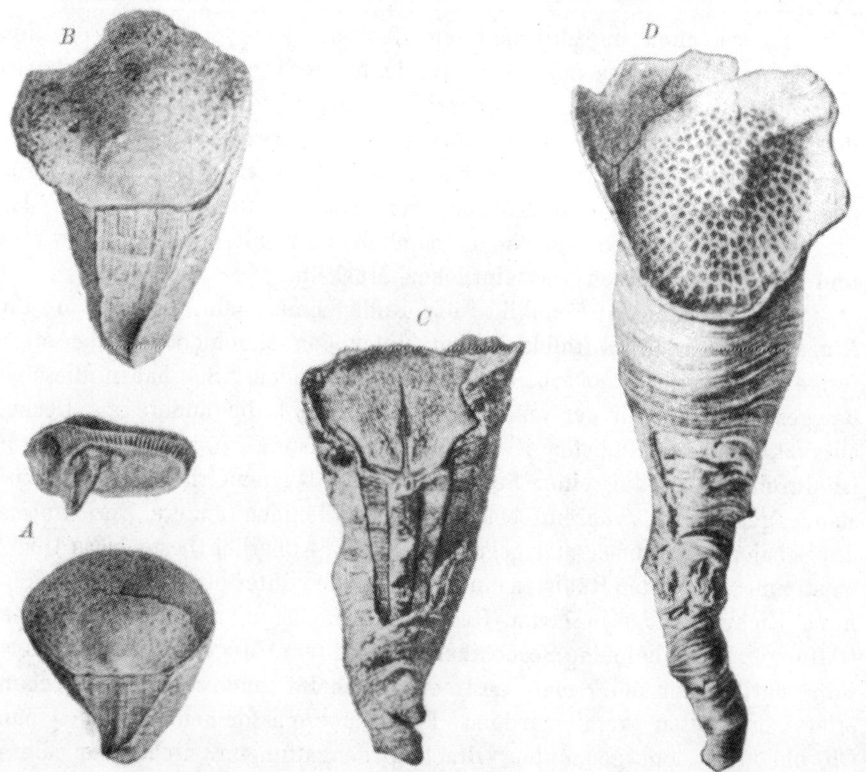

Fig. 162. Gruppe von korralliopsiden Brachiopoden: *A, B*, Megarhynchus, mit allmählich sich streckender Schale. Durch Deckel und Area verrät sich die bilaterale Symmetrie. Permokarbon, Sizilien. (Aus GEMMELLARO, Brach. Calcar. Fusulin. 1896.) $^1/_1$. *C, D* Richthofenia. Bilateralsymmetrie durch Kalkhülle verdeckt; bei *C* weggebrochen. Ebendaher. (Aus DI STEFANO, Palaeontographica Italic. XX. 1914.) $^3/_4$.

wechsel, den im Zusammenhang mit der biologischen Anpassung die Grundtypen durchmachen. Bei der für die Famile typischen Gattung Richthofenia liegt das eigentliche dorsoventral (?) verlängerte Gehäuse (Fig. 162 *D*) gar nicht zutage, sondern ist von einer sekundären Schalenschicht umwuchert, nach deren Wegbrechen das primäre Deltidium (Fig. 162 *C*) erscheint. Wir haben bei den Lyttoniiden (S. 362) den Beginn einer Schalenwucherung

---

1) SCHELLWIEN, E., Die Fauna der Trogkofelschichten in den Karnischen Alpen und den Karawanken I. Die Brachiopoden. Abh. k. k. geol. Reichsanst. Wien 1900, Bd. XVI, S. 27.

(Fig. 159 *B*, S. 362) zum Zweck der Abstoßung des Fremdkörpers am Wirbel wahrgenommen. Diese Eigentümlichkeit wird bei den Richthofeniden gesteigert und gleichzeitig in den Dienst der koralliopsiden Verlängerung des Gehäuses gestellt. Die Grundlage desselben ist eine normale Brachiopodenschale, die in die Höhe wächst, wobei die Dorsalschale mit hinaufgeschoben wird. Die so verlängerte, mit der erwähnten Hülle versehene festgewachsene, zuletzt hornförmig gestreckte Ventralschale hat im erwachsenen Zustande ganz oben den Wohnraum und als dessen Abschluß nach außen nicht etwa die deckelförmige Dorsalschale, sondern ein Sieb, durch welches das Atem- und Nahrungswasser in den Wohnraum gelangte, ohne störende Fremdkörper mitbringen zu können.[1]) Nach ausgezeichneten, von Prof-Broili an sizilischem Material gemachten Präparaten befindet sich die plane Dorsalklappe in diesem ewig verschlossenen Raume (vgl. Fig. 178, Kap. IV, 3), das Tier muß sich also mit ihr noch einmal in dem Wohnraum abgedeckelt haben.

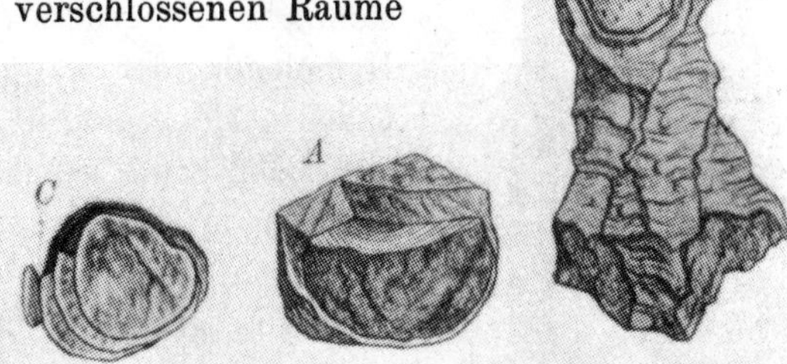

Fig. 163. Festgewachsener Brachiopode, **Tegulifera.** *A* junge Form im Aufbruch, mit umwachsener Dorsalklappe, vergr. *B* erwachsenes Exemplar mit sekundärem Schalendeckel. ¹/₈. *C* Querschnitt, die mehrmalige Umhüllung der Dorsalklappe zeigend, Permokarbon, Ostalpen. (Aus Schellwien, l. c.) ¹/₁.

Während Richthofenia durch die Umwucherung mit der äußersten Schalenschicht von ihren Brachiopodenmerkmalen nichts erkennen läßt und die Konvergenz zu den Einzelkorallen recht vollkommen wird, zeigt Megarhynchus deutlich die Area und oft auch auf ihr als schmalen Längsstreifen das Pseudodeltidium (Fig. 162 *A*, *B*). Sie ist sonst der Richhofenia innerlich sehr ähnlich, hat aber weniger Böden (vgl. Abschn. 3 ds. Kap.). Tegulifera dagegen unterscheidet sich von beiden, insbesondere von Richthofenia dadurch, daß sie im Jugendzustande eine ziemlich regelmäßige Gestalt besitzt mit gewölbter Ventral- und flacher bis konkaver Dorsalklappe; eine Area fehlt; produktusartige Warzen- und Stachelansätze sind vorhanden. Nachher beginnt auch hier eine Wucherung der ursprünglichen Schale (Fig. 163). Die Umhüllung kommt nach Schellwien (a. a. O. S. 60) wahrscheinlich so zustande, daß sich zunächst an dem einen Seitenrande der Ventralklappe, nahe dem Schloßrande, eine Schalenverdickung bildet, welche allmählich die Dorsalklappe ganz umwächst. Darin liegt schon ein Unterschied zu Richthofenia, wo diese Umwachsung mindestens zweiseitig, symmetrisch, wenn nicht gleichzeitig vom ganzen

---

1) di Stefano, G., Le Richthofenia dei calcari con Fusulina di Palazzo Adriano nella valle del fiume Sozio. Palaeontographica Italica. Vol. XX., S. 1. Pisa 1914.

Schalenrande ausgeht. Aber damit nicht genug, wird das Gehäuse mehrmals wie von einem knitterigen Papier umhüllt und die hierdurch erzeugten Zwischenräume bleiben hohl (Fig. 163 C). Die äußere Form, welche durch die Umwachsung geschaffen worden ist, ist nach Schellwien (a. a. O. S. 61) sehr unregelmäßig; „ist die Umhüllung noch wenig länger als die zuerst gebildete Schale, so ist die Gestalt annähernd kegelförmig, nur die eine Seite — und zwar diejenige, auf welcher die Dorsalklappe liegt — ist mehr oder weniger flach. Wenn die Umhüllung dagegen weiter gediehen ist, so verwischt sich in den verlängerten Teilen der Schale diese Abflachung und es entstehen Formen, welche den gerundeten Gehäusen der Richthofenia sehr ähnlich sind." Wenn ich es nach den mir allerdings recht unklaren Ausführungen Schellwiens mangels eigenen Materials recht verstehe, ist die gestreckte Teguliferaschale nicht ein Homologon der gewöhnlichen ventralen Brachiopodenschale, sondern nur ein Homologon der verhüllenden Rindenschicht der Richthofenia, also ein Homologon der Brachiopodenepidermis, aber nicht der eigentlichen Schale.

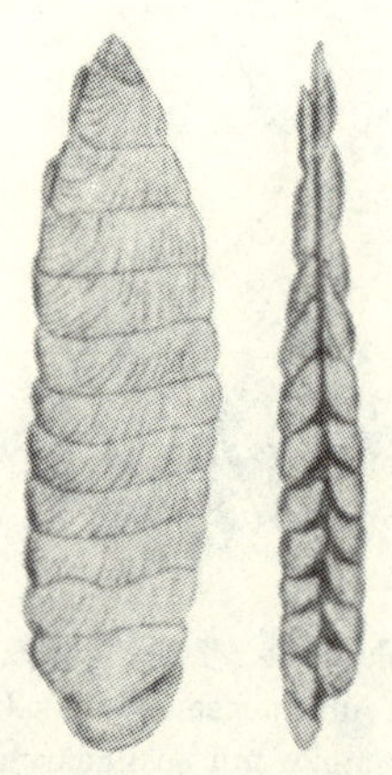

Fig. 164. Fossiler Lepadite, Lepidocoleus, mit großer Täfelchenzahl. Untersilur, New York. (Kopie nach Clarke, Americ. Geologist. XVII. 1896, aus Moberg, Meddel. Lunds. geol. Fältklubb. Ser. B. 7. 1914.) ca. ¹/₁.

Das genauere Studium der Schalenanatomie aller dieser und verwandter Formen zeigt, auch wenn der Hergang des Wachstumes im einzelnen noch nicht durchweg klargestellt ist, daß auch hier wieder von den verschiedensten Seiten her der gleiche Formzustand angestrebt wird, daß heterogene Gattungen eine überraschende Gleichartigkeit des Baues, der Form erreichen, daß aber zugleich auch unter den Nächstverwandten dennoch niemals Kopie geliefert, sondern stets ein eigener originaler Weg zum selben Endziel eingeschlagen wird.

Es ist merkwürdig, wie genau zur gleichen Zeit alle diese Brachiopodengenera von der gleichen Umbildungstendenz ergriffen werden, gerade wie es in der Kreidezeit bei den Muscheln mit den Rudisten geht, unter denen auch recht heterogene Elemente stecken dürften. Im Jungtertiär wird diese biologische Anpassungsform wiederholt von einem Krebs, und zwar einem Balaniden, Pyrgoma (Fig. 91, S. 252), der von seinem Entdecker auch zuerst für einen tertiären Rudisten gehalten wurde[1]), der sich aber durch italienische Übergangsformen zu den typischen einfachen Balaniden als solcher erwies. Seine Randplatten und Deckelstücke verwachsen völlig

---

1) Kramberger-Gorjanovics, D., Über einen tertiären Rudisten aus Podsused bei Agram (Soc. hist.-nat. Croat.). Glasnika hrv. Naravoslovnoga Družtwa, IV. God. Zagreb 1889, S. 48. (Berichtigung in Verh. k. k. geol. Reichsanst. Wien 1889, S. 142.)

nahtlos, während bei den normalen Balaniden (Fig. 216) nur die Seitenplatten verschmelzen, die zwei Paar Deckelplatten aber freibleiben. Jene entsprechen den Flanken des Krebstieres, diese der Bauchseite. Mit dem Rücken ist das Tier festgewachsen, die Extremitäten kommen als Arme oben heraus. Da die Balaniden weniger auf dem Boden als viel-

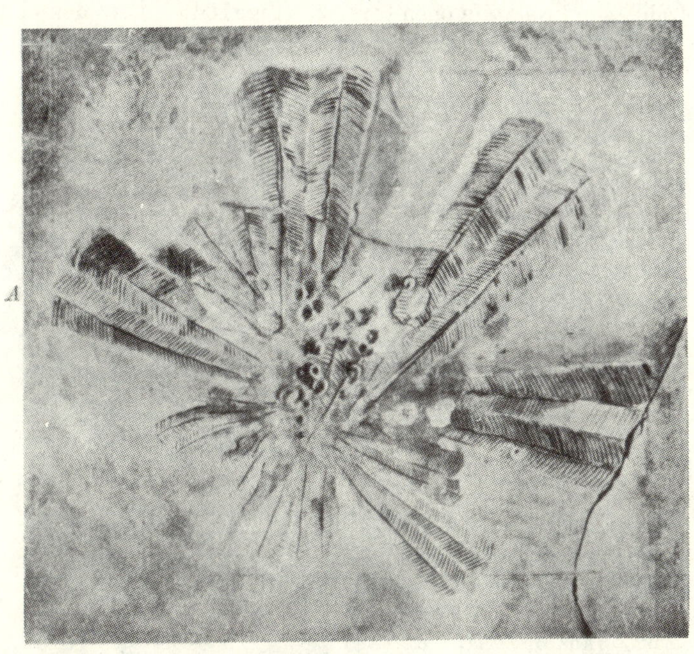

Fig. 165. *A* Kolonie von festsitzenden Conularien. Untersilur, Schottland. (Aus Slater, Mon. Brit. 1907.) $^1/_2$. *B*, *B'* Ansatzbügel und Haftscheiben junger Conularien. Untersilur, Nordamerika. (Aus Ruedemann, l. c.) *B* $^{10}/_1$, *B'* $^2/_1$.

mehr mit besonderer Vorliebe auf anderen bodenbewohnenden oder schwimmenden Tieren festsitzen, so haben wir sie in den Abschnitt zu den Epöken verwiesen. Bei dieser aberranten Gruppe der Cirripedier ist der Körper von einer sackartigen Mantelduplikatur umgeben, die zum Durchtritt der Rankenfüße geschlitzt ist. Der Mantel selbst verkalkt, er scheidet also nicht nur, wie bei den Muscheln, eine Schalenhülle aus, sondern wird selbst zu einer solchen, ganz ähnlich wie bei den ursprünglich lederhäutigen Thecoideen unter den Urechinodermen (S. 314). Man macht oft die Beobachtung, daß in ein und derselben geologischen Zeit bei den verschiedensten Gruppen von Tieren bestimmte Anpassungsmerkmale auf

gleichem Wege, mit gleichen Mitteln und in demselben Baustil ausgearbeitet werden, so bei Schnecken die Stachelbildung (siehe Kap. VI, 4),
die im Silur sich von der im Devon durchweg unterscheidet. So tritt uns
auch dieselbe Art der Körperverkalkung in jenen beiden altpaläozoischen
heterogenen Gruppen entgegen; bei beiden wird die Lederhaut durch
eine Vielzahl von Kalktäfelchen ersetzt (Fig. 164). Bei den jüngeren

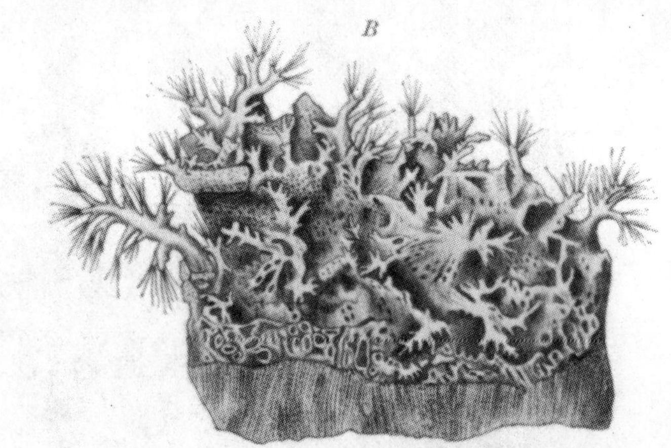

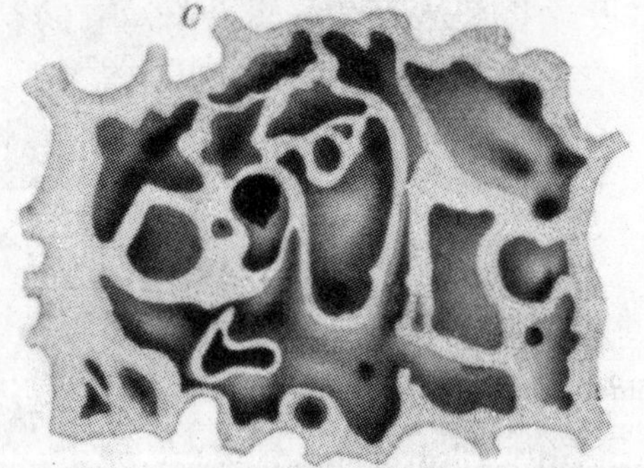

Fig. 166. Rezente festgewachsene Foraminiferen: *A* Polytrema, baumförmig
verzweigt, ca. 12 fach vergr., mit Kammern im Stamm. (Aus Bütschli, l. c.)
B Carpenteria, inkrustierend auf
einem Korallenriff bei Mauritius, natürl.
Größe. *C* dasselbe im Horizontalschliff,
40 fach vergr. (Aus Möbius, Palaeontographica 25, 1878.)

Lepaditen wird die Täfelchenzahl mehr reduziert; die jurassischen Formen,
auch wenn sie in die Jetztzeit hinreichen, haben z. T. noch bis 100 Plättchen
(Archaeolepas, Pollicipes), die in der Kreide beginnende Gattung Scalpellum
nur noch höchstens 15, die etwas später einsetzende Loricula nur 8, und der
erst im Jungtertiär erscheinende Lepas (Fig. 142, S. 336) nur noch 5 Stücke.

Die Conularien, deren systematische Zugehörigkeit noch ganz unbekannt ist, saßen jedenfalls in der Jugend fest; ob sie sich aber später
freimachten, ist fraglich, wie die beistehend abgebildete Platte zeigt, auf
der verhältnismäßig große Exemplare noch von einem Punkt austrahlen,
also beisammen gesessen haben. Ruedemann[1]) hat an ganz jungen Conularien

---

1) Ruedemann, R., The discovery of a sessile Conularia, 15. Ann. Rep. State Geologist, Vol. 1. Albany 1895, S. 701; auch im Americ. Geologist, Vol. 17, S. 158. Vol. 18,
S. 65.

Haftscheiben entdeckt (Fig. 165 *B*), die man an älteren Exemplaren zwar noch nie fand und die auch beim Größerwerden des Einzeltieres im Wachstum sehr bald zurückbleiben. Wenn die erwachsenen Exemplare auch ihre Festheftung aufgegeben haben sollten, so scheinen sie doch im Zusammenhang miteinander geblieben, also vermutlich nach Art der Graptolithenstöcke miteinander in Gemeinschaft wohl planktonisch geschwommen zu sein, wie die beifolgende Conularienkolonie vielleicht beweist, wo die Stücke noch im Zusammenhang liegen. Nach den Untersuchungen von RUEDEMANN ist die Schale im frühesten Jugendzustand, also während des Festsitzens mittels Haftscheibe, wesentlich dicker als später; das spräche also dafür, daß ontogenetisch der sitzende mit dem schwebenden Zustand vertauscht wurde.

Als letztes bleiben noch festgewachsene Foraminiferen. Viele dieser Protozoen agglutinieren Kalkkörperchen und bauen mit ihrer Hilfe ihr Gehäuse auf. Von diesem Agglutinieren zum Festwachsen ist nur ein Schritt, indem das Tier einen größeren Fremdkörper, den es nicht mehr bewegen kann, aufnimmt; dann sitzt es fest und nun ist es gezwungen zu wuchern, weil die Regelmäßigkeit des Schalenwachstums damit unterbunden ist. Zugleich ist aber damit auch die Möglichkeit zu einer größeren Ausdehnung und Massivität der Schale gegeben, welche die Foraminifere als schwebendes Tier nimmer brauchen könnte. Aber als bodenbewohnendes, festsitzendes Tier ist eine derbere Schale geradezu Erfordernis, weil sie nun häufig Druck und Zug auszuhalten hat. Sie wird also kegelförmig oder ästig wie ein Korallenstock nach oben streben oder stockförmig werden oder flache Inkrustationen bilden und dickschalig werden. Diese Voraussetzungen treffen für die jetztweltlichen festgewachsenen Foraminiferen zu.[1]) Rupertia ist unregelmäßig; spiralig aufgerollt, die äußere Gestalt kugelig bis unregelmäßig; sie wahrt noch am meisten die Form der nur liegenden Typen; Tinoporus, auch mit zyklischem Schalenwachstum, ist linsen- bis stumpfkegelförmig; Polytrema beginnt spiralig, wird dann baumförmig verzweigt (Fig. 166 *A*), behält aber, wenn auch in entsprechend andersartiger Anordnung, die typischen Foraminiferenkammern bei; und schließlich Carpenteria mit sehr unregelmäßig schraubenspiralig aufgerollten Kammern, inkrustierend, in der Gesamtgestalt kegelförmig. Bei Carpenteria bleiben verschiedene, offenbar durch ungeschlechtliche Vermehrung auseinander hervorgehende Individuen kolonieartig in einem Stock miteinander verwachsen und bilden ein unregelmäßiges Kalkskelett, das andere Fremdkörper, z. B. Korallen, überziehen kann (Fig. 166 *B, C*). Derartige Formen waren es, welche seinerzeit den Anlaß gaben, das Laurentische Eozoon als sessile Foraminifere zu deuten.

---

1) BÜTSCHLI, O., Protozoa, Bd. II von BRONNS Klassen u. Ordnungen d. Tierreichs. S. 208, 210 216. Leipzig u. Heidelberg 1880/82.

3. Riffbildungen als bodenbewohnende Lebensgemeinschaften

Im Zusammenhang mit den festsitzenden bodenbewohnenden Tieren sind auch die Riffbildungen als ganze bodenbewohnende, an den Platz gebannte Lebensgemeinschaften zu betrachten, über deren allgemeinen Erhaltungszustand bereits im I. Kapitel (S. 45 ff.) einige grundlegende Andeutungen gemacht wurden.

Es gibt Riffbildungen verschiedenster Art: Hydrozoen-, Spongien-, Korallen-, Bryozoen-, Kalkalgen- und Muschelriffe. Darunter versteht man die klotzigen, kuppenförmigen bis ausgedehnten kuchenförmigen, organogen gebauten Kalkmassen, welche sich von den organischen Rasen und Krusten durch ihre Festigkeit, ihre vertikale und horizontale Ausdehnung augenfällig unterschieden und welche stratigraphisch nicht bloß als einfache Schichtlage oder Linse, sondern als Klotz, als Dom oder als richtige Faziesbildung auf größere Erstreckung auftreten. Es ist ein Unterschied des Grades, nicht immer des Wesens, den wir meinen. Denn auch Korallen können in Schichtlagen mehr oder minder schwache Rippen oder Linsen bilden, wie z. B. die ostalpinen Gosaukorallen; Kalkalgen können Überzüge des Meeresbodens und der Felsen bilden. Dann sprechen wir nicht eigentlich von Riffen, ebensowenig wie wir von einem Balanidenriff sprechen, wenn etwa die Seepocken die felsigen Gründe einer Meeresbucht überziehen.

Ein modernes Korallenriff[1]) ist nicht ausschließlich zusammengesetzt aus den Korallenskeletten allein; vielmehr bilden Nulliporen, Mollusken, Echiniden und küstenliebende Foraminiferen auch einen wesentlichen Bestandteil. Unter den Korallen selbst sind es hauptsächlich die Madreporarier (Hexakorallen), danach auch die Alcyonarier (Oktokorallen und Hydrozoen.

Die Korallen gehen bis 25 Faden unter den Wasserspiegel, ihr üppigstes Wachstum aber haben sie im seichteren Wasser bis 15 Faden. Die Oktokorallen Heliopora und Tubipora, die Hydrozoe Millepora und die Nulliporen gehen am tiefsten hinunter. Sie sind sehr auf das Licht angewiesen und ebenso auf eine warme Temperatur des Wassers, die über 20° C durchschnittlich liegen muß. Meeresgebiete mit strenger anhaltender Strömung sind ihrem Gedeihen nicht günstig, am besten ist bewegtes und wechselndes Wasser, so daß dieses ihnen immer frisch zugeführt wird. Es ziehen einige die Wellenregion mehr vor als andere, die mehr an den vor der Brandung geschützten Stellen sich ansiedeln. Der Grund und Boden, auf dem sie sich ansiedeln, muß entweder fest oder mit Felsstücken und Steinen bedeckt sein, auf denen

---

1) Vgl. die lebendige und ausführliche bionomische Schilderung der Korallenriffbildungen in J. Walthers „Einleitung in die Geologie als historische Wissenschaft. III. Lithogenesis der Gegenwart", S. 893—913, Jena 1894. Ebenso in dem soeben erschienenen Werk von K. Andrée, Geologie des Meeresbodens, Bd. II, S. 136 ff., Berlin 1920.

sie sich festsetzen können, jedenfalls frei von Schlamm und Feinsand, weil diese die aufwachsenden jungen Korallen ersticken und, in großer Menge vorhanden, auch die älteren. Die chemische Zusammensetzung des Wassers, in dem sie gedeihen, ist die gewöhnliche.

Man unterscheidet unter den rezenten Riffen drei Arten: Saumriff, Barriereriff und Atoll. Das erstere fußt unmittelbar auf dem vom Wasser bedeckten Kontinental- oder Inselboden und legt sich dicht an die Küstenlinie an, von der aus es sich meerwärts ausdehnt. Weiter draußen ist es gewöhnlich höher als unmittelbar an der Küste. Nach innen entsteht so eine Zone abgestorbener Korallen, und nur am Außenrande, der rasch zu größerer Tiefe abfällt, bauen die lebenden Korallen. Da die Oberfläche des Riffes zur Ebbezeit größtenteils trocken liegt, so kann es anderen Meerestieren nur jeweils vorübergehend zum Aufenthalt dienen. Das Barriereriff unterscheidet sich vom vorigen dadurch, daß es nie in unmittelbarem Zusammenhang mit dem Lande steht, das es umgibt; vielmehr bleibt ein breiter Kanal zwischen beiden frei, der zuweilen durch mehr oder minder breite, aber flache Wasserstraßen mit dem offenen Meere kommuniziert; diese liegen gewöhnlich Flußmündungen gegenüber. Der Verlauf des Barriereriffes ist parallel der Randform des Landes, dessen Ein- und Ausbiegungen es aus der Entfernung mitmacht. Es ist jedenfalls hervorgegangen aus dem Saumriff, indem sich der Meeresboden senkte und die Korallen dauernd nach oben wuchsen und zwar wesentlich am Außenrand. Das größte Barriereriff findet sich an der Nordostküste von Australien mit einer Länge von 1900 km und in einer Entfernung von 40 bis 150 km vom Lande. Der Kanal zwischen Außenriff und Festland hat gelegentlich eine Tiefe bis zu 100 m, sonst etwa die Hälfte. Einzelne Teile eines solchen Riffes ragen als Inseln heraus, andere liegen unter Wasser. Die heraustretenden Teile fallen der Verwitterung anheim, und auf ihnen siedelt sich Vegetation an. Der dritte Typus ist das Atoll. Es ist letzten Endes nichts anderes als ein Barriereriff, dessen eingeschlossenes Land schon so tief versenkt ist, daß der Kanal zu einem See geworden ist. Es gibt Atolle, deren Inselland schon Hunderte von Metern tief abgesenkt ist, so daß ein einheitlich organogener Block aus einer Tiefe heraufragt; (Funafuti bis über 1000 m). Atolle können bis zu einem Durchmesser von 50 km und mehr groß sein.

Wenn ein Riff sich ansiedelt, so muß erst der Boden dafür bereitet sein. Auf Schlammboden können die Korallen sich nicht niederlassen, es sei denn, daß auf ihm zuvor eine Ansammlung von Muschelschalen oder Steinmaterial statthat. Felsen und ein harter Untergrund ist ihnen am gemäßesten. Wenn sie sich auf einem weichen Untergrund angesiedelt haben und das Riff durch sein Wachstum an Schwere zunimmt, so sinkt es allmählich ein und drückt die darunter liegenden weicheren, älteren Schichten zur Seite. Es entsteht dann der Eindruck, als ob diese synklinal unter das Riff einschießen würden. Derartiges ist an den Obersilurriffen von Gotland zu beobachten[1]), die auf ursprünglichen Tonmergeln und Sanden aufliegen, welche Schichten nun unter das Riff einfallen. Häufig dienen zuvor angesiedelte Schwammriffe als Untergrund für die später nachfolgenden Korallen. So gehen im mitteleuropäischen Jura den Korallenriffen häufig Schwammkalke voraus, die mit ihren harten Skeletten einen felsigen Boden bereiteten, dessen jene zu ihrer Entwicklung bedurften.

Das Wachstum der Riffe nach oben — sie können bis über 1000 m tief aus dem Ozean aufragen — beruht auf zwei Faktoren: der stetigen oder periodischen säkulären Senkung des Bodens und der Notwendigkeit für die Korallentiere, sich innerhalb der durchleuchteten warmen Wasserzone zu halten. Infolgedessen wachsen sie in dem Maß empor, als der Ozeanboden sich senkt, und es ist bezeichnend, daß

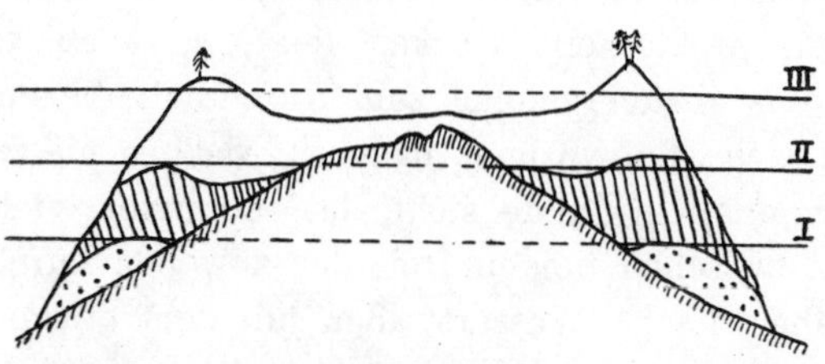

Fig. 167. Darwins Schema der Entstehung eines Korallenriffes. (Aus Wolf, l. c.)

sich gerade in den vulkanischen Regionen der südlichen Ozeane die mächtigsten Riffe entwickelt haben. Nimmt man als dritten Faktor noch die Tatsache hinzu[2]), daß das Wachstum der Korallen an den Außenpartien eines Riffes rascher und üppiger ist, weil dort das frische Wasser hinzukommt, so erklären sich mit Darwin aus jenen drei Punkten alle vorkommenden Riff-Formen. Wir nehmen als Ausgangspunkt eine der Vulkaninseln, wie sie in der Südsee in großer Zahl angetroffen werden. Die Korallen haben sich aus einer Tiefe von ca. 50 m bis an die Oberfläche aufgebaut. Damit ist das Stadium I der beifolgenden Skizze (Fig. 167) erreicht, wenn I der ursprüngliche Meeresspiegel war. In diesem Zustand befinden sich gegenwärtig Hunderte von Inseln der Südsee: ein vulkanischer Kern, umgeben von einem Strandriff. Die Insel sinkt. Während bis dahin den Korallen ein Weiterwachsen nach oben unmöglich war, geht dies nunmehr ungestört vor sich. Je weiter die Unterlage in die Tiefe sinkt, umso höher wird nicht nur das Riff, sondern auch umso breiter. Die Innenpartien werden aber an Frischwasser- und Nahrungszufuhr benachteiligt; daher wächst es außen am üppigsten, die Außenrandteile steigen steil empor. Wenn das Außenriff dann endlich den Wasserspiegel wieder erreicht hat, sind die Innenpartien etwa um 40 m zurückgeblieben; das mit II bezeichnete

---

1) Wiman, K, Über silurische Korallenriffe. Bull. Geol. Inst. Upsala, Vol. III, S. 311, 1897.

2) Wolf, E., Korallenriffe. Handwörterbuch d. Naturwissenschaften, Bd. V, S. 954, Jena 1914.

Stadium liegt nun vor. Wir haben jetzt ein typisches Barriereriff, das von dem noch herausragenden Teil der basalen Insel vielleicht durch einen kilometerbreiten Kanal getrennt ist. Sinkt die Insel weiter, so erneuert sich der geschilderte Wachstumsprozeß, bis endlich nach Jahrtausenden vielleicht das dritte Stadium erreicht ist, das Atoll. Wenn durch Stillstand in der Senkungsbewegung oder durch wieder eintretende Hebung das Riff zur Insel wird, so daß. die Wogen Geröll und Sand schaffen, während sich auf der Oberfläche eine weiche Verwitterungsdecke bildet, dann kommt es zur Besiedelung der oft weit herausragenden Insel, die, solange sie noch nicht hoch erhoben ist, im Inneren eine Süßwasserlagune beherbergen kann.

Der gemessene Abstand der Barriereriffe vom Inselland läßt sich auch bei vorweltlichen Riffen häufig nachweisen. GRABAU gibt an der zitierten Stelle einige Beispiele für Nordamerika; WEDEKIND zeigt es für die mitteldevonischen Riffe in der Umrandung des Siegerländer Blockes [1]. Die mitteldevonischen „Flinzkalke gehen in bestimmten Richtungen in Riffkalke als Randbildungen über, welche sich zu geschlossenen Saumriffen zusammenschließen, zu denen noch Wallriffe und Atolle hinzutreten. Im rheinischen Meeresbecken sind zwei Saumriffe zu unterscheiden, von denen das eine die Südküste des nordatlantischen Kontinentes begleitet. Der allgemeine Verlauf dieses Riffes ist durch folgende Punkte gegeben: Barmen, Iserlohn, Balve, Warstein und Brilon. Das Südriff hat eine ganz andere Verbreitung. Es zieht in fast geschlossenem Zuge von Weilburg über Wetzlar nach Gießen, umgibt das Ostende des Taunus und ist dann auch im Süden des Taunes in sehr vereinzelten Vorkommen bekannt geworden. Das nördliche Verbreitungsgebiet ist ebenfalls nur durch vereinzelte Vorkommen gekennzeichnet, die aber zeigen, daß das Saumriff den nördlichen Teil der Dillmulde durchzieht und hier den Südostrand des Siegerländer Blockes begleitet. In der östlichen Umrandung des Siegerländer Blockes sind Riffkalke und Bildungen des oberen Mitteldevons bisher nicht bekannt geworden. Erst in der Nordumrandung treten Riffkalke in der Attendorner Doppelmulde wieder hervor. Durch das Vorkommen von Paffrath wird der Anschluß mit der Eifler Dolomitbucht gewonnen. Diese Riffe zeigen mit voller Deutlichkeit die Südküste des nordatlantischen Kontinentes und wenigstens in großen Zügen den Verlauf der Ostküste der mitteleuropäischen Insel an".

---

1) WEDEKIND, R., Über die Ausbildung des Oberdevons in der Umrandung des Siegerländer Blockes. Nachr. K. Ges. d. Wiss. Göttingen (Math.-phys. Kl.) 1919, S. 2. Es wäre eine dankbare paläobiologische und -geographische Aufgabe, diese Erscheinung für die einzelnen Gegenden und Zeitalter planmäßig zu verfolgen und kartographisch darzustellen. Riffkalke sind als solche verhältnismäßig leicht zu erkennen, auch wenn die Korallen nicht erhalten sind und das Gestein auch fossileer ist. Wahrscheinlich würden solche Untersuchungen auch Aufschlüsse über epirogenetische Bodenbewegungen innerhalb einzelner Zeitstufen liefern.

Die Lücken in den Barriereriffen und Atollen, durch welche selbst größere Schiffe passieren können, erklären sich dadurch, daß auf den vulkanischen Inseln das Niederschlagswasser nicht alles versickern kann, daher Flüsse bildet, durch deren Erosion auch Täler entstehen, so daß jene an bestimmter Stelle in's Meer münden. Die Anreicherung mit Süßwasser an den betreffenden Stellen vernichtet das Korallenwachstum, und es werden so in dem Strandriff bestimmte Lücken ausgespart. Auch das Barriereriff wird davon noch beeinflußt, und später tragen Ebbe und Flut durch stete Benützung dieser Kanäle Sorge, daß sie nicht so bald verschwinden und zuwachsen.

Die Notwendigkeit der fortgesetzten Senkung zum Zustandekommen mächtiger Riffklötze gibt eine Erklärung dafür, weshalb so viele fossile Korallenriffe trotz üppigster Entwicklung der Einzelindividuen und trotz oft verhältnismäßig großer Horizontalausdehnung nicht die ungeheueren Mächtigkeiten erreichen konnten, welche die heutigen Südseeriffe teilweise auszeichnen. Nur in alpinen Gebieten, wo stetige Bodensenkungen längere Zeit hindurch im Mesozoikum anhielten, haben wir zum Teil auch besonders mächtige Riffbildungen (Rhätkalk, Wettersteinkalk, Dolomiten), während z. B. gerade das üppige Korallenleben des fränkisch-französischen Jura es nur zu verhältnismäßig flachen, wenn auch horizontal ungeheuer weit ausgedehnten Riffen bringen konnte.

Abgesehen von der Farbe der Stöcke, die für den Paläontologen unwichtig ist, ist die Form der Korallenstöcke dem Aufenthaltsort angepaßt (vgl. Kap. IV, 5). „An[1]) flachen ruhigen Stellen trifft man vorwiegend verästelte Formen. Meist stehen dann die Stöcke so dicht, daß durch jeden Tritt Dutzende von Ästen abgebrochen werden. In ihrer Nähe finden sich häufig auch die pilzförmigen Stöcke, von denen manche nahezu Kugelgestalt annehmen und oft ein Gewicht von mehreren Zentnern aufweisen. Auch solche von Schirm- und Tellerform lieben mehr stilles Wasser. In der stärksten Brandung finden sich vorzugsweise die knolligen gedrungenen Formen, dicht aneinander geschmiegt, so daß sie einen lebenden Schutzwall gegen die Wogen darstellen. Weiter in der Tiefe, wo der Wellenschlag nicht mehr zur Geltung kommt, treten dann wieder Formen mit baumförmigem Habitus auf." „Durch ihr dichtes Gewirre und durch ihre zahllosen Schlupfwinkel bieten die Korallenfelder für viele Tiere einen günstigen und ständigen Aufenthaltsort. Seerosen von oft unglaublicher Größe und Farbenpracht überziehen abgestorbene Korallenblöcke. Seewalzen und Seeigel liegen meist in träger Ruhe zwischen ihnen, Seesterne und Schnecken aller Art klettern umher. Aalartige Fische und Seeschlangen verbergen sich unter den Blöcken, unzählige kleine Fische . . . suchen bei jeder Gefahr zwischen ihnen Schutz.

---

1) WOLF, E., a. a. O., S. 947ff.

Zerschlägt man dann einen Korallenblock, so findet man, daß auch in seinem Innern ein Heer von Bewohnern sich angesiedelt hat, Schnecken und Muscheln haben sich eingebohrt, Würmer aller Art durchziehen den Stock mit feinen Kanälen. Asseln und viele andere Krebse schlüpfen aus den zahlreichen Schlupfwinkeln hervor, eine Lebensgemeinschaft, wie man sie sich mannigfaltiger kaum denken kann, wie man sie aber in nahezu gleicher Zusammensetzung an jedem Korallenriff vorfindet".

Diese Riffgemeinschaft als biologisch-geologisches Produkt baut sich nun in doppelter Hinsicht auf, wobei Wachstum und Akkumulation mit Zerstörung Hand in Hand geht. Das schließliche Ergebnis ist dann das abgestorbene, mehr und mehr fossil werdende Riff, dessen Struktur uns verständlich wird, wenn wir Akkumulation und Zerstörung am lebenden kurz verfolgen, um dann daraus umgekehrt den Befund an fossilen und ganz alten Riffen zu verstehen und deren Aufbau und Daseinsbedingungen zu rekonstruieren.

Der Bau der Riffkorallen selbst ist das Hauptmoment der Akkumulation; das Korallenwachstum geht folgendermaßen vor sich: „Wenn der einzelne Polyp eine gewisse Größe erreicht hat und ihm sein Kalkskelett zu enge wird, zieht er sich aus demselben heraus und schreitet zur ungeschlechtlichen Teilung. Eine Generation baut sich auf der anderen auf, gleichzeitig jedesmal die Anzahl der Individuen verdoppelnd. Zeigt so das Gesamtwachstum im Jahre auch nur Fortschritte, die nach wenigen Zentimetern zählen, so gibt doch die Menge der Stöcke und eine nicht nur auf Jahrzehnte, sondern eine auf Jahrhunderte und Jahrtausende sich erstreckende, sich gleichbleibende Tätigkeit schließlich Werte, die für die Umgestaltung unserer Erdoberfläche sehr in die Wagschale fallen müssen. Zu gewissen Perioden setzt aber auch eine geschlechtliche Fortpflanzung ein, bei der jeder Stock Tausende, ja Millionen mikroskopisch kleiner Flimmerlarven entläßt, die durch ihre Menge, namentlich in den Lagunen, sogar das Wasser trüben. Mögen auch unzählige den Fischen und anderen Feinden zum Opfer fallen, ebenso vielen gelingt es, sich auf abgestorbenen Stöcken, an Felsen u. dgl. niederzulassen, um eine neue Kolonie zu gründen. Doch Wind und Wogen, namentlich aber die Meeresströmungen sorgen dafür, daß diese Larven selbst Hunderte von Meilen weit verfrachtet werden und so überall die Arten verbreiten, wo irgendwie die Lebensbedingungen günstig sind".

Wachstum und Absterben gehen so Hand in Hand. Besonders dort, wo der Boden dauernd sinkt, so daß nach dem DARWINschen Schema (Fig. 167) aus dem Saum- und Barriereriff allmählich das Atoll wird, häuft sich Generation auf Generation, und rasch wird das eben erst Entstandene subfossil. Auch die zahllosen mitbewohnenden Organismen, soweit sie Schalen haben, bestreiten einen Teil dieser Kalkaufhäufung,

die nun durch drei weitere Faktoren umgesetzt wird, um so schließlich
das fossile Riff entstehen zu lassen. Es sind: 1. die Zerstörung der
organischen Struktur durch Diagenese, insbesondere Dolomitisierung der
Kalkmassen; 2. die Zerstörung durch die Wogen und, bei Freiliegen,
durch die Verwitterung; 3. die Zerstörung durch die mitbewohnenden
Organismen. Die beiden letzteren führen zu einer besonderen Umlagerung
des organogen vorgebildeten Materials.

Was den ersteren Punkt betrifft, so ist im Kap. I, 3 (S. 48 ff.) darüber
schon das Nötige gesagt. Die Tätigkeit der Brandung aber hat das Eigentümliche, daß gerade bei ihr die Korallen am besten gedeihen und zugleich am meisten zerstört werden. „Neben Wind und Wogen, die bei
jedem Sturme Tausende von Ästen abbrechen und oft zentnerschwere
Blöcke entwurzeln, welche dann beim Umherrollen furchtbare Verheerungen
unter den zerbrechlichen Gebilden anrichten, haben die Korallenstöcke
nur wenig Feinde aufzuweisen.“ Aber die Brandung rollt das abgerissene
Material hin und her, zerkleinert es und schüttet es teils in die kleinen
und großen Höhlungen des Riffes selbst, teils kommt es am Riffrand an
der Böschung als schräge, kreuzweise Übergußschichtung zur Ablagerung.
Durch sein Eindringen in alle Zwischenräume verbindet es das absterbende
Riff zu einer ziemlich kompakten Masse, die dann als Ganzes ungeschichtet
erscheint.

Auch außerhalb der Wogenzone geht die Kalkschlammbildung vor
sich. Denn hier wie dort sind die das Riff bewohnenden Organismen
an der Sandbildung mitbeteiligt. Zunächst einmal dadurch, daß sie
durch ihre Schalen und Skeletteile nach ihrem Tode materialaufhäufend
wirken. „Unter den einzelligen Tieren sind es vor allem die Foraminiferen, welche oft in solch unendlicher Menge auf den Meeresgrund
niedersinken, daß Ablagerungen von hundert und mehr Metern Mächtigkeit entstehen können. Auch die Radiolarien sind erwähnenswert, wenn
auch ihre Kieselskelette bei weitem nicht in dieser Zahl sich anhäufen.
Eine Durchmusterung der Sandablagerungen auf den Koralleninseln zeigt
uns rasch auch die übrigen, ebenfalls ihren Tribut entrichtenden Tiergruppen, oft zwar nur in mikroskopischer Größe, vielfach aber auch in
ganz ansehnlichen Stücken. Unter den verschiedenartigsten Trümmern
von Stachelhäutern treten namentlich die massigen Stacheln mancher
Seeigel hervor; neben winzig kleinen Schneckchen finden wir auch faust-
und kopfgroße Stücke, und die Muscheln liefern sogar Schalen von
mehreren Zentnern Gewicht. Auch die Krebse liefern durch ihre kalk-
haltigen Schalen einen ansehnlichen Beitrag.“

Gerade die Krebse sind es nun, welche auch aktiv den Korallen-
riffgrus vermehren, indem sie keine Tierleiche liegen und zum Meeresgrunde sinken lassen, ohne sie zu zerteilen, die Skelette zu zerbrechen
oder zu zerreißen. Nebenher auch die Raubfische, in deren Magen Darwin

kleine Korallenstückchen und Kalkmehl fand: dann nach WALTHER auch Bakterien und Nacktschnecken, Anneliden und Echinodermen — der zermürbenden Bohrmuscheln nicht zu vergessen — welche für die Entstehung des feinen und des groben Korallensandes sorgen. In den Lagunen und den ruhigen Zwischenkanälen sind die Ablagerungen vornehmlich schlammig, und oft schalten sich hier je nach den eintretenden Hebungen und Senkungen auch terrestre Bildungen mit Pflanzenablagerungen und terrigene Verwitterungsprodukte ein.

Den ältesten organischen Riffen begegnen wir im Präkambrium von Nordamerika, wo hydrozoen- und spongienartige stockbildende Formen (Cryptozoon und Atikokania), die man zum Teil auch als Kalkalgen ansieht[1]), nicht unbedeutende Riffe bilden. Amerikanischerseits werden sie als algonkisch, ja vielleicht als archäisch bezeichnet (vgl. Kap. I, 5, S. 75). Andere Fossilien sind aber an diesen Riffen noch nicht gefunden worden. Sie gehen auch noch in das Altpaläozoikum hinein, mit oft sehr beträchtlicher Horizontalausdehnung, während die vertikale gering ist und sie daher mehr Riffplatten als Riffstöcke sind. Die präkambrischen liegen in Nordwest-Montana, Alberta, Britisch-Columbia und Arizona.

Die nächst jüngeren Rifftypen[2]) in den fossilführenden Formationen sind die Archäocyathidenriffe des Kambriums. Sie sind weltweit verbreitet und aus Sardinien und Australien genauer beschrieben[3]) und gehen dort bis in's Untersilur. In Labrador sind sie bis 15 m mächtig. Sie erweisen sich als Flachwasserriffe, denn sie enthalten Konglomerate, Spuren von Trockenlegung und Rippelmarken. Auch in der präkambrischen Animikieformation von Canada sind sie nachgewiesen. Die Archäocyathiden sind den Spongien ähnliche Becher, unterscheiden sich aber von ihnen durch den einfacheren, fachwerkartigen inneren Bau (Fig. 282, Kap. IV, 2). Ihre Stellung im System ist ebenso unsicher, wie die der Atikokanien und des Cryptozoon.

Im höheren Untersilur der östlichen Vereinigten Staaten und Canadas erscheinen dann echte Hydrozoenriffe, stromatoporenartige Stockbildungen, und mit ihnen vergesellschaftet einfache Tetrakorallen (Columnaria), ästige und massive Tabulatenstöcke (Tetradium), etwa vom Charakter des späteren Chaetetes. Mit dem Obersilur sind die üppigen Tabulatenriffe da mit den Gattungen Favosites, Halysites, Aulopora, Syringopora, Pachypora,

---

1) ROTHPLETZ, A., Über die systematische Deutung und die stratigraphische Stellung der ältesten Versteinerungen Europas und Nordamerikas mit besonderer Berücksichtigung der Cryptozoen und Oolithe. II. Über Cryptozoon, Eozoon, Atikokania. Abh. Bayr. Akad. Wiss. (Math. phys. Kl.), Bd. 28, S. 79, 83, München 1916.

2) Hierfür und für das folgende, soweit nichts anderes zitiert oder eigene Beobachtungen vermerkt sind: GRABAU, A. W., Principles of Stratigraphy, New York 1913, S. 417 ff.

3) VAUGHAN, Th. W., Physical conditions under which paleozoic coral reefs were formed. Bull. geol. Soc. America. Vol. 22, S. 238, New York 1911.

Striatopora, und stets vergesellschaftet mit ihnen die riffbildenden Hydrozoen des Stromatoporenkreises. Auch viele Einzelkorallen (Omphyma u. a.) beteiligen sich an dem Riffaufbau. Vom Devon ab nehmen mehr und mehr die stockförmigen Tetrakorallen zu, es dominieren die Cyathophyllen in ihren zahllosen Stockausbildungen, geschlossene und ästige Formen oder Einzelbecher (vgl. Kap. IV, S. 352), Cystiphyllum, Acervularia, Phillipsastraea und daneben wieder die bekannteren Tabulaten (Chaetetes Favosites u. a.). Stromatoporen sind zahlreich. Dieser Riffcharakter steigert sich im Karbon dahin, daß nun die massigen Stöcke der Tetrakorallen vorherrschen, wobei immer Einzelkorallen nicht fehlen, und sogar die Tabulaten bringen in der häufigen Michelinia einen äußerlich an den kompakten Tetrakorallenstock gemahnenden Typus hervor. Hier mischen sich schon stark Bryozoen mit unter.

Nun bricht mit dem Perm die Entwicklung ab, Riffe treten zurück, ja auch die Einzelkorallen verschwinden in auffallender Weise, was noch in der unteren Trias anhält, und die Bryozoen bestreiten sozusagen allein den Riffbau. Auch in der mittleren Trias haben sich die Korallen noch nicht wieder nennenswert eingestellt, auch die alten Bryozoentypen versagen, und statt dessen erscheinen vornehmlich Kalkalgenriffe (Lithothamnien, Gyroporellen, Nulliporen), wie vielleicht in algonkischer Zeit. Die mittleren alpinen Triaskalke (Wettersteinkalk u. a.) legen davon Zeugnis ab. Die Südtiroler Dolomiten und die Kassianer Schichten zeigen zum erstenmal den Eintritt der neuen Hexakorallenfauna, die an Stelle der alten Tetrakorallen und Tabulaten getreten und reichlich mit Kalkalgen durchsetzt ist, die ihre Vorherrschaft von der mittleren Trias her noch zu wahren wissen. Erst im Rhät kommen dann die reinen Hexakorallenriffe — auch auf ihnen fehlen die Stromatoporiden nicht — und dann entsteht die üppige Flut all der mannigfaltigen Hexakorallentypen, die im Meso- und Känozoikum bis heutigentags die Riffe bilden. Ganz zuletzt, vom Neogen ab, kommt die Gattung Madrepora mit ästigen und massigen Stöcken merkbar dazu, von der S. 91 ff. gesagt ist, daß sie sich durch ihr rasches individuelles Wachstumsvermögen den Lebensraum der anderen, älteren Hexakorallen mehr und mehr erobert, so daß ein neuer Typus von Riffbildungen seit dem Neogen hier im Entstehen begriffen ist. Porites und Pocillopora begleiten sie, und für alle drei ist es kennzeichnend, daß sie gegenüber den älteren Typen kleine Zellen haben, wodurch sie offenbar widerstandsfähiger sind und den äußeren Lebensumständen leichter gerecht werden. Vielleicht ist dies auch der Beginn einer Entwicklung, in der sich das Korallenleben nicht mehr so streng an eine bestimmte Tiefe und Temperatur wird binden müssen.

Herrschen so auf einem modernen Riff die genannten Neuformen vor, so sind es daneben auch die älteren, schon im Jura vorhandenen Astraeiden und Maeandrinen, ferner die Hydrozoe Millepora und Bryozoen.

Von beweglichen Tieren besiedeln vor allem Foraminiferen, Echinodermen, Muscheln und Krebse die Riffe. Die Verteilung dieser Typen am Riff, wie auch die Verteilung der Riffbauer selbst ist aber nicht einheitlich, sondern recht verschieden. So werden an der Riffaußenseite z. B. Fungia und Favia nicht angetroffen. Und zwar sind es die frei daliegenden oder die nur auf dünnen Stielen sitzenden, welche der Brandung nicht widerstehen können und daher die ruhige Innenseite des Riffes bevorzugen. Am Funafuti-Atoll richtet sich die Verteilung der Lithothamnien, Madreporen und Helioporen nach den Überflutungsverhältnissen. Soweit die Wogen auf der freien Meerseite heraufspülen, ist die Fläche mit üppig wuchernden Organismen bedeckt, und hier ist ein feinverzweigtes Lithothamnium am häufigsten, mit ihm die eben genannten Korallentypen. Entsprechend der Brandungsstärke, sowie dem Konkurrenzkampf zwischen den zahlreichen Organismen dieser Zone ist der Habitus jener Stöcke niemals groß; am besten gedeiht immer noch Lithothamnium Diese Lithothamnienzone ist durch viele Kanäle zerfranst, deren Ränder von festgewachsenen Foraminiferen (Carpenteria, Polytrema, Fig. 166, S. 372) bewachsen ist. Sie fehlen gänzlich auf der Lagunenseite des Riffes. Auf den dem Winde am meisten ausgesetzten Stellen fehlen die ästigen und gestreckten Formen und hierfür treten die flechtenartig kriechenden auf, welche vom Winde nicht erfaßt werden. So ähnlich ist es auch mit der Verteilung der die Riffe frei bewohnenden Tiere, also der Schnecken, Muscheln, Krebse usw. Auch sie sind, wenn auch nicht so ausschließlich wie die Korallen nach der unmittelbaren Brandungswirkung, so doch mittelbar nach ihr verteilt, je nach der Nahrung, die sie heischen; auch die bereitstehenden Schlupfwinkel regeln einigermaßen ihre Verteilung, und die zarteren, weniger dickschaligen Formen bewohnen natürlich die ruhigeren Winkel und Flächen.

Man kann das auch an fossilen Riffen zuweilen studieren und findet auch hier dick- und dünnschalige Typen verschieden verteilt, woraus man umgekehrt auf die biologischen Verhältnisse wieder schließen kann. So bemerkt man an den Oberjurariffen der Kelheimer Gegend häufig, daß dieselben Brachiopodentypen bald in großen, bald in kleinen Exemplaren, bald dick-, bald dünnschaliger auftreten. Die der Wasserbewegung stärker ausgesetzt gewesenen Individuen haben auch ein stärkeres Stielloch, demgemäß eine stärkere Wirbelregion als die anderen, offenbar in ruhigeren Teilen lebenden Exemplare. Auch sonst finden wir an den fossilen Riffen vielfach die Zonen des Bewegtwassers, also die äußere Seite und die innere lagunäre wieder. So die Riffe des devonischen Onondagakalkes in New York, einer sowohl aus zahlreichen Korallenriffen, wie aus dem von ihnen abzuleitenden klastischen Kalkschlamm und Kalksanden hervorgegangenen, bis 70 m mächtigen Ablagerung. Die Formation geht, in derselben Fazies jünger werdend, nach

Michigan und Ohio hinüber. Zuerst war dort eine Landfläche mit Kontinentalablagerungen, welche durch die devonische See wieder aufgearbeitet wurden. Es folgte ein kieseliger Kalk (Schoharie grit) mit Mollusken und Brachiopoden, dem Grundboden für die nun einsetzende Korallenriffbildung. Zuerst entstand eine Serie von Barriereriffen, die sich etwa parallel der alten Küste hinziehen, welche durch die Staaten New Yersey, Südpennsylvanien, das innere Maryland und Westvirginien ging. Die Anlage der Riffe entspricht der jetztweltlichen, etwa der der Floridariffe, wo sich eine innere lagunäre Zone mit dunkeln Schlammniederschlägen mit vermischter Marin- und Süßwasserfauna von einer äußeren, dem freien Meere zugekehrten mit rein marinen Tieren und detritogenem Riffkalkmaterial als Sediment findet. So lagerte sich auch an besagtem Devonriff zwischen der alten Küstenlinie und dem Barriereriff schwarzer Schiefer ab, während außerhalb sich Kalke anschließen.

Die Art und Weise, wie uns Riffe fossil entgegentreten, welche diagenetischen Veränderungen sie durchgemacht haben, wie es durch Verwischung der organischen Strukturen, die nicht alle Riffbauer gleichmäßig betrifft, zu Umwandlungen und zu Fälschungen des Faunenbildes kommt, wurde gelegentlich schon berührt (Kap. I, S. 48 ff.). Das alles gehört mehr in das Gebiet der Sedimentkunde und der Paläogeographie, nicht hierher, da es uns hier nicht um das fossile Vorkommen als solches, sondern nur um die unter dem Begriff „Riffbildung" verstandene biologische Gemeinschaft zu tun ist. In allen Zeitaltern wechselten nicht nur (S. 91 ff.) die aktiv riffbauenden Organismen selbst, sondern auch die Mitbewohner. Es wäre ein anregendes Arbeitsthema, den biologischen Wechel der Mitbewohner der Riffe und ihrer speziellen Anpassungserscheinungen in den einzelnen Zeitaltern zu beschreiben, wobei auf die durch Diagenese verschwundenen Bewohner sich vielleicht mancherlei Schlüsse ziehen ließen. Im Paläozoikum waren es in erster Linie Trilobiten, Brachiopoden, Krinoideen und Gastropoden der turbiniden und der mit Schlitzband versehenen Gruppen, aus denen sich jene Mitbewohner rekrutierten; im Mesozoikum sind es Muscheln, die Brachiopoden sind nur auf die Gattungen Terebratula und Rhynchonella beschränkt; die Gastropoden bestehen vornehmlich aus den Chemnitzien, den spindelfaltigen Nerineiden (Fig. 317, Kap. VI, 4) und Naticiden; wenige Krinoiden von gedrungenem Bau halten noch aus (Fig. 169 B, C; S. 390), dafür werden nun die regulären Seeigel häufig, während im Känozoikum die Krinoiden und Brachiopoden verschwunden sind, dafür aber die Muscheln, besonders vom Cardiumtypus, und die siphoniaten Schnecken nun vorherrschen. Die zu allen Zeiten an den Riffen lebenden Krebse sind im Paläozoikum vornehmlich Trilobiten, im Mesozoikum langschwänzige Dekapoden, ebenso im Känozoikum, wo die Krabben dazu kommen.

Man muß bei den Riffbewohnern dreierlei biologische Typen unterscheiden: die Riffbildner selbst; dann die in den Zwischenräumen und am Rand lebenden freien Tiere, welche die aktiven Riffbildner nicht weiter beeinträchtigen; und endlich die Schmarotzer und Symbiotiker. Wenn sich auf abgestorbene Riffstöcke jüngere Riffbildner ansiedeln, dann erscheinen diese oft wie Epöken der alten, insbesondere wenn es verschiedene Gattungen sind, die so miteinander vorkommen. In Fig. 216 (Kap. IV, 7) ist ein Cyclolites mit einer aufgesetzten Asträiden abgebildet: das ist kein Schmarotzen, sondern der abgestorbene Cyclolites erst diente als anorganische Basis für den jüngeren Korallenstock; auch die Auster hätte sich — als Larve — niemals auf einer noch lebenden Koralle ansiedeln können. So ähnlich ist es auch mit den in die Riffmassen eindringenden Bohrmuscheln; auch sie können nur die ganz oder teilweise abgestorbenen Korallenkörper durchsetzen. Dann aber gibt es echte, willkommene und unwillkommene Kommensalen, Epöken, Symbiotiker und Parasiten. Solche sind im Abschn. 7 ds. Kap. beschrieben; andere Typen von Riffbewohnern und auch die Riffbildner (Korallen, Spongien, Hydrozoen, Bryozoen) gelegentlich in anderen Abschnitten (vgl. I, 2; III, 1; IV, 2 usw.).

Andere Riffbildungen und mit ihnen realisierte Lebensgemeinschaften sind die schon erwähnten kleineren Bryozoen - und die Schwammriffe, welche zeitweise in der Erdgeschichte die Korallenriffe vertreten, wie das auf Seite 91 ff. auseinandergesetzt wurde. So haben wir im Zechstein Thüringens vielgenannte Vorkommen, von denen WALTHER an verschiedenen Stellen kurze Schilderungen gibt. In dem Kupferschiefermeer[1]), in dessen tieferen freien Senken sich der Kupferschiefer niederschlug, ragten Inseln und Klippen empor, an deren Abhängen sich kein Verwesungsmulm sammeln konnte und die deswegen günstige Bedingungen für die Ansiedelung von Bryozoenkolonien boten. Daher sind die Klippenzüge, welche den südlichen Harzrand und die ostthüringische Halbinsel von Köstritz über Pößneck, Saalfeld bis Eisenach und südlich bis Liebenstein umsäumten, mit 40—100 m hohen, versteinerungsreichen Kalkmänteln umkleidet; besonders häufig sind Brachiopoden und Muscheln. An manchen Stellen wuchsen zierliche Seelilien, und in den Höhlungen des Riffgesteins verbargen sich erbsengroße Seeigel. Dazwischen wuchsen die zierlichen Äste und Becher von Mooskorallen, welche an manchen Wänden so häufig sind, daß man daher die Kalkberge als Bryozoenriffe bezeichnet hat. Doch ihre eigentliche Masse entstand wesentlich durch das Wachstum von Hydrozoen (Stromarien).

---

1) WALTHER, J., Lehrbuch der Geologie Deutschlands. 2. Aufl. Leipzig 1912. Seite 92, 93. —, Geschichte der Erde und des Lebens. Leipzig 1908. Seite 300/01. Es wird hier versucht, die fossilen Faunen als Bewohner ihrer Umwelt darzustellen (vgl. hierzu das im Kap. I, S. 13 Gesagte).

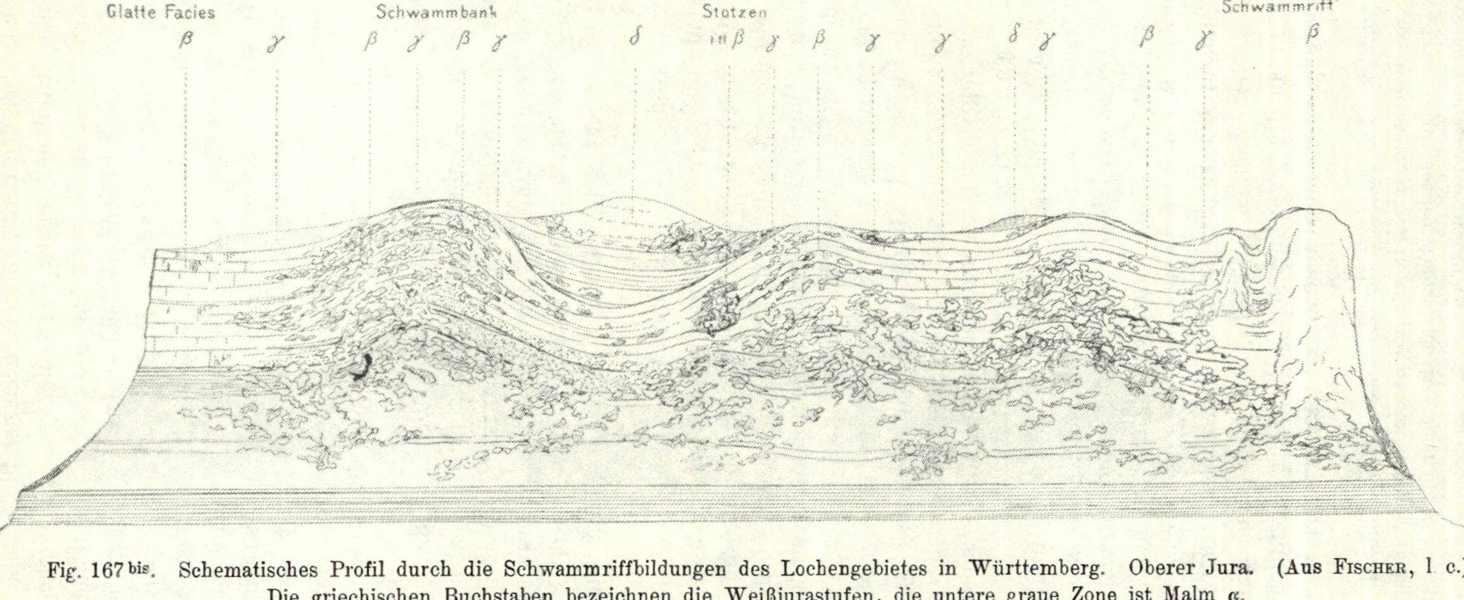

Fig. 167 bis. Schematisches Profil durch die Schwammriffbildungen des Lochengebietes in Württemberg. Oberer Jura. (Aus Fischer, l. c.)
Die griechischen Buchstaben bezeichnen die Weißjurastufen, die untere graue Zone ist Malm α.

Während die Kalksubstanz der Riffe meistens kristallin oder dolomitisch wurde, blieb in Lücken und Höhlen oft eine staunenswerte Fülle kleiner Fossilien erhalten. Neben den erwähnten Bryozoen und ganzen Siedelungen kleiner Terebrateln finden wir die zerfallenen Stiele zierlicher Seelilien und die mit Stacheln bewehrten Schalen der Produktiden; ja sogar mikroskopisch kleine Kalkkörperchen von Holothurien konnten nachgewiesen werden.

Eine prächtige Monographie des berühmten Lochen-Schwammriffes in Württemberg[1]) zeigt uns die Art der Ansiedelung und Vergesellschaftung der Schwämme; der geologische Habitus dieses Lebensraumes geht aus dem beistehenden Profil (Fig. 167bis) hervor. Nachdem im untersten Malm die einer Ansiedelung von Schwämmen höchst ungünstige Schlammzufuhr aufgehört und ein klares Stillwasser sich gebildet hatte, erschienen die ersten Vorläufer der späteren Hauptriffe in mehreren beschränkten Lagen übereinander. Etwas höher kommen stark aufgearbeitete Schwammriffmaterialien, welche weniger durch die zerstörende Tätigkeit gleichzeitig mitlebender Krebse und anderer Tiere, sondern eher durch die Wasserbewegung erzeugt wurden; darauf deutet auch das häufige Vorkommen umgeworfener Tremadictyonkelche hin. Von Stufe zu Stufe wechselt nun die Ausdehnung des Riffes, das sich neben dem eigentlichen Riffklotz noch in eine Anzahl Spezialnester (Stotzen, Schwammbänke) zerlegen läßt. Im mittleren Malm greift die Schwammriffbildung überhaupt im Württemberger Jura in weitestem Maße um sich. Von Stufe zu Stufe wechseln nun die das Riff bildenden Gattungen der Spongien oder ersetzen sich teilweise durch neue Formen. Auch die das Riff besiedelnde Kalkschalerfauna ist von Stufe zu Stufe neu bis auf wenige durchdauernde Formen. Ammoniten, Muscheln, Schnecken, Brachiopoden, Krinoiden, Asteroiden, Belemniten und Krebse, auch seltene Fischreste deuten die reiche Lebensgemeinschaft in dem nicht eben tiefen Wasser (100—200 m) an; Korallen treten mit ganz vereinzelten Ausnahmen völlig zurück.

4. Mittel zur Erhebung des festgewachsenen Tieres über den Boden

Jedes festgewachsene Tier ist der Gefahr ausgesetzt durch das allmähliche Anwachsen der umgebenden Sedimentsschicht oder durch Überwuchern der Nachbartiere gleicher Art begraben oder erdrückt zu werden. Die Natur begegnet dieser Gefahr entweder dadurch, 1. daß sie das Individuum opfert, die Art aber rettet, d. h. indem Larven entstehen (Bryozoen, Korallen, Spongien), die, nektonisch sich bewegend, sich einen neuen geeigneten Platz suchen, sich dort erst festheften und ein neues sessiles Individuum bilden;

---

1) FISCHER, E., Geologische Untersuchung des Lochengebietes bei Balingen. Geol. u. Paläont. Abhandl. v. KOKEN. N. F. Bd. XI (Serienbd. XV). Jena 1913. S. 31 ff.

oder 2. dadurch, daß sie das Einzelindividuum generell mit der Fähigkeit ausstattet, das Gehäuse einheitlich oder etagenförmig in die Höhe zu bauen; 3. endlich durch die Ausbildung eines Stieles, der den Körper über die Umgebung emporhebt. Zwar dient der Stiel zugleich der Festheftung; aber dies ist nicht seine primäre Aufgabe, die ja auch unmittelbar vom Körper (Sphaeronites bei den Cystoideen, S. 348) und der Schale (Austern; Rudisten, Fig. 168 *B*; Korallen, S. 355) oder bei Schnecken vom Fuß erfüllt werden könnte.

Zunächst die Stiele. Am mannigfaltigsten ist der Anheftungs- und Erhebungsstiel in der Klasse der Spongien entwickelt. Die allerältesten scheinen nur eine einzige Nadel ihres Gewebekörpers ausgeschieden und verlängert zu haben, aus der sie einen Stiel bildeten (Fig. 168 *A*). Ein entwickelteres Stadium ist der Glasnadelbüschel (Fig. 284), der offenbar wie gesponnene Glasfäden noch schwach elastisch war. Erst später beteiligt sich dann das ganze Gewebe des Körpers an der Stielbildung, wie wir es bei dem Heer der gewöhnlichen mesozoischen Schwämme finden, was soweit geht, daß auch der ganze Spongienkörper, ohne einen Stiel herauszudifferenzieren, aufwachsen kann.

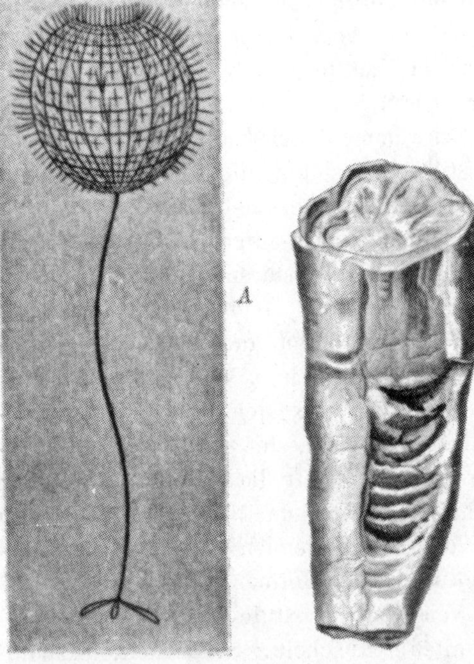

Fig. 168. Zwei entgegengesetzte Arten der Erhebung des festgewachsenen Tieres über den Boden: *A* Der Weichkörper sitzt auf einem Stiel. Spongie Protospongia, aus dem obersten Kambrium, Kanada. Primitivste Stielform. (Aus Rauff, Paläospongiologie 1893.) $^1/_1$. *B* Streckung der ganzen Schale mit Etagenbildung bei einer Muschel (Hippurites). Obere Kreide, Südfrankreich. (Orig. in München.) $^1/_2$.

Es liegt in der Natur der Sache, daß alle weichen Stiele fossil nicht erhaltungsfähig sind, daß also eine besondere Eigentümlichkeit und Funktion derselben bei den paläontologischen Untersuchungen nur nebensächliche Beachtung finden kann: die Kontraktilität. Diese hat aber besondere Bedeutung. So ist nach Lang[1]) der kontraktile Stiel der Vorticellen (Infusorien) diesen Tieren jedenfalls

---

1) Lang, A., Über den Einfluß der festsitzenden Lebensweise auf die Tiere usw. Jena 1888, S. 65/66.

in mehr denn einer Beziehung nützlich: „Er ermöglicht ihre Lageveränderung im Wasser und — durch eine plötzliche und rasche Kontraktion — eine Flucht des Köpfchens, wenn dasselbe von feindlichen Tieren berührt wird. Wir können ferner sehr leicht den Nutzen der kontraktilen Stiele aller derjenigen Tiere einsehen, welche in Röhren leben, in denen sie bei eintretender Gefahr durch Kontraktion Schutz und Zuflucht finden. Auch die Stielbildungen aller Tiere, die an Orten leben, wo der Meeresboden aus Schlamm oder Sand besteht, sind ohne weiteres verständlich. Stockbildenden, mit Tentakeln versehenen Tieren sind die Stiele nützlich, weil durch sie eine größere Entfaltung des Stockes im Raume möglich wird und weil die einzelnen Individuen einander weniger in's Gehege kommen. Biegsame zähe Stiele mögen festsitzenden Tieren auch als Schutz gegen herumkriechende Tiere und gegen mäßige Wasserbewegungen nützlich sein: sie können mit dem Wasser hin und her flottieren. Schließlich dürften die Stielbildungen bei Tieren mit einer nahrungauffangenden Tentakelkrone schon aus dem Kampfe um die Nahrung erklärbar sein ... Aus ganz ähnlichen Gründen sind die Stiele anderen, frei sich erhebenden festsitzenden Tieren von Nutzen, indem sie die Tentakelkronen derselben über die ihrer Mitbewerber erheben. Jeder, der aus eigener Erfahrung die Fauna festsitzender Tiere kennt, weiß, daß diese Geschöpfe häufig an geeigneten Ansiedelungsplätzen in großer Anzahl dichtgedrängt zusammenleben und oft förmliche Wälder bilden. In diesen Wäldern herrscht bisweilen eine Tierart vor, bisweilen leben verschiedene Arten nebeneinander. Wie im Pflanzenwalde die Sträucher oder Bäume einander durch Höhenwachstum und Entfaltung der Krone das Licht streitig machen, so suchen sich die festsitzenden Tiere zu überbieten, indem sie beständig wachsende Stöcke bilden oder ihren schlanken Körper hoch aufrichten oder einen Stiel erzeugen, der sie mehr oder weniger hoch über den Grund erhebt. Warum nicht alle festsitzenden Tiere sich so erheben, viele von ihnen vielmehr kurz und gedrückt bleiben oder sogar krustenartig sich auf der Unterlage ausbreiten, läßt sich so im allgemeinen nicht sagen. Auch im Walde fristen niedrige Sträucher, Kräuter, Gräser, Moose unter den hohen Bäumen ihr Dasein, und vielerorts sind die Bedingungen für das Gedeihen von Bäumen ungünstig, so daß nur eine niedrige kriechende Vegetation den Boden bedeckt. An felsigen Küsten, die dem Wellenschlage besonders ausgesetzt sind, dürften Stiele eher nachteilig sein, und wir verstehen, daß einige für diese Zonen charakteristische Tiere, wie z. B. die von einem steinharten, außerordentlich fest mit den Felsen verkitteten Gehäuse umgebenen Balaniden ungestielt sind, während ihre auf offenem Meere an flottierenden Gegenständen befestigten, meist in großen Gesellschaften dichtgedrängt zusammenlebenden Verwandten, die Entenmuscheln, mit wohlentwickelten fleischigen Sielen versehen sind."

Die Entenmuscheln (Lepaditen) (Fig. 142, S. 336) scheiden einen zähfleischigen, also biegsamen Fuß aus, mit dem sie sich auf schwimmende Gegenstände festsetzen, manche sogar parasitisch auf große Fische. Der Körper ist durch und durch biegsam infolge der vielen weichhäutig ver-

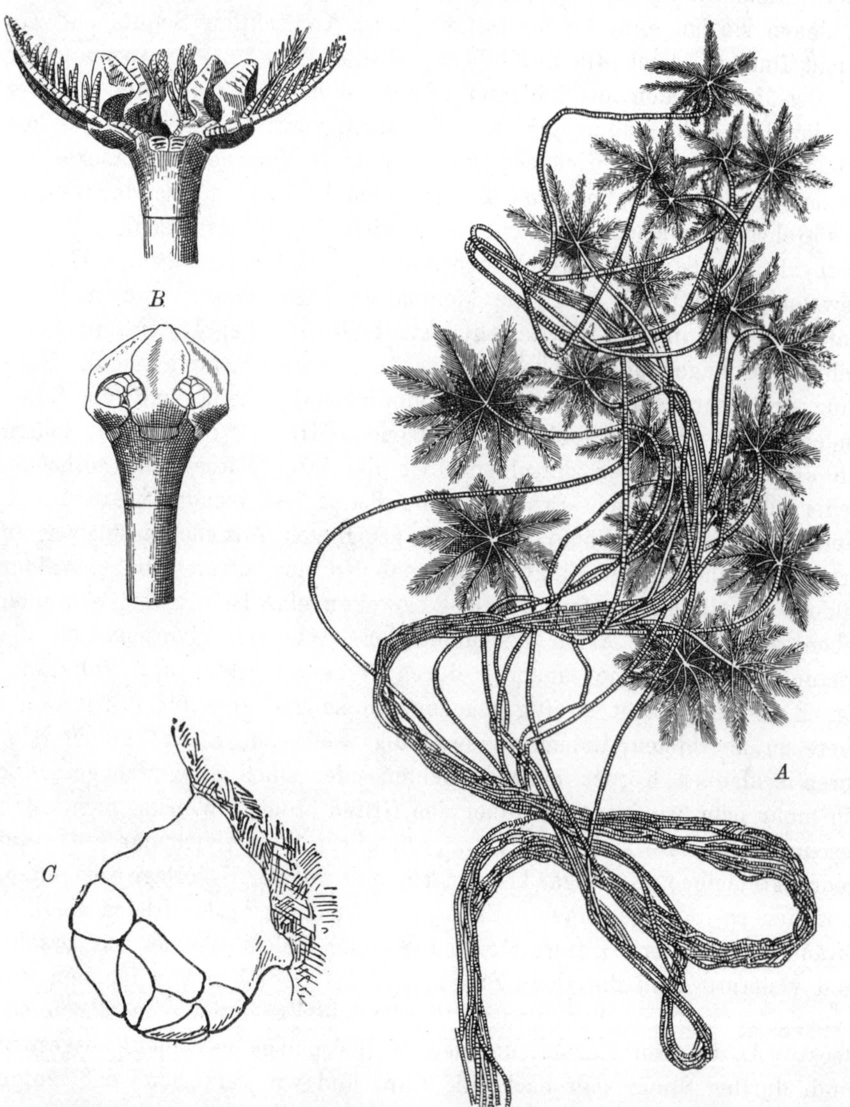

Fig. 169. Krinoidentypen aus entgegengesetzten Lebensräumen: *A* Pentacrinusgruppe aus dem Lias von Württemberg. Schlanke Stillwasserform. (Aus QUENSTEDT, Petref.-Kunde IV. 1874/76.) *B* Eugeniacrinus, aus dem Jurariffkalk von Bayern. Gedrungene, geöffnete und geschlossene Bewegtwasserform. (Aus ZITTEL-BROILI, Grundz. d. Paläont. I, 1915, mit Abänderungen nach JAEKEL, Festbd. N Jahrb. f. Min. etc. 1907.) *C* Cyathidium aus der oberen Kreide von Dänemark. In Zwischenräumen des Riffes hängend. Geschlossen. (Rekonstruktion aus JAEKEL, Paläont. Zeitschr. III, 1918.) $^1/_1$.

bundenen Plättchen, in die das Gehäuse aufgelöst ist. Dies ist gerade bei den geologisch ältesten der Fall (Fig. 164, S. 370), während der pliozäne und rezente Lepas viel weniger Schalenelemente hat, wie früher (S. 372) schon ausgeführt wurde. Bei den Lepaditen ist die „Erhebung" über ihre Basis meistens umgekehrt, dann, wenn sie auf schwimmenden Gegenständen sitzen, weil sie nämlich in diesem Falle nach abwärts

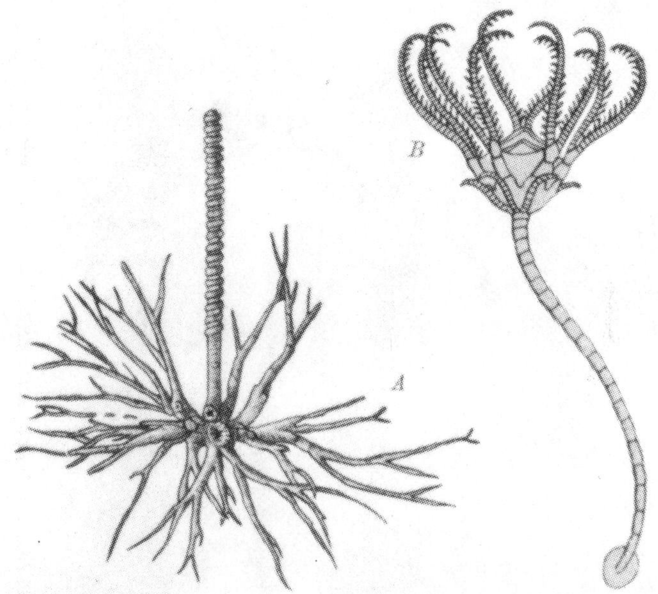

Fig. 170. *A* Wurzelbildung von Eucalyptocrinus. Obersilur, Indiana. (Aus Wachsmuth und Springer, North. Americ. Crinoid. 1897.) $^1/_1$. *B* Antedon. Embryonalform zu Fig. 133, Seite 321, mit einem Haftscheibchen festgewachsen. (Aus Hesse-Doflein I, 1910, nach Thomson.) $^8/_1$.

hängen (Fig. 142, S. 336) und sich sozusagen antipodisch erheben. Die Erhebung des Körpers bzw. des vorderen, mit Tentakeln besetzten Mundendes über den Boden wird bei den silurischen durch die Streckung des ganzen Körpers erreicht, der sich durch seine Länge sozusagen den Stiel ersetzt, während bei den mesozoisch-rezenten eigentlichen Lepaditen die Differenzierung in Körper und Stiel erreicht ist.

Einen im Material zwar festen, aber durch die zahllos nacheinander folgenden, abgegliederten Teilchen schlangenartig beweglichen, dennoch in seiner Haltung bei Lebzeiten des Tieres sehr strammen Stiel haben die Krinoideen, der dem Körper in großem Umkreise sich zu bewegen erlaubt. Bei den einzelnen Gattungen bzw. Gruppen ist er verschieden lang, am längsten wohl bei den herrlichen liassischen Pentakriniten aus Württemberg, die in zahllosen Massen stellenweise auf dem Boden des Meeres wucherten und beim Absterben, vielleicht auch teilweise im Leben schon, sich so mit ihren langen Stielen verknäulten, daß Quenstedt sie als „Schwabens Medusenhaupt" beschrieb (Fig. 169).[1]) Das entgegengesetzte Extrem sind riffbewohnende Formen wie Eugeniacrinus und Apiocrinus aus dem Jura, deren kurze gedrungene Stiele und Körper zu einem besseren Widerstand gegen die Brandung befähigt waren.

Die Befestigung des Krinoidenstieles am Boden geschieht im wesentlichen auf zweifache Art: entweder indem sich ein Wurzelschopf bildet

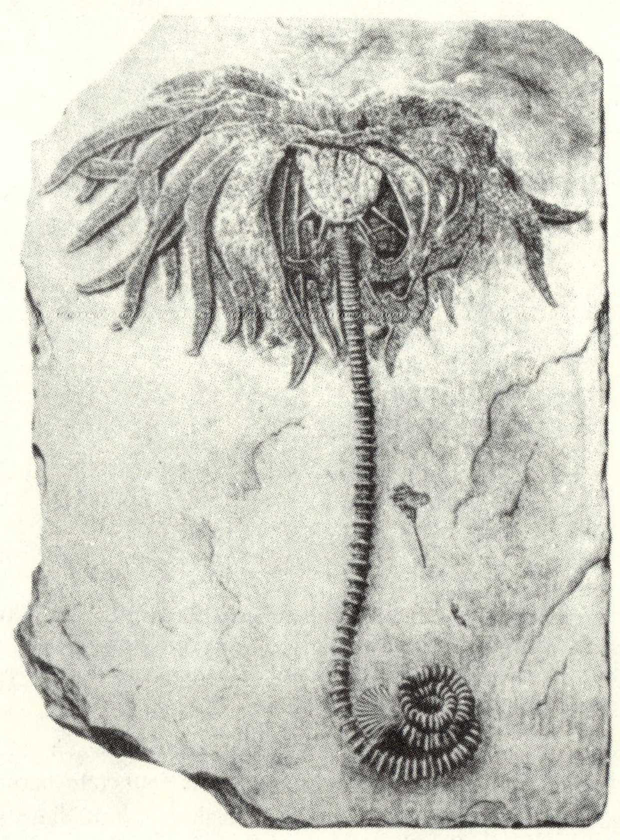

Fig. 170 bis. Acanthocrinus rex. Mit gewundenem Stielende als Verankerungsmittel. Unterdevon, Caub a. Rh. (Aus Jaekel, Paläont.-Geol. Abh. N. F. III. 1895.) ⅓.

(Fig. 170 A), der sich im Boden nach allen Seiten wie Baumwurzeln verankert und so auch im Schlamm dem Tiere einen guten Halt bietet; oder indem der Stiel mit einer einfachen Zuspitzung im Boden steckt, wobei sich allerdings auch feinere Seitenranken zeigen, die jedoch fossil sehr selten gut erhalten und daher schwer nachweisbar sind. Da

---

1) Eine wundervolle, auf einem wohl niedergefallenen und mit Austern besetzten Treibholz wurzelnde derartige Gruppe von 9 qm Fläche ist im Senckenbergischen Museum in Frankfurt a. Main ausgestellt und wird nach Mitteilung des Herrn Drevermann wohl demnächst beschrieben und abgebildet werden.

ein solcher zugespitzter, fast nicht bewurzelter Stiel jedoch nur schwer im weichen Boden haften und der Krinoide daher nicht genügend Anhalt bieten wird, so wird die sonst mittels der Wurzelverzweigung erzielte Basisverbreiterung gelegentlich wohl auch dadurch erreicht, daß sich das untere Ende einrollt, wie dies bei dem nebenstehenden Prachtexemplar von Acanthocrinus rex (Fig. 170 [bis]) der Fall ist, das sich offenbar anfangs auf die Pectenschale gesetzt hatte, die ihm jedoch, als es größer wurde, nicht genügend Halt bot; darum legte sich der untere Teil des Stieles trochocerasartig zusammen und bildete wohl so eine festere Verankerung im weichen Schlammboden. Die dritte Art der Verankerung ist die embryonale Haftscheibe der Antedonlarve (Fig. 170 B). Je nach der Lebensweise und den umgebenden Verhältnissen sind Stiel und Körper modifiziert: die in ruhigem tiefem Wasser lebenden Formen sind zart[1]), haben einen langen, aus vielen Gliedern bestehenden Stiel und kleinere schlanke Körper; aber die in bewegtem Wasser, an der Küste und an Riffen lebenden Formen sind, wenn wir das Extrem in's Auge fassen, kurz, stämmig, gedrungen, der Stiel ist massig, besteht nur aus wenigen Gliedern, der Körper ist kurz und die starken Arme ebenso (Fig. 169 B). Solche Formen sind Eugeniacrinus im Jura, Cupressocrinus im Mitteldevon, Torynocrinus in der Kreide (Fig. 194). Bei manchen Eugeniacriniden sind die Arme einrollbar, ja Eugeniacrinus caryophyllatus aus den jurassischen Riffkalken konnte durch modifizierte Brachialia das Kelchdach verschließen und die wenigen kurzen Arme wie unter einem Gehäuse damit schützen (Fig. 169 B), während andere Formen die Arme wenigstens einzurollen vermochten. Einen noch extremeren Grad in dieser Richtung der Körperreduktion und der Darstellung einer bis zum Klumpen gesteigerten Gedrungenheit zeigt endlich Cyathidium aus der Oberkreide[2]), eine in den Korallenriffhöhlungen der Faxekreide hängende Form, bei der die Arme so umgebildet sind, daß sie den ganzen Kelch wie die Deckplatten eines Balanidenkrebses verschließen (Fig. 169 C). Sie mußte auf einen möglichst engen Raum eingestellt sein und konnte lange Arme gar nicht brauchen. So steht überall der ganze Körper deutlich unter dem ganz bestimmten Einfluß seiner Umgebung, und der kurze Stiel mit der geringen Erhebung über den Boden dient als Sicherung gegen das Abgerissenwerden, eine Anpassung, welche die Stillwasserbewohner nicht nötig hatten. Diese mußten mit langen Stielen einen um so größeren Bewegungskreis haben, als ihnen auch nicht in demselben Maße Nahrung zugespült wurde wie den im Bewegtwasser lebenden Formen.

Über die Phylogenie des Krinoidenkörpers und über die stammesgeschichtliche Entwicklung des Stieles macht JAEKEL interessante An-

---

1) Vgl. JAEKEL, O., Beiträge zur Kenntnis der paläozoischen Crinoiden Deutschlands. Paläontol. Abh. v. Dames u. Kayser. N. F. Bd. III. Jena 1895. S. 11.

2) JAEKEL, O., Phylogenie und System der Pelmatozoen. Paläontol. Zeitschr. Bd. III. Berlin 1918. S. 76.

gaben.[1])   Im böhmischen Mittelkambrium kommt unter dem von Barrande gegebenen Namen Cigara ein netzförmig skelettierter Stiel vor, der in eine körnelig skelettierte schlauchartige Hohlwurzel übergeht. Der obere Teil mit seinen polygonalen, radial struierten Täfelchen ähnelt dem anderer primitiver Cystoideen und Krinoideen; die darunter folgenden gitterartig angeordneten Kalkkörper lassen zwischen sich Platz für eine dicke, aber unskelettierte Lederhaut, um dann weiter unten in die unregel-

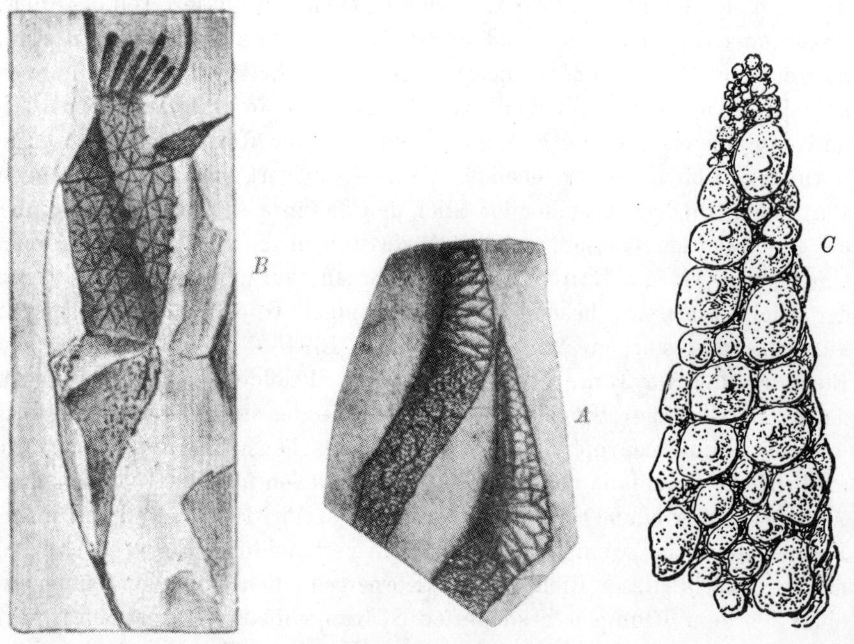

Fig. 171. Älteste Pelmatozoen: *A* Schlauchartiges Primitivgebilde einer noch nicht deutlich in Stiel und Körper geschiedenen Form, Cigara, aus dem Mittelkambrium von Böhmen. (Aus Barrande, Syst. Silur. d. Bohème VII. 1887.) $^1/_1$. *B* Ascocystites, aus dem Untersilur von Böhmen. (Aus Barrande, ibid.) $^1/_1$. *C* Wahrscheinlich Wurzelschlauch des vorigen, oben mit dem Stielansatz. (Aus Jaekel, l. c.) Vergr.

mäßige Panzerung der Wurzel überzugehen.   Dieser Stiel war also jedenfalls ein hohler, unten mit dichter Kalkausscheidung beschwerter Schlauch, dessen unterster Teil im schlammigen Boden steckte und dessen oberer Teil als Stiel nach oben gerichtet war (Fig. 171 *A*). Da nun in derselben Schicht nur ganz indifferent gebaute primitive Kelche von Acanthocystites vorkommen, so ist es möglich und wahrscheinlich, daß diese zu dem eigenartigen Stielgebilde gehört haben.   Wie dem aber auch sei, so ist jedenfalls durch diese „Cigara" der untere Teil eines Krinoidenkörpers gegeben, dessen umfangreiches hinteres Ende noch ganz

----

1) Jaekel, O., Phylogenie u. System d. Pelmatozoen. Paläontol. Zeitschr., Bd. III. Berlin 1918. S. 14 ff.

in dem ersten Stadium der Umformung in Stiel und Wurzel begriffen war. Nebenbei bemerkt und im Anschluß auf das auf S. 314 Gesagte deutet diese alte Form nach JAEKEL auf langgestreckte wurmförmige Ahnen der Pelmatozoen und paßt gut zu der seitens der Embryologie festgestellten Tatsache, daß frühe Larvenstadien von Echinodermen in der Anlage von mehreren Coelompaaren noch eine gewisse Metamerie wie Würmer erkennen lassen. Auch ihre Spuren bilateralen Baues würden mit wurmartigen Ausgangsformen gut im Einklang stehen.

Ähnliche, wenn auch schon etwas entwickeltere, d. h. dem späteren endgültigen Krinoidenkörper ähnlichere Gebilde kommen auch im Untersilur vor, so beispielsweise Ascocystites (Fig. 171 B). Der holothurienartige Körpersack setzt sich nach unten in ein feines stielartiges Gebilde fort, zu dem JAEKEL in der gleichen Schicht vorkommende eigenartige Wurzelschläuche hinzurechnet, die entsprechend der Größe von Ascocystites auch dicker und kräftiger skelettiert sind als die von Cigara, somit eine schwerere Verankerung im weichen Boden bildeten. Da sie im Boden steckten, so erklärt sich daraus, daß sie bei der Fossilisation in einer tieferen Schicht liegen blieben und deshalb nicht mehr im Zusammenhang mit den Kelchen gefunden werden. Solche sonderbaren Hohlwurzeln sind auch bei den übrigen silurischen Pelmatozoen noch ziemlich verbreitet. So bei Lichenocrinus und vor allem bei den als Camarocrinus beschriebenen Wurzeln, ferner bei ähnlichen, aber sehr spezialisierten Wurzeln von Carpoideen. Wie schon die Spezialisierung der letzteren beweist, ist es wahrscheinlich, daß dieser Teil des Körpers ursprünglich außer den Nerven und Blutgefäßen umfangreiche Organe enthielt.

Eine gewisse Beweglichkeit erreichen auch die Brachiopoden mit ihrem zur Deltidialöffnung der Ventralklappe herausgestreckten Stiel, der bei Lingula zuweilen erstaunliche Dimensionen annimmt. Hier dient er aber dazu, das Tier im Sand oder Schlamm zu verankern, während er bei den übrigen Brachiopoden zur Anheftung an den festen Boden oder an Gegenstände dient. Alle diese Stielbildungen haben im Gegensatz zum starren Festwachsen die Bedeutung, daß sie oft die Vorteile des letzteren mit einer gewissen, oft sogar recht weitgehenden Beweglichkeit vereinigen, wodurch nicht nur der Aktionsradius erweitert, die Nahrung von weither beigeholt, sondern auch schädlichen Einflüssen, vor allem Stößen ausgewichen werden kann, abgesehen von der gleichzeitigen Erhebung über den Boden.

Der Krinoidenstiel ist in keiner Weise mit dem Byssus der Muscheln zu vergleichen, er hat eine ganz andere Funktion, denn er dient primär der Erhebung und Beweglichkeit des Tieres, nicht seiner Fesselung schlechthin. Der höhere Grad der Byssusverankerung bei den Muscheln ist, wie auf S. 339/40 an Hinnites und Carolia dargetan wurde, die starre Verklebung

der Schale an den festen Untergrund, während bei den Krinoiden die
Tendenz der beweglichen Stielbildung auf das Freiwerden hinausläuft,
wie Antedon (S. 321) und Saccocoma (Fig. 244, Kap. V, 1) zeigen. Der
Brachiopodenstiel dagegen läßt sich weder in die eine noch in die andere
dieser Kategorien durchweg einreihen. Soweit er dünn und faden-
förmig ist, dient er der Verankerung, wie ein Byssus bei den Muscheln;
wenn er im Verhältnis zum Tier dick und zähe ist, dient er auch zum
Hochheben der Schale, wenn diese dabei auch nicht wie eine Krinoide
unmittelbar nach oben, sondern im Winkel zur Basisfläche steht. Bei

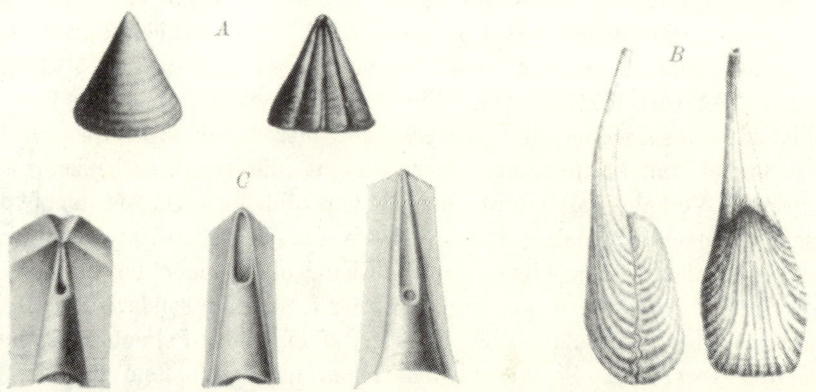

Fig. 172. Verschiedene Art der Schalenstreckung bei Brachiopoden: *A* Acrotreta
Nicholsoni. Streckung der ganzen Schale bei Inartikulaten, mit sichtbarer falscher
Area. Untersilur, Schottland. (Aus WALCOTT, Mon. U.S. Geol. Surv. 51. 1912.) *B* Terebrirostra lyra. Stiel in einer Versteifungstube. Obere Kreide, England. (Aus DAVIDSON,
l. c. V. Suppl. 1882/84.) $^1/_1$. *C* Cyrtina exporrecta u radians. Stiel in Rinnen-
führung, zum Teil vor dem Austritt überkleidet. Untersilur, New York.
(Aus HALL-CLARKE, Paleont. of. New York. VIII. Pt. 2. 1894.)

Lingula endlich dient er, wie erwähnt, der Verankerung im Boden, wobei
er auch als Bohrapparat verwendet werden kann. Während die Entwicklungstendenz der Byssusmuscheln also auf starre Verlötung, die der
Krinoiden gelegentlich auf Freiwerden hinausläuft, wird bei Rückbildung des Stieles bei den Brachiopoden ein zwiefaches Ziel ereicht:
die einen werden zu freiliegenden unbeweglichen Bodentieren, die anderen zu starr festgewachsenen, wie in den beiden vorhergehenden Abschnitten dieses Kapitels ausgeführt wurde, während Lingula in den
weichen Boden einwandert (Kap. IV, 6). Die hiermit in Zusammenhang
stehenden Abänderungen der Schale, soweit sie die Erhebung des Körpers
über den Boden betreffen, seien hier kurz dargestellt.

Wenn das Brachiopodentier zuweilen höher über den Boden gehoben werden mußte und die hierzu nötige Streckung des Stieles aus
irgend einem Grunde nicht erreichbar war, so verlängerte sich der in
der Schale eingeschlossene Weichkörper entsprechend, die Schale selbst

spitzte sich zu und erfuhr dadurch eine Streckung. So wenigstens möchte ich die Terebratula longicollis[1]) aus dem Hallstädter Kalk deuten. Etwas ähnliches zeigt auch unter den alten Inartikulaten beispielsweise Acrotreta (Fig. 172 *A*), deren offenbar nur mit einem kleinen Stiel angeheftete Ventralschale sich umgekehrt konisch streckte und so den Rand, auf dem die Dorsalschale aufsitzt, unverhältnismäßig hoch in die Höhe brachte. Am auffallendsten zeigt eine solche Steckung des Apikalteiles die Gattung Terebriostra (Fig. 172 *B*). Hier könnte man nur noch im Zweifel sein, ob die außerordentliche Verlängerung des Schnabels dazu dient, die Schale zu strecken und damit direkt zu heben oder ob nicht vielmehr der zu eben diesem Zweck stark verlängerte Stiel einer äußeren Überkleidung und Festigung bedurfte und, da er diese nicht durch Abscheidung innerer Versteifungsmittel gewinnen konnte, mit einem Schalenmantel überkleidet wurde, der ihm die nötige Steifheit mittelbar gewährte; die letztere Deutung ist wohl die wahrscheinlichere. Es bestehen alle Übergänge zu Terebratella mit kurzem Schnabel.

In dieselbe Kategorie von Schalenstreckung gehört die Ausbildung einer hohen Area auf der Ventralschale, wobei die Unterschale bedeutend in die Länge gezogen, der Deckelrand also wieder gehoben ist, vermutlich wegen Eindringens von Schmutz, wenn das Gehäuse einfach am Boden läge. Für den Stiel ist auf der Area zumeist eine Rinne geformt, in die er sich wie in eine Schiene hineinlegt, und nicht selten ist diese Furche sekundär noch röhrenförmig überkleidet (Fig. 172 *C*), was dem Stiel wieder jene bei Terebrisrostra verwirklichte Festigkeit gewährt. In extremster Weise umgebildet, hatte dies unter Zuhilfenahme der Festlötung Richthofenia erreicht, wo auch die gestreckte Area noch unter der äußeren Schalenhülle erscheint (Fig. 162).

Es ist klar, daß Formen wie Cyrtina unmöglich mehr in der gewöhnlichen Weise von dem Stiel getragen werden sein konnten; dieser war vielmehr zu einem dünnen, nur noch der tauartigen Anbindung dienenden Faden rückgebildet, wie das bei den stark eingekrümmten Individuen gerade noch vorhandene feine Stielloch zeigt. Derartige Formen, wie beispielsweise die im Kap. VI, 4, Fig. 316 abgebildete Cyrtina carbonaria, sind immer globulös, rollten also, an ihrem dünnen losen Stielfaden angebunden, auf dem Boden leicht hin und her, wobei ihnen die starke Wölbung sowohl der Ventral- wie der Dorsalschale den Vorteil bot, daß bei jeder Lage, einerlei ob auf der Dorsal- oder Ventralseite, die Schale geöffnet werden konnte, weil der Rand dennoch immer ziemlich hoch über dem Boden blieb. Im allgemeinen werden sie auf der Ventralklappe gelegen haben, weil diese die schwerere war. Die ge-

---

1) Abgebildet in Suess, E., Über die Brachiopoden der Hallstädter Schichten. Denkschr. Math.-naturw. Kl., K. Akad. Wiss. Wien 1855. Bd. 9, Taf. 2.

streckten waren offenbar noch verankert, die involuten nicht mehr. Genau dasselbe gilt für die Varietäten des devonischen Stringocephalus Burtini.

Die Art der Anheftung mittels des Stieles hat bei einigen Brachiopoden eine merkwürdige Umwandlung der Schale hervorgerufen. Während es üblich ist, daß der Stiel, wie etwa bei den normalen Terebratuliden, aus einem Wirbelloch der Ventralschale heraustritt und dann die Schale schräge nach oben gerichtet festhält, zeigen gerade viele der ältesten inartikulaten Gattungen eine Umwandlung, durch die erreicht wird, daß das Gehäuse nicht mehr schräge nach oben, sondern flach, d. h. der Bodenebene parallel steht.

Während bei den fast gleichklappigen Linguliden der ziemlich dicke Stiel einfach zwischen den beiden Schalen hervortritt, haben die geo-

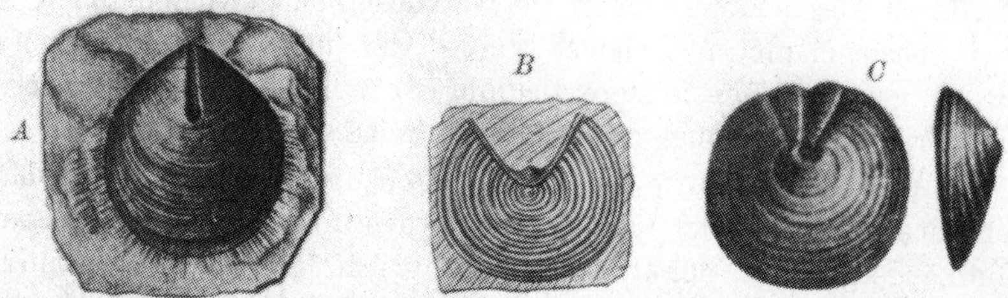

Fig. 173. Verschiedene Arten der Stielumschließung durch die Schale: *A* Schizambon. Untersilur, Baltikum. *B* Schizocrania. Untersilur, Nordamerika. (Aus HALL-CLARKE, Paleont. of. New York. VIII, 1. 1892.) ¹/₁. *C* Acrotreta. Untersilur, Schottland. (Aus WALCOTT, U. S. geol. Surv. Monogr. 51, II. 1912.) ¹/₁.

logisch ältesten Formen schon teilweise einen anderen Weg eingeschlagen, um dem Stiel eine Austrittsmöglichkeit zu schaffen und die Schale in flacher Lage über dem Boden zu halten. Wir gehen von der Gattung Siphonotreta oder Schizambon aus, wobei bemerkt sei, daß hier die Reihenfolge der ontogenetischen Entwicklung umgekehrt ist und daß nur zu didaktischem Zweck nachstehende Reihenfolge eingehalten wird. Bei diesen Gattungen ist das Austrittsloch des feinen Stieles vom Wirbel aus etwas auf die Rückenseite der Ventralschale gerückt, und man sieht deutlich (Fig. 173 *A*), wie der Stiel einen kanalartigen Eindruck auf der Schale bedingt. Ein solches Gehäuse steht vielleicht noch einigermaßen schräge nach oben. Es gibt alle möglichen Übergänge und Variationen. Bei Mesotreta liegt schließlich die Austrittsstelle zentral, indem auch der Wirbel in das Zentrum der nun vollkommen gerundeten Schale gerückt ist. Diese Gehäuse stehen natürlich vollständig horizontal über dem Boden und öffnen sich nicht lingula- oder terebratelartig, sondern vermutlich durch vertikales Emporheben der flachen Dorsalschale. Das ist die älteste Art und Weise, wie die Horizontalstellung erreicht wurde, weil die angezogenen Formen z. T. schon im Unterkambrium erscheinen.

Einen anderen, geologisch später einsetzenden Entwicklungsweg zum gleichen Ziele schlagen Vertreter der Familie Discinacea ein, die erst im Untersilur erscheinen. Sie lassen z.T. die Ventralschale der ganzen Länge eines Radius nach offen (Fig. 173 B); solche Formen sind vor allem silurisch. Im Devon treffen wir in den Lindstroemellen und Orbiculoiden Schalen, bei denen sich dieses dreieckige breite Stielforamen wieder schließt, um schließlich nur noch als etwas exzentrisch gelegenes Durchschnittsloch für den Stiel übrig zu bleiben. Andere Formen im Kambrium und Untersilur sind offenbar von der gleichen dreieckigen Foramenbildung

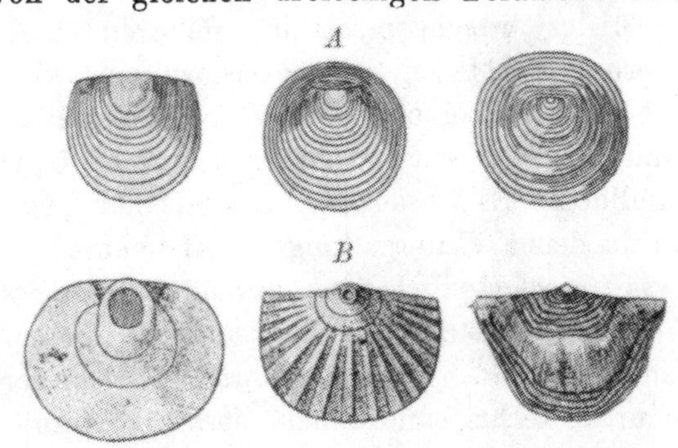

ausgegangen und verschließen die Lücke später mit einer sogenanten falschen Area (Fig. 173 C). Man wird an die Umwachsung des Byssus bei Anomia erinnert (Fig. 116, S. 295).

Beecher hat nachgewiesen [1]), daß diese Umfassung des Fleischteiles durch die Schale ontogenetisch so verläuft, daß von dem ursprünglich ziemlich

Fig. 174. A Normale Entwicklung bei der Umfassung des Stieles durch die Schale bei Orbiculoidea aus dem Kambrium. 36 fach; 16 fach; 10 fach. B Rückläufige Entwicklung des Stielloches bei Leptaena aus dem Obersilur. 36 fach; 10 fach; $^2/_3$ nat. Gr. (Aus Beecher, l. c.)

geradegestreckten oder nur flach winkeligen Schloßrande aus an den beiden äußeren Enden desselben die Schalen emporwachsen. Im Ursprungsstadium bleibt zeitlebens der Stiel frei und tritt, wie bei Lingula, zwischen beiden Klappen aus, wobei beide Klappen sich gleicherweise in die Stielöffnung teilen („Atremata"). Bei den „Neotremata" ist dieses Stadium der Ausgangspunkt (Fig. 174A), dann aber wird der Stiel von seiten der einen Klappe durch Anwuchs über dem Schloßrande mehr und mehr umgriffen. Die Stielfurche bleibt teils offen, teils wird sie eingeschlossen (Fig. 173A). Bei noch fortgeschritteneren wird teilweise der Stiel von konzentrischem Peripheralwuchs der Ventralschale umschlossen. Das Pseudodeltidium, wird entweder beibehalten (Fig. 173C), oder alsbald absorbiert oder abgenützt; im letzteren Falle erscheint dann der Stiel wieder, wenn auch in anderem Sinn als zuvor im frühesten Stadium, von neuem zwischen den zwei Klappen. Diese Entwicklung und Verlagerung des Stielloches bei den „Protremata", z. B. Leptaena, ist in beistehender Fig. 174B dargestellt; in der ersten Abbildung ist das

<hr>

1) Beecher, Ch. E., Development of the Brachiopoda. Americ. Journ. Science, Vol. 41, S. 343 ff., 1891. (Deutsche Übersetzung von M. Fischer im Neuen Jahrbuch f. Mineral. usw., Bd. I, S. 178 ff., Stuttgart 1892.)

Embryonalstadium des Protegulum schon überwunden, der Stiel ist schon umwachsen. Dieses Schälchen verlängert sich radial, und erst später rückt das Stielloch hinüber auf die Area.[1] In die letztere Gruppe gehören viele der sogenannten Artikulaten. Wenn bei diesen auch im Endstadium der Stiel nur aus der Ventralschale austritt, so teilen sich doch in frühen Stadien beide Klappen in das Stielloch. Dieses tritt erst später auf die eine Klappe über, wobei es dann sekundär weiterhin mehr und mehr durch die Deltidialbildung verschlossen wird.

Die bei Inartikulaten der ältesten Zeit verbreitete Umwucherung des Stieles, welche noch in mehreren, hier nicht beschriebenen Abänderungen auftritt, kommt später noch einmal in anderer Form, aber doch mit anscheinend demselben biologischen Endzweck zum Vorschein nämlich in der sonst recht formenarmen Gruppe der mesozoischen Terebratuliden. Es ist der Formenkreis der Pygope diphya, bei welchem in verschiedenen Untergattungen auf mehreren Linien und im einzelnen etwas unterschiedlich eine durch folgende Stadien gekennzeichnete Umwandlung vor sich geht, die jedoch in dieser hier gegebenen Form keine Stammreihe ist. Die Grundform bekommt am Unterrande einen Sinus, wodurch rechts und links stark akzentuierte Seitenflügel entstehen (Fig. 175 A). Der Sinus vertieft sich, die dadurch entstehenden Seitenteile blähen sich auf, ebenso der zwischen Wirbel und Einbuchtung gelegene zentrale Teil der Ventralschale (Fig. 175 B). Dann schließen sich die Seitenflügel, und die trennende Wand dieser Berührungsstelle schmilzt alsbald weg, so daß der Schaleninnenraum wieder ununterbrochen ist (Fig. 175 C). „Vereinigen sich“, wie Suess in seiner Beschreibung dieser Formengruppe sagt[2], „endlich die beiden großen Seitenteile nahe unter der Stirn, so hindern sie sich gegenseitig an der Ausbreitung gegen innen; sie wenden sich gegen außen und hierdurch erhält die ganze Gestalt ein mehr oder weniger dreieckiges Aussehen: die Basis und Dicke der Muschel werden auffallend groß und es entsteht die sogenannte Antinomienform“ (Fig. 175 D).

Der ganze Sinn dieser Umgestaltung kann a priori ein doppelter sein. Erstens: es sollte dem Stiel eine Austrittsöffnung aus dem Schalenkörper geschaffen werden, derart, daß das Gehäuse möglichst horizontal stehen konnte, wie dies oben für die Inartikulaten beschrieben worden ist. Bei der endgültig vollendeten Form (Fig. 175 D) tritt zwar nach wie vor der Stiel aus dem Wirbelloch der Ventralschale heraus, legt sich dann aber auf den oberen zugespitzten Teil der Dorsalklappe, tritt von da durch das Loch auf der anderen Seite der Ventralklappe heraus und

---

1) Beecher, Ch. E., Development of the Brachiopoda. Part II. Classification of the stages of growth and decline. Americ. Journ. Science, Vol. 44, S. 133, New Haven 1892.

2) Suess, E., Über Terebratula diphya. Sitzungsber. k. Akad. Wiss., Wien 1853. Math.-naturw. Kl., Bd. VIII, S. 553 ff.

heftet sich dann erst am Boden an. Durch das Herumschlingen kann sich die Schale stets nur wenig geöffnet haben, ein weites Klaffen erlaubte die Stielschlinge nicht. Daß das Durchtrittsloch auch an vollendeten Exemplaren im Gegensatz zum Austrittsloch am Wirbel so groß ist, darf nicht irre machen; auch der in Fig. 206, Kap. IV, 6 abgebildete, so außerordentlich dicke Lingulastiel ist bis zu seinem Austritt zwischen den Klappen dünner und schwillt dann erst, ins Freie gelangt, ziemlich

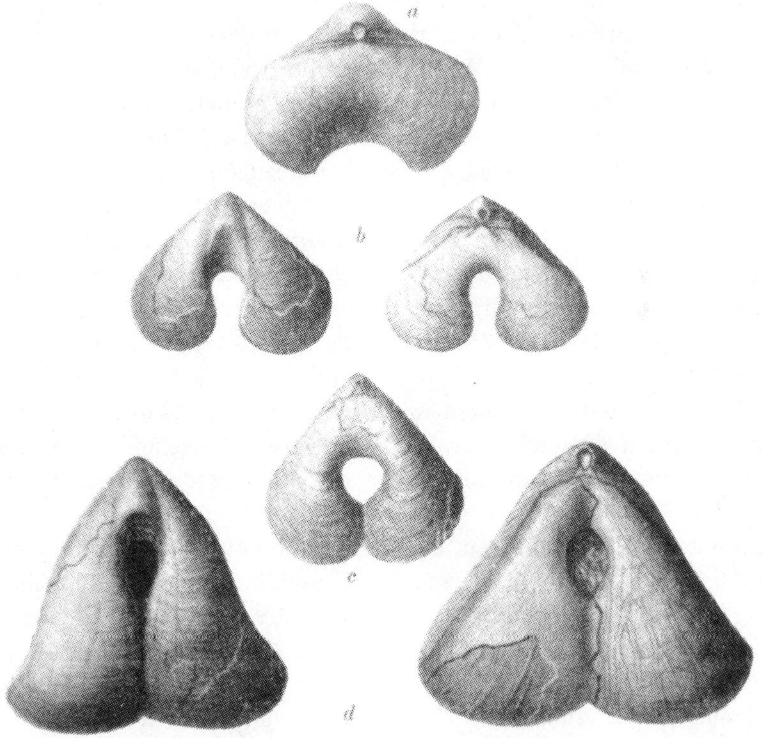

Fig. 175. Formenreihe zur Veranschaulichung der Entstehung von **Terebratula diphya** mit der Verlagerung der Stielaustrittsstelle.   Ob. Jura, Südalpen.   (Aus Zittel, Stramberger Schichten 1868.) $^1/_1$.

plötzlich zu großer Dicke an. Eine andere Möglichkeit ist die, daß das Gehäuse genau noch so, wie bei allen Formen mit unmittelbar austretendem Stiele vertikal stand, und daß dieser nur deshalb durch die Schale hindurchgeschlungen wurde, um ihr einen festeren Halt zu geben. Für das letztere spricht das Exemplar in Fig. 175 b u. d, bei dem man die Austrittsstelle auf dem Rücken der Ventralschale durch eine Schwiele verdickt sieht, die gegen den Wirbel zu eine abgeschrägte Wandung hat, woraus sich die Richtung des Stielverlaufes auch gegen den Wirbel hin deutlich erkennen läßt; dieses Exemplar stand somit nicht horizontal, sondern schräg vertikal, wie die gewöhnlichen Terberatuliden, aber gut festgehalten.

Aus ihrem Vorkommen kann man leider nicht immer einen Schluß daraus ziehen, ob eine besondere Festheftung den Formen nötig war. Denn sowohl in den Riffkalken, wie in den offenbar in ruhigerem, tieferem Wasser abgelagerten alpinen Weißjura- und Neokomsedimenten treten alle Typen nebeneinander auf, so daß man folgern muß, es seien ganz spezifische, teilweise sogar nach Individuen verschiedene Bedingungen gewesen, welche bald die eine, bald die andere Form dieser individuell unendlich variabeln Art erforderten. Daß die Bedingungen, aus denen jene merkwürdigen Formen entsprangen, nur vorübergehende waren, erhellt aus dem baldigen Wiederverschwinden dieses Typus. Indessen macht Suess darauf aufmerksam, daß auch bei anderen Gruppen gelegentlich einzelne Arten Neigung zu solcher Sinusbildung, womit Terebratula diphya ihren Entwicklungsgang beginnt, zeigen. So bei Orthis biloba im Silur; dann „bei vielen größeren Productusarten treffen sich in der Mitte der größeren Schale die vom Scheitel heraufgekommenen Streifen, was doch auch nur von der Erweiterung der zu beiden Seiten sich erhebenden Buckel herrührt". Bei den Spiriferiden zeigt „Terebratula" Haidingeri das gleiche. Ob sich auch bei diesen Formen der Stiel um die Schale herumgeschlungen hat? Und ob diese Formen überhaupt in Parallele zu den durchlochten und geschlitzten Inartikulaten und Diphyen gesetzt werden dürfen? Das läßt sich schwer entscheiden, doch glaube ich, daß hier nur eine ganz äußerliche Entwicklungsgleichheit vorliegt, die sich zudem nur auf eine ganz kurze Zeit erstreckte, und daß die zuletzt angezogenen Sinusbildungen eher mit dem in Kap. VI, 4 besprochenen Faltungen zur Verminderung der Schalengröße etwas zu tun haben.[1]

Dem weichen Brachiopodenstiel und dem an sich harten, aber durch und durch artikulierenden Krinoideenstiel als Mittel der Erhebung des Tierkörpers über den Boden steht die Bildung des starren säulenartigen Stielgebildes gegenüber, das vor allem manche S c h w ä m m e zeigen und wofür natürlich alle Übergänge zu dem unmittelbar festsitzenden Körper existieren. Die langgestielten Schwämme mit deutlich abgesetztem dickerem Körper, wie Coeloptychium (Fig. 285, Kap. VI, 2), sind nicht eben häufig, vielmehr streckt sich gewöhnlich der ganze Körper oder es kommt nur ein kurzer Fuß zur Ausbildung, auf dem dann der lappige, knollen- oder becherförmige Körper sitzt. Je kürzer der Fuß, umso widerstandsfähiger gegen Druck ist das ganze Schwammgebilde, wegen verminderter Hebelwirkung. Bemerkenswert ist, daß die ältesten Spongienkörper, die Protospongien aus der Quebecgroup (unteres Silur) von Kanada einen gestielten Körper haben und daß teilweise diese Stiele aus Einzelnadeln bestehen (Fig. 168 A, S. 368).

---

[1] Ähnliche Formen unter den Orthiden. Siehe: Beecher, Ch., Development of Bilobites. Americ. Journ. Science, Vol. 12, S. 51, New Haven 1891.

Die Ausbildung eines derartigen Stieles oder wenigstens eines abgesetzten Fußes ist das eine Hauptmittel, das Tier über den Boden zu erheben und ihm trotz aller Beschränkung auf einen bestimmten Platz eine bessere Ausnützung der Ernährungsmöglichkeiten zu gewähren, als es dem mit dem Körper unmittelbar am Boden aufgewachsenen Tier meistens gegeben ist, besonders wenn es in zahlreicher Gesellschaft mit seinesgleichen oder anderen Arten auftritt. Ein anderes Mittel ist die Streckung des Körpers selbst, ohne daß es zur Entwicklung eines eigentlichen Stieles kommt. Hierbei sind zwei Abarten zu unterscheiden: 1. die Streckung des Körpers in der Weise, daß er samt dem Weichtier als Ganzes länger wird; 2. das mehr oder minder deutliche etagenförmige Höherbauen des Skeletts bzw. der Schale, wobei der Hartkörper in den unteren Teilen vom Weichkörper verlassen wird, dieser sich also nach und nach ruckweise oder allmählich in die Höhe schiebt.

Beispiele für das erstere finden wir, wie eben gezeigt, insbesondere unter den Spongien, wo bei Typen wie Cnemidiastrum, der ganze Körper sich streckt und mit derselben undifferenzierten lebenden Substanz durchzogen bleibt. Ein Mittelding bilden gewisse Einzelkorallen, bei denen auch kein Stiel ausgeschieden wird (Fig. 141, S. 334); anfänglich erfüllt der lebende Weichkörper das konische Skelettgehäuse, und erst wenn dieses sehr stark in die Höhe zu wachsen gezwungen ist, stirbt die untere Weichkörpermasse ab.

Das unter 2. bezeichnete Emporrücken ist mit der charakteristischen Ausscheidung von Querböden verknüpft. Der beistehend (Fig. 176 C) abgebildete Favosites verrät mit seinen weit voneinander stehenden Böden ein eiliges Höhenwachstum, das langgestreckte, fast schlauchförmige Kelche erzeugt. Umgekehrt tritt uns in dem in Fig. 176 B abgebildeten Omphyma das langsame Emporwachsen entgegen, die Form hat sich Zeit gelassen und mit einer gewissen ruhigen Breite Schicht auf Schicht gelegt. Häufig wird auch ein blasiges Gewebe erzeugt (Fig. 176 A), das genau dem gleichen Zwecke dient. Am deutlichsten ist die einfache Bödenbildung bei allen nur mit kurzen, randständigen oder mit gar keinen Septen versehenen Röhrenkorallen, also gewissen Alcyonariern, wie Helioporiden und Heliolitiden, besonders aber den Tabulaten, indem hier die radiäre Septenbildung überhaupt ganz wegfällt und so im Innern die Querböden ungehindert, d. h. ohne Durchwachsung sich ausbilden können. Halysites und Favosites unter den Tabulaten sind hierfür das klarste Beispiel. Manchmal sind die Böden nur in Form einfacher Dornen angedeutet; hier ist nicht anzunehmen, daß sich das Weichtier in die Höhe hob.

Die Art der Erhebung des Weichkörpers über den Boden kann sogar in ein und derselben engeren Klasse von Tieren wechseln. So wurde vorhin die normale Stielbildung bei Pelmatozoen geschildert und dargetan, wie sich in Anpassung an besondere Wohnverhältnisse der Körper mehr und mehr als eine gedrungene Kapsel unter Reduktion des Stieles schließlich bis zum Boden und zu seiner Ansatzstelle herunterlassen kann (Fig. 149, S. 348). In diesem Zustand sind die wahrscheinlich von gestielten Formen abzuleitenden und zu unmittelbaren Bodenbewohnern gewordenen Agelakriniten (Thecoidea) angelangt, indem

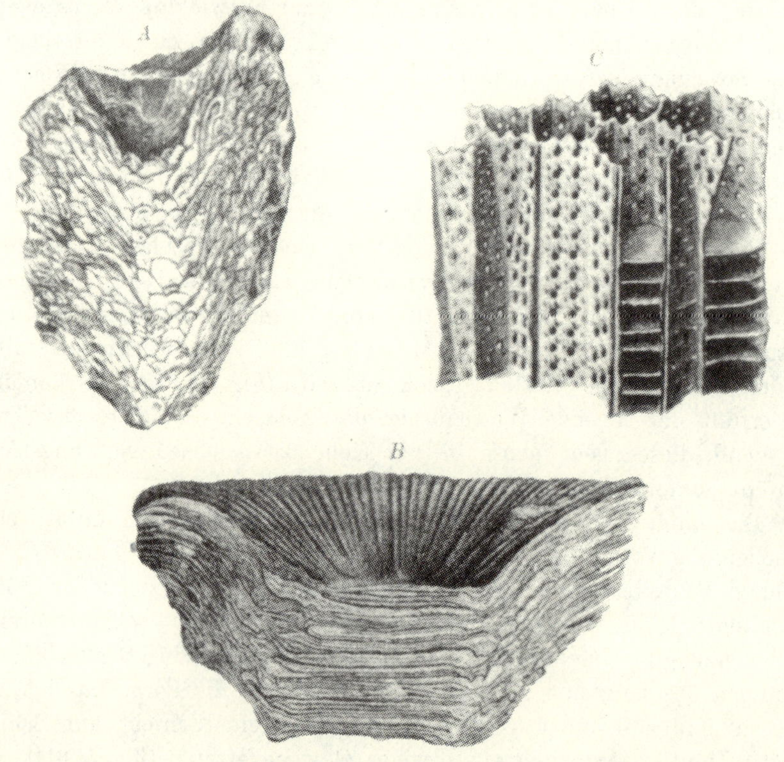

Fig. 176. Bödenbildung bei Korallen: *A* Cystiphyllum, mit blasigen Böden. Obersilur, Böhmen. (Aus BARRANDE-POČTA, Syst. Silur. d. Bohème VIII/2. 1902.) $^2/_3$. *B* Omphyma, mit langsamem Wachstum. Ebendaher. *C* Favosites, mit Etagenböden; Zellen durch Poren verbunden. Obersilur, Gotland. Nach SARDESON aus GERTH, N. Jahrb. f. Min. etc. 1910 II.) ca. $^6/_1$.

sie unter Ausbildung einer flachen Liegebasis festwachsen (Fig. 148 *A*, S. 347). Es kommen dann aber Formen mit derselben Lebensweise, (Cyathocystis, Fig. 148 *B*), die sich wieder vom Boden erheben müssen. Nach dem Gesetz der Nichtumkehrbarkeit der Entwicklung (Kap. VII, 3), kann dies aber nicht mehr durch einfache Stielbildung erreicht werden, sondern nun muß sich der ganze Körper als solcher in die Länge strecken, wie es bei den nachfolgend beschriebenen Rudisten und Richthofeniden der Fall ist. Hierbei wird gelegentlich eine hornförmige Gestalt wie bei den Einzelkorallen erreicht (Fig. 177).

Bei Hippuriten finden sich Querböden, die das Innere des Gehäuses bei verschiedenen Arten in gewissen, bald engeren, bald weiteren Abständen durchsetzen (Fig. 168 *B*). Während die Schale in die Höhe wuchs, schob sich hier auch das Weichtier in die Höhe, durch Absonderung von Böden unter sich die neu gewonnene Höhenlage stabilisierend. Hierdurch übernahm der frühere, nun weit unter dem Weichkörper liegende Schalenteil gewissermaßen die Funktion des Stieles anderer Formen. Ursprünglich eine normale, mit der einen Schale am Boden liegende Muschel, wie S. 341 geschildert, hefteten sich die Vorfahren an einem ihrer Wirbel fest und gingen in das Dicerasstadium über. Das Bedürfnis, die schwere derbe Dicerasschale zu erleichtern, damit der Druck des Eigengewichtes nicht einen Bruch der relativ schwachen Festheftungsstelle hervorrufe, und wohl auch, um bei dem üppigen Schalenbau Material zu sparen, fand seine Erfüllung in der Ausbildung des Caprinentypus (Fig. 145 *B*), bei dem die dicke Kalkschale durch ein System blasiger Zellen und Hohlräume ersetzt, wie etwa der sonst allzu schwere Schädel eines Elefanten pneumatisch und damit bei gleicher Festigkeit leichter geworden ist. Nach einer anderen Richtung ging die Entwicklung der eigentlichen Rudisten, wie Hippurites und Radiolites. Die festgeheftete Schale gab ihre Biegung auf und verlängerte sich nach oben, während die andere, freie ebenfalls ihre Wirbeldrehung verlor und zum einfachen Deckel wurde, der mit starken Zapfen — den ehemaligen Schloßzähnen — in Alveolen der gestreckten Unterschale eingreift.

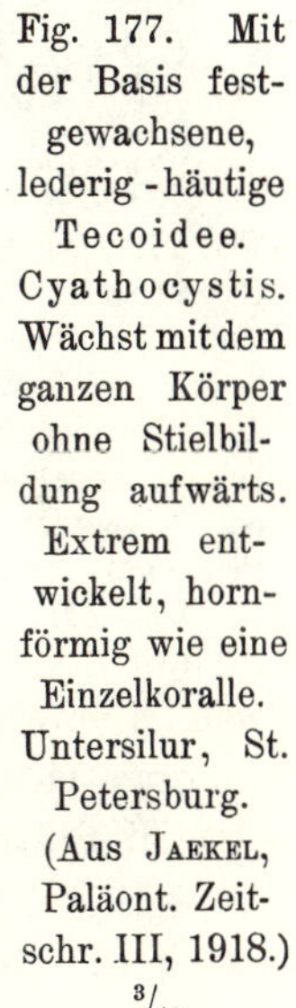

Fig. 177. Mit der Basis festgewachsene, lederig-häutige Tecoidee. Cyathocystis. Wächst mit dem ganzen Körper ohne Stielbildung aufwärts. Extrem entwickelt, hornförmig wie eine Einzelkoralle. Untersilur, St. Petersburg. (Aus JAEKEL, Paläont. Zeitschr. III, 1918.) $^3/_1$.

    Es ist lediglich ein didaktisches Mittel, um den Sinn der Hippuritenschale anschaulich zu machen, wenn man sie mit Austern und Spondyliden vergleicht, deren Unterschale wuchert und die Oberschale so emporhebt, daß sie als Deckel schließlich obenaufliegt. In Wirklichkeit aber sind die Rudisten doch nicht so einfach zustande gekommen, sondern haben, wie DEECKE betont, eine ganz eigenartige Organisation, welche sie von allen übrigen Bivalven, auch von den so ähnlichen festgewachsenen Capriniden und Diceraten wesentlich unterscheidet. Während sonst die Schließmuskeln durch das Tier hindurchziehen, ist bei den Hippuriten dieser ganze Apparat an die Seite gerückt und wahrscheinlich aus dem eigentlichen Körper ausgeschaltet.[1] Es sind über die Organisation der Rudisten ausführliche Mitteilungen von KLINGHARDT zu erwarten. Die

---

[1] DEECKE, W., Paläontologische Betrachtungen II. Über Zweischaler. Beil.-Bd. 35 z. N. Jahrb. f. Min. usw., S. 372, Stuttgart 1913.

groben Prismen dienen also der Erleichterung der Schalen, die Querböden der Unterstützung des Aufwärtswachstums des Weichtieres. Es kommt noch hinzu, daß bei dem Prismenbau nicht nur Material gespart und dadurch eine Erleichterung erzielt wurde, sondern daß diese Prismen auch gaserfüllt gewesen sein müssen, da sie hohl waren und Wasser nicht eindringen konnte. Dadurch wurde die von Wasser umgebene Schale erst recht leicht. Das gilt auch für die Caprinen, deren Schale durch den blasigen Aufbau (Fig. 145 *B*) sowohl leicht wurde, wie infolge Materialersparnis rasch wachsen konnte.

In der Form und Lebensweise den Rudisten äußerlich am nächsten stehen die starr festgewachsenen Brachiopoden, so vor allem Richthofenia, die deutliche Querböden wie eine Koralle ausscheidet und, wie der beifolgende Längsschnitt zeigt, dadurch mit dem Weichkörper höher hinaufrückt (Fig. 178). Die ähnlichen Scacchinellen und Megarhynchen (?) (Fig. 162, S. 368) haben diese Querböden seltener oder wenigstens in geringerer Zahl.[1]

Auch die festgewachsenen Vermetiden unter den Schnecken haben in den früheren Windungen Böden, doch will es mir scheinen, als ob hier statische Bedingungen in erster Linie bei deren Anordnung und Entstehung maßgebend wären.

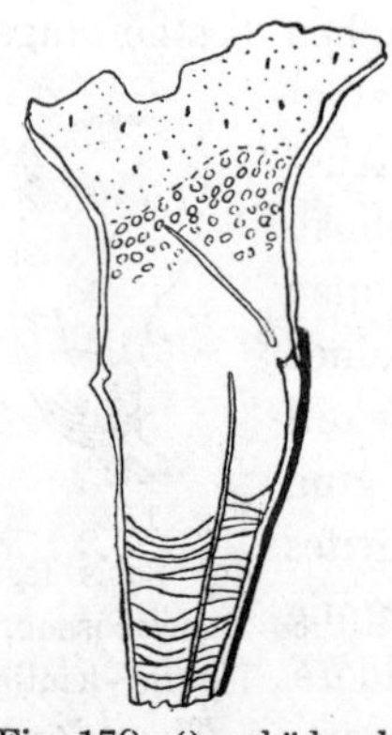

Fig. 178. Querböden bei Richthofenia, oben der mit einem Sieb bedeckte Wohnraum, in dem die schräg gestellte Dorsalklappe zu sehen ist. (Aus DI STEFANO, Palaeontographica Italica XX, 1914.) ¹/₁.

Ob jener merkwürdige, rudistenartige Balanidenkrebs Pyrgopoma aus dem Jungtertiär, der S. 252 beschrieben wurde, innere Böden hat oder nicht, konnte noch nicht ermittelt werden; es ist unwahrscheinlich, daß er sie besaß, denn selbst die langgestrecktesten Balaniden bilden niemals Querböden aus, sondern strecken nur den Körper und verlegen auf diese Weise ihre Schalenöffnung nach oben, was ja praktisch denselben Dienst tut, aber natürlich nur innerhalb engerer Grenzen möglich ist. Was bei Balaniden so oft als Böden erscheint, ist blasiges Gewebe der Wände.

Die Natur ist in ihren Mitteln zur Erreichung desselben Zieles außerordentlich mannigfaltig. Während die einen mittels Böden oder Stiele verschieden den Weichkörper in die Höhe heben, benützt der devonische Brachiopode Strophalosia radicans seine Stacheln, um die Schale wie auf Stelzen emporzuheben (Fig. 179 *B*). Das normale Individuum aber verwendet, wie Fig. 179 *A* zeigt, seine Stacheln ganz ähnlich wie Productus zur Festheftung des Gehäuses auf irgendeinem Fremdkörper,

---

1) SCHELLWIEN, E., Die Fauna der Trogkofelschichten in den karnischen Alpen und den Karawanken. I. Die Brachiopoden. Abh. k. k. geol. Reichsanst., Bd. 16, S. 31, Wien 1900.

insbesondere auf Korallenkelchen; die Koralle muß abgestorben gewesen sein. Setzte sich aber solch ein Schmarotzer zwischen zwei lebende Kelche, so geriet er bei deren Emporwachsen natürlich immer tiefer in den Stock hinein und mußte, um nicht erstickt zu werden oder durch Mangel an Nahrung zugrunde zu gehen, irgendwie sich emporheben. Hierzu wurde nun ein Teil der Stacheln zu Stelzfüßen umgebildet, mittels deren das Tier sich möglichst in die Höhe hob. Es ist anzunehmen, daß feine Mantellappen in diese Hohlstacheln hineinreichten, wie das z. B. auch bei dem Bivalvenschloß der Fall ist. Denn sonst läßt sich gar nicht denken, wie die Stacheln späterhin noch in bestimmter Streckung und Richtung weiterwachsen konnten, so, wie es der spezielle Zweck erforderte.

Aber auch damit sind die Mittel zur Erreichung eines Emporhebens des Körpers über den Boden noch nicht erschöpft. Die für eine festgewachsene Einzelkoralle bestehende Unmöglichkeit, eine gewisse Höhe zu erreichen, ohne gleichzeitig nicht so ausgedehnt zu werden, daß der ehedem angelegte, relativ kleine Fuß zu schwach zum Tragen des ganzen Gebäudes würde, hat auch Veranlassung zu einer anderen Erscheinung, der kalizinalen Knospung gegeben.

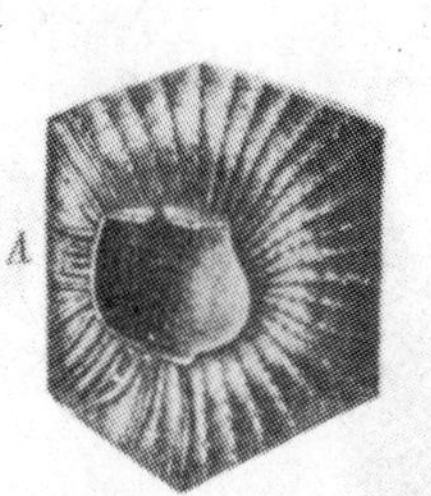

Fig. 179. Strophalosia radicans. *A* Auf vermutlich abgestorbenem Acervularienkelch sitzend; *B* sich zwischen den lebenden Kelchen mit den Stacheln emporhebend. (Aus Hall-Clarke, Paleont. of. New York. VIII, 1, 1892.) $^3/_1$.

Bei paläozoischen Einzelkorallen, wie Zaphrentis, Omphyma, Chonophyllum, Ptychophyllum u. a. sehen wir zuweilen einen etagenförmigen Aufbau, indem aus dem alten Kelche von Zeit zu Zeit ein neuer herauswächst, aus diesem wieder ein neuer usf., bis der Korallenkörper eine gewisse Höhe erreicht hat. Dächte man sich das Wachstum des ursprünglichen Körpers (Fig. 180 *B*) nur einfach bis zu der entsprechenden Höhe fortgesetzt, so käme eine ganz exorbitante Breite heraus, wobei zugleich auch ein ungeheures, ganz unökonomisches Breitenwachstum des Weichkörpers nötig geworden wäre. So aber wird durch einmalige oder öfters wiederholte kalizinale Knospung (Fig. 180 *C*) eine stete Verjüngung des Querschnittes hervorgerufen und so trotz der schließlich erreichten Höhe doch nur ein Querschnitt des Kelches von ursprünglicher Breite nötig, wobei auch an Material gespart wird.

Yakowlew sagt geradezu[1]), die Fortpflanzung durch intrakalizinale Knospung sei aus dem Verjüngungsprozeß hervorgegangen, d. h. die intrakalizinale Knospung sei die bessere Anpassung an die Notwendigkeit,

---

1) Yakowlew, N., Die Entstehung der charakteristischen Eigentümlichkeiten der Korallen Rugosa. Mém. Comité géol., Nouv. Sér. Livr. 66, S. 16, St. Pétersbourg 1910.

beim Höherwachstum konischer Kelche die Ausladung zu kompensieren. Wir haben aber im vorvorigen Abschnitt dieses Kapitels (S. 350) gesehen, daß die seitliche Knospung dem inneren Zusammenhalt eines werdenden Stockes dient und können daher jetzt zweierlei Art von Knospung nicht nur formal, sondern mit verschiedenem biologischem Endzweck unterscheiden. Der äußere Weg, auf dem die Knospung in Fig. 180 B vor sich geht, läßt sich unter Zuhilfenahme einiger anderer Formen verfolgen. Die

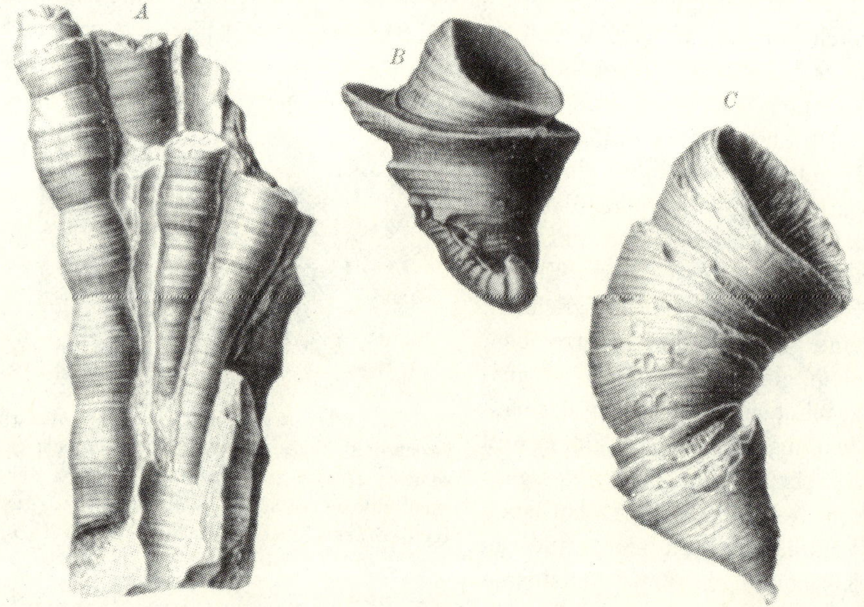

Fig. 180. Kelchverjüngung bei Korallen zum Zweck des unbehinderten Höhenwachstums: A Cyathophyllum. Stock mit regelmäßigen und unregelmäßigen Verjüngungen. Untersilur, Estland. $^2/_3$. B Ptychophyllum. Einfache Knospung nach zu großem Ausladen des Kelches. Unterdevon, Kentucky. $^2/_3$. C Zaphrentis. Mit rasch wiederholter Neuknospung und Drehung gegen die Strömung. Karbon, Belgien. $^2/_3$.
(Alle Orig. in München.)

Mauer hat sich außerordentlich verdickt und engt auf diese Weise das Lumen des Kelches immer mehr ein, und zwar so lange, bis er als ein verjüngter Kelch mit kleinem Querschnitt seines Lumens erscheint und dann mit einer dünneren Mauerbildung nach oben weiterwächst. Jene erste Mauerverdickung besteht aus zelligem, blasigem Gewebe. Untersucht man die Stelle, wo der verjüngte Kelch aus dem früheren herausquillt, im Dünnschliff, so findet man nichts als eine Wucherung des sonst nur zentral gelegenen blasigen Kalkgewebes. Jenes in Fig. 180 B abgebildete etagenförmige Wachstum beruht somit nicht darauf, daß ein junges Tier, etwa eine Larve, von dem alten Kelch Besitz ergreifen würde und nun aus dessen Tiefe heraus einen neuen Kelch baut.

Der Prozeß wird noch von einer weiteren Seite beleuchtet, wenn man sich das Wachstum einiger stockbildender verwandter Korallen, wie des beistehenden Cyathophyllum vergegenwärtigt (Fig. 180 *A*). Die parallel nach oben strebenden Kelchsäulen zeigen sanduhrartige Verdickungen und Verengerungen. Die jeweiligen Verjüngungen sind modifizierte kalizinale Knospungen. Würden die Kelche divergierend weiterwachsen, dann könnte keine geordnete Kolonie zustande kommen, weil sich die Individuen Licht und Raum wegnehmen würden. So aber erreichen sie durch die regelmäßig wiederholte Verengerung ein geordnetes, orgel-

pfeifenartiges Wachstum des ganzen Stockes, und ihre eigentümliche sanduhrförmige Gestalt ist eine Anpassung, welche durch die Raumverhältnisse von den zur Stockbildung zusammenbleibenden Einzelkorallen gefordert wird. Wenn man damit die in Fig. 150, S. 351 abgebildete mesozoische Calamophyllia mit ihren griffelförmigen langzylinderischen Kelchen vergleicht, zeigt sich der ganze Fortschritt in diesem Anpassungspro-

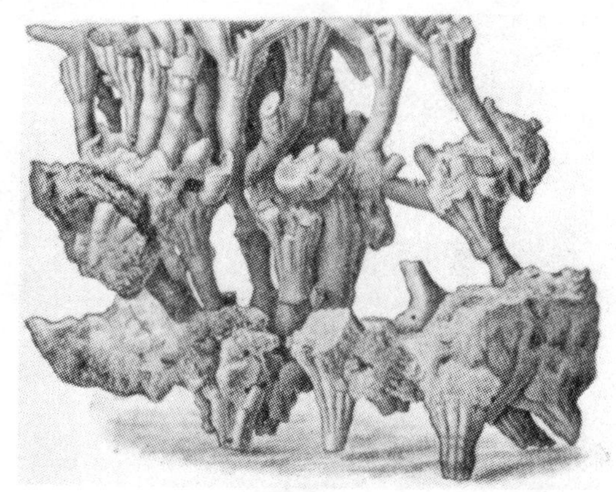

Fig. 181. Stockaufbau und Höhenwachstum der Tabulate Romingeria. Mitteldevon von New York. (Aus Beecher, l. c.) ca. $\frac{1}{2}$.

zeß. Es führt also die Notwendigkeit, in die Höhe zu wachsen, zugleich zu der Notwendigkeit, eine fortgesetzte Reduzierung der sonst eintretenden körperlichen Ausdehnung vorzunehmen.

Eine große Primitivität des Wachstums in diesem Sinne zeigt das von Beecher eingehend beschriebene altpaläozoische Tabulatengenus Romingeria.[1]) Es sind Einzelkelche vom Charakter des Favosites. Während aber bei Favosites alle Kelche dicht gedrängt nebeneinander stehen und sich infolgedessen sechsseitig abgrenzen, dabei miteinander gleichmäßig in die Höhe wachsen, wobei sich der Stock offenbar nicht sehr beeilt, liegt im Aufbau der Romingeria eine gewisse Hast, wobei zugleich auch mit dem lebenden Material, nämlich mit den Zellindividuen selbst, nicht eben haushälterisch umgegangen wird. An einem im Querschnitt etwa 2 bis 3 mm betragenden röhrenförmigen Elternkelch entstehen an dessen abgeschrägtem Rande 7 bis 12 Knospen (Fig. 181). Die mit einem gewissen seitlichen Zwischenraum nebeneinander stehenden Elternkelche knospen

---

1) Beecher, Ch. E., Observations on the genus Romingeria. Americ. Journ. Science. New Haven 1903, Vol. 16, S. 1—9.

alle gleichzeitig, wenn sie eine Größe von 1,5 bis 2,0 cm erreicht haben.
Nun wachsen rasch einige der Tochterkelche in die Höhe und verzweigen
sich in einer entsprechend höheren Etage wiederum auf dieselbe Weise
gleichzeitig miteinander. Unterdessen ist aber wieder ein großer Teil
ihrer Geschwisterkelche im Wachstum zurückgeblieben und unterdrückt
worden, so daß immer aus den die einzelnen Etagen bildenden Rosetten
nur wenige Individuen in die höheren Etagen hinaufreichen. So wird zwar
ein rasches Höhenwachstum des ganzen Stockes erreicht, zugleich bleiben

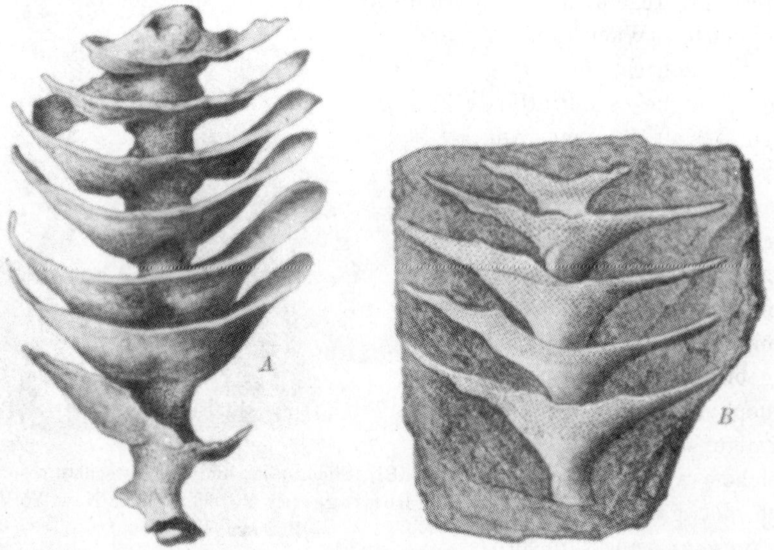

Fig. 182. Etagenförmig aufgebaute Stöcke: *A* Pleurochorium. Kieselspongie aus der
Oberkreide von Nordwestdeutschland. (Aus SCHRAMMEN, Palaeontographica Suppl. V,
1910/12.) $^2/_3$. *B* Archimedes, Bryozoe aus dem Kohlenkalk von Illinois.
(Aus Lethaea Palaeoz. I, 1876.) $^1/_1$.

auch Zwischenräume zur Zirkulation des Wassers, aber man sieht, daß
dieses Höhenwachstum noch mit wenig Abgemessenheit zwischen Knospen-
produktion und Bauart geschieht, während bei den vollendeteren Stockkorallen eine Knospe eben nur dann entsteht, wenn ein Zwischenraum
zwischen den Zellen infolge Weiterwachsens ausgefüllt werden soll. Auch
hier haben wir also ein primitives Anpassungsstadium.

Unter den Bryozoen fällt eine Archimedes genannte, wie mit einem
schraubenförmig aufgerollten Kragen versehene Form (Fig. 182 *B*) auf. Im
Grunde ist es eine Fenestella, die durch blatt- oder fächerförmige und
gewundene Stöcke einer möglichst großen Anzahl von Einzelzellen Unterkunft gewährt. Auch hier wäre der Stock, wenn er sich umgekehrt kegelförmig immer weiter ausgebreitet hätte, schließlich analog den oben beschriebenen Einzelkorallen allzu sehr in die Breite gewachsen. Die in
Archimedes verwirklichte, meist schraubenförmige Aufrollung ermöglicht

eine- weit größere Flächenentfaltung als der Fenestellatypus; denn ein einziger Archimedesumgang allein entspricht schon durchschnittlich einer Fenestella. Zugleich erhob sich dadurch die Form über den Boden.

Es ist von Interesse, auch unter den Spongien einen derartigen Typus anzutreffen, der offenbar den gleichen Zweck erfüllt: nämlich die Gattung Pleurochorium, welche etagen-, nicht schraubenförmig, im Prinzip aber auf ganz die gleiche Weise ein Höherwachstum ohne größere Ausladung anstrebt, d. h. ohne sich im Raume mehr als angängig ausdehnen zu müssen (Fig. 182 *A*).

5. Formanpassung an den Raum und an die Strömung

Wie im Kap. III, im Abschnitt 1 über die Körpergröße, ausgeführt ist, kann dieselbe innerhalb gewisser Grenzen von keiner Gruppe überschritten werden. Sie ist u. a. abhängig von Ernährungsverhältnissen und von der Art des Zusammenlebens in Gemeinschaften, insofern selbst bei den freiesten Tieren wenigstens zeitweise die Nahrung oder deren Zuströmen, der Lebensraum, das Nest, der Unterschlupf beschränkt sind. Am meisten haben sich natürlich starr festgewachsene, überhaupt aber festsitzende Tiere nach den bestehenden Raumverhältnissen zu richten, was sich nicht nur in der Beschränkung der Körpergröße äußert, welche für jede Art wieder in etwas anderem Umfange notwendig bestimmt ist, sondern was vor allem in wechselnden äußeren Gestalten zum Ausdruck gelangt, womit vor allem die Einzelindividuen den Erfordernissen des durch das enge Beisammenleben beschränkten Raumes sich mechanisch anpassen. Hierbei können wir zwei Anpassungsweisen unterscheiden:

1. eine gelegentliche individuelle, nichterbliche;
2. eine gattungsmäßige, erbliche.

Es gibt Übergänge zwischen beiden Anpassungsarten, indem allen Individuen einer Gattung die Anpassung zukommt, aber innerhalb der bestimmten allgemeinen Anpassungsform und -fähigkeit stets ein individueller Spielraum bleibt zur mehr oder minder weitgehenden Modifizierung derselben.

Der einfachste und am leichtesten, weil unmittelbar mechanisch verständliche Fall ist die Raumausfüllung bei den Austern (vgl auch Kap. III, S. 178). Jede Austernbank liefert hierfür zahllose Beispiele. Die Tiere sitzen stets so dicht, daß sie sich schon in ihrer Jugend räumlich beengen und dies in immer stärkerem Maße beim Größerwerden tun. In jeder Austernkolonie besitzt jedes Individuum eine andere Körperform: länglich, rund, keilförmig, abgestumpft, eingebogen. Wir treffen diese Erscheinung bei allen fossilen Austernbänken in der gleichen Weise an. Ich habe oben diese Abänderungen als äußerlich-mechanische, nichterbliche bezeichnet. Denn wenn den Austern Gelegenheit gegeben ist, sich frei zu entfalten, bilden sie stets den Normaltypus aus und auch die Nachkommen kehren stets zur Normalform zurück, wenn sie nicht daran gehindert werden durch erneut auf sie einwirkenden körperlich-räumlichen Zwang; in diesem Falle aber nehmen sie dann eben wieder die ihren speziellen Umgebungsverhältnissen entsprechende Form an, keineswegs die elterliche, die ja auch schon sekundär aufgezwungen war.

Bei dem im vorigen Abschnitt (S. 364) erwähnten Productus striatus treten alle Übergänge vom normalen breitrandigen flachen, bis zum schmalen langgestreckten Gehäuse auf. Die Ventralschale ist gewölbt, die Dorsalschale eingesenkt, ja fast eng an die Innenseite der ventralen angeschmiegt, so daß nur ein ganz schmaler Zwischenraum für den blattförmigen Weichkörper übrig blieb. Die Tiere lebten außerordentlich dicht im Raum aufeinander gedrängt, und vermutlich kommt daher die in allen Varianten gestreckte Schale. Während bei den normalen Formen (Fig. 160 B) der Schloßrand breit ist, wird er bei allen gestreckten, einerlei ob sie ganz schmal und lang oder etwas breiter und kürzer sind, in gleicher Weise unter dem Wirbel zusammengedrängt, so daß es den Anschein hat, als ob kein Übergang zwischen der ganz normalen, breit gebliebenen Varietät und den langgezogenen bestünde, wohl aber innerhalb der letzteren von breiten (Fig. 160 D) bis zu fast stengelförmigen langen (Fig. 160 C). Bei einer anderen Art, Productus semireticulatus, tritt die gleiche Streckungserscheinung neben den gewöhnlichen Grundformen auf; hier bleibt aber die Wirbelregion stark gewölbt und auch der Schloßrand etwas breiter. Der Unterschied zwischen den Streckungsformen von striatus und diesem semireticulatus besteht also darin, daß bei jenen die Streckung sofort beim Beginn der Schalenbildung mit Reduktion des Schloßrandes einsetzt, bei diesem dagegen wächst die ganz normal angelegte Schale einfach in die Länge unter Beibehaltung der ursprünglichen Form in der älteren Schalenhälfte.

Es ist klar, daß derartige Fälle vorzugsweise bei jenen Formen und Gruppen auftreten, die durch ihre festsitzende Lebensweise am intensivsten in den vorhandenen Raum eingepreßt sind und die daher nicht durch eine Platzveränderung, sondern nur durch Veränderung ihrer Wachstumsrichtung dem Erdrücktwerden auszuweichen vermögen.

DÖDERLEIN hat diese Tatsache in die Formel gekleidet[1]), daß eine Gruppe umso mehr variiert, je sessiler sie ist. Unter „variieren" sind hierbei zunächst die rein mechanischen Raumvariationen gemeint, die aus den angegebenen Gründen notwendigerweise bei den starr festsitzenden und enggeschlossene Bänke bildenden Formen sich extremer entwickeln müssen als bei unstarr angehefteten Formen, wie den Brachio-

---

1) DÖDERLEIN, L., a. a. O., S. 6, (siehe Zitat S. 178).

poden, wovon nachher noch die Rede sein soll. Zunächst möge eine
Besprechung anderer starr festgewachsener Gruppen folgen.

Ein Beispiel hierfür sind unter den Mollusken noch die Rudisten, die durch ihr dichtes orgelpfeifenartiges Nebeneinandersitzen
sich oft so aufeinanderpressen, daß sie sich aneinander vorbeiwinden
müssen und dabei sogar Schalentorsion zeigen (Fig. 183), oder sich
abplatten u. dgl. Ähnlich verhalten sich unter den Schnecken die
Vermetiden. Während alle übrigen
Schnecken frei leben, sind die Vermetiden, wie S. 358 ausgeführt, mit ihrer
Spitze festgewachsen und bleiben aufeinandergepappt sitzen, wobei die Gehäuse von schneckenförmig gewundener,
kompakter, korkzieherartig aufgerollter
bis ziemlich gestreckter Form alle Übergänge, zum Teil an ein und demselben
Individuum, durchmachen.

Bei dem Vergleich solcher Deformationen in den verschiedenen Gruppen
ist z. B. nicht die Einzelauster der Austernbank mit dem Einzelpolyp eines Korallenstockes zu vergleichen, sondern man muß
in dem ganzen Korallenstock das biologische Homologon der Einzelauster,
des Einzelrudisten sehen. Dann ergibt
sich sofort dieselbe Erscheinung hier
wie dort. Wenn nämlich die Korallenstöcke auf engem Raume beisammensitzen, modifizieren sie sich gegenseitig
in ihrer äußeren Gestalt ebenso, wie
es die Einzelaustern tun. Dafür geben
uns etwa die jurassischen Stylinen und
Astrocoenien ein Beispiel, die man in
viele Arten zerlegt hat, die doch
meistens Wachtumsunterschiede sind.
Die Polypen ein und desselben Stockes

Fig. 183.
Rudistenbank aus der französischen
Oberkreide, mit Torsion eines Individuums zum Zweck der Raumgewinnung. (Orig. in München.) $^1/_2$.

sitzen zwar scheinbar ebenfalls, wie die Individuen der Austern, Rudisten, Vermetiden dicht aneinander, doch beengen sie sich als Einzelindividuen niemals in ihrem Wachstum wie jene, sondern zeigen
alle ziemlich regelmäßige, gerundete oder polygonale Gestalt. Denn
im Grunde ist der Polypenstock durch die Verbindung der Individuen trotz deren Vielheit eine körperliche Einheit, wobei die Individuen dauernd Fühlung miteinander haben und sich korrelativ ent

wickeln.[1]) Die Individuen von Austern- und Rudistenbänken dagegen sind gänzlich voneinander isoliert, nur die Schalen stoßen äußerlich mechanisch aneinander, sie bilden also keine körperlich-physiologische, keine in sich korrelative Einheit.

NICK sagt in BREHM's Tierleben[2]) über die mechanische Anpassung der Korallenstöcke an die Raumverhältnisse: „Die Form einer Korallenkolonie ist ganz das Ergebnis des Platzes der Bedingungen, an dem sie sich zufällig angesiedelt hat. In größeren Tiefen sehen Stöcke derselben Art völlig anders aus, als wenn sie in seichtem Wasser nahe an der Oberfläche gewachsen sind, und unter den Flachwasserformen unterscheiden sich die aus stillem Wasser ganz wesentlich von denen aus

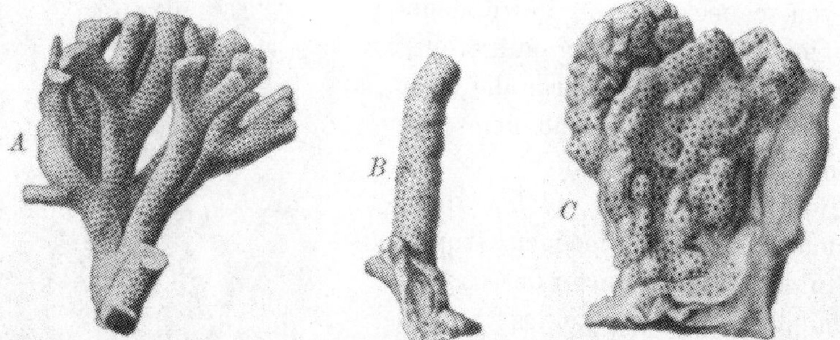

Fig. 184. Varietäten ein und derselben Koralle, Montipora, rezent: A Verzweigt, aus stillem Oberflächenwasser. B Einstämmig, aus tiefem ruhigem Wasser. C Klumpig, aus stark bewegtem Wasser. (Aus JONES, Proc. zool. Soc. London 1897.) Verkl.

der Brandung. Lebensbedingungen, die zwischen diesen Extremen liegen, erzeugen auch Zwischenformen zwischen Tief- und Flachwasser-, Stillwasser- und Brandungskorallen. An geeigneten Plätzen lassen sich innerhalb einer Art lückenlose Übergangsreihen finden zwischen runden Blöcken, fladenförmigen Formen und flachen Krusten in der Wasserlinie der Riffe, und dem üppig verzweigten Gebüsch feinster zerbrechlicher Äste aus dem spiegelglatten Wasser der Lagune. Verfolgt man die Art dann in der Tiefe, so werden die dünnen Äste spärlicher, sind kaum verzweigt und stehen weit auseinander. Dafür werden sie reichlich länger, denn im Höherwachsen sind sie unten im Wasser nicht behindert, wohl aber oben bei der Berührung mit dem Wasserspiegel; hier kann sich die Kolonie nur durch Seitenäste vergrößern". (Vgl. Fig. 184.)

---

1) „Among the colonial forms there is a sympathy of individuals, so that each member of a colony takes its share in resenting the injury to a part, and by an increased activity tends to compensate for its loss, or to assist in its repair." JONES, F. W., On the growthforms and supposed species in corals. Proceed. zool. Soc., S. 539. London 1907.

2) Bd. I, 4. Aufl. 1918, S. 157/58.

„Außer der gestaltenden Kraft des bewegten Wassers haben auch Schlamm und Sand, die sich am Standort aus dem Wasser ablagern, großen Einfluß auf die Ausbildung des Korallenskeletts und damit das Aussehen der ganzen Kolonie ... Es sind gerade die Kelche, die sonst die stabilsten und für die Artunterscheidung wichtigsten Merkmale liefern, die sich anpassen. Sie verkleinern sich, um dadurch die Schmutzmenge, die in ihre Polypen fallen wird, auf ein Mindestmaß zu verringern; sie springen höher über die allgemeine Oberfläche vor; gleichzeitig nimmt die Oberfläche der Füllmasse zwischen den Kelchen eine Rippelung an, um die festen Teilchen zurückzuhalten, die auf die Kolonie fallen. Dadurch wird das Ende des Stockes jedenfalls hinausgeschoben. Auch die Wuchsform kann durch die niederrieselnden Sedimente berührt werden. Häufig sterben dadurch die obersten Polypen ab; dann wird sich die Form der Kolonie im weiteren Wachstum mehr und mehr abflachen müssen. Oder es gehen an beliebigen anderen Stellen kleine Bezirke zugrunde, und beim Größerwerden der übrigen Teile der Kolonie entstehen die wunderlichsten unregelmäßigen Gebilde, obwohl dieselbe Korallenart vielleicht in klarem Wasser eine ganz bestimmte Wuchsform hat.“

Auch Einzelkorallen können dieselben roh mechanischen Anpassungserscheinungen an Raum und Unterlage zeigen wie ganze Stöcke. Das gilt beispielsweise von der Gattung Fungia, die sich z. T. bis zu riesigen Dimensionen flach tellerförmig ausbreitet. DÖDERLEIN hat in einer großen Monographie[1]) die flach scheibenförmige Einzelkoralle Fungia, von welcher einzelne Individuen mehrere dm Durchmesser erreichen, systematisch auf biologischer Grundlage analysiert und viele, früher von allen möglichen Autoren aufgestellte Arten eingezogen, weil sie lediglich auf jene rein äußerlichen Wachstumsverbildungen einzelner Individuen aufgestellt worden waren.

Gegenüber dieser bisher beschriebenen unausgeglichenen, individuellen mechanischen Anpassung an den Raum gibt es auch eine harmonische, erblich fixierte. Eine solche kommt bei koloniebildenden Formen am vollkommensten zum Ausdruck, wenn die nebeneinander stehenden Zellen, um möglichst wenig Raum einzunehmen, sich gegenseitig polygonal, im idealsten Falle sechskantig abflachen. Beispiele hierfür sind Favosites unter den Tabulaten und weniger ausgeprägt die beistehende Lonsdaleia, bei der man den Übergang aus den gerundeten Kelchformen sieht (Fig. 185). Das Wachstum solcher Stöcke ist nach außen innerhalb eines gewissen größeren Spielraumes begrenzt. Es bedeutet also die vollendetste Zusammendrängung möglichst vieler Zellindividuen auf engstem Raume somit die vollendetste Raumausnützung, wenn ein solcher Stock wie Pleurodictyum gebaut ist mit einer radialen Anordnung der Zellen, die

---

1) DÖDERLEIN, L., Die Korallengattung Fungia. Abh. Senckenberg. Naturf. Ges. Frankfurt a. M. 1902, Bd. 27, S. 1—162, Taf. I—XXV.

durch ihre rhombische Form gegenseitig ihre Zwischenräume ausfüllen
können. Es wurde früher (Kap. III, S. 154) gezeigt, wie der ursprünglich
bilaterale Pleurodictyumstock nach der allseitigen Radialität strebt; hier
verstehen wir also den Sinn dieses Formenwechsels. Unter den Bryozoen ist der oberkretazisch-tertiäre Lunulites (Fig. 140 *B*, S. 332) in
diesem Sinne das Analogon zu Pleurodictyum.

Der größere Teil der Tabulaten zeichnet sich durch derartige Zellanordnungen aus; es sei auf Striatopora, Alveolites, Michelinia, Chaetetes
und die Monticuliporiden hingewiesen. Bei den Hexa- und Tetrakorallen

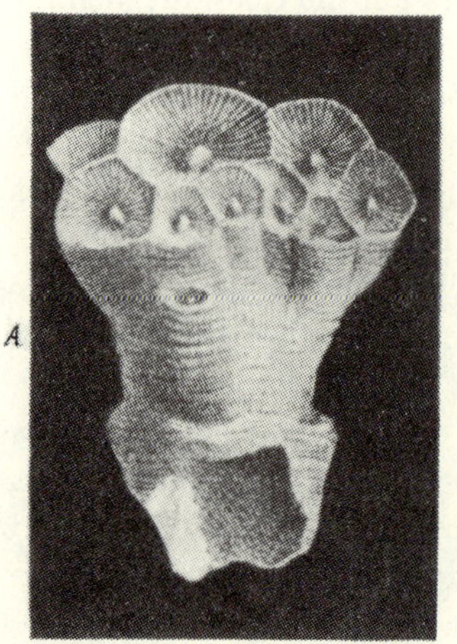

Fig. 185. Abgrenzung der Korallenzellen zur besten Raumausnützung: *A* Beginn der
Entwicklung mehrerer Zellen bei Lonsdaleia, Tetrakoralle. *B* mit ausgeprägter hexa-
gonaler Zellenbegrenzung. Kohlenkalk, England. (Aus EDWARDS u. HAIME,
Brit. foss. Corals 1850.)

dagegen treten neben den polygonal bis hexagonal eng aneinander
gereihten Zellanordnungen (Isastraea, Cyathophyllum) viele Formen auf,
bei denen die Kelche rundlich sind und die danach nicht den vollkommenen Raumausnützungstypus repräsentieren (Fig. 150 *A*, S. 351), sei es,
daß dies bei ihnen nicht notwendig war, sei es, daß ihre sonstige Organisation das Steigern dieser Anpassung bis zur Polygonalform nicht gestattete. Die Zwischenräume zwischen den Einzelzellen sind mit Coenosark
ausgefüllt (Cladangia, Heliastraea). Natürlich gibt es auch Übergangs-
zustände wie bei Stauria aus dem Obersilur, wo runde und polygonale
Zellen nebeneinander im gleichen Stocke stehen. Alle diese Typen von
dem in dieser Hinsicht unvollendeten bis zum vollkommenen bilden
jedoch keine zeitlich geordnete Stufenreihe.

Eine ähnliche, in ihrer mechanischen Ursache zu verstehende erbliche Form der Raumausnützung, wobei aber nicht verwachsene, sondern
selbständige, jedoch sich im Festsitzen scharende Individuen alle dieselbe

regelmäßige erbliche Form innehalten, bilden die Miesmuscheln (Mytilus), deren keilförmige Gestalt daher rührt, daß sie mit einem Hornfaden an ihrem Wirbel festgewachsen sind und dicht beisammen und zwischeneinander stecken. Durch die spitze Form wird es einer möglichst großen Individuenzahl möglich, immer noch einen freigelassenen Raum an der schon besetzten Festheftungsfläche zu ergattern, sich zwischen die schon dasitzenden einzuschieben, insbesondere bei einem runden Anheftungsgegenstande. Hier modifiziert sich die Form nicht mehr individuell wie bei den Austern; die Art und Gattung hält sie erblich inne.

Es gibt dann auch Übergänge zwischen der erblichen und nichterblichen Raumanpassung, d. h. Formen, die beides in sich vereinigen. Die eigenartige Hufeisenform der Einzelkoralle Diploctenium aus der Oberkreide (Fig. 187) ist auf die Neigung oder Notwendigkeit zur Seitwärtsausdehnung des Kelches zurückzuführen. Die Hufeisenform ist erblich; was jedoch jenseits derselben folgt, wenn das Individuum gezwungen ist, sein Wachstum zu steigern, ist nicht mehr erblich festbestimmte Form, sondern, wie bei Austern, individuelles Wuchern und Raumausfüllen (Fig. 187). Junge Exemplare dieser Gattung wachsen in einfacher, seitlich zusammengedrückter Kelchform wie eine Phyllosmilia (Fig. 188 *A*), der sie in der Jugend gleichen. Beide verbreitern nachher all-

Fig. 186. Idealschema einer an einem Fremdkörper sitzenden Kolonie von Mytilus. Zusammenhang von Schalenform und Raumausnützung. (Orig.)

mählich ihren Kelch und Diploctenium biegt ihn schließlich hufeisenförmig ab. Der Sinn dieser eigenartigen Wachstumserscheinung kann 1. der sein, einer außerordentlichen Ausdehnung im Raume zu steuern, die für den Korallenkörper eintreten würde, wenn das Wachstum in dem gleichen Winkelmaße weiterschritte, wie es in der Jugend beginnt. Es müßte dann eine weitausladende Körperform entstehen, und das würde die Standfestigkeit im höchsten Grade gefährden. Denn nach dem Gesetz der einfachsten Hebelwirkung würde schon bei geringem Druck die so schwache Anwachssäule, auf der der ganze Körper ruht, abbrechen. Um das zu verhindern, geht eine weitgehende Formumwandlung vor sich. Sobald nämlich die seitliche Abbiegung beginnt, löst sich die Koralle von ihrer Anheftungsstelle los, was nicht etwa durch Resorption des Kalkfußes, sondern durch den Druck der sich gewissermaßen gegen den Boden stemmenden, seitlich nach abwärts wachsenden Hörner geschieht. Denn in dem Zustand, wie Fig. 187 *B*, *C* ihn zeigt, ist es ganz undenkbar, daß die Festheftungsstelle noch als solche bestand. Vollends, wenn die Hörner zusammenwuchsen (Fig. 187 *D*, *E*), kann eine Festheftung mittels der zentralen ursprünglichen Spitze nicht mehr bestanden haben. Die

2. Möglichkeit ist die des Überganges von der sitzenden zur frei liegenden Lebensweise. Der Korallenkörper löste sich also bald nach Beginn des seitlichen Wachstums los und das Tier lag dann platt auf dem Boden,

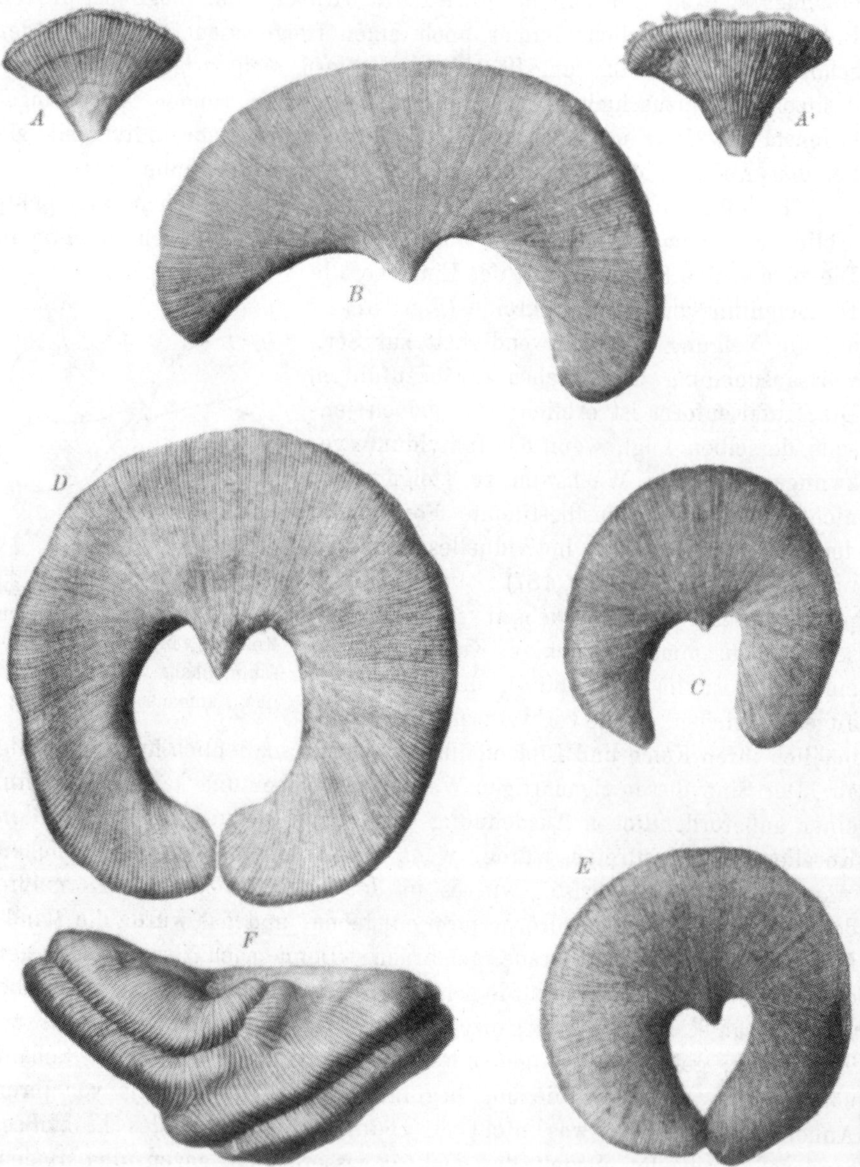

Fig. 187. Ontogenetischer Entwicklungsgang der Einzelkoralle Diploctenium. Obere ostalpine Kreide. *A* festsitzendes Jugendstadium; *B, C, D, E* fortschreitendes Seitenwachstum bis zur Berührung der Spitzen, Kelch nicht mehr festgeheftet. *F* gegenseitige Überwucherung der Seitenflächen bis zur geschlossenen Kuchenform. Flach am Boden liegende Form. (*A—E* aus Reuss, Denkschr. Wien. Akad. Wiss. VII, 1854; *F* Orig. in München.) Alles außer *A* etwas verkl.

wofür auch der Befund an Ort und Stelle des Vorkommens sprechen muß. Gewisse Formen zeigen eine auffallende Verbreiterung. Schließlich kommt, wie in unserer beistehenden Fig. 187 *F*, wenn das Wachstum immer noch weiter und weiter geht, eine vollständige Verwachsung zustande und es wird, rein äußerlich, die platt daliegende Form einer rezenten Fungia nachgeahmt.

Fig. 188.   Ausdehnung der Korallen im Raume.   Scheinbare Stockbildung durch Verfaltung eines Einzelkelches und daran sich anschließende seitliche Knospung. *A* Phyllosmilia, ungeheuer verbreiterte, jedoch nicht Diploctenium-artig abgebogene Einzelkoralle. Obere Kreide, Ostalpen. (Orig. in München.) $^1/_1$. Die Jugendform ist dieselbe wie in Fig. 187 *A*. *B* Pachygyra, die sich mehrmals ausbuchtet und so die Entstehung aus *A* veranschaulicht. (Aus Reuss, Denkschr. Wien. Akad. Wiss. VII, 1854.) Ebendaher. $^2/_3$.

Ein ganz gleichartiges ursprüngliches Stadium hat Phyllosmilia aus dem gleichen Vorkommen, eine Form, die nichts anderes ist als ein vom Jugendzustande aus geradlinig weiterwachsendes Diploctenium; sie schlug einen anderen Entwicklungsweg ein.   Er ist repräsentiert durch Pachygyra aus dem gleichen Horizont (Fig. 188 *B*), die nichts anderes ist als eine sich in Falten legende und dabei immer mehr sich quer verlängernde Phyllosmilia. Wie der Prozeß der Einfaltung beginnt, zeigen andere einzellige, von Reuss als Trochosmilia (siehe Fig. 152, S. 353) und Thecosmilia bezeichnete Formen.

Jener bei Diploctenium mit einer gewissen grotesken Formbildung verknüpfte Übergang von der festsitzenden zur freien Form kommt auch bei der bis in die Kreide zurückgehenden Einzelkoralle Flabellum vor, bei der zugleich eine Art Generationswechsel daraus geworden ist. Bei Flabellum rubrum machte Semper die Beobachtung, daß die Larve zu einem mit zwei Wurzelstielen versehenen Fächerkelch heranwächst, der festsitzt. Darin entsteht eine Knospe, die ebenfalls zwei seitliche Dornenwurzeln bildet und den Kelchrand des Muttertieres völlig deckt. Dann fällt die Knospe ab und lebt, ohne festzuwachsen, in einer Felsspalte oder sonst einem Winkel, in den der Zufall sie getrieben hat, weiter. Aus ihren Larven entsteht wieder die ursprüngliche, festsitzende Form des Flabellum. Ein drittes Beispiel dieser Art ist Fungia, die tellerförmige Einzelkoralle. „Aus der Schwärmlarve entsteht eine kleine kelchförmige Koralle (Anthoplast), die durch seitliche Knospung ein schwach verzweigtes Stöckchen liefert (Anthocormus). Dessen Kelche verbreitern sich und flachen sich zu kleinen Fungien ab, die sich von ihrem Stiel abschnüren; aus dem Stumpf wächst ein neuer Fungienkelch nach. Die kleine Fungia aber bleibt da, wo sie von den Wellen hingetragen wird, frei liegen; die Lücke in der Mitte ihrer Skelettplatte, wo sie sich vom Anthocormus löste, schließt sich durch frisch abgelagerten Kalk.“ [1]

Ganz allgemein läßt sich sagen, daß die Fähigkeit, sich den Raumverhältnissen anzupassen oder auch zur Ausnützung des Raumes sich rasch auszudehnen, und zwar körperlich auszudehnen, nicht etwa zu wandern, zu einem höchst bedeutsamen Faktor für das schließliche Dominieren im Kampf um's Dasein werden kann. Das Vorherrschen der Madrepora auf den heutigen Korallenriffen, das sozusagen ganz plötzlich einsetzte und im Alttertiär erst nur andeutungsweise zu bemerken ist, kommt wahrscheinlich daher, daß diese Korallen infolge der Porosität ihres Skelettes wesentlich weniger Kalkmasse anzusammeln brauchen als die Imperforaten, und daher verhältnismäßig rasch wachsen können; verzweigte Stöcke gehen im Jahre fast 1 dm in die Höhe. Auch ihre sonstige morphologische Anpassungsfähigkeit an den Raum, an die Brandung, also an Zug- und Druckverhältnisse, ist sehr weit entwickelt. Die Veränderlichkeit ihrer Form geht von dem inkrustierenden Überzug bis zu den schlanken bäumchenartigen Zweigen, und so waren sie höchst geeignet, alle Konkurrenten rasch zu überflügeln.[2]

Was wir bis hierher betrachteten, waren hauptsächlich Anpassungserscheinungen, die der Unterbringung möglichst vieler Individuen auf einem bestimmten Raume dienten. Es kann aber beim benthonischen

---

1) Brehms Tierleben. Bd. I. Niedere Tiere. 4. Aufl., S. 160/61, 163. Leipzig und Wien 1918.

2) Brehm, l. c. S. 165.

festsitzenden Tier das umgekehrte Erfordernis eintreten: die Individuen bzw. Zellen möglichst auseinandertreten zu lassen, insbesondere zum Zweck freierer, reichlicherer Nahrungsaufnahme.

Wie sich ein Baum verzweigt, um alle Blätter dem Licht auszusetzen, so verzweigen sich auch Korallenstöcke, z. B. Dendrophyllia,

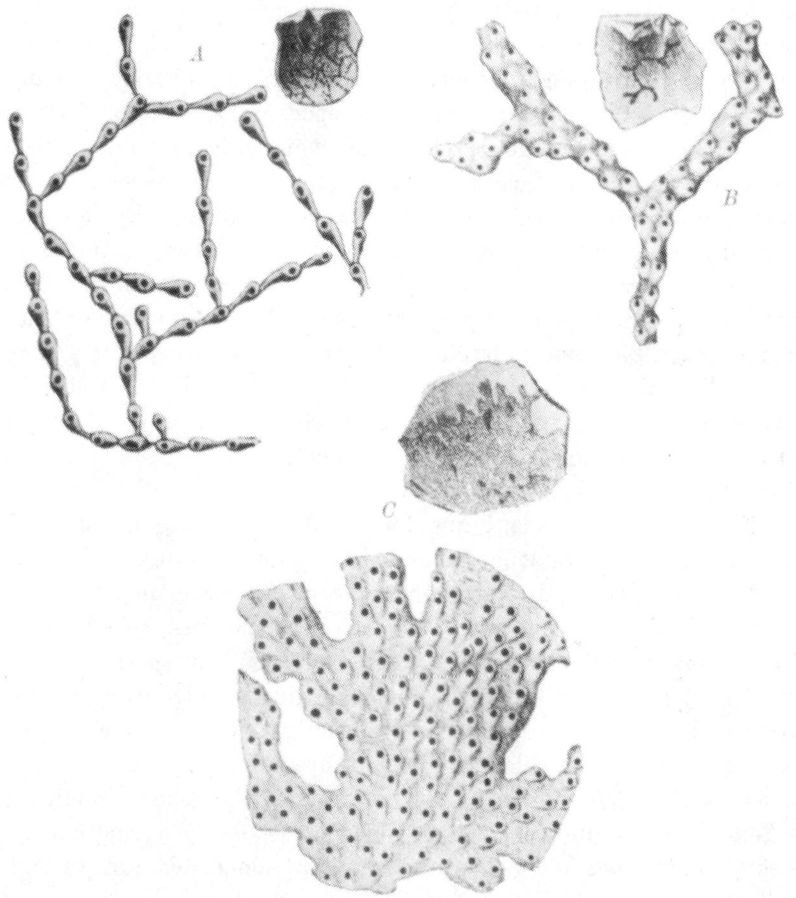

Fig. |189. Verschiedene Verteilung der Bryozoenzellen im Raum: *A* Stomatopora, Zellen nur reihenförmig; *B* Proboscina, Zellen mehr alternierend; *C* Berenicea, Zellen in einer Fläche ausgebreitet. Untersilur, Nordamerika. (Aus ULRICH, III. Rep. Minnesota Geol. Nat. Hist. Surv. 1913.)

die hierfür den Typus bildet, wobei den einzelnen Zellindividuen ein großer Raum gewährt wird. Wächst eine Form auf der Unterlage hin, so kommt statt der Baumgestalt ein flaches Netzwerk zustande, wie bei Rhizangia aus der Kreide, deren kriechende, auf der Bodenfläche sich vollziehende Verzweigung dieselben Vorteile gewährt, wie die baumförmige Vertikalverzweigung, ohne daß damit der Stock der Gefahr

des Zerbrechens ausgesetzt war; sie lebte in dem brandenden Gosauflach-
meer, dessen Rudistenriffe das bewegte Wasser uns ohnehin verraten.

Analoge Bildungen zeigen uns die Tabulaten, Hydrozoen und Bryozoen wieder. Teils sind es ästige, frei hinausstehende Stöckchen, teils
bilden sie Inkrustationen. Auch unter den letzteren sind mehrere Abarten zu unterscheiden, indem solche Inkrustationen selbst wieder teils
fächerförmig ausgebreitet, teils verzweigt bäumchen- oder netzförmig sein
können (Fig. 189). Bei der fächerförmigen Ausbreitung stehen die Polypen-
öffnungen dicht gedrängt nebeneinander. Die fächerförmige Kolonie der
Berenicea, die auf noch lebenden Brachiopodenschalen gerne festsaß, ist
als eine in eine Ebene ausgebreitete Stomatopora zu betrachten, die flächen-
förmige Ausbreitung als Schutzanpassung gegen das Zerbrechen der feinen
Ästchen, dem sie ausgesetzt gewesen wären, wenn sie, wie die Koralle
Dendrophyllia, baumförmig frei gewachsen wären. Was Berenicea gegen
Stomatopora voraus hat, ist die Unterbringung zahlreicherer Zellindividuen auf einem engen Raume, während sich die Stomatopora zur Erzeugung einer gleichen Individuenzahl ungeheuer viel weiter ausbreiten
müßte. Das aber wäre ein großer biologischer Nachteil, weil mit der
größeren Ausbreitung und Verzweigung auch die Gefahr der Zertrennung
auch bei flach ausgebreiteten Formen wächst, dem der Bereniceatyp also
auf einfache Weise begegnet.

Eine andere Raumanordnung der Zellen veranschaulichen uns bei den
Korallen die zu den Stylophoriden und Oculiniden gehörigen Formen, die
sich durch meistens ästig verzweigte Stöckchen auszeichnen. Dabei sind
aber die einzelnen Zweige nicht zugleich Einzelpolypen, wie bei Dendrophyllia, sondern auf den Zweigen sind, wie bei Madrepora, Zellen verteilt. Oft stehen deren Öffnungen ziemlich gleichmäßig über den ganzen
Zweig verteilt, oft aber auch nur einseitig und in Reihen geordnet.
Das letztere bedeutet eine spezielle Anpassung an das zuströmende
Wasser, ist also eine auf den Erwerb der Nahrung berechnete Modifikation:
die Seite, auf der die Zellöffnungen liegen, ist der Wasserströmung zugekehrt. Sind aber die Zellen in Spirallinie über den Ast verteilt, so
dient dies dazu, jede Zellöffnung möglichst weit von der anderen fort-
zurücken, damit sie sich nicht gegenseitig in „Luft und Licht" beengen.
Die Häufung an einer Stelle ist also günstiger bei einseitig zuströmender
und dabei reichlich fließender Nahrung; die gleichmäßige oder spiralige
Verteilung dagegen günstiger im umgekehrten Falle, wo sich die Zellen
nicht gegenseitig Konkurrenz machen sollen.

Schöner und häufiger durchgeführt als bei den Korallen kehren diese
Anpassungserscheinungen bei den Bryozoen wieder. Die Mittel, mit denen
Bryozoenstöcke ihren Zellen eine günstige Lage schaffen, sind zahlreicher
und verschiedenartiger als bei den Korallen. Die einfachste Anordnung,
alternierend übereinander, gibt die devonische Hederella (Fig. 190 *A*); zu-

sammengesetztere Bildungen zeigen die geologisch jüngeren Familien. Wir finden ein gleichmäßiges oder alternierendes etagenförmiges Übereinandersitzen bei Spiropora, Idmonea (Fig. 190 *B*) u. a, polsterartige Ansammlungen von Zellen bei Osculipora, Truncatula, Plethopora (Fig. 190 *C*). Hier dienen die Polster offensichtlich der möglichst freien Heraushebung der einzelnen Zellfamilien, wodurch sie sich am wenigsten beengen und Konkurrenz machen, ohne daß das Stöckchen ästig, d. h. zerbrechlich würde. Noch mehr gesteigert ist das bei Fasciculipora, wo die einzelnen Wülste zu unregelmäßigen Ästen werden. Platt am Boden liegende Formen, wie

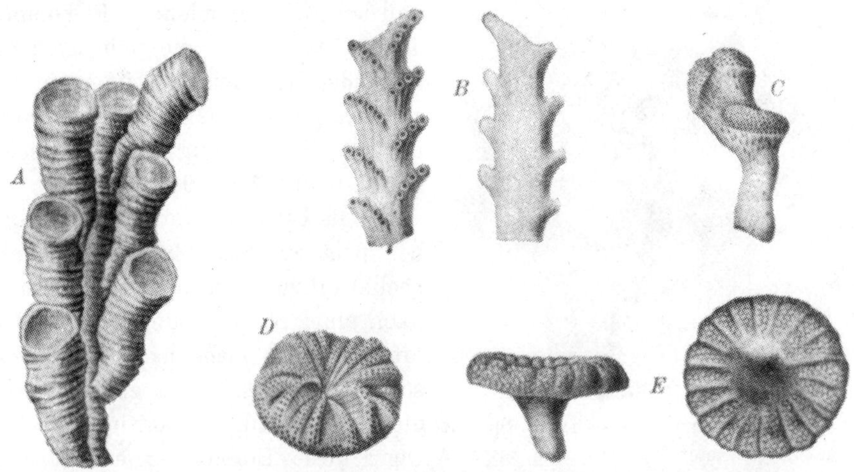

Fig. 190. Zellanordnung bei Bryozoen mit möglichst günstiger Raumverteilung: *A* Hederella, einfaches alternierendes Beisammenstehen von freien, auseinander hervorgegangenen Zellen, noch ohne äußere Umschließung. Mitteldevon, New York. (Aus CLELAND, Wiscons. Geol. and Nat. hist. Surv. Bull. 21. Madison 1911.) 6 fach vergr. *B* Idmonea, etagenförmiger, alternierender Aufbau einzelner umschlossener Zellgruppen. Eozän, Voralpen. (Aus SCHAFHÄUTL, Lethaea 1863) *C* Plethopora, Heraushebung der Zellkomplexe auf Wülsten bei baumartiger Zerteilung des Stockes. Obere Kreide, Holland. (Aus v. HAGENOW, Bryoz. Maastr. Kreide 1851.) *D* Defrancia, platt aufsitzend, mit Radialwülsten. Ebendaher. (Aus v. HAGENOW, l. c.) *E* Aspendesia, dieselbe biologische Form wie *D*, aber auf einem Stiel erhoben. Dogger, England. (Aus GREGORY, Catal. Brit. Mus. Jurass. Bryoz. 1896.)

Defrancia, erreichen dasselbe durch Wulstbildungen, auf denen die Zellenöffnungen liegen (Fig. 190 *D*); und schließlich bildet Aspendesia auch Stiele, mit denen sie die Wülste zusammen emporhebt (Fig. 190 *E*). Wo solche Formen der Strömung zugewendet sind, drängen sich die Zellen nach dieser Seite zusammen (Fig. 190 *B*), wie wir es vorhin für die Korallen beschrieben haben.

Die einfache Biegung der Körperachse ist nicht allen festsitzenden Tieren möglich, teils deshalb nicht, weil manche einen mehr flächenhaften Körper haben, teils auch weil die Aufnahmestelle für die Nahrung nicht an einem Punkte konzentriert ist wie bei der unten beschriebenen Koralle, sondern auf mehrere oder viele Stellen der Körperoberfläche verteilt ist. So bei den Bryozoen und Spongien, also bei stockförmig gebauten Tieren. Die Bryozoe Retepora hat einen in Falten gelegten Körper, um das allzu große Ausladen zu verhüten. Andererseits muß sie aber auch allen Zell-öffnungen den Wasserzutritt wahren und darf infolgedessen die Falten nicht so enge legen, daß einzelne Zellpartien erdrückt und erstickt würden. Bei an und für sich pilzförmigen Spongien wird oft eine muschelförmige Abbiegung und Faltung der Oberseite hervorgerufen durch das Bestreben, die von einer Seite herkommende Nahrung und Strömung aufzufangen und den Oscula zuzuleiten. Es kommen dann Formen wie die nebenstehende zustande, die einen Hof bilden, in dem sich das Wasser fängt, so daß automatisch die Nahrung vor den Osculis liegen bleibt (Fig. 191).

Fig. 191. Verruculina aurita, Spongie mit eingefalteter Oberseite zum besseren Nahrungsfang. Obere Kreide, Hannover. (Orig. in München.) $^2/_3$.

Die bei Einzelkorallen, besonders bei paläozoischen (Zaphrentis, Polycoelia) oft zu beobachtende Krümmung nach einer Seite, wodurch die Kelchöffnung nicht mehr nach oben steht, sondern mehr seitwärts gerichtet wird, dient gleichfalls Ernährungszwecken. Denn diese Einbiegung erfolgt nicht etwa durch das Schwergewicht, sondern die Mündung ist der Strömungsrichtung entgegengekehrt, weil sie von dort ihre Nahrung empfingen (Fig. 192). Es wäre für Feststellung von Wasserbewegungen wertvoll, wenn bei der Ausbeutung von Vorkommen derartiger gebogener Einzelkorallen im Anstehenden auf diese Orientierung geachtet würde.[1)]

Etwas in der biologischen Tendenz ähnliches, der Form nach ganz anders entwickelt, ist das merkwürdige flache Seitenwachstum von Cyathophyllum vesiculosum aus dem Mitteldevon. Vielfach ein normaler Einzelkelch (Fig. 193), entsteht bei anderen Individuen ein mehr und mehr zur Seite sich schiebender niedrigerer Kelch, ein Prozeß, der mechanisch darin besteht, daß die übereinanderfolgenden Etagen wie eine sich eben auseinanderschiebende Geldrolle seitlich übereinandersetzen. Es wird damit schließlich das Stadium Fig. 193 C erreicht, und der Effekt der Umwandlung ist wie der bei Rhizophyllum (S. 356): der Kelch liegt mit der Seite

---

1) Weissermel, W., Die Gattung Columnaria und Beiträge zur Stammesgeschichte der Cyathophylliden und Zaphrentiden. Zeitschr. deutsch. geol. Ges., Bd. 49, S. 865, Berlin 1897.

längs des Bodens, oder er ist der Strömung zugewandt; denn die Spitze bleibt nach wie vor festgewachsen wie bei jedem normalen Cyathophyllumkelch.

Ein weiteres Beispiel ungleichartigen Wachstumes infolge der Ernährung durch die Strömung führt JAEKEL bei den jurassischen Holopocriniten an.[1]) Dort sind die fünf Arme ungleichmäßig ausgebildet; zwei oder drei sind kleiner als die übrigen. „In ähnlicher Weise", sagt JAEKEL, „wie die Pflanze ihre Blüten und

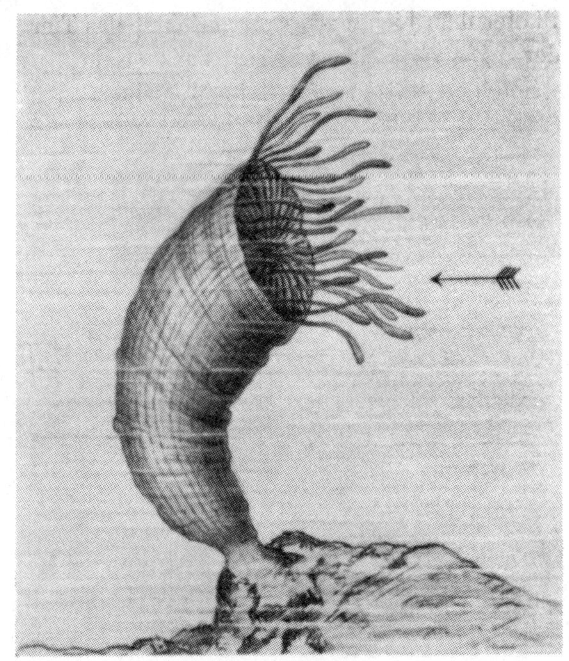

Fig. 192. Schema einer paläozoischen **Zaphrentis** zur Darstellung des Zusammenhanges ihrer Krümmung mit der Wasserströmung. (Aus WEISSERMEL, l. c.) ¹/..

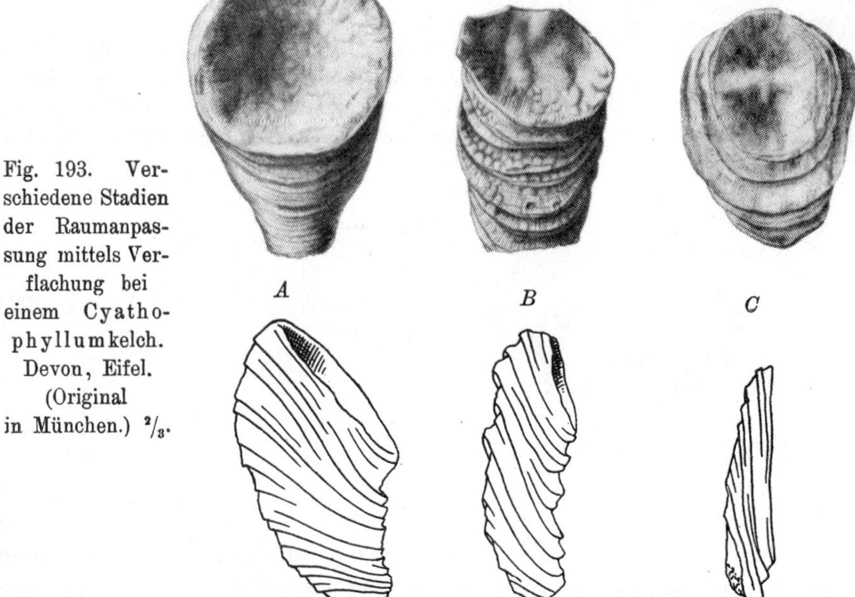

Fig. 193. Verschiedene Stadien der Raumanpassung mittels Verflachung bei einem Cyathophyllumkelch. Devon, Eifel. (Original in München.) ²/₃.

A   B   C

---

1) JAEKEL, O., Über Holopocriniden mit besonderer Berücksichtigung der Stramberger Formen. Ztschr. deutsch. geol. Ges., Bd. 43, S. 594/95, Berlin 1891.

Blätter dem Lichte zuwendet, richtet das Tier seine animalen Organe nach
der Seite, von welcher ihm die meiste Nahrung zugeführt wird. Da ein unbeweglich angewachsenes Krinoid, wie namentlich Holopus Rangii, seine

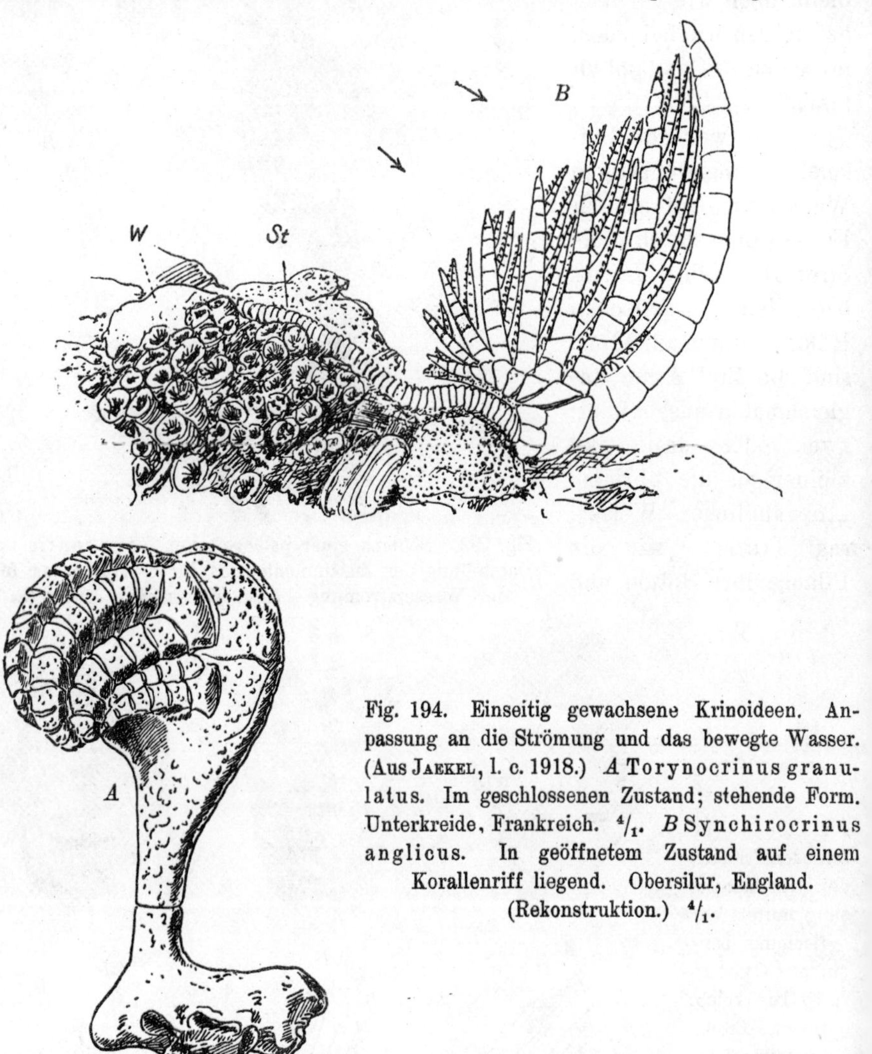

Fig. 194. Einseitig gewachsene Krinoideen. An-
passung an die Strömung und das bewegte Wasser.
(Aus Jaekel, l. c. 1918.) A Torynocrinus granu-
latus. Im geschlossenen Zustand; stehende Form.
Unterkreide, Frankreich. $^4/_1$. B Synchirocrinus
anglicus. In geöffnetem Zustand auf einem
Korallenriff liegend. Obersilur, England.
(Rekonstruktion.) $^4/_1$.

schiefe Stellung nicht nachträglich verändern, d. h. sich nicht drehen kann,
so muß ein solches Tier immer in einer gleichgerichteten Strömung gelebt
haben. Daß die oberen Arme kräftiger entwickelt sind als die unteren, ist
selbstverständlich, da sie der Strömung stärker ausgesetzt sind. Aus diesem
Grunde wird bei allen unbeweglich festgewachsenen Kelchen ein unsymme-
trisches Wachstum der Antimeren resultieren. Eine systematische Bedeutung wird diesem Umstande nicht zukommen können, da er sich sekundär
und ohne Beziehung zu der sonstigen Organisation ausbildet.“ Der

nebenstehend abgebildete Torynocrinus (Fig. 194 *A*) zeigt diese ungleich-mäßigen Arme in ihrer einseitigen, der Strömung entgegengerichteten Anordnung deutlich; die stämmige und derbe, kurzstielige Form charak-terisiert ihn ohnehin als Bewohner der sehr bewegten Küstenzone.

Wohl auf ähnliche Umstände zurückgehend, aber in anderer Richtung angepaßt, ist der nebenstehend wiedergegebene Synchirocrinus aus einem silurischen Korallenriff. Auch hier ein kurzer, gedrungener Körper mit sehr kräftigen Armen und kurzer, starker Wurzel. Die Form ist ebenso einseitig gebaut wie die vorige, aber sie stand vermutlich nicht aufrecht, um der Wasserbewegung und Strömung Trotz zu bieten, sondern lag am Boden; denn sonst wäre der Stiel vermutlich ebenso kurz und nur aus zwei Gliedern zusammengesetzt, wie bei Torycrinus. Auch dieser Synchirocrinus ist aber in der Endwirkung ebenso orientiert wie Toryno-crinus; auch ihm kommt von der Seite im Sinn der Pfeilrichtung mit der Strömung die Nahrung zu. Die Arme konnten ebenfalls zusammen-geklappt werden (Fig. 194 *B*).[1]

6. Verdeckt liegende, grabende und bohrende Tiere

Es gibt Funktionen und Lebensweisen, die sich nicht so deutlich an der Körperform äußern, daß man an Fossilen entsprechende Rück-schlüsse machen könnte. Wenn in einem solchen Falle keine lebenden Vertreter der betreffenden Gattung vorliegen oder wenn deren Lebens-weise noch nicht bekannt oder noch nicht genügend untersucht ist, dann ist auch über die Biologie jener Fossilen allenfalls nur durch glückliche Funde in situ etwas zu ermitteln. Der Paläontologe muß Stratigraph, und der Stratigraph paläozoologisch entsprechend geschult sein, um bei Aufsammlungen in der Natur solche Beobachtungen gelegentlich zu machen. Der Schale mit dem Fuße bohrender Schnecken und Brachiopoden sieht man es z. B. nicht an, wenn sie dieser Lebensweise huldigen, und auch einem tertiären Echinocardium oder Spatangus würde man es nicht unmittelbar ansehen, ob es sich in den Sand eingegraben hat, wenn wir dies nicht von den rezenten Arten durch unmittelbare Beobachtung wüßten. Es gibt eine Unmenge Krebse und Würmer, welche sich in den Sand und Schlamm einwühlen, und auch unter den fossilen sind gewiß deren genug, ohne daß es gelänge, sie als solche zu erkennen. So bohren sich die Krabben in den Sand ein, haben jedoch kein charakteristisches Merkmal hinzugewonnen, an denen sich die besondere Wirkung dieser Lebensweise dartun ließe.

Das Eingraben kann verschiedenen Zwecken dienen: erstmals der Unsichtbarmachung zum Schutz oder zu räuberischen Zwecken, dann

---

[1] JAEKEL, O., Phylogenie und System der Pelmatozoen. Paläontol. Zeitschrift, Bd. III, S. 86, Berlin 1918.

auch als Mittel gegen das Austrocknen bei Ebbe am Strande, und schließlich der Nahrungssuche. Es wird in vielen Fällen dieses alles auf einmal mitsprechen. Ein allgemeines Körpermerkmal oder einen idealen Anpassungstypus für grabende und sich einbohrende Tiere kann man kaum angeben, höchstens die Dünnschaligkeit, welche wir aber nur bei dauernd im Boden lebenden Wirbellosen meistens antreffen.

Es gibt verschiedene Typen sich eingrabender und einbohrender Tiere:

1. Formen, welche nur mit einem Rostrum den Schlamm aufwühlen, um Nahrung zu suchen. Ein Beispiel hierfür sind die im Kap. IV, 1 (S. 281) beschriebenen Trilobiten oder die an der gleichen Stelle beschriebenen Belosepien (S. 271); beide Typen sind hier nicht gemeint. Dagegen:

2. Formen, welche sich nur vorübergehend in den Schlamm einwühlen, um dann alsbald wieder herumzulaufen oder herumzuschwimmen, wie die oben (S. 269, Fig. 100) genannte Sepia oder gewisse Krabben, welch letztere sich mit ihren Füßen rasch im weichen nassen Sand einstrudeln und ebenso auch wieder an die Oberfläche kommen. So machen es auch einige Seesterne (Astropecten), die durch Auseinanderschlagen der prall gemachten Ambulakralfüßchen den Sand allmählich unter den Armen aushöhlen und so ziemlich tief einsinken können, aber ebenfalls ihr Versteck gelegentlich wieder verlassen;

3. Formen, welche dauernd im Schlamm oder Sand eingegraben leben, aber darin einen Ortswechsel vornehmen (Brachiopoden, Seeigel, Schnecken, Muscheln); das sind die durchweg dünnschaligen;

4. Formen, welche ein festes Gehäuse in den Boden bauen und nur ungern und selten dieses verlassen, sondern es vielmehr erweitern und ausbauen (gewisse Würmer).

In allen Gruppen der niederen Tiere haben wir grabende und bohrende Bodenbewohner; von den Krebsen wurde eben schon gesprochen. „Eine Menge von Crustazeen[1]) lebt im Schlamm, verzehrt denselben und baut in ihm Gänge. So kommt an den Küsten des Wattenmeeres in großen Mengen ein kleiner Amphipode, Corophium, vor, der im seichten Wasser in Gängen lebt, die er durch Schleimausscheidung verfestigt. Man schreibt ihm eine große Bedeutung für die Marschbildung zu, da er die von der Flut herangetriebenen Schlammpartikel immer wieder festhält und verklebt. Auch unter den höheren Krebsen gibt es Schlammfresser, welche durch eine besonders eigenartige Anpassung ausgezeichnet sind. Haarpolster und Haarpinsel sind überhaupt bei schlammbewohnenden Krebsen eine regelmäßige Erscheinung . .“

---

1) Hesse, R. u. Doflein, F., Tierbau und Tierleben, Bd. II, S. 235 ff, Leipzig und Berlin 1914.

Es ist sehr leicht möglich, daß unter den stiellosen alten Cystoideen und Carpoideen auch grabende Formen waren. Hier versagen aber alle Erkennungsmerkmale, weil wir entsprechende lebende Formen nicht haben. Erst die Euechiniden liefern uns sichere Bodenwühler, und zwar die Irregulären. Die lebenden Arten Echinocardium cordatum, Echinocardium flavescens und Spatangus purpureus, sagt Doflein an der zitierten Stelle, leben im Sand, in den sie sich durch eigenartige Bewegungen ihrer Stacheln einzugraben vermögen. Ihre Körperform steht in engster Beziehung zu den Erfordernissen ihrer Lebensweise. Der Mund der etwa eiförmigen Tiere befindet sich am vorderen Ende der Unterseite und ist von Lippen umgeben, welche seine Silhouette einer Pflugschar ähnlich machen ... Vom Munde aus führt an der Außenseite der Schale eine tiefe Rinne gegen den oberen Pol derselben. Hier mündet sie in die sogen. Atemlakune, ein Kreuz von ebenfalls tiefen Rinnen, an deren Boden die als Kiemen funktionierenden Saugfüßchen entspringen. Die Atemrinne wird durch einen nach der Mitte zu geneigten Zaun von Stacheln, der ihre beiden Kanten einfaßt, geradezu in eine Röhre umgewandelt. Speziell um die Atemlakune herum befindet sich ein Schopf von langen Stacheln. Wenn der Herzigel sich in den Sand einzugraben beginnt, dann bildet dieser Rückenschopf, zunächst eine Kommunikation des Tieres mit dem freien Wasser. Sinkt das Tier aber noch tiefer in den Sand, so bildet sich in der Fortsetzung des Rückenschopfes ein Atemkamin. Um die Schopfstacheln herum befinden sich nämlich Anhäufungen von kleinen beweglichen Kölbchen, welche eine klebrige Masse ausscheiden. Beim Eingraben in den Sand wird diese Masse von dem Herzigel mit seinen Schopfstacheln an die Kanalwand angepreßt. Der Atemkamin bekommt dadurch eine so feste Konsistenz, daß das Tier ohne Gefahr 10 bis 15 cm unter der Oberfläche leben kann. Ähnlich hat er auch seine ganze Höhle mit Schleim austapeziert ... (Fig. 195). Bei den langsamen Wanderungen, welche die Herzigel unternehmen, bauen sie ebenfalls mit Schleim ausgekleidete, wagerechte Kanäle.“

Tornquist, der seine Beobachtungen in Neapel gemacht hat, gibt an[1]), daß sich die Spatangiden in den Schlamm des Meeresbodens eingraben und aus ihm selten aufsteigen. Ihre Nahrung beziehen sie dadurch, daß sie wie ein Regenwurm den Schlamm durch ihren Körper gehen lassen, sich also gewissermaßen durch den Schlamm hindurchfressen. Dieses bedingt gewisse Modifikationen des Verdauungsapparates, weil der prall volle Darm eine stärkere Stütze verlangt. Darum ist z. B. bei Echinocardium cordatum im Innern zur linken Seite des Mundes

---

1) Tornquist, A., Die biologische Deutung der Umgestaltung der Echiniden im Paläozoikum und Mesozoikum. Zeitschr. f. indukt. Abstammungs- und Vererbungslehre, Bd. VI, S. 29, Berlin 1911.

immer eine derbe sichelförmige Kalkplatte vorhanden, an welcher der
Darm befestigt ist.[1])   Damit sich die Madreporenplatte nicht verstopft,
ist sie durch eine von bestimmten Stacheln ausgeschiedene Schleimhülle
geschützt; außerdem strudelt noch ein Flimmerepithel an der Stachelbasis
den auf der Schale sich ansammelnden Schmutz weg.   Die Stacheln sind
in Grabstacheln umgewandelt, der Mund wird zur Aufnahme des Sedimentes lippig (Fig. 196 A); ein Kiefergerüst, wie bei den Regulären, ist
überflüssig.   Da zum Eingraben die Stacheln dienen, sind diese zur Erzielung der größtmöglichen Wirkung in Gruppen differenziert.   Nach der
ausgezeichneten Darstellung von Hoffmann[2]) ist die Bestachelung der

Fig. 195. Echinocardium, lebender irregulärer Seeigel, im Sande grabend.
(Aus Hesse-Doflein, l. c.) $^1/_2$.

Grabformen zu einem in sich äußerst mannigfaltigen und vielseitig funktionierenden Gebilde geworden und es sind die dabei entwickelten Anpassungen eines der schönsten, selten so offenbar vor Augen liegenden
Beispiele für die innere Mannigfaltigkeit und zugleich das feinste zweckvolle Ineinandergreifen auch der zartesten Teile eines angepaßten Organes.
Wir geben die anschaulichen Darlegungen Hoffmanns hierüber in ge-
kürzter Form; sie sind auch didaktisch deshalb von besonderem Wert,
weil sie lehren, wie die biologische Analyse einer Form durchzuführen
ist, um sie in allen ihren Teilen bis in die sichtbaren und mikroskopischen
Einzelheiten hinein als Anpassung an die Lebensweise zu verstehen:

<hr>

1) Klinghardt, F., Über die innere Organisation und Stammesgeschichte einiger
irregulärer Seeigel der oberen Kreide. Jena 1911 (Diss.).

2) Hoffmann, B., Über die allmähliche Entwicklung der verschieden differenzierten
Stachelgruppen und der Fasciolen bei den fossilen Spatangoiden. Paläontol. Zeitschr.,
Bd. I, S. 216—272, Berlin 1914.

Während bei den regulären Seeigeln die Stacheln im Kreise gedreht werden, führen die sich eingrabenden Irregulären mit den Stacheln der Unterseite eine mehr hin- und herschwingende Bewegung aus, weil sie die Fortbewegung im weichen Boden in der Richtung ihrer Medianlinie besorgen. Wenn sie sich eingraben, werfen sie mit den Stacheln der Seitenfelder den Sand in zwei seitlichen Wällen empor. Das Eingraben wird durch größere, auf den Rändern der vorderen Ambulakraleinsenkung und den vorderen seitlichen Interambulakren befindliche

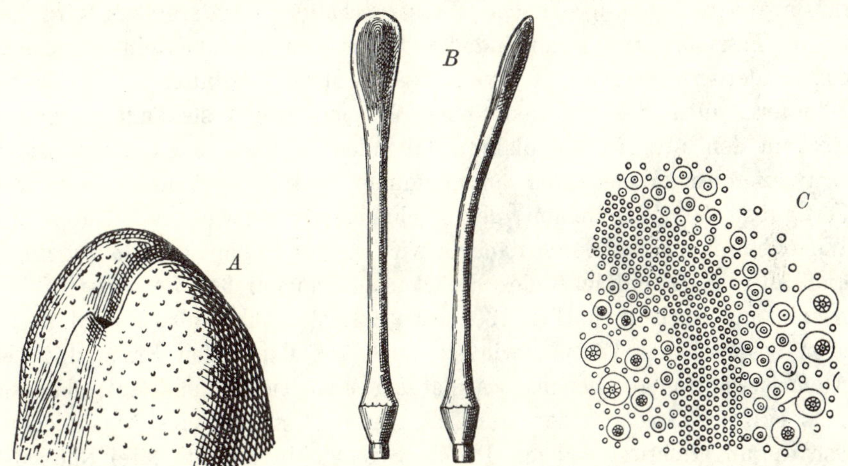

Fig. 196. Verschiedene Einzelheiten an irregulären Seeigeln, welche die Anpassung an das Graben dartun: *A* Aufsicht auf die Unterseite von **Micraster** aus der englischen Oberkreide, mit dem pflugscharartigen Mund. (Orig. in München.) $^1/_1$. *B* Schaufelförmiger Plastronstachel eines **Micraster** aus der norddeutschen Oberkreide. (Aus HOFFMANN, l. c.) Stark vergr. *C* Schräge stehende Stachelwarzen eines rezenten **Spatangus**, entgegengesetzte Stachelbewegung verratend. (Aus HOFFMANN, l. c.) Vergr.

spitze Stacheln erleichtert, die als Bohrapparate dienen, um bei der Vorwärtsbewegung den oft festen Sand durch ihre kreisförmige Bewegung zu lockern. Die Bewegung der übrigen Stacheln beim Eingraben geschieht in Wellenform; die Wellen beginnen jederseits vom Munde in den Seitenfeldern und endigen am Rückenschopf. Da die Stacheln eine Wellenbewegung ausführen, muß sich jede Stachelspitze rhythmisch heben und senken, und zwar alle nacheinander. Die Bewegung der Stacheln auf den vorderen Seitenfeldern schafft den Sand vorwärts und nach der Seite weg. Die Stacheln sind nicht rund, sondern länglich-schaufelförmig (Fig. 196 *B*). Um die entsprechenden Bewegungen zu erzielen, sind die Stachelwarzen und die Muskulaturen entsprechend modifiziert gegenüber denen der Regulären. Die Schalenoberfläche zerfällt in verschiedene Stachelfelder, auf denen die Bewegung der Stacheln je nach der Aufgabe, die ihnen beim Eingraben zufällt, verschieden verläuft. Einige Stachelzonen werden strichförmig zu Fasziolen umgewandelt, auf denen die Stacheln zu fehlen scheinen; in Wirklichkeit tragen aber auch die Fasziolenbänder ganz feine, dicht beieinander stehende Stacheln. Die Fasziolen laufen selten auf der Grenze zweier Täfelchen der Kalkkapsel, sondern schneiden die Täfelchengrenzen unter 90°; auch bevorzugen sie für ihren Verlauf die Interambulakralfelder. Die Fasziolenstacheln sind stark sensibel. Die auf dem Epithel der Fasziolenstacheln vorhandene starke Wimperung hält einen feinen Wasserstrom längs der Körperoberfläche in Bewegung, durch den die im Schlamme lebenden Tiere das für ihre Atmung nötige frische Wasser erhalten. Andererseits wird der in den Fasziolen sich sammelnde Sand von dem aus den feinen Stacheln abgesonderten Schleim zu einer festen Masse verkittet. Gleichzeitig befördern auch die innerhalb eines Fasziolenringes stehenden Schalenstacheln den auf die Ambulakren fallenden Schmutz nach der Fasziole. Das auf diese Weise sich ansammelnde verkittete Material wird zur Festigung der Wandungen der Wohnkammer verwendet. Durch die Wellenbewegung der Seitenstacheln wird es den Schopfstacheln zugeführt und an die Innenfläche des Bohrkanales angepreßt. So entsteht ein Atemkamin nach oben (Fig. 195). Die Fasziolen haben also sowohl diesen eben besprochenen Zweck, wie sie auch zur dauernden Erzeugung des Atemwasserstromes dienen. Außerdem sind sie so angelegt, daß sie stets einzelne Stachelfelder trennen, deren Bestände eine verschiedene Schwingungsrichtung haben. Da die Stacheln in unmittelbarer Nähe der Fasziole klein sind, so wird durch alles dieses eine gegenseitige Störung der schwingenden Stacheln verhütet.

Da die Stachelwarzen, die Verteilung und Größe derselben, ihr Bau, sowie die Anordnung der Fasziolen, ihr Vorhandensein oder Nichtvorhandensein, in unmittelbarer gesetzmäßiger Beziehung zu der Lebensweise der Irregulären steht, ist es möglich, mit Hilfe dieser Merkmale auf die Lebensweise fossiler Formen zu schließen. Danach ergab sich für einige bekanntere fossile Gattungen folgendes: Collyrites hat normale Warzenkegel ohne die für die späteren Irregulären charakteristische Schrägstellung des Warzenkopfes (Fig. 196 C), die auf Wellenbewegung der Stacheln deutet. Die Stacheln sind zylindrisch, nicht schaufelförmig. Diese geringe Differenzierung der Stachelwarzen und Stacheln, sowie das bei Grabenden nicht vorhandene Herabreichen der Ambulakralporen bis zum Unterende der Ambulakren, weisen darauf hin, daß diese Form noch auf dem Boden, nicht im Boden lebte, wenn auch die Ausbildung des Mundes und Afters sich schon jener der Schlammbewohner nähert. Sie treten im Jura auf. Beim kretazischen Ananchytes (Echinocorys) erscheinen zum erstenmal differenzierte Stacheln: spitze Grabstacheln und schaufelförmige Plastronstacheln verraten den Bewohner des weichen Bodens; auch Andeutungen von Fasziolen sind vorhanden. Wenn bei dieser Gattung für das Leben im Schlamm selbst die Differenzierung der Stacheln auf der Unterseite, sowie die Ausbildung stachelfreier Zonen und die Fasziolenanlagen sprechen, so hat sie doch wahrscheinlich nicht unterirdisch gelebt; wahrscheinlich hat sie sich nur bis zur Höhe der Ambulakralzone in den Schlamm eingesenkt, weil die Stacheln auf der Oberseite der Schale nicht differenziert sind und die Ambulakralporen fast bis zum Unterrande hinabreichen. Dasselbe gilt für den oberkretazischen Hemipneustes. Der etwas frühere kretazische Holaster hat einen auf der Unterseite sehr nach vorne gerückten Mund und die Differenzierung der Stacheln auch auf der Oberseite ist weiter vorgeschritten: es sind analog den rezenten Schlammwühlern Grabstacheln, Bohr-, Schopf- und Fasziolenstacheln vorhanden, der Mund ist schwach gelippt, die Ambulakralporen sind nur auf der oberen Hälfte der Oberseite noch da, so daß Holaster mit Sicherheit als Bewohner des Schlammbodeninnern selbst erscheint. Am besten sind die oberkretazischen Cardiaster an das Leben unter dem Boden angepaßt, weil sie alle Merkmale der rezenten, sich eingrabenden Spatangoiden besitzen, nämlich abgeplattete herzförmige Gestalt, stark differenzierte Stacheln, eine

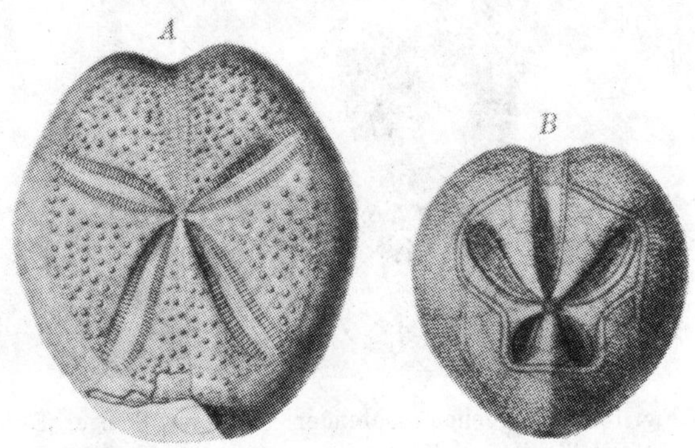

Fig. 197. Im Boden sich einstrudelnde Seeigel: *A* Plagionotus, größtenteils im Schlammboden liegend. Die Grenze, bis zu der er versinkt, ist durch die Ausbreitung der groben Stachelwarzen gekennzeichnet. Eozän, Antillen. (Aus Cotteau, Svensk. Vetensk. Akad. Handl. 13, 1875.) $^1/_2$. *B* Schizaster, mit gleichartigen feinen Stachelwarzen und Fasziolenstreifen. Völlig im Boden vergraben. Unterseite wie Fig. 196 *A*. Miozän, Antillen. (Ebendaher.) $^1/_1$.

wirkliche Fasziole und einen gänzlich verschiedenen Bau von Ober- und Unterseite. Der kretazische Echinospatagus (Toxaster) hat zwar keine Fasziolen, sonst aber dieselben Differzierungsmerkmale, so daß er wohl auch im, nicht auf dem Boden lebte. Bei dem gleichalterigen Micraster zeigen die Stachelwarzen der Unterseite eine deutlich exzentrische Lage, der Warzenkegel innerhalb des Warzenhofes eine geringe Neigung, so daß er sich ebenso bewegte wie der rezente grabende Spatangus; die Stacheln sind schaufelförmig auf der Unterseite; auch Fasziolen sind vorhanden: es war ein im Schlamme grabendes Tier, ebenso wie die verwandten Gattungen Hemiaster und Linthia aus der Kreide, Schizaster aus dem Tertiär (Fig. 197) u. a.

Eine andere Art des Einbohrens hat der Steinseeigel, Paracentrotus lividus und Verwandte (Echinometra). Er sucht an der Felsküste

Höhlungen des Gesteins auf, wo er sich vor der Brandung und der
Herumgeworfenwerden schützt. Es ist noch unsicher, ob er sich di
Löcher — oft sitzen sie in solchen zu Hunderten dicht nebeneinander —
selber bohrt oder nur erweitert. Oft sind die Löcher so eng, daß ma
den Seeigel nicht herausnehmen kann, wenn er die Stacheln spreiz
auch hat man beobachtet, daß er verlassene Bohrmuschellöcher aufsuch
Im Aquarium hat man ihn noch keine Bohrversuche machen seher
Das alles läßt bezweifeln, ob er sich die Löcher selber schafft; es könnt
nämlich auch sein, daß er sich in Hohlräume eindrängt und dann vo

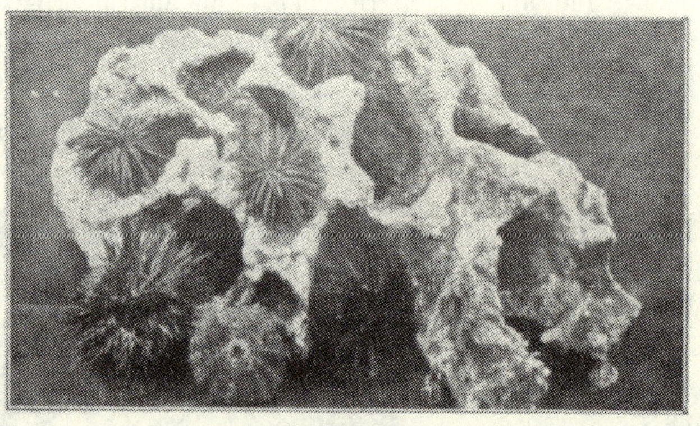

Fig. 198. Angeblich bohrender regulärer Seeigel Echinometra, in Sandsteinlöcher
der brasilianischen Küste. (Aus Andrée, Meeresboden 1919, nach Branner, Bull. Mus
Comp. Zool. 44, 1904.) Verkl.

Inkrustationen umwachsen wird. Die andere Meinung ist, daß der See
igel mittels seines Kauapparates oder mittels der Stacheln durch dere
rotierende Bewegung die Löcher erzeugt oder wenigstens ausgestaltet.
Das letztere ist bei der Regelmäßigkeit und oft gleichmäßigen Größ
und Verteilung solcher Löcher doch wahrscheinlicher als die übrige
seine aktive Bohrtätigkeit verneinenden Erklärungen.

Schließlich sei noch erwähnt, daß sich auch einzelne Seesterne i
den Sand einbohren. Sie benützen die Füßchen zum Graben, inde
diese auseinandergeschlagen und zusammengezogen werden.[2]

Sowohl das Eingraben in den Boden, wie das Einbohren in harte
Gestein vollbringen die Muscheln. Die Art, wie sich die Muschel
einwühlen, eingraben und einbohren, ist ebenso verschieden wie di
Formen und die speziellen Merkmale, die sie dabei an den Tag bringe
Die Klaffmuschel Mya[3] hat eine an beiden Enden klaffende Schal
Sie lebt im Sand der Strandregion vergraben (Fig. 199) und nur da

---

1) Brehms Tierleben, Niedere Tiere, Bd. I, S. 366/67, Leipzig u. Wien 1918.
2) Brehm, a. a. O., S. 375.
3) Brehms Tierleben, a. a. O., S. 564.

Ende, der aus Verwachsung der Mantellappen hervorgegangene Siphonalapparat, schaut heraus. Wird sie gestört, so duckt sie sich schnell in ihre Grabröhre zurück. Die Trogmuschel Mactra vermag, auf den Sand gelegt, mit vier bis fünf Stößen völlig zu verschwinden. Nach anderen geht das Einwühlen, wenn das Tier sich selbst überlassen ist, etwas umständlicher vor sich. Die langgestreckte, fast zylindrische, vorn und hinten klaffende känozoische Scheidenmuschel Solen bohrt sich durch den keulenförmigen dicken, am vorderen Mantelende heraustretenden Fuß schnell im Boden ein; bis $1/_2$ m lebt Yoldia im Schlamm, indem sie mit Mundtentakeln ihre Nahrung beistrudelt. Die eiszeitliche Yoldia arctica[1]) zeigt eine Verlängerung der Schalenhinterseite, die bei Leda noch ausgesprochener hervortritt und schon in Leda-ähnlichen Formen im Silur erscheint. Die in Holz, Stein oder Korallenstöcken lebenden Muscheln bohren mit Hilfe ihres Fußes und des oft rauhen Schalenvorderrandes, den sie wie eine Raspel benützen, z. T. unter Ausscheidung von Säure. Diese Tätigkeiten führen nun zu bestimmten Schalenumbildungen.

„So beobachten wir", sagt Deecke, „daß Lithodomus, Gastrochaena, Teredo und Septaria verhältnismäßig zarte Kalkschalen absondern, die bei Teredo häufig so dünn sind, daß sie gar nicht mehr fossil überliefert werden, sondern daß von dieser Muschel nur die Steinkerne, welche der eindringende Schlamm bildet, erhalten geblieben sind. Zu dieser Umhüllung gehört ferner die Lebensweise in schlammigem Boden, wo das Tier völlig in die weiche Masse eingebettet ist, so daß vielfach nur die Siphonen an die Oberfläche treten.

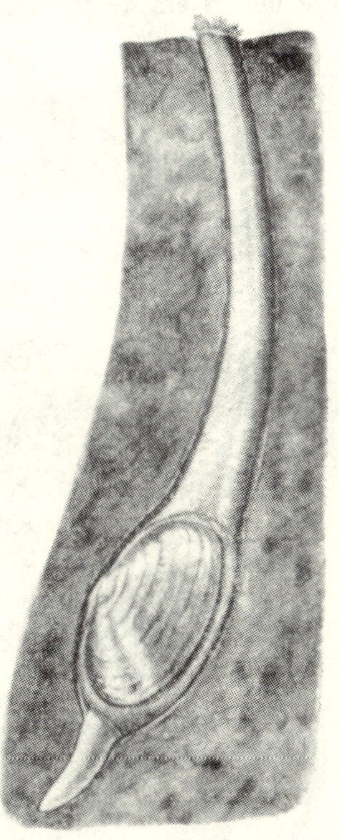

Fig. 199. Lebende, ganz oder teilweise im Boden steckende Mya, im Sand eingegraben, unten mit Bohrfuß, oben mit der unverkalkten Siphonalröhre. (Aus Hesse-Doflein, Tierbau u. Tierleben II, 1914, nach Drew.). $^2/_3$.

Infolgedessen haben die Myen aller Art solche dünnen Schalen. Ich brauche bloß an Pholadomya, Pleuromya, Goniomya und diese ganze Sippschaft zu erinnern; auch hier ist die Schale in den allermeisten Fällen nicht mehr erhalten, sondern fast durchweg nur der Steinkern."[2])

---

1) Hesse-Doflein, a. a. O., S. 239.

2) Deecke, W., Paläontologische Betrachtungen. II. Über Zweischaler, Beil.-Bd. 35 z. N. Jahrb. f. Min. Geol. u. Pal., S. 352/53, Stuttgart 1913.

Nach Deeckes Darlegung[1]) verlieren weiter die grabenden Muscheln alle das Schloß, die Schalen artikulieren nur noch durch das Ligament, und so entsteht, auf ganz verschiedenen Wegen, der Desmodontentypus. Je tiefer die Schalen im Boden stecken, umso geringere Bedeutung hat ferner das Schloß (Soleniden). „Das Auf- und Zumachen der Schale gibt dem Tiere keine Sicherheit mehr, da die Feinde hinten und vorn

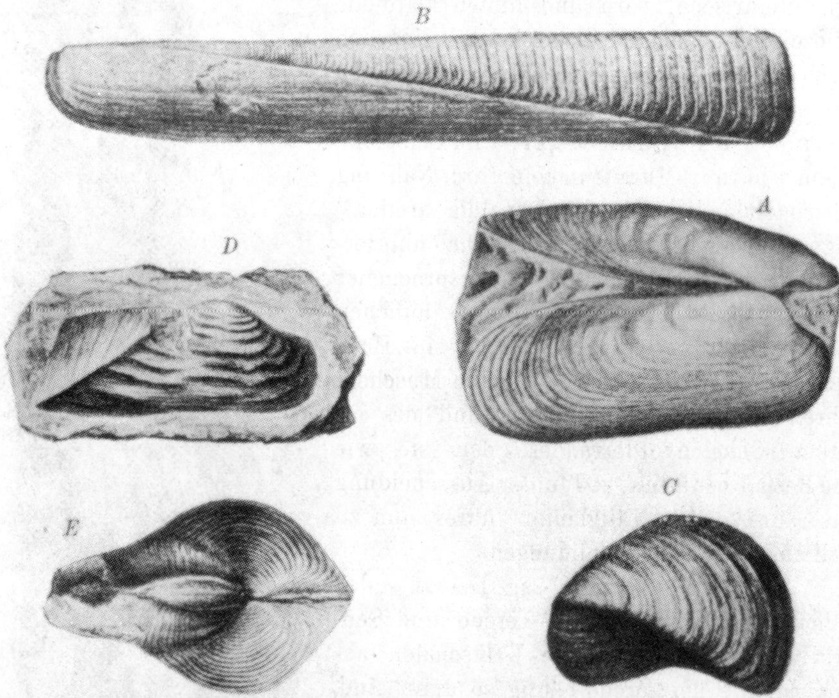

Fig. 200. Vorwegnahme der Schalenform geologisch jüngerer Muscheltypen durch paläozoische Formen anderer Herkunft mit Desmodontencharakter infolge grabender Lebensweise: *A* Endodesma, Telliniden- und Tapestypus der Kreide und des Alttertiärs. *B* Palaeosolen, Solentypus des Tertiär. *C* Mecynodus, Modiolatypus des Mesozoikums. *D* Leptodomus, Pleuromyidentypus des Mesozoikums. *E* Allerisma, Homomyen- und Pholadomyentypus des Mesozoikums. *A, E* aus dem Untersilur von Nordamerika (aus Ulrich, III. Rep. Geol. Surv. Minnesota 1894). *B—E* aus dem deutschen Devon (aus Beushausen, Abh. preuß. geol. Landesanst. N. F. 17, 1895).

eindringen können, sobald die Muschel herausgeworfen auf dem Meeresgrunde liegt. Also Öffnen und Schließen, was ja noch erfolgt, muß eine ganz andere Bedeutung haben, nämlich das Einwühlen zu erleichtern und zu beschleunigen. Der Fuß gräbt sich ein und die Muschel drängt Schlamm und Sand durch Auf- und Zuklappen langsam beiseite. Dazu genügt das Ligament allein. So entsteht die Gruppe der Desmodonten, bei denen Zahnlosigkeit, verlängerte Körpergestalt, Mantelbucht, Klaffen

---

1) Deecke, l. c., S. 371.

und Verbindung beider Schalen durch inneres Ligament die Charakteristika
sind. Da diese Lebensweise sehr alt ist, gehen die „Desmodonten" weit
in's Paläozoikum zurück. Man sieht nun, wie die Veneriden, Donaciden,
Telliniden dem gleichen Typus zustreben. Bei Tellina sind die Schalen
hinten verlängert, schwach ungleich, da die eine etwas überragt, und
hinten klaffend; bei Psammobia ist das Schloß schon unbedeutend; bei

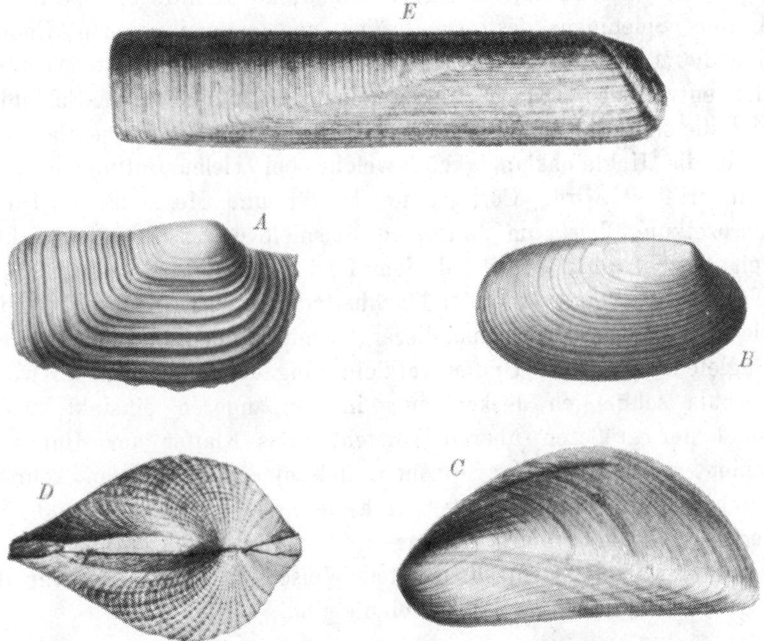

Fig. 201. Kretazisch-känozoische schlammbewohnende Muscheln mit rückgebildetem
Schloß. Biologische Konvergenzformen zu den alten Typen in Fig. 200. *A* Panopaea,
Obere Kreide, Gosau; *B* Tapes, ebendaher. (Beide aus ZITTEL, Bivalv. d. Gosau 1864.) ¹/₁.
C Myoconcha, Obere Kreide, Frankreich. (Aus D'ORBIGNY, Pal. franç. Terr. crét. III,
1843/47.) *D* Pholadomya, vorn und hinten klaffend. Obere Kreide, Norddeutschland.
(Aus MOESCH, Mon. Pholadom. 1874). ¹/₁. *E* Solen, mit stark verlängerter, hinten völlig
offener Schale. Eozän, Pariser Becken. (Aus DESHAYES, Anim. s. Vertèbr. Bass. Paris I, 1860.)

Donax nähern sich Ober- und Unterrand der Parallelität, wie bei Pholadomya, Solecurtus und Solen . . ."
  Desmodontie einerseits, Verlängerung, Zuspitzung der Schale nach
hinten andererseits, dazu das Klaffen am Hinterrande, wo die Siphonen
austreten, die schließlich verkalken können und die Schale röhrenartig
mehr oder weniger fortsetzen, Torsionen der Schale usw., das sind biologische Anpassungs- bzw. Formenerscheinungen, welche in vielen Gruppen,
auf vielen Einzellinien erreicht werden und schon im ältesten Paläozoikum sich zeigen. Gleiche Lebensweise wirft hier den verschiedensten
Gattungen das gleiche biomorphologische Kleid über und es entstehen

hierbei weitestgehende Konvergenzen, wofür einige Beispiele angeführt seien. Der tertiäre Entenfinger Solen hat sein Vorbild in dem devonischen Paläosolen (Fig. 200 B); während aber jener sich unmittelbar an die Telliniden anschließt, kommt dieser von Formen wie Sphenotus her, die ich am ehesten an silurische Anisomyarier angeschlossen wissen möchte. Die mesozoischen Pholadomyen und Homomyen werden von devonischen Allerismen (Fig. 200 E) vorweggenommen, die Telliniden, Tapesformen und breiten Soleniden des Jungtertiär von untersilurischen Endodesmen (Fig. 200 A). Die Eigentümlichkeit der aus den verschiedensten Grundformen sich entwickelnden desmodonten Schale ist nicht nur die Schloßlosigkeit und die sich nach innen unter den Wirbel ziehende Ligamentlage, sondern auch die Ungleichklappigkeit, welche bei vielen Gattungen angestrebt und erreicht wird. Corbula im Tertiär und Mesozoikum, Thracia im Mesozoikum, Vlasta im Silur sind Beispiele dafür. Die Ungleichklappigkeit besteht nicht, wie bei dem Pectinidentypus Vola (S. 292), in der Wölbung der einen und der Flachheit der anderen Klappe, wobei jedoch die Ränder genau korrespondieren, sondern bei den Desmodonten heißt Ungleichklappigkeit: Umfangverkleinerung der einen Klappe, welche bei Corbula schließlich deckelförmig in der anderen einsinkt, wobei der Rand der größeren überall vorsteht. Das Klaffen am Hinterende geschieht zum Austritt der Siphonen, fleischigen verlängerten, röhrenförmig geschlossenen Mantelfalten, durch welche Atemwasser und Nahrung herein-, Abfallstoffe hinausgelangen. Der Sipho kann einfach oder doppelt sein. Er ist in der verschiedensten Weise entwickelt, worüber die beigegebene Serienfigur 202 Aufschluß gibt.

Es ist also immer wieder dieselbe Beobachtung, die man bei allen biologischen Anpassungen macht, daß die verschiedensten Familien und Gattungen einer Klasse oder Ordnung von ihnen ergriffen werden und daß ursprünglich ganz entfernt stehenden Formen ein gleicher Habitus aufgezwungen wird. Gehen solche Anpassungen in gleicher Richtung und sehr weit, dann ist die Herkunft der angepaßten Gattungen oft nicht mehr ersichtlich und dann werden sie, wie z. B. unter den Schnecken die Capuliden, unberechtigterweise zu systematischen, scheinbar einheitlichen Familien zusammengefaßt.

Sind also Bewohnen des Schlammes und Bedecktwerden von ihm, sowie die daraus entspringenden Eigenschaften des Klaffens am Hinterende, sowie Ungleichklappigkeit und Zahnlosigkeit Charakteristika des Desmodonten, so gibt es auch unter den Monomyariern gelegentlich eine konvergente Annäherung an diesen biologischen Habitus, nämlich bei Ensigervilleia (Fig. 202 A) aus dem Malm.[1]) Die an Solen erinnernde,

---

1) DIETRICH, W. O., Ensigervilleia, eine neue Gervilliengruppe aus dem oberen weißen Jura von Schwaben. Centralbl. f. Mineral. usw., S. 235 ff., Stuttgart 1910.

außerordentlich schmale langgestreckte Schale ist vorn bauchig, verflacht sich nach hinten schnell, und klafft dort. Das vordere Ohr ist zu einem Byssusrohr kurz ausgezogen, das Ligament liegt wie bei allen Perniden auf der hinteren gekerbten Randplatte. Das Tier lebte im detritogenen Schlamm der Korallenriffe, wo es sich mit dem Byssus zuerst anheftete, dann aber der Überdeckung ausgesetzt war, sich daher aufbog, nachdem

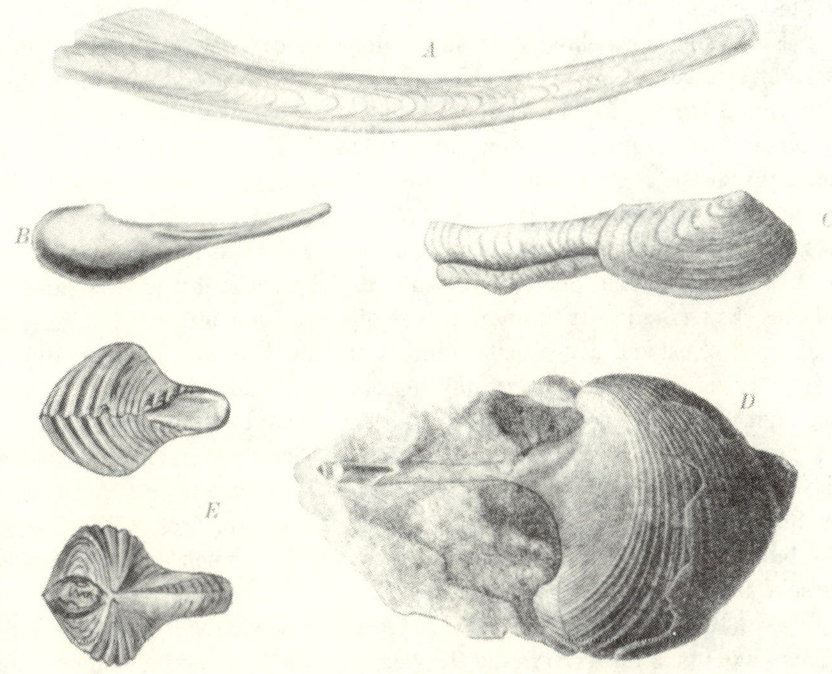

Fig. 202. Verschiedene Art der Siphonenbildung bei eingegrabenen oder verdeckt sitzenden Muscheln: *A* Ensigervilleia, ganze Schale als solche verlängert. Oberer Jura, Württemberg. (Aus DIETRICH, l. c.) $^1/_1$. *B* Leda, Schale als Ganzes verlängert, jedoch wie am Weichkörper Sipho differenziert. Lias, Württemberg. (Nach den beiden Originalen von OPPEL, Jahresh. Ver. Vaterl. Naturk. Württemberg X, 1854, neu gezeichnet. Orig. in München.) $^1/_1$. *C* Panopaea, Doppelsipho verkalkt, außerhalb der Schale verbleibend. Oberkreide, Norddeutschland. (Aus BRAUNS, Ztschr. ges. Naturwiss. 46, 1876.) $^1/_1$. *D* Conocardium, Sipho an der Vorderseite der Klappe, Organisation des Weichtieres daher fraglich. Karbon, Irland. (Aus KIND, Brit. Carb. Lamell. II, 1901.) $^3/_4$. *E* Conocardium, mit nach abwärts klaffender Unterseite und vorderer herzförmiger Area, von einem Siphonalloch (?) durchbohrt. Aus dem Eifeler Devon. (Aus BEUSHAUSEN, Abh. preuß. geol. Landesanst. N. F. 17, 1895.) $^3/_4$.

es zuerst geradlinige Schalenlängsachse hatte und vermutlich Siphonen ausbildete, welche am hinteren klaffenden Ende austraten.

Die Gervilleien und die Inoceramen stellen zwei verschiedene biologische Anpassungstypen des Pernidentypus dar. Die Gervilleien sind die den Soleniden und klaffenden Desmodonten unter den Dimyariern entsprechenden Muscheln der Monomyariergruppe, welche in der Trias mit Hoernesia noch wenig angepaßt beginnen, dann über die Gervillien der Aviculoidesgruppe sich immer mehr strecken und die Tendenz dieser Streckung mit der Ensigevilleia im Korallenmalm Schwabens verraten und dort auch in ihrer Vollendung zeigen. Die Inoceramen dagegen sind die flachen Bodenbewohner, welche nicht im Schlamm und Sand versinken, sondern mit ihrer Tellergestalt sich auf demselben liegend zu erhalten suchen.

Ein ganz spezieller Fall sind die Conocardien des Devon und Karbon (Fig. 202 *D*, *E*). Ihre Hinterseite (?) ist platt und bildet eine herzförmige Area, die man bei Muscheln sonst allenfalls nur an der Vorderseite zu sehen gewöhnt ist. Aber an einer Stelle sind die Schalenränder zu einer im geschlossenen Zustand einheitlich erscheinenden längeren oder kürzeren Röhre ausgezogen. Die Vorderseite (?) ist zugespitzt, indem der Unterrand schräg nach aufwärts auf den in die Länge gezogenen Schloßrand zuläuft. Dieser schräge ansteigende Teil des Unterrandes tritt aber beiderseits auseinander, so daß im geschlossenen Zustand der Schale eine klaffende Öffnung bleibt. Durch diese trat vermutlich der Grabfuß heraus, während die hintere Röhre dem oder den Siphonen diente. Man muß nach der ganzen Konstruktion des Gehäuses annehmen, daß sich das Tier so weit in den Boden grub, daß die abgestutzte flache Hinterseite etwa gerade mit der Ebene der Bodenfläche zusammenfiel und nur der Sipho vorragte. War dieser sehr lang, wie Fig. 202 *D* zeigt, so mag das Gehäuse noch tiefer im Boden gesteckt haben.

Es fällt auf, daß die Muschelarten, welche sich nur teilweise eingraben und mit ihrer Hinterhälfte herausragen, so häufig einen vom Wirbel schräge nach rückwärts zum Unterrande laufenden Kamm haben, der auch zuweilen von einer Furche begleitet ist. Ob wir anisomyare Verwandte von Lithodomus, ob wir taxodonte Nuculiden, heterodonte Astartiden oder desmodonte Formen hernehmen, stets zeigen sie in mannigfacher Variation diese Eigentümlichkeit. Oft ist die hierdurch abgegrenzte hintere Area genau so skulptiert wie die Hauptfläche der Schale; zuweilen verlieren sich auch die Verzierungen, die Area wird glatt; in wieder anderen Fällen nimmt sie ihre eigene Skulptur an. In den angeführten Fällen ist die Area der kleinere Teil der Schale; es kann aber auch umgekehrt sein: sie nimmt die größere Hälfte der Schale ein, und dann dreht man gelegentlich die Bezeichnung um und spricht von dem Rest der Schale als einer vorderen Area. Beides, hintere und vordere Area, zeigen die jurassische Trigonia navis, und unter den paläozoischen Muscheln bis zu einem gewissen Grade die Conocardien (Fig. 202); jedoch ist bei diesen die Skulpturdifferenzierung nicht vorhanden.

Was bedeutet jene Eigentümlichkeit? Wenn der Hauptteil der Schale berippt oder gar noch mit Knoten versehen, also mehr oder minder reich verziert, die Area aber glatt ist, dann mag Deeckes Erklärung gelten, wonach die Skulptur u. a. dazu dient, „das Einsinken von größeren Individuen in einem weichen Untergrunde zu verhüten. Wenn wir eine Trigonia navis uns so in den Boden eingesenkt denken, daß ihr Vorderteil ziemlich tief im Schlamme steckt und das Hinterteil, welches glatt ist, aus dem Schlamme eben noch herausragt, dann bildet die gerundete

Fig. 203. Typen von Grammysia, aus dem Devon der Eifel: A Vorderteil, mit einer Furche gegen den umfangreicheren Hauptteil abgesetzt, vermutlich bis zu dieser Furche im Boden steckend. B Doppelkamm und Doppelfurche, als Sperrwerk gegen das völlige Versinken des Schalenhinterteiles wirkend. C im Querbild, woran der hemmende Kamm deutlich wird. (Aus Beushausen, Abh. preuß. geol. Landesanst. N. F. 17, 1895.) ²/₃.

Vorderseite mit ihrer breiten Fläche ein gutes Widerlager gegen Versinken, und die sämtlichen Rippen, die nun parallel der Oberfläche und senkrecht zu der Schwerewirkung stehen, werden ebensoviele Reibungspunkte darstellen, die ein Versinken verhindern. Man kann gerade an den Trigonien sehr gut erkennen, wie die Navisformen oder die Clavellaten oder die Scabratypen diese Skulpturen ausgeprägt haben, zusammen mit einer Verlängerung der Schale nach hinten, was nur einzutreten pflegt, wenn die Tiere entweder besonders stark ausgebildete Siphonen haben oder im Schlamme wühlend leben. Man kann sich auf diese Weise auch die Verzierungen der Pholadomyen erklären, da die älteren Liasformen beinahe glatt waren und erst vom mittleren Dogger bis in die obere Kreide eine auffällige radiale Berippung oder eine entsprechende Knotung annehmen, die eigentlich sonst keinen Zweck hat . . Manche rezente Veneriden haben auf der Arealkante lange Dornen, die ein klein wenig seitlich gebogen sind und eine Art Sperrwerk darstellen“. Hieraus läßt sich erschließen, daß die Ahnen der Pholadomyen noch nicht Desmodonte waren. Es scheint also, daß die Abtrennung einer hinteren Area und der dabei entstehende Schalenkamm ebenso aufzufassen sind, wie DEECKE im vorstehenden Zitat die ganze Skulptur auffaßt. Die hintere Area stand vermutlich aus dem Schlamm oder Sand heraus, die übrige Schale sank ein bis zur Kante. Diese hemmte durch die der Schale hier erteilte Querverbreiterung das Einsinken, während andererseits das starke Zusammenlaufen des Vorderrandes ein rasches Eingraben in den Boden erlaubte. Die devonischen Grammysien haben ihrer Dünnschaligkeit und ihrem mehr oder minder zugespitzten Vorderrande nach gleichfalls im Schlamm oder Sand gesteckt. Auch bei ihnen entsteht eine pholadomyen- oder trigonienförmige vordere herzförmige Area; ihre wahrscheinlich ehemals

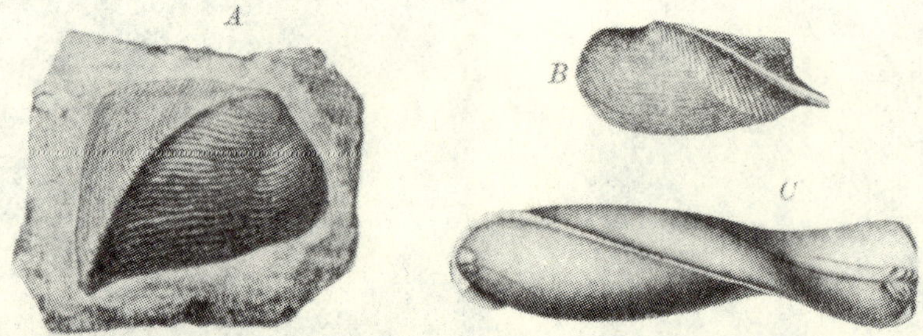

Fig. 204. Schalentorsion verschiedenen Grades bei bohrenden Muscheln: A Goniophora, aus dem Unterdevon der Eifel. Einfachster Fall, Torsion kaum entwickelt. (Aus BEUSHAUSEN, Lamell. Rhein. Devon 1895.) $^1/_1$. B Technophorus, aus dem Untersilur von Minnesota. Schraubenflügelförmig gebaut. (Aus ULRICH, III. Rep. Geol. Surv. Minnesota 1894.) $^3/_4$. C Spirodomus, aus dem Karbon von Pennsylvanien. Vollkommene Torsion. (Aus BEECHER, 39. Rep. N. Y. State Mus. 1886.) $^3/_4$.

der Verfestigung ihrer dünnen Schale nach dem Prinzip der Wellblechbildung dienende konzentrische Wellung wird grob durchkreuzt von einer oder zwei groben Furchen, die zwischen sich Kielkämme lassen (Fig. 203). Auch hier scheint mir DEECKES Erklärung anwendbar zu sein. Die vordere herzförmige Area klaffte ähnlich wie bei Conocardium (Fig. 202E); es wurde also hier vermutlich ein fußartiges Graborgan herausgestreckt.

Eine andere Bedeutung hat die gleichfalls mit der Bildung einer diagonal laufenden Rückenkante und -furche in Zusammenhang stehende, bei grabenden und bohrenden Formen oft beobachtbare Schalentorsion (Fig. 204). Solche Schalentorsionen kommen unter den paläozoischen Muscheln häufig vor und hängen ganz zweifellos mit der Grab- und Bohrtätigkeit insofern unmittelbar zusammen, als hierdurch wie bei einer transportierenden Drehspirale der Bohrschmand herausbefördert werden konnte. Es gibt im Karbon von Pennsylvanien eine in dieser Hinsicht ganz extrem entwickelte Bohrmuschel, Spirodomus insignis (Fig. 204 C), welche diese Schalentorsion in schönster Vollendung zeigt und hier den

Mechanismus, dem sie diente, deutlich offenbart. Durch sie wird dann auch Technophorus aus dem Untersilur verständlich. Er hat einen siphoartig ausgezogenen Hinterrand und erinnert stark an gewisse Ledaarten im Jura. Diese sind echte Taxodonte, jener gehört zu den auf S. 437 besprochenen Formen um Mecynodus. Tapes (Baroda und Icanotia) unter den Veneriden, die sich in Sand eingraben und bei denen die sich

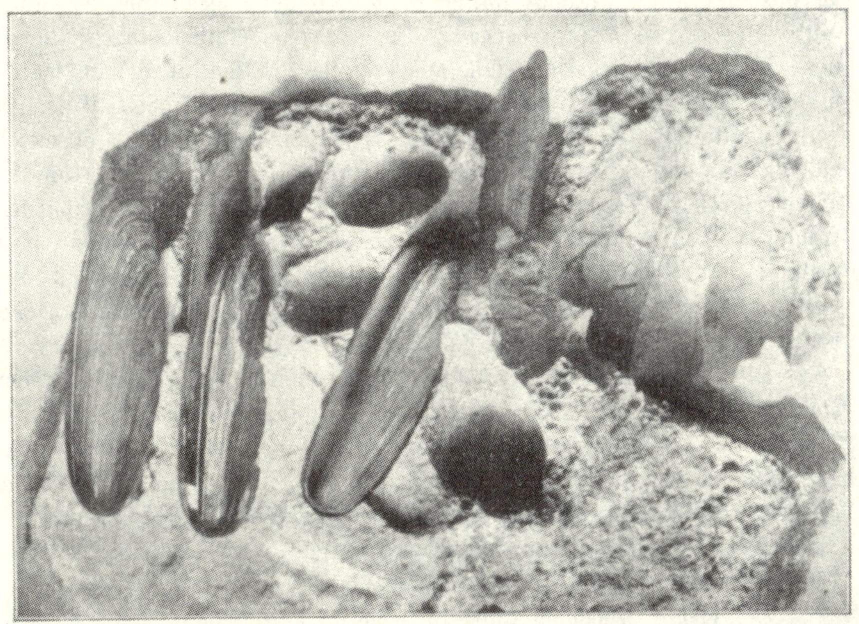

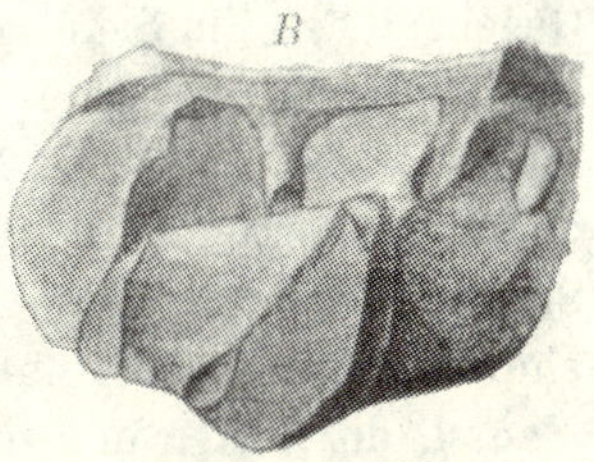

Fig. 205. *A* Lithodomus lithophagus, die „Meerdattel", in Kalkstein eingebohrt. Küste bei Triest. Die Schalen sind den Hohlräumen so angepaßt, daß eine drehende Bewegung ausgeschlossen erscheint. (Aus ANDRÉE, Geol. d. Meeresbodens 1920.) Etwas verkl. *B* Lithobia, im untersilurischen Vaginatenkalk von Estland. Kleine Bohrgänge einer Modiola-ähnlichen Muschel. (Aus KOKEN, Zentralbl. f. Min. usw. 1902) $^1/_1$.

zuspitzende Vorderseite und der gleichzeitig aufsteigende Hinterrand charakteristisch sind, haben ihr Vorbild in silurischen Endodesmen und Orthodesmen (Fig. 200 *A*), welche schließlich durch immer stärkere Zuspitzung, Vorrücken des Wirbels und sackförmige Rundung der Hinterhälfte zu modiolaartigen Formen werden, also formal an Gestalten anschließen, wie sie in extremster Weise die im Fels bohrende kretazischkänozoische Seedattel Lithodomus zeigt (Fig. 205 *A*). Sie spielt auch in der Jetztzeit geologisch eine ganz besondere Rolle, die jeder kennt, der einmal die Adriatische Küste besucht hat. Die Tiere durchbohren in Scharen die Felsgesteine und arbeiten sie bis zum Zerfall oft auf. Man findet häufig auf Schichtflächen ihre vorweltliche Tätigkeit, auch in dicken Muschelschalen. Die Art ihres Bohrens ist nicht mechanisch, sondern chemisch.

Die ganze Oberfläche der Schale und namentlich auch Vorderende und Vorderrand sind glatt, ohne jede Spur von Zähnchen, die allenfalls als Raspel benützt werden könnten. Auch findet man die meisten Stücke mit völlig unversehrter Oberhaut, die doch jedenfalls beim Reiben an den dem Drucke am meisten ausgesetzten Stellen abgenützt werden müßte. Da man bei der Steindattel keine mechanischen Hilfsmittel kennt, mittels deren sie bohren könnte, so hat man wohl an chemische zu denken, und da es immer Kalk ist, in den sie eindringt, (Korallen, Weichtierschalen, Kalkfelsen), so dürfte die von der Haut ausgeschiedene Kohlensäure heranzuziehen sein, die den schwer löslichen kohlensauren Kalk in leicht löslichen doppeltkohlensauren verwandelt, und die vermutlich ebenso bei denjenigen Gastropoden mit tätig ist, welche Muschelschalen anbohren (Brehm I, S. 523).

Die älteste bisher festgestellte Bohrmuschel dieser Art ist die nebenstehend abgebildete Lithobia atava (Fig. 205 B) aus dem Untersilur. Da die Tiere nur in Steinen bohren und leben, so kommen sie in Tonschichten zunächst nicht vor. Enthalten aber diese Tonschichten harte Konkretionen, die sich schon während der Ablagerung bildeten, dann besiedelten sie diese Konkretionen, die nun ganz von ihnen durchsetzt sind, z. B. die Phosphatkonkretionen im jurassischen Woëvreton.

Bei vielen Muscheln nun, die sich im harten oder weichen Boden bzw. in Felsen, Riffkalken oder Holz einbohren oder in Ritzen, zwischen Gegenständen, im Sande usw. sitzen, verkalken die Siphonen, sei es doppelt wie in Fig. 202 C, sei es, indem die Röhren zu einer verschmelzen, wie in Fig. 202 B. „In der Familie der Gastrochänen werden einige teils durch Nesterbau, teils durch eigentümliche Kalkröhren ausgezeichnete Sippen vereinigt. Die Gattung Gastrochaena hat einen dicken, bis auf eine enge vordere Öffnung für den Austritt des Fußes ganz geschlossenen Mantel, der hinten in zwei ihrer ganzen Länge nach verwachsene Siphonen verlängert ist. Der Fuß ist sehr klein, spitz und trägt einen Byssus. Das Gehäuse ist gleichschalig, beinahe keilförmig dünn, auf der Bauchseite, namentlich nach vorn hin, stark klaffend und reicht zum Schutze der Weichteile des Tieres nicht aus. Einige Arten .. leben in Felsspalten und verbinden kleine Steinchen und Muscheltrümmer zu einer Art von flaschenförmigem Nest, das die Schale gänzlich einschließt. Die Außenseite desselben ist rauh, die Innenseite glatt und besteht aus dünnen Lagen einer kalkigen Absonderung des Tieres. Das Nest ist ganz geschlossen bis auf die Mündung des Halses für die Siphonen. Mit dem Wachstum des Tieres wird auch das Nest vergrößert und dessen Hals verlängert. Dieselbe Art .. soll jedoch auch zugleich sich in weichere und härtere Felsen einbohren können, während andere Arten nur diese Gewohnheit haben und im Inneren von Muschelschalen, Korallen, Balanusmassen leben, wo sie sich mit einer unvollständigen Röhre umgeben. Auch Durchbohrungen von Austern kommen vor."[1]

Es gibt noch verschiedene andere Modifikationen; die wichtigsten sind die Siebmuscheln, die Clavagelliden, deren Mantel das Tier vollkommen, seitlich, hinten und vorn umhüllt. Die eigentlichen Schalen sind stark rückgebildet und in eine den ganzen Körper umgebende, vorn mit einem Sieb geschlossene kalkige Röhre mitsamt dem Sipho eingeschlossen. Sie liegen im Sand oder verkriechen sich auch in Löcher oder zwischen Gegenstände.

Eine ähnlich wirkende Siebbildung, die jedoch durch Umwandlung der einen Klappe erreicht wird, hat die permische Brachiopodenfamilie der Lyttoniidae. Sie heften sich mit dem Wirbel der Ventralschale fest, stoßen diesen Fremdkörper aber später wieder ab (S. 362) und überwuchern die Narbe mit Schalensubstanz; die Schale war, wenigstens bei der Gattung Lyttonia, im späteren Lebensalter frei. Das Gehäuse war dünnschalig und die Dorsalklappe zerschlitzt, was bei Brachiopoden ganz ungewöhnlich ist; auch die Muskeln waren verkümmert und nicht mehr funktionsfähig. Wir dürfen uns daher die Klappen als stets aufeinanderliegend vorstellen, und, da das Tier später nicht mehr festsaß, als im ruhigen Wasser am Boden liegend, ja vielleicht etwas im Boden, von Sand, Schlamm oder Schalenmaterial ein wenig bedeckt. Jene schloßlosen, daher nach dem Tode des Tieres an und für sich auseinanderfallenden Klappen wären nämlich nicht so häufig im Zusammenhang überliefert, wenn sie nicht von außen zusammengehalten worden wären. Zudem war die zu dünnen freien Lamellen zerschlitzte Dorsalklappe derart zerbrechlich, daß das Tier ganz unbeweglich dagelegen haben muß und daß sie überhaupt nicht geöffnet wurde. Sie wirkte einfach als Sieb, das Tier bezog durch sie Atemwasser und Nahrung. Nimmt man aus dem angegebenen Grunde noch weiter an, daß das Gehäuse verdeckt lag, dann erklärt sich auch die Atrophie des Muskelwerkes.

Es muß aber doch ein Unterschied in der Lebensweise zwischen den beiden, die Familie hauptsächlich repräsentierenden Typen Lyttonia und Oldhamina bestanden haben. Oldhamina hat eine gewölbte, Lyttonia eine flache Ventralklappe, welch' letztere auch stärker als die von Oldhamina ist. Die stärkere Lyttonienschale kommt fossil dort vor, wo eine Anhäufung von Krinoidenstielgliedern und allerlei Muschelresten stattfand. Es ist daher wahrscheinlich, daß die flache, stärkere Lyttonia mehr unter derartigem gröberen Material verdeckt lag, während die einseitig

---

1) BREHMS Tierleben, Bd. I, Niedere Tiere, 4. Auflage, S. 575, Wien und Leipzig 1918.

gewölbte, schwächere Oldhaminaschale vielleicht nur eine leichte und dünne Bodenschicht über sich hatte. Das sind wohl die einzigen Brachiopoden, für welche wir eine verdeckte Lebensweise annehmen können. Wir kehren zu den bohrenden Muscheln zurück.

Nur in weiches Gestein oder Holz bohren sich die Pholaden ein, Formen, die man in die Nähe der Myiden stellt. Die Schale ist vorn ein durch stark hervortretende, mit Dornen besetzte Rippen gebildetes feilenartiges Gebilde. Sie drückt sich mit ihrem Fuß an den in Angriff genommenen Gegenstand an und dreht sich dabei hin und her. Nach Brehm[1]) wird diese Art des Arbeitens aber nur von jungen Tieren angewendet, die senkrecht in den Gegenstand eindringen; dabei ist der hintere Schalenteil noch unentwickelt. Ist das Tier herangewachsen und die Schale vollendet, so ändert es seine Richtung und arbeitet wagrecht weiter. Dabei wird der geschlossene vordere Schalenteil gegen den Boden der Höhlung gedrückt. Dann wird die Schale sofort geöffnet, so daß die feilenartigen Teile rasch und kräftig kratzen; dies wird fortgesetzt wiederholt. Tatsächlich sollen auch an alten Exemplaren die Raspelzähne am Vorderteil der Pholadenschale abgerieben sein.

Fossil weniger eine Rolle spielt auch Teredo mit ihrer wurmförmig gewordenen Gestalt, an deren Vorderende wie ein Häubchen die reduzierte Schale sitzt, während der hintere Teil, also hauptsächlich die ungeheuer verlängerten Siphonen in eine einzige unregelmäßig gestaltete Kalkröhre eingeschlossen sind und den in's Holz gebohrten Gang auskleiden. Verfault das Holz und wittern die Röhren heraus, wie wir sie in fossilem Zustand finden, dann zeigt sich, daß sie niemals gegenseitig ihre Gänge anbohren, so zahlreich und dicht nebeneinander sie auch eingedrungen sein mögen. Die planmäßig durch künstliche Züchtung verfolgte Ontogenie erweist die normale Muschelnatur der jungen Teredo. Auch hier erfolgt das Bohren mechanisch, nicht chemisch. Nach Harting sollen die zwei Klappen der Schale, ähnlich wie zwei Kinnladen, das schon feuchte und darum leichter bearbeitbare Holz ausnagen.[2])

Nun ist ja allerdings erwiesen, daß Mollusken sogar Schwefelsäure ausscheiden, z. B. Dolium zur Verteidigung, und es ist daher sehr wohl möglich, daß auch Lithodomus mit Säure arbeitet, die der Kalkschale vielleicht infolge Ausscheidung von Fermenten nichts schadet, ebenso wie der Magen sich nicht selbst verdaut. Wenigstens ist bei Lithophagus, welche ausschließlich in Kalkstein bohrt, eine allen übrigen Muscheln fehlende Drüse nachgewiesen, die vermutlich Säure produziert; denn auch die Form ihrer Löcher weist auf die Wirkung von Säuren, nicht von mechanischer Arbeit hin (Hesse-Doflein, S. 243). Auch bei der bohrenden

---

1) Brehm, a. a. O., S. 567.
2) Brehm, a. a. O., S. 572.

Natica ist das Mitwirken von Säure nachgewiesen, wo an der Unterseite des Kopfes eine Bohrdrüse liegt, deren napfförmiger Rand auf die zu durchbohrende Muschelschale wasserdicht aufgesetzt wird, damit in dem verbleibenden inneren Hohlraum die ausgeschiedene Säure wirken kann. Der so erweichte organogene Kalk wird dann mit der Radula vollends ausgebohrt. Hier dient die Bohrtätigkeit unmittelbar der Ernährung. Auf die gleiche Weise dürfte das schon in anderem Zusammenhang genannte räuberische Kinkhorn unserer Meere (Buccinum undatum, Fig. 79, S. 237) arbeiten, das Schalen mit seinem Fußende anbohrt, wobei charakteristische Löcher entstehen, die man ähnlich auch fossil gefunden hat.

Manche Gastropoden, wie Natica und Bulla, graben sich in den Schlamm ein, erstere, indem sie den Fuß in den Boden stecken und ihn durch Wasseraufnahme schwellen lassen; letztere, indem sie mit dem aus den Fühlern entstandenen Kopfschild bohren. Solche Formen sind glattschalig und haben eine unscheinbare, gleichmäßige Farbe. Auch unter den Prosobranchiern graben sich kleine Mitra in den Korallensand bei Ebbe ein, hinterlassen dabei auch Kriechspuren. Landschnecken (Helix) lösen mittels ausgeschiedener Kohlensäure Kalk auf und bauen sich zuweilen vertiefte Wohngruben in Kalkgestein.[1]

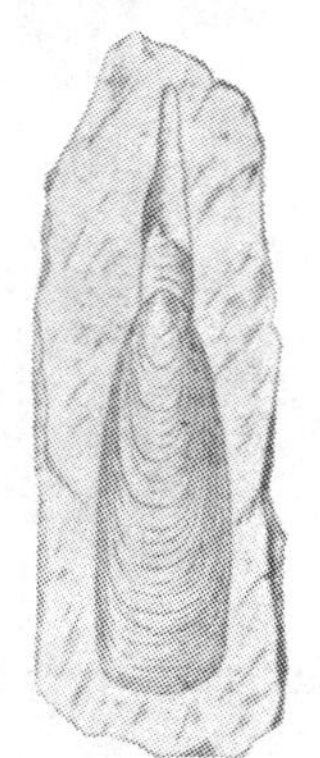

Fig. 206. Lingula mit Fußabdruck aus dem Untersilur von England. (Aus Walcott, Proc. U. S. Nat. Mus. 1888 nach Davidson.) $^1/_1$.

Für die im weichen Boden sich eingrabenden Tiere ist der Bau von Gängen oder Röhren charakteristisch, und trifft man diese fossil an, so kann man auf jene schließen, wenn auch die Weichkörper selbst, die sie schufen, nicht erhaltungsfähig waren. Dentalium trägt seine Röhre als Schale mit sich herum und steckt seinen Weichkörper mitsamt dieser in den Boden hinein, und zwar mit dem Kopfende voraus, an dem auch der Grabfuß aus der Schale gestreckt wird; es ist das weitere Ende der Schale; das spitzere Hinterende funktioniert als Siphonalöffnung. Eine Röhrenbildung kann auf viererlei Weise erscheinen: indem in den weichen Boden ein rasch vergänglicher Kanal gegraben wird; indem ein solcher Kanal ausgekleidet und dadurch gefestigt wird; indem in hartes Gestein ein standfester Gang gegraben wird, der unausgekleidet bleibt oder ausgekleidet wird; endlich indem, wie bei Dentalium, die Röhre schon mitgebracht und mit dem Weichtier in den Boden versenkt wird.

Es ist klar, daß jedes eingegrabene Tier mindestens Atemwasser braucht, mit dem auch die Nahrung zugeführt oder zugestrudelt wird, wenn es nicht zu diesem letzteren Zweck den Bohrgang zeitweise ver-

---

1) Simroth, H., Gastropoda im Handwörterbuch der Naturwiss., Bd. IV, S. 600, Jena 1913.

läßt. Infolgedessen müssen sich Siphonalröhren dort bilden, wo kein offen kommunizierender Wohngang angelegt wird, sondern das Tier vom Schlamm oder Sand völlig umhüllt ist. Da gibt es nun verschiedene Grade und Richtungen der Anpassung.

Es wurde schon Seite 395 erwähnt, daß sich Lingula mit ihrem fleischigen Stiel im Sand und Schlamm verankert, während sich die artikulaten Brachiopoden auf harten Gegenständen festsetzen. Die nächste Stufe ist die des völligen Vergrabens; der Stiel schafft sozusagen den Weg und bildet eine Röhre. Lingula anatina lebt nach WALTHER am Strande von Numea im Sande zwischen dem Seegras so tief vergraben, daß nur der Stirnrand noch heraussieht. Dabei hat sie, analog den schlammbewohnenden Muscheln, eine Art Siphonen ausgebildet. Durch das unvollständige Aufeinanderlegen der Mantellappen entstehen drei ovale Öffnungen, die durch Verlängerung von Mantelborsten zu Kanälen verlängert werden, in die das Wasser beiderseits ein- und in der mittleren austritt.[1]

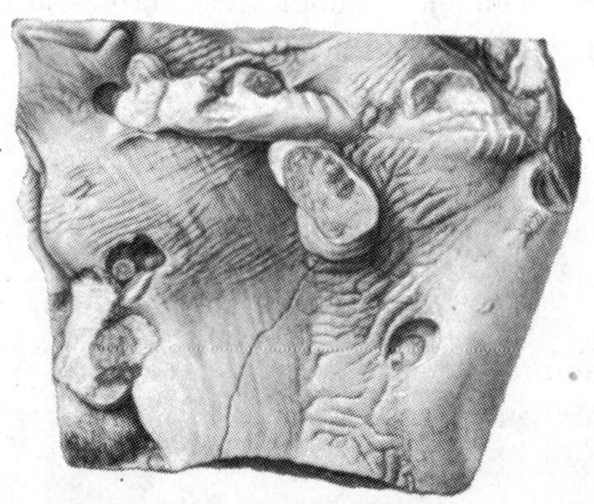

Fig. 207. Hieroglyphen auf unterkretazischem Sandstein der Karpathen. Die Löcher sind Eingänge zu Würmer-Bohrgängen, die Häufchen z. T. Auswurf (vgl. Fig. 209). (Orig. in München)

Fußabdrücke von Lingula sind gelegentlich fossil beobachtet worden (Fig. 206). Der Stiel kann das Achtfache der Schalenlänge erreichen.

Den Hauptanteil an den bohrenden und grabenden Tiertypen haben wohl die Würmer, und diese fallen dem Geologen wohl noch mehr auf als die Bohrmuscheln. Viele Schichtflächen sind in allen Formationen bedeckt mit Löchern, Wülsten und Hieroglyphen, Gebilde-deren Herkunft meistens auf die Bohr- und Bautätigkeit ehemaliger Würmer zurückzuführen ist (Fig. 207). Sie bauen in harten Stein, in weiches Holz und in losen oder zähen Schlamm.

Oft scheinen sie bei Unkonformitäten und kleinen Hiatus oder diskontinuierlichen Überlagerungen auf Schichtflächen gefunden zu werden, wo eben die Schichtflächen vor ihrer Neuüberdeckung eine Zeitlang unbedeckt lagen und schon verhärtet waren. So beschreibt CHOFFAT von einer Diskordanz zwischen Jura- und Miocän eine Anbohrung der Jurafläche durch Polydora, die in Fig. 210 *B* wiedergegeben ist.[2] Auch im

---

1) WALTHER, J., Einleitung in die Geologie als historische Wissenschaft, S. 439, Jena 1894.

2) DOUVILLÉ, H., Perforations d'Annélides, Bull. Soc. géol. France, 4. Sér., Tom. 7, S. 361, Paris 1907.

Lothringer Jura, wo innerhalb der normalen Schichtfolge kleinere Trockenlegungsperioden zu beobachten sind, findet man gelegentlich die unteren
Flächen auf diese Weise von Bohrmuscheln, aber auch von Würmern
angebohrt (Fig. 208).

Von dem Eichelwurm, Balanoglossus, schreibt DOFLEIN:[1] „Hat die
Ebbe den Sandstrand bloßgelegt, so beobachtet man an Stellen, an denen
Eichelwürmer vorkommen, häufig im Sande kleine trichterartige Vertiefungen von kreisrundem Umriß, die am Grunde in eine Röhre übergehen. Ist einige Zeit nach dem Eintritt der Ebbe verflossen, so sieht
man jedesmal in einiger Entfernung von dem Trichter eine aufgeknäulte

Fig. 208.　Schichtfläche im Jurakalk mit darüber gelagerter gleichalteriger Austernbank,
vor deren Auflagerung in den zähen und erhärteten Schlamm zuerst Bohrwürmer mit
feinen Gängen, dann breite Bohrmuscheln eindrangen. Oberer Jura, nordöstlich Verdun.
(Orig. in München.)　$^2/_3$.

Sandwurst" (Fig. 209). Auch die Krabben lagern nach DOFLEIN ihre Fäkalien
in verschiedenen Richtungen sternförmig um den Eingang ihrer Höhle herum
ab. „Überhaupt scheint es, daß eine ganze Anzahl schwer erklärbarer Fossilien
auf die Fäzeshäufchen von Tieren zurückgeführt werden können, die ähnlich
lebten und organisiert waren, wie Arenicola oder Balanoglossus ..."

Das eigenartigste Verhältnis des Tieres zu seiner Röhre bieten jene
auch fossil in großer Häufigkeit nachgewiesenen tubikolen Anneliden,
welche sich nicht nur in weichen, sondern auch in verhältnismäßig
zähen Boden eingraben und die vor allem es sind, welche in vielen
Formationen weite Schichtflächen bedecken. Es sind dies jene unter
dem Namen Taonurus, Spirophyton, Rhizocorallium, Chondrites u. dgl.
längst bekannten eigenartigen, geraden und gebogenen Gesteinsstengel
und Wurzelgebilde, deren Deutung und eingehende anatomische Untersuchung wir besonders FUCHS und REIS verdanken.[2] Es fällt auf, daß

---

1) HESSÉ, R. u. DOFLEIN, F., Tierbau und Tierleben, II. Bd., S. 236, Leipzig und
Berlin 1914.

2) FUCHS, Th., Studien über Fucoiden und Hieroglyphen. Denkschr. math.-naturw.
Kl. k. Akad. Wiss., Bd. 62, S. 369—447, Wien 1895. — Über einige neuere Arbeiten
zur Aufklärung der Natur der Alectoruriden. Mitteil. Wiener geol. Ges., Bd. III, 1909,
S. 335—350.

jene Gebilde gerade in sonst sehr fossilarmen oder ganz fossilleeren Schichtkomplexen besonders reichlich verbreitet sind. Reis führt das auf folgende Gründe zurück:[1])

1. Es scheinen die pflanzenfressenden Tubikolen die ersten bodenständigen Besiedler zu sein, welche infolge ihrer Bodenbesiedelungsart und ihrer eurythermen Anpassungsfähigkeit am erfolgreichsten weite,

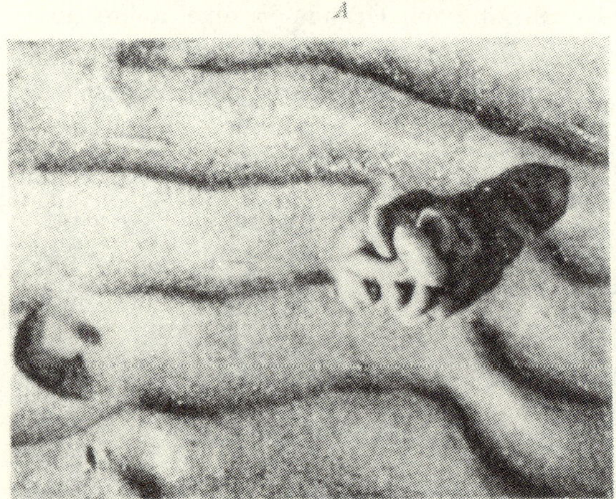

vorher sterile Oberflächen bevölkern können. Als Vorläufer können sie auch bei sonst biologisch nicht günstigen Verhältnissen häufig die einzigen bleiben.

2. Ihre Bautätigkeit bedingt ein Vermeiden locker gebundener Schaltieranhäufungen, selbst wenn sie fähig wären, harte Gegenstände zu durchbohren; sie ziehen gleichmäßig gemischte und feinkörnige Schlammbildungen, seien sie weich oder erhärtet, bei weitem vor.

3. Als sedentäre, auf fein mazerierte Nahrung angewiesene blinde Tiere müssen sie solche Siedelungsgebiete vorziehen, wo ihnen aus höheren Lagen organische Nahrung zurinnt, ohne zwischen den diese Nahrung liefernden Tieren selbst zu leben.

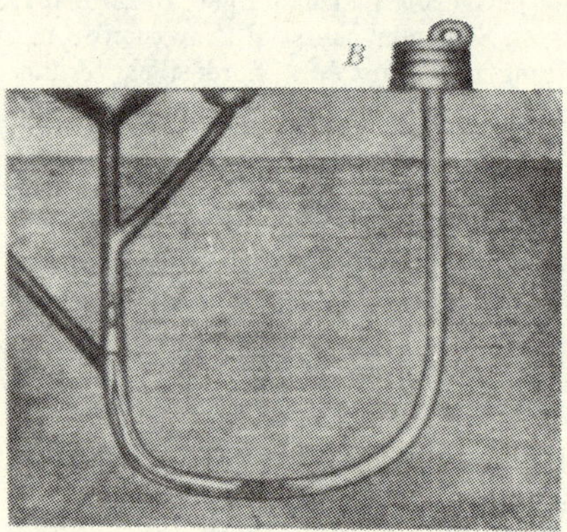

Fig. 209. *A* Vertiefter Eingang zu einem Wurmbohrgang, rechts die Aufhäufung des Auswurfes. *B* Schema eines U-förmigen Wurmbohrganges im Sande. (Aus Hesse-Doflein, l. c.) Verkl.

Wesentlich für die U-förmigen Gebilde von Taonurus und Rhizocorallium (Fig. 211 *A*) ist die Verbindung der beiden Schenkel durch eine aus fein geschwungenen Streifen und Wülstchen zusammengesetzte Spreite. Im Querschnitt sind sie daher schlüssellochförmig (Fig. 210 *B*). Nach den

1) Reis, O. M., Zur Fucoidenfrage. Jahrb. k. k. geol. Reichsanst., Wien 1909, Bd. 59, S. 615—638. — Beobachtungen über Schichtenfolge und Gesteinsausbildungen in der fränkischen unteren und mittleren Trias II. Geognost. Jahresh., Bd. 22, S. 233 ff., München 1909.

Beobachten Douvillés an der rezenten Polydora hoplopleura und ciliata — ich zitiere nach Fuchs — ist die erste Anlage der Wohnröhre ein einfacher U-förmig gebogener Gang. Allmählich legt der Wurm seine Wohnung tiefer, indem er an das bogenförmige Schließstück der beiden Schenkel nach unten immer wieder neue Bogenstücke anbaut im Sinne der nebenstehenden Fig. 210 A. Bei der ersten Anlage zeigt daher das Gebilde noch nicht die Schlüssellochform im Querschnitt, sondern zwei voneinander getrennte Öffnungen; jene tritt erst nach der Tiefe zu auf (Fig. 210 B). Genau das gleiche läßt sich auch bei dem auf einen Wurm (Glossofungites saxicola) zurückgeführten fossilen Rhizocorallium erkennen.

Man sollte nun allerdings meinen, daß bei Rhizocorallium ein freies Lumen die tieferen Teile des Wohnbaues gebildet hätte. Das ist aber nicht der Fall. Ebenso wie Polydora baute das Tier im selben Maße, als es die Verbindungsschleife tiefer legte, den verlassenen Raum von oben her zu, indem es mit seinem klebrigen, erhärtenden

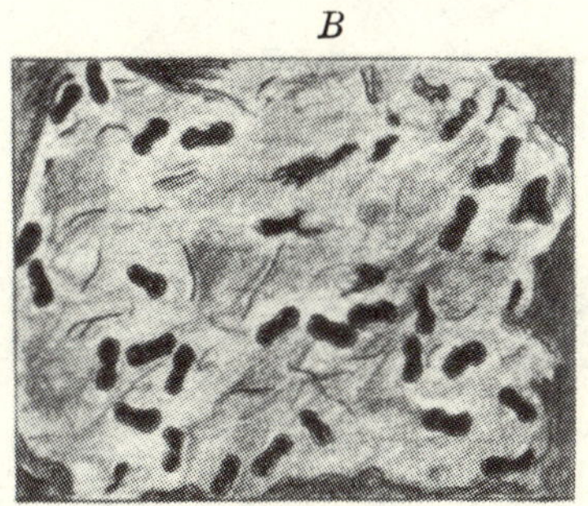
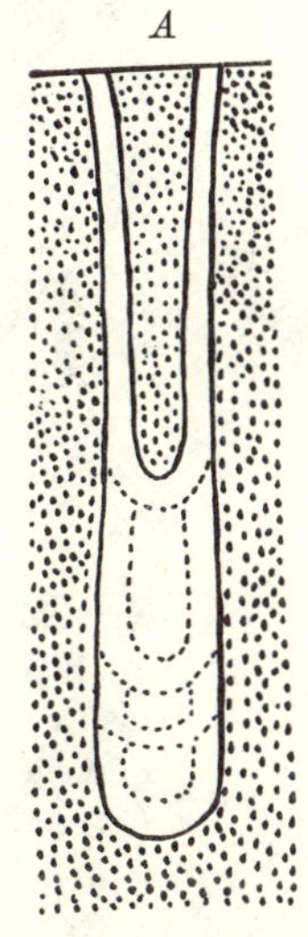

Fig. 210. Die Entwicklung U-förmiger Bohrgänge: A Aushöhlung in den verschiedenen aufeinander folgenden Stadien. (Nach Fuchs, l. c.) B Jurafels mit darüber gelagertem Miozän von Portugal, durchlöchert von Polydora. (Aus Douvillé, l. c.) $^2/_1$.

Schleim Sand und Schlammpartikel wie einen Mörtel hineinstrich; das Tier bewohnte somit stets nur eine einfache U-Röhre. Reis hat die Füllungsmasse und die Baustruktur eingehend untersucht: danach (Fig. 211 A) bestehen die Körperchen der Spreite und des Wulstes aus dicht aneinandergesetzten Kalzitkörnchen, andere sind oolithischer Natur, andere bestehen aus Schalenpartikelchen. Jedenfalls sind die Bauelemente durchweg von anderer Beschaffenheit als das umgebende Sediment. Allerdings stammt das Baumaterial selbst aus dem umgebenden Sediment; es wurde nur von dem Tiere entsprechend ausgewählt. Fuchs schildert die Bauweise von Polydora ciliata nach Mac Intosh: das Tier streckt seine beiden fadenförmigen Tentakeln bald bei der einen, bald bei der anderen Öffnung seines Baues, in dem es frei beweglich ist und den es auch verlassen kann, hervor. Die beiden Fangfäden können sich sehr weit ausdehnen und bestreichen unter fortwährenden schlangenförmigen Windungen den Boden rings um die Öffnungen. Treffen sie ein Sandkorn oder ein Nahrungstier, so umfaßt es der Fangfaden nicht, sondern es wird längs desselben durch Papillen und Cilien zur Röhrenöffnung geschafft. Auch umgekehrt werden Partikel, die wohl von den Bohrungen des Tieres herrühren, auf demselben Wege herausbefördert. Andere Arten verschlucken die durch ihre Fangfäden herangebrachten Schlammpartikel, kneten sie im Körper zurecht und bringen sie dann wieder hervor, um sie zur Ausmauerung zu verwenden.

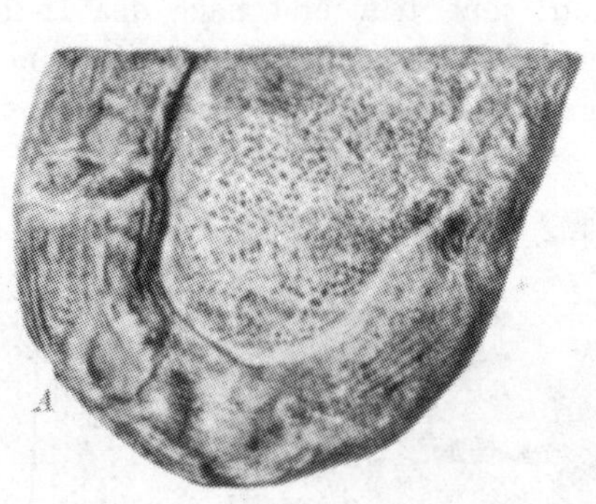
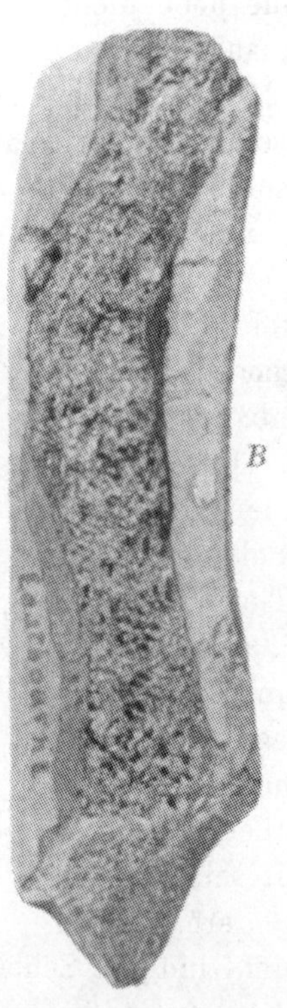

Fig. 211. Verschiedene Röhrenbauarten von Bohrwürmern: *A* Rhizocorallium, aus dem deutschen Muschelkalk, mit Körnchenaufbau. (Aus Reis, l. c.) $^1/_1$. *B* Terebella, aus der englischen Unterkreide. Aus Fischresten aufgebaut. (Aus Bather, l. c.) $^1/_2$.

Man hat es also bei jenen Gebilden, wie Reis sagt, nicht lediglich mit einer röhrenartigen Aushöhlung zu tun, sondern mit einem wirklichen Röhrenaufbau, der allerdings in seiner äußerlichen mechanischen Konstruktion etwas ganz anderes ist, als die kutikulare und epidermale Röhrenausscheidung absolut festgewachsener Tiere. Wenn letztere aus den auf Seite 338 erwähnten Gründen auf dem festen Lande nicht zu finden sind, so sind jene beweglichen Röhrenbauer etwa den Maulwürfen und Feldmäusen zu vergleichen.

Nicht nur durch Knetung von Tonpartikelchen und daraus geformten Kügelchen bauen grabende Würmer ihre Gänge aus, sondern sie suchen sich auch allerlei anderes Baumaterial zusammen. Teils wird solches in der mannigfaltigsten Weise durcheinander verwendet, wie sie es gerade finden, teils wird aber auch eine bestimmte Auswahl getroffen. So beschreibt Bather aus der Kreide von England Typen, welche ausschließlich aus Resten von Fischen bestehen, andere, welche nur mit pflanzlichen Partikeln austapeziert sind[1]) (Fig. 211 *B*).

Wenn das ein Taonurus oder Rhizocorallium bildende Tier, statt flach oder senkrecht oder schräge nach unten weiterzubohren, aus seiner Grabrichtung bogenförmig heraustrat und dabei immer um eine Idealachse spiralig herumging, aber auch den ausgefressenen Raum nach oben wieder auszementierte, dann entstand jene Form, die man Spirophyton nennt und die man lange Zeit für ein pflanzliches Gebilde gehalten hatte.

Einer etwas anderen Gruppe bohrender Würmer gehören die vornehmlich im Lias und Flysch auftretenden Fukoiden an. Sie zerfallen nach REIS in zwei Hauptgruppen: die eine enthält schmale und lange

Fig. 212. Typischer Bau der Flyschfukoiden: nach unten verzweigte Gänge.
(Aus FUCHS, l. c.) Schema.

bandförmige, reich verzweigte Äste, die andere breitlappige, meist U-förmige Gebilde, die bei recht geringer Tendenz zur Verzweigung einen größeren, ungefähr spiralig in die Tiefe gehenden Hauptlappen zeigen. Die Frage ist, was im Gegensatz zu den vorhin beschriebenen Wurmformen das Fukoidentier zu einer oft so weitgehenden Verzweigung seines Röhrenbaues veranlassen konnte. Vor allen Dingen hat nach den Darlegungen von REIS die Vorstellung auszuscheiden, daß so eine Fukoidenverzweigung, wie sie Fig. 212 wiedergibt, von mehreren Tieren bewohnt war; es war keine Röhrenkolonie. Zwar gibt es bei tubikolen Anneliden Knospung und damit eine Ansammlung von Individuen zu Röhrenbündeln; aber bei den Fukoiden spricht die ganz einheitliche Anlage des Röhrenbaues dagegen, daß hier mehrere Individuen beteiligt waren, weil der Bau vor allem in nur einem, meistens auch nicht besonders erweiterten Ausgang endet, der doch bei Bewohnen des Baues durch mehrere Individuen größer hätte sein müssen, wenn nicht überhaupt in einem solchen Falle jedes Individuum seinen eigenen Ausgang gehabt hätte, wie das ja bei den verkalkten Serpulabündeln der Fall ist. Dagegen lassen sich eine ganze Anzahl sowohl biologischer Zweckmäßigkeitsgründe, wie auch mechanischer

---

1) BATHER, F. A., Upper Cretaceous Terebelloids from England. Geolog. Magazine, Dec. V, Vol. VIII, S. 481—556, London 1911.

Momente anführen, aus denen die Verzweigung und Spiralform verständlich wird. Zunächst könnte nach Analogie von Goniada maculata die Verzweigung der Bohrgänge einfach von der unterirdischen Nahrungssuche der Tiere herrühren, die natürlich den Schlamm nach möglichst vielen Richtungen durchfurchen wollen; es würden jedoch in diesem Falle eher mehr oder minder unregelmäßige, knäuelförmige Gänge, die sich zum Teil schneiden müßten, erzeugt werden; außerdem wäre es unwahrscheinlich, daß sie alle ausgemauert würden, denn solange könnte das Tier sich bei seiner Nahrungssuche kaum aufhalten. Es scheint daher der andere von REIS angeführte Hinweis mehr Wahrscheinlichkeit zu besitzen: daß sowohl die Unterbringung des Nahrungsvorrates, wie auch die Ablegung der Auswurfstoffe die Anlage von allerlei Seitengängen veranlaßte. Die Kotausfuhr anderer tubikoler Anneliden spricht allerdings dafür, daß die Abfallstoffe nicht im Bau zurückbehalten werden und von einer Nahrungsaufhäufung ist meines Wissens bei diesen Tierformen nichts bekannt. Aufspeicherung von Atemwasser aber würde wohl eher eine sackförmige Erweiterung des Wohnraumes veranlaßt haben, als Verzweigungsgänge. Ein anderes biologisches Moment liegt in der freien Beweglichkeit der röhrenbewohnenden Würmer, wovon vorhin schon die Rede war. Gewöhnlich sind bei den Fossilen und Rezenten die Röhren U-förmig gebogen, und das Tier tritt bald zu der einen, bald zu der anderen Öffnung heraus. Die Fukoiden haben aber, wie gesagt, nur e i n e n Ausgang. Es möchte daher bei diesen blind endigenden Bauen die Verzweigung für das Fehlen der zweiten Öffnung einen Ersatz liefern, insofern als sich das Tier darin umwenden konnte. Man muß nur daran denken, daß der gesamte, bei der Bohrtätigkeit anfallende Aushub nach rückwärts herausgeschafft werden mußte, und zwar durch eben die Röhre, welche das Tier selbst seiner ganzen Länge nach ausfüllte. Die mannigfaltigen Verzweigungen oder auch die seitlichen Aussackungen, wie sie z. B. Halimedides besitzt, ermöglichen innerhalb des Röhrenbaues eine oro-anale Umdrehung des Körpers, die zur Beförderung des Bohrschmandes ebenso wichtig sein mag, wie sie absolut notwendig beim Austapezieren der Röhrenwände beim Einbauen ist.

Das sind die biologischen Gründe. Die mechanischen, wie sie REIS anführt, bestehen vor allem in dem Festigungsbedürfnis gegen Verzerrungen des Baues in den immerhin losen Sedimenten, denn die Wurzelform begegnet allen darauf gerichteten Zerrungen mit entsprechender Zugverteilung und Festigkeit. Zugleich wird durch ein solches Wurzelsystem — man bedenke, daß es nicht einfache, sondern durch verklebte Partikel ausgebaute Röhren sind — der weiche Boden selber gefestigt, nach Analogie der bindenden Kraft der Wurzeln des Dünengrases, und hierdurch wird umgekehrt wieder eine gewisse Sicherheit gegen Druck und Zerrung auf das Gebäude geschaffen. Wie ferner den ersten äußeren Anlaß zu

einem festen Ausmauern der Wandungen die stete Gefahr des Zusammen-
sinkens der Bohrgänge abgegeben haben mag, so mag auch die stets
wieder eintretende Verengerung durch den Druck der überlagernden
Sedimente zum steten Weiterbauen und zu Verzweigungen gezwungen
haben. Daß dieses Festigungsbedürfnis tatsächlich vorliegt, zeigt der
rezente Chaetopterus, der seine Röhren über die Mündung hinaus

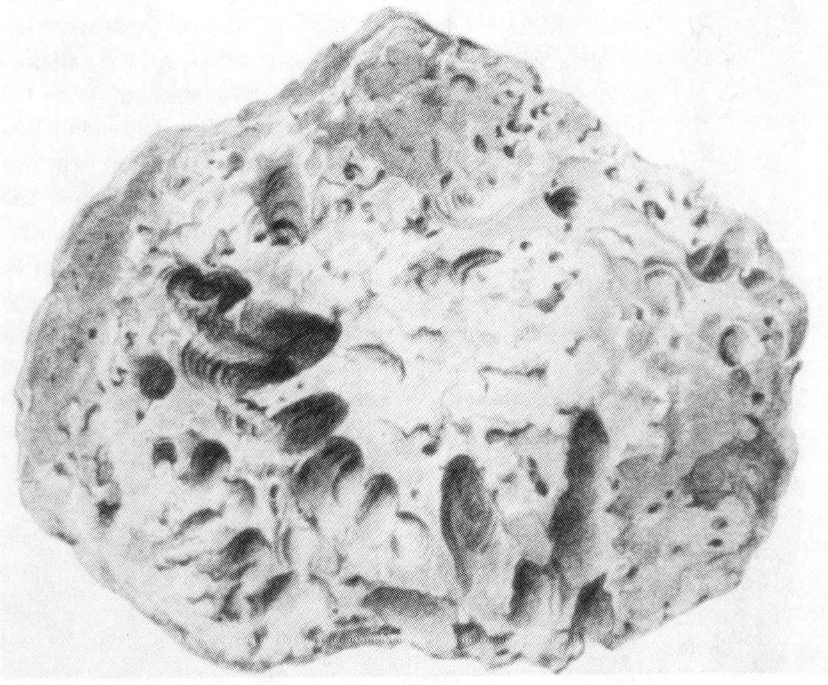

Fig. 213. Auster, aus dem Mainzer Oligozän, zerfressen von Bohrmuscheln (groß) und
Bohrschwämmen (klein). (Orig. in München.) Verkl.

nach außen durch einen Vorbau fortsetzt und diese Röhren durch Ankleben an fest daliegende Gegenstände noch sichert (nach REIS, S. 627).

Tubikole Würmer, welche um ihren Körper herum Kalkröhrchen
ausscheiden, sind die fossil so häufigen Serpeln. Seltener vereinzelt,
treten sie gewöhnlich in einigen Exemplaren miteinander, oft auch zu
Bündeln vereint auf. Sie kleben sich der Länge nach auf Muschelschalen
oder harte Gegenstände starr auf, können aber gelegentlich auch Wülste
auf den Schichtflächen bilden und Anlaß zur Entstehung von Wurstel-
bänken geben. Es ist dieses Auftreten ein vollständiges Analogon zu
dem Freiliegen gebauter, nicht ausgeschiedener Röhren, die ebenfalls an
eine Unterlage geklebt werden.[1]

1) BREHMS Tierleben, Niedere Tiere, Bd. I, 4. Aufl., S. 88, Leipzig u. Wien 1918.

Wenn schon die bohrende Tätigkeit der Pholaden die Wirkung hat, daß Felsgesteine oder Riffkalke nach allen Seiten hin angefressen, durchlöchert und gerillt werden wie Karrenfelder, so ist diese gesteinzerstörende Tätigkeit der merkwürdig wandlungsfähigen Bohrschwämme Cliona und Vioa wohl noch ausgreifender und wirkungsvoller. Nach Simroth ist an der dalmatischen Küste jeder der Milliarden herumliegender Kalksteine

Fig. 214. Kleine Bohrgänge von Protisten in Belemnitella. Obere Kreide, Norddeutschland. (Aus Quenstedt, Cephalopoden 1849.) ¹/₁.

und Felsbrocken so von den Gängen der Vioa durchsetzt, daß man Reste des sonst äußerst festen Gesteins mit der Hand zerdrücken kann. Auch Schalen, vor allem die dickschaligen Austern und Perna, werden von ihnen durchlöchert, wie man das an fossilen aus dem Tertiär häufig findet (Fig. 213). Doch bohren sie nicht wie Natica ganz durch, sondern machen vor der innersten Schalenlage halt. Solange das Muscheltier nicht von zu zahlreichen Vioen befallen ist, schaden sie ihm nichts, zumal es auch von innen her noch neue Schalensubstanz auflegen kann; anderenfalls geht es trotzdem zugrunde. Die Vioen scheinen erst seit dem Tertiär vorzukommen. Im Kap. III, S. 239 war schon die Rede von den auffallenden Körperänderungen der Bohrschwämme; aber auch in bescheidenerem Umfang gehen solche vor sich. Wenn sich die Bohrschwämme nämlich in einer Schale oder einem Stein ausgebreitet haben, verlassen sie das Innere und treten auf die Oberfläche über, wo sie flache, kuchenartige Krusten und bis 30 cm hohe Klumpen bilden. Auf solche Inkrustationen könnte man bei fossilen Schalen einmal achten; sie sind bisher meines Wissens noch nicht beschrieben.

Ein wunderschönes, auch in bezug auf den Erhaltungszustand lehrreiches Beispiel eines in Muschelschalen bohrenden problematischen Fossils sind die beistehend abgebildeten ausgefüllten Gänge (Fig. 215). Das von Herrn Dr. Osswald im oberjurassischen Korallenkalk bei Neuburg a. D. gefundene Stück stellt den Hohlraum einer Pachyrisma- oder Anisocardia-ähnlichen Muschel dar, die von Bohrgängen durchzogen war, welche nun als Ausfüllungen im Positiv vorliegen. An manchen Stellen erweitern sie sich sackartig oder blasig, die einen sind dicker, die anderen dünner, so daß hier entweder verschiedene bohrende Tierarten gewirkt haben oder daß dieselbe Art in verschiedenen Altersstadien vertreten war. Einen Anhaltspunkt, zu welcher Gruppe jenes Tier gehörte, habe ich nicht. Es soll übrigens auch in Kalkschalen sich einbohrende Bryozoen geben, so daß diese ebenso wie Spongien oder Würmer in Frage kommen; bohrende Muscheln kommen nach dem Charakter der Gänge nicht in Betracht.

Die einfachsten, niedersten bohrenden Tiere sind unter den Protisten zu finden. Auf Belemnitella mucronata aus der weißen Kreide finden sich häufig kleine weiße Rosetten mit dichotomer Verzweigung, die von einem Punkte ausstrahlen (Fig. 214). Bei Vergrößerung erweist sich das Gebilde als aus hohlen Gängen bestehend, die mit weißem Kreideschlamm ausgefüllt sind. Sie verlaufen unmittelbar unter der äußersten Schicht des Rostrums und sind vielleicht erst nach dem Tode des Belemnitentieres und nach Verwesung des Weichkörpers entstanden. Nach Untersuchungen von Fischer an rezenten Muschelschalen stammen solche Gänge von ganz niederen Tieren her.[1])

7. Epökie, Parasitismus, Symbiose

In gewissem Sinne ist die Epökie oder das Aufeinanderwohnen einzelner Organismen oder Kolonien, dann der Parasitismus oder das in's Schmarotzerhafte ausgeartete Aufeinanderwohnen und oft auch die einfache Symbiose — das Zusammenleben zu gegenseitigem Nutzen — ein seßhaftes, dem benthonischen ähnliches Dasein, selbst wenn das als Wirt be

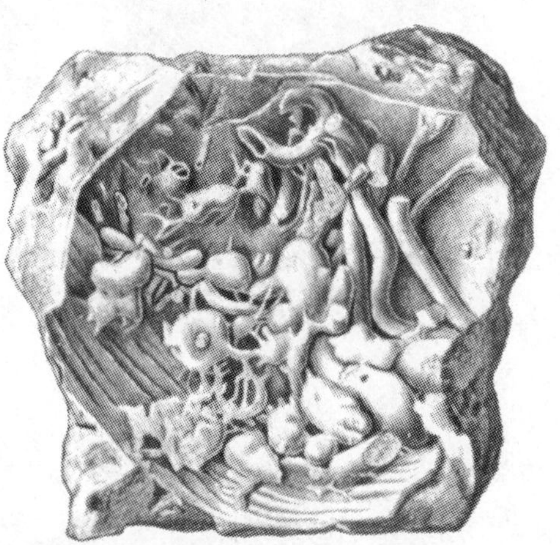

Fig. 215. Ausfüllung von Bohrgängen in einer Muschelschale (Astarte?). Die Muschelschale selbst ist diagenetisch aufgelöst und die darin gebohrten Gänge mit ihren Zentren sind als Positiv erhalten. Oberer Jura, Franken. (Orig. in München.) $^3/_4$.

nützte Tier nektonisch oder planktonisch schwimmt. Deshalb begegnet man auch bei den Epöken so vielen Gestalten mit Anpassungsmerkmalen, wie sie uns auch rein benthonische Organismen zeigen. Entweder sind sie von vornherein Bodenbewohner, die nur statt der festen Unterlage ein Tier wählen; oder es sind freie und schwimmende Tiere, die sich auf andere bewegliche festsetzen, sich dadurch das Schwimmen ersparen und so Merkmale des Bodensitzers bekommen, ohne Bodenbewohner zu sein. Unter Epökie verstehen wir also im allgemeinen das Festsitzen einer Tierform auf einer anderen, nicht auf einem leblosen Gegenstande, wobei der Epöke jedoch keinen Vorteil, auch kein symbiotisches Verhältnis im oben erläuterten Sinne anstrebt. Epökie ist also auch von Parasitismus

---

1) Fuchs, Th., Kritische Besprechungen einiger im Verlauf der letzten Jahre erschienenen Arbeiten über Fucoiden. Jahrb. k. k. geol. Reichsanst. Wien 1904, Bd. 54, S. 361/62.

wohl zu unterscheiden. In mancher Hinsicht wird allerdings die Epökie wesensgleich mit dem benthonischen Festsitzen von Organismen. Ob eine Krinoidee auf einem Stein oder einem am Boden liegenden Holze oder auf einer großen Muschelschale fußt, ob ein Balanus auf dieser oder auf jener aufsitzt, ist für das Wesen der Sache gleichgültig; denn hier wirkt die Muschelschale nicht anders wie ein unorganischer Gegenstand. Wir beschränken daher den Begriff Epökie auf jene Fälle, in denen ein Tier sich auf ein anderes lebendes festsetzt. Freilich ist oft schwer zu entscheiden bei

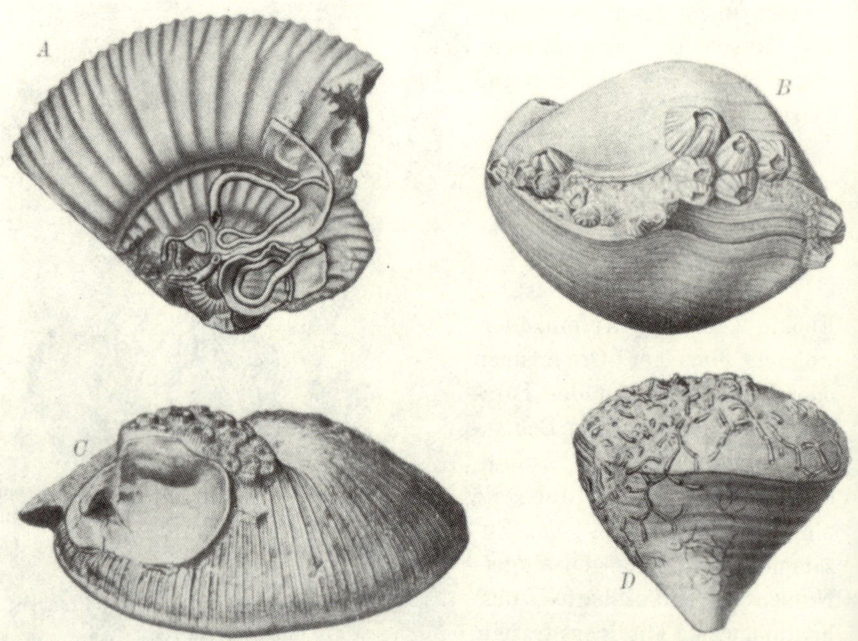

Fig. 216. Beispiele scheinbarer Epökie: *A* Serpula, auf einem Ammonit. Dogger, Frankreich. *B* Balanidenkrebse, auf einem Brachiopoden. Oligozän, Norddeutschland. *C* Korallenstöckchen und Auster, auf einem Cyclolites. Obere Kreide, Ostalpen. *D* Aulopora, auf einer Calceola. Devon, Eifel. Alle Formen haben sich erst nach dem Tod ihrer Wirte auf diese gesetzt. (Orig. in München.) Alles etwas verk.

fossilem Material, ob der Wirt schon tot war, als der Epöke seine Schale oder sein Skelett bezog. Das sind jene in der paläontologischen Literatur vielfach als Inkrustationen beschriebenen organischen Bildungen, bei denen meistens Hydrozoen, Bryozoen und Balaniden auf Mollusken und Brachiopodenschalen, seltener Korallen auf Korallen sitzen. Es sind nebenstehend einige dieser Beispiele zur Darstellung gebracht (Fig. 216). Wenn die Tiere über die Naht der beiden Klappen hinübergewuchert sind, dann ist das ein deutliches Zeichen, daß sie die betreffende Schale erst nach dem Tode des Besitzers besiedelt haben, daß es sich um einfaches Anheften an einen leblosen, wie anorganischen Körper handelt, also um einfaches Bodenbewohnen. Auch wenn man auf Ammoniten

zuweilen Serpeln oder besonders kleine Austern und Placunopsiden findet,
wird das gegenseitige Verhältnis nur in solchen Fällen klar, wo der
Wirt seine Epöken noch umwachsen hat, wie das gelegentlich bei Ceratiden
des Muschelkalkes beobachtet ist, an denen vielfach Placunopsis sitzt,
die später beim Weiterwachsen des Ammonitentieres umhüllt wurden
(Fig. 266, Kap. V, 3), sich also zu Lebzeiten des Ceratiten ansiedelten.[1]
Auch ein Lytoceras cornucopiae ist aus dem französischen Lias beschrieben[2]), dessen innere Umgänge sich mit Discinen besetzt zeigten.

Zuweilen begegnet uns in fossilem Zustande die Vereinigung von
zwei Tierresten, welche unseine Epökie oder eine Symbiose vortäuschen
könnten. So sucht manchmal die Pantoffelschnecke Crepidula die leeren
Schalen anderer spiraler Schnecken als geschützten Wohnplatz auf und
wird dann mit ihnen zu-
sammen fossil, wie bei-
stehende Natica- und
Crepidulasteinkerne zei-
gen, auf die mich Herr
SCHLOSSER bei Durchar-
beitung der eozänen Vor-
alpenfauna von Kressen-
berg aufmerksam machte.
Manchmal sitzen bis zu
drei Tiere in der Natica,

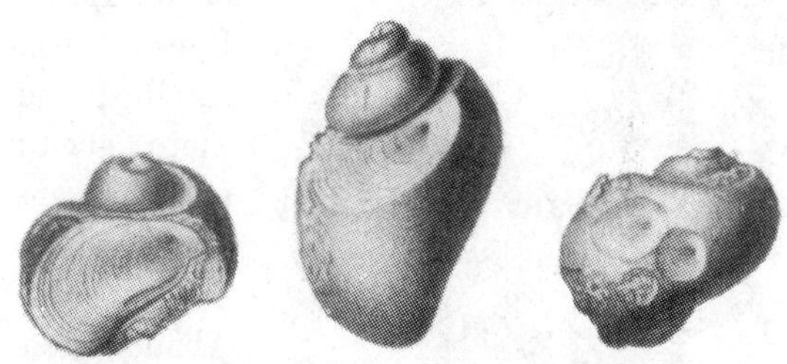

Fig. 217.   Scheinbares Schmarotzertum Crepidulaab-
druck, auf Naticasteinkern. Erstere setzte sich in die leere
Naticaschale. Eozän, Voralpen. (Orig. in München.) $^1/_1$.

aber daß sie die leere Schale bezogen hatten, beweist eine Form (Fig. 217),
wo diese Crepidula so groß ist, daß das Naticaweichtier gar keinen Raum
mehr in seinem letzten Umgange gehabt hätte. Einen anderen sehr lehrreichen derartigen Fall beschrieb[3]) FRAAS aus dem Muschelkalk von Crailsheim. Auf Myophoriensteinkernen sitzen kleine Ophiuren, deren Kalkskelett
durch Kalkspatkristalle ersetzt ist, aber so, daß jeder einzelne Kristall
einer Kalkplatte im Ophiurenskelett entspricht. Die in Fig. 218 dem
Beschauer zugekehrte Seite ist die ventrale, die Form sitzt also mit der
dorsalen auf dem Steinkern. Es muß daher das lebende Seesterntier
unter die jedenfalls schon des Weichkörpers ledige und isolierte Myophorien-
klappe gekrochen sein und sich mit seiner Ventralseite auf deren Innenseite angesetzt haben. Durch irgendwelche, mit der Versandung und
Verschlammung Hand in Hand gehenden Vorgänge starben diese sehr

<hr>

1) BENECKE, W., Die Versteinerungen der Eisenerzformation von Deutsch-Lothringen
und Luxemburg. Abh. z. Geol. Spezialkarte v. Elsaß-Lothringen, N. F., Heft VI, S. 549,
Straßburg 1905.

2) DUMORTIER, E., Études paléontologiques sur les dépôts jurassiques du Bassin
du Rhône, Bd. IV, S. 218, Paris 1874.

3) FRAAS, E., Über ein Ophiuren-Vorkommen bei Crailsheim. Neues Jahrb. f.
Mineral, Geol. u. Paläont., Stuttgart 1888, Bd. I, S. 170.

häufigen Tiere in der Muschelschale ab und wurden in derselben Lage festgehalten, die sie im Leben zuletzt einnahmen; auch an dem Steinkern läßt sich durch die vertiefte Lage der Ophiuren erkennen, daß sie in den ausfüllenden Schlamm hineinragten.

Eine Scheinepökie ist in gewissem Sinne folgendes: Nach WEBER (a. a. O. S. 547/48) ist der Schlammboden der Bandasee meilenweit mit dem dichten Netzwerk der Röhren eines Rhizopoden (Rhizammina) überzogen, auf dem sich bodenbewohnende Tiere festsetzen, welche ohne diese Unterlage auf dem Schlammboden nicht Fuß fassen könnten. Ebenso bieten auch Schwämme, Korallen, Mollusken sowohl anderen festsitzenden Tieren, wie sich gegenseitig und ferner beweglichen Tieren gern geeignete Unterlagen. Dieses Zusammenwohnen ist oft nur zufällig, die die Unterlage liefernden Tiere haben nur die Bedeutung sonstiger fester Gegenstände; oft ist es aber auch ein gewisser Kommensalismus, indem sich die Herbeigekommenen von den Abfallstoffen der vorher Dagewesenen nähren. Die nächste Stufe ist dann, daß auf bewegliche krabbelnde, ja auf schwimmende Tiere sich andere festsetzen, von ihnen herumgetragen werden und sich so nicht nur räumlich verbreiten,

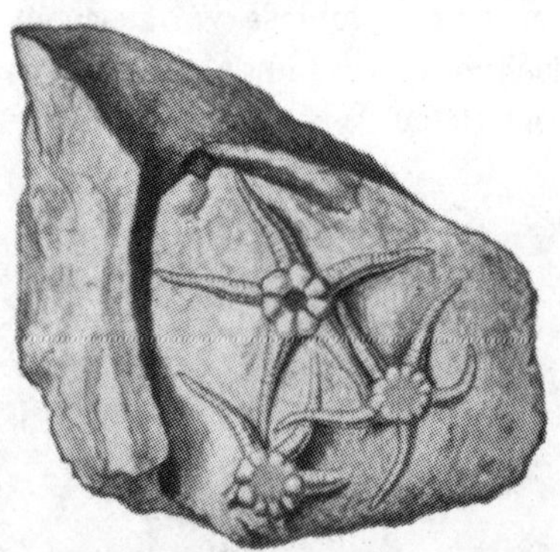

Fig. 218. Ophiuren, mit der Dorsalseite auf einem Myophoriensteinkern sitzend. Muschelkalk, Württemberg. (Neuzeichnung d. Stuttgarter Orig. v. FRAAS, l. c.) $^1/_1$.

sondern auch individuell stets frischer Nahrung teilhaftig werden. Das gilt für Polypen- und Bryozoenstöcke, die sich von Krabben herumtragen lassen, und oft sieht man diese letzteren oft auch mit Balanidenstöcken besetzt, denen es übrigens nicht auf das Herumgetragenwerden anzukommen scheint, weil sie sich ebenso auch auf festliegende Gegenstände oder etwa auf festsitzende Brachiopoden heften.

Diesen Epöken stehen die Synöken gegenüber, das sind jene, die mit anderen Tieren die gleiche Wohnung benützen. So lebt ein Borstenwurm mit dem bekannten Einsiedlerkrebs in der Schneckenschale zusammen, und bekanntlich trägt der Einsiedlerkrebs ja auch häufig eine Aktinie auf dem Schneckengehäuse, welche ihm durch ihre Nesselkapseln Schutz gewährt, wofür er sie durch Herumschleppen zu einem beweglichen Tier macht.

Skelette, Stöcke, Schalen und auch Röhren seßhafter Tiere dienen wieder anderen seßhaften Tieren zur Unterlage. Während z. B. Korallen, Balaniden, Muscheln auf anderen Fremdkörpern festsitzen, werden sie auch von ihresgleichen aufgesucht. Auf Brachiopoden und Muscheln sitzen häufig Bryozoen oder Balaniden; auf Korallen wieder Korallen, aber nicht knospende, sondern neu hinzugetretene gleicher oder fremder Art; Austern sitzen auf Schnecken usw. Vielfach ist dieses Zusammen-wachsen zufällig, ja die Unterlage wird überhaupt erst bezogen, wenn das Tier, dessen Schale oder Skelett zu einer solchen Unterlage benützt wird, tot ist. Beide begegnen sich ferner mit größter Gleichgültigkeit, und schließlich haben beide Nutzen voneinander. Das andere Extrem ist, daß der befallene Teil nur ausgebeutet wird und nur Schaden davon-trägt. Im ersten Falle haben wir es mit einfacher Epökie zu tun; haben beide Nutzen voneinander, so sprechen wir von Symbiose; hat ein Teil nur zu leisten oder sogar Schaden davon, dann sprechen wir von Schmarotzertum oder Parasitismus.

Jede körperliche Abhängigkeit[1]), sei es, daß sie sich in den oft außerordentlich komplizierten Beziehungen des Parasitismus oder in der einfacheren Symbiose manifestiert, also z. B. in Nahrungsgemeinschaft oder wechselseitigem Nutzen oder nur in einem Beisammensitzen durch das ganze Leben oder nur einige Zeit lang, bringt unmittelbar auch Degenerationsbedingungen mit sich. Die Degeneration kann sich er-erstrecken auf die Organe von Individuen, wesentliche und unwesent-liche, ebenso auf die Funktionen; sie kann auch ganze Gattungen, Familien und Klassen ergreifen. Der ersten Anpassung folgt unmittelbar Degene-ration; sie ist das unmittelbarste Resultat der Abhängigkeit und bringt umgekehrt diese mit sich. Der Organismus begibt sich in sie, weil sie ihm Schutz gegen seine Feinde bringt oder Nahrung verschafft. Das führt zuerst zur Atrophie der nicht mehr benützten Organe, und je mehr sich die Adaption an die neuen Verhältnisse vollendet, um so mehr greift sie auf andere Organe über; Ernährungsorgane, Lokomotionsorgane, Wahr-nehmungsorgane: alle gehen zurück mit Ausnahme der Fortpflanzungs-organe. Wenige, vielleicht gar kein Glied der belebten Natur, sind frei von der Bürde, andere auf Kosten ihrer eigenen Lebenskraft aushalten zu müssen. Man braucht nur an das Heer der Protozoen und Bakterien und ihre Aufenthaltsorte zu denken.

Bei der Beurteilung von fossilen Vorkommen ist es aber meistens sehr schwer, zu erkennen, ob einfache Epökie, Symbiose oder Para-sitismus vorliegt, und man wird nicht immer zu einer eindeutigen Be-stimmung kommen. Es seien noch einige Fälle aus der Jetztwelt an-geführt. Symbiotisch lebt die monomyare Muschelgruppe der Vulselliden mit Spongien, von denen sie ganz oder fast ganz umwachsen werden. Damit sie Nahrung und Atemwasser erhalten, muß der Unterrand der Schale offen oder wenigstens auf- und zuklappbar bleiben. Sie sind byssus-tragende und ursprünglich mit dem Byssus sich festheftende

---

1) Clarke, J. M., The beginnings of dependent life. 61. Ann. Rep. New York State Mus., Vol. I (1907), Albany 1908, S. 146—169 (mit 13 Taf.).

Monomyarier, die durch ihren Kommensalismus mit den Schwämmen klaffen.[1]) Der klarste Fall von Symbiose aus der Jetztwelt ist der oben erwähnte Einsiedlerkrebs Pagurus, der leere Schneckenhäuser bezieht, aufdenen sich eine Aktinie ansiedelt. Der Krebs schleppt sie auf dem Gehäuse herum, dafür schützt sie ihn mit ihren Nesselkapseln. Da auch die Schwämme wegen ihres Nadelskelettes unangreifbar sind und daher von anderen Tieren nicht gefressen werden, so machen sich dies manche andere Tiere zum Nutzen; besonders Krebse treten mit Spongien in Lebensgemeinschaft. Sie sitzen aber nicht nur im Schwammkörper, sondern tragen solche auch auf dem Rücken. Auch Hydroidenstöcke vergesellschaften sich mit Spongien.[2])

Welche wunderbare Verschlungenheit der Beziehungen in solchen Lebensgemeinschaften statthaben kann, schildert WEBER[3]) am Einsiedlerkrebs Pagurus. Wenn sich auf dessen Schneckenhaus der Schwamm Suberites domuncula angesiedelt hat und darauf nun fortwuchert, so vergrößert er zwar anfänglich dem Krebs gewissermaßen sein Gehäuse, gewährt ihm also erhöhten Schutz, kann ihn aber schließlich überwuchern. Dies verhindert die hinzugekommene Aktinie, wenn sie sich an der Mündung des Schneckenhauses festsetzt. Beim Wohnungswechsel des Einsiedlers läßt es sich schließlich diese Aktinie auch gefallen, von ihm ergriffen und auf das neue Haus gesetzt zu werden.

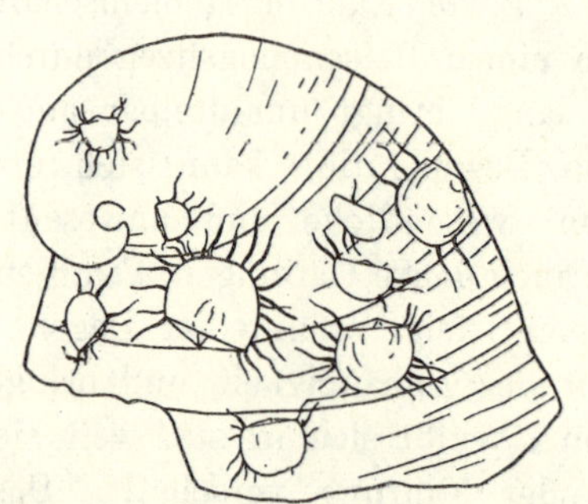

Fig. 219. Platyceras, von einem Ollacrinus abgehoben, mit aufsitzenden Strophalosien. Karbon, Indiana. (Aus BEECHER, l. c.) $^1/_1$.

Hier sieht man übrigens, wie sehr der Nutzen dieser Symbiose nicht nur instinktiv empfunden ist, sondern durchaus in's Individualbewußtsein des Krebses übergegangen ist.

Etwas Ähnliches, wie in der mehrfachen Symbiose mit dem Einsiedlerkrebs, haben wir auch im nordamerikanischen Karbon in dem Zusammenleben einer kleinen Strophalosia, die sich auf einen die Krinoide Ollacrinus tuberosus bewohnenden Platyceras festsetzt (Fig. 219). Und zwar handelt es sich hier nicht um ein zufälliges Aufkleben der kleinen Brachiopodenschälchen auf das Schneckengehäuse, sondern alle Exemplare der betreffenden Strophalosiaart wurden einzig und allein nur auf jenem

---

1) DOUVILLÉ, H., Études sur les Lamellibranches. Vulsellidés. Annales de Paléontol., Tome II, S. 97, Paris 1907.

2) WALTHER, J., Die Lebensweise der Meerestiere. Teil II der Einleitung in die Geologie als historische Wissenschaft, S. 248, Jena 1893.

3) WEBER, M., Biologie der Tiere. In: NUSSBAUM, M., KARSTEN, G., WEBER, M., Lehrbuch der Biologie für Hochschulen, S. 552/53, Leipzig u. Berlin 1914.

Platyceras angetroffen. Es sind Schälchen, deren größtes nur 11 mm breit ist.[1])

Wenn eine solche Symbiose wider Willen des einen Tieres zustande kommt, und sie bekämpfen sich dabei nicht tödlich, sondern schaffen sich nur die entstehenden Unbequemlichkeiten vom Halse, so kommen derartig merkwürdige Gebilde zustande, wie sie Schütze aus der Meeresmolasse von Rammingen in Württemberg beschreibt[2]), und die mir das Stuttgarter Museum zur Abbildung hier dankenswerterweise überlassen hat (Fig. 220). Es ist eine Bryozoe, die auf der einen Seite zahlreiche runde, nicht tiefe und unregelmäßig angeordnete Löcher zeigt. In den Löchern sitzen Balaniden. Die Balaniden haben aber die Löcher nicht in den fertigen Bryozoenkörper hineingebohrt, sondern sie hatten sich ursprünglich frei auf dem Bryozoenkörper festgesetzt und wurden, da dieser noch am Leben war, allmählich überwuchert. Um dies zu verhüten, also um nicht erdrückt und erstickt zu werden, ist z. B. der auf Schwämmen vorkommende rezente Balanus

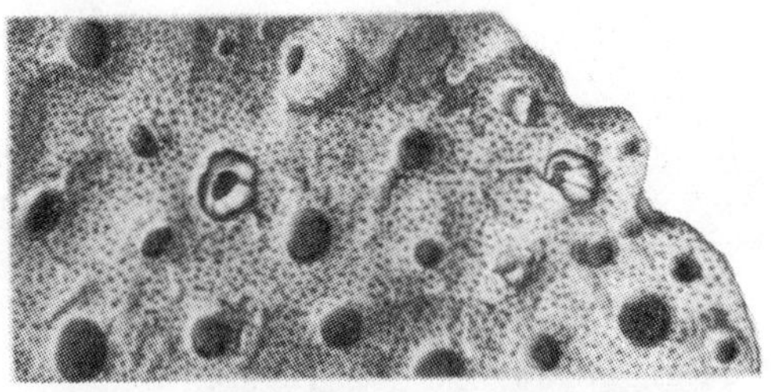

Fig. 220. Balaniden, auf einem Bryozoenstock angesiedelt und dann umwachsen. Miozän, Württemberg. (Originalstück von Schütze, l. c. Stuttgart.) $^1/_1$.

armatus an seinem dritten Cirrenpaar mit Hakendornen versehen, mittels deren er die wuchernde Schwammmasse immerfort zerreißt; so wird es vermutlich auch bei diesen fossilen Balanen gewesen sein. Symbiose und Synökie bilden also nicht nur Körperorgane zurück, sondern können auch zweckentsprechende Neubildungen veranlassen. Schmarotzende oder symbiotische Balaniden konnten schon in der devonischen Tabulate Favosites nachgewiesen werden[3]) (Fig. 227bis, S. 474). Auch Korallen sollen sich angeblich auf diese Weise in Bryozoen hineinsetzen und dann von ihnen überwuchert werden. Solche Bryozoenstöcke, die Schütze ebendaher beschreibt, haben unregelmäßig verteilte konische Hohlräume, wie sie auch an Stücken aus dem italienischen Miozän beobachtet sind. Solche Symbionten sind wahrscheinlich Vertreter der Korallengattung Cryptangia, von denen eine als Cr. parasitica aus Italien beschrieben ist. Ob hier richtige Symbiose vorlag, ob es nur Schmarotzertum oder ob es nur ein unglücklicher Zufall war, welche beide Formen zusammenführte, ist nicht

---

1) Beecher, Ch. E., North American Species of Strophalosia. Americ. Journ. Science, Vol. 40, 1890, S. 240.

2) Schütze, E., Einige bohrende und schmarotzende Fossilien der schwäbischen Meeresmolasse. Ber. 39. Vers. Oberrhein. geolog. Ver. 1906, S. 3.

3) Clarke, J. M., a. a. O. S. 162.

ganz sicher zu entscheiden; doch ist das letztere am unwahrscheinlichsten, weil sonst die Koralle sofort zugrunde gegangen wäre und der Fall sich nicht in der Literatur verhältnismäßig so oft finden würde.

Allerhand Beulen und Wucherungen werden nach Brehm[1]) bei verästelten Korallen durch kleine Krebse (Harpalocarcinus) verursacht, die sogen. Korallengallen. Die Krebse siedeln sich auf einem Korallenzweig an und werden bis auf einen schmalen Spalt völlig von der Koralle umschlossen; durch diese Öffnung strudeln sie sich mit ihren Gliedmaßen Nahrung und Atemwasser zu und verhindern damit zugleich, daß ihre Behausung geschlossen wird.

Als typischer Schmarotzer, der geradezu den Tod des davon befallenen Korallenstockes mit sich bringt, tritt die Hydrozoe Stromatopora in devonischen Cyathophyllumkelchen auf.[2]) Cyathophyllum helianthoides erscheint fast immer als Einzelkelch; nur wenn sie von der Stromatopora befallen

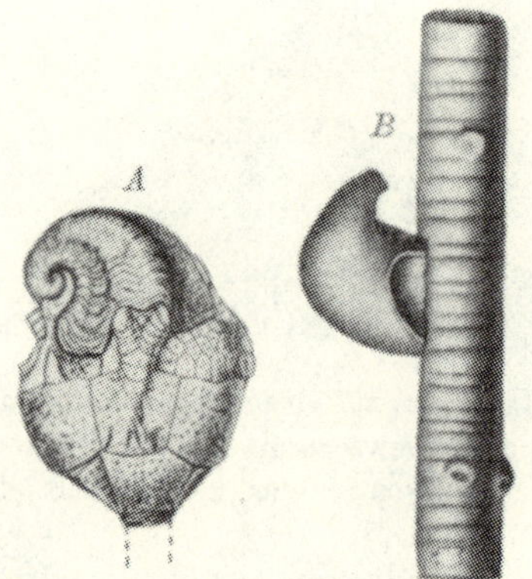

Fig. 221. *A* Platyceras erectum auf Hystricrinus Carpenteri. Mitteldevon, Nordamerika. (Aus Hinde, Ann. Magaz. Nat. Hist. 1885.) $^1/_1$.
B Platyceras, an einem Krinoidenstiel wandernd, nachdem er seinen Platz verloren hatte. Karbon, Indiana. (Aus White, l. c.) $^1/_1$.

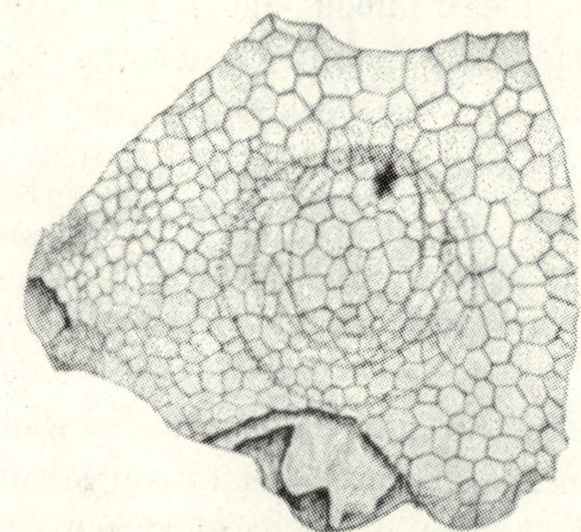

Fig. 222. Wachstumsspuren des auf Strotocrinus über dessen After (schwarz) hausenden Capuliden. Karbon, Indiana. (Aus Keyes, l. c.) $^1/_1$.

ist, die sich im Kelchinnern breit macht, wird sie gezwungen, um nicht ganz zu ersticken, Knospen zu treiben. Von den emporsprießenden Knospen werden aber wiederum einzelne befallen, sie suchen sich daraufhin noch einmal zur Knospung zu teilen, aber dann geht der Stock ein.

Wiederum im Zweifel kann man sein, ob man es mit einem reinen Parasiten oder mit einem harmlosen Symbiotiker zu tun hat bei dem nicht eben seltenen Fall der silurischen Haubenschnecke Platyceras, die auf der Afterregion von Krinoiden aufsitzt (Fig. 221 *A*). Zahlreich sind die Fälle, die uns diesen Zustand fossil überliefert haben.

---

1) Brehms Tierleben, Bd. I. Niedere Tiere, 4. Aufl., S. 159, Leipzig u. Wien 1918.
2) Frech, F., Die Cyathophylliden und Zaphrentiden des deutschen Mitteldevon. Paläontol.-Geol. Abh., Bd. III, Heft 3, S. 54, Berlin 1886.

Nachdem man früher der Ansicht war, daß die Capuliden den Krinoiden zur Nahrung gedient hätten, ist durch die schönen Untersuchungen von Keyes endgültig festgestellt worden, daß diese Schnecke nicht nur stets über dem After der Seelilie saß, sondern auch dauernd auf ihr lebte und mit ihr wuchs.[1]) Die beistehende Abbildung (Fig. 222) gibt deutlich die Spuren wieder, aus denen die verschiedenen Stadien ihres Wachstums ersichtlich sind. Zugleich ist aus anderen Stücken auch unmittelbar die Lage des Mundes und damit des Kopfes zur Schale bei Capulus festzustellen. Denn der Mund lag auf der Afteröffnung und das Gehäuse sitzt so auf dem After, daß die Seite, nach der die Gehäusespitze geneigt ist, die auf dem After liegende ist. Mithin muß der Mund dieser Gehäuseseite angehören. Es ist weiter durch die Untersuchungen von Keyes festgestellt, daß nicht nur ein und dieselben Individuen dauernd miteinander lebten, sondern daß auch ganz bestimmte Capulidenarten bestimmte Krinoidenarten begleiten. Nachstehende, aus Keyes entnommene Tabelle[2]) veranschaulicht dies:

	Plat. chesterensis	Plat. aequilateralis	Plat. infundibulum	Plat. formosus	Plat. quincyensis	Plat. dumosus	Plat. erectus	Plat. parasiticus	Plat. sp. ind.
Gilbertsocrinus tuberosus . . .		+							
„ typus		+							
Actinocrinus verrucosus									+
Physetocrinus ventricosus . . .					+				
Strotocrinus regalis		+							
Dorycrinus immaturus				+					
Agaricocrinus americanus . . .		+							
Eucladocrinus millebranchiatus			+						
Arthracantha punctobrachiata .						+	+		
Pterotocrinus acutus	+								
„ depressus									+
„ bifurcatus									+
Poteriocrinus coccinus		+							
Platycrinus hemisphaericus . .		+	+						
„ pileiformis									+
Acrocrinus Shumardi									+
Cromyocrinus simplex								+	
Marsupiocrinus coelatus									+
Melocrinus globosus									+
Pentremites Godoni	+								

---

1) Keyes, R., On the attachment of Platyceras to Palaeocrinoids and its effects in modifying the form of the shell. Proceed. Americ. Philos. Soc., Vol. 25, S. 231, 1888.

2) Keyes, R., Synopsis of American carbonic Calyptraeidae. Proceed. Americ. Philos. Soc., Vol. 27, S. 150, 1890.

Es scheint sich dabei jedenfalls um keinen sehr entwickelten Parasitismus zu handeln, da das Tier leicht wieder die Krinoide verlassen konnte, wie die vielen isoliert gefundenen Individuen der gleichen Art lehren. Lindström bildet z. B. in seiner Silurgastropoden-Monographie einige derartige isolierte Schalen ab, die alle miteinander den charakteristischen ausgefransten Rand zeigen, wie er sich beim Aufsitzen auf den Krinoidenkelchen notwendig ergibt, wenn der Capulide eine möglichst vollkommene Anschmiegung an die Kelchdecke und die Armwurzeln des Wirtes erzielen wollte. Das zeigt sehr vollendet die umstehende Fig. 221 A. Bei dem typisch und vollendet ausgebildeten Parasitismus ist die Vereinigung von Schmarotzer und Wirt meist so innig, daß der Parasit auf Gedeih und Verderb an jenen gekettet ist. Das ist hier aber nicht der Fall gewesen, wie die vielen isoliert gefundenen Platyceraten mit den gewellten Rändern beweisen. Immerhin blieben sie möglichst auf einem Wirte ihr Leben lang sitzen, wie die umstehende Fig. 222 erweist, welche uns an leichten Eindrücken am Kelch das Wachstum des auf dem After sitzenden, nun weggenommenen Capuliden veranschaulicht. Daß der After nicht konzentrisch von den Wachstumsringen umgeben ist, liegt daran, daß der Mund des Capuliden, der vorn lag, stets unmittelbar dem After des Krinoiden aufgesetzt bleiben mußte, weil er von da seine Nahrung bezog. Nun war aber die körperliche Anpassung an ein dauernd sessiles Schmarotzerleben noch nicht erworben. Infolgedessen mußte der Capulide von Zeit zu Zeit mindestens sein Gehäuse etwas vom Krinoidenkörper wegheben, um seinerseits seine Exkremente abstoßen zu können. Lag aber die Analregion etwa auf der Kelchdecke und in der Nähe des Mundes, so daß die Capulidenschale auch diesen bedeckte oder wenigstens dem Krinoiden die geregelte Nahrungszufuhr behinderte, dann ist gar keine andere Annahme möglich, als daß ganz regelmäßig in kurzen Zeitabständen der Capulide die Krinoide verließ oder seinen Platz am Stock änderte und erst dann wieder die alte Stellung einnahm, wenn die Krinoide genügend Nahrung aufgenommen hatte. Dieses Wandern des Schmarotzers wird auch sehr schön illustriert durch einen schon vor langen Jahren mitgeteilten Fund[1]) eines Platyceras aus dem Karbon von Indiana, der nicht auf dem Kelch, sondern auf dem Stiel des Krinoiden festsaß. Die Aufwölbung des Randes entspricht, da sie in dieser Stellung keinen Sinn hat, offenbar einer anderen Stellung des Tieres, eben am Kelch. Daß die Auswahl des Wirtes aber bei aller Beweglichkeit, die sich jene Schnecken trotz ihres Parasitismus wahrten, nicht ziellos erfolgte, beweist die schon erwähnte, zuerst von Trautschold mitgeteilte Tatsache, daß auch die von ihm im russischen Kohlenkalk entdeckten Formen allesamt auf

---

1) White, Ch. A., The fossils of the Indiana rocks No. 3. 13. Report State Geol. Indiana for 1883, Indianapolis 1884, Taf. 32.

der einen Art Cromyocrinus simplex, nicht aber auf dem nahe verwandten
Cromyocrinus gemminatus hausten. [1])

CLARKE will in der Art des Auftretens der Parasiten eine Art idealer
Phylogenie des Parasitismus als solchen, eine phylogenetische Steigerung
der Intensität und Vollendung beobachtet haben. [2]) Der ältest bekannte
Fall von Parasitismus ist nach ihm das oben beschriebene Zusammen-
leben von Capuliden mit Krinoiden, das ja noch recht lose gestaltet ist,
da der Capulide noch die Krinoide verlassen kann. Die Anpassung des
ersteren erstreckt sich lediglich auf eine den Armzwischenräumen der
Krinoide entsprechende Ausfransung des Schalenrandes. Es war dies
also noch eine rein individuelle Anpassung, denn eine Menge der gleichen
Capuliden lebte nicht symbiotisch bzw. parasitisch. Auf den großen
Krinoidenrasen des Karbon ist die Zunahme der parasitisch lebenden
Individuenzahl deutlich ersichtlich. Das war offenbar der Höhepunkt
in der Entwicklung dieser Erscheinung, aber ganz verschwunden ist sie
bis heute nicht, da man gelegentlich noch mützenförmige Schnecken in
ähnlicher Beziehung zu Krinoiden findet. Daß gerade derartige Formen
mit Vorliebe schmarotzen, geht aus einem von SIMROTH mitgeteilten [3])
Fall hervor, wo ein Hipponyx auf Cidaridenstacheln festsaß. Überhaupt
ist der Schneckenparasitismus weit verbreitet und umfaßt mannigfache
Gattungen; besonders die Echinodermen scheinen es ihnen angetan zu haben.
Ein noch primitiverer Fall, an dem man gewissermaßen das Anfangsstadium
des Schneckenparasitismus bei Krinoiden wahrnimmt, ist eine von CLARKE beschriebene Turbinide, Cyclonema aus dem Untersilur. Es ist ihr vollständig
die Normalform geblieben, nicht einmal der Schalenrand zeigt eine der
Krinoidenkelchdecke entsprechende Wellung, das parasitische Leben hat hier
also noch in keiner Weise körperliche Modifikationen hervorgerufen, außerdem kennen wir sonst Unmassen von Cyclonemen gleicher Art, die niemals
mit Krinoiden zusammen gefunden werden. Wir haben es hier also mit
reinstem gelegentlichen Kommensalismus, noch nicht mit Parasitismus zu tun.

Es kommt gelegentlich vor, daß auch gleichartige Tiere aufeinander
schmarotzen oder in Symbiose treten. So setzen sich unter den Schnecken
gewisse kleine Limnaen am Mantelrande von Planorben fest, wobei sich
die Schale korkzieherartig aufrollt. [4]) Eine ausführliche Zusammenstellung schmarotzender Schnecken gibt TÖNNIGES [5]), wobei als be-

---

1) TRAUTSCHOLD, H., Einige Crinoiden und andere Thierreste des jüngeren Berg-
kalks im Gouvernement Moskau, S. 42, Moskau 1867.

2) CLARKE, J. M., a. a. O., S. 150 ff.

3) SIMROTH, H., Mollusca II. Abt. (Bronn's Klassen und Ordnungen des Tierreiches),
S. 188, Leipzig 1896/1907. (Dortselbst Aufzählung weiterer Fälle von Parasitismus der
Rezenten.)

4) BREHMs Tierleben, Bd. I, 4. Aufl., S. 470, Leipzig u. Wien 1918.

5) TÖNNIGES, C., Schnecken als Parasiten. Naturwiss. Wochenschrift, N. F. Bd. III,
S. 241, Jena 1904.

merkenswert hervorgehoben sei, daß bei ihnen der Wirt stets ein Echinoderme ist.

Ganz ähnlich oder ebenso wie jene schmarotzenden Platyceras hat auch ein Echinoderm auf paläozoischen Krinoideen gelebt, Onychaster, also ein Tier desselben Stammes auf dem anderen. Er gehört nach den neueren Untersuchungen von Schöndorf einer den Schlangensternen (Ophiuroidea) nahestehenden Gruppe an. Über das Vorkommen sagen Wachsmuth und Springer, welche auch zum erstenmal das richtige Verhältnis von Platyceras zu den Krinoiden erkannt hatten: Häufig ist Onychaster mit Actinocrinus vergesellschaftet (Fig. 223), und es ist bemerkenswert, daß diese Ophiurenart selten allein gefunden wird. An verschiedenen anderen Stellen erscheint sie am meisten auf Scytalocrinus robustus, einer Krinoidenart mit breiter Ventralöffnung, deren After weit herunter nach der Vorderseite gerückt ist; sonst aber ist er auf keiner anderen Art angetroffen worden. Die Tatsache, daß dieser Ophiuride nur mit ganz bestimmten Arten vergesellschaftet gefunden ist, und die Häufigkeit dieses Auftretens zeigen doch wohl, daß die Stellung zwischen den Armen dieser Krinoiden der bevorzugte Ruheplatz für ihn war, wobei er stets seinen Schutz fand oder besonders leicht seine Nahrung. Niemand, der sich mit der Anatomie der Krinoiden befaßt hat, will an dem Gedanken festhalten, daß die Krinoide den Seestern oder jene Schnecke sich zur Nahrung geraubt habe.[1]

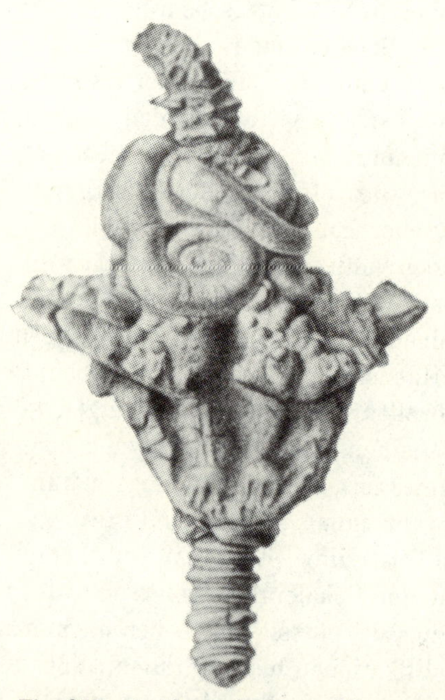

Fig. 223. Actinocrinus multiramosus mit schmarotzendem Onychaster. Karbon, Indiana. (Aus Wachsmuth u. Spinger, l. c.) $^1/_1$.

Es scheint allerdings, als ob die Epökie des Onychaster einen anderen Grund gehabt habe als die von Platyceras. Während sich letzterer sicher von dem Auswurf seines Wirtes nährte, kann dies Onychaster kaum getan haben, denn er sitzt gerade auf Formen mit einer hohen Afterröhre, so daß er den Auswurf gar nicht aufnehmen konnte. Die Afterröhre selbst diente ihm, wie Fig. 223 deutlich zeigt, als Anhalt. Hätte er einen oder mehrere Arme der Krinoide umklammert, so wäre das ihr Tod gewesen, da sie ihrer Beweglichkeit beraubt gewesen wäre; die

---

1) Wachsmuth, Ch., and Springer, F., The North American Camerata. Mem. Mus. Compar. Zool. (Harvard-Coll.), Vol. XX/XXI, S. 566, Cambridge 1897.

Afterröhre aber hatte nur eine passive Funktion und war ziemlich unbeweglich. Es bleiben daher nur zwei Möglichkeiten, die Epökie von Onychaster zu deuten: entweder war sie reines Schutzbedürfnis, oder es kam ihm durch die Strudelbewegung der Krinoidenarme jene Nahrung zu, welche die Krinoide verschmähte. In beiden Fällen aber fragt man sich nach dem Gegenwert, den die Seelilie selbst bei dieser Symbiose eintauschte. Und den kann man nicht recht herausfinden. Bei Platyceras dagegen mag immerhin der Umstand, daß er den austretenden Kot verzehrte, als eine Wirkung zugunsten größerer Reinlichkeit in der Krinoidenkolonie gedeutet werden. Denn die Krinoiden standen in Unzahl beisammen und verunreinigten durch ihren Auswurf den Boden; die vielen Capulus verminderten durch ihre Ausnützung des Kotes diese Verunreinigung um einen großen Betrag, und so mag die Gesamtheit der schmarotzenden Capuliden der Gesamtheit der sessilen Krinoiden einen Dienst erwiesen haben; man muß insofern jene Symbiose als eine Massenerscheinung, nicht nur als ein individuelles Gegenseitigkeitsverhältnis würdigen. Bei Onychaster dagegen ist das, soweit ich sehe,

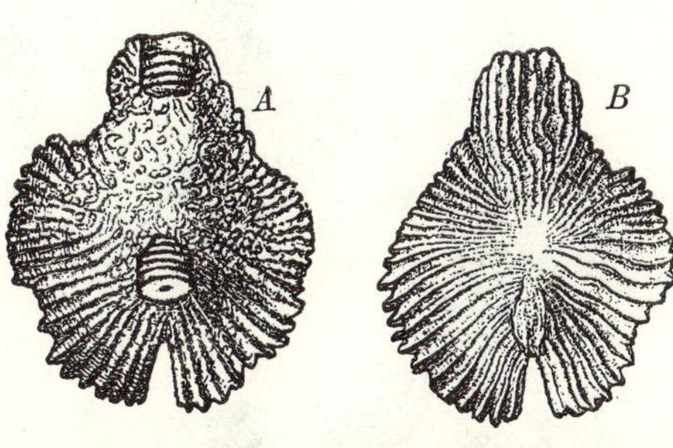

Fig. 224. Aspasmophyllum, an einem Krinoidenstiel lebend. Mitteldevon, Eifel. (Aus Lethaea, l. c.) $^1/_1$. *A* normale Stellung; *B* Kelch von vorne.

nicht möglich, und so bleibt nur der Schluß übrig, daß der Nutzen hier recht einseitig war und daß, im Gegensatz zu den Capuliden, die genannten Seesterne vielleicht eine Last für die Krinoiden waren. Das aber wäre echter Parasitismus, während ersteres Symbiose war.

Eine Symbiose zwischen Einzelkoralle und Krinoide zeigt das devonische Aspasmophyllum. Im Jugendzustand heftet sich die Koralle mit einer Seite ihres Kelches an den Krinoidenstiel. Er umschlingt etwa einen Krinoidenstiel (Fig. 224) und zieht den an diesen Fremdkörper anlenkenden Kelchrand stark in die Höhe, während der entgegengesetzte freie Rand nach abwärts gerichtet hängt. Der Kelch selbst ist ganz flach, seine Mündungsebene steht parallel dem Krinoidenstiel (Fig. 224 *A*). Hierdurch gewinnt sie den Vorteil, über dem Boden zu schweben und ihre Mundöffnung jener Seite zuwenden zu können, von welcher mit der Strömung die Nahrung kommt. Nach der Originalbeschreibung von F. Roemer wird beim Anwachsen der Stiel von der Kalksubstanz des Korallenkelches ganz umfaßt[1]), so daß er auf diese

---

1) Roemer, F., u. Frech, F., Lethaea geognostica. I. Teil, Lethaea paläozoica. Bd. I, S. 377. Stuttgart 1880—1897.

Strecke hin von außen unsichtbar bleibt. Bei allen untersuchten Exemplaren ist der Krinoidenstiel 5—7 mm dick. Bei keinem Exemplar sind die Gelenkflächen so überwachsen, daß sie ihre Artikulation verloren hätten, und dieser Umstand läßt mit Recht darauf schließen, daß die Tiere lebend miteinander verwachsen waren. Denn das ist ja gerade das Auszeichnende einer symbiotischen Verwachsung, daß die Tiere sich beide in keiner Weise bei der freien Funktion ihrer Glieder oder ihres physiologischen Apparates ungünstig beeinflussen; sonst wäre es Schmarotzertum. Daß es ein die Krinoide nicht störendes symbiotisches Leben war, das diese Koralle mit ihr führte, geht schon daraus hervor, daß die Mündungsfläche vertikal parallel dem Krinoidenstiel stand, nicht etwa, daß die Öffnungsebene des Kelches nach oben schaute, wie das in den Abbildungen bei YAKOWLEW und in der Lethaea zu sehen ist (vgl. Kap. IV, 2, S. 354).

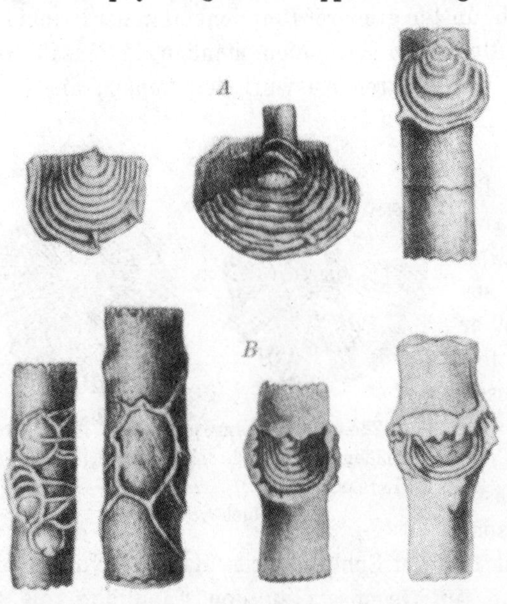

Fig. 225. Productus, an Krinoidenstielen verankert: A große Formen, den Stiel ganz umfassend. B kleine Formen, die überwuchert werden. (Aus ETHERIDGE, l. c.) Stark vergr.

Im Abschn. 2 ds. Kap. (S. 363) wurde die Ausbildung von Klammerstacheln bei frei gewordenen Productiden beschrieben, die sich damit an Felsen oder Schalen festhefteten. Es ist nur eine Varietät dieser selben Eigenschaft, wenn einzelne Arten dazu übergehen, sich auf lebenden Gegenständen festzusetzen. Es scheint aber wohl keine Symbiose auf Gegenseitigkeit, sondern eine einseitige Ausnützung von seiten des Productus, wenn er sich an einen Krinoidenstengel hängt (Fig. 225). Er erhebt sich damit über den Boden, ohne, soweit ersichtlich, der Seelilie zu nützen, die ihn wohl dulden muß. Trotzdem kann man den Fall nicht als reinen Parasitismus bezeichnen, weil der Krinoidenkörper und irgendeine seiner Funktionen anscheinend nicht gehemmt und beeinträchtigt wird. Immerhin war der Eindringling dem Wirte lästig, ETHERIDGE beobachtete folgendes[1]): Ist der Wirt größer als

---

1) ETHERIDGE, R., On an adherent form of Productus etc. from lower carboniferous etc. of Scotland. Quart. Journ. geol. Soc. London, Vol. 32, 1876, S. 460.

der angeheftete Productus, dann legt sich letzterer mit seiner ganzen Ventralschale jenem an, die Stacheln breiten sich aus und umfassen ihn; ist aber
der Fremdkörper kleiner als der Productus, so heftet sich mehr der Schnabel
fest und die übrige Schale bleibt frei. Die Anheftung an die Krinoide
geschah zu deren Lebzeiten. Man bemerkt dabei, daß jener langsamer
wuchs als diese und daß deren Kalksubstanz ihn allmählich umwucherte

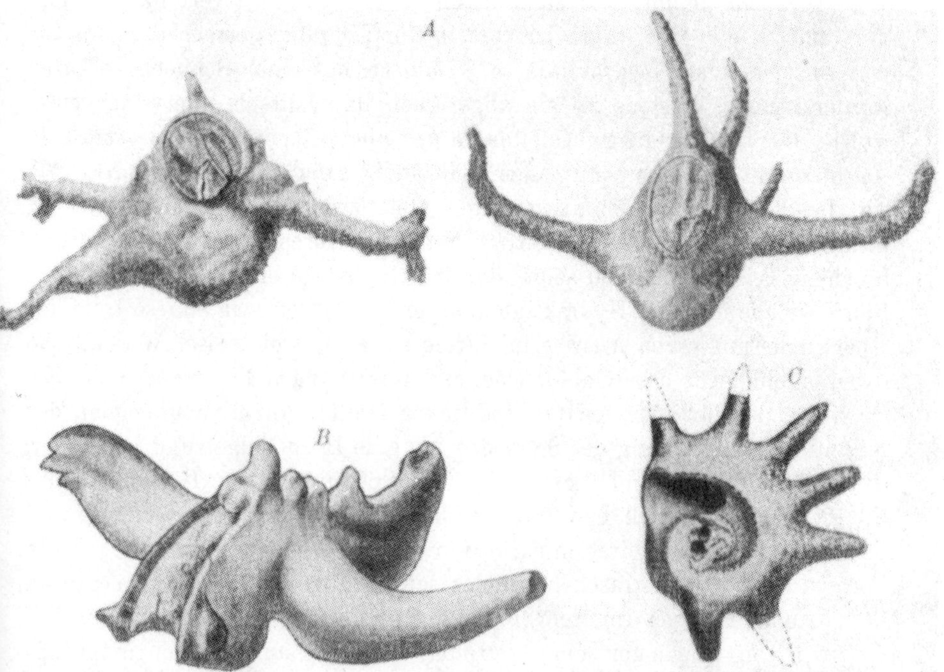

Fig. 226. *A* Von zackiger **Hydrozoenkruste** überwachsenes Schneckengehäuse mit **Einsiedlerkrebs**, der die Öffnung mit seinen diesem Zweck angepaßten Schreitbeinen und
der Schere verschließt. Die abstehenden stangenartigen Wucherungen des Hydrozoen-
körpers dienen der Balance für den tragenden Einsiedlerkrebs. (Aus Hesse-Doflein,
Tierbau u. Tierleben II, 1914.) $^1/_1$. *B* Kerunia, von einer hornförmige Auswüchse
bildenden Hydrozoe überzogenes Schneckengehäuse, im Inneren wahrscheinlich ehemals
ein weichhäutiger Paguride. Obereozän, Ägyten. (Aus Fraas, l. c.) $^1/_1$. *C* Rezente
Hydrozoe von den Fidji-Inseln, im Innern Serpeln, die gemeinsam wahrscheinlich
    mit einem Paguriden den spiralen Hohlgang bewohnten. (Ebendaher.) $^1/_1$.

und einschloß. Wäre diese Epökie reiner Parasitismus, so würde der
Schmarotzer Mittel und Wege kennen, der Überwucherung zu entgehen
oder diese in seinen Dienst zu stellen, wie es oben an dem Beispiel
des lebenden Balanus armatus gezeigt wurde. Der Fall des Productus
an der Krinoide gehört also zu dem erst werdenden Parasitismus in Clarkes
phylogenetischer Reihe.

Hydraktinienkolonien „bedecken oft in dichten Rasen die Schneckenschalen, die von Einsiedlerkrebsen bewohnt sind. Das Leben auf den

Einsiedlerwohnungen bedeutet einen Vorteil, denn bei den Mahlzeiten des Krebses wird allerhand für die Freßpolypen abfallen. Dazu wird der seßhafte Tierstock vom Krebse mit herumgeschleppt und gewinnt dadurch so die bessere Ernährungsmöglichkeit der mit freier Bewegung begabten Tiere".[1] Hier ist das Geheimnis der Symbiose, soweit es die eine Partei betrifft, entschleiert.

Den Fall kennen wir auch fossil in der eozänen „Kerunia cornuta" (Fig. 226 *B*), die eine wahre Irrfahrt in der Literatur gemacht hat, bis sie von OPPENHEIM als Hydraktinie in Symbiose mit einer Schnecke erkannt worden war.[2] Meistens ist sie abgerieben und tritt als querverlängertes wulst- oder knollenartiges Gebilde in der oberen, eozänen Mokattamstufe Ägyptens auf. Bei einigermaßen vollständig erhaltenen Exemplaren, wie sie die beifolgende Abbildung zeigt, sind zwei große Querhörner und mehrere kleinere Rückenzacken vorhanden, während der vordere aufgebrochene Teil einen Kanal zeigt, der in's Innere zu einer Schneckenschale führt, welche mit dem Hydraktinienkörper bewachsen war und so trotz der Überwucherung einen Ausweg in's Freie hatte. Das biologisch Wesentliche dabei ist einerseits das Symbiotische, andererseits nach FRAAS aber auch der Gewichtsausgleich der rechten und linken Hälfte, wobei entsprechend der einseitigen Aufwindung der Schnecke das eine Horn länger und schlanker, das andere kürzer und dicker ist. Die Spannweite der Hörner beträgt bis 12 cm. Vermutlich bewohnte ein Paguride das Schneckengehäuse und den Gang ließ die Hydraktinie für ihn frei. FRAAS weist auf eine rezente Form hin, die eine überraschende biologische Ähnlichkeit mit Kerunia cornuta hat. Auch in deren Innerem (Fig. 226 *C*) zeigte sich ein labyrinthisches Gewirre von Umgängen einer Serpula, von der aus als der ursprünglichen Ansatzstelle der Hydraktinie ein rasch an Breite zunehmender Kanal nach außen führte; der Außenkanal selbst bestand nur aus der Umwallung durch die Hydraktinie selbst. Der Ausgangskanal war von einem Paguriden bewohnt, dessen Häutungsfetzen noch im Kanal selbst aufgefunden wurden. Ursprünglich besetzte die Hydraktinie also die Serpula, dann trat der Pagurus mit ihr in Symbiose und diesen überund umwucherte sie. Die rezente Hydractinia echinata überwuchert z. B. Natica castanea und diese hinwiederum ist von Eupagurus Bernhardi bewohnt. Die Umwucherung durch die Hydraktinie macht aber nicht am Schalenrand der Natica halt, sondern wächst im Sinne der Schneckenwindung freiwillig weiter, dabei für den Pagurus einen ihm entsprechenden Kanal freilassend, dessen allmähliche Erweiterung nach außen dem Größenwachstum des Krebses entspricht. Es ist keineswegs nötig, daß in solchen von Hydraktinien umwucherten symbiotischen

----

1) BREHMS Tierleben, 4. Aufl., Bd. I, S. 112/13, Leipzig u. Wien 1918.

2) FRAAS, E., Eine rezente Kerunia-Bildung. Verh. k. k. zool.-botan. Ges. Wien, Jahrg. 1911, S. 70—76.

Kolonien das Schneckenhaus als solches später immer nachgewiesen werden muß; vielmehr wird dasselbe alsbald nach der Besiedelung von den Hydraktinien resorbiert, wie mir Professor STECHOW mitteilt.

Das häufigste Beispiel einer Symbiose bei Fossilen bieten Würmer in Korallen. Allgemein bekannt ist ja die devonische Tabulatenkoralle Pleurodictyum, die meist als Steinkern erhalten ist, so daß die Gitterstäbchen in Fig. 227 Poren in den Wänden zwischen den Einzelzellen bedeuten, die hier alle im Negativ, die Wände also hohl, die Poren darin als Stäbchen erscheinen. Ebenso der Wurm, der als Weichtier darin saß: nach dem Absterben des Stockes verweste er mit seinen Weichteilen und

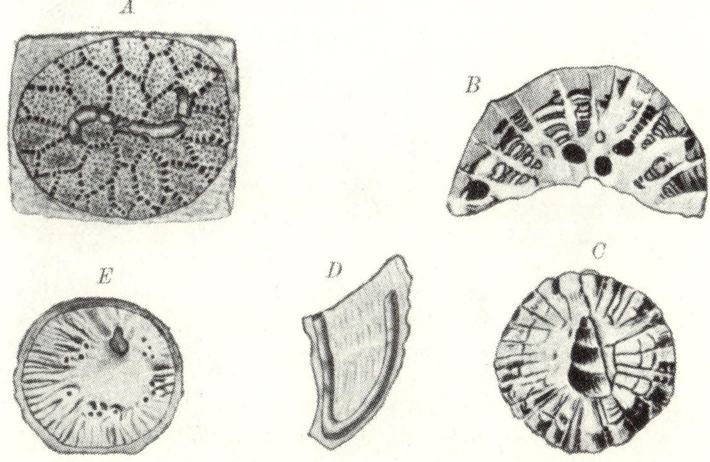

Fig. 227. Schmarotzende und symbiotische Würmer: *A* Pleurodictyum mit Wurm in Symbiose. Steinkern, Unterdevon, Eifel. (Aus STROMER v. REICHENBACH, Lehrb. d. Paläozool. I, 1909.) $^3/_4$. *B* Querschnitt durch ein Pleurodictyum mit Wurm. Mitteldevon, New York. $^1/_1$. *C* Basis desselben Stockes mit Eindruck einer Schnecke, auf der die Koralle als auf einem Fremdkörper saß (analog Fig. 146 *A*, S. 343). Ebendaher. $^1/_1$. *D, E* Wurm (Gitonia) in einem Zaphrentiskelch. Unterdevon, New York. $^1/_1$. (*B—E* aus CLARKE, l. c.)

ließ einen seiner Körpergestalt entsprechenden Hohlraum zurück, der ebenfalls ausgefüllt wurde und nun positiv erscheint. Da der ganze Stock um den Wurmkörper herumgewuchert ist, ja sogar die Zellen in ihrem Umriß und ihrer Ausdehnung durch ihn abgeändert erscheinen, so muß er schon frühzeitig Wohnung auf der Koralle genommen haben. Und da es kleine und große Korallenindividuen mit kleinen und großen Wurmexemplaren gibt, so ist sicher, daß das Tier auch mit der Koralle wuchs. Da die Kalkausscheidung bei einem Korallenkörper an jeder Stelle, außen (Mauer) und innen (Septen, Säulchen) und unten (Böden) möglich ist, so wäre, wenn der Wurm ein unwillkommener Eindringling, also nur ein reiner Schmarotzer gewesen wäre, es wohl für die Koralle nicht allzuschwer gewesen, ihn durch Umwucherung mit Kalk — nach

Analogie der Perlbildung bei den Muscheln — abzukapseln und so
unschädlich zu machen. Da dies unterblieb und der Korallenstock keine
Schädigung seines Wachstumes zeigt, darf man hier Symbiose, nicht
Parasitismus annehmen. Ein Parallelbeispiel soll sich in einer Stock-
koralle aus dem Tertiär der Insel Djûbal finden, in deren Basis eine
dicke Wurmröhre eingesenkt sei.[1]) Hierbei handelt es sich aber
wahrscheinlich nicht um dasselbe symbiotische Verhältnis wie bei Pleurodictyum, sondern um ein Ansiedeln der Koralle auf der Wurmröhre.
Bei Pleurodictyum ist nämlich auf der Basis niemals der Wurm zu sehen,

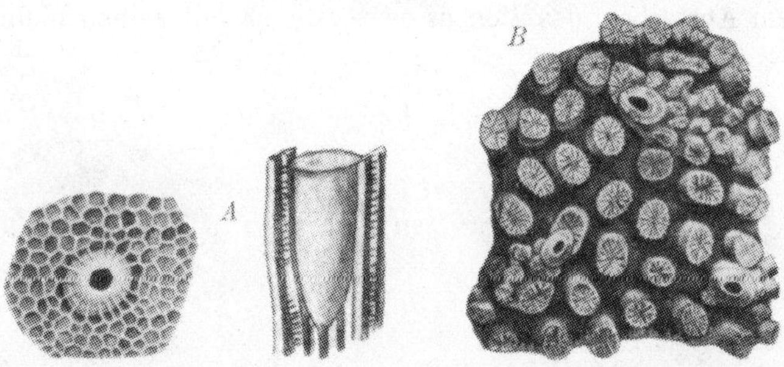

Fig. 227 bis. Balanidenkrebse, an Korallen schmarotzend: *A* Palaeocreusia in Favosites. Oberdevon, New York. (Aus CLARKE, l. c.) $^1/_1$. *B* Rezente Form. Die
Koralle umkapselt das Tier, das selbst keine Schale ausscheidet. (Orig. in München.) $^1/_1$.

er liegt ganz innerhalb des Körpers. Hätte sich Pleurodictyum nur auf
den Wurm gesetzt — was ja, da er nur Weichkörper war, an und für
sich ausgeschlossen ist —, so müßte der Wurmeindruck auf der Basis
des Stockes jeweils sichtbar sein. Hierfür ist ein anderes mittel-
devonisches Pleurodictyum aus Nordamerika lehrreich[2]), das zwar auch
den Wurm enthält, gleichzeitig aber auf einer Pleurotomarie aufgewachsen war, die nun auf der Basis des Stockes ihren Eindruck hinter-
ließ (Fig. 227 *C*). Auch auf Brachiopoden sind sie schon in derselben Weise
angeheftet gefunden worden. Im Mitteldevon von Nordamerika ist die
Kombination von Wurm und Pleurodictyum vor allem bei der Spezies
Pleurodictyum styloporum häufig, während andere Spezies die Erscheinung in einem verschiedenen Grad von Seltenheit zeigen und bei uns
Pl. problematicum am häufigsten den Wurm enthält. Pleurodictyum
styloporum aus dem Mitteldevon von Nordamerika ist ein dickerer,
mehr in die Höhe wachsender Stock als unser Pl. problematicum,
und infolgedessen tritt dort auch eine Modifikation auf, die unsere europäische Form nicht zeigt. Der Wurm ringelt sich nämlich im Verlauf
des Korallenwachstums, und zwar scheint es mir, als ob das natürliche

---

1) ABEL, O., Grundzüge der Paläobiologie der Wirbeltiere. S. 87, Stuttgart 1912.
2) CLARKE, J. M., The beginnings of dependent life. Ann. Rep. New-York State
Mus. 61, I, S. 146—169, Albany 1907.

Wurmwachstum zu rasch im Verhältnis zum Emporwachsen des Korrallen-
stockes verlaufen wäre und daß sich infolgedessen der Wurm einrollen
mußte, um sich in der Längsrichtung entsprechend zu verkürzen. Auch
das würde darauf schließen lassen, daß der Parasitismus noch nicht bis
zu jener Vollkommenheit gediehen war, in der Gast und Wirt vollständig in ihren Funktionen und ihrer Körperform aufeinander eingestellt sind.

Ein dem Pleurodictyum verwandtes Beispiel aus der rezenten Tierwelt ist das Zusammenleben der Einzelkorallen Heterocyathus und
Heteropsammia mit dem Wurm Aspidosiphon[1]). Der Wurm bezieht
zuerst ein leeres Schneckenhaus, auf dem sich
danach die Koralle ansiedelt. Bei deren Wachstum wird das Schneckenhaus umwuchert, es
wächst in das Innere der Basalplatte der Koralle
ein und dem Wurm droht das Schicksal, ein-
gekapselt zu werden. Er sorgt nun durch Bewegung seines Rüssels, daß ein Gang nach außen
offen bleibt.

Würmer spielen unter den makroskopischen
Symbiotikern und Parasiten überhaupt in allen
erdgeschichtlichen Zeiten eine Hauptrolle. CLARKE
hat auch hierfür ein reiches Material beigebracht.
Da ist z. B. ein Wurm in ein Jugendstadium von
Zaphrentis eingedrungen und unter einiger
Destruktion der Septen von ihr umwachsen
worden, konnte dabei aber sein Wachstum gleich-
zeitig mit dem ihren steigern. So bleibt seine
Mündung immer oben am Kelchrand, wohin die
Nahrung für die Koralle zuströmte und wovon
er sein Teil für sich wegnahm. Symbiosen mit

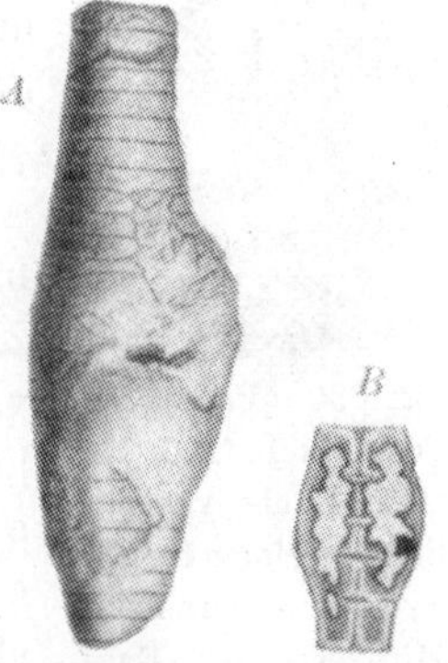

Fig. 228. Wucherungen an
Krinoidenstielen infolge
parasitären Eindringens
eines Wurmes. *A* Wuche-
rung mit Eingangsloch bei
Apiocrinus. Verkl. *B* Quer-
schnitt der Wohnhöhle in
Millericrinus. $^1/_1$. Oberer
Jura, Kelheim und Schweiz.
(Aus v. GRAFF, l. c.)

Würmern sind ferner bei den paläozoischen Gattungen Acervularia, Favosites, Stromatopora beobachtet.

Die am lebenden Material nicht selten festgestellte Symbiose von
Wurm und Spongie, die gelegentlich auch zur Verunstaltung der Spongie
führt, also keine ganz reine Symbiose ist, sondern noch das Schmarotzertum von seiten des Wurmes verrät, kennt man auch schon aus devonischer
Zeit, wo man die Kieselspongie Hydnoceras mit den Wurmgängen im
Inneren durchzogen sieht. Auch neogene Austern sind häufig von gewundenen und U-förmigen Wurmgängen angebohrt und zwar meistens
in der Gegend des Mundes und des Afters der Auster, was auf ein

---

1) WEBER, M., in Nußbaum-Karsten-Weber, Lehrbuch der Biologie für Hochschulen. 2. Aufl., S. 549. Leipzig u. Berlin 1914.

parasitäres Teilnehmen an der Nahrungszufuhr des Wirtes deutet.[1]) Schließlich sei auch noch einmal auf den Bohrschwamm Vioa hingewiesen, der mit Vorliebe Austernschalen und dicke Pernagehäuse befällt (S. 239).

Ein Beispiel zweifellosen, echten Parasitismus, wobei eben pathogene Bildungen entstehen, ist bei Jurakrinoiden häufig.[2]) An lebenden ist festgestellt, daß schmarotzende Würmer, Myzostomiden, sowohl als Ektoparasiten auf der Scheibe und den Armen von Krinoiden leben, als auch gelegentlich in die Kalkkörper eindringen und hier Wucherungen hervorrufen, die sich äußerlich als Verdickungen zu erkennen geben, zu denen von außen Kanäle hineinführen (Fig. 228), die mit einer Vertiefung beginnen. Sie erreichen bald den Zentralkanal des Stieles, bald endigen sie blind. Sekundär sind sie oft durch Verwitterung etwas erweitert. Die Anschwellung kann bald plötzlich, bald mehr vermittelt auftreten. Zahllos fast sind die Fälle, die v. Graff anführt, unter denen außer jurassischen Fällen bei Millericrinus granulosus, Apiocrinus rosaceus u. a. und neben solchen aus allen mesozoischen Hauptstufen auch rezente und karbonische zu nennen wären, so daß man es hier mit einer sehr alten Form

Fig. 230. Pathogene Panzerbildung bei einer Krabbe, vermutlich von einem Bopyriden veranlaßt. Mittl. Kreide. England. (Aus Th. Bell, Palaeont. Soc. London 1862.) $^1/_1$.

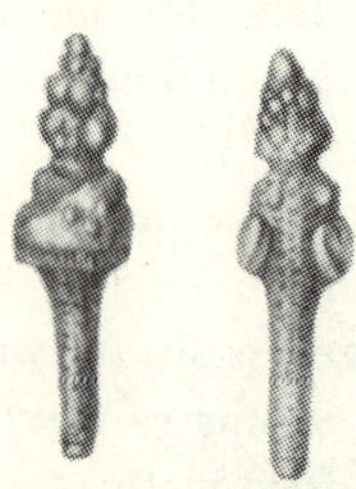

Fig. 229. Vermutlich pathogene Wucherungen an Cidaridenstacheln. Miozän. Insel Pianosa. (Aus Simonelli, Boll. Com. geol. Ital. Rom 1889.) $^3/_4$.

des Parasitismus zu tun hat, der auch pathogene Veränderungen der Schalen und Skelette herbeiführt (siehe Kap. VI, 6).

Etwas Ähnliches, wie mit diesen Krinoidenstielen, scheint auch mit den Stacheln eines neogenen Cidariden vor sich gegangen zu sein, die Simonelli als Phyllacanthus tirsiger (Fig. 229) beschreibt. Merkwürdige warzenförmige und knollige Auswüchse deuten darauf hin, daß hier vielleicht eine Art Gallenbildung infolge des Einflusses eines Parasiten stattgefunden hat.

Als Bopyridae wird eine schmarotzende Asselfamilie bezeichnet, die sich in der Brust- oder Kiemenhöhle anderer Krebse ansiedelt und dort Wucherungen und Vergrößerungen hervorruft. Aus dem Gaultgrünsand von Südengland beschreibt Bell einen Krabbenpanzer, der unter vielen normalen seinesgleichen auch diese auffällige seitliche Wucherung zeigt und vermutlich von einem solchen Parasiten infiziert worden ist (Fig. 230).

---

1) Ich verdanke diese Mitteilung Herrn Dr. O. M. Reis, von dem hierüber eine Abhandlung im Neuen Jahrb. f. Mineralogie usw. demnächst erscheinen soll. Durch ihn aufmerksam gemacht, fand ich an den tertiären Austern im Münchener Museum zahlreiche Belege für diese Erscheinung.

2) Graff, L. v., Über einige Deformitäten an fossilen Crinoiden. Palaeontographica Bd. 31, S. 185, Kassel 1882. Dortselbst auch reichlich Literatur mit anderen Fällen dieser Art.

„Es ist der Totaleindruck, den man von dem Objekt beim ersten
Anblick erhält, in welchem noch etwas enthalten ist, was die Analyse nie
vollständig herausbringt — die Idee, das Wesen des Dinges, das ich sofort
als etwas in mir Vorhandenes, aber noch nicht Gewußtes ahne, mit Ge-
wißheit ahne, also glaube, ehe ich es begriffen habe.‘‘
Kützing, Grundzüge der philosophischen Botanik

V. Kapitel

Die Formbildung schwimmender und schwebender Tiere

1. Schwimmende und treibende Tierformen

Der ideale Anpassungstypus an das nektonische Leben, also die
flotte schwimmende Fortbewegung im Wasser, stellt sich in der gewöhnlichen, d. h. torpedoartigen Fischgestalt dar (Fig. 36, S. 142). Der Körper hat
Spindelform, der Kopf sitzt unabbiegbar an, eine Schwanzflosse wirkt
analog der Schiffschraube als Fortbewegungsorgan, die mehr oder minder
verlängerte Rückenflosse als Kiel und die Vorderflossen als Höhensteuer.
Letztere sitzen besonders nahe am Kopfe, weil dieser schwer ist und
darum gehalten und in der Höhenrichtung unterstützt werden muß.
Starr ist der Kopf deshalb mit dem übrigen Körper verbunden, damit
die gestreckte Spindelform gewahrt wird. Dementsprechend zeigen die
Halswirbel Neigung zur Verschmelzung, wodurch Steifnackigkeit erzielt
wird. Ein Landtier muß wegen der meistens nur durch Extremitäten
und Gehbewegungen erzielbaren schwereren Beweglichkeit einen dreh-
baren Kopf haben, schon um seine Nahrung besser zu ergreifen; der
Fisch dagegen kann wegen des gleichmäßigen Mediums, in dem er gewissermaßen gleitet, sich leicht blitzschnell hin und her bewegen und
würde sich durch noch so minimale ungeschickte Kopfbewegungen ablenken oder unter unnötiger Vermehrung des Kraftaufwandes leiden. Die
Reibung im Wasser wird vermieden, indem die Haut glatt ist und aller
hemmenden Fortsätze wie Knoten, Stacheln tunlichst entbehrt.

Diesem idealen Anpassungstypus[1] suchen sich nun alle nektonisch
lebenden Tiere zu nähern. Die Fischreptilien, also die Ichthyosaurier
(Fig. 36 *B*), haben eben daher ihren Namen. So hat Ophthalmosaurus einen

---

1) Schlesinger, G., Der sagittiforme Anpassungstypus nektonischer Fische. Verh.
zool.-botan. Ges. Wien 1909, S. 140—156.

verkürzten versteiften Hals; die vorderen Extremitäten sind zu großen Ruderpatteln entwickelt, die hinteren dagegen besonders klein geworden, weil unnütz. Die Schwanzflosse sorgt für die Fortbewegung, z. T. vielleicht auch die Vorderflossen, die vor allem zur Höhensteuerung dienten und wie beim Spindelfisch unmittelbar hinter dem Kopfe lagen.

Bei anderen mesozoischen Meerreptilien finden sich die verschiedensten Abwandlungen der Anpassung an das nektonische Schwimmen, die hier abzuhandeln nicht der Platz ist; sie sind alle eingehend in ABELS „Paläobiologie" beschrieben. Hier soll nur auf die verschiedenen Annäherungen an jenen idealen Fischtypus in einzelnen Klassen hingewiesen werden, woraus die entsprechenden lebenden und fossilen Wirbellosen verstanden werden können. Die freischwimmenden Seeschildkröten haben ihren Panzer rückentwickelt, er ist leichter und zum Teil von neuem lederig geworden. Die Wale haben ebenfalls den reduzierten Hals, einen geradegestreckten Schwanz und fehlende Hinterextremitäten; an der zur Flosse gewordenen Vorderextremität ist Ober- und Unterarm stark verkürzt. Die Seehunde legen die rudimentären flossenähnlich gewordenen Hinterfüße nach rückwärts gestreckt zusammen, die dann wie eine Schwanzflosse wirken.

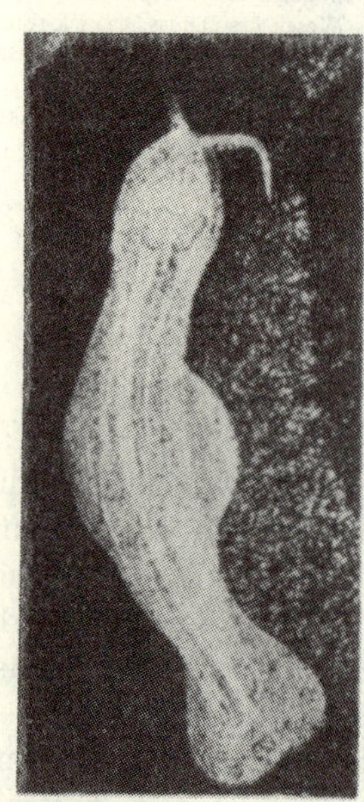

Fig. 231. A m i s k w i a , Schwimmform der Pfeilwürmer. Mittelkambrium, Kanada. (Aus WALCOTT, l. c.) 3fach vergr.

Ein anderes, dem nektonischen Leben dienendes Mittel neben den geschilderten ist die Leichtermachung des Körpers. Sie kommt sowohl für nektonische, wie für planktonische Tiere in Betracht und wird auf zweierlei Art erzielt: 1. durch Ausdehnung der Körperoberfläche im Verhältnis zum Volumen; 2. durch Einführung besonders leichter Stoffe wie Fett, Öl und Gase in den Körperraum; 3. durch Reduktion der schweren Körperteile, also der Knochen und Schalen.

Unter den nektonischen Schwimmern finden wir bei den Ichthyosauriern eine Reduktion der Knochen und zur Erleichterung des durch die Wirkungsart der Schwanzflosse stets nach oben gelenkten Kopfes große, mit Fett gefüllte Augenhöhlen. Noch mehr beim Wal. Der Körper des Ophthalmosaurus beispielsweise ist plump tonnenförmig, hat einen voluminösen Brustkorb und kann infolgedessen sehr viel Luft aufnehmen. Dadurch schwimmt er einerseits leicht, andererseits kann er sich lange unter Wasser aufhalten, ohne neue Luft schöpfen zu müssen. Man begegnet oft in den Organisationen der lebenden Natur Eigenschaften, die sich in ihrer Nützlichkeit entgegenstehen. So hier beim Ophthalmosaurus die schlanke Torpedoform einerseits und die plumpere Tonnenform andererseits, beide auf einen bestimmten Zweck eingestellt, aber die eine die andere ausschließend. Da ergibt sich in dem Zwiespalt der Entwicklungstendenzen dann ein neuer „idealer Anpassungstypus", der nun nicht mehr in der möglichst formvollendeten Entwicklung der einen Einzeleigenschaft beruht, sondern im Verwirklichen des Optimums im Beieinandersein beider Formen liegt, wobei schließlich beide Eigenschaften einigermaßen ausgeprägt miteinander bestehen, ohne daß die eine die andere stört. Beim Fisch, der durch Kiemen atmet und von vornherein

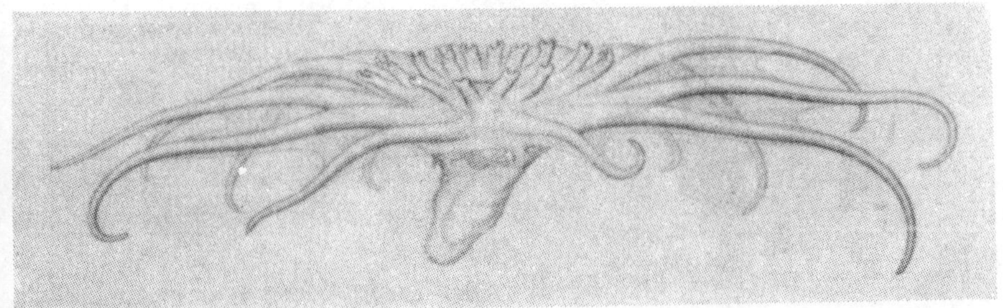

Fig. 232. Holothurie, mit einem zwischen den Tentakeln ausgespannten, als Schwimmapparat funktionierenden Velum. (Aus Chun, Tiefen des Weltmeeres 1900) Verkl.

auf das Wasserleben in dieser Hinsicht besser eingestellt ist, kann die schlanke Torpedoform unmittelbar verwirklicht werden; beim Saurier nur dann, wenn er, wie Ichthyosaurus, an der Oberfläche lebt und daher nicht in dem Maße Luft aufzunehmen braucht, wie der offenbar tauchende und daher tonnenförmige Ophthalmosaurus, bei dem jener Konflikt der Formbildungen sich mehr zeigt.

Unter den Wirbellosen erreichen die vollkommene, gestreckte Schwimmform nur die Pfeilwürmer (Chätognathi), mit dem typischen Vertreter Sagitta, dessen Gestalt nunmehr auch schon im Kambrium nachgewiesen ist (Fig. 231). Eine Schwanz- und Seitenflosse ermöglicht Vorwärtsbewegung und Balance, doch kommt bei den Würmern wohl auch noch die Fortbewegung durch Schlängeln, wie beim Aal, dazu.[1]

Die Fortbewegung der schwimmenden Tiere erfolgt auf ganz verschiedene Weise und mit vielen Mitteln. Flossen haben hauptsächlich die genannten Wirbeltiere, aber auch Wirbellose ahmen sie nach, z. B. die Belemnoideen und Keilschnecken (Fig. 233), bei welch' letzteren der Fuß entsprechend umgebildet wird. Die Holothurien haben ein Velum, d. i. ein schwimmhautartig umgebildeter Hautsaum, mit dem sie durch

---

1) Walcott, Ch. D., Cambrian geology and paleontology II., No. 5. Middle Cambrian Annelids Smithson. Misc. Coll., Vol. 57, No. 5, S. 112, Taf. 22, Fig. 3, 4, Washington 1911.

wellige Bewegung und Auf- und Zuklappen sich fortbewegen und sich schwebend erhalten (Fig. 232). Die Quallen schwimmen durch Zusammenziehen des Ringmuskels der Schirmunterseite, wodurch sie das Wasser aus ihrer Glocke ausstoßen. Verlängerungen des Mantels bilden dabei zugleich ein Richtungssteuer.

Unter den fossil ganz unbekannten Tunicaten schwimmt die Ordnung der Salpen durch Ausstoßen des Wassers aus der hinteren Kloakenöffnung. Ganz ähnlich die Libellenlarven. Deren Tracheen liegen im Mastdarm und aus diesem stoßen sie das Atemwasser nach hinten aus, sich dadurch nach vorwärts fortbewegend; sie sind ebenfalls länglich spindelförmig. Den entwickeltsten Schwimmapparat zeigen schließlich die Belemniten, welche durch ihre unter dem Kopf liegende Trichteröffnung das Wasser ausstießen, aber zugleich auch Flossen hatten, mit denen sie ruderten und wohl auch schwebend sich erhielten (Fig. 238, S. 493). Die Pectenmuscheln schwimmen durch Auf- und Zuklappen ihrer Schale, also auch durch Ausstoßen des Wassers (Fig. 114, S. 290). Die Krebse durch die Bewegung ihrer Schwimmfüße (Fig. 234), womit vor allem die Trilobiten schwammen (S. 279), soweit dies überhaupt geschah, während die einen verschmolzenen Vorderkörper und einen segmentierten muskulösen Schwanz besitzenden schwimmenden Dekapoden (Fig. 234) dies auch durch oro-anal gerichtetes Schlagen mit dem Schwanz erzielen. Endlich noch das aktive Schwimmen durch Flimmern und Geiseln bei den Infusorien, die fossil selten erhalten sind. Spuren von fossilen Geiselinfusorien kennt man aus der Kreide (vgl. Kap. I, S. 19); auch die im Plankton lebenden Coccolithophoriden, Formen, die in ihrer Haut jene im Tiefseeschlamm massenweise vorkommenden, aber auch in sonstigen Ablagerungen aller Formationen gelegentlich sich zeigenden kleinen gestielten Kalkscheibchen ausscheiden.

Fig. 233. Carinaria, Heteropodenschnecke mit flossenartig umgewandeltem Fuß, der beim Schwimmen nach oben liegt. Unten die kleine Schale. (Aus Hesse-Doflein, Tierbau u. Tierleben I, 1910.) $^1/_1$.

Schließlich ist nicht zu vergessen, daß auch viele Larven von später festsitzenden oder wenigstens sich träge fortbewegenden Organismen gleichfalls Wimpern und Wimperkränze haben, mit denen sie nektonisch schwimmen: Spongien, Korallen, Bryozoen, Brachiopoden, Krebse, die alle fossil vorkommen, also auch solche Larven voraussetzen lassen.

Gute Schwimmer unter den niederen Krebsen sind die Kopepoden (Ruderfüßler) und zwar die Unterabteilung Eukopepoden; denn die anderen sind parasitisch und kommen hier nicht in Betracht. Sie leben zwar im Meer- oder Süßwasserplankton, bewegen sich aber selbständig mit Hilfe ihrer vielen Schwimmfüße, also nektonisch. Als Typus kann die rezente Form Cyclops gelten und die nächstverwandten Branchiopoden, unter denen ebenfalls mehrere gute Ruderer, wenn auch stoßweise sich fortbewegende, sind. Fossil kommen sie nicht in Betracht. Eine Brack-

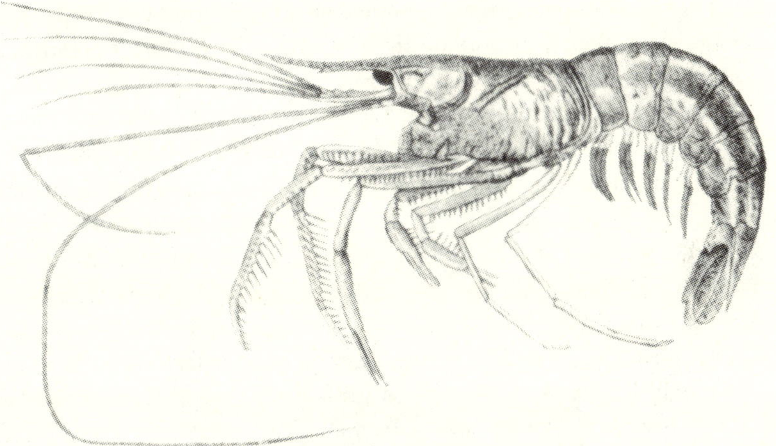

Fig. 234. A e g e r , im Abdomen mit Schwimmfüßen ausgestattet. Oberer Jura, Franken. (Aus Oppel, Paläont. Mitt. 1862.) $^2/_3$.

oder Süßwasserform aus dem Buntsandstein von Saarbrücken bezeichnet Handlirsch als Archikopepoden und stellt sie zu dieser Gruppe.[1])

Es ist besser, bei den Krebsen und bei den krebsartigen fossilen Formen, wie Trilobiten und Merostomen, nicht von Schwimm-, sondern von Ruderbewegung zu reden. Auch sind viele dieser Ruderer zugleich Bodenbewohner und können mit Hilfe ihrer Füße krabbeln. Gehfüße und Ruderfüße sind zu unterscheiden; außerdem geschieht eine Vor- oder Rückwärtsbewegung, sei es am Boden oder frei im Wasser, oft noch mit Hilfe des Schwanzes. Nach der Art der Fortbewegung kann man, wie schon im vorigen Kapitel (S. 288) erwähnt, zwei biologische Gruppen unterscheiden: die schwimmenden Natantia und die kriechenden Reptantia. Die hier allein in Betracht kommenden Natantia haben einen gestreckten, etwas dorsoventral zusammengedrückten Körper, an dem sich Schwimmfüße befinden. Da sie aber auch auf den Boden sich niederlassen, so haben sie auch Krabbelfüße, wie die schon in der Trias beginnenden langschwänzigen Makruren zeigen, welche die besten Ruderer unter ihnen sind (Fig. 234). Die Schwanzflosse besteht überall aus meta-

---

1) Handlirsch, A., Eine interessante Krustazeenform aus der Trias der Vogesen. Verh. k. zool.-botan. Ges. Wien, Jahrg. 64, 1914, S. 1.

morphosierten Abdominalfüßen und dem Telson. Der Panzer ist sehr dünn und darunter ist viel Fett abgesondert, der Körper ist also leicht gemacht.

Unter den Gigantostraken unterscheiden CLARKE und RUEDEMANN vier Gruppen[1]):

1. Augen zusammengesetzt, randständig, der Körper schlank, fischähnlich; das letzte Extremitätenpaar zu Schwimmfüßen umgewandelt; Schwanzstachel (Telson) meist breit und flossenartig;

2. Augen zusammengesetzt, randständig und frontal; Körper skorpionenartig; das letzte Extremitätenpaar zu Schwimmfüßen umgewandelt; Telson stachelförmig;

3. Augen zusammengesetzt, dorsal, unterhalb des Scheitels liegend; Körper schlank bis breit; Schwimmfüße wie vorige; Telson stachelförmig;

4. Augen zusammengesetzt, dorsal, auf dem Scheitel oder etwas unterhalb liegend; Körper schlank; letztes Extremitätenpaar außerordentlich lang und aus schlanken Gliedern bestehend; Telson stilettförmig.

Unter den drei ersteren Gruppen finden sich Schwimmer. Wir verließen im vorigen Kapitel (S. 287) diese Typen mit der Beschreibung des Dolichopterus (Fig. 110 D), dessen nach vorn gerückte Augen und die etwas zu einem Ruder umgewandelten hinteren Füße schon ein mindestens ebensoviel über dem Boden wie auf dem Boden sich bewegendes Tier verraten. Die hierfür bezeichnenden Merkmale finden wir im verstärkten Maße nun bei dem nebenstehenden Pterygotus (Fig. 235 A), dessen schlanker Körper, das zu einem Höhensteuer umgewandelte Schwanzstück, die kurzen Extremitäten und die ganz vorn auf dem Rande liegenden Augen einen für diese Gruppe sehr vollendeten Anpassungstypus an das Schwimmen bezeichnen. Auch die in Fig. 235 C wiedergegebene Hughmilleria ist danach wohl ein sehr guter Schwimmer gewesen, nur ist das Schwanzstück wieder zu einem Telson und zwar zu einem hakenförmigen Sporn geworden.

Es ist eigentümlich, daß die Natur den vollendetsten Anpassungstypus niemals in einer einzigen Art verwirklicht, sondern daß sie die für eine bestimmte Lebensweise günstigsten Eigenschaften stets auf zwei oder mehrere Arten verteilt. Ebensowenig, wie sie den Arttypus (S. 213) an einem einzigen Individuum rein entwickelt, so auch einen bestimmten allgemeinen Anpassungstypus nicht an einer Gestalt. Das finden wir auch bei einem Vergleich von Pterygotus und Hughmilleria. Diese (Fig. 235 C) entbehrte des flachen Höhensteuers ebenfalls und hatte an dessen Stelle ein stachelförmiges. Sie ist ebenso schlank wie Pterygotus, hat aber vor ihm den Vorzug, daß die Ränder der einzelnen Körper-

---

1) CLARKE, J. M. and RUEDEMANN, R., The Eurypterida of New York. New York State Museum, Mem. 14, S. 76 ff., Albany 1912.

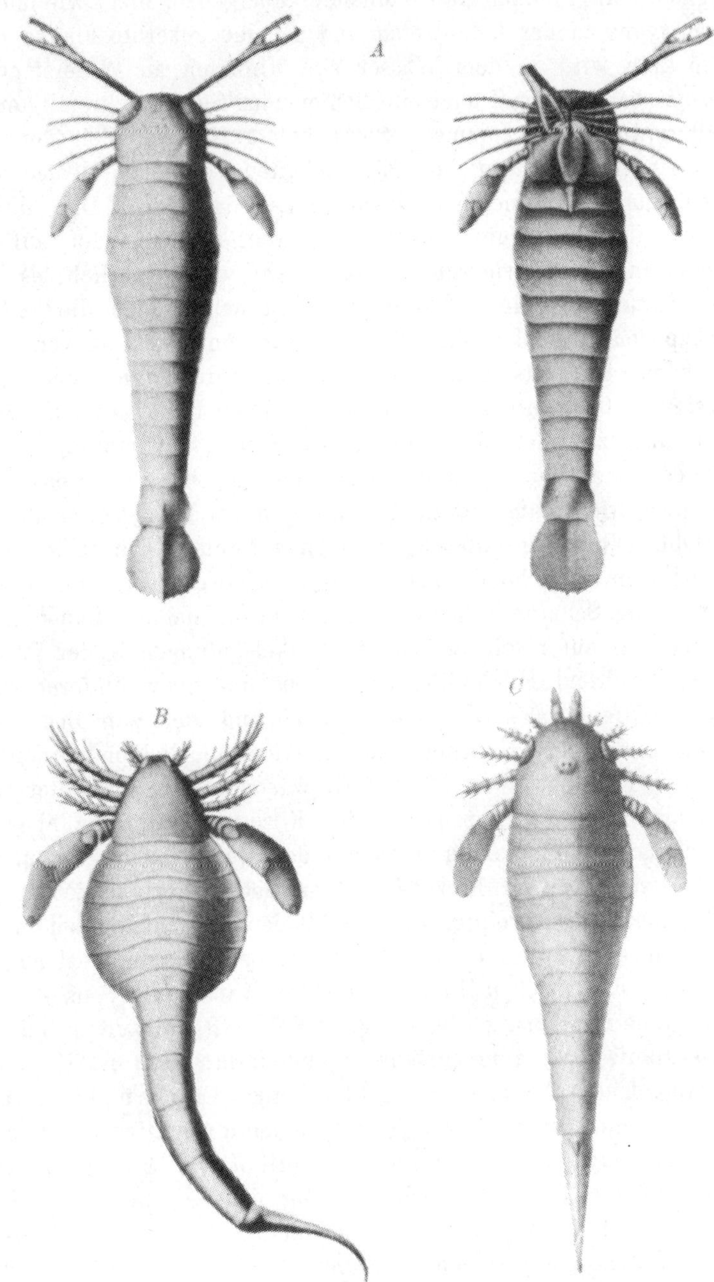

Fig. 235. Typen schwimmender Gigantostraken. (Aus CLARKE u. RUEDEMANN, l. c.)
Verkl. *A* Pterygotus, vollendetste Schwimmform. Oberstes Silur, Nordamerika.
Schwanz als Höhensteuer funktionierend. *B* Eusarcus, vielleicht abwechselnd liegende
und sehr gut schwimmende Form. Ebendaher. *C* Hughmilleria, Körper glatter als
bei Pterygotus. Vollendete Schwimmform ohne Höhensteuer.

segmente unmittelbar glatt ineinander übergehen, nicht wie dort schuppen-
förmig aneinander herantreten und so eine gekerbte Flanke hervorrufen.
Der Leib wird so dem Wasser ein Minimum an Widerstand entgegengesetzt haben, zumal auch die hemmenden Scherenextremitäten bei Hughmilleria in Wegfall kommen. So ist keiner für sich allein der vollendetste;
erst eine Kombination ihrer Eigenschaften würde den idealen Anpassungstypus der schwimmenden Gigantostraken darstellen. Daß übrigens beide
Typen nicht nur gute Schwimmer waren, sondern auch auf den Boden
niedergingen, ist, wie schon gesagt, sehr wahrscheinlich; es liegt das in
der Natur aller dieser Tiergruppen, zu denen auch die Trilobiten und
Dekapoden zu zählen sind. Spricht man von diesen als von Schwimmern,
so kann das stets nur in diesem höchst relativen Sinne gemeint sein.
Das ist z. B. auch bei dem nächstverwandten Limulus so, der im Schlamm
lebt, aber zuweilen auch auf dem Rücken „schwimmt", indem er dann
mit den nach oben gerichteten Beinen zappelt. Es ist das übrigens ein
Beispiel, wie wenig oft die Organisation der Lebensweise durchweg entspricht. Von Pterygotus aber ist zu vermuten, daß er im Wasser über
dem Boden, bald höher, bald niedriger schwebte und schwamm und sich
mit seinen Scheren vom Boden die Nahrung nahm. Daher das Schwanz-
steuer, das auf rasch wechselnde Winkelstellungen in der Vertikalen hinweist, während Hughmilleria offenbar eine Schwimmform war, welche
torpedoartig durch's Wasser dahinschoß und nicht zum Boden niederging,
sondern sich ihre Nahrung dem Plankton und Nekton entnommen haben
dürfte. Eusarcus aber (Fig. 235 B) war ebenfalls ein guter Schwimmer,
wie die Extremitäten zeigen, seine Körperverbreiterung aber deutet zugleich darauf hin, daß er auch auf den Boden niederging und sich hin-
legte, was dem im Kap. IV, 1 beschriebenen verbreiterten Liegetypus
entspricht; hier vereinigt sich also Bodenform und Schwimmform. Jede
ist in ihrer Art also einer bestimmten Lebensweise ideal angepaßt.

Ist das Zeichen für den idealen Anpassungstypus des Schwimmtieres eine möglichst glatte, von allen Ecken, Rauhigkeiten und Anhängseln
freie Haut, dazu eine schlanke Spindelform, dann ist Hughmillaria die
vollkommenere Form gegenüber Pterygotus. CLARKE und RUEDEMANN (a. a. O.
S. 77) nennen sie trotzdem „clearly a more primitive and less spezialised
form of body". Sie ist aber weniger primitiv als Pterygotus. Wir treffen
hier auf die bekannte Verwechselung der Begriffe „entwickelt", „spezialisiert" und „primitiv". Die unruhigere Linienführung, die für unser
Auge abwechselungsreichere Gesamtgestalt des Pterygotus führt dazu, ihn
für weniger „primitiv" anzusehen als Hughmilleria. Man kann, nimmt
man die reine Schwimmform als Kriterium, ebenso gut auch diese für
„entwickelter" ansehen. Der Besitz der Scheren allerdings, welche sekundär
umgewandelte Füße sind, zeigen ein vorgeschritteneres Differenzierungs-
stadium des Pterygotus an. Auch daß dieser gleich gut an das Schwimmen

und Krabbeln angepaßt ist, mag als stärkere Differenzierung bewertet werden. Fragt man nach der Reihenfolge des geologischen Auftretens, so sind Hughmilleria und Pterygotus gleich alt: sie erscheinen zusammen im tieferen Untersilur, zugleich mit ihnen wohl auch Drepanopterus, der ein vollendetes Bodentier ist (vgl. S. 286). Es sei hier auf eine Bemerkung von Osborn hingewiesen [1]), daß unter den tertiären Säugetieren vielfach einzelne kleine Stammlinien (Phyla) der gleichen Hauptgattungen nebeneinander herlaufen und miteinander teilweise sogar am selben Platze bestehen, die aber in verschiedener Richtung differenziert und angepaßt sind. Pferde, Kamele, Rhinozeroten, Tithanotherien haben herumstreifende oder mehr ruhig weidende, schlanke und schwerfällige Typen gleichzeitig miteinander und räumlich nebeneinander hervorgebracht.

Wenn es nicht nur an der Zufälligkeit der Funde liegt, ist Strabops (Fig. 110 *A*, S. 286) die älteste, nämlich die kambrische Form, wobei von der allzu unbestimmten präkambrischen Beltina Danai abzusehen ist. Dieser Strabops, von kleinerem Habitus, zeigt Merkmale, die ihn zum phylogenetischen Ausgangspunkt sowohl für die reinen Schwimmformen vom Typus der Hughmilleria, wie auch der reinen Bodenformen vom Typus des Drepanopterus, aber auch unabhängig davon des mehr in der Mitte zwischen beiden stehenden Pterygotus und anderer Formen machen. Er hat zwei auf halbem Weg zwischen Scheitel und Körperrand liegende Augen, eine gedrungene Form mit spitzem Schwanzstachel und nur einfache, primitive Extremitäten. In der Vorstellung der weiteren Entwicklung wandern die Augen zum Rand, die letzten Extremitäten werden zu Schaufeln, der Körper streckt sich, wenn es zum Schwimmtier geht; die Augen rücken auf den Scheitel, die Extremitäten werden stärker, bekommen Anhänge, der Hinterkörper setzt sich mit eingeknickter Umrißlinie gegen den Vorderkörper ab, wenn die Entwicklung zum krabbelnden Bodenbewohner führt. Auch unter diesen gibt es Typen von mehrfacher Herkunft, z. T. auf dem Umweg über den Schwimmformtypus.

Es wurde schon bei der Beschreibung der bodenbewohnenden Gigantostraken (Kap. IV, 1, S. 285) auf die Umbildung der Grabfüße zu Ruderschaufeln hingewiesen und betont, daß wahrscheinlich zuerst die eine Funktion, dann die andere von demselben Organ hierbei ausgeübt wurde. Die sich in den Sand einbohrenden Krabben (S. 491) haben solche schaufelförmigen Füße nicht, dagegen haben die meistens schwimmenden Bogenkrabben (Cyclometopa) ganz ähnliche Fußentwicklung wie die als Schwimmer angesprochenen Gigantostraken. Bei den genannten Taschenkrebsen ist das vordere Fußpaar, wie immer, zur Schere geworden, dann folgen drei einfache, zugespitzte Beinpaare, und

---

1) Osborn, H. F., The Age of Mammals in Europe, Asia and North Amerika. New York 1910, S. 30.

das letzte ist genau zu demselben ovalen Ruderblatt umgewandelt, wie
etwa bei Pterygotus. Bei der zwar zu dieser Schwimmfamilie gehörenden
gemeinen Krabbe der Nordsee, die sich jedoch in den Boden eingräbt
und sonst nur läuft, ist dieser Ruderschaufelfuß noch spitz geblieben.
Die Anwendung dieser Tatsachen auf die Biologie der Gigantostraken
liegt nahe. Von den Extremitäten der Trilobiten wissen wir wenig;
ausgezeichnete Funde des untersilurischen Triarthrus Becki haben aber
unter den Thoraxsegmenten Schreitfüße, unter dem Schwanzschild auch
Schwimmfüße gezeigt (Fig. 7, S. 29).

So vollendete aktive Schwimmer wie unter den Gigantostraken gab
es unter den Trilobiten wahrscheinlich nicht. Weder begegnet uns hier
der schlanke Leib, noch scheinen sich bei ihnen verbreiterte Ruderschaufeln zu finden. Immerhin sind die meisten unter ihnen Formen,
die sich zeitweise vom Boden erhoben und frei umherschwammen. Dollo
hat den Weg zum Verständnis dieser Formen geöffnet[1]), aber er wendet
die Methode, aus der Lage und Form des Einzelorganes auf die Lebensweise des ganzen Tieres zu schließen, wohl zu apodiktisch an. Beispielsweise sollen die randständigen Augen ohne weiteres jedesmal ein Beweis
für das Schwimmleben ihrer Besitzer sein, wie umgekehrt dorsale und
zentrale Augen für die kriechende Lebensweise. Richter betont aber[2])
sehr mit Recht, daß für bestimmte Tiergruppen und in Verbindung mit
weiteren, für ein Schwimmtier charakteristischen Merkmalen die randständige Lage der Augen zwar einen Anhalt bieten kann, aber mehr
nicht. Denn keineswegs erweisen sich nun alle Trilobiten mit mehr
oder ganz mittelständigen Augen als nicht schwimmende Kriech- und
Liegetiere oder sogar, wie Dollo will, als Wühler. „Lebende Tiere, sagt
Richter, zeigen ja ganz einwandfrei, wie unsicher jene Schlüsse von der
Augenanlage auf die Lebensweise sind. So haben nicht nur gelegentliche Schwimmer unter den Isopoden dorsale Augen, sondern auch gerade
einer ihrer Schwimmkünstler, Tecticeps convexus. Und umgekehrt haben
viele Bodenkriecher dieser Ordnung, ja sogar ausgesprochene Wühler
und Gräber, randliche und selbst nach unten gebogene Augen ... Dasselbe gilt schließlich für alle Brachyuren und die Coleopteren eigentlich
schlechthin." Das lehrt ja auch Triarthrus, von dem wir wissen, daß er
ruderte und krabbelte, dessen Unterseite bekannt ist (S. 29, Fig. 7). Die
besondere Größe des Schwanzes sollte nach Dollo, v. Staff und Reck[3]) ein
Kennzeichen des schwimmenden Trilobiten sein. Gerade aber Triarthrus hat

1) Dollo, L., La Paléontologie éthologique. Bull. Soc. belge de Géol., Paléont.
et Hydrol., T. 23, S. 406 ff., Bruxelles 1909.

2) Richter, R., Vom Bau und Leben der Trilobiten. I. Das Schwimmen, „Senckenbergiana", Bd. I, Nr. 6, S. 227. Frankfurt a. M. 1919.

3) v. Staff, H. u. Reck, H., Über die Lebensweise der Trilobiten. Sitzungsber.
Ges. naturf. Freunde, Berlin 1911, S. 130.

ein kleines Pygidium und darunter stark entwickelte Ruderfüße, übrigens auch dorsalständige Augen. Wie schon Seite 273/74 betont wurde, sind die Trilobiten in ein und derselben Art meistens sowohl schwimmende wie krabbelnde Tiere gewesen, genau wie es oben von den Gigantostraken dargelegt wurde, wo auch die Randständigkeit der Augen nur im Zusammenhang mit anderen bestimmten Schwimmermerkmalen entscheidend schien. Trotzdem finden sich natürlich auch unter den Trilobiten einzelne nur einseitig an das Liegen oder an das Schwimmen und Schweben angepaßte Typen; bei den letzteren erhält **dann** auch die Randständigkeit der Augen in diesem Sinne ihre Bedeutung. Hier ist vor allem an Sphaerexochus (Fig. 236) und Deiphon aus dem Silur zu denken, bei denen die Pleuren zu dünnen Fortsätzen und Gräten reduziert sind, während die Körperspindel rund zylindrisch geworden ist. Bei Sphaerexochus liegen die Augen randständig seitlich, bei Deiphon ganz vorn neben der Glabella. Wir kommen auf diese Formen im folgenden Abschnitt bei Besprechung der Schwebemittel zurück. Hier sei nur auf einige andere Anpassungen bei der vermutlichen Schwimmbewegung der Trilobiten eingegangen.

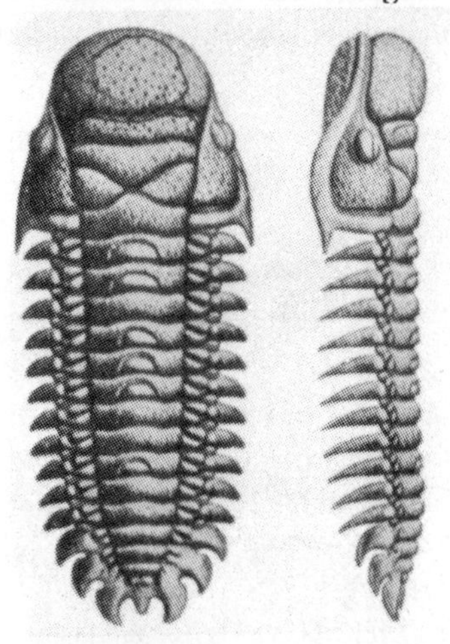

Fig. 236. Sphaerexochus, durch Spindelgestalt an das Schwimmen gut angepaßt. Obersilur, Böhmen. (Aus BARRANDE, l. c. 1852.) $^1/_1$.

Ein zweiter Typ des schwimmenden Trilobiten ist vielleicht Aeglina (Fig. 237 *A*). Es fallen die enorm großen Augen mit dem dicken Kopf vor allem auf: die Augen erstrecken sich teilweise noch auf die Unterseite. Ein solches Tier konnte sich, nach DOLLO, nicht vergraben, noch im Schlamme wühlen; auch das Krabbeln oder Liegen auf dem Boden läßt sich mit der Lage der Augen nicht vereinigen. Solche großen Augen sind erfahrungsgemäß Anpassungen an die dysphotische Region. Da sie nach neben und unten schauten, schwamm das Tier danach vermutlich im tieferen düsteren Wasser herum und zwar vermutlich über dem Boden, so daß es ihn zugleich mit dem nach unten gerichteten Teil des Auges absuchte. Dafür spricht das in Fig. 237 *A, c* abgebildete Kopfstück einer anderen Art, das eine vielleicht zum Aufschürfen des Bodens dienende Schnauzenverlängerung noch hatte, ähnlich wie wir sie im Kap. IV (S. 281) beschrieben haben. DOLLO dagegen deutet für die schnauzenlose Aeglina den Gebrauch der Augen so, daß das Tier in der dysphotischen Region lebte, aber zur Nachtzeit an die Oberfläche stieg, dabei nach Limulus-Art auf dem Rücken schwamm und seine Nahrung der Oberfläche entnahm. Man sieht, wie unsicher die Schlüsse von der Form der Organe und ihrer Lage auf die Lebensweise eines Tieres sein können. Analoga unter den lebenden Tieren gibt es eigentlich kaum, wenn man nicht mit E. Suess den nebenabgebildeten Amphipoden (Fig. 237 B) zum Vergleich heranziehen will. Dieses Tier hält sich dauernd in der düsteren Wasserregion auf und steigt wahrscheinlich zur Nachtzeit an die Oberfläche. Die vergrößerten Augen erfüllten also sowohl bei Tag, wie bei Nacht die gleiche Aufgabe, das Tier lebt auf diese Weise immer im gleichen Düster, da auch die Nächte nie absolut dunkel sind. Das wäre, nebenbei bemerkt, vielleicht auch ein Beispiel dafür, daß ein vorhandenes Organ eine bestimmte Lebensweise mit sich bringt: denn es

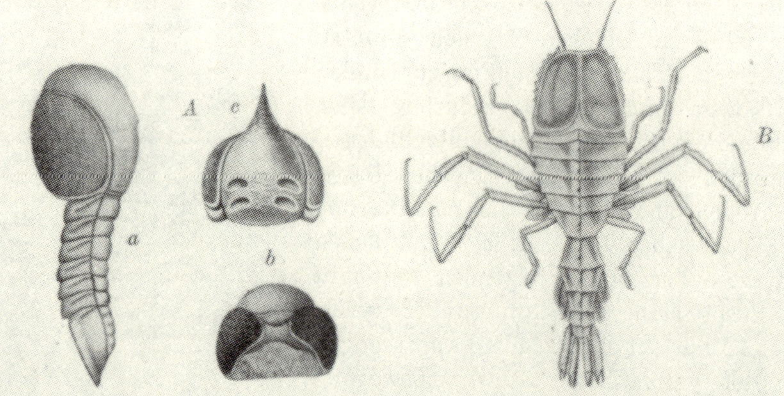

Fig. 237. *A* **Aeglina**, mit stark vergrößerten, auch auf die Unterseite reichenden Augen. Untersilur, Böhmen. (Aus Barrande, Syst. Silur. de Bohème I, 1852.) $^1/_1$. *a* Seitenansicht; *b* Augenlage von unten; *c* Augenlage einer anderen Art von oben, mit verlängerter Schnauze. Alles stark vergr. *B* **Cystosoma**, lebender pelagischer Amphipode der dysphotischen Region, mit stark hypertrophen Augen. (Aus Transact. Linn. Soc., London 1875, nach Dollo, l. c.) ca. $^1/_2$.

läßt sich denken, daß die vergrößerten Augen ursprünglich lediglich eine unmittelbare Anpassung an das Leben im Düster des tieferen Wassers bedeuteten, und daß dann erst sekundär infolge dieser Ausnützungsmöglichkeit der so gestalteten Augen das Tier die Gewohnheit annahm, bei Nacht an die Oberfläche zu steigen und sich auch dort Nahrung zu suchen.

v. Staff und Reck hatten ursprünglich zwei Möglichkeiten einer Schwimmbewegung bei Trilobiten angenommen: 1. die zu Ruderapparaten umgebildeten Füße treiben den Körper, den Kopf voran, durch das Wasser; 2. der Rumpf wird konvex gebogen und, mit der Rumpfmitte voran, treibt der Schwanz durch stoßweises Klappen den Körper eigentlich nach rückwärts. Sie hatten der letzteren Annahme das Wort geredet. So sollten die Formen mit großem Schwanzschild, wie schon vorhin bemerkt, den Schwimmtypus kennzeichnen; als weiteres Merkmal für ihn sollte die stärkere Wölbung des Körpers gelten, weiter: randständige oder

gestielte Augen, die Rückbildung aller Anhänge einschließlich der Wangenstacheln und die Verringerung der Rumpfgliederzahl. Zur Begründung wird
folgendes angeführt. Fast alle Trilobiten haben ein aus Segmenten ver-
schmolzenes Schwanzschild, das also eine sekundäre Bildung ist. Formen,
die es nicht besitzen, sind solche, bei denen eine ersichtliche Anpassung des
Körpers an die schwebende Lebensweise durch Ausbildung von kürzeren
oder längeren Stachelanhängen oder eine Auflösung der Pleuren zu
Stacheln eingetreten ist: also unter den ersteren Paradoxides, Olenellus,
Eurycare, dann besonders die Acidaspiden; unter den letzteren die Cheiruriden (Fig. 236, S. 487). Gerade diese Stachelbildung sei ein mit dem
Vorwärtsbewegen des Körpers unverträgliches Merkmal; vielmehr sei es
natürlich, daß bei den mehr schwimmenden Formen der Leib aller ent-
behrlichen Anhängsel ermangele, da sie sowohl durch Vermehrung des
„toten" Wassers, wie als direktes Hindernis die Fortbewegung erschweren
müßten. Da das Scharnier bei der Bewegung vorangehe, so wirke die
tatsächlich vorhandene starke Wölbung des Körperquerschnittes wie Bug
und Kiel. Auch die Augen seien so gestellt, daß sie einen freien Überblick in der Bewegungsrichtung gestatteten; Randständigkeit und erhöhte,
„Leuchtturm"-artige Stellung erfüllten diesen Zweck (Fig. 104, S. 275).

Um gleich das letztere, die erhöhten Augen, vorauszunehmen, so
ist doch nicht recht einzusehen, weshalb die Augenstiele eine so ungeheuere Erhöhung erfahren mußten, wie sie der auch von v. Staff und
Reck abgebildete Asaphus Kowalewskii etwa besaß. Das geht weit über
das für den besagten Zweck Nötige hinaus, umso mehr, als ja die übrigen
angeführten Formen ohne solche „Leuchttürme" dauernd ausgekommen
sind. Formen, wie der von uns im vorigen Kapitel (Fig. 104, S. 275) abgebildete und gedeutete Asaphus, lag wohl im Ruhezustand im Schlamm,
wobei nur die beiden Außenstiele periskopartig herausgestreckt wurden.
Im übrigen führt Richter folgendes aus (a. a. O. S. 216ff.): Wären die
Schwanz- und Kopfschilder für die beim Stoßschwimmen auftretenden
Drucke stark genug gewesen, was sie trotz mannigfacher Versteifung
(vgl. Kap. VI, 2) nicht waren, so hätten sie eben darum als starre,
nur um eine Achse drehbare Gebilde dem Wasserdruck nicht flossenartig durch Faltung und Drehung nachgeben können und jedesmal mit
voller Breitseite zurückgeführt werden müssen; das hätte langsam geschehen müssen, um die Wirkung des Arbeitsschlages nicht aufzuheben.
Auch die durch Zusammenklappen entstehende Kugelform des Körpers,
womit sie nach der Vorstellung von v. Staff und Reck beim Rückstoß
schwammen, ist zum Schwimmen ungeeignet. Entweder wird, wie bei
den unbeholfen schwimmenden Muscheln (Pecten, Anodonta-Larve) der
Vorderpol durch lineare Verjüngung zum Durchdringen des Wassers,
der Hinterpol durch Zuschärfung zum Abfließen von Wirbeln angepaßt,
abgesehen von einigen sonstigen Spezialanpassungen, wozu auch die

starke Muskulatur bei Muscheln gehört; oder es wird eine Verlängerung des Körpers herbeigeführt, dieser wird nach dem Vorderpol der Bewegung (Libellenlarven) verlängert, oder nach dem entgegengesetzen (Medusen) oder nach beiden Polen (Tintenfische mit ausgestreckten Armen). Soweit Krebse — also die nächsten Verwandten der Trilobiten — durch Ruderrückstoß schwimmen, haben sie alle ein leichtes, beim Ausholen dem Wasserwiderstand gelenkig nachgebendes Schlagruder in Gestalt eines beweglichen schlanken Hinterleibes mit gegliedertem Schwanzfächer. Dieses Ruder wird von einem gedrungenen, muskelstarken Rumpf gegen einen schweren plumpen, dem Schwanz durchaus überlegenen Vorderkörper geschlagen, der durch seine zylindrische Form und die über das Rostrum oft weit verlängerten Scheren gestreckt ist und durch seine Masse auch Beharrungsvermögen genug besitzt, um die durch das erneute Ausholen des Schwanzes gefährdete Richtung aufrecht zu erhalten. Die hierzu nötige-Muskulatur fehlt den Trilobiten, und ferner fehlen Einrichtungen, die das Rückstoßschwimmen begünstigen, es fehlen den Ablauf des Wassers begünstigende Röhren und Rinnen, während geradezu ihm entgegenwirkende Bildungen vorhanden sind. Auch die Rinnen des Bronteusschwanzes sind keine solchen, sondern radial nach allen Seiten ausgehende Versteifungen. Zuspitzungen und Zuschärfungen vorderer Bewegungspolglieder sind nicht vorhanden. Es fehlt verstärkte Gelenkung oder Versteifung, wie sie die schwimmenden Dekapoden durch ihre Panzerverschmelzung besitzen. Dagegen sind stets nach rückwärts stehende Anhänge vorhanden, die dem einfachen Vorwärtsschwimmen entsprechen, nicht aber dem hypostasierten Rückstoßschwimmen mit Zusammenklappung; denn im letzteren Falle müßten die Seitenanhänge in beiden Körperhälften entgegengesetzt gerichtet sein. Bei Arthropoden tritt Rückstoßschwimmen überhaupt nur dann ein, wenn der ganze Körper nach dem Hummertyp gebaut ist, d. h. ein starrer, schwerer Körperzylinder mit einem muskulösen, in sich gelenkigen Hinterleib ist. Kein heutiger Arthropode von trilobitenähnlichem Bau schwimmt anders als mit gestrecktem Körper mit den Beinen vorwärts rudernd. Die andere Form des Schwimmens aber ist die bei den Gigantostraken und Schwimmkrabben geschilderte, wo mittels eigener Ruderfüße die Vorwärtsbewegung erzielt wird.

Auch das Schwimmen der Trilobiten geschah stets mit den, wenn auch nicht ruderförmigen, Schwimmbeinen. Wo wir bisher etwas über die Extremitäten der Trilobiten erfahren haben, zeigt sich uns als Schwimmorgan der durch Borsten erweiterte Außenast des Spaltfußes, der dementsprechend benützt worden ist. Für diese Trilobiten kann daher kein Zweifel bestehen: sie schwammen beinrudernd nach vorne ausgestreckt. Nun sind aber die Bauverhältnisse innerhalb der ganzen Trilobitenordnung bei aller Verschiedenheit im einzelnen doch außerordentlich gleichartig. Selbst die extremsten Formbildungen stehen sich bei ihnen näher, als

z. B. die der Isopoden untereinander, trotzdem letztere eine feste Segmentzahl haben, was bei den Trilobiten nicht der Fall ist. Die Differenzierung der Rumpfsegmente bei Trilobiten steht immer im Zusammenhang mit dem Einrollen. Ein so gleichartiger Bau erlaubt es nicht, aus den Thoraxsegmenten eine derartige Verschiedenheit der Extremitäten abzuleiten, wie sie nötig wäre, um einigen Trilobiten den Besitz oder Gebrauch von Schwimmästen der Spaltfüße abzusprechen. Vielmehr deuten alle anatomischen Tatsachen darauf hin, daß alle Trilobiten als Anlage an jedem Rumpfsegment und teilweise am Schwanz ein paar Schwimmfüße hatten und damit von vorneherein die Fähigkeit besaßen, sich durch Rudertätigkeit schwimmend nach vorwärts zu bewegen. Als Höhensteuer wirkten wohl unmittelbar Kopf- und Schwanzschild, die Seitenrichtung bestimmten die Beine selbst. Anhaltspunkte für ein Schwimmen auf dem Rücken scheinen nur für die oben beschriebenen Aeglina allenfalls vorzuliegen. Zusammenfassend dürfen wir daher sagen, daß bei aller Schwimmfähigkeit wohl jedes Trilobiten die Fortbewegung — mit wenigen, im nächsten Abschnitt zu besprechenden Ausnahmen — doch niemals ein nektonisches Schwimmen sein konnte, sondern nur ein kurzes Stoßen und sich Erheben über den Boden, daß also nach wie vor das benthonische Leben bestehen blieb. Der Schlamm war und blieb ihr Lebenselement, und vom Wühlen im Schlamm, vom Daliegen auf dem Schlamm ist es dann auch kein großer Schritt mehr zum Einwühlen in den Schlamm gewesen, wie wir beides ja auch an lebenden Krabben sehen, die, indem sie herumlaufen, sich auch im Sande zur Ruhe und zum Schutze einwühlen.

Tüchtige Schwimmer gibt es unter den dibranchiaten Kephalopoden, worüber die auf Seite 25 zitierte große Monographie von ABEL vorliegt, welche die fossilen Formen durch genauen Vergleich mit den lebenden erklärt und der wir folgendes entnehmen: Die Belemniten waren keinesfalls Bewohner tieferer Wasserschichten, sondern haben sich in den oberen Meereshorizonten als benthonische, nektonische und planktonische Räuber aufgehalten. Sie hatten keine Tentakel, sondern nur Arme und zwar nur drei Paare, die mit zwei Reihen gekrümmter spitzer Haken besetzt waren; man hat im unteren und oberen Jura Englands entsprechende Reste gefunden.[1])

Die Belemniten haben keinen einheitlichen Körpertypus besessen, sondern es sind mindestens drei verschiedene Habitustypen zu unterscheiden, welche insbesondere durch die Form des Rostrums bestimmbar sind, die wieder mit ihrer daraus abzuleitenden Lebensweise zusammen-

---

1) Wie mir Herr NAEF mündlich mitteilte, ist kein Grund, anzunehmen, daß die Belemnoideen nicht auch „Dekapoden“ wären, also mehr Arme hatten, von denen zwar nicht alle hakenbesetzt und daher fossil nicht erhaltbar waren. Danach wären die beistehenden Rekonstruktionen ABELS zu ergänzen.

hängt. Da die fast ausschließlich allein überlieferten Belemnitenrostra zu diesen Habitusrekonstruktionen dienen müssen, so muß an ihnen durch Vergleich mit den lebenden Formen nach Merkmalen gesucht werden, welche Anhaltspunkte für die Lage der Flossen geben. Wir dürfen annehmen, daß eine bestimmte gesetzmäßige Form und Größe der Flossen bestand. Die torpedoförmigen Hochseedibranchiaten der Jetztzeit besitzen ausnahmslos in allen Stämmen rhomboidale bis deltoidale Terminalflossen, dagegen niemals Flossensäume wie Sepia (Fig. 100, S. 269) oder schaufelförmige Lateralflossen wie Sepiola oder ovale bis kreisförmige Infraterminalflossen wie Loligopsis; auch die Größe der Flossen hat eine bestimmte Grenze bei aller Verschiedenheit im einzelnen. Ferner setzen bei den lebenden Hochseekephalopoden fast ausnahmslos die Terminalflossen nie lateral oder ventral, sondern nur dorsal an. Hierdurch fällt sofort Licht auf die Furchen an den Belemnitenrostren. Man unterscheidet bei ihnen Dorsolateralfurchen und Ventralfurchen. Die ersteren sind zu deuten als die Ansatzstellen der beiden wahrscheinlich auf der Dorsalseite des Mantels miteinander verwachsenen Terminalflossen; die Ventralfurche wird erklärlich als Anhaftstelle ventral angesetzter Terminalflossen, wie sie nur bei extrem verlängerten Typen der rezenten Oegopsiden beobachtet sind. Bei diesem sind die ursprünglich terminal stehenden Flossen durch spießartige Verlängerung des Körperendes weiter heraufgerückt und immer noch an der Dorsalseite des Mantels angeheftet, während sich neue terminale Flossensäume als sekundärer Ersatz gebildet haben.

„Ist es richtig", sagt ABEL, „daß die Dorsolateralfurchen den Ansatzstellen dorsolateraler Flossen und die ventrale Furche der Ansatzstelle ventraler Säume entsprechen, so müssen wir für eine Reihe von Belemniten das Vorhandensein dorsolateraler und ventraler Flossen annehmen. Eine derartige Kombination von zwei Dorsolateralfurchen und einer ventralen Medianfurche ist am schärfsten bei der Gruppe der hastaten Belemniten ausgeprägt. Das ist aber gerade jene Gruppe der Belemniten, deren Rostrum eine ausgesprochene Keulenform zeigt (Fig. 238 D) und in überraschender Weise dem Körperende der lebenden Oegopsidengattung Chirothauma gleicht, bei welcher dorsolaterale Infraterminalflossen neben ventrolateralen Hautsäumen ausgebildet sind. Wir werden daher kaum fehlgehen, wenn wir die lebende Gattung Chirothauma und die Gruppe der hastaten Belemniten als die Vertreter ein und desselben Anpassungstypus ansprechen und für die hastaten Belemniten dieselbe Lebensweise wie für Chirothauma annehmen (Fig. 238 E)." Bei der ethologischen Analyse der lebenden Dibranchiaten ist nun ABEL zu dem Ergebnis gelangt, daß Typen wie Taonius pavo, Galiteuthis armata und das genannte Chirothauma imperator sich vorzugsweise schwebend im freien Wasser aufhalten. Bei der überraschenden Ähnlichkeit, die zwischen der Körperform des hastaten Belemnites semisulcatus und Chirothauma imperator besteht, sind wir also berechtigt, für beide Arten denselben Grad der Bewegungsfähigkeit anzunehmen. Die Belemniten vom Typus der lebenden Chirothauma, also die vom Typus der keulenförmigen Hastaten, haben zweifellos in horizontaler Lage ihre Schwimmbewegung ausgeführt. Vor allem ist das anscheinend so schwere Rostrum nach den statischen Untersuchungen von Ingenieur HAFFERL [1] in seinem Gewicht mehr als genug von dem lufterfüllten Phragmokon ausgeglichen worden, so daß die Annahme wegfällt, das schwere Rostrum habe den Körper

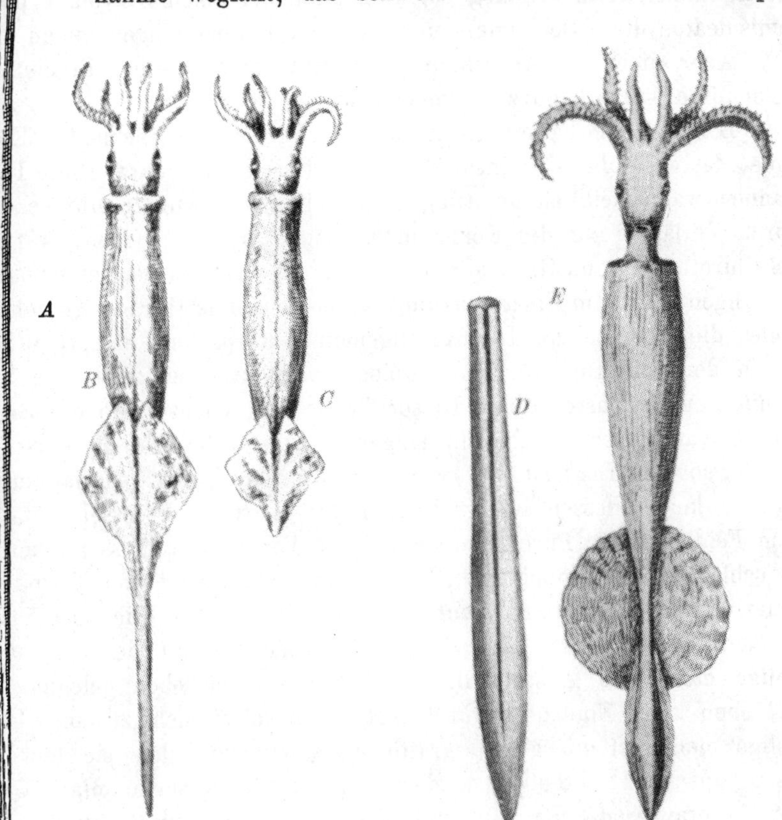

Fig. 238. *A* Typus des Bel. acuarius mit fingerförmigem, später verlängertem Rostrum mit 2—3 Furchen an der Spitze. (Aus QUENSTEDT, Cephalopoden 1849.) $^1/_1$. Vgl. auch S. 254, Fig. 92 *C*. *B* Rekonstruktion des Cuspiteuthis acuarius, aus dem oberen Lias Württembergs, Dorsalansicht. Nach Analogie mit der rezenten Loligo media. *C* Derselbe im Jugendzustande. (Aus ABEL, l. c.) Dorsalansicht. *D* Typus des hastaten Belemniten mit keulenförmigem Rostrum, dorsaler und lateraler Furche und Seitenstreifen. (Aus ZITTEL-BROILI, l. c., 1915.) *E* Rekonstruktion des Belemnites semihastatus, aus dem oberen Dogger Schwabens, nach Analogie mit dem rezenten Chirothauma. (Aus ABEL, l. c.) Ventralansicht.

1) Mitgeteilt in ABELS Paläobiologie der dibranchiaten Cephalopoden, Seite 165.

beim Schwimmen oder Schweben nach abwärts gezogen und das Rostralende habe sich dabei nach unten eingestellt. Nach Analogie mit Chirothauma dürften die Belemniten nun horizontal, nicht vertikal geschwommen sein. Abel weiß durch einen geistvollen Schluß die bisher noch nicht unmittelbar beobachtete Schwimmstellung von Chirothauma zu erschließen: die Oberseite des Tieres ist trüb purpurbraun gefärbt, die Unterseite vorherrschend gelb. Der Unterschied beruht auf der entgegengesetzten Belichtung. Somit kann das Tier nicht vertikal, sondern nur horizontal, allenfalls etwas schräge nach oben (gastronektonisch, bzw. klinonektonisch) geschwommen sein. Analog hat wohl auch der Belemnit vom Typus des semisulcatus diese Schwimm- und Schwebestellung eingenommen.

Aber nichts wäre verfehlter, als nun unter diesem Ergebnis alle Belemniten kurzerhand zusammenzuwerfen.

Loligo media hat ein außerordentlich verlängertes, schlankes Körperende, das weit über die Ansatzstelle der Flosse hinausgeht. Diese Flossen standen wahrscheinlich ursprünglich terminal und wurden nur scheinbar durch Verlängerung des Körperendes nach oben geschoben, wie auch bei Chirothauma und Grimalditeuthis. Im Gegensatz zu den letztgenannten Gattungen, die zum Ersatz sekundäre ventrolaterale Hautsäume bekamen, fehlen diese bei Loligo. In ihrer allgemeinen Körperform entspricht Loligo media der von Abel für den fossilen Cuspiteuthis acuarius (Fig. 238 *A*) ermittelten Rekonstruktion. Dieser Typus hat, ebenso wie die hastaten und clavaten Belemniten, ein langgestrecktes, schlankes Rostrum, dem jedoch sowohl Dorsolateral- wie Ventralfurche fehlen, so daß er vermutlich keine Flossen in der Region des Rostrums besessen hat. Aus dem Fehlen dieser Furchen aber auf das Fehlen von Flossen überhaupt zu schließen, geht nicht an. Denn wenn, sagt Abel, auch Cuspiteuthis acuarius jedenfalls keine ventrolateralen Hautsäume wie die hastaten Belemniten besaß, so kann doch nach Analogie mit der verlängerten Loligo media die Ansatzstelle der Flosse so weit oben gelegen haben daß eben keine Eindrücke auf dem Rostrum selbst mehr zustande kamen. Loligo media ist ein guter, kräftiger Schwimmer, aber sie lebt nicht als pelagisches Hochseetier, sondern durchstreift die schlammigen Gründe der Zosterawiesen. Da nun die Kalmare, im Gegensatz zu den mehr trägen Sepien, schnelle und kräftige Schwimmer sind, so muß bei Loligo media die Verlängerung des Körperendes zu einem Rostrum, das den frühen Jugendstadien fehlt, mit dem Schwimmen, und zwar mit dem Schwimmen über dem Meeresboden zusammenhängen. Ein Grabstachel kann das Rostrum schon aus dem Grunde nicht sein, weil es nicht massiv ist, wie bei den Sepien. Dagegen ist zu beachten, daß der Gladius von Loligo media den Mantel der ganzen Länge nach durchzieht. Das Rostrum von Loligo media kann so nur die eine Aufgabe haben: die Zosterawälder zu durchpflügen und Beutetiere aus ihnen aufzustöbern. Das Vorkommen der Acuarii bestätigt diese Schlußfolgerung ABELS auf die Lebensweise: sie treten in den schwarzen Schiefern des deutschen Lias auf, in denen ein reiches Pflanzenleben — daher der Name „Seegrasschiefer" — herrschte.

Die Rostren waren bei den damit pflügenden Tieren wahrscheinlich zuletzt nur noch von einer dünnen, vielleicht lederig gewordenen und schließlich von gar keiner Haut mehr umgeben. Denn ABEL beobachtete an vielen Exemplaren entsprechender Typen, besonders bei alten Individuen, deutliche Spuren einer mitunter sehr starken Abwetzung; beispielsweise bei Belemnites Panderianus und Russiensis aus dem russischen Jura.

Damit dürfte auch die biologische Bedeutung der Rostren bei den nektonischen Belemniten klargestellt sein. Sie dienten dem Durchschneiden des Wassers beim Schwimmen der nektonischen Tiere oder, wie in dem oben angezogenen Falle, dem Durchdringen der Seegraswiesen. Der Körper schwamm durch Rückstoß aus dem Trichter; einiges darüber bei Lebenden ist im Schlußabschnitt dieses Kapitels zu finden. Noch aber bedarf eine andere Rostrumform der Deutung, die uns ABEL gleichfalls gegeben hat.

Bei den eozänen Belopteriden handelt es sich um neu hinzugekommene, dem primären Belemnitenrostrum nicht homologe Rostralbildungen. Die Achse des Rostrums ist gegen die Ventralseite umgebogen (Fig. 239 A); es ist mit Kielen versehen, die bei manchen

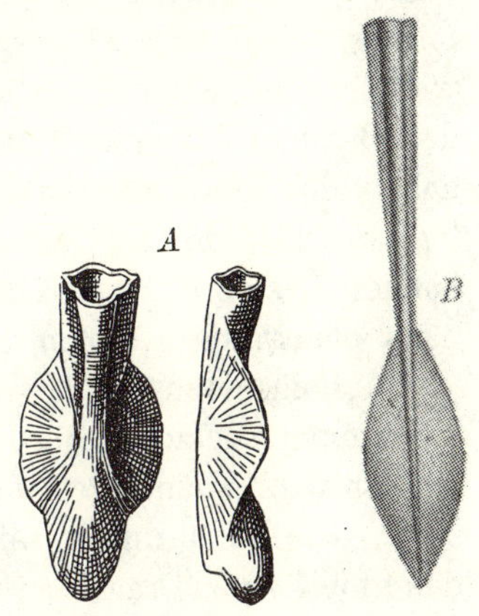

Fig. 239. *A* Rostrum von Beloptera, aus dem Pariser Eozän. (Aus ABEL, l. c., nach D'ORBIGNY, Moll. viv. et foss. 1845.) $^{1}/_{1}$. *B* Rostrum von Plesioteuthis, aus dem Oberen Jura von Franken. (Aus QUENSTEDT, Cephalopoden 1849.) $^{1}/_{1}$.

Formen nach rechts und links in Flügel ausgezogen sind und die bei Vasseuria relativ an das Ende rücken, weil dieses selbst rückgebildet wurde. Die Gruppe ist nur im Unter- und Mitteleozän vorhanden. Obwohl nun das Rostrum dieser Familie große Ähnlichkeit mit einer Pflugschar besitzt, so hat es doch nicht wie eine solche etwa zum Durchwühlen des Schlammes gedient; denn dagegen spricht die Reduktion des terminalen Rostralabschnittes, die sich schon bei Belopterina bemerkbar macht und bei Vasseuria in's Extrem gerät. Das Körperende ist also in eine schaufelartige Verbreiterung ausgelaufen und die pflugscharförmigen Flügel waren stark herabgebogen. Analoge Bildungen treffen wir bei den Oegopsiden, deren fischbeinartiger Schulp hinten in eine breite Lanzettspitze ausläuft. Solchen Formen (Fig. 239 *B*) begegnen wir auch schon im Jura. Bei verschiedenen Arten nun schlagen sich die Ränder dieses Blattes hohlkegelartig gegeneinander ein und dieser Konus dient bei den lebenden Oegopsiden gewöhnlich zum Schutze des Eingeweidesackes. Unter Hinweis auf die rezente Gattung Bathothauma, bei der zwei nicht zusammenlegbare, gespreizte Flossen auf schaufelförmigen Fortsätzen am Hinterende eines knorpeligen Stabes befestigt sind, kommt ABEL zu dem Schluß: „Das Rostrum der Belopteriden kann jedenfalls weder ein Grabstachel wie bei Spirulirostra, noch ein Pflug wie bei Cuspiteuthis, noch ein Schwebeapparat wie bei Belemnites semisulcatus, sondern nur ein Träger schwacher getrennter Terminalflossen wie bei Bathothauma und vielleicht auch ein Schutz des Hinterendes des Eingeweidesackes wie der Konus bei den Oegopsiden gewesen sein. Die Körperform des Tieres war . . weder torpedoförmig, noch bolzenförmig, noch pfriemenförmig, noch schollenförmig wie bei den Sepien. Alle Merkmale sprechen dafür, daß der Mantel der Belopteriden am Hinterende abgerundet war und der Körper muß daher globiform gewesen sein. Daraus ergibt sich aber weiter der Analogieschluß, daß die Tiere keine nektonische Lebensweise geführt haben können, sondern schwerfällige Tiere waren, die aller Wahrscheinlichkeit nach planktonisch lebten wie die Cranchiiden der Gegenwart.“

„Paläoctopus [Calais] Newboldi, der älteste bekannte Oktopode, der in stammesgeschichtlicher Hinsicht dadurch von besonderer Wichtigkeit ist, daß er noch kleine, getrennte Terminalflossen besaß, muß in dieser Hinsicht, wie auch durch seine allgemeine Körperform (Fig. 13, Kap. I, 3), den globiformen Cranchien an die Seite gestellt werden. Seine Bewegungsart wird wohl vorwiegend in einem ruhigen Schweben und gelegentlichem langsamen Schwimmen bestanden haben; daß er sich außerdem, ebenso wie z. B. Octopus vulgaris, auf dem Meeresboden kriechend fortzubewegen vermochte, ist möglich, kann aber aus der allgemeinen Körperform nicht mit Sicherheit erschlossen werden“ (ABEL, a. a. O. S. 198).

Ganz wenige Vertreter schicken die S c h n e c k e n zu den richtig schwimmenden Tieren. Bei ihnen sind es im wesentlichen nur die Heteropoden und Pteropoden.

Die ersteren, die sogen. Kielfüßler, haben ein fast oder vollständig in einer Ebene eingerolltes dünnes, meistens ganz durchsichtiges Spiralgehäuse, das bei der noch ursprünglicheren Atlanta (Fig. 240 A) noch zum Schutze des ganzen Körpers dient und in das sie sich vollständig zurückzuziehen vermag. Bei einer anderen, soweit wir bis jetzt wissen, geologisch älteren Gattung, Carinaria (Fig. 240 D), ist die Schale mützenförmig geworden und dient nur noch als Schutz für die Kiemenfäden. Atlanta muß als besonders geeignet zum schnellen Durchschneiden des Wassers angesehen werden wegen der zugeschärften diskoiden Schale, die dem Wasser möglichst wenig Druck entgegenbringt. Das Tier schwimmt in umgekehrter Lage, also, wie bei den Ammoniten, die Schale voran. Der Fuß ist zu einer seitlich zusammengedrückten Platte umgewandelt, durch deren Hin- und Herbewegung vornehmlich die Schwimmbewegung zustande kommt. Sie setzen sich zuweilen noch mit dem Saugnapf pseudoplanktonisch an andere schwimmende Gegenstände fest.[1] Die Durchsichtigkeit von Schale und Körper ist ja ein Kennzeichen nektonischer und planktonischer Tiere. Fossile Atlanta sind aus dem Alttertiär und Pliozän beschrieben, und zwar ist die erstere bezeichnenderweise noch nicht ganz planspiral (Fig. 240 C), während die letztere[2] der nebenabgebildeten lebenden Atlanta gleicht.

Die Pteropoden (Ruderschnecken, Flossenfüßler) zeigen ebenfalls zwei Hauptformen: einerseits die mit einfacher gestreckter oder blattförmiger Schale (Fig. 241 C), andererseits die mit einfacher Schnecken-

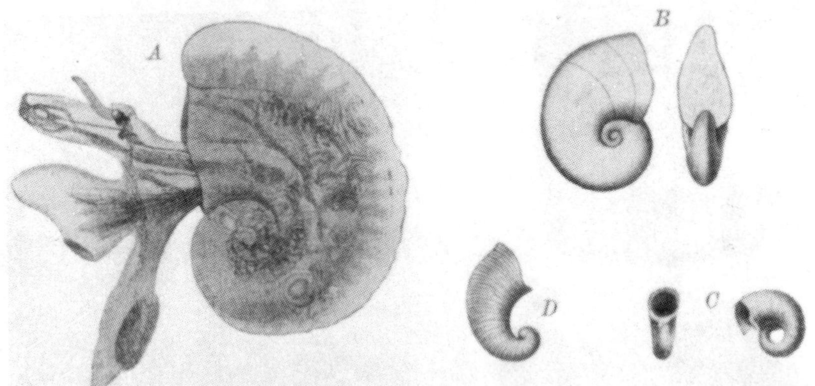

Fig. 240. Fossile Heteropoden mit der entsprechenden lebenden Vergleichsform: A Atlanta. Rezent. ca. $4^{1}/_{2}$fach vergr. (Aus Brehms Tierleben I, 1918.) B Fossile Atlanta. Pliozän, Costa Rica. (Aus Gabb, l. c.) $^{1}/_{1}$. C Dgl. (Eoatlanta). Eozän, Pariser Becken. (Aus Cossmann et Pissarro, Iconographie 1904/06.) $^{1}/_{1}$. D Fossile Carinaria. Ebendaher. (Nach Cossmann 1902 aus Stromer v. Reichenbach, Lehrb. d. Paläoz. I, 1909.) $^{1}/_{1}$.

spirale. Die „Flügel" sind entwicklungsgeschichtlich seitliche Fußlappen, während bei Cavolinia (Fig. 241D) der Mantel außerdem noch ein Paar seitlich herausragende Lappen bildet, die das Schweben unterstützen sollen. Die in verschiedenen Arten und Gattungen repräsentierte formale Entwicklungsgeschichte beweist, daß auch hier tunlichst bilaterale Symmetrie angestrebt wird. Die Reihe beginnt mit Limacina, deren Schale einem normalen, länglichen Schneckenhause mit kegelförmigem Gewinde durchaus gleicht, sie kann sogar noch durch ein Operculum geschlossen werden. Aber für das Schwimmen ist eine symmetrische Schale geeigneter. So lösen sich die Umgänge voneinander ab und die Schale streckt sich in einer Ebene aus, so daß sie einen schlanken Kegel bildet, zunächst indes noch mit gekrümmter Spitze. Bei Creseis finden wir die reine Kegel-

---

1) Brehm's Tierleben, Bd. I, 4. Aufl., S. 442 ff., Wien u. Leipzig 1918.

2) Abgebildet bei: Gabb, W. M., Descriptions of new species of fossils from the pliocene clay beds between Limon and Moen, Costa Rica etc. Journ. Acad. Sci. Nat. Philadelphia 1881, Vol. 8. Ser. 2. Pt. IV, S. 349, Taf. 45, Fig. 30.

form, und von hier vollzieht sich durch die verschiedenen Arten von Clione hindurch, wie es unsere Abbildung (Fig. 241 C) zeigt, unter allmählicher Verbreiterung und Verlängerung der Mündungsränder die Umformung, die in Cavolinia (Hyalea der meisten Bücher) mit stark bauchiger Ventralseite gipfelt. Bei ihr würde man auf den ersten Blick das Schneckenhaus nicht mehr erkennen. Die Schwimmbewegung der Tiere ist außerordentlich lebhaft. Sie schwimmen ausschließlich in der Nähe der Meeresoberfläche, und im Zusammenhang damit haben sie auch einen

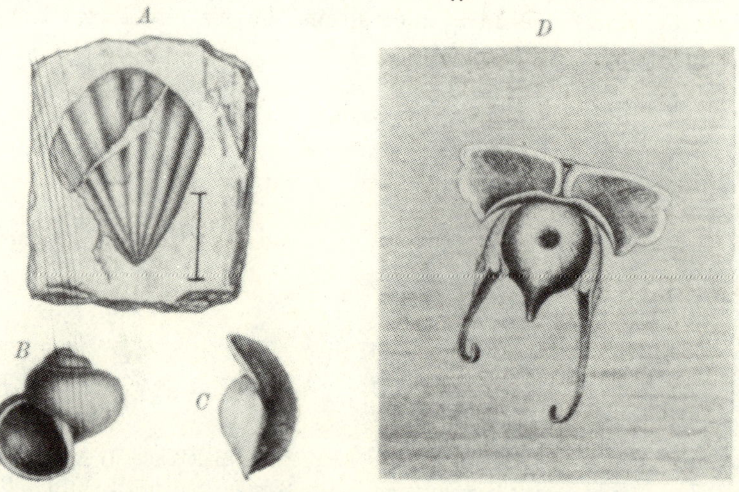

Fig. 241. Schwimmende Pteropodenschnecken: *A* Balantium. Obere Kreide von Syrien. (Aus BLANCKENHORN, Zeitschr. deutsch. geol. Ges. 41, 1889.) *B* Spirialis. Oligozän, Norddeutschland. (Aus v. KOENEN, Abh. preuß. geol. Landesanst. X, 1892.) Über 12fach vergr. *C* Hyalaea. Miozän, Oberitalien. (Aus BELLARDI, Moll. d. Piem. et Ligur. I, 1872.) $^2/_1$. *D* Rezente Vergleichsform (Cavolinia) zu den vorigen. Etwas vergr. (Aus BREHMS Tierleben I, 1918.) $^1/_1$.

durchscheinenden Körper. Das gleiche ist mit der Schale der Fall, soweit eine solche vorhanden ist, denn es gibt auch nackte Formen, bei denen die Erleichterung des Körpers damit bis zu ihrer höchsten Grenze gediehen ist. Fossil sind sie häufiger nachgewiesen als die Heteropoden, auch schon früher, nämlich in der Kreide (Fig. 241 *A*), und es ist für den Gang der Entwicklung bezeichnend, daß diese ältesten auch die größten und schwersten sind.

Wichtig, aber noch nicht entschieden, ist die Frage, ob unter den älteren mesozoischen und namentlich paläozoischen Schnecken nicht auch „Pteropoden" und „Heteropoden" existierten, d. h. Formen, die in gleicher oder ähnlicher Weise an das Freischwimmen im Wasser angepaßt waren, und ihnen ähnlich sahen, wenn sie auch nicht unmittelbar verwandt mit den späteren Typen waren. Denn es ist mit Sicherheit anzunehmen, daß, wie stets, so auch eine solche Anpassung bodenbewohnender Tiere an das Schwimmleben mindestens vereinzelt auch zu anderen Zeiten und in verschiedenen Gruppen mit einer gewissen Naturnotwendigkeit stattfand, und daß dies daran zu erkennen sein wird, daß sich die bei solchen Umformungen zustande kommenden spezifischen Merkmale an älteren fossilen Gehäusen vorfinden. Bilateralsymmetrie und Dünnschaligkeit wären da die nächsten Kriterien, an denen wir die entsprechenden Formen erkennen würden.

Es wäre dabei ganz verkehrt, auf die morphologisch-stammesgeschichtliche Argumentation zu verfallen und zu sagen: die bilateral-symmetrische, mit einem Kiel und einem in den Kiel sich fortsetzenden Schlitz versehene Heteropodenschale ist von ganz ähnlich gebauten paläozoischen Formen, nämlich den Bellerophontiden abzuleiten. Vor allen Dingen ist ein sehr großer zeitlicher Hiatus zwischen beiden Gruppen vorhanden; aber man könnte ihn „überbrücken" mit dem Hinweis, daß die Heteropodenschalen so zart sind, daß ihre spätere Erhaltung nur in Ausnahmefällen möglich war. Auch die von Deecke geltend gemachte Dickschaligkeit der Bellerophontiden wäre für den unentwegten Deszendenztheoretiker noch kein zwingendes Gegenargument gegen die unmittelbare „Verwandtschaft", denn die Schalen könnten ja im Laufe der Zeit in Anpassung an das vollkommenere Schwimmleben dünnschaliger geworden sein. Wir wollen aber ebensowenig hier, wie sonst eine aussichtslose morphologische Stammesgeschichte treiben, sondern die Formen biologisch auswerten und, nur auf diesem Grunde bauend, uns vorsichtig stammesgeschichtlich weitertasten und daher zunächst ohne deszendenztheoretischen Gedanken die jungen und alten Formen der Bellerophontiden und Heteropoden kurz vergleichen.

Man wird sich erinnern müssen, daß in sehr vielen Gruppen und Gattungen selbst nächstverwandte Arten sehr unterschiedlicher Lebensweise huldigen können. So beweist die Tatsache, daß unter den Bellerophontiden einzelne Formen von der schwimmenden zur kriechenden und liegenden Lebensweise übergingen, nichts gegen die Beibehaltung der schwimmenden Lebensweise derer, die jene Dickschaligkeit nicht besitzen; im Gegenteil, daß solche Formen unter den Bellerophontiden auch auftreten, zeigt ja gerade, daß die dünnschaligeren wohl nicht die zum Bodenleben Geeigneten waren. Gewiß sind die meisten Bellerophontiden nicht so dünnschalig gewesen, wie die tertiären und jetztzeitlichen echten Heteropoden, auf die man immer verweist, und waren vermutlich deshalb auch nicht dieselben flotten nektonischen Schwimmer; aber trotzdem können die dünnschaligen und die seitlich komprimierten, sowie die mit Kiel versehenen Arten nektonisch geschwommen haben. Darin bestärkt mich nicht nur die bilaterale Symmetrie, welche ganz entschieden neben den soeben genannten anderen Merkmalen auf diese Lebensweise hindeutet, sondern auch das Beispiel jetziger Schnecken, die trotz Mangels dieser Eigenschaften schwimmfähig sind. Die lebenden Ancillarien und Oliven sind sehr symmetrisch und müssen es auch sein, wenn diese Tiere mit dem Hause schwimmen wollen, wie sie es durch Schlagen mit dem Fußlappen tun. Dabei wird die Schale wahrscheinlich weit umfaßt, da nur so die glatte, bei Ancillaria gegen das Gewinde hoch hinaufreichende Schmelzschicht erklärbar ist.[1] Es ist also bemerkenswert, daß jene Schnecken, welche wieder zu einer Art schwimmender Beweglichkeit zurückkehren bzw. übergehen, wieder eines symmetrischen Gehäuses bedürfen. Da dieses nicht primär zu erreichen ist, so wird es äußerlich durch Umhüllung aller früheren Umgänge durch den letzten erzielt.

Die Frage lautet nun: haben die bilateralsymmetrischen, mit einem Schlitz versehenen Bellerophontiden wie Atlanta, der sie gleichen, gelebt?

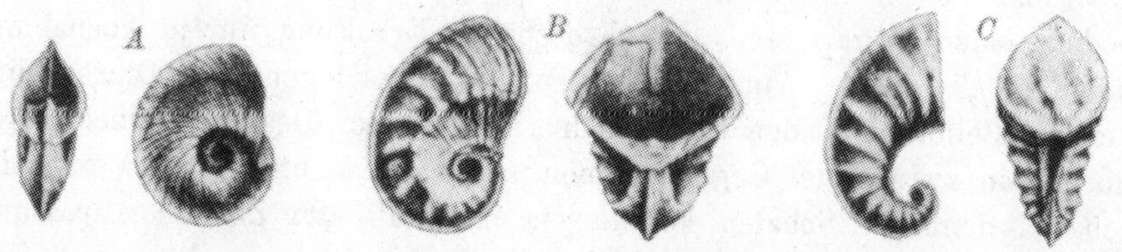

Fig. 242. Altpaläozoische dünnschalige Bellerophontiden zum Vergleich mit entsprechenden jüngeren Heteropoden: *A* Oxydiscus, Atlanta-Typ; *B* u. *C* Cyrtolites; Carinaria-Typ. Untersilur, Nordamerika. Vgl. Fig. 240, S. 497. (Aus Ulrich u. Scofield, III. Rep. Geol. Survey Minnesota 1897.) $^1/_1$.

Die Bellerophontiden, so wie wir sie vom Kambrium ab kennen, sind im Verhältnis zu Atlanta als dickschalig zu bezeichnen. Alle uns wirklich vorliegenden Arten waren daher zweifellos keine Schwimmschnecken nach Art der Heteropoden. Aber die äußere Ähnlichkeit und die bilaterale Form des in einer Ebene aufgerollten Gehäuses, das sie durchweg haben, deutet auf einen überkommenen, fest vererblichen Grundzug ihrer Organisation, der nach allem, was wir von Schneckenformen lebend und fossil kennen und von ihrer Form im Zusammenhang mit der Lebensweise bestimmt wissen, auf ehemaliges Schwimmen, nicht auf Bodenbewohnen der Bellerophontiden-Vorfahren deutet.

Die Ontogenie der bilateralsymmetrischen Atlanta zeigt, daß sie von der einseitig aufgerollten, gewöhnlichen Schneckenform ausgeht. Die Bellerophontidenschale ist auch ontogenetisch vollkommen bilateralsymmetrisch, und wir kennen keine Bellerophontiden, die je weniger bilateralsymmetrisch gewesen wären. Unter möglichster Einschränkung alles Hypothetischen dürfen wir weiter sagen, daß die ursprüngliche Form der Gastropodenschale wohl das deckel- oder napf- bis mützen-

---

1) Deecke, W., Paläontologische Betrachtungen. IX. Über Gastropoden. Beil.-Bd. 40 z. Neuen Jahrb. f. Mineral. usw., S. 768/69, Stuttgart 1916.

förmige Gehäuse war, also eine Art Capulidenform. Da die Bellerophontiden ein ebenso alter Typus sind, wie die einseitig aufgerollte turbinide Form, so darf man weiter schließen, daß beide — die bilateralsymmetrische der Bellerophontiden und die einseitige der Turbiniden — divergierend von „Capulidenformen" ihren Ausgang nahmen. Auf dem einen Wege wurde der „Capulide" zu einer in gewöhnlicher Spirale gewundenen Schnecke, wie es uns beispielsweise die im folgenden Kapitel VI, 3; Fig. 295 wiedergegebenen verschiedenen Evolutionszustände von Capulus zeigen; andererseits wurde das bilateralsymmetrische Gehäuse daraus, wie es eine von Lindström aus dem Gotländer Obersilur gegebene Formenreihe zeigt (vgl. Fig. 304, Kap. VI, 4); bei ihr ist sogar auch die Tendenz zur Kielbildung zu bemerken.[1]) Es bleibt dabei unentschieden, ob die Ur-Bellerophonten nackt und schwimmend waren und dann ein Capulidengehäuse trugen, das dann zur bilateralsymmetrischen Schale wurde, oder ob sie sofort eine solche ausschieden.[2])

Nun ergibt sich der Schluß von selbst durch diese Gegenüberstellungen. Die schon im frühesten Paläozoikum erscheinenden Bellerophontiden sind die zur Dickschaligkeit und teilweise zur Rippenbildung (Fig. 242) gelangenden unmittelbaren Nachkommen schwimmender Formen, die ehemals entweder aus kriechenden Capuliden oder, was wahrscheinlicher ist, aus freischwimmenden nektonischen Schnecken hervorgegangen waren. Sie hatten sich eine bilateralsymmetrische Schale erworben, die ursprünglich gekielt war, wie die Hauptmasse der silurischen Bellerophontiden beweist, und die später breitrückiger wurde, wie die jüngeren Bellerophontiden zeigen. Mit dem Erwerb der dickeren Schale und der Rippenverzierungen gingen sie zur kriechenden Lebensweise über. Was sie also an Merkmalen von Schwimmschnecken noch tragen, ist lediglich die überkommene Form aus der Zeit des Schwimmlebens. Das Gesagte gilt für jene Bellerophontiden, die kein Schlitzband besitzen; die mit Schlitzband sind aber vermutlich anderer Abkunft, wie im Kap. IV (S. 304) gezeigt wurde.

Es sei auf zwei andere, an und für sich bodenbewohnende unsymmetrische Schnecken hingewiesen, die trotzdem schwimmen können. Unter den opisthobranchinen Schnecken gehen die Bulliden teilweise zum Schwimmen über. Bei Acera ist die Schale zwar dünn hornartig, elastisch geworden; nicht aber bei der rezenten Acera bullata, der Kugelschnecke, bei welcher der mächtig entwickelte Fuß sowohl zum Kriechen, wie zum freien Schwimmen dient. Diese Bewegung gleicht einem Fliegen

---

1) Lindström, G., On the Silurian Gastropoda and Pteropoda of Gotland. K. Svensk. Vetensk.-Akad. Handl., Bd. 19, Taf. II, Stockholm 1884.

2) Es soll damit nicht gesagt sein, daß Platyceras etwa eine Schwimmform war. Sie zeigt nur formal den äußeren Verlauf, durch den ein Capulide das bilateralsymmetrische Gehäuse der Schwimmschnecke unschwer gewinnen konnte.

im Wasser, wobei der Flügel des Fußes hin und hergeschlagen wird, zum Körper hin und von ihm weg, wobei die Schale bald bedeckt, bald frei ist.[1]) Glattschalige Formen ferner, wie Oliva und Olivella, bedienen sich gelegentlich ihrer Epipodien als Flügel, um mit lebhaften Flossenschlägen nach Pteropodenart das Wasser zu durcheilen.[2]) Daher kommt es, daß alle derartigen Schalen skulpturlos sind, weil möglichst wenig Reibungswiderstand da sein soll.

Wenn das also bei verhältnismäßig so dickschaligen Schnecken wie Bulla und den Olividen möglich ist, so werden die Bellerophontiden diese Fähigkeit umso weniger entbehrt haben, als sie ihrer Form nach doch zweifellos die unmittelbare Herkunft von reinen Schwimmschnecken verraten. Eine dritte, mir am wahrscheinlichsten vorkommende Möglichkeit besteht noch darin, daß die algonkischen Vorfahren der Bellerophontiden schalenlos, aber durchaus bilateralsymmetrisch gebaute, schwimmende Weichformen waren. Als sie mit dem Kambrium zum Bodenleben übergingen, bedurften sie eines Schutzgehäuses, und nun wurde dieses nach der ganzen bilateralen Konstitution des Weichtieres unmittelbar zwangsläufig auch bilateralsymmetrisch und blieb es dann. Um mein Urteil zusammenzufassen: Es wird nach allem so sein, daß die schlitzbandfreien Bellerophontiden, wie wir sie vom Kambrium bzw. Untersilur ab antreffen, bereits eine nektonische Entwicklungsgeschichte hinter sich hatten und nun dabei waren, zum Bodenleben überzugehen; in diesem Zustande trifft sie unsere geologische Kenntnis. Die dickschaligeren waren in dieser Hinsicht jeweils die vorgeschritteneren. Im Untersilur schon erscheinen solche mit kragenartig verbreiterter Mündung; sie waren schon absolute, kriechende Bodenbewohner geworden; ebenso standen diejenigen unmittelbar davor, welche, wie Cyrtolites, starke Querwülste oder kleine Kragen hatten (Fig. 242), wenn sie auch noch dünnschalig waren. Die Dünnschaligkeit bei Bodenbewohnern ist nicht nur ein Merkmal ihrer Abstammung von Schwimmformen, sondern ein Merkmal für das Leben in kühlem oder nicht bewegtem Wasser.

Wie die Heteropoden biologisch auf die Bellerophontiden hinweisen, so legen die Pteropoden den Vergleich mit den so fraglichen Tentaculiten des Silur und Devon nahe. Auch diese waren natürlich im stammesgeschichtlichen Sinne keine Pteropoden, aber ihre Schalengestalt, die zudem oft durch Querböden im Innern zu einem anscheinend lufterfüllten also leicht tragbaren Gehäuse wurde, dessen Anfangsblase außerordentlich an primitive nautiloide Merkmale bei Orthoceras erinnert (Fig. 243 C) lassen vermuten, daß sie Schwimmtiere nach Art der Styliola gewesen sind. Auch der formverwandte paläozoische Hyolithes hat solche Quer

<hr>

1) Brehms Tierleben, Bd. I, Niedere Tiere, 4. Aufl. 1918, S. 487/88.

2) Simroth, H., Mollusca in Bronns Klassen und Ordnungen des Tierreichs, S. 948, Leipzig 1896—07.

böden, und der Deckel gemahnt an Gastropoden oder auch an gewisse primitive Ammonitendeckel. Wenn diese Tiere, deren Verwandtschaft aber durchaus unsicher bleibt, nicht geschwommen sind, so bilden sie vielleicht einen biologischen Übergang zu den mit Sicherheit als festsitzend erkannten Conularien, die auf Seite 371 erwähnt wurden. Der Deckel bei den Hyolithen spricht jedenfalls mehr dafür, daß sie keine Schwimmer waren; aber da sie nicht festsaßen, so könnten sie möglicherweise abwechselnd geschwommen und zur Ruhe am Boden gelegen haben, wobei sie sich ihres Deckels als Schutzes bedienten.

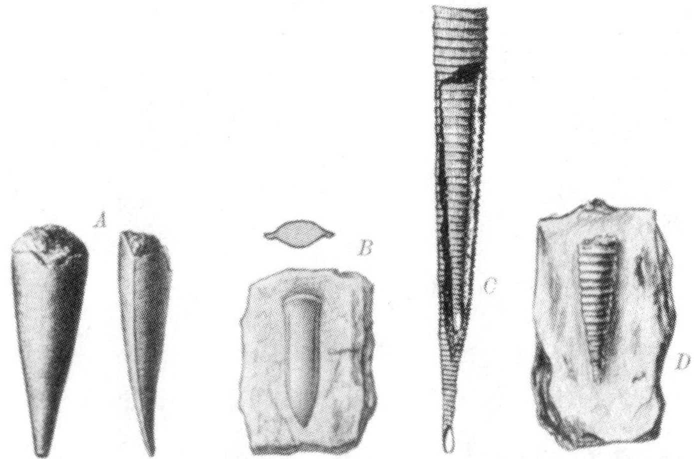

Fig. 243. Jüngere Pteropoden im Vergleich zu fraglichen, aber sehr ähnlichen Typen im Paläozoikum. *A* Hyolithes, Untersilur, Schweden. (Aus HOLM, Sverig. Hyolith och Conular. 1893.) $^1/_1$. *B* Vaginella, echter Pteropode aus der oberen Kreide Syriens. (Aus BLANCKENHORN, Ztschr. deutsch. geol. Ges. 1889.) $^2/_1$. *C* Tentaculites (zwei Exemplare ineinander steckend. Obersilur, Thüringen. (Aus NOVÁK, Beitr. z. Pal. u. Geol. Öst.-Ung. u. Orient. II, 1881.) $^{10}/_1$. *D* Tentaculitenartiger echter Pteropode aus der oberen Kreide von Syrien. (Aus BLANCKENHORN, l. c.) $^5/_1$.

Obwohl ohne Hartteile, sind uns doch fossil noch Vertreter von zwei nektonischen Gruppen überliefert: von Holothurien und Quallen.

Unter den schon oben (S. 479) erwähnten Holothurien gibt es eine einzige rezente Gattung, Pelagothuria, die nektonisch lebt, ein Velum hat, mit dem sie ihre Schwimmbewegung ausführt, während die normalen Holothurien wie die Echinodermen, zu denen sie gehören, Bodenbewohner der Küstenregion und des tieferen Wassers sind. Dieses Bodenleben der Holothurien ist eine Rückbildungserscheinung, und wir können annehmen, daß sie in früheren Erdperioden vornehmlich die nektonischen Schwimmer unter den Echinodermen waren. Denn abgesehen davon, daß sie sich in ihrem heutigen Zustande als sekundär angepaßte Formen zu erkennen geben, ist es auch gewiß durch ihre ehemalige wohl allgemein pelagothurienartige Eigenschaft verständlich, daß der einzige seltene Fund

fossiler Holothurien, den WALCOTT im westamerikanischen Mittelkambrium gemacht hat, gerade eine nektonische Form, der Holothurien ist
(Fig. 8, S. 32).

Unter den übrigen Echinodermen, die ausschließlich Bodenbewohner
sind und kein pelagisch schwimmendes Tier entsandt haben, machte

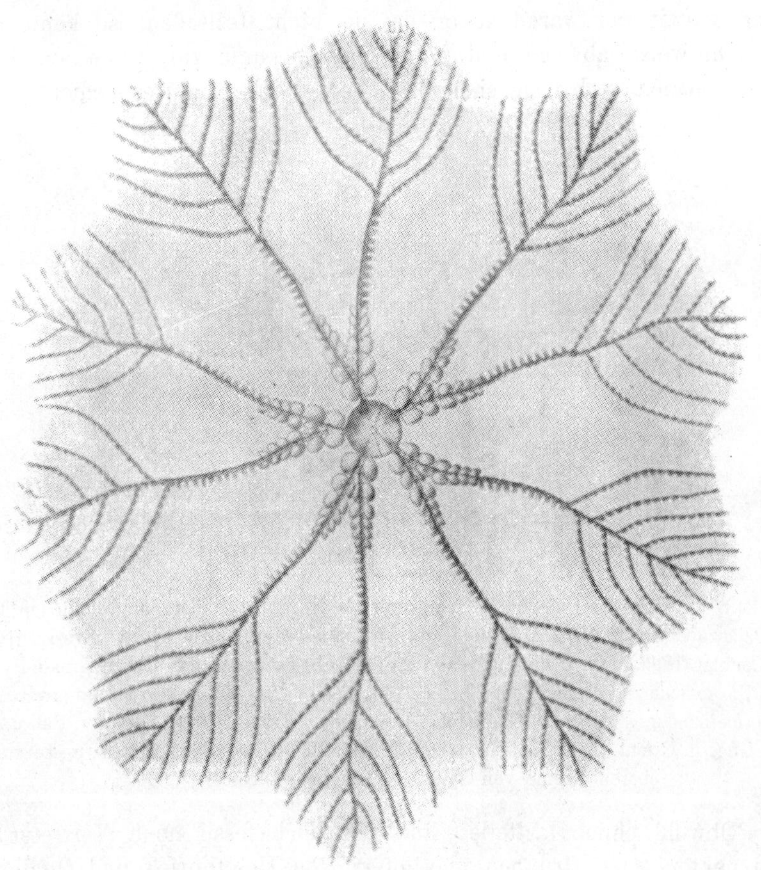

Fig. 244.   Rekonstruktion der Unterseite von Saccocoma, Oberer Jura, Franken.
(Aus JAEKEL, Paläont. Ztschr. III, 1918.) $^4/_1$.

sich z. B. Antedon unter den Krinoideen vom Boden frei und übte bis
zu einem gewissen Grade Schwimmbewegungen aus, die jedoch nur über
dem Boden und unter fortwährender Rückkehr dahin stattfinden, so daß
wir mit mehr Recht diesen Typus zu den Bodentieren gestellt haben
(s. Kap. IV, S. 320). Auch gewisse Schlangensterne (Ophiuroidea) verhalten sich so, und deshalb wird man zuerst mit einigem Zweifel der
Annahme begegnen, daß die ebenfalls freie, nur jurassische, kleine
Krinoidee Saccocoma (Fig. 244) planktonisch oder mit leichten Bewegungen
ihrer ungemein verästelten feinen Arme geschwommen sei. Indessen

ist die Verzweigung im Verhältnis zum Körper so ungeheuer ausgedehnt, daß man an eine mehr schwebende, mit leichter aktiver Schwimmbewegung verbundene Lebensweise zu denken hat, besonders weil die Arme gelenkig einrollbar und am inneren Ende mit flügelartigen Fortsätzen versehen waren. Während diese ihre Ruderbewegung machten, wurden gleichzeitig die distalen äußeren Hälften durch das Wasser gezogen und dienten damit wohl mehr einem schwebenden Hochhalten des Körpers im freien Wasser als einer raschen Fortbewegung in einer Richtung.

Zahlreich sind schon die Funde der an und für sich fossil nicht erhaltungsfähigen Quallen in allen Formationen. Der Körper ist weich gallertig und durchsichtig und zur Fossilisation ungeeignet. Aber Abdrücke und Ausfüllungen sind verhältnismäßig zahlreich.[1]) Obwohl sie aktiv schwimmen, sind sie ja gewissermaßen schon zur Planktonwelt zu rechnen. Sie schwimmen durch den Rückstoß des durch Körperkontraktion ausgepreßten Wassers, mechanisch ähnlich wie die Kephalopoden mit ihrem Trichter.

2. Ausbildung von Schwebeapparaten bei aktivem oder passivem Schwimmen

Geht bei dem nektonischen, vorwärts schwimmenden Tier das Bestreben der Natur offensichtlich dahin, durch Ausbildung der zugespitzten Torpedoform, durch möglichstes Beseitigen aller Anhänge oder sonstwie hervorstehender Gebilde wie Knoten und Stacheln und Rippen, durch Zuschärfung der in der Schwimmrichtung liegenden Schalenrücken u. dgl. alle Hemmungen und Reibungen des Körpers im Wasser zu beseitigen, so erfordert das passive Schweben, also das planktonische und pseudoplanktonische Leben, eine möglichste Vergrößerung und Verbreiterung der Körperoberfläche. Ich erinnere an den (Fig. 94, S. 258) planktonischen Süßwasserkrebs, welcher dieses Prinzip der Vergrößerung der Körperoberfläche am anschaulichsten illustriert. Verlängerung aller Körperenden, seitliches Herausstrecken von feinen starren Fäden oder „Stacheln“, Zerlappung des Körpers sind die auffallendsten Mittel, um den Organismus leicht und für das Wasser tragfähig zu machen. Je ausgedehnter die Körperoberfläche im Verhältnis zum Volumen ist, umso leichter kann das Tier im Wasser schweben. Hieran wird das Prinzip ganz klar, welches zur Vergrößerung der Körperoberfläche gerade mittels Stacheln führt. Ein weiteres Mittel ist die positive Leichtermachung des Körpers durch Einlagern von Fetten und Ölen, deren spezifisches Gewicht viel geringer als das des Wassers ist; an Stelle der Fettstoffe kann auch Luft treten, wie wir es vor allem in typischster Form von den gekammerten Kepha-

---

1) Eine Zusammenstellung der fossilen Vorkommen gibt Zittel-Broili, Grundzüge der Paläontologie, 4. Aufl., S. 148/49, München 1915.

lopodenschalen wissen. Das Auftreten von Ölen und Fetten können wir
fossil natürlich nicht unmittelbar nachweisen.

In einfachster Form finden wir es verwirklicht bei den Radiolarien,
in deren Zellkapsel sich oft eine oder mehrere Ölkugeln sammeln (Fig. 245).
Gerade unter den Radiolarien — neben den Foraminiferen die typischsten
Planktontiere, die auch fossil eine so große Rolle spielen — trifft man
Formen, die uns die Vergrößerung der Körperoberfläche durch Stachel-
strahlen ausgezeichnet vorführen. Der zentrale Hartkörper wird oft um
das Vielfache seines Durchmessers von den Strahlen an Länge übertroffen. Beim Weichkörper besteht die Schwebeeinrichtung aus einem
gallertartigen Mantel, der spezifisch
leichter als Wasser ist, zugleich auch
Stöße aufzufangen geeignet ist. Im
Innern werden Kohlensäurevakuolen
ausgeschieden, durch deren Entleeren
eine Vergrößerung des spezifischen Gewichtes erfolgt, die durch äußere mechanische, thermische oder chemische
Reize und Kontraktion der Pseudopodien platzen; dadurch sinkt das Tier
und es erhebt sich wieder durch Ausscheidung neuer Vakuolen.

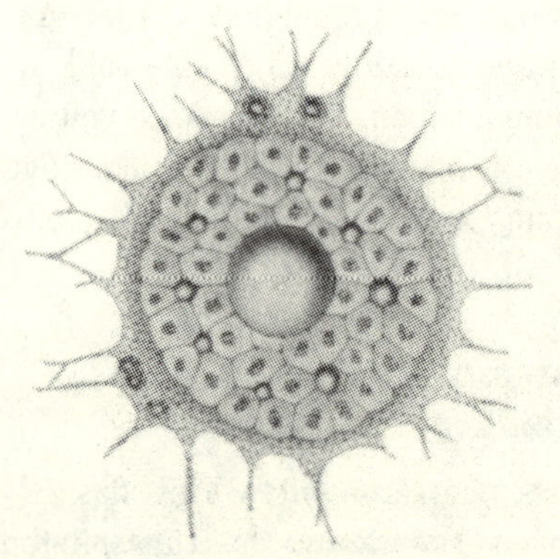

Fig. 245. Rezentes Radiolar mit Ölkugeln.
(Aus Hertwig, Lehrb. d. Zool. 1912.) Vergr.

Die Stacheln der Radiolarien
sind nach ganz bestimmten Gesetz-
mäßigkeiten angeordnet, oft in Gürteln und Zonen gruppiert. Bei allen
Formen liegt aus hydrostatischen Gründen stets der Äquator wagrecht
im Wasser. Infolgedessen sind gerade die Äquatorialstacheln von besonderer Größe und Ausdehnung, weil sie so dem Wasser die größte
Schwebefläche entgegenstellen (Fig. 246 *A*, *D*), zuweilen ist der ganze
Körper flaschenförmig verbreitert. Wenn aus irgendeinem Grunde
das Skelett nicht richtig im Wasser orientiert schweben kann, also etwa
wegen Mißbildungen, so wird durch sekundäre Ausscheidung von Skelett-
substanz an anderen entsprechenden Stellen des Gerüstes die richtige
Schwerpunktslage wieder herzustellen versucht. Bei den helmförmigen
Nasselarien (Fig. 246 *B*) liegt der Schwerpunkt so, daß die Hauptachse vertikal im Wasser steht: hier ist das Skelett weniger zum Schweben als
zum Auf- und Niedersteigen eingerichtet. Das den Körper umhüllende
Sarkodehäutchen wird von den Spitzenstücken der Radialstacheln zelt-
artig gespannt erhalten, so daß also hier die Stacheln nicht unmittelbar,
sondern mittelbar dem Schweben dienen.

Nach den Ostwaldschen Untersuchungen[1] an planktonischen Tieren
hängt die Wirkung des Übergewichtes beim Sinken nicht nur von der

---

1) Steuer, A., Planktonkunde, S. 198 u. 229 ff., Leipzig u. Berlin 1910.

Dichte und Viskosität, d. i. der spezifischen Zähigkeit des Mediums, sondern auch von dem Formwiderstand, dem äußeren Reibungswiderstand des sinkenden Körpers ab. Dieser Formwiderstand ist bedingt von der relativen oder spezifischen Oberfläche desselben, d. i. dem Verhältnis von absoluter Oberfläche und Volumen; er ist weiter bedingt von der sogenannten Projektionsgröße. „Wir können sagen, daß die Sinkgeschwindigkeit proportional ist der spezifischen Oberfläche des Körpers, d. h. es werden im allgemeinen kleinere Körper infolge ihrer verhältnismäßig

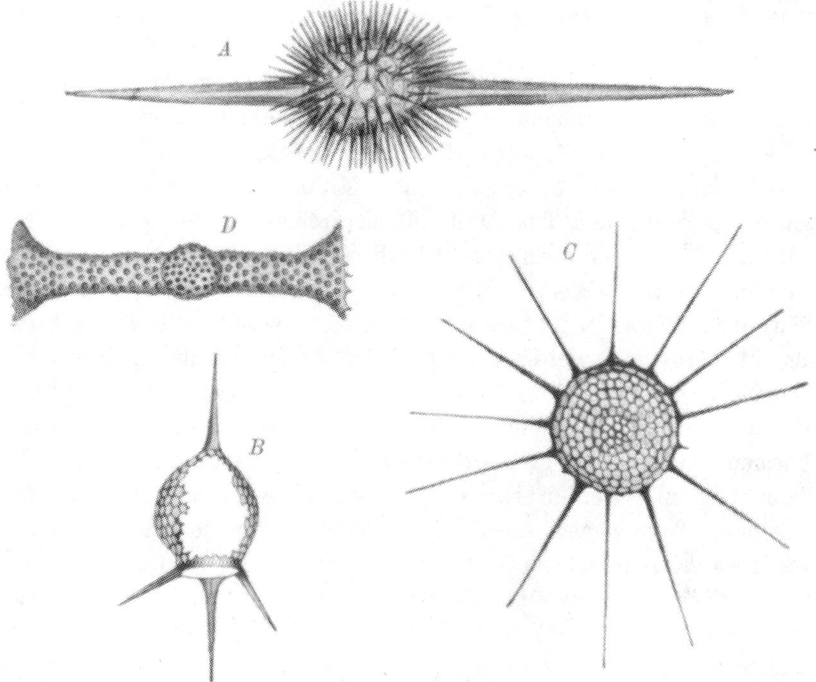

Fig. 246. Schwebeformen der Radiolarien: *A* Ellipsoxiphus, Karbon, Harz. *B* Tripilidium, Karbon, Harz. *C* Heliodiscus, Silur, Cabrières. *D* Amphibrachium, Karbon, Sizilien. (Aus Rüst, Paläontographica 38, 1892.) Vergr.

großen Oberfläche und der dadurch bedingten größeren Reibung meistens langsamer sinken als ähnlich geformte größere von demselben Übergewicht. Weiter werden aber auch diejenigen Körper langsamer absinken, welche eine größere Vertikalprojektion oder einen größeren Querschnitt besitzen. Man sieht, daß hier vor allen Dingen der Winkel, unter dem die einzelnen Flächen des sinkenden Körpers zu seiner Bewegungsrichtung stehen, zu berücksichtigen ist. Und zwar läßt sich zunächst zeigen, daß die Arbeit, welche der Widerstand des Wassers pro Flächeneinheit leistet, am größten ist, wenn der Winkel zur Bewegungsrichtung ein rechter ist."

Das warme Wasser ist weniger dicht als das kalte. Infolgedessen erfordert jenes noch eine besondere Vergrößerung der Körperoberfläche zum Zweck des Schwebens, während dieses eine Volumenvergrößerung des Körpers gestattet. Nach HAECKER sind deshalb bei den meisten Radiolarien die Kaltwasserformen Riesen, die Warmwasserformen Zwerge in bezug auf das Körpervolumen. Auch der Salzgehalt des Wassers scheint insofern formbestimmend zu wirken, als salzigeres Wasser schwerer ist als weniger salziges; mithin können im salzigen die Formen einen größeren Körperdurchmesser haben, was ein Vergleich entsprechender Formen aus dem salzigeren Mittelmeer und dem weniger salzigen Atlantik bestätigt.

Es ist also die innere Reibung, die der Tierkörper im Wasser erleidet, welche maßgebend ist für die Schwebefähigkeit eines Organismus. Je größer also die Körperoberfläche im Verhältnis zum Volumen, um so schwebefähiger ist der Organismus. Mithin ist bei den kleinen planktonisch schwebenden Tieren die Körpergröße meistens gering, weil bei Ausbildung einer vergrößerten Oberfläche diese im Kubus, jene nur im Quadrat wächst. Wenn daher größere Tiere zu einem planktonischen Schweben überzugehen gezwungen sind, so werden sie viel schwieriger als kleinere den richtigen Betrag in der Ausdehnung ihrer Körperoberfläche erreichen, weil die Ausdehnung so ungeheuer im Vergleich zu dem schon vorhandenen Körpervolumen wachsen müßte, daß die Formen eine viel zu große räumliche Ausdehnung erhielten, die ihnen dann nachteilig werden könnte. Große, sekundär an das Planktonleben angepaßte Tiere haben daher niemals jene vollkommene Schwebefähigkeit, wie etwa ein Radiolar oder die oben genannte, nur einige mm lange Krebslarve. Man kann daraus umgekehrt wieder auf die stammesgeschichtliche Ursprünglichkeit des Planktonlebens bei jenen kleinen Wesen schließen.

Zusammenfassend kann man also nach den hauptsächlich von W. OSTWALD entwickelten statischen Untersuchungen sagen, das Schwebevermögen nimmt zu mit steigendem Körperquerschnitt und Salzgehalt des Wassers, sowie mit vermindertem Übergewicht, vermindertem Volumen und sinkender Temperatur.

Die Foraminiferen entbehren der Strahlen ihres Hartkörpers; an deren Stelle treten die ungemein ausdehnungsfähigen Pseudopodien. Dennoch wird auch das Schweben der Foraminiferen zuweilen noch durch die ganz außerordentlich feinen Stachelbildungen erleichtert, die aber so fein sind, daß sie nach WALTHER[1]) bei der leisesten Erschütterung abbrechen und daher an toten Schalen nie zu beobachten sind. Bei Globigerina und Orbulina, sagt er, ist sehr oft „die ganze Schale

---

1) WALTHER, J., Einleitung in die Geologie als historische Wissenschaft. Jena 1893, S. 212.

mit einem Walde der außerordentlich langen und dünnen, nach allen
Seiten abstehenden Kalkröhrchen bedeckt, welche vielleicht wesentlich
dazu beitragen, diesen Tierchen das Flottieren unter dem Wasserspiegel zu erleichtern, indem dadurch die Körperoberfläche der kleinen
Wesen in hohem Maße vermehrt, die Reibung an den umgebenden
Wasserteilchen gesteigert und das Herabsinken in dem spezifisch leichteren
Element bedeutend erschwert wird“. Durch ihre weite Verbreitung sind
die planktonischen, oft in großen Schwärmen herumziehenden Foraminiferen gute Leitfossilen auf große Strecken.

Unter den älteren Foraminiferen sind die kugelig geformten, mit
hohen Umgängen versehenen Schwagerinen wahrscheinlich schwebende

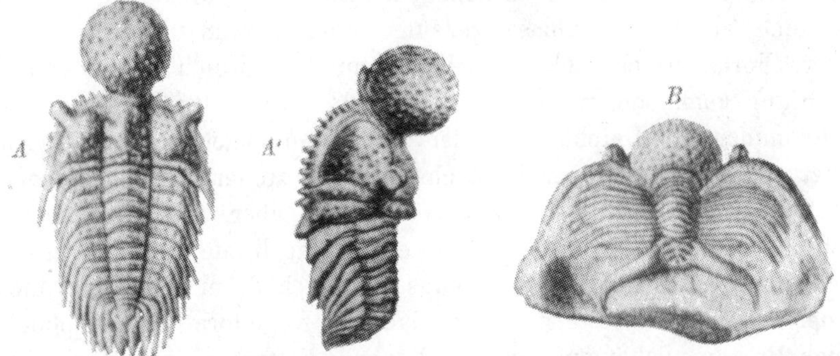

Fig. 247. A Staurocephalus, Obersilur, England. Kopf mit schwimmblasenartigem
Gebilde. B Deiphon, ebendaher. Pleuren zu Stacheln aufgelöst, Augen auf den zu
Stacheln gewordenen Wangen sitzend; Kopf mit Schwimmblase. Extremste Schwebeform.
(Aus Salter, Mon. Brit. Trilob. 1864/83.) $^3/_4$.

bzw. pelagisch schwimmende Formen gewesen.[1]) In Schwagerina erscheint nach v. Staff der ideale Anpassungstypus an die Leichtigkeit der
Foraminiferenschale überhaupt erreicht. Allmählich scheinen aber auch
die Schwagerinen, so, wie die Fusulinen, zu einer trägeren Lebensweise
übergegangen zu sein; wenigstens werden die Schalen schwerer, was
sich wohl so deuten läßt.

Das Prinzip, durch ungeheure Vergrößerung der Körperoberfläche,
etwa durch Aussendung von Strahlen bei gleichzeitiger Reduktion der
Körpermaße, schwebefähig zu werden, befolgen auch unter den Trilobiten
einige Formen (Fig. 248), von denen allein es sicher ist, daß sie keine Bodenbewohner waren, die also in dieser Hinsicht ganz aus dem Rahmen aller
übrigen Trilobiten heraustreten. Hier ist, an den Seite 487 beschriebenen
Sphaerexochus anschließend, Deiphon vor allem zu nennen (Fig. 247 B).
Die Pleuren sind zu dünnen Strähnen geworden, ebenso das Schwanzschild;
der Körper ist bis auf die schlanke Spindel reduziert. Das Tier ist wie

---

1) v. Staff, H., Zur Entwicklung der Fusuliniden. Centralbl. f. Mineral., Geol.
u. Paläont. Stuttgart 1908, S. 691.

zum planktonischen Schweben geeignet, da es aber Extremitäten hatte, wird es geschwommen sein. Es ist also eine Kombination von Schwebe- und Schwimmtier. Daß es sich vorwärts bewegte, beweisen in diesem Zusammenhang die ganz vorn auf den zu Stacheln umgewandelten Wangen liegenden Augen. Die verdickte Kopfblase scheint nicht nur als Behältnis für entsprechende Organe gedient zu haben, sondern zugleich eine Hohlkugel gewesen zu sein, welche das Schweben erleichterte und vor allem den Vorderteil des Körpers, insbesondere die Mundöffnung unmittelbar an die Wasseroberfläche heranführte und dort hielt, ohne daß das Tier hierzu besonderer Anstrengungen bedurfte. Es hat also offenbar seine Nahrung aus der an der Wasseroberfläche schwebenden planktonischen Lebewelt entnommen. Daß die Aufblähung des Kopfes zugleich als Schwimmblase gedeutet werden kann, beweist auch eine ältere Form, welche schon im Untersilur, vermutlich aus einer anderen Richtung kommend, nach demselben Ziele entwickelt ist, freilich weniger vollkommen als Deiphon. Es ist der neben abgebildete Staurocephalus (Fig. 247 A). Der Körper ist noch nicht bis zu jener vollkommenen Zerschlitzung gediehen wie der von Deiphon, aber vorn, vor dem Kopfschild sitzt eine Hohlkugel wie eine vom Kopfe deutlich gesonderte Schwimmblase. Bei Staurocephalus läßt sich daher die Kugel nicht als Kopf deuten und beweist damit, daß die Kugelform des Deiphonkopfes auch eine dem Schwimmschweben dienende Erwerbung sein muß. Deiphon ist in dieser Hinsicht der ideale Anpassungstypus. Denn nicht nur ist sein Körper dem Schweben am vollständigsten angepaßt, sondern auch die für Staurocephalus noch höchst unhandliche Schwimmblase ist in der einfachsten Weise nach rückwärts verlegt. Dadurch konnten bei Deiphon die Augen selbst sofort eine günstigere Lage bekommen als bei Staurocephalus, der noch ganz an das Bodentier erinnert, von dem er hergekommen ist. Staurocephalus ist — man darf sich nicht durch die äußerlich an Deiphon erinnernde biologische Anpassungsform täuschen lassen — in seinen Grundmerkmalen wohl eine Phacopide: Glabella und Rhachis durch tiefe Furchen begrenzt, erstere mit mehreren Einkerbungen; Deiphon dagegen kommt von den Cheiruriden, er ist, wie Dollo sagt, ein spezialisierter Cheirurus. Nach der Lage der Augen und dem nur wenig zerschlitzten Panzer sind jene ursprünglich reine Bodenbewohner gewesen.

Das Schwimmen bzw. Schweben dieser zuletzt genannten Formen hat jedoch keineswegs auf der Wasseroberfläche stattgefunden; vielmehr wird es sich, wenn auch nahe der Oberfläche, so doch stets in einer gewissen Tiefe darunter vollzogen haben. Denn wie R. und E. Richter betonen [1]),

---

1) Richter, R. u. E., Die Lichadiden des Eifler Devons. N. Jahrb. f. Mineral. usw., 1917, S. 50—72. — Ferner: Richter, R., Vom Bau und Leben der Trilobiten. I. Das Schwimmen, „Senckenbergiana“, Bd. I, Nr. 6, S. 235—238, Frankfurt a. M. 1919.

wäre es wahrscheinlich für einen Trilobiten mit so ungeheuer ausgedehnter Stacheloberfläche, gerade infolge der Tragfähigkeit und Oberflächenspannung des Wasserspiegels unmöglich gewesen, diese Spannung
wieder zu überwinden und unterzutauchen. Das Wasser bildet mit dem
auf ihm schwebenden Körper einen Meniskus, und es erscheint daher
fraglich, ob das Gewicht und die Eigenbewegung z. B. zarter Acidaspiden,
vor allem junger und kleiner Tiere, ausgereicht hätte, um mit dem reich
bestachelten Körper diesen tragenden Meniskus wieder nach unten zu
durchstoßen und in das Wasser zurückzugelangen. Es ist eine häufige
Ursache für das Massensterben von Daphniden, daß sie geradezu auf

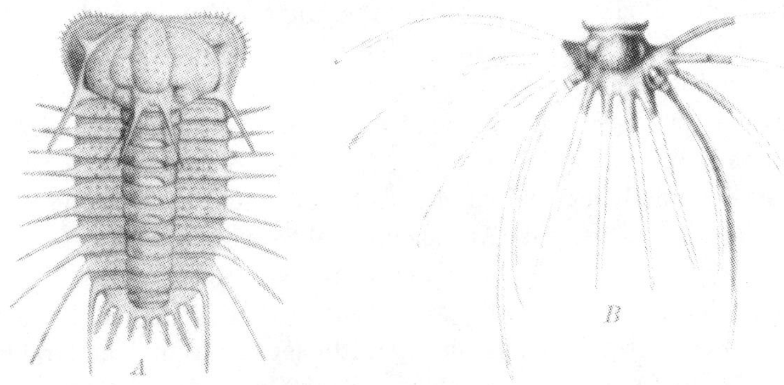

Fig. 248. *A* Acidaspis, Schwebestacheln nicht durch Auflösung der betr. Körperteile,
sondern durch Erweiterung derselben hinzugekommen. Obersilur, Böhmen. (Aus BARRANDE,
Syst. Silur de Bohême I, 1852.) *B* Schwanzstück von Lichas. Mitteldevon, New York.
(Aus HALL u. CLARKE, Paleont. of New York VII, 1888.) ¹/₂.

der Wasserfläche vertrocknen, weil es ihnen nicht mehr gelingt, unterzutauchen, wenn sie durch die Wasserbewegung auf die Oberfläche geschleudert worden sind. So hätte es auch das Schicksal vieler Acidaspiden sein können, über dem Wasserspiegel festgehalten zu werden, wenn
sie wirklich einmal über den Spiegel herausgeraten wären. v. STAFF und
RECK hatten angenommen[1]), daß diese extrem aufgelösten Formen gar
nicht mehr aktiv schwammen, sondern ohne Eigenbewegung planktonisch
auf der Wasseroberfläche herumtrieben. Sie erinnerten an das bekannte
Experiment, bei dem eine sehr trockene Nähnadel auf der Wasseroberfläche schwimmt. Analoges in der Natur bieten die Wasserreiter, Insekten,
die mit ihren zarten hohen Beinen auf dem Wasserspiegel wie ein
Schlittschuhläufer dahingleiten, ohne einzusinken. Ja es ist ihnen infolge
der zu ihrem Körpergewicht allzu hohen Oberflächenspannung des Wassers
ganz unmöglich, in dasselbe einzudringen. Eigentlich handelt es sich
gar nicht mehr um ein Schweben im Wasser, sondern um eine neue
Art des „Bodenbewohnens"; denn diesen Tieren ist die Wasseroberfläche

---

[1]) v. STAFF, H. u. RECK, H., Über die Lebensweise der Trilobiten. Sitzungsber.
Naturf. Freunde Berlin, Jahrg. 1911, S. 144.

dasselbe, was den Landtieren der feste Boden ist. Man kennt sie fossil im Jura und im Tertiär.

Es ist also gerade der umgekehrte Schluß auf die Wirkung der Stacheln zu ziehen als der, den v. Staff und Reck machten; die Stacheln schützten vielmehr das Tier gegen das Austreten auf den Wasserspiegel, auch gegen das Hinausgeschleudertwerden durch Wasserbewegung; denn die Stacheln hielten es unter dem Wasserspiegel fest, weil durch das gleiche Mittel ein Hervortreten wie ein Wiedereintauchen erschwert wird. Gerade die Fortsätze des Daphnidenkörpers wirken in diesem Sinne. Jedenfalls machten, wie Richter sagt, solche Schwebestacheln ihre Träger unabhängiger vom Boden, verringerten ihr Ruhebedürfnis und ermöglichten es ihnen, sich in das intermediäre, oberflächenferne Plankton einzumischen. Die Acidaspiden waren blind, was für ein hochentwickeltes in der Lichtzone schwimmendes Tier auffallend wäre. Richter weist aber darauf hin, daß viele ausgezeichnete Schwebeformen unmittelbar über dem Grunde leben und in der Tiefe und nicht selten blind sind. So werden wir also selbst die Acidaspiden eher als über dem Grunde schwebende, denn als Oberflächenplanktoniker nehmen müssen. Durch diese den Sachverhalt wohl richtig aufklärenden Ausführungen Richters ist für die Formen, deren Stacheln im wesentlichen horizontal ausstrahlen oder sich nach abwärts biegen, auch die Funktion dieser Stacheln aufgeklärt. Aber kaum für die bizarren Lichas und Cyphaspisarten aus dem Devon der Eifel, welche durch Broili und Richter neuerdings erst in unversehrtem Zustande bekannt geworden sind, und welche wir bei den Schutzanpassungen im folgenden Kapitel (V, 5; Fig. 329) abhandeln, weil wir ihnen eine andere Bedeutung zuschreiben als die, Schwebestacheln zu sein.

Über den formbildenden Hergang bei der Stachelentstehung an den Pleuren der Trilobiten macht Beecher[1]) aufmerksam. Bei den Trilobiten besteht das Pygidium aus mehreren verschmolzenen Segmenten: die Thoraxsegmente gehen Stück um Stück aus dem Schwanzstück durch Abspaltung hervor. Das erste Segment des Thorax ist mithin gebildet zwischen Kopfschild und Schwanzschild, und seine Form steht daher in unmittelbarer mechanischer Anpassung an die Erfordernisse des Einrollens oder wenigstens des Einbiegens des Panzers, wobei es sich den anstoßenden Rändern der beiden Schilder entsprechend anschmiegen muß. Infolgedessen muß seine Form von den nächstanliegenden Teilen mitbestimmt werden, also entweder vom Kopf, oder vom Schwanz. Beim fortschreitenden Wachstum wird jeweils das vorgebildete Segment vom Schwanz gegen den Kopf geschoben, es schalten sich vom Pygidium her immer

---

1) Beecher, Ch. E., The origin and significance of spines: a study in evolution. Americ. Journ. Sci., 4. Ser., Vol. VI, New Haven 1898, S. 337 ff.

wieder neue Segmente ein, und so „kontrolliert" gewissermaßen das Schwanzschild die äußere Form der endgültigen Segmente des Thorax. Sind die Ränder des Pygidiums dornförmig, wie bei Deiphon Forbesi (Fig. 247), so werden es also auch die Pleuren der Segmente sein müssen. Es zeigt diese Überlegung nun zwar den äußeren, mechanischen Hergang der Formbildung. Aber auch nur diesen und zudem noch in einseitiger Weise. Denn die Formschaffung selbst, die z. B. bei Deiphon Forbesi auf ein Leichtermachen des Körpers hinausläuft, steht natürlich im Dienste eines biologischen Zweckes. Daher ist mit der Erkenntnis, daß allenfalls das Schwanzschild die äußere Gestalt jedes folgenden Pleurums dirigiert, nur die formale Seite des Herganges getroffen, nicht aber die alte Frage nach dem inneren Zusammenhang zwischen biologischer äußerer Notwendigkeit und zweckmäßiger Formbildung gelöst (Vgl. S. 6 u. 111).

Daß diese Stachelbildung tatsächlich eine biologische Anpassung ist, und nicht restlos durch den mechanischen Prozeß der Formgebung bzw. durch die Gestalt des Pygidiums bestimmt ist, ergibt sich ferner auch daraus, daß das Pygidium selbst gestachelt war, nicht einfach gerundet und glatt blieb; ferner auch aus der Larvenentwicklung von Acidaspis tuberculatus, der im Larvenstadium schon dieselbe Umrandung des Gesamtkörpers mit stachelartigen Verlängerungen zeigt, wie das fertige Tier; denn auch die Larve stand schon unter dem gleichen biologischen Erfordernis wie das ganze Tier: nämlich die Oberfläche des Körpers zum Zweck des Schwimmens und Schwebens möglichst zu vergrößern. Es ist also ein und dieselbe Anpassung, die beide — Larve und erwachsenes Tier — zeigen, aber mit dem Unterschied, daß jene ihre Stacheln durch randliche Zerlappung des ganzen Protaspispanzers, dieses aber durch Ausziehen der inzwischen entstandenen Segmente des Gesamtkörpers in solche Verlängerungen erzielt. Die Anpassung als solche bleibt bestehen, nur das Mittel und der Ort ihrer Verwirklichung wechselt. Und so gibt auch Beechers Erklärung nur das Formale, nicht den biologischen Zusammenhang der Formwerdung jener Stacheln an.

Daß nämlich, wenn die Notwendigkeit besteht, die Segmente zu variieren, deren Ausbildungsweise keineswegs im obigen Sinne an die Gestalt des Pygidiums gebunden bleibt, sondern daß den speziellen andersartigen biologischen Erfordernissen gemäß die Segmente an ein und demselben Individuum variiert werden können, zeigt Albertella Helenae aus dem Unterkambrium, bei dem erst das drittoberste Segment dieselbe Bestachelung aufweist wie das Schwanz- und Kopfschild, während die übrigen Segmente wesentlich kleinere Stacheln haben. [1]

Das andere statische Prinzip, mittels Gaszellen zu schwimmen, dessen Anwendung wir bei Staurocephalus vermuteten, zeigt sich, wie oben

---

1) Abgebildet in Walcott, Ch. D., Cambrian Geology and Paleontology Nr. 2. Cambrian Trilobites. Smithson. Misc. Coll. Vol. 53, Washington 1908, Taf. 2.

schon erwähnt, in den Kohlensäurebläschen der Radiolarien. Wir finden
es in ausgiebigster Weise benützt bei den gekammerten Schalenkephalopoden, bei einer Schnecke und bei den schwebenden Graptolithen-
kolonien. Die meisten nichtschwimmenden Graptolithen dürften nach
Analogie mit der rezenten sitzenden Wurmkolonie Rhabdopleura ebenfalls
auf Gegenständen, Schalen, Tangen festsitzend oder auf Pflanzen sitzend
pseudoplanktonisch umhergetrieben sein. Pseudoplanktonisch, jedoch frei,
ohne sich an einen fremden Gegenstand anzusetzen, waren jene Formen,
bei denen nach Ruedemann[1]) die zusammengewachsenen Graptolithen-
körper (Rhabdosome) durch Hornfäden (Nema) mit der Zentralscheibe
(Fig. 249) verbunden blieben. Um diese Scheibe herum stehen die Gonangien,
und beides wird überlagert von der
Schwimmblase, die wahrscheinlich
ontogenetisch dadurch zustande kam,
daß in den Zwischenraum zwischen
der Hauptschicht des Perisarks und
der Scheibenepidermis vom Körper
ausgeschiedenes Gas eintrat und so
die Schwimmblase bildete, welche die
ganze Kolonie hauptsächlich trug, in
ihrer Funktion aber bei gewissen
Diplograpten vielleicht noch unterstützt wurde durch ähnliche, jedoch
viel kleinere blasensackförmige Auf-
blähungen des Nemas, dem sie jedoch vielleicht auch als Schutzkissen

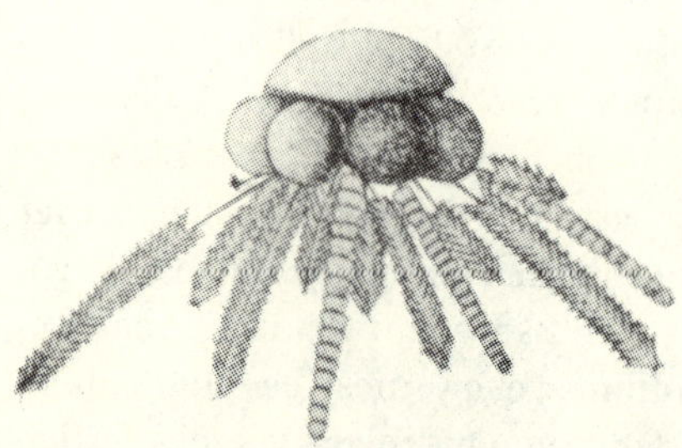

Fig. 249. Schwimmende Kolonie von Diplo-
graptus. Untersilur, New York. Rekonstruktion. Oben Schwimmblase, darunter
die kugelförmigen Gonangien, in denen sich
die embryonalen Siculae neuer Stöcke bilden.
(Aus Ruedemann, Rep. State Geol.
New York 1894.) ca. ²/₃.

gegen Zerbrechen beim Aufstoßen bei etwaigem Niedersinken des Stockes
dienen konnten.

Die Morphologie, wie die Ontogenie deuten darauf hin, daß die
pseudoplanktonisch schwebenden Formen der Diplograptiden aus den
sitzenden hervorgegangen sind. Denn bei den am Boden oder auf Gegenständen lebenden Gattungen haben die späteren Zellen dieselbe Richtung
ihrer Mundöffnung wie die Anfangszelle (Sicula), aus welcher der ganze
Zellenstock hervorgeht. Bei den freien Schwebeformen jedoch sind diese
Zellen umgekehrt wie die ursprüngliche Sicula gerichtet, was somit beweist, daß eine Umdrehung des Stockes stattgefunden hat, indem die für
den Boden bestimmte, also basale Haftscheibe nun zur oberen, terminalen
Zentralscheibe bei der umgewandelten Form wurde. Behielten die Zellen
die Richtung der Sicula bei, so hätten sie sich nach abwärts öffnen müssen,
was offenbar unzweckmäßig war; daher die sekundäre Umdrehung, wobei

---

1) Ruedemann, R., Graptolites of New York. Part I. Mem. 7 New York State
Museum, Albany 1904, S. 509—519.

nur die Embryonalzelle ihre alte Stellung beibehielt. Die freien Schwebeformen sind jedenfalls zu verschiedenen Zeiten aus verschiedenen Gruppen
hervorgegangen.

Bei der Veilchenschnecke Janthina wird der Körper durch ein
Schwimmfloß getragen. Dieses Floß ist ein hydrostatischer Apparat, den
das Tier sich selbst baut. Der Körper scheidet eine knorpelig schaumige
Masse ab, die dem Fuße angeheftet bleibt; sie steht aber mit dem Körper
danach nicht mehr in physiologischem, sondern nur noch in mechanischem
Zusammenhang. Wenn der Fuß die Masse ausscheidet, hebt er sich
über den Wasserspiegel und krümmt sich dabei. Hierdurch schließt er
eine Luftblase ein, die sofort mit zähem Schleim überzogen und so
hermetisch abgeschlossen wird. Durch wiederholte derartige Bewegung
und Aussonderung kommt schließlich ein von Luftbläschen durchsetztes,
zähes, den Körper tragendes Gebilde zustande. Das Tier treibt nun
passiv im Wasser herum, bekommt verkümmerte Bewegungs- und Sinnesorgane, nur die Fühler bleiben wohl entwickelt.[1]

Die Schwimmfähigkeit durch Ansammeln von Gas bzw. Luft in
eigens dazu gebauten Zellen ist das hervorstechendste und in idealer
Weise verwirklichte Kennzeichen der fossil so außerordentlich häufigen und
gut erhaltenen gekammerten Kephalopodenschalen. Der im ältesten
Paläozoikum beginnende, noch heute lebende Nautilide ist der das Wesen
dieser biologischen Erscheinung am vielseitigsten verratende Grundtypus
hierfür. Die phylogenetische Entstehung der Einrollung wurde im Kap. II
(S. 103 ff.) als Beispiel einer biologisch zweckmäßigen Entwicklung dargelegt. Hier nun soll die Entwicklung der Luftzellen und der Siphonal-
anlage in ihrer Bedeutung als Schwimmapparat und in ihrer gegenseitigen
Korrelation dargelegt werden, wobei wir auch hierzu einiges recht Bekannte in neuem Zusammenhang wiederbringen müssen.

Der heutige Nautilus als Typus des luftgekammerten Schalenkephalopoden (Fig. 29, S. 103) lebt im indischen und südpazifischen Ozean in vier
Arten als letzter Überrest seines ehemals weitverbreiteten und formenreichen Stammes. Er steckt, ähnlich wie eine Schnecke, im vorderen
Teil seines vielkammerigen, in einer Ebene eingerollten Spiralgehäuses,
dessen innere Windungen sich gegenseitig meist vollständig umhüllen
und vom letzten Umgange allesamt bedeckt werden, so daß nur der
äußerste sichtbar ist. In der nach außen offenen Wohnkammer sitzt,
mit einem muskulären Ring an der Innenwand bis zum letzten Septum
hin befestigt, das die Schale ausscheidende Weichtier, von dessen hinterem
Körperende der mit einem starken Blutgefäß durchzogene dünne Strang[2],

---

1) KELLER, C., Das Leben des Meeres. Leipzig 1895, S. 203/04.

2) Über die physiologische Bedeutung und Morphogenie des Sipho siehe die Studie
von O. H. SCHINDEWOLF, „Über die Siphonalbildungen der Ammonoidea." Sitzber. Ges.
z. Förderung ges. Naturwiss. Marburg 1920, S. 32 ff.

der Sipho, in der Mittellinie der Spirale, alle Kammerscheidewände mit einer feinen Öffnung durchbrechend, sich nach rückwärts bis in's Herz der Spirale erstreckt, wo er in Form eines Röhrchens in der letzten innersten Kammer blind endigt. Nach der Durchbrechung einer Kammerscheidewand ist jeweils der Sipho von einer feinen röhrchen- bis kragenförmigen, nach rückwärts gerichteten Ausstülpung begleitet, die ihn allseitig umgibt, von der Siphonaldüte. Sie ist wichtig für einiges Nachfolgende. Die kalkigen, uhrglasförmigen, nach hinten gewölbten Scheidewände teilen das ganze Spiralgehäuse in die große Zahl lufterfüllter Zellen ab, welche dadurch zustande kommen, daß das Tier unter Verlängerung des Siphonalstranges und Verlegung des Anwachsringes in der Spiralrichtung auf dem Rücken des vorletzten Umganges vorrückt, indem es gleichzeitig die Außenwand und die Flanken der Schale durch Kalkabsonderung verlängert und nach einiger Zeit den infolge des Vorrückens frei gewordenen hintersten Teil seiner Wohnkammer durch eine neue, vom Sipho in der Mitte wieder durchstochene kalkige Scheidewand abschließt. Sein allmähliches Größenwachstum bedingt eine zunehmende Erweiterung des Schalenvolumens.

Das innerste Ende der Spirale zeigt eine kleine sackförmige Höhlung, und der innerste Beginn der Spiralschale besteht aus einer stumpf endenden ersten Zelle, die an ihrem Ende eine schwache längliche Narbe trägt. Die Narbe rührt vielleicht von einer ursprünglich an der ersten Kalkzelle anhängenden, später abgestoßenen, weichen Hautblase her, welche die Umhüllung des Tieres in seinem frühesten Jugendstadium bildete. Als es dann mit der Ausscheidung der ersten Kalkzellen begonnen und die Embryonalhülle verlassen hatte, bildete diese einen rasch absterbenden und bald abgestoßenen, zusammengeschrumpften Anhang; die innerste, erste Kalkzelle des erwachsenen Gehäuses, in welcher der Sipho endigt, ist daher in entwicklungsgeschichtlicher Hinsicht die zweite Kammer.

Das Nautilustier selbst ist ringsum luftdicht an der Wohnkammerinnenwand festgeheftet. Das muß so sein, denn sonst würde aus den Durchführungslöchern des Siphonalstranges in den Kammerscheidewänden sofort alles Gas entweichen und Wasser dafür eindringen. Wenn aber der Weichkörperansatz dauernd — nämlich auch in den Perioden des Vorwärtswachsens von Schale und Tier — den hinteren lufterfüllten Gehäuseteil hermetisch absperren würde, ohne daß eine Erneuerung oder Verminderung des Zellengases jemals stattfände, so müßte bei dem steten Vorwärtswachsen und der relativ ungeheuren Volumenvermehrung des gasführenden Gehäuseteils schließlich ein fast absolut luftleerer Raum entstanden sein, das Tier also von vorn einem derartigen Atmosphärendruck der freien Luft bzw. des Wassers ausgesetzt sein, daß ein Vorrücken in der hinter ihm luftleeren Schale ebenso unmöglich wäre, wie das Auseinanderreißen der Magdeburger Halbkugeln. Schon aus dieser Überlegung allein ergibt sich, daß eine Vermehrung des Gases in der Spirale zu Lebzeiten des Tieres dauernd stattfinden muß, und das allein zeigt nun klar die Bedeutung des Sipho, der auch nirgends bei Nautiloiden und Ammonoiden fehlt.

Im allgemeinen ist das Nautilustier derzeit ein vagiler Bodenbewohner; es kann sich mit seinen Armen unter Nachschleppen des von selbst schwebenden Gehäuses am Boden bewegen. Aber wie die vielen Nacktkephalopoden kriechen und schwimmen — es sei an Sepia in Kap. IV, 1 als Beispiel erinnert — so steigt Nautilus auch im Wasser auf und nieder. Für diese letztere, den Nautiliden nach ihrem Bau gewiß ursprüngliche und gemäße Lebensweise stehen Schale und Weichtier noch in einem korrelativen Zusammenhang, insofern ein Heraustreten und Ausbreiten des Weichkörpers die Belastung vermindert und ein planktonisches Treiben im Wasser oder an dessen Oberfläche ermöglicht. Will das Tier rasch vorwärts kommen, vertikal oder horizontal, dann tritt auch der Trichter wie bei den Belemniten und den lebenden Nacktkephalopoden in Tätigkeit. In jedem Falle aber funktioniert die Schale als hydrostatisches Auftriebsmittel und tragender Ballon.

Daß nun die Kammern intakt und nicht wasser-, sondern gaserfüllt sind, daß ferner das Gas erneuert, vielleicht auch vermehrt oder vermindert werden kann, ist eine wesentliche Bedingung jener biologischen Funktionen. Es liegt daher nahe, das starke Blutgefäß des Siphonalstranges unmittelbar mit der Erneuerung des Gases und vielleicht auch seines Druckes in Zusammenhang zu bringen. Zu was anderem sollte denn ein sonst nichts ernährendes Blutgefäß ausnahmslos bei allen Formen durch die ganze Kammerreihe hindurchlaufen und in der innersten blind endigen? Vielleicht dient der Sipho bei vielen Nautiliden oder Ammonoiden außerdem noch dazu, die Schale fester an den Weichkörper zu schnüren; aber sein einziger und hauptsächlicher Zweck, auf den hin er primär entstand und ausnahmslos persistierte, ist das gewiß nicht, weder heute, noch bei einer fossilen Gattung. Wäre dies der Fall, so könnte er des üppigen Blutgefäßes entbehren: ein zäher lederiger Strang würde denselben Dienst wohl besser tun. Daß er nicht zum Festbinden des Gehäuses an den hinteren Teil des Weichtierkörpers dient, zeigt auch das Vorhandensein so starker Haftmuskeln und Haftmuskelringe, wie sie Nautilus besitzt, und weiter ganz besonders die von APELLÖFF mitgeteilte Tatsache, daß das Tier in besonderen Reizzuständen sogar die Schale für immer verlassen und ohne Schale weiterexistieren kann, daß also der Sipho keinen unbedingten Halt in der Schale gewährt. Außerdem würde auch in diesem Falle ein lederiger, unzerreißbarer Siphonalstrang weit besser als ein weicher, mit einem Blutgefäß durchzogener seinen Zweck als Festhalteorgan erfüllen.

Drei Gesichtspunkte sind entscheidend für die Auffassung des Sipho:

1. Es gibt keinen Nautiliden und keinen Ammoniten, der nicht einen Sipho besäße. Der Sipho ist also ein unbedingt notwendiges, die Lebensweise entscheidend beeinflussendes Organ.

2. Auch Spirula, Spirulirostra und Belemnites haben in ihren gekammerten, lufterfüllten Schalen, die innerlich getragen wurden, einen Sipho; dort kann er nur in Beziehung zu den Luftkammern als solchen stehen.

3. Im Sipho findet ein lebendiger Blutverkehr statt, der weit über die Grenze dessen hinausgeht, was der Erhaltung des Siphonalstranges selbst dienen würde.

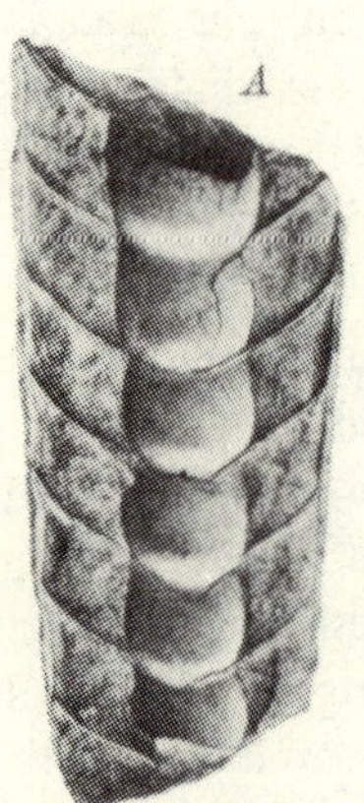
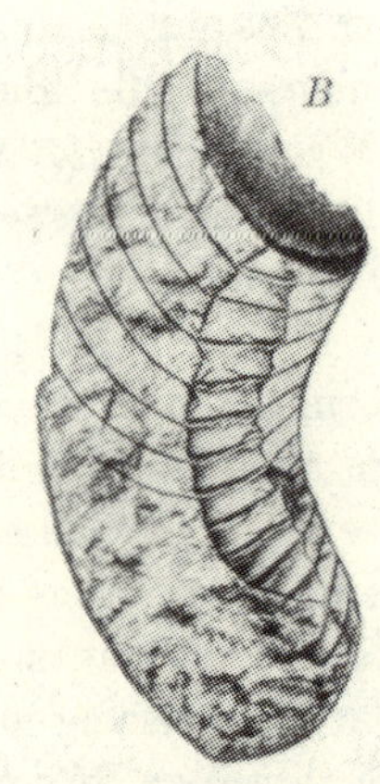
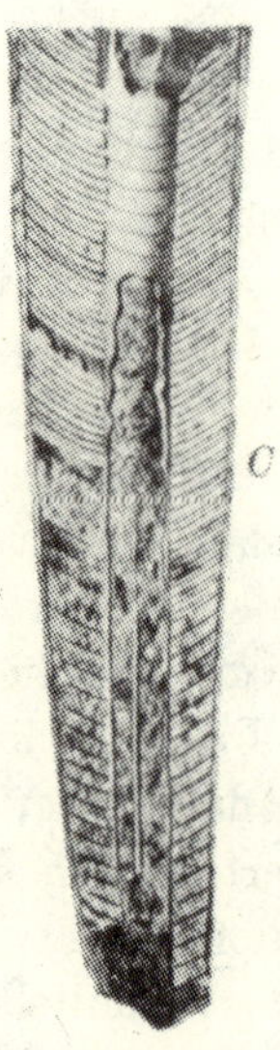

Fig. 250. Endoceras und das zugehörige Cyrtoceras-Stadium: *A* Endoceras gladius. Untersilur, Oeland. (Aus HOLM, Paläont.-Geol. Abhandl. III, Jena 1885.) $^3/_4$. *B* Cyrtocerina Schmidti. Untersilur, Estland. (Aus HOLM, Geol. Fören. Stockholm Förhandl. 14, 1892.) $^1/_1$. *C* Cameroceras tenuiseptum. Untersilur, Nordamerika. Großsipho aufgebrochen, darin Kleinsipho. (Aus RUEDEMANN, Bull. 90, New York State Mus. 1906.) $^2/_3$.

Die Gaserneuerung geht osmotisch vor sich. Es ist kein Gegenargument, wenn wir den Sipho insbesondere bei den Ammoniten stets verkalkt finden und gelegentlich auch bei den Nautiliden, z. B. bei der tertiären Aturia. Hier fand dieselbe Osmose statt wie bei porösen Ton- oder Porzellanzellen, deren Porosität keineswegs eine grobe und makroskopische ist; geht doch Luftaustausch ohne Druck nachgewiesenermaßen auch durch dicke solide Häuserwände hindurch ununterbrochen vor sich. Also nicht einmal ganz dickwandige poröse Verkalkung würde einen osmotischen Gaswechsel unmöglich gemacht haben; nur Perlmutter oder Porzellanglasur tut dies.

Wir verfolgen kurz den Bau des Siphonalapparates und sein Verhältnis zu der umgebenden Kammerung bei verschiedenen Nautiloideentypen, woraus sich interessante Beziehungen ergeben.

Die Volborthellen, soweit man sie erkennt, haben einen kleinen dünnen Sipho, und älteste Orthoceren ebenfalls. Wenn wir daher im Untersilur oder im allerobersten Kambrium (Tremadoc) erst Formen finden, deren Kammerscheidewände von einem außerordentlich dicken schlauchförmigen Siphonalapparat durchsetzt sind, und wenn wir diesen Apparat im Innern kompliziert aufgebaut sehen (Fig. 252 *A*, *B*), dann liegt der Schluß nahe, daß dies weder primitive Formen sind, noch daß sie in die Stammreihe Volborthella — Orthoceras mit dünnem Sipho — Cyrtoceras mit dünnem Sipho — Nautilus mit dünnem Sipho gehören. Wir sehen Formen mit Endosipho, wie Endoceras, nirgends in Orthoceren mit dünnem Sipho (ohne Endosipho) übergehen; vielmehr kennen wir auch von Endoceras ein Cyrtocerasstadium, das HOLM beschrieben hat (Fig. 250 *B*) und das uns zeigt, daß die gewöhnlichen Cyrtoceren mit ihrem feinen oder Perlschnur-Sipho tatsächlich einer anderen Reihe angehören als dieses endocere Cyrtoceras.

Die genauere Anatomie eines Endocerasgehäuses gestaltet sich folgendermaßen: Das im allgemeinen sehr dünnschalige Gehäuse erreicht bei Endoceras giganteum aus dem nordischen Untersilur eine Länge von über 2 m. Schon das macht es unwahrscheinlich, daß die Endoceraten primitive Stammtypen sind, weil Riesenformen nicht am Anfang, sondern am Ende einer stammesgeschichtlichen Entwicklung aufzutreten pflegen. Die Schale ist geradegestreckt, hat einen runden bis elliptischen Querschnitt, und läuft ganz allmählich nach unten spitzkonisch zu. Sie sieht also äußerlich und im Querschnitt zunächst wie ein Orthocerasgehäuse mit dickem Sipho aus. Sie zerfällt in der Längsrichtung in zwei Teile, den dicken Sipho und den gekammerten Teil. Der erstere, den wir im

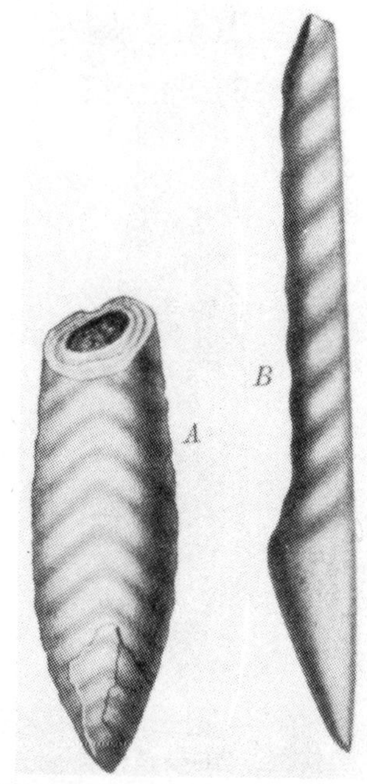

Fig. 251. Isolierte Grossiphonen von Endoceraten aus dem Untersilur. Scheidewände entfernt. *A* Nannotypus, mit Scheidewänden bis zur Spitze. (Aus HOLM, Paläont.-Geol. Abhandl. III, 1885.) *B* Suecocerastypus. Scheidewände erst weiter oben beginnend. (Aus RUEDEMANN, Bull. 90 New York State Mus. 1906.) $^1/_1$. Vgl. Fig. 252 *A*.

folgenden der Deutlichkeit wegen den Großsipho nennen wollen, ist zuweilen so aufgebläht, daß er die Hälfte des gekammerten Schalenvolumens beansprucht. Er ist randständig bis submarginal und stets zylindrisch. Die uhrglasförmigen Septen des gekammerten Schalenteiles machen, an den Großsipho herangetreten, eine plötzliche Rückwärtsbiegung und so entstehen die Großsiphonaldüten (Fig. 252 *A*), von denen

sich jede mindestens bis zur Mitte des vorhergehenden Kragens rückwärts erstreckt, ja bei End. belemnitiforme sogar über die zwei vorhergehenden. Es kommt dadurch eine sehr dicke Wandung des Großsipho
gegen den gekammerten, lufterfüllten Teil zustande. Der Großsipho wird
dabei etwas von breiten Furchen eingeschnürt (Fig. 250 A). Nach der
Gesamtform des Großsipho kann man zwei Typen unterscheiden:[1] bei
dem einen läuft der Großsipho am Apikalende konisch zu und erfüllt

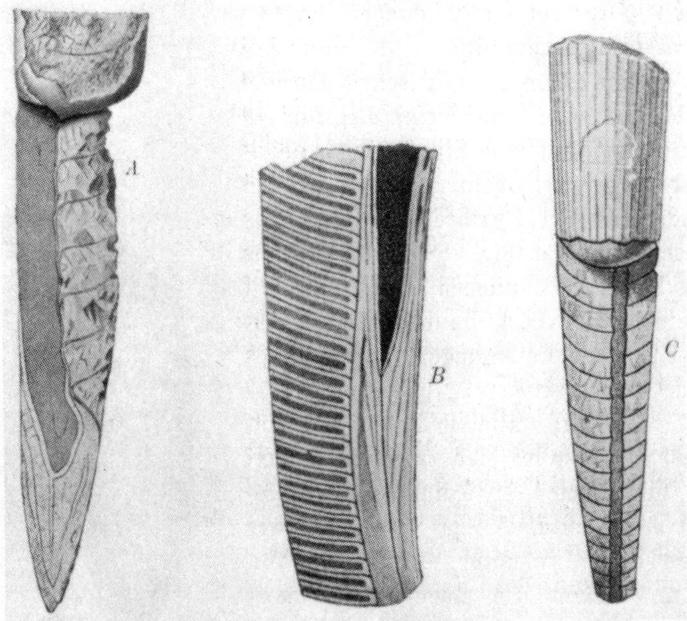

Fig. 252. Längsschnitte durch Endoceraten und Orthoceras, erstere mit den septalen
Dütenbildungen im Großsipho. A Endoceras vom Nannotyp, mit Ascoceras-förmig
angelegten Luftkammern. Septaldüten im unteren Sack. Untersilur, Oeland. (Aus HOLM,
l. c. 1896.) Verkl. B Cameroceras, Mittelstück vom Suecocerastyp, mit Septaldüten und
dem Kleinsipho im Großsipho; schwarz: der noch nicht ausgefüllte Weichtierraum. Untersilur, Nordamerika. (Aus RUEDEMANN, l. c.) $^1/_1$. C Normales Orthoceras mit einfachem
Sipho. Obersilur, Böhmen. (Aus BARRANDE, Syst. Silur. d. Bohème. Céphal. II, 1878.) $^1/_1$.
Die Luftkammern in A u. B einerseits, in C andererseits sind einander nicht homolog.

zuerst das ganze Gehäuse (Fig. 251 B); erst weiter oben treten Schalen-
kammern hinzu und nun wird er enger, nachdem er zuerst konisch
weitergewachsen war (Nanno-Typus); beim anderen läuft der sackförmige
Großsipho spitz zu (Fig. 251 A) und ist von unten ab schon mit Luftkammerung umgeben (Suecoceras-Typus). Besonders beim ersteren dieser
Typen ist es ohne weiteres klar, daß der Großsipho primär ausschließlich das Gehäuse bildete, daß die Tiere also Bodenbewohner waren und
daß die äußeren Kammerwände akzessorisch sind und nicht dem ursprüng-

---

1) HOLM, G., Om apicaländan hos Endoceras. Geol. Fören i Stockholm Förhandl.,
Bd. 18, 1896, S. 394.

lichen Raum des Weichkörpers homolog sind, wie beim lebenden Nautilus. Man wird unmittelbar an die Sekundärkammern des auf Seite 111 beschriebenen Ascocerasgehäuses erinnert.

Man bemerkt also, daß hier wahrscheinlich keine vollständige Homologie der Luftkammern mit denen der Normalnautiliden und -orthoceren besteht, und dieser Eindruck wird verstärkt, wenn man die Fig. 250 C des Cameroceras tenuiseptatum betrachtet, wo der Kleinsipho den Großsipho in analoger Weise durchzieht wie der Sipho eines Orthoceras dessen Gehäuse (Fig. 252 C). Denn auch Scheidewände fehlen in dem Großsipho der Endoceraten nicht, weder zuvor, ehe er Luftkammern um sich hat (Fig. 252 A), noch nachher, wenn er mit Luftkammern emporwächst (Fig. 252 B). Jene entstehen als dütenförmige Gebilde, vom Kleinsipho durchbrochen. Auch in dem ursprünglichen, kammerlosen Sack des Endoceras sehen wir diesen Kleinsipho schon bestehen und von Dütensepten begleitet (Fig. 252 A), hier haben wir also eine gekammerte, nur von einem Kleinsipho durchzogene Schale. Dann erst kommen die äußeren Luftkammern bei dem Nannotyp später hinzu. Diese älteste Großsiphoanlage macht also auch in bezug auf den Besitz eines Kleinsipho den Eindruck, als wenn sie allein homolog dem ganzen Gehäuse des Nautilus bzw. des Normalorthoceras wäre.

Der Großsipho der Endoceraten ist somit deutlich das Rudiment des ganzen Eingeweidesackes. Denn das Anfangsstadium ist die vollkommene Ausfüllung der Schale durch den letzteren. Auch bei Nanno, der nicht erst später, sondern von Anfang an Kammern um den Großsipho herum trägt, sind diese Kammern seitliche Anlagen, nicht, wie bei Orthoceras und Nautilus, Abteilungen des ganzen verlassenen Gehäuseteiles, die zu diesem axial liegen; sondern es sind konzentrisch bis exzentrisch darumgelegte Bildungen, ähnlich wie beim erwachsenen Ascoceras (Fig. 33, S. 111). In diesem frühen ontogenetischen Zustande finden wir den späteren Endosipho den Schalenraum als ein dünnes Röhrchen durchziehen und zugleich finden wir die geknickten Septen; und darum entspricht folgerichtig der Großsipho des Endoceras dem ganzen Schalenraum eines Normalorthoceras oder Nautilus. Die Luftkammern des Endoceras sind somit homolog den Seitenkammern des auf Seite 111 beschriebenen Ascoceras, nicht denen des Normal-Orthoceras mit dünnem, einfachem Sipho. Die äußere Gleichheit eines erwachsenen Endoceras- und eines Orthocerasgehäuses ist also ein reines Konvergenzprodukt.

Man kann das noch weiter begründen. Wir haben den Sipho des rezenten Nautilus als ein Organ erkannt, das dem Gasaustausch in den Luftkammern dient, besonders weil es von einer auffallend starken Blutbahn durchzogen ist. Wenn der Kleinsipho des Endoceras nun tatsächlich, wie wir geschlossen haben, dem Sipho des Orthoceras-Nautilus homolog ist, dann muß er auch dem gleichen Zweck gedient, dieselbe

Funktion erfüllt haben. Daß dies der Fall war, geht aus dem inneren Bau des Großsipho bei Actinoceras hervor. Saemann[1]) hat schon vor langer Zeit eine auch von Barrande übernommene Figur gegeben, die den Zusammenhang von Großsipho, Kleinsipho und Luftkammern darstellt (Fig. 253).[2]) Aus dem Lumen des Endosipho gehen feine, radial gestellte Röhrchen durch den Großsipho geschlossen hindurch und stellen auf diese Weise eine Kommunikation des Kleinsipho mit den äußeren Luftkammern, aber nicht mit dem Großsiphonalraum her. Da die Luftkammern keine Weichteile enthielten, können die feinen dünnen, zum Stützen ohnehin viel zu schwachen Röhrchen nicht den Zweck gehabt haben, den inneren Kleinsipho etwa in seiner Lage zu halten. Dazu brauchten sie weder hohl zu sein, noch die Wandung des perlschnurartigen Sipho zu durchbrechen, sondern lediglich an dessen Innenwand angesetzt zu sein. Sie werden somit auch hier nur dem Zweck des Gasaustausches gedient haben, und da dieser, wie deutlich zu sehen ist, vom Kleinsipho ausging, so muß dieser dem Sipho von Nautilus-Orthoceras homolog sein.

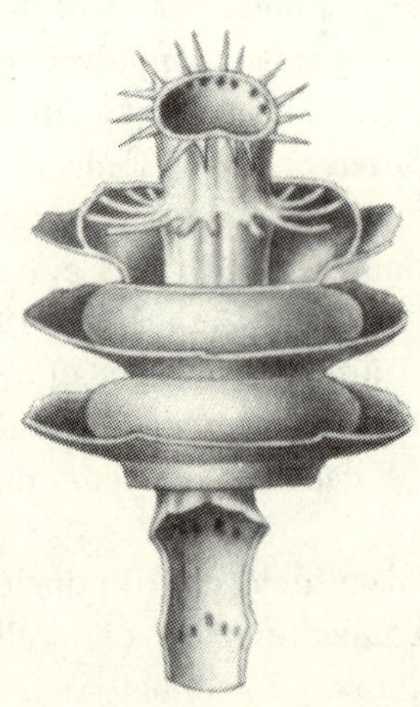

Fig. 253. Siphonalapparat von Actinoceras. Der Kleinsipho durch Röhren mit den äußeren weggebrochenen Luftkammern in Verbindung. Untersilur, Nordamerika. (Aus Saemann, l. c.) ¹/₁.

Will man die trichterförmigen Siphonalblätter nicht nur als suspendierende Träger für den verkalkten Endosipho auffassen, dann wären sie undifferenzierte Homologa der Septen plus Siphonaldüten des Nautilus-Orthoceras; vielleicht sind sie nicht nur dies, sondern wurden in sekundärer Anpassung auch noch als Träger verwendet. Die Endoceraten sind also nichts weniger als primitive Formen. Sie dürften eine längere Entwicklungsgeschichte hinter sich haben und aus einer ganz anderen Richtung als die Normalorthoceren gekommen sein, die man an Volborthella-artige Typen anschließen darf.

Oben wurde schon erwähnt, daß auch von Endoceras zu Nautiliden Verbindungen bestehen. Wenn wir Holms Cyrtocerinen ansehen, dann finden wir darunter (Fig. 250 B) ein Cyrtoceras hireus mit sehr reduziertem Sipho. Nach der ganzen von uns vorhin verfolgten Anatomie und Homologie des Schalenbaues von Endoceras kann man die Reduktion des Gesamtsiphoquerschnittes nur so auffassen, daß der Kleinsipho als solcher in seiner ursprünglichen Gestalt und Funktion bestehen bleibt und nur das Lumen des Großsipho mehr und mehr reduziert wird. Auf diesem

---

1) Saemann, L., Über die Nautiliden. Palaeontographica, Bd. III, S. 121, Taf. XVIII ff. Kassel 1853.

2) Barrande, J., Système silurien. Céphalopodes, Vol. II, Pl. 231.

Entwicklungswege werden dann zweifellos involute Formen erreicht, die sich aber durch einen Perlschnursipho auszeichnen, der anfänglich noch einen Kleinsipho enthielt; dann wird aber nicht dieser rückgebildet, sondern der Großsipho schrumpft mehr und mehr zusammen. Es kommen so Nautilusgehäuse zustande, deren äußere Form und deren innerer Bau vollständig gleich denen aus Volborthellen entsprungenen sind, obwohl nur der Sipho, nicht die Luftkammern stammesgeschichtliche Homologa sind. Es muß also vermutlich jüngere involute Nautiliden geben, deren Luftkammern keine Homologa zu denen der anderen, ebenso aussehenden sind.

Im Zusammenhang damit erklären sich auch die Obstruktionsringe (Fig. 254) bei Formen wie Actinoceras und bei Orthoceren mit großem Sipholumen; sie dienen zur Verengerung des überflüssig gewordenen Lumens des Großsipho und lassen uns deutlich die Tendenz erkennen, welche die ganze Entwicklung von Endoceras zu einem Nautilus beherrscht: ein Gehäuse zu schaffen, das nur aus Luftkammern und Kleinsipho besteht. Daß die Obstruktionsringe zum Beschweren der Schale gedient haben, wie man angenommen hat, halte ich deshalb für ausgeschlossen, weil ihre Masse hierzu viel zu gering ist, und weil es ein ganz unbeholfenes Mittel zu jenem Zweck wäre. Warum sollte gerade der Großsipho dabei eingeengt werden? Dann hätten das Gesamtgehäuse, die Wand und die Septen gerade so gut verdickt werden können, was mehr ausgegeben hätte; auch die Septenböden hätten rascher aufeinander folgen können, zumal eine Beschwerung der Schale nur Sinn haben konnte, wenn die Tiere träger, weniger schwimmfreudig wurden, somit auch das Gehäuse weniger Luft zu enthalten brauchte.

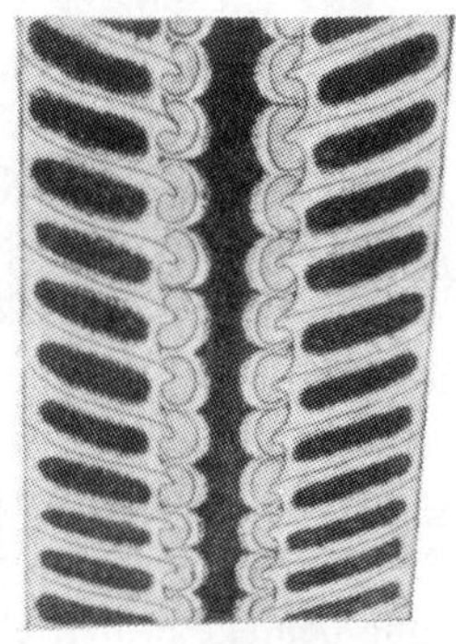

Fig. 254. Einengung des Großsiphonallumens durch Obstruktionsringe: Actinoceras mit weitem Großsipho. (Die hellen Ränder um Septen und Ringe sind diagenetische Kalzitausscheidungen am Fossil.) Schematisch. (Aus Barrande, l. c.)

Es gibt auch Orthoceren, echte Orthoceren, ohne Großsipho, wie Orth. Vibrayei[1]), die jedoch einen breiten Kleinsipho haben und dadurch einen reduzierten Großsipho vortäuschen und Veranlassung zur stammesgeschichtlichen Anreihung an Endoceras geben könnten, was ich für falsch hielte. Auch bei jenen finden wir wohl zu dem gleichen Zweck Verengerung des Lumens, Obstruktionsringe. Solche Typen haben ihre deutliche Fortsetzung unter den involuteren Nautiliden gefunden. Andere Formen von Orthoceren, kurze breite gedrungene Gehäuse, wie Orth. compulsum Barr. und Verwandte[2]), ebenfalls mit breiteren, schwach perl-

---

1) Abgebildet in Barrande, l. c. Taf. 210.
2) Abgebildet in Barrande, l. c. Taf. 191.

schnurartigen Siphonen versehen, mögen zu Phragmoceras und Gomphoceras in näherer Beziehung gestanden haben.

So können wir also mindestens drei Hauptlinien im Werden des Schwimmgehäuses der ältesten nautiloiden Schalenkephalopoden verfolgen:

1. Einen den Normaltypus mit dünnem Alleinsipho von Anfang an festhaltenden, etwa mit Volborthella beginnenden, bei dem der Sipho auch in allen späteren Stadien (Orthoceras, Cyrtoceras, Nautilus) ein dünnes Röhrchen ist, und niemals etwas anderes war.

2. Einen anfänglich mit dickerem Sipho ohne Endosipho versehenen Zweig, der diesen Sipho noch im Orthocerasstadium, mindestens aber im Cyrtocerasstadium verengerte und dann in dieser Hinsicht immer weiter rückbildete.

3. Einen aus Endoceras über Cyrtocerina zu Perlschnurnautilustypen führenden konvergenten Stamm, der wohl in der Trias erlischt mit Nautilus bidorsatus, oder dann vielleicht in dünnsiphonalen breitrückigen Juraformen fortlebt.

Diese alle zerfallen wieder in kleinere Spezialstämmchen, die wohl teilweise nicht über ein kaum involutes oder halbinvolutes Stadium hinauskommen. Zu diesen sind zu rechnen Formen wie Gomphoceras, das jedenfalls aus ursprünglich breiten, kurzen Orthoceren mit Volborthella-artiger Mündung hervorging; dann Phragmoceras und das aus der Ebene schlagende Trochoceras, das von normalen Orthoceren des Stammes 1 sich herleiten dürfte; schließlich noch andere wie Ophidioceras usw.; auch Ascoceras ist unschwer als aberranter Seitenzweig aus 1 ableitbar.

Der Unterschied zwischen den mit einer mehr oder minder vollkommenen Torpedoform des Körpers und mittels Flossen schwimmenden Tieren, also vor allem Fischen und Sauriern, dann in sehr modifizierter Weise Nacktkephalopoden einerseits und den nur mittels eines Gasbehälters schwimmenden Schalenkephalopoden andererseits — ist genau derselbe wie der zwischen Flugapparat und Luftschiff: bei jenem ist Fortbewegung, Steigen und Getragenwerden ein und dasselbe; bei diesem ist Fortbewegung und Schweben Funktion zweier heterogener mechanischer Systeme. Zwischen diesen zwei extremen Typen schwankt nun die Anpassung anderer, ursprünglich wohl benthonischer Formen an das nektonische oder planktonische Schwimmen hin und her. Bald nähern sich solche Formen dem einen, bald mehr dem anderen Typus oder suchen ein Mittelding zwischen beiden herzustellen. Letzteres tun die Belemniten, die äußerlich möglichst vollkommen die mechanisch bewegte Torpedoform nachahmen, innerlich aber im Phragmokon Gaszellen zur Erleichterung des für die starre Torpedoform nötigen Rostrums tragen.

Die Radiolarien haben, wie wir sahen, ein zweifaches Mittel, sich schwebend zu erhalten: die Ölkugeln und die Strahlen; hiermit schwimmen sie frei planktonisch. Viele andere, an sich bodenbewohnende Tiere benützen die Strahlen- und Stachelbildung dazu, um sich etwa in Tang, der an der Oberfläche schwimmt, einzuhängen und sich so in der Schwebe zu erhalten, sei es, daß sie mit herumgetrieben werden oder mit dem festsitzenden Wirt an ein und derselben Stelle bleiben. So hing sich, nach Walther[1]), vielleicht die kleine Schnecke Spinigera mit ihren wohlausgebildeten langen Stacheln in Tang ein, worauf ihr Vorkommen in Solnhofener Lithographenschiefern deuten könnte, wo Tang reichlich im Abdruck gefunden ist. Nach zwei entgegengesetzten Seiten streckt sie die feinen langen Stacheln aus, die sich nicht unbedingt als Schutzorgane deuten lassen, denn dazu waren sie zu einseitig verteilt und zu

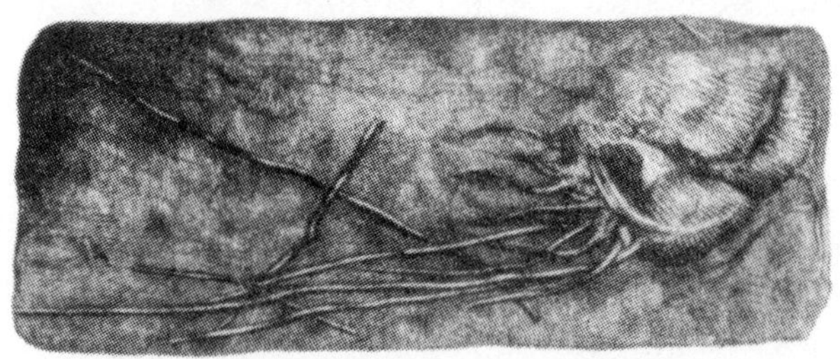

Fig. 255. Schwebestacheln (?), vielleicht der pseudoplanktonischen Verankerung im Tang dienend. Productus, Karbon. (Aus Davidson, Brit. Brachiop. IV. Suppl. 1874/82.) $^1/_2$.

wenig fest und zahlreich. Je länger solche Gebilde sind, um so weniger widerstandsfähig gegen Bruch sind sie, können also nicht wohl zum Schutze gegen gewaltsame Angriffe gedient haben. Andererseits zeigt eben diese Zartheit, daß das Tier nicht auf schwimmendem, sondern auf festliegendem Tang saß, weil es sonst doch sehr der Gefahr des Zerbrechens seiner „Stacheln" ausgesetzt gewesen wäre.

Wie sich Spinigera mit ihren Stacheln vermutlich in Tang hing, so nimmt Abel[2]) Ähnliches auch für die langstacheligen Productus des Jungpaläozoikums an, die sich zuweilen auch auf Krinoiden ansiedelten, sich mit den verhältnismäßig langen Stacheln hier verankernd (Kap. IV, S. 470). Diese Röhrchen (Fig. 255) sind nicht Schutzstacheln oder Abwehrwaffen gewesen; die Tiere lebten also wohl epibenthonisch auf Gegenständen oder epökisch auf Bodentieren und pseudoplanktonisch auf schwimmenden Tangen und Gegenständen. Nur unter diesem Gesichtspunkt wären sie hier zu erwähnen.

Gerade die nur nach zwei entgegengesetzten Seiten, also in einer Ebene allein auftretenden Strahlenstacheln bilden, wie früher (S. 297) schon einmal angedeutet, das wesentlich unterscheidende Merkmal von

---

1) Walther, J., Die Fauna der Solnhofener Plattenkalke. Jenaische Denkschrift. Bd. XI, Haeckel-Festschrift, Jena 1904, S. 169.

2) Abel, O., Grundzüge der Paläobiologie der Wirbeltiere, S. 87, Stuttgart 1912.

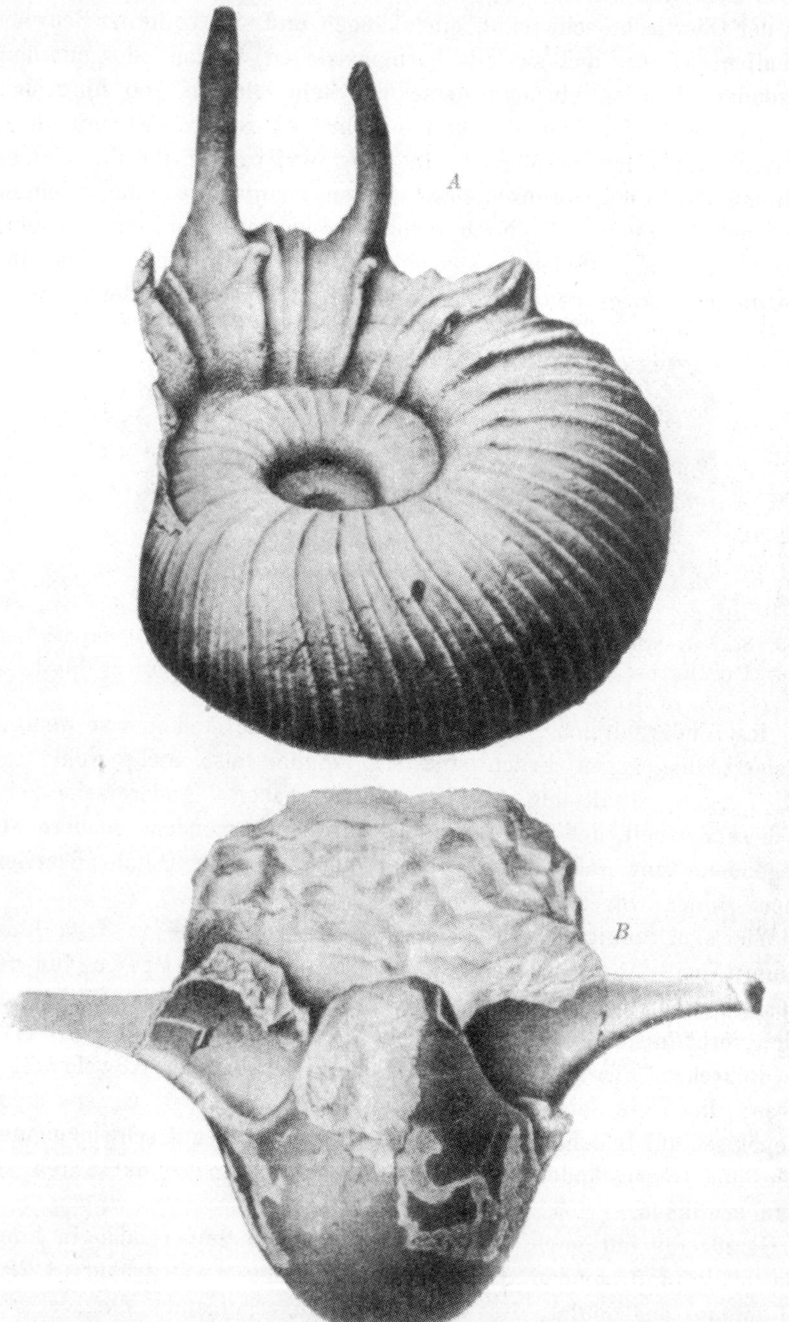

Fig. 256. Schalenkephalopoden mit Seitenstacheln im erwachsenem Zustande:
A Pachydiscus conduciensis. Obere Kreide, Portugies. Afrika. (Aus Choffat,
Crétac. de Conducia 1903.) ca. 14 : 1 verkl. *B* Acanthonautilus bispinosus. Karbon,
Irland. (Aus Foord, Carbon. Ceph. of Ireland. 1897—1903.) $^1/_2$ nat. Größe.

Schutzstacheln, die nach allen Seiten stehen und kürzer sein müssen. Nach dieser Überlegung möchte ich auch die eigentümlichen, bei Nautiliden wohl ganz vereinzelt dastehenden queren stachelartigen Fortsätze des Nabelrandes bei dem karbonischen Nautilus bispinosus (Fig. 256 *B*) als Mittel zum passiven Schweben im Sinne der Spinigera deuten. Die Schale hatte eine starke Nabelschwiele und diese Nabelschwiele war quer zur Schale in lange hohle Stacheln ausgezogen, die auf dem Steinkern natürlich massiv erscheinen. Das Tier kann sie erst im erwachsenen Zustande gebildet haben. Als Schutzstacheln haben sie wohl keine Bedeutung, sonst würden sie auch auf dem Schalenrücken oder auf den Flanken stehen; höchstens könnte man noch an Balanceorgane oder an Stützen für den heraustretenden Weichkörper denken, die dem alternden, zu groß oder träge gewordenen und vielleicht mehr am Boden lebenden Tier dazu dienten, die Schale besser zu handhaben.

Dieselbe Erscheinung liegt vielleicht unter den Ammoniten bei Pachydiscus conduciensis aus der Oberkreide vor, wo ebenfalls erst im Alter auf den Flanken starke hohle „Stacheln" entstehen, die mir ebensowenig, wie bei Nautilus, eine Bedeutung als Schutzstacheln zu haben scheinen. Denn erstens sind sie viel zu lang, auch zu vereinzelt, zweitens schützen sie gerade den schutzbedürftigsten Teil des Gehäuses nicht, weil sie nur auf der Wohnkammer, und zwar ziemlich an deren Ende stehen; die Wohnkammer ist aber bei nicht allzu starken Verletzungen immer noch reparaturfähig, wie die in Kap. VI, 6 abgebildeten regenerierten Schalen zeigen; ist dagegen das lufterfüllte Zellengehäuse zerstört, so ist das Tier dauernd geschädigt oder dem alsbaldigen Absterben preisgegeben (vgl. S. 108). Drittens müßten sie als Schutzstacheln auch nicht einseitig stehen. Da sie erst im letzten Altersstadium auftreten — das Exemplar hatte einen Durchmesser von 1,08 m —, so ist aus allen diesen speziellen und allgemeinen Erwägungen anzunehmen, daß das Tier im späten Alter so unbeweglich und träge wurde, daß es die notwendigen Schwimm- und Steigbewegungen nicht mehr entsprechend ausführte und zum Ersatz dafür sich in Tang hängte und so sein Leben fristete. Wenn also irgendwo bei Ammoniten von Degeneration geredet werden kann, so am ehesten hier von einer Altersdegeneration bei einer einzelnen Art, vielleicht sogar nur bei einzelnen besonders groß und senil gewordenen Individuen, die jedoch immer noch soviel Lebenskraft hatten, der gewöhnlichen Schalenwandung solche großen Gebilde aufzusetzen.

3. Die Lebensweise der fossilen Schalenkephalopoden

Wir müssen annehmen, daß die Ammoniten nicht in dem Maße beweglich und auf keinen Fall so vorzügliche Schwimmer waren wie die meisten Belemniten und lebenden Nacktkephalopoden. Denn wären sie es gewesen, dann hätten sie auch des immerhin für einen flotten Schwimmer ganz unhandlichen panzerartigen Gehäuses entbehrt oder es wäre umwachsen worden. Das beweist ein Blick auf den Belemniten, die Spirulirostra und Spirula, deren den ältesten Nautiloideen gleiche Luftkammerschalen in's Innere des Körpers verlegt sind (Fig. 257) und nur noch der Gewichtsverminderung des freien und meistens flott schwimmenden Tieres dienen, das sich auch äußerlich durch Entwicklung von Flossen und zum Teil durch Streckung als Schwimmtier kenntlich macht.

Eine kurze Zusammenfassung der in vielen Einzelpunkten natürlich noch strittigen Frage nach der Lebensweise der fossilen Kammerkephalopoden hat Diener in einem kleinen Referat in der Wiener zoologisch-botanischen Gesellschaft gegeben. Es heißt dort[1]): „Die ältere Auffassung, daß die Ammoniten nektonische Tiere, gewissermaßen die freien Beherrscher der mesozoischen Meere gewesen seien, ist seit der Entdeckung der benthonischen Lebensweise des rezenten Nautilus von vielen Paläontologen verlassen worden ... Es darf jedoch bezweifelt werden, ob die älteren Nautiliden typische Kriecher waren, da die relative Schwäche der Arme des rezenten Nautilus und die Beschaffenheit seines Kopffußes nicht dafür sprechen, daß er die benthonisch kriechende Lebensweise von seinen Vorfahren ererbt habe. Die gekammerte, mit Gas erfüllte Schale konnte als hydrostatischer Apparat wohl nur bei ursprünglich schwimmender Lebensweise erworben werden. Das streng bilateral-symmetrisch gebaute gekammerte Gehäuse haben die Ammoniten, mit Bevorzugung der spiralen Einrollung von ihrem ersten Auftreten bis zu ihrem Erlöschen bewahrt. Einrichtungen, die der Funktion der Schale als hydrostatischer Apparat entgegenwirken, wie sie bei vielen Nautiloideen als Anzeichen einer veränderten Lebensweise gelten dürfen, fehlen bei den Ammoniten. Hätten die Ammoniten trotzdem in ihrer Hauptmasse ein benthonisches Leben geführt, so würden sie einerseits ein für das Schwimmen, Schweben und Aufsteigen im Wasser bestimmtes, bilateral-symmetrisches, gekammertes Gehäuse mit medianer Lage des Sipho lange Erdperioden hindurch unverändert erhalten haben, ohne davon entsprechenden Gebrauch zu machen, und wären andererseits trotz ihrer kriechenden Lebensweise nicht imstande gewesen, die Schale durch Abplattung oder Schrägstellung umzugestalten.“

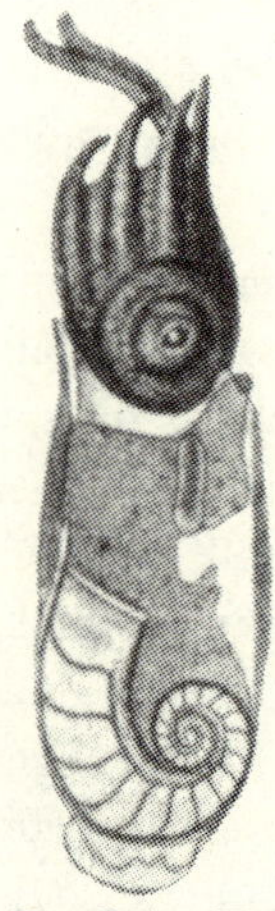

Fig. 257. Umwachsene Schale des lebenden, frei schwimmenden Kephalopoden Spirula australis, mit gekammerter, den evoluten paläozoischen Nautiliden gleichender Schale mit Sipho. (Aus Brehms Tierleben I, 1908.) $^1/_1$.

----

1) Diener, K., Verbreitung und Lebensweise der Ammoniten. Verhandl. k. k. zool.-botan. Ges. Wien, Jahrg. 1912, S. 82—84.

„In der Organisation der Ammoniten spricht vieles für eine schwimmende Lebensweise, so die dünnen Schalen, die hohlen Dornen zur Erleichterung des Schwebens, die Hohlkiele zum Durchschneiden des Wassers, die Abwesenheit einer massiven Skulptur. Die gebrechlichen Fortsätze an den Mündungsrändern oder die kapuzenförmigen Peristome mancher Ammoniten sind mit einer kriechenden Lebensweise schwer vereinbar. Auch ein kriechendes Leben großer Ammoniten auf schlammigem Boden, wie es aus deren Vorkommen in feinkörnigen Tonsedimenten sich ergibt, ist keineswegs ihrer Organisation gemäß."

„Immerhin dürfte eine Anzahl von Ammoniten keine freischwimmende Lebensweise geführt haben, so alle Arten mit einem in der Schneckenspirale eingerollten Gehäuse, wahrscheinlich auch die meisten der sogenannten Nebenformen, die die normale Schaleneinrollung aufgegeben haben, endlich solche, bei denen sich eine Verschiebung des Sipho aus der Medianlinie und eine Asymmetrie der Suturlinie auf beiden Seiten des Gehäuses bemerkbar macht. Dagegen scheint der Versuch Solgers, auch die Reduktion in der Zerschlitzung der Lobenlinie bei Ammoniten wie Tissotia durch einen Übergang von der frei schwimmenden zur benthonisch-kriechenden Lebensweise zu erklären, durch die Tatsachen nicht genügend gestützt."

„Für die Hauptmasse der Ammoniten dürfte mit Benecke und Frech an der Annahme einer schwimmenden und schwebenden Lebensweise festzuhalten sein, doch darf man nicht an ozeanbeherrschende Schwimmer denken, deren Verbreitung von dem Verlauf der alten Küstenlinien vollständig unabhängig war. Der Waltherschen Verfrachtungshypothese der leeren Schalen kann nur eine ganz untergeordnete Bedeutung zuerkannt werden. In der Regel muß der Lebensbezirk der Tiere mit dem Orte zusammenfallen, wo wir die fossilen Schalen antreffen."

„Als ausgezeichnete Faziestiere, wie Deninger meint, sind die Ammoniten wohl nicht anzusehen, im Gegenteil zeigen die meisten eine auffallende Unabhängigkeit von der sie umschließenden Gesteinsfazies. Darin liegt ein Beweis für eine von der Beschaffenheit des Meeresbodens unabhängige, sonach nicht benthonische Lebensweise."

Wir wollen diese uns im wesentlichen richtig scheinende Auffassung noch näher begründen.

Es ist klar, daß man bei allen schalentragenden Tieren, noch weniger als bei den Krebsen, immer nur sehr bedingt vom Schwimmen reden kann, insbesondere wenn dies, wie bei den Kephalopoden, fast ausschließlich mittels der Trichterstöße geschieht. Zieht man also von vornherein alles das ab, was solchen Tieren notwendig an Eleganz und Vollkommenheit des Bewegungsschwimmens im Gegensatz zu Fischen oder Belemniten fehlen mußte, so wird die Frage sehr vereinfacht und gewiß innerhalb einer gewissen Grenze leichter eine Übereinstimmung der Meinungen zu erreichen sein, als bei zu weiter Fassung des Begriffes Schwimmen, mit dem man unwillkürlich die der Torpedoform zukommende Geschwindigkeit verbindet. Gerade bei den Ammoniten sind wir besonders darauf angewiesen, aus der Form auf die Funktion zu schließen, ein Weg, auf dem die größten Irrtümer möglich sind; der Analogieschluß von naheverwandten Formen ist nur in zwei Einzelfällen möglich: mit Nautilus und Argonauta; versagt aber insofern, als Nautilus in der Jetztzeit, wahrscheinlich auch früher, eine andere Lebensweise führt und Argonauta ein Gehäuse besitzt, das seinem inneren Aufbau und seiner hydrostatischen Wirkung, sowie seiner Entstehung nach von dem des Ammoniten grundverschieden ist.

Was nämlich den lebenden Nautilus und seine Verwendungsfähigkeit für Analogieschlüsse auf die fossilen Schalenträger anbelangt, stehe ich vollkommen auf dem Standpunkt von Diener, daß das benthonische Kriechen hier eine durchaus sekundäre Betätigung ist, daß ein derartiges Gehäuse auf das Schwimmen eingerichtet ist und daß „die Bedeutung der benthonischen Lebensweise des rezenten Nautilus in den Analogieschlüssen auf die Lebensweise der ausgestorbenen Nautiloideen und Ammoniten überschätzt worden ist". Die Beschaffenheit des Trichters und die relative Schwäche der Arme rechtfertigen die Vermutung, daß der rezente Nautilus kein richtiges Kriechtier ist, daß er die kriechende Lebensweise nicht von seinen Vorfahren ererbt, sondern nebenbei erworben hat. Nichts nötigt uns zu der Annahme, daß die geologisch älteren Nautiloideen ebenso gelebt haben, wie ihr isolierter Nachkomme. Es wäre im Gegenteil nicht unlogisch, anzunehmen, daß erst mit dem rapiden Rückgange des Stammes in der Tertiärzeit eine Veränderung der Lebensweise eingetreten sei, die, der Beschaffenheit der Schale als hydrostatischen Apparates entsprechend, ursprünglich doch wohl nur eine schwimmende gewesen sein kann. Nautilus gehört heute zum vagilen Benthos. Er lebt vorwiegend kriechend, er kann aber auch schnell und vortrefflich schwimmen; andererseits hat man ihn auch am Untergrund festgeklammert gefunden. Das verrät einen geringen Grad der Festigung seiner gegenwärtigen Lebensweise. Denn Nautilus wird bei den Philippinen mit ausgelegten Netzen in einigen hundert Metern Tiefe gefangen, er verankert sich mit seinen Tentakeln auch an festen Gegenständen, und an gefangenen Formen wurde hinwiederum beobachtet, daß sie, die Schale nach oben, den Trichter nach unten, am Boden oder unmittelbar darüber ruhig verharrten; nach älteren Angaben soll er, wie gesagt, sogar auf den Tentakeln laufen können, was angesichts der Haltung nackter Kephalopoden immerhin gut denkbar wäre. „Im ganzen", sagt Brehm-Simroth[1]), „scheint der Schluß berechtigt, daß Nautilus ein Stillwassertier ist, das die ruhige

---

1) Brehm's Tierleben, Bd. I, Niedere Tiere, 4. Aufl., S. 590, Leipzig u. Wien 1918.

Umgebung unterhalb des Litorals zu seinem Gedeihen erheischt. Energische Schwimm- und Greifbewegungen liegen schwerlich in seiner Natur." Bei Nautilus scheint es eben auch so zu sein, daß Funktionen eintraten, für welche die Organe noch nicht vorhanden oder denen sie noch nicht adaptiert sind, wie wir solchen Beispielen ja im Vorstehenden schon öfters begegnet sind.

Nach einer gelegentlichen Mitteilung von SEMON aus dem indo-australischen Archipel[1]) begibt sich das Nautilustier nur zur Zeit der Fortpflanzung aus größerer Tiefe an die Oberfläche.

Wir wissen, daß Tiere häufig zu einer neuen Lebensweise übergehen, die ihrem Allgemeinbau oder bestimmten einzelnen Organen keineswegs entspricht. In solchen Fällen hat das Tier erfahrungsgemäß dennoch häufig die Möglichkeit, seinen Körper in einer den neuen Umständen entsprechenden Weise zu bewegen und einzelne Organe einer neuen, ihnen ursprünglich nicht zukommenden Funktion entgegenzuführen. Die Funktion ist in solchen Fällen da v o r der Form — der Ausgangspunkt von LAMARCKS Lehre, daß durch Gebrauch oder Nichtgebrauch ein Organ sich entwickle oder verkümmere. Ein Beispiel ist Limulus. Es ist ein typisches Bodentier, hat eine breite zum Flachliegen auf oder im Schlamm durchaus geeignete Form, kann sich auf dem Boden durch das Rückwärtsdrücken seines Schwanzstachels, der starr mit der gelenkenden hinteren Körperhälfte verbunden ist, fortschieben und mit seinen Füßen krabbeln. Er ist dazu übergegangen, auch auf dem Rücken zu schwimmen, seine Beine nach oben zu strecken und damit durch entsprechendes Zappeln die Schwimmbewegung zu erzeugen.

In einem ganz ähnlichen Falle scheint sich Nautilus zu befinden. Wie oben ausgeführt wurde, ist die gaserfüllte Kephalopodenschale zweifellos ein Schwimm-Schwebeapparat und kann in ihrer ursprünglichen Anlage und Bedeutung keinesfalls als Schale eines Bodenbewohners genommen werden. Das hindert nun keineswegs, die durch die Lebensweise des rezenten Nautilus gegebene Tatsache zu verstehen, daß diese Gattung die Gewohnheiten eines Bodenbewohners angenommen hat und der schwimmenden und schwebenden Lebensweise, zu der ihre Schale sie prädestiniert, mehr und mehr entsagte, wenn auch sie niemals ganz aufgegeben hat.

Die ältesten Nautiliden, die wir kennen, die Orthoceren, waren gewiß keine Bodenbewohner im relativen Sinne des jetzigen Nautilus. Ihre geradegestreckte Schale lief in eine so außerordentlich feine Spitze aus (S. 104), so daß ein Herabsteigen auf den Grund, wenn es mit der Spitze nach abwärts geschehen wäre, häufig diese abgebrochen und damit das Gehäuse immerhin so beschädigt haben würde, daß durch das

---

1) SEMON, R., Im australischen Busch und an den Küsten des Korallenmeeres. S. 506 ff.

Eindringen des Wassers und das Entweichen der Gasfüllung die normale Lebensweise des Tieres gefährdet oder unmöglich gemacht worden wäre.

„Die Orthoceren", sagt Deecke[1]), „welche mitunter ein bis zu 2 m langes Gehäuse besaßen, kann ich mir in ihrer Lebensweise gar nicht vorstellen. Man hat wohl gemeint, sie hätten mit dem spitzen Ende im Schlamm gesteckt und wären dann gelegentlich von einem Ort zum anderen übergesiedelt, hätten also im großen und ganzen eine sessile Lebensweise gehabt ... Dann würde der leichteste Teil des ganzen Tieres im Wasser nach unten gekehrt sein, also das Tier selbst im Ruhestande sich in einem überaus labilen Gleichgewicht befunden haben, mit anderen Worten, bei der geringsten Störung oder Platzveränderung kippen müssen, weil der hintere Teil immer nach oben drängte. Und wie würde das Gehäuse wieder zum Sitzen umgedreht werden? Sind die Tiere auf dem Boden gekrochen, so ist eine bis 2 m lange spitzkegelförmige Schale ein ganz gewaltiges Hindernis gewesen und war außerdem zahlreichen Angriffen ausgesetzt. Wir sehen ja freilich, daß manche Schnecken ein langes kegelförmiges Gehäuse hinter sich herschleppen, aber so lang wie die Orthoceren sind diese Schalen niemals geworden und haben außerdem in den meisten Fällen eine viel kompaktere Schale, so daß sie im allgemeinen ziemlich nahe am Boden hinschleifen, während die Orthoceren durch die Luftkammern annähernd vertikal gestellt gewesen sein müßten. Es bleibt noch die Möglichkeit, daß auch diese Gehäuse von Armen an den Seiten festgehalten wurden und damit in einer zu dem Tier bestimmten Lage blieben. Der Umstand, daß diese Gehäuse häufig abgestoßen und am hintersten Ende wiederum ausgeheilt sind (Orth. truncatum, Fig. 297), deutet eigentlich darauf hin, daß irgendein Umgreifen durch den Mantel oder durch Arme wie bei Argonauta stattgefunden haben muß."

Hydrostatisch ist nur eines möglich: der Wohnkammerteil des Orthoceras hing nach unten, an dem mit dem zulaufenden Teil nach oben stehenden schwebenden Gehäuse. Jede Idee, das Tier mit seiner äußerst zerbrechlichen spitzen Schale am Boden lebend zu sehen, ist mechanisch ebenso unmöglich, wie statisch. Die einzige richtige Stellung für das Orthocerastier ist aber die von Walther[2]) in seiner „Geologie der Heimat" gegebene Darstellung — das Tier nach unten, die verjüngte Schale nach oben, wenn er auch letztere viel zu kurz und ohne Spitze zeichnet. An der Wohnkammer der meisten Orthoceren und Orthoceras-artigen Formen findet man allerlei Verengerungen, Eindrückungen, an der Mündung oft vorgezogene Ecken und Ohren[3]), was alles ein Beweis dafür

---

1) Deecke, W., Paläontologische Betrachtungen. I. Über Cephalopoden. Beil.-Bd. 35 z. Neuen Jahrb. f. Mineral. usw., S. 264, Stuttgart 1912.

2) Walther, J., Geologie der Heimat, S. 109, Leipzig 1918.

3) Dasselbe hat der stabförmige Baculites der Unterkreide. Abgebildet in der 5. Aufl. von Zittel-Broili, Grundzüge. d. Paläontologie I. Fig. 1200. München 1921.

ist, daß das Weichtier entsprechend fest verankert war im Gehäuse und demnach wahrscheinlich nach unten hing. Das Umfassen mit dem einen oder anderen Arme, wovon Deecke spricht, verrät dieselbe biologische Tendenz, wenn es nicht eine ausschließliche Nutzanpassung zur Ausheilung der leicht zerbrechlichen Schale war. Hierüber noch Näheres im Kap. VI, 6. Genau dasselbe kann von geradegestreckten Formen mit maskierter Mündung gelten wie von Gomphoceras Cyrtoceras und Lituites. Sobald die Einrollung erfolgte, hing das Weichtier aus den bei Nautilus geltenden statischen Gründen schräge nach unten (Fig. 9, S. 35); dasselbe war schon bei den stärker eingebogenen Cyrtoceren der Fall.

Volle Übereinstimmung unter allen Forschern besteht hinsichtlich der hydrostatischen Wirkung der gekammerten Kephalopodenschale, wie sie Nautilus und die Ammoniten alle in genau der gleichen Weise besitzen. Die Kammern sind zu Lebzeiten des Tieres wasserdicht abgeschlossen, mit Gas erfüllt, haben also ganz zweifellos einen energischen Auftrieb, ob das Tier am Boden lebt, kriecht oder sich mit den Armen verankert, ob es emporsteigt, planktonisch treibt oder aktiv schwimmt. Im ersteren Falle könnte die Schale selbst niemals auf dem Boden liegen, sondern sie müßte stets aufrecht etwas über dem Boden schweben, auch wenn das Tier mit den Armen auf dem Boden krabbelte, wie es von Nautilus geschildert wird, der sich mit den Armen verankert; auch dann muß · die Schale wegen ihres starken Auftriebes hochstehen, was auch im Aquarium beobachtet ist. Sie hätte aber bei allen nur bodenbewohnenden Arten damit lediglich die Aufgabe, mittels ihres Luftgehaltes sich selbst in der Schwebe zu erhalten. Die Luftkammerung wäre dann eine Nutzeinrichtung gegen die Gefahr, daß die dünne Schale am Boden geschleift würde, oder ein Ersatzmittel für die dem Kephalopoden abgehende Fähigkeit, das Gehäuse wie eine Schnecke zu tragen.

Im zweiten Falle — Steigen, Treiben, Schwimmen — hätte sie dagegen die Aufgabe, das Tier selbst zu tragen — und das ist sicher auch ihre ursprüngliche Bedeutung gewesen. Denn wenn das ursprüngliche Nautiliden- und Ammonitentier nur eine Schutzschale benötigt hätte, wäre diese in Form der Schnecken- oder der Argonautaschale ohne weiteres zu erreichen gewesen. Wir können also davon ausgehen, daß ursprünglich das Aufsteigen, Schweben oder Schwimmen des ganzen Tieres das bestimmende Moment für diese Art Schalenbildung war. In diesem Sinne, zunächst nur im Hinblick auf das Ursprüngliche, Wesenhafte dieses biologischen Apparates, können wir Diener[1]) zustimmen, wenn er sagt: „Der hydrostatische Apparat der gekammerten, mit Luft gefüllten Schale erscheint nur für ein Schwimmtier den Anforderungen der Zweckmäßigkeit entsprechend. Was sollte einem benthonischen Kriecher am

---

1) Diener, C., Lebensweise und Verbreitung des Ammoniten. Neues Jahrbuch f. Mineral. usw., Stuttgart 1912, II., S. 70.

Meeresgrunde ein Apparat zum Aufsteigen in höhere Wasserschichten taugen? Bei festsitzender Lebensweise wäre er durch seinen Auftrieb geradezu ein Hindernis für diese Lebensweise geworden, das durch andere Einrichtungen von entgegengesetzter Wirkung hätte kompensiert werden müssen. Nur als Schwimmtiere konnten die beschalten Kephalopoden ihre gekammerte Schale ursprünglich erlangt haben."

Wir können also zusammenfassend sagen und, soweit ich sehe, ohne auf einen wesentlichen Widerspruch zu stoßen: das Wesen der gekammerten Kephalopodenschale ist das eines Schwimm- und Trageapparates für das Tier, wobei es nichts verschlägt, daß sie zugleich auch, wie bei allen Mollusken, ein Schutzmantel für den Weichkörper ist. Da alle Kephalopoden einen Schwimmtrichter haben und wir diesen auch für alle Normalammoniten annehmen dürfen und müssen, so ist das Gehäuse mit seinem Auftrieb in erster Linie Träger, der Trichter Fortbewegungsorgan: der Grundtypus, auf den hin es angelegt ist, ist bei Nautiliden und Ammoniten der eines Schwimmschwebetieres.

Wenn sich Ammoniten und Nautiliden-

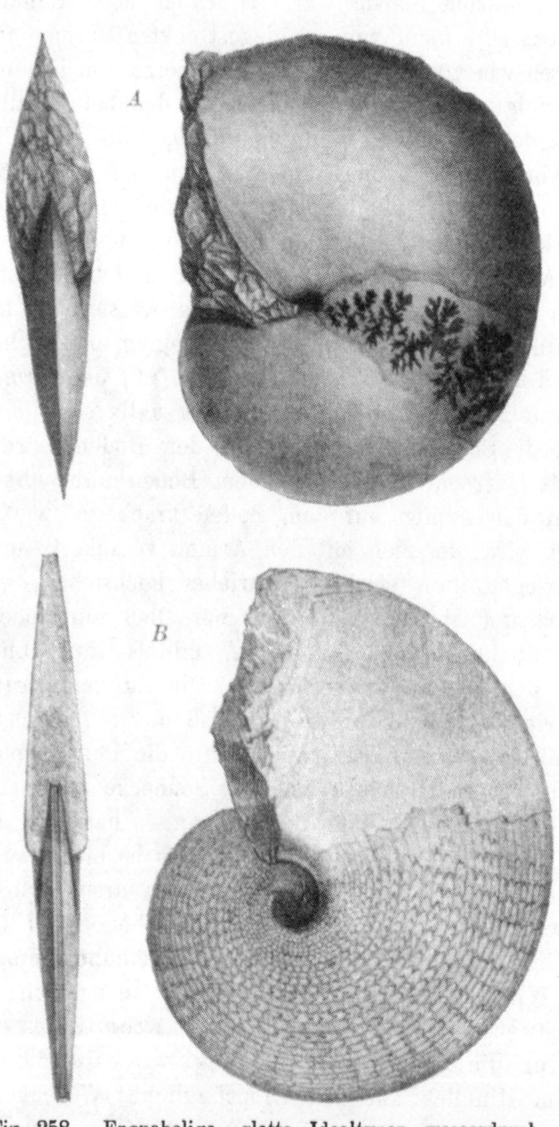

Fig. 258. Engnabelige, glatte Idealtypen wasserdurchschneidender Ammoniten: *A* Ptychites fastigatus. Obere alpine Trias b. Hallstadt. (Aus DIENER, Ceph. d. Schiechlinghöhe 1900.) ca. ²/₃. *B* Sageceras Walteri. Obere Trias, Bukowina. Flacher als *A*, aber Kiel nicht vollkommen scharf. (Aus v. MOJSISOVICS, Ceph. Medit. Triasprovinz 1881.) ³/₄.

tiere schwebend, oder auch dabei mehr oder weniger steigend und sinkend
durch das Wasser frei fortbewegten, so mußte, soweit der Trichter und
nicht nur der Luftapparat funktionierte, der Schalenrücken in der Schwimm-
richtung nach vorn liegen, einerlei, ob die Schalenebene parallel oder senkrecht zur Ebene des Wasserspiegels stand; das letztere wird man allerdings naturgemäß annehmen dürfen, weil der Weichkörper exzentrisch lag.
Nur bei so enorm langen Wohnkammern wie Arcestes lag er sozusagen
konzentrisch; aber ungleichmäßig war auch hier die Last verteilt, denn
auch bei Arcestes lag die größere Masse auf der Mündungshemisphäre
der Schale. In jedem Falle also lag der Luft-
auftrieb einseitig, zog also vor allem das Gehäuse
nach oben; die Mündung hing schräge nach
abwärts.

Was für eine Form wird bei solchen Schalen-
gehäusen, die mit ihrem Rücken das Wasser
durchschneiden und möglichst wenig Widerstand
leisten sollen, erfordert? Offenbar die der
Atlantaschnecke (S. 497), also die zugeschärfte,
diskusförmige Gestalt (Fig. 258), die auch engnabelig sein muß, weil der treppenförmige Nabel
große Angriffsflächen dem Wasserdruck bietet;
ferner tunlichste Abwesenheit aller Rauhigkeiten,
vorstehender Rippen und Stacheln. Diese Bedingungen erfüllen unter den Goniatiten Beloceras, unter den Ammoniten die Medlicottiiden
des Perm und Pinacoceraten der Trias; im Jura
viele Harpoceraten und Oppeliiden, in der Kreide
Garnieria. Sie sind flach und glatt, und wenn

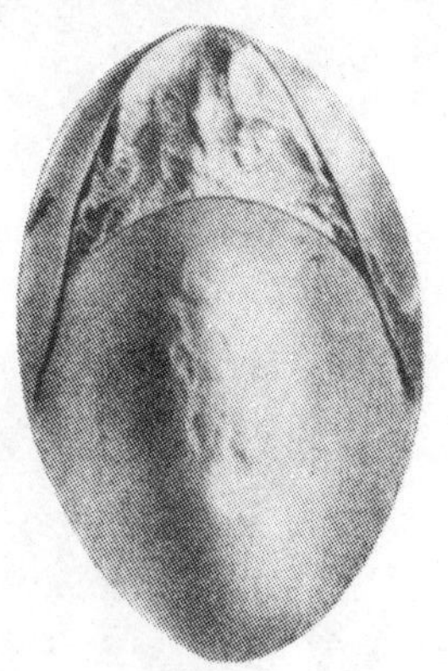

Fig. 259. Glatter engnabeliger
Typus mit guter Schwimm-
schale: Arcestes inflato-
galeatus. Obere alpine Trias
b. Aussee. (Aus v. Mojsisovics, Abh. geol. Reichsanst.
Wien VI, 1875.) $^1/_2$.

solche Formen, wie Oxynoticeras oxynotum aus dem Lias, es in der Jugend
nicht sind, so beweist das umgekehrt, daß sie erst im Alter, d. h. als geschlechtsreife Tiere zu jener vollendet schwimmenden Lebensweise gelangten.
Nun ist es aber gar kein Zweifel, daß diese Diskusschalen wenig zahlreich sind im Vergleich zu den weitnabeligen und skulpturierten mit
breiterem Rücken. Wenn wir also jene für die besten Schwimmer unter
den Ammoniten halten dürfen, so folgt daraus, daß die übrigen weniger
gut das Wasser durchschnitten; es folgt aber noch lange nicht daraus,
daß sie Bodenbewohner waren.

Unter den nicht diskoiden glatten, engnabeligen Formen gibt es wieder
verschiedene biologische Typen. Zunächst die glatten mit etwas breiterem
Rücken, wie Haploceras, Phylloceras[1]), dann die bullösen wie Arcestes

---

1) Ich meine hier natürlich nur in den Zusammenhang passende Arten und weiß sehr
wohl, daß es auch gerippte Phylloceren und Arcesten gibt, auch Arcesten mit Kiel auf dem
letzten Umgang, die dann eben wieder zu entsprechenden anderen biologischen Typen gehören.

(Fig. 259), Halorites, Sphaeroceras und Aspidoceras circumspinosum. Sie waren gewiß nicht so gut angepaßte Schwimmer wie jene diskoiden, doch kann man sie wegen ihrer Glätte und Engnabeligkeit immerhin noch leicht zu diesen zählen. Der Wasserdruck wurde durch die gerundete Form sehr vermindert. Je weitnabeliger solche Formen sind und je mehr der Nabel Treppenform bekommt, umso ungeeigneter zum Durchschneiden des Wassers ist das Gehäuse.

Je aufgeblähter, kugeliger eine Ammonitenform, umso mehr war sie geeignet, ein schwereres Weichtier schwebend zu tragen, denn umso mehr Auftrieb hatte sie. Denn wie schon einmal erwähnt, ist bei der Kugelform der Inhalt im Vergleich zur Oberfläche am größten, und daher enthielt ein solches Gehäuse umso mehr Luft, es war also zwar für das Bewegungsschwimmen infolge der kantenfreien Oberfläche noch sehr gut geeignet, dennoch aber zugleich oder in erster Linie auf das Schweben und Ausdauern an der Wasseroberfläche gebaut.

Zu den scheibenförmigen, die ohne besondere Zuschärfung der Externseite wohl die gleiche Fähigkeit des

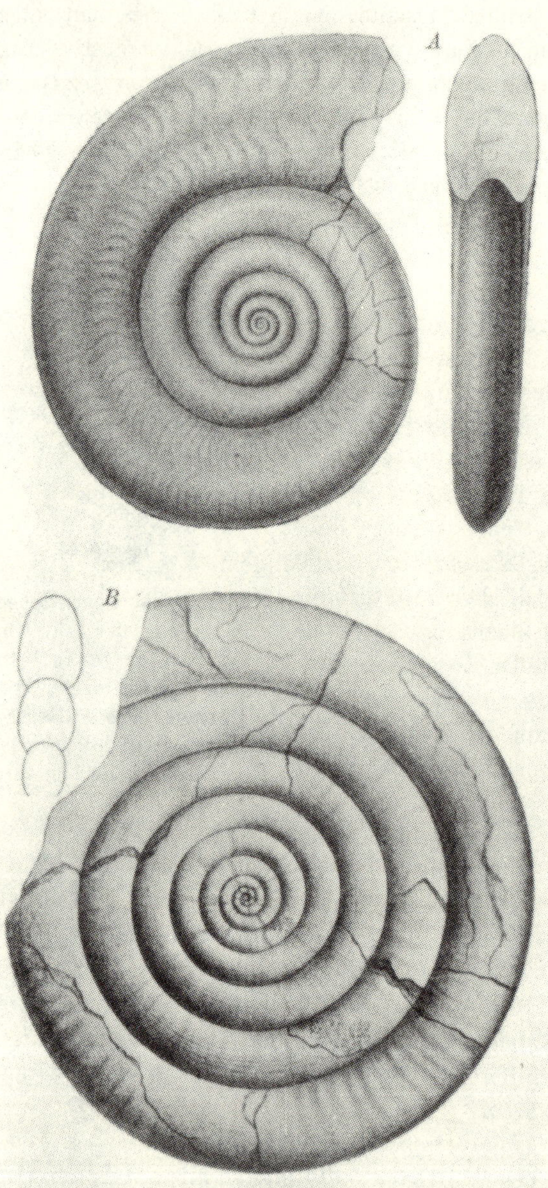

Fig. 260. Diskoide, sehr gute Schwimmform bei Ammonoideen: *A* Clymenia undulata. Oberdevon, Fichtelgebirge. (Aus Gümbel, Palaeontographica XI, 1863.) ²/₃. *B* Psiloceras. Lias, Ostalpen. (Aus Wähner, l. c.) ²/₃.

Wasserdurchschneidens hatten, wie die oben genannten Gehäuseformen mit zugeschärfter Externseite, möchte ich auch noch den Typus des Psiloceras planorbis aus dem unteren Lias rechnen, der in obertriassischen Gymniten und der devonischen Clymenia undulata (Fig. 260) ein Analogon hat. Obwohl diese Formen sehr weitnabelig sind, sind die Umgänge doch so flach, daß sie eine ziemlich ebene glatte Scheibe bilden, die sich je nach dem Grade der Zuschärfung von Beloceras oder Haploceras in ihrer Tauglichkeit zum Durchschneiden des Wassers nicht viel unterschieden haben dürfte. Sehen wir dann jenes einfach unverzierte, flachnabelige Psiloceras alsbald in grobgerippte, immer treppennabeliger werdende Arieten, Schlotheimien und Aegoceraten übergehen, oder in einem ähnlichen Falle den scheibenförmigen zugeschärften Ceratites semipartitus im Muschelkalk zwischen den grobskulptierten derb treppennabeligen übrigen Ceratiten, so werden wir kaum im Zweifel sein können, daß diese letzteren, ebenso wie jene derb verzierten Abkömmlinge von Psiloceras, gewiß zum Durchschneiden des Wassers weniger geeignete Schalen hatten als jene flachen und glatten Formen.

Die Wohnkammer eines solchen flachen Ammoniten, wie das abgebildete Psiloceras planorbis, war über Umgang lang. Das Weichtier war daher wurmförmig, und wenn es aus der Schale heraustrat und durch Trichterstöße schwamm, so war es gewissermaßen nur wie ein fadenförmiges Appendix zur Schale, während bei den hochmündigen diskoid-engnabeligen Gehäusen, wie etwa Ptychites, das Tier zwar kürzer aber breiter und stattlicher war und das Gehäuse beim Schnellschwimmen viel sicherer zu dirigieren vermochte, es schneller und sicherer mit sich herumlenken konnte als das Psilocerastier. Mithin war das letztere gewiß ein weniger eleganter Schnellschwimmer, wenn auch das glatte weitnabelige Scheibengehäuse seinerseits dem Schnellschwimmen nicht hinderlich, sondern ihm möglichst gut angepaßt war. Es erhellt daraus aber auch, daß jene Diskusschalen primär zu eleganten entwickelten Schwimmtieren gehörten, während man von Psiloceras- und Gymnites-artigen Gehäusen annehmen muß, daß sie zwar dem Schwimmen die denkbar geringste Behinderung entgegenbrachten, jedoch Formen angehörten, in deren Organisation das Schnellschwimmen primär gar nicht angestrebt worden war.

Was aber war die Bedeutung des wurmförmigen Ammonitenkörpers? Wir haben oben schon gesehen, daß Arcestes einen solchen wurmförmigen Körper besaß, dessen Gestalt jedoch vermutlich erst gewonnen wurde, indem die gegenseitige Umhüllung der Umgänge dem Weichtier diese Gestalt auf Kosten der Massigkeit des Körpers aufzwang. Bei so primitiven Formen wie Psiloceras planorbis aber ist anzunehmen, daß die Wurmförmigkeit des Körpers das Primäre war.

Wenn STEINMANN in seinem bekannten Werk über die Abstammungslehre den allerdings bisher nicht bestätigten Gedanken zu beweisen sucht, daß die Ammoniten am Ende der Kreidezeit ihre Schalen abwarfen und Nacktkephalopoden wurden, so drängt sich umgekehrt bei solchen wurmförmigen Primitivformen wie Psiloceras und den weitnabeligen Gymniten der Gedanke auf, daß hier wurmförmige Nacktkephalopoden ein Gehäuse erwarben. Indem ihnen dieses zuteil wurde, waren sie genötigt, das ursprüngliche Freischwimmen zu vertauschen mit einem Treiben der Schale, und diese mußte daher möglichst schwimmbewegungsfähig durch Glätte und Scheibenförmigkeit werden. Gymnites wurde dann durch Ausbildung der hochmündig diskoiden zugeschärften Form ein echter flotter schwimmender Ammonit, Psiloceras aber ging, wie oben geschildert, in die schlechtschwimmenden Arieten u. a. über. Freilich sind das nur Erwägungen, die aber durch die Form der Schalen und die verwandtschaftliche Verknüpfung der Gattungen, die zeitliche Reihenfolge ihres Auftretens und die biologischen Rückschlüsse aus ihrem Bau naheliegen.

Man muß annehmen, daß Gymnites eine Form ist, welche sich auf bessere Schwimmfähigkeit des Gehäuses eingestellt hatte und vielleicht aus weniger schwimmfähigen Formen herzuleiten ist. Die äußere Ähnlichkeit zwischen Gymnites und Psiloceras ist dem gleichen biologischen Umwandlungsbedürfnis entsprungen zu denken, und diese äußere konvergente Ähnlichkeit verleitete früher dazu, beide Formen für eine natürliche Gattung zu halten. Dazu kommt, daß auch die Loben sehr ähnlich sind, denn die Hilfsloben sind bei beiden in gleicher Weise sehr stark schräg gesenkt.[1] „Die Ähnlichkeit der äußeren Form", sagt v. Mojsisovics, „zwischen Gymnites und Psiloceras, besteht indessen nur für die evolutesten Gymniten, und auch diese sind noch viel involuter, als die involutesten Psiloceraten. Die Mehrzahl der Gymniten entfernt sich aber durch sehr flache und ziemlich hohe, langsam wachsende Windungen so stark von dem Typus der Psiloceraten, daß die Verschiedenheit der beiden Typen sofort in die Augen fällt. Namentlich die geologisch jüngeren, den Psiloceraten zeitlich näher stehenden Gymniten zeigen die ausgesprochene Tendenz, flache hochmündige, äußerlich an Pinacoceras erinnernde Scheiben zu bilden."

In einem ganz anderen Entwicklungszusammenhang steht Psiloceras im Unterlias. Soweit er flach scheibenförmig und glatt ist, zeigt er eine sehr geeignete Form zum Schwimmen, wie schon dargelegt die Ersatzform für die engnabelig-diskoide Scheibe. Alles, was zeitlich auf Psiloceras folgt, weist in die Richtung der immer gröber berippten, immer kräftiger skulptierten, treppennabeligen Arieten, Aegoceraten und Schlotheimien.[2] Aus der Gegenüberstellung dieser beiden Formenzyklen Gym-

---

1) Mojsisovics, E. v., Die Cephalopoden der mediteranen Triasprovinz. Abhandl. k. k. geolog. Reichsanst. Wien 1882, Bd. X, S. 230.

2) Wähner, F., Beiträge zur Kenntnis der tieferen Zonen des unteren Lias in den nordöstlichen Alpen. Beiträge zur Geol. u. Paläontol. Österreich-Ungarns und des Orients, Bd. II—XI, Wien 1882—97.

nites und Psiloceras geht somit hervor, daß jener ein Zwischenstadium auf dem Wege zur vollendet das Wasser durchschneidenden Diskusform, dieser jedoch ein Zwischenstadium auf dem Wege zur schlecht das Wasser durchschneidenden, also höchstens treibenden Form ist. Die beiden Typen sind somit nur äußerlich gleichartige Formen und der formelle Schnittpunkt zweier entgegengesetzt fließender Entwicklungsreihen.

Wenn solche Psiloceraten auf ihren Jugendwindungen gelegentlich Anlage zur schwachen Rippenbildung zeigen, so ist das kein Gegengrund gegen die aus der exakten Zeitfolge klar hervorgehende Entwicklungsreihe, wie wir sie hier angaben: denn es ist eine unzureichende Vorstellung, die ontogenetisch wechselnden Eigenschaften als wiederholende Abbilder der einstigen Stammfolge, aber gar nicht als biologische Anpassungserscheinungen zu nehmen. Die Identität der Lobenrichtung aber zwischen Gymnites und Psiloceras hat schon seinerzeit v. Mojsisovics ganz richtig bewertet. Nach seiner Angabe findet sich die schräge Senkung der Hilfsloben, welche einige Gymniten zeigen, in noch stärkerem Maße bei einigen Pinacoceraten. Sie tritt aber bei Gymnites und Pinacoceras in der Regel nur bei Formen mit geringerer Windungshöhe auf; es scheint also Korrelation zwischen der schrägen Stellung der Hilfsloben und der Höhe der Windung zu bestehen, und die Übereinstimmung der Eigenschaft bei diesen heterogenen Gattungen wäre also rein mechanisch, nicht genetisch zu begreifen. Denn wenn der nötige Raum zur radialen Entfaltung der Lobenlinie mangelt, so muß sie sich eben schräg nach rückwärts senken und zusammendrängen.

Wenn wir uns erinnern, daß eine rauhe, mit Vorsprüngen, Knoten, Ecken, Winkeln und Kanten besetzte Oberfläche, sowie eine dem Wasserdruck eine breite Fläche entgegensetzende Körperform gerade das Gegenteil der dem guten Schwimmer eigenen glatten und geschlossenen Torpedo oder Diskusform ist, dann wird es nicht schwer fallen, von den beschriebenen Formen ausgehend, in dem zahllosen, durch die Monographien gebotenen Heer der Ammoniten jene endlosen Variationen herauszusuchen, welche auf alle nur erdenkliche Weise den Übergang zu jenem anderen Extrem bilden, das die denkbar ungünstigste Form für ein das Wasser schnell durchpflügendes Ammonitentier bildet. Wir wollen auf die Darstellung solcher Übergänge, die durch Arieten, Perisphincten, Peltoceraten, Ceratiten, berippte Oppelien und Harpoceraten u. dgl. gegeben sind, verzichten und nur die Extreme selbst kurz besprechen, unter denen es auch mehrere Typen gibt.

Der eine ist durch die breitrückigen und tiefnabeligen Stephanoceraten (Fig. 261 *A*) repräsentiert, deren wie eine Wand gegen die Schwimmrichtung im Wasser stehender Schalenrücken ein irgendwie rasches Vorwärtsschwimmen ganz unmöglich machen würde; zudem wirkt auch die hohe

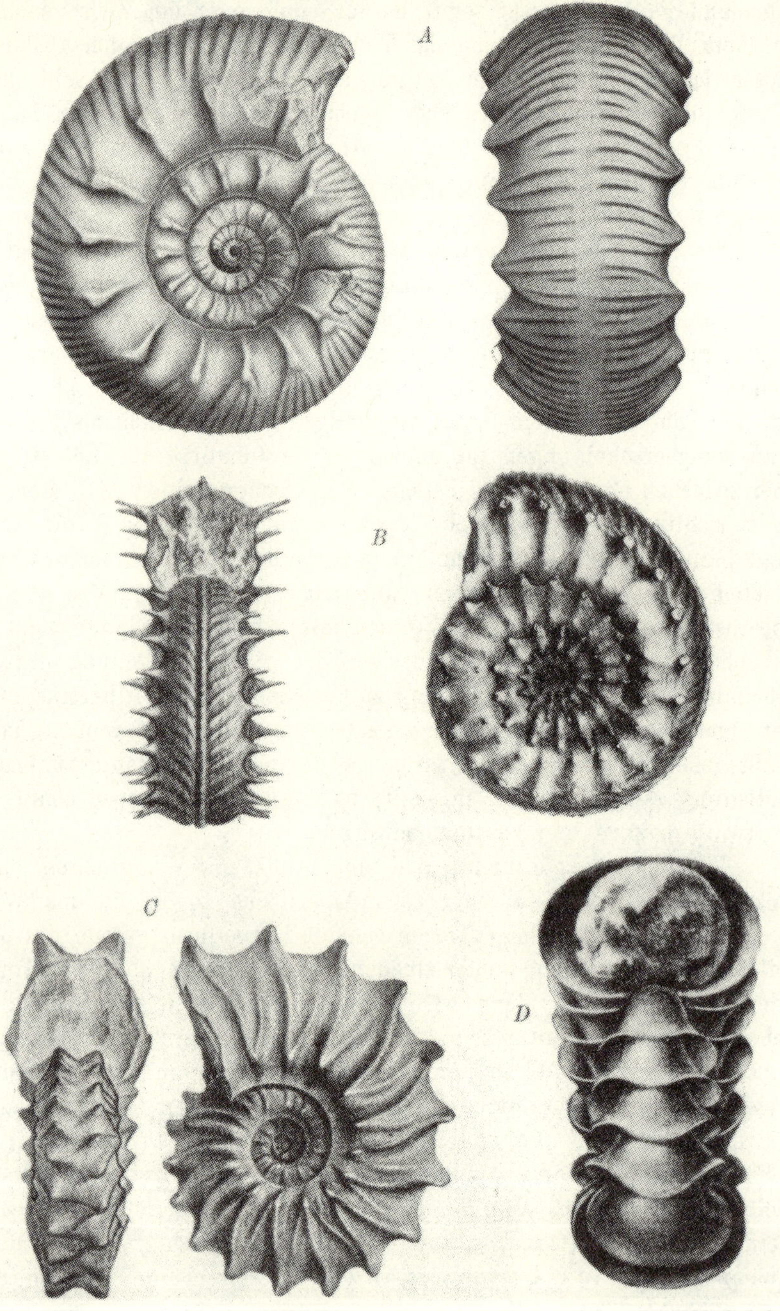

Fig. 261. Typen nicht vorwärts schwimmender Ammoniten mit hemmenden Schalenvorsprüngen: *A* Aulacostephanus. Oberster Jura, Spiti. (Aus UHLIG, Jurass. foss. Himalaya 1903.) Sehr verkl. *B* Margarites. Obere Trias, Alpen. (Aus MOJSISOVICS, Ceph. Hallstädt. Kalk 1893.) $^2/_3$. *C* Hoplites. Untere Kreide, Frankreich. (Aus D'ORBIGNY, Pal. franç. Crét. II. 1840/42.) $^2/_3$. *D* Lytoceras immane. Oberer Jura, Mähren. (Aus NEUMAYR, Beitr. z. Geol. u. Pal. Österr.-Ung. u. Orient. III, 1883.)

Nabelwand noch einmal im gleichen Sinne. In der Trias sind die Tropiten analoge Formen. Der andere Typus ist der rauhschalige Ammonit, der in der Trias vorzüglich durch Trachyceras, in der Kreide durch die Sippe der Acanthoceraten vertreten ist. Zahlreiche, in derbe und feine Knoten aufgelöste, über Flanke und Rücken sich ziehende Rippen und Unebenheiten zeichnen sie aus. Der Widerstand gegen das Wasser bei etwaiger Schwimmbewegung wird noch erhöht durch die oft vorhandenen Rückenkiele und -furchen, wodurch den Gegendruck noch steigernde tote Winkel ebenso hervorgerufen werden wie durch den oft treppenförmigen Nabel. Es machen diese Schalen geradezu den Eindruck, als sei bei ihnen alles angewendet, um sie nicht nur zum Schwimmen unbrauchbar zu machen, sondern ihnen soviel Rauhigkeit und Rillen und Ecken beizulegen, daß sie nicht einmal vom Wind beim Treiben an der Wasseroberfläche leicht verschoben werden konnten. Ähnliche Formen sind auch die in anderem Zusammenhang auf Seite 208/09 abgebildeten breiteren Amaltheen.

Bei einigen Ammoniten ist der Externrand schnabelförmig ausgezogen, am stärksten bei Amaltheus und Cardioceras im Jura und Schloenbachia in der Kreide. Solche Formen können nicht gut Bodenbewohner gewesen sein, ebensowenig wie die mit seitlichen Mündungsohren (Fig. 77), welche wegen ihrer Dünne und Zartheit keinen Widerstand gegen Zerbrechen geleistet hätten. Mit ihnen ist es wie mit der papierdünnen Schale selbst: sie sind für Schwebeformen geeignet, nicht für Bodenformen. Wie bei den silurischen bodenbewohnenden Abkömmlingen der Capuliden unter den Schnecken sich Formen befinden, deren Mündung flügel- und zungenartige Fortsätze zeigt (Kap. VI, Fig. 289), welche offenbar dem besseren Beherrschen der Gehäusestellung durch den herausgetretenen Weichkörper dienten, so dienten vermutlich auch die Mündungsfortsätze der Ammoniten dem beim Schwebeschwimmen herausgetretenen Weichtier zur Behauptung der Herrschaft über die Schalenstellung. Außerdem stellen nach Diener[1]) alle die seltsamen Verzierungen und Ausbuchtungen der Mündung, die wir bei Ammoniten mit anormaler Wohnkammer finden und die nicht, wie bei benthonisch lebenden Gastropoden, mit Verdickungen der Schale verbunden sind, eine außerordentliche Erschwerung der kriechenden Bewegung dar, da sie hierbei der Gefahr einer Beschädigung in viel höherem Grade ausgesetzt gewesen sind als beim Schweben und Schwimmen. Gerade unter diesen Typen gehören viele zu den stark skulptierten, für die wir ein aktives Schwimmen ohnehin nicht annehmen dürfen, die aber deswegen noch lange keine Bodenbewohner zu sein brauchen, wie noch dargetan wird.

Diener führt die skulptierte Argonauta an, die vortrefflich schwimme, trotzdem sie eine rauhe, stark verzierte Schale und abgestutzte Extern-

―――――――――――

1) Diener, C., a. a. O. S. 74/76.

seite habe, deren Skulptur mit der mehrerer Ammoniten (Hoplites, Scaphites, Fig. 93, S. 256) übereinstimme und so beweise, daß auch bei Ammoniten mit hochverzierter Schale diese Verzierung kein Hindernis beim
Schwimmen gewesen zu sein brauche, d. h. also, daß solche Ammoniten
ein Bewegungsschwimmen ausführten, nicht bloß passiv schwimmend
trieben. Er will damit zugleich beweisen, daß die rauhen berippten
Ammoniten keine Bodenbewohner gewesen sein müssen. Hierin stimme
ich ihm völlig zu, aber nicht darin, daß Argonauta beweisend ist für

Fig. 262. **Argonauta**, mit den über die gerippte Schale gelegten glatten **Armblättern**.
Schwimmstellung. (Aus Brehms Tierleben I, 1918.)

ein besonders aktives Schwimmen der rauh skulptierten Ammoniten.
Denn erstens hat sie keine luftenthaltende gekammerte Schale, schwimmt
also unter ganz anderen statischen Voraussetzungen; ferner wirkt bei
ihr die Schale offenkundig als Hemmung für das Bewegungsschwimmen.
Denn abgesehen davon, daß nach Brehm-Simroth (S. 600) das Tier bei
Messina meistens an Steinen und Schiffen kriechend beobachtet wurde,
legt es, wenn es mittels Trichterrepulsion schwimmen will, die großen
lappenartig verbreiterten Arme so über die Seitenteile der Schale, daß
diese fast ganz davon verhüllt wird (Fig. 262). Die Arme sind aber glatt
und schleimig, treten also mit dieser Eigenschaft beim Bewegungsschwimmen an Stelle der rauhen Schalenoberfläche. Dazu kommt noch,
daß die Rauhigkeit und Höckerigkeit der lebenden Argonautaschale gering
ist gegen die Rippen etwa eines Arieten oder eines Stephanoceraten oder
eines Ceratiten, die zudem noch einen treppenförmigen Nabel haben, der
bei Argonauta fehlt.

Daß ein unmittelbarer korrelativer Zusammenhang zwischen der
zum Bewegungsschwimmen weit geeigneteren diskoiden flachen Gehäuseform, also der Engnabeligkeit einerseits, der Berippung andererseits besteht,

zeigen wunderschön die Perisphinkten. Hier sind stets die mit breitem Nabel, treppenförmig vertiefter weiter Spirale und breitem Rücken versehenen Formen auch zugleich die grob skulptierten Formen mit den weit voneinander abstehenden Rippen. Es sei hierfür an P. Tiziani oder gar crusoliensis erinnert[1]), im Gegensatz zu den Formen wie P. Achilles und Ulmensis[2]); zwischen beiden biologischen Formextremen gibt es alle erdenklichen Übergänge, wenn auch die offenbar vorhandene Gesetzmäßigkeit zuweilen aus irgendwelchen anderen Gründen durchkreuzt ist. Dasselbe gilt auch für andere skulptierte Ammonitengattungen, z. B. Cardioceras (vgl. S. 116).

Wenn wir also die grobskulptierten Ammoniten für schlechte Bewegungsschwimmer halten, so soll damit doch — und hier stimme ich Diener wieder vollständig zu — noch lange nicht gesagt sein, daß sie Bodenbewohner waren. Denn dagegen spricht immer und immer wieder vor allem ihr dünnschaliges Gehäuse. Vielmehr werden sie vornehmlich an der Oberfläche mehr passiv getrieben haben und in der lichtdurchflossenen Zone auch vertikal auf- und abgestiegen sein, ohne am Boden zu verweilen, wenn sie ihn überhaupt dabei erreichten.

Auf das eben erwähnte Hauptmerkmal der Ammonitenschale: die zarte, oft papierdünne und glashelle Schale macht Diener besonders aufmerksam; sie ist eine unmittelbare und für sich selbst sprechende Anpassung an das nektonisch-planktonische Leben, wie es unter den Gastropoden die zu diesem Zweck ausführlich beschriebenen Heteropoden (S. 497) entwickelt haben. Bei den Ammonitenschalen ist also zu unterscheiden zwischen den mehr schwebenden und treibenden und den mehr aktiv schwimmenden — beide durch zahllose Zwischenformen verbunden. Die Papierdünnheit und Glasklarheit kommt beiden biologischen Gruppen zu, aber die Zuschärfung der Externseite und Glätte wesentlich nur den letzteren, die Verzierung der Oberfläche und Breitrückigkeit nur den ersteren. Die Pinacoceraten sind der Typus für die flotten leichten Schwimmer, die Stephanoceraten für die mehr treibenden und schwerer schwimmenden, während beide gleich gut schwebten. Denn eine Beschwerung der Schale bedeuten auch die Verzierungen nicht. Bei den benthonischen Tieren wiegen die massiven, aufgesetzten Verzierungen, wie Diener betont, vor; bei der Ammonitenschale sind sie hohl und auf den Steinkernen meistens in gleicher Weise ausgeprägt. Ein Vergleich von Gastropoden- und Ammonitensteinkernen ergibt den Unterschied der beiden Tierklassen hinsichtlich des Charakters der Skulpturen; die Gastropoden aber sind primär benthonische Kriecher, die Schalenkephalopoden primär Schwimmtiere.

---

1) Abgebildet bei Loriol, P., Mém. Soc. Paléont. Suisse. IV. Genevè 1877, Taf. V.
2) Abgebildet bei Oppel, A., Paläont. Mitteilung., Stuttgart 1862, Taf. 74.

Nautilus hat im Verhältnis zu den Ammoniten eine dicke Schale; die der Stephanoceraten oder der triassischen Trachyostraken war dünn wie die Argonautaschale. Wenn diese rauhschaligen verzierten und treppenförmig genabelten oder breitrückigen Ammoniten auch keine guten Bewegungsschwimmer waren, so konnten sie — dafür spricht ihre ganze Schalenkonstitution — mittels derselben im Wasser auf- und absteigen und auch mittels Trichterstöße schwimmen.

Die rauhschaligen, skulpturierten weitnabeligen Formen sehen wir nach alledem an als mehr auf- und niedersteigende, treibende oder nur schlecht und kurze Strecken weit schwimmende Tiere. Schwimmer waren die Normalammoniten wohl alle. Denn, wie DIENER ganz richtig sagt, wäre die Beibehaltung des hydrostatischen Apparates ausnahmslos durch alle Erdzeitalter hindurch, in denen dieser stets blühende Stamm existierte, eine solche Unzweckmäßigkeit gewesen, daß sie beispiellos in der Geschichte der Tierwelt und Ökonomie der Natur dastände. Diese Erwägung erscheint um so beachtenswerter, als durchschlagende Argumente für eine kriechende Lebensweise der Normalammoniten fehlen.

Wir werden weiter unten noch auf jene Ammoniten zurückkommen, welche allenfalls als Bodentiere angesprochen werden können; es werden verschwindend wenige sein gegenüber der Masse der schwimmenden.

Für Oxynoticeras, jene scheibenförmige, engnabelige, selten etwas skulptierte Gattung des Lias, nimmt v. PIA an[1]), daß sie für das Durchschneiden des Wassers jedenfalls sehr geeignet, für eine kriechende Lebensweise aber recht unbequem war. Die Arieten, denen wir auch ein geringes Fortbewegungsvermögen durch Schwimmen zuschreiben, sieht er als Bodenbewohner, d. h. als benthonisches Nekton an und erklärt daraus die oft massenhafte Ansammlung der Schalen derselben Art an einer Stelle. Daß dagegen bei den Oxynoticeras dies nie beobachtet wird, scheint ihm dafür zu sprechen, daß diese Formen nie in größerer Zahl länger an derselben Stelle des Meeresbodens verweilten, sondern einzeln oder schwimmend in Schwärmen umherschweiften, so daß bald hier bald dort die abgestorbenen Tiere untersanken und eingebettet wurden.

In einem bestimmten Falle wohl läßt sich beweisen, daß ein typischer trachyostraker Ammonit häufig zum Boden niederging, nämlich Trachyceras aon, der in den Hallstädter Kalken groß ist und sich normal entwickelt, in den Cassianer Mergeln dagegen klein bleibt, wie die Muscheln, Schnecken und Seeigel dieser bekannten Mikrofauna (Kap. III, 1). Da diese Zwerghaftigkeit gerade die dortigen Bodenbewohner ergriff und wohl auf das Leben in den zahllosen Lücken und Verstecken der dortigen Schwamm-

---

1) v. PIA, J., Untersuchungen über die Gattung Oxynoticeras und einige damit zusammenhängende allgemeine Fragen. Abhandl. k. k. geolog. Reichsanst. Wien 1914, Bd. 23, S. 106ff.

rasen zurückgeht und wohl kaum auf Unterernährung oder unzuträgliche Temperatur oder Wasserzusammensetzung, so wäre Trachyceras aon wohl nicht so klein geblieben, wenn er nicht auch bis zu einem gewissen Grad vom Boden abhängig gewesen wäre, wie jene anderen zwerghaften Benthostiere dort (Kap. III, 1, S. 164), sondern als pelagisches Tier dauernd geschwebt hätte. Auch sind es nicht etwa Jugendformen, die vielleicht nur an einem Brutplatze lebten, sondern regelrecht ausgewachsene Tiere, die alle Entwicklungsstadien durchliefen, aber beschleunigt.

Die Erklärung, daß die Cassianer Gegend ein Brutplatz für Jugendformen war, welche dann von da in benachbarte Fazies ausschwammen, erwägt DIENER als Analogon für einen anderen ähnlichen Fall, nämlich für das Auftreten liassischer Ammoniten in den roten alpinen Kalken und im schwäbischen Lias. „Die alpinen Hierlatzkalke z. B. enthalten hauptsächlich kleine, die benachbarten Liasablagerungen in der Fazies der bunten Kephalopodenkalke und Fleckenmergel hingegen große Gehäuse. Sollte man aber zur Erklärung dieses faunistischen Unterschiedes nicht annehmen dürfen, daß die Ammoniten der Hierlatzkalke nur in der Jugend im Schutze der Crinoidenwälder der Hierlatzfazies umherschwärmten, in erwachsenem Zustande aber das freie Meer aufsuchten?" (DIENER, l. c. S. 77.)

Dies ist deshalb unwahrscheinlich, weil sonst die Individuen ungeheuer weit jedesmal hätten wandern müssen, nämlich bis nach Schwaben. Amaltheus margaritatus z. B. liegt mir aus dem Hierlatzkalk, aus dem Allgäufleckenmergel und aus Württemberg vor. Bricht man aber einen Hierlatzamaltheen auf, dann ergibt sich dasselbe, wie bei Trachyceras aon aus St. Cassian: es sind beschleunigt ausgewachsene Exemplare. Man muß also in diesem, wie in jenem Falle annehmen, daß die Tiere ortsständig waren und sich in ihrer Größe nach dem Boden richteten, auf den sie vorübergehend niederstiegen. Das schließt gar nicht aus, ja scheint mir bei der strengen Bilateralsymmetrie des Gehäuses und seinem allgemeinen hydrostatischen Charakter eigentlich sicher, daß sie immerzu wieder aufstiegen und vornehmlich schwebten und allenfalls auch schlecht schwammen. Denn, um es wieder zu betonen: kein Tier ist individuell so vielseitig in seiner Bewegungsart und Ruhelage, wie der Kephalopode.

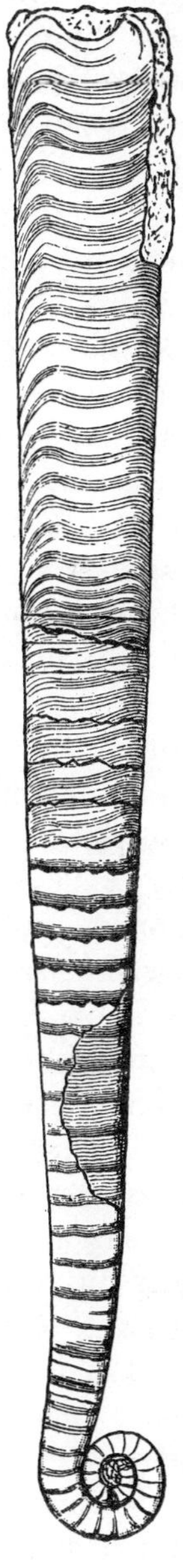

Fig. 263. Lituites, Nautilide mit eingerollter Spitze. Die Mündung stand wie bei Orthoceras nach unten. (Aus ZITTEL-BROILI nach NOETLING, Zeitschr. deutsch. geol. Ges. 34, 1882.) ½. Untersilur (Diluvialgeschiebe), Ostpreußen.

Unter den Goniatiten ist Bactrites orthocerasartig gestreckt. Wir müssen nach dem auf S. 532 von Orthoceras Gesagten annehmen, daß Bactrites ein nie zum Boden gelangendes Schwimm-Schwebetier war, zumal ja die Goniatitenschale noch zarter als die Orthocerenschale gewesen ist. Unter den Ammoniten ist Rhabdoceras in der Trias, Baculites in der Kreide die entsprechende Parallelform, welch' letztere aber den Vorteil hat, daß die Jugendwindungen noch eingerollt sind, mithin das Gehäuse an seinem verjüngten Ende weniger zerbrechlich ist als bei Orthoceras und Bactrites. Äußerlich ist Lituites unter den Nautiloiden im Silur die gleiche Form wie Baculites (Fig. 263).

Der Baculites aus der Oberkreide führt zu den anderen kretazischen Ammoniten mit aufgelöster Spirale, die schon im Jura und der Trias teilweise ihre Vorbilder haben. Wir haben hier also noch vier extreme Typen zu behandeln:

1. die Stabform mit gerader oder eingerollter Spitze (Baculites, Lituites, Bactrites);

2. die einfach aufgelöste, uhrfederartige Form (Spiroceras aus dem Dogger, Pictetia aus der Unterkreide), wobei die Auflösung nur den letzten Umgang betreffen kann, der rundgebogen bleibt (Choristoceras im Rhät);

3. die Form ist involut, wird dann erst gestreckt und biegt um (Macroscaphites in der Unterkreide, Scaphites in Mittel- und Oberkreide); oder die Auflösung und Streckung erscheint vereinigt (Crioceras in der Unterkreide). Ein Spezialfall ist die hakenförmige ein- oder zweimal umgebogene Gestalt (Hamites in der Kreide);

4. die turm- oder schneckenförmige Gestalt (Turrilites und Nächstverwandte in der Kreide). Unter ihnen sind in der japanischen Kreide zuerst links-, dann rechtsgewundene Formen (Nipponites).

Über diese Formen sagt DIENER (a. a. O. S. 78/79): „Einige Schwierigkeiten bereitet die Frage nach der mutmaßlichen Lebensweise der zahlreichen sogen. ‚Nebenformen' unter den kretazischen Ammoniten. In Turrilites und Heteroceras müssen wir nach der Form des Gehäuses benthonische Kriecher vermuten. Auch der spätere Hamites dürfte sich kriechend und seine in der Wohnkammer hakenartig gekrümmte Röhre am Boden nachschleppend bewegt haben. Formen mit voneinander abgelösten Windungen wie Crioceras und Pictetia können wohl kaum elegante Schwimmer gewesen sein. Hamulina, Ancyloceras, Macroscaphites und wohl auch Scaphites, bei denen die Mündung dem spiralen Teil des Gehäuses unmittelbar gegenüberstand, kann man sich eher noch in kriechender als in schwimmender Bewegung vorstellen. Daß die Eigenbewegung bei irgendeiner der genannten Formen erheblich gewesen sei, möchte ich nach der zu einer solchen ungeeigneten Gestalt ihrer Schalen bezweifeln ... Andere Ammoniten mit aufgelöster oder halb geschlossener Spirale mochten wohl noch gelegentlich schwimmen, hatten aber zum Leben doch die zeitweilige Berührung mit dem festen Untergrund nötig, gehörten mithin ebenfalls dem Benthos an."

BENECKE hat die gegenteilige Ansicht. Nach ihm können Macroscaphites und Scaphites nicht wohl auf dem Grunde des Meeres gekrochen sein, wie es für Turrilites eher annehmbar erscheint, der in seiner Form an Scalaria unter den Schnecken erinnert. Eine andere Bewegung als ein freies Schwimmen könne man sich für jene kaum denken. Und ein Aufliegen auf dem Meeresgrunde sei wegen der auf beiden Seiten gleich guten Entwicklung der Gehäuseskulptur ausgeschlossen.[1])

Das ganze Dilemma, in das man mit diesen Formen gerät, illustrieren die über sie angestellten Betrachtungen DEECKES. Er sagt von Macroscaphites: „Denkt man sich diese Tiere kriechend, so würde immerhin eine sehr merkwürdige Belastung des Mantels erfolgt sein und eine ungleichmäßige Bewegung resultieren müssen, weil das spiral aufgerollte Gehäuse mehr oder minder frei nach den Seiten zu schwanken vermochte. In solchen Fällen bleibt eigentlich kaum noch eine andere Möglichkeit übrig, als anzunehmen, daß dieses Gehäuse durch längere seitliche Arme in einer gewissen Lage fixiert wurde."

Man wird sich bei allen diesen Formen wieder fragen, welche hydrostatischen Möglichkeiten bestehen? Für Bactrites, Lituites und Baculites gewiß keine anderen wie für Orthoceras selbst: der tragende Schalenteil muß im Wasser nach oben stehen und das Tier nach unten gerichtet sein, einerlei ob es die Schale mit dem einen oder anderen Arm ganz oder teilweise umfaßte.

Bei der Baculitenmündung[2]) haben NOETLING und CRICK bekannt gemacht: die Ventralseite ist in einen Lappen verlängert, der schnauzenförmig und ausgußartig vorgezogen erscheint. An der Antisiphonalseite und auf den Flanken ist der Mündungsrand etwas verdickt, in der Mitte der Antisiphonalseite liegt noch ein kleiner, nach vorne gerichteter Fortsatz; an der Ventralseite bemerkt man noch eine Einschnürung. Die Siphonalseite hat gegen den Mundrand hin noch fünf Längsfalten. Der für den Trichter bestimmte Ventralausguß ist sehr klein. CRICK will daraus schließen, daß die Baculiten deshalb mehr kriechende als schwimmende Tiere waren, wobei die gestreckte Schale in schiefer Richtung oben getragen wurde. Aber sie mußte natürlich im Wasser von selbst schweben. Damit würde sich die zur Längsachse schiefe Lage der Mündung erklären lassen. Die vielen Lappen, Falten und Wülste am Ende der Wohnkammer

---

1) BENECKE, W., Die Versteinerungen der Eisenerzformation von Deutsch-Lothringen und Luxemburg. Abhandl. zur geolog. Spez.-Karte v. Elsaß-Lothringen, N. F., Heft VI, S. 560/61, Straßburg 1905.

2) CRICK, G. C., On the aperture of a Baculite from the lower Chalk of Chardstock, Sommerset. Proceed. Malacolog. Soc. London 1896, S. 77.

wären dann verständlich als ebensoviele Mittel, die — im Gegensatz zur involuten — jedenfalls sehr leicht hin und hergerissene Schale durch Verfaltung mit dem Mantel und Ausbildung von Tragflächen fester zu halten. Das Tier hing nach unten, die Luftschale nach oben, wie bei Orthoceras und Lituites. Der rückgebildete Trichterausguß beweist ihr passives Schweben, das allein übrig bleibt, da ein Bodenleben bei der zarten, gerade durch ihre Länge besonders zerbrechlichen Schale an und für sich ausgeschlossen erscheint, noch mehr als bei Orthoceras, das doch etwas dickschaliger war.

Was die unter 2. genannten Typen betrifft, so gilt für sie kaum etwas anderes als für die gewöhnlichen Ammoniten mit rauhem Gehäuse und treppenförmigem Nabel: großer Widerstand gegen die Wasserbewegung, also mehr Schweben und ein Tiefer- und Höhersteigen im freien Wasser. Die hakenförmigen Gehäuse der Scaphiten und Macroscaphiten, besonders aber der Hamulinen waren für ein Kriechen auf dem Boden ganz ungeeignet und hätten nachgeschleppt werden müssen. Wie, das läßt sich gar nicht ausdenken bei den Formen, bei denen die Mündung unmittelbar der Spirale gegenüberlag; die Schale hätte da dem Tier sozusagen zwischen den Beinen gehängt (Fig. 264). Aber auch ein Bewegungsschwimmen läßt sich nicht denken; denn der Stoßstrahl aus dem Trichter

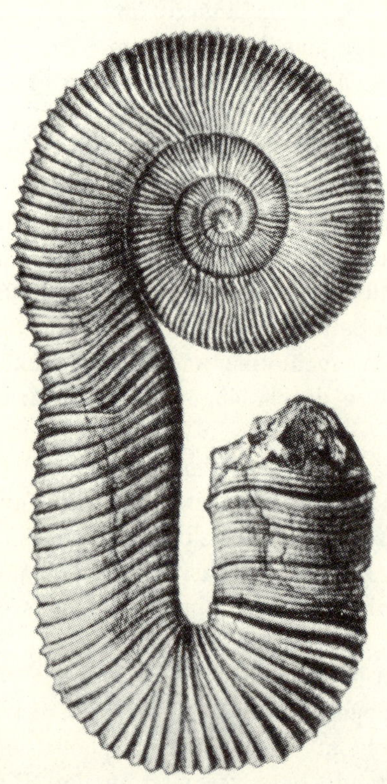

Fig. 264. Macroscaphites Yvani in Schwimmstellung. Untere Kreide, Karpathen. (Aus Uhlig, Ceph. d. Wernsdorfer Sch. 1883.) ²/₃.

hätte die benachbarte Spirale (bei Scaphites und Macroscaphites) oder die benachbarte Hakenumbiegung (bei Hamites) getroffen und hätte seine eigene Wirkung damit aufgehoben. Es ist daher wahrscheinlich, daß die Scaphiten und Macroscaphiten gerade jene Formen unter den Ammoniten waren, welche überhaupt nicht vorwärts oder rückwärts schwammen, sondern einfach trieben, sei es an der Wasseroberfläche, sei es im Wasser mehr oder weniger weit über dem Boden. Das Tier trat aus der Mündung heraus und legte sich zum Teil vielleicht auch auf den gegenüberliegenden Gehäuseteil etwa mit einem Tentakelpaar, das vielleicht hierzu Argonauta-ähnlich modifiziert gewesen sein kann. Zog es sich in die

Schale zurück oder änderte es den Gasdruck in den Luftkammern, dann veränderte es seine Vertikallage schwebend innerhalb des Wassers.

Hält man sich wieder streng an die hydrostatischen Möglichkeiten, die bei den lufterfüllten Ammonitenschalen eben immer in allererster Linie in Betracht zu ziehen sind und läßt man unsichere Erwägungen über ein Umfassen des Gehäuses durch das Weichtier beiseite, dann kann eine Form wie Macroscaphites Ivani oder Hamites rotundatus gewiß nur so gedeutet werden, daß die Wohnkammer mit dem Tier nach unten hing und der involute oder hakenförmige lufterfüllte Teil oben tragend schwamm, sei es am Wasserspiegel, sei es tiefer im Wasser selbst. Die genannten beiden Typen, dgl. Baculites, Bactrites, Lituites und Orthoceras hatten also im Prinzip eine ähnliche Lage im Wasser, wenn auch die vier letzteren bei ihrer schlankeren Form wahrscheinlich den Aufstieg noch aktiv durch die Trichtertätigkeit unterstützten und daher wohl sehr schnell aus der Tiefe nach der Oberfläche kommen konnten; Macroscaphites und Scaphites dagegen waren hierin wohl unbeweglicher, mehr passiv treibend. Mit dem Weichkörper hingen sie unter der Wasseroberfläche herab, während das Luftgehäuse an der Oberfläche trieb und vielleicht sogar noch etwas über diese hinausschaute.

Den dritten Typus, Turrilites und Heteroceras (Fig. 265), den DIENER und BENECKE übereinstimmend als einem nach Art turmförmiger Schnecken kriechenden Tiere zugehörig ansehen, kann man wohl so deuten. Wenn man überlegt, welche andere Deutung allenfalls sonst noch angängig wäre, so könnte man nur noch annehmen, daß das Tier ebenfalls horizontal trieb wie Macroscaphites; dagegen spricht aber die Stellung der Mündung zur Gehäuseachse. Nimmt man dagegen das Tier kriechend an, so würde die Schale sich von selbst schräge nach oben eingestellt und sich durch ihren Luftgehalt in der Stellung über dem kriechenden Weichkörper so gehalten haben, wie es etwa die Cerithienschale bei Schnecken durch die Gewalt des Muskels und des Eingeweidesackes tun muß. Daher konnten auch Turrilites und Heteroceras aller das gewaltsame Tragen unterstützender Mündungsverdickungen und -verbreiterungen entbehren, wie man sie bei Schnecken so häufig trifft.

Unter den Heteroceras gibt es nun auch ganz unregelmäßig gebaute Formen, die YABE aus der Kreide von Japan beschrieben hat.[1] Sie sind als Nipponites bezeichnet und haben an ein und demselben Individuum bald rechts-, bald linksgewundene Umgänge, erinnern also vollständig an die festsitzenden Vermetiden bei den Schnecken; DIENER möchte daher glauben, daß sie auch ebenso angeheftet waren. Dem kann man zustimmen, denn es ist unmöglich, angesichts aller übrigen regelmäßigen Ammoniten sonst derartige Formverbildungen des Gehäuses

---

1) YABE, H., Cretaceous Cephalopoda form the Hokkaido. Part. II. Journ. College of Science. Imp. Univ. Tokyo 1904. Vol. 20, Art. 2.

zu erwarten, wo diese eine so ganz seltene, einzigartige Erscheinung
unter dem Heer der zahllosen übrigen Formen sind. Nur festsitzend oder
kriechend kann ein Tier gewesen sein, dessen ursprünglich dem Schwebeschwimmen angepaßte Schale solche Verbildungen annehmen konnte. In
der oberen Kreide von Nordamerika[1]) (Fig. 265 B) kommt eine Hetero-
cerasform vor, welche wie das nebenstehende Gehäuse zwar breitspiral
aufgerollt ist, dessen oberster Teil aber ganz typisch Hamiten-förmig ist,
also aus zwei parallelen, durch eine Biegung miteinander verbundenen,

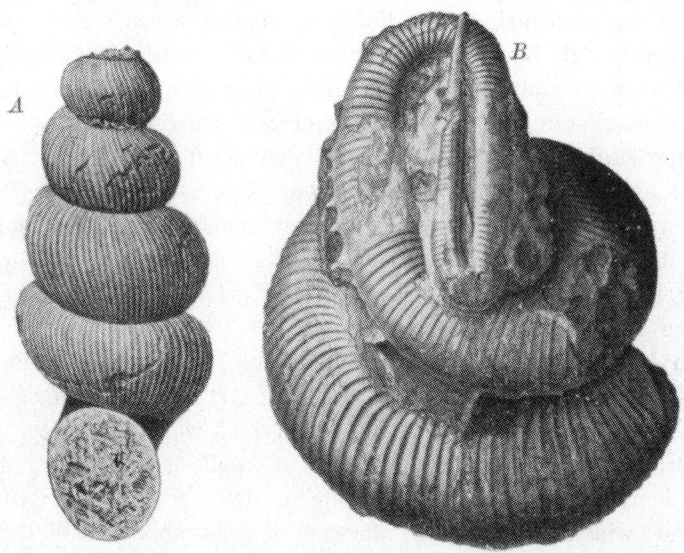

Fig. 265.   Wahrscheinlich kriechende Ammoniten mit aufwärts gerichteter Schale:
A Heteroceras polyplocum.   Obere Kreide, Norddeutschland.   (Aus Schlüter,
Palaeontographica 21, 1872.) $^{1}/_{2}$. *B* Heteroceras simplicicostatum. Obere Kreide,
Nordamerika.   Geht durch ein wahrscheinlich schwimmendes Hamitesstadium.
(Aus Whitfield, l c.) $^{1}/_{2}$.

geraden Armen besteht; dann folgt, in größerem Bogen zurückkehrend,
ein weiterer Umgang und dann erst bildet sich, den Hamites unter-
greifend, die Spirale aus, so daß der Hamitenteil oben auf dem Spiralteil wie der Durchmesser über dem Kreis liegt.   Dieser Formenwechsel
zeigt deutlich eine Änderung der Lebensweise an.

Ein weiterer Beweis dafür, daß Turrilites mindestens träge war
und daher feindlichen Einwirkungen mehr ausgesetzt war als die Schar
der anderen Ammoniten, ist auch die Ausbildung von Schutzstacheln an
den japanischen Exemplaren (Fig. 309, Kap. VI). Solche Gebilde, die meistens
nur wenig behenden Bodenbewohnern zukommen, sind den meisten

---

1) Whitfield, R. P., Observations on andemended description of Heteroceras
simplicostatum. Bull. Amer. Mus. Nat. Hist. Vol. XVI. New Haven 1902, S. 67, Taf. 23 ff.

übrigen Ammoniten unbekannt. Nur bei einzelnen Formgruppen treten sie auf, so bei dem oben (Fig. 261 *B*, S. 540) abgebildeten triassischen Margarites circumspinatus, dann bei Aspidoceras und Peltoceras im Jura, und zwar in verschiedenem Maße. Die engnabeligen haben sie nur spärlich, so Aspidoceras circumspinosum, wo sie ganz den Eindruck machen, als sei nur der Nabel die schwache Stelle gewesen, die sie gegen einen speziellen Feind oder eine Gefahr zu schützen berufen waren. Bei den weitnabeligen, die wir ja als schlechtere Schwimmer ansehen, sind sie folgegerecht mehr entwickelt (Fig. 261 *B*). Dann kehren sie wieder bei Crioceras (siehe das im Abschn. 4 des VI. Kap. Gesagte), und den haben wir ja auch als einen höchstens nur passiv treibenden, nicht mehr aktiv schwimmenden, daher trägen und mehr als die schwimmenden Stammesgenossen Gefahren ausgesetzten Ammoniten kennen gelernt. Die besten Schwimmer, die Diskusformen und die geblähten oder flachen glatten engnabeligen sind sonst stachelfrei. Die Stacheln sind also umgekehrt ein Beweis für schlechte Schwimmer unter den Ammoniten.

Davon scharf zu unterscheiden sind indessen die dem planktonischen Schweben dienenden Stacheln, wie sie der vorige Abschnitt dieses Kapitels zeigte. Wenn wir an dem dort (Fig. 256, S. 526) abgebildeten Pachydiscus solche riesigen Fortsätze sehen, so ist da gar keine Rede mehr davon, daß dies Schutzstacheln waren. Dazu sind sie viel zu zerbrechlich wegen ihrer Länge, und Schutz gewähren ohnedies nur kurze Dornen, nicht riesige, leicht wegzubrechende Stacheln. Es ist dieser Pachydiscus also offenbar eine Art gewesen, die sich irgendwie verankerte, vielleicht in Tang, und so pseudoplanktonisch an der Meeresoberfläche herumtrieb. Das gleiche wurde auch für jenen früher beschriebenen (Kap. IV, S. 526) Nautilus bispinosus aus dem Karbon von Irland angenommen, dessen zu einem Stachel ausgezogene Nabelschwiele nicht der Abwehr, sondern wohl dem genannten Zwecke gedient haben wird. Nicht ganz klar bin ich mir bei Hercoceras[1]) aus dem böhmischen Obersilur, welchen Zweck dessen Stacheln erfüllten; sie dienten vermutlich dem Schutze, denn sie waren wohl nicht sehr lang.

Wenn wir bei den Ammoniten nach weiteren Merkmalen und Gehäuseformen suchen, welche uns allenfalls sonst noch vorhandene Bodenbewohner erweisen könnten, so müssen wir uns mangels aller direkt möglichen Beobachtung ihrer Lebensweise und mangels zuverlässiger, in die Augen springender Analogieschlüsse von Lebenden her fragen, welche allgemeinen Merkmale überhaupt Tieren und Schalen zukommen, die sicher dieser Lebensweise gehuldigt haben.

Man dürfte da in erster Linie an Beschwerung der Gehäuse durch besondere Dickschaligkeit denken. Derartiges begegnet uns bei Ammoniten nie. Dagegen haben wir im I. Kapitel (S. 36) Ammoniten beschrieben, bei denen die Kammerscheidewände immerhin so dicht stehen, daß die

---

1) Abgebildet in ZITTEL-BROILI, Grundzüge der Paläontologie, bei den Nautiliden.

Schale trotz ihrer Dünnschaligkeit wie eine dickschaligere wirkte. Das ist aber bei so vielen auch glatten und engnabeligen Arten der Fall, daß das Merkmal nicht gedeutet werden kann als ein Mittel, die Schale am Boden zu halten, sondern zu ihrer Festigung gegen Druck von außen. Sie war damit zugleich auf einen gewissen Druck im Wasser eingestellt, also auf eine gewisse Tiefe. Doch war die Beschwerung der Schale nicht derartig, daß man auf Bodenbewohnen daraus schließen könnte.

Wir müssen bedenken, daß auf jeden Fall die Ammonitenschale primär die Funktion des Schwimmens und Schwebens hatte und für ein solches berechnet war. Gab es also unter den Ammoniten Bodenbewohner in dem Sinne, daß das Tier so gut wie ausschließlich kroch oder lag, kaum mehr aufstieg und sicher nicht mehr schwamm, so muß es andere Merkmale zeigen, welche sich als sekundäre, nicht als primäre erweisen. Dabei ist festzuhalten an der aus der Natur der lufterfüllten Schale folgenden Tatsache, daß das Gehäuse selbst nicht auf dem Boden gelegen haben kann, sondern immer geschwebt haben muß, solange es überhaupt Luftkammern hatte, was ausnahmslos der Fall war; nur allenfalls das Tier selbst kroch oder lag auf dem Boden herum. Bei der Schnecke ist es anders. Auch hier kriecht und sitzt das Weichtier auf dem Boden, aber die Schale liegt dem Tier auf dem Rücken. Wenn es sich aber zurückzieht in das Gehäuse, liegt dieses auf dem Boden, z. B. mittels der oben eingehend besprochenen, platt tellerförmigen Gestalt, ebenso wie Muscheln. Die Ammonitenschale aber hatte auch in diesem Falle stets ihren inneren Auftrieb; eine platte Tellerform des Gehäuses kann bei ihr also niemals auf ein Liegen am Boden deuten. Wir haben uns oben schon klar gemacht, daß die diskoide Ammonitenschale einem Schwimmer zukommt, und zwar dem verhältnismäßig besten unter den beschalten Kephalopoden. Aber ein anderes Merkmal ist für ursprünglich frei schwimmend sich bewegende Tiere, die zum Kriechen und Liegen übergehen, überaus charakteristisch: sie verlieren meistens an ihren Gehäusen die bilaterale Symmetrie. So wird die Schneckenschale — eine ungeklärte Ausnahme machen die Bellerophontiden (S. 500) — einseitig eingerollt, indem die Längsachse des Gehäuses mehr und mehr von der Aufrollungsachse sich unterscheidet; ursprünglich bei der gestreckten geraden Mützenform sind beide eigentlich dasselbe. Dann entsteht zwischen beiden eine Divergenz und dann rollt sich die Aufrollungsachse um die ideale Spindelachse herum, wofür auf das Capulidenbeispiel (Kap. VI, 3, Fig. 295) noch einmal verwiesen sei. Der Gedanke aber, daß am Boden lebende Ammonitentiere eine unsymmetrische Schale haben könnten, wurde zum ersten Male von Solger[1]) bei oberkretazischen

---

1) Solger, F., Die Fossilien der Mungokreide in Kamerun und ihre geologische Bedeutung, mit besonderer Berücksichtigung der Ammoniten. In: Beiträge zur Geologie von Kamerun von E. Esch u. a., S. 215 ff., Stuttgart 1904.

Formen mit einfachen ceratitischen Loben verwendet, die beiderseitig
ungleichmäßig ausgebildet sind. Er sagt in diesem Zusammenhang:
„Bei einem schwimmenden Tiere und auch bei einem Tiere, das zwar
auf dem Boden läuft, seinen Körper aber doch durch die in der
Schale enthaltene Luft frei über den Boden tragen läßt, liegt kaum ein
Grund vor, daß die ursprünglich so vollständig vorhandene Symmetrie
aufgegeben wird. Bei einem kriechenden Leben am Boden dagegen
würde ein scheibenförmiges Gehäuse fast mit Notwendigkeit auf die Seite
fallen müssen, und damit würde sich ein Unterschied zwischen der
oberen und unteren Seite ergeben."

Es ist aber unbedingt daran festzuhalten, daß auch die innerlich
unsymmetrisch gewordene Ammonitenschale nicht am Boden liegen konnte,
sondern Auftrieb hatte. Es läßt sich keine Spur der Rückbildung und
Durchbrechung der Septen oder Verkümmerung des Sipho selbst nachweisen; sie behielt also unbeeinträchtigt ihre bekannte hydrostatische
Eigenschaft; sie konnte einfach nicht auf dem Boden liegen. War somit
selbst bei einer bodenbewohnenden Art die Schalenstellung im Wasser
einerseits durch den Auftrieb, andererseits durch die Belastung durch
das Tier wie bei allen übrigen Ammonitenschalen fest bestimmt und blieb
diese Stellung genau dieselbe, ob nun das Ganze schwebte oder das
Weichtier am Boden saß und kroch, so bleibt nur übrig, die mechanische
Ursache der Drehung nicht beim Gehäuse, sondern beim Tier, beim
Weichkörper zu suchen.

Lüthy hat nun neuerdings wieder Formen beschrieben[1]), Heterotissotien, welche den Ammoniten aus der Kamerunkreide darin gleichen,
daß sie im Alter unsymmetrisch werden. Lüthy nimmt daher im Sinne
Solgers an, daß die Heterotissotien in ihrer Jugend freischwimmende Tiere
waren, im Alter aber benthonische Kriecher wurden. Die Medianlinie der
Sutur fällt allmählich aus der Medianlinie der Schalenaufrollung heraus.
Diese Veränderung geht aber erst im erwachsenen Stadium der Heterotissotien vor sich. Man kann also annehmen, daß sie erst in vorgerückterem
Lebensalter zu einer mehr das Verweilen am Boden bevorzugenden Lebensweise übergingen, sonst aber normale Schwebe- und Schwimmtiere gewesen waren. Wird nun, sagt Lüthy, im Alter die Sutur und die Lage
des Sipho asymmetrisch, so hat auch das Tier nicht mehr symmetrisch
in seinem Gehäuse gesessen. Wenn die Heterotissotien ihre bilateral
symmetrische Gestalt aufgaben, so haben sie im Alter auf das Schwimmen
verzichtet. Kroch nun das Tier, so war die Ventralseite hierfür ungeeignet;
eine Seitenlage des Weichkörpers wäre der Ventrallage vorzuziehen.
Aber auch eine strenge Seitenlage hätte ihre Nachteile, sie würde z. B.
den Gebrauch des einen Auges behindern. Bei einer Drehung auf den

---

1) Lüthy, J., Beitrag zur Geologie und Paläontologie von Peru. Abhandl. Schweiz.
Paläont. Ges., Bd. 43, S. 60ff., Genf 1918.

Weichtierrücken kämen Arme und Mund, also die Angriffs- und Verteidigungswaffen mit der Ernährungsfunktion nach oben zu liegen. Der Trichter wurde ja wertlos, es ist also nicht nötig, darauf hinzuweisen, daß er durch die angenommene Lage auch besser geschützt läge.

Es war also das Drehungsbedürfnis zweifellos da, aber nicht, wie Lüthy — seinen eigenen Gedankengang gewissermaßen verschiebend — annimmt, weil das Tier sein Gehäuse zunächst zur Seite geneigt trug, was wegen des Auftriebs unmöglich war und nur mit gewaltsamer Umfassung hätte geschehen können; vielmehr entsprang die Drehung einfach dem Umstande, daß das auf dem Boden kriechende Weichtier selbst eine andere Stellung als die beim Schwimmen übliche und dafür geeignete anzunehmen bestrebt war, während die Schale sich immer wieder in die alte Stellung zu drehen suchte.

Dies, Heteroceras und Turrilites mögen die einzigen Fälle sein, wo man mit größerer Sicherheit auf ein ausschließliches Bodenbewohnen bei Ammonitenarten schließen kann.

Was die sonst gelegentlich beobachtete Asymmetrie der Sutur bei Ammoniten betrifft, so muß man nur bedenken, daß organische Formen keine mathematisch gefügten Körper sind und daß Form und Bau im einzelnen nicht immer einer ganz bestimmten biologischen Anpassung entspringen, sondern auch reine Zufallsvariabilität sein können. Ich halte es daher in bezug auf die gelegentlich etwas unsymmetrischen Suturlinien mit Diener[1]), wenn er sagt: „Asymmetrie in der Ausbildung der Details einzelner Lobenelemente an einem Exemplar ist umso häufiger zu beobachten, je komplizierter die Suturlinie des betreffenden Ammoniten ist. Eine Asymmetrie dieser Art bietet nichts Auffälliges. Es ist viel erstaunlicher, daß sich so komplizierte Zeichnungen, wie in den Loben eines Pinacoceras parma oder Metternichi, an fast allen Kammerscheidewänden mit einer so überraschenden Gleichförmigkeit wiederholen. Ich möchte daher einer gelegentlichen Unregelmäßigkeit der Suturlinie oder gelegentlichen Abweichungen von der Symmetrie auf beiden Seiten des Gehäuses, wie sie wiederholt bei Psiloceras, Amaltheus und Lioceras beobachtet worden sind, keine besondere biologische Bedeutung zumessen.“[2])

---

1) Diener, C., Lebensweise und Verbreitung der Ammoniten, a. a. O. S. 81.

2) Auch einen anderen, von Solger angeführten Fall sehe ich als einen rein individuellen an, wo ein an den Luftkammern verletztes Tier jedenfalls seine Schale nicht in der üblichen Weise wird gebraucht haben können. Die Präparation eines Stückes ergab nämlich, daß die vorletzte Windung schon zu Lebzeiten eingebrochen war, der äußere umhüllende Umgang aber ohne merkliche Unregelmäßigkeit über den zerbrochenen inneren Scheidewänden lag. Wenn es sich hier nicht, was mir doch sehr wahrscheinlich ist, um einen besonderen inneren Erhaltungszustand handelt, dann wird das Tier auf kurze Zeit natürlich an den Boden gefesselt gewesen sein. Mehr beweist der Fall aber nicht.

Philippi sieht die Ceratiten des deutschen Muschelkalkes für Bodenbewohner an, weil sie zuweilen mit Placunopsisschälchen bewachsen sind. Nebenstehend (Fig. 266) ein derartiges Stück, dessen letzter Umgang über eine Placunopsis noch hinübergewachsen ist, so daß sie der Ammonit noch im Leben mit sich herumgetragen haben muß. Eine solche Schale könne sich aber, meint Philippi[1]), nur auf einem trägen Bodenbewohner, nicht auf einem beweglichen Schwimmer festgesetzt haben, zumal sie sonst stets auf den wenig beweglichen Limamuscheln sich ansetzten. Die Ceratiten und Limen hätten also wohl dieselbe bodenbewohnende Lebensweise geführt. Es ist aber eine häufige Erscheinung, daß die Ceratitengehäuse ganz mit Placunopsisschalen inkrustiert sind, und gerade daraus, daß sie nicht einseitig bewachsen sind, schließt Benecke, daß sie zur Zeit der Umwachsung eben nicht auf dem Meeresboden gelegen haben, sonst müßten sie einseitig bewachsen sein.[2]) Er zieht entgegen Philippi den Schluß, daß zwar Ceratites und Placunopsis zusammen lebten, daß aber Ceratites, wenn auch nicht sehr beweglich, doch schon wegen des Besitzes eines Luftkammergehäuses im Meere auf- und abgestiegen sein müsse.

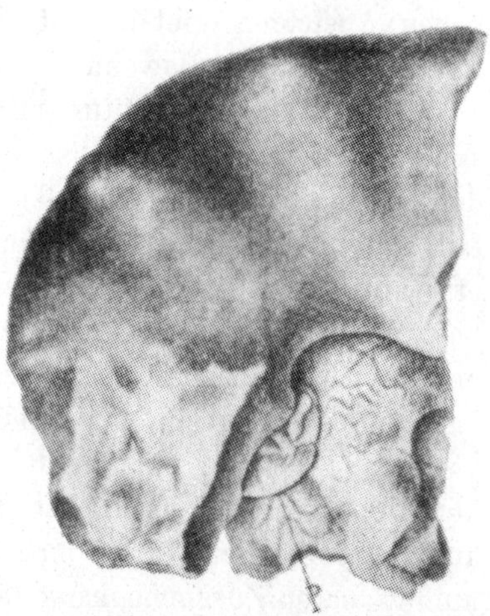

Fig. 266. Fragment eines Ceratiten aus dem deutschen Muschelkalk mit überwachsener Placunopsis-Schale *p*. (Aus Philippi, l. c.) $^1/_1$.

Nach der groben Skulptur der Ceratiten sind sie nach unseren obigen Darlegungen gewiß keine flotten Schwimmer gewesen, wohl mit Ausnahme des Ceratites semipartitus, welcher zugeschärft scheibenförmig und fast skulpturlos ist. Sie haben auch verhältnismäßig weit auseinander stehende Kammerscheidewände, waren also spezifisch leicht. Wenn nun, wie es der Fall ist, auch auf ihm oft Placunopsis sitzen, so muß vor allem unterschieden werden, ob diese Schälchen sich in jedem Falle zu Lebzeiten der Tiere aufsetzten, oder nach dem Tode, oder beides. Bei dem von Philippi beschriebenen Ceratitenexemplar ist das Anheften auf dem lebenden Tier zweifellos. Das hindert aber gar nicht, daß der Ceratites aufstieg und sank und daß er herumtrieb, ohne rasch zu schwimmen. Dabei hatten Placunopsislarven reichlich Gelegenheit, sich auf

---

1) Philippi, E., Über ein interessantes Vorkommen von Placunopsis ostracina Schl. Zeitschr. deutsch. geol. Ges., Bd. 51, Verh. S. 67, Berlin 1899.

2) Benecke, E. W., Die Versteinerungen der Eisenerzformation von Deutsch-Lothringen und Luxemburg. Abhandl. Geol. Spezialkarte v. Elsaß-Lothringen, N. F., Heft VI, S. 550, Straßburg 1905.

solchen Schalen festzusetzen, ebensogut wie auf leeren, am Boden liegenden oder pseudoplanktonisch noch herumtreibenden Gehäusen toter Tiere. Auch Austernlarven setzen sich ja bekanntlich auf Treibholz fest, lange ehe es am Boden liegt; ebenso Balaniden und Lepaditen auf Holz und Bimssteinen.

Es sind noch andere Fälle von aufgehefteten Schaltieren auf Ammonitengehäusen bekannt geworden, z. B. bei einem Lytoceras aus dem Lias, der gleichfalls auf einem inneren Umgang Discinagehäuse trägt.[1] Auch v. PIA, der eine eingehende Übersicht über die Lebensweise der Ammoniten und die in der Literatur hierüber schon vertretenen wesentlichen Ansichten gibt[2], hält die Ceratiten der Nodosusgruppe für nur mäßig bewegliche Bewohner seichten, stark bewegten Wassers.

Ceratites semipartitus mit seinem scheibenförmigen, kaum mehr skulptierten engnabeligen Diskusgehäuse ist als der beste Schnellschwimmer der germanischen Muschelkalkceratiten anzusehen. Es ist wohl kein Zufall, daß gerade diese beste Schwimmform am Ende der Muschelkalkzeit erst auftritt, wo das Meer schon merklich eingeengt wurde durch die beginnende Verlandung der Keuperzeit. Infolgedessen wurden wohl die einzelnen Wohnbezirke eingeengt, es traten Trockenlegungen des Muschelkalkmeeresbodens ein, und hierbei war es ein biologisches Erfordernis geworden, daß die überhaupt beweglichen Tierformen, also die Schalenkephalopoden, auch möglichst rasche Ortsbewegungen und Wanderungen ausführen konnten. Hier mag also die Modifikation des Typus in einem unmittelbaren Zusammenhang mit den geologischen Ereignissen gestanden haben. (Vgl. Kap. II, 1, S. 97/98.)

Wenn ein Körper, wie das Ammonitengehäuse, steigt, so muß er mitsamt dem Tier spezifisch etwas leichter wie das Wasser sein und umgekehrt beim Sinken spezifisch schwerer. Da das Ammonitentier selbst beim Heraustreten aus der Schale und beim Ausstrecken der Tentakeln damit keineswegs eine derartige Vergrößerung seiner Körperoberfläche erzielt, wie ein rein planktonisch angepaßtes Tier vom Typus des Sarkodetieres (Fig. 245, S. 506); und da ferner die Gasvermehrung und -verminderung in der gekammerten Schale keineswegs solchen Umfang annehmen kann, daß dadurch eine wesentlich geänderte Belastung oder Entlastung eintreten würde, so kann das Auf- und Absteigen bei den Ammoniten, wenn wir von Trichterstößen absehen, nur dadurch zustande gekommen sein, daß Schale plus Tier statisch derart abgemessen waren, daß ein Weniges an Oberflächenvergrößerung oder Gasverminderung es zum Steigen, ein Weniges an Oberflächenverringerung und Gasvermehrung es zum Sinken brachte. Nun wissen wir aber, daß weniger die

<hr>

1) DUMORTIER, E., Études paléontologiques sur les dépôts jurassiques du bassin du Rhône, Bd. IV, S. 217/18, Paris 1874.

2) v. PIA, J., Oxynoticeras a. a. O. S. 106.

Temperatur, als vielmehr der Gehalt an gelösten Stoffen und Gasen und die Reibung (S. 507) von Einfluß auf das Sinken und Schweben ist. Diese Verhältnisse sind aber nicht überall im Meere dieselben, besonders dort nicht, wo Landnähe verhältnismäßig viel Süßwasser einerseits, andererseits viel gelöste Stoffe einem Meeresbecken zuführt. Wenn also die Ammoniten in der bezeichneten Weise statisch eingestellt waren, so sind sie damit auch recht streng an die „Fazies" gebunden gewesen, nur war das nicht die Fazies des Bodens und des am Boden sich niederschlagenden Sedimentes, sondern die Fazies des Wassers selbst.

Wenn wir also Ammoniten fossil oft an bestimmte Ablagerungen oder an ein bestimmtes Meeresbecken gebunden sehen, so ist das allerdings ein Beweis, daß sie von ihrer Fazies abhingen, aber es ist nicht immer ein Beweis, wie man meint, daß sie ausschließlich Bodenbewohner waren; sie haben wahrscheinlich von der Zusammensetzung des Wassers in starkem Maße abgehängt.

Es sei an die im vorigen Abschnitt dieses Kapitels (S. 506/07) wiedergegebenen Ausführungen OSTWALDS über die Statik der Sink- und Schwebebewegungen erinnert. Wenn diese sich auch zunächst nur auf das eigentliche, passiv schwebende Plankton bezogen, und die Ammoniten in diesem Sinne gewiß keine planktonischen Tiere waren, so paßt die erörterte hydrostatische Gesetzmäßigkeit doch auf jede Sink- und Steigbewegung, also auch auf die, welche das Ammonitentier ausführte. Einerlei, ob es nur passiv durch Änderung seiner Körperoberfläche und seines Gasinhaltes stieg und sank oder dazu noch den Trichter zu Hilfe nahm, immer wieder gilt das hydrostatische Gesetz, daß eine Körperform und eine Gehäuselage mit breiter Vertikalprojektion und mit senkrecht zur Sink- und Steigrichtung gestellten größeren Flächen, die auch durch Rillen und Rauhigkeiten erzeugt werden, im Wasser mehr Widerstand findet als eine entsprechend andere.

Mustern wir danach die Ammonitenschalen durch, so müßten die hochmündigen, scheibenförmigen, glatten Gehäuse (z. B. Beloceras Fig. 258), welche mit dem Kiel das Wasser durchschnitten, nicht nur am besten horizontal geschwommen, sondern auch am besten gestiegen und gesunken sein. Daß sie, wie oben ausgeführt wurde, vorzüglich geeignet waren, mittels der Trichterstöße das Wasser auch in schräger oder horizontaler Richtung zu durchschneiden, schließt ja nicht aus, daß sie nicht auch vertikal gestiegen und gesunken sind, aktiv dabei sich bewegend.

Wir haben aber außer diesen diskoiden und noch einigen anderen sehr flachnabeligen, schmalmündigen glatten Formen mit abgeflachten Flanken wie Psiloceras planorbis (Fig. 260) die übrigen Ammonitenformen, besonders die verzierten, für sehr viel schlechtere Schwimmer erklärt. Daß die Stephanoceren (Fig. 261 A) wegen des breiten Rückens, des breiten und tiefen Nabels und ihrer Verzierungen nicht nur, wie oben erwähnt, ganz schlechte Aktivschwimmer, sondern auch eine zum Sinken und Steigen höchst ungeeignete Schale hatten, ist nach den obigen Ausführungen Ostwalds selbstverständlich. Perisphinkten z. B. waren in dieser Hinsicht, weil sie schmäler waren, besser organisiert. Aber unter allen nicht zugeschärften Formen war am besten für das Steigen und Sinken entschieden Arcestes. Denn dessen außen sehr gerundete, glatte und nabellose Form bot infolge der Rundung der Externseite nirgends einen absoluten rechten Winkel in der Sinkrichtung gegen das Wasser, war mithin auch von allen nicht diskoiden Ammoniten dem geringsten Widerstande ausgesetzt. Hierin ist selbst ein flachflankigeres Phylloceras weniger günstig organisiert, weil es einen Nabel hatte. Man vergegenwärtige sich noch einmal, was oben über den lebenden Nautilus gesagt wurde, daß er kein guter energischer Schwimmer ist, wohl aber auf- und absteigt. Auch bei ihm ist — mit Ausnahme von Nautilus umbilicatus — der Rücken Arcestes-artig gerundet, nicht diskoid, nicht breit, und das Gehäuse nicht verziert, ja kaum noch genabelt. Er erfüllt, abgesehen von der Dickschaligkeit, dieselben hydrostatischen Bedingungen wie Arcestes.

Diener will, wie schon erwähnt, mit verschwindenden speziellen Ausnahmen, die vorhin als benthonische Formen besprochen wurden, alle Ammoniten als schwimmende pelagische Tiere angesehen wissen. Er schränkt den Begriff des Schwimmens natürlich auch entsprechend ein: „Die Bewegung der Ammonitentiere im Wasser dürfte vielleicht nicht unpassend mit jener eines Lenkballons in der Luft verglichen werden. Die gekammerte Schale entspricht dem Ballon, dessen Schwebefähigkeit durch die der Gewichtsverminderung zuliebe hohle Skulptur erhöht, dessen Beweglichkeit durch Querschnittsverminderung und Zuschärfung oder Kielung der Externseite vergrößert wird; der zum kräftigen Herausschleudern des Wassers durch den Trichter dienende Muskelapparat dem Motor. Bei hochmündigen Formen mit zugeschärfter Externseite, wie Beloceras, Pinacoceras oder Oxynoticeras, war zur Erzielung gleicher Leistungen eine geringere propulsive Kraft des Trichterapparates notwendig, als bei den plumpen Formen mit gedrungener Schale, wie Arcestes oder Sphaeroceras. Zum Auf- und Niedertauchen und zum freien Schweben im Wasser waren alle Ammoniten mit normaler Schalenform befähigt, aktives Schwimmvermögen verlieh ihnen der Besitz des Trichterapparates, dessen Tätigkeit durch die kahnförmige Gestalt vieler Ammonitenschalen unterstützt wurde.“

Wir haben mit dem Bisherigen die schlechtesten und besten Bewegungsschwimmer unter den Ammoniten festzustellen versucht und es erübrigt sich noch auch unter den involuten Nautiliden nach entsprechenden Formen Umschau zu halten. Die Nautiliden sind stets dickschaliger als die Ammoniten gewesen. Ihre Entwicklung ging vom nek-

tonischen Orthoceras zum mehr benthonischen involuten Nautilus. Es
dürfen daher und nach Analogie mit dem lebenden Nautilus viele Bodenbewohner unter ihnen zu erwarten sein. Da aber auch in dieser Gruppe
stets der gekammerte, lufterfüllte Schalenteil vorhanden ist, so kann von
einem absoluten Bodenleben, wie bei den Gastropoden, sicher nicht gesprochen werden, wenn sie auch mehr am Boden saßen als vermutlich
die Ammoniten. Wenn wir in dem triassischen Oxynautilus (Fig. 267 A)
eine fast ganz diskoid gewordene Form sehen, so werden wir sie nach dem

Fig. 267. Nautilidentypen von verschiedener Schwimmfähigkeit:
A Oxynautilus. Obere alpine Trias, Hallstadt. Zugeschärfte, gut schwimmende Form.
(Aus v. Mojsisovics, Gebirge um Hallstadt, Suppl. 1902.) $^2/_3$. *B* Trematodiscus.
Obere alpine Trias, Südtirol. Breite, schlecht schwimmende Form. (Aus v. Mojsisovics,
Ceph. Medit. Triasprovinz, 1882.) $^2/_3$.

oben bei derartigen Ammoniten Gesagten als einem besonders guten
Schwimmer zugehörig ansprechen dürfen; aber der Nabel war weiter
und das Gehäuse daher nicht so ideal an das Durchschneiden des Wassers
angepaßt als bei jenen. Auch die aufgeblähte Form begegnet uns im
Jura; es sei für sie an das erinnert, was oben (S. 535/36) über die statische
Wirkung des aufgeblähten Arcestesgehäuses gesagt wurde. In der Unterkreide begegnet uns ein berippter Nautilustyp[1]), die Rippen sitzen hier
aber als Querwellungen auf der Schale, während wir in der Trias Nautiliden mit Längsrippen auf Rücken und Flanke haben. Diese, sowie die
breitrückigen Formen (Fig. 267 B) waren natürlich am ungeeignetsten zum
Durchschneiden des Wassers.

Wenn wir so die Reihe der Nautiliden mustern und selbst unter
den best zugeschärften nur Formen sehen, die nicht den Idealtypus des

---

1) Abgebildet z. B. in Geinitz, Elbtalgebirge. Paläontographica XX, 1, 1871/75. Taf. 61.

wasserdurchschneidenden Ammoniten erreichen, zudem auch ganz spärlich auftreten, während bei den Ammoniten die Diskusform doch recht häufig ist; wenn wir ferner auch die noch nicht involuten paläozoischen Nautiliden, eingeschlossen Orthoceras, zwar für ein Auf- und Niedersteigen, nicht aber für ein Horizontalschwimmen geeignet fanden; wenn wir drittens an die vielen breitrückigen und gerippten Arten der involuteren Nautiliden denken; und endlich, wenn wir uns die träge Lebensweise des lebenden Nautilus noch einmal in's Gedächtnis zurückrufen, so macht es den Eindruck, daß die Nautiloideen überhaupt zu allen Zeiten ähnlich lebten wie der heutige, also zum Bodenleben, verbunden mit Auf- und Absteigen, nicht aber zum Bewegungsschwimmen hin tendierten, während umgekehrt dies letztere bei den Ammonoideen die Grundtendenz der Entwicklung war. Die Ammonoideen waren in erster Linie auf die Horizontalschwimmbewegung und das Dauerleben in der Höhe eingestellt. Wenn sie dies — nach ihrem Schalenbau jeweils zu urteilen — aufgaben, dann waren sie nicht Bodenbewohner, vielleicht mit einer Ausnahme (S. 550), sondern trieben an der Oberfläche herum und schwammen dabei nicht oder wenig aktiv. Dieser Gegensatz der beiden Ordnungen tritt auch ganz unverkennbar in der durchschnittlichen Schalendicke zutage: das Ammonitengehäuse stets dünnschalig durchscheinend, vielleicht oft glashell, das Nautilidengehäuse stets verhältnismäßig dickschalig, also dem stoßenden Bodenleben viel angepaßter.

Ein weiterer Wahrscheinlichkeitsbeweis für diesen die beiden Gruppen beherrschenden, wenn auch gelegentlich bis zum Ineinandergreifen und Vertauschen der Rollen beiderseits abgeminderten Gegensatz der Lebensweise liegt in der Tatsache, daß gerade die ältesten Ammonoideen, die Goniatiten, sofort viele flache oder glatte und engnabelige Formen haben; sie stellen schon bei ihrem Auftreten also einen biologischen Typus dar, den die paläozoischen Nautiliden überhaupt nie erreichten, und füllten daher mit ihrem Auftreten schon einen Platz in der Natur aus, den jene ihnen gar nicht streitig machten. Erst als die paläozoischen, nur auf- und absteigenden, kaum aktiv schwimmenden und wohl am Boden ihre Nahrung suchenden Nautiliden ausstarben, fingen im Mesozoikum auch die Ammoniten an, trachyostrake und treppenförmig genabelte Typen massenhaft zu entwickeln und nahmen nun wahrscheinlich zum Teil auch die Plätze in der Natur ein, die im Paläozoikum noch allein den Nautiloideen gehörten, aber trotzdem immer dabei Schwimmtiere bleibend.

Die mesozoischen Nautiliden haben sich dann stark vermindert und wohl wie der jetzige Nautilus gelebt, also auch am Boden ihre Nahrung gesucht. So werden weiter die festen Hornkiefer verständlich, denen wir bei mesozoischen Nautiliden begegnen. Denn diese Tiere hatten bei ihrer Lebensweise Zeit, eine am Boden gefundene feste Nahrung zu zerkauen. Die oben schwebenden und schwimmenden Ammoniten aber

lebten von dort sich aufhaltendem Getier, wohl von Plankton, das weich
und durchscheinend war und rasch verschluckt werden konnte, brauchten
also solche Kiefer nicht. Ihre Aptychendeckel waren zellig und leicht. So
schließen sich alle morphologischen Merkmale zu Gliedern einer Beweiskette
zusammen, deren Ergebnis unter Herbeiziehung der auch im vorigen Abschnitt vorgetragenen Anschauungen hiermit kurz zusammengefaßt sei:

1. Alle Nautiliden und Ammonoiden haben Luftkammerschalen und
einen Sipho als Regulierungsorgan für den Gasdruck. Diese Einrichtung
ist so sehr von allen äußeren Formwandlungen der Schalen unbeeinträchtigt, daß ihm eine absolute Bedeutung für die Lebensweise des
Individuums zukommt. Diese Bedeutung liegt dauernd im richtigen
Funktionieren der Schale als eines hydrostatischen Apparates. Der Sipho
des gewöhnlichen Nautiliden entspricht dem Kleinsipho der Endoceraten.
Deren breiter schlauchförmiger Großsipho ist homolog der normalen
Orthoceras- und Nautilusschale. Die Kammerung der Endoceraten ist
ein bei Normalorthoceren nicht vorhandenes akzessorisches Gebilde, das
seinerseits homolog den Seitenkammern des Ascoceras ist.

2. Je nach der verschiedenen Form der Gehäuse bei Nautiloideen
und Ammonoideen läßt sich auf eine bestimmte Lebensweise schließen.
Derartige Schlüsse sind nicht einwandfrei, weil es an entsprechenden
lebenden Analogen ganz fehlt. Argonauta ist kein solches. Es lassen
sich daher nur aus allgemein statischen und auf die Form bezüglichen
allgemein biologischen Gesichtspunkten gewisse mehr oder minder begründete Vorstellungen gewinnen.

3. Die Orthoceren und orthocerasähnlichen übrigen Nautiloideen
und Ammonoideen stiegen mit vertikal gestellter Schale, die Mundöffnung
nach unten gerichtet, im Wasser auf und ab oder schwebten darin herum.
Die Nautiloideen unter ihnen stiegen bis zum Boden herab, wobei das
Gehäuse nach oben stand; die dünnschalerigen Ammonoideen unter ihnen
blieben mit ebensolcher Schwebestellung des Gehäuses in den höheren
Wasserregionen. Die Orthoceren hatten teilweise die Möglichkeit, die
Schale von außen zu umgreifen, wodurch sie ihr vielleicht eine andere
als die rein vertikale Richtung willkürlich geben konnten zum Zweck der
seitlichen Fortbewegung mittels der Trichterstöße; doch war diese Bewegung untergeordnet gegenüber dem vertikalen Auf- und Niedersteigen.

4. Die eingebogenen, die uhrfederartig gerollten, die weitnabeligen
mit geschlossener Spirale und die mit geschlossener engnabeliger Spirale
ausgestatteten Nautiloideen stiegen ebenso im Wasser vertikal auf und
ab, wobei jedoch die Mundöffnung und damit der Weichkörper schräge
nach unten hingen. Auch sie konnten sich mittels des Trichters in
schräger Richtung fortbewegen.

5. Unter den Nautiliden und Ammoniten sind die flach scheibenförmigen mit zugeschärfter Externseite die schnellsten Schwimmer in

horizontaler oder schräger Richtung gewesen; die mit breitem Rücken, treppenförmigem Nabel und groben Verzierungen waren schlechte Schwimmer, aber keineswegs ausschließliche Bodenbewohner. Die Nautiliden kehrten jedoch hauptsächlich zum Boden zurück, die Ammoniten blieben möglichst ihm fern.

6. Die aberranten Kreideformen mit losgelöstem letztem Umgang und mit hakenförmigem Gehäuse sind weder Bodenbewohner noch gute Bewegungsschwimmer gewesen. Sie waren mehr passiv treibende Schwimmer, und gebrauchten vermutlich auch den Trichter nur untergeordnet; immerhin hatten auch sie eine geringe aktive Beweglichkeit.

7. Bodenbewohner, vielleicht am Boden kriechende oder kriechendschwebende waren die mit turmförmiger Schneckenspirale ausgerüsteten Turriliten und Cochloceras. Das Gehäuse trug sich selbst, im Gegensatz zu den formentsprechenden Schneckengehäusen, mit denen es statisch nicht verglichen werden darf.

Bei den Ammonoideen ist die aufgelöste und gestreckte Form ein geologisch spät auftretendes Endstadium einzelner Zweige; bei den Nautiloideen ein Anfangsstadium. Die Entwicklung geht bei den Nautiloideen immer mehr zum Bodentier, bei den Ammonoideen wird von vorneherein der für die oberen Wasserregionen geeignete dünnschalige Schwimmtypus entwickelt. Beide Gruppen jedoch steigen im Wasser auf und nieder.

8. Der Sinn der Nautiloideen-Entwicklung ist im allgemeinen der, von der zerbrechlichen geradegestreckten zu der umhüllten eigentlichen Nautilusschale zu kommen. Zugleich bedeutet dies eine gewisse Änderung der Lebensweise. Die Ammonitenschale hatte diesen Vorteil von Anfang an. Wo sie davon abwich und das Gehäuse sich entrollte, geschah dies erst sekundär in Anpassung an eine besondere Lebensweise.

9. So vorzügliche Schwimmer wie die Nacktkephalopoden, insbesondere die fossilen torpedoförmigen Belemnoideen, haben die Nautiloideen und Ammonoideen niemals ausgebildet. So machten sich alle drei Gruppen nirgends den Lebensraum streitig.

Es ist von einer durch Generalisierung gebundenen Anschauungsweise wohl nirgends mehr als bei Kephalopoden abzugehen. Die Tiere haben nicht nur einer bestimmten, fest umschriebenen Lebensweise gehuldigt. Ein Tier, das ein vorzüglicher Schwimmer war, kann ebensogut niedergesunken und aufgestiegen sein oder pseudoplanktonisch getrieben haben. Es sei noch einmal ausdrücklich betont, daß auch bei dem Niedersteigen keineswegs der Boden berührt werden mußte. Es fragt sich immer nur, für welchen Zweck das Gehäuse überwiegend ausgebildet war. Wie verschieden die Lebensweise ein und derselben Art bei Kephalopoden ist und vermutlich in der Vorwelt daher auch war, zeigt nicht nur der bisher anscheinend so widerspruchsvoll geschilderte Nautilus, sondern es zeigen dies auch die lebenden Dibranchiaten, über die ich einige von Abel gegebene Beschreibungen[1]) im kurzen Auszug hier noch anfügen will, um jene Vielgestaltigkeit der Lebensweise anschaulich werden zu lassen:

Octopus vulgaris liegt gewöhnlich in einer Felsspalte versteckt; beim Hervorkommen zur Nahrungssuche stelzt er auf den an der Spitze eingerollten Armen umher. Erblickt er ein Beutetier, so dreht er die Trichtermündung in der der Fluchtrichtung der Beute entgegengesetzten Richtung um und stößt rasch nach. Wird er selbst angegriffen, so streckt er die Fangarme zusammengelegt in der Körperachse aus, stößt mit dem Trichter Wasser aus und schwimmt eilends mit dem nach vorne gerichteten Körpersack davon, in einer Tintenwolke verschwindend. Er hat keine Schwimmhaut und keine Flossen. Octopus arcticus kriecht, wenn auch seltener, ebenso wie der vorige. Das Schwimmen geschieht auf doppelte Weise: sowohl eine die Arme verbindende Schwimmhaut, die abwechselnd mittels der Arme gespreizt und geschlossen wird, als auch das Ausstoßen des Wassers aus dem Trichter verhilft zur Fortbewegung. Dabei werden die Arme geschlossen in gestreckter Haltung nach vorne gerichtet, es erfolgt der Ausstoß aus dem Trichter. Nimmt die Bewegung ab, so spreizen sich die Arme wieder, sie werden darauf wieder kräftig geschlossen und der Trichterausstoß erfolgt von neuem, so daß die ganze Schwimmbewegung in eine Reihe von Vorwärtsstößen zerfällt. Jede beliebige Schwimm-richtung kann das Tier durch Umstellen seines Trichters bzw. dessen Öffnung erzielen, es kann sogar nach vorwärts in der Richtung der ge-streckten Arme schwimmen, wobei diese als Wellenbrecher wirken.

Cirroteuthis Mülleri ist nach Dollo ein wieder zur pelagischen Lebensweise zurückgekehrter Bodenbewohner und besitzt nicht nur Seiten-flossen, sondern auch einen die acht Arme fast bis zu ihren Spitzen verbindenden mächtigen Hautsaum, von dem wir mit Abel annehmen dürfen, daß er der Lokomotion dient, während der Trichter rückgebildet ist, wobei die sehr muskulösen Seitenflossen mitwirken.

Illex illecebrosus schwimmt nach Abel ebenso gewandt rückwärts, vorwärts und seitlich, und zwar nur mit den außerordentlich raschen Stößen des Trichters. Damit die große, in ihren Umrissen einem Kreis-quadranten entsprechende Terminalflosse das Tier beim Rückwärts-schwimmen nicht aufhält, so wird sie beim schnellen Rückwärtsschwimmen so dicht um das Körperende gerollt, daß sie dessen spitze Kegelform nicht beeinträchtigt; nur beim langsamen Schwimmen wird sie als akzessorisches Lokomotions- oder Balancierorgan verwendet.

Die Kalmare, als deren Typus hier Loligo vulgaris gelten mag, ebenso Onychoteuthis Lesueurii, haben an der Unterhälfte der Flanken

---

1) Abel, O., Paläobiologie der Kephalopoden aus der Gruppe der Dibranchiaten, S. 8, 10, 15, 16 usw. Jena 1914.

oder am Unterende zwei Flossen. Schwimmt der Kalmar langsam, so bewegt er sich nach ABEL nicht durch Trichterstöße, sondern nur durch ruhige wellige Schläge seiner Terminalflosse, und zwar nach vorwärts, indem die Wellenbewegung der Flosse am Vorderende, nach rückwärts, indem sie am Hinterende beginnt. Hierbei steht die Körperachse horizontal, aber sie ist schräge gestellt, wenn das Tier mit dem Körperende (seltener mit dem Kopfende) voran aufwärts steigt; nie steht dabei die Körperachse vertikal. Auf der Flucht schnellt sich das Tier mit starken Rückstößen aus dem Trichter davon, wobei die Flossen bauchwärts um den Körper gelegt werden. Es kann sich dabei sogar aus dem Wasser herausschnellen. Im höchsten Maße hat diese letztere Eigenschaft der „Fliegefisch" Stenoteuthis Bertrami entwickelt. Er hat außerordentlich große Flossen, welche nach ABEL wohl imstande sind, den Körper eine Zeitlang schwebend in der Luft zu erhalten.

VI. Kapitel

Der Schalen- und Skelettbau

1. Hartteil und Weichkörper

Die Beziehung der Schalen, Panzer und Innenskelette zu den Weichteilen ist eine doppelte: 1. wird die Form des Hartteiles dadurch bestimmt,
daß er sich der äußeren Form des Weichkörpers anschmiegt (Muschelschale, Gefäßeindrücke der Brachiopoden), oder daß er dessen Zwischenräume ausfüllt (Septen der Korallen); 2. wird eine meistens mikroskopische
Feinstruktur (Prismen, Lamellen, Pfeilerchen, Poren) von den Weichteilen
geschaffen, welche in verschiedener Aufeinanderfolge und Gestalt oft von
ein und derselben Körperstelle ausgeschieden werden. Nur von der
Entstehung der Feinstruktur soll hier zunächst die Rede sein.

Man darf sich weder vorstellen, daß die Schalen durch einfache
chemische Ausfällungen wie im Reagenzglase zustande kommen, noch
daß die Kristallisationseigenschaft der Stoffe ihre Strukturen bestimmt.
Zwar sind natürlich beide Vorgänge bei dem Prozeß beteiligt, aber sie
wirken nicht nach eigenen Gesetzen, sondern sind beherrscht von den
organischen richtunggebenden Kräften. Nichts wäre oberflächlicher, als
hier nur einen mechanistischen Chemismus sehen oder erwarten zu wollen.
Im Gegenteil: der Vorgang der Schalen- und Skelettbildung ist im höchsten
Grade organistisch, nicht chemisch und kristallhaft. Schon eine einfache
Überlegung macht das klar. Die Gehäuse niederer Tiere bestehen aus
einer bis mehreren verschiedenartigen Schichten, die nicht nur Struktur
haben, sondern auch in den einzelnen Lagen verschiedenartige Struktur.
Diese könnte nicht oder nicht in so verschiedener Form und Ausgestaltung
zustande kommen, wenn es sich bei der Schalenbildung bloß um eine
Vermittlung rein chemischer Niederschläge durch die Epithelien handeln
würde. So haben beispielsweise die Mollusken eine mehrschichtige Schale:
die Muscheln eine zwei- bis dreischichtige, bestehend bei Süßwasser-

muscheln aus horniger äußerer Epidermis, darunter einer Prismenschicht mit zur Oberfläche etwa senkrecht gestellten Zylindern, darunter einer Perlmutterschicht aus etwa parallel zur Schalenoberfläche gelegenen feinen irisierenden Kalklamellen. Also nicht nur ist die Schale kein einfaches Kalkgebilde, sondern dreifach innerlich geteilt, abgesehen von weiterer Feinstruktur; auch diese drei Schichten sind in sich wieder in Fäden, Säulen und Lamellen gegliedert. Ein solches Gebilde kann nicht schlechtweg das Produkt eines chemischen Niederschlages oder einer Kristallisation sein. Freilich brechen die Schalen der Seeigel und Krinoiden nach Kalkspatflächen; die Nadeln vieler Kalkschwämme verhalten sich wie ein Kalzitkristall. Trotzdem aber bleibt nach wie vor die Tatsache bestehen, daß diese Gebilde nicht als Kristalle nach ihrem eigenen Gesetz sich bilden, sondern vom Organismus bis in's kleinste an die Stelle gebracht und — unter Benützung der Kristallisierungseigenschaft des Stoffes — in d i e Form gegossen werden, die b i o l o g i s c h gerechtfertigt erscheint und wodurch sich eben das fertige organische Gebilde vom anorganischen nicht nur der Form, sondern seinem Wesen nach unterscheidet. [1]

Ganz dieselbe Natur hat z. B. die Spongiennadel. Einerlei ob es eine Stabnadel, ein Drei- oder Vierstrahler ist, ob die Schenkel gerade oder gebogen sind, stets verhält sie sich wie ein dem rhomboëdrischen System angehöriges Kristallindividuum. Jede Kalknadel verhält sich also so, als ob sie aus einem Kalkspatkristall herausgeschnitten wäre, und zwar unter bestimmten Beziehungen zu den kristallographischen Axen. Die optische Orientierung ändert sich mit der Form der Nadeln, vielleicht auch mit ihrer natürlichen Lage im Körper. Die äußere Form ist also von der Kristallstruktur und dem -system unabhängig; sie wird vielmehr von den mechanischen Leistungen bestimmt, die der lebende Organismus von den Skeletteilen verlangt. [2]

Erkennt man so und an vielem anderen die verwickelte spezifisch organische Struktur und Gestaltung der Hartteile, die weit davon entfernt sind, einfache Fällungen oder Auskristallisierungen zu sein, so ist auch noch die andere Frage Gegenstand weitgehender Meinungsverschiedenheiten gewesen: ob der notwendige Rohstoff, also der kohlen- und phosphorsaure Kalk, sowie die Kieselsäure unmittelbar als solche dem Wasser oder dem Boden entnommen werden und unverändert durch den Weichkörper bis zur Ausscheidungsstelle hindurchgehen; oder ob auch hier, wie bei allem organischen Geschehen, erst verwickelte Umsetzungen stattfänden?

---

1) Man vergleiche hierzu vor allem den Abschnitt „Die Hartgebilde" in J. WALTHER „Allgemeine Paläontologie". I. Teil. Die Fossilien als Einschlüsse der Gesteine, S. 120 ff., Berlin 1919.

2) RAUFF, H., Palaeospongiologie I. Palaeontographica, Bd. 40, S. 146/47, Stuttgart 1893.

Die Kalkschalen bestehen in erster Linie aus kohlensaurem Kalk, dann auch aus etwas schwefelsaurer Magnesia und phosphorsaurem Kalk. Im Meerwasser aber sollten nach einer Schätzung von Murray[1]) pro Liter nur 0,0255 mg kohlensauren Kalkes sein, er sollte bilden rund 0,02 % der darin enthaltenen Salze. Es war also an und für sich schon unwahrscheinlich, daß die vielen Kalkorganismen, besonders die riffbauenden und dickschaligen, den kohlensauren Kalk unmittelbar dem Wasser entnehmen.

Im Süßwasser überwiegt, wenn man es nach den älteren Analysen ausdrückt, bei weitem der Gehalt an Kalziumkarbonat den an Chloriden und Sulfaten, also umgekehrt wie beim Meerwasser, nach beifolgender Tabelle. Auf 100 Teile Wasser entfallen:

	im Flußwasser	im Meerwasser
Karbonate	60,1	0,3
Sulfate	9,9	10,8
Chloride	5,2	88,7
Sonstiges	24,8	0,2

Die Frage ist von zwei Seiten zu betrachten: 1. ist zu untersuchen, wie der Organismus selbst die aufgenommenen Substanzen weitergibt und an die Ausscheidungsstelle bringt; 2. in welcher Form die Mineralstoffe im Meerwasser suspendiert sind.

Von den Marintieren glaubte der alte Bischof, kein Naturforscher werde zweifeln[2]), daß allein nur der im Meerwasser gelöste kohlensaure Kalk das Material zur Bildung der Kalkschalen liefere. Demgemäß filtrierten die Tiere so viel Wasser durch ihren Körper hindurch, daß sie die nötige Menge Kalkes daraus abspalten könnten, wie bei der Atmung die Lunge den Sauerstoff der Luft entnehme. Durch Vergleichung der in einer Austernschale aufgespeicherten Kalkmasse mit dem Kalkgehalt des Meerwassers wollte er gefunden haben, daß eine solche Auster das 27 000 bis 75 000 fache ihres eigenen Körpergewichtes durch sich habe hindurchgehen lassen müssen wie durch ein Pumpwerk.

Man darf mit Sicherheit annehmen, daß man mit jeder mechanistischen Vorstellung über die Bildungsweise organischer Produkte auf dem falschen

---

1) Krümmel, O., Handbuch der Ozeanographie, Bd. I, 2. Aufl., S. 308/09 u. 319, Stuttgart 1907. Nach Krümmel, l. c. S. 219 enthält das Meerwasser angeblich:

	In 1 Liter Wasser	In Proz. aller Salze
Kochsalz NaCl	27,2	77,8
Chlormagnesium $MgCl_2$	3,8	10,9
Magnesiumsulfat $MgSO_4$	1,7	4,7
Gips $CaSO_4$	1,3	3,6
Calciumkarbonat $CaCO_3$	0,12	0,4

2) Bischof, G., Lehrbuch der chemischen und physikalischen Geologie, Bd. I, S. 970—72, Bonn 1847.

Weg ist. Der BISCHOFschen Darlegung trat denn auch bald eine andere gegenüber, welche weitergehende organische Umsetzungen der aus dem Meerwasser entnommenen Stoffe im Tierkörper anerkannte. Hierbei behaupteten zwei Theorien eine Zeitlang das Feld: die eine, wonach die Meerestiere die im Wasser besonders reichlich vorhandenen Salze NaCl und $CaSO_4$ in sich aufnähmen und sie folgendermaßen umsetzten:

$$Na + CO_2 \text{ (letztere im tierischen Körper vorhanden)} = Na_2 CO_3;$$
$$Na_2 CO_3 + CaSO_4 = Na_2 SO_4 + CaCO_3.$$

Die gelegentlich in den Schalen vorhandene schwefelsaure Magnesia entwickelt sich wie folgt:

$$NaSO_4 + MgCl_2 \text{ (des Seewassers)} = MgSO_4 + NaCl.$$

Nach der anderen Auffassung komme aus den dem Meere angeblich entnommenen Salzen der kohlensaure Kalk im Tierkörper erst zustande durch die Einwirkung von Natrium- und Ammoniumkarbonat auf das Calciumsulfat, welches dadurch zerlegt würde in $CaCO_3$ und $Na_2 SO_4$.[1]

Unterstützt wurde die Auffassung, daß der kohlensaure Kalk aus anderen marinen Kalksalzen gewonnen wird, durch den Nachweis STEINMANNS[2], daß Eiweiß aus diesen Salzen in Form von sphäroidischen Kügelchen kohlensauren Kalk niederzuschlagen vermag, wobei diese Ausscheidungsprodukte sehr an gewisse primitive organische Gebilde, die Coccolithen, erinnern. Zugleich wird die Eiweißsubstanz in einen konchyolinartigen Zustand übergeführt und umgibt die Kalkkörperchen, wodurch diese widerstandsfähig gegen Auflösung werden. Dieser Prozeß soll darin begründet sein, daß die stickstoffhaltigen Stoffe des Tierleibes, wozu auch das Eiweiß gehört, durch Gärungsvorgänge viel Ammoniak liefern, und daß erst dieses seinerseits die Ausfällung von kohlensaurem Kalk bewirkt. Überhaupt werde, nach STEINMANN, das Kalkkarbonat bei der Schalenbildung sowohl der Meer-, wie der Land- und Süßwassertiere nicht als solches in den Stoffkreislauf des Körpers eingeführt, einerlei ob es auch in gelöster oder fester Form aufgenommen wird, sondern es werde bei der Verdauung in Sulfat, Chlorid, Phosphat oder in das Salz irgendeiner organischen Säure verwandelt, aus welcher es dann erst wieder bei der Schalenbildung ausgefällt wird.[3]

Was die Kieselskelette betrifft, so sollte durch die im Tierkörper entstehende Salzsäure aus Silikaten von Natrium, Kalium und Lithium Kieselsäure ausgefällt werden. Die Salzsäure entsteht im Tierkörper

---

[1] Eine genauere Darstellung mit Literaturangaben siehe in KAYSER, E., Lehrbuch der allgemeinen Geologie, 5. Aufl., S. 654/55, Stuttgart 1918.

[2] STEINMANN, G., Über Schalen- und Kalksteinbildung. Ber. Naturf. Ges. Freiburg, Bd. IV, 1889, S. 288.

[3] STEINMANN, G., Über die Bildungsweise des dunklen Pigments bei den Mollusken nebst Bemerkungen über die Entstehung von Kalkkarbonat, ibid. Vol. XI, 1899, S. 45 Anmerkung.

beim Verdauungsprozeß dadurch, daß Kohlensäure bei genügender Konzentration aus einer Kochsalzlösung Soda und Salzsäure freimache. Die Soda verwandele den schwefelsauren Kalk, der ja im Meerwasser so reichlich vorhanden ist, in Glaubersalz und Kalkkarbonat; dieses behalte der Organismus zu seinem Gebrauch zurück, jenes und die frei gewordene Salzsäure liefere er an seine Wasserumgebung ab.[1]) Die Salzsäure, wie auch sonstige Säuren sind übrigens, was nebenbei angemerkt sei, bei schalentragenden Tieren z. T. in überraschender Menge nachgewiesen worden. Bei den Schnecken Dolium, Tritonium, Murex, Cassis, Cassidaria u. a. ist freie Säure im Speichel vorhanden, und zwar Asparaginsäure, Schwefel- und Salzsäure bis zu 4 %; wahrscheinlich bohren auch einige Muscheln damit. So ist also auch eine Möglichkeit aufgezeigt, wonach die Bildung von Kieselskeletten vor sich geht.

Alle diese Erklärungen kranken aber daran, daß ihnen eine nicht mehr haltbare Vorstellung von der Art der Verteilung der Stoffe im Meerwasser zugrunde liegt. Denn die auf der vorigen Seite in der Anm. 1 gegebene Analyse liefert ein ganz falsches Bild. Nicht die Salze als solche sind im Meerwasser in Lösung, sondern ihre freien Ionen.[2]) Erst im Augenblick der Fällung treten die Moleküle des Gipses, des Steinsalzes usw. zusammen. Infolgedessen können wir auch nicht annehmen, daß die Organismen etwa Kalziumsulfat oder Kochsalz als solches mit dem Meerwasser aufnehmen und dann diese Stoffe erst im Körper umsetzen; sondern sie bedienen sich der nach untenstehender Analyse im Wasser vorhandenen freien Stoffe und Stoffgruppen, um dann erst in ihrem Körper die entsprechenden Kalksalze aufzubauen.

---

1) OCHSENIUS, C., Die Bildung mächtiger mariner Kalkabsätze. Neues Jahrb. f. Mineral. usw. Stuttgart 1890. II. S. 55.

2) Nach J. W. CLARKE (Data of geochemistry. 1911) aufgestellten Tabelle enthält Meer- und Flußwasser nach einigen Analysen von MURRAY und DITTMAR folgende freie Stoffe in Prozenten:

	Meerwasser nach 77 Challenger-Analysen	Flußwasser nach 19 verschied. Analysen
CO_3	0,2	41,3
SO_4	7,7	8,2
Cl	55,3	1,9
Br	0,2	—
NO_3	—	2,8
Ca	1,2	20,5
Mg	3,8	4,7
Na	30,6	3,5
SiO_2	—	10,8
Fe_2O_3, Al_2O_3 } Mn_2O_3 } . . .	—	4,8
K	1,1	1,3

Wir hätten somit der Frage näherzutreten, auf welche Weise wohl die Organismen diese freien Stoffe dem Wasser entnehmen und auf welche Weise sie in ihrem Körper die zum Schalen- und Skelettbau nötigen Verbindungen herstellen und an den endgültigen Ort ihrer Sekretion bringen.

Das einfache Durchpumpen entsprechender Wassermengen im Sinn der alten BISCHOFschen Vorstellung kann hierbei aus einfachen Gründen nicht in Betracht kommen. Es würde ein ganz unglaublicher Kraftaufwand und eine Arbeitsleistung dazu gehören, welche ein Organismus, besonders im Jugendzustand, wo er nicht nur für das Wachstum der Hartteile, sondern auch für die Ausbildung und häufig auch noch für die Metamorphosierung des Weichkörpers zu sorgen hat, nicht aufbringen könnte; auch ist bei jener Annahme noch gar nicht die Zufuhr der Nahrung in Anschlag gebracht. Man darf doch annehmen, daß auch mit dieser schon in größerer Menge die zur Kalksalzbereitung dienenden Stoffe zugeführt werden. Aber auch wenn wir von der Stoffzufuhr durch die organische Nahrung absehen, ist es keineswegs nötig, zu folgern, daß die anorganischen Stoffe des Meerwassers nur im Verhältnis ihrer chemischen Verteilung aufgenommen würden. Warum sollte nicht von seiten des Organismus irgend eine physiologische Aktivität entwickelt sein, welche bestimmte Stoffe auf osmotischem Weg in die Körperwandungen ohne Wasseraufnahme diffundieren läßt? Die freien Ionengruppen müssen im Meerwasser im chemischen Gleichgewicht sein. Wird durch Entnahme an einer Stelle von seiten des Organismus jenes Gleichgewicht gestört, so müssen dieselben Ionenarten unmittelbar beiströmen, und so wird dem Organismus jederzeit das Rohmaterial sozusagen vor die Tür seines Hauses hingefahren werden. Nur die Aufnahme desselben in den Körper erfordert dann eine physiologische Aktivität, die, wie gesagt, keineswegs mit der Aufnahme einer entsprechend großen Menge Wassers Hand in Hand gehen muß.

Sind nun die Grundstoffe in den Körper aufgenommen, so braucht auch dort noch keineswegs eine sofortige Ausfällung von Kalksalzen, also etwa des $CaCO_3$, vor sich zu gehen. Im Gegenteil: es ist erwiesen, daß auch der Kalk als solcher gar nicht im Organismus vorhanden ist, ehe die Ausscheidung an der Baustelle des Skeletteiles selbst vor sich geht. So zeigte mir der verstorbene Professor MAAS im Münchener zoologischen Institut einmal kleine Kalkspongien, die innerhalb weniger Stunden ihr Kalkskelett ausschieden, einfach deshalb, weil der nötige Rohstoff schon zuvor in „unsichtbarer Form“, d. h. also als freie Ionengruppen im Weichkörper enthalten war. Wir dürfen somit annehmen, daß solche freien Rohstoffe im Organismus aufgespeichert und als solche an die Ausscheidungsstelle gebracht werden, um erst dort im letzten Moment als die fertigen Kalksalze bzw. als erhärtende Kieselsäure ausgefällt zu werden. Das ist ja auch bei Neubildung des Krebspanzers nach einer

Häutung der Fall. Dieses Ausfällen ist dann aber, wie schon eingangs betont wurde, kein einfacher chemischer Vorgang, sondern es wird durchaus organisch bestimmt. Das erhellt ohne weiteres aus der Tatsache, daß keine Schale, kein Skeletteil schlechthin eine amorphe oder kristallisierte anorganische Stoffmasse ist, sondern daß sie bis in's Feinste hinein (z. B. Diatomeenpanzer) organische Struktur zeigt und daß ferner auch von ein und derselben Körperstelle die allerverschiedenartigsten Bauweisen mit ein und demselben Rohmaterial befolgt werden; man erinnere sich zu diesem Zweck nur des außerordentlich verwickelten Feinaufbaues einer Gastropodenschale und ihrer einzelnen Schichten.

Es scheint, daß die Fähigkeit, aus anderen Grundstoffen des Meerwassers gerade den kohlensauren Kalk herzustellen, doch nur eine Eigenschaft bestimmter, vielleicht höher organisierter Gruppen sei. Denn nach den Untersuchungen von Maas kann man Kalkschwämme ohne Skelett züchten[1]), wenn man dem Wasser den kohlensauren Kalk, und nur diesen, entzieht. Es ist aber wohl nicht richtig, wenn Maas daraus den Schluß zieht, daß die Steinmannsche Annahme, es müßten erst andere Kalksalze durch den Tierorganismus selbst in kohlensauren Kalk übergeführt werden, nicht zutrifft. Die Schwämme scheinen sich hierin eben anders zu verhalten als etwa die Mollusken. Doch hat andererseits Biedermann darauf hingewiesen[2]), daß auch Kieselsäure nur in ganz geringen Spuren im Meerwasser enthalten ist und daß trotzdem die Radiolarien und Diatomeen diese Kieselsäure aufnehmen und auszunützen wissen, so daß wohl den einzelnen Organismen bzw. deren Zellen ein gewisses Wahlvermögen bei der Aussonderung und Herbeiziehung der Stoffe zukommt. Wie überall die größte Mannigfaltigkeit selbst bei nächstverwandten Organismen in der makroskopischen und mikroskopischen Formgebung herrscht, ebenso auch in den physiologischen Fähigkeiten und Gestaltungskräften. Daher kommt es, daß wir, um mit Biedermann zu reden, weiter als je davon entfernt sind, die Ablagerung von kohlensaurem Kalk im tierischen Organismus als einfache chemische Reaktion zu begreifen und daß es sich hier, wie in anderen Fällen, offenbar um sehr verwickelte Prozesse der lebendigen Zellen handelt.

Walther lenkt in seiner oben zitierten „Allgemeinen Paläontologie" (S. 124) unsere Aufmerksamkeit auf die Tatsache, daß die chemische

---

1) Maas, O., Über die Wirkung der Kalkentziehung auf die Entwicklung der Kalkschwämme. Sitzungsber. Ges. f. Morphol. u. Physiol. München 1904, S. 1—18. — Über den Aufbau des Kalkskeletts der Spongien in normalem und in $CaCO_3$-freiem Wasser. Verh. Deutsch. Zoolog. Ges. 1904, S. 190 ff. (Dortselbst weitere Literaturangaben.)

2) Biedermann, W., Untersuchungen über Bau und Entstehung der Molluskenschalen. Jenaische Zeitschr. f. Naturwiss. 1901, Bd. 36, S. 1 ff. — Über die Bedeutung von Kristallisationsprozessen bei der Bildung der Skelette wirbelloser Tiere, namentlich der Molluskenschale. Zeitschr. f. Allgem. Physiologie 1902, Bd. I, S. 154.

Zusammensetzung der Hartteile bei den einzelnen Klassen sich auffallenderweise seit den ältesten Zeiten nicht geändert hat. Die Pflanzen bauen aus Zellulose, die Arthropoden aus Chitin, die Radiolarien aus Kieselsubstanz, die Mollusken aus Kalkkarbonat und zwar die Schnecken vorwiegend aus Aragonit, einer Modifikation des Kalkkarbonates. Beide Modifikationen, Kalzit und Aragonit, kommen, auf die zwei Hauptschichten der Schale verteilt, bei den Muscheln vor. Die Schalen der artikulaten Brachiopoden bestehen aus Kalkspat, die der inartikulaten aus mehreren abwechselnden Schichten von Kalkkarbonat und Kalkphosphat. Bei den Echinodermen kommt noch die Merkwürdigkeit hinzu, daß jedes einzelne der zahllosen Skelettstückchen, aus denen der Körper besteht, einem Kalkspatkristall entspricht, der durch diagenetische Umwandlung spätig wird. Es wäre, meint nun WALTHER, an sich ja nicht wunderbar, wenn diese Gruppen im Laufe der Zeit in der Ausscheidung des Materials gewechselt und bald das eine, bald das andere Element aus dem Meerwasser aufgenommen und ausgeschieden hätten. Aber genau so, wie die anatomische Grundanlage der Formenkreise immer wieder vererbt worden sei, so sei auch die physiologische Leistung der Gewebe immer dieselbe geblieben. Hier herrschen also Vererbungsgesetze von so großer Macht, wie bei der äußeren Formgestaltung der Organe selbst. Das sei um so verwunderlicher, als doch im Laufe der geologischen Perioden immerzu, wenn auch vorübergehend, Änderungen in der chemischen Zusammensetzung der einzelnen Flachmeerbecken, in denen die fossilen Formen lebten, eingetreten seien. Einzelne Becken seien ausgesüßt, andere in Salzseen verwandelt, andere mit anderem Sediment ausgefüllt worden; immer wieder änderten die Flüsse ihre Richtung, brachten andere gelöste Stoffe in wechselnden Mengenverhältnissen in die Becken herein — und trotz aller dieser Veränderungen hätten die Klassen und Ordnungen des Tierreiches an ihren ursprünglichen Baustoffen festgehalten und andere, reichlich vorhandene Stoffe in ihrem Medium verschmäht.

Was ist der Grund hierfür? WALTHER gibt folgende Antwort: „Da seit dem Kambrium eine Änderung dieser Vorgänge nicht eingetreten ist, müssen wir ihre Ursachen in der vorkambrischen Urzeit suchen, und da liegt es nahe, anzunehmen, daß die durch gleiche chemische Beschaffenheit ihrer Skelette ausgezeichneten Formen einstmals Bewohner eines in sich geschlossenen Wasserbeckens waren, in welchem z. B. Kalk oder Kieselsäure in solchen Mengen vorhanden war, daß die Lebewelt einen dieser Stoffe bei der Sekretion von Hartgebilden bevorzugte. Es ist wahrscheinlich, daß in manchen Urseebecken auch andere Bestandteile zur Skelettbildung verwertet wurden, die nicht erhalten blieben; vielleicht sind die Akantharien die letzten Überbleibsel einer einst viel reicheren Fauna mit Strontiumskeletten. In diesen einzelnen Urmeeren müssen die Floren und Faunen so lange gelebt haben, bis die lokal günstigste Art der Skelettbildung als festes Erbteil aufgenommen war. Als dann später die Urmeere durch geologische Vorgänge in das älteste gemeinsame Weltmeer zusammenflossen und ihre Floren und Faunen sich mischten, mag wiederum eine energische Auslese stattgefunden haben — aber die spezifische Eigenschaft, nur den einen oder den anderen Bestandteil aus dem Seewasser zu assimilieren, blieb für alle Folgezeit erhalten."

Halten wir uns aber gegenwärtig, was vorhin über die komplizierten Umsetzungen bei der Bildung der Schalenstoffe gesagt wurde, ferner die Tatsache, daß jeder Organismus durch und durch mit seinen makro- und mikroskopischen Formbildungen und seinen physiologischen Funktionen auf das Leben in der Außenwelt eingestellt ist, daß jede scheinbar noch so überflüssige Bildung — mit Einschluß der pathogenen, der rudimentären und der atavistischen — in mittelbarer oder unmittelbarer Wechselwirkung zur Außenwelt und der Lebenslage steht oder stand; erinnern wir uns weiter, daß jede Schalen- und Skelettbildung in einem ganz bestimmten statischen Verhältnis zu der Beanspruchung auf Zug und Druck steht, und daß die zum Aufbau verwendeten Stoffe dem entsprechen, so wird man schon aus solchen ganz prinzipiellen wie tatsächlichen Erwägungen heraus nicht gern einer Erklärung zustimmen, welche diese Bildungen allzu passiv und zufällig erworben sein läßt. WALTHER weist ja auch schon selbst darauf hin, daß ein und derselbe Organismus sogar fähig ist, mit ein und derselben Stelle des Mantels bald den einen, bald den anderen Stoff zum Bau des Skelettes auszuscheiden und daß auch manche Skelette recht heterogene Stoffe gleichzeitig enthalten. Wenn das möglich ist, dann geht daraus doch eine große Freiheit in der Stoffausscheidung hervor, die mit der starren erblichen Gebundenheit an einen einzigen, von der Urzeit her etwa übernommenen, ja dem Typus sozusagen von außen aufgedrängten Stoff sich nicht verträgt. Weiter besteht die Tatsache, daß, wie ausgeführt, zum Aufbau der Schalen und Skelette der Meerestiere durchweg Stoffe verwendet sind, welche — abgesehen von der oben erwähnten statischen Garantie — gerade im Meerwasser nur in Spuren oder überhaupt nicht als solche nachweisbar vorhanden sind, z. B. das Keratin und Chitin und dessen Verwandte, dann auch die Kieselsäure; und gerade das am allerhäufigsten verwendete Kalkkarbonat und das seltener verwendete Kalziumphosphat (zusammen nach WALTHER nur 0,08 %). Auch die ältesten Meere zeigen nun, soweit wir es aus den Sedimenten beurteilen können, hiervon nicht größere, sondern eher geringere Mengen als die der fossilführenden Zeitalter. Ja das reichlichere Auftreten von kohlensauren und Kieselkalken und Mergeln in den fossilführenden Formationen ist ja gerade ein Ergebnis der die im Meerwasser enthaltenen anderen Salze umwandelnden Organismenbautätigkeit; WALTHER selbst schreibt diese Art Lithogenese und den

Wechsel der Sedimentgesteine von Periode zu Periode den Organismen vornehmlich zu.

Wir müssen also die bemerkenswerte Tatsache festhalten, daß wir keinen Anhaltspunkt für Kalkkarbonat-, Kiesel- und Chitin- (also viel CO_3 und N enthaltende) Meere in präkambrischen Zeiten haben; daß ferner solche Ablagerungen umgekehrt auf ein Organismenleben hinweisen, das seine Baustoffe im Gegensatz zur Wasserzusammensetzung bildet, und daß dies zu allen Zeiten, wo wir es wirklich kontrollieren können, der Fall war. Wenn wir endlich noch bedenken, daß das biologische Wesen eines Organismus gerade darin besteht, sich im Gegensatz zu der ihn immer wieder in's Anorganische zurückreißenden Umwelt zu behaupten und zu gestalten, daß auch die sogenannte „Anpassung" nichts anderes ist, als gerade ein Ausdruck dieser Selbstbehauptung der Umwelt gegenüber, dann erscheint die Stoffausscheidung der Hartgebilde ebenso, wie die gleichfalls im Meerwasser nicht vorgebildeten der Weichteilsubstanzen als ein Ausdruck für die Autonomie der Lebensvorgänge gegenüber der anorganischen Natur und gerade durch gegenteilige Vorgänge und Zusammenhänge bedingt als durch solche, welche der oben gegebenen Erklärung entsprächen.

Sind die Weichteile auf diese Weise imstande, nach dominanten organischen Gesetzen die chemische Ausscheidung der Hartteile zu bestimmen und den Hartteilen auch innerlich eine Struktur zu verleihen, die weit entfernt davon ist, eine anorganische oder kristallische zu sein, so ist auch zu erwarten, daß die Hartteile nicht bestimmend auf die Lage der Weichteile wirken, sondern umgekehrt. Das bemerken wir an allerlei Gefäßeindrücken, Muskeleindrücken, Mantelrändern, Siphonalöffnungen, Byssuslöchern u. a., die uns bei allen Hartteilen wirbelloser Tiere in vielerlei Form entgegentreten. „Die Gestalt", sagt STROMER v. REICHENBACH, „in welcher die Skeletteile angelegt werden, ist also abhängig von der Form der schon vorhandenen, sie umgebenden und bildenden Weichteile. Äußert sich schon hierin die sekundäre Stellung der Skelette gegenüber den Weichteilen, so geht sie ferner noch daraus hervor, daß auch später ihre Form durch sie beeinflußt wird. So ist die Gestalt und Struktur der Knochen vom Muskelzug abhängig und ändert sich mit ihm, und ein angepreßtes Blutgefäß weicht dem Knochen oder der Schale nicht aus, sondern bringt sie zum Schwinden und erzeugt so einen Gefäßeindruck; auch können Hartteile wieder aufgelöst (resorbiert) und darauf oder nach Verletzungen wieder hergestellt werden." [1]

Diese Tatsachen sollen nun darauf beruhen, daß die von intensiverem Leben durchfluteten Weichteile den weniger im Stoffwechsel

---

1) STROMER v. REICHENBACH, E., Lehrbuch der Paläozoologie. I. Teil. Wirbellose Tiere, S. 20/21, Leipzig u. Berlin 1909.

stehenden Hartgebilden überlegen sind. Aber zugleich ist diese „Überlegenheit" der Weichteile auch entwicklungsgeschichtlich begründet, indem sowohl ontogenetisch, wie vermutlich phylogenetisch die Weichteile die früheren sind, ja überhaupt den eigentlichen lebenden Körper ausmachen, während die Hartteile in beiden Richtungen rein akzessorische Zellausscheidungen, spätere nutzmäßige Erwerbungen sind, was sowohl von Innen-, wie von Außenskeletten gilt. Das verraten uns recht deutlich manche Foraminiferen, die Agglutinantia, welche ihre Schale nicht aus dem durch den Weichkörper ausgeschiedenen Kalk, sondern durch Zusammenkleben von Fremdkörpern aufbauen. Der ursprüngliche organische Körper, vom primitivsten bis zum höchsten, ist von der Natur sozusagen als Weichkörper gedacht, und alle Hartteile sind sekundärer Art, liegen gewissermaßen nicht im Grundplan des organischen Gebildes. Wir können uns daher den Weichkörper für alle Tierformen sehr gut allein vorhanden denken, die Hartteile jedoch nicht.

Infolge dieser untergeordneten Bedeutung der Hartteile als Ausdrucksmittel für einen organischen Typus wird man gar nicht erwarten können, daß dieser uns unmittelbar aus den Hartteilen allein verständlich würde, und tatsächlich bliebe uns die ganze ehemals lebende, nur in ihren Hartteilen überlieferte organische Natur der Vorwelt völlig unverständlich, wenn wir nicht dieselben Hartteile an lebenden Formen wiederfänden, die wir aber nur aus ihren Weichteilen biologisch verstehen, niemals nach den Hartteilen allein. Nur in diesem ganz und gar übertragenen Sinn also kann von einer Ergründung der Biologie bei vorweltlichen Tieren aus den Hartteilen die Rede sein. Und wir wissen ja, in welcher Verlegenheit sich die paläontologische Forschung von jeher auch mit der systematisch-stammesgeschichtlichen Einreihung aller der Formen und Gattungen befindet, die nicht in der Jetztwelt noch mit Weichkörpern vertreten sind und die man dann auch weder aus dem makroskopischen Bau, noch aus der mikroskopischen Struktur der Hartteile erkennt.[1]

---

[1] Als Beispiel für einen solchen, recht empfindlichen Übelstand in unserer Erkenntnis der fossilen Formen mögen die Ammoniten genannt sein, über deren Zugehörigkeit zu den Tetra- oder Dibranchiaten — also zu den Nautiliden oder zu den Nacktkephalopoden — wir trotz der zahllosen, vorzüglich erhaltenen Schalen noch ganz im unklaren sind. Diese Frage behandelt neuerdings C. Diener (Untersuchungen über die Wohnkammerlänge als Grundlage einer natürlichen Systematik der Ammoniten. Sitzungsberichte K. Akad. Wiss., math.-naturw. Kl. Wien 1916, Bd. 125, S. 253). Auch auf Deeckes Ausführungen, den Bau des Ammonitenweichtieres aus der Schalenstruktur zu erschließen, sei in diesem Zusammenhang hingewiesen (Deecke, W., Paläontologische Betrachtungen. I. Über Kephalopoden, Beil.-Bd. 35 z. Neuen Jahrb. f. Mineral., Geol. u. Paläont., S. 251ff., Stuttgart 1912). Ferner auf die Conularien, Archaeocyathiden, Receptaculiten, lauter Formen, die uns aus ihren Hartteilen bislang unverständlich geblieben sind.

Es ist ein erkenntnistheoretischer Irrtum, zu glauben, durch den mikroskopischen Bau der Hartteile tiefer in das Wesen auch des ehemaligen Weichteilgebildes einzudringen als durch den makroskopischen. Es ist der gleiche Irrtum, der uns in der Anschauung begegnet, daß etwa bei der äußeren Vielgestaltigkeit der Kieselschwämme nur die mikroskopische Untersuchung uns über die wahre innere Stammesverwandtschaft Aufschluß zu geben vermöchte. Wenn man heute nach der Sechsstrahligkeit oder Unregelmäßigkeit oder Sternform der Teile des Stützskelettes, nach der Art ihres Verschmelzens und Nichtverschmelzens unter den Kieselschwämmen verschiedene Unterordnungen und Familien bildet und nun glaubt, man habe eine natürlichere Systematik gewonnen als durch Berücksichtigung der Außenform, so ist das derselbe Irrtum, den umgekehrt Quenstedt beging, als er sein System der Kieselschwämme nur auf die äußeren Gestaltungen der Körperform dieser Gruppe aufbaute. Denn auch die mikroskopische Struktur ist in jedem einzelnen Falle ebenso bedingt von den äußeren mechanischen und statischen und den physiologischen Erfordernissen, wie die makroskopische Form. Vom Wirbeltierknochen ist das ja längst bekannt. Und wo liegt überhaupt die Grenze zwischen makroskopisch und mikroskopisch? Beides ist ein und dasselbe und keines erlaubt vor dem anderen einen tieferen Blick in das Rätsel der Form und ihrer inneren Herkunft. Man soll nur nicht meinen, daß irgend ein noch so scharfes Mikroskop vom Wesen des organischen Bildens mehr enthüllte als das Beschauen der äußeren Form. Denn das „Innere", das Wesen des Organischen, des Lebendigen ist nicht ein Räumlich-Gegenständliches, sondern ein Potentielles.

Dem Naturforscher als solchem obliegt es, sowohl in die makroskopischen wie in die mikroskopischen Eigenschaften der Organismen so vielseitig und tief wie möglich einzudringen und sie als Ganzes zu einem Indizium für die Erkenntnis der natürlichen Blutsverwandtschaft einerseits, der biologischen Bedeutung der Formen andererseits zu machen. Stolley wendet sich daher mit Recht dagegen, daß auf den mikroskopischen oder embryonalen Aufbau mehr Wert gelegt wird[1]) als auf die makroskopischen sogenannten äußeren Merkmale. „Nur eine volle Berücksichtigung beider Arten von Kennzeichen, nur eine durch immer erneutes Betrachten und Prüfen des Materials selbst und vielfach sich wiederholendes Abwägen des geringeren oder größeren Grades der Bedeutung der verschiedenartigen inneren und äußeren Merkmale gegeneinander gewonnene und gefestigte Erfahrung kann zum Ziele führen." Äußerliche Merkmale sind aber alle die, welche körperlich gesehen oder materiell gegenständlich, wenn auch noch so mikroskopisch, erkannt werden können.

---

1) Stolley, E., Die Systematik der Belemniten. 11. Jahresber. Niedersächs. Geol. Ver. Hannover 1919, S. 14.

2. Statik des Gehäuse- und Skelettbaues

Zweierlei Art von Statik gibt es, die hier zu berücksichtigen ist: die der Festigkeit bzw. Biegsamkeit einerseits und die des Gewichts und der Balance andererseits. Beiden Arten sind wir schon in den vorigen Kapiteln öfters begegnet. Ich erinnere als Beispiel für die erstere an die Ausbildung von Stützwurzeln bei paläozoischen Einzelkorallen (Seite 125) oder an die Erklärung, welche für die Verjüngung solcher Kelche nach oben gegeben wurde (Seite 408); für die letztere an die Ausbildung der Schwebestacheln bei Trilobiten (Seite 511) oder an die Schalenbildung der Gehäusekephalopoden (Seite 515). Hier soll es sich zunächst um die Festigkeitsstatik handeln.

Es ist selbstverständlich, daß bei jedem Skelett und bei jeder Schale Anordnung und Stärke der einzelnen Skelettelemente stets zusammenhängen müssen mit den Drehungen und Biegungen, den Zug- und Druckbeanspruchungen, denen sie ausgesetzt sind. Untersuchungen hierüber liegen zwar erst sehr wenige vor. An lebendem Material ist das bekannteste Beispiel die Struktur der Knochenspongiosa, welche nicht nur im normalen Zustand nach den statischen Zug- und Drucklinien angeordnet sind, sondern sich nach Beinbrüchen etwa in der Richtung der nun einsetzenden neuen Zug- und Druckbedingungen umlagern.

Ein organisches Gebilde muß, um tragfähig, zug- und druckfest zu sein, sich gewissen statischen Bedingungen fügen, die für jede einzelne Form verschieden sind. Sie werden bestimmt durch die Lebensweise, ferner durch das zur Verwendung kommende Material und durch die Struktur der erblich überkommenen Form. Durch die Lebensweise insofern, als etwa Organismen der bewegten Brandungszone einer anderen Gestalt, Härte, Druckfestigkeit ihres Gehäuses bedürfen als die im Stillwasser wohnenden Arten oder Artgenossen; die festsitzenden einer anderen Unterlage und Stütze als die liegenden; die schwimmenden einer anderen Art Körperversteifung als die liegenden, ganz abgesehen von allen speziellen Anpassungen an die Lebensweise, wie sie in den vorigen Kapiteln geschildert sind. Die Form der Organe wird durch das zur Verwendung kommende Material insofern bestimmt, als dieses an und für sich schon verschiedene Konsistenz und Zähigkeit hat: Kieselsäure ist bruchfester als Kalk, Hornsubstanz zäher und biegsamer als diese beiden. Durch die erbliche Form aber ist der Grad der Anpassung an die natürlichen Gesetze der Statik insofern bestimmt, als bei dem Wechsel der Lebensbedingungen und bei dem Übergang zu anderer Lebensweise und zur Änderung im Gebrauch eines Organs die bis dahin bestehende Gestalt wahrscheinlich nicht von Grund aus umgewandelt werden kann, sondern an die typenhaft festgelegte Form gebunden bleibt. Bald wird bei Anpassungsvorgängen die Umwandlung statisch so vollkommen, daß die betreffende Art als bestmöglicher Anpassungstypus erscheint; in einem

anderen Falle sehen wir eine durch mehrere Stufen hindurch sich
erstreckende Umwandlung nach dem idealen Anpassungstypus hin, ohne
daß dieser erreicht würde; oder es verschwinden Formen, wenn sie sich
nicht anzupassen vermögen.

Die statisch noch so vollkommene Anpassung erschöpft jedoch noch
nicht die Ansprüche, welche die Umwelt sozusagen an den Organismus
stellt. Denn oft sind die statischen Bedingungen erfüllt, es ist ein in
dieser Beziehung idealer Anpassungstypus erreicht, ohne daß die Form

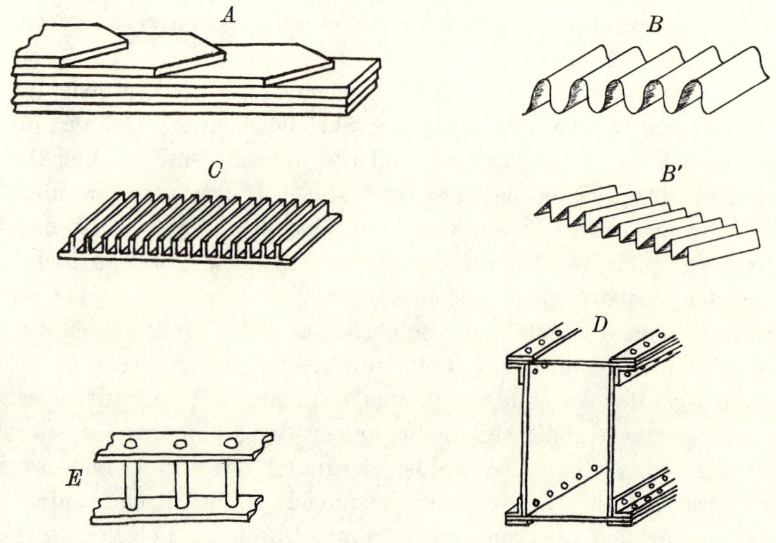

Fig. 268. Grundform der statischen Versteifung. (Nach Gebhardt, l. c.)
A Aufeinanderlagerung dünner Platten;
B, B' Wellblechfaltung einer dünnen Platte;
C Aufgesetzte Rippen auf einer dünnen Platte;
D Dünne Platten zu Hohlkörpern zusammengeschlossen;
E Dünne Platten durch Querstützen vereinigt.

vollkommen an ihre Lebensbedingungen angepaßt wäre. So wird man
die Statik des fertigen Jura-Ichthyosauriers, seine Nackenversteifung,
seine Torpedoform, seine Fortbewegungsorgane als vollkommen zweckentsprechend bezeichnen können, aber die erbliche, genotypisch ein für
allemal festgelegte Lungenatmung konnte nicht überwunden werden, und so
blieb er, verglichen mit dem Fisch, ein unvollkommenes nektonisches Tier.

Das, was die Organismen gestaltet, was die Typen schafft, jener
uns ganz undurchsichtige Komplex eigenartiger Kräfte, verfügt, wenn
man diesen Ausdruck in übertragenem Sinne gebrauchen darf, über eine
außerordentlich feine Materialkenntnis. Es wird nach dem Gesetz des
geringsten Kraft- und Materialaufwandes jeder Stoff so gewählt, verwendet
und geformt, daß bei möglichst geringem Verbrauch die größtmögliche
Festigkeit erzielt wird. Umgekehrt: wenn Biegsamkeit und Elastizität

erfordert werden, wird das Material so gewählt und angewendet, daß es in einer Verdichtung und Dicke auftritt, die weder die Elastizität behindert, noch eine zu große Versteifung oder Beschwerung oder Plumpheit der Form, in die es gegossen wird, mit sich bringt.

Es gibt verschiedene Arten von Versteifung und Elastizitätserzeugung, die nach GEBHARDT folgenden vier Grundtypen angehören[1]): 1. Aufeinander-

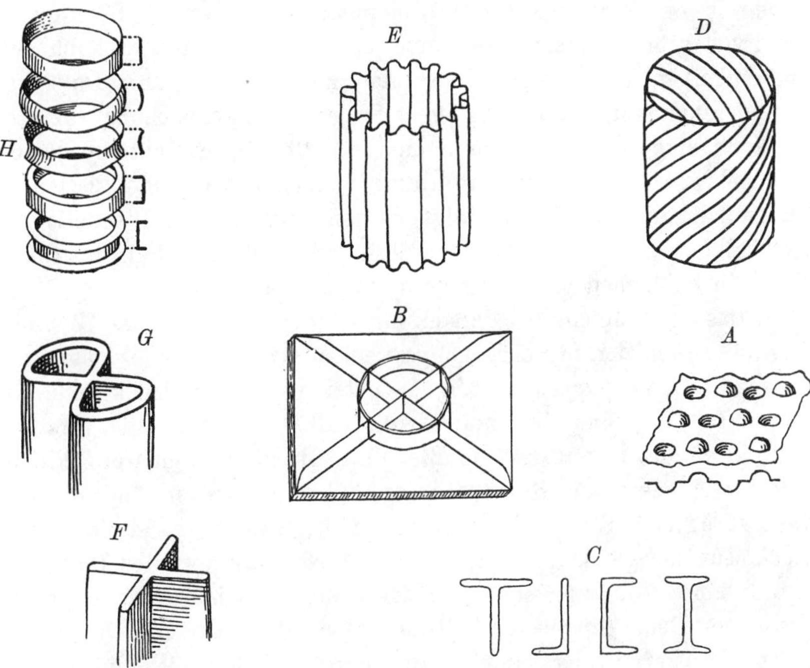

Fig. 269. Modifikationen der in der vorigen Figur dargestellten Prinzipien (ebendaher).
    A Auf- und Abwärtsprägung analog dem Wellblech Fig. 268 *B*;
    B Auflegung verschieden geformter Rippen; zu Fig. 268 *C*;
    C Verschiedene Trägerarten zu Fig. 268 *C* und *E*;
    D, *E* Hohlzylinder mit aufgesetzten oder Wellblechrippen; zu Fig. 268 *B* u. *C*;
    F, *G* Gekreuzte und verschlungene Hohlkörperform; zu Fig. 268 *D*;
    H Ringform mit verschiedener Profilierung.

lagerung dünner Platten; 2. gebogene, in Wellblechform gelegte Platten; 3. aufgesetzte Rippen; 4. Zusammenschluß der Platten zu Hohlkörpern.

Ein technisches Beispiel zu 1. ist die aus aufeinandergelegten Platten bestehende Eisenbahnradfeder. Durch die Übereinanderschichtung vieler Platten an Stelle einer einzigen massiven (Fig. 268 *A*) wird eine weichere Elastizität, eine viel geringere Sprödigkeit erzielt; die Lamellen verschieben sich bei Biegung etwas gegeneinander, es wird die bei Biegung eines dicken Körpers sonst entstehende Schubspannung dadurch freigegeben

---

1) GEBHARDT, W., Über den Skelettbau mit dünnen Platten. Verh. Anatom. Ges. 25. Vers. 1911. Ergänz.-Heft z. Anatom.-Anzeiger, Bd. 38, Jena 1911, S. 97—118.

und das Ganze hierdurch weniger brüchig. Es fragt sich, ob das System dem biegenden Druck möglichst folgen oder steif gegen Druck bleiben soll. Unter diesen beiden Gesichtspunkten ist es nicht einerlei, ob die übereinandergeschichteten Lamellen nachgiebig oder fest miteinander verbunden sind. Eine feste Verbindung nämlich wandelt die Summe der den einzelnen Lamellen zukommenden geringeren Biegungswiderstände in einen soliden Gesamtwiderstand um, der als Biegungswiderstand viel größer ist als die Summe jener; dabei kommt es auch auf den Sprödigkeitsgrad des verwendeten Materials noch mit an. Dasselbe wie mit übereinandergelegten Platten wird mittels Durchziehung von Rippen, die auch aufgelegt erscheinen können (Fig. 268 C), erreicht; oder dadurch, daß mehrere, in gewisser Entfernung voneinanderliegende Platten durch Querstützen miteinander vereinigt werden (Fig. 268 E). Dies leitet zu den Hohlbalken über, die als Brückenträger und bei Baukonstruktionen (doppelte Schiffsböden) Verwendung finden (Fig. 268 D).

Das zweitgenannte Versteifungssystem ist das des Wellbleches (Fig. 268 B) und der zu Verpackungszwecken gegen Druckbeschädigung viel verwendeten Wellpappe. Es zeigt sich steif, wenn der Druck seine Einzelrinnen in dem Sinne krümmen will, daß sich die gerade Firstlinie in eine gewölbte verwandeln müßte. Ein Druck auf mehrere Firste zugleich verhindert eine Herabpressung. Wird es dagegen längs einer Linie, die mit e i n e r Rinne nur zusammenfällt, abgebogen, so ist das Wellblech sehr nachgiebig. Daraus folgt, daß sich aus gewellten Platten leicht in der einen Richtung steife, in der anderen schmiegsame Gegenstände, besonders Bedeckungen und Hüllen herstellen lassen. Die einfachste Form der Versteifung einer Platte durch Wellung ist die löffelartige Einbiegung; . wenn dies mehrfach wiederholt wird, entstehen ein- und ausgepreßte kleine Becher, analog dem Preßpapier (Fig. 269 A).

Die unter 3. genannten aufgesetzten Rippen erscheinen als Ⅰ- und Ⅱ-Träger (Fig. 269 C), und zwar überall dort, wo Platten und Balken unterstützt oder von oben her gehalten werden sollen, damit sie sich nicht durchbiegen. Es entstehen so die massiv gerippten Platten (Fig. 268 C) im Gegensatz zu den hohlgerippten Wellplatten. Solche Rippen können längs, quer, diagonal oder konzentrisch auf einer Platte angebracht sein (Fig. 269 B). Wird eine solche Platte zum Hohlzylinder zusammengeschlossen, so laufen die Rippen entsprechend um die Außenwand herum (Fig. 269 D). Radiär verlaufende Wellen erschweren die konzentrische Deformation, welche eine Hauptgefahr für kugel- und gewölbeähnlich geformte Platten darstellt; dagegen erhöhen konzentrische Rippen die Elastizität gegen Druck, bzw. erleichtern eine elastische Auswölbung oder Abflachung. Ein Beispiel ist die konzentrische Pressung von Konservenbüchsendeckeln. Bei Säulen und Hohlzylindern schaffen Längsrippen oder -wellen erhöhte Strebefestigkeit bei gleichzeitiger Erschwerung unregelmäßigen Einknickens; dagegen bedeuten konzentrische Berippungen der Wand einen erhöhten Widerstand gegen seitliches Zusammengedrücktwerden oder Einknicken, bei vermehrter Elastizität gegenüber Längenänderungen und Biegungen. Dasselbe leistet die schraubige Verdickung (Fig. 269 *D*).

Der unter 4. genannte Zusammenschluß der Platten zu Hohlkörpern bewirkt eine Erhöhung der Torsionsteifigkeit. Das Idealprofil hierfür ist der kreuzförmige Querschnitt (Fig. 269 *F*) oder auch die Achterform (Fig. 269 *G*), welche gegen die gegenseitige Längsverschiebung ihrer peripheren Teile stark versteifend wirkt.

Beispiele für alle diese statischen Typen aus dem niederen Tierreich springen uns überall im großen wie im kleinen in die Augen, wenn nur erst einmal der Blick dafür geschärft ist.

Der erste Typ, die Aufeinanderlagerung der Lamellen, begegnet uns z. B. in dem mehrschichtigen Bau der Muschel- und Schneckenschalen (Fig. 270). Durch Übereinanderlegen von mehreren Schichten mit ungleichsinnig orientierten und zudem verschieden gebauten Einzelelementen, Prismen und Lamellenschuppen, wird Festigkeit und Elastizität der ganzen Schale gegen Zug und Druck ganz bedeutend erhöht gegenüber einer einschichtigen oder gar ganz strukturlosen Schale. Diese müßte weit dicker sein, um Zug und Druck ebenso zu widerstehen, würde also plump und schwer sein und würde trotzdem einem Bruch weniger gewachsen sein als die dünnere, wirkliche Strukturschale. Als ein weiteres Beispiel mag der mit der Schale verbundene federnde Clausiliendeckel dienen, dessen dünner flacher

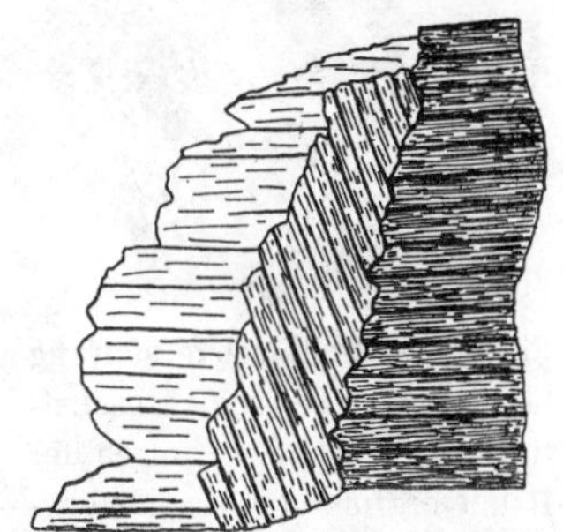

Fig. 270. Schalenlängsschnitt von Strombus mit mehreren Schichten sich kreuzender Prismen, analog Fig. 268 *A*. (Aus Simroth in Bronns Klassen u. Ordn. III, 1896/1907.) $^1/_1$.

Stiel eine vollkommene Harmonie zwischen Festigkeit einerseits und Elastizität des Materials andererseits zeigt. Wir verfolgen den statischen Bau der Molluskenschalen weiter, um auch für die anderen Typen noch Beispiele zu finden.

Bei den rasch in die Höhe wuchernden Rudistenmuscheln zeigen sich hohle Prismenzellen in der Gehäusewand. Sie sehen aus wie bei allen Lamellibranchiern, sind aber makroskopisch entwickelt. Das rasche Höhenwachstum einerseits, die Gefahr einer allzu großen Beschwerung der Schale andererseits erfordert eine sparsame Verwendung von Kalkmaterial. Diese Pneumatisierung der Schalenprismenschicht erfüllte aber einen doppelten Zweck, ohne daß dadurch die Festigkeit Not gelitten hätte. Es ist der oben in Fig. 268 *D* dargestellte Fall der Hohlbalken: innerhalb gewisser Grenzen besitzt ein Gefüge von Stangen und Lamellen dieselbe

Zug- und Druckfestigkeit wie ein kompakter Körper aus demselben Material, ja er ist zudem bei gleicher Festigkeit noch elastischer.

Wenn wir nach Wellblechbildungen suchen, wem fielen da nicht die radial gerippten Pectinidenschalen, die Ammonitengehäuse und die vielen konzentrisch und radial gefalteten Brachiopoden- und Muschelschalen ein? Die Schalenwellung bei Rhynchonella scheint jedoch nicht durchgängig eine Versteifung im Sinne der Wellblechbildung zu sein, zumal es unter den Nächstverwandten, ebenso wie bei den Pectiniden, auch gleich dickschalige ungefaltete Formen gibt, die unter den gleichen Lebensbedingungen standen und stehen. Hier spricht wohl noch ein anderer Anlaß zur Faltenbildung mit als der statische, nämlich Faltenbildung zum Zweck einer Einschränkung der Körpergröße, worüber der folgende Abschnitt dieses Kapitels noch einiges bringen wird.

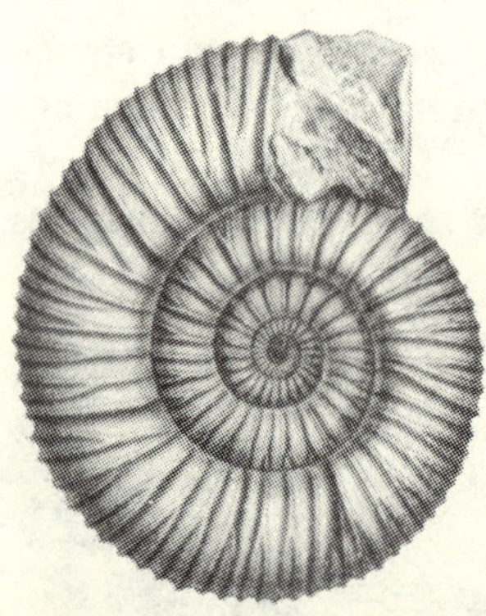

Fig. 271. Wellblechversteifung bei Perisphinctes. Einschaltung von Spaltrippen wegen der Raumvergrößerung der Externseite. Oberer Jura, Himalaya. (Aus Uhlig, Fauna of Spiti shales 1903.) ¹/₁.

Wenn die zu versteifende Körperfläche mehr oder minder eben ist, so ist die Wellblechbildung einfach, wie beschrieben. Ist ein Körper zylindrisch, dann laufen die Wellungen senkrecht oder schräg oder parallel zur Achse, ohne sich zu schneiden oder zu gabeln. Dagegen müssen sie sich zerteilen, wenn eine einseitig gekrümmte Körperfläche auftritt, wobei die konvexe Seite natürlich räumlich ausgedehnter wird als die Konkavseite. Dies ist bei Formen wie dem nebenstehend abgebildeten Perisphinkten (Fig. 271) der Fall, wo infolgedessen nach der Außenseite hin sich die Flankenrippen je nach den Raumverhältnissen gabeln oder Sekundärrippen eingeschaltet werden müssen, weil sonst zu große Zwischenräume zwischen den Einzelrippen entstehen würden, was der Stabilität des Gehäuses Eintrag täte, zumal am Außenrand, wo es dem stärksten Gegendruck oder auch Stößen ausgesetzt war.

Wenn man erhaltene Mundsäume von Ammonshörnern auf den Verlauf der Ränder und die Vorsprünge hin untersucht, fällt es auf, daß bei den nicht zugeschärften Formen mit breiterem oder engerem, aber immer noch etwas gerundetem Rücken dieser sich immer in eine Zunge fortsetzt oder zurückspringt, sich aber nie spitz oder stabförmig über die Mündungsebene hinaus erstreckt. Solche Formen sind Phylloceras, Perisphinctes, Haploceras u. a. Dagegen haben die diskoiden, zugeschärften Formen, wie Oxynoticeras und Oppelia, eine spitz-dütenförmige Fortsetzung des Rückens über die Mündung hinaus; und bei Amaltheus und Schloenbachia, vielleicht auch bei Cardioceras ragt der gestrickte, zopfförmige Kiel allein als gekrümmter Stab einhornartig vor (Fig. 272). Eben dies scheint nun die biologische Ursache für die Torsion des Kieles zu sein, der durch diese zopfförmige Struktur eine größere Biegungsfestigkeit gewinnt, deren die zungen- und spitz-dütenförmigen Fortsätze entbehren können.

Gerade die Pectiniden zeigen übrigens eine auch als Leitfossil bekannte Form, deren Schalenversteifung nach dem zweiten Prinzip der aufgelegten Lamellen, nicht der Wellblechbildung durchgeführt wird. Es ist die Form Amusium (Fig. 273 A), deren sehr dünnschalige gebrechliche Form im Widerstand gegen Biegung und Bruch durch die der Innenseite aufgelegten Leistchen erhöht wird. Hier sind sie radial angelegt, während uns Trigonia wie Roudeiria (Fig. 273 B) die Leistenverstärkung in konzentrischer Richtung und dichter angelegt zeigt. Dort wo sie an der Area endet, läuft über die Schale vom Wirbel herunter eine einzige Radialleiste. Diese hat ihrerseits wahrscheinlich den Zweck, diese schwächste Stelle der Schale, wo die beiden verschieden gerichteten Flächen aneinanderstoßen, besonders gegen Druck zu sichern, zu versteifen. Ein Beispiel für aufgesetzte T-förmige Versteifungsträger bietet die miozäne Ecphora quadricostata aus Mary-

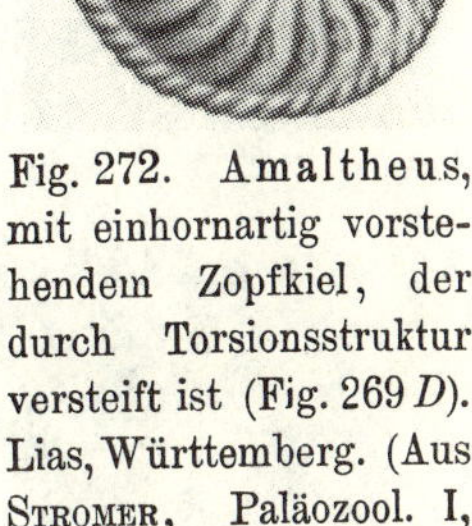

Fig. 272. Amaltheus, mit einhornartig vorstehendem Zopfkiel, der durch Torsionsstruktur versteift ist (Fig. 269 D). Lias, Württemberg. (Aus Stromer, Paläozool. I, 1909, nach Quenstedt, Ammon. 1883/85.) $^1/_1$.

Fig. 273. Aufgesetzte Träger- und Versteifungsrippen bei Molluskenschalen: A Amusium, Rippen nur auf der Innenseite am Steinkern als Vertiefung sichtbar, analog Fig. 268 C. Oberer Jura, Polen. (Aus Neumayr, Jura-Studien 1871.) Vergr. B Roudeiria, mit aufgesetzter Radialrippe an der schwächsten Schalenstelle, analog Fig. 269 B. Oberkreide, Ägypten. C Ecphora, Miozän, Maryland. Aufgesetzte Versteifungsträger, analog Fig. 269 B, C. (Orig. B u. C in München.)

land (Fig. 273 C). Hier wird zwar die Spiralwellung der Schale an der Mündung zuerst wellblechartig angelegt, jedoch wird auf der Innenseite des Umganges sofort der Hohlraum der Rippe mit Schalenzement ausgefüllt, so daß im Endeffekt eine durch aufgesetzte Rippen verstärkte Schalenwandung herauskommt.

Solche Versteifungen durch aufgelegte Rippen besitzen auch die Flügel der Alarien und Aporrhaiden unter den Schnecken. Deren Rippen werden zuerst angelegt als Faltenknicke der Schale und dann vollständig geschlossen und ausgefüllt. Die Flügel gewinnen dadurch eine größere Festigkeit und Widerstandskraft gegen Bruch.

Der dünnschalige Bellerophon striatus[1]) aus dem Devon entwickelt sich über das Stadium der scharfkantigen Streifung zu einer mit knotigen

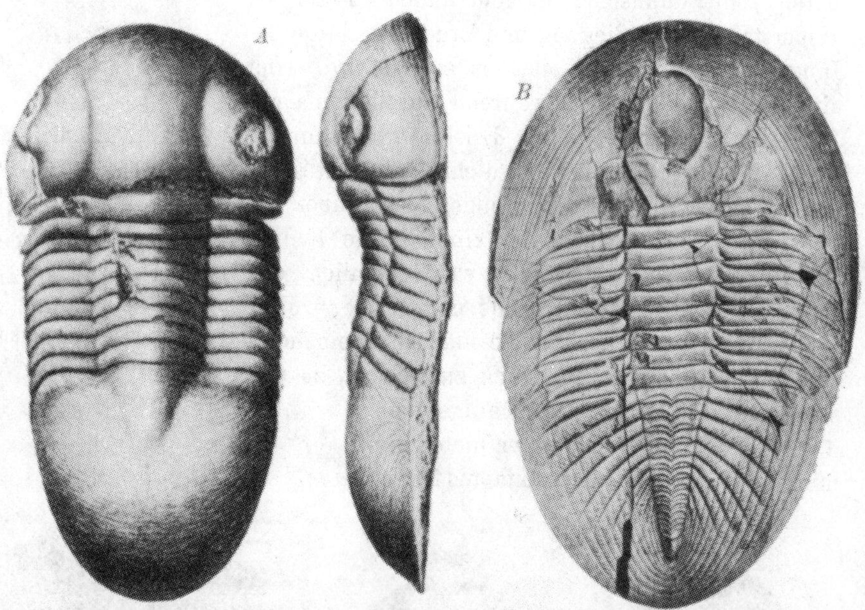

Fig. 274. Versteifungen am Trilobitenpanzer: *A* Illaenus. Untersilur, Baltikum. Wellblechform ersetzt durch einfache versteifende Aufbiegung des Schwanz- und Kopfschildes. (Aus Schmidt, Ostbalt. Silurtrilob. 1886.) Verkl. *B* Asaphus. Wellblechform des Schwanzschildes mit Querriefen. Untersilur, Böhmen. (Aus Barrande, l. c. I. 1852.) ⅛ nat. Gr.

Bändern versehenen Form. Große Exemplare mit feinen Streifen existieren nicht, sie sind vielmehr alle wellig gerippt. Die Untersuchung eines und desselben Individuums ergab, daß durch die Wellung ontogenetisch eine Verdickung des Gehäuses hervorgerufen wird und daß die gestreiften inneren Umgänge dünnschalig sind. Die Umbildung der Rippen zu der knotigen Schalenwellung bedeutet also eine statisch zu verstehende Schutzanpassung gegen zerstörende mechanische Einflüsse. Kleine Exemplare sind infolge ihrer Leichtigkeit und ihres geringeren Körperumfanges

____

1) Kirchner, H. S., Über Bellerophon striatus Bronn. Centralblatt für Mineral. Stuttgart 1915. S. 348 ff.

solchen Einflüssen noch nicht so sehr ausgesetzt; werden sie größer und brauchen sie nun ein widerstandsfähigeres Gehäuse, so genügt ein einfaches proportionales Dickenwachstum nicht mehr, es muß durch die Wellung eine Verstärkung und Versteifung der Schale ohne allzugroßen Materialverbrauch eintreten.

Statisch-mechanische Versteifungen sind auch am Trilobitenpanzer zu beobachten, und vieles, was an dessen Gebilden bisher gar nicht oder nur „ornamental" gedeutet wurde, ist nach den eindringenden Beobachtungen von Richter funktionell und als Versteifungsmittel aufzufassen[1]), also etwa die Säume an Kopf- und Schwanzschildern, die Nahtleisten und sonstige Leistengebilde, Schwanzschildleisten (Fig. 274 B). Spindelleiste und Rippen, die etwa Bronteus zeigt, werden verständlich als notwendig gewordene Versteifungen des Schildes infolge Rückzuges der Spindel aus dem Schwanzschilde, ebenso die Kämpferleiste bei Harpes. Wenn sich, wie bei dieser Gattung, durch Hinzutreten von Schildern oder durch Verbreiterung des Panzers das Äußere des Körpers vergrößert, so ist das nach Richter nicht etwa das Zeichen einer Vergrößerung des Weichkörpers, der bei allen Trilobiten wesentlich auf die Spindel beschränkt bleibt, sondern es ist nur eine Verbreiterung des Chitinpanzers selbst zu bestimmten biologischen Zwecken (vgl. S. 509). Infolgedessen sind hieraus sich ergebende Merkmale nur als mechanische Folgeerscheinungen dieser Plattenbildung zu bewerten, also die Vergrößerung des Umschlages, seine Bedeckung mit Leistchen, die Spindelleiste des Schwanzschildes, welche beim Rückzug der Weichkörperspindel aus dem Schwanzschilde dann als radiale Versteifungsstütze übrig bleiben kann. Hierbei wechselt also eine Form ihre Funktion, denn der Spindelraum im Schwanzschild diente ja ursprünglich einem anderen biologischen Zweck; von Weichteilen reicht in die Vergrößerungsteile des Trilobitenpanzers nur das hinein, was zur Ernährung der Haut und zur Erhaltung des Zusammenhanges direkt oder indirekt nötig ist.

Überhaupt brauchen breite Schwanzschilder bei Trilobiten solche Versteifungen, die bei dem nebenstehend abgebildeten Asaphus (Fig. 274 B) — worauf mich Herr Richter aufmerksam machte — gelegentlich als doppelte, d. h. sich kreuzende Riefung erscheinen kann. Wir brauchen auch nicht weit Umschau zu halten, um beim Trilobitenpanzer das natürliche Abbild des mit kleinen geprägten Knötchen versehenen Preßpapieres (Fig. 269 A) wiederzufinden. Der Panzer von Sao hirsuta, die daher ihren Speziesnamen hat, ferner die dem Anstoßen und damit dem Druck besonders ausgesetzten Glabellen vieler Arten, z. B. Phacops latifrons und Cheirurus Forbesi, sind hierfür Beispiele.

---

1) Richter, R. und E., Der Proetiden-Zweig Astycoryphe — Tropidocoryphe — Pteroparia. Senckenbergiana, Bd. I, S. 46 ff. Frankfurt a. M. 1919.

Der ringförmige Bau der Arthropoden-Skeletteile selbst ist durchaus statisch verständlich. Gebhardt sagt darüber (a. a. O. S. 115/16): „Schon die ganz typische Form dieser Ringe mit ihrer flacheren Unter- und stärker gewölbten Oberseite zeigt eine interessante Annäherung an die Querschnittform, welche ein elastischer, mit Flüssigkeit gefüllter Schlauch auf ebener Unterlage annimmt, und eine gute Anpassung im Sinne einer zum Tragen einer darüberliegenden Last bestimmten Gewölbeform. Aber der Ring ist gewöhnlich auch kein zylindrischer, sondern ein „ballig" gewölbter. Diese Wölbung wirkt nun ihrerseits, wie jede derartige Profilierung, auch wieder stark versteifend (Fig. 274 A). Statt ihrer kann auch eine mehr winkelige oder eine quer- und längsgerippte und -gewellte Profilierung des Ringes eintreten (Fig. 269 H), gerade wie in der Technik Ähnliches auch vielfach zur Versteifung, z. B. aus Blech gepreßter oder großer dünnwandiger gegossener Gegenstände angewendet wird." Die Segmente der Trilobiten zeigen genug solcher Profilierungen.

Gewöhnliche Versteifungen nach dem einfachen Prinzip der Stütze sind schließlich ebenfalls zahlreich. So bekommt der Körper vieler Nacktkephalopoden durch den inneren Schulp seinen Halt (S. 269). Bei einer gewissen Gruppe von Graptolithen, den Axonophoren, sind die Zellen auf einen starren Hornfaden aufgereiht (Fig. 275), welcher der ganzen Kolonie ihren Halt gibt.

Reines Trag- und Stützskelett ist auch das innere verkalkte Spiralskelett der paläozoischen Brachiopoden und ihrer wenigen mesozoischen Nachzügler. Die jüngeren Brachiopoden haben nur unverkalkte fleischige Spiralarme, das sind Mundanhänge, welche dazu dienen, mit ihren zarten Fransen die in die Schale eingetretene Nahrung dem Munde zuzuleiten.

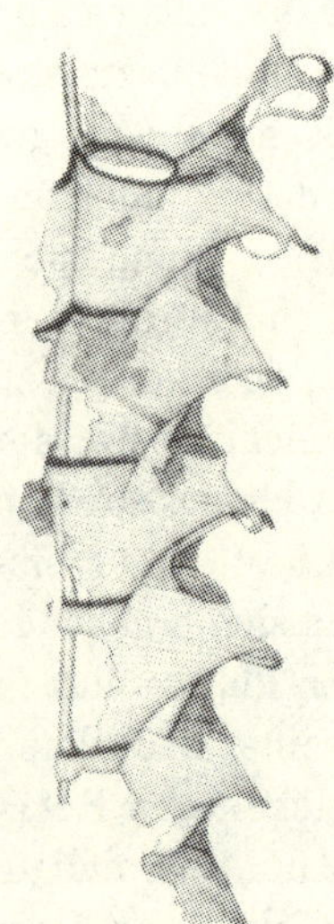

Fig. 275. Teil einer Kolonie von Clima- cograptus mit der die Einzelzellen tragenden Virgulasäule. Untersilur. (Aus Wiman, Bull. Geol. Inst. Upsala II/₂ 1895.) Stark vergr.

Von den versteiften Wellblechschalen der Ammonoiden war zuvor schon beiläufig die Rede. Beim Ammonitengehäuse kommt noch eine weitere Versteifung dazu, obwohl sie ursprünglich gar nicht als solche angelegt wurde: es sind die inneren Septen.

Wenn eine Zimmerdecke unterstüzt werden soll, so kann dies mit einer einzelnen Säule geschehen, die man etwa in der Mitte des Zimmers errichtet, oder mit einem Balken, den man von einer Wand zur andern durchzieht. Im ersteren Falle ist nur ein Punkt unterstützt, im zweiten eine Linie. Biegt man den Balken schlangenförmig hin und her, dann ist eine ziemlich große Fläche unterstützt. Beim eingerollten Nautilus ist diese schwach gebogene Unterstützung der Schalendecke vorhanden durch die Kammerscheidewände. Aber ihre Wellung hatte ursprünglich andere Bedeutung: sie ging aus der einfach gerundeten Linie der Orthoceraswände hervor, als infolge der Einbiegung des Gehäuses der Ring sich mit mechanischer Notwendigkeit in Wellen legen mußte[1]. Bei den dünnschaligen Goniatiten und Ammoniten wird die Bedeutung dieses Elementes zunehmend eine andere. Die einmal vorhandene Scheidewandbiegung wird von da ab nun benützt zur Unterstützung der Schalendecke gegen Druck von außen und zu diesem Zweck stärker und stärker in Falten gelegt (Fig. 10 B, S. 36). Die Ammoniten übernehmen von den Goniatiten diese Eigenschaft, und, einmal in Bewegung gesetzt, steigert sie sich endlich zu der bei den Ammoniten typischen Zerschlitzung der Sutur. Diese Zerschlitzung schafft eine Unzahl seitlich ausstrahlender Arme (Fig. 35, S. 140), deren Ausläufer feiner und feiner werden und sich dabei so drängen, daß die ganze Schale von innen her untergriffen wird. Diese wird aber dadurch trotzdem nicht starr, sondern bewahrt sich einen gewissen Grad von Elastizität, was sie gegen Zerbersten noch ganz besonders schützt. Gerade wie der auf S. 581 erwähnte elastische Verschluß der Clausilienschale sind die feinen Ausläufer des Septenrandes bei Ammoniten infolge ihrer Dünne und Feinheit hervorragend elastisch und doch fest nach Analogie des Fischbeines. Das ist wohl der einzig plausible biologische Grund, den man zur Erklärung der Zerschlitzung der Ammonitensutur anführen kann.

Freilich geht dieser Prozeß so in's Extrem, daß mit seiner weiteren Steigerung kein besonderer Vorteil mehr verbunden sein konnte, er also nicht mehr als biologische Nutzanpassung aufgefaßt werden kann. Diese in so vielen Fällen auch bei anderen Gruppen wiederkehrende allzustarke Spezialisierung der Form scheint, wie DEPÉRET sagt, nicht immer in klarer Beziehung zur einfachen Befriedigung funktioneller Bedürfnisse und zu einer besseren Anpassung an die Umgebung zu stehen. Eine Ceratitensutur ist für den Zweck der Unterstützung des Schalendaches durchaus genügend; soll die Suturverzweigung elastisch wirken, was die so überaus dünne Ammonitenschale besser gegen Bruch schützte als eine starre Versteifung, dann genügte eine in nicht allzugroßen Abständen aufeinanderfolgende zerschlitzte Sutur überhaupt; eine Ausbildung wie die der meisten Ammonitiden erscheint unter diesem Gesichtspunkt schon übertrieben. Aber es scheint hier, wie gesagt, die Septenentwicklung in den Dienst eines anderen Zweckes zu treten: den der Verminderung der Schalenkapazität für Gas, wie Seite 36 und 551 auseinandergesetzt wurde. So bestehen überhaupt alle organischen Bildungen stets aus einer Verwebung mehrerer Anpassungsbildungen, und wenn wir diese auf ihre Bedeutung im einzelnen zurückzuführen suchen, so dürfen wir

---

1) THOMPSON, A. W., Growth and Form. Cambridge 1917, S. 493 ff.

nie erwarten, mit einem Gesichtspunkt die ganze Form erschöpfend zu
erklären. Denn der Organismus ist nicht eine Vielheit, eine Summe an-
einandergefügter, für bestimmte Zwecke zugehauener Bausteine, sondern
eine in sich geschlossene, von innen heraus gestaltete Einheit, in der nichts
um seiner selbst willen und für sich allein besteht, sondern in dem sich
alles korrelativ zu einer untrennbaren Einheit zusammenfügt.

Die Ammonitenentwicklung hatte von Anfang an eine ganz andere Tendenz als die der Nautiliden[1]), wie sie im Kap. II, 2 dargestellt wurde. Lag
bei diesen das Entwicklungsziel in der möglichst vollkommenen Involution
der Schale, ein Gesichtspunkt, von dem aus auch alle aberranten Seiten-
zweige der Gruppe zu verstehen sind, so ist das hervorstechende Merkmal der Ammonitenentwicklung die Differenzierung der Kammerscheidewände längs der Suturlinie, sowie die Skulpturentwicklung, während
der Grad der Einrollung bei derselben Gattung ganz verschieden sein
kann. Beides unterscheidet die Ammonoiden, sobald sie das Goniatiten-
stadium verlassen haben, biogenetisch wesentlich von den Nautiloideen.

---

1) Die Suturlinie der Ammoniten wird von Deecke dagegen im Sinne einer stärkeren
Festheftung des Tieres in der Schale gedeutet. Durch die feine Zerschlitzung, wie z. B.
bei einem Pinacoceras oder Juraammoniten, verwachse das Tier aufs innigste mit der
Schale, und zum Beweis führt er Nautilusschalen, rezente und eine fossile an, bei denen
man von der Mitte der letzten Kammerscheidewand bis zn deren Außenrändern radialstrahlige Gefäßeindrücke beobachten kann, die sich gegen den Rand hin immer mehr in
eine Auszackung bzw. Wellung desselben auswachsen. Diese Riefung sei kaum etwas
anderes als eine ganz schwache Lobenlinie, wie bei den Ammoniten. Junge Nautilus-
exemplare zeigen sie nicht und junge Ammoniten haben auch noch eine ganz einfache
Sutur. Eine ganz fein zerschlitzte Lobenlinie wie die ammonitische entspreche also
einer sehr viel innigeren Verbindung des Tieres mit der Schale als eine einfache, denn
mit all diesen kleinsten Lappen und Zacken saß der Mantel im Gehäuse fest. Unterstützt werde die Auffassung dadurch, daß die Ammoniten nur einen äußerst schwachen
Haftmuskel bzw. ein feines Haftband besessen haben, wie sie die bekannten Exemplare von Solnhofen zeigen. Daraus sei aber zu schließen, daß der Haftmuskel bei den
Ammoniten geringere Bedeutung besessen habe als bei Nautilus, und das lasse einen Rückschluß auf die erhöhte Festheftung durch die Sutur zu.

Die Bedeutung der starken Befestigung mittels der Lobenlinie, wie er sie annimmt,
sucht Deecke darin, daß die stets lufterfüllte Schale beim Herumkriechen des Tieres am
Boden so stark nach oben zog, daß sie besonders stark befestigt werden mußte; und zwar
war der Auftrieb um so stärker, je größer das Gehäuse, also je älter das Tier wurde.
Das bewirkte mechanisch eine Zerfaserung der Mantelanwachslinie und somit eine Zerschlitzung der Sutur. Auch die von Deecke betonte Wahrscheinlichkeit, daß die ontogenetische Bildung einer Kammerscheidewand von der Peripherie nach dem Zentrum
fortschreite, gebe einen Fingerzweig, daß das Bedürfnis nach Anheftung an der Stelle der
größten Zerschlitzung am stärksten war, weil dort vermutlich der Zug der Schale am
kräftigsten war. Immerhin bleibt bei dieser Auffassung der Bedeutung der Sutur-
zerschlitzuug als unerklärtes Moment die Tatsache bestehen, daß die Masse der Nautiliden
und die Goniatiten diese Eigenschaft nicht entwickelt hat, trotz der langen Zeit, die hierfür zur Verfügung stand und trotz der gleichen hydrostatischen Beanspruchung ihrer
Schale. Außerdem ist auch die ungeheure Mannigfaltigkeit in der Zerschlitzung nicht erklärt.

An und für sich ist die ungeheure Mannigfaltigkeit in jener Suturzerschlitzung auch nicht merkwürdiger als die ungeheure Abwechselung in den Merkmalen der Skulptur bei Ammoniten oder Schnecken, die ja auch in unzähligen Spielarten, Arten und Gattungen erscheinen und deren jedes eine etwas andere Skulptur hat. Die Mannigfaltigkeit der Natur ist endlos und ist eine Grundtatsache, die wir bisher nicht erklären können. Es ist auch keine Erklärung, wenn man für solche gewissermaßen in's Extrem getriebene Mannigfaltigkeit, wie es die Ammonitensutur ist, von einem Spieltrieb der Natur spricht oder gar annimmt, daß die einmal in einer bestimmten Richtung begonnene Entwicklung eines Organes aus einer Art von physiologischem Gesetz der Trägheit auf dem eingeschlagenen Wege nicht mehr einhalten kann und etwa, wie beim Eckzahn des Machairodus oder beim Geweih des Riesenhirsches, die Ausbildung eines Organs, einer Eigenschaft unter Umständen bis in's Gegenteil der nützlichen Wirkung übertreibt, weil die Natur, von außen besehen, eben doch nicht n u r biologisch Zweckmäßiges hervorbringt.

Die interessanten Darlegungen von Thompson in seinem auf S. 587 schon zitierten Werk „Growth and Form" lassen erkennen, daß auch zwischen den Abwandlungen eines Organs, z. B. in einer Schalenbildung, korrelative mechanische Beziehungen bestehen müssen, die er im Einzelfalle als bestimmte Winkelkurven nachzuweisen in der Lage ist. Es ergibt sich daraus, daß die statische Druck- und Zugverteilung nicht willkürlich-zufällige Formen hervorbringt, so daß sich manche Schalengebilde in einen kurzen mathematischen Ausdruck bringen lassen. So ist z. B. die Kurve des Nautilus (Fig. 29, S. 103) eine sog. logarithmische Spirale, d. h. sie befolgt eine Wachstumsart, bei der jede neue Zuwachsfläche ein Gnomon der vorher existierenden ist. Bei Orthoceras, bei der Schnecke Haliotis, bei einem gewöhnlichen spiralen Gastropodendeckel findet dasselbe Verhältnis statt, um nur einiges zu nennen. Man kann auf diese Weise gewissermaßen in eine Formel kleiden, was an und für sich ein biologisch-organisches Wachsen, Gestalten und Variieren ist.

Damit ist natürlich nicht gesagt, daß solche Beziehungen, von denen wir hier nur ganz einfache Fälle kurz anführten, eine wirkliche Erkenntnis des biologischen Werdens selbst seien. Denn wenn auch hierin statische Gesetze zum Ausdruck kommen, so sind diese doch ebensowenig das Lebendig-Wesentliche selbst, wie es etwa die auf S. 565 ff. besprochenen chemischen Gestaltungen des Schalenaufbaues sind. Wir haben dort schon darauf hingewiesen, daß die organischen Bildungskräfte eben organisch, nicht chemisch-physikalisch verfahren. Die Lösung des Lebensrätsels kann nicht darin bestehen, daß man das Lebendige in mechanistische oder mathematische Formeln bannt, denen das Wesentliche, nämlich das Lebendige selbst, fehlt; vielmehr liegt es auch hier klar zutage, daß das Entscheidende erst mit einer Erkenntnis dessen gegeben wäre: wie es kommt, daß die physikalisch-statischen und die chemischen Strukturen der Organismen in jener stets so überraschenden Beziehung zu der Umwelt stehen. Diese schon im I. Kapitel als grundlegend bezeichnete Frage ist auch mit der eindringendsten statischen oder mathematischen Analyse selbst nicht beantwortet (vgl. S. 6).

In einer Arbeit über die Statik der Nautilus- und der Ammonitenschale hat PFAFF nachgewiesen[1]), daß der Bau der Nautilussepten mathematisch genau diejenige Fläche zeige, die geeignet sei, den Druck des Wassers auf die Röhrenwandung zu übertragen. Er geht dabei von der Vorstellung

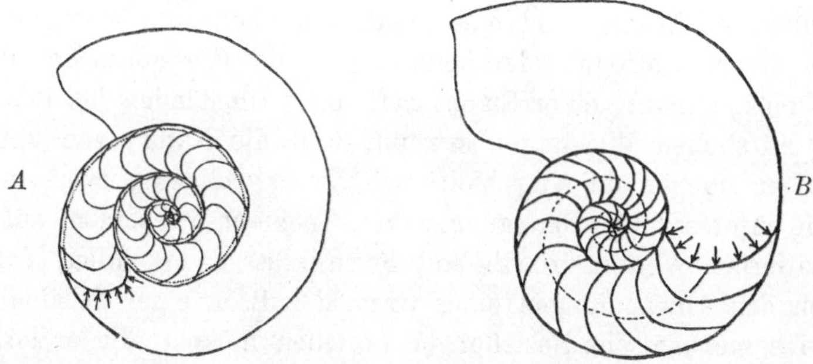

Fig. 276. Schematischer Medianschnitt: *A* durch eine Ammonitenschale; *B* durch die Nautilusschale. (Aus PFAFF, l. c.)

aus, daß ein äußerer Wasserüberdruck auf das jeweils letztangelegte Septum wirke, und zwar durch den Weichkörper hindurch. Die Ammonitensepten sind nach vorn gewölbt (Fig. 276 *A*), also dem Wasserdruck entgegengekrümmt, werden somit nur auf Druck beansprucht, den sie auf die Wandung der Schalenröhre übertragen; die Nautilussepten dagegen sind nach vorn konkav (Fig. 276 *B*) und übertragen wie ein an allen seinen Seiten befestigtes Tuch den auf sie wirkenden Wasserdruck durch Zugspannung auf die Schalenwandungen. Nach experimentell veranstalteten Druckproben ergibt sich nach PFAFF bei dem geschilderten unterschiedlichen Bau der Septen, daß die Endsepten der Ammoniten, welche nur Druckspannungen bekommen, bei gleicher Wasserbelastung nur den sechsten Teil so stark zu sein brauchen, wie die Septen der Nautiliden, die auf Zug beansprucht werden. Das wäre der Hauptgrund, weshalb die Ammoniten mit ihren papierdünnen Gehäusen und Septen ebenso große Meerestiefen aufsuchen konnten, ohne eingedrückt zu werden, als die wesentlich dickschaligeren Nautiliden. Daß nun die Ammonitensepten so stark zerschlitzt sind im Gegensatz zu den Nautilidensepten,

---

1) PFAFF, E., Über Form und Bau der Ammonitensepten und ihre Beziehungen zur Suturlinie. 4. Jahresber. Niedersächs. Geol. Ver. Hannover 1911, S. 208—223.

hat nach PFAFF seinen statischen Grund darin, daß der Sipho die Septenwand wie eine Tragsäule unterstützte. Wandere bei den Ammoniten der Sipho nach der Innen- oder Externseite, so werde der Wasserdruck nicht mehr wie bei Nautilus und bei jungen Ammoniten auch noch auf das nächstfolgende rückwärtige Septum übertragen, sondern ausschließlich auf die Röhrenwandung. Die Folge davon müsse eine Verlängerung, also Differenzierung der Suturlinie sein, weil sonst ein Abreißen von den Röhrenwandungen eintreten würde; anderenfalls müßte durch eine Verstärkung des Septums an den stärkst beanspruchten Stellen den größeren Spannungen begegnet werden. Die Wanderung des Ammonitensipho nach der Externseite habe daher wahrscheinlich den ersten Anlaß zu der stärkeren Differenzierung der Septalflächen gegeben.

PFAFF kommt nun durch seine auf obigen Voraussetzungen beruhenden Berechnungen zu dem Ergebnis, daß die Septen und ihre Suturlinien geradezu ideal schöne Beispiele für die Anpassung an den Wasserdruck sind, deren Einzelheiten und Verschiedenheiten sich mit mathematischer Genauigkeit als statisch bestimmte Abänderungen verstehen lassen.

Ein vor allem gegen PFAFFS Voraussetzungen zu erhebender Einwand besteht in der Tatsache, daß der Wasserdruck zwar auf die ganze Außenfläche des Gehäuses wirkt, aber doch nicht durch das Weichtier hindurch nur auf das erste Septum. Die an und für sich wohl zu Recht bestehenden statischen Berechnungen PFAFFS müssen gewendet werden, nämlich unter der Voraussetzung, daß alle Septenränder an der Innenseite der Schalenröhre den Außendruck des Wassers aufnehmen und die Schalenwand stützen, wie es oben ausgeführt wurde. Wenn die Septen einzelne bestimmt verlaufende Zug- und Drucklinien bzw. -flächen erkennen lassen, wie PFAFF es zeigt, so müssen diese in einen anderen biologischen Zusammenhang gebracht werden. Es ist deshalb viel wahrscheinlicher, daß die Zerschlitzung der Suturlinie bei den Ammoniten primär, wie wir es oben ausgeführt haben, auf Druck von der Außenwand des Gehäuses und nur dadurch erst sekundär auf Zugspannungen zurückgeht, und daß auch die Faltung der Nautilus- und Goniatitensutur in erster Linie der Unterstützung der Schalenwandung gegen Druck diente.

Auch v. PIA steht auch auf dem Standpunkt[1]), daß die Suturzerschlitzung mit Zug- und Druckspannungen in unmittelbarer Beziehung steht. Beim Niveauwechsel im Wasser änderte sich der äußere Wasserdruck auf die gaserfüllte Schale rasch und bedeutend; sie mußte also so gebaut sein, daß sie weder von außen eingedrückt, noch durch

---

1) v. PIA, J., Untersuchungen über die Gattung Oxynoticeras und einige damit zusammenhängende Fragen. Abh. k. k. geol. Reichsanst. Wien 1914, Bd. 23, S. 118/119.

den inneren Luftdruck gesprengt wurde, zumal sie außerordentlich dünn war.[1])

Daß ferner der Sipho des Nautilus als Stützsäule von Septum zu Septum den Druck weiterleitet, könnte höchstens für die verkalkten Siphonen der paläozoischen Orthoceren und der tertiären Aturia gelten, die sekundär diese Funktion übernommen hätten; bei Nautilus, an dem die Untersuchungen gemacht wurden, ist der Sipho ein von einem Blutgefäß durchzogener häutiger biegsamer Strang, der dem langsamen Gaswechsel in den Luftkammern dient. Wo er bei Nautilen als feste kalkige Säule erscheint, beruht dies auf nachträglicher Verkalkung bei der Fossilisation, wie das häufig zu beobachten ist. Für den Ammonitensipho, soweit er ontogenetisch noch median liegt, gilt insofern dasselbe, als seine Verkalkung während der Lebenszeit des Tieres so schwach war, daß er als Stützsäule gleichfalls nicht in Betracht kommt. Auch ein biologischer und physiologischer Gesichtspunkt spricht gegen eine solche Auffassung des Sipho bei Nautilus, denn dieser würde dann nicht dauernd von einem funktionierenden Blutgefäß durchzogen bleiben, sondern nach Schließung der Zelle jeweils als deutliche Kalksäule dastehen; man könnte höchstens auch hier an eine doppelte Funktion eines Organes denken, nämlich daß der dem Gasaustausch primär dienende Sipho zugleich sekundär zur Stützung der Septen mit herangezogen wurde. Dem widerspricht aber das zuvor über seine weiche und schwache Struktur Gesagte.

Über die externe Lage des verkalkten Sipho bei den Ammonoideenschalen, mit Ausnahme der Clymeniiden, und den hierin bestehenden Gegensatz zu den Nautiliden, bei denen der Sipho (mit Ausnahme der tertiären Aturia) unverkalkt ist, wurde viel nachgedacht. v. PIA führt in seiner vorhin erwähnten schönen Arbeit (a. a. O. S. 119) die unterschiedliche Faltung der Septalwände in der Mitte und am Rande darauf zurück, daß die Zerschlitzung, wenn sie auch den medianen Teil noch betroffen hätte, diesen weniger bruchfest gemacht und seine Konstruktion als Gewölbe (nach PFAFF) unmöglich gemacht hätte. Das, meint er nebenbei, ließe auch die Verlegung des Sipho nach dem Rande verstehen. Daß dieser nicht weiter ausgeführte Gedanke, den ich hier weiter verfolgen möchte, richtig sein muß, beweisen seine Konsequenzen, welche verschiedene spezielle Siphonalbildungen zu erklären erlauben. So vor allem einen etwas aberranten Nautilus des Jura, Hercoglossa, der ebenso wie der Goniatit Brancoceras eine sehr stark ausgreifende, durchaus goniatiten-

---

1) Welchen Einfluß die Lebensweise auf die Entwicklung der Suturlinie hat und wie man daraus etwa umgekehrt von der Suturform auf die Lebensweise schließen kann, scheint R. DOUVILLÉ untersucht zu haben. Die Arbeit war mir aber bisher weder im Original noch in einem Referat zugänglich. (Influence du mode de vie sur la ligne suturale des Ammonites appartenant à la famille des Cosmocératides. Bull. Soc. géol. France, Compt. rend. 156 d. 36. séance du 27. janvier 1913, Paris 1913.)

artig verfaltete Sutur hat. Bei diesem Nautiliden ist der Sipho tatsächlich mehr an die Externseite gerückt als bei irgend einem anderen, er
liegt nahezu ganz extern, während er bei den Nautiliden mit einfach
nautiloider Sutur zentral oder fast zentral bleibt. Halten wir daran fest,
daß es statische Spannungen sind, welche bei stärker gefalteter Sutur
eine Verlegung des Sipho an die Außenseiten nötig machen, so fordert
dieses seitliche Ausweichen zugleich auch seine Versteifung, also seine
Verkalkung, weil er als weicher Strang sich in den Kammerlumina
niemals an die gewölbte Außenwand anschmiegen, sondern von Scheidewand zu Scheidewand quer durch den Hohlraum laufen müßte; diese
Querspannung aber würde an der jeweiligen Eintrittstelle in eine Kammer-
wand selbst eine Zugspannung und damit einen Druck mit sich bringen,
der für die äußerst zarte Verästelung gerade an dieser peripheren Stelle
eine Störung wäre. Die Verkalkung des Sipho bei Ammoniten dient
also der Versteifung, diese dient der Hinauswölbung der Siphonalröhre,
diese Hinauswölbung und Versteifung aber verhindert einen Zugdruck
auf die einzelne Septalwand. Wenn nun umgekehrt aus irgend einem
uns unbekannten, aber ersichtlich vorhandenen Grund bei einem Nautiliden
mit zickzackartiger Suturverfaltung der Sipho nicht an den Externrand
wandern kann — sei es überhaupt nicht oder nur ontogenetisch zeitweise nicht —, dann ist umgekehrt der Sipho selbst einer Spannung ausgesetzt, die wohl für den weichen Strang und sein Blutgefäß untunlich
wäre und die bei dem jeweiligen Eintritt in eine Querscheidewand eine
Knickung mit sich brächte. Das zeigt uns die tertiäre Aturia, eine ebenso
wie die oben genannte Hercoglossa außerordentlich weitgehend goniatitisch
gewordene Form. Bei ihr liegt der Sipho nicht zentral, sondern weicht
nach der Internseite der Spirale aus. Dies ist die entgegengesetzte
Richtung, die er nach den oben dargelegten statischen Verhältnissen zuletzt einnehmen müßte, wenn hier die Verlagerung allein von den statischen
Bedingungen bestimmt würde. Infolge dieser besonderen, nun eintretenden Spannung verkalkt er auch ganz besonders stark, er bekommt
durch ineinandergesteckte Kalktuben eine Festigung, die nirgends sonst
bei Formen mit zickzackförmiger Suturlinie wiederkehrt — außer bei
Clymenien mit ihrem intern gelegenen Sipho, wo also offenbar dieselben
Zusammenhänge zur gleichen dicken tubenförmigen Umhüllung des
Sipho geführt haben. Bei den genannten Typen Clymenia und Aturia
erforderte die Goniatitensutur eigentlich die Externlage des Sipho. Aus
irgend einem Grunde konnte diese nicht erreicht werden. So wurde
der Sipho, weil er nicht nach dem Außenrande gelangen konnte, wie es
den Spannungsverhältnissen gemäß gewesen wäre, nach der Internseite
hinüber verschoben, wo er nun auch den Faltungsprozeß bei der Ausscheidung der Kammerwände nicht mehr störte, was aber umgekehrt zu
einer ganz besonderen Festlegung des zuerst weichen Organes zwang, und

zwar in folgendem Sinne. Es mußte vermutlich bei dieser Verlagerung nach innen das Weichtier gewisse Umwandlungen bzw. Verlagerungen am Eingeweidesack durch Tieferlegen des Sipho bekommen. Der sich beim Vorrücken bildende Siphonalstrang wurde nur dann am besten und sichersten in dieser seiner tiefsten Innenlage in der Spirale festgehalten, wenn er sofort verkalkte; sonst hätte er der Spannung jeweils nachgegeben, nach oben gedrückt und die Suturbildung gestört. Daß er bei Aturia

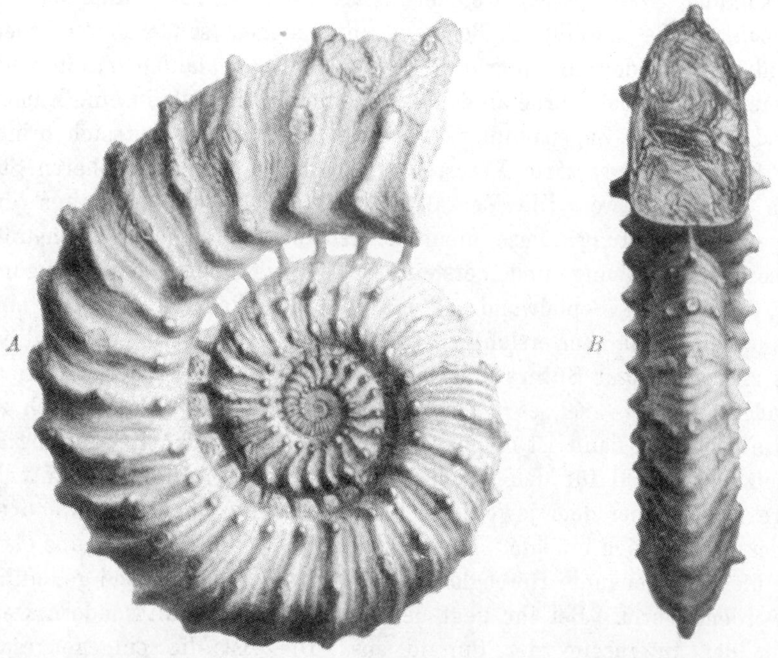

Fig. 277. Crioceras, aus der norddeutschen Unterkreide. Die doppelreihigen Schutz-stacheln auf dem Schalenrücken werden unter Beiseiteschieben der einen Reihe (*B*) für jeden folgenden Umgang zu Stützen. (Aus Neumayr u. Uhlig, Paläontographica 27, 1881.) ¹/₃.

und Clymenia nicht nur selbst einfach verkalkte, sondern noch einmal von einem aus verlängerten Siphonaldüten gebildeten Rohr umgeben ist, kann vielleicht als besonderes Erfordernis, also eben durch ganz besonders vermehrte Spannung erklärt werden. Diese Erklärung gilt auch für den Fall, daß Clymenia und Aturia invers gewunden wären, entgegengesetzt allen übrigen Nautiliden und Ammonoiden, bei denen die Bauchseite des Tieres der Rückenseite der Schale entsprach.

Bei einem ausgewachsenen, gut erhaltenen Exemplar von Crio-ceras Roemeri aus der norddeutschen Unterkreide (Fig. 277) scheint die Stützung der größeren Umgänge durch Speichen zu erfolgen. Es sind dies umgewandelte Stacheln, die zuletzt eine Versteifung des evoluten Ge-häuses bilden. Eine Schutzstachelbildung auf dem Rücken noch nicht ganz ausgewachsener Ammoniten und Nautiliden muß notwendigerweise in Widerspruch mit dem Spiralbau in derselben Ebene geraten. Es ist daher gewiß kein Zufall, daß kein Schalenkephalopode, ausgenommen diese evoluten Crioceren, Rückenstacheln besitzt. Denn das hinderte die Auflegung des neuen Umganges und das Vorrutschen des Weichtieres auf dem Rücken des vorigen Umganges. Es muß also ein ganz außerordentliches Bedürfnis nach Schutzstacheln auf dem Rücken des Crioceras Roemeri vorhanden gewesen sein, wenn trotz dieses technisch-mechanischen Nachteiles für das Schalenwachstum solche Stacheln ausgebildet wurden. Diese Notwendigkeit lag in dem Umstande, daß das an und für sich schon so zarte Ammonitengehäuse durch das Evolutwerden alle Festigkeit verlor. Als Schutz gegen das Anstoßen von Tieren sind diese Stacheln entstanden. Der Aufbau der Schale[1]) ist folgendermaßen: „Bei einer Größe von 8 bis 9 mm beginnen die Windungen evolut zu werden und nehmen Criocerascharakter an. Ungefähr in demselben Wachstumstadium treten auf dem äußeren Drittel der Flanken, sowie in der Nähe der Medianlinie der Externseite jederseits zwei Knotenreihen auf. Etwas später kommt dann auch am Nabelrande eine Knotenreihe zur Ausbildung ... Bei beschalten Exemplaren sind lange, spitze Dornen vorhanden, von welchen diejenigen an der Externseite so entwickelt sind, daß sie bis an die Konkavseite der nächstfolgenden Windung hinüberreichen, sich an diese ansetzen und Brücken zu derselben bilden, so daß jeder der evoluten Umgänge stets auf die Externdornen des vorhergehenden Umganges gestützt ist. In dem hier geschilderten Stadium befindet sich Crioceras Roemeri bis zu etwa 8,5 cm Durchmesser. Bei weiterem Wachstum werden die knotenlosen Zwischenrippen immer schwächer, bis sie endlich gegen außen zu fast ganz verschwinden. Außerdem tritt noch früher in dem ganzen Bau der Schale eine vollständige Verschiebung ein. Von den zwei Knotenreihen, welche früher zu beiden Seiten der Medianlinie der Externseite standen, rückt die eine ganz auf die Flanke hinunter und wird allmählich schwächer, bis sie fast vollständig verschwindet. Die andere Knotenreihe hingegen schiebt sich genau in die Medianlinie, so daß sich nunmehr die letzte Windung nicht mehr auf zwei, sondern nur noch auf einen Dorn des vorhergehenden Umgangs stützt. Bei dem untersuchten Exemplar ist der linksseitige Dorn in die Medianlinie geschoben, der rechtsseitige auf die Flanke gerückt." Es geht also daraus hervor, daß das Weichtier beim Weiterwachsen nicht an dem Rücken des vorhergehenden Umganges sich weitertastete. Denn es sind nicht kurze Knotenstacheln, die das allenfalls noch gestattet hätten, sondern lange spitze Dornen ragen in die Konkavseite der nächsten Windung hinein. Hier werden sie dann beim Bau der Wohnkammer

---

1) Neumayr, M. und Uhlig, V., Über Ammonitiden aus den Hilsbildungen Norddeutschlands. Palaeontographica, Bd. 27, S. 188, Stuttgart 1881.

mit verlötet und erscheinen danach als Versteifungssäulen, was sie auch tatsächlich sind, aber sozusagen ursprünglich nicht dafür angelegt, sondern nur zu einem neuen Zweck übernommen, nachdem sie einmal vorhanden, aber überflüssig geworden waren.

Als eine statische Bildung mag auch bei Gehäuseschnecken die Kammerung der Spindelspitze betrachtet werden, wodurch diese solider und widerstandsfähiger gegen Bruch gemacht, zugleich aber, wenn dieser Bruch dennoch eintritt, gegen Eintritt von Wasser und Sand wie ein Schiff durch seine Schotten geschützt wird. Daß es mit dieser Bildung

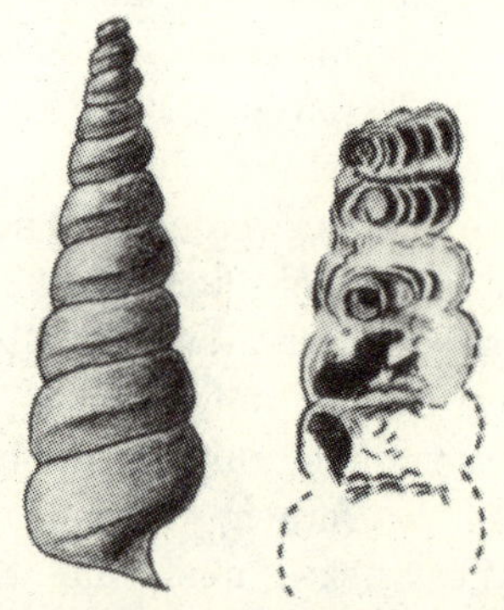

Fig. 278. Hohes Gewinde von Murchisonia mit inneren Verfestigungsblättern. Obersilur, Ontario, U. S. (Aus Whiteaves, Palaeoz. foss. of Canada III/₂, 1895.) ¹/₁.

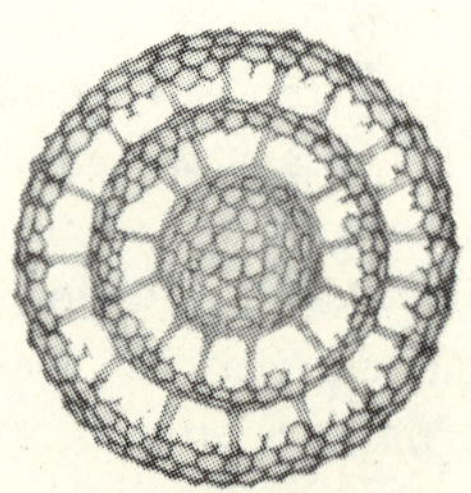

Fig. 279. Nachträgliche Versteifung eines Radiolariengehäuses mittels ursprünglicher Schwebestacheln. Devon, Ural. (Aus Rüst, Paläontographica 38, 1891/92.) Stark vergr.

auf eine Festigung abgesehen ist, zeigen insbesondere einige mit dieser Eigenschaft begabte spitz-turmförmige Arten, die in den Murchisonien (Fig. 278) auch ein sehr altes fossiles Vorbild haben, ebenso wie die außerordentlich lange spitze Terebra, bei der die oberen Umgänge innerlich völlig mit Kalk auszementiert werden. Auch der in der Brandung lebende, weniger turmförmige Triton hat sie aus denselben begreiflichen Gründen. Ebenso möchte ich die Böden in den frühesten schwachen Umgängen der festgewachsenen Vermetiden so deuten, die einer besonderen Versteifung bedürfen, um nicht zu brechen, wenn die Schnecke in die Höhe wächst.

Wenn sich kugelförmige, mit Radialstacheln bewehrte Radiolarien durch Wachstum vergrößern, wird um die erste stachelige Gitterschale herum ein neues Gitternetz angelegt und dieses mittels der vorher schon zu einem anderen Zweck vorhandenen Radialstacheln mit dem inneren ursprünglichen versteift (Fig. 279). Hier übernehmen also Schwebestacheln, ganz ebenso wie die Schutzstacheln bei dem obigen Ammoniten, eine neue biologische Funktion.

Eine sehr einfache und offensichtliche Versteifung des Gehäuses, die schon lange als solche bekannt ist, zeigt Clypeaster aegyptiacus (Fig. 280). Die Clypeastriden brauchen eine starke Schale, denn sie gehen nach Deecke dicht an das bewegte Wasser von unten heran.[1]) Die Verstärkung der Schale wird erreicht sowohl durch Ausscheidung eines starken sekundären inneren Kalkbelages als auch durch stalaktiten- und stalagmitenartig aus dieser Kalkschicht sich erhebende, zur gegenüberliegenden Seite reichende, dickere und dünnere Pfeiler.

Bei den Receptaculiten, jenen gewöhnlich den Spongien nahegestellten, nur paläozoischen fraglichen Formen (Fig. 281 A) wird die Körperwand von Säulen gebildet, die senkrecht zur Längsachse des Gesamtskelettes stehen und an ihrem Außenende vier sternförmig ausstrahlende kurze Arme tragen, auf denen die die Außenwand als Belag bildenden polygonalen Platten liegen. Der auf diese gelangende Druck wird von den Sternarmen aufgenommen. Diese nun

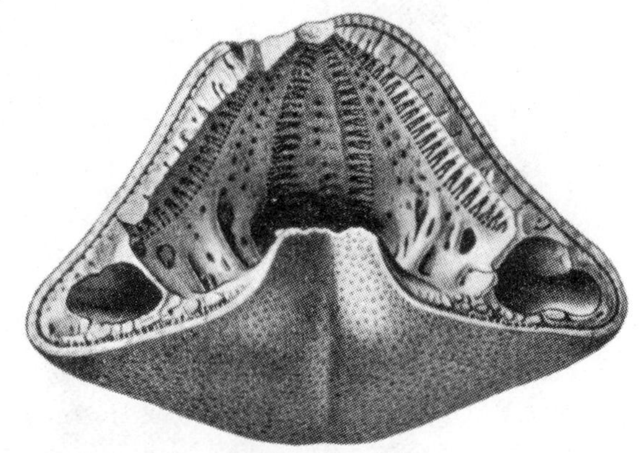

Fig. 280. Schalenversteifung bei Clypeaster. Neogen, Ägypten. (Orig. in München.) $^1/_2$.

sind so ineinandergesteckt, daß sie einen möglichst großen Druck aushalten können, ohne daß sich die Säulchen verschieben, indem sich die seitlichen Arme gemäß Fig. 281 C untergreifen bzw. überdecken. Die lateralen des anderen Säulchens rechts und links aber stecken sich mit ihrem äußeren Ende rechtwinkelig zwischen das distale und proximale des Nachbarsäulchens hinein. So entsteht ein tragendes Geflecht nach dem beigegebenen Schema (Fig. 281 C), das mit dem denkbar geringsten Materialaufwand die größtmögliche Festigkeit gegen Außendruck verbindet und dennoch in sich verschiebbar bleibt. Die auf diesen Stützapparat außen aufgesetzten polygonalen Täfelchen (Fig. 281 A u. C) haben keine statische Bedeutung, sondern bilden einen Schutzpanzer für den ganzen Körper.

So, wie die ältesten Korallen, die Tabulaten, gegenüber den etwas späteren Tetrakorallen ganz einfach gebaut sind, so ist auch den Receptaculiten gegenüber der Archaeocyathidenkelch statisch vollkommen klar durchschaubar. Ein einfaches zylindrisch-konisches Gebilde mit zwei

---

1) Deecke, W., Echinoiden, l. c. S. 500.

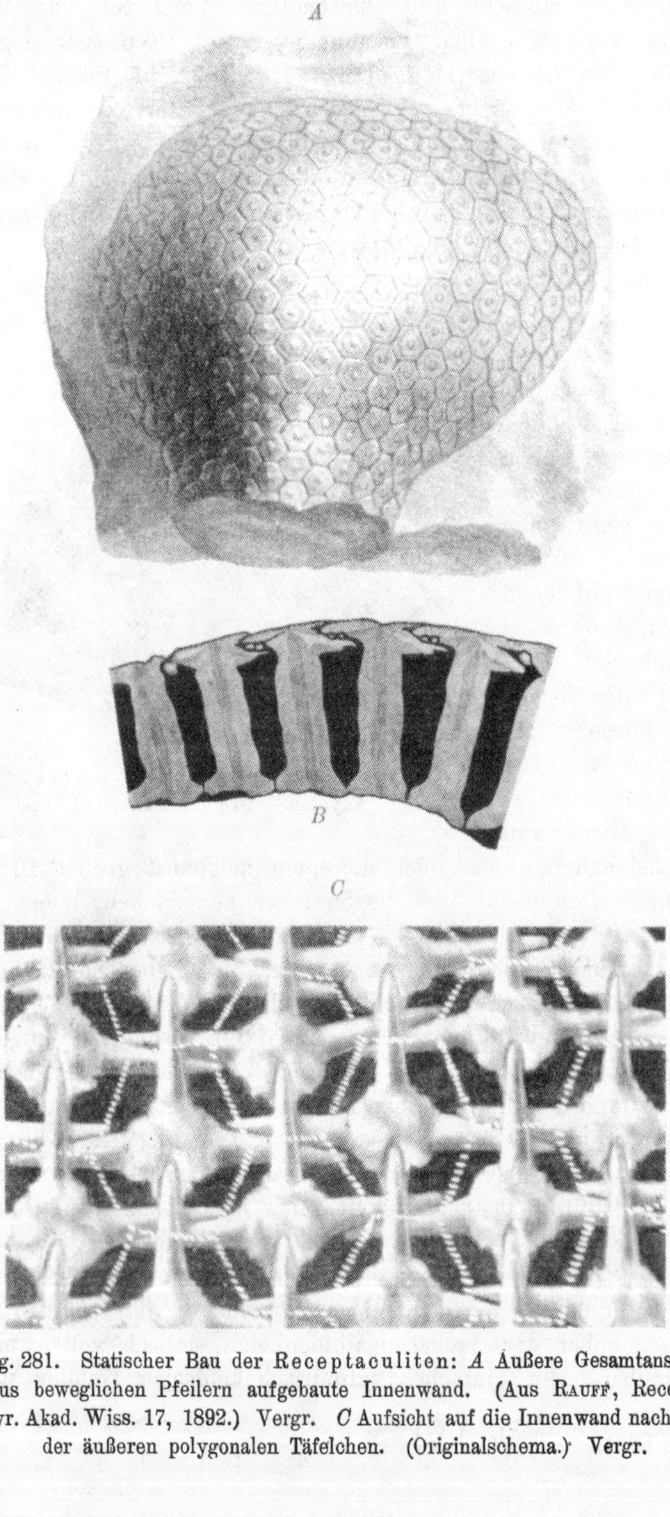

Fig. 281. Statischer Bau der Receptaculiten: *A* Äußere Gesamtansicht.
B Die aus beweglichen Pfeilern aufgebaute Innenwand. (Aus Rauff, Receptaculiten.
Abh. Bayr. Akad. Wiss. 17, 1892.) Vergr. *C* Aufsicht auf die Innenwand nach Abhebung
der äußeren polygonalen Täfelchen. (Originalschema.) Vergr.

durch Querblätter versteiften Wandungen, die das Prinzip des Hohlbalkens auf's klarste erkennen lassen (Fig. 282). Blasige Füllungen sind dazwischen. Das ganze ist ein in sich tragfester, mit Wurzeln am Boden angehefteter Hohlzylinder. Die systematische Stellung dieser ältesten „Coelenteraten" ist noch ganz fraglich. Ob sie den Spongien verwandt sind, ist mehr als zweifelhaft, weil schon die ältesten kambrischen Spongien eine im Prinzip ganz anders angeordnete Struktur haben (vgl. Fig. 168 A, S. 388.)

Das Schwammskelett ist nur Stützskelett, nicht Schutzskelett, wie etwa das der Korallen, Hydrozoen und Bryozoen. Über die mechanische Beanspruchung des Schwammskelettes und seine dementsprechende Formbildung sind von KELLER nähere Angaben gemacht worden.[1]) Gerade bei den Spongien, sagt er, begegnen uns häufiger als in anderen sessilen Gruppen Erscheinungen, bei denen Organisation und Gesamtform einen möglichst günstigen Kompromiß darstellen zwischen Ernährungsprinzip und Festigkeit. Das Zurück

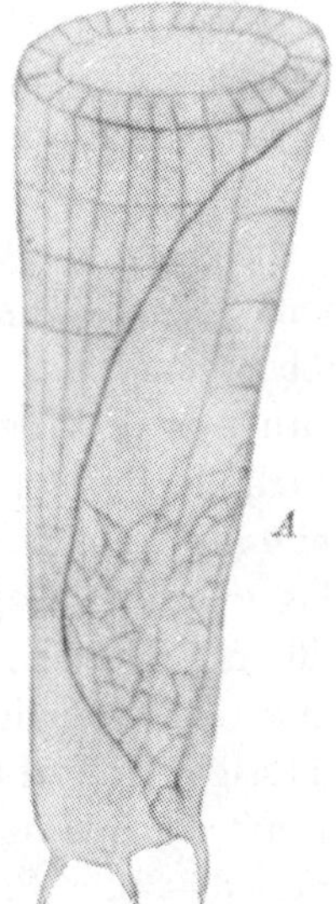

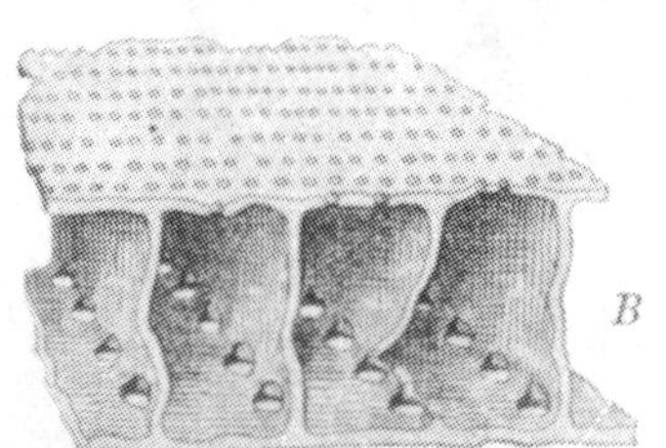

Fig. 282. A Archaeocyathidenkelch. Rekonstruktion. Außen- und Innenwand durch Querlamellen verbunden. (Aus BORNEMANN, Cambr. v. Sardinien 1886) $^3/_1$. B Dasselbe, stark vergr. (Aus TAYLOR, Mem. Roy. Soc. South Australia 1910.) Beides schematisch. Versteifung analog Fig. 268 D.

treten der animalen Funktionen und die Einschränkung des aktiven Nahrungserwerbes in dieser Gruppe bewirkt ein weitausgedehntes Kanalsystem im Dienste der Ernährung. Die Hauptporen als Eingangspforten der Nahrungspartikel sind über eine möglichst große Oberfläche verteilt. Auch die der Verdauung dienenden Geiselkammern sind zahlreich, und so durchsetzt eine Menge Höhlungen und Gänge den Körper. Es ist also eine große Festigung des an und für sich weichen Körpers nötig, der nun bei den Schwämmen äußerst mannigfaltig ist. Zunächst hinsichtlich des Materials, das bald aus Kieselsubstanz, bald aus Kalk, bald aus Hornsubstanz besteht. Wo das Material nicht ausreicht zur Stabilisierung, kommt noch der Turgor der Gewebe hinzu. Das Skelettmaterial selbst wird zu den verschiedensten Konstruktionen verwendet, und diese außerordentliche Anpassungsfähigkeit des Skelettes bedingt auch die Verbreitung der Schwämme.

---

1) KELLER, C., Die Spongienfauna des Roten Meeres. II. Zeitschr. f. wissensch. Zoologie, Bd. 52, S. 357—366, Leipzig 1891.

In großen Tiefen ist die Beanspruchung des Skelettes auf Zug und Druck am gleichmäßigsten. Es sind höchstens langsame schwache Strömungen vorhanden und die Biegungsfestigkeit braucht daher nicht groß zu sein. Dagegen muß in manchen Regionen die Tragfähigkeit bedeutend sein wegen der Masse des herabfallenden sedimentären Schlammes, durch den die Oberfläche stark belastet werden kann. In mäßigen Tiefen dagegen bestehen wechselnd bedeutende Druckdifferenzen, wenn die Oberfläche des Wassers von Wellen bewegt wird. Wenn das Kanalsystem weit genug ist, mag dieser wechselnde Wasserdruck unmittelbar durch den Körper hindurch ausgeglichen werden. Ist es hierzu zu eng, dann wird die Festigkeit u. a. durch die Konstruktion der Skeletteile erreicht, bei denen die Skelettelemente dick verschmelzen. In der litoralen Zone ist jene Beanspruchung natürlich am stärksten. Abgesehen von dem seitlichen Zug und Druck der Wogen und Strömung, wird auch der Belastungsdruck bei einer Wogenbildung von 5 bis 10 m um eine halbe bis ganze Atmosphäre erhöht. Wogen von 20 m Höhe sind aber keine Seltenheit. Während sich die Korallen durch ihre feste massige Struktur und Konstruktion gegen die Einwirkungen der Brandungszone schützen, tun dies die Spongien durch besondere Elastizität und Biegungsfestigkeit (vgl. das über Receptaculites Gesagte). Insbesondere die Hornschwämme zeichnen sich hierdurch aus, deren longitudinale, durch festigende Querfasern verbundene Hornfäden die Zug- und Druckspannungen aufnehmen. Da nach einem statischen Gesetz die Spannungen der einem Druck Widerstand leistenden Schichten am größten an der Peripherie sind und gegen die Mitte hin abnehmen, so rückt die Gewebemasse mit den festigenden Fasern an die Peripherie.

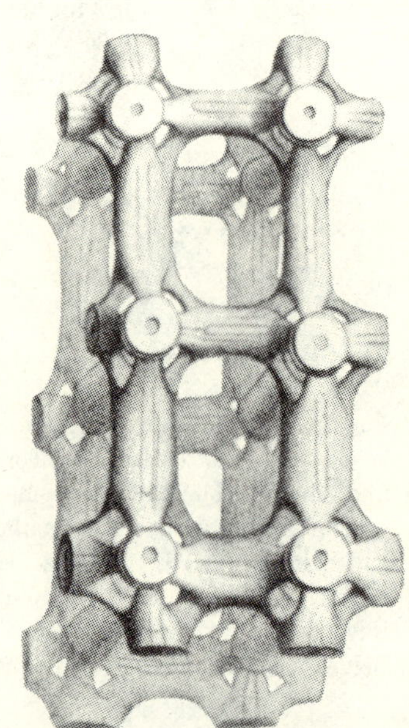

Fig. 283. Regelmäßig gefügtes und verzapftes Gitterskeletteil von Coeloptychium. Oberkreide, Westfalen. (Nach Originaltafel v. ZITTEL.) ca. $^{65}/_1$.

Wichtiger für den Paläontologen sind die Eigentümlichkeiten der Kalk- und Kieselschwämme in dieser Hinsicht. Bei den heute größere Tiefen bevorzugenden, fossil auch im ruhigen, weniger tiefen Wasser auftretenden Hexaktinelliden sind längere Kieselnadeln hinreichend biegungsfest und elastisch genug, um den seitlichen Druck untermeerischer Strömungen auszuhalten. Aber unter den Hexaktinelliden sind auch solche mit verschmolzenen Skelettelementen, die stärkerem Druck und Zug widerstehen. Ein eiserner Brückenträger wird aus gekreuztem Gestänge zug- und druckfest gemacht und eine kurze eiserne Brücke oder der Arm eines Hebekrans trägt sich in sich selbst, wenn die Teile ebenso versteift werden. In der einfachsten und klarsten Weise begegnen wir diesem Prinzip in der Struktur der Dictyonina, deren sechsstrahlige Gerüstelemente so miteinander verschmelzen, daß im Prinzip das in Fig. 283 abgebildete Skelettsystem zustande kommt, das geradezu der Prototyp eines auf Zug und Druck ideal versteiften statischen Gebildes ist. In viel weniger durchsichtiger Weise sind die Lyssacina, eine geologisch ältere Hexaktinellidenordnung gebaut, deren Nadeln nur ineinander gesteckt oder ganz unregelmäßig verlötet sind, was auch für die ganze Ordnung der Lithistiden gilt. Da die Dictyoninen von allen Kieselspongien die geologisch jüngsten sind, so ist dieser ideale Anpassungstypus also eine spätere, durch Zwischenstufen erst gewonnene Eigentümlichkeit. Gleichwohl ist auch bei den Hexaktinelliden oftmals eine statisch bestimmte, keineswegs zufällige Struktur und Verschmelzung der Skelettelemente zu beobachten.

Bei Spongien mit ihrem Gitterskelett ist der bis in's einzelne hinein sich erstreckende statische Bau schon lange als solcher verstanden worden. Sehr deutlich zeigen ihn die Hexaktinelliden, deren Kieselnadeln sich nach Maas zu Gitterzügen anordnen und mit ihrer Kieselsubstanz sich verlöten oder sich sonstwie miteinander verstricken. Dies spricht sich besonders deutlich bei der bekannten Euplectella aus, zunächst in der allgemeinen Röhrenform, welche große Tragfähigkeit mit einem Minimum an Materialaufwand verbindet. Die Festigkeit wird dann weiter erhöht durch longitudinale Nadelzüge oder Rippchen, die wieder durch zirkuläre gleiche Gebilde zusammengehalten werden; außerdem sind noch zwei im Umlauf sich rechtwinkelig kreuzende Spiralzüge vorhanden. Wirkt auf einen an der Basis festgehefteten, am entgegengesetzten Ende freien Hohlzylinder ein senkrecht zur Mantellänge gerichteter Druck, so entstehen Druck- und Zugkurven, die unter einem Winkel von 45° von der Basis emporsteigen und zwei sich unter rechtem Winkel schneidende Kurvensysteme bilden. Diesen Kurvensystemen, sagt Maas[1]), entspricht mit einer Genauigkeit, wie sie bei organischen Gebilden nicht größer zu erwarten ist, der Verlauf der Spiralrippen von Euplectella.

Fig. 284. Dictyospongia, ein primitiver Glasschwamm mit einfachen Wurzelfäden und rechtwinkelig angeordneten Zug- und Drucklinien. Oberdevon, New York. (Aus Hall und Clarke, l. c.) $^1/_1$.

---

1) Maas, O., Einführung in die experimentelle Entwicklungsgeschichte (Entwicklungsmechanik), S. 149, Wiesbaden 1903.

In einfachster Weise zeigen die allerältesten Hexaktinelliden (Fig. 284) die statische Anordnung der Festigungssträhnen. Hier ist von einer Torsion noch nichts zu bemerken, sondern die Linien schneiden sich genau rechtwinkelig in geradezu mathematisch konstruierter Weise. Die Monographien von Rauff, insbesondere aber die von Hall und Clarke liefern ein reiches Bildermaterial hierzu; vor allem sei auf die prächtigen Abbildungen von Hydnoceras in der letztgenannten Arbeit hingewiesen.[1]

Bei Coeloptychium scheint wieder ein Fall vorzuliegen, daß ein Organ zugleich mehrere Funktionen erfüllt. Der Sinn der ganzen Coeloptychiumgestalt ist der, daß die Oscularöffnungen auf die Unterseite verlegt sind, offenbar, damit sie sich in der Kreidesedimentation nicht verstopften. Eine „Unterseite" konnte aber nur dadurch hergestellt werden, daß sich der sonst kugelige oder länglich eiförmige Oberkörper zu einer Platte ausdehnte, das Skelett also die Gestalt eines Schirmes annahm. Das horizontal abstehende Schirmdach mußte eine

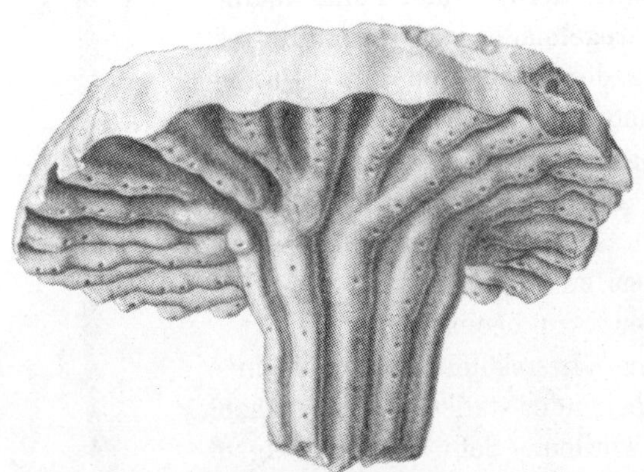

Fig. 285. Coeloptychienstock mit aufgesetzten Versteifungen auf der Schirmunterseite und am Stiel. (Neuzeichnung nach einem Orig. v. Zittel, München.) Verkl.

ziemliche Festigkeit haben, um nicht an den Rändern zu brechen, und durfte gleichzeitig auch eine gewisse Dicke nicht überschreiten, um für den tragenden Stiel nicht zu schwer zu werden. Am Coeloptychienkörper haben wir nun den einleitend dargelegten dritten statischen Typus in jeder Weise verwirklicht. Die Vollscheibe ist sehr porös und daher möglichst leicht gewesen. Zugleich sind gegen die durch das Ausladen veranlaßten, verhältnismäßig sehr starken Zugspannungen makroskopische und mikroskopische Sicherungen getroffen: das Skelett besteht aus rhombischen Hohlträgern nach dem oben angegeben Schema (Fig. 283), deren Einzelbalken, wo sie zusammenstoßen, sogar noch verzapft sind. Die Scheibe ist auf der Unterseite makroskopisch mit aufgelegten Trägern versehen (Fig. 285) und diese versteifen den Schirm nach Analogie der oben gegebenen Fig. 268 C. Zugleich dienten diese Unterlamellen den Oscularkanälen als Mündungsstelle, weil hier der Zutritt frischen Wassers mehr gewährleistet war als in den vertieften rinnenförmigen Zwischen-

---

1) Rauff, R., Paläospongiologie. I. Paläontographica, Bd. 40, Taf. I—III, Stuttgart 1893. — Hall, J. and Clarke, J. M., Memoir on the paleozoic reticulate Sponges, constit. the family Dictyospongidae, New York and Albany 1898..

räumen. Bei Coeloptychium princeps, das sehr groß wird, greift die
Rippenverstärkung auch auf den Stiel über, der somit einer Festigung
bedurfte. Es ist das Bild der mit Rippen versteiften Hohl- oder Voll-
säule, das hier verwirklicht ist. Auch auf dem Stiele sitzen Oscular-
mündungen.

Über die Statik des Korallenstockes macht WALTHER einige Angaben[1]:
„Indem sich die Individuen zum Stocke vereinigen, gewähren sie sich
gegenseitig einen mechanischen Schutz, und je stärker die Welle daher-
brandet, desto enger und gedrängter müssen sie sich zum Stocke verbinden. Dem horizontalen Stoß im Wasser muß der Stock einen möglichst geringen Widerstand bieten und zugleich
so gebaut sein, daß allen ihn zusammensetzenden Einzeltieren gleichmäßig viel Nahrung zu-
geschwemmt wird. Mögen in den Tiefen des
Ozeans Einzelkorallen leben und gedeihen können — das Lebenselement des Korallenstockes
ist die bewegte Flachsee. Und eine einfache
Anpassung an die Lebensbedingungen der Brandungszone ist die schirmförmige Gestalt vieler
Riffkorallen, eine Gestalt, welche viel Oberfläche und wenig seitlichen Widerstand bietet."

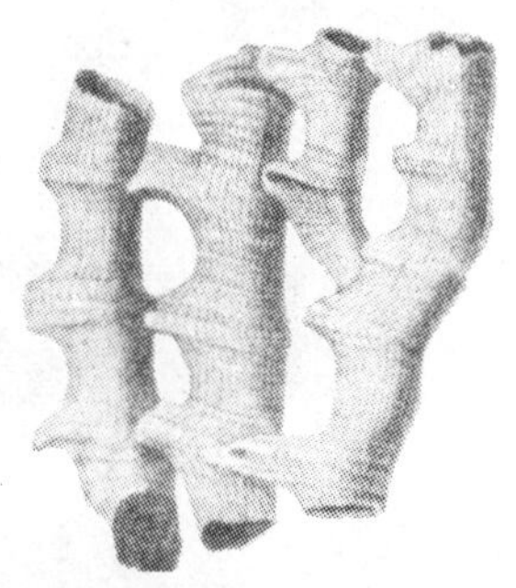

Fig. 286. Querversteifung von
Einzelzellen bei frühen Korallenstöcken. Eridophyllum,
Unterdevon, Ohio. (Aus Lethaea
palaeoz. Bd. I, 1880/97.) $^1/_1$.

Im Kap. IV, 2 wurde die Stockbildung der
Korallen geschildert. Die dort (S. 352) beschriebene ältere und primitive Art der Stockbildung durch Zusammentreten von freien Ein-
zelkorallen wird dann noch in Einzelheiten weiter ausgearbeitet, die besondere statische Bedeutung haben. So zeigt das silurische Cyathophylloides
und in gröberer Form das silurisch-devonische Eridophyllum als auf-
fallendstes äußeres Merkmal die Verbindung der einzelnen Zellen untereinander durch breite seitliche Ausdehnung der Kelchwandung (Fig. 286).
Diese Fortsätze werden lediglich durch die äußere Umhüllung der Zellen
gebildet, ohne daß die inneren Teile der Kelche daran teilnehmen. Es
dient dies ganz ersichtlich dazu, die unabhängig voneinander und parallel
miteinander in die Höhe schießenden Korallenstengel gegenseitig zu versteifen und sie so äußerlich zu einem Ganzen, zu einem Stock zusammen-
zuschweißen, der in sich selbst seinen Halt haben muß. Jene Quer-
wucherungen aber sind ihrer Natur nach nichts anderes als die seitliche,
epithekale Wurzelbildung, wie sie u. a. auch Rhizophyllum und Omphyma
(S. 355) zeigen, womit sonst die Einzelkelche an Fremdkörper anwachsen.

Der bei den Hexaktinelliden verwirklichte Torsionszylinder kehrt
stark modifiziert auch als Seltenheit am Stiel einer Krinoïdengattung

---

1) WALTHER, J., Einleitung in die Geologie als historische Wissenschaft. Bd. II,
S. 272, Jena 1893.

wieder, der gedreht, nicht einfach zylindrisch erscheint (Fig. 287). Das hier verwirklichte Prinzip ist das des gedrehten Seiles. Bei einem gewöhnlichen, auf Zug beanspruchten Strang wirkt der Zug geradlinig von oben nach unten und die Festigkeit ist proportional der Querschnittfläche des Stranges. Bei einem gewundenen und durch die Windung gerippten Seile dagegen, wie es der abgebildete Krinoidenstiel zeigt, ist die Querschnittfläche ihrem Flächeninhalt nach zwar auch nicht größer als bei dem einfachen Stiel, aber durch die mit der Torsion verbundene Spiral-

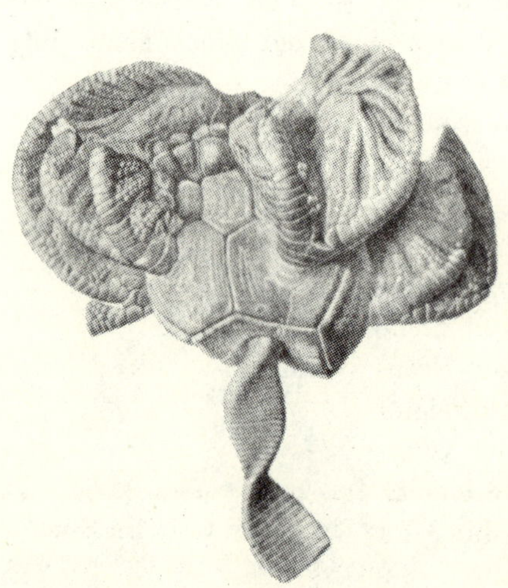

Fig. 287. Gedrehter Stiel von **Platycrinus hemisphaericus.** Karbon, Indiana. Versteifung gegen Zug. (Aus Wachsmuth und Springer, N. Amer. Crinoid. 1897.) $^3/_4$.

rippenbildung wird die Zugfestigkeit entsprechend dem durch die Rippenkanten markierten idealen Vollquerschnitt größer (Fig. 269 *F*). Die dicken schweren Kelchplatten deuten auf einen Bewohner sehr bewegten Wassers hin, sei das nun wogendes Brandungswasser oder einheitliche, sehr starke Strömung. Das letztere ist wahrscheinlicher, erstens weil der Burlingtonkalk, in dem die Krinoide vorkommt, nicht gerade auf Brandungswassers deutet, dann aber, weil so außerordentlich lange Stiele — eine ähnliche bei Wachsmuth und Springer abgebildete Form hat bei einem Kelchdurchmesser von 2,5 cm eine Stiellänge von über $^1/_2$ m — nicht den Brandungs-, sondern den Stillwasser-bewohnern eigentümlich sind. Wurde durch anhaltend starke Strömung die Krinoide horizontal nach einer Seite gezogen oder wurde sie durch eine dauernde Spiralbewegung der Strömung anhaltend nach oben gezogen, so war die Spiraldrehung des Stieles das einfachste Mittel, seine Zugfestigkeit zu verstärken.

Bis hierher war von der Festigkeitsstatik die Rede. Wie eingangs erwähnt, haben wir es auch mit Gewichts- und Balancestatik noch zu tun.

Auch die Unterstützung festgewachsener oder kriechender organischer Körper ist durch statische Verhältnisse begründet. Hat man eine weiche, biegsame Fläche zu unterstützen, so braucht man eine größere Unterstützungsfläche oder, was praktisch dasselbe ist, zahlreichere einzelne Unterstützungspunkte als bei einem starren, in sich tragfesten Körper. Beispiele hierfür haben wir bei Austern, Korallen u. a. in den vorhergehenden Kapiteln gefunden. Auch die Ausbildung der Füße bei Arthropoden unterliegt diesem Gesetz. Die Asseln z. B. haben einen ziemlich biegsamen Thorax, deshalb ist auch zu seiner Unterstützung eine größere Zahl Füße nötig. Die starren Krebspanzer dagegen brauchen nicht unter jedem Segment ein Beinpaar, wenige genügen zur Unterstützung. Hier liegt auch die statische Bedeutung des Tausendfüßlertypus. Die kurzen starren Krabben endlich sind der Gehbewegung am besten angepaßt. Durch entwickeltere Ausbildung des Gelenkes ist die Bewegung der Beine freier geworden, sie können äußerst behende laufen, außerdem genügen hier je nach den Arten vier, drei, ja zwei Beinpaare.[1]

Wenn irgendwelche Organe an einem Körper sich umbilden, so entwickelt sich auch ein neues Korrelationsverhältnis in der physiologischen Konstitution des Organismus. Es entstehen neue Säftebahnen, die Produktion von ernährenden Substanzen muß geändert, gesteigert werden und im Zusammenhang damit gehen auch morphologische Veränderungen innerhalb oder außen am Körper vor sich. Hierüber gibt Kap. II, 3 Aufschluß. Ein Teil solcher Veränderungen erstreckt sich nun auch auf den Ausgleich der veränderten Gewichtsverhältnisse. So hat die im Kap. IV, 1, S. 280 geschilderte Schnauzenverlängerung bei bodenpflügenden Trilobiten, wenn der Körper durch das Hebelübergewicht nicht zu

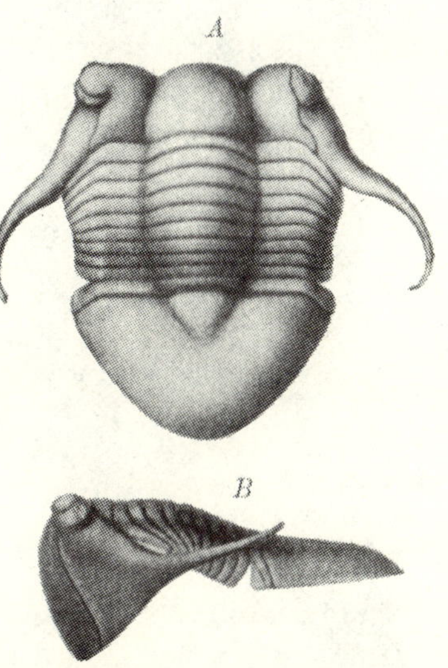

Fig. 288. Illaenus tauricornis mit Gleichgewichtsstangen zur Balancierung des vorn abgebogenen Kopfes. Untersilur, Baltikum. (Aus Schmidt-Holm, Rev. Ostbalt. Silurtrilobit. III, 1886.) $^2/_3$.

stark nach vorn geneigt werden soll, die Entstehung von Gewichtsausgleichen nach rückwärts im Gefolge; es werden zuweilen Wangenhörner ausgebildet (Fig. 288), ja allein schon die Ausbildung des Schwanzschildes tritt bei jedem gewöhnlichen Trilobiten in eine solche Beziehung zum Kopfschilde; es ist, wie Richter sagt, für den Kopf das Gegengewicht an der Wage. „Da der Schwanz aber bereits der Einrollung wegen ein Spiegelbild des Kopfes zu werden strebt, so verdecken sich gewöhnlich diese beiden in ihm wirksamen Einflüsse — wenn nicht im Einzelfalle die Rücksicht auf Einrollung so offen zurücktritt, wie bei dem schon erörterten Deiphonschwanz (S. 509, Fig. 247), der nach seinem Umriß keine deckende Gegenklappe, sondern nur noch ein Gegengewicht des Kopfes sein kann."[2]

----

1) Hesse, R. u. Doflein, F., Tierbau und Tierleben. Bd. I, S. 119. Leipzig u. Berlin 1910.

2) Richter, R., Vom Bau und Leben der Trilobiten. I. Das Schwimmen. „Senckenbergiana", Bd. I, Nr. 6, S. 230/32, Frankfurt a. M. 1919.

Daß auch das Tragen der Schneckengehäuse besondere statische Anlagen erfordert, zeigt die Ausbildung von Tragflächen und -polstern, die sich an manchen Gehäusen entwickeln. Man kann dabei zwei extreme

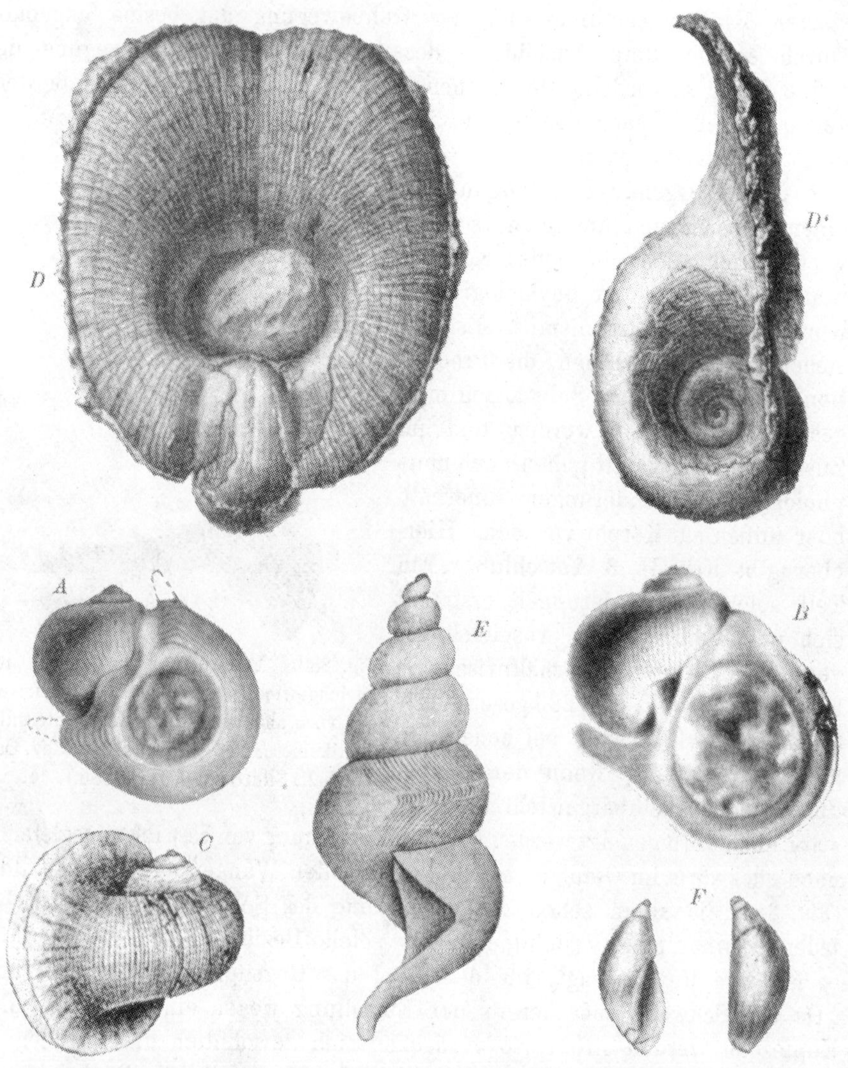

Fig. 289. Tragflächen bei paläozoischen niedergewundenen primitiven Schnecken: *A*, *B* Capuliden (Craspedostoma), unmittelbar nach dem Übergang aus der Mützenform in die gedrehte Form. Obersilur, Gotland. (Aus LINDSTRÖM, Silur. Gastrop. and Pterop. of Gotland 1884.) Vergr. *C* Primitivform der Trochoiden (Bucanospira). Obersilur, Tennessee. (Aus ULRICH u. SCOFIELD, Rep. Geol. Surv. Minnesota III, 1897.) $^2/_1$. *D* Riesentragfläche des Bellerophontiden Tremanotus in stark bewegtem Wasser (Riff). Obersilur, Gotland. (Aus LINDSTRÖM, l. c.) $^1/_1$. *E* Pleurotomariide (Murchisonia) mit Sporn (scheinbarer Ausguß). Untersilur, Minnesota. (Aus ULRICH u. SCOFIELD, l. c.) $^1/_1$. *F* Cyrtospira mit gebogener Spindel. Obersilur, Gotland. (Aus LINDSTRÖM, l. c.) $^1/_1$.

Typen unterscheiden: einmal löffelartige Fortsätze des Mündungsrandes und dann einfache Mündungsverbreiterung mit Varices, die am Gehäuse ein Stück weit emporsteigen; einige Typen vereinigen beides. Am interessantesten sind darin gewisse silurische Capuliden, die eben gerade aus dem ursprünglichen mützenförmigen Stadium in das der Spirale hinübergetreten sind. Sie haben äußerlich ein Natica-artiges Aussehen gewonnen, aber der Weichkörper war offenbar noch nicht an das Tragen des einseitig überhängenden Spiralgewindes genügend angepaßt. Das Tragen einer solchen Spiralschale ist natürlich statisch weit schwieriger als das Tragen des einfachen ursprünglichen, symmetrisch auf dem Rücken des Tieres sitzenden Capulidennapfes, und die Folge war eine ganz allgemein in dieser Gruppe sich geltend machende Ausbildung von Tragflächen, Schwielen, Säumen und Löffeln, mittels deren die Tiere wohl leichter das unsymmetrisch gewordene Gehäuse zu balancieren vermochten. Die beistehende Fig. 289 gibt derartige silurische Capuliden. Wenn man bei der linken Form A mit dem breiten Kragen die beiden gestrichelten zapfenartigen hinteren Ausläufer mit Bleistift ausfüllt, tritt der Gesamtcharakter dieser Tragfläche mit ihren den Mantelfalten entsprechenden Wellungen längs des vorletzten Umganges klarer hervor. Diese Falten dienten offenbar zur Verhinderung einer seitlichen Verschiebung, während die Hörner durch Unterstützung ein Vorwärtsfallen des Gewindes auf den Kopf des Tieres verhüteten. Mehr nach einer Seite hinüber — wohl nach der rechten des Tieres — hing wahrscheinlich Fig. 289 B, weil da nur e i n solcher Löffel vorragt, während der andere kaum angedeutet ist, also vermutlich nicht in Vollentwicklung nötig war. Die vielleicht in die Nähe von Cyclonema zu den Trochonematiden als recht ursprüngliche Form gehörende Bucanospira (Fig. 289 C) hat einen gleichmäßig gerundeten und ausgedehnten Kragen; es ist die primitivere Weise, in der demselben Bedürfnis genügt wird, und daher ist es wohl kein Zufall, daß eben diese primitivere Form untersilurisch ist, die entwickeltere aber obersilurisch. An und für sich in der allgemeinen Entwicklungsreihe schon höher stehende Formen, wie die zu den Pleurotomariiden gezählten Murchisonien dagegen, haben schon im Untersilur die löffelartige Flügelbildung erreicht, nur mit dem Unterschied gegen die oben beschriebenen Capuliden, daß hier an der unteren Spindelachse der Fortsatz entsteht (Fig. 289 E), den auch sonstige Verwandte aus dem gleichen Zeitalter in ähnlicher Weise zeigen, bei denen er jedoch meistens abgeschwächter, dafür aber mehr zu einem die ganze untere Mündungshälfte begleitenden Saume ausgezogen ist.[1]) (Über den Kragen der silurischen Bellerophontiden siehe Seite 306.) Bildungen wie

---

1) Der Flügel ist also kein siphonaler Ausguß und die Form daher nicht eine älteste Ausgußschnecke, wie STROMER v. REICHENBACH (Lehrb. d. Paläozoologie I, S. 230, 1909) angibt. Die älteste Schnecke mit echtem Siphonalausguß ist meines Wissens triassisch.

die vorbeschriebenen kehren später besonders häufig bei den Strombiden in der Kreide wieder (Fig. 4 *B*, S. 23), bekommen dort aber sekundär eine neue Bedeutung für das in die Schale zurückgezogene Tier, wie es im Kap. IV, 1 näher beschrieben ist. Auch die turmförmigen Cerithien bilden gelegentlich Mündungskragen und Trägerfortsätze aus (Fig. 289 [bis]), besonders wenn die Schalen schwer sind. Das alles hängt mit dem Tragen

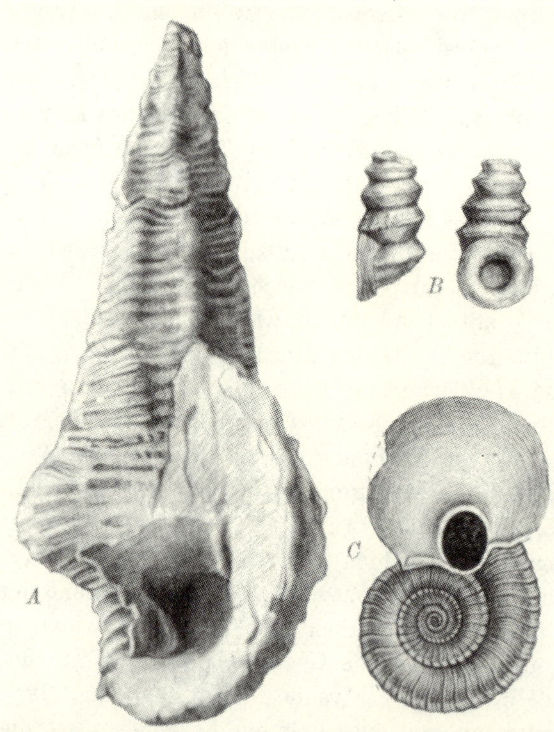

der Schale zusammen, es sind teils Schwerpunktsverlegungen, um das Gehäuse fester an den Körper zu drücken, teils sind es Unterstützungsflächen, um dem Gehäuse jede willkürliche Bewegung zu nehmen.

In ganz anderer Weise erfolgt nach DEECKE (S. 773) das Tragen der Schale bei den Gattungen mit langem, bis zur Spitze reichendem Mündungsschlitz. Conus, Bulla, Marginella, Cypraea, Ficula usw. haben sehr breiten Mantel, auf dem das Gehäuse ganz aufruht. Dabei erleichtern Conus und Cypraea die Last durch innere Auflösung der Schale. Ficula und Cypraea umgreifen mit dem Mantel oder dessen Lappen das Gehäuse und halten es in der Lage fest. Das gibt

Fig. 289 [bis]. Tragflächen zur Unterstützung turmförmiger und stark überhängender Schneckenschalen: *A* Cerithium. Obere Kreide, Ostalpen. Schweres Gehäuse mit Tragfläche. (Orig. in München.) $^1/_1$. *B* Chilocyclus. Obere alpine Trias, Südtirol. (Aus KITTL, Gastrop. v. St. Cassian 1891.) $^1/_1$. *C* Anisostoma. Oberer Trias, Hallstadt. Mit rechtwinkelig abgebogenem und flügelartig erweitertem Mündungsteil. (Aus KOKEN, Gastrop. d. Hallst. Schichten, 1897.) $^1/_1$.

einen Typus, der immer wiederkehrt; denn Actaeonella entspricht darin durchaus den jüngeren Coniden, die jurassischen von D'ORBIGNY abgebildeten Formen sehen ganz wie Conus aus, und im Malm streben, ohne es ganz zu erreichen, die Itierien dem gleichen Ziele zu, wobei die notwendige Verkürzung des Gewindes und die Erleichterung durch die lange Nabelhöhlung bewirkt wird (It. Cabanetiana D'ORB.). Interessant ist, daß Voluta einen kürzeren Mantel hat, auf dem die Schale nicht voll aufliegt; deshalb entwickeln sich dort sofort die kräftigen Spindelfalten, die ja auch Itieria eigen sind.

Die eigentümlichen trompetenförmigen Erweiterungen an der Mündung mancher Schalenkephalopoden wurden auf S. 633 u. 540 (Fig. 261) schon besprochen. Nach Analogie mit den vorstehenden Bildungen der Schneckengehäuse möchte ich sie ebenfalls als besondere Tragflächen für das Weichtier deuten, nur mit dem Unterschied, daß das Gehäuse nicht wie bei den Schnecken als Last geschleppt, sondern infolge seiner Schwimmfähigkeit nur in entsprechender Lage gehalten wurde. Die Flügel bei Gyroceras alatum, einem devonischen Nautiliden, dürften demselben Zweck gedient haben[1]), und es ist nicht ausgeschlossen, daß der mit Nabelstangen versehene Acanthonautilus aus dem irischen Karbon (S. 526, Fig. 256) diese ebenso gebraucht hat.

Als eine Anpassung für die Gleichgewichtsherstellung beim Tragen könnte möglicherweise auch die eigentümliche Einbiegung der ganzen Gehäusespirale beim silurischen Subulites (Cyrtospira) gelten (Fig. 289 F), die allerdings gerade bei den längsten, turmförmigen nicht vorhanden ist.

Das Abstoßen der oberen Windungen, nachdem zuerst ein abschließendes Septum gebildet worden ist, z. B. bei Melanien und Caeciden, hat seinen Ursprung wahrscheinlich in dem rein mechanisch bedingten Bedürfnis, den Schwerpunkt beim Kriechen mehr in das untere Schalenende zu verlegen (Fig. 339, Kap. VI, 5). Das Gewinde kann nur abgestoßen werden, wenn die betreffenden Schneckengehäuse lang oder turmförmig sind, weil sonst der übrigbleibende Teil nicht mehr zum Umschließen des Weichkörpers ausreichen würde. Vielleicht werfen darum die oben genannten kleineren silurischen Subuliten die Spitze nicht ab, sondern biegen sie bloß ein.

Als eine statische Wirkung ist ferner noch die Loslösung des letzten Umganges bei Schnecken zu bewerten. Nichts ist bei biologischen Erklärungen, wie wir sie vornehmen, gefährlicher, als gleiche Erscheinungen stets auf dieselbe Ursache zurückzuführen und ihnen dieselbe Funktion zuschreiben zu wollen. Wir haben gesehen, daß die Plattheit der Körpergestalt bei benthonischen Tieren dem Liegen dient, aber Pecten jacobaeus lebt und liegt ganz anders da, als es seiner Schale entspricht. Die Spindel- und Umgangsfalten bei Schnecken dienen im einen Falle der Verkürzung der Manteloberfläche, im anderen Falle der besseren Anheftung des Muskels an die Spindel. Ebenso darf umgekehrt die Lebensweise einer Art selbst auf die systematisch nächstbenachbarte nicht ohne Prüfung übertragen werden. So geht es auch mit der an Rezenten und Fossilen häufig beobachteten Loslösung des letzten Umganges bei spiral eingerollten Molluskengehäusen, was mehrfache Bedeutung haben kann.

Eine erste Bedeutung ist schon Kap. IV (S. 413) besprochen worden; es ist die Loslösung des letzten und mehrerer vorhergehender Umgänge

---

[1]) Abgebildet im „Handwörterbuch d. Naturwissenschaften". Bd. II, S. 271, Jena 1912.

bei den Vermetiden infolge Festheftung. Hier ist der Grund verhältnismäßig einfach zu durchschauen, sie müssen in die Höhe wachsen. Schwieriger dagegen bei nicht festgehefteten Formen. Verhältnismäßig einfach noch bei der mit flacher Basis versehenen entrollten trochiden Landschnecke Opisthostoma.[1]) Sie hat einen Kranz von horizontal abstehenden Dornen am Unterrande ausgebildet, welche zusammen mit den um den abgelösten letzten Umgang herum sich bildenden wohl dem Schutze dienen. Bei der naheverwandten Opisthostoma Cookei ist das Größenverhältnis der losgelösten letzten Windung zu den vorhergehenden noch anschaulicher. Diese Verbildung geht offenbar auf das bei der Geschlechtsreife nötig werdende Verbreiterungsbedürfnis zurück, wie es ja auch für Clausilia festgestellt ist. Schalen, die an senkrechter Wand getragen werden, können nach SIMROTH[2]), wenn bei der Geschlechtsreife die in der Schale liegende Geschlechtsdrüse anschwillt, durch die Zunahme des Gewichtes so stark nach unten ziehen, daß beim Weiterbauen der in Entstehung begriffene Umgang nicht mehr dicht an die früheren angefügt zu werden vermag, daher abgelöst, ja oft verengert wird. Derartige Schalenbildungen zeigen sich schon im Untersilur bei heterogenen Familien, wovon die in Kap. VII, 1 gegebene Fig. 345 ein Beispiel aus den Trochonematiden und Pleurotomariiden gibt. Seltener wirkt die obengenannte Ursache auch dahin, daß sich zwar der letzte Umgang ablöst, aber dann nicht freibleibt, sondern sich um das Gehäuse herüberschlingt, oder wenigstens die Neigung dazu zeigt, woraufhin die Schale ganz anders ausbalanciert und getragen werden muß. Wenn sich dann bei solchen Schalen noch ein Umschlag an der Mündung bildet, dann verrät dieser damit unmittelbar seine Bedeutung als regulierende Tragfläche und bildet einen Beweis für die Bedeutung analoger Gebilde bei den oben beschriebenen paläozoischen Formen. Ganz dasselbe zeigt Scoliostoma crassilabrum und megalostoma aus dem rheinischen Devon, allerdings außerordentlich klein bleibend. In ganz geringem Maße zeigen es auch einige tertiäre Cerithien, z. B. Cerithium lamellosum Lmk., wie überhaupt die Cerithien zu einer Anormalität des letzten Umganges neigen. Bei Potamides Athenasi und cochlear aus dem französischen und italienischen Alttertiär löst sich der letzte Umgang zwar nicht unmittelbar los, aber er zieht sich nach oben und unten in die Breite und erweitert sich plötzlich wie das Ende einer Posaune.

Eine rein statische Bedeutung hat es auch, daß die Landschneckengehäuse nie so schwer sind, wie die der Meerschnecken, weil im Wasser das Gewicht nach dem Archimedischen Prinzip vermindert ist; aus demselben Grunde fehlt den Landschnecken — mit einer einzigen Aus-

---

1) Abgebildet in BRONNs Klassen u. Ordnungen. Bd. III. SIMROTH, Prosobranchia 1896/1907, S. 194.

2) BREHMs Tierleben, Bd. I, 4. Aufl., S. 414/15, 1918.

nahme — wohl auch der Deckel, so daß ihr ganzer Schalenapparat auf Gewichtserleichterung eingestellt ist. Im Verfolg dieser Entwicklungsneigung gibt es daher auch schließlich unter den kriechenden Schnecken nur auf dem Lande Nacktformen.

Schließlich kann man auch reine Gewichtsvermehrung des Körperskelettes unter den Begriff statischer Erscheinungen subsumieren. Unter den marinen Säugetieren haben wir, wie Seite 478 abgehandelt ist, eine Gewichtserleichterung des Körpers durch Fetteinlagerung, Knochenporosität, Verdünnung der Knochen; das betrifft die schwimmenden Formen wie Wale oder Seehunde, denen im Mesozoikum die Ichthyosaurier hierin vorausgingen. Bei der Seekuh ist es umgekehrt: sie ist kein fischartig schwimmendes, sondern ein träges Bodentier, meistens liegend. Im Zusammenhang damit sind die Knochen außerordentlich schwer und dicht verkalkt, halten also durch ihr Gewicht den Körper von selbst am Boden. In diese Kategorie

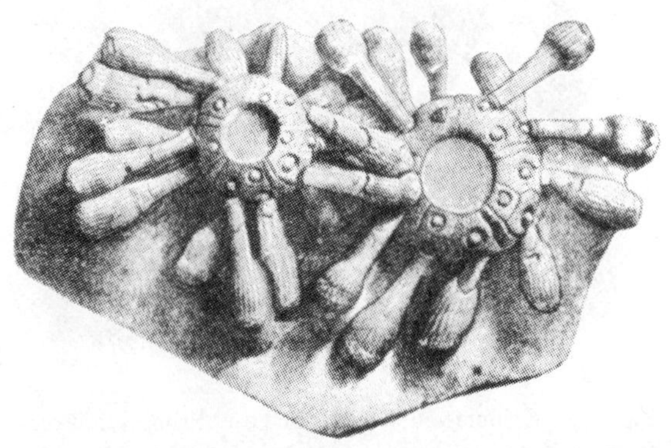

Fig. 290. Cidaris mit Keulenstacheln zur Beschwerung des Körpers. Oberkreide, England. (Aus Wright, Brit. foss. Echin. 1855.) $^2/_3$.

gewichtsstatischer Anpassungsbildungen scheinen auch die oft so globulösen schweren Kalkstacheln regulärer Seeigel zu gehören (Fig. 290), welche durch ihr Gewicht zweifellos eine Bewegung der Tiere vollkommen verhinderten, diese vielmehr am Boden festlegten und so zugleich einen Schutz gegen das Gesehenwerden mit sich brachten. Außerdem ist gerade bei Seeigeln das Bedürfnis nach Bedeckung durch Fremdkörper besonders groß und durchgängig vorhanden — daher auch der Eingrabetrieb der Irregulären (S. 429 ff.) — und auch die mimetische Anpassung durch besondere Stachelformen, so daß die keulenförmigen Stachelgebilde nicht nur durch ihre Gewichtswirkung im bezeichneten Sinn, sondern wohl auch durch ihr steinförmiges Aussehen schutzgebend wirkten.

3. Schale und Panzer als Schutzorgan

Es ist begreiflich, daß vor allem die wenig beweglichen oder unbeweglichen benthonischen wirbellosen Tiere besondere Schutzanpassungen nötig haben. Solche sind sowohl aktive Verteidigungswaffen, wie sie Coelenteraten und Hydrozoen durch ihre Nesselkapseln etwa besitzen, als auch passive, nämlich Schalen und Panzer, deren Wirksamkeit noch gesteigert werden kann durch Ausbildung von Dornen und Stacheln.

Die Panzer- und Gehäusebildung ist sehr mannigfaltig. Die formal einfachste Panzerschale ist die Haube, die flach wie ein Deckel oder Schild oder hoch wie eine Mütze sein kann und den Rücken des Tieres bedeckt (Schnecken). Als Doppelklappe bedeckt sie beide Körperseiten wie bei den Muscheln, oder Rücken- und Bauchseite wie bei den Brachiopoden. Sie ist entweder gleichklappig oder ungleichklappig, gewölbt oder flach, oder die eine ist gewölbt, die andere ist flach. Die andere neben der Haube und der Doppelklappe primäre Grundform ist die Röhre (Fig. 291). Sie ist geradegestreckt oder gebogen, oder spiral, offen oder mit einem Deckel verschlossen. Alle diese Formen können sich so modifizieren, daß sie dem äußeren Schein nach gleichartig sind, ihrer Grundanlage aber sind sie es nicht. So kann die einseitig entwickelte Haube

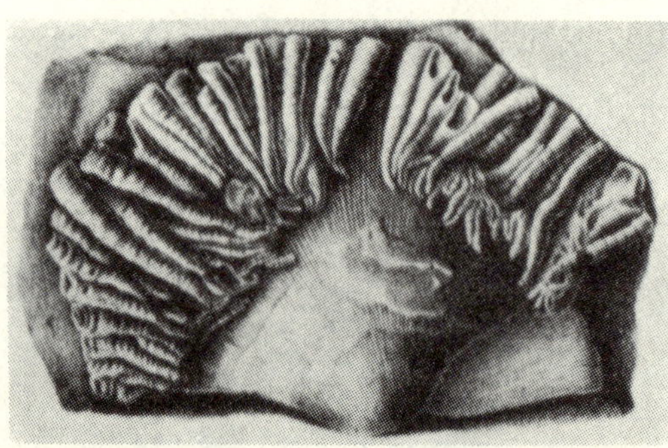

Fig. 291. Kolonie von Wurmröhren. Primäre Röhrenform im Gegensatz zu der sekundären Röhrenform der Muscheln, Brachiopoden u. a. (vgl. Fig. 168 B, S. 388 u. Fig. 162 D, S. 368). Auf einer Brachiopodenschale festsitzend. Untersilur, Ohio. (Aus Hall u. Clarke, Paleont. of New York VII, 1888.) ¹/₁.

zur Spirale werden, die Spirale zur Röhre. Umgekehrt die zweiseitig-symmetrische Schale mit der einen Klappe zur Spirale, und zur Röhre. Die Röhrenform zur Mütze. Alle drei können dann einen Deckel haben, der in jedem Falle anderer Herkunft ist usw.

Schale und Panzer der Wirbellosen können verschiedene Funktionen erfüllen. Sie sind entweder reines Schutzorgan für den Weichkörper wie bei den Muscheln, Schnecken, Brachiopoden, Seeigeln und Krebsen; oder Schutz- und Stützorgan zugleich wie bei den Radiolarien, Hydrozoen, Bryozoen, Korallen und Krinoideen, oder Schutz- und Schwimmorgan wie bei den gekammerten Schalenkephalopoden, oder nur Stützskelett und damit schon nicht mehr Panzer und Schale, wie bei den Spongien. Aber auch dort, wo Schale und Panzer reines Schutzorgan sind, wird die Einrichtung nie ausschließlich als solche funktionieren. Jedes Organ ist mit dem Organismus als Ganzem verwoben und bildet mit ihm eine untrennbare Einheit. Infolgedessen spielen bei jeder Organbildung auch noch andere bestimmende formbildende Momente mit herein als die, für welche zunächst das Organ entstehen sollte. So übernehmen Schale und Panzer gelegentlich oder stets noch andere Funktionen mit, und durch ihre Korrelation mit anderen Teilen des Organismus enthalten sie Merkmale, die sich nicht aus dem einen Gesichtspunkt des Schutzes allein verstehen lassen, wenn dieser auch primär für die Entstehung von Panzer oder Schale maßgebend gewesen ist. Auch ein Wirbeltierskelett ist ursprünglich gewiß nur als Körperstütze gedacht, und doch wandelt es sich bei benthonischen Formen, wie der Seekuh, durch Aufnahme von besonders viel Kalk in ein klotziges Belastungsorgan um, wodurch das Tier am Boden gehalten wird. Sind aber die Schalen und Panzer einerseits eine vorzügliche Errungenschaft für den Schutz der wenig beweglichen Bodentiere und als innere und äußere Stützorgane nachher unentbehrlich, so werden sie doch für eine den meisten Bodentieren immerhin noch nötige Beweglichkeit des ganzen Körpers oder seiner einzelnen Teile unter Umständen auch wieder nachteilig. Man braucht, wie HESSE[1]) sagt, hierfür nur etwa die mannigfachen Drehungen und Windungen der Tintenfischarme mit den beschränkten Bewegungen der Beine eines Krebses zum Vergleich heranzuziehen. Daher sind auch Tiere mit einheitlich zusammenhängendem Skelett, möge es ein inneres oder äußeres sein, fast ganz unbeweglich. Auch beim Wachstum ergeben sich besondere Schwierigkeiten, die teils durch Umlagerungen beim Aufbau — (vgl. die fiederstellige Anordnung der Tetrakorallensepten im Kap. III, 1, ferner die Verjüngungen bei Einzelkorallen im Kap. IV, 4 und dgl.) — oder durch Einfügung von Gelenken, Zerlegung des Skelettes in einzelne oder viele Teile (Krinoideen, Trilobiten) überwunden werden.

Wenn man den Begriff Schutzorgan im weitesten Sinne fassen wollte, könnte man natürlich jede der Erhaltung des Lebens und der sinngemäßen Durchführung einer bestimmten geregelten Lebensweise eines Individuums bzw. einer Art dienende Einrichtung am Organismus ein Schutzorgan nennen, also z. B. Flossen oder Trichter bei Nacktkephalopoden, insoweit sie nicht nur zur Fortbewegung schlechthin, sondern auch zum Entfliehen in Gefahr dienen. Gerade das Moment des Entgehens oder des Abwendens einer Gefahr ist entscheidend für die Charakterisierung eines Organes als Schutzorgan, sei diese Gefahr eine auf den Bestand des Tieres unmittelbar gerichtete aktiv-feindselige oder eine in sonstigen nachteiligen biologischen Einflüssen mechanischer oder physiologischer Art bestehende. Es sind also Organe, ohne deren Besitz der gleiche Organismus noch immer als funktionierend, existenzfähig denkbar bleibt und die daher durchaus als sekundäre Erwerbung erscheinen. Wir brauchen nur an eine Schnecke zu denken, deren Haus ein ganz typisches Schutzorgan gegen Gefahren ist und die trotzdem mit rückgebildetem Gehäuse, wie manche nektonisch-planktonische Schnecken, oder als voll-

---

1) HESSE, R., Der Tierkörper als selbständiger Organismus. Bd. I von HESSE und DOFLEIN. Tierbau und Tierleben. S. 121. Leipzig und Berlin 1910.

kommene Nacktschnecken zu leben vermögen. Auch eine Muschel würde
als Nackttier leben können; es ist ja auch gar nicht unwahrscheinlich,
daß die ältesten Muscheln, überhaupt alle Mollusken nackt waren. Aber
die Notwendigkeit der Schalenbildung lag vor, ganz offenbar nicht,
weil den Mollusken ein Organ zum Leben an sich fehlte, sondern weil
sie infolge mangelnder Sinnes-, Bewegungs- oder Verteidigungsorgane
großen Verfolgungen ausgesetzt waren, so daß jede entschiedene Mutation
in Richtung einer Schutzschalenbildung unbedingt selektiv günstig
wirkte. Da die Muscheln am wenigsten beweglich und an entwickelten
Sinnen am ärmsten unter allen Mollusken sind, so haben sie wohl deshalb
auch stets noch Schalen; es gibt überhaupt keine Nacktmuscheln, während
es Nacktschnecken und Nacktkephalopoden sehr wohl gibt. Die Brachiopodenschale und die Ostrakodenschale haben dieselbe Bedeutung wie
die Muschelschale. Schutzorgane sind daher als „sekundäre" Merkmale anzusehen.

Bei der höchstentwickelten Molluskengruppe, den Gehäusekephalopoden, dient das Gehäuse zwar auch, jedoch nicht in dem Grad wie bei
Muscheln und Schnecken ausschließlich, als Schutzorgan, sondern in erster
Linie als hydrostatischer Apparat. Die Kephalopoden sind behender und
haben entwickeltere Sinne als ihre Schwestergruppen Muscheln und
Schnecken, können daher des stützenden Gehäuseschildes weit eher entbehren, wofür der Beweis in der Tatsache zu finden ist, daß die behendesten die Nacktkephalopoden sind, die aber zum Ersatz ein neues,
sekundäres Schutzorgan, den Tintenbeutel, ausgebildet haben, aus dem
sie die blauschwarze Sepia ausstoßen, eine Wolke von Tinte zwischen
sich und ihrem Verfolger lassend. Bei den Gehäusekephalopoden ist also
im Gehäuse zweierlei verwirklicht: der Schutz- und der Schwimmapparat.

Wir betrachten das andere Extrem: das Spongiengewebe. Dieses
ist mit seinen Hartteilen ganz gewiß kein Schutzorgan und in diesem
Sinne auch kein Gehäuse, sondern ein Stützskelett. Im embryonalen
Larvenzustand hat die Spongie kein Skelett, sie kann ohne dieses existieren. Sobald sie sessil wird und der Körper massiger, scheidet sie
sofort, und zwar mit größter Schnelligkeit, Nadeln aus. Spongien ohne
Stützskelett gibt es nicht; dieses ist also ein unerläßliches Organ.

Ein Mittelding zwischen diesem Skelett und der Molluskenschale
liegt bei den Korallen vor. Hier ist das im und um den Weichkörper
ausgeschiedene harte Kalkskelett zunächst nur eine Stütze, aber trotzdem
oder vielmehr zugleich bietet es auch gegen aktiv-feindliche, wie gegen
mechanische Einwirkungen einen guten Schutz. Ein Zerbeißen dieses
Skelettes durch Feinde ist erschwert, insbesondere wenn die Einzelindividuen als Stock beisammenbleiben. Sobald sie Gefahr wittern, ziehen
sich die Korallentiere in ihre Röhren zurück. Hier also, wo das Skelett
viel mehr als bei den Spongien auch Schutzorgan ist, kommen auch

wieder skelettlose Formen vor (Aktinien), bei denen der Schutz durch ein anderes Organ, die Nesselkapseln, aktiv besorgt wird.

Bei den Bryozoen ist das Gehäuse eine typische Schutzeinrichtung, in die sie sich zurückziehen; ebenso bei den Röhrenwürmern, den Serpuliden, wo es so wenig Stützskelett ist, daß einzelne Arten sogar nach Belieben die Röhren verlassen können.

Bei den Tabulaten mit einfachen Röhren kann man wohl ausschließlich von einem Schutzskelett reden, denn der Weichkörper war in keiner Weise mit dem Skelett enger verflochten, verfilzt, wie bei den Hydrozoen, die hierin den Spongien sehr ähnlich sind. Soweit die Hydrozoen flach bleiben und nur Krustenüberzüge bilden, braucht das Schutzskelett nicht zugleich Stützskelett zu sein. Sobald sie aber in die Höhe wachsen, bekommt das Skelett auch die Bedeutung eines Sockels, auf dem sie sich über den Boden erheben, abgesehen von seiner sonstigen äußeren Stützfunktion für den Weichkörper. So sieht man die Bedeutung der Organe immerzu wechseln, wenn auch die ursprüngliche Funktion meistens im Vordergrund bleibt und nur gelegentlich von den neu übernommenen Funktionen mehr oder weniger verhüllt wird.

Bei den Echinodermen ist, wie schon gesagt, das Skelett in erster Linie Schutzkapsel. Das tritt am deutlichsten bei den stiellosen oder wenig gestielten Cystoideen und den Seeigeln hervor, während bei den Seelilien weitgehende Modifikationen eingetreten sind. Denn hier hat die ursprünglich mehr oder minder kugelige, den Weichkörper schützend umschließende Zentralkapsel den Stiel und die Arme abgegliedert und beide durch Zerlegung gelenkig gemacht, hierdurch also jene in der Schalenbildung liegende Gefahr der Versteifung und Unbeweglichkeit überwunden, von der vorhin die Rede war. Genau dasselbe ist ja mit den Seesternen und Schlangensternen der Fall, von denen besonders die letzteren ihr Schutzskelett nachträglich wieder so erleichtert und gelenkig gemacht haben, daß sie die lebhaftesten Ortsbewegungen auszuführen vermögen. Auch bei den Echinodermen ist das Gehäuse in gleichem Maße Stütz- wie Schutzskelett, an dessen Innenseite einzelne Organe geradezu aufgehängt sind. Der Echinodermenpanzer ist seiner Entstehung nach kein Analogon zur Muschel- und Schneckenschale, sondern, wie die ältesten Formen der Cystoideen und Palechinoideen zeigen, primär angelegt als eine Vielzahl einzelner, gegeneinander beweglicher Kalktäfelchen, die erst später als neue Anpassung an festeren Schutz sowohl bei Krinoideen wie Echiniden zu einem starren Panzer zusammenschmelzen. Nur ist der Seeigelpanzer im allgemeinen zu dünnwandig, um an und für sich einen sicheren Schutz gegen Angriff oder mechanischen Druck zu bieten, und deshalb wohl umgibt er sich noch mit einem anderen Schutzorgan, den Stacheln. Diese funktionieren bei den Regulären wie Igelstacheln und werden auch, wie die meisten äußeren Organe, wieder sekundär zu anderer Verwendung noch herangezogen (vgl. S. 325), nämlich zur Ortsbewegung, während bei den irregulären Spatangiden z. B. der dichte Stachelpelz zugleich noch als ein die Stöße abfangendes Polster auf dem allzu dünnen Gehäuse wirkt, abgesehen von anderem (S. 429ff.).

Primär aus vielen Stücken angelegt ist auch der Krebspanzer. Auch hier dient er offensichtlich zu allererst dem Schutze, übernimmt aber auch sekundär an der Innenseite Stützfunktion für die Weichteile. Sein Wachstum ist anders wie bei den Echinodermen und Mollusken, welch letztere stetig die einmal vorhandene Schale weiterbauen, während die letzteren sie durch Intussuszeption vergrößern und verdicken. Die Krebse häuten sich und schlüpfen dabei auch aus den Extremitätenteilen heraus wie aus einem Handschuh. Schon aus dieser Unbeholfenheit, mit der hier die Natur verfährt, läßt sich schließen, daß der Krebspanzer eine ganz sekundäre Erwerbung ist, welche der ursprünglichen Krustazeenorganisation gar nicht sehr gemäß ist und offenbar nur unter dem übermächtigen Einfluß eines unumgänglichen Schutzbedürfnisses zustande kam. Da wir aber schon vom Unterkambrium an die gepanzerten Trilobitenkrebse haben und auch andere Krustazeen wie die Gigantostraken des Alt- und Mittelpaläozoikums durchweg gepanzert sind, so kann man annehmen, daß der Entwicklungszeit gepanzerter Krebse, die in's Algonkium zurückgeht, eine Zeit weichhäutiger Krebse vorausging. Das eintretende Schutzbedürfnis wurde damals alsbald auf zwei divergierenden Entwicklungsbahnen befriedigt, die uns die beiden Lösungen der Frage bei den Wirbellosen überhaupt vor Augen bringen: durch Schalenbildung der Muschelkrebse einerseits und durch Panzerbildung wie bei den gewöhnlichen Krebstypen andererseits.

Bei den uralten Muschelkrebsen wird ein doppelklappiges, bilateral symmetrisches Gehäuse ausgeschieden, das nicht durch Häutung abgeworfen wird, sondern weiterwächst mit Anwachslamellen ähnlich wie eine Muschelschale. Schon im Unterkambrium sind sie da, und das deutet, wie gesagt, auf ein sehr frühes Auseinandertreten beider Krebsstämme, der gepanzerten und der beschalten. Vielleicht gehen auch die mit einem aus vielen Blättchen analog dem Echinodermenpanzer zusammengesetzten Cirripediergehäuse, die bis jetzt in's Untersilur zurückverfolgt sind, in jene älteste Entwicklungszeit zurück und bilden einen dritten eigenen Spezialstamm der gepanzerten Krustazeen. Echte Balaniden sind ganz junger Entstehung; wahrscheinlich mehrmals ist der Typus entstanden, da man auch im Devon schon ähnliche Gebilde bemerkt hat.

Während bei den richtigen Muschelkrebsen der ganze Körper von der zweiklappigen Schale umhüllt ist, verbinden die Phyllocariden formal den beschalten und den gepanzerten Krebs, indem der Vorderkörper bilateral beschalt, der Hinterkörper segmentiert als gepanzerter Schwanz

aus der Schale herausragt (Fig. 113, S. 289). Auch sie begegnen uns
schon im Kambrium.

Wenn die Unterseite der gepanzerten Krebse weichhäutig bleibt,
so ist der Panzer natürlich kein vollkommener Schutz. Dieser wird bei
Trilobiten erzielt durch die igelartige Einrollungsfähigkeit des segmentierten
Körpers.[1]) Wenn die Panzersegmente bei gestrecktem Zustand des Panzers
nur einfach aneinanderstoßen würden, so müßten sie bei der Einrollung
etwas auseinandertreten und verletzbare Zwischenräume zwischen sich
lassen. Infolgedessen ist der Trilobitenpanzer so gebaut, daß sich die
einzelnen Segmente mittels einer nach vorn gestreckten Fläche dachziegel-
artig untergreifen, und diese Gleitflächen bilden dann nach Zusammen-
rollung des Tieres den Deckschutz für die anderenfalls durchschimmernde

Fig. 292. Eingerollte Trilobitenkrebse: *A* Illaenus, aus dem Untersilur von St. Petersburg, bei dem die klaffenden Stellen zwischen den Segmenten durch die sonst unsichtbaren Ringflächen überdeckt erscheinen. (Aus Eichwald, Lethaea Rossica I, 1860.) Verkl.
B Dechenella, aus dem Mitteldevon der Eifel, mit gleichmäßig aufeinanderpassendem
Kopf- und Schwanzschild. (Aus Richter, Beitr. z. Kenntn. devon. Tril. I, 1912.) Verkl.

weiche Körperhaut (Fig. 292 *A*). Umgekehrt aber treten bei der Zusammen-
rollung die äußeren Pleurenteile enger zusammen, sie unterschieben sich
auf Gleitflächen wie eine Irisblende und schließen dadurch die Seiten
zu. Der gegenseitige Druck der untereinandergeschobenen Pleurenenden
verhinderte nach dem Tode bei den entsprechenden Formen ein elastisches
Auseinanderrollen; Vertreter dieser Gruppe sind Phacopiden, Calyme-
niden, Asaphiden, Harpediden. Die andere Gruppe besteht aus Trilobiten
mit Pleurenenden ohne Gleitflächen und mit nach hinten gebogenen
Spitzen oder hornförmigen Stacheln, wie Sphaerexochus, Acidaspis,
Cheirurus. Sie sind größtenteils nicht eingerollt bekannt, und zwar
gerade die mit besonders lang bestachelten Pleuren, wie Acidaspis
(Fig. 248 *A*, S. 511) oder mit aufgelösten Pleuren wie Cheirurus und
Deiphon (Fig. 247, S. 509) nicht. Die Frage ist: konnten sie sich überhaupt
nicht einrollen oder klappten sie nur alsbald nach dem Tode wieder aus-
einander? Pompeckjs Ansicht ist folgende: Die Pleurenenden dieser
Gattungen konnten sich nicht unterschieben, sondern nur aneinandertreten
oder sich überhaupt nur nähern. Rollt sich ein Trilobit einer solchen
Gruppe im Tode zusammen, so wird er sich rasch wieder entrollen, be-

____

[1]) Pompeckj, J. F., Bemerkungen über das Einrollungsvermögen der Trilobiten.
Jahresh. Ver. vaterl. Naturkunde Württemberg. 48. Jahrg., S. 93—101, Stuttgart 1892.

sonders wenn die Verwesungsgase im Weichkörper sich zu bilden beginnen. Es wäre danach nur die geringe Stabilität der Einrollung, der wir die bisherige Nichtauffindung eingerollter Exemplare dieser Gattungen verdankten. Dem steht nun gegenüber, daß die Formen mit aufgelösten oder zu langen Stacheln ausgezogenen Pleuren gute Schwimmer waren, wie im vorigen Kapitel (S. 509 ff.) ausgeführt wurde, und darin vielleicht eher ihren Schutz fanden, als in einer bei ihrem Körperbau auf jeden Fall höchst unvollkommenen Panzerdeckung durch Einrollung. Mögen sie diese Fähigkeit auch noch besessen haben, so ist es doch unwahrscheinlich, daß sie davon Gebrauch machten. Denn ihre Organisation läuft deutlich auf eine neue Lebensweise, die des freien Schwimmens, hinaus und steht nicht mehr unter der bei den bodenbewohnenden Formen ganz deutlichen Tendenz, die Segmente zur Einrollung und dem damit angestrebten allseitigen Körperschutz geeignet zu erhalten. Jedoch konnten sich auch gestachelte Formen einrollen, wie im Abschn. 5 dieses Kapitels noch gezeigt wird. Die in der Richtung auf das Schwimmtier noch wenig entwickelten Formen, wie Paradoxides im Mittelkambrium, konnten sich nach den Untersuchungen von Pompeckj, denen u. a. ein Modell zugrunde lag, noch völlig genügend einrollen, wobei die Größe des Schwanzschildes im Verhältnis zu der des Kopfschildes an und für sich keine Rolle spielt. Die vollkommenste Einrollung besaßen jedenfalls die Formen jener Gruppe, bei denen die Pleuren mit Gleitflächen versehen und etwas nach unten gebogen waren und bei denen sich Kopf- und Schwanzschild vollkommen deckten, wie es die nebenstehende Dechenella (Fig. 292 *B*) zeigt. Wir finden derartige Trilobiten als die offenbar bestangepaßten Formen in den jüngeren Stufen des Paläozoikums mehr und mehr überwiegen, in den jüngsten allein herrschen.

Nicht so einfach zu beantworten ist die Frage, ob die nur mit zwei oder drei Segmenten und langem Kopf- und Schwanzschild versehenen alten Agnostiden sich zusammenklappen konnten, um so ihre weiche Unterseite ebenso zu schützen wie die zusammenrollbaren Formen. Durch Untersuchungen Jaekels[1]) ist erwiesen, daß die Artikulation der Rumpfstücke durch Gelenkwülste und daß die Seitenenden der Pleuren durch flügelartige Fortsätze so vollkommen sich umeinander abbiegen bzw. sich übergreifen konnten, daß ein absoluter Verschluß der Bauchseite durch buchartiges Zusammenklappen von Kopf- und Schwanzschild möglich war. Der allseitige feste Abschluß des Panzers wird bei Agnostus durch die vollkommene Artikulation aller Teilstücke ersichtlich. Aus dieser Darstellung ergibt sich auch, daß bei Agnostiden das Kopf- und Schwanzschild gleich lang sein müssen, um diesen vollkommenen Verschluß zu erzielen, was bei den vorgenannten Trilobiten nicht durchweg nötig war.

---

1) Jaekel, O., Über die Agnostiden. Zeitschr. deutsch. geol. Ges. Berlin 1909, Bd. 61, S. 380 ff.

Richter gibt für die biologische Handhabung der Einrollung folgende Zusammenfassung:

„Die Anpassungsverhältnisse des abgeflachten Trilobitenkörpers lassen annehmen, daß das Liegen auf dem Grunde, bäuchlings ausgestreckt und höchstens mit einer leichten Sandbestreuung maskiert, zur Ruhe auch ausgenutzt wurde. Die Tiere waren dann sogar besser verborgen als eingerollt über dem Boden, und inmitten des Sediments war ein Einrollen ohne Röhren, wie gesagt, nicht angängig. Danach kommt für die vielen Trilobiten als Schlaf- und Ruhestellung die gestreckte Auflage ebenso und noch mehr in Betracht wie der Rollzustand. Mitunter, z. B. bei Harpes, zeigen sich Einrichtungen, die für ein längeres Verharren im gerollten Zustande sprechen. Das Einrollen trat aus jener Ruhelage also oft wohl erst bei einer Beunruhigung ein, wenn es nicht mehr auf Deckung gegen Sicht, sondern auf Schutz gegen Angriff ankommen sollte. Es war offenbar die Reflexbewegung dieser mit der allgemeinen Krustazeensensibilität ausgestatteten, schreckhaften Tiere. Mit solchem Rollreflex wäre es schlecht vereinbar, die Trilobiten von mehr als einer leichten Sedimentmaske bedeckt zu denken, die mit dem Ruck des Einrollens schon beiseite stob. Jaekel gab der Einrollung der Agnostiden neben ihrer Schutzwirkung die Aufgabe, durch einen plötzlichen Klappsprung so viel Fallkraft für das gerollte Tier zu gewinnen, daß es sich beim Niederfallen dadurch in den bergenden Schlamm versenkte. Dazu halten wir diese Körper für zu leicht; sie wären doch obenauf liegen geblieben, flach oder allenfalls (aber noch auffälliger) aufrecht eingespießt."

„Aber Jaekels Gedanke führt uns zu der Vorstellung einer anderen in dieser Richtung liegenden Wirkung des Rollvermögens: Für die leichten, flachen, langen und gar bestachelten Trilobitenkörper war es jedenfalls nicht ganz einfach, schnell und steil auf den Boden hinabzurudern, wenn sie beim Schwimmen von Gefahr überrascht wurden. Die Schwimmbahn blieb schräg. Rollten sie sich jedoch auch im freien Wasser bei jeder Störung ohne weiteres ein, wie es z. B. Tecticeps convexus zu tun scheint und wie es ja bei einer Reflexbewegung unvermeidlich wäre, so sanken die Rollkugeln (Phacops) und noch mehr die Klappscheiben (Bronteus) unangreifbar und durch die verminderte Widerstandsfläche beschleunigt geradeswegs auf den Grund."[1])

Als Typus des geschützten, mehr oder minder unbeweglichen Schalentieres kann man die Muschel betrachten, welche in der vollendetsten und in jeder Weise bestangepaßten Form die Schutzschale entwickelt und sich innerhalb dieser allgemeinen Entwicklungsrichtung wieder weitgehend an

---

1) Richter, R., Vom Bau und Leben der Trilobiten. II. Der Aufenthalt auf dem Boden, der Schutz, die Ernährung. „Senckenbergiana", Bd. II, Heft 1, S. 31. Frankfurt a. M. 1920.

spezielle Verhältnisse angepaßt hat, ohne daß dem ursprünglichen Zweck dadurch Eintrag getan würde.

Stellen wir uns den idealen Anpassungstypus vor: eine zweiklappige und gleichklappige Schale von einer gewissen, jedoch nicht allzu kugeligen Wölbung, nicht zu plump, nicht zu schwer, um einerseits eine geringe willkürliche Fortbewegung des Tieres auf dem Boden zu gewährleisten, andrerseits es nicht zu leicht werden zu lassen, damit sie einen guten Schutz gewährt; mit dicht aufeinanderpassenden Rändern und einem exakt arbeitenden Scharnier und einer Sicherung dagegen, daß sich die Klappen nicht parallel aneinander vorbeibewegen und sich nicht gegen den Willen des Tieres öffnen können. Diesen Idealtypus stellt am vollendetsten Cyprina und die Venusmuscheln dar; sie zeigen alle die geforderten Eigenschaften, und es ist stammesgeschichtlich bedeutungsvoll, daß sie zu den letzten neuen Formen gehören, die der Muscheltypus im Laufe der Erdgeschichte hervorgebracht hat. Zwei gleich starke, in der Nähe des Vorder- und Hinterrandes gelegene Zugmuskeln zum festen Zusammenpressen der vollkommen gleichartig aufeinanderpassenden Schalenränder; die Zahnzapfen und -leisten der einen Klappe greifen in entsprechende Alveolen der anderen Klappe präzise ein.

Die hohe Entwicklung des Veneridenschlosses, welches sozusagen der durch lange Phylogenie erworbene, endlich erreichte und erblich festgewordene ideale Anpassungstypus ist, wird auch gekennzeichnet durch die Zähigkeit, womit dieser Besitz gelegentlich einer Umwandlung festgehalten wird. Sehr treffend weist nämlich Deecke darauf hin[1]), daß die verschiedensten Muschelgruppen und Gattungen infolge der grabenden Lebensweise in den Desmodontentypus übertreten, wofür die Familien der Telliniden, Donaciden, Soleniden als Nächstverwandte der Veneriden viele Beispiele und alle möglichen Übergänge liefern. Die Veneriden mit ihrem vollendeten Schloß dagegen, welche hiermit so ausgezeichnet auch als freie Bodenbewohner in ihrer Schale gesichert sind, gehen nur ein einziges Mal in der Kreidezeit als Tapes (Fig. 201 B, S. 437) und Icanotia etwas zu der grabenden Lebensweise und damit in ein der Desmodontie entfernt sich näherndes Stadium über. Sie werden langgestreckt, aber das Schloß verliert sich nichteinmal, sondern es bleibt erhalten, ja es wird der neuen gestreckteren Gestalt entsprechend noch durch einen hinzutretenden langen hinteren Schloßzahn gekräftigt. Hier ist also der alte Erwerb so mit der Konstitution verankert, daß er offenbar nicht mehr abgeworfen werden kann. Auch die älteren Gruppen der Astartiden und Luciniden, welche sich ein ähnlich vollkommenes Schloß schon früher als die Veneriden erworben hatten, behalten dieses sehr zähe bei.

---

1) Deecke, W., Paläontologische Betrachtungen. II. Über Zweischaler. Beil.-Bd. 35, S. 371, z. N. Jahrb. f. Min. usw., Stuttgart 1913.

Wenn nun auch das Veneridenschloß und die Ausbildung der ganzen Schale etwas in seiner Art schlechthin Vollendetes ist, so braucht damit doch nicht gesagt zu sein, daß nicht andere Ausbildungsformen der Muschelschale unter den ihnen zukommenden Verhältnissen praktisch dasselbe leisten könnten. Es ist ja eine bekannte, uns in allen Gruppen begegnende Tatsache, daß die Natur sich nicht damit begnügt ein einziges Modell zu schaffen und danach alles zu bilden; in ungeheuerer Abwechselung treten immer wieder als Antwort auf dieselben Lebensbedingungen und Notwendigkeiten neue Varianten des einen Themas auf, gerade als hätte sie den Ehrgeiz, ihren „Gedankenreichtum" darzustellen, woraus Vollkommeneres und Unvollkommeneres neben- oder nacheinander entspringt.

Das Schloß der Veneriden ist durch seine zapfen- und schienenartigen Vorsprünge, die ganz genau mit Vertiefungen der Gegenklappe korrespondieren, ausgezeichnet befähigt, die Unverschiebbarkeit der Klappen im geschlossenen Zustande zu gewährleisten. Weniger ist dies beim Cardienschloß der Fall, das schmächtiger entwickelt ist. Hier tritt die Zähnelung des Schalenrandes helfend ein, und die Rippenbildung auf einer Herzmuschel ist nichts anderes als die mit dem individuellen Schalenwachstum radial fortgesetzte Zähnelung des Randes, welche aus den auf beiden Klappen korrespondierenden Vorsprüngen und Einschnitten besteht. Hierdurch wird in Ermangelung eines gleich starken Schlosses wie des der Veneriden die Unverrückbarkeit der Klappen sichergestellt. Noch deutlicher tritt das in Erscheinung bei schloßlosen Monomyariern, wie bei den gerippten Pectiniden u. a., wo ganz entschieden die mit den Rippen Hand in Hand gehende grobe Zahnung des Randes das mangelnde Schloß ersetzt und auch hier wieder dieselbe Formbildung zwei Zwecken dient: Versteifung der Schale (S. 582) und Zahnung des Randes. Ähnlich vollendet wie die Veneriden, sind die Astartiden: diese, sowie die Crassatelliden nähern sich mit ihrem glatten Rande und guten Schloß sehr den Veneriden; sie sind älter als diese und die Cardien. Beider Vorzüge: das vollendete Schloß und den gezahnten Rand vereinigt Venericardia, die erst in der Kreide erscheint.

Deecke weist in seiner oben zitierten lehrreichen Abhandlung über die Zweischaler darauf hin, daß die Cardienrippen und deren Skulptur sich gleichmäßig mit der Entfaltung der scherentragenden Macruren und Brachyuren entwickeln; danach wäre die Verdickung der Cardienschale durch Rippen eine Schutzanpassung gegen diese Muschelräuber. Wenn man zudem an die rezente, in der Riffbrandung lebende Tridacna denkt, mit ihren außerordentlich starken Rippen auf dem schweren Gehäuse, dann sieht man, daß neben der statischen Festigung auch in der Verzahnung des Randes die Bedeutung dieser Rippenbildung liegt, denn auch Tridacna bedarf nicht nur einer Festigung der Schale gegen Bruch, sondern auch eines unverrückbaren Verschlusses.

Auch bei den Alectryonien unter den Austern (Fig. 146 *B*) dient die starke Berippung offenbar einem doppelten Zweck. Von allen Austern sind nämlich die Alectryonien vorzüglich Riffbildner, die in der Brandungszone lebten. Wo wir sie finden, und zwar am üppigsten entwickelt finden, nämlich in der südlichen Oberkreide, da sind sie mit anderen dickschaligen Formen wie Nerineen vergesellschaftet, also einem Typus, den wir an den Korallenriffen des Jura und der Unterkreide als steten Gast zu sehen gewöhnt sind. Hier ist nicht nur eine Verstärkung der Schale gegen Zertrümmerung nötig, sondern auch eine Verzahnung des Randes, umso mehr als den Austern jegliche Schloßbildung fehlt. Im Gegensatz

Fig. 293. Taxodonter und pseudotaxodonter Schloßtypus: *A* Ctenodonta, Untersilur, Minnesota. Echte Taxodonte. (Aus Ulrich, Lower Silur. Lamell. Minn. 1894.) *B* Palaeomutela, Brackwasserform aus dem russischen Perm. Pseudotaxodonte. Etwas vergr. *B'* Schloß vergrößert. (Aus Amalitzky, Palaeontographica 39, 1892.) *C* Inoceramus, Oberkreide. Mit Ligamentkamm. (Aus Goldfuss, Petref. Germ. II, 1834/40.) Verkl.

hierzu bedürfen die gewöhnlichen Austern so starker Verzahnung nicht, da sie in ruhigerem Wasser leben; nur gelegentlich bilden sie einen gewellten Rand und damit einen gewellten Schalenrücken aus. Bei den Gryphaen ist der Deckel meistens in die Unterschale mehr oder weniger eingesenkt (vgl. S. 292) und hat dadurch genügenden Halt gegen seitliche Verschiebung. Auch bei Inoceramus sulcatus[1]), der im Gegensatz zu den übrigen Inoceramen nicht konzentrisch gefurcht ist, mag für die Radialrippenbildung derselbe Grund gesucht werden.

Umgekehrt ist das Taxodontenschloß (Fig. 293 *A*) offenbar das allereinfachste, am unmittelbarsten zu erwerbende Mittel zur Erreichung der Unverschiebbarkeit, es bedeutet sozusagen eine Konzentrierung des Veneriden- und des Cardienverschlusses auf einen geradlinigen Schloßrand, indem hier sowohl das Prinzip der regelmäßigen Zähnelung, wie das der Zapfen- und Schienenbildung sich beisammen findet. In der Gattung Macrodon des Paläozoikums und älteren Mesozoikums sind in ein und demselben Individuum Zapfen- und Schienenzähne vereinigt, später treten beide Bezahnungsarten dauernd in verschiedenen Gattungen auseinander, indem Arca und Nucula — der Typus begegnet uns schon im Altpaläozoikum —

---

1) Abgebildet in Zittel-Broili, „Grundzüge der Paläontologie" bei den Muscheln.

nur einfache Zähnelung, Cuccullaea vom Jura ab Leisten und Pectunculus von der Kreide ab zur Seite gedrängte Zähnchenleisten erhält.

Zur vollendeten Hervorbringung eines Heterodontenschlosses gehört offenbar eine phylogenetisch erworbene und erblich gefestigte bestimmte Disposition, während die Taxodontie leichter und unmittelbarer, also auch vorübergehender erworben werden kann. Das zeigen uns nämlich Arten aus anderen Gruppen und Familien, bei denen diese Schloßform nur ganz gelegentlich, offenbar wenn gerade ein Bedürfnis dazu vorlag, vorübergehend angenommen wird. Ein Beispiel hierfür ist die Süßwassermuschel Pliodon, ihrer Natur nach eine anodonte Unionide, deren Taxodontenschloß daher eine ganz akzessorische Erwerbung ist.

Daß dem so ist, zeigen auch die beistehend abgebildeten permischen Anthracosiiden, an denen gut ersichtlich ist, wie unbestimmt diese Taxodontie in Erscheinung tritt und wie recht Deecke hat, wenn er diese Art Taxodontie mehr als eine Wucherung, denn als eine richtige Schloßbildung ansieht. Von einem genetischen Zusammenhang mit ursprünglich meerbewohnenden Taxodonten wird hier ebensowenig die Rede sein können, wie von einer unmittelbaren Zusammengehörigkeit der paläozoischen und känozoischen „Taxodonten" unter solchen Süßwasserformen.

Ebenso möchte ich hierher rechnen Isoarca aus dem Oberjura bis Unterkreide, die im genetischen Sinne keine „Taxodonte" ist und von Zittel-Eastman im „Textbook of Paleontology" auch schon systematisch von den Taxodonten abgetrennt wurde. Auch bei den Austern gibt es Fälle der Nachahmung der Taxodontie, wobei der obere Schalenrand eine schwache Zähnelung annimmt, was aber hier wohl nur eine individuelle Erwerbung ist, also ein noch niederer Grad von Pseudotaxodontie, wie bei dem oben genannten Pliodon, die ihrerseits somit weit entfernt ist von der genotypisch konsolidierten echten Taxodontie, deren phänotypische erste Entstehung man an jener kleinen Kreideauster sozusagen nachträglich noch einmal veranschaulicht sieht.

Die Unioniden, bei denen Heterodontie, Taxodontie und Anodontie zu finden ist, bergen sozusagen in der ganzen Muschelwelt ihre Schloßformen zusammen, denn auch das Trigonienschloß kommt bei ihnen vor, sei es als stammesgeschichtliches Erbteil, wie Steinmann will, sei es als unabhängige Neuerwerbung, entsprechend dem Taxodontenschloß. „Entweder[1]) verstärken sich die Zähne bei diesen Süßwasserformen bis zu einer Auflösung in zahlreiche Lamellen, oder wir sehen, daß sie verschwinden (Anodonta) oder an ihre Stelle tritt eine Menge von ungleichmäßigen ... Kerben (Pliodon). Wie will man sich nun dieser Mannigfaltigkeit der Zahnbildung gegenüber stellen? Man könnte bei gewisser

---

1) Deecke, W., Paläontologische Betrachtungen. II. Über Zweischaler. Beil.-Bd. 35 z. N. Jahrb. f. Min. usw. Stuttgart 1913. S. 359.

Ähnlichkeit diese Eigentümlichkeiten der Nayadiden auf sehr verschiedene Gruppen von marinen Zweischalern zurückführen, m. a. W., wenn man das Schloß als maßgebend betrachtet, eine Polyphylie der Unioniden und ihrer Verwandten annehmen." Aber nach einer genauen Analyse des Unionidenschlosses kommt Deecke zu einer Ablehnung der stammesgeschichtlichen Identität desselben mit dem Trigonienschlosse.

Das Schloß der Schizodonten, also der Trigonien und Myophorien, zeichnet sich dadurch aus, daß es nie zur Seitenzahnbildung kommt; höchstens verlängert sich einmal der hintere Zahn, mag nun die Schale in die Länge gezogen, gebogen, zugespitzt dreieckig, flach oder gewölbt sein. Das Wesen dieses Schlosses ist ein dreieckiger Zapfen unter dem Wirbel der linken Klappe, der rechts und links je eine geriefte Einkerbung hat; der Zapfen greift in eine dreieckige Grube der Gegenklappe ein, die flankiert ist von zwei gerieften queren Zahnplatten, welche ihrerseits in die Seitengruben des Zapfens der linken Klappe eintreten.

Manche Myophorien, z. B. Myophoria laevigata aus der mittleren germanischen Trias, sind in ihrem Schloß noch etwas Heterodonten-ähnlicher, indem der Zapfen kleiner, zahnähnlicher bleibt und sich auch scheinbar Seitenzähne entwickeln, so daß auch bei den Trigoniiden das erst später erscheinende beschriebene typische Schloß eine langsame Erwerbung bedeutet, welche hinwiederum in i h r e r Art einen idealen Anpassungstypus darstellt. Denn wenn bei dem vollendeten Heterodonten das Schloß zwar eine große Sicherung gegen das parallele Verschieben der Klappen bietet, so bewirkt das Trigonienschloß zugleich auch eine Sicherung gegen das diametrale Auseinanderfallen der Klappen. Will man, sagt Deecke, eine rezente Trigonia aufmachen, so stößt das auf erhebliche Schwierigkeit, denn man muß die eine Klappe zuerst nach unten schieben und dann erst beide auseinanderbewegen, ehe man sie voneinander lösen kann. Dies kommt daher, daß der Zapfenzahn sich nicht nur nach abwärts, sondern auch nach vorwärts verbreitert. Das Ligament ist im Gegensatz zu den Veneriden sehr schwach.

Von der bezeichneten Schloßkonstruktion rührt es auch, wie Deecke treffend aufklärt, her, daß man die Trigoniiden, im Gegensatz zu fast allen anderen Muscheln, fast stets noch im Zusammenhang findet. Ganz dasselbe ist auch bei Spondylus der Fall, der als zahnloser Monomyarier zwei gekrümmte Zapfen ausbildet, die in zwei entsprechend gekrümmte einfache Gruben der Deckelklappe eingreifen und gleichfalls kein unmittelbares Auseinandernehmen der Schale gestatten.

Ganz dasselbe zeigt das Brachiopodenschloß: auch hier können die Klappen nicht von selbst auseinanderfallen, obwohl sie kein Ligament wie die Muscheln besitzen.

Neben diesen Haupttypen der Schlösserbildung kommen Abarten, oft möchte man sagen: mehr oder minder gelungene Nachahmungen in allen Gruppen vor. Das Schloß der Diceraten (Fig. 145 *A*, S. 341), Monopleuren und Chamiden ist verständlich als modifiziertes typisches Heterodontenschloß; bei Diceras wird es infolge der Drehung der Wirbel mitgedreht und dabei in die Länge gezogen, ebenso bei Chama, die übrigens nach DEECKE, dem ich zustimme, ganz anderer Herkunft als die übrigen „Chamiden" ist; bei Requienia und Monopleura wird das Schloß immer mehr zu einfachen Zapfen und Leisten reduziert. Ebenso bei Plagio-

ptychus, bei dem sich die Schloßplatte ähnlich verbreitert wie bei den brandungsbewohnenden Megalodonten. Die eigentlichen Rudisten aber haben das Schloß zu Zapfen und tiefen Alveolen umgebildet, und wenn sie ihren Deckel hoben, mußten sie ihn etwas in der Vertikalachse drehen.

Zweifel bestehen über die natürliche Zugehörigkeit der Lyrodesmiden aus dem Untersilur. Die Gattung Lyrodesma (Fig. 294 *D*) hat in beiden Klappen eine mit vielen gleichartigen Zahnleisten versehene Schloßplatte. Die Lei-

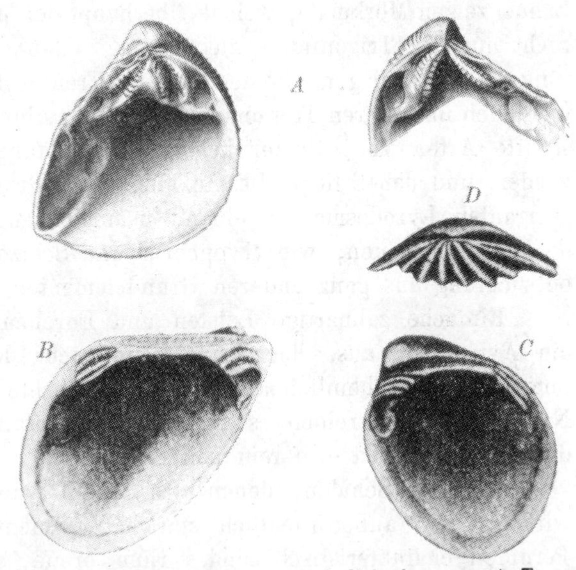

Fig. 294. Schizodontenschloß und ähnliche konvergente Typen: *A* Trigonia papillata, Malm, Calvados. Die Schalen können nicht unmittelbar auseinanderfallen. $^1/_1$. *B* Vanuxemia Sardesoni, Untersilur, Minnesota. Sekundäre, geriefte Seitenzähne. $^2/_3$. *C* Vanuxemia dixonensis. Ebendaher. Seitenleisten gehäuft. $^1/_1$. *D* Schloßplatte von Lyrodesma. Ebendaher. Quergeriefte Taxodonten- und Schizodonten-ähnliche Zähne. $^3/_1$. (*A* Orig. in München; *B—D* aus ULRICH, III. Rep. Geol. Surv. Minn. 1894.)

sten sind quer gerieft, wie bei den späteren Trigonien. Mit den Trigonien hat das phylogenetisch aber nichts zu tun. Solche Riefung tritt ja in allen möglichen jungen und ganz alten Gruppen auf; sie bedeutet nach DEECKE, daß den Zähnen eine erhöhte Reibung und damit Befestigung aneinander zuteil wird. Überblickt man die geologisch gleichalten Formen, so trifft man auf ganz ähnliche Schloßausbildungen bei anderen, wie Anisomyarier aussehenden, den Ambonychien und Pterineen äußerlich nahestehenden Typen. Bei der Gattung Vanuxemia des Untersilur trifft man verschiedene Stadien der Schloßbildung auf dem Wege zur Pseudotaxodontie. So Vanuxemia dixonensis (Fig. 294 *C*), wo sich über den beiderseitigen ungleichen Muskeln Schloßleisten anlegen, die bei

Vanuxemia Sardesoni etwas gedrungener, kräftiger geworden und mit Querriefen versehen sind. Vergleicht man nun die auf S. 622 abgebildete silurische Nuculide Ctenodonta mit den eben beschriebenen Formen, und schiebt man dazwischen hinein das beistehend abgebildete, angeblich den Trigoniiden sich nähernde Lyrodesma, so sieht man, daß diese letztere im wesentlichen eine Pseudotaxodonte ist, bei der aber die Zähne auf eine Platte unter dem Wirbel zusammengedrängt sind; diese Zähne zeigen Merkmale, welche überhaupt den primitiven Anisomyariern, nicht nur den Trigoniiden, zukommen. Vanuxemia dixonensis ist etwas jünger als die übrigen, die der mittleren Trentonstufe angehören, doch kommen auch im unteren Trenton (unteres Untersilur) schon solche einfach gestreifte Arten vor. Später kehrt diese Riefung der Schloßzähne nicht wieder, und daher liegt alles in allem kein Grund vor, bei der ziemlich aberranten Lyrodesma an einen Zusammenhang mit den Trigonien zu denken, bei denen, wie Myophoria und Schizodus zeigen, die Schloßentwicklung aus ganz anderen Grundelementen entspringt.

Einfache zahnartige Leisten und Furchen bilden dann im Devon die Aviculiden aus, doch sind jene nicht dem Heterodontenschlosse homolog, wahrscheinlich auch nicht dem echten Taxodontenschlosse der Nuculiden und Arciden, sondern sind ebenfalls sekundäre Bildungen; die Ähnlichkeit ist also rein konvergent.

Um die Schalen, denen das Schloß mangelt, zusammenzuhalten, wird oft ein außerordentlich starkes Ligament produziert, wofür die Perniden charakteristisch sind. Eine breite, geriefte Bandarea nimmt dieses Ligament auf, das völlig ein Schloß ersetzt (Fig. 293 *C*, S. 622).

Wenn auch in anderer Weise als die Muschelschale, so ist doch zweifellos auch die Gastropodenschale ausschließlich ein Schutzgehäuse für ihren Träger. Zugleich aber bedingt die Fortbewegungsart eine besondere Beschaffenheit dieser Schale, damit, wie Deecke sagt, der kriechenden oder schwimmenden Bewegung kein schädliches Hindernis entsteht. Das Charakteristische der Gastropodenschale, die Schneckenwindung, ist also eine Nutzanpassung. Denn während bei der Muschel eine bilateral-symmetrische Doppelklappe beim Wachstum des Individuums sich nach allen Seiten flächenhaft auszudehnen vermag, sich also der materielle Größenzuwachs mehr oder minder auf eine Kreisfläche verteilen muß, häuft sich bei der Grundform des Schneckengehäuses alles in einer Richtung, also linear, an, und die Folge ist eine bedeutende Längsvergrößerung des an und für sich mützen- und röhrenförmigen Gehäuses. Da das Schneckentier als Normaltypus nicht liegt oder festgewachsen ist oder im Sande steckt, sondern kriecht, wäre eine derart verlängerte Röhrenform unbrauchbar, und deshalb ist sie in Falten gelegt, d. h. zu einem Schneckengewinde eingerollt. Warum die Einrollung nicht symmetrisch, sondern unsymmetrisch stattfindet, ist eine vermutlich rein mechanisch bedingte Erscheinung. Sie muß, sagt Deecke, einerseits im Wachsen als solchem liegen, andrerseits aber mit der kriechenden Bewegung in Beziehung stehen. Vermutlich bedingte die Bewegung des Tieres die Verlagerung auf eine Seite und dies hinwiederum wirkte zurück auf den Gesamtbau des Tieres. Wenn nicht ein breiter Mantelumschlag das Gehäuse trägt, wie er dies bei den äußerlich wieder symmetrischen Cypräen tut, dann fehlen den Schnecken geeignete Organe, die Schale festzuhalten. Durch die Bewegung allein sackt die Schale bald rechts, bald links auf die Seite und wird dadurch auf den Tierkörper physiologisch wirken, vor allem Blutkreis und Kiemenentwicklung beeinflussen und den Spindelmuskel, bzw. andere ältere, symmetrisch verteilte Muskeln zerrend beeinflussen.

Daß dies der biologische Sinn der Spiralschale ist, geht aus der Betrachtung des Gegenteils unschwer hervor. Denn sobald ein Schneckentier sich im Boden verkriecht und dort liegen bleibt, seine Schale also nicht zu transportieren braucht, bildet es auch keine Spirale aus, sondern das Tier bleibt röhrenförmig, wie es uns die Dentalien zeigen, die sich in Sand und Schlamm einbohren (Kap. IV, 6, S. 447). Oder wenn sie festwachsen, wie die Vermetiden, dann zeigen sie auch die Neigung, mehr oder minder röhrenförmig geradegestreckt zu bleiben; gerade an diesen Formen bemerkt man, wie die Einrollung in ihrer individuellen Unregelmäßigkeit lediglich ein Mittel zur Unterdrückung der Nachteile des allzugroßen Längenwachstums ist. Die Muschel kann niemals aus ihrem Gehäuse heraustreten, sondern ist immer von ihm umschlossen, während die Schnecke normalerweise mit dem Vorderkörper stets heraustritt und sich auf ihrem muskulösen fleischigen Sockel, dem Fuß, kriechend fortbewegt. Das Gehäuse muß daher so gebaut sein, daß es nicht nur wie bei der Muschel als einfache Umhüllung des ruhig daliegenden Trägers funktioniert, sondern eine Gestalt hat, in der es auf dem nach rückwärts und schräg nach oben gerichteten Eingeweidesack getragen werden kann und diesen zugleich schützt, wie die Muschelschale das ganze Muscheltier; denn der Eingeweidesack tritt als der verletzlichste Teil des Schneckenweichtieres nie aus der Schale heraus.

Die Urform der Schneckenschale, wie sie uns daher theoretisch erscheinen muß und auch wirklich in der unterkambrischen Stenotheca (Fig. 20d, S. 72) entgegentritt, ist daher das einfache, dem Weichkörper mützenartig übergestülpte Gehäuse, unter dem sich das Tier zusammenzog, sich mit seinem Fleischfuß wohl am Boden festhaltend. Die Capuliden des Silur veranschaulichen uns aber schon bald, wie das Längenwachstum zur Einrollung zwingt. Wir beobachten nämlich unter Grundformen des einfachen Gehäuses zwei heterogene Anlagen: 1. das flach deckelförmige, wie es Fig. 120 (S. 301) zeigt; und 2. das hoch mützenförmige, wie es die silurischen Platyceras haben. Für das erstere lag beim Weiterwachsen keineswegs die Nötigung vor, sich spiralig einzurollen; es konnte allseitig am Rande weiterwachsen, ohne besonders hoch zu werden. Bei dem andern Typ dagegen war beim Weiterwachsen die Höhenzunahme rasch, und so mußte er aus den oben genannten Gründen zur Einrollung gelangen.

Es ist wohl anzunehmen, daß auf diesem Wege die normale gewundene Schneckenschale allgemein, wenn auch selbständig in den verschiedenen Untergruppen und Familien entstanden ist; nebenstehend sind solche Normaltypen aus den Capuliden abgebildet (Fig. 295), an denen sich die Umbildung am anschaulichsten wahrnehmen läßt. Erreicht wurde dieses Stadium bei einzelnen schon im Kambrium, bei anderen im Silur, das mir besonders eine Zeit schnellen und lebhaften Überfließens von dem einen in den anderen Zustand zu sein scheint. Sobald dieses Stadium erreicht ist, sehen wir aber in einzelnen

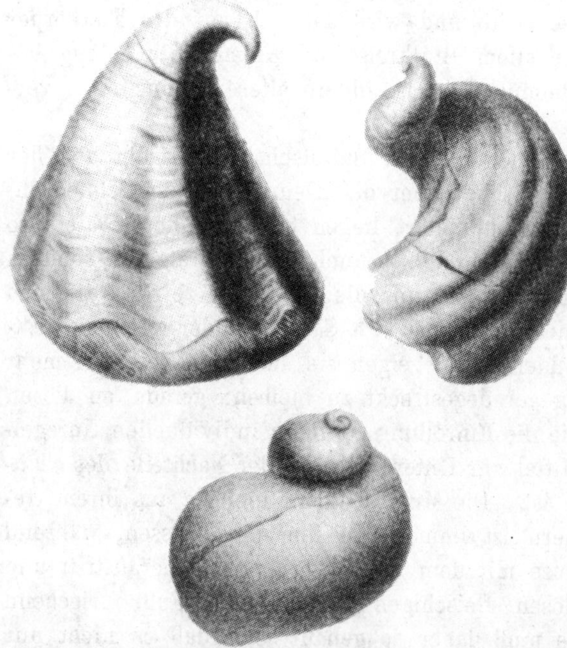

Fig. 295. Formale Entwicklung der Schneckenspirale aus der Mützenform, dargestellt an Capuliden aus dem böhmischen Obersilur. (Aus Perner-Barrande, Gastropoda II, 1907.) Verkl.

Zweigen und Familien weitere Modifikationen eintreten, von denen einige wichtige hier noch kurz erwähnt seien.

Die sekundäre Gewinnung einer schüssel- oder mützenförmigen Schale, nachdem vermutlich eine spiralige stammesgeschichtlich vorausgegangen war, ist, wie entsprechende lebende Formen zeigen, eine Anpassung an ein besonderes Schutzbedürfnis. Wie die Placophoren saugen sich solche Formen mit dem Fuß auf harten Objekten fest, so daß man leichter ihren Körper zerreißen als sie vom Untergrunde loslösen kann. Solche Formen begegnen uns vom Jura ab immer häufiger. Sie gehen hier, wie im Tertiär sowohl in der Spezialliteratur, wie in den Lehrbüchern immer noch unter dem Namen „Capulus“, wenn sie (wie Capulus rugosus im Jura, oder hungaricus im Tertiär) mützenförmig sind. Natürlich kann man diesen Gattungsnamen nicht der silurischen Primärform beilegen, wenn man die mesozoisch-tertiäre rückläufige Form so nennt. An der tertiären Calyptraea läßt sich die Rückbildung aus der spiraligen Normalform in die deckelförmige Schale unmittelbar verfolgen: die inneren Windungswände und die Basis sind im Gegensatz zur Außenwandung so dünn und hinfällig geworden, daß fossil gewöhnlich nur die Haube ohne innere Windungen und Basis gefunden wird (Fig. 344); man möchte sagen: binnen kurzem wird Calyptraea patellenartig sein, aber vielleicht äußerlich die Spirallinie weiter markieren. Hipponyx ist von einem silurischen Capuliden äußerlich nicht mehr zu unterscheiden, und wir dürfen annehmen, daß er von Formen mit normaler Spirale ausging. (Vgl. die genauere Darstellung dieser Entwicklung der jüngeren Capuliden im Kap. VII, 1.)

Unabhängig davon wird bei den schlitzbandtragenden Aspidobranchinen dieselbe Anpassungsform als Emarginula im Karbon, als Rimula im Jura und Fissurella lebend und angeblich bis in's Karbon zurückreichend erzeugt, die aber noch deutlich spiralig bleiben. Vorgeschrittener hierin ist bei den Cyclobranchinen Patella und Acmaea. Eine Monographie aller dieser Formen täte not, damit einmal die äußerliche Ausdehnung der Gattungsbezeichnungen (z. B. Patella: Silur bis jetzt; Acmaea: Silur bis jetzt; Fissurella: Karbon bis jetzt u.s.f.) verschwinden. Vielleicht strebt bei den Naticiden Sigaretus (seit dem Tertiär) diese Entwicklung zur patelliden oder vielmehr haliotis-förmigen Schale an; die Neritopsiden haben schon in der Trias eine kapulide Form, Naticopsis Telleri, hervorgebracht.[1])

Diese mehr oder minder flach deckelförmige kapulide und patellide Entwicklung, deren Sinn im einfachen Schutz des auf dem harten Untergrunde sich fest anpressenden Weichtieres liegt, darf nicht verwechselt werden mit der S. 297/99 beschriebenen abgeplatteten Form des ruhig daliegenden Bodenbewohners. Bei diesen letzteren geht die Tendenz auf Verbreiterung der Basis, bei jenen dagegen auf Verbreiterung des Gesamtgehäuses und Reduktion des Gewindes aus. Infolgedessen haben die kapuliden und patelliden Formen eine die ganze Schalenunterseite umfassende Mündung mit linearem Rande, jene dagegen eine beschränkte Mundöffnung in einer ausgedehnten basalen oder lateralen Liegefläche.

Den entgegengesetzten Weg wie die rückläufigen jüngeren Capuliden und Patelliden gehen die ganz spitzen und langen Formen, deren Typus Turritella ist. Das sind sehr bewegliche Formen, die mit Vorliebe nicht auf horizontalem Boden, sondern steilgestellten Wänden und Felsflächen herumkriechen. Es ist nicht recht einzusehen, aus welchen statischen Gründen bei diesen Tieren die schräge nach rückwärts ge-

---

1) Abgebildet bei KITTL, E., Gastropoden v. St. Cassian. Annal. k. k. Naturhist. Hofmuseum. Bd. VII, Taf. XII (IX). Wien 1892.

tragene Schale so lang und spitz wird oder bleibt; man sollte meinen, daß da ein reduziertes, Calyptraea-artiges Gehäuse dienlicher wäre. Ich glaube infolgedessen, daß es mit diesen Turritellengehäusen eine andere Bewandtnis hat. Beachtet man ihr Vorkommen, sowohl jetzt, wie fossil, so zeigt sich, daß sie oft in ungeheurer Individuenzahl beisammen sind, so z. B. im Miocän bei Ulm, wo das alte Tertiärmeer an der Juraküste lag, an der sie die günstigsten Verhältnisse für ihre Lebensweise fanden. Stellt man sich diese vor, und einen Felsen oder eine Wand oder eine Bodensteige mit den dichtgedrängten Tieren besetzt, dann starrt einem eine von zahllosen Spitzen besetzte Fläche entgegen, und ein Herankommen eines etwas größeren Räubers an das einzelne Individuum ist damit so gut wie ausgeschlossen. Es sei hierbei auf ein wenig gelesenes, aber gerade für den Biologen sehr beachtenswertes Buch von KROPOTKIN hingewiesen, worin u. a. die Bedeutung des Zusammenscharens für schwache, großen Fährlichkeiten ausgesetzte Arten erörtert und mit speziellen Fällen aus dem Säugetierleben belegt wird.[1] Vereinzelt würden die Artindividuen unterliegen und dezimiert werden; zusammengerottet wagen selbst kräftige Raubtiere den Angriff nicht, ja diese werden von anstürmenden Herden direkt verjagt. Man darf das psychologische Moment hierbei ebensowenig unterschätzen, wie das mechanische, das in der Individuenhäufung liegt, und speziell bei unseren Turritellen, wo vermutlich nur das letztere in Betracht kommt, mag aus rein mechanischen Gründen ein solcher, aus zahllosen spitzen Gehäusen bestehender Stachelrasen größeren Angreifern jede Möglichkeit des Eindringens benommen haben.

Der Turritellentypus kommt, wie der Capulidentypus, unabhängig in verschiedenen Gruppen vor. Im Paläozoikum sind es die schlitzbandtragenden Murchisonien und die Loxonemen, die ihn vorweg nehmen, in der Trias die Pseudomelanien und ganz besonders die spitze hohe Heterocosmia[2]), und im Jungtertiär noch die mit Band versehene Terebra.

Den globulösen Formen unter den Schnecken scheint das besondere Ziel — Verkleinerung des äußeren Schalenumfanges und Verkürzung der Spirale — zugrunde zu liegen. Eine Actaeonella gigantea in der Oberkreide, eine Gisortia und Cypraea im Tertiär ziehen ihr Gewinde Schritt für Schritt in den letzten Umgang hinein, bis es schließlich ganz von ihm umschlossen ist. Auch hier wird auf diese Weise eine ungeheure Verkürzung des Gewindes und damit eine größere Sicherheit gegen das Abbrechen der exponierten Spitze oder eine größere Handlichkeit beim Transport erreicht; denn man muß sich nur vorstellen, mit welchem

<hr>

1) KROPOTKIN, P., Gegenseitige Hilfe in der Entwicklung. Deutsch von G. LANDAUER S. 32 ff. Leipzig 1904.

2) Abgebildet bei KOKEN, E., Die Gastropoden der Trias um Hallstadt. Abhandl k. k. geol. Reichsanst. Bd. 17, Taf. 15, 16. Wien 1897.

Hebelgewicht eine gestreckte Schale, die schräg nach hinten steigt, auf die Ansatzstelle des Weichkörpers wirkt, wenn dieser herausgetreten ist und am Boden hinkriecht. Daß jene Entwicklung auch in der Richtung auf Erleichterung der Schale geht, zeigen die Blasenschnecken Bulla und Scaphander, sowie bei den Strombiden Terebellum, wo die Schale mehr und mehr nur noch eine Art Umschlag um den Eingeweidesack wird, was in der kretazisch-rezenten Bullaea sich am extremsten zeigt und in einen neuen Zustand überschlägt. Sie lebt im Schlick, womit vielleicht die breite kugelige Schale, weil gegen das Versinken sehr geeignet, in Verbindung steht. Das Tier umschlingt, wie bei der nächstverwandten Kugelschnecke Acera, mit seinem modifizierten Fuß mantelartig die Schale und kann sich, Gefahr witternd, zur Kugel zusammenrollen (Brehm-Simroth, S. 487). Die Folge ist eine immer weitergehende Reduktion der Spiralschale, die bei der kretazisch-tertiären Philine nur mehr ein wenig eingebogenes Schild ist.[1])

Das Gehäuse der Mollusken steht bei den einzelnen Gruppen in ganz verschiedenartiger Beziehung zum Weichkörper. Zwar ist die allgemeine Form des Gehäuses bei Muscheln, Schnecken und Schalenkephalopoden zunächst vollständig eine gleichartige Umhüllung des Körpers; aber wenn man genauer zusieht und die Phylogenie in Betracht zieht, so sind diese Gehäusebildungen in keiner Weise homolog. Denn bei den Muscheln wird der ganze Körper von der Schale umschlossen, das Tier streckt höchstens den Fuß und in differenzierteren Stadien die Siphonen heraus; embryonal wird die Schale als unpaarer, dann bilateral abgebogener Überzug über dem Weichkörper angelegt. Ganz anders bei den Schnecken. Da ist das Gehäuse primär nur eine Umhüllung des Eingeweidesackes; das Hereinziehen des Kopfes und Fußes ist etwas ganz Sekundäres. Indem sich der Eingeweidesack in eine Spirale legt, wird auch die Schale spiralig; embryonal entsteht sie als eine Haube, und wohl auch phylogenetisch ist sie so geworden. Bei den Gehäusekephalopoden vollends ist die ontogenetische und stammesgeschichtliche Urschale eine Umhüllung des Eingeweidesackes, aber ihre biologische Bedeutung liegt nicht in ihrer etwaigen Funktion als Schutzgehäuse, wie bei Schnecken und Muscheln, sondern in der Schwimmfähigkeit. Die Gehäuseform des Schalenkephalopoden mit ihrer spiraligen Einrollung ist aus ganz anderen — nämlich hydrostatischen — Tendenzen entsprungen als die Spirale der Schnecke und somit nicht, wie bei dieser, eine einfach dem Weichkörper folgende und sich anschmiegende Form, sondern ein biologisch selbständig konstruiertes, sozusagen einen eigenen Apparat darstellendes Gebilde.

Die Schale der Ammoniten ist wegen ihrer Dünnschaligkeit ein sehr beschränktes Schutzorgan geworden. Das Tier mußte sie jedoch

---

1) Alles abgebildet in Zittel-Broili, Grundzüge d. Paläontologie, bei den Gastropoden.

beim Schwimmen und Schweben gut handhaben können, und daher ist die Verwachsung wohl sehr innig gewesen. Nicht nur ein einfaches Haftband ist entwickelt gewesen (Fig. 296), sondern außerdem war der Hinterrand des Weichkörpers wahrscheinlich noch entlang der Suturlinie fester verwachsen als bei Nautilus, der nur im Typus franconicus, aganiticus (Jura), danicus (Kreide) und Aturia (Tertiär) kompliziertere Lobenlinien ausbildet. Die weitere Frage dabei ist, ob auch

Fig. 296. Anwachsfläche und hinterste Anwachslinie bei Hecticoceras. Dogger, Württemberg. (Aus Crick, Transact. Soc. London VII, 1898.) Vergr.

Anzeichen dafür vorliegen, daß das Tier irgendwie weiter aus der Schale heraustreten konnte, sie vielleicht umfaßte oder wenigstens teilweise umfaßte, oder ob es weniger aus der Schale heraustrat als der rezente Nautilus.

Bei den älteren Nautiliden liegt kein Grund vor, anzunehmen, daß sie ein anderes Verhältnis zu ihrer Schale hatten als der lebende, soweit normale Formen in Betracht kommen. Indessen scheinen unter den ältesten Orthoceren Arten zu sein, welche mit irgend einem langgezogenen Mantelfortsatz oder mit Armen weit über das Gehäuse übergreifen konnten und die Fähigkeit der Kalkausscheidung damit hatten. Denn bei dem silurischen Orthoceras truncatum hat man die Ausbesserung nach Abstoßung eines Gehäuseteiles beobachtet (Fig. 297), und zwar mußte diese Ausbesserung erfolgt sein zu einer Zeit, als die betreffende Wand nicht mehr Wohnkammer war, der Weichkörper des Tieres sie also verlassen hatte.

Doppelte Schalenschichten bei Ammoniten, da beide Lagen sich diagenetisch verschieden verhalten, werden ungleichartig umgewandelt und heben sich daher oft gut voneinander ab. Lytoceras immane aus dem Stramberger Tithon (Fig. 261, S. 540) hat ringförmige, in regelmäßigen

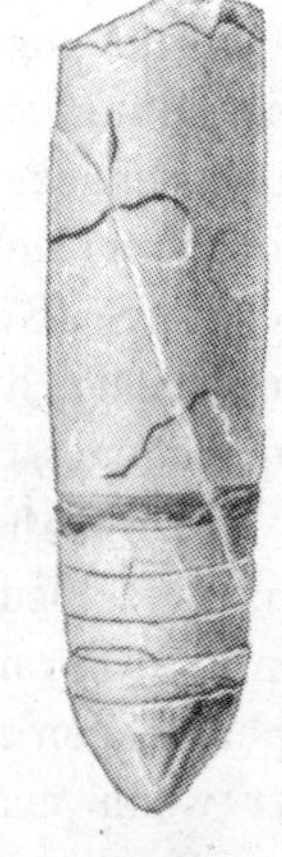

Fig. 297. Orthoceras truncatum. Silur, Böhmen. Abgebrochene oder abgelöste und regenerierte Schale. (Aus Barrande, Céph. Sér. 3. Syst. silur. d. Bohême 1868.) $^2/_3$.

Abständen auf den Windungen sich folgende Kragen. Diese stehen an der Stelle der jeweiligen Mundränder, doch entsprechen sie ihnen nicht genau in ihrem Verlaufe; sie springen im ganzen gegen den Nabel zurück und treten auf der Externseite vor; eine Einbuchtung auf den Flanken haben die alten Mundränder nicht in gleicher Weise wie die Anwachsstreifen. Wenn nun beim Weiterwachsen von einem solchen kragenförmigen Mundrande aus die Schalenröhre weitergebaut wurde, so konnte die Ansatzstelle nicht am Außenrande des Kragens liegen,

sondern es mußte an seiner in das normale Schalenlumen einlenkenden
Innenfläche weitergebaut werden. Der Umgang besteht sonach aus
keiner einheitlich geschlossenen und kontinuierlich weitergebauten
Röhre, sondern gewissermaßen aus ineinander gesteckten, wenn auch
an ihrer Berührungsfläche verlöteten Tuben nach nebenstehendem Schema
(Fig. 298). Die Tuben selbst sind aufgebaut aus äußerer Porzellanschale.
Es mußte ihnen ein innerer Belag aus Perlmutterschale mangeln; denn
sonst hätte das Tier beim Weiterausbauen noch einmal ganz zurückrücken
müssen, um die äußere Porzellanschicht noch anzusetzen. Neumayr[1]
nahm an, daß der vorderste Teil zunächst unvollständig verkalkt, also
wohl hornig war, vergleichbar dem unvollkommen verkalkten hornigen Abschnitt am Gehäuse mancher im Wachsen begriffener
Helixarten. Pompeckj lehnt diese Erklärung ab[2]

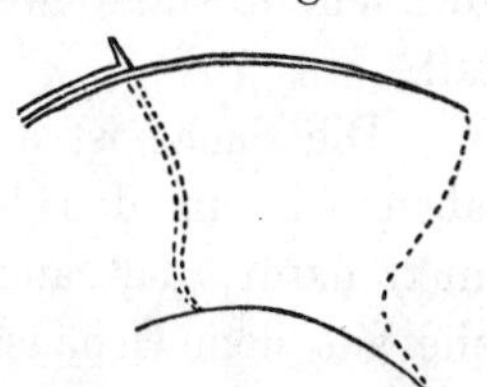

Fig. 298. Schematische
Darstellung der beiden
nacheinander ausge-
schiedenen Schalen-
schichten von Lyto-
ceras exoticum.
Oberer Jura, Himalaya.
(Aus Uhlig, Fauna of
Spiti shales 1903.) $^1/_1$.

und nimmt als viel wahrscheinlicher an, daß der
Ammonit beim Weiterwachsen zuerst eine gewisse
Strecke weit die Porzellanschicht absonderte und
erst dann von hinten her Perlmuttersubstanz auf-
setzte. Kam das Tier um, ehe dies geschehen war,
so blieb der unvollendete Kammerteil wegen seiner
dünneren Wandung der Zerstörung bzw. Ver-
drückung leichter ausgesetzt. Auch von Oecoptychius refractus aus dem schwäbischen Ornatenton
zeigt eine große Anzahl Stücke eine in der vorderen
Hälfte zerdrückte Wohnkammer, ein Beweis, daß
auch hier die hintere Hälfte widerstandsfähiger war.

Die Lytocerasformen haben überhaupt die Neigung, auf der Außenseite solche kragenartigen Bildungen auszuarbeiten; oft schalten sich
mehrere kleinere zwischen größeren ein. Wenn nur große Kragen vorhanden sind, wie bei dem vorbeschriebenen L. immane, dann korrespondieren sie mit einem inneren Septum. Jeder Kragen nun, sagt Uhlig[3],
entspricht einem zeitweisen Innehalten im Fortschreiten des Schalenbaues,
und zwar die kleinen Kragen einem kurzen, die großen einem längeren,
wobei mehr Zeit blieb zur Ausgestaltung des Mündungsrandes der Schale.
Mundrand war, worauf Pompeckj hingewiesen hat, jeder einzelne Anwachsstreifen in dem Augenblick, wo er gebildet wurde; man versteht
unter Mundrändern aber konventionell nur solche, die einen merklichen
Ruhepunkt im Schalenwachstum bedeuten. Ein derartiges Lytoceras aus

---

1) Neumayr, M., Über die Mundöffnung von Lytoceras immane Opp. Beiträge
z. Paläontologie Österr.-Ungarns u. d. Orients, Bd. III, S. 102, Wien 1883.

2) Pompeckj, J. F., Über Ammonoideen mit anormaler Wohnkammer. Jahresh.
Ver. Vaterl. Naturk. Württembergs, Bd. 50, Stuttgart 1894, S. 275 Anm.

3) Uhlig, V., The fauna of the Spiti shales. Mem. geol. Surv. India. Calcutta 1903.
S. 9, 10.

dem himalayischen Oberjura zeigt einen wohlerhaltenen verbreiterten letzten Mundrand, aber die Strecke von diesem bis zum letzten Kragen vorher besteht nur aus einer einzigen und zwar der inneren Schalenschicht (Fig. 298). Wenn man den Fall ausschließt, daß die obere Schalenschicht nur infolge eines eigenartigen Erhaltungszustandes fehlt, was hier bei der Art der Erhaltung ausgeschlossen ist, so kommen praktisch nur zwei Möglichkeiten in Betracht:

1. die fehlende obere Schalenschicht wurde ausgeschieden noch ehe an der Mundöffnung weitergebaut wurde;

2. zugleich mit dem Weiterbau an der Mundöffnung fand in einem gewissen Abstand weiter rückwärts die Auflagerung der Außenschicht statt.

Die Sache ist allerdings noch ganz ungeklärt, aber auf alle Fälle haben wir an den beschriebenen Lytoceraten einen gewissen Anhaltspunkt dafür, daß auch bei den Ammoniten schalenabscheidende Weichteile aus dem Gehäuse heraustreten und sowohl zu verschiedenen Zeiten an derselben Stelle bauen, wie auch bereits gebaute Teile nachträglich noch einmal bearbeiten konnten, wenn auch nicht in dem Maße wie bei Orthoceras truncatum im Silur. (Vgl. auch Ascoceras, S. 110, Fig. 111).

Beim Wachstum der Ammonitenschale ist keineswegs die Länge der Wohnkammer im Verhältnis zur Windungslänge immer dieselbe. Abgesehen von der Verschiedenheit, welche darin bei den Gattungen und Familien herrscht, die oben schon besprochen wurde, ist auch die Längenverschiedenheit sowohl im individuellen Wachstum, wie auch in gleichen Wachstumsstadien zwischen Individuen derselben Art verschieden. G. BOEHM hat an Makrokephalen aus Niederländisch-Indien beobachtet[1]), daß zwar große, ausgewachsene Individuen, wie dies bei Ammoniten ja stets eintritt, glatt werden und daß ihre Skulptur verschwindet, was somit ein Kennzeichen für alte Individuen ist. Umgekehrt ist aber das Beibehalten der Skulptur nicht ein Zeichen, daß ein vorliegendes Individuum noch nicht ausgewachsen wäre. Kennzeichen eines ausgewachsenen Individuums ist allein die Mundrandfurche wie auch die Seitenohren; sobald ein Individuum, ob klein oder groß, solche besitzt, ist es ein erwachsenes Exemplar, denn ein Weiterbauen ist danach nicht mehr möglich und weiterbauende Individuen haben niemals Mundrandfurchen oder Ohren (vgl. S. 234). Man kann jedoch feststellen, daß vielfach die Wohnkammerlänge an nicht bis zum Mündungsrand erhaltenen Stücken etwa einen Umgang beträgt, daß die Wohnkammerlänge aber bei den durch ihre Mundrandfurche als vollständig ausgewachsene Exemplare zweifellos charakterisierten Individuen durchweg geringer ist und bis auf einen halben Umgang herabsinkt.

---

1) BOEHM, G., Zur Geologie des indoaustralischen Archipels. Nachtr. II. Über Macrocephalites und die Längen seiner letzten Wohnkammer. Centralbl. f. Mineral. usw., S. 176, Stuttgart 1909.

Da es sich um keine anderen Arten oder Gattungen handelt, sondern nur um individuelle Verschiedenheiten, so kann man die Erscheinung mit BOEHM nur so erklären, daß mit dem Aufhören des individuellen Wachstums zuerst die Mundrandfurche gebildet, und daß dann erst hinten noch mehrere neue Septen ausgeschieden wurden, durch welche sich die Wohnkammer verkürzte.

Ob dieses eigentümliche Verhältnis zwischen Weichkörper und Gehäuse mit der Geschlechtsfunktion zusammenhängt, wie BOEHM erwägt, oder nicht: jedenfalls muß die Art und Weise, wie der Weichkörper in dem Gehäuse saß, bei so beträchtlicher relativer Verkürzung der Wohnkammer im ausgewachsenen Zustand gänzlich verschieden gewesen sein von der im Jugendzustand. Denn daß sich der Weichkörper selbst erheblich verkürzt habe, kann man nicht glauben, es müßte gerade sein, daß die Tentakel rückgebildet wurden, wofür an lebenden Kephalopoden kein Anhaltspunkt vorliegt, wohl aber in der Hektokotylisierung der zwei Nautilustentakel dafür, daß Umwandlungen dieser Körperteile mit der Geschlechtsfunktion in Beziehung stehen. Es ist angesichts der Verkürzung der Wohnkammer daher möglich, daß der Weichkörper wirklich im erwachsenen Zustand weniger Raum in der Wohnkammer zur Verfügung hatte und daher, wie DEECKE erwog, vielleicht über die Außenseite mehr oder weniger übergriff.

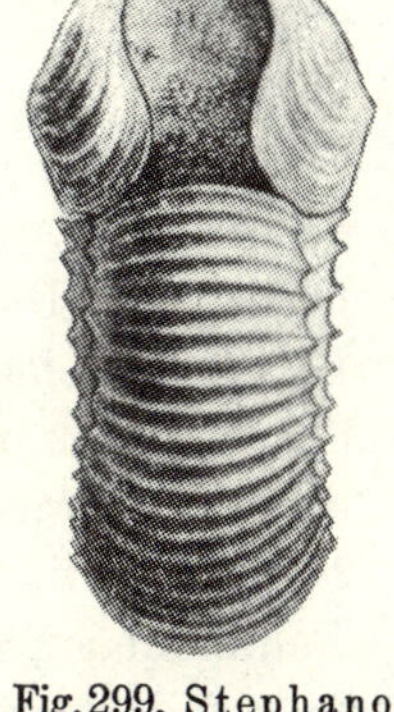

Fig. 299. Stephanoceras mit maskierter Mündung. Dogger, Frankreich. AUS D'ORBIGNY, Paléont. franç. Jurass. I, 1842/49.) Verkl.

DEECKE meint, daß zwar alle Ammonitenformen mit entwickelter Lobenlinie und Sipho zum größten Teil in der Schale steckten, daß es jedoch nicht ausgeschlossen sei, daß sie mit einem Mantelumschlag oder Armen über die Schale hinübergriffen. Formen mit Rippen, Dornen und Knoten sind natürlich nicht vom Tier ganz umfaßt worden, wohl aber die stachellosen Gehäuse vielleicht so lange, als das Tier sich nicht in die Schale zurückzog. Alle individuell älteren Ammoniten werden immer glatter. Zuerst erscheinen Rippen, dann spalten diese sich und entwickeln teilweise auch an der Spaltungsstelle Knoten; dann lösen sich wohl auch die Rippen bei manchen in Knoten auf, das Gehäuse wird im Alter glatt, es büßt die Skulptur ein oder beschränkt diese auf wenige breite weitstehende Rippen oder Anschwellungen. Das macht nach DEECKE den Eindruck, als ob die ausgewachsenen Individuen ihr Gehäuse zum Teil umhüllt hätten und daß im Zusammenhang damit die Außenseite glatt geworden sei.[1]

---

1) DEECKE, W., Paläontologische Betrachtungen. I. Über Cephalopoden, Beil.-Bd. 35 z. N. Jahrb. f. Mineral. usw., S. 241, Stuttgart 1912.

Man wird zunächst vermuten, daß Ammoniten und Nautiliden mit maskierter Mündung — Gomphoceras und Phragmoceras im Silur, Stephanoceras im Jura (Fig. 299) — aus ihrem Gehäuse nicht heraustraten, sondern nur Tentakel und Trichter allenfalls herausstreckten, vielleicht auch an seitlichen Ausschnitten brillenartig die Augen hervortreten ließen. Deecke meint (l. c. S. 255), daß nach Analogie der oft aus ganz besonders verengerten Mündungen herausquellenden Schneckenkörper auch diese Schalenkephalopoden dies getan haben könnten, und dieselbe Meinung vertritt Prell.[1] Will man das annehmen, so könnte es nur für jene Formen gelten, bei denen die einzelnen Maskenöffnungen nicht isoliert und voneinander abgegrenzt, sondern zu einer zusammenhängenden, wenn auch mehrarmigen Schlitzöffnung vereinigt sind.

Wie die Muschelschale, so ist auch die Brachiopodenschale reines Schutzorgan. Die Muschelschale entspricht der rechten und linken Körperhälfte, die Brachiopodenschale besteht aus Dorsal- und Ventralklappe. Die Inartikulaten unter den Brachiopoden, z. B. Lingula, öffnen ihre Schale durch ruckweises Aneinandervorbeischieben; unter wiederholtem Schieben öffnet sich die Schale immer mehr, bis sie endlich weit klafft.[2] Bei den Artikulaten existiert in der Ventralschale jederseits neben dem Deltidium auf einem Vorsprung des Schalenrandes ein Schloßzahn, der in eine entsprechende, doppelt vorhandene Zahngrube der Dorsalschale eingreift. Dadurch kann sich die artikulierende Brachiopodenschale nur wie eine Muschel, nicht durch seitliche Verschiebung öffnen. Nach dem Tode des Tieres fällt sie nicht auseinander.

Selten besteht ein Gehäuse aus einem einzigen starren Stück, wie bei vielen Schnecken und vielen Gehäusekephalopoden. Wo dies der Fall ist, ist es gewöhnlich an einem Ende offen und wird dann, da dies natürlich ein großer Mangel ist und unter Umständen den Wert des ganzen übrigen Gehäuses illusorisch machen kann, gewöhnlich durch einen sekundär ausgeschiedenen Deckel verschlossen. Oder es werden von vornherein zwei gleichwertige, wenn auch nicht immer gleichartige Schalenhälften gebildet, die dann gegeneinander beweglich sind und aufeinander passen, ja es kann ein fest verschließbares Gehäuse auch aus einer größeren Anzahl einzelner Stücke bestehen. Im einzelnen wechselt die Art und Weise, wie die Deckel und Schalenstücke miteinander in Verbindung stehen, vielfach, indem Scharniere (Schlösser) oder Hornsubstanz und Bindegewebe (Ligament) sie zusammenhält, wobei sie mittels

---

1) Prell, H., Die biologische Bedeutung der Mündungsverengerung bei Phragmoceras. Centralbl. f. Mineral usw., Stuttgart 1921, S. 303.

2) Walther, J., Einleitung in die Geologie als historische Wissenschaft, S. 347/48, Jena 1893/94.

spezieller Muskeln zusammengezogen werden oder sich automatisch beim Rückzug des Tieres in's Gehäuse schließen.

Man kann nach ihrer allgemeinen Form zwei Arten von Schutzschalen auseinanderhalten: zweiklappige Gehäuse (Muscheln, Brachiopoden) und einseitige, röhrenförmige Gehäuse (Schnecken, Balaniden, Röhrenwürmer), in die sich das Tier zurückzieht und die es gelegentlich auch mit einem Deckel verschließt. Wir betrachten nun der Reihe nach diese verschiedenen Deckelbildungen bei Fossilen.

Der Zweck der Deckelbildung ist ein dreifacher: Schutz gegen Austrocknung, gegen Feinde und gegen Verunreinigung. Seiner Herkunft nach kann der Deckel entweder primär zur Schale gehören und ihre kleinere Hälfte sein, oder er kann akzessorisch sein. Er ist im ersteren Falle eine Modifizierung bei ursprünglich gleichartigen Gehäusehälften, dahingehend, daß die eine Schale eine mehr oder weniger starke Verlängerung in ventraler, dorsaler oder lateraler Richtung erfährt, die andere aber ihre Größe beibehält und zum Deckel modifiziert wird. Zum ersteren Typus gehören die verlängerten Muscheln und Brachiopoden und gewisse schalentragende Krebse. Zu dem anderen Typus gehören die Schnecken, dann die Ammoniten, gewisse Korallen und die Röhrenwürmer,

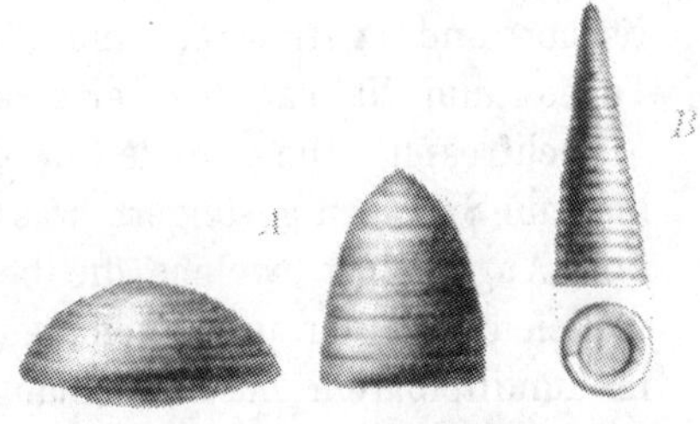

Fig. 300. Deckelformen paläozoischer turbinider Schnecken: *A* von Oriostoma, Obersilur, Gotland. (Aus Lindström, Silur. Gastrop. and Pterop. Gotland 1884.) Verkl. *B* einer unbekannten Form. Mitteldevon, Ontario. (Aus Whiteaves, Palaeoz. Foss. III. 2. Ottawa 1895.) Vergr.

soweit sie Deckel haben. Hier ist der Deckel akzessorisch und wird von einem ganz anderen Körperteil ausgeschieden als das eigentliche Gehäuse. Wenn bei den Schnecken die Schale eine unmittelbare primäre Erwerbung zum Zweck des Weichkörperschutzes ist, so ist der manchen Schneckengehäusen noch zukommende Deckel also eine nachträgliche Ergänzung hierzu. Er wird vom Fuß als Mündungsverschlußstück ausgeschieden, ein Vorgang, der sicher auch auf einer ganz sekundär entwickelten Fähigkeit dieses Körperteiles beruht, da primär nur dem Mantel die Funktion der Schalenausscheidung zukommt.

Der sehr mannigfaltig gestaltete Deckel der Schnecken ist eine nie konzentrische, spiralige Scheibe, welche in die Mundöffnung paßt. Die Spirale des Deckels verläuft der Windungsrichtung des Gehäuses entgegengesetzt (S. 243). Es gibt runde, längliche, flache und mützenförmige Deckel. Letztere, welche die Gestalt eines Bienenstockes haben, aber massig und auf der Unterseite flach sind, kommen in allen Varietäten bis herab zur flachen Knopfform im Obersilur vor und gehören holostomen Cyclonema- und

Oriostoma-artigen Schnecken an (Fig. 300). Was die biologische Bedeutung dieser hohen Deckelform ist, konnte bisher noch nicht ermittelt werden. Unmittelbar verständlich ist dagegen die flache Form, einerlei ob länglich oder rund, wie sie bei sonstigen Turbiniden, Neritiden, Neritopsiden, Solariiden, Cyclostomiden, Naticiden, Hydrobiiden spiralig auch unverkalkt auftreten, auch schon im Paläozoikum, wo sie z. T. denen „verwandter" lebender Gattungen schon gleichen, z. B. bei Naticopsis subovata im Karbon, während alle übrigen Gruppen nur hornige, also fossil nicht erhaltungsfähige oder keine Deckel haben. Also gerade bei den geologisch jüngeren Formen fehlen sie oder sind sie schwach entwickelt. Bezeichnend in diesem Zusammenhang mag sein, daß die jüngeren Formen, insbesondere die Siphoniaden, räuberischer und aggressiver sind als die solide bedeckelten Holostomen vom Turbo- und Naticatypus; erstere Pflanzen- und Schlammfresser, letztere Fleischfresser. Die erhöhte Beweglichkeit der Siphoniaten, bei einigen sogar bis zum Springen gesteigert, was zugleich erhöhten Schutz bedeutet, ferner ihre Angriffslust, welche die beste aktive Verteidigung ist, steht daher vielleicht mit der unvollkommeneren, ja oft fehlenden Deckelausbildung in unmittelbarem Zusammenhang; vielleicht wäre der Deckel auch beim Räuberleben nur hinderlich.[1]

Ganz aus dem gleichen Schutzbedürfnis und ebenso sekundär inbezug auf das Gehäuse, wie bei den Schnecken, ist die Deckel- oder Aptychenbildung bei fossilen Schalenkephalopoden entsprungen. Auch bei ihnen waren die Deckel bald solider kalkig wie bei den jurassischen Aspidoceraten und Oppeliden, bald hornig chitinös wie wohl bei den meisten triassischen Ammoniten, bei denen vermutlich deshalb keine Deckel gefunden wurden. Bestehen sie aus zwei Hälften, so heißen sie Aptychen, wenn nur aus einem Stück Anaptychen (Fig. 71, S. 229). Bei Nautilus und seinen Vorfahren sind weder rezent noch fossil hornige oder kalkige Deckel bekannt.

---

1) Eine ganz extreme Deckelbildung zeigt Thyrophorella, die allerdings nur rezent auf den Prinzeninseln nachgewiesen ist. Nach Simroth-Brehm (S. 476) ragt die Außenlippe der Hyalinen-ähnlichen Schale zungenförmig vor; diese Zunge ist durch einen Querbruch abgeknickt und kann auf die Mündung herabgeschlagen werden. Der Deckel ist hier also nicht homolog den übrigen Gastropodendeckeln und nicht ein Erzeugnis des Fußes, sondern des Mantels, gehört also zum Typus der gleichschaligen, nicht der heterogenen Verschlüsse.

Bei Cyclostoma ist der Deckel zu einem Haftorgan geworden und erfüllt eine Funktion, für die er nicht bestimmt war: das Tier klammert sich in der Trockenzeit an einen Fremdkörper, etwa einen Blattrand, indem es ihn zwischen Deckel und Schale einklemmt (Simroth in Bronn, S. 948).

Als Trockenschutz wird zum Ersatz für den Deckel bei den Landschnecken ein Schleim ausgeschieden, mit dem die Clausilien sich an Bäumen festkleben, während er bei der Weinbergschnecke zu einer Kalkmembran erhärtet.

Vielleicht ist und war der Nautilus räuberisch; seine oft fossil gefundenen Hornkiefer deuten darauf hin. Es wäre daher, wie bei den vorhin genannten räuberischen Gastropoden, bezeichnend, daß bei ihm zu keiner Zeit Aptychen gefunden werden, während sie bei Ammoniten häufiger auftreten, denen aber hinwiederum die räuberischen Hornkiefer fehlen. Es ist darum wahrscheinlich, daß zum mindesten die mit Aptychen- deckeln begabten Ammonshörner harmlos und wenig verteidigungsfähig waren. Dasselbe mag von jenen Nautiliden des Altpaläozoikums und jenen Ammoniten des Jura, die eine maskierte Mündung hatten, gelten, deren Maske ja biologisch nichts anderes als ein durchlöcherter Dauer- verschluß, also ein Deckel ist, der festsaß; es wäre unzweckmäßig gewesen einen losen durchlöcherten Deckel zu haben. Der Masken- verschluß konnte natürlich erst dann dem Gehäuse angefügt werden, als das Tier er- wachsen war, sonst hätte es in der Wohn- kammer nicht mehr vorrücken können. Dieser Dauerverschluß der letzten Wohnkammer gewährte zwar an und für sich nicht den absoluten Schutz wie der Aptychus den anderen, aber doch brauchte sich das Tier, Gefahr witternd, nicht erst als Ganzes zu- rückzuziehen, um die Deckelklappen zu schließen wie das Aptychentier. Man könnte

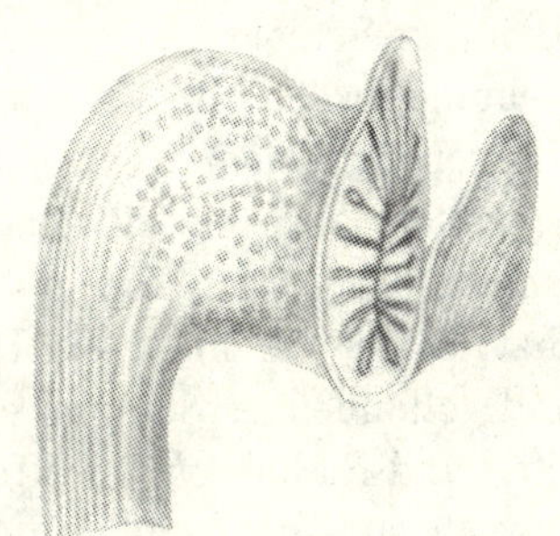

Fig. 301. Cryptelia, rezent. Philippinen. Deckel unbeweglich. (Aus EDWARDS u. HAIME, Ann. Sci. Nat. Sér. Zool. XIII, 1850.) Sehr stark vergrößerter Einzelkelch.

umgekehrt daraus schließen, daß diese Maskierung eine Schutzanpassung gegen rasche Feinde war, wenn sie nicht überhaupt eine ganz andere, noch völlig ungeklärte Bedeutung hatte.

Wie die Gastropoden, so hatten auch die Hyolithen einen Deckel, der so sehr dem Gastropodendeckel ähnelt, daß man diese zweifelhaften Fossilien auch aus diesem Grund gerne für modifizierte schneckenähn- liche Mollusken ansprechen möchte. Ganz absonderlich aber mutet es an, wenn wir auch eine paläozoische Einzelkoralle, Calceola, einen Deckel tragen sehen (Fig. 216 D, S. 458). Es ist die Frage, ob hier ein vollkommenes Analogon zum Gastropodendeckel vorliegt, oder ob das durch innere Septenrückbildung ganz und gar zum Gehäuse gewordene Skelett als Bedeckung durch ursprüngliche Zweiteilung seinen Deckel bekommt, der auf's genaueste die „Schale“ verschließt. Vielleicht bildete der Deckel nicht nur einen Schutz gegen Feinde, sondern auch gegen Einschwem- mung von Sand, da das Tier seitlich auf dem Boden lag. Es ist nur ein einziges Mal bei einer Hexakoralle eine Art Deckelbildung beobachtet worden, bei der nebenstehend abgebildeten Cryptelia (Fig. 301), einer ganz kleinen, baumförmig verzweigten Gattung von nur 2 mm Astdurchmesser; hier ist aber der Deckel fest und unbeweglich.[1]) Aus vier paarigen Stücken dagegen besteht der Deckel des formal nahe verwandten Goniophyllum aus dem Obersilur, das hierin den unten beschriebenen Balanidenkrebsen etwas gleicht.

Andere Sorten von Deckelbildung zeigen die gestreckten festsitzenden Muscheln, in typischer Weise die Rudisten der Kreidezeit. Die normale gleichklappige Muschelschale entsteht, wie schon erwähnt, ontogenetisch aus einem häutigen, einheitlichen, schwach konkaven Überzug über dem Mantel. Diese unverkalkte Primitivschale biegt sich dann beiderseits ab und verkalkt bis auf die Medianlinie, in der die beiden Hälften zusammenstoßen. Dieser unverkalkte Rest ist das spätere Ligament und der Schloßrand. Die Deckklappe ist also morphologisch und entstehungsgeschichtlich vollständig gleichwertig, nicht wie der Deckel des Gastropoden dem Gehäuse nachgeordnet. Wenn daher beim voll entwickelten Rudisten die eine Klappe, und zwar die rechte festgewachsene, lang und hoch ist, die andere, linke lose aber flach als Deckel auf jener sitzt, so ist das nicht ein Deckel wie bei den Schnecken. Sein extremstes und vollendetstes Stadium erreicht dieser Umbildungsprozeß in den Hippuriten und Radioliten der Kreide (Fig. 91, S. 252). Die rechte Klappe ist festgewachsen, die linke bildet den Deckel, aber nicht einen einfach aufliegenden, sondern mit ungeheuren Zapfen, die in entsprechende Alveolen der Unterschale eingreifenden — das modifizierte Muschelschloß, das nicht rückgebildet wurde und verloren ging, sondern mitwucherte.

Diese Rudistenentwicklung ist eine erblich fixierte (S. 341). Die individuelle Variabilität erstreckt sich nur auf die mit dem Anwachsen und dem gegenseitigen räumlichen Einengen gegebenen äußerlich mechanischen Verwachsungen der Schalengehäuse. Bei anderen festgewachsenen Muscheln wie Austern und Spondyliden treffen wir ebenfalls zuweilen auf verhältnismäßig hochgestreckte Unterschalen, denen gegenüber die Oberschale mehr oder weniger wie ein Deckel erscheint (S. 405). Das sind aber meistens nur zufällige Verbildungen, die nicht einmal innerhalb einer Spezies konstant wiederkehren, sondern individuell durchaus verschieden sind; nur die Fähigkeit hierzu, nicht die Form selbst wird vererbt.

Trotz dieses Unterschiedes von Bivalven- und Gastropodendeckel kann sich aber umgekehrt die Schalenbildung bei letzteren jener der Rudisten äußerlich nähern. Am vollkommensten geschieht dies bei der tertiären Gattung Rothpletzia, die in die unmittelbare Verwandtschaft von Hipponyx gehört. Wenn Hipponyx auf dem Boden sitzt und die Schale geschlossen ist, so bildet der Deckel die Unterlage. Wird er am Boden starr anzementiert und sondert das Tier auf seiner mit Muskel

---

1) Ganz abgebildet in Quenstedt, F. A., Röhren- und Sternkorallen, Taf. 181, Tübingen 1881.

versehenen Innenseite analog den wuchernden Spondyliden und Austern
immer mehr Substanz ab, wodurch es über die Umgebung emporwächst;
so sitzt schließlich die Mützenschale als spitzer „Deckel" oben darauf.
Das Innere des ursprünglichen richtigen Deckels bleibt bei diesem Wuchern
hohl zur Aufnahme des gestreckten fleischigen Fußes und des Körpers;
dann haben wir die nebenstehende Form der Rothpletzia (Fig. 302).

Bei den Brachiopoden ruft die Festheftung der Ventralschale in
der Familie der Richthofenidae eine den Rudisten entsprechende Wucherung
derselben hervor und die Dorsalschale wird zum Deckel, der aber im
Gegensatz zu den Rudisten schloßlos
bleibt; die typischen Kardinalzähne der
Brachiopoden sind hier also rückgebildet.

Und nun eine letzte Art Deckelbildung bei den Seepocken oder Balaniden. Der Krebspanzer ist in sechs
bis acht verkalkte Stücke aufgelöst. Vier
oder sechs davon wachsen am Boden
bzw. auf irgendwelchen Gegenständen
fest (Fig. 216 *B*, S. 458), lebenden und
toten; zwei bilden den Belag der Deckel-
haut. Diese werden ventral abgeschieden,
während die übrigen dorsal und lateral
entstehen; die festgewachsene Seite ist
der Rücken des Weichtieres, der Deckel

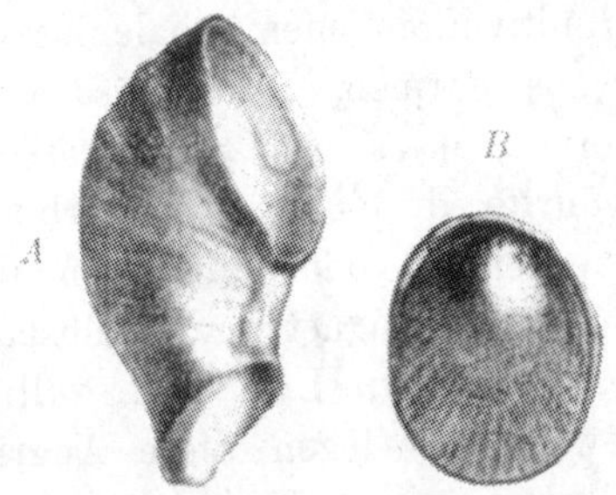

Fig. 302. *A* Gewucherte Fußplatte
(Deckel) eines tertiären Kapuliden
(Rothpletzia), ein Gehäuse bildend,
auf dem die Normalschale *B* als Deckel
sitzt. (Aus Rothpletz u. Simonelli,
Ztschr. deutsch. geol. Ges. 1890.) $^1/_1$.

entspricht also der ventralen Panzerseite der normalen Krebse. Die Einrichtung des Deckels soll sich aber hier nach Simroth-Brehm (S. 660) nicht
auf Schutz gegen Feinde erstrecken, sondern der Gefahr des Austrocknens
begegnen. Denn die Tiere leben viel in der Strandzone und müssen bei
Ebbe stundenlang im Trocknen liegen.

Die Mannigfaltigkeit der Deckelbildung ist also sehr groß. Nach
Lang (l. c. S. 105) sind bei den Serpuliden ein oder zwei Kiemenfäden zu
einem gestielten Deckel umgewandelt, der beim Zurücktreten des Tieres
in die Röhre deren Mündung verschließt. Bei den Bryozoen wird die
Zellöffnung meistens durch einen hornigen Deckel verschlossen; bei den
Ctenostomen dienen Borsten, Rippen, Leisten der Tentakelscheibe zum
Schutze der Mündung. Auch Hydroiden bilden auf alle mögliche Weise
und mit den verschiedensten Mitteln solche Deckel aus.

Die Zahl der eine Schale ausscheidenden Tiere[1]), meint Clarke,
habe im Lauf der älteren Erdgeschichte zugenommen; die ältesten Formen
wären nach ihm nackt und frei. Wenn wir, sagt er, die frühesten erd-

____

1) Clarke, J. M., The beginnings of dependent life. 61. Ann. Rep. New York
State Mus. Vol. I, Albany 1908.

geschichtlichen Faunen überblicken, so finden wir angewachsene oder angeheftete Formen in verhältnismäßig geringerer Zahl als später in den folgenden Faunen. Unter den ältesten Faunen sind Bryozoen, Krinoiden, Korallen, Spongien, festgewachsene Würmer äußerst selten, chitinöse Trilobiten und Brachiopoden durchaus vorherrschend. Bald treten die Hornschaler zurück gegen die Kalkschaler, und dann erst kommen zahlreicher die festsitzenden niederen Gruppen der Wirbellosen, während festsitzende unter den höheren wiederum erst viel später zahlreicher werden. Alle Betrachtungen der Biologie laufen darauf hinaus, daß die Primitivorganismen schalenlos und nackt waren, frei schwimmende pelagische Formen. Wir müssen annehmen, daß ihr anfänglicher nackter Körper, da sie im Seichtwasser lebten, des Schalenschutzes notwendig bedurfte, durch deren Erwerb sie von einer frei schwimmenden zu einer kriechenden oder liegenden litoralen Lebensweise übergingen und so immer ungeeigneter zur selbständigen Lokomotion wurden. Die Küstenregion ist, wie Lang sagt, voll Gefahren durch die Wogen und Gezeitenbewegung. Gegen diese Angriffe der blinden Natur mußten sie sich selbst schützen. Einige begaben sich in's Tiefwasser, andere an geschützte Plätze, andere gruben sich in den Sand, wieder andere gewannen einen festen Halt am Boden. Aber alle diese Schutzmaßnahmen sind wirkungslos ohne das Hinzutreten eines Schalenschutzes. War dieser aber einmal erreicht, dann gediehen sie prächtig in dem wogenden Wasser, welches ihnen Nahrung zubrachte, ohne daß sie sich anstrengten. So lag also auch der erste Schritt zur Degeneration, welcher im Lauf der Zeiten zu einem Schmarotzerleben (dependent life) geführt hat, in der mehr und mehr zunehmenden Rückbildung der lokomotorischen Fähigkeit und einer Anpassung an sessile Lebensweise, entspringend aus der Notwendigkeit der Ausbildung eines Schalenschutzes.

4. Schalenverzierungen, Stacheln und Faltungen

Die unmittelbare Art des Schutzes, der mit der Schale gegeben ist, erschöpft noch lange nicht die Fülle der Spezialeinrichtungen, die dem gleichen Zwecke dienen. Dieser wird teils mit einer Verstärkung und Verdickung der Schale erreicht, teils durch Hinzutreten von sekundären Gebilden wie Stacheln. Diese können entweder unmittelbar dem Weichkörper aufsitzen, wie bei gewissen Fischen, oder aber, was bei den Wirbellosen die Regel ist, die Außenseite der Schale zieren. Als solche „Verzierungen" kommen in Betracht: Knoten, Stacheln und Rippen, die zum Teil unmittelbar der Abwehr dienen, zum Teil aber eine Verstärkung der Wandungen des schützenden Schalengehäuses bilden und in ihren Einzelheiten und speziellen Ausgestaltungen auch daraus verstanden werden müssen.

Eine andere Bedeutung der Stachelbildung wurde schon in den Abschnitten über Anpassung an planktonisches und benthonisches Leben berührt. Bei den planktonischen Tieren dienen die langen Stacheln der Verankerung des Körpers oder der Erweiterung der Körperoberfläche zum Zwecke des Schwebens und Schwimmens; Beispiele waren die Radiolarien und Acidaspis unter den Trilobiten (S. 505 ff). Bei den Benthonischen dienen die Stacheln auch gelegentlich zur Basisverbreiterung beim platten Liegen auf dem Boden; man erinnere sich an gewisse Formen unter den Schnecken (Fig. 118, S. 298) und an Avicula cygnipes bei den Muscheln (S. 296).

Man kann auch bei der Stachelbildung, wie überall bei den organischen Gestaltungen, die Entstehungsfrage nach zwei Richtungen verfolgen: man untersucht die mechanisch-physiologische Entstehungsart am Tierkörper selbst; oder man fragt nach der biologischen Bedeutung, also gewissermaßen nach der äußeren Veranlassung zur Stachelbildung.

Die mechanisch-physiologische Entstehungsart ist in allen Gruppen natürlich verschieden. Sie ist aber nicht nur nach Gruppen verschieden, sondern je nach dem Körperteil, an dem die Stacheln und Protuberanzen bei ein und derselben Art, bei ein und demselben Individuum entstehen, kommt sie mit ganz verschiedenen Mitteln, mit ganz verschiedenem Material zustande. Der Schwanzstachel eines Krebses ist eine Verschmelzung ursprünglich getrennter Segmente unter Verwischung ihrer Vielzahl und Form; er kann aber auch lediglich eine Verlängerung eines einzigen Segmentes, nämlich des Schwanzschildes sein. Bei Radiolarien werden die Stacheln, ebenso wie das übrige Skelett, unmittelbar in der Sarkode ausgeschieden; bei einer Muschel ist ein Stachel nichts anderes, als die durch einen Mantelfaden an einer Stelle stark verlängerte und verschmälerte Anwachslamelle.

Biologisch können Stacheln entstehen als Schutzwaffen, als Mittel zur Vergrößerung der Körperoberfläche beim Schweben (Kap. V, 2, S. 505 ff.), als mimetische Bildungen (Kap. VI, 5), als Sexualunterschiede, als Stützskelett (Fig. 279, S. 596). Oft übernehmen zum Schutz oder zum Schweben, also für einen ganz bestimmten Zweck entwickelte Stacheln auch zufällig, da sie gerade dafür sich geeignet erweisen, noch andere Funktionen. So dienen die Schutzstacheln der regulären Seeigel als Gehstelzen; die der Spongien sind nicht nur Stützskelett, sondern machen das Tier auch ungenießbar; die auf Seite 23 beschriebenen Schutzstacheln bei Murex dienen zugleich auch dem festen Daliegen des Gehäuses auf dem Boden. Im folgenden handelt es sich wesentlich nur um die Schutzstacheln; da aber die sonstige Stachelbildung und vor allem auch die Rippen- und Kielbildungen auf den Gehäusen und Panzern davon gar nicht zu trennen sind, seien sie zusammengenommen.

Es gibt zweierlei Rippenbildung auf Schalen, seien es nun spirale oder radiale Rippen, nämlich der Anlage nach solche, die den Schalen

aufgesetzt sind, sich also am Steinkern nicht zeigen, und solche, bei
denen die Schale selbst gewellt ist; die ersteren können aber aus den
letzteren hervorgehen. Beispiele für die aufgesetzte Rippenart bieten
Roudeiria (Fig. 273, S. 583), für die gewellte Schale die Pecten der Jacö-
baeusreihe (Fig. 114), sämtliche gerippten Ammoniten, die Trilobiten.
Hier dienen die Rippen durchweg der Wandversteifung, wie ausführlich
im Abschnitt 2 des Kap. VI beschrieben ist. Eine spezielle Form aufgesetzter, nicht der Versteifung, sondern dem Schutz dienender Rippen,
die auch bei den sonst nur gewellten Ammoniten (Fig. 261 D, S. 540) und
Nautiliden als Seltenheit vorkommt, ist die schuppige Verlängerung einzelner Anwachslamellen zu Kragen, wie sie die nebenstehende Chama

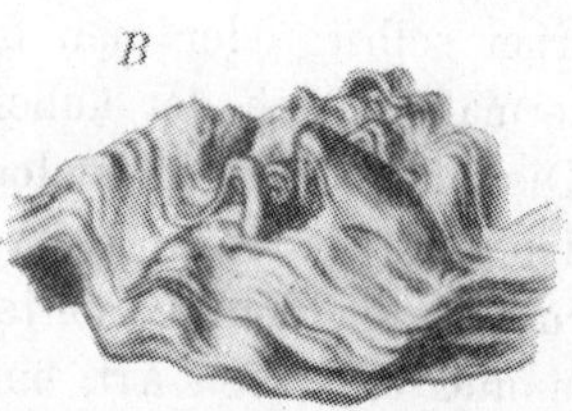

Fig. 303. Einfachste Stachelbildung bei Muscheln: A Chama, Eozän, Paris. Einfache
schmale Fortsetzungen der Anwachslamellen. (Aus Deshayes, Coq. foss. de Paris, III,
1837.) ³/₄. B Alectryonia, Oberkreide, Ägypten. Aufgewölbte und zusammengefaltete
Anwachslamellen. (Aus Dacqué, N. Jahrb. f. Min., Beil.-Bd. 22, 1906.) ¹/₁.

(Fig. 303 A) zeigt. Dies hat mit der Schalenverfestigung nichts zu tun,
sondern dient wahrscheinlich zur Abwehr von Angriffen. Speziell bei
Chama wird dies deutlich, weil hier mit der Kragenbildung die Entstehung von Stacheln unmittelbar Hand in Hand geht.

Es ist diese Stachelbildung, die wir auch bei Austern u. a. treffen,
der einfachste, primitivste und seiner Entstehung nach auch am weichteil-
beraubten Fossil durchsichtigste Vorgang bei der Entfaltung solcher Gebilde.
Die kragenförmige Anwachslamelle (Fig. 303 A) verlängert sich an einer
beliebigen Stelle nach außen, und diese schmal blattförmige Verlängerung
rollt sich zugleich etwas ein zu einer halbgeschlossenen Röhre. Sie
wird dadurch widerstandsfähiger gegen Zerbrechen, als wenn sie blatt-
förmig uneingerollt bliebe. Es entsteht so ein ziemlich regelloses Gewirr
an sich auch ganz unregelmäßiger Stacheln, deren Anordnung und Gestalt eine durchaus individuelle Erwerbung und Anpassung ist, auch bei
vielen Individuen überhaupt nicht zum Vorschein kommt und nur der
Möglichkeit ihrer Bildung nach gattungsmäßig vererbbar ist. Solche
Formen sind auch unter den Veneriden zu finden.

Eine etwas höhere Stufe der Stachelbildung zeigen Typen wie die
beistehend abgebildete Kreideauster (Fig. 303 B). Hier bemerkt man, daß
sich die Anwachslamellen wie bei jener Chama ebenfalls herausheben,

aber daß sich die so entstehenden Stacheln sogleich mehr schließen und verdicken.

Daß mangelnde Beweglichkeit, also die Unmöglichkeit, vor Feinden zu fliehen, auch bei dicken, an und für sich starken Schalen Stachelbildung zu Schutzzwecken hervorrufen kann, beweisen vor allem die Spondyliden mit ihren zuweilen gewaltigen, wie Späne sich von dem Schalendach abhebenden Stacheln. Sie sollen wohl die Seesterne abhalten, die sich über die Muscheln hinüberlegen und den Augenblick abwarten, wo diese endlich einmal zur Aufnahme frischen Atemwassers ihre Schale öffnen müssen. Die Spondyliden sind mit ihrer linken bzw. rechten Klappe festgewachsen und darum unbeweglich geworden. Doch ist meines Wissens nie ein derartiger Fall von schützender Stachelbildung bei Rudisten bekannt geworden, obwohl man sie hier aus dem gleichen Grunde erwarten dürfte. Entweder war bei den Rudisten die Kraft zur Hebung des Deckels stark genug, um Seesterne abzuheben, oder sie bedurften wegen ihrer Dicke überhaupt keines Stachelschutzes gegen andere Feinde; auch war bei vielen der Deckel porös und brauchte zur Aufnahme von Atemwasser daher nicht geöffnet zu werden; oder aus physiologischen Gründen war der Mantel des Rudisten nicht imstande, Stacheln zu bauen. Das letztere kommt mir sehr wahrscheinlich vor, weil zwar auch der Rudist oft blätterige Lamellen ausbildete, die, wie man an Chama sieht, ohne weiteres zu Stacheln auswachsen können, dies aber bei dem Rudisten nie gelungen ist. Dagegen bilden die ganz ähnlich gewachsenen Richthofenien unter den Brachiopoden an der festgewachsenen Ventralschale gelegentlich Stacheln aus.

Es ist im allgemeinen in der Art der Stachelbildung ein Unterschied zwischen Gastropoden und Bivalven zu bemerken. Die letzteren beschränken sich fast ausschließlich auf die einfache, für Chama und die Austern beschriebene Hervorbringung derselben. Ctenostreon tegulatum und pectiniforme bilden Röhrenstacheln, Spondylus sowohl Röhrenstacheln als auch solche, die wie einfache, gebogene schmale Späne, die man mit dem Taschenmesser an einem Holzbrettchen abschneidet, aber nicht ganz davon trennt, aussehen. Es sind hauptsächlich Austern und Pectiniden-artige Monomyarier und die austernähnlichen dimyaren Chamiden, die solche Rippenstacheln bilden. Die meisten Dimyarier und die glatten Muscheln zeigen sie nicht, höchstens daß sich die Gruppe des Cardium productum in der Kreide und im Känozoikum, sowie die oben erwähnten Veneriden zu einer gelegentlichen geringfügigen Bedornung bereitfinden lassen. Die homomyaren Muscheln bedürfen offenbar infolge ihrer allerseits schließenden Schalen eines Stachelschutzes am wenigsten, und die Desmodonten leben ohnehin im Schlamm eingegraben. Auch die Verzierung mit Knoten, wie sie vornehmlich die Pholadomyen und Trigonien zeigen, ist nicht häufig bei Muscheln. Hier dienen sie der Schalenversteifung. Knoten mit Stacheln treten hier auch verhältnismäßig spät auf; erst vom Jura ab kommen sie; echte Rippen sind schon mit Ambonychia typisch im Untersilur da.

Ganz anders bei den Schnecken, die ohnehin früher und in größerer Mannigfaltigkeit auf dem Plan erscheinen als die Muscheln, die eigentlich erst im Mesozoikum recht zur Geltung kommen, während die Schnecken schon im Silur in vielen Typen und in großer Menge entwickelt sind. Im Silur haben wir neben zahlreichen glatten außerordentlich viele längs- und quergerippte. Unter den deckelförmigen zeigt Triblydium[1]) dieselbe Kragenbildung, entstanden aus besonders hervortretenden

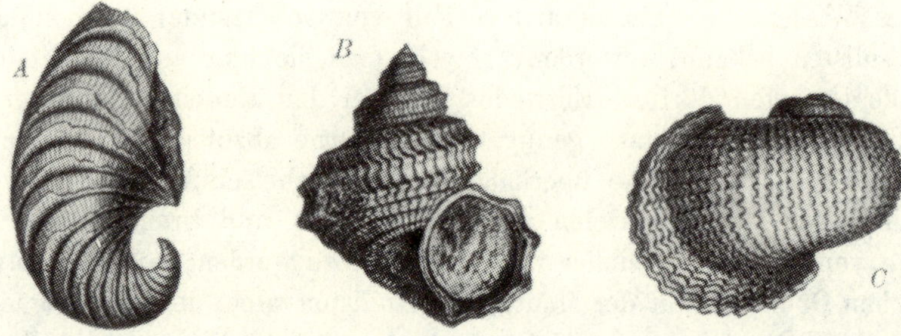

Fig. 304. Primitive Querrippen-, Knoten- und Stachelbildung bei silurischen Schnecken: *A* Bellerophontide, *B* Trochonematide, *C* Capulide. Obersilur, Gotland. (Aus Lindström, Silur. Gastrop. and Pterop. of Gotland 1884.) $^1/_1$.

Anwachslamellen, die wir bei der tertiären Chama vorhin beschrieben, und diese Eigentümlichkeit steckt wie eine Mode in allen silurischen Schnecken. Man durchblättere nur einmal Monographien, wie die von Ulrich und Scofield über die untersilurischen nordamerikanischen und die von Lindström über die obersilurischen Gotländer Schnecken, und man bemerkt sofort, wie hier noch alle Querrippenbildung nur durch hervortretende Anwachslamellen erzielt wird, sei das nun bei Capuliden, Euomphaliden, Pleurotomariiden oder Turbiniden (Fig. 304). Den ganzen Mechanismus der damals noch recht unbeholfenen Knoten- und Stachelbildung enthüllt eine Form wie das obersilurische Craspedostoma spinulosum (Fig. 304 *C*), bei dem einfach ein gezackter Kragen nach dem anderen in engster Aufeinanderfolge den Eindruck einer gleichmäßigen Körnelung der Schale hervorruft. Mit dieser primitiven Hervorbringung vergleiche man die Körnelung auf einer tertiären Nerita und einem tertiären Cerithium, und man wird des ganzen großen Unterschiedes in der Verfertigung jener Schalengebilde gewahr.

Einen etwas fortgeschritteneren Typ der Knoten- bzw. Stachelbildung bedeutet etwa Polytropis ventricosa aus dem böhmischen Untersilur[2]). Die

---

1) Abgebildet in Zittel-Broili, Grundzüge der Paläontologie, bei den Gastropoden.
2) Abgebildet in Barrande-Perner, Système silur. de Bohème. IV. Gastropoda. Prag 1903, Pl. 73.

Grundform ist eine einfach mit Spiralkielen versehene Gattung, wie sie im Unter- und Obersilur häufig vorkommen. Hier bei Polytropis ventricosa wölben sich die Anwachsstreifen nur an ihrer Kreuzungsstelle mit den Rippen auf, so daß eine feilenartige Bedornung der ganzen Schalenoberfläche zustande kommt.

Im ganzen Silur ist die beschriebene zweifache Form der Knoten bzw. Stacheln die charakteristische, der sich alle Schneckengruppen unterwerfen. Sie beherrscht die Euomphaliden, Capuliden, Pleurotomariiden, Turbiniden, Trochiden; und wenn einige von ihnen auch noch zu größeren Schutz- oder Basisverbreiterungsstacheln übergehen, so ist es doch immer die gleiche Entstehungsform und der gleiche Rohzustand in der Fabrikation,

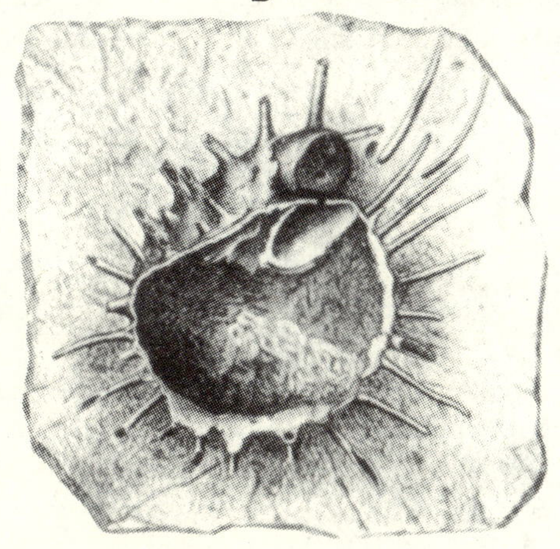

Fig. 305. Fortgeschrittenere Rippen- und Stachelbildung bei devonischen Schnecken: *A* Geschlossene Hohlknoten bei Eunema, aus Anwachslamellen entstanden. Mitteldevon, Nordamerika. (Aus Whitfield, Contrib. Canad. Paleont. I, 1892.) $^1/_1$. *B* Geschlossene Röhrenstacheln bei Platyceras. Devon, New York. (Aus Hall, Paleont. of New York V/2, 1879.) Verkl.

dem wir da begegnen. Überblicken wir aber die Schnecken der späteren Formationen, so finden wir diese Art der Knoten- und Stachelbildung zwar gelegentlich immer wieder bis zum heutigen Tage, aber es treten von Zeitalter zu Zeitalter auch immer wieder neue Bildungsweisen hinzu, und der Beginn und die Verbreitung solcher Bildungsweisen ist für jedes betreffende Zeitalter charakteristisch. So mit dem Devon ein Typus, den Fig. 305*A* zeigt: hohle Knötchen werden unmittelbar auf das Gehäuse aufgesetzt ohne Vermittelung durch Spiralrippen, wobei diese Knötchen zu Stacheln auswachsen (Fig. 305*B*) und die Stacheln hohl und allseitig zu einer Röhre geschlossen, nicht mehr halb offen wie bei den silurischen bleiben. Ein weiterer neuer Typ des Devon sind die unmittelbar der Schale aufsitzenden kompakten geschlossenen Knoten, wie sie Turbo schwelmensis[1]) und der Littoriniden-ähnliche Omphalotrochus armatus hat. Und noch

---

1) Abgebildet in Kayser, E., Über einige neue oder wenig gekannte Versteinerungen des rheinischen Devon. Ztschr. deutsch. geol. Ges. Berlin 1889. Bd. 41, Taf. 13.

eine dritte Art erscheint: kompakte feine Knötchen, durch welche die ganze Außenseite der Schale krenuliert wird (Fig. 306 *A*). Sie gehen natürlich, wie alle Knoten, auch aus Anwachslamellen hervor, bleiben aber nicht hohl, sondern werden sofort kompakt. Übergänge sind zahlreich vorhanden. Dann endlich noch Knötchen, die durch Kreuzung von Längsrippen und Anwachslamellen entstehen. Das ist schon ein sehr vollendeter Typ. Was sonst an devonischen Feinskulpturen vorkommt, ist teils eine Wiederholung, teils eine Verbesserung, teils eine Kombination obersilurischer Bildungen. Im Devon zeigt sich dann schließlich noch ein alsbald wieder verlassener Versuch, Querrippen und Knoten durch Verdickung und Run-

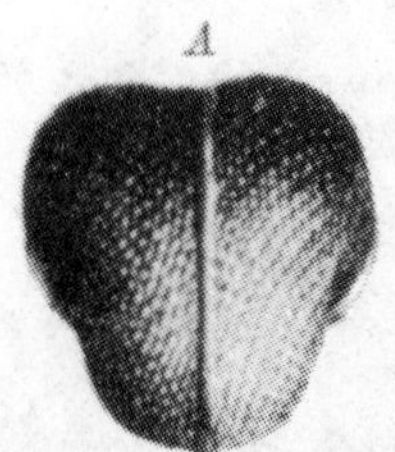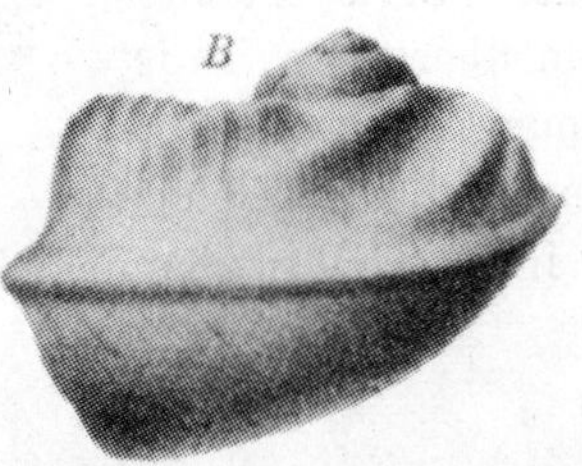

Fig. 306. Knotenbildung bei devonischen Gastropoden: *A* Tuberkulierte Oberfläche bei Bellerophon. Mitteldevon, New York. (Aus HALL, l. c.) $^1/_1$. *B* Rippen- und Knotenbildung durch Wellung der Schale bei einer Turbinide (?). Unterdevon, New York. (Aus HALL, l. c.) Verkl.

zelung der Schalenwand selbst, nicht nur durch Herausragen von Anwachslamellen zu bilden. Hierfür ist die nebenstehend abgebildete Turbo Shumardi charakteristisch (Fig. 306 *B*).

Karbon und Perm bringen nichts wesentlich Neues mehr hinzu.

In der Trias kommt, ganz unscheinbar zuerst und in kleinen Formen ein letzter, dem Paläozoikum gegenüber neuer Typus von Knotenbildung hinzu, wobei Quer- und Längsrippen auf den Umgängen gleich stark hervortreten und deren Kreuzungspunkte als Knoten hervorrragen. Es sind die in der Triasliteratur als Scalaria (richtiger als Eucycloscala) bezeichneten kleinen Arten[1]). Die Querrippen sind nun nicht mehr bloß Anwachsrunzeln, sondern kompakte Rippen.

Damit ist an Stachel- und Knotenbildung alles erreicht, was die Schnecken bis zur Jetztzeit überhaupt hervorzubringen vermögen. Alles was uns von der Trias ab, insbesondere im Känozoikum, an Mannigfaltigkeit in der Schneckenskulptur entgegentritt, beruht nur noch auf Steigerung und Modifikation des Beschriebenen. Merkwürdig scheint zunächst die Zähigkeit, mit der vielfach die alten Bildungsweisen festgehalten werden. Arten wie Trochus astraliiformis im Obersilur kehren mit fast identischem

---

1) Siehe KOKEN, E., Die Gastropoden der Trias um Hallstadt. Abh. k. k. geol. Reichsanst. Wien 1897, Bd. XVII.

Gehäuse in der lebenden Uranilla unguis wieder (Fig. 307 *C*). Sieht man aber näher zu, so bemerkt man, daß trotz aller äußeren Ähnlichkeit die Ausbildungsweise der Stacheln bei beiden recht verschieden ist, indem bei dem silurischen Trochus dieselben hohl und halb offen, bei dem rezenten aber kompakt ausgefüllt, solider sind und, technisch betrachtet, ein höheres Können beweisen.

Spiralrippen, also Längsrippen, treten im Gegensatz zu Querrippen schon vom Kambrium ab schön und deutlich entwickelt hervor, besonders bei den Trochonematiden, ebenso bei den Pleurotomariiden. Alles, was im Silur aber von Querrippenbildungen erscheint, sind nur etwas ab-

Fig. 307. Stachelbildung bei fossilen und rezenten Gastropoden durch Aufwölbung der Anwachslamellen und sekundäre Ausfüllung: *A*, *B* Uranilla unguis. Rezent. Die aufgewölbten Stacheln werden von unten herauf durch Einlagerung kompakt gemacht. (Orig. in München.) $^3/_4$. *C* Trochus, aus dem Obersilur von Gotland, gleiche Form, aber Stacheln dauernd hohl. (Aus Lindström, l. c.) $^1/_1$.

stehende Anwachsstreifen, wie sie besonders bei den Trochonematiden, Oriostomen und anderen benachbarten Formen häufig sind (Fig. 304).

Es ist vielleicht von besonderer Wichtigkeit für die Methodologie der stammesgeschichtlichen Forschung, daß phylogenetisch die Längskiele das ältere und zuerst zu größerer Vollendung gelangende Schalenelement sind und daß — von den Lamellenaufblätterungen abgesehen — richtige, wohlausgebildete Querrippen erst später hinzukommen. In der Ontogenie ist es nach den Untersuchungen von v. Linden großenteils umgekehrt: In den meisten Fällen, z. B. bei den Trochiden und Pleurotomariiden, tritt zuerst die Querskulptur auf, die sich dann mit Knötchen versieht oder in solche auflöst. Diese verbinden sich dann zu Längsreihen und können schließlich glatte Längskiele bilden[1]. Man findet auch bei den Amberleyen die auf S. 241 (Fig. 83) dargestellte Ontogenie, daß zuerst Querrippen erscheinen, dann gegitterte Rippen mit Knoten, dann Längsknotenreihen. Die Vollendung der kompakten Knoten und Rippenbildung wird in Trias und Jura in den echten Purpuriniden erreicht. Hier sind die Rippen richtige Verdickungen der Schale und die Knoten sind es ebenso. Natürlich sind es hier auch die Anwachs-

---

1) Simroth, H., Prosobranchia in Bronns Klassen und Ordnungen des Tierreichs, Bd. III, Mollusca, S. 206. Heidelberg 1896—1907.

lamellen als solche, welche die erste Anlage bilden, insofern eben jedes Wachstum der Schale von Anwachslamellenbildung begleitet ist; aber gegenüber dem altpaläozoischen Typus doch in der Weise, daß die Lamellen nicht einzeln sich aufwölben und ausstülpen und nur ein Ersatzmittel für Knoten und Rippen bilden, sondern indem hier kompakte Knoten aus dem Ineinanderfließen von mehreren Anwachslamellen und deren Ausfüllung mit kompakter Schalensubstanz entstehen. Wie diese Kompaktheit zustande kommt, kann man an allen Individuen entsprechender Arten verfolgen. So an Murex, an deren Mündungsstacheln man den Verlauf der Ontogenie deutlich sieht. Sie und ähnliche Formen, z. B. die Volutiden, haben hinter der Mündung und auf den Umgängen kompakte, von innen gesehen nicht als Ausstülpungen der Schalenwand erscheinende, somit auf dem Steinkern nicht sichtbare Stacheln und Höcker. Verfolgt man aber die Ontogenie, so sieht man, wie der Stachelknoten zunächst angelegt wird durch die Aufwölbung der Anwachslamellen, also der Schalenwand, die einen nach vorwärts offenen Hohlstachel bildet, genau am Mündungsrande, also wie bei den alten silurischen Formen. Während indessen die alten Formen und viele, auf jene einfache altertümliche Weise bauenden jüngeren Formen es bei hohlen oder nur einfach geschlossenen Stacheln bewenden lassen und dann das Gehäuse weiterführen, wird von vielen beim Weiterwachsen noch einmal auf diese Hohlbildung zurückgegriffen. Die nachfolgenden Anwachslamellen springen in den Hohlstachel zurück und füllen ihn vollständig mit Kalk aus, analog dem Plombieren eines hohlen Zahnes; zuletzt wird die Basis des Stachels von innen her mit Porzellanmasse so geglättet, daß am Steinkern die Ansatzstelle nicht mehr sichtbar wird. Somit besteht ein solcher, erst spät in der Stammesgeschichte der Gastropoden auftretender Vollstachel aus mehreren, zeitlich nacheinander durchgeführten Bauperioden. Die Kunstfertigkeit der Herstellung wird hierbei zuweilen so groß, daß man die Bauperioden makroskopisch am fertigen Stachel gar nicht mehr erkennt. Genau das gleiche gilt nun auch von den Rippen und Wülsten und Mundverdickungen.

Es ist aber keineswegs so, daß sich nun alle jüngeren Formen dieser vollendeten Art der Rippen- und Stachelbildung bedienten. Wo sehr rasch gebaut wird und die Schale dünn bleibt, wie bei manchen Murex, die es offenbar mit der Ausscheidung der außerordentlich langen Schutzstacheln immer eilig haben, stülpt sich die Schalenmündung einfach zu einem Varix auf und dieser verästelt sich zu nur hohlen Stacheln nach silurischem Muster. Aber es ist doch auch hier bei aller scheinbaren altertümlichen Einfachheit bei näherem Hinsehen zu bemerken, wie viel feiner, man möchte sagen gediegener gearbeitet wird als im Silur. Es ist nicht nur, wie bei jenen alten Typen, die äußerste Schalenschicht, die den Bau des Stachels übernimmt, sondern die ganze Schalenwand ist mitbeteiligt. Die Anwachslamellen sind nicht einmal mit der

Lupe sichtbar, und die Basis des hohlen Stachels wird oft von innen her geschlossen. Nur in diesem hier ausgeführten und sehr bedingten Sinne gilt wohl auch, was Deecke über die zeitliche Entwicklung der Schneckenskulptur sagt: „Auffallend ist es, wie die Mehrzahl der paläozoischen Schnecken glatt oder schwach skulpturiert ist, wie Dornen und Stacheln nach Art von Murex ganz fehlen. Sehr starke Rippen, Knoten und Dornen sind eine junge Erwerbung der Schnecken, die im Mesozoikum beginnt, und zwar mit den Dekapoden, aber auch gegen die Umklammerung durch Seesterne und gegen andere Schnecken schützt. Ebenso ist eine Verdickung oder Versteifung der Mundränder erst seit der Zeit allgemein verbreitet.“

Eine hiermit verknüpfte Tatsache ist das Herrschen einer bestimmten „Mode“ in der Formbildung zu einzelnen Zeiten. Mit diesem Ausdruck ist gemeint, daß in den verschiedensten Gruppen und Einzelstämmchen in gleichen Zeitaltern, also vermutlich infolge gewisser allgemeiner, von Zeitalter zu Zeitalter abändernder Lebensbedingungen in engeren oder weiteren Lebensräumen, ja auf der ganzen Erde oft dieselben Körperformen, dieselben Organe gebildet oder in Einzelheiten der Organbildung, des Schalenaufbaues u. dgl. dieselbe Bauweise befolgt wird. Unter den plazentalen Säugetieren werden im Känozoikum das Raubtier, das Nagetier, der Insektenfresser und die Ungulaten gebildet, deren Gestalt auch bei den seit dem Tertiär in Australien isolierten eplazentalen Beuteltieren gleichzeitig, aber unabhängig aus den ganz andersartigen Grundtypen heraus entwickelt wird. Neben derartigen großen Konvergenzen gibt es auch kleine Eigenheiten, so die meistens zweispitzigen Ventralloben der Liasammoniten und die einspitzigen der jüngeren; oder die vorhin beschriebene silurische, devonische und spätere Art der Stachelbildung bei Gastropoden, so daß man aus Bruchstücken von deren Schalen oft das Schichtenalter bestimmen kann. So auch z. B. bei den Perisphinkten des Weißjura — bekanntlich ein höchst kritisches Objekt für die landläufige Speziesbestimmung — bei denen mit zunehmend jüngerem geologischen Stufenalter die Spaltungsstelle der Rippen im allgemeinen immer weiter herunterrückt und die Rippen auch mehr zur Auflösung neigen. Es werden also zu bestimmten Zeiten bestimmte Wege der Formbildung eingeschlagen, so bei den Korallenstockbildungen des Devon und Karbon andere als bei denen der Trias, und bei diesen wieder andere als bei denen der Kreide usw. Zum einen Teil beruht dies auf den gleichen Gruppencharakteren, die eben vermöge ihrer inneren genotypischen Verwandtschaft in gleicher Weise demselben äußeren Erfordernis gerecht werden; oder es beruht bei Nichtverwandten auf Konvergenzbildung infolge äußerer gleicher Lebenslage; oder endlich beruht es darauf, daß die allgemeine Höherentwicklung innerhalb ein und derselben Gruppe, ein und desselben Typus, die zweifellos vor sich geht, zu einer bestimmten

Zeit noch nicht jene Formbildungsweisen gestattet, welche später mit verbesserter Konstitution möglich werden. Im letzteren Sinne deute ich die oben erwähnten Verschiedenheiten im Stachel- und Knotenbau der Schnecken, während z. B. Deecke die Tatsache, daß man unter den paläozoischen Schnecken größtenteils schwächer skulptierte und nicht so dickschalige wie unter den jüngeren findet, als eine Schutzanpassung der jüngeren gegen die schalenknackenden Krebse dieser Zeitalter auffaßt.[1] Vermutlich nicht immer und überall geht dieselbe Erscheinung auf dieselbe Ursache zurück, und wie beim Aussterben und Verschwinden der Formen spielen hier innere und äußere Ursachen ineinander.

Der Schalenbau der Gastropoden ist in bezug auf solche Veränderungen der inneren Struktur noch so gut wie nicht untersucht. Umso wichtiger sind die von Wedekind in dieser Richtung unternommenen Studien, welche das Ergebnis gezeitigt haben, daß sich auch die mikroskopische Schichtstruktur der Gastropoden in einer progressiven Entwicklung im Laufe der geologischen Zeit auf immer größere Widerstandsfähigkeit hin umwandelt. Die oben beschriebene einfachere Dornenbildung jener ältesten „Trochiden" und ihr rezentes solideres Analogon fällt zusammen mit der von Wedekind untersuchten Entwicklung der Spindel, die allmählich konsolidiert wird durch Umwandlungen der Schalenschichten und Hinzutreten einer neuartigen Füllmasse.[2]

Man hat also mit dem Vorstehenden, zwar nicht in jedem Einzelfalle, aber doch in neunzig Prozent der Fälle ein Mittel in der Hand, in sonst fossilleeren oder ihrem Alter nach zweifelhaften Schichten dieses Alter gelegentlich mit einiger Sicherheit aus den dürftigsten Gastropodenbruchstücken zu bestimmen, ähnlich wie aus den goniatitischen, ceratitischen und ammonitischen Suturen.

Ontogenetisch und phylogenetisch entwickeln sich, wie schon erwähnt, Knoten und Rippen oft aus einander, insofern diese durch Zusammenfließen jener entstehen und umgekehrt: Knoten durch Auflösung von Rippen oder durch Kreuzung von zwei mehr oder minder senkrecht zu einander verlaufenden Rippensystemen. Sind aber die Knoten nur unterdrückte oder erst in Entwicklung begriffene Stacheln, dann entstehen sie jeweils auf die oben für die Stachelbildung angegebenen Weisen. Wenn Knoten nun bloß aus der Auflösung von Rippen entstehen, dann treten sie nicht höher über die Schalenfläche heraus als die Rippe selbst es tat. Entstehen sie dagegen aus Rippenkreuzung, dann erheben sie sich an der Knotungsstelle noch entsprechend. Für das erstere ist bei-

---

1) Deecke, W., Paläontologische Betrachtungen. IX. Über Gastropoden. Beil-Bd. 40 z. N. Jahrb. f. Mineral. usw., Stuttgart 1916, S. 763.

2) Wedekind, R., Beiträge zur progressiven Entwicklung der Organismen. Sitzungsberichte d. Ges. z. Förderung d. gesamten Naturw. Marburg 1918, Nr. 2, S. 25 ff.

stehend eine paläozoische, für das letztere eine mesozoische Form angegeben (Fig. 308). Es ist bemerkenswert, daß erst die geologisch jüngeren Schnecken, also etwa vom Mesozoikum ab, die zweite Bildungsart zeigen. Wenn wir bis einschließlich Karbon die Typen daraufhin mustern, finden wir das überall bestätigt. Also ebenso wie bei der Stachelbildung ist hier eine Änderung zu beobachten.

Bei den Schalenkephalopoden und den Brachiopoden ist es anders. Jede Klasse hat, unabhängig von der Zeit, ihre eigenen Bildungsgesetze, die von ihr immer mannigfaltig variiert werden, ohne den Grundtypus zu verleugnen.

Bei Nautiliden der Trias entstehen zuerst Rippen durch Wellung der Schalenwand, dann lösen sich diese Rippen in Knoten auf, wobei die Knoten aber nicht die Höhe der ursprünglichen Rippe beibehalten, sondern sich alsbald noch höher erheben. Auf diese Weise geht jede Knotenbildung berippter Ammoniten vor sich, wie es nicht nur bei den jurassisch-kretazischen Cosmoceratiden und Stephanoceratiden zu sehen ist, sondern auch bei Trachyceras aon der Trias, der von frühester Jugend an in Perlen aufgelöste Rippen zeigt, die sich ontogenetisch zeitweise auf einem Umgang wieder zu vollständigen Rippen zusammenschließen. Diese Rippen können sich dann abermals in noch höhere Knoten auflösen. Jede Knoten-, Stachel- und Rippenbildung bedeutet bei den Ammoniten dasselbe

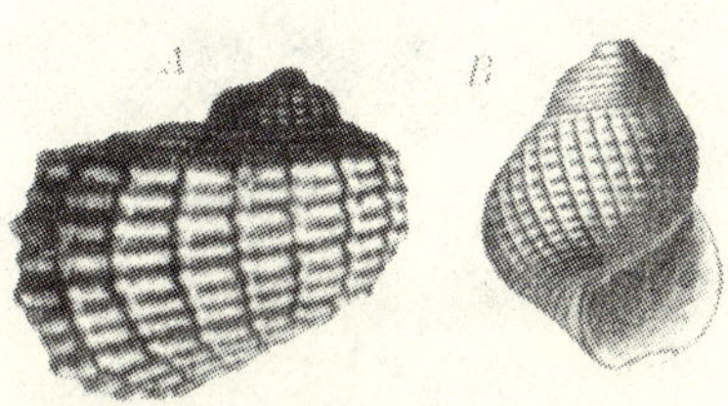

Fig. 308.
Verschiedene Arten von Knotenbildung: *A* erhöhte Knoten durch Kreuzung von Längs- und Querrippen bei Neritopsis. Oberer Jura, Schweiz. (Aus DE LORIOL, Couch. corall. inf. Jura Bern. 1890.) ¹/₁. *B* Knoten einer Auriculide, nicht höher als die ursprünglichen Längsrippen, durch deren Zerfurchung gebildet. Devon, England. (Aus WHIDBORNE, Devon Fauna of South England, 1889/92.) ¹/₁.

auch für den Steinkern. Einschnürungen auf den Steinkernen dagegen sind meistens erzeugt durch innere Wülste, die kompakt und außen auf der Schale nicht sichtbar sind. Äußerlich sichtbare Einschnürungen, auch Parabelrippen bei den Ammoniten bzw. Goniatiten bedeuten Wachstumsstationen, d. h. ehemalige Mundränder. Wenn die Einschnürungen nur auf dem Steinkern, nicht auf der Außenfläche der Schale sichtbar sind, entsprechen sie eben inneren Verdickungen der Schale; anderenfalls sind sie Aus- und Einstülpungen wie die sonstigen Rippen auch. (Vgl. Kap. VI, Abschn. 2.) Die alten Mundränder mußten fester sein, die Einschnürungen sind daher Versteifungen.

Während wir die im Kap. V (Fig. 261) abgebildeten Stacheln des triassischen Margarites als Schwebestacheln eines ziemlich träge sich im freien Wasser bewegenden Ammoniten ansahen, sind wohl die nebenstehenden Criocerasstacheln (Fig. 309 *A*) reine Schutzanpassungen. Denn erstens sind sie für Schwebestacheln viel zu wenig lang und zu wenig zahlreich, und zweitens sitzen sie ausgerechnet an jener Stelle des Gehäuses, von wo aus durch äußeren Druck am leichtesten die Schale zu zerbrechen war. Zwar sind sie andeutungsweise in mehr oder weniger breiten Höckern auf dem ganzen Gehäuse vorhanden, aber zu richtigen Stacheln offenbar doch nur an der bezeichneten Stelle entwickelt, wo sie

Fig. 309.
Schutzstachelbildung bei Ammoniten und Gastropoden: *A* Crioceras, Unterkreide, Karpathen. Schutzstacheln, auf dem Rücken stehend. (Aus Uhlig, Ceph. Wernsdorf. Schicht. 1883.) ³/₄. *B* Turrilites, Kommotai. Obere Kreide, Japan. (Aus Yabe, Cretac. foss. from Hokaido 1904.) Verkl. Bei *A* und *B* Stacheln hohl. *C* Kompakte Rückenstacheln des Gastropoden Tubina. Obere alpine Trias. (Aus Koken, Gastrop. Trias b. Hallstadt 1894.) ³/₄.

entweder Angriffe parieren mußten oder aber beim Ausstoßen des Tieres den ersten Anprall auffingen und, indem sie schlimmstenfalls abbrachen, eine unmittelbar verderbliche Wirkung auf das Gehäuse und damit für das Tier einigermaßen hintanhielten. Als Schutzstacheln, nicht als Schwebestacheln dürfen auch diejenigen des beifolgend abgebildeten japanischen Turriliten aufgefaßt werden, dessen Lebensweise wohl die eines mit seinen Armen am Boden kriechenden war, analog gewissen lebenden Nacktkephalopoden (S. 549). Diese Stacheln sind, wie die Verzierungen aller Ammoniten, innen hohl gewesen, und, was nach den vorhergehenden Schilderungen die Gastropoden schon mit der Devonzeit überwandten, nämlich die Hohlstachelbildung, bleibt bei den Ammoniten dauernd bestehen, bis zu ihrem Aussterben am Ende der Kreidezeit. Ist bei den schwimmenden Ammoniten der biologische Grund hierfür wohl darin zu suchen, daß das Gehäuse möglichst leicht bleiben sollte,

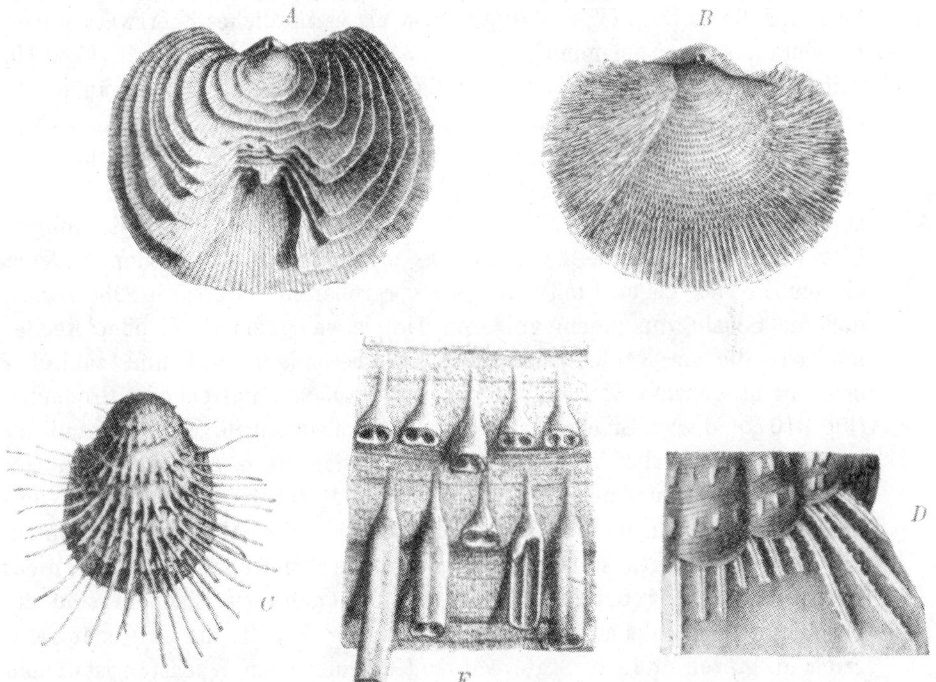

Fig. 310. Lamellen- und Stachelbildung bei Brachiopoden: *A* Athyris planosulcata mit Lamellenkragen. Karbon, England. (Aus DAVIDSON, Brit. foss. Brach. II, 1858/63.) ³/₄. *B* Athyris Roysii, Lamellenkragen in flache Stacheln aufgelöst. (Ebendaher.) ³/₄. *C* Productus fimbriatus, freie Stacheln, Hohlröhren. Ebendaher. (Aus DAVIDSON, l. c., IV, 1858.) ³/₄. *D* Sekundär gestachelte Stacheln von Spirifer fimbriatus. Mitteldevon, New York. (Aus HALL u. CLARKE, Paleont. of New York VIII, Brach. II, 1894.) Vergr. *E* Doppelstacheln bei Spiriferina aus dem englischen Kohlenkalk. (Aus DAVIDSON, ibid. IV, Suppl. 1874/82.) Sehr stark vergr.

die Stacheln also nicht kompakter werden durften, so mag bei den vermutlich am Boden kriechenden Formen, wie dem neben abgebildeten Turriliten, die mangelnde Kompaktheit des Stachelgebildes nunmehr darauf beruhen, daß die überkommene genotypische Konstitution eine andere Ausbildung nicht mehr gestattete, auch wenn sie vielleicht unmittelbar zweckmäßiger gewesen wäre.

Wieder anders ist die Stachelbildung bei den Brachiopoden. Hier entspringen die Stacheln aus der obersten Schalenlage; blättert diese, wie es bei Fossilen oft der Fall ist, ab, dann sind die Stacheln verschwunden, nur die Rippen bleiben sichtbar. Daher kommt es, daß z. B. Rhynchonella spinosa im Jura oft so schwer zu bestimmen ist. Die Stacheln bei den meisten haben wohl kaum unmittelbaren Schutzzweck in dem Sinne, daß sie der mechanischen Abwehr des Angreifers dienten; dazu sind sie meistens zu schwächlich und sie sind überhaupt verhältnismäßig selten. Wir haben ihre Bedeutung als Anhefteorgane bei Produktiden schon kennen gelernt (Kap. IV, S. 470), ebenso als vermutliches Sperrwerk gegen das Versinken im Schlamm (Kap. IV, S. 310). Karbonische Athyris (Fig. 310) zeigen gelegentlich einen ganzen Wald von Stacheln, die ja auch bei lebenden Disciniden als dichtstehende Hornborsten am Schalenrande hervortreten[1]), ohne daß ich bisher eine Andeutung ihrer biologischen Bedeutung hätte finden können. Bei den besagten karbonischen Formen sind es aber Kalkstacheln, dicht wie auf einer Bürste, und sie können hier wohl nur folgende zwei Zwecke erfüllt haben: entweder bildeten sie ein Polster gegen Stoß oder sie vergrößerten derart die Oberfläche, daß die Schale von einem größeren Tier, etwa einem Fisch oder Kephalopoden, die im Kohlenkalk von Irland besonders groß und zahlreich sind, nicht gepackt werden konnte. Ebenso der umstehende Productus (Fig. 310 *C*), dessen Stacheln, um einen Stoß abzufangen, wohl ebenfalls zu schwach waren, aber z. B. Seesterne, die sich nach der bekannten Gewohnheit der Lebenden auf die Schalen von Muscheln legen und sie umklammern, bis sie endlich öffnen müssen, recht wohl abhalten konnten.

Nichts anderes als derartige, aber verschmolzene oder noch nicht durch Auflösung von Schalenlamellen individualisierte Stacheln sind die bei Athyris ebenfalls auftretenden Kragen (Fig. 310 *A*), die entweder zahlreich, d. h. von Stufe zu Stufe während der einzelnen Wachstumsstationen hervortreten oder nur einmal, nämlich am Unterrande erscheinen. Es handelt sich auch hier zweifellos um eine Vergrößerung des Schalenumfanges, jedoch keinesfalls mit der Absicht der relativen Schalenerleichterung zum Zwecke des Schwebens, sondern entweder um eine Vergrößerung, um das Zubeißen des Feindes unmöglich zu machen oder um den Seestern abzuhalten oder, was mir bei dem Typus mit Einzelkragen wahrscheinlich dünkt, um das platte Daliegen zu sichern. Zwar hatten die Formen, wie ihr Deltidialloch beweist, auch einen feinen Stiel, aber trotzdem lagen sie auf dem Boden.

Mit allen diesen vorbeschriebenen lamellösen und stacheligen Formen ist ein Einblick in die Stachelbildung der Brachiopoden selbst gewonnen. Diese Stachelbildung verläuft etwas anders als bei den Mollusken; am meisten kommt sie noch an die der Muscheln heran, am wenigsten an die der Ammoniten. Mit jener der Muscheln hat sie das gemein, daß kragenförmige Lamellen erzeugt werden. Während diese aber bei den

---

[1]) Abbildung bei F. Blochmann, Untersuchungen über den Bau der Brachiopoden. II. Taf. I, Jena 1900.

Muscheln sich zu einzelnen Stachelausläufern entwickeln, die aus den Lamellen frei heraustreten (Chama), sind die Stacheln der Brachiopoden entweder unmittelbar der Schale aufgesetzt oder sie sind Röhrenbildungen, die statt der Lamellen erscheinen, oder sie sind aufgelöste Kragen, wobei die Stacheln nicht länger sind als die Lamellen, im Gegensatz nämlich zu Chama. Niemals sind die Brachiopodenstacheln Ausstülpungen der ganzen Schalenwand wie bei den Ammoniten. Auch Ausfüllungen und nachträgliche Auszementierungen wie bei den Schnecken (Fig. 307 *A*, S. 649) scheint es nicht zu geben. Wohl aber haben die Brachiopoden noch eine Komplizierung der Stacheln selbst aufzuweisen, die den Mollusken fremd ist: die Stacheln selbst können sich verzweigen und entweder einen parallelen Doppelast (Fig. 310 *E*) oder quer zum Hauptast stehende schwache Dornen bilden (Fig. 310 *D*). Niemals haben Molluskenschalen Stacheln, die noch einmal sich selbst wieder mit kleineren Stacheln verzieren, das haben nur die Brachiopoden und Krebse miteinander gemein.

Die Echinodermen sind ein Stamm, welcher mit Ausbildung von Schutzstacheln außerordentlich sparsam ist. Sehen wir von dem Stachelwald vor allem der regulären Seeigel ab, den wir gesondert behandeln, so muß man lange suchen, bis man in den zahlreichen anderen Gruppen und Gattungen des mannigfaltigen Echinodermenstammes derlei Gebilde findet, die man als Schutzstacheln deuten kann. Bei den ältesten Gruppen scheinen sie ganz zu fehlen, bei den Crinoidea treten in selteneren Fällen solche Gebilde auf. Aber auch hier wird sehr sparsam verfahren, indem die Stacheln nicht etwa, wie bei Schnecken, über das ganze Gehäuse hin in Vielzahl verteilt werden, sondern nur einzelne, offenbar besonders gefährdete Stellen damit besetzt werden, sei es die äußere Kelchwand allein oder nur die obere Kelchdecke oder gar nur die Afterröhre (Fig. 311 *A — C*). Es gibt nur eine Krinoidengattung, die Seeigel-artige Stacheln besitzt, aber auch hier stehen sie nicht besonders dicht (Fig. 311 *D*).

Fragt man sich bei den einzelnen in Fig. 311 wiedergegebenen Stachelbildungen nach ihrem speziellen Zweck, so dienten die des Dorycrinus intermedius, welche den ganzen Thekalkörper umgaben, sicher dem allgemeinen Schutz der Kapsel. Dagegen will es bei Teleiocrinus rudis scheinen, als ob gerade diese spezielle Zusammendrängung des Stachelwaldes auf die Oberseite den Zweck hätte, sich die Symbiotiker und Schmarotzer vom Leibe zu halten; man vergleiche damit nur die auf S. 464 und 468 gegebenen Figuren von Onychaster und Platyceras, und man wird die Stellung der Stacheln bei Teleiocrinus zu würdigen wissen. Nur wo es am allernötigsten ist, bildet die Krinoide diese Abwehrwaffen aus. Das bestätigt Lobocrinus Nashvillae, der nur durch eine einfache Stachelrosette die lange Afterröhre gegen Stoß schützte.

Bei allen trägen, aber mit vollständig geschlossenem oder verschließbarem Panzer versehenen Typen scheint das Bedürfnis nach Schutz-

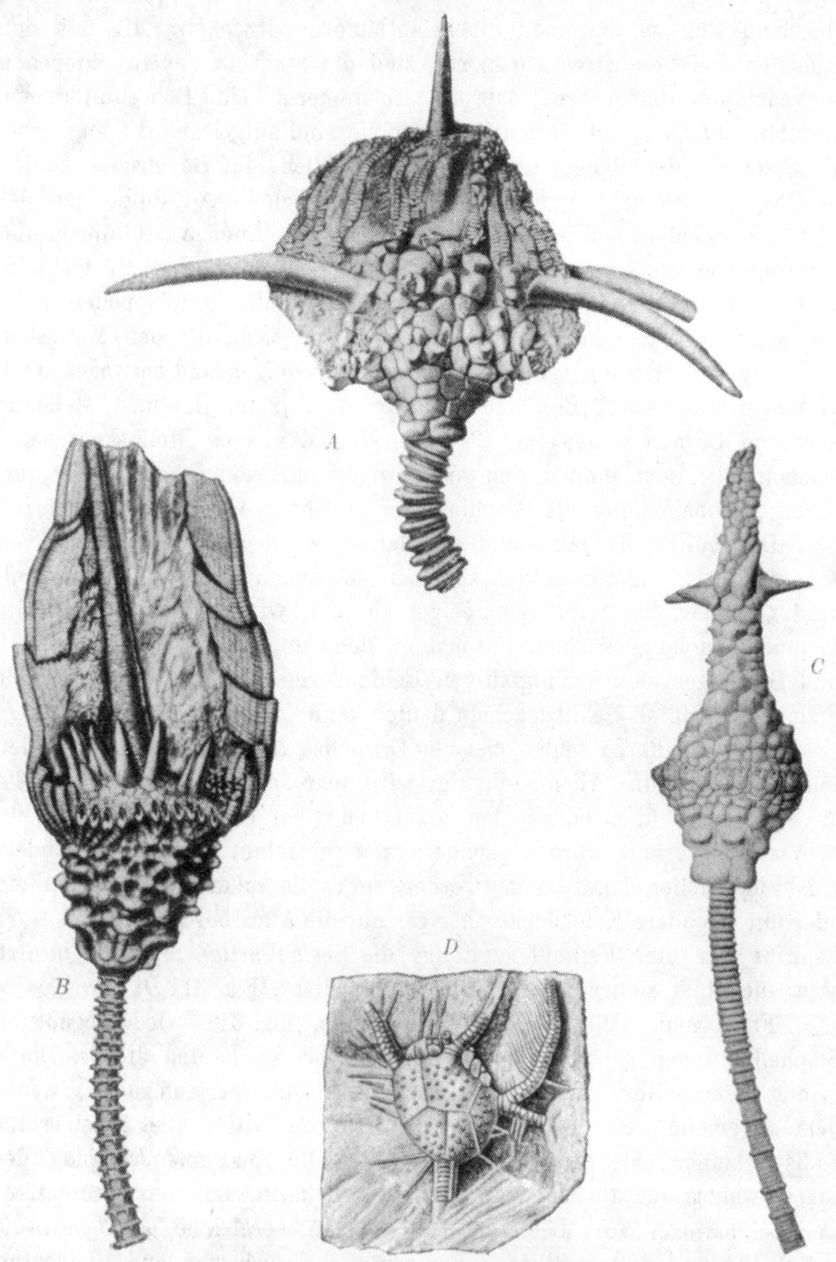

Fig. 311. Schutzstachelbildungen bei paläozoischen Krinoiden:
A Dorycrinus, *B* Teleiocrinus, *C* Lobocrinus. *A — C* Karbon, Nordamerika.
Verkl. *D* Arthracantha, Oberdevon, New York. Seeigelartige Bestachelung. $^1/_1$.
(Alles aus WACHSMUTH u. SPRINGER, North American Crinoidea 1897.)

stacheln geringer zu sein als bei den nur einseitig geschlossenen; man
vergleiche hierin Echinodermen, Muscheln, Brachiopoden einerseits, Gastro-

poden andererseits; bei den Schalenkephalopoden ist die Schale in erster
Linie nicht Schutzorgan, sondern Schwimmapparat, so wie bei dem Trilobiten Acidaspis (Fig. 248, S. 511) die Stacheln nicht Schutzstacheln,
sondern Schwebestacheln sind.

Offenbar genügte ursprünglich der Panzer des regulären Seeigels
nicht den Schutzbedürfnissen der Tiere, denn sonst hätten sie wohl kaum
noch jenen Wald von Stacheln auf ihrer Schale, wodurch der Vergleich

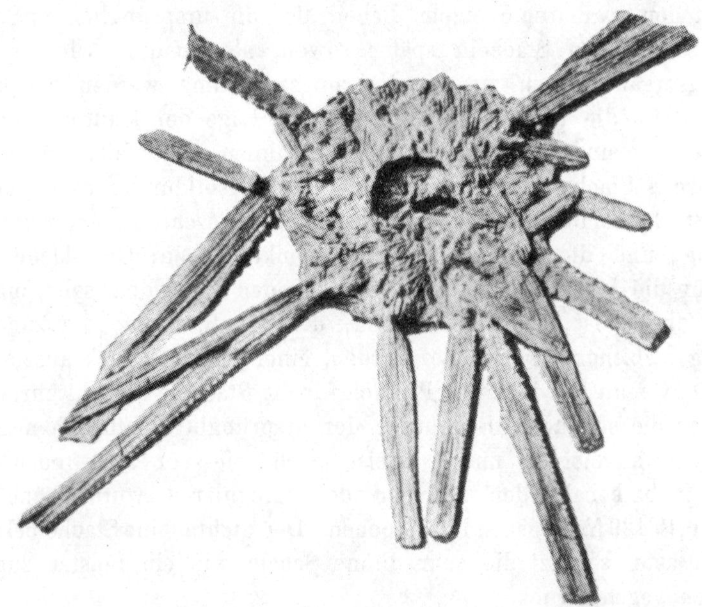

Fig. 312. Abwehrstacheln von Rhabdocidaris. Oberer Jura, Bayern. Mit Kiefergebiß.
(Orig. in München.) $^1/_2$.

mit dem Igel so anschaulich wird. Auf diesen Stacheln laufen sie wie
auf Stelzen (Fig. 3, S. 21), und dies zum Teil ziemlich gewandt. Und
doch ist dies eine sekundäre Benützung. Denn wenn die Stacheln primär
nur Stütz- und Lauforgane wären oder dem Zweck dienten, das um-
gefallene Tier wieder in seine normale Lagerung zurückzustrampeln, so
dürften sie nicht so oft spitz sein. Es mag sein, daß die keulen- bis
eichelförmigen Stacheln mancher Arten ihre Form sekundär aus diesem
Grunde angenommen haben, soweit sie nicht als Liegeballast dienten,
wie oben (S. 611, Fig. 290) gezeigt wurde. Aber auch sie verleugnen
nicht ihren Grundzweck: den Schutz. Ja manche dieser Stacheln sind
geradezu raffinierte Abwehrwaffen, wie die von Rhabdocidaris (Fig. 312)
und Porocidaris, die gezähnelt und gesägt sind. Was hätte das für eine
Bedeutung, wenn die Stacheln nur Fortbewegungsorgane wären? Höchstens,
daß sekundär mimetische Zwecke mitsprächen.

Außerdem muß man bedenken, daß allein schon durch die Raumgröße eines solchen, den Körper an Durchmesser doch oft um's Viel-

fache übertreffenden Stachelwaldes es größeren Feinden, z. B. Fischen, ganz unmöglich wird, den Echinidenkörper mit dem Maule aufzugreifen. Zudem ist die Stachelwirkung auf den Feind bei manchen Seeigeln, ähnlich wie bei den Insekten, nicht nur eine mechanische, sondern bei der lebenden Diadema Savignyi dadurch als Abwehrwaffe noch besonders wirksam gemacht, daß sie in den Körper des Angreifers eindringen, abbrechen und schmerzhafte Entzündungen verursachen.[1]

Bei den regulären Seeigeln dienen also die ursprünglich zu Schutzzwecken angelegten Stacheln später sowohl als Schutz-, wie als Fortbewegungsorgane; auch zu der Nahrungsaufnahme werden sie herangezogen. „Da die Tiere, abgesehen von der Lage der Madreporenplatte, radiär gebaut sind, so finden sich bei ihnen gleichfalls nur radialsymmetrische Stacheln, es kommt nicht zur Ausbildung funktionell einseitiger Stachelkomplexe. Die Spitze des Stachels beschreibt eine rotierende Bewegung, und die Stachelachse liegt senkrecht zur Oberfläche. Der Grund für die hier stark entwickelte, bei den Cidariden sehr massive Stachelstruktur, ist darin zu suchen, daß die Stacheln, die zur Fortbewegung stelzenartig verwendet werden, einen großen Druck auszuhalten haben."[2] Genau das letztere gilt auch für die Stacheln als Abwehrorgane.

Über die sekundäre Bedeutung der ursprünglich natürlich auch als Schutzorgan angelegten und teilweise nach wie vor auch noch diese Bedeutung beibehaltenden Stacheln der Irregulären wurde schon im Kap. IV, 6, S. 429 ff. eingehend gesprochen. Der dichte feine Stachelpelz z. B. eines Micraster schützt die sehr dünne Schale wie ein Polster zugleich auch noch gegen Druck.

Über den inneren Vorgang der Stachelbildung sucht sich Beecher[3] klar zu werden. Er unterscheidet zwischen äußeren und inneren Veranlassungen oder Ursachen für die Bildung von Verzierungen, insonderheit der Stacheln. Auf welcherlei Art und Weise sie sich darstellen, ob als Produkt einer „decrescence", also Verkümmerung von Körperteilen, wie bei den Trockenstacheln gewisser Pflanzen, oder als Produkt richtigen Wachstums (concrescence), wie etwa bei den Mollusken — immer sind es äußere oder innere Kräfte (extrinsic, intrinsic) oder beide zusammen welche diese Bildungen hervorrufen. Die inneren Bildungskräfte sind entweder primär, d. h. sie bewirken von sich aus, ohne äußeren Antrieb, die Bildungen; oder sie sind die Folge, sind ausgelöst als „Reflexe"

---

1) Walther, J., Einleitung in die Geologie als historische Wissenschaft. II. Die Lebensweise der Meerestiere, S. 314, Jena 1894.

2) Hoffmann, B., Über die allmähliche Entwicklung der verschieden differenzierten Stachelgruppen und der Fasciolen bei den fossilen Spatangoiden. Paläontol. Zeitschrift, Bd. I, S. 226, Berlin 1914.

3) Beecher, Ch. E., The origin and significance of spines: a study in evolution. Americ. Journ. Science, 4. Ser., Vol. VI, 1898, S. 1—20, 125—136, 249—359.

äußerer Reize. Es gibt Fälle, in denen sich zeigen läßt, daß die Entwicklung der Stacheln rein durch inneres Spiel organischer Gestaltungskraft durchgeführt wird, denn die Entwicklung kann in diesen Fällen abgebrochen werden, ganz unabhängig von der Gestaltung der umgebenden Bedingungen, ja möglicherweise im Widerspruch mit ihnen. Diese Unterscheidung ist aber nichts anderes als der auch von uns oben betonte Gegensatz von erblicher Übertragung bildender Eigenschaften und unerblicher, unmittelbar auf äußere mechanische Reize hin eingeleiteter und wieder verlierbarer Eigenschaftsentwicklung.

Wenn etwa parasitäre Organismen Reduktionen ihrer Gliedmaßen erleiden, so ist das offensichtlich eine Degeneration. Es scheint aber

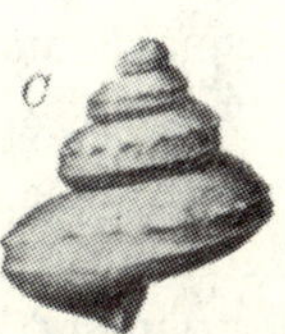

Fig. 313. Mutationen mit Rückbildung der Skulptur und der Dornen bei turbiniden Gastropoden (Stücke zum Teil verdrückt): *A* Turbo Steinlai, Turon, Sachsen. (Neuzeichnung des Originals von Geinitz in Dresden.) $^1/_1$. *B* Turbo tricarinata. Quadratenkreide, Braunschweig. (Aus Müller, l. c.) $^1/_1$. *C* Turbo tuberculato-cincta. Mucronatenkreide, Westfalen. (Orig. in München.) Verkl. Die Formen gehen unter den verschiedensten Gattungsnamen und sind wahrscheinlich Amberleya-Verwandte.

auch Fälle zu geben, in denen die Gestaltungskraft der Art ausläßt, etwa in den Verzierungen, wie wir das an erwachsenen Ammonitengehäusen beobachten, bei denen auf der letzten Wohnkammer alle vorher schön entwickelte Rippen- und Knotenskulptur verloren gehen kann. Solche Reduktionen sind auch bei anderen Formen beobachtet worden. So haben gewisse Amberleya-ähnliche Kreidegastropoden im Turon noch eine reiche Knotenskulptur, die sich im Untersenon zurückbildet, um sich im Obersenon mehr und mehr auf zwei Spiralkiele zu beschränken[1]) (Fig. 313).

Die Ursachen sind hier schwer zu durchschauen. Es kann zunächst ein äußerer Einfluß sein, der ursprünglich für die Stachelbildung maßgebend war und nun wegfiel; es kann aber auch eine Änderung in dem physiologischen Zusammenhang des Organismus sein, weil irgendwelche andere morphologische Eigenschaften entwickelt werden mußten, mit welchen sich die bisherige Art der Verzierung nicht mehr vertrug; es könnte auch Erlöschen der Gestaltungsenergie sein, Senilität der Art, wie man sie ja auch für das Erlöschen des Ammonitenstammes im großen vielfach diskutierte. Also irgend ein derartiger Faktor, vielleicht auch mehrere

---

1) Müller, G., Die Molluskenfauna des Untersenon von Braunschweig und Ilsede. I. Abh. Preuß. Geol. Landesanst., N. F. 25, S. 93, Berlin 1898.

zusammen, die auf einen Organismus oder eine Organismengruppe einwirkten, können, wie Beecher[1]) sagt, eine Unterdrückung der Strukturen oder Funktionen herbeiführen. Die Grundform aber, die ursprünglichen, genotypisch bedingten Grundcharaktere sind immer die persistenteren und die, welche am letzen verschwinden. Also alles, was sekundär erworben ist und nicht notwendig in den Grundplan des Typus gehört, verfällt leicht dem Wiederverschwinden. So ist die Suturzerschlitzung bei den Ammoniten eine durchaus sekundäre Erwerbung, und als sich die Ammoniten ihrer Aussterbezeit näherten, verschwand gelegentlich die komplizierte Sutur und zeigte die Einfachheit des Ceratiten; die Scheidewände als solche aber bleiben als ein unbedingt notwendiger, primär der Gruppe eigener Grundcharakter da. So ist es auch mit Verzierungen und Stacheln.

Es gibt ferner vermutlich auch unter den Verzierungen, wie bei allen organischen Bildungen, nicht nur reine Nützlichkeitsformen, sondern auch solche, welche durch eine gewisse allgemeine Üppigkeit in der Lebenskraft und -fülle der Arten begründet sind, wie umgekehrt zweifellos bei aussterbenden Arten auch die allmählich sich einstellende Senilität, die verglimmende Gestaltungskraft einen Rückgang der Variabilität und der Formgestaltung mit sich bringt. Jene Üppigkeit Hypertrophie zu nennen, wie dies Beecher tut[2]), will mir nicht einleuchten, denn durch Hypertrophie kommen zwar Verbildungen und Übertreibungen, nicht aber kunstvoll gestaltete Ornamentierungen zustande. Jene üppige Lebenskraft, wie wir in Ermangelung eines besseren Ausdrucks oben sagten, ist etwas durchaus gesetzmäßig und in abgemessener innerer Korrelation Gestaltendes, nicht ein bloß mit Materialanhäufung Übertreibendes, und ist vielleicht dasselbe, was man so häufig im tieferen Sinne als „Spieltrieb der Natur“ bezeichnen hört und das eine zugleich mit und neben der Nützlichkeitsbildung bestehendes, ja vielleicht dieselbe oft hintansetzendes, organisches Prinzip ist, worin die autonome Gestaltungskraft zu einem sichtbaren, aller utilitarisch gerichteten Analyse spottenden Ausdruck gelangt. Dann kommen eben Bildungen zustande, welche weit über das primitiv Nützliche hinausgehen, aber allerdings zu Hypertrophien schließlich führen können, wofür das Geweih des diluvialen Riesenhirsches ja ein stets in diesem Sinne gedeutetes Beispiel ist.

Bei diesem „Gestaltungstrieb“ der organischen Natur zeigt sich dann aber auch wieder eine gewisse Bindung, und es gehört sicher zu den verdienstvollsten Bemerkungen der oben schon mehrfach zitierten Abhandlung von Beecher über die Stachelbildung, wenn er (S. 329) in Anlehnung an einen Gedanken von Spencer darauf hinweist, daß gewisse

---

1) Beecher, Ch. E., The origin and significance of spines, a. a. O. S. 136.
2) Beecher, Ch. E., a. a. O. S. 266.

Bildungen in Vielzahl auftreten, weil im Organischen ein besonderes und allgemein verbreitetes Charakteristikum der Rhythmus ist. Wenn ein Reiz auf einen Organismus einwirkt, sagt er, der an irgend einer Stelle zu einer bestimmten Neubildung führt, so treten die Gestaltungskräfte zunächst an dieser Stelle in Tätigkeit, der Strom der Ernährung wird in bestimmter Weise dorthin geleitet, ernährende Materie wird an diesen Punkt gebracht, und dann wird mit einem gewissen Formenausmaß eine Bildung hervorgerufen, welche dem gegebenen Reiz, dem gegebenen Bedürfnis entspricht. Es liegt nun eben in diesem sonderbaren, wenn auch so häufig zu beobachtenden Rhythmus des Lebendigen, daß diese örtliche Umwandlung ihrerseits wieder als eine für weitere, ganz gleiche Bildungen bestimmende Bedingung auftritt und daß die Strukturen sich nun mehrfach wiederholen. Dadurch kommen nun z. B. Verzierungen zustande, welche ersichtlich nicht als das direkte Resultat äußerer Einwirkung erscheinen, und das wäre dann eine Erklärung für das oben bezeichnete „spielende" Gestalten, dem wir so häufig begegnen. Ist nämlich, sagt BEECHER, etwa ein einfacher Dorn durch irgend eine unmittelbare äußere Ursache am Organismus hervorgerufen worden und ist die Anpassung durch ein entsprechendes Wachstum und Ausgestalten vollzogen, die schaffende physiologische Kraft also damit in ihrer Betätigung wieder abgeschnitten, so hat sie doch in den umliegenden Gewebekörpern entsprechende Bildungsbedingungen auch mit hineingetragen. Wachsen jene nun weiter, so werden sie die Tendenz zur Wiederholung der nebenan entstandenen Bildung zeigen, so daß dadurch ganz von selbst, ohne daß der Organismus von außen neu dazu stimuliert wäre, Stachelbildungen sich anlegen, vielleicht kleiner und bescheidener, aber doch so, daß nun statt des sozusagen zuerst beabsichtigten einen, eine Gruppe von Stacheln dort in der Umgebung des ersten entstehen wird. Man könnte sich, meint BEECHER, diese Sekundärbildung analog der Induktion elektrischer Ströme in benachbarten Leitungen veranschaulichen. Jedenfalls ist damit eine Wirksamkeit organischer Gestaltungskräfte berührt, die neben dem plumpen Nützlichkeitsstandpunkt beachtenswert ist, wenn sie auch schwer zu fassen sein wird.

Die alte auffallende Tatsache, daß die Gastropodendeckel spiralig sind — selbst die ältesten silurischen, welche in fertigem Zustand konzentrisch aussehen — diese Tatsache scheint unter einer gleichartigen Gesetzmäßigkeit der „Induktionswirkung" im Sinne BEECHERS zu stehen. Wenn das Gehäuse selbst spiralig ist, so verstehen wir das leicht aus der einfachen Einrollung des sonst zu langen schlauchförmigen Eingeweidesackes. Wie aber sollte der Fuß, welcher den Deckel ausscheidet, dazu kommen, dieses Gebilde spiralig zu bauen, wenn eben nicht der Zwang zum spiraligen Gehäusebau den ganzen Organismus so induziert hätte, daß jede weitere Schalenbildung — also hier der Deckel — nun

ebenfalls unter demselben „Rhythmus" der Bauweise stehen wird. Das
sind natürlich außerordentlich schwer zu formulierende Erscheinungen, auf
die hiermit die Aufmerksamkeit gelenkt sei. (Etwas ähnliches wurde im
Kap. III, 5 (S. 257) bei der Konvergenz zwischen Argonauta und gewissen
Ammoniten schon behandelt.)

BEECHER gibt auch Beispiele für jene Ornamentierung durch „Re-
petition", wie er sie nennt. So soll die den ganzen Körper überziehende
Bestachelung der Echinodermen der rhythmischen Wiederholung einer
Bildung zu danken sein, die demnach ursprünglich auf ein geringeres
Teil hin angelegt gewesen wäre. Dichte Stachelbildung unter den Radiolarien wird ebenso erklärt, Spondylus und Murex unter den Mollusken
ebenso.

Das Stachelkleid der Echinodermen ist aber eine zweifellose Nutzanpassung, ebenso wie das Haarkleid der Säugetiere; die Stacheln der Radiolarien stehen in einem sehr ersichtlichen Zusammenhang mit der Schwebefähigkeit. Berücksichtigt man dies in erster Linie als das offensichtlich
Gegebene, legt man aber der Erklärung BEECHERS als einem Prozeß des
Formwerdens doch Bedeutung bei, so kann es in der Weise geschehen,
daß auch das rhythmische Reproduktionsvermögen des Organismus
schließlich im Dienste der nützlichen Anpassung steht, also nichts
Dominantes, sondern nur ein dienendes Glied im Getriebe der Formbildung ist; womit nicht ausgeschlossen wäre, daß jenes Prinzip in
anderen, gleichgültigen Fällen autonom schaltet und dann eben zahllose Vervielfältigungen innerhalb gewisser Grenzen hervorbringt, ebenso
wie zahllose nützliche, schädliche und gleichgültige Varianten, soweit
diese nicht von Nahrungs-, Temperatur- und sonstigen Einflüssen wieder
unmittelbar bestimmt sind. Das Getriebe im Organismus ist eben unendlich verwickelt und vielgestaltig, wie alles in der Natur, in das man
einzudringen sucht.

In den Brachiopodenfamilien der Productiden, Strophomeniden und
Thecideiden sind, nach BEECHER, meistens spinose Formen enthalten. Ihr
Höhepunkt liegt im Obersilur. Im Kambrium sind es etwa 4 Genera, im
Untersilur 20, im Obersilur 40. Dann beginnen sie abzunehmen, im Karbon
erlöschen sie in Nordamerika, in der Trias Europas setzen sich wenige
Arten fort, um als Familie der Thecideidae das Meso- oder Känozoikum
zu überdauern, deren letzte Vertreter jetzt im Mittelmeer noch leben.
Am langlebigsten ist die Hauptfamilie der Strophomenacea und zugleich
ist sie die mannigfaltigste. Ihre frühesten Glieder sind ganz dornenfrei.
Zuerst erscheinen Dornen bei Chonetes im höheren Untersilur, wo sie
nur am Schloßrande stehen. Hier scheinen sie der Unterstützung des
schwächlichen reduzierten Fußstieles zu dienen. Größere, besser entwickelte zahlreichere Stacheln folgen bei Productella und Productus,
die erst im Devon kommen. Im Karbon erreichen die Productus den

Höhepunkt ihrer Entfaltung und hier sind sie in der ausgiebigsten Weise bestachelt (Fig. 255, S. 525). Denn im Perm kommen mit Aulosteges und Strophalosia nur noch Formen vor, die zwar schon im Karbon, letztere auch im Devon eingesetzt hatten, nun aber nach Zurücktreten der Produktiden allein übrig bleiben und in bezug auf die genannte Eigenschaft einen rückgebildeten, um nicht mit Beecher zu sagen, degenerierten Eindruck machen; dann schleppt sich die Ordnung noch bis in die Jetztzeit in untergeordneter Weise fort.

Auch bei den Ammoniten erscheinen im allgemeinen die reichstbedornten Formen mit dem Aussterben der Gruppe in der Kreidezeit.

Zwar gibt es auch in der Trias gelegentlich den einen oder anderen stacheligen Vertreter, wie wir ihn beispielsweise in dem Magarites (Fig. 261, S. 540) abgebildet haben; aber als durchgehende Erscheinung zeigen erst die kretazischen, und zwar gerade die aberranteren Formen am häufigsten die Stachelbildung, also die Crioceren, Acanthoceren, u. a. auch

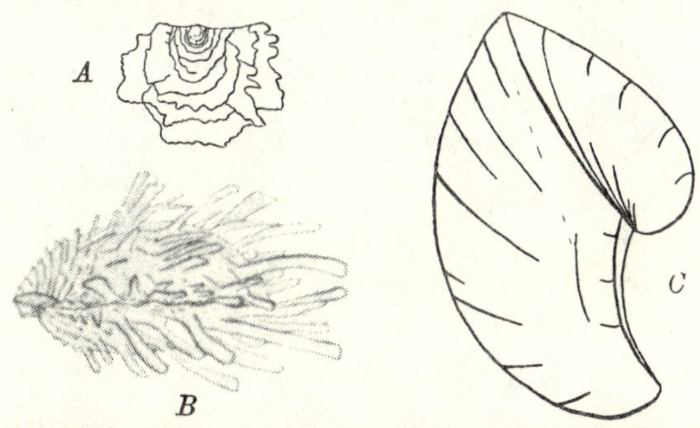

Fig. 314. Ontogenie von Spondylus, rezent, mit der Stachelentwicklung: *A* frühestes Pectinidenstadium als Embryonalschale auf dem Wirbel sitzend, gefolgt von dem ostreiformen Wachstum. $^8/_1$. *B* normales Spondylusstadium des fertigen Tieres mit seinen Stacheln. $^1/_2$. *C* altes Exemplar derselben Art; Stacheln verschwunden, Schale durch Höherwachsen gestreckt. (Aus Beecher, l. c.) $^1/_4$.

der auf S. 550 abgebildete Turrilites, Toxoceras, ferner Ancyloceras und Hamites.

Es soll, sagt Beecher, allerdings damit nicht der Eindruck erweckt werden, als ob die Entwicklung starker dorniger Verzierungen allein charakteristisch für das Abblühen der Gruppen wäre. Es ist allerdings oft der Ausdruck für eine in's Extrem gegangene Spezialisation und bezeichnet wohl im allgemeinen die Grenze, bis wohin sich die äußeren Strukturen entwickeln können. Es mag auch andere, weniger ersichtliche Merkmale für die Erreichung der Spezialisationshöhe geben; nur die Entwicklung der Dornen fällt eben am meisten in die Augen.

Man kann diese Entwicklung daher so auffassen, daß die äußeren Stimulationen, welche zur Dornenbildung führen müssen, am stammesgeschichtlichen Anfang einer Gruppe allmählich zuerst zur unsichtbaren Ausbildung innerer physiologischer Strukturen und Einrichtungen führen, die sich erst nach ihrer Stabilisierung späterhin in äußeren Bildungen kundgeben. Treten dann diese Verzierungen und Stachelbildungen phänotypisch auf, so ist damit kundgetan, daß nunmehr die zuerst erworbenen physiologischen Eigentümlichkeiten sich stabilisiert haben. Nun kann der Organismus oder die Art bei jeder sich zeigenden äußeren entsprechenden Bedingung sofort zur Stachelbildung schreiten, und nun erst erscheint die jedesmalige Formbildung unmittelbar als Antwort auf die wechselnden äußeren Bedingungen. Am Anfang, wo diese innerliche Einstellung des Organismus auf solche Bildungen noch nicht voll entwickelt ist, sondern erst errungen, geschaffen werden muß, ist daher die Ausbildung von solchen Verzierungen noch unsichtbar, unbeholfen, unvollkommen. Wie dieser phylogenetische Verlauf der Stachelentwicklung hier geschildert ist, so zeigen ihn auch ontogenetisch viele Mollusken, wofür der umstehend abgebildete Spondylus ein Beispiel ist (Fig. 314).

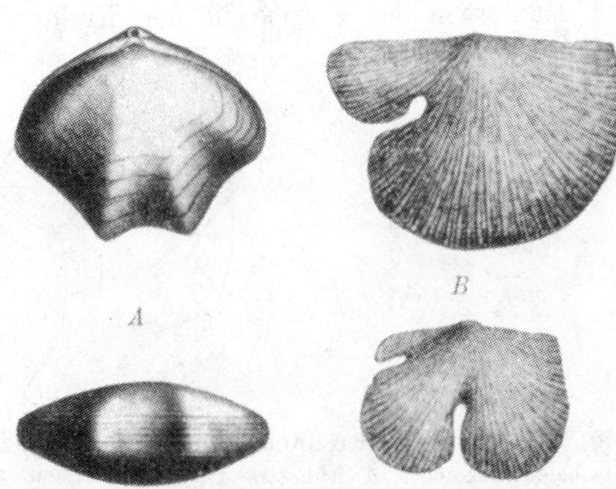

Fig. 315. Sinusbildungen bei Brachiopoden: *A* Terebratula quadrifida mit dorsalen Einbuchtungen. Lias, Württemberg. (Aus QUENSTEDT, Brachiopoden, 1871.) $^{1}/_{1}$. *B* Zerlappung bei Streptorhynchus, wohl infolge Umwachsung eines Gegenstandes. Karbon. England. (Aus DAVIDSON, Brit. foss. Brach. IV, 1882.) $^{1}/_{1}$.

Verschiedene andere Arten der Rippen- und Faltenbildung bei Schalen und Panzern haben wir bisher beachten können. Schutz und Versteifung standen im Vordergrunde. Hier sei noch einer weiteren Art Faltenbildung an Mollusken- und Molluskoidenschalen gedacht.

Bei dem Brachiopodengenus Bilobites aus dem Silur besteht eine Zerlappung des Gehäuses. Dessen Ontogenie führt zu zwei Extremen: das eine endigt in Bilobites varicus als wenig eingebuchtete Form, die aber zuvor ein stärkeres Einbuchtungsstadium durchläuft; das andere in Bilobites Verneuilanus, bei dem die Hörner durch Längswachstum der Schale an den Ecken und Zurückbleiben in der Mittellinie entstehen.[1]

Äußerlich besehen, ist der Sinus gewisser Rhynchonellen etwas Ähnliches, indem auch hier zwei Eckenauswüchse indirekt hervorgerufen werden, aber nicht dadurch, daß das Schalenwachstum in der Mittellinie zurückbleibt, sondern dadurch, daß sich die Schale dorsalwärts einbiegt. Dies ist ferner zu unterscheiden von dem umgekehrten Prozeß, bei dem die Ecken zurückbleiben und die Mittellinie stark heruntergetrieben wird, das Gegenteil von Terebratula diphya (Kap. IV, S. 401); endlich sei neben-

---

1) BEECHER, Ch. D., Development of Bilobites. Americ. Journ. Science. Vol. 42, S. 51, New Haven 1891.

bei noch auf gewisse Strophomeniden verwiesen (Fig. 315 *B*), bei denen nur individuell solche Zerlappung vorkommt und bei denen es sich vielleicht um das Umwachsen eines störenden Gegenstandes gehandelt hat (Fig. 315 *B*). Was haben aber außer diesen letzteren jene vorgenannten Sinusbildungen, insbesondere bei Rhynchonellen u. a. zu bedeuten? Sie dient ersichtlich einer Größenverminderung der anderenfalls fächerförmigen und dann allzusehr in die Breite ausgedehnten Schale. Daß nämlich dieses Bestreben herrscht, durch Faltenbildung oder Wellung der Schale den Körperumfang zu beschränken, zeigt eine Form wie Terebratula quadrifida (Fig. 315) deren vom Wirbel ausgehenden Ränder so stark divergieren, daß die Form einen ungeheueren Umfang angenommen haben müßte, wenn sie nicht nach dem Unterrande zu in immer stärkere Falten gelegt würde. Denselben Dienst tut die globulöse Form. Dadurch, daß Typen wie Cyrtina (Fig. 316) globulös werden, gleichen sie die sonst allzu ausgedehnt werdende fächerförmige Gestalt aus, die sie anderenfalls annehmen müßten. So ist es wohl kein Zufall, sondern aus diesem Zusammenhang zu verstehen, daß

Fig. 316. Cyrtina carbonaria. Kohlenkalk, Irland. Globulöse Brachiopodenform, in der Fläche daher nicht ausgedehnt. (Aus DAVIDSON, Brit. foss. Brach. 1858/62.) $^1/_1$.

meistens die größten Brachiopoden sehr wenig oder nicht sinusmäßig gefaltet sind. Wenn man bedenkt, daß die Brachiopoden Würmerabkömmlinge sind, so versteht man, warum gerade bei ihnen so durchgehend ein Mittel wiederkehrt, das ein besonderes Größenwachstum verhindern soll. Dieses Größenwachstum geht primär in der oro-analen Körperachsenrichtung vor sich, die bei den Brachiopoden kreisförmig gebogen ist und daher äußerlich ein radiales, nicht ein geradliniges Wachstum bedingt.

Die Inoceramen haben zum Teil tiefe grobe konzentrische Furchen, zum Teil sind diese Furchen aber auch flach, fein und regelmäßig. Je tiefer und gröber diese Furchen, umso mehr bedeuten sie eine Umfangverminderung der Schale, und es beruht daher auf einem gesetzmäßigen Zusammenhang, wenn wir gerade große Inoceramen nur mit feiner flacher Furchung versehen finden. Diese einfache Gesetzmäßigkeit wird wiederum durchkreuzt von anderen Notwendigkeiten, welche ihrerseits zunächst die Schalenskulptur und -ausdehnung bestimmen.

So deute ich auch die Faltung des Umgangslumens der Nerineiden unter den Schnecken. Der Weichkörper war in viele Falten gelegt, in die, ähnlich wie Korallensepten, die Vorsprünge der inneren Schalenwand eingreifen (Fig. 317). Das bedeutet eine große Verminderung des Weichkörperumfanges und damit der Oberfläche. Es handelte sich also um

Herstellung eines Gehäuses von möglichst kleinem Windungsquerschnitt, und um dies zu erreichen, legte sich der Mantel und damit das Windungslumen in Falten. Die Falten befinden sich nicht nur an der Spindel, sondern auch an der Innenseite der Außenwand. Überträgt man die einzelnen Teile des Windungsquerschnittes auf eine Gerade und schließt diese dann wieder zu einem Rhombus zusammen, dann ergibt ein Vergleich zwischen diesem und dem wirklichen Umgangsquerschnitt ein anschauliches Bild von dem durch die Einfaltung gesparten äußeren Umfang des Weichkörpers. Die ganze Erscheinung ist somit eine Nutzanpassung zur Verringerung der Gesamtschalengröße bzw. Länge, ein Entgegenarbeiten gegen einen allzu übertriebenen Turritellatypus. Es ist darum wohl auch hier kein Zufall, daß im allgemeinen die längsten Nerineen die innerlich wenigst gefalteten sind; daß ferner die bauchigen Itierien die allerausgiebigste Faltung haben, denn ihr Lumen nähme ohne diese Hilfsmaßnahme den allergrößten Raum ein, größer als das der Nerineen selbst, die infolgedessen auch weniger gefaltet erscheinen. Hätten sich die Itierien ohne diese Falten zur Spirale aufgerollt, so wäre diese ungeheuer groß geworden; die Nerineen und Itierien wären Riesenformen gewesen, etwa wie das Cerithium giganteum aus dem Pariser Grobkalk. Diejenigen Nerineiden aber, die einen Hohlnabel haben, vergrößern durch diesen die Länge der Umgänge und verlängern so den Weichkörper und sind daher auch bei geringerer Faltung durchschnittlich kleiner als die nabellosen Nerineen.

Freilich tritt auch hier, wie in allen solchen Fällen, eine derartige Gesetzmäßigkeit nicht so ausnahmslos äußerlich vollendet in Erscheinung, daß nicht der Statistiker immer wieder entgegengesetzte Fälle anführen könnte. Wenn z. B. die genotypische Grundanlage einer Art von vorneherein eine kleine Körperform bedingt, dann wird der Phänotypus klein bleiben auch wenn die Umgänge wenig gefaltet sind, und umgekehrt. Trotzdem gilt die Gesetzmäßigkeit, wenn bei den Arten sonst gleiche Be-

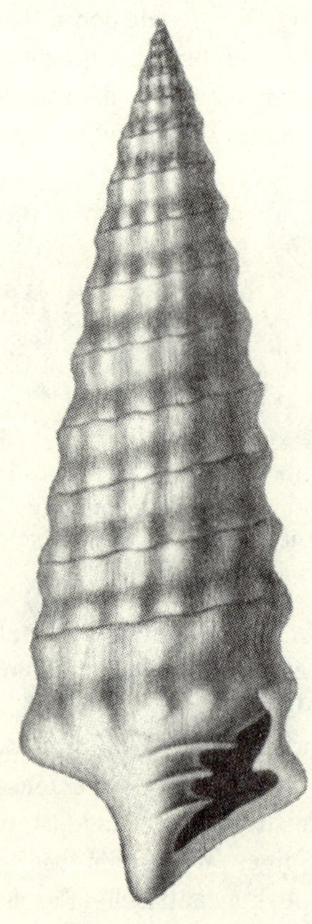

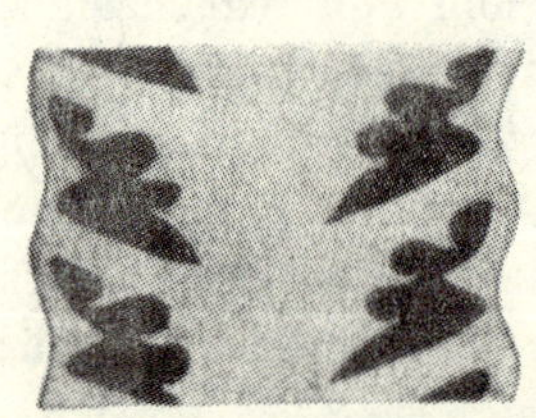

Fig. 317. Faltung bei Nerineiden: Nerinea Pailleteana. Mittlere Kreide, Frankreich. Faltung mittelstark. (Aus d'Orbigny, Paléont. [franç. Terr. crét. II, 1842.) ²/₃.

dingungen vorliegen. Gesetzmäßigkeiten sind überhaupt nie zu finden, wenn man in vermeintlicher Exaktheit nur registriert, ohne die. Ausnahmen selbst wieder zu erforschen. Jede Gesetzmäßigkeit gilt daher, äußerlich besehen, nur durchschnittlich.

Das alles wirft vielleicht auch ein Licht auf die phylogenetische Herkunft der Nerineiden. Sie treten mit dem Jura auf, gerade nachdem die Pyramidelliden in Chemnitzia und Heterocosmia besonders hohe Gehäuse gebildet und den Weg zu einem übertriebenen Längenwachstum eingeschlagen hatten. So erscheinen die Nerineidenfalten sozusagen als Korrektiv dagegen, und man kann auf Grund dessen wohl einen Teil der Nerineen als Abkömmlinge hoher Pyramidelliden betrachten. Eine andere Überlegung und eine Durchmusterung der Obertriasschnecken führt dazu, etwa die massigeren, bauchigen Itierien von Capuliden-artigen Formen abzuleiten, auf welche Tubina (Fig. 309 C) hinweist; und zwar aus folgendem Grunde. Wie S. 628 geschildert wurde, zeigen uns die echten, alten Capuliden die Entstehung der Spirale; es wurde bemerkt, daß diese Schale ungemein breit und unhandlich hätte werden müssen, wenn diese Schnecken ihre zu verlängernde Wohnröhre nicht in Spiralform aufgewunden hätten. So ist die Spirale eine reine Nutzanpassung. Zugleich zeigen uns gewisse Capuliden, wie Orthonychia im Silur und Karbon, eine gleichmäßige Faltung ihrer Wandung (Fig. 295); sie rührt davon her, daß der Körper durch das nach allen Seiten divergierende Größenwachstum schon zu ausgedehnt wurde und zur Verkleinerung des Gehäuseradius sich daher in Falten legte. Das gibt uns für jüngere Capuliden einen Fingerzeig. Wurde dieses Wachstum noch stärker, so mußten Formen mit ganz unerträglich breitem Windungsquerschnitt entstehen. Aus solchen könnten dann die gefalteten bauchigen Itierien als Nutzanpassung hervorgegangen sein. Gleichzeitig mit der Faltung wurde die Außenseite mehr oder minder überglättet. Die meistens starken Verzierungen der Nerineen wären als ein Nachklang der Faltung auch der Außenseite dann verständlich. Die Nerineiden wären danach eine biologisch, aber nicht stammesgeschichtlich einheitliche Familie.

Es gibt außerdem noch verschiedene Arten von Faltenbildung bei den Schnecken, die nicht mit den Nerineenfalten zu verwechseln sind und anderen Zwecken dienen. So die Mündungsfalten bei den Clausilien. „Die Clausilienschale verschmälert sich wieder gegen die Mündung und wird spindelförmig. Dabei sehen wir in der Mündung allerlei Falten und Leisten auftreten, zunächst regelrechte Spindelfalten wie bei den Voluten und den Vorderkiemern, dann aber auch hinter der Außenlippe Gaumen-, Mundfalten usw. Man betrachtet diese Vorsprünge meist als Mündungsverengerungen zum Trockenschutz; ganz besonders aber ein überzähliges Schalstück, das Schließknöchelchen oder Clausilium, eine kleine längliche Platte, deren federnder Stiel mit der Spindel verwachsen ist, sollte einen derartigen Zweck haben. Das Knöchelchen ist äußerst geschickt angebracht, von der herausgehenden Schnecke wird es zwischen zwei Spindelfalten zurückgedrückt, in die es genau hineinpaßt. Wenn die Schnecke sich einzieht, springt es vermöge der Elastizität des Stieles sogleich wieder vor und verschließt die Mündung, also anscheinend ein ausgezeichneter Schutz." Das ist kein Schutz gegen Trockenheit, weil die an Felsen sitzende Clausilie gegen diese Gefahr einen dichten zähen Schleimdeckel ausscheidet, ähnlich wie Helix pomatia, die Weinbergschnecke, einen jahreszeitlichen Kalkverschluß herstellt. Hier bei Clausilia soll beim Heranwachsen, namentlich beim raschen Anschwellen der Genitalien, der Eingeweidesack übermäßig schwer werden und beim Klettern an senkrechter Fläche stark nach unten ziehen. Aus diesem rein mechanischen Grunde werde der letzte Schalenumgang vom übrigen Gewinde losgelöst, weitergebaut und zugleich in die Länge gezogen, womit eine Lumenverengerung verbunden ist, die wiederum den Mantel zwinge, sich in allerlei Falten zu legen. In diesen Mantelfalten entstehen die Leisten und unter ihnen als besonders entwickelte Kalkfalte das Clausilium, das nach hinten zu, wo die Falte niedriger wird, als Stiel mit der Spindel verschmilzt. Seine Bedeutung sei also nicht, als Deckelverschluß zu funktionieren, sondern es der Schnecke

Fig. 318. Maskierte und verengerte Mündung, vielleicht zum Schutz, oder zum besseren Tragen der Schale. Chilodonta, Turbinide. Oberer Jura, Valfin. (Aus DE LORIOL, Couch. Corall. de Valfin 1886/88.) Nat. Gr. u. vergr.

zu ermöglichen, die Schale schräg abstehend zu tragen, ähnlich, wie wenn man ein straff geschnürtes Bündel auf dem Rücken durch einen in der Längsrichtung des Rückens eingesteckten kurzen Stock verhindere, belästigend auf den Rücken hinunter zu sinken (SIMROTH-BREHM, S. 475/76).

Man sieht daraus, daß Spindelfalten verschiedener Herkunft sind und daß auch gleichzeitige Faltung der Außenlippe keineswegs immer denselben Sinn bei allen davon betroffenen Formen hat. Bei Cancellaria und den Volutiden, bei den kretazischen Actaeonellen und anderen Gattungen dienen die Falten zur besseren Verwachsung der Mantelansatzstelle bzw. des Spindelmuskels; mit Clausilien- und Nerineenfalten hat das nichts zu tun.

Um ein starkes Auswärtswachsen zu verhindern, das alle konisch geformten, in die Höhe wachsenden Formen naturgemäß erleben müßten, hat z. B. bei den festgewachsenen Brachiopoden die auf S. 360 beschriebene karbonische Meekella eine andere Einrichtung getroffen: sie legt die ganze Schale in Längsfalten, wodurch sie einen viel geringeren

Umfang sich bewahrt, als wenn sie ungefaltet in die Höhe wachsen würde.

Schließlich noch ein Wort über den Sipho der Schnecken, der eine ganz andere Bedeutung hat als der Sipho bei Muscheln. Bei diesen dient er dem Stoffwechsel, wenn sich die Tiere unter den Sand und Schlamm stecken oder auf dem Wege zu dieser Lebensweise sind. Bei den Schnecken dagegen, die sich nie eingraben, hat der Sipho eine andere Bedeutung. Ihn besitzen die karnivoren Formen, während die herbivoren eine ganzrandige Mündung haben. Wo das nicht der Fall ist, wie bei Naticiden und Neritiden, ist die Mündung außergewöhnlich weit im Gegensatz zu Turbiniden, Trochiden und Verwandten. Da die älteren Formen ohne Sipho sind, dieser also erst spät auftritt, erlaubt dies einen Rückschluß auf die Betätigung einer neuen Ernährungsweise. Die fleischfressenden Raubschnecken brauchen ein größeres, kräftigeres Mundwerk, darum wird die Atemöffnung in den Sipho verlegt, der Mund kann sich dann ungehinderter entfalten.

Es scheint, als ob eine Gesetzmäßigkeit der Ornamentierung, besonders der Stachelbildung darin läge, daß die Lebensgeschichte jeder Gruppe mit nicht oder kaum ornamentierten Arten begann; dann werden die skulptierten und ornamentierten Formen häufiger und die in dieser Hinsicht entwickeltsten Formen finden keine Fortsetzung mehr. Hier scheint die Ontogenie mit der Phylogenie parallel zu verlaufen. Hierfür einige Beispiele.[1]

Selbst bei so stacheligen Mollusken, wie den Spondyliden, ist der embryonale Prodissokonch immer glatt und ohne Ornament (S. 665). Auch die frühesten Stadien der stacheligen Murex sind ohne solches. Bei den Brachiopoden und Krustazeen ist es ebenso; doch zeigen manche Krustazeenlarven früh schon stachelartig vergrößerte Körperteile, was eine Spezialanpassung für das Schwimmen ist. Spondylus hat zuerst die einfache zweiklappige, gerundete Embryonalschale. Dann folgt ein Pecten-artiges Stadium, in dem die Schale noch nicht festgewachsen ist (Fig. 314); hierbei zeigt sie nur unruhig hin- und herlaufende Ränder, Anwachsstreifen, die immer unregelmäßiger werden, nachdem sich das Tier festgeheftet hat. Es nimmt dann die austernartige Gestalt an, und nun treten immer stärker die Stacheln als Auswölbungen der Anwachslamellen heraus. Steht es auf dem Höhepunkt seiner Individualentwicklung, so werden die Stacheln am größten; dann nehmen sie wieder an Stärke ab und im Alter werden keine mehr produziert, auch die zuvor angelegten gehen

---

1) BEECHER, Ch. E., The origin and significance of spines: a study in evolution. Americ. Journ. Science, 4. Ser., Vol. VI, S. 2, 14—20, 351—56, New Haven 1898.

dann nachträglich wieder verloren, teils durch Auflösung, teils durch die Tätigkeit der Bohrtiere.

Verfolgen wir die Phylogenie der Muscheln im ganzen, so ergibt sich dasselbe Bild. Die ältesten Anisomyarier, die man mit den Aviculiden, Spondyliden, Ostreiden späterer Zeit in Beziehung bringen darf, haben allesamt glatte, unornamentierte Schalen. Ebenso die uralten Nuculiden, die aber auch später keine Stachelverzierungen bekommen. Pterinopecten und Aviculopecten im Devon sind noch ganz glatt, ebenso Pecten, der vom Karbon ab erscheint. Die ältesten Spondylus in der Trias sind noch auffallend pectiniform; sie sind dünnschalig und wenig ornamentiert. In der Kreide sind sie noch viel Pectiniden-artiger als im Tertiär, wo sie völlig verwildern, struppig und unregelmäßig werden.

Ähnliches bietet das Genus Atrypa unter den Brachiopoden. Atrypa hystrix, die wir auf S. 310 in anderem Zusammenhang schon besprachen, bietet eine extreme Entwicklungsform in der Verzierung, insbesondere der Stachelbildung. Sie geht durch das Silur und Devon. Atrypa reticularis, das bekannte Leitfossil, scheint ihr Ausgangspunkt im Ordovicium zu sein. Es gehen von dieser eine Anzahl Varietäten und Mutationen aus, welche jedoch immer wieder wechseln, bis im Früh- und Mitteldevon gewisse Varietäten beständiger werden, so daß in der Hamiltonstufe (Mitteldevon) sich zwei Typen deutlich voneinander abheben: Atrypa reticularis und Atrypa aspera; bis in der Chemungstufe des Oberdevon eine breite, vielgerippte Atrypa reticularis einer weniger gerippten, mit langen Randstacheln versehenen Atrypa hystrix (Fig. 126, S. 310) gegenüber steht. (BEECHER, a. a. O.)

Auch in der Klasse der Stachelhäuter zeigt sich derselbe Parallelismus zwischen Ontogenie und Phylogenie im Auftreten der Bestachelung: die frühesten Seelilien, Cystoideen, Blastoideen und Seesterne sind glatt oder wenigstens nur gekörnelt; und gerade die ältesten Echiniden, die Palechinoidea, haben meistens nur ganz feine haarartige Bestachelung (vgl. S. 326). Erst im Spätdevon und dann im Karbon kommen unter diesen, wie jenen die stark bestachelten Formen vor.

5. Agglutinieren, Maskieren, Mimikry, Färbung

Wenn ein Schalenbildner das zum Aufbau seines Gehäuses benötigte Material nicht als Kutikularskelett aus dem Körperinnern her ausscheidet, sondern von außen Fremdkörper heranholt, die er mittels der Körperausscheidungen verklebt und als Schale um sich sammelt, so nennt man das Agglutinieren. Es gibt verschiedene Grade dieser Agglutination und eine verschiedene biologische Bedeutung derselben. Dient nämlich die Agglutination nur dazu, eine solide Schalenwandung als solche herzustellen oder ein loses Stützskelett zu verfestigen, dann werden meistens kleine, z. T. mikroskopische Fremdkörper anorganischer oder organischer Herkunft aufgenommen und die Schale oder das Skelett macht dann einen durchaus einheitlichen Eindruck. Dient die Agglutination indessen insofern zum Schutze des Tieres, als es sich durch Aufkleben von Fremdkörpern auf die Schale maskiert oder mimetische Wirkungen hervorruft, so erkennt man dies an dem groben Fremdmaterial, unter dem der eigentliche Panzer oder das ursprüngliche Gehäuse erst sitzt.

Für den ersteren Typus ein Beispiel sind unter den Foraminiferen die sogenannten Agglutinantia (Fig. 319). Diese bauen ihr Skelett fast ausschließlich aus Fremdkörpern, insbesondere kieseligen Fremdkörpern auf. Es sind meistens Tiefseebewohner; infolgedessen erscheint diese Bauweise als Anpassung an die Kalkarmut des Wassers jener Region bzw. als Anpassung an die Unmöglichkeit, Kalkschälchen den zersetzenden Einflüssen des dort mit Kohlensäure durchsetzten, auflösenden Wassers gegenüber zu erhalten.

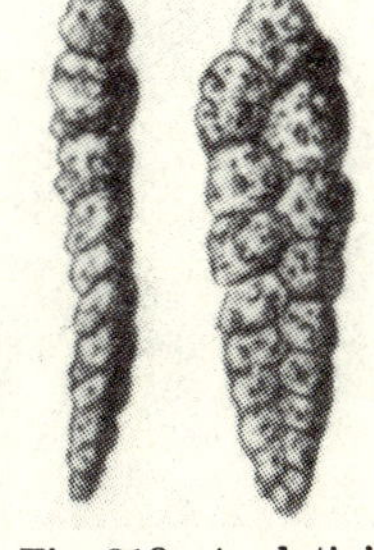

Fig. 319. Agglutinierende Foraminifere (Plecanium). Unterer Malm, Franken. (Aus Schwager, Jahresh Ver. Naturk. Württ. 1865.) Stark vergr.

Eine ganz ausgesprochene Neigung, das Skelett durch Aufnahme von Sand zu versteifen, haben die Hornschwämme aus der Familie der Spongeliden.[1]) Der Sandgehalt wechselt und mit ihm die Form. Der „Sand" besteht aus Foraminiferen, Kalk-, Kieselnadeln, Diatomeen, und das kann sich so steigern, daß zwischen den Fremdkörpern Hornsubstanz kaum mehr nachweisbar ist.

Rothpletz[2]) wollte aus den unterkretazischen Berriasschichten solche Hornschwämme nachweisen: Fucoidenartige Gebilde enthalten in ihrem Gewebe Quarzsand und Diatomeen; andere allenfalls vorhandene Fremdkörper sind bei der Präparation und der Herrichtung zum Mikroskopieren der Salzsäure notwendigerweise zum Opfer gefallen. Aber die Tatsache, daß in der ein braunes Netzwerk bildenden Grundmasse nur Fremdkörper bis zu einer gewissen Größe Aufnahme fanden, spricht nach Rothpletz neben dem Netzwerk selbst sehr für die Hornschwammnatur dieser Gebilde.[3]) Indessen ist es auch möglich, daß hier Wurmröhrengänge im Schlamm vorliegen, welche diese Gänge mit Hartkörpern verklebten, wie es oben (S. 448ff.) geschildert wurde.

Der zweite Typus des Agglutinierens ist die Maskierung. Jede Maskierung ist eine erhöhte Schutzanpassung eines benthonischen Tieres

---

1) Brehms Tierleben, Bd. I, Niedere Tiere, 4. Aufl., S 97, Leipzig u. Wien 1918.

2) Über einen neuen jurassischen Hornschwamm und die darin eingeschlossenen Diatomeen. Zeitschr. deutsch. geol. Ges., Bd. 52, S. 154—160, Berlin 1900. Nachtrag hierzu ibid. S. 389.

3) Brehms Tierleben, Bd. I, Niedere Tiere, S. 97, 1918.

an seine Umgebung. Sie ist in gewissem Sinne auch ein Vergraben und dient entweder der Unsichtbarmachung gegenüber Feinden oder gegenüber den Beutetieren. Man kann die Maskierung und Zudeckung mittels Fremdkörpern, wodurch das Tier sich oft bei freiem Daliegen nur unkenntlich macht, indem es sich dem Boden und der Umgebung in Form oder Farbe anpaßt, auch als eine Art äußerlicher, mechanisch herbei-

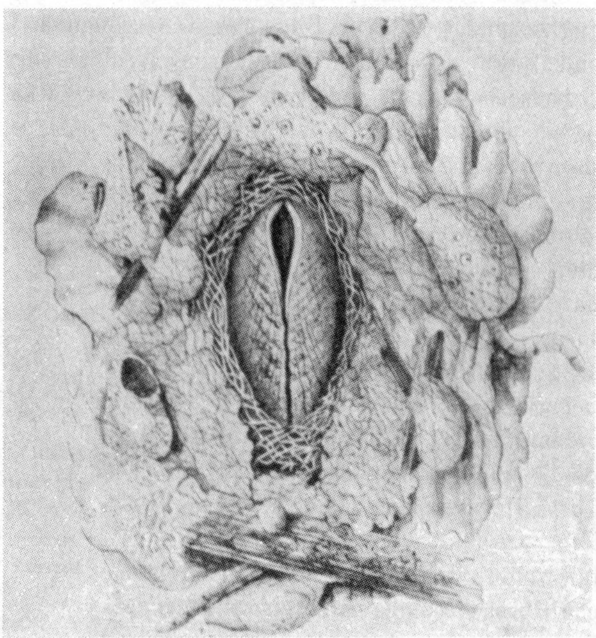

Fig. 320.   Rezente Lima im selbstgeschaffenen Schutznest.
(Aus Brehms Tierleben I, 1918.) $^1/_1$.

geführter Mimikry auffassen. Es gibt da alle Grade des Verschlüpfens, der Umwickelung, des Agglutinierens, vom feinsten täuschendsten bis zum plumpesten Sichbedecken, wobei entweder nur gewisse Sorten von Fremdkörpern zum Belag oder zum Unterschlupf gewählt werden oder wahllos alles, dessen das Tier habhaft werden kann.

Modiola lutea umspinnt sich lose mit ihren Byssusfäden, die sich verfilzen und dabei Steinchen und Muscheltrümmer aufnehmen, bis ein wulstiger Sack entsteht, in dem das Tier wohlgeborgen erscheint. Die Feilenmuschel, Lima hians (Fig. 320), baut aus ihren Byssusfäden und Fremdkörpern ein richtiges Nest. Es befestigt viele, ihm gerade zunächst liegende Steinchen, Muschelstücke, Holz, Korallen, Schneckenhäuser usw. mittels grober Byssusfäden. Nach Herstellung der groben Außenwände wird das Haus im Innern mit feinerem Gewebe austapeziert. Im seichten

____

1) Brehms Tierleben, ibid., S. 534.

Wasser bauen sie das Nest unter großen Steinen, im tieferen Wasser anscheinend nicht; es ist hier also die Maskierung zu einem Schlupfwinkel geworden.[1]) Es liegt in der Natur der Sache, daß ein solches Nest nicht leicht fossil erhalten bleibt; gleichwohl wäre es denkbar, daß bei genügender Achtsamkeit die Anhäufung von solchen Trümmer- und Schalenkonglomeraten um entsprechende Limen oder Modiolen herum beim Aufsammeln gefunden und daran der Nestbau solcher fossiler Formen erkannt werden könnte. Sphaerechinus granularis häuft sich, wenn auch nur lose und vorübergehend, besonders mit Muschelschalen voll, und wenn er sich bewegt, meint man, es käme ein Muschelhaufen daher.[1]) Solche Erscheinungen müßten in situ doch fossil einmal zu finden sein, zumal diese Arten gewiß auch in's Jungtertiär zurückreichen und dieselbe Erscheinung auch bei allen möglichen anderen, Verwandten und Nichtverwandten, zu erwarten ist. Auch Krabben maskieren sich gelegentlich mit Seetang[2]); aber

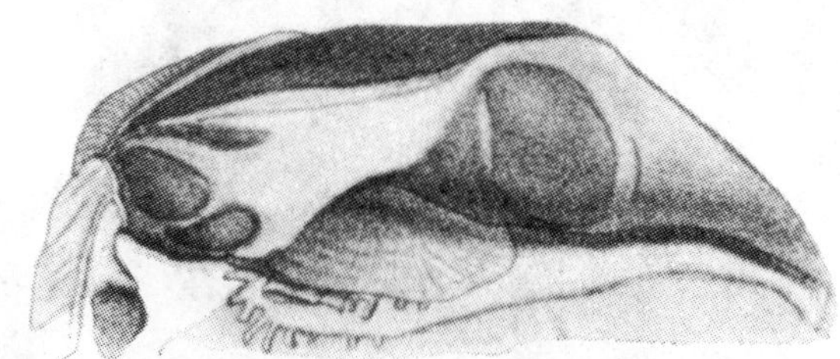

Fig. 321. Eozäne Clavagella, in einer leeren Muschelschale angesetzt. Pariser Becken. (Aus Deshayes, Invert. foss. de Paris III. 1837.) Verkl.

wenn sie, wie es sehr häufig geschieht, mit Seepocken (Balaniden) besetzt sind, so gehört das wieder in's Kapitel Parasitismus. Der einfachste und bequemste Fall dieser Art ist schließlich der, daß das Tier sich gar nicht mehr die Mühe des Umbauens macht, sondern sich gleich in entsprechende Körper, Muschelhaufen verkriecht, oder der, wie etwa bei dem Nacktkephalopoden Octopus Digneti, der sich zur Laichzeit in eine Muschelschale zurückzieht, dort über und unter sich seine Eier anheftet und während der Zeit der Brutpflege darin verborgen bleibt. Umgekehrt tut sich Lima Sarsi noch nicht genug mit Herstellung eines Nestes, wie ihre vorhin erwähnte Schwesterform, sondern sie baut es nach Walther in eine größere leere Muschelschale hinein, in der sie zeitlebens ausharrt. Auch die eozänen Clavagelliden scheinen sich bisweilen in Muscheln verkrochen zu haben (Fig. 321).

Unter den Röhrenwürmern gibt es einige, die ihre Gehäuse aus kleinen Fremdkörpern aufbauen und hierin den Phryganiden, den Larven der Köcherfliegen gleichen, die alles Erdenkliche zum Bau ihrer Röhren benützen. Verwenden sie statt Holz und Chitinteilen aber Steinchen und Schälchen, dann können sie auch fossil und, wenn sie in Massen auf-

---

1) Brehms Tierleben, I, S. 369.
2) Calman, W. T., The life of Crustacea, S. 96, Pl. XIII, London (ohne Jahreszahl).

treten, sogar gesteinsbildend werden und den Indusienkalk des Mainzer Jungtertiärs bilden (Fig. 322).

Die Schneckengattungen Onustus und Xenophora, welche daher ihren Namen haben, bekleben ihre sonst ganz normale konische Schale schön und regelmäßig, meistens längs der Spiralnaht mit Fremdkörpern, und zwar individuell verschieden und nur jedesmal mit einer einzigen Sorte Steinchen oder Schälchen, aber nicht nur mit niederen, sondern ebensogut auch mit langen Turritellen- oder Cerithiengehäusen, so daß

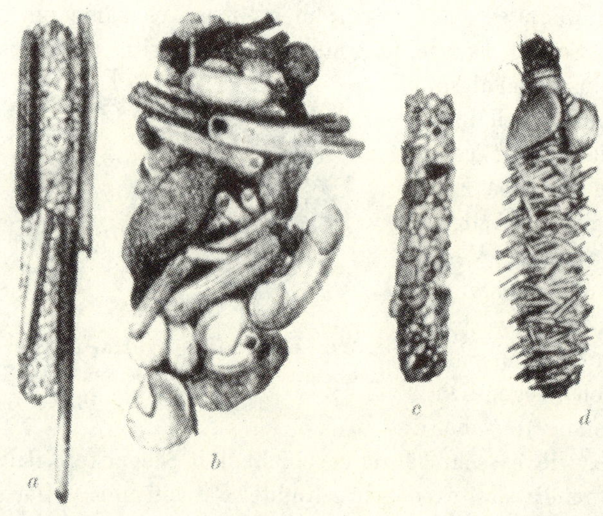

Fig. 322.   Verkleidungsgehäuse der Larven von Köcherfliegen (Phryganiden). (Aus Hesse-Doflein, Tierbau u. Tierleben II, 1914.) $^2/_1$. a aus Quarzkörnchen, b aus Holz, Steinchen und Schneckenschalen, c aus Basaltkörnchen, d vorwiegend aus Holzteilchen.

sie wie ein stacheliger Seeigel aussehen können, mit dessen Stacheln sie sich ohnehin zuweilen ausstatten, und wundervoll, nicht nur mimetisch, sondern auch mechanisch geschützt sind. Das Agglutinieren ist eine geologisch alte Sache: schon im Untersilur begegnet uns in Eccyliomphalus undulatus ein Euomphalide (Fig. 323 C) mit einigen agglutinierten Schälchen nur auf der Außenseite seines letzten Umganges. Im Devon begegnet uns in der nebenstehenden Philoxene (Fig. 323 B) eine ebenso spärlich noch agglutinierende Form.

Es scheint, daß erst die jüngeren, namentlich die tertiären Gastropoden das Agglutinieren von Fremdkörpern so gründlich gelernt haben, wie die echten Xenophoren der Jetztzeit und wie ihr beistehend abgebildeter alttertiärer Vertreter, daß sozusagen das ganze Gehäuse davon zugedeckt wird und nun als wirklich schutzangepaßt an den steinigen Boden erscheint (Fig. 323 A). Nach einer Bemerkung Simroths ist Agglutinieren von Fremdkörpern und Festwachsen am Boden, was ja auch meistens unter Zuhilfenahme eines Fremdkörpers geschieht, ein und dieselbe Sache. Ist der agglutinierte Fremdkörper klein, dann trägt ihn das Tier mit herum; ist er zu groß, dann erscheint nicht der Fremdkörper am Tier, sondern das Tier am Fremdkörper festgewachsen. Ob es aber einen kleinen oder großen Fremdkörper wählt, ist erblich bei

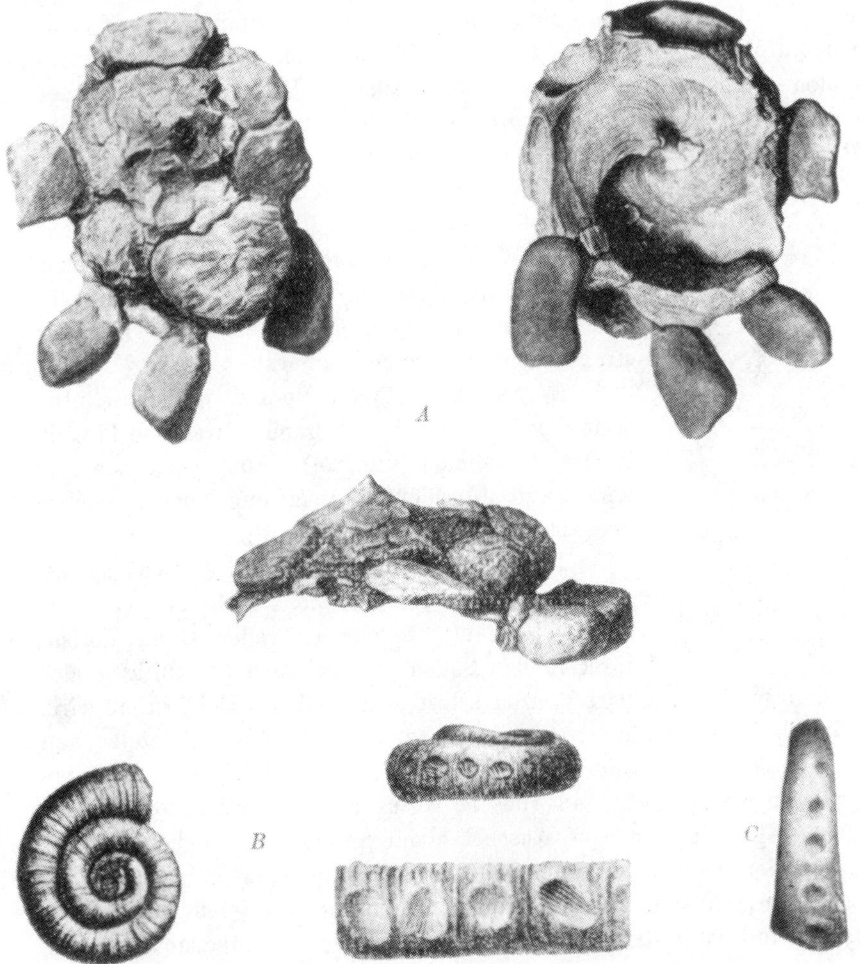

Fig. 323.   Agglutinierende Schnecken: *A* Xenophora aus dem Oligozän von Norddeutschland.   (Aus v. Koenen, Moll. Fauna d. Nordd. Unt. Olig. IV, 1892.) $^2/_3$. *B* Philoxene, Mitteldevon, Eifel.   Agglutinierender Euomphalide. (Aus Kayser, Ztschr. deutsch. geol. Ges. Bd. 41, 1889.) $^1/_1$. *C* Eccyliomphalus, Untersilur, Minnesota.   Ältester, agglutinierender Euomphalide. (Aus Ulrich u. Scofield, III. Rep. geol. Surv. Minn. 1897.) $^1/_1$.

ihm bestimmt. Besonders interessant ist hierin der obersilurische Autodetus (Fig. 155), der sowohl kleine Körper auf seinen Umgängen agglutiniert, wie auch selbst festwächst und dadurch sehr augenfällig die Richtigkeit des Simrothschen Satzes dartut.

Wenn sich Xenophora (Phorus) mit Steinchen versieht, wie sie gerade in ungezählten Massen um sie herum am Boden liegen, so ist das eine Betätigung desselben mimetischen Triebes der lebendigen Natur wie die Grünfärbung des Schmetterlings, der einem Blatte ähnlich wird. Nur verstehen wir im ersteren Falle diese mimetische Anpassung leichter, weil wir wahrnehmen, wie das Einzelindividuum die Fremdkörper aufnimmt und anklebt, während wir beim mimetischen grüngefärbten Schmetterling wieder vor dem Rätsel stehen, das uns auch der mimetische Kleinkrebs Virbius (Kap. II, S. 101) aufgab. Wenn wir aber richtig den Gedanken durchdenken, müssen wir uns sagen, daß auch die

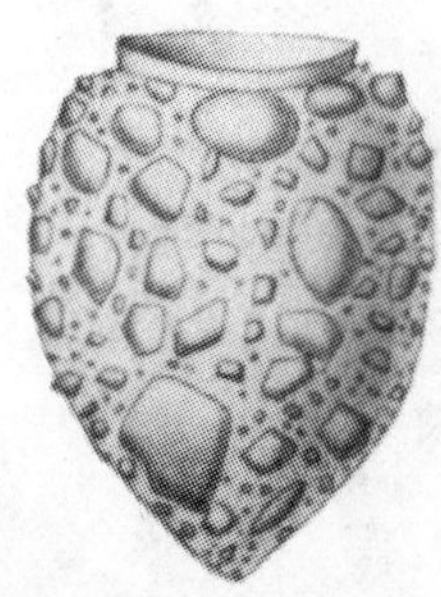

Fig. 324. Agglutinierende Protozoen: *A* Geiselinfusor, rezent. (Aus Bütschli, Protozoa in Bronns Klassen u. Ordn. 1883.) Sehr vergrößert.

einfache Xenophoridenagglutination nicht verständlicher ist, weil das Einzeltier nicht mit Bedacht und der Wirkung bewußt die Steine auf seinen Rücken häuft, sondern aus Instinkt. Hier wie dort ist also der Vorgang der Schutzformbildung streng genommen gleich unerklärt.

Es gibt auch fossile Spuren von Geiselinfusorien, welche in ihr membranöses Gehäuse Fremdkörper aufnehmen (Fig. 324). Man kennt sie aus dem Gault Norddeutschlands und aus diluvialen Seeablagerungen Skandinaviens.[1])

Dieser weitverbreiteten Schutzeinrichtung des Agglutinierens bedienen sich auch manche tubikolen Würmer[2]), welche entweder einen Vorbau ihrer in den Boden gegrabenen Röhre anfügen oder offen daliegende kutikulare Röhren selbst ausscheiden. Der Vorbau wird, wie die Röhrenauskleidung, aus kleinen Sandpartikelchen, gekneteten und gegen Wasser widerstandsfähig gemachten Tonbällchen oder sonstigen Fragmenten konstruiert, und von da ist es nur ein Schritt weiter zum richtigen Agglutinieren von Muschel- oder Schneckenschälchen, wie es bei Lebenden beobachtet ist. Gelegentlich kann man bei Fossilen im Zweifel sein, ob man es mit Wurmbauten oder agglutinierenden Insektenlarven zu tun hat. Reis beschreibt aus mesozoischen Binnenablagerungen Transbaikaliens[3]) eine Ansammlung regelmäßig angeordneter Körperchen, Holzkohlestückchen, Knochen- und Schuppenfragmente usw., unter denen sich auch Muschel- und Ostrakodenreste fanden, die sonst frei in jenen

---

1) Lagerheim, G., Om lämmingar of Rhizopoder, Heliozoer och Tintinnider i Sveriges och Finlands lakustrina kvartära flagringar. Geol. Fören. Förhandl., Bd. 23, S. 469, Stockholm 1901.

2) Reis, O. M., Zur Fucoidenfrage, a. a. O. S. 625—627.

3) Reis, O. M., Die Binnenfauna der Fischschiefer in Transbaikalien. Recherches géologiques et minières le long du chemin de fer de Sibérie. Livr. 29, S. 39, St. Petersburg 1909.

Schichten lagen. Sie sind alle mit ihrer Längsachse senkrecht zu der wurmförmigen Ansammlung gestellt und zu einem Mosaikpflaster zusammengefügt; wo sie fehlen, sind sie noch als Abdruck in dem feinen Bindemittel sichtbar. REIS, der sie zuerst als Köcher von Phryganidenlarven deutete, sah sie später wohl mit Recht als Wurmröhren an und sagt darüber: „Abgesehen davon, daß die Fremdkörperchen noch mit feinem Tonschlamm verkittet sind, zeigt die .. Röhre eine eigentümliche Anordnung aller agglutinierten Teilchen mit ihrer Längsachse quer zur Längsachse der Röhre selbst. Für eine Larve, welche im Wasser am Boden wandert, ist aber jedenfalls eine Tendenz zur Längsanordnung der

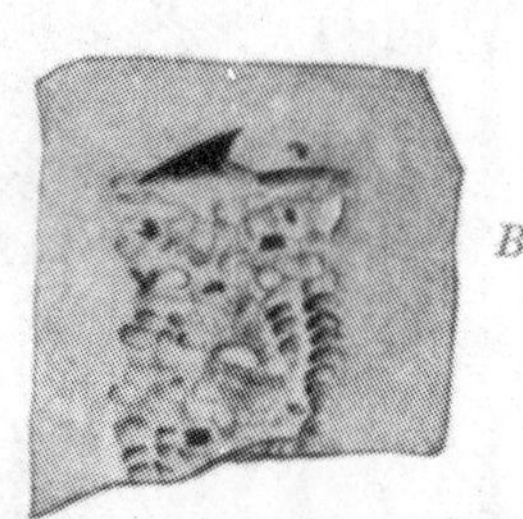

Fig. 325. *A* Bohrröhren, vermutlich von Würmern, mit Hyolithenschälchen ausgekleidet. Präkambrium, Schottland. (Aus WALTHER, l. c.) ca. $^1/_6$. *B* Bruchstück einer agglutinierten Wurm- oder Insektenlarvenröhre. Mesozoische Süßwasserschichten. Transbaikalien. (Aus REIS, l. c.) $^1/_1$.

agglutinierten Gebilde vorteilhafter als eine quere, welche mit den dann unvermeidlichen seitlichen Vorragungen die Bewegung hemmen muß. Für seßhafte Tubikolen dürfte aber der Bau mit quergestellten und längsgeformten Bausteinchen .. sicherer, zweckmäßiger, aber auch mechanisch leichter zu bewerkstelligen sein; man muß dabei bedenken, daß den Tubikolen mit ihren zurückgebildeten Augen, ihren wenig entwickelten Extremitäten sehr geringe Hilfsmittel zu Gebote stehen, die etwas langen, hochkantig gestellten Muschelreste und andere „Bausteinchen“ zu halten und zu führen (Fig. 325 *B*).“

Eine agglutinierende Wurmröhre mit Muschelschälchen besetzt, ist auch Bythotrephis ramulosus aus dem Untersilur von Nordamerika.

Solche agglutinierten Wurmröhren gehören mit zu den ältesten Spuren organischen Lebens, die man überhaupt kennt. WALTHER bebeschreibt sie aus dem präkambrischen Torridonsandstein Schottlands.[1] In einer bestimmten, „pipe rocks“ genannten, feinsandigen Lage erscheinen zuerst 3 mm dicke feine Röhrchen, die in der nächsten Lage verschwinden

---

1) WALTHER, J., Über algonkische Sedimente. Ztschr. deusch. geol. Ges., Bd. 61, S. 289/90, Berlin 1909.

und durch zentimeterdicke von 2 m Tiefe ersetzt werden; sie endigen oben mit einer breiten Trichteröffnung. Eine Masse Hyolithenschälchen bilden in dem gelben Quarzsand um die Röhre herum kragenförmige Anhäufungen, trichterförmige Säume, welche nach der von WALTHER mitgeteilten, hier wiedergegebenen Fig. 325 A zeigen, wie die Trichtermündung von Zeit zu Zeit nach oben verlegt werden mußte. „Augenscheinlich", sagt WALTHER, „haben sich die Bewohner und Erzeuger der Röhren von Hyolithes ernährt und die unverdaulichen Schalen wieder von sich gegeben."[1]) Demgegenüber aber meint REIS — und das dünkt mir nach dem

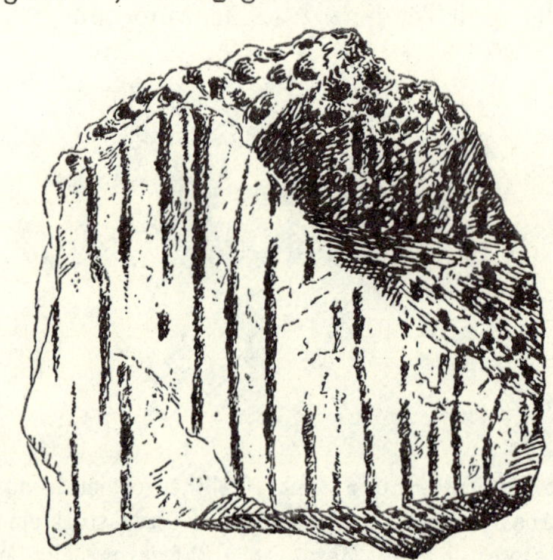

Fig. 326. Sabellarites, Wurmröhren durch Aufbau nach oben, nicht durch Bohren entstanden. Unterdevon, Eifel. (Aus RICHTER, l. c.) ca. $^1/_1$.

ganzen Charakter der bauenden tubikolen Würmer äußerst wahrscheinlich — es handle sich offenbar um einen während der schnellen Sedimentation mehrfach verlängerten Vorbau, der entsprechend einer bei Terebelliden öfters vorkommenden unregelmäßig trichterförmigen Erweiterung hier ebenfalls mit Schälchen agglutiniert sei.[2]) Man hat solche Bildungen aber in allen Formationen und ist vielfach zu einer Deutung ihres oft problematischen Charakters noch nicht gelangt.[3]) So für die altpaläozoischen Scolithus-Röhren, die oft auch als Steinkerne vorkommen und dann wie ein umfangreiches Griffelpaket dicht beisammen stehen (Pfeifenquarzit). Im unterdevonischen Quarzit der Eifel (Fig. 326) kommen ähnliche Röhren vor[4]), welche nach RICHTER den im norddeutschen Wattenmeer häufigen Sandkorallen der Wurmgattung Sabellaria so ähnlich sind, daß man sie auf dieselbe Entstehungsart zurückführen darf. Es sind das keine Bohrgänge in den Sandboden hinein, sondern umgekehrt Hochbauten von Milliarden nebeneinandergestellter Wurmröhrchen, die ungeheure Flächen riffartig bedecken. Ganz diesen entsprechend sind bei dem paläozoischen Gebilde die Röhren unverzweigt, verlaufen annähernd senkrecht

---

1) WALTHER, J., Über algonkische Sedimente. Ztschr. deutsch. geol. Ges., Bd. 61, S. 289/90, Berlin 1909.

2) REIS, O. M., Zur Fucoidenfrage, l. c. S. 627.

3) DETTMER, F., Neues zum Fucoidenproblem. Centralbl. f. Mineral., Geol. u. Paläont. S. 285, Stuttgart 1915.

4) RICHTER, R., Ein devonischer „Pfeifenquarzit". „Senckenbergiana" Bd. II, S. 215, Frankfurt a. Main 1920.

von Schichtfläche zu Schichtfläche, im ganzen geradlinig, gelegentlich etwas gebogen. An der Oberfläche stoßen die Mündungen etwas polygonal aneinander; im Mittel haben sie einen Durchmesser von 3—4 mm; nach unten verjüngen sie sich, so daß sie am Ende nur 1—2 mm Durchmesser zeigen; die Länge übersteigt 12 cm. Die Röhren sind mit braungelber, zuerst grünlicher Masse ausgefüllt, und wenn diese herauswittert, haben sie täuschende Ähnlichkeit mit Korallenwaben; Dünnschliffe zeigen aber nur einen echten Quarzit, entstanden durch Fortwachsen aneinandergefügten und verzahnten Sandkörner.

Es gibt schließlich auch eine unfreiwillige Maskierung, indem manche Tiere von anderen, besonders Hydrozoen, überzogen werden, oder indem sich Austern und verwandte Formen auf den Schalen anderer Tiere ansässig machen. Das gehört in's Gebiet des Schmarotzens, dem wir ja schon einen eigenen Abschnitt gewidmet haben (S. 457 ff.). Auch umgekehrt agglutinieren einzelne Hydrozoen sozusagen passiv dadurch, daß sie eine klebrige Haut ausscheiden, an der sich Fremdkörper ankleben, bis sie damit bedeckt sind.[1]

Mit der Agglutination der Mollusken haben wir schon die Mimikrybildungen gestreift. Früher, als man sie zur Bestätigung der DARWIN'schen Selektionstheorie verwerten konnte, nahm man vieles ungeprüft als Mimikry hin, was sich später als homöogenetische Konvergenzbildung herausstellte. Unter Mimikry versteht man die Nachahmung von Körperformen und -farben eines Tieres, einer Pflanze oder anorganischer Bildungen durch ein Tier, wobei das nachahmende Tier irgend einen Schutz durch Unsichtbarwerden oder Täuschung seiner Feinde gewinnt. Wo dieser Tatsachenbestand nicht einwandfrei vorliegt, sollte man nicht von Mimikry reden, sondern neutraler von Homöogenesis oder Konvergenzen. So weist HANDLIRSCH auf die besonders an Insekten studierte, weit über den Begriff des Nützlichen für den Kampf um's Dasein hinausgehende Formbildung hin, die man wohl auch öfters Spieltrieb, Gestaltungstrieb der Natur schon genannt hat und wofür BRUNNER v. WATTENWYL das Wort Hypertelie prägte. Solche hypertelischen Merkmale haben keine ersichtliche äußere, funktionelle Bedeutung, wie z. B. bestimmte Zeichnungen, Farbflecke oder Schreckfarben, sogen. Flügelgeäder u. dgl. Da solche Bildungen offenbar durch bestimmte Lebenslagen in ähnlicher oder gleicher Weise bei verschiedenen Gruppen hervorgerufen werden, so kommt es nicht selten vor, daß in ein und derselben Gegend sehr gleichartige Phänotypen entstehen, was dann den Eindruck von Mimikry hervorruft.[2]

<hr>

1) ALLMAND, G. J., A Monograph of the gymnoblastic or tubulariana Hydroids, S. 326, Taf. XI, London 1871.

2) HANDLIRSCH, A., Hypertelie und Anpassung. Verhandl. zool.-botan. Ges., Bd. 65, S. 119, Wien 1915. Eine Arbeit, die auch für die Klärung sonstiger biologischer Begriffe wertvolles Material enthält.

Auf eine in dieser Hinsicht merkwürdige, weil ganz heterogene Typen betreffende äußere Ähnlichkeit, macht v. Staff bei den Schalen von Schwagerinen und Bellerophontiden aufmerksam.[1]) Namentlich die Fauna des Sosiokalkes zeigt derartige Exemplare häufig, wozu außerdem noch gewisse Ammoniten kommen. v. Staff will die Ähnlichkeit als Konvergenzbildung infolge Gleichartigkeit der Lebensweise erklärt wissen; dann wären diese Bellerophonten Schwimmtiere gewesen, was unwahrscheinlich ist (vgl. Kap. V, Abschn. 1).   Ich möchte die Erscheinung eher als Mimikry ansehen, was v. Staff ablehnt, weil, wie er sagt, die Schalenkonstruktion doch zu sehr eine Lösung mechanischer Probleme darstellt. Das soll wohl heißen, daß infolge gleicher mechanischer Beanspruchung der Schalen diese konvergent dieselbe Bauweise erlangten, daß also die Gleichheit nicht mimetische Ursachen hat. Aber gerade dies ist wahrscheinlich. Denn die Schalen der Schwagerinen, Bellerophonten und selbst kleiner werden dermaßen verschiedenartig beansprucht und haben so verschiedene biologische Bedeutung, daß ihre besondere Ähnlichkeit in dem erwähnten Falle eben einen anderen als einen rein mechanisch-statischen Grund haben muß.

Die äußere Gleichheit von Bellerophonten und Goniatiten erstreckt sich zuweilen auf eine Identität des Verlaufs der Anwachsstreifen bei jenen mit dem Verlauf der Kammerscheidewände bei diesen. Wenn auch die Anwachsstreifen der Bellerophonten außen verliefen, die Suturen der Goniatiten im Schaleninnern, so daß die Gleichheit dieser Linien keinen auf das Auge irgend einer Tierart berechneten Wert anscheinend haben konnte, so muß man nur bedenken, daß die Goniatitenschale so dünn und durchscheinend war wie eine rezente Spirulaschale, deren Suturlinie ebenfalls so durchschimmert, daß Spirulaschalen geradezu den Eindruck konzentrischer Ringelung machen. Allerdings treten Bellerophonten schon auf, ehe es Goniatiten gab: im Untersilur, so daß in diesem Falle doch wohl nur einfache homoeogenetische Konvergenzbildung vorliegt.[1])

Deecke bemerkt zu dieser Frage: „Auffallend ist, wie schon oft betont, die morphologische Ähnlichkeit von Bellerophonten und Goniatiten: dieselbe starke Aufrollung, die gleiche geringe Entwicklung der Skulptur; in beiden Gruppen entstehen nur schwache, später kräftigere Rippen oder Anwachsstreifen. Die Porcellien des Unterkarbons gleichen äußerlich manchen oberdevonischen Clymenien. Prägt sich in der Form eine ähnliche Lebensweise aus, so wären paläozoische Ammoniten und Bellerophonten Konkurrenten gewesen. Damit stimmt die Verbreitung und geologische Entwicklung beider Gruppen sehr gut. Im Silur haben wir wenig Goniatiten und sehr viele mannigfaltige Bellerophontiden. Im Devon sind die an Goniatiten reichen Schiefer und Schichten arm an

---

1) v. Staff, H., Zur Entwicklung der Fusuliniden. Centralbl. f. Mineral., Geol. u. Paläont. Stuttgart 1908. S. 692, Anm.

diesen Schnecken, welche sich im Gegensatze zum Silur immer mehr auf Riffe und Crinoidenkalke beschränken. In der Trias, als die Ammoniten volle Entfaltung erfahren, stirbt die Schneckengruppe, die dort noch eine gewisse letzte Variabilität in der Form der Schale erfährt, aus. Es waren die Ammoniten durch ihre Luftkammern beweglicher, waren kräftigere Konkurrenten und mögen so den Untergang jener anderen Sippe mitverschuldet haben. Es könnte ja aber sein, daß sich einzelne Formen wirklich in den freischwimmenden Heteropoden (Atlanta) erhalten haben, daß also die Bellerophonten einen ähnlichen Entwicklungsgang nahmen wie die Tintenfische und die freischwimmenden Brachiopoden." [1]

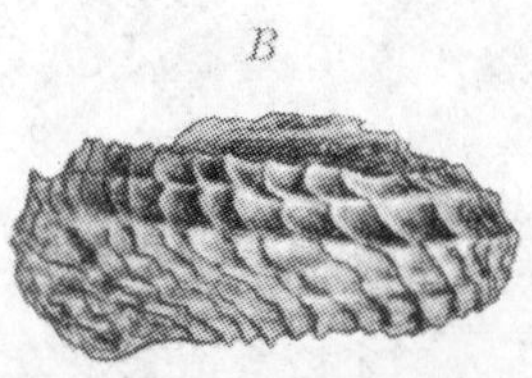

Fig. 327. *A* Polytropis discors, mit mimetischen (?) lamellösen Rauhigkeitsbildungen. Obersilur, Gotland. (Aus Lindström, Silur. Gastrop. and Pterop. of Gotland, 1884.) ³/₄.

Echte Mimikry, die, weil sie sich auch bei Fossilen zeigen könnte, hier erwähnt wird, zeigt Cidaris metularia, der auf Madreporenriffen lebt und mit seinen Stacheln wie das Geäst der Korallenstöcke aussieht. [2]

Bei folgenden Formen kann man sich fragen, ob ihre Skulpturen oder ihre Gesamtkörperform nicht als mimetische Schutzbildungen anzusprechen sind. Hierher rechne ich vor allem besonders Konchylien, deren Gehäuse eine verwilderte blätterige und struppige Oberfläche hat oder die ein wirres Netzwerk hervorspringender Rippen, Knoten, Stacheln und Anwachslamellen zeigen, wie etwa gewisse Turbiniden aus dem Silur (Fig. 327). Da gewisse ganz ähnlich aussehende rezente Astraliiden durch eben diese Einrichtungen sich vom Boden und den sie umgebenden Gewächsen nur schlecht abheben, zumal sie auch noch entsprechende einfache Färbung zeigen, so gewinnt diese Betrachtung an Wahrscheinlichkeit. Es sei hierbei an das Seepferdchen erinnert, das lediglich durch seine gelegentlich etwas wuchernde Berippung und seine ganz unscheinbare Färbung vorzüglich an die Tange, zwischen denen es lebt, angepaßt erscheint. So rufen nicht nur die Farben, sondern, wie bei den genannten Schnecken, auch die Schalenprofile, wie auch die Schalenaufsicht den Eindruck von nachahmenden Bildungen hervor, wenn sie auf einem

---

1) Deecke, W., Paläontologische Betrachtungen. IX. Über Gastropoden. N. Jahrb. f. Min., Geol., Paläont., Beil.-Bd. 40, S. 760/61, Stuttgart 1916.

2) Döderlein, L., Seeigel von Japan und der Liukiu-Insel. Archiv f. Naturgesch., 59. Jahrg., I. Bd., S. 75, Berlin 1885.

struppigen oder mit Häcksel u. dgl. bedeckten Boden angetroffen werden. Insbesondere die lebende Delphinula laciniata erweckt diesen Eindruck. Solche Mimikry von Schnecken nach dem Boden, auf dem sie leben, ist ja öfters beobachtet. Abgesehen von Farbwirkungen, die hier nicht gemeint sind, gleicht z. B. Littorina pagoda von Timor den Rauhigkeiten der spongiösen Felsen, auf denen sie haust.

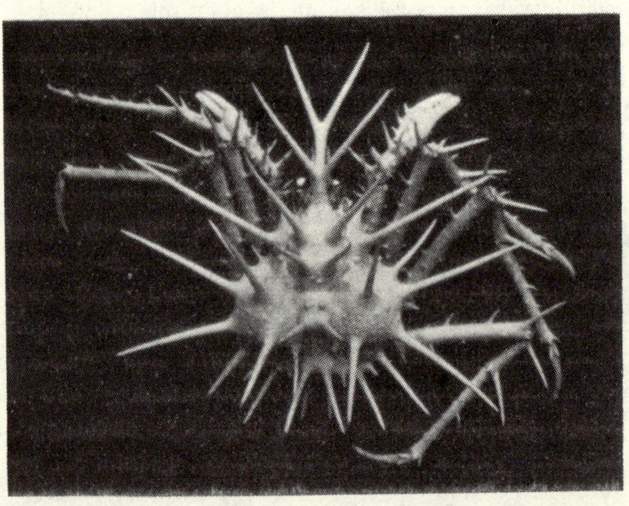

Fig. 328. Rezente Krabbe mit harten, geradegestreckten, den ganzen Körper über- deckenden Schutzstacheln. (Aus Balss, Ostasiat. Dekapoden I, München 1913.) $^1/_1$.

Eine merkwürdige Gruppe sind gewisse eigenartig gestachelte Licha- diten des Devon (vgl. S. 512). Man kann hier zweierlei Typen unterscheiden: bei Lichas armatus (Fig. 329) liegen die Stacheln des Schwanzschildes, genau wie bei dem auf S. 258 abgebildeten Lichas grandis primär in der Ebene des Schwanzschildes und biegen sich dann erst bogenförmig nach oben; auch am Kopfschild sind die zwei nach rückwärts gerichteten Wangenstacheln so angewachsen; außerdem sitzen auf der Spindel des Schwanzschildes einer, auf der Glabella und den Wangen je zwei vertikal zur Körperoberfläche austretende Stacheln auf. Bei Cyphaspis ceratophtalma dagegen treten nur am Hinterende der Wangen zwei Stacheln in der Körperebene heraus, ein weiterer unpaarer ist der Mitte der Spindel aufgesetzt; dem Schwanzschild fehlen sie. Offenbar herrscht in der Stachelzahl individuelle Variabilität, denn bei Lichas armatus können auf der Glabella ein unpaarer oder zwei Stacheln stehen. Pleuren und Schwanzschild sind außerdem noch mit den bei den gewöhnlichen Formen üblichen Stachelfortsätzen in der Körperebene behaftet.

Wenn wir die mit normalen Horizontalstacheln begabten Gattungen und Arten, wie Acidaspis und Deiphon mit Richter als Schwebeformen erkannt haben (S. 509), so müssen diese bizarren Formen hier eine andere

Lebensweise angenommen haben. Denn es ist kein Grund einzusehen, warum jene erste Anpassungsform aufgegeben worden sein sollte zugunsten einer so ausgesprochen neuartigen, wie sie Lichas armatus und Cyphaspis ceratophthalma zeigen. Außerdem hat deren in der Zahl sehr reduzierte und allergrößtenteils auf den Körperrücken hinaufverlegte oder darüber hinaufgebogene Stachelbildung nicht mehr die Eigenschaft einer Körperverbreiterung, wie sie für das Schweben notwendig war, sondern einen neuartigen Charakter angenommen.

Es liegen drei Möglichkeiten vor, diese neue Stachelbildung zu deuten, nachdem ihre Umänderung sich als weniger geeignet zum Schweben erweist als die frühere. Diese drei Möglichkeiten sind:

1. Die Tiere gingen zur bodenbewohnenden Lebensweise zurück, bildeten ihre noch in Rudimenten vorhandenen horizontalen Schwebestacheln zurück und erwarben dafür Schutzstacheln. Diese Schutzstacheln dienten infolge ihrer Länge kaum zur einfachen mechanischen Abwehr von Angriffen, sondern schützten wohl eher vor dem Verschlungenwerden etwa durch Fische. Die Stacheln waren hornig, hohl und daher biegsam, brachen also nicht ab und machten es etwa einem Fisch unmöglich, den hierdurch zu umfangreich gewordenen Triloben in's Maul zu bekommen. Bezeichnend in dieser Hinsicht ist, daß die Trilobitenformen mit der neuartigen Einrichtung alle klein sind, mithin sich als Nahrungstiere für Fische an und für sich geeignet hätten.

Fig. 329. Lichas armatus, Mitteldevon, Eifel. Wahrscheinlich mimetische Stachelbildungen und verlängerte Augenstiele. (Nach zwei Originalphotographien Richters und nach einem Originalexemplar in München gezeichnet.) $^{1}/_{1}$.

2. Die Tiere gaben das selbständige freie Schweben auf und hängten sich mit diesen Stacheln in treibendes Pflanzenplankton ein, etwa in Sargasso.

3. Es konnte auch eine Art mimetischer Anpassung an den etwa mit faden- oder stielförmigen Pflanzen bestandenen Boden sein, zwischen denen sie bei ruhigem Liegen daher unkenntlich wurden.

Sehen wir uns nach entsprechenden, mit aufwärts gerichteten Fortsätzen versehenen lebenden Krebsen um, so sind es gerade die Bodenbewohner unter den Dekapoden, welche über dem Kopf und auf dem Thorax nach oben oder vorwärts gerichtete oft recht lang werdende Stacheln entwickeln. Hier dienen sie dem Schutz gegen Angriffe, wie bei dem nebenabgebildeten Brachyuren (Fig. 328). Kephalopoden sind die ärgsten Feinde auch der großen Krebse, aber sie kommen zur Erklärung unserer Lichas und Cyphaspis nicht in Frage, weil diese Tierchen so klein waren, daß ein dibranchiater Kephalopode — wenn es solche damals gab —

ohne weiteres mit ihnen fertig geworden wäre. Außerdem sind die ausgesprochenen Schutzstacheln bei Dekapoden hart, steif und stets zahlreich, was sie alles bei unseren in Frage stehenden Trilobiten nicht sind. In dem unter 2. angeführten Falle hätte sich das Tier im Tang so verankert, daß es sich mit seinen Stachelhaken an die Unterseite der treibenden Sargassomasse angehängt hätte. Dafür scheinen mir nun die Stacheln doch zu zahlreich zu sein und ihre Stellung nach auswärts u n d aufwärts für eine solche Lebensweise mehr zu bieten als notwendig gewesen wäre. Außerdem wären die Tiere auf Gedeih und Verderb in dem Tang verstrickt gewesen und bei der für solchen Zweck doch wohl zu großen Stachelzahl nicht mehr losgekommen. Sollte aber gerade das letztere der Zweck gewesen sein, dann hätten wir eine Epökie, die dann mit sonstigen Rückbildungen wahrscheinlich hätte verknüpft gewesen sein müssen, z. B. mit Reduktion der Beine, was man an der Pleurengestalt wieder bemerken müßte.

Angesichts dieser Erwägungen halte ich die drittgenannte Möglichkeit für das Wahrscheinlichste und sehe in der Stachelbildung eine mimetische Schutzbildung, indem die Tiere entweder zwischen ähnlich aussehendem Fadentang saßen oder zwischen ähnlich gestalteten Fremdkörpern auf dem Boden, wobei der eigentliche Körper im Ruhezustand wahrscheinlich etwas unter dem Schlamm lag, wofür auch die Länge der Augenhöcker stark spricht.

RICHTER sagt über diese Formen folgendes: „Wir denken uns zunächst, daß sich fast alle Trilobiten zur Ruhe, die ihr flacher Körper auf dem Grunde ausgiebig sie suchen hieß, oberflächlich einscharrten. Eine Ausnahme davon machten allerdings wohl die übermäßig in Stacheln aufgelösten Tiere, namentlich wenn die Hörner wie bei Lichas (Ceratarges) (Fig. 329) aufgerichtet waren: Solche werden eher im Anpressen auf eine Unterlage oder im Algengewirr (vergleiche Sargassotiere) Ruhe gefunden haben; aus dem Schlamm hervorzusehen war demnach kaum die Aufgabe ihrer Stielaugen. Die meisten der übrigen Trilobiten aber legten sich wohl gern in eine flache, selbstgeschaffene Grube und ließen eine dünne Sand- oder Schlammstreu über ihren Rücken gleiten, die Form und Farbe verwischte und den Körper schließlich bis an die Augen verdeckte. Wir haben da die Gaarneele Crangon vor Augen, die sich im Augenblick, wo sie mindestens den Boden erreicht, eine Rinne scharrt, deren Ränder sich über den mehrmals gehobenen und niedergedrückten Körper hinüberlegen (die Antennen streichen nachher alles glatt). Solch oberflächliches Deckungsuchen an Ort und Stelle möchten wir lieber mit „Maskieren" als mit dem mißverständlichen Ausdruck „Wühlen" bezeichnen."

Also auch RICHTER nimmt, wenn ich ihn recht verstehe, eine mimetische Schutzwirkung an, wenn er die Tiere „auf einer Unterlage oder im Algengewirr" ruhen läßt. An anderer Stelle spricht er davon, daß größere Stacheln die Zahl der Feinde einfach dadurch verringern, daß sie das Tier vergrößern und so sein Verschlucktwerden verhindern. Dies mag eine günstige Nebenwirkung der langen Bestachelung bei Cyphaspis und Lichas gewesen sein, aber ich möchte daran festhalten, daß hier in der Absicht der Natur nicht dieser günstige Begleitumstand, sondern die mimetische Schutzwirkung lag, weil als einfache Abwehrstacheln jene Gebilde bei den in Frage stehenden Formen, wie schon gesagt, nicht recht geeignet waren. Ob sie sich dazu noch etwas einwühlten und nur die Stacheln allein hervorragten oder ob sich, wie RICHTER will, das Tier nur an den Boden preßte, mag dahingestellt bleiben.[1]

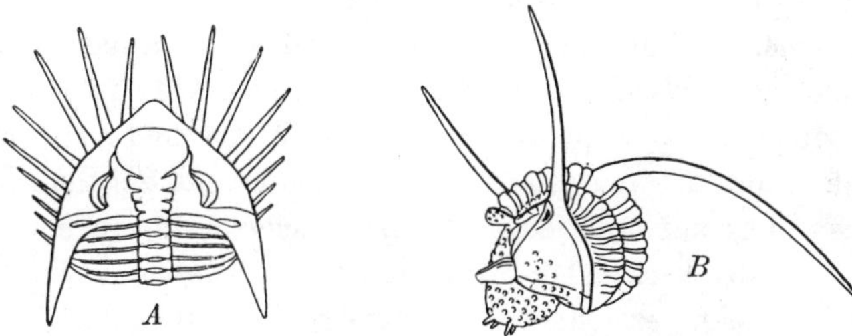

Fig. 330. Schwanz- und Rumpfstacheln bei Trilobiten in Abwehrstellung bei eingerolltem Körper. *A* Cryphaeus. Mitteldevon, Eifel. $^1/_4$. *B* Cyphaspis, ebendaher. $^3/_1$. (Aus RICHTER, l. c.)

In diesen Zusammenhang gehört es auch, wenn RICHTER die Stachelbildung bei manchen Trilobiten als Schreckmittel anspricht, das beim Einrollen des Trilobiten dem Angreifer entgegenstarrte. Es gibt Figuren, welche dartun, daß erst im eingerollten Zustand die Stacheln ihre Bedeutung als Abwehrwaffen richtig erlangen, so z. B. bei dem dreistacheligen Cyphaspis (Fig. 330), während die Schwanzstacheln bei Cryphaeus wohl die doppelte Funktion haben; einerseits als Schwebestacheln zu dienen, wenn das Tier entrollt ist, andererseits, wie RICHTER will, die Naht zwischen Kopf- und Schwanzschildrand zu schützen, wenn das Tier eingerollt ist.[2]

Zu den Schutz- und mimetischen Anpassungen der Schalen gehören endlich auch die Farben.[3] Die Ausscheidung von Farben in der Molluskenschale, die der Mantelrand besorgt, hängt nach den Untersuchungen von FORBES von dem Einfluß des Lichtes ab, so daß die im Flachwasser lebenden Formen leuchtendere und schönere Farben haben als die im düsteren Wasser lebenden; solche Arten bewohnen also vor allem die Litoralzone und die nächst anschließende, noch durchleuchtete Mittelzone.

---

1) RICHTER, R., Von Bau und Leben der Trilobiten. II. Der Aufenthalt auf dem Boden, der Schutz, die Ernährung. „Senckenbergiana", II, S. 29, Frankfurt a. M. 1920.

2) RICHTER, R., a. a. O. S. 36.

3) NEWTON, R. B., Relics of coloration in fossil shells. Proceed. Malacoz. Soc., Vol. VII, S. 280 (M. Tafel), London 1907.

Fossile Schalen mit Farben sind nicht eben zahlreich, doch haben neuere Zusammenstellungen immerhin eine überraschend große Anzahl solcher erkennen lassen. Vor allem sind es Gastropoden, dann folgen wohl Brachiopoden und als Seltenheit sei auch eine Krinoide aus dem englischen Obersilur zitiert[1]), mit dunkeln Flecken auf den Armen, wie nach der Untersuchung von BATHER auch an Wurzeln von Apiocrinus solche Flecken waren. Die extrahierte Farbe bestand aus animalischer Kohlensubstanz, welche daher wohl den Farbstoff bildete.[2])

DEECKE schneidet auch die Frage an, ob die fossilen schalentragenden Kephalopoden nicht auch Färbung besaßen. Waren die Ammoniten nur glasklar oder hell und durchscheinend? Nach unserer schon oben (Kap. V, 3, S. 543) hervorgehobenen Ansicht waren nicht nur die Ammonitenschalen dünn und durchscheinend bis glasklar, sondern vermutlich auch das Weichtier selbst, das mindestens äußerst fein und zum Teil vielleicht von quallenartiger Konsistenz und sehr leicht war. Der rezente Nautilus wenigstens hat eine geflammte Schale. Die dunkle Umschlagsfärbung auf dem jeweils vorhergehenden Umgange von Nautilus hat fossil ihresgleichen bisher nicht gefunden. Dieselben Triaskalke, die bei Esino so viele gezeichnete Schnecken geliefert haben, ebenso die Stramberger Riffkalke des Oberjura, haben noch keine Farbspuren an Ammoniten gebracht. Die letzteren nach DEECKE deshalb nicht, weil dort die Ammoniten nur als Steinkerne vorkommen, die ersteren aber liefern beschalte Arcestiden und Arpaditen, die auch nie gefärbt sind. Auch die an Riffen lebenden Nerineen, die so häufig mit der Schale erhalten sind, haben merkwürdigerweise bisher keine Farbreste erkennen lassen, sei es, daß die chemische Konsistenz der Farben nicht erhaltungsfähig war, oder daß sie überhaupt keine Farben hatten.

Die Mehrzahl der farbigen Mollusken kommt nach DEECKE an den bunten Korallenriffen der Jetztzeit und der Vorwelt vor. Sowohl schwarzer schlammiger Boden, wie auch weißer Kreidegrund schließen Farben aus, die doch stets als Schutzfärbung und optisches Verbergungsmittel der Tiere aufzufassen sind. RICHTER betont bei einer Untersuchung gefärbter Brachiopodenschalen und nach Sichtung der bisherigen Beobachtungen an Fossilen und Lebenden, daß mindestens ebenso wie das Licht, auch die Wärme eine Voraussetzung für das Zustandekommen charakteristischer Farben auf den Mollusken- und Brachiopodenschalen ist.

---

1) NEWTON, R. B., Relics of coloration in fossil shells. Proceed. Malacoz. Soc., Vol. VII, S. 280 (M. Tafel), London 1907.

2) BATHER, F. A., The Crinoidea of Gotland. Part I. Crinoidea Inadunata. Kongl. Svenska Vetensk.-Akad.-Handling. Bd. 25, S. 151, Stockholm 1893.

Weitere Zusammenstellungen: DEECKE, W., Über Färbungsspuren an fossilen Molluskenschalen. Sitzungsber. Heidelberg. Akad. Wiss. Math.-naturw. Kl., Jahrg. 1917, Heidelberg 1917. 6. Abh. d. Biolog. Abt. — OPPENHEIM, P., Über die Erhaltung der Färbung bei fossilen Molluskenschalen. Centralbl. f. Mineral., Geol. u. Paläont., Stuttgart 1918, S. 344.

Es könnte nach alledem scheinen, daß Schalenfärbung nicht in jedem Falle mimetisch bzw. als Schutzanpassung zu deuten ist. Es besteht nämlich auch noch die Möglichkeit, daß die Färbung in anderen Fällen physiologische Bedeutung hat, etwa ein Sekret ist, das mit der Schalenausscheidung als solcher in irgend einem Zusammenhang steht. Auch könnte man darauf hinweisen, daß gerade die lebhaft und wechselnd gefärbten Mollusken meistens so mit Fremdkörpern bedeckt sind, daß die Farben erst beim künstlichen Reinigen zum Vorschein kommen. Drittens kommen, wie Deecke betont, Farben nur bei Meermollusken vor, weil sie bei den Süß- und Brackwasserformen infolge der kräftigen chitinösen Epidermis ausgeschlossen sind. Die marinen Formen können auch auf ihrer Epidermis Färbung haben. Es scheint die Färbung also nicht nur mit dem Lichte, sondern auch mit dem chemischen Inhalt des Seewassers zusammenzuhängen. Da vor allem die Fleischfresser unter den Schnecken die lebhaftesten Farben zeigen sollen, so ergibt sich hieraus vielleicht der chemische Einfluß harnsaurer Salze.

Richter hat nachgewiesen [1]), daß bei konzentrisch gebänderten Terebratuliden aus dem Lothringer Jura ein unmittelbares Gebundensein der Farbbänder an den Wachstumsvorgang herrscht, und zwar so, daß die periodischen Anwachswülste durch Hinzutreten eines besonderen Pigmentstoffes stärker betont sind. Umgekehrt zeigt eine devonische Terebratulide einen deutlichen Gegensatz zu den streng konzentrischen Anwachsrändern der Schale. Denn die Farbstreifen können auch in der Mitte geknickt sein, unregelmäßige Äste können sich einschieben, die Farbbänder anastomosieren unter völliger Aufhebung der Symmetrie, welche unterdessen für die Schalenanwachsstreifen weiterbesteht.

Trotz alledem können die Farben sehr wohl Schutzbildungen sein. Denn zunächst kann man bei Verdecktsein der Farben durch Inkrustationen annehmen, daß es nichts gegen die ursprüngliche und dann erblich beibehaltene mimetische Bedeutung der Färbung beweist, wenn die Tiere wider ihren Willen von Fremdformen inkrustiert werden, deren sie einfach nicht Herr werden und von denen sie doch auch wieder in anderer Weise geschützt werden. Zweitens würde auch die Tatsache, daß der chemische Inhalt oder die Wärme oder harnsaure Salze, also das Fleischfressen die Färbung hervorruft, nicht beweisen, daß die Bildung solcher Farben nicht im Dienste von Schutzmaßnahmen stünde und der Unsichtbarmachung diente, denn die Aufdeckung des chemischen Zustandekommens der Farbe klärt an und für sich noch nicht die Frage, ob dies als biologische Zweckanpassung aufzufassen ist oder als Zufallsprodukt, das zufällig Schutzwirkung ausübte. Wäre es letzteres, so wäre nicht zu verstehen, woher die regelmäßige Anordnung käme, durch welche eben die Schutz-

----

1) Richter, R., Zur Färbung fossiler Brachiopoden. Senckenbergiana Bd. I, Nr. 3, S. 83—96, Frankfurt a. Main 1919. Ferner: Ergänzende Notiz ibid., Nr. 5, S. 172.

wirkung hervorgerufen wird; die Schutzwirkung würde also durch natürliche Zuchtwahl erklärt werden müssen, und damit wäre sie eben wieder eine Nutzanpassung.   Anderenfalls müßte man sie als biologische Zufallsbildung im Sinne der früher gemachten Darlegungen auffassen und sie dem „Variationstrieb" der Natur vielleicht zuschreiben; vielleicht läuft beides ineinander, und dieses wird von jenem benützt.

Die allermeisten Farben[1]) der Konchylienschalen sind rot; nach SUESS sind von 54 lebenden Arten nur 18 gefärbt, diese aber leuchten alle in roten Farben.   Ebenso sind wenigstens alle fossilen Terebrateln nur rot bzw. rotbraun.   KAYSER meinte, daß die Rotfarbe den diagenetischen Einwirkungen gegenüber am dauerhaftesten sei und daß die auch andersartigen Farbspuren fossiler Schalen alle von ursprünglich roter Farbe herrührten.   Die Rotfarbe bei den Lebenden wird nach der Tiefe zu immer intensiver, was auch für die Algen gilt, und so könnte es sein, daß, wie FORBES schon 1844 meinte, die roten Meerespflanzen als allgemeine Umgebungsfarbe der Tiere eine photochemische Einwirkung haben, wodurch die Schalen dann rot gefärbt würden.   Wir haben aber schon wiederholt dargelegt, daß ein solcher Vorgang zwar in seinem Ablauf chemisch zu verstehen wäre, daß aber selbst der genaueste Nachweis eines solchen Ablaufes niemals eine Erklärung für das Zustandekommen der Erscheinung als biologische Nutzanpassung geben könnte. So ist es auch hier: der Nachweis photochemischer Einwirkung kann nicht die Frage lösen, welche Bedeutung die Färbung für das Tier hatte oder noch hat.   Denn auf ein anorganisches Gebilde könnte die Farbe der Umgebung noch so lange einwirken, eine Färbung des Objektes würde nur dann eintreten, wenn in ihm schon eine chemische Konstitution vorhanden wäre, welche durch die optische Roteinwirkung auch in einen roten Farbstoff überginge.   Wäre dann dieser entstandene rote Farbstoff auch noch in konzentrischen oder radialen Strichen angeordnet, so müßte auch das irgendwie vorgebildet sein durch eine bestimmte konstitutionelle Anordnung.   So hängt auf jeden Fall das bestimmte Resultat der Wirkungsart der Außenwelt doch wieder von dem beeinflußten Objekt, vom Organismus ab, der die Farbstreifen und -ringe produziert als determinierte Bildungen, nach ihrer biologischen Bedeutung für das Leben des Tieres, worin auf alle Fälle wieder die ganze Fragestellung gipfelt, auch wenn der chemische, mechanische und räumliche Entstehungsprozeß in seinem Ablauf noch so klargestellt wäre.

Es ist weiter bei der Beurteilung einer Färbung als Schutzanpassung zu beachten, daß nicht immer die genaue Nachahmung der Farben der Umgebung den besten Schutz gewährt, sondern oft auch scheinbare Kontrastfarben, die unserem aus der Nähe betrachtenden Auge geradezu

---

1) RICHTER, R., a. a. O.   Dort auch die Literaturangaben für das Folgende.

in gegenteiliger Wirkung erscheinen. Die gewöhnliche naive Auffassung täuscht sich da oft. So ist z. B. auf grünem, mit etwas Braun durchzogenem Grasboden auf einige Entfernung ein rot geflecktes Tier weniger sichtbar als ein grünes; bei letzterem tritt auch auf Entfernung die Körpergestalt deutlich hervor, bei ersterem ist die Körpergestalt nur aus allernächster Nähe erkennbar. Wie in der Malerei plastische, körperliche Wirkungen durch Farben allein hervorgerufen werden, so werden in der organischen Natur Körperformen durch Farbflecken oft aufgelöst. Es kommt daher bei der Beurteilung der Schutzwirkung von Farben sehr darauf an, ob der Feind, gegen den geschützt werden soll, fernsichtig ist oder nicht, ob sein Auge mehr für die Erfassung von Körperumrissen tüchtig oder mehr auf Perzeption der Farben eingerichtet ist. Man hat im Weltkrieg in dieser Richtung eine interessante Beobachtung machen können: besonders die Geschütze wurden gegen Fliegersicht und Fliegerphotographieren scheckig angestrichen. Näherte man sich einem solchen im Walde oder zwischen Gebüsch oder eingesenkt im freien Felde stehenden Geschütz, so war die Wirkung je nach seiner Färbung und je nach der Entfernung, aus der man es sah, ganz verschieden. Da man meistens mit grüner bis grünbrauner Umgebung zu rechnen hatte, waren die meisten Geschütze weiß, grau und grün bemalt. Diese hoben sich im Walde und im Gebüsch immer deutlicher mit ihrer Körperform ab als die mit reichlich roten und rotbraunen Flecken oder Strichen durchsetzten Stücke. Letztere waren besonders auf Feldern im Gebüsch aus der Ferne schlecht sichtbar, erst aus der nächsten Nähe in ihrer Körperform erkennbar. Die roten bis rotbraunen Flecken lösten für das Auge die Körperform besser auf als das aufgelegte, der Umgebung analoge Grün. Für die photographische Platte ist die Wirkung natürlich wieder anders, z. B. gerade die des Rot, falls man nicht farbenempfindliche Platten anwendet. Es könnte also im einen Falle eine farbenunempfindliche Emulsion ein besseres Bild dem Feinde von dem, was er sehen soll, geben, als eine farbenempfindliche. Wollte man aber die mimetische Wirkung der Kanone im Bilde demonstrieren, dann müßte man unter allen Umständen die farbenempfindliche Platte benützen. So mag es analog auch im Tierreich sein: farbenblinde Feinde werden die Form eines schutzgefärbten Tieres sehen, das dem nichtfarbenblinden Feinde entgeht. Tiere mit farbenblinden Feinden werden daher nicht schutzgefärbt sein, sondern eine sie schützende Silhouette haben, also Stacheln und Rippen, um wie Gestrüpp oder wie der vertrocknete Ast eines Dornenstrauches auszusehen u. dgl. Analog müßte das Geschütz auch eine buschige oder ästige Silhouette haben, um vollkommen gegen Sicht und Photographie geschützt zu sein. Weiter kommt dazu, daß der Mensch gar nicht unmittelbar beurteilen kann, ob ein Tier schutzgefärbt oder schutzgeformt ist, wenn er nicht zuvor feststellt, ob der Feind des Tieres dieses vom Boden aus

gegen den freien Lichthimmel sieht oder umgekehrt. Je nachdem müssen
die Umrisse und die Farben häufig ganz andere sein.

Derartige Erwägungen zeigen uns, daß im einen Falle als Schutzfärbung gelten und wirken kann, was es im anderen nicht ist, und daß
das Auge des Beobachters allein nicht in jedem Falle entscheiden kann,
ob auch für die Feinde des Tieres eine mimetische Erscheinung vorliegt oder umgekehrt. Wir müssen aber aus allgemeinen Gründen annehmen, daß in irgend einer Richtung jede Tierform mehr oder minder
mimetisch geschützt ist. Auffallende Beispiele aus der rezenten Konchyliologie führt SIMROTH an.[1]) Die kleine Litorinide lacuna an der nordamerikanischen Küste ist in der Färbung
den Laminarien angepaßt, auf denen sie
lebt. Daß aber auch hier die Zusammenhänge verwickelt sind, erhellt daraus, daß
andere Lacunen, welche Brauntange fressen,
grün werden, die, welche Florideen fressen,
rosa werden; nur das letztere, meint SIMROTH,
würde also zur Schutzfärbung führen. Hier
ist aber an das oben Gesagte zu erinnern.
Oder man müßte untersuchen, ob die von
Brauntangen sich nährenden vielleicht einen
Geschmack annehmen, der sie ihren Feinden
unappetitlich macht und sie dadurch auch
ohne Schutzfärbung genügend geschützt sind.
Ein absolut ungeschütztes Tier gibt es nicht.
Calypträen nehmen die Farbe ihrer Unter-

Fig. 331. Rezente Turbinide mit
Farbstreifen, welche in ihrem Verlauf und der unruhigen Zeichnung
eine geperlte Oberfläche mit Spiralrippen nachahmen. (Orig. in
München.) $^1/_1$.

lage an; Crepidula plana an der nordamerikanischen Küste ist weiß auf
weißem Grunde; die Verwandten auf Tangen oder dunkeln Schnecken-
häusern, die sie bewohnen, sind braun. Von den auf S. 183 (Fig. 53)
mit ihren Lokalrassen zur Darstellung gebrachten Purpura lapillus-Formen
soll eine helle mit dunkeln Streifen den Felsen von Cornwall ähneln, wo
sie sich findet. Und Pedicularia wechselt in der Farbe, je nachdem sie
auf roten oder gelben Korallen angetroffen wird.

Manche Molluskenfärbungen schließen sich auffallend an den Verlauf von Rippen und Spiralstreifen an, so daß man bei glatten Formen,
wie der neben abgebildeten rezenten Turbinide unmittelbar den Eindruck erhält, daß sie an deren Stelle angelegt sind, während die Schale
glatt geworden ist. Es legt das als Bestätigung für oben Gesagtes den
umgekehrten Schluß nahe; daß unter Umständen auch die Berippung, wenn
auch nicht ausschließlich, so doch in vielen Fällen denselben Zwecken wie
die Färbung, also vor allem der Unsichtbarmachung der Schale dient.

1) SIMROTH, H., Mollusca in: BRONNS Klassen und Ordnungen des Tierreichs,
Bd. III, Abteilung II, S. 950. Leipzig 1896—1907.

Wichtig ist auch, daß die Färbungstypen, die Zeichnungsart etwas sehr Konstantes zu sein scheint. Bei den Naticiden reicht dieselbe nach DEECKE in gleicher Weise bis zum Paläozoikum zurück, die Fleckung der Cypräen, die Punktspiralen der Coniden sind schon sofort mit ihrem Erscheinen in der Kreide nachweisbar, und neuerdings beschreibt SCHUH einen silurischen Trocholites (Paläonautilide), dessen Farbstreifenverlauf die größte Ähnlichkeit mit dem eines lebenden Nautilus hat.[1]

Eine nach außen verlegte Schutzfärbung, wahrscheinlich verbunden mit einer Schreckwirkung, ist endlich noch die Ausspritzung der Sepiatinte bei den Nacktkephalopoden. Es ist eine im Tintenbeutel ausgeschiedene pulverige Masse, die bei Gefahr am After herausgespritzt wird und sich im Wasser in eine schwarze Wolke auflöst. Während der Verfolger von der Erscheinung erschreckt oder auch umhüllt ist, entkommt ihm so der unsichtbar gewordene Tintenfisch. Man hat den versteinerten Inhalt des Tintenbeutels mit den Schulpen im Jura häufig gefunden.

6. Regeneration, pathogene Schalen, Häutung

Alle Tiere sind Verletzungen ausgesetzt, die, wenn sie für den Körper erträglich sind, geheilt werden. Die Heilung kann zweierlei sein. Einmal kann sie eine Vernarbung der Wunde herbeiführen, so daß die verletzte Stelle dauernd als solche kenntlich bleibt; oder der frühere Zustand wird wieder hergestellt, der Schaden völlig ausgeglichen, dann hat man eine Regeneration. Die Regeneration kann wiederum eine doppelte sein: das vom Körper abgespaltene Teil stirbt ab, während der Körper selbst regeneriert; oder auch das abgespaltene Stück regeneriert von sich aus den übrigen Körper, zu dem es nachher selbst wieder nur als Teil erscheint, so daß aus der Amputation schließlich zwei ganze Individuen resultieren.

Als Beispiele für das letztere seien der Regenwurm, dann die Seesterne genannt, bei welchen ein Arm das ganze Tier wiederherstellen kann. Die häufigen Regenerationserscheinungen an lebenden Seesternen sind auch an fossilen zu beobachten. Ein Astropecten aus dem weißen Jura von Württemberg, den FRAAS beschrieb[2]), ist allerdings fragmentär, zeigt aber, wie sich aus dem Vergleich des linken großen Armes mit dem rechten kleinen und dem nach oben gestreckten in Fig. 332 ergibt, die zu verschiedenen Zeiten angelegte Ergänzung beider Arme. Auch an paläozoischen Seesternen sind Regenerationen beobachtet, die sich oft

---

1) SCHUH, Fr., Farbreste auf der Oberfläche eines Trocholites. Zeitschr. deutsch. geol. Ges., Bd. 72, S. 181, Berlin 1920.

2) FRAAS, E., Die Asterien des weißen Jura von Schwaben und Franken mit Untersuchungen der Struktur der Echinodermen und das Kalkgerüst der Asterien. Paläontographica, Bd. 32, S. 247, Stuttgart 1886.

nur auf die Anlage ungleichmäßiger Täfelchen kleinsten Umfanges erstrecken.[1]) Ein Spezialfall ist die eigentümliche Regenerationsfähigkeit der Korallen, und zwar zeichnet sich hierin die rezente Gattung Acropora (Madrepora) aus, welche in den heutigen Riffen die hervorragendste Rolle spielt, fossil aber nur spärlich im Tertiär nachgewiesen ist. „Die Veränderlichkeit der Form", heißt es im Brehm[2]), „ist ganz unglaublich und lediglich abhängig von den örtlichen Bedingungen. Allgemein entwickeln sich die Stöcke oben in der Brandung fast nur zu Krusten mit kurzen stumpfen Fortsätzen, etwas tiefer dann zu einem Gewirr kurzer reichverzweigter Äste, und ganz unten im stillen Wasser entstehen schlankere

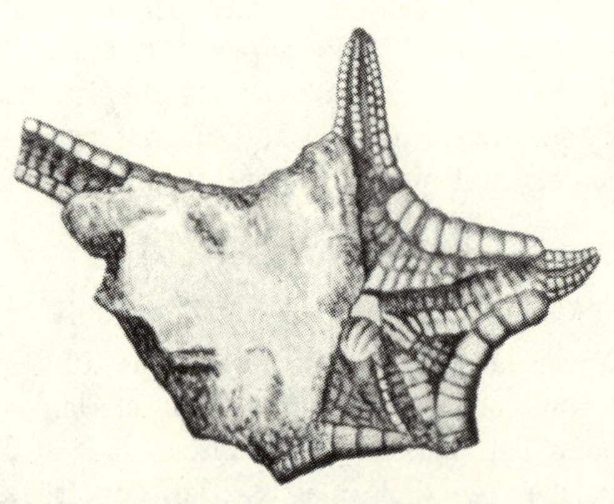

Fig. 332. Astropecten aus dem oberen Malm von Württemberg. Regenerierte Arme. (Aus Fraas, l. c.) $^1/_1$.

Zweige. Wird durch den Wogenprall einmal ein Ästchen abgerissen, so vernarbt die Wunde rasch, und das Stückchen vermag sich, wenn es günstig fällt, irgendwo aufzupfropfen, sogar eine Brücke zwischen zwei Ästen zu bilden."

Gerade unter den festsitzenden Tieren[3]) ist nach Lang das Regenerationsvermögen sehr ausgebildet, denn trotz aller Schutzeinrichtungen sind sie schädlichen Einflüssen besonders stark ausgesetzt. Es kommt dazu, daß freischwimmende Tiere meistens von ihren Feinden, wenn sie solchen zum Opfer fallen, ganz getötet werden im Gegensatz zu den fast durchweg Kolonien und Stöcke bildenden Festsitzenden, die jeweils nur Teile verlieren und bei denen deshalb die Fähigkeit, zu regenerieren, auch praktisch wirksam werden und von Nutzen sein kann. Je höher die Tiere im allgemeinen stehen, um so geringer wird ihr Regenerationsvermögen. Aber unter den höheren Tieren sind die festsitzenden auch in der Minderzahl, während bei niederen Gruppen die Koloniebildner sind. Bei ihnen ist aber häufig ein geringer Rest imstande, das ganze Tier zu regenerieren; dagegen ist diese Fähigkeit bei Wirbeltieren, Arthropoden und Mollusken meistens nur auf Wiederherstellung einzelner weniger Körperteile beschränkt.

Von fossil erhaltungsfähigen Formen können Teilstücke fortleben und allmählich das Tier wiederherstellen. Vielleicht hängt damit auch

---

1) Schöndorf, F., Paläozoische Seesterne Deutschlands. I. Die echten Asteriden der rheinischen Grauwacke. Paläontographica, Bd. 56, S. 96, Stuttgart 1909.

2) Brehms Tierleben, Niedere Tiere, Bd. I, 4. Aufl., S. 164, Leipzig u. Wien 1918.

3) Lang, A., Über den Einfluß der festsitzenden Lebensweise auf die Tiere usw., S. 108, Jena 1888.

die unter dem Namen Reduktion so weitausgreifende merkwürdige Umwandlungsfähigkeit einzelner Gattungen zusammen (vgl. S. 239). Auch bei den Krinoiden werden Arme, ja sogar Eingeweide regeneriert. Es sollen auch einmal zwei verschmolzene Brachiopoden beobachtet worden sein.

In gewissem Sinne ist die ungeschlechtliche Vermehrung durch Teilung und Knospung eine modifizierte Regenerierung. Bei dem durch Knospung entstandenen Individuum, das ja nicht aus Geschlechtszellen hervorgeht, sondern aus beliebigen Stellen des Mutterkörpers (vgl. z. B. S. 223 die Knospung bei Korallen), wird von diesem Teilstück sozusagen ein neues Individuum regeneriert. Gibt das Muttertier aber einen Teil seines Körpers selbst dahin, um daraus ein neues Individuum zu bilden, ja steigert sich diese Abgabe bis zum Zerfall des Muttertieres in zwei Hälften, dann ist die Vermehrung ein richtiger Regenerationsprozeß. Damit stimmt auch überein, daß diese Eigenschaft nicht bei höheren Tieren vorkommt.

Da man die vollkommene Regeneration, um sie als solche zu erkennen, in statu nascendi beobachten muß, so ist sie bei Fossilen schwer nachweisbar. Umso häufiger begegnen uns Heilungen in Form von Vernarbungen, von denen einige Fälle aufgezählt seien; vor allem unter den Schnecken und Ammoniten sind sie öfters beschrieben, sie fielen hier

Fig. 333. Verletzter und ausgeheilter Perisphinkt. Oberer Jura, Franken. (Original in München.) $^{1}/_{2}$.

von jeher auf. Quenstedt bildet in den „Ammoniten des schwäbischen Jura" eine ganze Anzahl ab, in jeder größeren Sammlung findet man sie (Fig. 333). Gewöhnlich ist eine Stelle wie durch einen scharfen spitzen Stoß verletzt und von da geht dann auf der Flanke eine Rinne aus, in der die Anwachsstreifen dicht zusammenlaufen. Diese Rinne wird entweder zeitlebens fortgeführt oder sie gleicht sich allmählich der Normalschale wieder an. Es fällt auf, daß gerade die Juraammoniten und die der unteren Kreide diese Art der Verletzung zeigen, so daß man annehmen möchte, es seien die mit ihrem nach vorn gerichteten spitzen Rostrum schnell daherschießenden Belemniten gewesen, welche den dünnen Ammonitenschalen hin und wieder solche spitz treffenden Stöße versetzten.

Schwieriger zu deuten sind die bei triassischen Ceratiten nicht eben seltenen pathogenen Verbildungen, wo entweder Knoten miteinander verwachsen und im Zusammenhang damit Suturen sich verschieben[1]), ohne daß man eine Schalenverletzung wahrnehmen könnte; oder wo die Seiten des Ammoniten verschieden ausgebildet sind. So hat ein Ceratit auf

---

1) v. Bülow, Über einige abnorme Formen bei den Ammoniten. Zeitschr. dtsch. geol. Ges., Bd. 69, 1917. Berlin 1918. Monatsber. S. 132 (Fig. 1).

der einen Seite die kräftige Skulptur des C. robustus, auf der anderen
eine mehr an C. nodosus erinnernde (Fig. 334). Ob die Ursache der krank-
haften Verschiedenheit eine Schalen- oder eine Mantelverletzung ist, konnte
nicht festgestellt werden.[1]

Lange bekannt ist die Vernarbungsfähigkeit, welche Gehäuse des
Orthoceras truncatum im böhmischen Silur regelmäßig zeigen (Fig. 297).
Die Spitze war weit herauf abgebrochen oder vom Tier absichtlich resorbiert, und dann wurde die Bruchstelle mit einer kurzen spitzen Abrundung
ausgeheilt. Hier ist es ganz zweifellos, daß ein eigens zu dieser Tätig-

Fig. 334. Derselbe Ceratit von beiden Seiten, infolge pathogener Entwicklung die
Merkmale zweier verschiedener Spezies (C. robustus u. nodosus) zeigend. Muschelkalk,
Hannover. (Aus Riedel, l. c.) ³/₄.

keit umgebildetes Organ, vermutlich ein Arm, aus der Wohnkammer
herausgriff und die zum Abwerfen der Spitze führende Resorption vollzog und danach die Verheilung der Schalenwunde. Dabei mußte wohl
dieses Organ so gestaltet sein, daß es die offene Stelle zuvor schon
wasserdicht abschloß, denn sonst hätte sich mindestens die letzte Kammer
mit Wasser gefüllt. Eine ähnliche Fähigkeit müssen wir für Ascoceras
annehmen (S. 111, Fig. 33), der ja auch seine Luftkammern im Alter ab-
stieß und dann vielleicht durch das verkalkende Siphonalende des Eingeweidesackes das offene Siphonalloch verschloß.[2]

---

1) Riedel, A., Beiträge zur Paläontologie und Stratigraphie der Ceratiten des
deutschen oberen Muschelkalkes. Jahrb. preuß. geol. Landesanst. für 1916, Bd. 37, I,
S. 17, Berlin 1916.

2) Für Phylloceras: Pompeckj, J. F., Beiträge zu einer Revision der Ammoniten
des Schwäbischen Jura. Lieferung I, Taf. II, Fig. 3, Stuttgart 1893. — Für Dumortieria:
Benecke, W., Die Versteinerungen der Eisenerzformation von Deutsch-Lothringen und
Luxemburg. Abhandl. geol. Spezialkarte v. Elsaß-Lothringen, N. F., Heft VI, Taf. 41,
Straßburg 1905.

Bei den pathogenen Gehäusen, wie wir sie besonders unter den Ammoniten so häufig antreffen, muß man mit v. Loesch zweierlei Arten auseinanderhalten[1]): solche, bei denen das Gehäuse selbst durch einen Stoß von außen verletzt und dann ausgeheilt wurde, wobei längere oder kürzere Zeit, zuweilen auch dauernd eine Mißbildung der Schale mitgeschleppt wird; dann solche, bei denen offenbar der Mantel selbst erkrankte, sei es durch Eindringen eines Fremdkörpers, eines Parasiten oder auf physiologischem Wege, was sich dann an der äußerlich unverletzt gebliebenen Schale als Störung ausdrückt. v. Loesch beschreibt eine

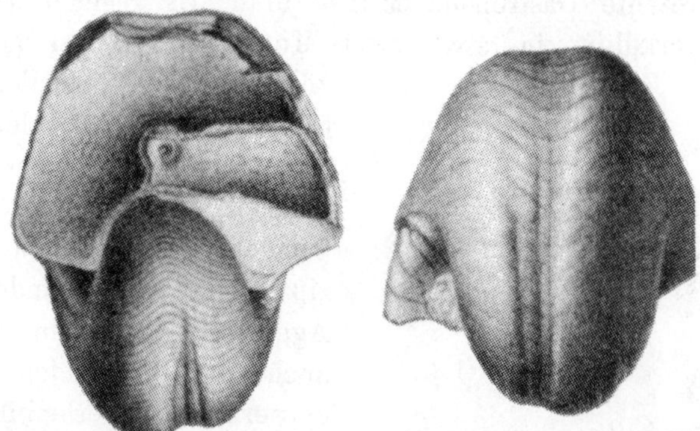

Fig. 335. Pathogener Nautilus aus dem oberen Jura von Franken. Äußere Verletzung nicht zu bemerken. Baldige Ausheilung. (Aus v. Loesch, l. c.) $^3/_4$.

derartige Nautilusschale aus dem oberen Jura. Die Störungsstelle erstreckt sich auf den letzten Umgang und beginnt in Fig. 335 ganz unvermittelt, um sich dann gegen die Mündung hin immer mehr zu verlieren. Die Mißbildung erstreckt sich auch auf die Flanke und die Nabelregion, wo man ein Absetzen der Schalenbildung und Streifung bemerkt. Der verletzte oder erkrankte Teil des Mantelrandes konnte nicht gleich schnell mit dem gesunden bauen, er blieb in seiner Leistung zurück, und so entstand eine Häufung der Anwachsstreifen und eine Knickung nach rückwärts, bis sich allmählich wieder ein normalerer Schwung der Anwachsstreifen einstellte.

Pathologische und wieder ausgeheilte Belemnitenrostren sind verhältnismäßig häufig beobachtet (Fig. 336). Sie rühren davon her[2]), daß bei dem Übergang von der in der Jugend angenommenen schwimmenden Lebensweise zu dem Aufenthalt am Boden die noch zarten Rostren leicht verletzt wurden, zumal dieser Übergang individuell vollzogen wurde, ehe noch das dem Bodenleben dienende starke Rostrum entwickelt gewesen sein soll. Es gibt an solchen Rostren zwei Arten von Frakturen: solche,

---

1) v. Loesch, K. C., Eine fossile pathologische Nautilusschale. Neues Jahrb. f. Min. usw., Stuttgart 1912, II., S. 90.

2) Abel, O., Paläobiologie der Cephalopoden aus der Gruppe der Dibranchiaten, S. 210, Jena 1916.

bei denen das abgebrochene Stück erhalten blieb, nur wenig nach der Seite verschoben wurde, unter schwacher Kallusbildung anheilte, bis die Deformation durch die späteren Anwachsschichten ausgeglichen wurde und dann äußerlich keine Verletzungsspur mehr wahrzunehmen ist (Fig. 336 a); ebenso sind auch jene Frakturen verheilt, bei denen das abgebrochene Stück verloren ging (c). War dagegen das Rostrum in mehrere Stücke zerstoßen, dann verschoben sie sich trotz der Heilung so gegeneinander, daß die Störung auch äußerlich durch die spätere Überwachsung nicht mehr auszugleichen war.

Der rezente Gastropode Murex brandaris regeneriert sein abgerissenes Operkulum in etwa zwei Monaten, und bei anderen Arten können nach Schalenverletzungen nicht nur feste Schalenstücke, sondern auch andere Fremdkörper, wie Nußschalen, zur Ausbesserung verwendet werden.[1]) Das ist im Prinzip aber nichts anderes als das Agglutinieren oder in gewissem Sinne auch das Umkleiden von Fremdkörpern durch Perlenbildung auf der Innenseite mancher Muschelklappen. Ich habe übrigens keinen Fall in der Literatur über fossile Perlen finden können.

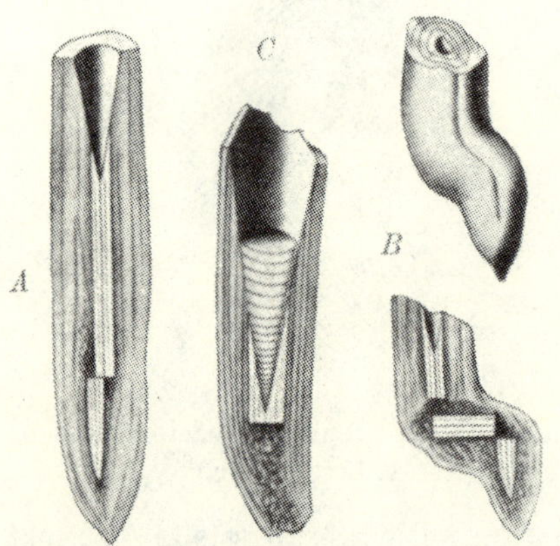

Fig. 336. Verletzte Rostren mit verschiedenartiger Ausheilung von Belemnites subfusiformis: Unterkreide, Basses Alpes. A mit seitlicher Verschiebung der inneren Teile und völligem äußerem Ausgleich. B mit Querstellung eines Teiles und auch äußerlich sichtbarer Verbildung. C Abgebrochenes ursprüngliches Rostrum im Innern, äußeres Rostrum ohne Spitzenbildung. (Aus DUVAL-JOUVE, Belemn. Terr. crét. inf. de Castellane, 1841.) $^1/_1$.

Wenn durch Verletzung ein Schalenteil unbrauchbar geworden ist oder eine nicht mehr gut zu machende Abtrennung des Weichteiles vom Hartteil eingetreten ist, so kann unter Umständen unter Fortbestehen des unbrauchbar gewordenen Teiles ein ihm gleicher neuer gebildet werden. Wenigstens erkläre ich mir so die pathogene Schale einer tertiären Pleurotoma regularis (Fig. 337), die wohl infolge von Verletzung einen zweiten Siphonalkanal gebildet hat, der an der letzten Naht ansetzt und etwas gegen den richtigen Sipho divergiert[2]).

Bei den lebenden Seeigeln kommen sehr häufig pathogene Abnormitäten vor[3]), die sich vornehmlich in der mangelhaften Ausbildung der

1) NUSSBAUM, M., KARSTEN, G., WEBER, M., Lehrbuch der Biologie für Hochschulen, S. 19/20. (Dortselbst Literaturangaben.) Leipzig u. Berlin 1914.

2) LERICHE, M., Sur une coquille de Pleurotoma regularis, pourvue de deux siphons. Ann. Soc. géol. du Nord, Vol. 39, S. 343, Lille 1910.

3) VADÁSZ, M. E., Regenerationserscheinungen an fossilen Echinoiden. Centralbl. f. Mineral. usw., S. 283, Stuttgart 1914.

Ambulacra zu erkennen geben, die aber meines Wissens fossil noch nicht nachgewiesen sind. Dagegen sollen nach Vadász regenerierte Schalen unter einem miozänen Material aus Ungarn gar nicht selten sein. Es handelt sich aber nicht um völlig regenerierte, sondern mehr um ausgeheilte Schalen, denn unter Regeneration versteht man den vollständigen Ersatz des verloren gegangenen Körperteiles, wie etwa bei dem in zwei Hälften zerschnittenen Regenwurm sich das ganze Tier regene-

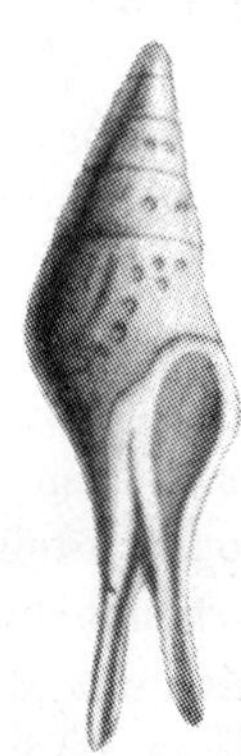

Fig. 337. Pathogene Pleurotoma mit zwei Siphonen. Oligozän, Belgien. (Aus Leriche, l. c.) 1¹/₄.

Fig. 338. Seeigel mit ausgeheilter Schale. Miozän, Ungarn. (Aus Vadász, l. c.) ¹/₁.

rieren kann. Hier bei den Seeigeln tritt kein völliger Ersatz ein, sondern entweder wird die Wunde geschlossen und geglättet, oder nur bis zu einem gewissen Grade wird die zerstörte Schale ergänzt, indem die abgebrochene Partie durch ein dünneres, spitz auslaufendes Stück ersetzt wird. Es ist also ein Mittelding zwischen Vernarbung und Regenerierung. Bei dem nebenstehend abgebildeten Exemplar (Fig. 338) sind die Bruchränder vollkommen vernarbt und, was wichtig ist, die Stachelwarzen sind regeneriert. Das zeigt, daß die Regenerationskraft nicht vollständig, aber doch weiter gediehen ist als das bloße Heilvermögen, indem auf der Vernarbung so feine Skulpturen wie die Stachelwarzen wieder erscheinen. Die Verletzung, welche Vadász auf die Einwirkung eines Feindes, nicht auf einfachen Bruch zurückführt, betraf auch das untere Ende des rechtsseitigen Ambulakrums, das jedoch nicht regeneriert, sondern nur verheilt wurde. Außer dieser Verletzung bemerkt man noch am hinteren Petaloidenpaar 3 bis 5 mm große, ebenso tiefe Grübchen, die wiederum richtige Regeneration zeigen, weil in ihrem Grunde wieder Stachelwarzen erscheinen. An mehreren anderen Beispielen weist Vadász

nach, daß die Heilung teils von der Oberseite, teils von der Unterseite
wechselnd ausgeht. Hierin liegt also keine Gesetzmäßigkeit, sondern eine
individuelle Anpassung an das im Einzelfalle physiologisch Mögliche.

Nach Vadász hat Dornyay[1]) auf eine tertiäre Krabbe mit regene-
rierter Schere hingewiesen, was ja auch bei Rezenten eine häufige Erscheinung ist.

v. Staff hat bei Fusulinen Schalenverletzungen erkannt, die sehr
rasch und leicht wieder repariert zu werden pflegten; er spricht sich gegen
eine Verletzung durch Brandungswirkung aus, da die Fusulinen in ruhigem
Wasser lebten.[2])

In diesem Zusammenhang mag auch die Frage der Resorption bei
Molluskenschalen behandelt werden, die schon vorhin bei Orthoceras
truncatum gestreift wurde. Zunächst ein einwandfreies Beispiel aus der
rezenten Konchyliologie.[3]) Bei dem auf S. 23 (Fig. 4) abgebildeten
Murex spinosus sind die Stacheln in ziemlich gleichen Abständen nicht
nur auf den früheren Umgängen, sondern auch auf der ganzen, später
von neuen Umgängen teilweise zu bedeckenden Außenlippe verteilt. Die
Stacheln auf der unteren Hälfte stehen also dem Weiterbauen hindernd
im Wege und werden daher resorbiert, indem sie vom Mantelrand selbst,
der sie schuf, wieder aufgelöst werden. Diese Fähigkeit, zu resorbieren,
hat auch die ganze Mantelfläche von Cypraea und Conus, bei denen die
inneren Umgänge immer papierdünn sind, auch wenn sie im Jugendzustand, ehe sie vom jeweils folgenden Umgange verhüllt waren, dick
waren. Die Mantelfläche, soweit sie den Eingeweidesack bedeckt, muß
also den Kalk wieder aufgelöst und weggenommen haben, entweder, wie
Deecke meint, um die Schale zu erleichtern oder, was wahrscheinlicher
ist, um das Material für die nötige Festigung des Außenumganges rasch
zur Verfügung zu haben. Bei manchen Gastropoden geht dieser ökono-
mische Prozeß noch weiter und führt bei den Neriten (z. B. Velates, vgl.
Kap. IV, 1; S. 299) und vielen Auriculiden zu einer völligen Auflösung des
inneren Gewindes. Bei Velates scheint die Abbiegung der Mündungsfläche gegen die Spindelachse, wie wir sie an der gen. Stelle genauer
beschrieben haben, mitzusprechen, weil hierzu besonders viel Bausubstanz
benötigt wird. Nacktschnecken — das vollendetste Stadium dieser biologischen Erscheinung — entstehen dadurch, daß entweder das Gewinde
mehr und mehr rückgebildet wird und schließlich ganz verschwindet,

---

1) Der Titel der mir unzugänglichen Arbeit lautet verdeutscht: Dornyay, B., Über
die geologischen Verhältnisse der Umgebung von Rozsahegy, Budapest 1913. (Nur
ungarisch.)

2) v. Staff, H., Beiträge zur Kenntnis der Fusuliniden. Beil.-Bd. 27 z. N. Jahrb.
f. Min., Geol. u. Paläont., S. 499 u. 502, Stuttgart 1909.

3) Simroth, H. in Brehms Tierleben, Bd. I, 4. Aufl., S. 413/14, Leipzig und
Wien 1918.

oder daß die Schale vom Mantellappen von außen her durch Umschlag umfaßt und durch diese Umhüllung in's Körperinnere verlegt und in verschiedenem Grade zum Verschwinden gebracht wird.

Hieran reiht sich die Erscheinung des Gewindeabwerfens bei manchen Gastropoden an. Wie schon im Abschnitt 2 dieses Kapitels (S. 596) gezeigt wurde, wird bei manchen spitzen Schnecken zum Schutz gegen das Abbrechen der Spitze diese innen mit Kalkblättern oder Kalkzement ausgefüllt. Umgekehrt werfen, entweder um der Gefahr des Abbrechens zu entgehen oder um das Gleichgewicht beim Tragen herzustellen, manche Arten nun freiwillig ihre Spitze ab, was durch ringförmige Resorption an einer Stelle bewirkt wird, verschließen dann aber die offene Stelle mit einer Kalknarbe. Solche Typen sind die südeuropäische Stenogyra (Rumina) (Fig. 339 *A*), bei der mehrmals im Leben des Tieres das an Größe zunehmende Gewinde abgestoßen wird, so daß die alte Schnecke zuletzt kein Stück der Schale mehr mit der jungen, die sie war, gemein hat. Unter den Meerschnecken zeigen kretazisch-tertiäre Volutiden (Fig. 339 *B*) diese Erscheinung. v. Koenen, der solche Exemplare,

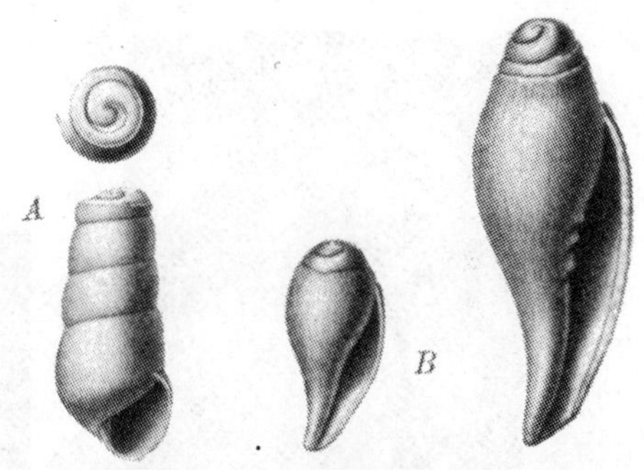

Fig. 339. Fortgesetzt abgeworfene und wieder verheilte Gewinde bei Schnecken: *A* Rumina, rezente südeuropäische Landschnecke. (Orig. in München.) ¹/₁. *B* Voluta (Aurinia) obtusa. Oligozän, Norddeutschland. Marinschnecke. (Orig. in München.) ¹/₁.

wie das neben abgebildete, beschreibt[1]), hielt die Verheilungskappe für das wulstig abgerundete Embryonalende und spricht daher von einer undeutlich entwickelten Spiralskulptur.

Als modifizierte und zur regelmäßigen Dauereinrichtung gewordene Regeneration läßt sich auch der Panzerersatz der Krebse nach der Häutung verstehen. Sie ist eine Anpassung daran, daß „mit der Entstehung des Panzers die Dehnbarkeit der Oberhaut, wie sie die Ringelwürmer besitzen, verloren ging und damit die Ausdehnungsfähigkeit des Leibes beschränkt wurde; der in dem starren Panzer eingeengte Körper war im Wachstum behindert. Es konnte also die Erwerbung eines zusammenhängenden Hautpanzers nur Hand in Hand gehen mit einer Einrichtung, die diesem Übelstande abhalf; das ist die von Zeit zu Zeit wiederkehrende Häutung, der die Gliederfüßler, solange sie wachsen, unterworfen sind. Bei den höheren Krebsen dauert das Wachstum auch nach der Erlangung der

---

1) v. Koenen, A., Das norddeutsche Unteroligozän und seine Molluskenfauna. Abh. z. geol. Spezialkarte v. Preußen usw., Bd. X, S. 523, Berlin 1889.

Geschlechtsreife fort; sie häuten sich daher zeitlebens in bestimmten Zwischenräumen. Beim Flußkrebs geschieht dies im ersten Jahre etwa achtmal, im zweiten fünfmal, im dritten zweimal und weiterhin bei den Männchen zweimal, bei den Weibchen einmal jährlich. Die Tausendfüßer und Insekten dagegen sind mit der Geschlechtsreife ausgewachsen; sie häuten sich nur als Larven, nicht mehr als fertige Tiere . . Die Häutung ist nicht etwa ein Abwerfen der Haut, sondern nur ein Abwerfen der Kutikula. Sie ist in den Grundzügen bei allen Gliedertieren gleich und geht so vor sich, daß der alte Panzer sich von seinem Mutterboden, den Epidermiszellen, loslöst; die Zellen bilden dann zunächst

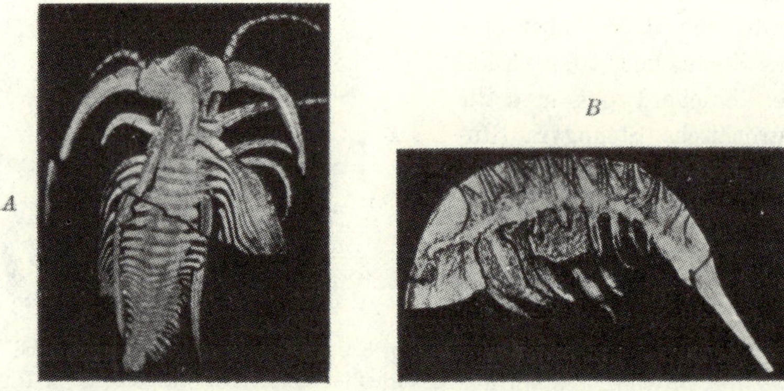

Fig. 340. Vermutliche Trilobitenformen unmittelbar nach der Häutung: *A* Marella, ⁴/₁; *B* Molaria, ³/₁. Mittelkambrium, Britisch-Columbia. (Aus Walcott, l. c. 1912.)

dünne fadenförmige chitinige Fortsätze, die Häutungshaare, und beginnen mit der Abscheidung des neuen Panzers. Wenn dieser eine gewisse Stufe der Entwicklung erreicht hat, sprengt das Tier die alte Hülle und kriecht heraus. Dabei wird nicht bloß die äußere Chitinhaut, sondern auch die Chitinauskleidung des Schlundes, des Kaumagens und des Enddarmes bei den Krebsen, sowie bei Tausendfüßern und Insekten auch die chitinige Wand der Atemröhren abgestoßen. Beim Flußkrebs wird dem alten Panzer vor der Häutung Kalk entzogen, der im Blute gelöst bleibt; außerdem liegen im Kaumagen . . Kalkanhäufungen, die sog. Krebsaugen oder Krebssteine . .; aus diesen beiden Quellen stammt das Material zur Durchtränkung des neuen Panzers mit Kalk . . Die Häutung wird vorbereitet durch allerhand Bewegungen, die eine Lockerung des Körpers vom alten Panzer bezwecken. Dann beginnt das Zurückziehen der Beine; dadurch daß diese ein Stück weit eingezogen werden, schwillt die Kopfbrust an; die dünne Verbindungshaut, die auf der Rückenseite das Hinterende des Kopfbrustschildes mit dem ersten Hinterleibsringe verbindet, reißt ein, und durch diesen Riß schlüpft der Krebs heraus. Der neue, noch weiche Panzer des „Butterkrebses" vermag dem sich dehnenden Körper nachzugeben; es findet ein schnelles Wachstum statt, und nach wenigen Tagen erhärtet der Panzer durch erneute Kalkeinlagerung."[1]

Es ist merkwürdig, daß man noch nicht fossile Krebse im zweifellosen Häutungsstadium nachgewiesen hat. Bei der Häufigkeit dieses Vorganges im Leben des Einzelindividuums sollte man öfters solche Panzer im Stadium der Häutung erwarten. Andererseits besteht kein Zweifel, daß viele fossile Krebspanzer nur Häutungsprodukte darstellen. Die häufig gefundenen Platten mit Trilobitenpanzern und Bruchstücken von solchen können so gedeutet werden.[2] Es ist nicht ausgeschlossen, daß u. a. die von WALCOTT aus dem nordamerikanischen Mittelkambrium beschriebenen weichhäutigen Krebsformen, wie Marrella und Molaria (Fig. 340), deren systematische Stellung sich bisher nicht ermitteln ließ, weichhäutige Krebse bzw. Trilobiten unmittelbar nach Abwerfen des Panzers sind.

Pathogene Schalen sind bei der Artbestimmung von Varianten, wie von Raumanpassungsformen zu unterscheiden. Man könnte ja jene verbildeten Austern, die S. 411 beschrieben wurden, auch in gewissem Sinn als pathogene Formen bezeichnen, wenn diese Gestaltungen nur gelegentlich und nicht auf Grund der ihnen gemäßen Lebensweise immer wieder aufträten.

---

1) HESSE, R., Der Tierkörper als selbständiger Organismus. Bd. I von HESSE-DOFLEIN, Tierbau und Tierleben, S. 127—129, Berlin u. Leipzig 1910.

2) DAHMER, G., Ein Häutungsplatz von Homalonotus gigas A. Roem. im linksrheinischen Unterdevon. Jahrb. Nass. Ver. f. Naturk. Wiesbaden 1914, Bd. 67, S. 16. — Hierzu das Referat von R. RICHTER im N. Jahrb. f. Mineral. usw., I., S. 389/90, Stuttgart 1916.

VII. Kapitel

Die stammesgeschichtliche Betrachtungsweise der organischen Formen

Das natürliche Hervorgehen vieler Organismenformen aus einander und damit die natürliche Abstammung von systematischen Gattungen oder Arten ist eine wissenschaftliche Erkenntnis, über die man kaum mehr wird streiten wollen. Wohl aber wird man lebhaft streiten dürfen darüber, ob alle Organismen auf einander und auf eine einzige natürliche Stammart zurückgehen oder ob es mehrere, ja viele stammesgeschichtliche Urformen waren, welche unter ursprünglichen und uns noch unbekannten Entstehungsumständen den Ausgangspunkt für das spätere kambrisch-quartäre Tier- und Pflanzenleben gebildet haben. Nicht weniger Zweifel bestehen darüber, ob jenseits gewisser typenhaft festgelegter Grenzen eine phänotypische oder genotypische Veränderung überhaupt eintreten kann. Drittens ob die Evolution, die nun einmal als Tatsache vor uns steht, innerhalb einzelner getrennter Grundtypen äußerlich kontinuierlich oder sprunghaft sich vollzog, ob sie explosiv oder allmählich verlief, oder ob bald das eine, bald das andere die Erscheinungsweise neuer Gattungen und Arten war. Endlich besteht ein Hauptproblem darin, ob das, was wir von „Entwicklung" zweifellos in der Geschichte der organischen Natur sehen, nun ein im wörtlichen Sinn des deutschen Ausdruckes aufzufassendes Hervortreten eines potentiell, nicht präformiert in den Grundformen liegenden organischen Gestaltungsvermögens ist, oder ob wir mit einer epigenetisch-akkumulierenden Umwandlung zu rechnen haben. Die Antwort auf diese große Frage fällt zusammen mit der organistisch-vitalistischen Erklärungsmöglichkeit einerseits, mit der mechanistischen andererseits. Eine Evolution ist nur im ersteren Sinn denkbar; eine Epigenese im letzteren. Das wieder hängt ab von der Vererbung „erworbener" Eigenschaften. Das alles kann hier nicht erörtert werden. Im nachfolgenden soll es sich im wesentlichen auch nicht um eine Darlegung der Tatsache des natürlichen stammesgeschichtlichen Zusammenhanges innerhalb gewisser Grundtypen selbst handeln, sondern nur darum, ob die Abstammungslehre in üblicher Fassung auch auf Grundtypen selbst ausgedehnt werden kann; ferner um die Frage, welche Art von natürlicher Umwandlung innerhalb wirklicher Stammreihen phänotypisch stattfand.

1. Die Methoden

Wie die Organismen, die Arten und Typen, im Laufe der Erdgeschichte aufeinanderfolgten, d. h. wie sie sich in morphologischen Reihen phänotypisch aneinanderschlossen, das darzustellen, ist bisher vor allem Aufgabe der Stammesgeschichte gewesen.

Nach dem Grad ihrer Zuverlässigkeit hatten wir allgemein mehrere Mittel und Gesichtspunkte, um die Stammesgeschichte der Tierwelt, d. h. nicht die Tatsache der Abstammung, sondern die Verknüpfung der Gattungen und Arten, also den äußeren Verlauf, aufzuhellen. Diese sind:

1. Die zeitliche Aufeinanderfolge der Arten in den Erdschichten. Wie sie hier zeitlich lagern, so nur können sie voneinander abstammen.
2. Das Verfolgen von Anpassungsreihen, wobei über die strenge Zeitfolge hinweggesehen werden kann. Die Reihen werden einen umso höheren Grad von Wahrscheinlichkeit für die wirkliche Entwicklung haben, je weniger die Zeitfolge der aneinandergereihten Anpassungsstadien vernachlässigt ist. Dabei machen wir einen Rückschluß von einseitig angepaßten Formbildungen auf frühere Stadien, die sich noch in der Grundanlage verraten.
3. Die möglichst weit getriebene vergleichende Anatomie, welche uns unterscheiden läßt zwischen den ihrer ganzen Struktur nach innerlich verwandten Formen und den nur ähnlichen oder konvergenten.
4. Die Ontogenie, welche zum Teil mit der vergleichenden Anatomie zusammenfällt, soweit sie ontogenetische Stadien mit anderen gleichzeitigen oder früheren vorweltlichen Tierformen des gleichen Stammes vergleicht; sonst aber, indem sie aus den frühesten und den Jugendstadien eines Individuums unmittelbar das Bild seiner Ahnen ablesen möchte.
5. Die Erblichkeitsforschung und die Untersuchung der Varianten und Mutationsbildungen an lebendem Material und ihre Anwendung auf das fossile.

Die Voraussetzung für eine unbedingte Anwendbarkeit dieser fünf Punkte für die Aufhellung der Stammesgeschichte wäre, daß übereinstimmende Gestalt und Formanlage ein unmittelbarer Ausdruck für die genealogische Zusammengehörigkeit der in Betracht gezogenen Formen ist, und daß je nach der größeren oder geringeren Verschiedenheit der Formen auch ihre Bluts- und Stammesverwandtschaft weiter oder enger sei. Ist diese Voraussetzung aber gültig? Zunächst scheint es so, und es lassen sich sogar gewisse Erfahrungstatsachen für sie in's Feld führen. Wir wollen sie im allgemeinen vorerst gelten lassen und mit ihr die genannten fünf Punkte prüfen.

Punkt 1. Nur durch die strengste Berücksichtigung der zeitlichen Folge läßt sich, wenn überhaupt, einige Sicherheit in die Stammesgeschichte bringen. Alle stammesgeschichtlichen Darstellungen müssen an diesem Kriterium gemessen werden und stehen oder fallen mit ihm. Vor allem muß man auch soviel wissenschaftliche Nüchternheit und Zurückhaltung aufbringen, um nicht zeitlich weitgetrennte identische oder sehr ähnliche Formen für unmittelbar blutsverwandt zu erklären. Wenn wir im Paläozoikum heliolitesartige Korallen finden, die sodann verschwinden, worauf erst im Känozoikum Formen erscheinen, welche ein sehr ähnliches Skelett besitzen, während in der langen Zwischenzeit derartige Formen fehlen, so darf man nicht den Schluß ziehen wollen, daß jene beiden zeitlich so weit getrennten Typen derselben Stammreihe angehören, ja fast generisch identisch seien und daß nur die berüchtigte Lückenhaftigkeit unserer Materialkenntnis die formgleichen zeitlichen Zwischenglieder noch nicht geliefert habe. Denn wir haben aus dem Mesozoikum auf der ganzen Welt so viel Korallenformen, daß der andere Schluß viel wahrscheinlicher ist: daß jene paläozoischen und die känozoischen Helioliten doch nur Konvergenzbildungen sind. Mindestens wohnt bei der Möglichkeit dieses Schlusses dem großen zeitlichen Intervall im Auftreten jener äußerlich gleichartigen Formen ein solches Schwergewicht inne, daß mit der Behauptung der engsten genetischen Zusammengehörigkeit beider Formen wissenschaftlich nichts gewonnen, sondern nur eine höchst zweifelhafte, also erst wieder zu beweisende Behauptung aufgestellt ist. Wenn bei der Suturliniengleichheit der triassischen Ceratiten mit einigen Arten der oberen südlichen Kreide ebenfalls der unmittelbare genetische Zusammenhang beider Typen behauptet wird, trotzdem sich die „Kreideceratiten" formal leichter aus phylloceren Typen mit zerschlitzterer Sutur ableiten lassen, so liegt hier günstigstenfalls eine Art allgemeinen atavistischen Rückschlages eines Stämmchens vor, aber es ist unwahrscheinlich, daß die Kreideceratiten die unmittelbare und morphologisch gleichartige Fortsetzung der triassischen sind. Denn auch hier fällt bei dem ungeheueren Reichtum unserer Kenntnisse in Juraammoniten das Fehlen von Juraceratiten allzustark gegen die generische Identität in's Gewicht.

Wenn also irgend etwas eine exakte Kontrolle stammesgeschichtlicher Zusammenhänge ermöglicht, so ist es die zeitliche, die stratigraphische Aufeinanderfolge der Formen. Das ist das Kriterium, das wir allein sicher in der Hand halten und

das uns die Natur unmittelbar gibt. Alle anderen Gesichtspunkte, nach denen man Stammesgeschichte konstruiert, sind
durchaus unzuverlässig und spekulativ; morphologische Identität sagt bei großen Zeitlücken gar nichts.

Ein Beispiel, wie durch die Mißachtung der Zeitfolge verkehrte
biologisch-stammesgeschichtliche Vorstellungen und Konstruktionen entstehen, ist die Weismannsche Erklärung der Entstehung der großen langen
Eckzähne des Machairodus: sie sollen dazu gedient haben, sich in die
schweren Glyptodontenpanzer einzubohren, mit deren Trägern zusammen
Machairodus im Altpleistozän von Südamerika lebte; es sei das, meinte
Weismann, zugleich ein Fall wechselseitiger Anpassungssteigerung zweier
Tierformen. Demgegenüber steht die Tatsache[1]), daß die Machairodontiden
schon im Paläogen der Alten Welt auftreten, mit derselben Spezialisierung,
ohne daß da Glyptodonten existiert hätten, und daß sie erst im Pliozän
durch Einwanderung in Südamerika mit diesen zusammentrafen als fertige
Formen. Ein anderes warnendes Beispiel ist die von R. T. Jackson behauptete[2]) Abstammung der Aviculidenmuschel von der silurischen Rhombopteria, weil Rhombopteria der Jugendform der heutigen Avicula sterna
gleicht; es gibt aber schon im Untersilur Aviculiden. Perna sollte der
Stammvater von Gervilleia und Ostrea sein; beide sind aber schon in
der Untertrias da, während Perna frühestens in der Obertrias erscheint.
Diese mit den paläontologischen Tatsachen — nicht nur mit der Zeitfolge —
unbekümmert umspringende Methode zeichnet überhaupt die ganze Deszendenztheorie bisher aus, und leider läßt sich die Paläontologie von dieser
unexakten, uns von den Zoologen aufgedrungenen Deszendenztheorie gegen
das Zeugnis des fossilen Materials in's Schlepptau nehmen.

Freilich darf auch nicht unbeachtet bleiben, daß die zeitliche Folge
uns nicht immer bekannt ist, weil wir eben nicht alle notwendigen Arten
fossil finden. Hätten wir in dem Rhombopteria-Beispiel die untersilurischen Aviculiden noch nicht gefunden, so bestünde Jacksons Meinung
vorläufig mit großer Wahrscheinlichkeit zu Recht. Aber gerade die
Lückenhaftigkeit des Materials ist das allerstärkste Argument dafür, daß
man nicht willkürlich mit der Zeitfolge umspringen darf und vor allem
bei Namhaftmachung von Ahnenformen streng an ihr alles messen muß.
Daß man aber andrerseits größere zeitliche Lücken nicht einfach überbrücken darf mit Stammbaumstrichen, wird nachher gezeigt werden.

Punkt 2. Das zweite Mittel zur Aufhellung der Stammesgeschichte
ist die Verfolgung von Anpassungsreihen. Verstehen wir die Anpassungen

---

1) Abel, O., Angriffswaffen und Verteidigungsmittel fossiler Wirbeltiere. Verh.
k. k. zool. botan. Ges. Wien. Jahrg. 1908, S. 207/09.

2) Jackson, R. T., Phylogeny of the Pelecypoda. The Aviculidae and their allies.
Mem. Boston Soc. Nat. Hist., Vol. IV, No. 8. Boston 1890. Zur Widerlegung vgl. das
Referat von F. Frech im N. Jahrb. f. Min. usw., 1890, II, S. 361—63.

einer Tierform, die sie im Verlauf einer bestimmten geologischen Zeitspanne durchmachte, und gelingt es uns, an allen nacheinander erscheinenden Arten den äußeren Hergang dieser Anpassung darzutun, so haben wir damit, wie ABEL sagt, ein Mittel zur Klärung der Stammesgeschichte. Freilich muß man sich in jedem Einzelfalle besinnen, ob eine solche Anpassungsreihe zugleich eine wirkliche Stammreihe oder nur eine ideelle, formale Entwicklungsreihe ist.

Es ist nämlich mit ABEL zu unterscheiden [1]) zwischen:

a) Anpassungsreihen. Bei mehreren, oft stammesgeschichtlich weit getrennten Gattungen lassen sich Anpassungen an ein und dieselbe Lebensweise verfolgen, also etwa das starre Festwachsen von Einzelkorallen, Muscheln, Brachiopoden und Krebsen (Kap. IV, 2), was gleiche oder sehr ähnliche äußere Körperbildungen nach sich zieht. Das Einrollungsvermögen der Trilobiten und Asseln oder die Umwandlung des ursprünglichen vierzehigen Huftierfußes an den hochgestellten ein- oder zweizehigen sind solche Anpassungen heterogener Gattungen und Typen an dasselbe Lebensbedürfnis.

Stellt man die verschiedenen in einzelnen Arten auftretenden Anpassungsstadien nach dem Grade ihrer Vollkommenheit nebeneinander, so ergeben sich Formenreihen, die man früher für Stammreihen hielt, also für die Darstellung der realen geologischen Entwicklung ansah. In Wahrheit drücken diese Reihen nur den idealen Gang einer Spezialisation aus und können so allerdings den möglichen Weg, den die stammesgeschichtliche Entwicklung eines Organes nahm, andeuten; aber sie liefern keinen wirklichen Stammbaum.

b) Stufenreihen. Sie bedeuten eine Annäherung an die richtige stammesgeschichtliche Ahnenreihe, wenn es gelingt, jene eben genannten Anpassungsreihen innerhalb einer genetisch geschlossenen Familie oder Gattung nachzuweisen. Auch hier läßt sich eine zeitlich fortschreitende Umwandlung eines Organes oft verfolgen, und man kann danach die Arten einer Gattung von Horizont zu Horizont zu Entwicklungsreihen anordnen. Sobald man aber die Umwandlung anderer Organe oder der Gesamtkörperform ebenso berücksichtigt, zeigt sich, daß man die Arten in einer anderen Reihenfolge erscheinen lassen muß, um diesen anderen Anpassungsverlauf darzustellen; dann stimmt also die Reihe nicht mehr mit der zuerst gelegten zusammen. Die Entwicklung der Organe kreuzt sich bei der Gesamtumwandlung des Typus, was DOLLO „Spezialisationskreuzung" genannt hat.

---

1) ABEL, O., Die Bedeutung der fossilen Wirbeltiere für die Abstammungslehre. Sammelwerk „Die Abstammungslehre", S. 239—49, Jena 1911. — Grundzüge der Paläobiologie der Wirbeltiere, S. 632—46, Stuttgart 1914. — Allgemeine Paläontologie. Sammlung Göschen, S. 123ff., Berlin u. Leipzig 1917.

c) **Ahnenreihen.** Unter solchen allein sind die Entwicklungsreihen zu verstehen, in denen ein Organismus von Art zu Art und von Zeitstufe zu Zeitstufe in allen seinen Teilen gleichsinnig fortgebildet erscheint, ohne daß andere als die zur Entwicklungsreihe herangezogenen Arten störend dazwischen treten würden.

Eine Anpassungsreihe ist es z. B., wenn wir auf S. 341 die Entstehung der gestreckten Rudistenformen aus dem mit dem Wirbel festgewachsenen und dann durch Schalentorsion sich in die Höhe drehenden Diceras als Ausgangspunkt formal abgeleitet und als Übergangszustand die Capriniden eingeschoben haben. Von einer wahren Stammreihe zwischen diesen heterogenen Gruppen ist keine Rede, wenigstens ist sie unwahrscheinlich. Ein anderes, ausführlich behandeltes Beispiel ist die Ersetzung des Orthocerasgehäuses durch das involute Nautilusgehäuse (Kap. II, S. 103ff.), wobei wir ausdrücklich auf die stammesgeschichtliche und morphologische Inkohärenz der wirklichen Arten hingewiesen haben. Dennoch nähern sich jene Nautilusevolutionen schon vielfach wirklichen Stammreihen dadurch, daß sie zu Stufenreihen werden, weil sie zum Teil innerhalb genetisch enger geschlossener Familien vor sich gehen (z. B. Orthoceras in Cyrtoceras).

Ein Beispiel für eine wahre richtige Ahnenreihe dagegen, nach obiger Definition, wobei Art um Art gleichsinnig in allen Organen sich zu einer neuen umbildete und wobei Spezialisationskreuzungen und Unterbrechungen nicht vorhanden wären, kenne ich nicht, weder unter den Wirbellosen, noch unter den Wirbeltieren. Alle wirklich geschlossenen, mit konkreten Arten belegten Stammreihen gehen niemals über engste Abänderungsgrenzen hinaus; sonst sind es stets nur Anpassungs- und Stufenreihen, niemals Stammreihen im oben bezeichneten Sinn. Wir kommen noch darauf zurück.

Zwar auch nicht zu geschlossenen weitausgreifenden Stammreihen, wohl aber zu Anpassungs- und Stufenreihen führt die von ABEL mit soviel Erfolg ausgeübte vergleichend ethologische Analyse der Tierformen. Wenn an bestimmt und einseitig angepaßten Gestalten und Organen die Anpassungsbildungen in ihrer Funktion, Statik und Korrelation entwicklungsmechanisch begriffen sind, dann ergibt sich daraus auch, ob solche Bildungen primär da waren oder ob sie sekundäre Adaptationen sind. Im ersteren Falle ist die Abstammungsfrage durch diese Formanalyse nicht zu klären; man hat einen Typus und der ist stammesgeschichtlich nicht weiter auflösbar; auch hierüber später noch Näheres. Im letzteren Falle dagegen ergibt sich aus der in Gedanken vorgenommenen Rückwärtsumbildung der sekundären Eigenschaften wieder der ursprüngliche primäre Zustand, mithin ein Bild der Ausgangsform vor der sekundären Umbildung. Forscht man nun in den Erdschichten nach solchen, dem Reduktionsbilde entsprechenden wirklichen Arten und findet man sie, so darf man sie wohl mit Sicherheit als die reellen Ahnen der analysierten späteren Anpassungsform bezeichnen. Es hängt dann von der Beibringung weiteren fossilen Materiales ab, ob sich innerhalb dieser beiden Endpunkte schließlich eine geschlossene, wirkliche Stammreihe herstellen läßt oder nicht. Diese Methode allein scheint mir — wenn dabei nur das stratigraphische Zeitmoment entsprechend berücksichtigt wird — derzeit der einzig sichere Weg zur Aufhellung der wirklichen, nicht bloß einer formalen, idealistischen Stammesgeschichte zu sein. Hier können zoologische Biologie, Entwicklungsmechanik und Paläontologie fruchtbar zusammen arbeiten.

In der Bewertung der biologischen Anpassungsreihen werden wir daher mit SCHLESINGER sagen können: „Das Aufsuchen und die Darlegung derartiger biologischer Reihen ist ein gewichtiger Faktor in der Erkenntnis des allgemeinen genetischen Zusammenhanges des Tierreiches und ist vollkommen ungefährlich, solange wir uns auf dem Boden des Tatsächlichen bewegen und uns nicht durch voreilige Schlüsse verleiten lassen, dort eine direkte Deszendenz anzunehmen, wo nicht alle Umstände dies sicher beweisen. Daher sind bei der Aufstellung solcher Reihen vor allem d i e Erscheinungen genau zu beachten und von Vererbungen zu trennen, welche wir als Parallelismen und Konvergenzen bezeichnen; des ferneren ist sorgfältig zu prüfen, ob wir nicht den Fall vor uns haben, wo das nächst höhere Glied in der Reihe in gewissen anderen Merkmalen primitiver ist als das vorangehende[1]“.

Die Notwendigkeit, bestimmte Bedingungen der Umwelt mit bestimmten Organbildungen und Einrichtungen zu bewältigen, führt bei vielen heterogenen Gruppen und Typen zur Ausbildung mehr oder minder gleicher Formen und Organe. Je näher verwandt zwei Formen sind, d. h. je innerlich gleichartiger die ursprüngliche Ausgangsorganisation zweier Formen ist, umso mehr werden die als Anpassung an äußere Erfordernisse auftretenden Bildungen auch miteinander übereinstimmen. Damit kommt es zur Entstehung von oft sehr weitgehenden Konvergenzerscheinungen. Wir haben solche Bildungen genauer im Kap. III, 5 besprochen und wollen hier nur auf den Einfluß hinweisen, den solche immerzu auftretenden und jede Form durchsetzenden Konvergenzbildungen auf die stammesgeschichtliche Klarstellung der Gattungen ausüben.

Punkt 3. Die vergleichende Anatomie lehrt uns gewisse Grundzüge des Baues der einzelnen Stämme und Klassen des Tierreiches kennen, die wir als erbliche Dauerorganisation unter allem Wechsel der Formbildungen herausschimmern sehen. Solche Eigenschaften nehmen wir als Beweis eines näheren stammesgeschichtlichen Zusammenhanges und

---

1) SCHLESINGER, G., Zur Ethologie der Mormyriden. Anm. k. k. Naturhist. Hofmuseum, Wien 1909, Bd. 23, S. 282.

unterscheiden danach — wie im kleinen die verwandten Arten — so auch im großen die verwandten Gruppen. Hierbei wird oft unbesehen formverwandt = blutsverwandt gesetzt. Die Schwierigkeit nun, wahre Verwandtschaft von Konvergenz zu unterscheiden, ist der Hauptgrund, weshalb auch die einfache morphologische Vergleichsmethode zwar zur Festlegung von Typen, aber nicht zur Ermittelung realer Stammreihen ausreicht. Um diesem Übelstande abzuhelfen, setzt eine hypothetische Begriffsbestimmung ein, nach der man Konvergenzbildungen von blutsgleicher Bildung entwicklungsgeschichtlich zu unterscheiden hofft[1]):

a) **Divergenz:** die verschiedene Entwicklung gleicher oder verwandter Formen oder Organe als Folge einer verschiedenen Anpassung;

b) **Konvergenz:** die analoge unabhängige Entwicklung verschiedener oder nicht verwandter Formen oder Organe als Folge einer gleichsinnigen Anpassung, wodurch eine sekundäre Ähnlichkeit oder Annäherung eines Typus an den anderen entsteht;

c) **Parallelbildung:** die analoge unabhängige Entwicklung gleichartiger oder verwandter Formen oder Organe als Folge einer gleichen Anpassung.

Nun ist es aber klar, daß die Erkenntnis, ob eine Körperform oder ein Organ parallel oder konvergent entwickelt ist, selbst wieder auf der Voraussetzung und Annahme beruht, daß im ersteren Falle die Formen blutsverwandt, im letzteren nicht blutsverwandt sind. Ein Beispiel: Im Kap. III (S. 258) zeigten wir, daß ein Trilobitenkrebs und eine rezente Insektenlarve gleichartige Schwebestacheln durch Entfaltung ihrer Epidermis entwickeln. Ist das Konvergenz oder Parallelbildung? Wir sagten damals, daß vermutlich die allen Arthropoden gemeinsame Grundorganisation unter gleichen Lebensbedürfnissen mit gleichartigen Formbildungen antwortet, weil die Konstitution in mehr oder minder festgelegtem Rahmen arbeitet; dasselbe sagten wir von dem Argonauta- und dem Ammonitengehäuse. Man kann von niemand verlangen, daß er diese Auffassung als unbedingt erwiesen anerkennt; wohl aber ist von dem, der sie nicht anerkennt, zu verlangen, daß er dann seinerseits angibt, ob in diesen Beispielen jeweils eine Konvergenz- oder eine Parallelbildung zu erblicken ist? Offenbar hängt die Antwort davon ab, ob er etwa die Trilobiten für stammesgeschichtlich unmittelbar verwandt hält mit jenen Insekten, oder nicht. Sind sie nicht verwandt, dann haben wir zweifellos eine Konvergenzbildung; sind sie verwandt, dann haben wir eine Parallelbildung Die Entscheidung der Frage hängt also wieder davon ab, ob man auch für einzelne Klassen von mehreren stammesgeschichtlichen bzw. morpho-

---

1) Schlesinger, G., Der sagittiforme Anpassungstypus nektonischer Fische. Verh. k. k. zoolog.-botan. Ges. Wien, Jahrg. 1909, S. 141. Nach Osborn, H. F., The ideas and terms of modern philosophical anatomy. Science XXI, New Haven 1905, S. 960.

logischen Grundtypen ausgeht und z. B. die Morphologie der Trilobiten und der Insekten bzw. der Schalenkephalopoden für genügend erachtet, die Blut- und Stammesverwandtschaft zu erweisen oder nicht. Es ist klar, daß diese Betrachtungsweise in einen Zirkelschluß führen muß.

Als Beispiel für Parallelentwicklung wird an der bezeichneten Stelle von Schlesinger-Osborn noch die Pferdereihe angegeben, die sich in den verschiedenen Kontinenten in unabhängigen Stammreihen herausgebildet hat. Man bezeichnet daher den Pferdetypus mit der bekannten Definition als polyphyletisch. Ich frage nun: heißt das, die Pferdereihen laufen nirgends zusammen, oder: sie laufen irgendwo in einer allerletzten Urform doch zusammen? Offenbar meint man das letztere und leitet daraus das Recht her, von Parallelentwicklung, statt von Konvergenz zu sprechen.

Man hält diese Pferdereihen für verwandt, weil sie sehr viele gemeinsame Merkmale haben, sozusagen einen gemeinsamen morphologischen Typus bilden, auf Grund dessen man sie für blutsverwandt erklärt. Nur so; denn von Stammreihen ist auch hier nicht die Rede, sondern nur von Anpassungsreihen mit vielen Spezialisationskreuzungen. Man setzt also immer voraus, was man beweisen sollte. Eben darum dreht es sich ja gerade: stammesgeschichtlich sicherzustellen, was von den Eigenschaften gemeinsame Grundorganisation ist und was nicht. Hier etwa der allgemeine Wirbeltiercharakter? Etwa der allgemeine Säugetiercharakter? Oder der allgemeine Pferdecharakter? Je mehr das Material an wirklichen Arten wächst, umso weniger klar werden die Stammbäume, umso mehr lösen sich die Gruppen, die Typen, die Gattungen in unabhängige Zentren und Linien auf. Müssen sie irgendwo genetisch oder formal in einer Urform zusammenlaufen? Wir glauben es und fordern es; aber alle Tatsachen deuten nach anderer Richtung, nur unsere auf ganz unzureichenden früheren Kenntnissen aufgebaute Doktrin fordert ein formales Zusammenlaufen. Fragt man, warum an dieser Fiktion festgehalten wird, dann hört man nicht: „Die Folge der Arten beweist es"; sondern man hört einen dialektischen Grund, rein negativ: „Wie soll man sich denn anders die Entwicklung der Formen vorstellen?" So spielt gerade hier in der Stammesgeschichte die scholastische Denkweise noch eine verspätete und bedenkliche Rolle.

Man kann gar nicht genug auf diese prinzipiellen Begriffsfehler der Abstammungslehre hinweisen und muß es umso mehr tun, wenn man z. B. in einem bedeutenden paläozoologischen Werk liest, die Abstammungslehre bedürfe keines Beweises mehr. Nach dem, was allein schon die Vererbungsforschung zutage bringt, ist das eine arg anfechtbare Behauptung; und nach dem, was die Paläontologie an geschlossenen Stammreihen zutage bringt — nämlich nichts — also doch erst recht. So liegt jetzt prinzipiell und den Tatsachen nach die Deszendenzfrage. Was anderes ist es natürlich, ob sie nicht nach wie vor ein aus allgemeinen

Gründen aufrecht zu erhaltendes, jedoch sehr einzuschränkendes und in
andere Vorstellungsformen zu gießendes Postulat bleibt, wovon der nächste
Abschnitt noch handeln soll. Hier wollen wir in der Kritik der Methoden
der Abstammungslehre fortfahren.

Wir kommen zu Punkt 4, zur Ontogenie als einem Beweismittel
der Phylogenie.

Ein gutes Beispiel embryogenetisch-stammesgeschichtlicher Beweisführung ist etwa die Herkunft der mesozoisch-rezenten Limuliden von
den paläozoischen Belinuriden, weil hier die ontogenetischen Stadien auch
der zeitlichen Aufeinanderfolge der Stammesgruppen entsprechen. Die
beifolgende Abbildung (Fig. 341) zeigt die Limuluslarve, deren segmen-
tierter stachelloser Körper die
größte Ähnlichkeit mit der
Prestwichia besitzt, einem ausgewachsenen Repräsentanten
einer paläozoischen Gruppe
mit Xiphosurenmerkmalen.
Diese verschwindet mit dem
Paläozoikum und dafür er-
scheint, ebenfalls zuerst in
kleinen Arten, der echte Limulus in der unteren Trias.
Beide Gruppen sind ferner
Bewohner des Süß- oder

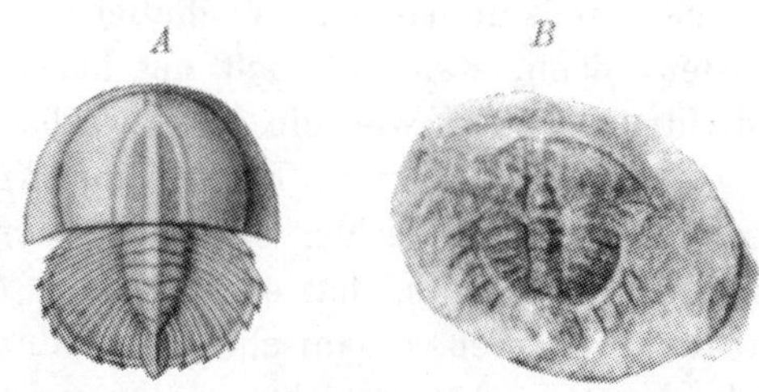

Fig. 341. *A* Larve des lebenden **Limulus** mit
segmentiertem Hinterleib. (Aus „Die Abstammungslehre", Jena 1911.) Stark vergr. *B* **Prestwichia**,
ausgewachsener Xiphosure. Karbon, Illinois. (Orig.
in München.) $^3/_4$.

Brackwassers gewesen, und erst vom Muschelkalk ab ist Limulus
als Meerbewohner erkennbar. Hier treffen also ontogenetische und
geologische zeitliche Gesichtspunkte zusammen, um diese Formenfolge
als phylogenetische Entwicklungsreihe erscheinen zu lassen. Und doch
ist damit noch nicht der Beweis geführt, daß die formale Identität der
Limuluslarve mit den alten Hemiaspiden mehr sei als eine Parallel-
erscheinung. Wenn nämlich die Lebenslage der Limuluslarve die gleiche
ist wie die der ausgewachsenen Hemiaspiden, dann erscheint vielleicht
die gleiche phänotypische Form, die für solche Fälle in der Konstitution
derartiger Typen liegt — wie die Argonautaschale äußerlich ammons-
hornartig wird (vgl. S. 256).

Kaum ein Biologe wird heute noch unbedingt den Satz aufrecht-
erhalten, daß die Ontogenie eine erbliche Wiederholung der Stammesgeschichte sei. Auch bei aller gelegentlich vielleicht noch so weitgehenden formalen Ähnlichkeit oder Gleichheit ontogenetischer Stadien
mit den vermutlichen stammesgeschichtlichen Vorläufern einer Art
herrschen in beiden Fällen doch ganz andere Entwicklungsmotive. Die
Ontogenie ist lediglich ein individuelles Parallelbeispiel des teils unmittelbar, teils auf Umwegen und mit Hilfsanlagen arbeitenden organischen

Bildens, wie es auch die Evolution der Arten ist. Insofern keine „Art"
sich ohne individuelle Ontogenie entwickeln kann, verläuft beides sogar
zusammen als ein Prozeß: aber das, was an der Ontogenie als historische
Reminiszenz erscheint und es — in anderem Gestaltungszusammenhang
von der Natur verwertet — auch ist, berechtigt nicht zu der verall-
gemeinernden Anwendung der ontogenetischen Befunde auf die Konstruktion spezieller Stammreihen.

Sieht man von der theoretischen Auswertung ab und hält man
sich an das rein Empirische, so läßt sich nur feststellen, daß die ontogenetischen Formstadien der einzelnen Organe oder der ganzen Körper-
gestalten teils sehr ähnlich voraufgegangenen Gattungen des betreffenden
Stammes, teils ihnen sehr unähnlich sind. Sehr ähnlich sind sie wohl
meistens dann, wenn es sich um Larven handelt, die als frei lebende
Individuen analog wie ein ausgewachsenes Tier leben, also z. B. der
junge Limulus, Insekten, Krebse und Amphibien; unähnlich aber dann,
wenn die ontogenetischen Frühstadien im Mutterleib oder in Brutpflege
verlaufen. Denn im letzteren Fall ist das ontogenetische Werden ein
nur nach inneren organischen Gestaltungsgesetzen orthogenetisch ver-
laufender Prozeß und daher unabhängig von den das erwachsene Tier
umgebenden äußeren Bedingungen; im ersteren Fall dagegen verläuft
das ontogenetische Werden nach den Erfordernissen einer nicht schützenden, sondern Anpassungen erfordernden Umwelt, den Lebensverhältnissen
eines fertigen Tieres analog. Da diese oft dieselben sind wie bei ehemaligen
Ahnen, so wird in solchen Fällen die Ontogenie wie eine Rekapitulation
der Ahnengeschichte erscheinen — es aber ihrem Wesen nach dennoch
nicht sein. Wahrscheinlich ist so das vorhin gegebene Limulusbeispiel
zu deuten. Auch hierbei mag es verschiedene Gradabstufungen geben.
Wirken die umgebenden Verhältnisse besonders streng auf den werdenden
Organismus ein und erfordern sie unbedingt und rasch eine mehr oder
minder weitgehende Umbildung und Anpassung, so wird die erbliche
Formbildung sich rascher modifizieren, sie wird in den Hintergrund
treten, um die notwendige neue Formbildung tunlichst bald erscheinen
zu lassen, wie es eben für die Individuen dienlich ist. Wirken aber die
äußeren Verhältnisse nicht so streng ein, so wird mehr die erblich
fixierte Bildungsweise in ihr Recht treten. Es kann sein, daß an ein
und demselben Organismus beides gleichzeitig der Fall ist. Alle diese
Momente in ihrem abwechselnden stärkeren Hervortreten, in ihrem teilweisen Dominieren und Zurücktreten gegeneinander, in ihrer steten Vermischung und Trennung haben zur Folge, daß bald die Ontogenie ein
formal getreueres, bald ein verwischteres, bald ein verkehrtes Abbild
stammesgeschichtlicher Formfolgen sein kann. Sich auf sie zu verlassen
und aus ihr Stammbäume zu konstruieren, ist ohne Mitkontrolle der Zeitfolge wirklicher fossiler Arten ebenso verkehrt, wie zu behaupten, sie

sei wertlos hierfür. Ein unbedingtes Beweismittel für Stammesgeschichte
ist sie nicht schlechthin; vielmehr würde sie oft genau dieselben Formbildungen auch zeigen können wie ausgestorbene frühere Arten, wenn
es gar keine wirkliche, sondern nur eine ideale Phylogenie gäbe, weil
eben gleiche organische Bildungsgesetze gelten, die gleich bindend für
frühere wie für spätere und werdende Arten bzw. Organismen sind und
waren. Daher kommt es dann auch, daß eine geologisch jüngere Art
in ihrer Ontogenie die „Urform" einer geologisch späteren repräsentieren
kann, wie beispielsweise der schon in der Trias erscheinende Brachiopode
Waldheimia, dessen Ontogenie ein Stadium durchläuft, das schon den
kretazischen Magas vorweg nimmt. Im übrigen sei auf die Ausführungen
von O. Hertwig in seiner „Allgemeinen Biologie" verwiesen.[1]

Wir kommen zum Punkt 5 der stammesgeschichtlichen Erkenntnis-
grundlagen, zur Erblichkeits- und Mutationsforschung.

Schon lange, ehe vor allem Zoologie sich ernsthaft mit der Bedeutung des Unterschiedes von Variation und Mutation für die Stammesgeschichte abgab und lieber Phantasiestammbäume des Tier- und Pflanzenreiches aufstellte, hat die Paläontologie die Wichtigkeit jener Begriffs-
unterscheidung erkannt und die Formen daraufhin stammesgeschichtlich
zu klären gesucht. Es bleibt das nicht verlöschende Verdienst Waagens
und Neumayrs, hier eine grundlegende theoretische Arbeit geleistet zu
haben. Sie drängten darauf und wendeten es auch praktisch bei ihren
Artbeschreibungen an, daß man die geologischen, von Stufe zu Stufe
auftretenden und dauernd erblichen Abwandlungen innerhalb einer morphologischen Gattung als Mutationen zu unterscheiden habe von der
Variation im Horizont.[2] Sie wußten auch schon, daß die im gleichen
Horizont spielende Variabilität Formenausschläge zeigen kann, die phänotypisch viel ausgreifender sind als die Mutationen, daß aber zwischen
beiden dennoch ein großer fundamentaler stammesgeschichtlicher Unterschied besteht. Sie hatten damit im Prinzip etwas erkannt, was dem
Paläontologen seitdem selbstverständlich ist und was am fossilen Material
fortwährend in Erscheinung tritt, so daß es ihm wie eine Selbstverständlichkeit vorkommt, wenn er die Definitionen von Mutation und Variation
in den neuen vererbungswissenschaftlichen Büchern der Zoologen und
Botaniker liest. Nur ein Unterschied besteht zwischen den Mutationen
des Geologen und denen des Vererbungsforschers: im allgemeinen reichen
die geologischen Mutationen weiter in der Zeit als die rezent beobachteten
oder gezüchteten; jedoch gibt es auch geologische Mutationen genug,
welche innerhalb einer Population und Artengemeinschaft im selben Zeit-

---

1) Hertwig, O., Allgemeine Biologie, 4. Aufl., Jena 1912. Insbesondere Kap. 29.
2) Waagen, W., Die Formenreihe des Ammonites subradiatus. Mitteil. aus den
Mus. d. Bayr. Staates, S. 184, München 1869.

horizont auftreten und sich von Varietäten benachbarter Arten, wenn auch nicht viel, so doch konstant unterscheiden.

Die Schwierigkeit für den mit lebendem Material arbeitenden Forscher liegt nun gerade darin, die unter den fluktuierenden Varietäten seiner Arten auftretenden erblichen Varianten oder Mutationen herauszufinden. Für den Paläontologen liegt die Sache einfacher. Er überblickt größere Zeiträume und die Natur bietet ihm Schicht für Schicht säuberlich geordnet und getrennt die aufeinanderfolgenden Großmutationen und neue Arten dar. Es ist darum — noch einmal sei es gesagt — durchaus verwerflich, wenn bei den Abstammungstudien nicht die stratigraphische Folge streng berücksichtigt wird oder wenn die nach Horizonten getrennten Mutationen synonym zusammengeworfen werden; denn da auch die mutativ neuen Arten phänotypisch noch innerhalb der Variationsgrenzen ihrer Mutterart bleiben können und trotzdem eigene Arten bilden, so darf der Paläontologe nicht zwei in getrennten Horizonten liegende identische Formen für spezifisch, d. h. genotypisch identisch erklären. Wir bringen dadurch unser bestes stammesgeschichtliches Material durcheinander, wie das auf S. 193 gebrachte Beispiel der Mutationen von Calceola sandalina im Devon lehrt.

Die ganze Frage der Mutationsentstehung gipfelt jetzt darin: sind individuell erworbene Eigenschaften erblich? Mit anderen Worten: ist eine Übertragung der somatisch erworbenen Eigenschaften auf die Keimzellen möglich oder bleibt deren Erbmasse, wie WEISMANN lehrte, von diesen somatischen Erwerbungen unbeeinflußt? Die Frage ist derzeit noch nicht gelöst, wenn es auch Beispiele gibt, daß „erworbene“, d. h. von außen aufgedrängte Eigenschaften sich scheinbar vererben. Es hat sich nämlich herausgestellt, daß bei den betreffenden Züchtungsexperimenten infolge der gleichbleibenden äußeren Umstände nur Modifikationen eintraten, die sich von Generation zu Generation vollendeten, daß es also nur eine Scheinvererbung, nämlich generationsweise Wiederkehr bei gleichbleibendem Einfluß war; oder daß die Keimzellen direkt beeinflußt waren, also nicht die erworbene Eigenschaft aus dem Soma auf sie übertragen worden war. Den Stand der Sache faßte GOLDSCHMIDT schon 1913 in folgende Worte zusammen[1]) (a. a. O. S. 470/71): „Wir wissen nun sicher, daß ein und dieselbe Außeneigenschaft als Modifikation hervorgerufen werden kann und als erbliche Form in der Natur sich finden kann. Wir wissen, daß eine solche Modifikation bei Andauer des Reizes sich in weiteren Generationen bis zur Grenze des physiologisch Möglichen verstärken kann, also eine Summation eintritt. Wir wissen, daß auch bei Aufhören des modifizierenden Reizes in der nächsten Generation noch eine Nachwirkung bemerklich sein kann. Es

---

1) Zitat S. 190.

können also auch Keimzellen „modifiziert" werden. Soll es da wirklich ein Ding der Unmöglichkeit sein, daß schließlich auf diesem Weg eine Veränderung in den Keimzellen zustande kommt . . . Ein exakter Beweis für die Wirklichkeit des Vorgangs, gegen den es keinen Einwand mehr gäbe, liegt allerdings noch nicht vor. Wir sind aber überzeugt, daß zukünftige Experimente einmal auch den einwandfreien Beweis erbringen werden, daß die Mutation, also eine genotypische Veränderung, ebensowohl plötzlich auf einen starken Reiz hin erfolgen kann, wie allmählich als Endresultat einer modifizierenden Außenwirkung auf dem Weg über Reiznachwirkung und Summation."

Wenn wir aber von Vererben und von neu erworbenen Eigenschaften sprechen, so ist dabei doch zweierlei auseinanderzuhalten: das Neuauftreten einer Eigenschaft oder Abänderung kann rein phänotypisch sein und nur unter geeigneten äußeren Bedingungen herausgetreten sein. Halten solche Eigenschaften in folgenden Generationen an, so entsteht der Eindruck, als ob eine „neu erworbene" Eigenschaft vererbt worden sei. Andererseits ist es aber auch möglich, daß durch Änderung der Konstitution sprungweise eine neue genotypische Reaktionsnorm geschaffen worden ist und daß diese nun in neuen phänotypischen Bildungen sich äußert, die sich fortsetzen durch alle kommenden Generationen. Hierin erst wäre eine „Neuerwerbung" zu erblicken, vorausgesetzt, daß überhaupt in einer einmal gegebenen typenhaften Grundkonstitution irgend etwas geändert werden kann. Die ganze Frage läuft also zusammen mit der alten Frage nach der Entstehung und dem Wesen der Art, und diese gipfelt wieder in der Kardinalfrage der Biologie: wie kommt eine biologisch funktionsfähige, also zweckmäßige Form, also ein Organismus zustande, worüber im Kap. III, S. 121 ff. ausführlich gesprochen wurde.

Wenn die Beobachtungen am lebenden Material, wohl wegen der Kürze der Zeit, in welcher äußere Reize einwirken und mangels genügend zahlreicher Folgegenerationen, an denen Reizeinwirkungen vielleicht erst später zum morphologischen mutativen Ausdruck gelangen würden, noch nicht zur Lösung der Vererbungsfrage genügen, so ist der Paläontologe entsprechend besser daran. Denn das paläontologische Material ist das Produkt unendlich langer ausgedehnter natürlicher Zuchtversuche, bei denen sowohl die Reizeinwirkung der Lebenslage genügend lange Zeit stattgefunden, wie auch unzählige Individuen betroffen hat; auch überblickt der Paläontologe unzählig viele spätere Generationen, auf die ein Züchter noch nie hat warten können.

Da zeigt sich nun, daß, ebenso wie zwischen den Variationen bei Rezenten erbliche und nichterbliche zu unterscheiden sind, auch bei den artbildenden, geologischen Neuformen uns deren zweierlei entgegentreten: für immer erbliche, den Stamm weiterführende Mutationen einerseits und andererseits kurze Zeit nur erbliche, dann aber wieder erlöschende, die keine Weiterführung des Stammes bedeuten. Die ersteren erscheinen als Sprung, die letzteren bilden die bekannten allmählichen, kontinuierlichen Formenreihen.

Mit dieser Unterscheidung sind wir jetzt vorbereitet, die geologischen Variationsreihen, Formenreihen, Anpassungsreihen und Mutationen in ihrem Wert als Beweise für die Stammesgeschichte richtig zu würdigen. Das Charakteristikum der wirklichen, d. h. dauernd Neues hervorbringenden erdgeschichtlichen Stammreihen nun liegt erfahrungsgemäß in der sprunghaften, diskontinuierlichen äußerlichen Entstehung, in dem völligen Verdrängen der Stammart und in dem meist polyphyletischen Entstehen im Sinne der auf S. 57 ff. gemachten Darlegungen.

Es ist in der Erblichkeitsforschung und in der Paläontologie noch niemals erwiesen worden, daß bei einer langsam und schrittweise in einer Anpassungsreihe erfolgten Ausbildung eines äußeren Merkmales dieses erblich wurde. In beiden Forschungsgebieten dagegen sehen wir das wirklich Neue immer unvermittelt, diskontinuierlich, sprunghaft erscheinen, wobei nie ein äußerliches formales Entwickeln Schritt für Schritt damit Hand in Hand geht.

Die Tatsachen der Paläontologie, im Großen und auf lange Zeiträume hin verfolgt, stimmen hier ihrem Wesen nach vollkommen überein mit den aus der Erblichkeitslehre entwickelten Gesichtspunkten und Ergebnissen. Diese sind für beide Wissensgebiete im wesentlichen folgende (unter Anlehnung an Johannsen [1]):

1. Während die Phänotypen, also die Erscheinungsformen der organischen Welt, wechseln, je nach der Lebenslage in der individuellen Entwicklungsperiode, sind die Genotypen fest und scharf umrissen wie chemische Gebilde, bis aus irgend einem Grunde eine diskontinuierliche Konstitutionsänderung eintritt.

2. Blutsverwandtschaft und Formähnlichkeit hat man im Zeitalter des Deszendenzgedankens gleichgesetzt und systematisch fest verwoben. Verwandtschaft läßt sich nur genealogisch, nicht morphologisch, nachweisen; wo aber die Genealogie fehlt, ist der Nachweis unmöglich. Die Versuche, Verwandtschaftsgrade durch Ähnlichkeitsgrade zu messen, können zu ebenso großen Irrtümern wie zufällig zu einem richtigen Ergebnis führen.

3. Daß Nachkommen ihren Vorfahren ähnlich sind oder sein können, ist in erster Linie dadurch bedingt, daß die Individuen der verschiedenen Generationen der Deszendenzreihe im großen Ganzen sehr überein-

---

1) Johannsen, W., Experimentelle Grundlagen der Deszendenzlehre; Variabilität, Vererbung, Kreuzung, Mutation. „Kultur der Gegenwart." IV. Abt., Bd. I. Allgemeine Biologie. S. 597 u. S. 659 ff.; später 210 u. 207. Leipzig und Berlin 1915.

stimmende genotypische Konstitution haben. Nicht alle Ähnlichkeit zwischen nahen Blutsverwandten braucht aber genotypisch bedingt zu sein. Gleiche Lebenslage kann hier großen Einfluß auf gleiche phänotypische Erscheinung üben. Individuen derselben reinen Linie können recht verschieden entwickelt werden, wenn sie verschiedenen Entwicklungsbedingungen ausgesetzt sind. Umgekehrt können genotypisch verschiedene Individuen einander sehr ähnlich werden, wenn sie sowohl unter gleicher, wie auch unter verschiedener Lebenslage entwickelt werden. Denn nicht jede Eigenschaft, die zum Genotypus einer Art gehört, zeigt sich stets unter den gleichen Lebenslagen.

4. Es gibt eine falsche Erblichkeit, eine scheinbare, welche das dauernde erbliche Vorhandensein einer Eigenschaft vortäuscht in einer Reihe, die dem gleichen Genotypus zugehört wie eine andere, die diese Eigenschaft nicht entwickelt, weil die eine Generationsreihe unter anderen äußeren Verhältnissen lebt. Viele Pflanzenspezies, von der Ebene in's Gebirge versetzt, erhalten dort ein neues Gepräge, das Generation auf Generation wiederkehrt; es scheint vererbt zu werden. Wenn solche Formen in's Tiefland zurückkehren, so zeigt es sich alsbald, daß es nur eine scheinbare Erblichkeit war, bedingt durch Andauern der gleichen Lebenslage.

5. Ein wesentlicher Zug in der Analogie der organischen Entwicklungen mit chemischen Erscheinungen ist die Diskontinuität. Gewisse Übergänge finden sich, besonders wenn wir nur einen Charakter betrachten und von korrelativen Variationserscheinungen absehen. Es gibt aber zweierlei Übergänge: statische zwischen fertigen Dingen, wie sie jede Ansammlung von Objekten formal zeigt; und genetische, also Übergänge im Werdegang, sukzessive Verschiebungen der genotypischen Beschaffenheit im Laufe einer Generationsreihe. Solche sind aber noch niemals nachgewiesen; alle sicher beobachteten Änderungen genotypischer Konstitution sind diskontinuierlich und sprungweise. Ob dabei die Sprünge kleiner oder größer erscheinen, ist unwesentlich.

2. Der Stammbaum und die paläontologischen Tatsachen

Nach dem bewährten Forschungsgrundsatz der Geologie, das Vergangene, das Vorweltliche aus dem Jetztweltlichen zu verstehen, ist auch die Paläontologie vorgegangen, um die fossilen Formen systematisch, biologisch und stammesgeschichtlich zu erfassen. Es war vor allem das Verdienst Walther's, diese ontologische Methode für die Lebensweise der Fossilen in Fluß gebracht und damit die Stratigraphie für die Biologie nutzbar gemacht zu haben. Dieses Zurückvergleichen vom Jetzigen, Lebenden auf das Frühere, Fossile ist aber nur eine Seite der Erkenntnis. Denn auch das Heutige und Lebendige wird nur verständlich aus seiner

Geschichte, aus dem was war und aus dem Wege, auf dem es geworden ist. Das Einzelbild des gegenwärtigen Zustandes, sagt STILLE in einem anderen Zusammenhang, ermöglicht in vielen Fällen nicht einmal eine ausreichende Erklärung seines Zustandekommens; dagegen ist der Geologe auch bei den Erscheinungen der Vorzeit oft in der glücklichen Lage, die vorangegangenen Stadien enthüllen und dadurch den Werdegang der Erscheinungen erklären zu können.

Die nur an Lebenden durchgeführten vergleichend-anatomischen, ontogenetischen und mendelistischen Forschungen können für sich allein zu keiner richtigen Erkenntnis des stammesgeschichtlichen Verlaufes des Organismenwerdens führen; es muß auch das fossile Material über das Lebende mit entscheiden. Leider ist aber von seiten der Paläontologie die Ideenentwicklung in der Stammesgeschichte und ihr theoretischer Ausbau geradezu willenlos den Zoologen und Botanikern überlassen worden. Man hat sich deren stammesgeschichtliche und systematische Schemata ebenso wie ihre Forschungsmethoden fast unbesehen zu eigen gemacht, obwohl das paläontologische Material längst anderes verlangte. Am Anfang war das verständlich. NEUMAYR ist der typische Repräsentant jener darwinistischen, seinerzeit so förderlichen Orientierung der Paläontologie. Aber bald waren diese in der Paläontologie doch nicht bodenständigen Gedankengänge nicht mehr dem Erkenntnismaterial gemäß. Männer wie COPE, JAEKEL, die dagegen angingen, drangen mit dem, was sie prinzipiell wollten — ich rede jetzt nicht von der Systematik der Einzelgruppen — nicht durch, oder sie verbauten sich z. T. die Überzeugungskraft ihrer an und für sich richtigen Gedanken durch unmögliche stammesgeschichtliche Konstruktionen, wie leider auch STEINMANN in seiner „Abstammungslehre“, über dessen prinzipiell wertvollen Erkenntnisse man doch nicht dauernd mit der billigen Berufung auf seine grotesken Stammbäume hinweggehen sollte; auch ZITTELS neutrales Verhalten in stammesgeschichtlichen und methodischen Fragen verhalf leider der Paläontologie nicht zu einem sachlich damals schon berechtigten Einfluß gegenüber Zoologie und Botanik in stammesgeschichtlichen Prinzipienfragen.

Das paläontologische Material berichtete nämlich schon lange, nicht erst jetzt, von ganz anderen Dingen, als es uns immer wieder auch von den besten zoologisch-stammesgeschichtlichen Büchern dargestellt wird. Wie fraglich die geforderten und behaupteten paläontologischen Stammreihen sein müssen, die sich ganz und gar nicht mit den überkommenen und stereotyp wiederholten Entwicklungsvorstellungen decken — prinzipiell wie speziell — geht aus einer kleinen Äußerlichkeit hervor, die aber den Finger auf die Wunde zu legen erlaubt: noch im neuesten stammesgeschichtlichen, alle Prinzipienfragen der Abstammungslehre behandelnden Werk von PLATE wird die NEUMAYRsche Paludinenreihe als

Beispiel stammesgeschichtlicher Entwicklung hergebracht. Man schlage auf, wo man will, Lehrbücher und andere Werke: wo von der Paläontologie die Rede ist, kommt immer wieder einzig dieses und noch das Steinheimer Planorbisbeispiel als Beweis für die vorweltliche Entwicklung einer Gattung. Und das auch in paläontologischen Büchern. Wie windig muß es mit den Stammreihen bestellt sein, wenn man an wirklichen Stammreihen nichts, aber auch nichts aufzubringen weiß und immer nur versichert bekommt, daß die schönsten, besten Reihen vorhanden seien. Ich fordere jeden Paläontologen, auch die Wirbeltierforscher auf, eine einwandfreie Stammreihe zu zeigen, in der keine Strichlinien an Stelle von wirklichen Arten, keine Spezialisationskreuzungen an Stelle von gleichmäßigen Weiterbildungen erscheinen und wo alle Glieder einer Reihe auch zeitlich aufeinanderfolgen; Stammreihen, die sich weiter erstrecken als über die Grenze normaler Lebenslagevariation oder einer „guten Art" hinaus! Seit sechzig Jahren bemüht sich die Paläontologie, fast ganz von der so usurpatorisch und dogmatisch propagierten landläufigen Deszendenztheorie beherrscht, solche Stammbäume aufzustellen. Man hört und liest immer wieder, daß es gelungen sei, von vielen Gattungen und Ordnungen die Abstammung mit konkreten Formen zu belegen; ja es wird sogar von Beispielen gesprochen, nach denen „Schritt für Schritt" die Umwandlung einer Form in die andere stammesgeschichtlich dargetan worden sein soll. Die Ammoniten haben angeblich besondere Belege für die kontinuierliche stammesgeschichtliche Umwandlung einer Gattung in die andere geliefert. Forscht man aber im einzelnen nach, dann hält keine Stammreihe stand, auch nicht bei den Wirbeltieren, wie ausdrücklich bemerkt sei. Niemals — ich sage ausdrücklich niemals — gelang es, stammesgeschichtliche Formenreihen bei Wirbeltieren oder Wirbellosen über einen ganz engen Kreis von Lebenslagevariationen hinaus geschlossen kontinuierlich zu verfolgen. Auch die schönste bisher aufgestellte und für eine stammesgeschichtliche Umwandlungsreihe ausgegebene Formenkette, die der Paludinen aus Slavonien, ist, wie sogleich noch gezeigt werden wird, keineswegs eine echte Stammreihe, bei der eine alte Form, Neues produzierend, in einem neuen Typus aufginge; sondern es sind reine, eine Zeit lang erblich erscheinende Lebenslageänderungen, deren Nachkommen immer wieder rückschlagen und das gleiche Formenspiel von neuem beginnen, wenn sie unter gleichen Umständen leben. Sie ist ein Beispiel für eine scheinerbliche Umwandlung, die keine Stammreihe ist, wird aber bis zum heutigen Tage mit einer geradezu ärmlichen Sparsamkeit immer wieder als Stammreihe für die geologische Umwandlung der Arten auch in guten paläontologischen Büchern genannt und abgebildet, obwohl sie es ganz und gar nicht ist, ebensowenig wie die Steinheimer

Planorbisreihe. Zwar erscheinen beide wie Artbildungen und damit wie Stammreihen und wie dauernd erbliche Umbildungen, sind es aber beim Überblicken der geologischen Faunenfolge dennoch nicht. Um das einmal endlich klarzustellen, sei jene kurz besprochen.

Zur Beurteilung der Paludinenreihe ist wichtig, daß an vielen Stellen die allmähliche Veränderung einer Reihe durch mehrere Stufen hindurch in ein und demselben Profil beobachtet werden kann, ohne daß irgendwelche Isolierung einzelner Individuen stattgefunden hätte. Innerhalb eines beschränkten Distriktes findet keine Spaltung, also keine divergierende Formenentwicklung statt; aber es entwickeln sich in einzelnen Becken gleichzeitig verschiedene Mutationen: im westlichen Becken von Westslavonien wird Vivipara notha zu V. Sturi; im östlichen Becken wird jene zu V. ornata; V. Sadleri entwickelt sich bei Karlowitz zu V. Wolfi, bei Görgetek zu V. Lenzi und am Plattensee zu V. cyrtomaphora, in Siebenbürgen zu V. alta und grandis usw. Endlich ist hervorzuheben, daß im allgemeinen die glatteren Formen auf die unteren, die gekielten und geknoteten auf die oberen Schichtreihen beschränkt sind.

Das waren die Gesichtspunkte, welche NEUMAYR nach dem damaligen Stand des Wissens wohl das Recht gaben, Formenreihen zusammenzustellen [1]), worunter auch jene sich befindet, welche überall reproduziert ist. Lesen wir aber die NEUMAYRsche Abhandlung genauer durch, dann finden wir doch eine Anzahl Bemerkungen, welche unter dem Einfluß der damaligen allgemeinen stammesgeschichtlichen Vorstellungen weniger wichtig erschienen, es jetzt aber geworden sind; nämlich:

1. Die Formen sind gefunden an verschiedenen, zum Teil weit getrennten Orten und in verschiedenen ehemaligen Wasserbecken.
2. An ein und derselben Stelle gehen die Formenreihen nirgends durch.
3. Es kommen auch umgekehrte Reihen vor, indem manche Formen rückläufig werden. (Gerade diese bildet aber NEUMAYR nicht ab.)
4. Die aus dem ganzen Material zusammengestellten Stammreihen weisen Spezialisationskreuzungen auf, indem die nach der Skulpturentwicklung angeordneten Arten sich in anderer Reihenfolge in den Horizonten zeigen als die etwa nach Windungshöhe oder Gehäusewinkel angeordneten.
5. Charakteristisch und für die stammesgeschichtliche Beurteilung der Formen bestimmend ist, daß die besagten Viviparen keineswegs, wie gewöhnlich stillschweigend angenommen wird, regelmäßig Horizont über Horizont aufeinander folgen; vielmehr sind sie sehr ungleichmäßig durch die Mächtigkeit der Paludinenschichten hindurch ver-

---

1) NEUMAYR, M., und PAUL, C. M., Die Congerien- und Paludinenschichten Slavoniens und deren Faunen. Ein Beitrag zur Deszendenztheorie. Abh. k. Geol. Reichsanst. VII. Wien 1875. S. 97 ff.

teilt. Die Hauptmasse der Ablagerungen ist sehr arm an organischen Resten, ja bisweilen ganz versteinerungsleer; nur einzelne Schichten liefern größere Mengen von Konchylien, stellenweise in ungeheuerer Zahl. Sobald mächtige muschellose Lagen eintreten, werden die Zwischenformen selten und zum Teil brechen einzelne Reihen ab, während bei den anderen nur mit Mühe und durch Zusammenbringen eines großen Materials aus Hangendem und Liegendem die Übergänge gefunden werden.

6. Keineswegs sind unten nur glatte, oben nur stark skulptierte Formen, sondern das gilt nur im allgemeinen. Die Zusammenstellung der Reihe ist also nur formal, nicht genetisch berechtigt.

Faßt man diese Tatsachen zusammen, so bieten sie nichts anderes als alle anderen sogenannten „Stammreihen", die man auch sonstwo aufgestellt hat. Es sind Lebenslagevariationen, bestenfalls phänotypisch entwickelte Lokalrassen, die alsbald wieder in die alte Form zurückschlagen, sobald die äußeren Bedingungen es erlauben. An den verschiedenen Orten sind diese Varianten verschieden, und die Erblichkeit der Umwandlung ist nur scheinbar. Gleichzeitig mit dem jeweiligen Auftreten der abgeänderten Form verschwindet die bisherige „oder sie wird wenigstens aus dem slavonischen Becken verdrängt", wie Neumayr vorsichtig sagt. Das heißt aber nichts anderes als: sie besteht überhaupt anderswo unter entsprechenden Lebensbedingungen. Denn in anderen Gegenden gab es ähnliche Variationen der Vivipara, wenn auch weniger exzessive. Das Entscheidende aber ist, daß durch diese gerade im Pliozän beobachtete große Variabilität der Vivipara diese Form nun nicht etwa durch die skulptierte Tulotoma ersetzt wird; sondern unverändert besteht die Vivipara überall auf der Erde weiter, auch in Ungarn, und die Tulotoma ist eine ganz seltene, jetzt nur in Nordamerika und China bekannte Form (Fig. 342). In China variiert aber die Gattung Vivipara heutzutage in derselben Weise noch.[1] Wäre die pliozäne Umbildung die einer echten Stammreihe gewesen, so müßte, wenn auch die Grundform persistierte, doch auch die neue Form sich dauernd entwickelt haben und dürfte nicht bloß als Ortsvarietät erschienen sein, um sofort wieder zu verschwinden. Formen aber, bei denen das letztere stattfindet, sind eben keine Entwicklungsreihen, sondern Lebenslagevariationen von mehr oder minder langer phänotypischer,

Fig. 342. Variabilität der Skulptur bei der lebenden chinesischen Vivipara. (Nach Neumayr, l. c. 1883.) $^3/_4$.

---

1) Neumayr, M., Über einige Süßwasserkonchylien aus China. N. Jahrb. f. Min. usw. Stuttgart 1883. II. S. 21.

scheinbar zuerst erblicher, in Wirklichkeit aber unerblicher, also nicht genotypischer Beständigkeit. Auf diese letztere aber kommt es an, wenn wir von echten Stammreihen reden wollen.

Bezeichnend ist ja hierfür auch, daß im selben Gebiet auch die Melanopsiden stark variierten, aber hierin nicht die Regelmäßigkeit zeigten, wie die Viviparen, mithin auch von Neumayr gar nicht als echte Stammreihen angesprochen wurden. Weiterhin zeigt sich auch, wenn wir in älteren Stufen nachforschen, daß in der oberkretazischen Laramie-Formation von Nordamerika dieselbe Variabilität der Vivipara-

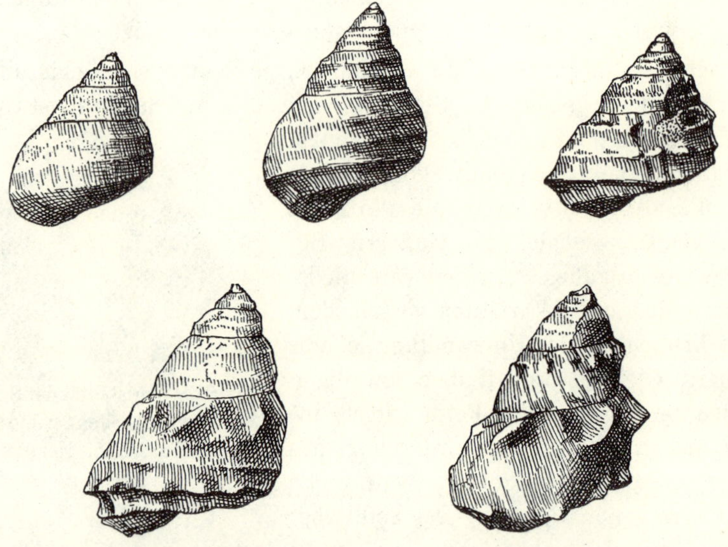

Fig. 343. Verschiedene Skulpturstadien der oberkretazischen amerikanischen Vivipara mit Tulotomatypus, analog der pliozänen aus Slavonien. (Aus White, l. c.) $^1/_1$.

Formen nachweisbar ist[1]), wenn es auch ein anderer Grundstamm der Paludiniden sein mag, der hier gewissermaßen den ersten Versuch einer Entwicklung des Phänotypus Tulotoma macht (Fig. 343). Auch diese Tulotomen-Entwicklung hindert nicht, daß die Vivipara-Form weiter existiert, während die Tulotoma erst wieder im Jungtertiär erscheint. Also auch hier eine typische Lebenslagevariation dieser variablen Gruppe. Alle derartigen Reihen sind eben äußerliche Anpassungsreihen, ja vielleicht nur fluktuierende Varietäten, die in einer gewissen formalen, aber nicht ausnahmslosen Ordnung infolge streng einwirkender Lebensbedingungen auftreten.

Genau dasselbe ist mit den Planorben von Steinheim der Fall. Es ist erwiesen, daß einzelne Varianten zwar ähnlich getrennt liegen,

---

1) White, Ch. A., A review of the non-marine fossil Mollusca of North America. Ann. Rep. U. S. geol. Surv. 1881/82. Washington 1883. S. 61 u. 128.

aber auch nicht streng getrennt. In entsprechender Lebenslage schlagen sie nach wie vor zurück, und auch heute ist noch keine Verdrängung der entsprechenden Formen durch eine Entwicklung, wie sie Steinheim zeigte, zu bemerken.

Derartige Umwandlungen sind also nur rein phänotypisch, sind im Grunde gar nicht erblich, bedeuten keinen neuen Genotypus, sondern scheinen es nur, und zwar nur so lange zu sein, als die Art unter den zu ihrer stets individuellen Erzeugung nötigen Lebensverhältnissen bleibt. Werden diese aufgehoben, so ist die alte Stammart mit ihren nichterblichen Varietäten wieder da.

Aber von diesen Reihen unterscheiden sich die richtigen geologischen, artbildenden Mutationen, wie sie in so charakteristischer, allgemein bekannter Weise etwa die Ammoniten des Mesozoikums zeigen. Hier treten wirklich diskontinuierlich aus den vorhergehenden Arten neue Arten mutativ hervor, die alte Art wird von diesen Großmutationen gänzlich aufgesogen, sie geht in ihnen unter und kehrt niemals wieder. Auf vielen Einzellinien wandelt sich eine gute Art so um, bald mehr bald minder gleichzeitig. Und das erst sind die Träger der Stammesgeschichte, diese orthogenetischen Mutationen.

Ein besonderes Argument zugunsten seiner Auffassung der Paludinenvariabilität als einer richtigen Stammreihe sah Neumayr noch in der Tatsache, daß auch auf der Insel Kos im Mediterrangebiet dieselbe Entwicklung herrschen sollte. Die Entwicklung der Paludinen von Kos und der genetische Zusammenhang zwischen ihnen, sagt Neumayr in einer darauf bezüglichen Abhandlung[1]), zeigt, daß sie „genau in derselben Weise, mit derselben Mutationsrichtung wie in Slavonien abändern; es geht daraus vor allem hervor, daß wir es in keinem von beiden Fällen mit einer rein lokalen, sondern mit einer über ein weites Faunengebiet sich erstreckenden Erscheinung zu tun haben". Aber auch diese Stammreihe existiert nicht, es sind nur die scheinerblichen Lebenslagevariationen da. Schon Forbes hatte nämlich 1847, also in vordeszendenztheoretischer Zeit, von diesen Umbildungen der pliozänen Paludinen im Mediterrangebiet gewußt[2]) und darauf hingewiesen, daß auch heutigentags Litorinen und Neritinen solchen zusammenhängenden fluktuierenden Skulpturwechsel zeigen, wenn sie einem Wechsel von salzigem, brackischem und süßem Wasser ausgesetzt sind. Daß ein Zufluß von salzigem Wasser den Charakter des Paludinenbeckens gegen Ende veränderte, gehe aus dem Vorkommen von Cardium edule in den höchsten Schichten hervor. Die tiefste Schichtenfolge lagerte sich in einem Becken mit süßem Wasser

---

1) Neumayr, M., Über den geologischen Bau der Insel Kos und über die Gliederung der jungtertiären Binnenablagerungen des Archipels. (Mit einem Anhange von M. Hörnes.) Denkschr. k. Akad. Wiss. (Math.-Natw. Kl.) Wien 1880, Bd. 40, S. 213.

2) Neumayr, a. a. O. S. 240.

ab und darin fänden wir die normalen Süßwasserpaludinen, vergesellschaftet mit den gewöhnlichen Süßwasserkonchylien; durch Salzwasserzufluß wurden diese Formen vertilgt, das Wasser wurde brackisch, und nun wurden die Nachkommen „von der Änderung der äußeren Lebensbedingungen in einer Weise affiziert, daß sie eine neue Form annahmen und sich in der äußeren Erscheinung wie eine neue Spezies entwickelten. Eine zweite Revolution derselben Art brachte eine dritte, weit merklichere und, wie es scheint, gleich plötzliche Veränderung hervor, und die wiederholten Einbrüche der See gestalteten auf die Dauer die Fauna um, führten marine Mollusken an Stelle der Süßwasserformen ein und zerstörten die letzteren vollständig. Eine solche Erklärung verträgt sich mit dem, was wir über die Art der Veränderung bei Süßwassermollusken wissen, und gibt hinreichende Rechenschaft über eine bemerkenswerte paläontologische Erscheinung, welche auf den ersten Blick eine mächtige Stütze für die Veränderung der Arten in der Zeit zu bringen schien“.

Ich glaube, daß Forbes die Sache damit richtiger beurteilte als später Neumayr, der gegen ihn auftritt, zumal nach den an Ort und Stelle vorgenommenen Begehungen durch Prof. Plieninger die geologisch-stratigraphischen Voraussetzungen für die Neumayrsche Auffassung hinfällig sind.[1] Auch der Skeptizismus von Th. Fuchs hat Recht behalten, der noch 1882 in einem Referat über die Neumayrsche Arbeit schrieb: „Enthusiastische Anhänger der Darwinschen Lehre werden in den angeführten Tatsachen einen direkten unwiderleglichen Beweis für die Richtigkeit ihrer Anschauungen sehen ... Daß „Formenreihen“ in der Natur existieren, wird wohl kaum jemand leugnen, ebensowenig, daß die Arten variieren. Die Frage bleibt immer nur, welche Bedeutung man diesen Tatsachen beizulegen hat.“[2]

Soviel steht fest, daß die Paludinen und Melaniaden leicht bei Änderung der äußeren Bedingungen in der Skulptur variieren und daß in den angezogenen Beispielen jedenfalls von einer mutativen stammes-

---

1) Herr Plieninger teilte mir hierüber noch folgendes mit: Nach seinen Tagebuchnotizen sei es ihm nicht gelungen, an den Hauptfundplätzen der Paludinen zu beobachten, daß bestimmte Formen auf bestimmte Schichten beschränkt wären. Auch Neumayr sagt in der Kos-Arbeit (S. 94), von dem Fundort bei Kap Ptuka, das übrigens Hagios Phokas heißt, daß die Paludinen in ziemlich gleichmäßiger Menge durch die ganze Mächtigkeit verteilt, daß infolgedessen so ziemlich alle Formen gleich häufig sind, und daß es kaum möglich ist, zwischen relativ konstanten Haupttypen und selteneren Mittelgliedern zu unterscheiden. Herrn Plieninger ist es jedenfalls nicht möglich gewesen, die einzelnen Typen auf die einzelnen Schichten beschränkt zu finden und „Stammreihen“ aus einzelnen aufeinanderfolgenden Schichten sammeln zu können; wohl aber könne man aus dem heimgebrachten Material im Studierzimmer Stammreihen zusammenstellen, wie das wohl auch Neumayr getan hat. Ebenso sei es bei den Formen im Steinheimer Becken.

2) N. Jahrb. f. Min. usw. Stuttgart 1882, II, S. 228.

geschichtlichen Ersetzung eines Typus durch den anderen keine Rede ist.
Es wäre eine dankenswerte Arbeit, eine mendelistische Prüfung lebender
Viviparen anzustellen und deren phänotypische Umwandlungsfähigkeit
unter geeigneten Lebensbedingungen zu untersuchen. Jedenfalls sollte
die Paludinenreihe in deszenztheoretischen Büchern nicht mehr in der
bisherigen Weise verwendet werden.

Tatsache ist es jedenfalls, daß unsere Stammreihen niemals bisher
in ununterbrochenem sprunglosem Zusammenhang die stammesgeschichtliche Überleitung wesentlich verschiedener Gattungen ineinander erlaubt
haben. Wir haben nur eine ideale Phylogenie, bei der es auch
nur ideale Stammbäume gibt. Mit diesen lassen sich sehr wohl
Typen im allgemeinen ineinander „überleiten“. Die Diagnose des Psiloceras z. B. kann formal in die des Arieten übergeleitet werden, wenn wir
unter Psiloceras (Fig. 260 B, S. 536) ein sehr weitnabeliges Gehäuse mit
kaum übergreifenden, glatten Umgängen ohne Rückenkiel uns vorstellen,
unter Arietites dagegen ein mehr oder weniger weitnabeliges Gehäuse
mit stark berippten Umgängen und Rückenfurchen, zwischen denen ein
Kiel verläuft (Fig. 88 B, S. 246). Wir können auch die Sutur dazunehmen,
durch die beide sich nicht so wesentlich unterscheiden. Durchblättern
wir die Wähnersche Ammonitenmonographie aus dem alpinen Lias, so
finden wir reichlich Übergänge zwischen diesen beiden Typen, Übergänge,
die so weit führen, daß wir auch Arieten haben mit dem vorhin beschriebenen Psilocerascharakter und Psiloceraten mit dem Arietencharakter.
Ebenso leiten genug Formen zu Aegoceras, zu Schlotheimia über — alle
Gattungen sind durch die vollkommensten Reihen verbunden.
Und doch sind das keine geschlossenen Stammreihen, die man, von
Willkür frei, fände. Denn was verbunden ist und was verbindet, sind
gar nicht die einzelnen konkreten Formen; die lassen sich vor lauter
Spezialisationskreuzungen gar nicht zu einer Reihe vereinigen. Verbunden
sind immer nur einzelne herausgegriffene Merkmale, und verbunden
ist die abstrakt vorgestellte Form, „das“ Psiloceras, „der“ Arietites usw.
So aber ist es bei allen Gattungen: innerhalb enger und engster Grenzen
leidliche Abänderungsreihen, Lebenslagevariationen und kleine Mutationen,
von denen es zudem nur in den allerseltensten Fällen so ist, daß ihre
einzelnen Glieder aufeinanderfolgenden Zeitphasen angehören; aber keine
gleichsinnige Fortbildung der ganzen Formen oder Typen. Über diese
engsten, den Wert von Varietätsunterschieden nie überschreitenden Grenzen
hinaus gibt es keine konkreten, sondern nur abstrakte Stammreihen.
Man kann prüfen, welche Reihen und Typen man will: stets trifft man
bei den Wirbellosen wie den Wirbeltieren auf die gleiche Erscheinung.
Ich erinnere im großen an Archäopteryx, an die Theromorphen, an die
Saurier; nicht einmal innerhalb so gut fundierter Reihen wie den Equiden,

Elephantiden und Rhinoceroten gibt es Stammreihen. Selbst die von ABEL als richtige Stammreihe anerkannte Reihe der Sirenen erstreckt sich nur auf e i n Organ und hat auch nur ergeben, daß diese Formen als genetisch zusammenhängend angesehen werden „dürfen".

Man wende nicht ein, daß die unzureichenden paläontologischen Beschreibungen meistens mit unzureichendem Material und in geologisch-stratigraphischer Literatur vergraben, daran schuld seien; für die Wirbeltiere und die Monographien der wirbellosen Fossilen gilt das ganz und gar nicht. Man komme auch nicht mit dem allzu häufig gehörten und zu bequemen Einwand der Lückenhaftigkeit des fossilen Materials, ein Einwand, der, immerzu vorgebracht, das Problem umgeht, statt ihm in's Auge zu sehen. Nein, der Grund für jene Armut an richtigen stammesgeschichtlichen Beispielen in der Paläontologie liegt darin, daß die Entwicklung der Lebewesen und das Erscheinen der neuen Typen ganz anders verlief, als es uns das übliche denszendenztheoretische Glaubensbekenntnis vorredet — oder mit anderen Worten: daß die Paläontologen sich noch nicht entschlossen von den alten Schematismen stammesgeschichtlichen Denkens freigemacht haben, sondern wie unter einer steten Suggestion stehend, ihr Material in die falschen Vorstellungsformen der darwinistischen Zoologen pressen; daß also das paläontologische Material und der genaue Überblick über die richtige zeitliche Formenfolge ein ganz anderes Ergebnis hat, als es uns in dem eben verflossenen Zeitalter der Forschung, oft mit geradezu religiösem Fanatismus, immer wieder versichert worden ist.

Was wir nämlich stammesgeschichtlich vorfinden in der zeitlichen Aufeinanderfolge der Gattungen, Arten und Faunen, das sind morphologisch abgrenzbare, abgeschlossene Typen, und innerhalb derselben engere oder weitere Variations- und Mutationskreise mit steten Spezialisationskreuzungen, bei denen wir zwar eine stammesgeschichtlich mehr oder weniger unmittelbare Verknüpfung annehmen können, wofür aber in jedem Falle bisher der Beweis durch Bildung geschlossener Reihen fehlt. Es gibt phänotypisch-kontinuierliche Umbildungen in engem Kreise; größere Umbildungen sind diskontinuierlich. Ja noch mehr: Umwandlung findet überhaupt, soweit wir bis jetzt wirklich sehen, nur innerhalb gegebener Typen statt. Wie die Typen entstehen, ist eine Frage für sich. Wir kennen sie nur als angepaßte Arten. Was Typen sind, wissen wir ebensowenig; hier geht das Naturwissenschaftliche in's Metaphysische über. Typen — soviel wenigstens läßt sich mit übertragener Ausdrucksweise sagen — sind den wirklichen Formen zugrunde liegende, in ihnen realisierte Artpotenzen. Es sind keineswegs nur Abstraktionen aus den konkreten

Formen, sondern sind letzte genotypische Realitäten und Potenzen jenseits des Gegenständlich-Phänotypischen. Jedenfalls verläuft die Entstehung des genotypisch Neuartigen, des Typenhaften, nicht in morphologisch geschlossenen Stammreihen — und damit begrenzt sich auch die Deszendenzlehre des 19. Jahrhunderts. Nur innerhalb gegebener Grundformen gibt es einen Umwandlungsfortschritt als zunehmende einseitige Spezialisierung und Differenzierung; Grundformen selbst sind nie als Fortschritt oder Entwicklungsprodukt zu verstehen.

Wir können nur allgemein Formen und Typen ideell ineinander überleiten, aufeinander zurückführen; sobald wir aber die Stammlinie von Art zu Art, von Mutation zu Mutation durchführen wollen, versagt das Material uns diesen Dienst. Über die Gründe dieser, unsere theoretischen Erwartungen allerdings vollkommen enttäuschenden Tatsache läßt sich mancherlei sagen.

3. Gründe für die beschränkten Ergebnisse der Stammbaumforschung

Wenn man die Aufeinanderfolge der Zeitalter und ihrer Faunen so obenhin betrachtet, dann allerdings scheint jeder Typus einen „Vorläufer", jede Gruppe mit der einen oder anderen Nachbargruppe einen gemeinsamen Ausgangspunkt gehabt zu haben.[1] Ja man kann sich geradezu anheischig machen, für jede spätere Form eine frühere namhaft zu machen, die mit einigem guten Willen formal als natürlicher „Vorläufer" gelten kann. Sobald man aber genauer eindringt, die einzelnen Gruppen und Formen an Hand eines reichen und charakteristischen, nicht eines spärlichen Materials ohne Voreingenommenheit studiert und ihnen in ihrer Eigenart gerecht zu werden versucht, ohne die zeitliche Aufeinanderfolge außer acht zu lassen, dann verschwinden jene einfachen Zusammenhänge und die scheinbaren Stammbäume lösen sich in getrennte, nicht überzeugend aufeinander zurückführbare Elemente auf.

Wenn wir die vielen Stammbäume in paläontologischen Monographien studieren, so fällt uns zunächst auf, daß eigentlich noch nie zwei Autoren in der stammesgeschichtlichen Anordnung der Glieder ein und derselben Gruppe zu der gleichen Auffassung gelangt sind, was doch der Fall sein müßte, wenn das Material eindeutig bestimmte Stammreihen aufzustellen erlaubte. Es fällt uns weiter auf, daß jedesmal dort, wo die Theorie eine formale morphologische Verknüpfung von Typen erwartet, der Zusammenhang unterbrochen, mindestens unklar und zweifelhaft erscheint

---

1) Dacqué, E., Paläontologie, Systematik und Deszendenzlehre. In dem Sammelwerk „Die Abstammungslehre". Jena 1911. S. 169—197.

und daher konstruiert werden muß, aber nicht mit wirklichen Arten belegt werden kann. Nimmt man an solchen Stammbäumen nachträglich das theoretisch Konstruierte weg und läßt man nur das durch Tatsachenmaterial Erweisbare bestehen, so bekommt man stets zusammenhangslos nebeneinander herlaufende, kürzere oder längere Linien, Entwicklungslinien, die nichts anderes als phänotypische Anpassungsreihen sind und immer nur dort Divergenzpunkte zeigen, wo es sich entweder um zeitlich beschränkte kleinere Formausschläge handelt oder um nicht dauernd erbliche Formdifferenzen, die also nicht zur Auflösung und zum Hinübergehen der alten Gattungen in neue oder gar zu nachweisbarer Entwicklung neuer Gruppen und Typen führen.

Diesem Resultat findet sich der mit der Deszendenzlehre als Axiom arbeitende Paläontologe immer wieder gegenüber, und wer sich mit der monographisch-phylogenetischen Durcharbeitung einer Gruppe beschäftigt, erlebt es — wenn er bestehende Lücken, besonders zeitliche, nicht künstlich überkleistert — stets von neuem, wie ihm gerade bei einem gut erhaltenen und vollzähligen Material die Reihen und Formenkomplexe, um deren morphologisch-genetischen Zusammenschluß er sich müht, unter den Händen auseinanderfallen.

Um nun diesen Widerspruch zwischen Theorie und Tatsachen aufzulösen, ist mancherlei geltend gemacht worden. So hört man z. B. sagen: Wenn unsere Stammbäume sich nicht schließen, dann liegt das eben immer noch am fehlenden Material. Diesem Einwand ist sehr leicht zu begegnen durch den Hinweis, daß wir zwar im allgemeinen nicht genug Material haben und auch nie haben werden, um den hypothetischen geschlossenen Stammbaum des ganzen Tier- und Pflanzenreiches, wenn er wirklich existierte, in alle seine Äste und Ästchen hinein zu verfolgen; daß wir aber sehr wohl in manchen Gruppen ein ungeheuer reiches Material haben, mit dem sich geschlossene Stammreihen von größerem Umfang aufstellen ließen, wenn eben die Entwicklung in der von der Theorie geforderten Weise Schritt für Schritt äußerlich sichtbar verlaufen wäre. Dann aber — und das ist das Hauptargument gegen jenen, immer wieder wie ein gedankenloses Schlagwort in die Debatte geworfenen Grund — hat ja gerade der wachsende Zufluß von Material immer mehr dahin gedrängt, die früher für einheitlich und einfach gehaltenen Stammreihen und systematischen Gruppen als aus heterogenen Elementen bestehend aufzufassen. Gerade auf das frühere wenige Material sind unsere deszendenztheoretischen Vorstellungen gegründet, und eben dieses hat uns die Möglichkeit der Aufstellung einfacher Stammreihen vorgetäuscht, während das reiche, besser durchgearbeitete Material alles komplizierter und fraglich erscheinen, ja auseinanderfallen läßt. Wo wir viel Material von einer Gattung haben, löst sich alles auf, nicht wo wir wenig haben. Außerdem liefert uns jeder neue Materialzufluß, wie allen Paläontologen wohlbekannt ist, neben den schon vorhandenen immer wieder neue Typen, die ebenso scharf wie die bisherigen charakterisiert sind und darum die Schwierigkeit, zu geschlossenen Stammreihen zu kommen, gewiß nicht verringern.

Es wird zur Beseitigung des bezeichneten Widerspruches zwischen Theorie und Wirklichkeit weiter geltend gemacht, daß die möglichen Übergangsformen zwischen den Typen zu wenig zahlreich und zu kurzlebig waren, als daß ihre fossile Erhaltung praktisch möglich gewesen wäre. Nun ist ja zuzugeben, daß zur fossilen Erhaltung von Tieren eine Menge günstige Umstände zusammentreffen müssen, die im allgemeinen umso weniger eintraten, je mehr örtlich, zeitlich und ziffernmäßig beschränkt eine Art oder Gruppe gewesen ist; denn von den Millionen und Abermillionen von Individuen der Vorwelt sind natürlich nur ganz wenige versteinert auf uns gekommen. Dennoch ist es höchst unwahrscheinlich, daß unter dem immerhin reichen fossilen Material ausgerechnet immer nur scheinbare, nie richtige, einwandfreie, überzeugende, von allen Forschern als solche anerkannte Übergangsformen gefunden worden sein sollten; an irgend einem Punkte müßten die echten sich doch einmal zeigen, wenn sie in der vorgestellten Form überhaupt existiert hätten.

Fassen wir zusammen, so können wir sagen: Die beiden Argumente zur Beseitigung jenes oben gekennzeichneten Widerspruches zwischen Theorie und Tatsachen haben etwas Gezwungenes und beseitigen nicht das Wesentliche jenes Widerspruches, das darin liegt, daß mit dem w a c h s e n d e n Material die sogenannten natürlichen Gattungen mehr und mehr aufgelöst und die Stammesgeschichte weit verwickelter und unklarer wurde, als mit dem früheren wenigen Material.

Mir scheint das Nichtübereinstimmen von Theorie und Tatsachenbefund, von Postulat und Wirklichkeit in einer fehlerhaften, zu sehr zum Formalismus neigenden Art unseres Denkens zu liegen, nachdem nun doch die Natur es nicht ist, die den Fehler macht. Diese Neigung zum Schematismus, der uns auch immer wieder in der morphologischen Systematik begegnet, hat gerade durch die mit dem Darwinismus aufgekommene Vorstellung äußerlich schrittweiser Umbildung der organischen Formen neue Nahrung bekommen. Dazu kam die methodisch so ganz unzureichende und erkenntniskritisch unhaltbare Idee: das Alte, das Unentwickelte, das am Anfang Stehende müsse auch in der äußeren Gestaltung, schließlich in allen Einzelheiten, einfach unausgearbeitet, generalisiert erscheinen. Wir haben oben in Kap. IV (S. 139) schon über diesen Begriff gesprochen und verweisen hier darauf. So kam man dazu, mit einer Erwartung an die Stammreihen heranzutreten, welche ganz vergaß, daß die organischen Formen nicht neutrale und allmählich verbesserte Gebrauchsmuster, sondern als Typen, von der Zeit unabhängig, biologisch durch und durch angepaßt, sozusagen lebendige Äußerungen der auch im Einzelwesen trotz aller erblichen Formbindung stets originalen und mannigfaltigen Natur sind. Jene irrige, schematisierende Denkweise tritt uns, was die großen Gruppen betrifft, am ausgeprägtesten entgegen etwa in den von den Darwinianern entworfenen Stammbäumen des Tierreiches, deren Schema in die meisten allgemeineren und populären Werke überging. Man findet dort jeweils an den Anfang der zusammenlaufenden Gattungen, Familien und größeren systematischen Gruppen Generalgrundformen, wenn man so sagen darf, gesetzt, aus denen sich alle späteren herausdifferenziert haben sollten. Genau das aber machen die Paläontologen, von Neumayrs Paludinenreihe angefangen, bis auf den heutigen Tag nach oder versuchen es wenigstens immer wieder nachzumachen, suchen immer wieder ihr Material in derartige Schemata zu pressen, und die Natur spottet aller dieser Versuche. Die hierdurch endlich eingetretene Ermüdung scheint mir die intellektuelle und psychische Grundlage gewesen zu sein für die Entstehung von Steinmanns viel umstrittenem Buch[1]), in dem ihm die neuen Fäden, die er hielt, aus der Hand glitten, weil er sich noch nicht bis zum Grunde loszumachen wußte von der älteren Weise der Stammbaumvorstellungen. Bei Jaekel finde ich auf Schritt und Tritt dasselbe Ringen, so beispielsweise, wenn er die Wirbeltiere nach Reihen, Nebenreihen, Stufen, Durchgangsstadien einteilt[2]) oder den prinzipiellen Unterschied zwischen Art und Gattung machen will.[3]) Alles das deutet auf das Losringen der Paläontologie von einer in der überkommenen Form ganz unnatürlichen formalistischen Deszendenztheorie, zu welcher uns vor allem die Zoologie, weniger die Botanik, die Begriffsbildung lieferte, ohne Kenntnis dessen, was das paläontologische Material selbst laut und deutlich sagt.

Weder für große, noch für engere Gruppen und Gattungen ist jemals eine Spur jener generalisierten Wesen oder kontinuierlichen Reihen zum Vorschein gekommen, welche den Divergenzpunkt zweier Gattungen, besser zweier realer Arten gezeigt hätten. Was zunächst die Grundformen betrifft, deshalb nicht, weil die Organismen der Vorzeit, genau wie die heutigen, in der wirklichen Welt gelebt haben und von deren natürlichen Bedingungen und physikalischen Gesetzen in ihrer Lebensbetätigung, genau wie die heutigen, abhängig gewesen sind. Ihr Körper mußte im ganzen, wie im einzelnen, um nur einen Tag lang Bestand zu haben, auf äußere natürliche Verhältnisse entsprechend eingestellt, angepaßt und darum sogleich bei ihrem Auftreten in einer oder mehreren Richtungen

---

1) Zitat auf S. 203.

2) Jaekel, O., Die Wirbeltiere. Eine Übersicht über die fossilen und lebenden Formen. Berlin 1911.

3) Jaekel, O., Über verschiedene Wege phylogenetischer Entwicklung. Verhandl. 5. Intern. Zool.-Kongr. zu Berlin 1901. Jena 1902. S. 7/8.

physiologisch und morphologisch spezialisiert gewesen sein. Meere und Länder der Vorwelt waren, wie Koken einmal sehr treffend sagte, niemals von Schemen, sondern stets von wirklichen Lebewesen bewohnt. Genau dasselbe aber trifft für Arten und Artkreise innerhalb jeder Gattung ausnahmslos zu und verhinderte in der Natur das Auftauchen formaler Grundformen und phänotypisch geschlossener Stammreihen, die eben nur als Ideen existieren.

Nur angepaßte spezialisierte Formen waren also die Träger der reellen Entwicklung, wenn eine solche nachweisbar ist — und dieser Satz stimmt so gut mit den Tatsachen der Paläontologie überein, daß jede künstliche Konstruktion sowohl vereinfachter Urtypen wie morphologisch neutraler Übergangsformen zwischen Gattungen als ein müsiges Beginnen erscheinen muß. So folgt aber auch, daß neue Gattungen oder Typen, weil stets spezialisiert, formal auch sprungweise entstehen müssen.

Das eben ist es, was uns das paläontologische Material auf Schritt und Tritt zeigt; nichts anderes. Warum aber macht sich die Paläontologie nicht endlich frei von den ihr aus Nachbarwissenschaften ehemals aufgedrängten Stammbaumvorstellungen? Warum stellt sie, auf ihrem eigenen guten Material fußend, nicht die entscheidende Frage nach der Berechtigung der ganzen bisherigen Stammbaumvorstellung? Sie wird doch nicht „selbständig“, wenn sie nur die Beschreibung ihrer Arten, aber nicht die wissenschaftliche Begriffsbildung in eigene Regie nimmt. Der postulierte Stammbaum gibt ein ganz falsches Bild der Wirklichkeit und kann nicht das Kleid für die Darstellung des paläontologischen Materials hergeben, ohne daß immer neue Widersprüche auftauchen. Betrachtet man die Arten und Gattungen nur formal morphologisch, so ergibt sich als Anordnung ein Haufwerk größerer und kleinerer, sich mehr oder weniger durchdringender sphärischer Figuren. Nimmt man die Formen aber stammesgeschichtlich, dann lösen sie sich in zahllose Stämmchen auf, wie es für die Gattungen (S. 202 ff.) schon oben beschrieben ist; die Stammtypen selbst, ja innerhalb der Grundtypen die engeren Gruppen, erweisen sich als durchaus heterogener Natur, so daß man zu Cuvierschen oder Fechnerschen Anschauungen geführt wird und sich ernstlich fragt, ob die Natur nicht Mittel und Wege hatte, aus dem scheinbar unorganischen irdischen Mutterboden auch noch ganz anders als nur auf stammesgeschichtlichem Wege Typen hervorquellen zu lassen? Und schließlich ist es auch noch eine Frage, ob alles Organische überhaupt eine organisch-phylogenetische Geschichte hinter sich hat und haben muß?

Es wurde im Kap. II, 4 (S. 134 ff.) schon auseinandergesetzt, daß man beim Vergleich von Grundformen keineswegs von Höher- und Tieferstehendem sprechen darf; daß vielmehr diese Bewertung überhaupt nur dann — innerhalb von Typen — möglich ist, wenn man bloß das Nutzmäßige einer Eigenschaft, eines Merkmals in's Auge faßt und daran die Formen und Arten prüft. Da aber niemals so geprüfte und aneinandergereihte Arten sich zu lückenlosen Stammreihen, bei denen die zeitliche Aufeinanderfolge mit der fossilen Umbildung sich deckte, zusammenfügen lassen, weil auch noch andere bekannte und unbekannte Gestaltungsprinzipien, außer der biologischen Nützlichkeit eines Merkmales, mitsprechen, so ist nicht nur die Möglichkeit für Aufstellung von Stammbäumen sehr gering, sondern auch das theoretisch geforderte, morphologisch geschlossene Stammbaumschema selbst bleibt bloß eine klassifizierende formale Vorstellung, die der lebendigen Wirksamkeit der Natur nicht entspricht. Wenn natürliche innere Verwandtschaft in der Körperform und den Einzeleigenschaften keineswegs stets gleichmäßig zum Ausdruck gelangt, so gibt auch eine nach dem morphologischen Gesichtspunkt vorgenommene Aneinanderreihung von Formen keine echte Phylogenie oder höchstens auf kurze Strecken hin zufällig; wohl aber liefert sie biologische Reihen, biologische Typen, ideale und formale Anpassungsreihen. Daher der dauernde Mißerfolg aller auf diesem Wege geschaffenen Stammbäume. Eine äußere Umbildung als solche wird man ja nicht leugnen wollen; und ihre Erkennung ist ein dauernd seinen Wert behaltender wissenschaftlicher Gewinn des 19. Jahrhunderts. Aber schon die Vorstellung, daß die äußere Umbildung unserem formalistischen Sinn gemäß verläuft, erscheint unhaltbar; auch darf die Entwicklungsvorstellung nicht zu weit ausgedehnt werden; denn wahrscheinlich nicht alles Organische ist stammesgeschichtlich verbunden.[1]

---

1) Vgl. auch: Lewin, K., Die Verwandtschaftsbegriffe in Biologie und Physik und die Darstellung vollständiger Stammbäume. Abhandl. z. theoret. Biologie v. J. Schaxel, Nr. 5, Berlin 1920.

Es sei hier zitiert, was J. Schaxel (Grundzüge der Theoriebildung in der Biologie, Jena 1919, S. 20/22 u. 31) auch teilweise unter Berufung auf O. Hertwig sagt: „Die Phylogenie erfaßt die Entwicklung nur formal: sie ist Morphogenie, Abstammung der Formen, ohne Berücksichtigung des Werdevorganges, der mit den allgemeinen Sätzen des Darwinismus erledigt wird. Vom Leben als solchem handelt sie nicht, weswegen sie auch in der Physiologie keine andere Rolle als die eines unerfüllt gebliebenen Postulats gespielt hat. Auch die an die Wurzel des Stammbaums verlegte Urzeugung ist nur eine formale Verlängerung der aufgestellten Reihe über die damit überdeckte Grenze des Lebens hinaus. Die Phylogenie stellt demnach die Formen in ihrer zeitlichen Aufeinanderfolge dar. Eine einfache Stufenreihe ergibt sich aber nur, wenn von der Gegenwart rückwärts blickend die Antezedenten einer heutigen Form aufgezählt werden, wie das z. B. in den Ahnenreihen des Menschen der Fall ist. Der Verlauf der Formengeschichte wird im „Stammbaum mit den radial divergierenden Verwandtschaftslinien" dargestellt. In dieser Darstellungsweise liegt mehr Theorie, als gemeinhin angenommen wird; denn sie bringt außer der bloßen Aufeinanderfolge der Formen zum Ausdruck, daß ihre Mannigfaltigkeit mit der Zeit zunehme. Die Vermehrung der Mannigfaltigkeit der Formen, die in einer Veränderung der unterscheidbaren Merkmale besteht, braucht

Die Erklärung für die vorstehend angeführten Tatsachen liegt weiterhin darin, daß im kleinen wie im großen, im einzelnen wie allgemeinen typisches Bestimmtsein und phänotypisch sichtbare organische Ausprägung sich nicht eindeutig entsprechen; Entstehung neuer Körpereigenschaften kann sich unter völligem Latentbleiben derselben vollziehen; die neuen Eigenschaften treten dann sprungartig heraus. Das gilt sowohl für Weich- wie für Hartteile. Selbst wenn sich der Weichkörper eine Weile kontinuierlich umbildete, könnte doch währenddessen die Schale, welche allein fossil wird, ihre alte Form bis nach Vollendung der Weichkörperumbildung beibehalten und dann erst unmittelbar gemäß den neuen

zunächst nur Umgestaltung zu sein. Meist wird sie aber als Vervollkommnung gedeutet, und das Bild des Stammbaumes erläutert die Deszendenz divergierender Formen aus einer einfachen Ahnenform in fortschreitender Entwicklung. Wir sehen die Formenlehre in inniger Weise verquickt mit dem teleologisch-utilitaristischen Element des Darwinismus und die Formenwandlung nach ihrem Werte beurteilt. Der Stammbaum als Beschreibungsmittel führt bestimmte Vorstellungen über den zu beschreibenden Gegenstand ein, die mit geläufig gewordenen Anschauungen in Übereinstimmung befunden, so wenig wie diese selbst näher geprüft werden. Auf methodische Reinheit läßt dieser Zustand des allgemeinsten Darstellungsmittels der Phylogenie nicht schließen."

„Der Stammbaum ist so wenig, wie die historische Betrachtungsweise überhaupt, für die Phylogenie erfunden, sondern aus der Geschichtswissenschaft in die Biologie übertragen worden. Diese Übernahme hätte nicht ohne kritische Prüfung, was und wie es eigentlich geschieht, unternommen werden dürfen. In der Genealogie als einer geschichtlichen Hilfswissenschaft hat es mit dem Stammbaum eine andere Bewandtnis als die Phylogenetiker, die unzählige Stammbäume aufgestellt haben, gemeinhin annehmen." (Vgl. O. LORENZ, Lehrbuch der gesamten wissenschaftlichen Genealogie, Berlin 1898, der sich S. 29 ff. über die prinzipiellen Fehler dieser Betrachtungsweise auch in der Biologie ausspricht.)

„Wenn die Geschichtlichkeit des Organischen bewiesen ist, dann kann der Stammbaum ein Bild des geschichtlichen Hergangs sein, freilich eben nur ein Symbol der Zusammenhänge im allgemeinen und von ungefähr; denn Abstammung als materielle Kontinuität der Organismen ist anderen Wesens. Hätte die historische Biologie sich mehr um den Inhalt des von ihr geschilderten Prozesses als um den äußeren Verlauf gekümmert und erst recht prinzipielle Fragen nicht geradezu vermieden, so wäre sie nach Jahrzehnten breitester Anwendung nicht auf einmal von Zweifeln durchsetzt und beinahe verlassen worden."

„Unter nachdrücklicher Betonung der Lückenhaftigkeit des paläontologischen Materials fügen die Phylogenetiker die Fossilien, nicht selten unter grober Mißachtung von Ort und Zeit der urkundlichen Tatsachen, in die Stammbäume und Ahnenreihen ein, die aus Morphologie und Ontogenie abgeleitet werden, aber, wie wir wissen, ihre Quellen in einer durchaus unhistorischen Betrachtungsweise haben. Dieses Verfahren hat zu einem Zustand geführt, der in besonders deutlicher Weise die Krisis gegenwärtiger Biologie merken läßt. Je mehr Urkunden die Paläontologie zutage fördert, desto stärker wird der Widerspruch zwischen der urkundlich begründeten und der biologischerseits behaupteten Geschichte der Organismen. Sowohl der im Stammbaum dargestellte Geschichtsverlauf überhaupt, wie die besonderen Lehren von den Urformen, den Übergängen und der fortschreitenden Mannigfaltigkeitsvermehrung scheinen in Frage gestellt. Die Paläontologie will sich losreißen von der Bevormundung durch einen Glauben, der geologische Schichten und Zeitalter versetzt, und verlangt nach eigener Methode."

Weichkörperzuständen umgebildet werden.   Wir hätten so eine kontinuierliche Entwicklung des Weichkörpers, die aber gerade an der Schale als Sprung zum Ausdruck gelangte.   Dasselbe könnte umgekehrt der Fall sein.   Oder eine kontinuierliche Schalenumbildung könnte auch ohne Weichkörperumwandlung sich vollziehen u. dgl. mehr.   Umwandlungen betreffen auch nicht immer alle Körpermerkmale; oder sie sind nur physiologischer Art, können die innere Konstitution ganz umschmelzen, ohne daß dies sofort phänotypisch sichtbar würde, bis einmal die äußere Umwandlung gleichsam sprungweise einsetzt.   Alle derartigen Verhältnisse, die, hundertfach variiert, das ganze organische Geschehen beherrschen, zeigen die Unhaltbarkeit der üblichen phylogenetischen Erwartungen. Freilich das organische Bilden selbst hat dabei nichts Sprunghaftes an sich; es stellt sich nur sprunghaft unserem von außen eindringenden Betrachten dar.   Natura non facit saltus. [1])

---

1) Alles dieses habe ich seinerzeit niedergeschrieben, ohne irgendwie etwas Gleiches oder nur Ähnliches in der Literatur gelesen zu haben.   Nun finde ich nachträglich, daß zur selben Zeit mindestens dem Sinne nach, ja fast wörtlich W. D. MATTHEW (The continuity of development.   Pop. Science Monthly, New York 1910, S. 473—78) in so bestimmter Weise dasselbe sagt, daß ich zur Bekräftigung meiner Ansicht mich nicht enthalten kann, einige seiner Hauptsätze hier anzuführen: „The question for discussion is rather as to the method of race development and specific change — wether continuous, by the slow accumulation of minute individual variations, definite or indefinite, through the influence of natural selection or of other causes — or discontinuous by the sudden appearance of distinct mutations or sports, usually of subspecific or specific value, sometimes of generic value . . . I think that is no question but that in vertebrate paleontology the evidence taken at its face value does appear to be very distinctly in favor of discontinuous development.   Where we are able to follow a phylum of tertiary mammalia through a series of strata, in one locality, we find that the successive stages appear, as a rule, ful formed at certain levels, supplant and replace the more primitive stages, and are in turn supplanted and replaced by more advanced stages.   In former years, when the records of locality and level were less exact, it was possible to arrange a series of gradations from one stage to another among the specimens pertaining to a particular phylum, and to assume that this gradation corresponded to the levels in the formation at which the specimens had been collected, and that the specific change was through continuous gradation.   The more exact records of locality and level and the more extensive and complete collections in recent years have in general failed to confirm this arrangement. In the great majority of cases, so far as the record shows, new species appear already distinct, at first sporadically along with the more primitive ones, then more abundantly, finally replacing the older ones altogether.   The intermediate gradations occur along with the more typical individuals, but without much definite relationship to intergradation in the succession of strata." Er illustriert diese Sätze durch Darlegung der Entwicklung der reichhaltigen und sehr vollständig bekannten amerikanischen Huftiergruppe der Oreodontiden mit voll entwickeltem, also primitivem Gebiß und vierzehigen Extremitäten und kommt zu folgendem Schluß: „The sum of results in regard to the changes from one stage to another in this best known group of fossil mammals is either that changes are abrupt, constituting clean-cut faunal divisions marked by the sudden appearance in abundance of a more advanced stage; or else that the new form replaces the older one little by little, but on the whole can not be fairly said be gradually converted into

Diese, den objektiven paläontologischen Tatsachen entsprechende Auffassung ist im Prinzip genau dasselbe, was die Erblichkeits- und Variationsforschung in Zoologie und Botanik für kleinste Formenkreise und verhältnismäßig minimale Eigenschaftsänderungen zutage gefördert hat: die Mutationen haben sich als Sprung erwiesen; die äußere Form der Individuen ist nicht bestimmend für den Nachweis der Identität des Genotypus; die Lebenslagevariation kann bei genotypisch heterogenen Arten gleiche Formen erzeugen und diese können sogar als erbliche erscheinen, solange sie unter gleichen oder ähnlichen Lebensbedingungen stehen. Neue Formen — im genotypischen Sinn neue — werden nie aus fluktuierenden Varietäten erzeugt, weder durch Häufung bei Selektion noch durch Erblichkeit; sie entspringen wohl anderen, noch unbekannten Zusammenhängen.

Es gibt bis jetzt gar kein Kriterium, um die wahre Verwandtschaft der Arten und Typen festzustellen; die „äußere" Gestaltung, worunter der ganze phänotypische Organismus zu verstehen ist bis in seine Zellkammern hinein, die gibt keinen verlässigen Aufschluß, ja führt ebenso oft irre. Eher ist es die paläobiologische Methode, welche uns erlaubt, aus einem gegebenen Organismus und seinen spezifischen Anpassungsmerkmalen auf die Herkunft zu schließen und daraus entsprechende frühere Organismen als Ahnen zu bestimmen. Ich sehe daher, soweit ich überhaupt noch an die Bestimmung von Stammreihen glauben kann, in dieser Methode zurzeit den einzigen Weg für die Paläontologie, solche zu gewinnen, wenn nicht die Physiologie neue Gesichtspunkte hierfür entdeckt (vgl. Kap. I, S. 13—15).

Es gibt ein Gesetz, das Cope aufstellte, wonach nur jene Formen einer Weiterentwicklung fähig sind, welche noch nicht einseitig spezialisiert sind. Die Spezialisierung betrifft oft nur e i n Organ, kann sich aber so steigern, daß bei Änderung gerade der Lebensverhältnisse, worauf dieses Organ eingestellt ist, die Art dem Untergang verfallen ist. Es bricht also mindestens phänotypisch die Stammreihe ab, aber ob unterdessen genotypisch nicht schon eine ganz neue Form in ihr vorbereitet

---

it by infinitesimal gradations. If, therefore, we consider that the record is continuous where there is no apparent stratigraphic break, and that the known record really represents what was going on over the entire continent of North America, I do not see that we can fairly escape from conclusion that new species, new genera and even larger groups have appeared by saltatory evolution, not by continuous development".

Was mir vor allem wichtig an diesen Ausführungen scheint, ist die auch hier betonte Tatsache, daß das abgedroschene Argument von der Lückenhaftigkeit des paläontologischen Materials, das uns die diskontinuierliche Entwicklung durch Wissenslücken nur vortäusche, dadurch zunichte gemacht wird, daß gerade die immer mehr sich vervollständigende Kenntnis der Formen zur Anerkennung der diskontinuierlichen Entwicklung — Entwicklung bleibt es immer — zwingt. Und nicht nur das: es lösen sich auch die früheren, künstlich zusammengefügten Stammbäume formal vollständig auf.

wurde und die einseitig spezialisierte nicht doch der Stammvater einer dann formal-diskontinuierlich in Erscheinung tretenden neuen, radikal geänderten und den neuen Verhältnissen entsprechenden Art ist, kann nach dem heutigen Stand unserer Erkenntnis nicht von der Hand gewiesen und muß mindestens als sehr möglich im Auge behalten werden. Damit hätte auch das Aussterbeproblem noch eine neue Seite gewonnen. Wir hätten auch auf diese Weise eine sehr weitgehende Transmutationslehre, aber wir dürften dann in der Praxis nicht mit STEINMANN in den methodischen Fehler verfallen, durch Herausgreifen phänotypischer Merkmale so sehr verschiedene Formen nun als gesicherte Stammreihen zu deklarieren.

Man wird nun gegen das Vorstehende einwenden, daß, wenn auch nicht geschlossene Stammreihen von Art zu Art vorliegen, wir dennoch sehen, daß die geologisch jüngeren und dann morphologisch getrennten und differenzierten Familien und Gattungen in früheren Zeiten jeweils durch Formen vertreten sind, die, formal wenigstens, häufig zwischen diesen später getrennten Typen vermitteln; ja man will gerade darin einen der stärksten Beweise der Abstammungslehre alten Schlages sehen. Am Anfang der Huftiere stehen im Alttertiär Formen mit vollzähligem Gebiß, vierzehigem Fuß, schmalem langem Schädel usw.; oder das erste vogelartige Geschöpf, das wir finden, hat soviel Reptilmerkmale, daß dies als Hinweis auf die Ableitung der Vögel aus Reptilien betrachtet wird, obwohl der wirklich gefundene Urvogel anerkanntermaßen kein wirklicher Stammvater einer wirklichen jüngeren Vogelgattung ist. Solche Beispiele lassen sich für jede Gruppe der Wirbeltiere und Wirbellosen beibringen — und dabei bleibt dann der Deszendenztheoretiker im allgemeinen befriedigt stehen und glaubt, er habe sichere Beweise für die Abstammung der Typen in Händen. Doch ist hiermit die Sache nur halb zu Ende gedacht und gibt infolgedessen keinen richtigen Einblick in den wirklichen Zusammenhang.

Wenn man nämlich unbeeinflußt von einem bestimmten — dem üblichen — deszendenztheoretischen Denken die Organismen nimmt, wie sie wirklich waren und nicht sofort jedes gewaltsam in eine zoologisch-systematische Kategorie des LINNÉschen Systems hineindenkt, wenn man vor allem die früheren Formen unvoreingenommen bloß miteinander vergleicht, ohne ihnen prätendierende Namen zu geben, so erscheinen sie untereinander ebenso differenziert, ebenso vielstämmig, voneinander ebenso verschieden, wie alle späteren; an Typen sind die späteren nicht zahlreicher als die früheren. Das aber müßte der Fall sein, wenn nach dem Bild des Stammbaumes die späteren Gattungen in früheren wirklich stammesgeschichtlich zusammenliefen. Es müßten nach unten immer weniger Typen werden. Doch davon ist nichts zu sehen. Was vielmehr zusammenläuft, sind nur die auf dem Boden ganz unzureichender

Materialkenntnis aus lebenden Formen abgeleiteten systematischen Kategorien, Familien, Ordnungen, also Abstraktionen und Definitionen, nicht wirkliche Formen. Nur blutleere Vorstellungsbilder erlauben der Deszendenztheorie alten Stieles immer wieder, die Paläontologie zu beherrschen, deren Material exakterweise und klar eine ganz andere Stellungnahme zu dem Entwicklungsproblem erfordert.

Die ganze bisherige Deszendenzlehre mit allen ihren Stammbaumversuchen ist nur ein „auf phänotypische Manifestationen in Natur und Museen basiertes Auschauungsgebäude", sagt Johannsen. Und Naef: „Die Phylogenetik kann jedenfalls nicht ohne weiteres durch eine Ahnenreihe verkörpert gedacht werden, da solche Ahnen ja keineswegs Stadien eines Vorganges sind, sondern nur in indirekter Beziehung zueinander stehen. Wenn wir darin einen Werdegang sehen, so ist dieser auch hier nur ein gedachter im Sinn der idealistischen Morphologie, auf die wir immer wieder zurückgeworfen werden. Die Ahnenreihen können uns aber die Phylogenie sozusagen symbolisch vertreten, da wir nämlich die Beschaffenheit der Ahnen als die Folge des Zustandes auffassen können, auf dem die Keimbahnentwicklung im Moment ihrer Erzeugung angekommen war."[1]

In Wirklichkeit ist also, wie auch der weitschauende Johannsen in seinem grundlegenden Werk über die Vererbungsforschung sagt, das Evolutionsproblem noch eine sehr offene Frage. Die anscheinend weitgehende Analogie der genotypischen Konstitutionen mit chemischen Konstitutionen legt den Gedanken nahe, daß eine solche auch in der Entstehungweise der organischen und chemischen Typen vorhanden sei. In diesem Falle aber wäre die Evolution der Lebewesen nicht mehr so notwendig mit dem Bestehen sogenannter Entwicklungs- und Abstammungsreihen verknüpft, wie man sich das bisher vorstellte. Man sieht hier zum erstenmal einen Weg aufgezeigt, der eine Abstammungslehre möglich macht, bei der formal geschlossene Reihen gar nicht erwartet werden müssen — und das eben entspricht den Tatsachen der Paläontologie.

Dieser, aus der neueren Erblichkeitsforschung entsprungene Ausblick wird von dem paläontologischen Befund, wenn man ihn unvoreingenommen würdigt, also vollständig bestätigt. Eine kurze Spanne weit wird ein auf unbekannten Wegen entstandener Typus umgewandelt, angepaßt. Das vollzieht sich in so engen Grenzen, daß nur Steigerung, Abschwächung oder sonstige Modifikationen von festgegebenen Organen und Eigenschaften stattfinden.

Wenn wir das alles uns vor Augen halten, dazu die Resultate der exakten experimentellen Erblichkeitsforschung, dann kann auch die Haupt-

---

1) Naef, A., Idealistische Morphologie und Phylogenetik. Jena 1919. S. 74/75.

aufgabe der Paläontologie, die Ahnenreihen der Tierformen festzustellen, nicht mehr gelöst werden auf dem bisher fast ausschließlich eingeschlagenen Wege und mit den bisher angewandten Mitteln; wohl aber auf dem systematisch ausgebauten und vertieften Wege: die biologischen Anpassungen jedes Organismus durch und durch zu ergründen und daraus zu schließen auf die phänotypische Umwandlung des Trägers solcher Eigenschaften und auf seine Ausgangsform. Ist dies bis zu einem gewissen Grade gelungen, dann wird ein Vergleich dieser erschlossenen mit den wirklichen, gleichalten oder jeweils nächst älteren fossilen Formen auch morphologische Sprünge zu überbrücken gestatten, die man durch einfaches zeitliches Aneinanderreihen von konkreten Arten nicht überbrücken könnte. Aber auch hierbei wird man festhalten müssen, daß in der ethologisch-biologischen Analyse wieder nur eine Seite organischer Formbestimmung enthalten, bloß ein Radius durch den Kreis organischen Geschehens gelegt ist; eine Ergänzung und Vertiefung wird dann weiterhin noch von der Physiologie zu erwarten sein. Zunächst ergeben sich aus der paläobiologisch-stammesgeschichtlichen Betrachtungsweise Stufenreihen und dann gelegentlich auch in beschränkterem Umfang — nämlich zwischen Arten — Anpassungsreihen. Auf keinen Fall hat es nach dem heutigen Wissen über Anpassung, Vererbung, Variation und Mutation noch Sinn und Bedeutung, in der bisher fast ausschließlich geübten Weise „Stammreihen" zusammenzustellen, „Stammbäume" zu entwerfen und zu erwarten, hiermit im eigentlichen Sinne die Stammesgeschichte selbst aufzuhellen. So werden nur Abstraktionen oder Symbole, aber keine reellen Stammreihen gewonnen. Denn, sagt JOHANNSEN[1]), Verwandtschaft, äußere Ähnlichkeit und innere fundamentale Konstitution sind jedenfalls teilweise voneinander so unabhängig, daß es ganz unsicher ist, von einer dieser Sachen auf die anderen zu schließen. Der biologische Grundfehler vieler Spekulationen über Vererbung und Abstammungslehre ist gerade in der falschen Vorstellung zu suchen, daß Ähnlichkeit ohne weiteres ein Ausdruck von Verwandtschaft sein müsse. Wie alle Charaktere eines organischen oder unorganischen Stoffes von seiner Konstitution abhängig sind, so sind auch alle Charaktere eines Organismus in letzter Linie von seiner genotypischen Konstitution abhängig. Durch die gegebene genotypische Konstitution ist die ganze Reaktionsnorm eines Organismus bestimmt, wie die Reaktionsnorm eines Stoffes von seiner chemischen Konstitution; doch lassen sich aus einer vorliegenden realisierten Reaktion nicht ohne weiteres Schlüsse auf die fraglichen Konstitutionen ziehen, denn gleiche morphologische, physiologische oder chemische Reaktionen können sehr wohl Ausdruck recht verschiedener Konstitution sein, indem die mitspielenden äußeren Fak-

---

[1]) Zitat auf S. 718.

toren ihrerseits verschieden kombiniert sein können. Die Vererbungslehre, erwachsen auf dem Boden der Wissenschaften vom Noch-Lebenden, kommt unserer Paläontologie zu Hilfe. Gibt sie uns doch die klare Vorstellung, wie Umwandlung stattfinden kann, ohne daß Umwandlung stammesgeschichtliche Umwandlung oder Entwicklung ist. Der Genotypus besteht, wie wir an vielen Stellen des Buches sahen, auch aus Potenzen und Erbeinheiten, welche phänotypisch schlummern, um erst zu gegebener Zeit, unter bestimmten Umständen hervorzutreten. Oder es treten neue Kombinationen des genotypisch Bestimmten ein und bedingen so einen neuartigen Phänotypus, ja ganze Folgen von phänotypisch neuartigen Formen. Eine folgt in Gestalt von Mutationen und Arten der anderen; teils eigengesetzlich, nur genotypisch bestimmt, teils im Zusammenhang mit gleichmäßig oder sprunghaft sich ändernden äußeren Bedingungen. Alle diese phänotypischen Möglichkeiten, die sich in einem solchen Falle dem Auge darstellen, lassen sich womöglich als Anpassungsreihen oder sogar als richtige deszendente Stammreihen erweisen; ja sie können vielleicht, wie die Paludinen- oder die Ammonitenreihen, durch Schichten hindurch sich folgen. Und trotzdem ist das keine Stammesgeschichte, keine Epigenese im alten Sinne. Denn alles das, was an neuen Formen so herausgebracht wird, ist schon genotypisch in der „Urform" beschlossen und noch mehr dazu. Wir hätten so eine Konstanz der Art im tieferen Sinn und dennoch eine Umbildung der „Art" im äußeren Sinn — beides in Einem; also, so paradox es klingt: genotypische Konstanz bei aller phänotypischen Umwandlung. In dieser Doppelseitigkeit angeschaut, löst sich das bisherige Deszendenzproblem zu einer neuen Fragestellung auf, zu einem Problem, das mit dem Aristotelisch-Goethe'schen Begriff der Entelechie im wesentlichen getroffen ist.[1)]

Auch der im letzten Jahrhundert innerhalb und außerhalb der Naturwissenschaft vielgebrauchte und viel falsch verstandene Begriff des „Fortschrittes" ist von da aus richtiger zu beurteilen als nach der alten Deszendenztheorie. Fortschritt ist nichts Allgemeines, sondern stets eine Entwicklung oder Anpassung in bestimmter Richtung, also, wenn man will, eine Einseitigkeit. Das geht aber immer auf Kosten und unter Vernachlässigung alles Übrigen. Wenn aus dem Landreptil der Fischsaurier wird, aus dem Orthoceras der Nautilus, so wird von der Natur auf eine bestimmte Lebensform hingearbeitet, welche andere ausschließt. Nicht anders ist es ja auch im Völkerleben: bestimmte Grundanlagen werden „entwickelt", d. h. spezialisiert; hinzuerworben wird nichts, nur latente Möglichkeiten entfalten sich, je nach den äußeren Bedingungen.

[1)] Über den Begriff der Entelechie und seine naturwissenschaftliche Fassung siehe: DRIESCH, H., Der Vitalismus als Geschichte und als Lehre. (Natur- u. Kulturphilos. Bibliothek III.) Leipzig 1905.

Diese erscheinen dann als die Ursache der Entwicklung. Wir müssen also, um den Tatsachen der Natur und des Völkerlebens gerecht zu werden, von einer epigenetischen Deszendenzlehre zu einer entelechischen Deszendenzlehre übergehen. Damit bekommt auch der Begriff „Entwicklung" seinen tiefsten wörtlichen Sinn zurück.

4. Gesetzmäßigkeiten im Erscheinen und Verschwinden der Formen

Immer wieder, wenn wir die Anpassung oder die Stammesgeschichte oder die Verwandtschaft organischer Formen ermitteln oder die Begriffe Variation, Mutation, Art, Gattung klären wollen, stoßen wir, wie die Erblichkeitsforschung, auf den fundamentalen Unterschied von Phänotypus und Genotypus, von körperlicher Erscheinung und inneren, konstitutionellen oder potentiellen, nur als Kräfteverhältnisse darstellbaren Eigenschaften. Diesen Unterschied halte ich für den fruchtbarsten der ganzen Vererbungslehre, er gibt uns auch eine vertiefte Einsicht in das stammesgeschichtliche Werden: die einzelnen sichtbaren Arten sind nicht das Werdende, sondern sie sind bloß der Ausdruck für den inneren Zustand des Genotypischen, Symbol für die Art und Weise, wie dieses den äußeren Verhältnissen gerecht zu werden vermag.

Die Schwierigkeit, wahre Verwandtschaftsgrade, wirkliche Bluts- und Stammesverwandtschaft zwischen den einzelnen Arten und Gattungen festzustellen, also die Stammesgeschichte zu enthüllen, liegt darin, daß die ganze körperliche Erscheinung der Organismen bis in die feinsten Zellstrukturen hinein von zwei Hauptmomenten organischer Formbildung bestimmt ist, deren gemeinsame Wirksamkeit den Organismus durch und durch gestaltet, ohne daß man den Anteil des einen von dem des anderen trennen könnte. Diese beiden bestimmenden Faktoren sind einerseits die genotypisch festgelegte Grundgestalt der Körperform und ihrer Teile, das an sich Dauernde und unverändert Erbliche, andererseits die jedem Organismus notwendigen, mit den entsprechenden Umweltsbedingungen korrespondierenden Anpassungen. An der Lösung der Frage, was an jeder Form auf Rechnung der primären typenhaften Uranlage zu setzen und was sekundärer Erwerb, Anpassung ist, arbeitet eigentlich letzten Endes die ganze Morphologie und Entwicklungsmechanik. Die Enderkenntnis wird sein, daß alles Gegenständliche im Organismus überhaupt Anpassung ist im weitesten Sinn, wie gelegentlich schon ausgeführt wurde, und daß das Genotypische daher überhaupt nichts Gegenständliches, sondern immateriell sein muß. Es ist im Gegensatz zum Körperlichen etwas rein Dynamisches — wenn ein naturwissenschaftlicher Ausdruck ihm überhaupt gerecht zu werden vermag.

Man denkt bei der Stammesgeschichte, ja auch bei der Biologie, immer zu sehr an die fertige umrissene Form selbst, zu wenig aber an die Dynamik der Formbildung. Hierunter verstehe ich nicht den äußeren

Ablauf der Stammesgeschichte, auch nicht die Vorstellung, die wir uns vom äußeren Verlauf der Anpassung machen — z. B. die formale Umwandlung eines Orthoceras in einen Nautilus — sondern jene innere Potentialität, welche als das Wesentliche dem Äußeren, dem Gestalteten und somit Zufälligen gegenübersteht. Ich möchte diesen Unterschied, den ich nicht treffender bezeichnen kann, als mit den der Vererbungslehre entlehnten, aber erweiterten Ausdrücken des Genotypischen und Phänotypischen, immer wieder hervorheben, denn er ist es auch, der uns eine bestimmtere Stellungnahme zu einigen Gesetzmäßigkeiten im geologisch-zeitlichen Auftreten der Formen ermöglicht als die nur auf Äußeres, Phänotypisches aufbauende messende und zählende statistische — oder sagen wir nur gleich: naiv-realistisch beobachtende Methode.

Wenn allgemeine Gesetzmäßigkeiten im Ablauf der Erscheinungen aufgesucht werden sollen oder wenn sich solche unserer Erkenntnis beim Überblick über das Ganze gewissermaßen intuitiv aufdrängen, so muß man dabei auch mit den großen zeitlichen und Materiallücken des geologisch-paläontologischen Erscheinungskreises immer rechnen und darf daher schon aus diesem äußerlichen Grunde in seiner Arbeit nicht rein statistisch verfahren. Keine an und für sich erkannte Gesetzmäßigkeit der Stammesfolge und Formbildung wird in jedem Einzelfalle unbeeinträchtigt hervortreten, teils aus dem eben genannten Grunde, teils aber auch deshalb, weil es ein einfaches lineares Nacheinander in der belebten und auch unbelebten Natur überhaupt nicht gibt. Die Vorgänge und Formen sind niemals Glieder einer einzigen, geradlinigen Ursachenkette, sondern sind stets das Produkt ihrer Eigengesetzlichkeit und der akzidentellen Einwirkungen, die einen reinen Ausdruck der inneren Gesetzmäßigkeit nicht erlauben. Wie man am flachen Meeresstrand Welle auf Welle herankommen sieht mit einem steten Rhythmus und einer gewissen gleichförmigen Gesetzmäßigkeit, wie aber trotzdem die Einzelwellen eine unendliche Mannigfaltigkeit in ihrer Form und im Zeitpunkt ihres Umschlagens, ja auch Widersprüche zu dem großen Rhythmus aufweisen, so ist es auch mit den geologisch-paläontologischen und biologischen Rhythmen und Gesetzmäßigkeiten, die sich beim Überblick über das Ganze aufdrängen; wogegen der am Boden sich haltende, die Einzeldinge nur ihrer äußeren Erscheinung nach registrierende Statistiker, oft vom Material erdrückt, solche Gesetzmäßigkeiten leicht zu „widerlegen" vermag, darin für den Einzelfall sogar recht behält und doch nicht recht hat.

Ich denke hier zunächst an das bekannte Gesetz der Größenzunahme[1] in den Stammreihen, wonach die geologisch ältesten Formen kleiner sind,

---

1) Dieses und die folgenden Entwicklungsgesetze sind u. a. ausführlicher besprochen in den lehrreichen Schlußabschnitten von E. STROMER V. REICHENBACHS „Lehrbuch der Paläozoologie" II. Leipzig und Berlin 1912, S. 264 ff.; ferner in DEPÉRET, Ch., Die Umbildung der Tierwelt. (Aus d. Franzöz. übers. v. R. N. WEGNER.) Stuttgart 1909.

als die späteren und die größten, ja Riesenformen gegen das Ende oder in der Hauptblütezeit oder unmittelbar vorher erscheinen. Die allgemeine Tendenz, welche die Gruppen in dieser Richtung zeigen, ist unverkennbar, und es kommt daher bei den Einzelausnahmen darauf an, die diese allgemeine Erscheinung durchbrechenden Ausnahmen auf die Gründe zurückzuführen, welche der reinen Auswirkung jener Gesetzmäßigkeit entgegenstehen. Das Gesetz besteht dynamisch zu Recht, auch wenn durch Anpassungen an spezielle Lebenslagen so und sovielmal nach der äußerlich statistischen Feststellung die Formen nicht die ihnen konstitutionell zukommende Größe erreichen, sondern klein bleiben (vgl. S. 175, Kap. III).

Nicht anders ist es mit dem von Dollo aufgestellten und von Abel zur Vermeidung von Mißverständnissen genauer formulierten Irreversibilitätsgesetz: (Gesetz der Nichtumkehrbarkeit der Entwicklung[1]). Es lautet:

1. Ein im Laufe der Stammesgeschichte verkümmertes Organ erlangt niemals wieder seine frühere Stärke; ein gänzlich verschwundenes Organ kehrt niemals wieder.

2. Gehen bei einer Anpassung an eine neue Lebensweise Organe verloren, die bei der früheren Lebensweise einen hohen Gebrauchswert besaßen, so entstehen bei der neuerlichen Rückkehr zur alten Lebensweise diese Organe niemals wieder; an ihrer Stelle wird ein Ersatz durch andere Organe geschaffen.

Fig. 344. Entwicklung der scheinbaren Mützenform bei jüngeren „Capuliden" durch innere Resorption der Böden und äußere Glättung der Spiralnaht. A Obertriassische Form. (Aus Koken, Gastrop. Hallstädt. Schichten 1897.) $^3/_4$. B, C rezente Formen in verschiedenen Endstadien. (Orig. in München.) $^3/_4$.

Zahlreich sind die Beispiele aus dem Reich der Wirbeltiere, die Abel beibringt, um die Richtigkeit dieses Gesetzes zu erweisen. Auch im Reiche der Wirbellosen haben wir manches schöne Beispiel. So geht, wie schon (S. 628) gezeigt, die formale Entwicklung der Capuliden und der Schnecken von der ursprünglichen Mützenform zur Natica-artigen Spiralform über. Die Mützenform des Capuliden kehrt aber wieder beim

1) Abel, O., Grundzüge der Paläobiologie der Wirbeltiere. Stuttgart 1912. S. 616.

känozoischen Hipponyx. Auf den ersten Blick scheint hiermit das Irreversibilitätsgesetz durchbrochen. Aber in Wirklichkeit ist die Mützenschale der capuliden Ursprungsform etwas anderes als die der Endform Hipponyx. Während nämlich der alte Capulide genetisch eine einfache, linear gewachsene Haube war, ist das Hipponyxgehäuse eine Spirale, deren innere Umgänge aufgelöst und deren äußere Nähte verwischt sind. Den Schlüssel für diese Auffassung gibt die Reihe der anderen, noch nicht so extrem rückgeschrittenen jüngeren Capuliden, z. B. Calyptraea (Fig. 344). Diese bietet von außen noch den Anblick einer richtigen Spiralform, aber im Innern ist das Gewinde bis auf einen schwachen

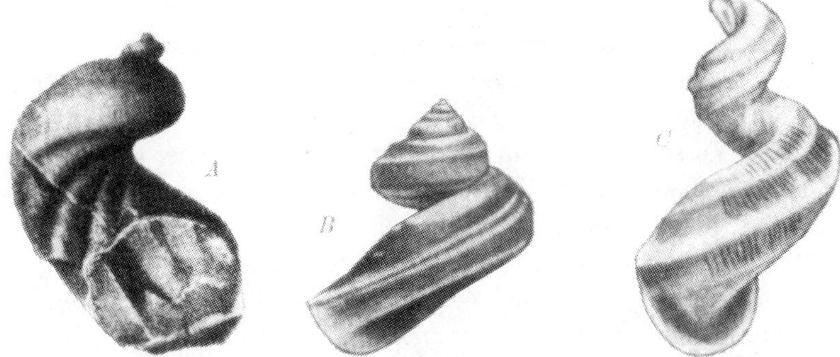

Fig. 345. Loslösung des letzten Umganges bzw. Auflösung der Schneckenspirale. *A* noch nicht zur geschlossenen Schneckenspirale gewordenes phylogenetisches Anfangsstadium eines silurischen Capuliden. (Aus PERNER-BARRANDE, Syst. Silur. Gastéropodes II, 1907.) Verkl. Vgl. Fig. 295, S. 628. *B* Trochonematide und *C* Pleurotomariide aus dem amerikanischen Untersilur, mit sekundär losgelösten Umgängen. (Aus ULRICH u. SCOFIELD, III. Rep. Geol. Surv. Minnesota 1894.)

Boden reduziert. Hipponyx ist also keine wieder entrollte, reversible Capulidenschale, sondern eine nicht mehr unmittelbar als solche erkennbare, gewissermaßen latente Spirale, und die Entwicklung ist hier nicht denselben Weg zurückgelaufen, sondern nur scheinbar ist dieselbe äußere Form, hier auf anderem Wege, wiedererstanden, eben ganz den Sinn des Irreversibilitätsgesetzes erfüllend — zugleich wieder ein Beispiel, wie wenig gleiche Form und Gestalt Ausdruck innerer konstitutioneller Gleichheit sein muß. Ein anderes Beispiel wurde im Kap. IV (S. 360) bei dem festgewachsenen Brachiopoden Meekella beschrieben, ein Produktide, der sich freimacht, später wieder anwächst, aber hierzu weder einen Stiel bildet, noch Kalkzement ausscheidet, sondern eine hornige Byssussubstanz aus den Schalenporen treten läßt, also sich nicht mehr auf die alte Weise festheftet.

Eine Erweiterung des ersteren Beispiels: Wir haben allen Grund, anzunehmen, daß die älteste Schneckenschale, wie bei den Capuliden schon erwähnt, überhaupt hauben- bis mützenförmig war. In dem vorletzten

Stadium vor der endgültigen Einrollung bei Capuliden zeigt sich der letzte Umgang noch losgelöst (Fig. 345 *A*). Ein losgelöster letzter Umgang kommt aber auch bei vielen alten und jungen Schnecken aller Zeitalter als sekundäre Anpassung vor (Kap. VI, S. 609). Diese Loslösung des letzten Umganges hat statische oder mit der Brutbildung zusammenhängende Ursachen, wie dort ausgeführt ist. Vergleicht man nun jene ältesten Stadien der Einrollung mit dieser Aufrollung, dann erscheint beides äußerlich wie eine Wiederholung der gleichen Form, ja, wenn man will, des gleichen, bereits phylogenetisch schon beseitigten Organes, nämlich des von der Spirale losgelösten letzten Umganges. Es wäre aber natürlich falsch, diese phänotypische Formidentität nun einfach gegen das Irreversibilitätsgesetz in's Feld zu führen. Denn trotz allen äußeren Scheines ist es ein ganz anderer physiologisch-dynamischer Prozeß, der im einen und im anderen Falle sich unter äußerlich annähernd gleicher Form am Gehäuse darstellt. Dieser phänotypisch gleichen Bildung liegt genotypisch Verschiedenes zugrunde, und es ist bei aller äußern Formgleichheit keineswegs bloß derselbe, nur mechanisch umgekehrte Ablauf ein und desselben Bildungsprozesses.

Man wird sich jedesmal vergewissern müssen, ob der Weg, auf dem die Organneubildung und die Wiederkehr derselben äußeren Form erfolgt, tatsächlich innerlich, dynamisch und konstitutionell, also nicht äußerlich-phänotypisch derselbe ist wie zuvor, beim ersten Erscheinen der Form bzw. des Organs. Auch kann das Auftreten gleichartig aussehender Bildungen im Embryonalleben späterer Formen natürlich nicht einfach als eine stammesgeschichtliche Wiederkehr bezeichnet werden. Wenn alle neuen Individuen als Eizelle ihr Leben beginnen und dann rasch oder langsam zu erwachsenen Tieren heranreifen, so ist das keine dem Irreversibilitätsgesetz widerstreitende Umkehr, und man kann nicht etwa sagen: die Eltern waren schon erwachsene Tiere und die Jungen fangen jedesmal mit einem Formstadium an, das die Eltern schon einmal durchlaufen haben, die Formbildung kehrt jedesmal wieder auf denselben Ausgangspunkt zurück; ebensowenig kann man sagen, daß die Art in den Einzelindividuen jedesmal rückläufig auf das — hypothetische — Ahnenstadium der Einzelligkeit zurückschlägt, also dieselbe Formbildung reversibel wieder herstellt. Denn das hieße so äußerlich und nach so oberflächlichem Schein argumentieren, daß man nicht zu diskutieren brauchte. Wenn Ammoniten in der Ontogenie „ceratitische" Lobenlinien haben, dann ist das eine Formengleichheit zu den fertigen Triasceratiten, die so äußerlich wie nur möglich ist und sich ebenso in ihrer inneren konstitutionellen Identität von diesen unterscheidet, wie etwa das Säugetier vom einzelligen Urtier, aus dem auf Umwegen letzten Endes das Säugetier vielleicht, vielleicht auch nicht, entstand.

Auf einer äußerlichen Gleichsetzung zweier innerlich sehr verschiedener Formbildungen beruht es auch, wenn man die den Triasceratiten gleichenden Kreideceratiten zu einer Widerlegung des Irreversibilitätsgesetzes in Anspruch nimmt. Zwischen ihnen besteht nur eine äußerliche Formenähnlichkeit, die sich bei den Kreideceratiten als epistatische Entwicklungshemmung der Suturlinie, also als Übernahme des embryonalen Scheinceratitenstadiums in die erwachsene Form erweist, während sie bei den Triasceratiten phylogenetische Primärentwicklung ist; auch ist die Sutur der Kreideceratiten nichts Wiedererworbenes, sondern nur eine Abschwächung anderer, spezifischer Kreidesuturen, somit eine reine Formenkonvergenz zur Sutur der Triasceratiten. Ohnehin lehnt man meistens, entgegen STEINMANN, die unmittelbare Verwandtschaft beider Formenkreise ab (S. 755).

Zu einer richtigen Widerlegung des Irreversibilitätsgesetzes wäre es unbedingt notwendig, zu zeigen, daß eine stammesgeschichtliche Linie Art um Art und konstitutionell rückläufig wird, und daß dann ebenso die Wiederkehr des Verschwundenen sich vollzieht. Mit Konvergenzen oder mit Gattungen, die aus anderen Stammreihen entnommen sind, ist da gar nichts bewiesen. Es muß gut um die Fundierung eines Gesetzes stehen, wenn mit allem Aufwand von Scharfsinn keine durchschlagenden Gegenargumente gefunden werden können oder wenn diese nur auf einem Mißverstehen des Inhaltes jenes Gesetzes beruhen, das zudem auch ohne Beweise schon genügend begründet wäre durch den Begriff des Lebendigen überhaupt, der eine andere Auffassung gar nicht verträgt. Und was will der letzte Gegengrund noch besagen: daß spezialisierte Organe wieder variieren können, also auch frühere Formstadien wiederholen können? Von Variation zu stammesgeschichtlicher Rückbildung ist ein weiter Weg, und die Frage wäre doch erst, ob solche Variationen erblich beseitigt waren und dann genotypisch neu gebildet wurden. Wenn die slavonische Paludina immer noch fortbesteht, trotzdem sie schon einmal zur „Tulotoma“ hinüber variierte, so ist das kein das Irreversibilitätsgesetz widerlegender Rückschlag, sondern ein äußerliches Wiederhervortreten jener Schalenform, welche der jeweiligen Lebenslage entspricht und genotypisch nie aufgegeben wurde. Eine genotypische, stammesgeschichtliche Umwandlung bestand nicht — und nur auf solche natürlich bezieht sich das Irreversibilitätsgesetz, das mir das einzige stammesgeschichtliche Gesetz ohne Ausnahme zu sein scheint.

Man spricht wohl auch bei der Widerlegung des Irreversibilitätsgesetzes oft von Atavismen, wo es sich um embryogene Epistasen, Entwicklungshemmungen handelt. Derartige „Atavismen“, die keine sind, können natürlich nicht gegen das Irreversibilitätsgesetz verwertet werden, sondern allenfalls nur die echten Rückschläge in's Ahnenstadium, aber nicht Epistasen oder gar pathogene Bildungen.

Atavismus wird definiert als Auftreten von Nachkommen mit Merkmalen, die den Eltern fehlen, aber bei entfernten Vorfahren vorhanden gewesen sind oder als vorhanden angenommen werden. Aber es gibt keinen einzigen Atavismus, der sich nicht als epistatisches Durchdauern embryonaler Formbildung zwangloser deuten ließe. So die bis zum Überdruß immer wiederholte, pathogene gelegentliche Dreizehigkeit einzelner Pferdeindividuen, Bildungen, die bei aller äußerlichen Ähnlichkeit wesentlich etwas anderes sind als der ehemalige gattungsmäßig vorhanden gewesene dreizehige tertiäre Equidenfuß.

Alle mir bisher bekannt gewordenen Beweise gegen das Irreversibilitätsgesetz beruhen, wie gesagt, auf Nichtbeachtung des Unterschiedes zwischen innerer, entwicklungsmäßiger und äußerer, formaler Gleichartigkeit. Man kann daher jeden der beiden Sätze des Irreversibilitätsgesetzes freilich mißverstehen und leicht widerlegen, wenn man die darauf bezüglichen Erscheinungen äußerlich betrachtet, statt den inneren Gang der Formentwicklung zu berücksichtigen, Natürlich sind aber keine Widerlegungen des Irreversibilitätsgesetzes die Konvergenzbildungen und die phänotypische Variabilität oder die Rückschläge bei vergänglicher Lebenslageanpassung. Man muß immer unterscheiden zwischen dem erblichen, endgültigen und dynamischen Ausscheiden einer Organbildungsfähigkeit aus der Konstitution einerseits und einem latenten Verbleiben dieser Fähigkeit in der genotypischen Struktur andererseits, wobei die betreffende Form- oder Organbildung nur phänotypisch unterdrückt, latent geworden, zeitweise versteckt ist. Der wertvolle, tiefgehende Unterschied zwischen potentieller und phänotypischer Eigenschaft tritt auch hier wieder in seiner vollen Bedeutung zutage.

Es wäre angesichts dieser Gedankengänge zweckmäßig, dem Irreversibilitätsgesetz an Stelle seiner rein morphologisch-phänotypischen Formulierung zugleich noch eine physiologisch-biologische zu geben, damit der Gleichsetzung von äußerlichen Formbildungen gesteuert wird, die eine Widerlegung des Gesetzes vortäuschen könnten. Man würde die oben gegebene ABELsche Formulierung daher etwa so ergänzen können:

1. Eine im Laufe der Stammesgeschichte verkümmerte und genotypisch aus der erblichen Konstitution ausgeschiedene Organbildung kehrt auf demselben Entwicklungswege niemals wieder. Ein äußerliches, phänotypisches, konvergentes Wiederzustandekommen knüpft sich an andere Zusammenhänge und täuscht eine Gleichheit vor, die höchstens eine formale, keine dem Wesen der Sache entsprechende, vor allem keine physiologisch-mechanische Rückentwicklung ist.

2. Eine identische Wiederkehr derselben Bildung jedoch kommt zustande, wenn das Verschwinden bloß in einer Verhüllung durch andere hinzukommende dominante neue Bildungen bestand, wenn also die phäno-

typisch unterdrückte Eigenschaft genotypisch gewahrt blieb, um zu gegebener Zeit wieder in Erscheinung zu treten.

Mit diesem letzteren Punkt haben wir zugleich eine von der Vererbungswissenschaft zutage gebrachte Tatsache berührt, die wohl auch zur Klärung einer anderen paläontologisch-stammesgeschichtlichen Gesetzmäßigkeit von höchster Bedeutung ist: das Latentwerden und scheinbare Verschwinden von Eigenschaften auf längere Zeit. Die hierdurch z. T. erklärbar werdende paläontologisch-stammesgeschichtliche Erscheinung ist das zeitliche Intermittieren einer Form, das allerdings verschiedene Ursachen haben kann, äußere und innere.

Ein schönes Beispiel bietet etwa die Entwicklung der Austerngattung Gryphaea[1]), deren linke Schale hochgewölbt, deren rechte Schale flach und deckelförmig, deren Spitze mehr oder weniger eingekrümmt ist. Die älteste Art ist Gryphaea arcuata, welche ungeheuere Bänke im unteren Lias bildet und jene Merkmale am ausgeprägtesten zeigt: eine schmale und hochgewölbte große Schale und eine sehr grobe und nach der kleinen Schale hin stark zurückgekrümmte Spitze. In dem oberen Teil dieser Stufe begegnet man einer ersten Mutation, Gryphaea obliqua. Die Schale ist weniger hochgewölbt und breiter, die Spitze weniger dick und weniger eingekrümmt. Im mittleren Lias findet man eine andere Form, Gryphaea cymbium. Sie ist etwas größer, ihre Schale ist breiter und weniger hochgewölbt, sowie mit einer schwachen und wenig zurückgekrümmten Spitze versehen. Sodann verschwindet der Stamm auf einmal im oberen Lias, im Bajocien und Bathonien, um im Callovien-Oxford unter einer etwas abgeänderten, größeren und sehr viel mehr in die Breite gehenden Form wieder zu erscheinen, Gryphaea dilatata. Der Stamm zeigt sich dann nicht mehr in den obersten Stufen des Jura und in der ganzen unteren Kreide. Bei seinem Wiedererscheinen in der oberen Kreide in Gestalt der Gryphaea proboscidea und Gryphaea vesicularis ist er in noch stärkerer Weise abgeändert: die allgemeine Form der Schale ist sehr verbreitert und fast kreisförmig geworden, die Spitze schwach entwickelt und wenig zurückgekrümmt.

Weitere Beispiele sind die Muschelgattung Megalodon im Devon und der oberen Trias mit den dicken Schalen und der ungeheueren Schloßplatte; die dreifache Wiederkehr des ungleichseitigen Pectinidentypus Vola im Lias, in der Kreide und im Miozän (Fig. 115, S. 292); die extrem gestalteten gestreckten Gervilleien (Fig. 292 *A*, Kap. IV), welche in der oberen Trias und im Unterlias, dann wieder im Oberlias, dann im Malm auftreten; ferner eine Unmenge von Gastropoden, wie Purpuriniden, Trochiden, Neritopsiden; auch die Kreide- und Triasceratiten, wie über-

---

1) Depéret, Ch., a. a. O. S. 148.

haupt unter den Ammoniten besonders solche intermittierend wiederkehrende Formen bekannt sind.

Diese allgemeine Erscheinung, welche, wie gesagt, auf ganz verschiedene Ursachen zurückgeht, ist schon mit den verschiedensten Namen belegt worden. Zuerst von Koken mit dem Ausdruck iterative Artbildung, von anderen als Homotypie und Homöogenesis, auch als Konvergenz, und von Depéret als diskontinuierliche Formenreihen bezeichnet. Alle diese zum Teil wohldefinierten Bezeichnungen treffen jedoch immer nur einen Teil jener Erscheinung, die uns auf Schritt und Tritt begegnet und von der es ja naheliegend wäre, sie als unmittelbaren Ausdruck für die Lückenhaftigkeit des paläontologischen Materials anzusehen, ohne eine tiefere Gesetzmäßigkeit dahinter zu suchen; das ist auch bis zu einem gewissen Grade berechtigt, d. h. in manchen Fällen.[1] Wenn aber eine Erscheinung so durchgängig auftritt, auch dort, wo wir reiches Material aus allen Stufen haben, wie insbesondere bei den Ammoniten und Mollusken, dann wird man doch einer etwas tiefgründigeren Beantwortung dieser Erscheinung nicht aus dem Wege gehen dürfen und sie als ein positives, nicht als ein Scheinproblem nehmen müssen. In der Tat zeigt sich auch bald, daß hier eine organische Gesetzmäßigkeit vorliegt.

Wenn wir innerhalb größerer Zeiträume und in einer mehr oder minder beschränkten Region ein Intermittieren einzelner Gattungen sehen, dann liegt es nahe, als Ursache hierfür zunächst veränderte Lebensverhältnisse anzunehmen, durch welche eine Form vertrieben wurde oder abstarb oder auswanderte, bis sie unter gegebenen günstigeren Verhältnissen wieder zurückkehren konnte. Wenn wir aber über die ganze Welt hin, wie bei Gryphaea, bei den Ammoniten, bei Vola u. a. dieses Intermittieren beobachten, dann genügt die Erklärung nicht mehr. Man kennt nämlich entsprechende Molluskenfaunen aus jeder Formation, aus jeder Stufe, z. B. im Mesozoikum in allen drei Formationen und aus jeder Unterabteilung desselben auf der ganzen Welt. Da müßten die intermittierenden Formen stellenweise auftauchen, und da sie das nirgends tun, müssen sie also in den Zwischenzeiten wirklich gefehlt haben, nicht nur scheinbar infolge lückenhafter Funde oder regional infolge lokaler Abwanderung.

---

1) Diesem Argument gegenüber gilt, was Handlirsch über das fossile Auftreten der doch noch weit seltener erhaltenen und schwieriger erhaltungsfähigen Insekten sagt: „Gesetzt den Fall, wir hätten nur einen einzigen, mäßig ergiebigen Fundort von Karboninsekten und es wäre daselbst noch kein Coleopteron gefunden worden, so könnten wir diese Tatsache dem Zufalle zuschreiben. Wenn wir aber an 50 über ein weites Gebiet verteilten, teils litoralen, teils kontinentalen und darunter manchen sehr reichen Fundorten nirgends ein einziges Coleopteron finden, so kommt nach meiner Ansicht schon jeder Zufall außer Betracht und wir können diesem negativen Resultate eine Beweiskraft um so weniger absprechen, als in den jüngeren analogen Ablagerungen reichliche Funde die Erhaltungsfähigkeit der Coleopteren beweisen." Wieviel mehr gilt das z. B. für die mesozoischen Ammoniten, überhaupt für fossile Mollusken!

Da treten nun die oben schon mit den Ausdrücken iterative Formbildung[1]), Homöogenesis usw. gekennzeichneten biologischen Erklärungen in den Vordergrund. Man wird zunächst an ein wirkliches Wiederholen einer in der Zwischenzeit nicht produzierten Form eines Gattungstammes denken, etwa in dem Sinne, daß unter bestimmten, nur in längeren Zeitabständen wieder eintretenden Lebensbedingungen der Genotypus jene intermittierenden Formen heraustreten läßt. Es ist aber auch zu erwägen, ob nicht innere, in den organischen Bildungsverhältnissen liegende Notwendigkeiten und rhythmische Gesetzmäßigkeiten in vielen Fällen dieses Intermittieren bestimmen. Ich denke aber an die im kleinen beobachtete Tatsache, daß die Nachkommen bestimmter Eltern mit bestimmten Eigenschaften oft generationenlang solche Eigenschaften phänotypisch vermissen lassen, sei es, daß diese nicht genotypisch fixiert waren oder daß umgekehrt diese Eigenschaften zwar genotypisch vorhanden, aber infolge besonderer äußerer Umstände phänotypisch unterdrückt wurden oder nicht in Erscheinung treten konnten, weil gerade unter den zufällig herrschenden äußeren Lebensbedingungen andere Eigenschaften phänotypisch entwickelt werden mußten, mit welchen die vermißten Merkmale nicht gleichzeitig nebeneinander phänotypisch existieren können.

Es wurde nun schon mehrmals betont (z. B. S. 15), daß in den geologisch verfolgbaren Artketten und Mutationsreihen vielfach dieselben Gesetzmäßigkeiten der Formbildung im großen zu herrschen scheinen, wie bei den kleinen Artvariationen und -mutationen, welche am lebenden Material die Vererbungslehre erforscht. Wie wir bei Lebenden phänotypische Lebenslagevariationen haben, die wie Dauerarten erscheinen können, weil die hervorrufenden äußeren Bedingungen lange Zeit anhalten, dann aber auf einmal bei ihnen der alte, verhüllte Artcharakter wieder heraustritt, um unter entsprechenden Bedingungen späterhin wieder durch eine Scheinabart verhüllt zu werden, so mag es auch im großen während längerer Zeiträume gehen. Denkt man sich diesen Prozeß zwei- oder dreimal wiederholt und alle diese wechselnden Formbildungen in Schichten begraben, dann hat man ein Schichtsystem mit intermittierenden, iterativen Formbildungen, ohne daß Auswanderungen oder gar die Lückenhaftigkeit der Überlieferung den Grund für diese Unterbrechungen bildete.

Es kann ferner sein, daß bei der Erwerbung neuer Eigenschaften unter phänotypischer Anpassung an bestimmte Lebenserfordernisse bei einer vorhandenen Art Körpermerkmale entwickelt werden müssen, welche sich mit gewissen genotypisch bestimmten Eigenschaften nicht vertragen. Dann werden diese letzteren phänotypisch unterdrückt, bis entweder die sekundären Anpassungsmerkmale wieder wegfallen können oder — wenn sie dauernd nötig sind — bis der Artorganismus korrelativ Mittel und Wege

---

1) Iterative „Formbildung“ ist besser als „Artbildung“, weil es sich nicht um die Wiederkehr der gleichen systematisch-morphologischen Arten handelt.

gefunden hat, um die genotypisch bestehenden und die sekundär hinzu-
genommenen Merkmale so aufeinander abzustimmen, daß sie nun beide
phänotypisch miteinander heraustreten können. Auch in diesem Falle
erscheint — auf größere Zeiträume verteilt und in Schichten fossil gedacht — eine intermittierende Form. Das alles widerspricht nicht dem
Irreversibilitätsgesetz, denn es ist von einem mechanischen Rücklauf
einer Entwicklung, überhaupt von einer Entwicklung im streng evolutionistischen Sinn gar keine Rede gewesen. Im übrigen kommt ja
bei der iterativen Formbildung und beim Intermittieren auch niemals
dieselbe Art wieder zum Vorschein, sondern nur die gleiche genotypische
Grundform, die durchaus festgehalten wurde und in ihren formgebenden
Eigenschaften erhalten blieb, mag das phänotypische Kleid unterdessen
auch noch so gewechselt haben. Es wird auch hier gut sein, nicht zu-
viel evolutionistische Vorstellung mit hereinzunehmen, sondern mehr an
das typenhaft Beständige zu denken, das nur phänotypisch wechselt.

Die hier vorgeführte Erklärung gilt indessen nur für unmittelbar
verwandte Formen. Für nicht oder nur sehr entfernt verwandte Formen,
welche phänotypisch gleiche oder sehr ähnliche Arten gleichzeitig oder
wechselnd zu verschiedenen Zeiten hervorbringen und dadurch eine iterative Formbildung und ein Intermittieren einer Form vortäuschen können,
gilt sie natürlich nicht. Bei ihnen kann man in solchem Fall natürlich
nur von Homöogenesis oder Konvergenz reden (S. 711), also von einem
unter gleichen Bedingungen in verschiedenen Gattungsstämmen gleich-
oder verschiedenzeitig auftretenden gleichen Formbildungen oder von
gleichen Formbildungen, die nach den gleichen organischen Bildungs-
gesetzen, aber ganz unabhängig voneinander heterogen entstehen. Damit
dürften die mannigfaltigen Möglichkeiten des wirklichen oder scheinbaren
Intermittierens verläufig genügend gekennzeichnet sein. Wir stehen ja
erst am Anfang sinngemäßer Erklärungen dieser nicht wegzuleugnenden
geologischen Erscheinung.

Daß Intermittenz und iterative Formbildung gelegentlich dasselbe
sind wie Konvergenz der Formbildung, nur zu verschiedenen Zeitpunkten,
zeigen die Faunen der Korallenriffe. Wenn wir im oberen Jura die
Konchylienfaunen der durch alle Horizonte verbreiteten Korallenriffe
vergleichen, dann scheinen sehr häufig dieselben Arten in allen Horizonten aufzutreten; in verschiedenen Altersstufen treten die gleichen
Formen auf. Aber das beruht auf äußerer Habitusgleichheit infolge sehr
spezifizierter gleicher Lebensweise. Hat man beispielsweise eine Korallen-
riff-Fauna bestimmt und macht sich nun eine statistische Vergleichstabelle,
dann kann es sehr leicht kommen, daß man, durch scheinbare Identifi-
zierungen irregeführt, die Korallenriffe in einen ganz gleichen Alters-
horizont versetzt. Und doch gehören sie verschiedenen Altersstufen an
und ihre scheinbar gleichen Arten stammen aus heterogenen Zeugungs-

kreisen. Hier waltet also auch eine iterative Artbildung, und eine scheinbare Intermittenz, wenn zwei derartige Lebensgemeinschaften zeitlich etwas auseinanderliegen. Semper sagt hierüber [1]: „Die Faunen der heutigen Korallenriffe zeichnen sich . ., soweit Schalen vorhanden sind, durch deren gesteigerte Ornamentierung vor ihren lebenden Verwandten aus. Die Fossilfaunen gewisser Kalke, die bionomisch den heutigen Korallenriffen gleichgesetzt werden dürfen, zeichnen sich durch dasselbe Merkmal aus, bescheren daher dem Paläontologen zumeist eine üppige Ausbeute charakteristisch geformter Arten, freilich meist von geringer horizontaler und vertikaler Verbreitung, zugleich aber auch zahlreiche Beispiele für iterative Artbildung oder auch für morphologische Konvergenzen zwischen Angehörigen von keineswegs immer nahe verwandten Gattungen. Man darf diese Riffaunen daher wohl als einen durch passive Reaktion auf Umgebungseinflüsse umgestalteten Teil der gleichzeitigen, allgemeiner verbreiteten Faunen betrachten und die in diesem Lebensbezirk auftretenden Merkmale, wie gesteigerte Ornamentation, scharfe Vorschwingungen und Zurückbeugungen im Verlauf der Anwachsstreifen und des Schalenrandes durch fazielle Umformung erklären. Wollte man annehmen, daß die Riffaunen direkt voneinander abstammten und eine besondere, stark lückenhaft überlieferte Reihe bildeten, so hätte man die Frage zu beantworten, weshalb diese Fazies in älterer Zeit eine indifferenter gestaltete Fauna habe umprägen können, später aber nicht mehr."

Die Intermittenzen, denen wir in der Geschichte jeder einzelnen Gattung auf Schritt und Tritt begegnen, sind also wohl ein Ausdruck für die Umprägung selbst, welche sich phänotypisch mit Unterbrechungen abspielt, und damit auch noch ein weiterer Grund dafür, daß es nicht gelingt, morphologisch geschlossene, also kontinuierliche Formen- und Stammreihen aufzustellen. Spezialisationskreuzungen, mit denen man ausnahmslos zu kämpfen hat, wenn man Stammbäume aufstellen will, sind ja vermutlich ebenso nicht von wechselnden unmittelbaren biologischen Anpassungen bedingt, sondern auch hervorgerufen durch wechselndes Dominantwerden verschiedener Eigenschaften, wodurch andere, zuvor phänotypisch dagewesene unterdrückt werden, bis sie späterhin rein oder vermischt wiedererscheinen und durch dieses Kommen und Gehen jene kleinen Intermittenzen bewirken, wie sie besonders die Mollusken so häufig zeigen. So kommen dann die diskontinuierlichen Formenreihen zustande, welche, wie schon gesagt, eine Erklärung für das Fehlen morphologisch geschlossener Stammreihen auch in engeren genetischen Kreisen liefern, selbst bei sehr vollzähligem Material.

Schließlich sei noch einer Erscheinung Erwähnung getan, hinter der offenbar auch eine Gesetzmäßigkeit verborgen liegt, die aber noch

---

1) Semper, M., Über Artbildung durch pseudospontane Evolution. Centralbl. f. Mineral. usw. Stuttgart 1912. S. 140.

nicht mit ihren wirklichen oder vermutlichen Ursachen genügend verfolgt und gleichfalls in ihrer Auswirkung oft gehemmt und verwischt ist. Es wurde schon auf S. 651 bei der Besprechung der Skulpturbildungen an Molluskenschalen erwähnt, daß in gewissen Zeitaltern auch ein gewisser Bauplan herrscht. Diese sich häufig über alle möglichen Typen mehr oder weniger ergießenden „Moden", wie wir dort vergleichsweise sagten, sind ja auch im tieferen Sinn als Zeiterscheinungen in der Menschheitsgeschichte nichts Seltenes. Fast alle Völker werden zu bestimmten Zeiten von gleichen oder sehr ähnlichen Entwicklungstendenzen ergriffen. Revolutionäre Bewegungen, gewisse Arten wirtschaftlicher Entwicklung gehen u. a. durch die Länder. Sowohl bei anscheinend stagnierenden, ebenso wie bei sogenannten fortschreitenden Völkern wird — modifiziert durch ihre ursprüngliche, man möchte sagen: genotypisch bestimmte Eigenart — demselben Entwicklungsziel, denselben Lebensformen zugestrebt. Wir brauchen in dieser Hinsicht bloß das Ende des 19. Jahrhunderts zu betrachten, um diese Wahrheit bestätigt zu finden. So werfen sich auch in der lebensgeschichtlichen Entwicklung während der geologischen Zeitalter stets zu etwa derselben Zeit die verschiedensten Typen und Lebenskreise ein gleiches Gewand über, sie entwickeln ähnliche Organe, jedes auf seine Art und Weise, aber offenbar doch demselben Drängen der Natur folgend. Beispiele wurden S. 646 ff. schon genannt. Ein weiteres ist etwa die Entwicklung jenes merkwürdigen dritten Auges, des Stirnauges, im Paläozoikum, das zuerst bei Arthropoden (Fig. 107, S. 279 u. Fig. 110 *D*, S. 286) erscheint, dann im Karbon auf die Amphibien, und zuletzt noch auf die Reptilien des Perm übergreift. Nur was von solchen alten Typen in's Mesozoikum hinübergeht, nimmt dieses Merkmal mit; z. B. die Pareiasaurier und vielleicht Limulus. Im Mesozoikum wird dieses Organ aber nicht mehr neu ausgebildet. Ein anderes Merkmal ist das stelzbeinige Laufen auf zwei starken, verlängerten Hinterbeinen und die Erhebung des Körpers mit seinen zwei kurzen Vorderbeinen. Im Mesozoikum drängen die verschiedensten Gruppen der damals alles bevölkernden und stammesgeschichtlich wohl recht heterogenen Reptilien zur Entwicklung dieser Eigenschaft, die schließlich in einem vogelähnlichen Tier ihre extremste Ausgestaltung erfährt. Dabei ist wieder bezeichnend, daß gerade die ältesten, noch in's Mesozoikum zurückgehenden Säugetiere, die Beuteltiere, ebenfalls diese Eigenschaft bis zum heutigen Tag bewahrt, also von damals mit herübergebracht haben, während die Gruppen der nur tertiären Säugetiere nichts mehr von solcher Entwicklungstendenz erkennen lassen. Hier liegt ein wichtiges und wohl durch weitere Beispiele leicht zu illustrierendes Entwicklungsgesetz vor, das allerdings noch schärferer Untersuchung bedarf und das, wenn es sich einmal genügend fundiert zeigen sollte, Anlaß und Mittel zu einer neuen Art vergleichender Anatomie abgeben kann, mit der man sogar das geologische Alter einzelner Stammgruppen ermitteln könnte und mit dem man auch über das bisher doch wohl viel zu gering angesetzte Alter des Menschengeschlechtes vielleicht noch staunenswerte Winke erhalten wird. Davon vielleicht später einmal an anderer Stelle.

Wenn wir noch einmal rein theoretisch definieren, was Konstanz, Konvergenz, Intermittenz und Irreversibilität der Formen ist, so können wir kurz sagen: Konstanz ist die genotypische und phänotypische Beibehaltung derselben Gattungs- und Artcharaktere; Intermittenz ist die genotypische Beibehaltung derselben, aber die phänotypische Unterbrechung; Konvergenz ist die phänotypische Gleichartigkeit genotypisch heterogener Formen; Irreversibilität ist die Nichtwiederkehr derselben Eigenschaft auf demselben rückläufigen Wege. Aus diesen scharfen Definitionen wird sofort klar, daß jede dieser drei Normen auch vorgetäuscht werden kann in folgendem Sinn: Konstant können Formen durch die Reihe der Zeitalter hindurch erscheinen, wenn wir immer demselben phänotypisch-konvergenten Habitus bei genotypisch verschiedenen Gruppen begegnen. So nennt Ruedemann z. B. unter den seit dem Silur persistenten Formen den Capulus[1]), von dem wir oben (S. 744) sahen, daß unter derselben äußeren Gestalt sich innerlich etwas ganz anderes verbirgt. Intermittenz könnte das durch den Jura und die Unterkreide hindurch unterbrochene Auftreten der Ammoniten mit ceratitischer Lobenlinie zu sein scheinen, wenn diese Formen unmittelbar gleichen Stammes miteinander wären. Wir wissen aber durch die Untersuchung von Salfeld[2]), daß man die Kreideceratitensutur als eine vereinfachte Phylloceras-Sutur ansehen darf, die Phylloceren gehen aber eher auf Cyclolobiden als auf Ceratiten zurück. Ebenso täuschen diese Formen eine Umkehrbarkeit der Entwicklung und Formbildung vor, wie Hipponyx bei den Capuliden. So ist hier drittens also auch keine Durchbrechung des Irreversibilitätsgesetzes, dessen scheinbare Ausnahmen stets auf einer Verwechselung der äußerlichen Gestaltung mit dem genotypischen Inhalt der Form beruht.

Daß niemals genotypisch gleiche Formen wiederkehren können, ist endlich auch ein aus ganz allgemeinen Gründen sich ergebendes Gesetz, das aus der originalen Mannigfaltigkeit der Natur entspringt. Diese besteht darin, daß die Natur niemals zweimal dasselbe schafft und das sich scheinbar ewig Wiederholende stets mit anderen Mitteln, auf anderem Wege bildet, wie umgekehrt Neues sich oft scheinbar in altem Kleide bietet. Die vorhergehenden Kapitel sind eine lebendige Illustration zu dieser Tatsache.

---

1) Ruedemann, R., The Paleontology of arrested evolution. 13. Ann. Report New York State Museum. Albany 1918. S. 116.

2) Salfeld, H., Über die Ausgestaltung der Lobenlinie bei Jura- und Kreideammonoideen. Nachr. K. Ges. Wiss. Göttingen. Math.-phys. Kl. 1919. S. 8/9.

Jede Vertiefung in die organische Natur erweckt in uns den Eindruck der unbedingten, grenzenlosen Mannigfaltigkeit aller organischen Formen und Funktionen. Es ist ein altes, vielberufenes Beispiel, daß an keinem Eichbaum zwei identische Blätter zu finden seien. Es ist uns ebenso geläufig, daß es in keiner Art zwei identische Individuen gibt. Es ist aber wenig beachtet und jedenfalls noch nicht in seiner ganzen Folgewichtigkeit ausgewertet, daß es auch keine zwei Arten gibt, welche auf dieselbe Weise ein und dieselbe Anpassung verwirklichen, die für sie notwendig ist.

Eben in dieser unbedingten, stets sich erneuernden, niemals Kopien zulassenden Mannigfaltigkeit der lebenden Natur liegt ein allgemeines Gesetz, welches verhindert, daß wir durch Aneinanderreihung von Formen die wirkliche Stammesgeschichte der Lebewelt seit kambrischer Zeit schreiben können. Nicht als ob es nicht möglich wäre, die Formgestaltung und Formumbildung von Fall zu Fall äußerlich ein Stück weit zu verfolgen, Abänderungen in Raum und Zeit eine gewisse, jedoch stets kurze Strecke weit zu überblicken und durch Aneinanderreihungen von abgeänderten Individuen darzustellen — aber es liegt im Wesen jener stets originalen Mannigfaltigkeit des Gestaltens und Werdens, daß der Faden der äußeren Formgebung nicht nur im kleinen, sondern auch im großen nach kürzerer oder längerer Zeit immer wieder abzureißen scheint und wie aus dem Ungefähr wieder hervortritt, ohne daß seine Wiederanknüpfung an die abgerissenen Enden phänotypisch gelänge.

Diese originale Mannigfaltigkeit kann so weit gehen, daß blutsverwandte und stammesverwandte Formen phänotypisch sich so differenzieren, daß sie als nicht mehr näherverwandt erscheinen. Das ist sogar mit allen, nach morphologischen Merkmalen für verwandt erklärten Formen der Fall. Sobald wir sie genetisch verfolgen, zeigen sie so viel Eigentümliches, daß wir sie jedesmal für polyphyletisch erklären. Ausnahmslos geschieht das. Wer eine morphologisch geschlossen erscheinende Gruppe durcharbeitet, kommt mindestens zu dem Resultat, daß er parallele Stämmchen und Reihen vor sich hat. Alles löst sich ihm auf, wenn er genug, nicht wenn er wenig Material hat. Eine originale Mannigfaltigkeit herrscht also. Kein Individuum gleicht dem anderen, keine Artreihe konvergiert morphologisch mit anderen in wirklichen Ausgangsformen, stets nur in gedachten und konstruierten; jede morphologisch systematische Gattung löst sich in parallele Stämmchen auf.

Trotzdem hält man mit Recht an der Überzeugung fest, daß all' das unendliche Mannigfaltige, das Parallele, das morphologisch Diskontinuierliche, das Intermittierende irgendwo und irgendwie genetisch zusammenlaufen müsse. Für genotypisch Verwandtes, also für die Gruppen und Gattungen innerhalb gewisser Typen ist das auch zweifellos so, und diese Erkenntnis ist der Kern der seit Mitte des 19. Jahrhunderts entwickelten Deszendenztheorie. Nur darf man nicht mehr erwarten, daß sich dieses Zusammenlaufen auf phänotypisch kontinuierlichen Stammreihen verfolgen und erweisen lassen wird. Denn dagegen spricht alles, was wir an paläontologischen und vererbungsgeschichtlichen Tatsachen wissen, und dagegen sprechen alle Begriffe, die wir bisher aus diesen abzuleiten imstande waren. Tritt man mit stammesgeschichtlichen Untersuchungen an die Gruppen und Gattungen heran, prüft man die Reihen und die Urformen, dann löst sich alles auf, solange wir Phänotypisches allein betrachten. Erst wenn wir aus dem phänotypisch Mannigfaltigen das typisch Gemeinsame zu erschließen verstehen, indem wir durch biologische Untersuchung das Zufällige, das Hinzugekommene vom grundlegend Typischen trennen, kommen wir zu der innern Verwandtschaft der Formen, aber damit aus der realen Stammesgeschichte zur idealistischen Morphologie. Da aber jede wirkliche Form phänotypisch stets durch und durch aus Anpassungen besteht, es also auch phänotypisch weder das Säugetier, noch die Wirbelsäule, noch die Lunge an sich gibt, sondern nur spezifisch angepaßte, wirkliche Organismen und Bildungen, diese aber andererseits der sichtbare Ausdruck für eine genotypisch bestimmte Reaktionsnorm sind — die Innenseite der Art und Gattung, das Typenhafte, die Urform GOETHES, die Entelechie des ARISTOTELES — so ist jede Stammesgeschichte auf zweierlei zu richten: erstens auf die innere und äußere Herkunft der neuen Grundformen; zweitens auf die Abwandlung innerhalb derselben, die sich in den einzelnen phänotypischen Arten und Mutationen kund tut. Nur die letzteren sind unter dem Gesichtspunkt der nützlichen Anpassung an äußere Verhältnisse zu verstehen; nur Phänotypisches kann unter diesem Gesichtspunkt biologisch verstanden werden. Das innerlich Typenhafte, das Genotypische im weitesten und tiefsten Sinn, wie wir es in den früheren Kapiteln immerzu herauszuheben versuchten, ist dagegen ein Urphänomen, das bis jetzt nicht auflösbar ist und jedenfalls nicht in Entwicklungs- und Anpassungsreihen, am wenigsten aber unter dem Gesichtspunkt der biologischen Nützlichkeit begriffen werden kann. Erst dessen Herkunft zu durchschauen, wäre Stammesgeschichte im umfassendsten Sinn. Phänotypische Reihen ergeben keine wahre Phylogenie, sondern bestenfalls eine Geschichte der Anpassungen, nicht eine Geschichte des wesenhaften Inhaltes der lebendigen Natur. Wenn z. B. die im II. Kap. dargestellte Anpassungsgeschichte der Nautiloideenschale vollkommen in eine statische Berechnung der Konchospirale aufgelöst wird, wenn theoretisch nachgewiesen wird, wie die mechanische Veränderung eines Faktors im Schalenbau statisch die ganze Involution nach sich zieht, so haben wir hiermit zwar das für die lebende Form, was wir etwa für die Darstellung mineralischer Stoffe an den chemischen Formelsymbolen haben: ein Abbild des Wirklichen, einen funktionalen Ausdruck. So wenig indessen eine chemische Formel Sinn und Wesen des Stoffes und seines Werdens, seiner inneren Kräfte, seines entelechischen Wesens erfaßt und darstellt, so wenig tun das die diskursiv gewonnenen Begriffe der Mechanik, der Statik, die Formalistik der Abstammungslehre und Biologie oder die bis zur mathematischen Exaktheit erhobenen Symbole und Formeln der Vererbungslehre. Es bleibt, abgesehen davon, daß die paläontologisch nachweisbare Entwicklung andere Wege ging als die der erdachten Formeln, immer wieder die letzte biologische Grundfrage bestehen: vom Zusammenhang der Form und dem bewußten oder unbewußten Bedürfnis des Organismus oder der Gattung — eine durch und durch transzendente Frage, an der unser Denken und daher erst recht die naturwissenschaftliche Methode ihre Grenzen finden.

Einige Berichtigungen.

S. 12, Absatz 2 ist auch O. Abel's Studie über die dibranchiaten Kephalopoden (zitiert S. 25, Anm. 2) zu nennen.

S. 19, Zeile 5 lies: Trilobiten statt Triboliten.

S. 22, letzte Textzeile lies: „... zwischen Organ - oder Formbildung und Funktion ...".

S. 31, Zeile 19 lies: „... weit größer als die der Sapropele selbst".

S. 33, Zeile 25/26 lies „Landpflanzen" statt „Sandpflanzen".

S. 35, in Fig. 9 vertausche die Bezeichnungen „umb" und „pomp".

S. 36, Textzeile 6 von unten lies: „... und das Gehäuse wohl auf eine ..."

S. 46, Figurenerklärung lies: „oberkretazische" statt „okerkretazische".

S. 49, Anm. 1, Zeile 3 lies: „Paläontographica" statt „Paläontographien".

S. 56, Fig. 16 rechte Seite lies „Nohner Schichten" statt „Nohms-Schichten".

S. 64, Zeile 20 streiche: „entweder".

S. 69, letzte Zeile lies: „... dann konnte in dem vielleicht zeitweise mit den Tschadseegebiet in Verbindung gewesenen, dann wieder abgeschnittenen ..."

S. 71, Zeile 8 von unten lies: „Sutur" statt „Suter".

S. 72, Figurenerklärung streiche: „Bornemann".

S. 77, Dendropupa ist die älteste Trockenschnecke, nicht Süßwasserschnecke.

S. 94, Zeile 5 lies: „Miteinandervorkommen" statt „Miteinanderkommen".

S. 137, Zeile 16 von unten lies: „... parasitäre und festgewachsene ..."

S. 166, Zeile 19 lies: „im Quartär" statt „in der Kreide".

S. 189, Zeile 13 u. 14 streiche die Worte: „deren mittleres dicker gezeichnet ist".

S. 215, Zeile 8 bis 10 streiche den ganzen Nachsatz: „... und hier ist auch wieder der Punkt ..."

S. 242/43 bei der Erörterung über Maclurea ist zu bemerken, daß die Linkswindung natürlich nicht die äußere Form des Weichkörpers, sondern nur die Lagerung der inneren Organe betrifft.

S. 269, Zeile 13 von unten lies: „Chondrophoriden" statt „Chrondrophoriden".

S. 282, Figurenerklärung: Bei A setze Verkleinerung $^2/_5$ statt $^2/_3$; bei B $1^3/_4$ statt $3^1/_2$.

S. 348, Zeile 25 lies: „Echinosphaerites" statt „Echinophaerites".

S. 365, die Abbildungen A, A' der Fig. 161 stammen aus de Koninck, die übrigen aus Davidson.

S. 371, Figurenerklärung ergänze: Slater, Mon. Brit. „Conular".

S. 397, Mitte lies: „Terebrirostra" statt „Terebrisrostra".

S. 406, Zeile 24 lies: „Pyrgoma" statt „Pyrgopoma".

S. 425, Fig. 193 lies: „Cystiphyllum" statt „Cyathophyllum".

S. 436, in Zeile 6 der Figurenerklärung streiche das E nach dem A.

S. 519, Fig. 251 vertausche neben den beiden Figuren die Buchstaben A und B.

S. 557, Zeile 13 von unten setze: „Sageceras" statt „Beloceras".

S. 686, Zeile 9 von unten lies: „Garnele" statt „Gaarnele".

S. 734, Zeile 5 lies: „formalen" statt „fossilen".

S. 740, Zeile 19 u. 20 vertausche die Worte „Stufenreihen" und „Anpassungsreihen".

Sachregister

(Ein * nach der Zahl bedeutet Abbildung)

Owen, Richard. **Palaeontology.** 1860

Phillips, John. **Life on the Earth.** 1860

Pictet, F[rançois] J[ules]. **Traité Élémentaire de Paléontologie.** Four vols. 1844-1846

Romer, A[lfred] S[herwood] and L[lewellyn Ivor] Price. **Review of the Pelycosauria.** 1940

Schindewolf, Otto H. **Grundfragen der Paläontologie.** 1950

Schopf, Thomas J.M., ed. **Presidential Addresses of the Paleontological Society.** 1980

Scilla, [Agostino]. **De Corporibus Marinis.** 1747

Simpson, George Gaylord. **A Catalogue of the Mesozoic Mammalia** *and* **American Mesozoic Mammalia.** Two vols. in one. 1928/1929

Stensiö, Erik A[ndersson]. **The Downtonian and Devonian Vertebrates of Spitsbergen.** Two vols. 1927

THE HISTORY OF PALEONTOLOGY

An Arno Press Collection

Abel, Othenio. **Paläobiologie und Stammesgeschichte**. 1929

Agassiz, L[ouis]. **Études Critiques sur les Mollusques Fossiles**. 1840-1845

Beecher, Charles Emerson. **Studies in Evolution**. 1901

Bernard, Félix. **Éléments de Paléontologie**. 1895

Buckland, William. **Geology and Mineralogy Considered with Reference to Natural Theology**. Two vols. 1836

Cuvier, Georges. **Memoirs on Fossil Elephants** *and* **On Reconstruction of the Genera Palaeotherium and Anoplotherium**. 1812

Dacqué, Edgar. **Vergleichende biologische Formenkunde der fossilen niederen Tiere**. 1921

Depéret, Charles. **The Transformations of the Animal World**. 1909

Gaudry, Albert. **Essai de Paléontologie Philosophique**. 1896

Gould, Stephen Jay, ed. **The Complete Works of Vladimir Kovalevsky**. 1980

Gould, Stephen Jay, ed. **The Evolution of** *Gryphaea*. 1980

Gould, Stephen Jay, ed. **Louis Dollo's Papers on Paleontology and Evolution**. 1980

Hatcher, John B. **The Ceratopsia**. 1907

Hyatt, Alpheus. **Phylogeny of an Acquired Characteristic**. 1893

Kummel, Bernhard, ed. **Status of Invertebrate Paleontology, 1953**. 1954

Mantell, Gideon Algernon. **The Medals of Creation**. Two vols. 1854

Matthew, W[illiam] D[iller]. **Outline and General Principles of the History of Life**. 1928

Miller, Hugh. **The Testimony of the Rocks**. 1857

Moore, Raymond C. and Lowell R. Laudon. **Evolution and Classification of Paleozoic Crinoids**. 1943

Newell, Norman D. **Late Paleozoic Pelecypods**. 1937/1942

Nicholson, H[enry] Alleyne. **The Ancient Life-History of the Earth**. 1877

d'Orbigny, Alcide [Dessalines]. **Cours Élémentaire de Paléontologie et de Géologie Stratigraphiques**. Two vols. in three. 1849/1851/1852

Osborn, Henry Fairfield. **The Origin and Evolution of Life**. 1917

Osborn, Henry Fairfield. **The Titanotheres of Ancient Wyoming, Dakota, and Nebraska**. Two vols. 1929